SolidWorks 2013 中文版

从入门到精通

麓山文化 主编

机械工业出版社

SolidWorks 是一套功能强大的三维 CAD 设计软件，具有易学、易用、操作灵活等特点，SolidWorks 2013 是其最新版本。本书以 SolidWorks 2013 为平台，从工程应用的角度出发，通过基础介绍与案例实战相结合的形式，详细介绍了该软件的使用方法。

本书共 16 章，以 SolidWorks 2013 的功能模块为主线，分别讲解了软件的基础知识、草图绘制、参考几何体、实体建模、曲面设计，装配设计、工程图、钣金设计、动画、焊件设计、PhotoView 360 图片渲染、应力分析、配置和设计表以及大量的综合范例等。

本书在具体讲解过程中，注意由浅入深，从易到难，对于每一个功能，都尽量用步骤分解图的形式给出操作流程，以方便读者理解和掌握所学内容。每章最后还提供了针对本章所学知识的精选范例，学与练的完美结合，可最大程度地提高实际应用技能。

为降低学习难度，本书配套光盘提供了书中所有综合实例共 450 分钟的高清语音视频教学，通过手把手的全程语音讲解，可以大幅提高学习兴趣和效率，特别适合读者自学使用。

本书可作为 SolidWorks 初、中级用户作为入门和提高教材，实例操作部分具有较强的实用价值，也可作为广大 SolidWorks 用户参考用书。

图书在版编目（CIP）数据

SolidWorks 2013 中文版从入门到精通/麓山文化主编.
—2 版. —北京：机械工业出版社，2013. 4
ISBN 978-7-111-42355-3

Ⅰ. ①S…　Ⅱ. ①麓…　Ⅲ. ①计算机辅助设计—应用软件　Ⅳ. ①TP391. 72

中国版本图书馆 CIP 数据核字（2013）第 091045 号

机械工业出版社（北京市百万庄大街 22 号　邮政编码 100037）
策划编辑：曲彩云　责任编辑：曲彩云
责任印制：杨　曦
北京中兴印刷有限公司印刷
2013 年 7 月第 2 版第 1 次印刷
184mm × 260mm · 30. 25 印张 · 750 千字
0 001—3 000 册
标准书号：ISBN 978-7-111-42355-3
　　　　　ISBN 978-7-89433-939-3（光盘）
定价：69. 00 元（含 1DVD）

凡购本书，如有缺页、倒页、脱页，由本社发行部调换
电话服务　　　　　　　　　　　网络服务
社服务中心：(010)88361066　教 材 网：http://www.cmpedu.com
销 售 一 部：(010)68326294　机工官网：http://www.cmpbook.com
销 售 二 部：(010)88379649　机工官博：http://weibo.com/cmp1952
读者购书热线：(010)88379203　封面无防伪标均为盗版

前　言

1. 关于 SolidWorks

SolidWorks 软件是世界上第一套基于 Windows 系统开发的三维 CAD 软件。SolidWorks 不仅可以用于二维图形的生成、机械设计、模具设计和消费品设计，而且可以用于动画生成演示、图形渲染以及应力和有限元分析。

最新版本 SolidWorks2013 针对设计中的多项功能进行了大量补充和更新，使设计过程更加便捷，这一切无疑为广大用户带来了福音。

2. 本书内容

为了使读者能够更好地学习和掌握软件，尽快熟悉 SolidWorks 2013 的各项功能，作者结合自己的实际应用经验编写了本书。

本书在介绍 SolidWorks 软件功能的基础上，辅之以示范实例，使之更加通俗易懂。本书内容如下：

第 1 章 SolidWorks 2013 基础知识。包括软件的基本功能、操作界面、基本操作方法、菜单使用等。

第 2 章 绘制草图。包括绘制草图、编辑草图、添加几何约束和标注等。

第 3 章 参考几何体。包括基准面、基准轴、活动剖切面、坐标系、参考点等。

第 4 章 创建基础特征。包括拉伸、旋转、扫描、放样等。

第 5 章 编辑基本特征。包括圆角、倒角、孔、筋、镜向、阵列等。

第 6 章 编辑复杂零件特征。包括扣合特征、变形特征等。

第 7 章 曲线和曲面设计。包括构建曲线、曲面和编辑曲面。

第 8 章 装配体设计。包括装配体文件的建立、装配体配合的应用、装配体干涉检查、爆炸视图、轴测剖视图、复杂装配体中零部件的压缩状态和装配体的统计。

第 9 章 工程图设计。包括工程图的应用、线型和图层、图纸格式设定、工程视图、标准三视图、投影视图、辅助视图、剪裁视图、局部视图、剖面视图、断裂视图和相对视图。

第 10 章 制作动画。包括机构运动的基础知识、旋转动画、装配体爆炸动画、物理模拟动画等。

第 11 章 钣金设计。包括钣金特征、编辑钣金特征和使用钣金成形工具。

第 12 章 焊件设计。包括焊件轮廓、结构构件、剪裁结构构件、添加焊缝、子焊件、焊件工程图和焊件切割清单。

第 13 章 配置和系列零件设计表。讲解配置和零件设计表的创建方法。

第 14 章 应力分析。讲解了 SolidWorks 提供的模型应力分析的功能。

第 15 章 PhotoView360 渲染。讲解 SolidWorks 2013 的渲染工具 PhotoView360 的使用方法。

第 16 章 综合实例。利用 3 个综合实例，将前面的章节所学知识进行归纳总结并应用。

3. 关于光盘

为了使广大读者更好、更高效地学习，本书附有一张光盘，提供了书中实例的所有源文件和主要实例的语音视频教学，读者可以直接打开文件夹双击收看。

4. 本书作者

本书由麓山文化主编，具体参加编写和资料整理的有：陈志民、陈运炳、申玉秀、李红萍、李红艺、李红术、陈云香、陈文香、陈军云、彭斌全、林小群、刘清平、钟睦、刘里锋、朱海涛、廖博、喻文明、易盛、陈晶、张绍华、黄柯、何凯、黄华、陈文轶、杨少波、杨芳、刘有良等。

由于作者水平有限，书中错误、疏漏之处在所难免。在感谢您选择本书的同时，也希望您能够把对本书的意见和建议告诉我们。

作者联系邮箱: lushanbook@gmail.com

麓山文化

目　录

前　言

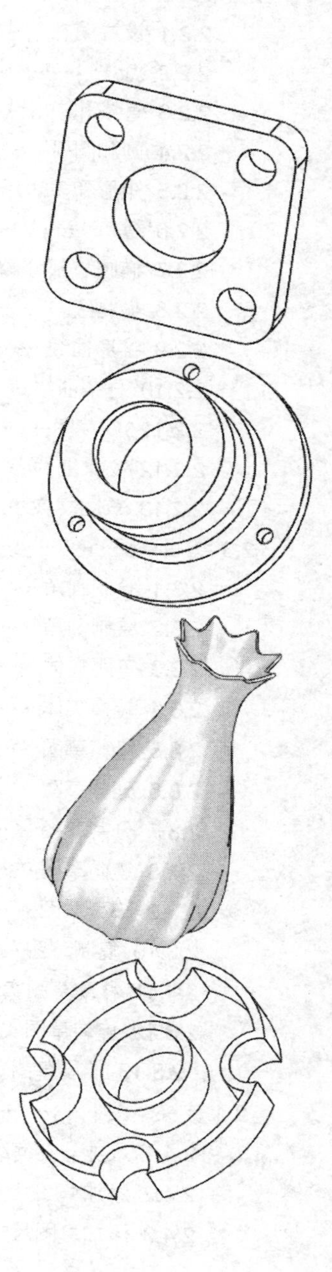

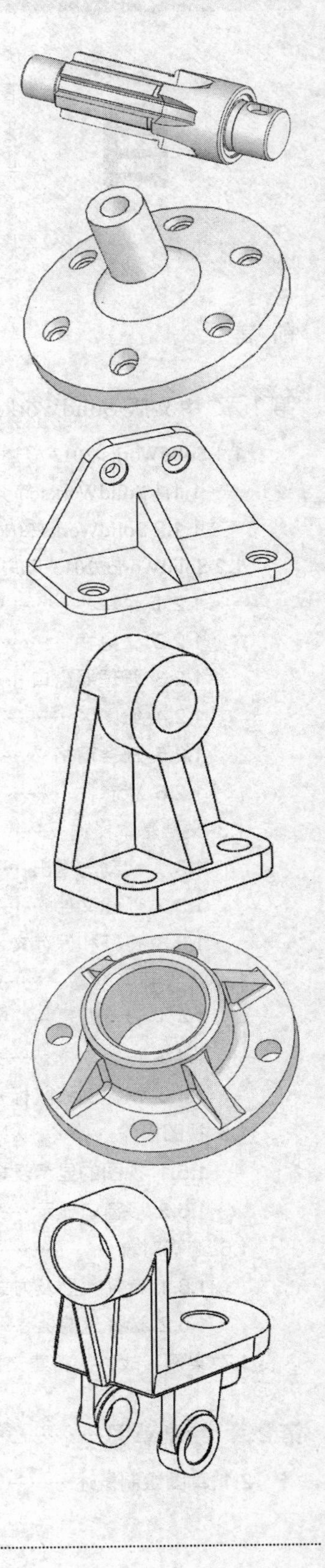

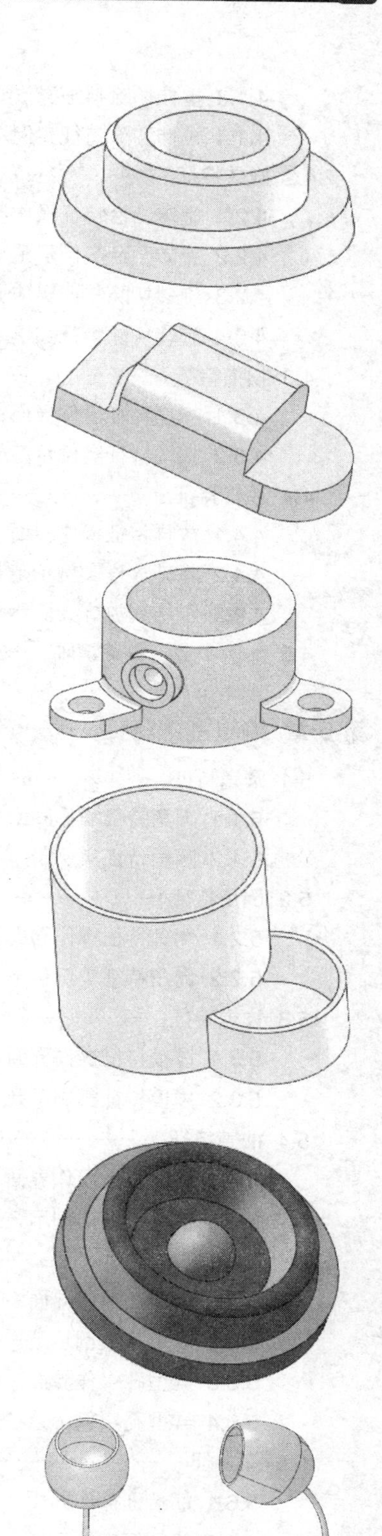

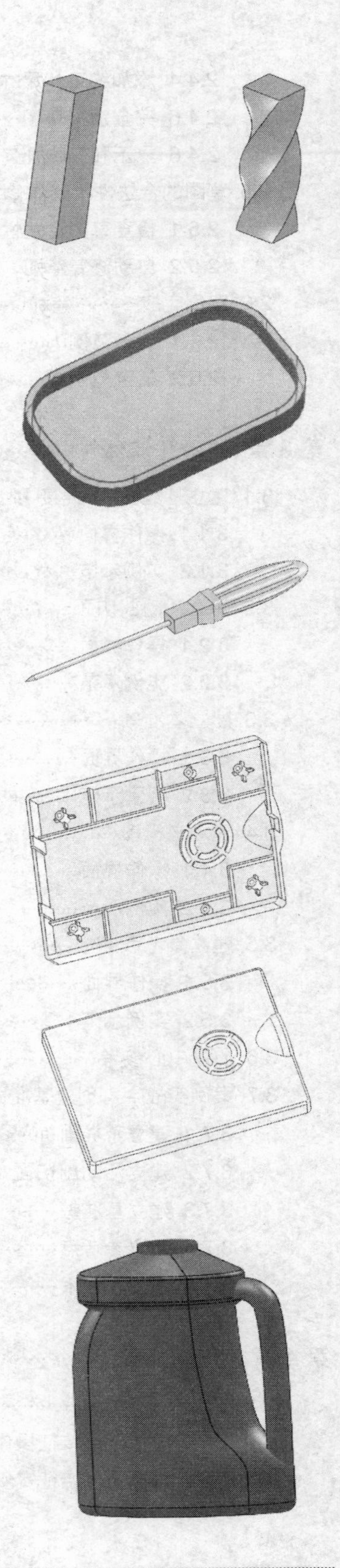

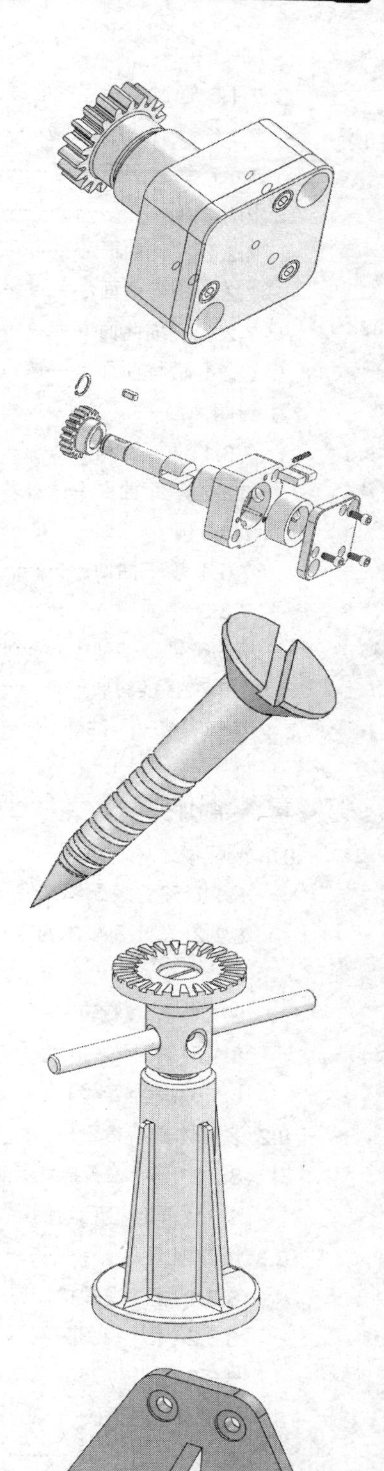

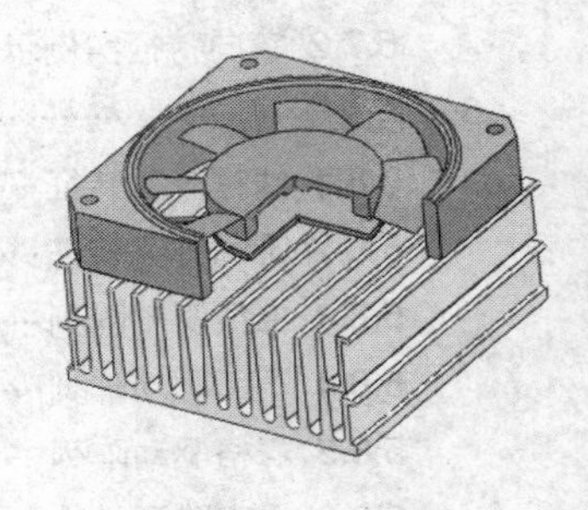

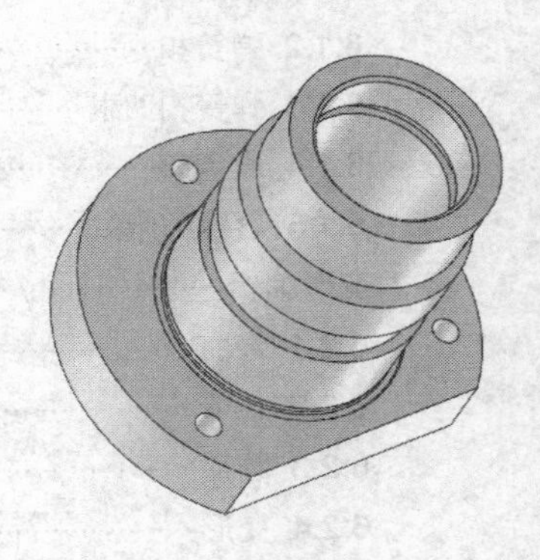
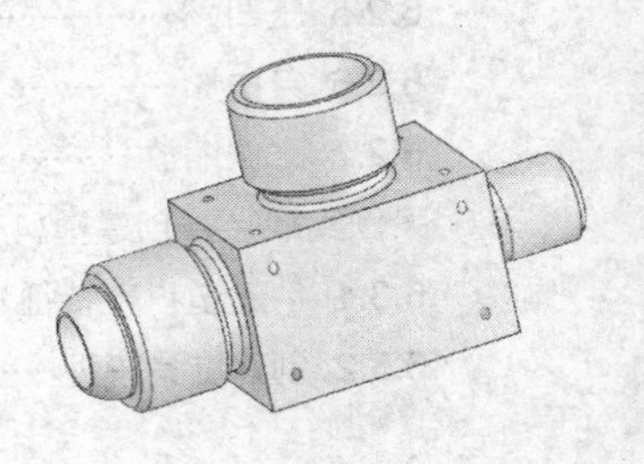
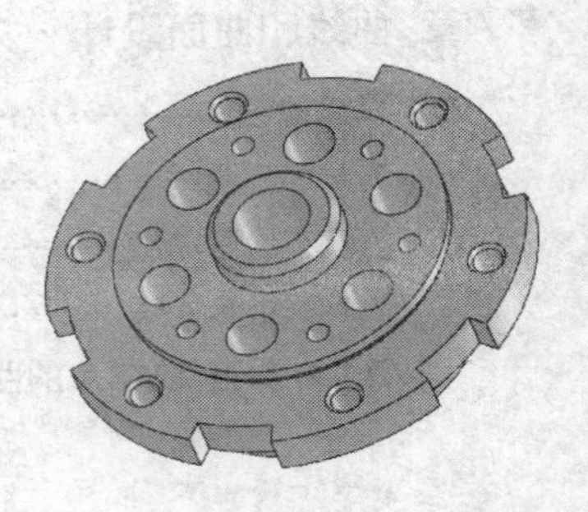

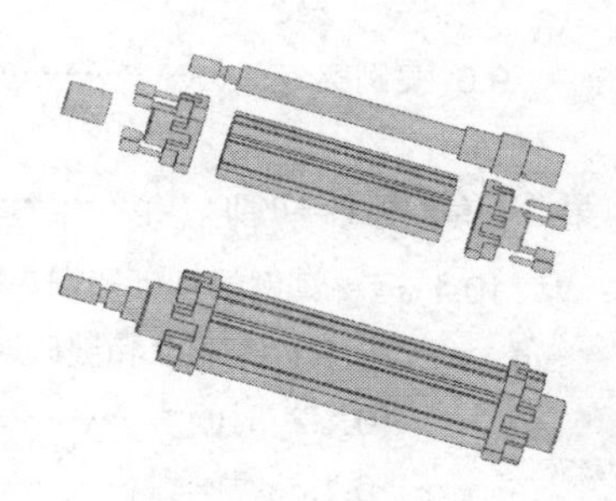
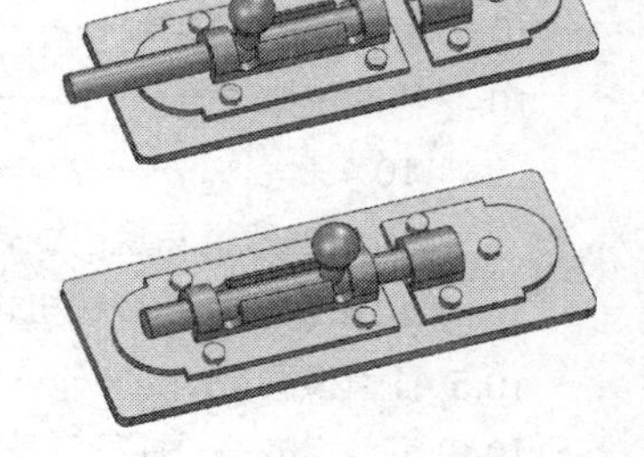
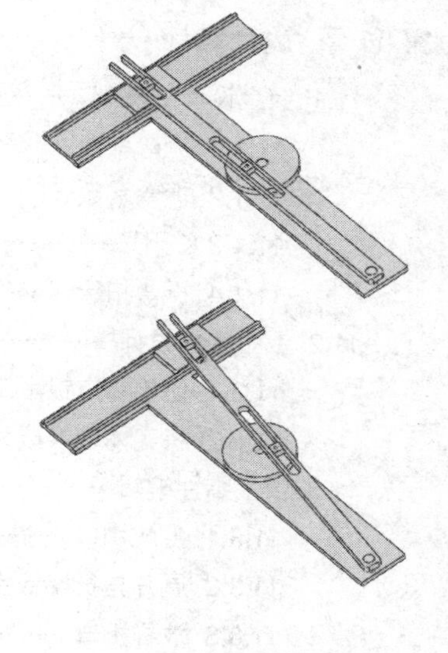
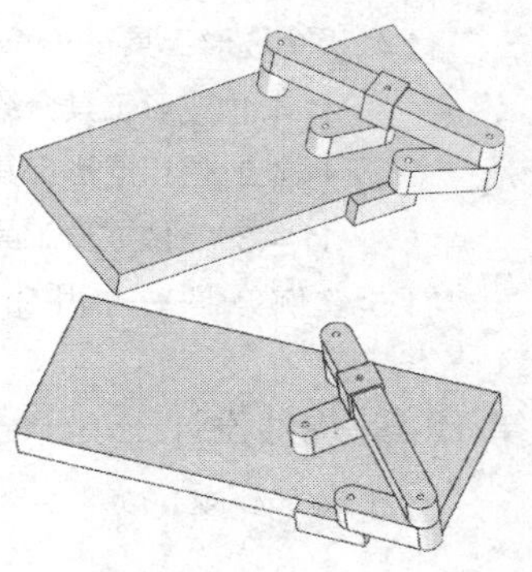

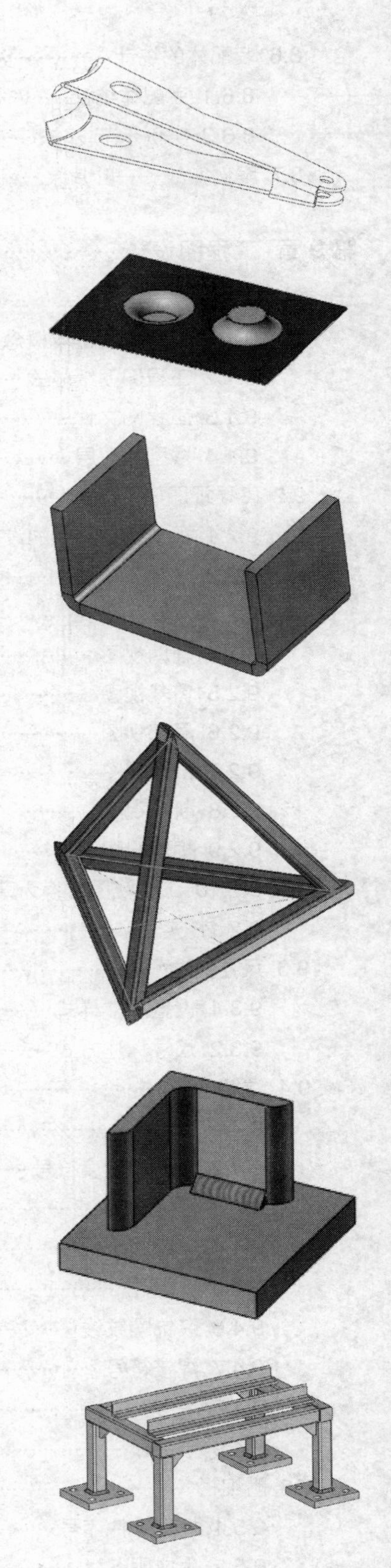

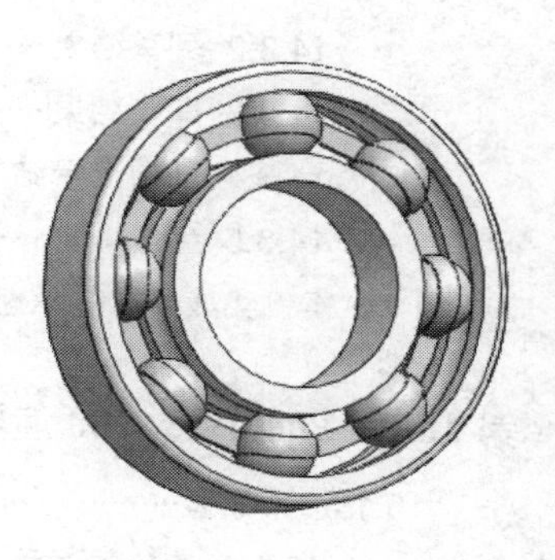

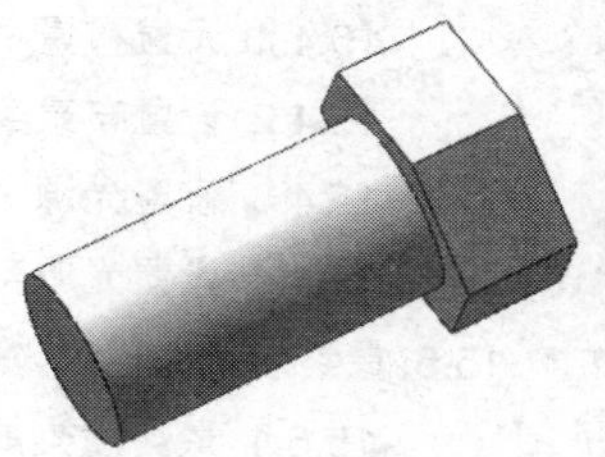

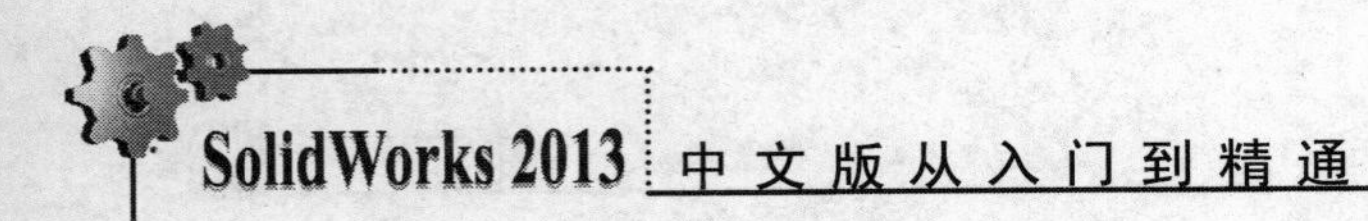

第 1 章

中文版 SolidWorks 2013 基础

本章导读：

本章将介绍 SolidWorks 2013 的一些基本知识和操作，用户只有熟练地掌握这些基础知识，才能正确快速地掌握和应用 SolidWorks 2013。

学习目标：

- SolidWorks 2013 概述
- SolidWorks 2013 用户界面
- 文档基本操作
- 工作环境设置
- 视图操作
- 选择对象

1.1 SolidWorks 2013 概述

SolidWorks 公司是专业从事三维机械设计、工程分析和产品数据管理软件开发和营销的跨国公司，其软件产品 SolidWorks 自 1995 年问世以来，以其优异的性能、易用性和创新性，极大地提高了机械设计工程师的设计效率。功能强大、易学易用和技术创新是 SolidWorks 的三大特点，这也使得 SolidWorks 成为领先的、主流的三维 CAD 解决方案。

SolidWorks 公司根据实际需求及技术的发展，推出了 SolidWorks 2013，该版本是适应微软操作系统 Windows7 的最新版本。本节将介绍 SolidWorks 2013 的基础知识，使用户对软件有个初步的认识。

1.1.1 SolidWorks 简介

SolidWorks 是功能强大的三维 CAD 设计软件，是美国 SolidWorks 公司开发的基于 Windows 操作系统的设计软件。SolidWorks 相对于其他 CAD 设计软件来说，简单易学，具有高效、简单的实体建模功能，并可以利用 SolidWorks 集成的辅助功能对设计的实体模型进行一系列计算机辅助分析，以便更好地满足设计需要，节省设计成本，提高设计效率。

SolidWorks 通常应用于产品的机械设计中，它将产品置于三维空间环境进行设计，设计工程师按照设计思想绘出草图，然后生成模型实体及装配体，运用 SolidWorks 自带的辅助功能对设计的模型进行模拟功能分析，根据分析结果修改设计的模型，最后输出详细的工程图，进行产品生产。

由于 SolidWorks 简单易学并有强大的辅助分析功能，已广泛应用于各个行业中，如机械设计、工业设计、电装设计、消费类产品及通信器材设计、汽车制造设计、航空航天的飞行器设计等行业中。例如，作为中国航天器研制、生产基地的中国空间技术研究院也选择了 SolidWorks 作为其主要的三维设计软件，以最大限度地满足其对产品设计的高端要求。

SolidWorks 集成了强大的辅助功能，使用户在产品设计过程中可以方便地进行三维浏览、运动模拟、碰撞和运动分析、受力分析及运动算例，在模拟运动中为动画添加马达等。SolidWorks 中经常用到的工具有：eDrawing、SolidWorks Aninator、PhotoWorks、3D Instant Website 及 COSMOSMtion 等，另外，还可以利用 SolidWorks 提供的 FeatureWorks、SolidWorks Toolbox 及 PDMWorksd 等工具来扩展该软件的使用范围。

1.1.2 SolidWorks 2013 新增功能

SolidWorks 2013 在 SolidWorks 2012 的基础上进行了一些改进，其中部分新增功能如下：

➢ 增加了动态尺寸功能。在之前版本的 SolidWorks 中，绘制草图元素，需要先绘制实体，再标注尺寸约束。SolidWorks 2013 加入动态尺寸功能，即在绘制草图的同时，显示尺寸控制，输入数值即可控制对象的尺寸。

➢ 增加了相交工具。相交工具可以在实体模型上插入曲面，用曲面来删除或添加材料。还可以从闭合腔中创建几何体。

➢ 增加了锥形曲线草图，在之前版本的 SolidWorks 中，可以绘制椭圆和抛物线，但无法通过端点绘制。锥形曲线可以先定曲线两个端点，然后控制曲线的形状为抛物型、椭圆型或双曲型。

这样绘制的曲线能够与原有实体端点相连。

➢ 增加了圆角特征边线选择工具。在之前版本的 SolidWorks 中，选择圆角边线需逐条选择。在 SolidWorks 2013 中，圆角特征增加了智能选择工具，可以一次选择多个边线。
➢ 增强了渲染功能，在最终渲染窗口，增加了色彩饱和度、亮度和光晕的调整，还增加了对比选项卡，可将不同的渲染效果在窗口中对比。
➢ 钣金成型工具添加插入点功能，使成型工具能够精确定位。

1.2 SolidWorks 2013 用户界面

SolidWorks 2013 的操作界面是用户对文件进行操作的基础，如图 1-1 所示为选择了新建【零件】文件后 SolidWorks 2013 的初始工作界面，其中包括菜单栏、工具栏、特征管理设计树及状态栏等。在绘图区中已经预设了三个基准面和位于三个基准面交点的原点，这是建立零件最基本的参考。

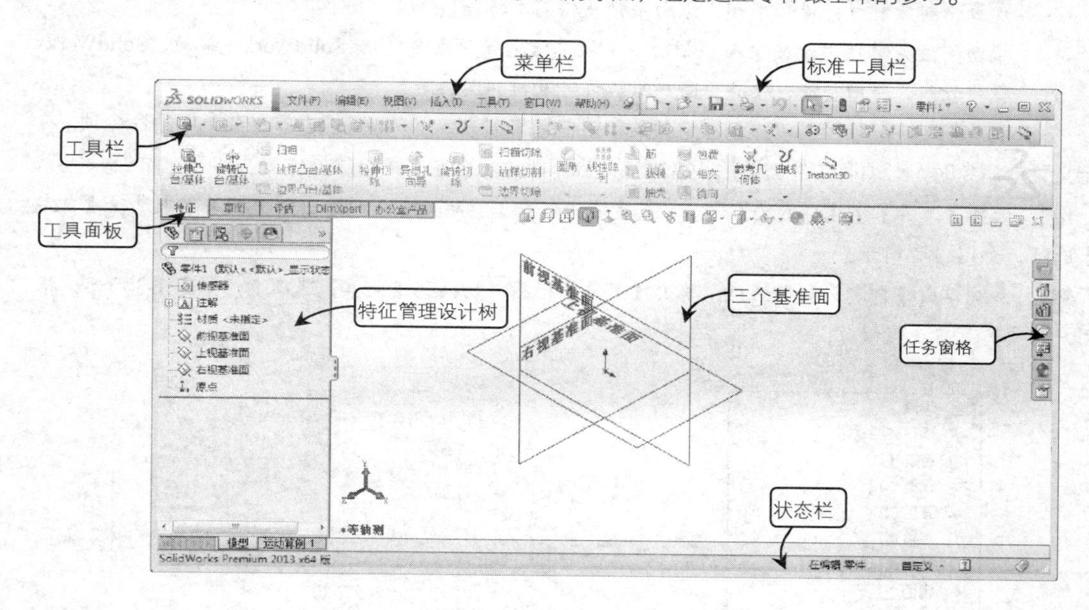

图 1-1　SolidWorks 2013 操作界面

1.2.1 菜单栏

在系统默认的情况下，SolidWorks 菜单栏是隐藏的，可将鼠标指针移动到 SolidWorks 徽标上重新显示。

如果要菜单保持可见，则单击菜单栏中的图标，使之变为打开状态即可。菜单栏包括【文件】、【编辑】、【视图】、【插入】、【工具】、【窗口】、【帮助】等菜单。

在每个菜单底部都有【自定义菜单】命令，选择该命令，进入自定义菜单状态，此时所有的菜单命令都会显示出来。在菜单命令前面有一个复选框，只要勾选复选框菜单就会显示出来；取消复选框，对应的菜单就会隐藏起来。各菜单项的主要功能介绍如下：

➢ 文件：该菜单项是对文件的常规操作，主要包括新建、打开、关闭、保存和另存为文件、页面设置和打印、浏览最近文档以及退出系统等。

➢ 编辑：该菜单项用来对文件进行编辑，主要包括剪切、复制、粘贴、删除、压缩与解除压缩、重建模型、折弯系数表以及外观等。

➢ 视图：该菜单项是用来对文件当前视图进行操作，主要包括荧屏捕获、显示、修改、隐藏所有的类型（包括基准面、基准轴、基准点、临时轴、原点、光源及相机等）、草图几何关系、注解链接变量、注解链接错误、外观标注以及工具栏显示等。

➢ 插入：该菜单项用来创建特征和绘制图形等，主要包括零件的特征建模、参考几何体、钣金、焊件、模具的编辑、草图的绘制、3D 草图的绘制及注解等。

➢ 工具：该菜单项是用于对文件进行修改和编辑，主要包括草图绘制工具、草图编辑工具、草图设定、样条曲线工具、标注尺寸、几何关系、测量、截面属性、特征统计及方程式等。

➢ 窗口：该菜单项被用于设置文件在工作区的排列方式以及显示工作区的文件列表等。主要包括视口、新建窗口、横向平铺、纵向平铺及排列图标等。

➢ 帮助：该菜单项用于提供在线帮助以及软件信息等，主要包括 SolidWorks 帮助、SolidWorks 指导教程、新增功能、检查更新、激活许可及排列图标等。

在 SolidWorks 中，除了可以显示和隐藏菜单中任意某项命令外，还可以自定义菜单中的命令项。在自定义菜单命令时，必须有文件被激活；否则该命令不能用。自定义菜单的操作方法如下：

01 选择【工具】|【自定义】命令，或者右击任意工具栏，在系统弹出的快捷菜单中选择【自定义】选项，如图 1-2 所示。

02 系统弹出【自定义】对话框，单击【菜单】标签，切换到【菜单】选项卡，如图 1-3 所示。根据用户需要对菜单进行修改。

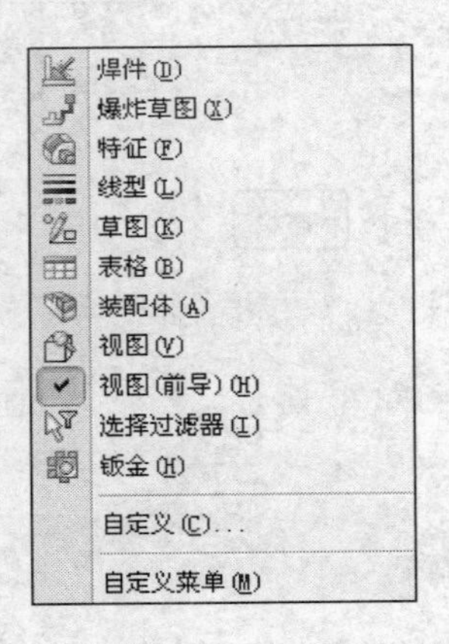

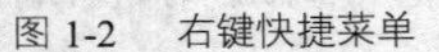
图 1-2　右键快捷菜单

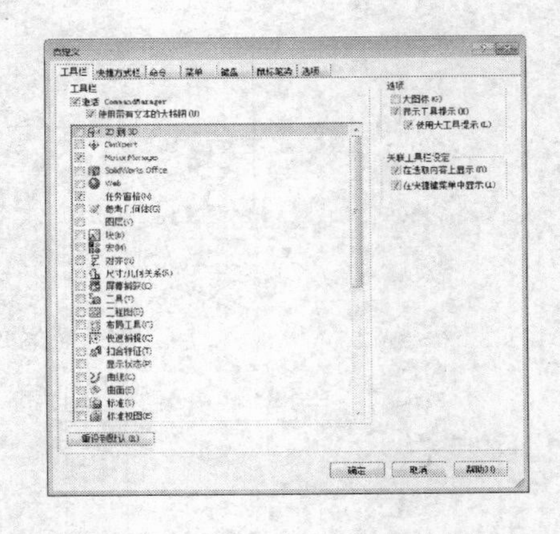
图 1-3　【自定义】对话框

03 单击【自定义】对话框中的【确定】按钮，完成对菜单的设置。【自定义】对话框中的【菜单】选项卡各选项主要功能如下：

➢ 类别：用于选择要改变的菜单。

➢ 命令：选择在菜单中需要添加、重命名或移除的命令。

➢ 更改什么菜单：显示所选择菜单的编码名称。

➢ 菜单上位置：设置所选择的命令在菜单中的位置，有自动、在顶端或者在底端三个位置。
➢ 命令名称：显示所选择命令的编码名称。
➢ 说明：显示所选择命令的说明。

1.2.2 工具栏

工具栏位于菜单栏的下方，一般分为两排，用户可以根据需要自定义工具栏的位置和显示的内容。工具栏上排为【标准】工具栏，下排一般为 CommandManager（命令管理器）工具栏。

通过单击工具栏中的按钮来调用命令是一种常用且快捷的方法。但是由于 SolidWorks 的命令很多，受窗口大小的限制，不能将所有命令涵盖其中，用户可以调整工具栏中的命令按钮以适应日常工作需要。

CommandManager 命令管理器将各种快捷命令图标集合在【特征】、【草图】、【评估】、【DimXpert】4 大栏中。当需要创建特征时，可以切换至【特征】栏，在该栏中包含了零件上各种常用的快捷命令。

设置工具栏常用的方法有两种。

1. 利用菜单栏命令设置工具栏

01 选择【工具】|【自定义】命令，或者右击任意工具栏，在系统弹出的快捷菜单中选择【自定义】命令，如图 1-4 所示，此时系统弹出如图 1-5 所示的【自定义】对话框。

02 切换到【工具栏】选项卡。此时会显示系统全部的工具栏，根据实际需要选中【工具栏】选项卡中的复选框。

03 单击【自定义】对话框中的【确定】按钮，确认所选择的工具栏设置，则会在系统操作界面上显示选择的工具栏。

04 如果某些工具栏在设计中并不常用甚至根本用不到，为了扩大绘图空间，可以将其隐藏，等需要时再在界面上将其显示。方法是在【工具栏】选项卡中取消选中的某个工具栏复选框，然后单击对话框中的【确定】按钮，此时操作界面上就会隐藏该工具栏。

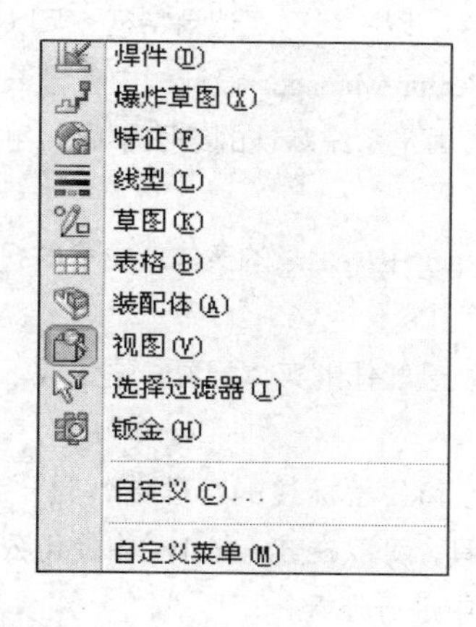

图 1-4　右键快捷菜单

图 1-5　【自定义】对话框

2. 利用鼠标右键命令设置工具栏

在操作界面上系统默认的工具栏中右击，系统出现设置工具栏的快捷菜单，如图 1-6 所示。如果要显示某一工具栏，单击需要显示的工具栏，工具栏前面的标志会呈凹进状态，这样操作界面上就会显示选择的工具栏。如果要隐藏某工具栏，使工具栏前面的标志呈凸起状即可。

技 巧：隐藏工具栏还有一个更方便的方法，即单击鼠标左键选中要隐藏的工具栏，按住左键将工具栏拖到绘图区，此时工具栏以标题栏的方式显示，如图 1-7 所示是拖动到绘图区中的【焊件】工具栏，然后单击工具栏右上角的关闭按钮，即可完成隐藏。

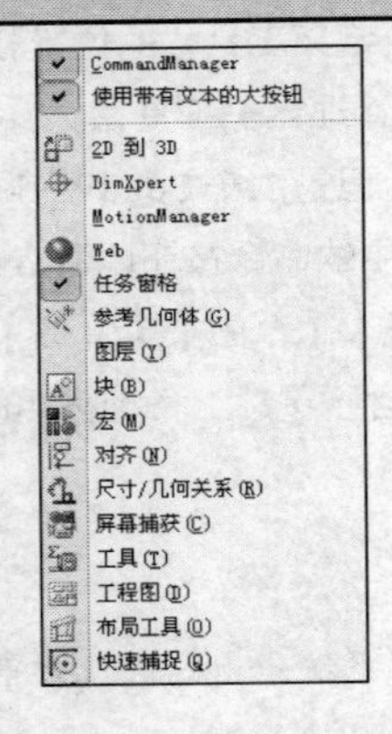

图 1-6 工具栏右键设置显示

图 1-7 【焊件】工具栏

1.2.3 管理器窗口

特征管理区主要包括 FeatureManager 设计树（特征管理器设计树）、PropertyManager（属性管理器）、Configuration Manager（配置管理器）、和 DimXpertManager（尺寸专家管理器）等三部分。

FeatureManager 设计树（特征管理器设计树）提供了激活的零件、装配体或工程图的大纲视图，可以更为方便地查看模型或装配体的构造，可在设计树的任何窗格中选择特征、草图、工程视图和构造几何体。FeatureManager 设计树是按照零件和装配体建模的先后顺序，以树状形式记录特征，可以通过该设计树了解零件建模和装配体装配顺序，以及其他特征数据。在 FeatureManager 设计树中包含三个基准平面，分别是前视基准面、上视基准面、右视基准面。这三个基准面是系统默认的绘图平面，用户可以直接在上面画草图。

PropertyManager（属性管理器）该标签选择在 PropertyManager 中所定义的实体或命令时打开，用来查看或者修改某一实体的属性。

ConfigurationManager（配置管理器）主要用来显示零件以及装配体的实体配置，是生成、选择和查看一个文件中零件和装配体多个配置的工具。

DimXpertManager（尺寸专家管理器）是对零件进行尺寸和公差标注的管理器，是一组可依据 ASMEY14.41-2003 标准的要求对零件进行尺寸和公差标注的工具，可以在 TolAnalys 中使用公差对装配体进行堆栈分析，或在 CAM、其他公差分析以及测量应用程序中进行分析。

1.2.4 绘图区

绘图区是用户界面上最大的一块区域，是用来设计、建模的区域，也是模型显示区域，用户可以通过绘图区观察已完成的零件或正在编辑的零件。如图 1-8 所示的绘图区，包括了前导视图工具栏和系统默认的三个基准面。

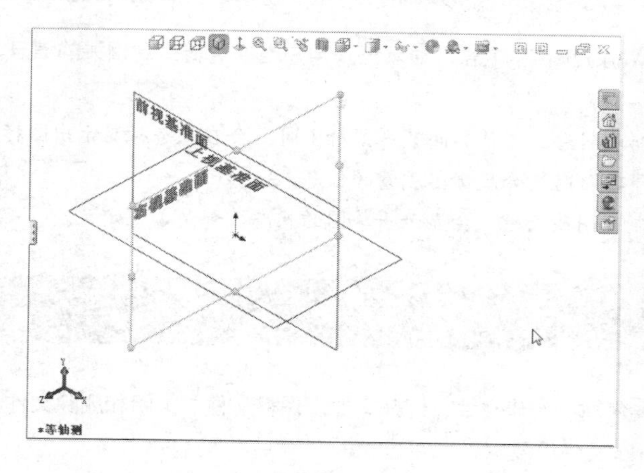

图 1-8　绘图区

1.2.5 任务窗格

打开或新建 SolidWorks 文件时，默认状态下会出现任务窗格，其中有 7 个图标，分别是 (solidworks 讨论)、 (SolidWorks 资源)、 (设计库)、 (文件探索器)、 (查看调色板)、 (外观/布景) 和 (自定义属性)。如图 1-9 所示为 7 个标签展开后的效果。

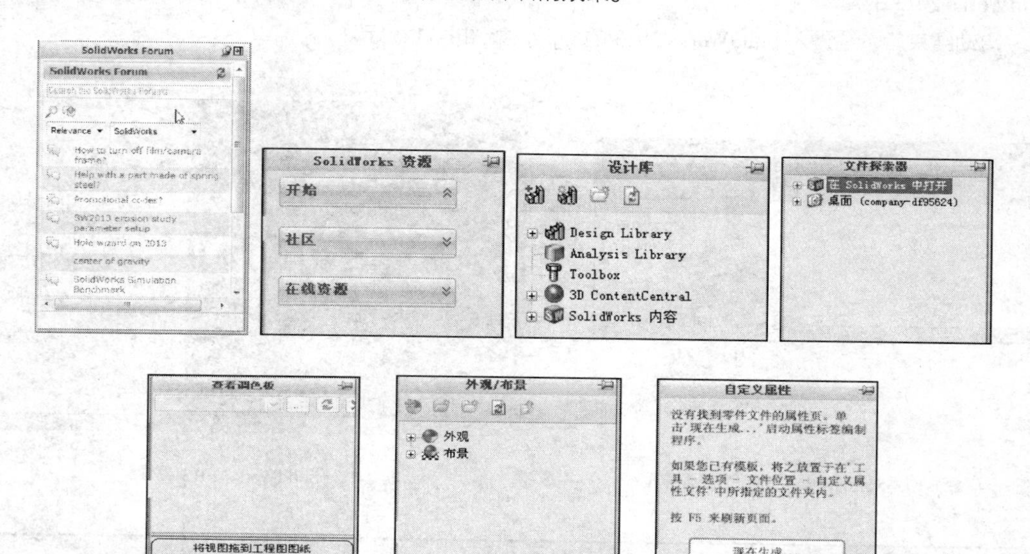

图 1-9　展开的任务窗格

提　示： 如果打开或新建文件后，界面上没有这 7 个图标，则可以单击菜单栏中的【视图】|【任务窗格】命令，使其前面出现✓标记，此时界面上就有了任务窗格的图标。

1.2.6 状态栏

状态栏位于 SolidWorks 窗口的底部，显示出与用户当前执行命令相关的信息。下面列举了几种常见状态栏的显示内容。

- 当用户将鼠标指针移到工作界面某一图标上时，会在状态栏显示出图标的定义。
- 当用户在测量特征时，会反馈出测量的信息。
- 当用户在绘制草图截面时，会显示出草图的状态，如是否过定义。

1.3 文档基本操作

文档操作内容主要包括：新建文件、打开文件、保存文件、关闭和删除文件。本节将详细介绍如何创建一个新的 SolidWorks 文件以及保存文件等。

1.3.1 启动与退出

1. 启动 SolidWorks 2013

在安装好 SolidWorks 2013 之后，在 Windows 环境下选择【开始】|【所有程序】|【SolidWorks 2013】命令，或者双击桌面上的 SolidWorks 2013 快捷方式图标，系统就开始启动该软件，如图 1-10 所示是 SolidWorks 2013 的启动画面。

启动结束后系统进入 SolidWorks 2013 的界面，如图 1-11 所示。

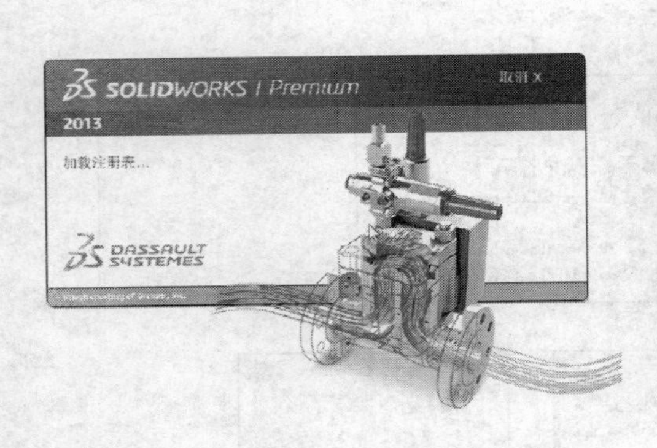

图 1-10 SolidWorks 2013 的启动画面

图 1-11 SolidWorks 2013 界面

提 示：每次打开软件，程序将显示不同的启动画面。

2. 退出 SolidWorks 2013

选择【文件】|【退出】命令，或单击操作界面上的 ✕（退出）按钮，就可安全退出 SolidWorks 2013 系统。

> **注　意**：如果在操作过程中执行了退出命令，或者没有对文件进行保存就执行退出命令，系统会弹出一个如图 1-12 所示的提示框。如果要保存文件并退出系统则选择【全部保存】。如果不保存并要退出系统则选择【不保存】。如果还要对文件继续操作则单击【取消】按钮，回到原操作界面。

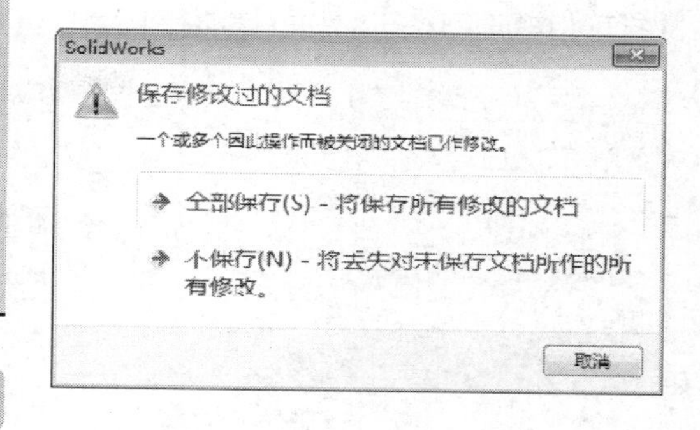

图 1-12　系统提示框

1.3.2 新建文件

创建新文件夹时，需要选择建立新文件的类型。

选择【文件】|【新建】命令，或单击工具栏上的[新建]按钮，弹出【新建 SolidWorks 文件】对话框，如图 1-13 所示。不同类型文件，其工作环境是不同的，在该对话框中有三个图标【零件】、【装配体】、【工程图】。单击选择对话框中需要创建文件的类型图标，然后单击【确定】按钮，就可以建立一个新文件，并进入默认工作环境。

> **注　意**：SolidWorks 提供了两种【新建 SolidWorks 文件】对话框，图 1-13 所示是高级界面，单击高级界面左下角的【新手】按钮可以进入新手界面，新手界面对话框提供了简单的文字说明，如图 1-14 所示。

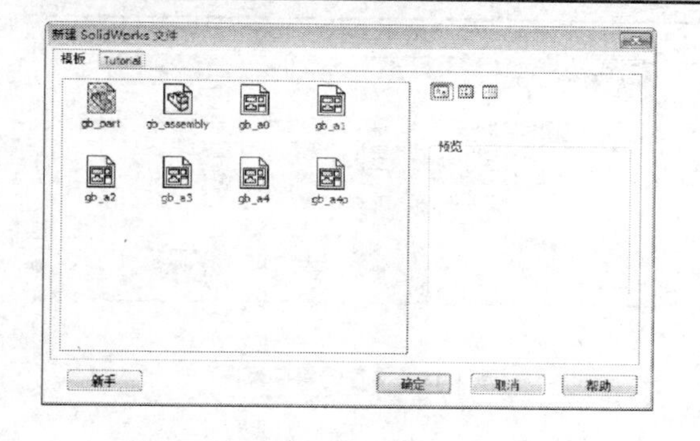

图 1-13　【新建 SolidWorks 文件】对话框

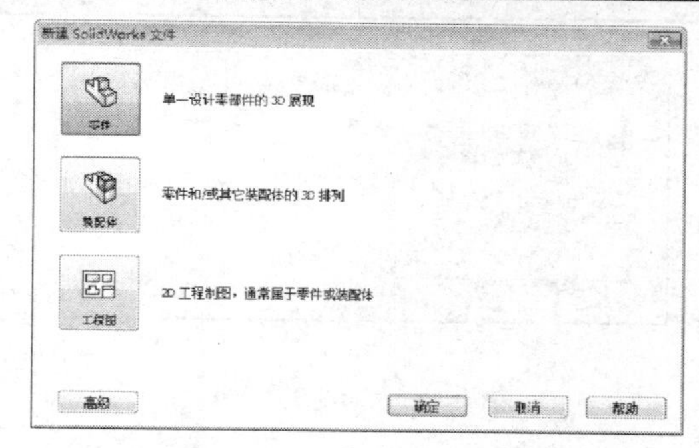

图 1-14　【新建 SolidWorks 文件】新手界面

1.3.3 打开和保存文件

1. 打开文件

对已经储存的文件，可以使用 SolidWorks 重新打开，以进行编辑和修改。打开的方法是选择【文件】|【打开】命令，或者单击工具栏上的（打开）按钮，弹出【打开】对话框，如图 1-15 所示。

Solidworks2013 在打开对话框新增了快速过滤按钮，单击某个按钮，使之下沉，则只查找该类型的文件，过滤类型有零件、装配体、工程图和顶层装配体。

单击选择对话框右上角【显示预览窗格】按钮，可以预览要打开的图形，如果确认无误，单击【打开】按钮。SolidWorks 2013 打开的文件格式有很多，其【文件类型】下拉列表如图 1-16 所示。最后单击

【打开】按钮即可打开文件并对其进行编辑。

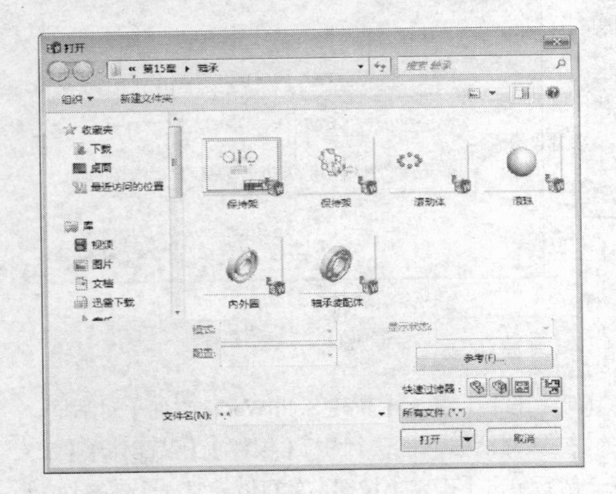

图 1-15　【打开】对话框

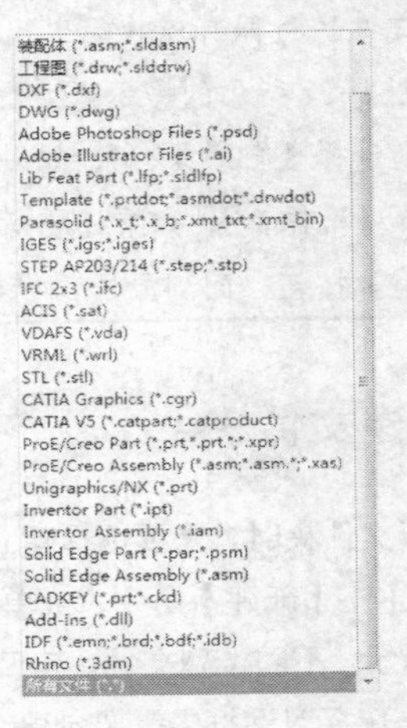

图 1-16　【文件类型】下拉列表框

注　意： 单击【打开】按钮右侧的向下箭头，将显示两个选项。以“打开”和“以只读打开”。以只读打开的文件，在编辑时会弹出警告，如图 1-17 所示。更改文件后，在保存时也会弹出警告，如图 1-18 所示。

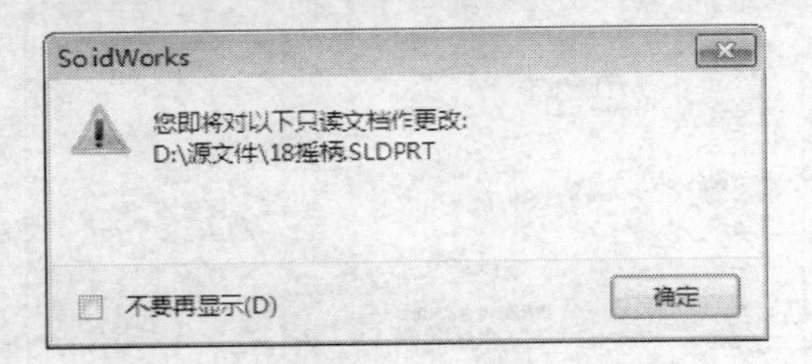

图 1-17　文件的更改警告

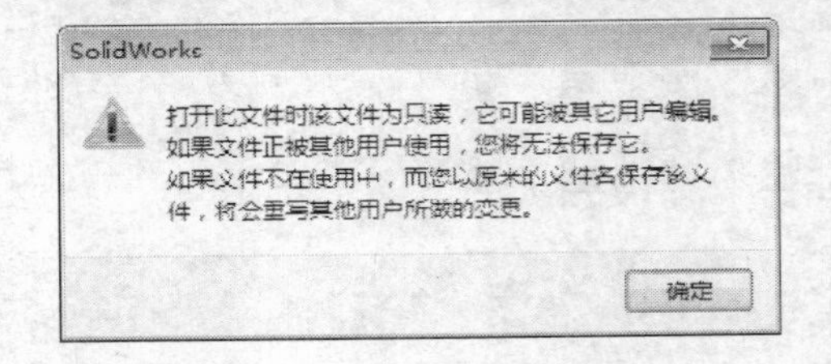

图 1-18　文件的保存警告

2. 保存文件

正在编辑或编辑好的的文件应及时进行保存，以避免意外事件造成数据丢失。选择【文件】|【保存】命令，或者单击工具栏上的（另存为）按钮，弹出【另存为】对话框，如图 1-19 所示。

提　示： 当对新建的文件进行保存时，程序将弹出【另存为】对话框，如果将已打开的文件进行保存，程序将自动保存文件到当前的文件夹。

在【文件名】框中输入文件名称，也可以用系统默认的文件名，设定保存类型，单击【保存】按钮，完成对文件的保存。SolidWorks 可以输出保存为多种格式，如图 1-20 所示。

技　巧： 当打开了一个以上的文件且需全部保存时，可选择【文件】|【保存所有】命令，将所有打开的文件全部进行保存。

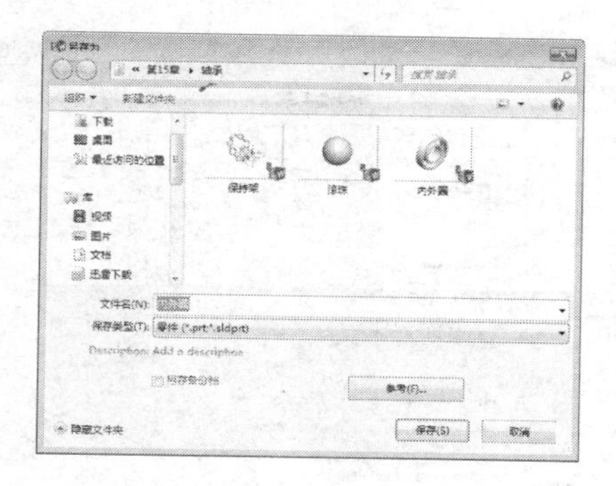

图 1-19　【另存为】对话框

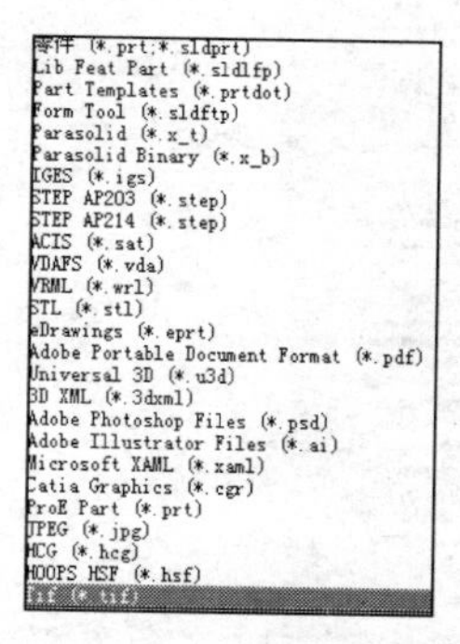

图 1-20　SolidWorks 2013 支持的保存格式

1.4 工作环境设置

在使用软件前，用户可以根据实际需要设置适合自己的 SolidWorks 2013 系统环境，以提高工作效率。

1.4.1 设置背景

在 SolidWorks 2013 中，可以设置个性化的操作界面，主要是改变视图的背景。如图 1-21 所示为用户在默认背景下绘制的零件图，如图 1-22 所示为设置背景为白色后的效果。

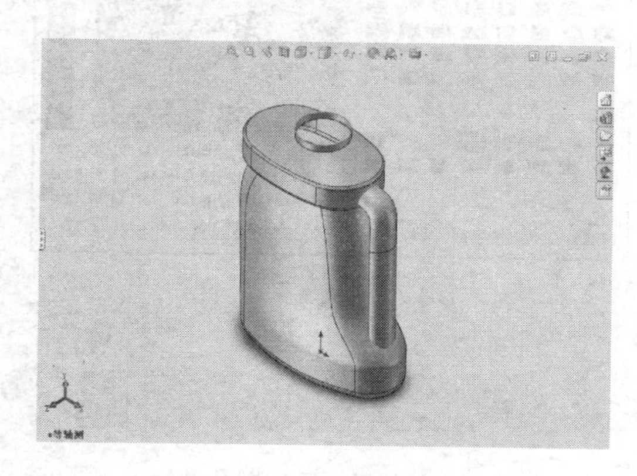

图 1-21　默认背景

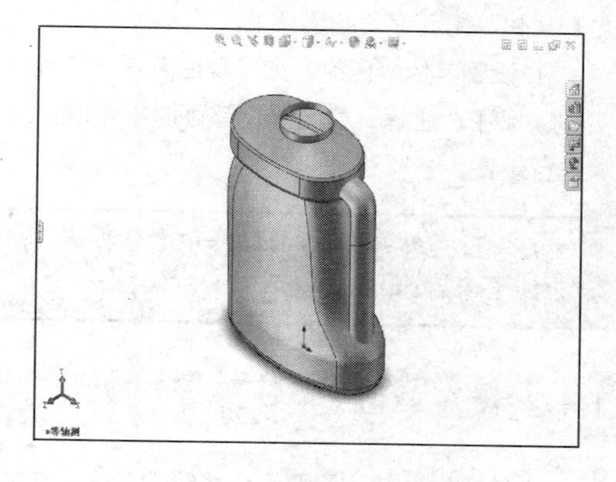

图 1-22　背景为白色

设置背景的具体操作步骤如下：

01 选择【工具】|【选项】命令，系统弹出【系统选项-普通】对话框，系统默认选择【系统选项】选项卡，如图 1-23 所示。

02 在对话框中的【系统选项-颜色】选项卡中选择【颜色】选项，如图 1-24 所示。在右侧【颜色方案设置】列表中选择【视区背景】选项，然后单击右侧的【编辑】按钮。

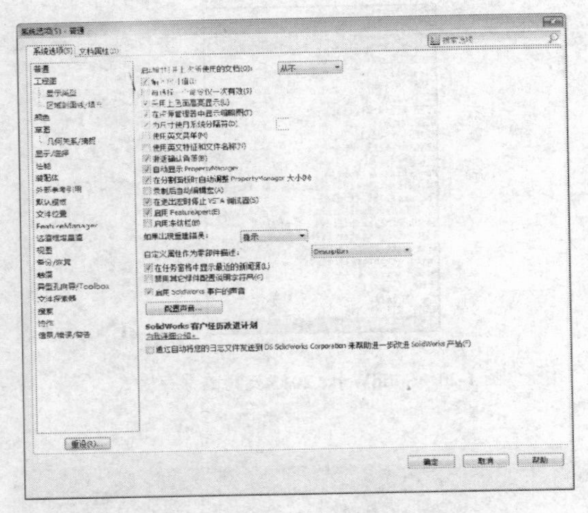

图 1-23 【系统选项-普通】选项卡

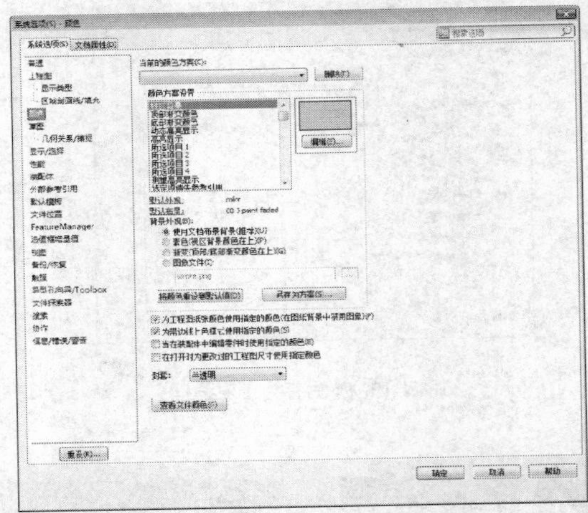

图 1-24 【系统选项-颜色】对话框

03 系统弹出如图 1-25 所示的【颜色】对话框，根据需要选择要设置的颜色，然后单击【颜色】对话框中的【确定】按钮，为视区背景设置合适的颜色。

04 单击【系统选项-颜色】对话框中的【确定】按钮，完成背景颜色设置。

在设置其他颜色时，如工程图背景、特征、实体、标注、注解、草绘等，都可以参考以上步骤进行设置。

注 意:【系统选项】选项卡中的各种选项都可以按上面的步骤来设定，不只针对颜色。

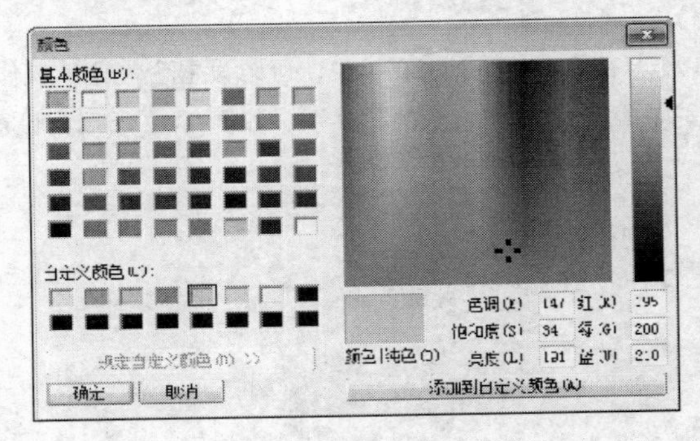

图 1-25 【颜色】对话框

1.4.2 设置单位

在绘制图形前，需要设置系统的单位，包括输入类型的单位及有效位数。系统默认单位为 mm、g、s（毫米、克、秒），用户可以根据需要使用自定义方式设置其他类型的单位系统以及有效数位等。

设置单位的具体操作步骤如下：

01 选择【工具】|【选项】命令，系统弹出【系统选项】对话框，单击对话框中的【文档属性】按钮，切换到【文档属性】选项卡，如图 1-26 所示。

02 选择【文档属性】选项卡中的【单位】选项，弹出【文档属性-单位】对话框，如图 1-27 所示，在右侧【单位系统】选项组中选择实际需要的单位系统，默认为选中【MMGS(毫米、克、秒)】按钮，在右下侧列表中对单位类型选择合适的单位及有效小数位数。

03 单击【系统选项-常规】对话框中的【确定】按钮，完成单位设置。

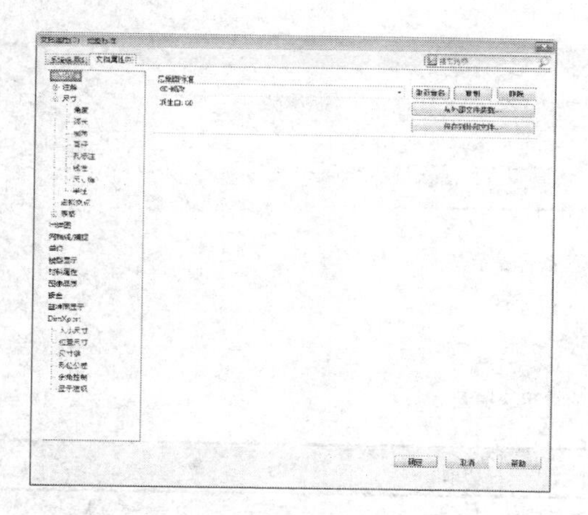

图 1-26　【文档属性】选项卡

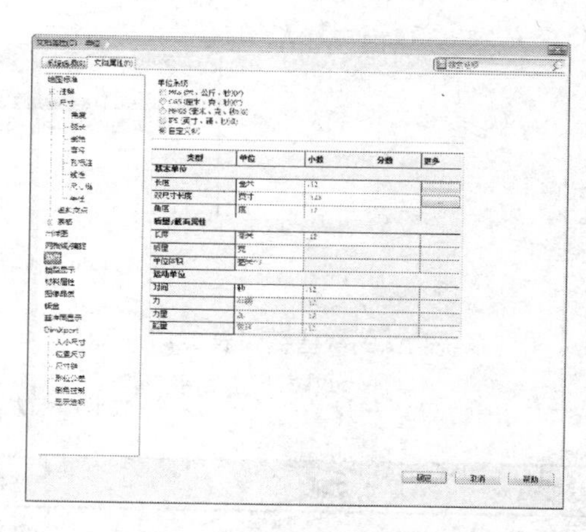

图 1-27　【文档属性-单位】对话框

1.4.3 快捷键和鼠标

使用快捷键和鼠标，用户可以快速完成相应的操作，比如平移、缩放、旋转等常用视图的操作，都可以使用快捷键和鼠标来快速完成。用户可以根据自己的需要进行设置快捷键的操作。

1. 快捷键的设置

SolidWorks 提供了多种方式来执行操作命令，除了使用菜单和工具栏按钮执行操作命令外，用户还可以通过设置快捷键来执行命令。

快捷键设置的具体操作方法如下：

01 选择【工具】|【自定义】命令，或者右击工具栏任意设置，在快捷菜单中选择【自定义】命令，此时系统弹出【自定义】对话框。

02 单击【自定义】对话框中的【键盘】标签，切换到【键盘】选项卡，如图 1-28 所示。

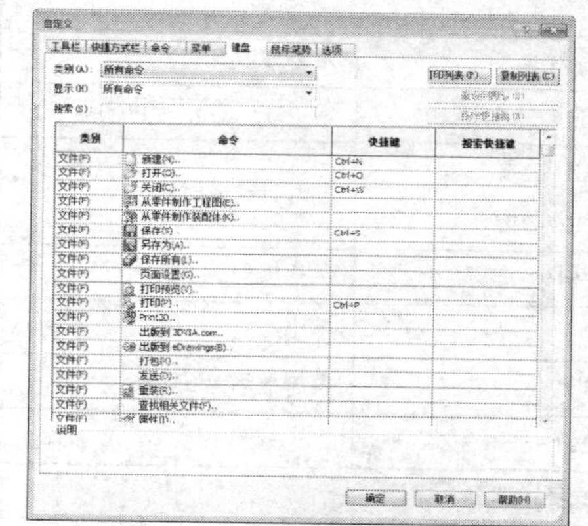

图 1-28　【键盘】选项卡

03 在【范畴】列表框中选择【所有命令】菜单项，在中间的【命令】列表框中选择【圆】命令。

04 在【快捷键】列表框中输入快捷键，则在【快捷键】栏中显示设置的快捷键。

05 如果要移除快捷键，按照上述方式选择要删除快捷键的命令，单击对话框中的【移除快捷键】按钮，则删除设置的快捷键；如果要恢复系统默认的快捷键设置，单击对话框中的【重设到默认】按钮，则取消所有自行设置的快捷键，恢复到系统默认设置。

06 单击对话框中的【确定】按钮，完成快捷键的设置。

注 意： 在设置快捷键时，如果某一快捷键已经被使用，则系统会提示该快捷键已经指定给某一命令，并提示是否要将该命令指派更改到新的命令中，如图 1-29 所示。

图 1-29　快捷键设置系统提示框

常用系统默认的快捷键如表 1-1 所示。

表 1-1　系统默认的常用快捷键

快捷键	功能	快捷键	功能
视图定向		文件菜单项目	
空格键	视图定向菜单	Ctrl+N	新建文件
Ctrl+1	前视	Ctrl+O	打开文件
Ctrl+2	后视	Ctrl+W	从 Web 文件夹打开
Ctrl+3	左视	Ctrl+S	保存
Ctrl+4	右视	Ctrl+P	打印
Ctrl+5	上视	额外快捷键	
Ctrl+6	下视	F1	在 PropertyManager 或对话框中访问帮助
Ctrl+7	等轴测	F2	在 FeatureManager 中从新命名一项目
旋转模型		Ctrl+B	重建模型
方向键	水平或竖直	Ctrl+Q	强行重建模型及重建其所有特征
Shift+方向键	水平或竖直旋转 90°	Ctrl+R	重绘屏幕
Alt+左或右方向键	顺时针或逆时针	Ctrl+Tab	在打开的 SolidWorks 文件间循环
Ctrl+方向键	平移模型	A	直线到圆弧/圆弧到直线
Z	缩小	Ctrl+Z	撤销
F	整屏显示全图	Ctrl+X	剪切
Ctrl +Shift + Z	上一视图	Ctrl+C	复制
选择过滤器		Ctrl+V	粘贴
E	过滤边线	Delete	删除
V	过滤顶点	Ctrl+F6	下一窗口
X	过滤面	Ctrl+F4	关闭窗口
F5	切换选择过滤器工具栏		
F6	切换选择过滤器（开/关）		

2. 鼠标的操作

SolidWorks 中鼠标的操作方式大致包括以下几种：

➢ 单击鼠标左键：选择实体或取消选择实体；

- 单击鼠标右键：弹出相应的快捷菜单；
- 向上滚动鼠标滚轮：放大视图；
- 向下滚动鼠标滚轮：缩小视图；
- 按住鼠标中键并移动鼠标：旋转视图；
- 按住 Ctrl 键和鼠标中键并拖动鼠标：移动视图；
- 按住 Ctrl 键同时单击鼠标左键：选择多个实体或取消已经选择的实体；
- 按住 Ctrl 键和鼠标左键并拖动鼠标：复制所选的实体；
- 按住 Shift 键和鼠标左键并拖动鼠标：移动所选的实体。

1.5 视图操作

在建模过程中经常需要转换模型的观察方向，即视图方向。

1.5.1 视图的显示及控制

1. 视图定义与控制

单击菜单栏中的【视图】|【修改】|【视图定向】命令，或者将鼠标移到绘图区，单击空格键，系统弹出【方向】对话框，如图 1-30 所示。通过该对话框可以方便地选择、定制标准的视图。“标准视图”是一组系统定义的视图，分别是“正视于”、“前视”、“后视”、“左视”、“右视”、“上视”、“下视”、“等轴测”、“上下二等轴测”、“左右二等轴测”。

表 1-2 所示为标准视图下模型显示的方式。

表 1-2　标准视图下模型显示方式

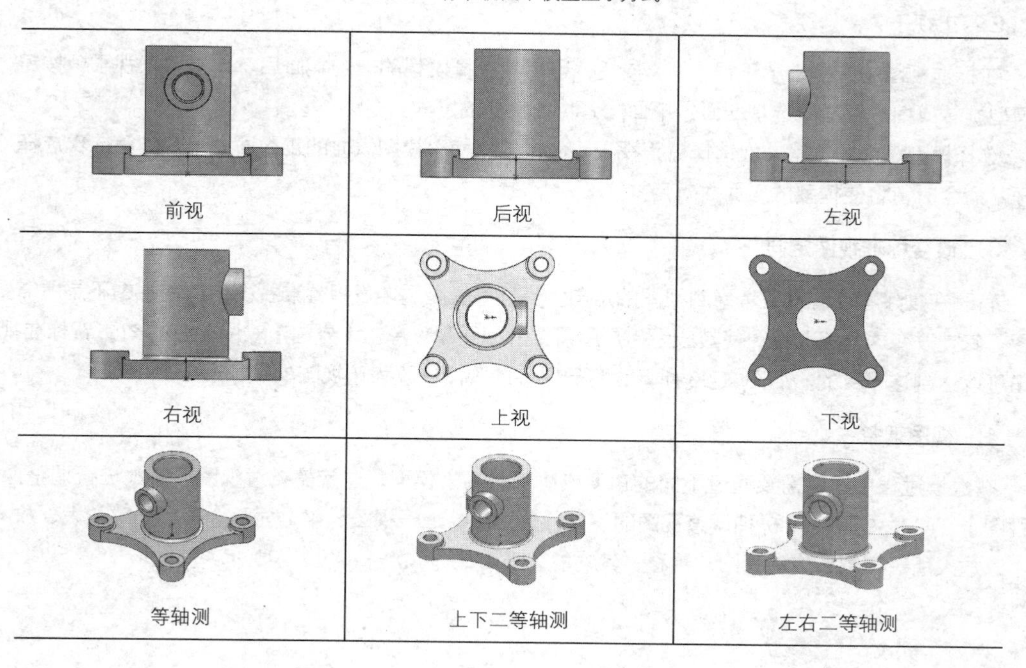

Solidworks2013 提供了一种新的视图定向方式，即视图选择器。如图 1-31 所示，单击【方向】对话框中【视图选择器】按钮，模型上出现视图选择器，如图 1-32 所示。多面体的每个面对应一个视图方向，单击选择一个面，视图即调整到垂直于该面的方向。

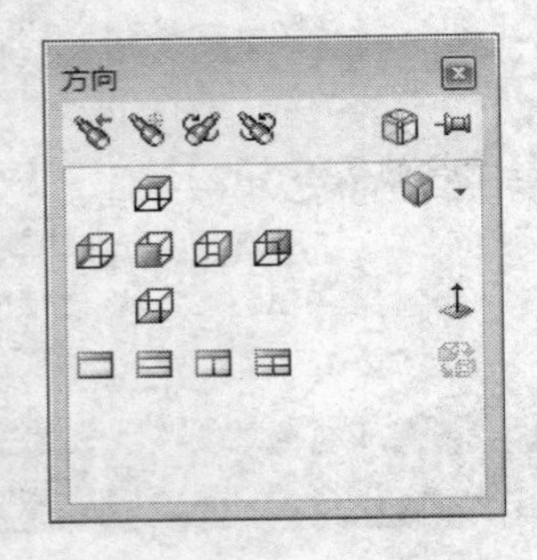

图 1-30 【方向】对话框

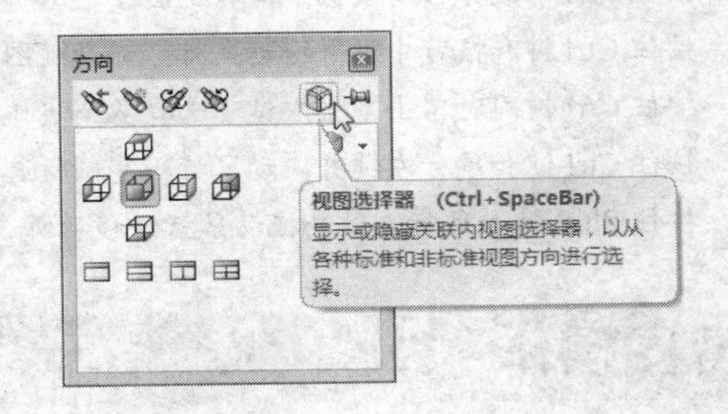

图 1-31 视图选择器开关

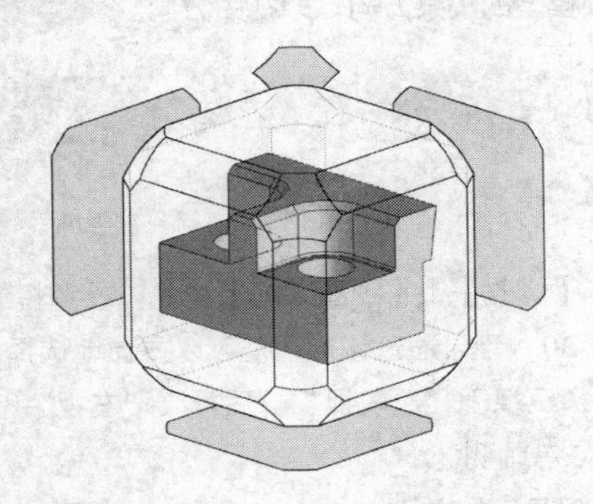

图 1-32 模型上的视图选择器

2. 正视于

在标准视图中有一个“正视于”按钮，当用户选择模型的一个平面后，单击“正视于”按钮，可将模型旋转或缩放到与所选基准面、平面或者特征正交的方向。

选择模型表面后，第一次选择“正视于”命令，将使该模型表面的正面面向用户，第二次选择“正视于”命令时，将使模型的反面面对用户。

3. 改变标准视图定向

有时在创建零件时没有考虑到视图的定向，当建好模型后才发现标准视图中的前视图不是所需要的视图，怎样改变这个标准视图使其成为用户所需要的视图呢？单击【方向】对话框中的(更新标准视图)按钮可以达到这一目的。如图 1-33 所示为将原零件前视图修改为俯视图的操作过程。

4. 视图调整

在建模过程中经常需要通过不同的角度或比例来观察模型，这就需要对视图不断地进行调整操作。【视图】工具栏中提供了 6 种调整视图的工具，分别是：上一视图、整屏显示全图，局部放大、放大或缩小、放大所选范围、旋转视图、平移，其功能如表 1-3 所示。

5. 模型显示方式

模型的显示方式有 12 种，单击【视图】工具栏中的按钮以对应的方式显示模型，如图 1-34 所示。

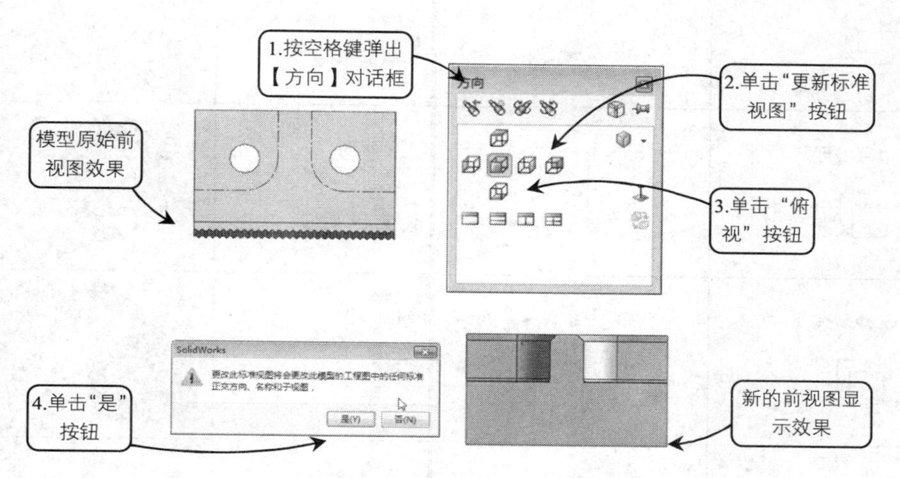

图 1-33　更改标准视图定向

表 1-3　视图工具及功能

名称	工具图标	功　　能
上一视图		显示上一视图
整屏显示全图		在绘图区中整屏显示模型全图
局部放大		放大鼠标指针拖动选取的范围
放大或缩小		动态缩放，按住鼠标左键向上，视图连续放大，向下连续缩小
放大所选范围		在图形区中整屏显示所选的模型对象
旋转视图		旋转视图，在旋转之前选中一个几何对象，旋转会围绕该对象进行
平移		移动视图

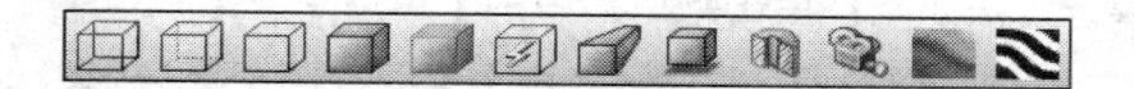

图 1-34　12 种视图显示方式工具

模型的显示方式及效果如表 1-4 所示。

表 1-4 模型的显示方式及效果

显示方式	显示效果	显示方式	显示效果
线架视图 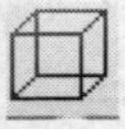	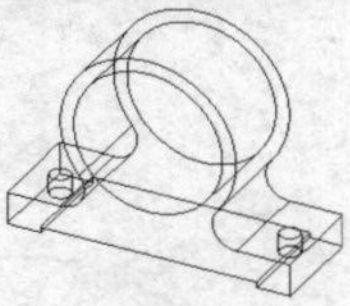	草稿品质 	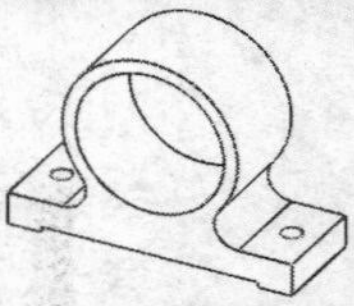
隐藏线可见 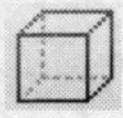	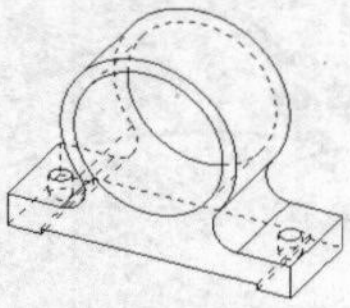	透视视图 	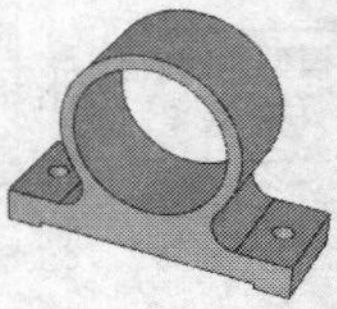
无隐藏线 	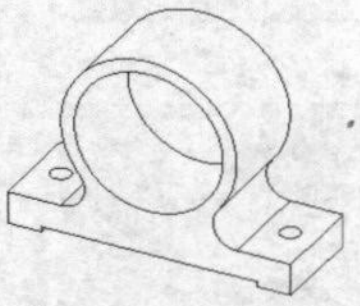	剖面视图 	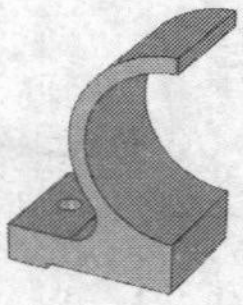
带边线上色 		相机视图 	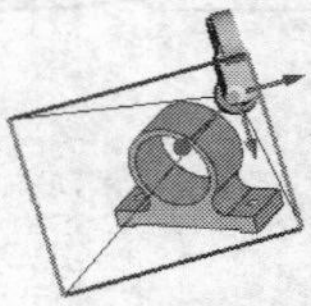
上色视图 		曲率视图 	
带阴影上色 		斑马条纹视图 	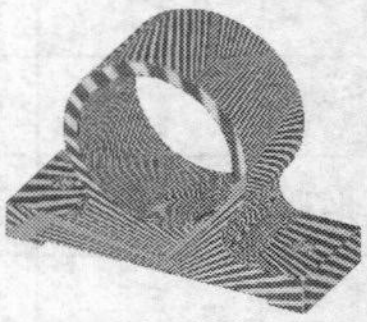

1.5.2 多窗口显示

1. 多窗口显示模型

模型多窗口显示的操作方法如下：单击菜单栏中的【窗口】|【视口】命令，系统弹出下级菜单，可以选择【单一视图】、【二视图-水平】、【二视图-竖直】、【四视图】等视图显示方式，如图 1-35 所示。图 1-36 所示是选择了【四视图】的模型显示方式。

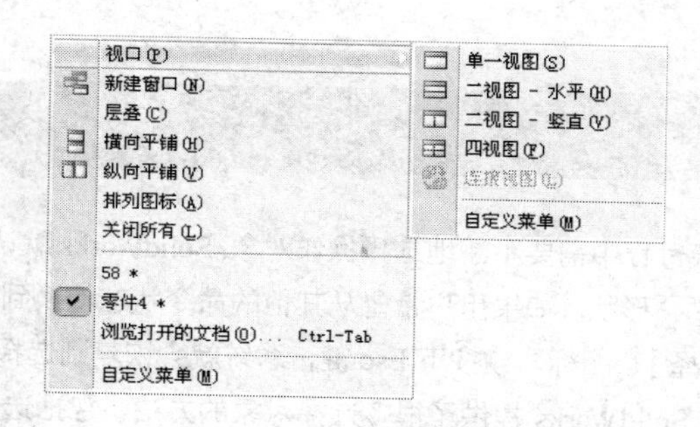

图 1-35　选择视图显示方式

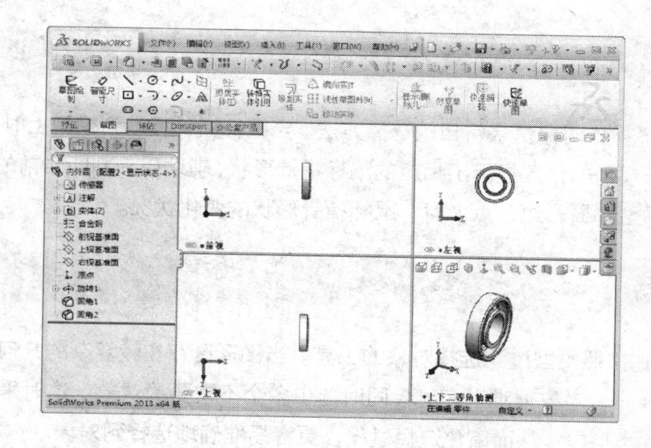

图 1-36　四视图显示模型

2. 显示多个文件窗口

当需要同时打开多个 SolidWorks 文件时，可以选择【窗口】菜单下的【层叠】、【横向平铺】、【纵向平铺】命令。如果每个文件都采用最大化窗口方式显示，可以按 Ctrl+Tab 键进行不同文件之间的切换。如图 1-37 所示为同时打开的两个文件，以纵向平铺方式显示文件的结果。

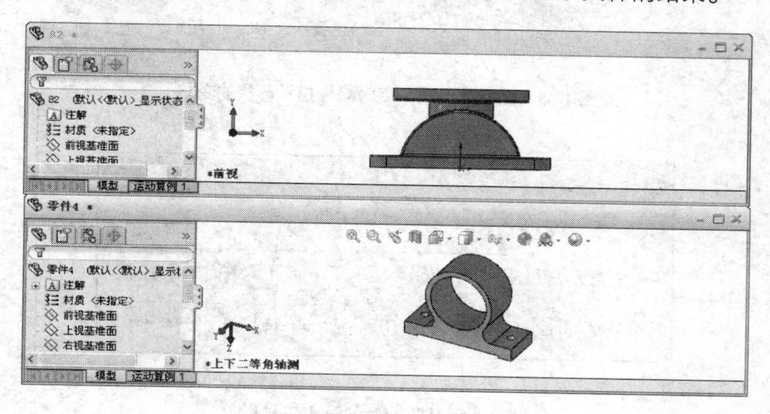

图 1-37　同时显示两个文件

1.6 选择对象

SolidWorks 2013 在建模过程中需要不断地选择操作对象。SolidWorks 默认的工作状态就是选择状态，此时鼠标指针形状为“箭头”形状。如果用户希望从其他的命令状态转换到选择命令状态。可以直接单击【标准】工具栏中的【选择】图标，或按下 Esc 键，系统就会恢复到选择命令。

为了正确地选择对象，SolidWorks 提供了很多选择对象的方法，包括选择类型显示、选择过滤器、选择其他等。

1.6.1 选择类型及方式

直接在模型上选择操作对象是最常用的选择方法。当鼠标指针移动到模型上时，SolidWorks 2013 就会根据鼠标指针所位于模型的位置显示出相应的鼠标指针形状，辅助用户判断当前的选择情况。如图 1-38 所示为鼠标指针位于模型的面、边、点上时，鼠标指针形状的变化状况。

1.6.2 选择过滤器

选择过滤器是一种按照类型过滤选择对象的工具。当图形区存在较复杂的几何实体、尺寸、注释等要素时，要准确地选择一个对象很难，有时会同时选中多个不需要的对象。这时采用选择过滤器可以将对象限制在一个特定的类型内，从而简化选择过程，更容易准确地选择到对象。

从【自定义】对话框插入选择过滤器工具栏，或者按下快捷键 F5，系统弹出【选择过滤器】工具栏，其中列出了各种过滤工具，如图 1-39 所示。

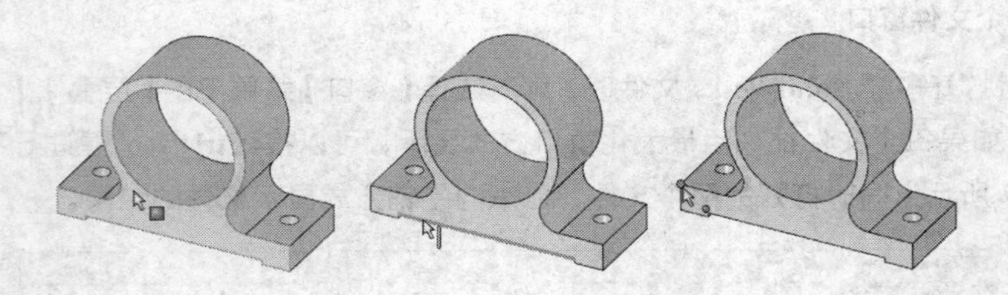

图 1-38　选择面、边、点时鼠标指针形状的变化

图 1-39　【选择过滤器】工具栏

【选择过滤器】工具栏中的各个按钮功能如表 1-5 所示。

表 1-5　【选择过滤器】工具栏中各个按钮的功能

按钮	功　能	按钮	功　能	按钮	功　能
	切换选择过滤器		过滤基准面		过滤基准特征
	消除所有过滤器		过滤草图点		过滤焊接符号
	选择所有过滤器		过滤草图线段		过滤焊缝
	逆转选择		过滤中间点		过滤基准目标
	过滤顶点		过滤中心符号		过滤装饰螺纹线
	过滤边线		过滤中心线		过滤块
	过滤面		过滤尺寸/孔标注		过滤销钉符号
	过滤曲面实体		过滤表面粗糙度符号		过滤连接点
	过滤实体		过滤形位公差		过滤步路点
	过滤基准轴		过滤注释/零件序号		

1.7 案例实战——新建文件并设置背景色

本实例新建一个 SolidWorks 零件文件，并改变其背景颜色，使读者熟悉 SolidWorks 2013 的工作界面和新建文件的基本操作，具体操作流程如下：

01 选择【开始】|【所有程序】| SolidWorks 2013 选项，或者双击桌面上的 SolidWorks 2013 的快捷方式图标，启动该软件。

02 选择【文件】|【新建】命令，或单击工具栏上的【新建】按钮。打开【新建 SolidWorks 文件】对话框。

03 选中【零件】图标单击【确定】按钮，在零件建模界面，选择【工具】|【选项】命令，选择【系统选项】选项卡中的【颜色】选项，在【背景外观】选项组中选中【渐变（顶部/底部渐变颜色在上）】单选按钮，如图 1-40 所示。

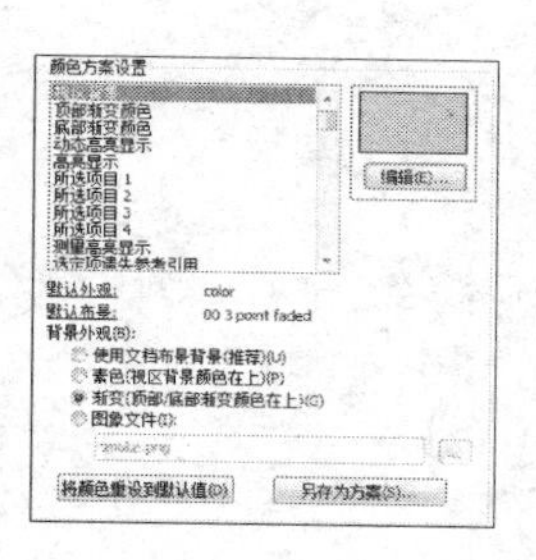

图 1-40　颜色方案设置

04 单击【确定】按钮，选择【文件】|【另存为】命令，弹出【另存为】对话框，如图 1-41 所

示，在【文件名】下拉列表框中输入“实例操作”，单击【保存】按钮，完成实例的操作。

图 1-41 【另存为】对话框

第2章 绘制草图

本章导读：

草图是创建特征的基础，大部分的实体及曲面特征是由一个或者多个草绘截面构成。因此，草图绘制在SolidWorks中占有重要地位，是使用该软件进行三维建模的基础。一个完整的草图包括几何形状、几何关系和尺寸标注等信息。

本章将重点介绍草图绘制、编辑、尺寸标注及其他生成草图的方法和技巧。

学习目标：

- 草图绘制概述
- 绘制基本草图
- 编辑草图
- 定义草图
- 草图的合法性检查与修复

2.1 草图绘制概述

在使用草图绘制命令前，首先要了解草图绘制的基本概念，以更好地掌握草图绘制和草图编辑的方法。本节主要介绍草图的基本操作，认识草图绘制工具栏，熟悉绘制草图时光标的显示状态等。

2.1.1 草图绘制的流程

无论草图复杂还是简单，创建及编辑草图都有特定的操作流程，读者应熟悉并理解创建及编辑草图的每一步操作流程，理清绘制的思路，这样可以避免大量的修改，绘制草图也将变得得心应手。

绘制草图的大致操作流程如下：

01 单击【草图】工具栏中的【草图绘制】按钮，然后选择平面或基准面作为草图绘制平面，进入草图绘制模式。

02 在【草图】工具栏中应用各种命令创建草图。

03 对绘制的草图添加相应的约束，包括尺寸约束与几何约束。

04 单击【草图】工具栏中的【退出草图】按钮，退出草图绘制模式，完成草图绘制操作。

2.1.2 进入草图绘制状态

草图必须绘制在平面上，这个平面可以是基准面，也可以是三维模型上的平面。初始进入草绘状态时，系统默认三个基准面：前视基准面、右视基准面和上视基准面，如图 2-1 所示，由于没有其他平面，因此零件的初始草图绘制是从系统默认的基准面上开始的。

绘制草图既可以先指定草图所在的平面，也可以先选择草图绘制按钮，具体根据实际情况灵活运用。下面分别介绍两种常用的进入草图绘制状态的操作方法。

1. 先指定草图所在平面方式

01 在特征管理器设计树中选择要绘制草图的基准面，即前视基准面、右视基准面或上视基准面中的一个面。

02 单击【标准视图】工具栏上的【正视于】按钮，使基准面旋转到正视于绘图者的方向。

03 单击【草图】工具栏上的【草图绘制】按钮，或者单击【草图】工具栏上要绘制的草图实体命令按钮，进入草图绘制状态。

2. 先选择草图绘制实体方式

01 选择【插入】|【草图绘制】命令，或者单击【草图】工具栏上的【草图绘制】按钮，或者直接单击【草图】工具栏上要绘制的草图实体命令按钮，此时绘图区域出现系统默认基准面。如图 2-2 所示，单击【标准视图】工具栏上的【等轴测】按钮，以等轴测方向显示基准面，便于观察。

02 单击绘图区域中的三个基准面之一作为合适的绘制图形平面，进入草图绘制状态。

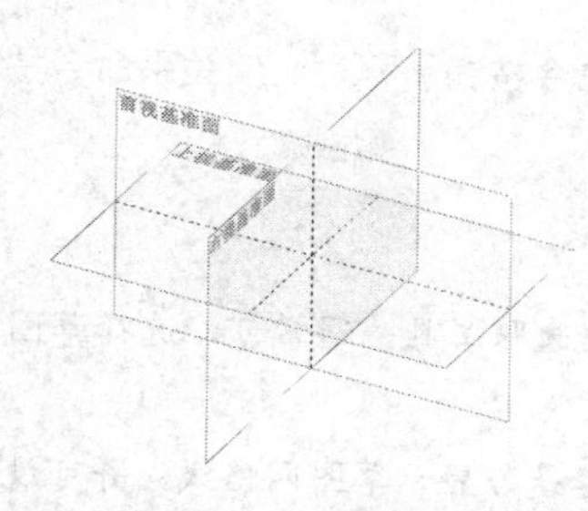

图 2-1 系统默认的基准面

图 2-2 系统默认的基准面

2.1.3 退出草图绘制状态

零件是由多个特征组成的，有些特征需要由一个草图生成，有些需要由多个草图生成，如扫描实体、放样实体等。因此草图绘制后，既可以建立特征，也可以退出草图绘制状态再绘制其他草图，然后再建立特征。退出草图绘制状态的方法主要有以下几种，在实际使用中要灵活运用。

1. 菜单方式

草图绘制后，选择【插入】|【退出草图】命令，退出草图绘制状态。

2. 工具栏命令按钮方式

单击【草图】工具栏上【退出草图】按钮，或者单击【标准】工具栏上的【重建模型】按钮，退出草图绘制状态。

3. 绘图区域退出图标方式

在进入草图绘制模式中，绘图区域右上角出现如图 2-3 所示的【退出】图标。单击图标将保存更改并退出，单击则放弃更改并退出。

2.1.4 草图绘制工具

常用的草图绘制工具显示在【草图】工具栏上，如图 2-4 所示。

图 2-3 退出草图

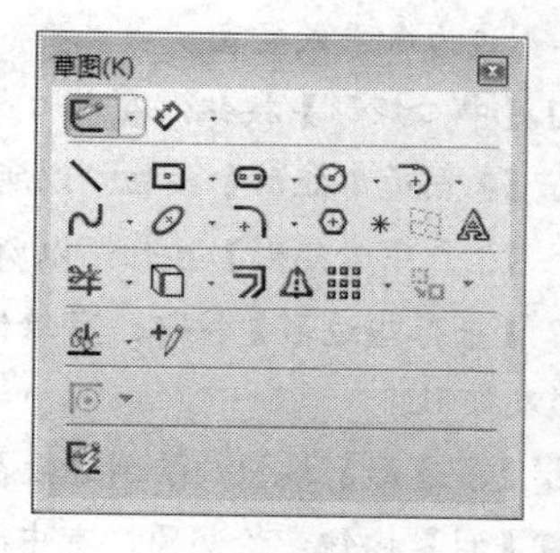

图 2-4 【草图】工具栏

提 示： SolidWorks 2013 默认的【草图】工具栏只显示了常用的一些工具按钮，如果需要添加更多的草图工具，可以在【自定义】对话框中进行设置。

草图绘制工具栏主要包括：草图绘制命令按钮、实体绘制命令按钮、标注几何关系命令按钮和草图编辑命令按钮，下面将分别介绍各按钮的含义和功能。

1. 草图绘制命令按钮

- 【选择】按钮：草图绘制命令的默认方式，是一种选取工具，通常可以选择草图实体、模型和特征的边线和面。也可以同时选择多个草图实体。
- 【网格线/捕捉】按钮：对激活的草图或工程图选择是否显示草图网格线，并可设定网格线显示和捕捉功能选项。网格间距和主网格间次网格数的选项适合于工程图中的标尺以及草图绘制和工程图网格线。
- 【草图绘制/退出草图】按钮：选择进入或者退出草图绘制状态。
- 【3D 草图】按钮：在三维空间中的任意点绘制草图实体，通常绘制的草图实体有圆、圆弧、矩形、直线、点及样条曲线。
- 【基准面上的 3D 草图】按钮：在 3D 草图中添加基准面后，添加或修改该基准面的信息，包括几何关系信息和参数信息等。
- 【移动实体】按钮：在草图和工程图中选择一个或多个草图实体并将其移动。该操作不生成几何关系。
- 【旋转实体】按钮：在草图和工程图中选择一个或多个草图实体并将其旋转。该操作不生成几何关系。
- 【按比例缩放实体】按钮：在草图和工程图中选择一个或多个草图实体并将其按比例缩放。该操作不生成几何关系。
- 【复制实体】按钮：在草图和工程图中选择一个或多个草图实体并将其复制。该操作不生成几何关系。
- 【修改草图】按钮：用来移动、旋转或按比例缩放整个草图。
- 【移动时不求解】按钮：在不解除尺寸或几何关系的情况下，从草图中移出草图实体。

2. 实体绘制工具命令按钮

- 【直线】按钮：以起点、终点方式绘制一条直线，绘制的直线可以作为构造线使用。
- 【边角矩形】按钮：绘制标准矩形草图，通常以对角线的起点和终点方式绘制一个矩形，其一边为水平或竖直。
- 【中心矩形】按钮：在中心点绘制矩形草图。
- 【3 点边角矩形】按钮：以所选的角度绘制矩形草图。
- 【3 点中心矩形】按钮：以所选的角度绘制带有中心点的矩形草图。
- 【平行四边形】按钮：可绘制一个标准的平行四边形及生成边不为水平或竖直的平行四边形及矩形。
- 【多边形】按钮：绘制边数在 3～40 之间的等边多边形。
- 【圆】按钮：绘制圆，有中心圆和周边圆两种方式。以先指定圆心，然后拖动鼠标确定半径的方式绘制的圆为中心圆；以指定圆周上点的方式绘制的圆为周边圆。
- 【圆心/起/终点画弧】按钮：以顺序指定圆心、起点以及终点的方式绘制一个圆弧。
- 【切线弧】按钮：绘制一条与草图实体相切的弧线，绘制的弧线可以根据草图实体自动确认是法向相切还是径向相切。

- 【3点圆弧】按钮：以顺序指定起点、终点以及中点的方式绘制一个圆弧。
- 【椭圆】按钮：该命令用于绘制一个完整的椭圆，以先指定圆心，然后指定长短轴的方式绘图。
- 【部分椭圆】按钮：该命令用于绘制一个部分椭圆，以先指定中心点，然后指定起点及终点的方式绘制。
- 【抛物线】按钮：该命令用于绘制一条抛物线，以先指定焦点，然后拖动鼠标确定焦距，再指定起点及终点的方式绘制。
- 【锥形曲线】按钮：锥形曲线是SolidWorks2013新增的草图元素，先定曲线两个端点，然后控制曲线的形状为抛物型、椭圆型或双曲型。
- 【样条曲线】按钮：该命令用于绘制一条样条曲线，通过指定不同路径上的两点或者多点绘制，绘制的样条曲线可以在指定端点处相切。
- 【曲面上的样条曲线】按钮：该命令用于在曲面上绘制一条样条曲线，可以沿曲面添加和拖动点的生成。
- 【点】按钮：该命令用于绘制一个点，该点可以绘制在草图或者是工程图中。
- 【中心线】按钮：绘制中心线。使用中心线生成对称草图实体、旋转特征或作为改造几何线。
- 【文字】按钮：绘制文字。可在面、边线及草图实体上绘制文字。

3. 草图编辑工具命令

- 【构造几何线】按钮：将草图或者工程图中的草图实体转换为构造几何线，构造几何线的线型和中心线相同。
- 【绘制圆角】按钮：在两个草图实体的交叉处剪裁掉角部，从而生成一个切线弧。
- 【绘制倒角】按钮：在所选边线上生成一倾斜线特征。
- 【等距实体】按钮：通过以一指定距离等距面、边线、曲线或草图实体来添加草图实体。
- 【转换实体引用】按钮：将模型上所选的边线或草图实体转换为草图实体。
- 【交叉曲线】按钮：该命令将在基准面和曲面或模型面、两个曲面、曲面和模型面、基准面和整个零件、曲面和整个零件的交叉处生成的草图交叉曲线。
- 【面部曲线】按钮：从面或曲面提取ISO参数曲线，该命令功能的应用包括为输入的曲面提取曲线，然后使用面部曲线进行局部清除。如果执行面部曲线命令时正在编辑三维草图，那么所有提取的曲线都将添加到激活的三维草图。
- 【延伸实体】按钮：执行该命令可以将草图实体包括直线、中心线或者圆弧的长度，延伸至与另一个草图实体相遇。
- 【分割实体】按钮：将一个草图实体以一定的方式分割以生成两个草图实体。
- 【裁剪实体】按钮：裁剪草图实体以使之与另一实体重合或删除一草图实体。
- 【镜向实体】按钮：沿中心线或直线镜向所选的实体。
- 【线性草图阵列】按钮：添加草图实体的线性阵列。
- 【圆周草图阵列】按钮：添加草图实体的圆周阵列。

2.1.5 草图对象的选择

选择是 SolidWorks 默认的工作状态，草图环境也不例外。进入草图绘制环境后，【标准】工具栏中的【选择】图标处于激活状态，鼠标指针形状为，只有在选择其他命令后，【选择】按钮才暂时关闭。

1. 选择预览

“选择”是进行绘图操作的基础，在编辑草图实体对象之前要先选定操作的对象。SolidWorks 中【选择】命令提供了许多方便的选择对象的交互手段。当指针接近被选择的对象时，该选择对象为红色，说明鼠标已拾取到对象，这种功能称为选择预览。此时单击鼠标就可以选中对象，选中后对象会显示绿色，说明此对象已被选中。当选择不同类型的对象时，鼠标指针就会显示出不同的形状，表 2-1 列举了草图实体对象类型与鼠标指针对应关系。

表 2-1 草图实体对象类型与鼠标指针的对应关系

选择对象类型	鼠标指针	选择对象类型	鼠标指针
直线		抛物线	
端点		样条曲线	
面		圆和圆弧	
基准面		点和原点	
椭圆		草图文字	

2. 选择多个操作对象

很多操作需要同时选择多个对象，可以采用两种选择方法：

➢ 按住 Ctrl 键不放，依次选择多个草图实体。

➢ 按住鼠标左键不放，拖拽出一个矩形，矩形所包围的草图实体都被选中。

第一种方法的可控性强，而第二种方法更为快捷。若要取消已经选择的对象，使其恢复到未选择状态，同样可以在按住 Ctrl 的同时再次选择要取消的对象即可。

同 AutoCAD 一样，框选对象时，根据鼠标指针拖动方向的不同，可得到不同的选择结果：

➢ 由左向右拖动鼠标框选草图实体，选框显示为实线，框选的草图实体只有完全被框选住才能被选中；

➢ 由右向左拖动鼠标框选草图实体，选框显示为虚线，只要草图实体有部分在选框内，该草图实体即被选中，如图 2-5 所示。

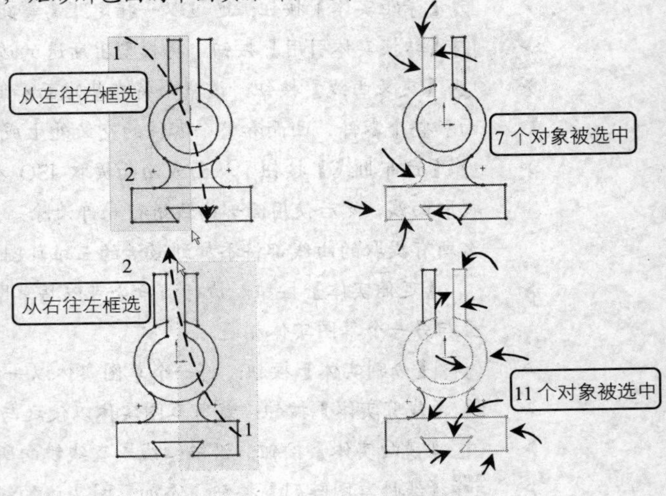

图 2-5 不同框选方式的不同结果

2.1.6 草图绘制的智能引导

SolidWorks 2013 提供的智能引导功能，主要是推理线和推理指针。形象的指针样式提供了有关指针的当前任务、位置和自动几何关系的反馈，而推理线则将指针与已经绘制的直线或点对齐，或将指针与现有的模型几何体对齐。

部分推理指针样式及其含义见表 2-2。

表 2-2　推理指针样式及其含义

推理指针样式	含　义
	捕捉到直线或曲线的中点
	捕捉到直线或曲线的端点
	捕捉到线上
	以曲线端点作为绘制直线的起点，当移动指针时显示相切标志，虚线指示所绘制直线是曲线相切或垂直
	绘制一条竖直线，推理线显示对齐状态
	绘制一条已有直线的垂直线，新直线的起点与终点之间的连线与已有直线大致垂直时，出现垂直标志
	说明新绘制草图实体与已有草图实体的端点相互对齐，以推理线显示对齐状态
	先选择已有直线，再绘制一条新直线，当该直线与已有直线接近平行时，出现平行标志
	捕捉到线与线的交叉点

时刻关注系统所提供的信息反馈，是运用好 SolidWorks 的一个良好习惯。用户根据这些信息，可以查看当前进行的工作和决定下一步工作，以便顺利完成各种绘制任务。

注 意： 若要临时取消推理指针和推理线，可在绘制草图时按住 Ctrl 键，这样也不会自动添加几何约束关系。

2.1.7 设置草图绘制环境

SolidWorks 2013 提供了许多草图绘制辅助工具，包括捕捉、网格等，这些工具有利于草图的绘制。下面具体介绍草图绘制环境的设置。

单击菜单栏中的【工具】|【选项】命令，系统弹出【系统选项】对话框，在【草图】项目中集中了关于草图绘制的各种环境设置，如图 2-6 所示为系统默认的设置。

另外在草图处于编辑状态时，在主菜单栏上的【工具】菜单中还有一个【草图设定】子菜单。其中包括设定草图绘制方式的相关命令，如图 2-7 所示。

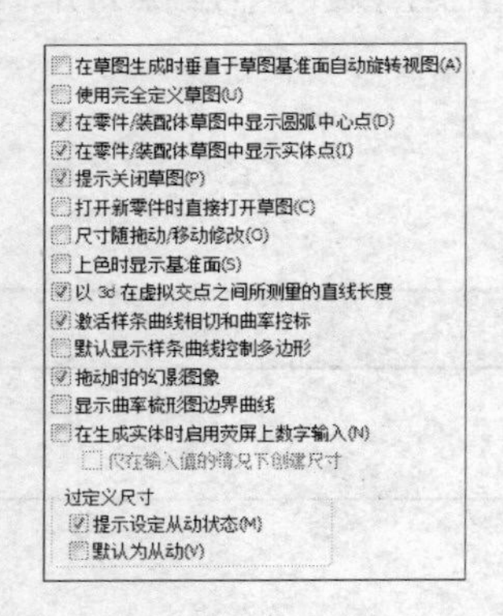

图 2-6 草图的默认设置

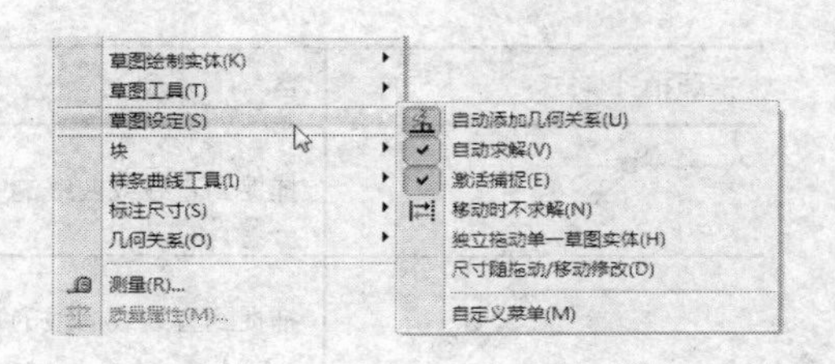

图 2-7 【工具】菜单中的草图设定

“自动添加几何关系”、“自动求解”和“激活捕捉”是 SolidWorks 2013 的默认设置。如果用户需要，可以单击选择或取消某项，以打开或关闭相应的功能。

注 意：如果在改变了“系统选项”选项卡或者“文件属性”选项卡的设置后，希望应用系统的默认设置。单击【重设】按钮，出现如图 2-8 所示的系统提示框，选择【重设所有】或【重设此页面】，使选项恢复到系统出厂设置。

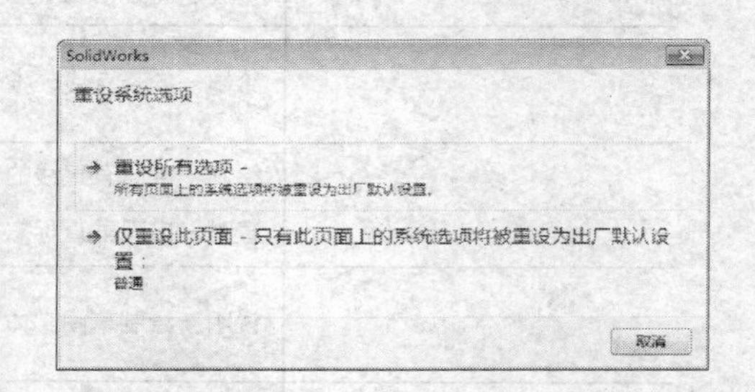

图 2-8 系统提示框

2.2 绘制基本草图

基本草图通常由若干常用的几何图形组成，常见的如直线、矩形、圆、圆弧、椭圆、样条曲线、点、文字等几何形式。掌握好这些基本草图绘制的方法，即可通过这些几何元素组成成任何形式的草图截面。

2.2.1 设置动态尺寸

动态尺寸是 SolidWorks2013 新增的草图尺寸输入功能，在之前版本的 SolidWorks 中，只能先绘制草图实体，再才能添加尺寸约束。新增的动态尺寸功能，能够在绘制实体的同时，输入尺寸参数。如图 2-9 和图 2-10 所示，分别是绘制圆和矩形时的动态尺寸显示，在尺寸数值栏输入数值，然后按 Enter 键，实体的大小自动改变。如果实体含有多个尺寸参数（如图 2-10 所示的矩形），按 Tab 键可以在参数之间来回切换。

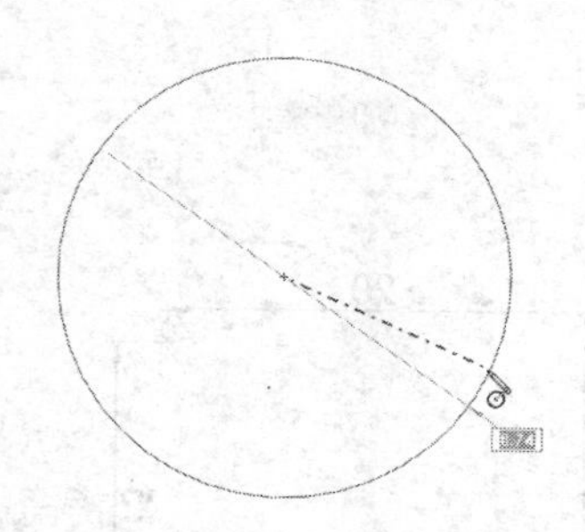

图 2-9 圆的动态尺寸显示

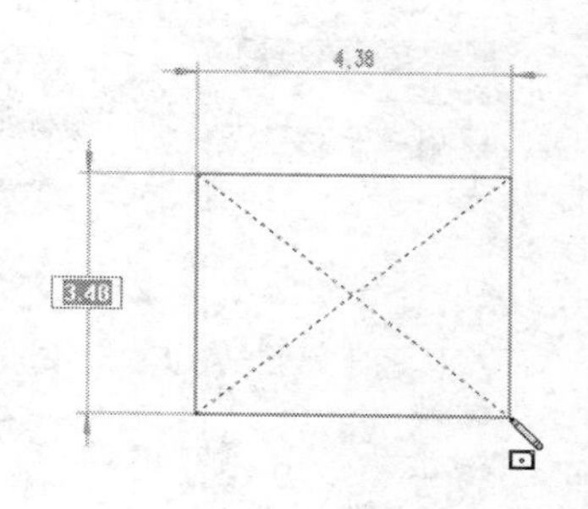

图 2-10 矩形的动态尺寸显示

如果要启用动态尺寸功能，需要在系统选项中设置，在系统选项列表中选择【草图】选项，然后勾选【在生成实体时启用荧屏上数字输入】。

2.2.2 点

点在草图中只起参考作用，绘制直线、圆弧、样条曲线等几何时，都可以参照点几何来创建。

1. 操作界面

单击【草图】工具栏上的✳【点】按钮，或者选择【工具】|【草图绘制实体】|【点】命令，在绘图区任意绘制一个点，系统弹出一个【点】对话框，如图 2-11 所示。

在【点】对话框中，各选项的含义如下：

- 现有几何关系⊥：显示草图绘制过程中自动推理或使用添加几何关系命令手工生成的几何关系，当在列表框中选择一个几何关系时，在图形区域中的标注被高亮显示。
- 信息❶：显示所选草图实体的状态，通常有欠定义、完全定义等。
- 添加几何关系：列表框中显示的是可以添加的几何关系，单击选择需要的选项即可添加几何关系，点常用的几何关系为固定几何关系。
- X 坐标：在后面的微调框中输入点的 X 坐标。
- Y 坐标：在后面的微调框中输入点的 Y 坐标。

2. 实例示范

绘制点的具体操作方法如下：

01 选择适合的基准面，利用前面介绍的命令进入草图绘制状态。

02 选择【工具】|【草图绘制实体】|【点】命令，或者单击【草图】工具栏上的✳【点】按钮，光标变成形状。

03 在绘图区域需要绘制点的位置单击，确认绘制点的位置，此时绘制点命令继续处于激活状态，可以继续绘制点。

04 单击【草图】工具栏上的【退出草图】按钮，或者按下 Esc 键退出草图绘制状态。

如图 2-12 所示为利用绘制点命令绘制的偏移坐标系（20，15）的草图点。

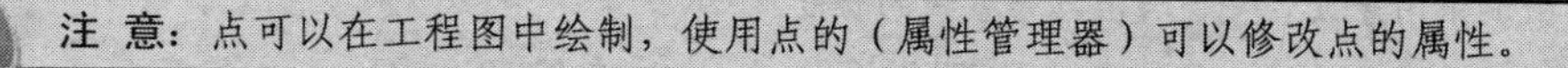

注 意：点可以在工程图中绘制，使用点的（属性管理器）可以修改点的属性。

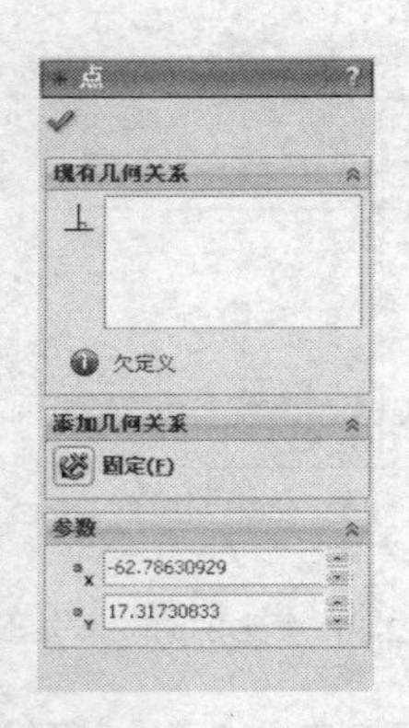

图 2-11 【点】对话框

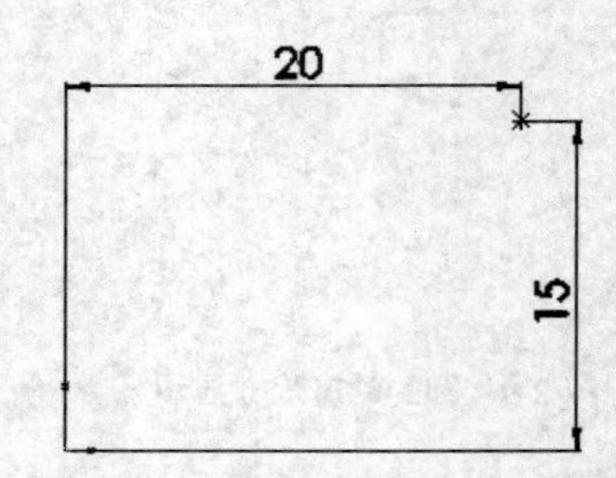

图 2-12 绘制的坐标为（20，15）的草图点

2.2.3 直线和中心线

在组成草图截面的几何元素中，以直线和圆弧两种系列的几何最为常见。只要涉及直线形态的特征，都可以使用直线。而中心线多用于特征参照，如对称草图、镜向草图等场合。在绘图窗口中，直线和中心线分别使用不同的线型表示。

1. 绘制直线操作界面

单击【草图】工具栏上的╲【直线】按钮，或者选择【工具】|【草图绘制实体】|【直线】命令，即打开【插入线条】对话框，如图 2-13 所示。

在【插入线条】对话框中，各选项的含义如下：

- 按绘制原样：绘制一条任意方向的直线。
- 水平：选中该单选按钮绘制直线时，将以指定的长度在水平方向绘制直线，光标附近出现水平直线图标符号|—|。
- 竖直：选中该单选按钮绘制直线时，以指定的长度在竖直方向绘制直线，光标附近出现垂直直线图标符号|。
- 角度：选中该单选按钮绘制直线时，以预设的角度和长度方式绘制直线，光标附近出现角度直线图标符号╲。
- 作为构造线：勾选该项后，绘制的直线为一条构造线。
- 无限长度：绘制无限长度的直线。
- 添加尺寸：设置是否将动态尺寸标注到直线上，注意只对手工输入的动态尺寸有效。如果此项承灰色，不能编辑，说明在系统选项中勾选了【仅在输入值的情况下创建尺寸】。

直线绘制完成后，在图形区域中选择绘制的直线，属性管理器中会弹出【线条属性】的属性设置，以编辑该直线的相关属性。

【线条属性】对话框比【插入线条】对话框多出一个【参数】选项组，如图 2-14 所示，该选项组两个参数的含义如下：

- ⤢：该微调框用于设置一个数值作为直线的长度。
- ∟：该微调框用于设置一个数值作为直线的角度。

直线通常有两种绘制方式，即拖动式和单击式。拖动式是在绘制直线的起点，按住鼠标左键不放拖动鼠标，直到直线终点放开；单击式是在绘制的起点单击，然后在直线终点单击。

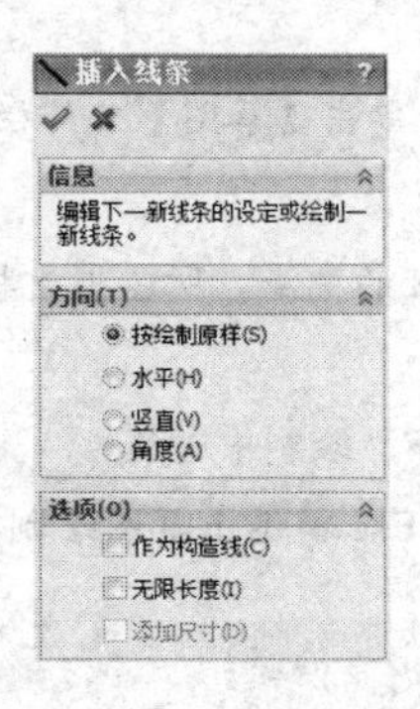

图 2-13　【插入线条】对话框

图 2-14　【参数】选项组

2. 绘制中心线操作界面

单击【草图】工具栏上的【中心线】按钮，或者选择【工具】|【草图绘制实体】|【中心线】命令，即打开【插入线条】对话框，如图 2-15 所示。中心线的各参数的设置与直线相同，只是在【选项】选项组中将选中【作为构造线】复选框作为默认设置。

3. 实例示范

下面以绘制如图 2-16 所示的草图为例，介绍绘制直线和中心线的操作方法。

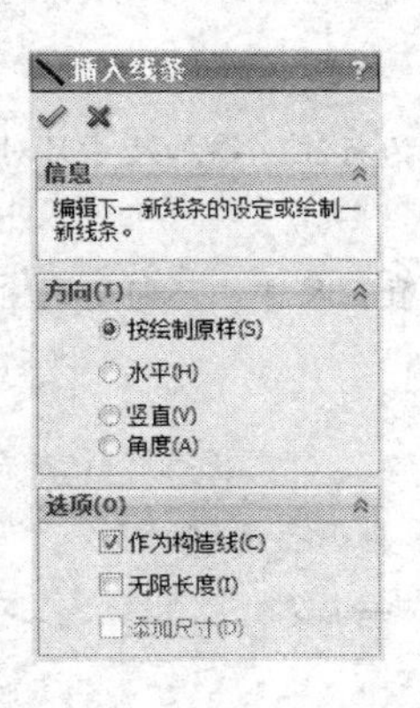

图 2-15　【插入线条】对话框

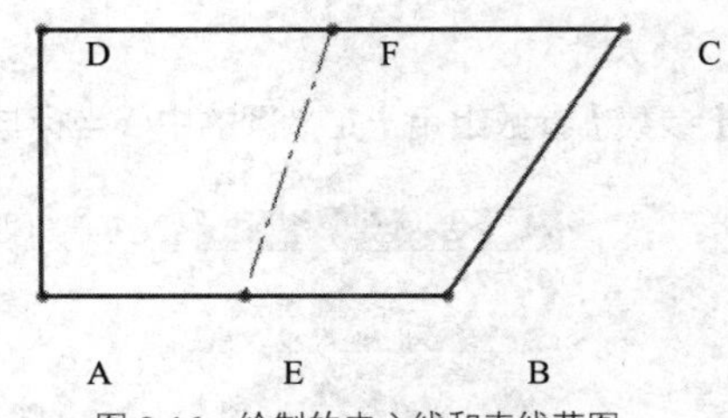

图 2-16　绘制的中心线和直线草图

01 在草图绘制状态下，选择【工具】|【草图绘制实体】|【直线】命令，或者单击【草图】工具栏上的╲【直线】按钮。

02 在绘图区域单击确定直线的起点 A，然后移动鼠标指针到图中合适的位置，由于直线 AB 为水平直线，所以当光标附近出现符号━时，单击确定直线 AB 的终点 B。

03 向右上移动鼠标指针，与直线 AB 成任一角度在 C 点位置单击鼠标，确定直线 BC 的终点 C。

04 水平向左移动鼠标指针，由于直线 CD 水平且 A 点和 D 点呈竖直分布，所有当光标附近出现符号━ |时，单击确定直线 CD 的终点 C。

05 移动鼠标指针到点 A，由于直线 DA 是一条直线，在光标附近出现符号╲，单击点 A，完成直线 DA 的绘制。

06 按 Esc 键退出或在点 A 上双击，结束直线命令。

07 选择【工具】|【草图绘制实体】|【中心线】命令，或者单击【草图】工具栏上的【中心线】按钮，绘制中心线。

08 在绘图区移动鼠标至线段 AB 的附近，由于点 E 为线段 AB 的中点，所以当光标附近出现符号【中心点】时单击，确定中心线的起点 E。

09 以同样的方法在线段 CD 的中点，单击确定中心线的终点 F，绘制中心线

10 单击【草图】工具栏上的【退出草图】按钮，或者按下 Esc 键退出草图绘制状态。

2.2.4 圆和圆弧

圆和圆弧也是草图中最常用的几何之一，在创建各种圆形特征时都会用到圆形。

1. 绘制圆操作界面

单击【草图】工具栏上的【圆】按钮，或选择【工具】|【草图绘制实体】|【圆】命令，即弹出【圆】对话框，如图 2-17 所示，圆的绘制方式有中心圆和周边圆两种，绘制圆以后，【圆】对话框如图 2-18 所示。

在【圆】对话框中，【圆类型】参数组的含义如下：

- 中心圆：通过定义圆心与圆周点绘制圆。
- 周边圆：通过定义三个圆周点绘制圆。

【选项】参数组：

- 【添加尺寸】：设置绘制之后是否添加动态输入的尺寸作为标注。添加尺寸只对手动输入的尺寸有效。
- 【直径尺寸】：设置动态尺寸的类型，勾选则输入并显示直径尺寸，不勾选则输入并显示半径尺寸。

【参数】参数组用于定义圆的中心坐标与圆的坐标大小。

图 2-17 【圆】对话框 1

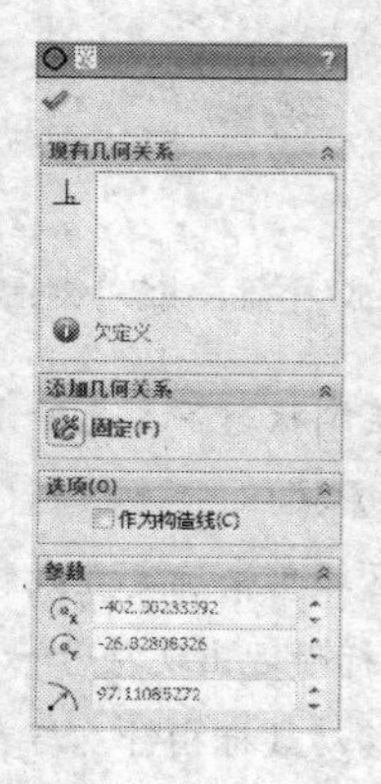

图 2-18 【圆】对话框 2

2. 绘制中心圆实例示范

01 在草图绘制状态下，选择【工具】|【草图绘制实体】|【圆】命令，或者单击【草图】工具栏上的【圆】按钮，开始绘制圆。

02 在【圆类型】选项组中，单击【中心圆】按钮，在绘图区域某一点单击确定圆的圆心。

03 移动鼠标光标拖出一个圆，然后在动态参数栏输入圆的半径。

04 单击【圆】对话框中的【确定】按钮，完成圆的绘制。

绘制过程如图 2-19 所示。

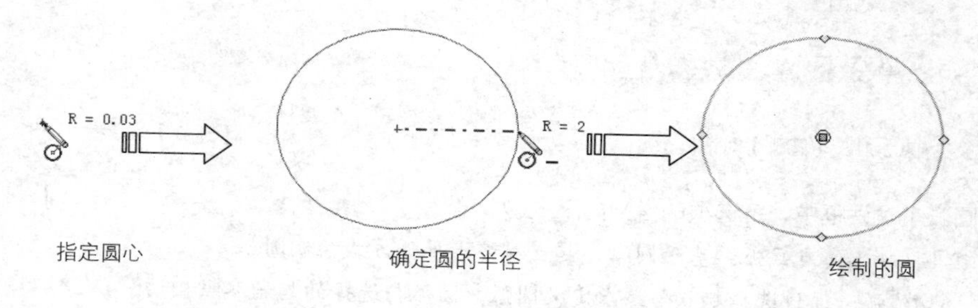

图 2-19 中心圆的绘制过程

3. 绘制周边圆实体示范

01 在草图绘制状态下，选择【工具】|【草图绘制实体】|【圆】命令，或者单击【草图】工具栏上的【圆】按钮，开始绘制圆。

02 在【圆类型】选项组中，单击【周边圆】按钮，在绘图区域依次在三个点单击，确定圆上三点，圆即被确定。

03 单击【圆】对话框中的【确定】按钮，完成圆的绘制。

绘制过程如图 2-20 所示。

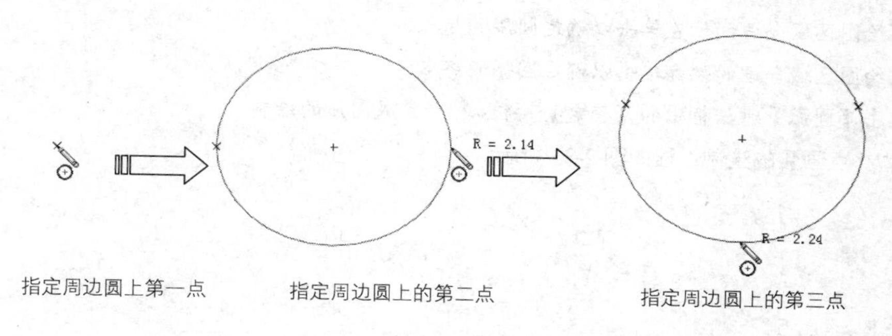

图 2-20 周边圆的绘制过程

4. 绘制圆弧操作界面

单击【草图】工具栏上的【圆弧】按钮，或选择【工具】|【草图绘制实体】|【圆弧】命令，即打开【圆弧】对话框，如图 2-21 所示。

圆弧的绘制方式有圆心/起/终点画弧、切线弧和三点圆弧两种，绘制圆弧以后，【圆弧】对话框如图 2-22 所示。

图 2-21 【圆弧】对话框 1

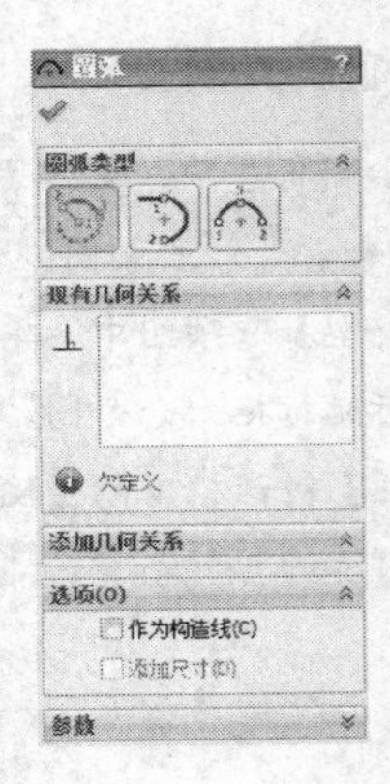

图 2-22 【圆弧】对话框 2

在【圆弧】对话框中，各选项的含义如下：

- ➢ 圆心/起/终点画弧：基于圆心、起点和终点画弧方式绘制圆弧。
- ➢ 切线弧：通过选择起点与终点定义圆弧，圆弧与选择的起始参照相切。
- ➢ 三点圆弧：基于圆弧起点、终点和中点绘制圆弧。

其他选项组参数可以参考前面的介绍方法进行设置。

5. 绘制圆弧实例示范

❑ 圆心/起/终点画弧

圆心/起/终点画弧的操作方法如下：

01 在草图绘制状态下，单击【草图】工具栏上的【圆心/起/终点画弧】按钮，或选择【工具】|【草图绘制实体】|【圆心/起/终点画弧】命令，开始绘制圆弧。

02 在绘图区域单击确定圆弧的圆心。

03 在绘图区域合适的位置单击以确定圆弧的起点。

04 在绘图区域合适的位置单击以确定圆弧的终点。

05 单击【圆弧】对话框中的【确定】按钮，完成圆弧的绘制。

圆心/起/终点画弧的绘制过程如图 2-23 所示。

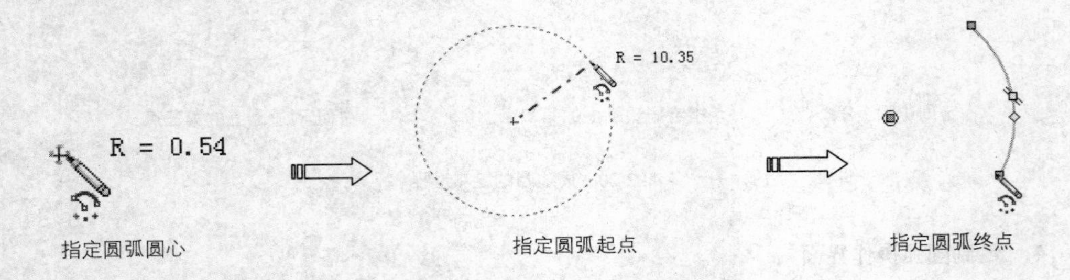

图 2-23 圆心/起/终点画弧的绘制过程

❑ 绘制切线弧

绘制切线弧的操作方法如下：

01 在草图绘制状态下，单击【草图】工具栏上的【切线画弧】按钮，或选择【工具】|【草图绘制实体】|【切线画弧】命令，开始绘制圆弧。

02 在已经存在的草图实体端点处单击，如图 2-24 所示。

03 按住鼠标左键不放拖动到绘图区域中合适的位置确定切弧线的终点，单击确认。

04 单击【圆弧】对话框中的【确定】按钮，完成圆弧的绘制。

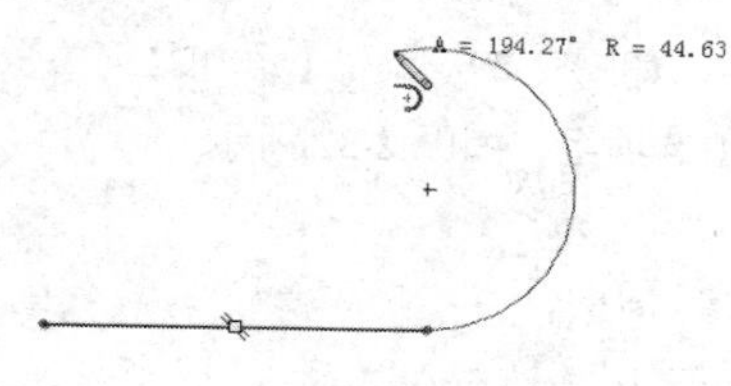

图 2-24　绘制的切线弧

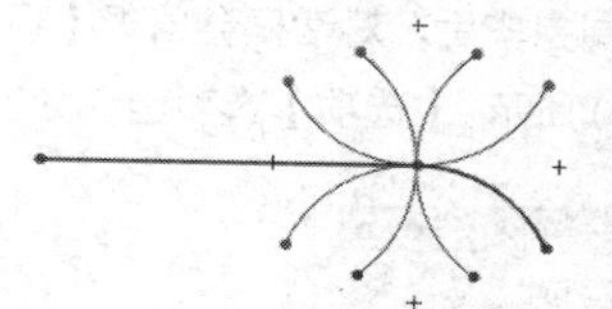

图 2-25　切线弧 8 种可能的结果

注　意： 绘制切线弧时，SolidWorks 可以通过鼠标指针的移动来推理用户是需要切线弧还是法线弧，共有 4 个目的区，具有如图 2-25 所示的 8 种可能结果。沿相切方向移动鼠标指针将生成切线弧；沿着垂直方向移动鼠标指针将生成法线弧。可以通过返回到端点，然后向新的方向移动鼠标指针在切线和法线弧之间进行切换。

❑　绘制三点圆弧

绘制三点圆弧的操作方法如下：

01 在草图绘制状态下，单击【草图】工具栏上的【3 点圆弧】按钮，或选择【工具】|【草图绘制实体】|【三点圆弧】命令，开始绘制圆弧。

02 在绘图区域合适位置单击，确定圆弧的起点。

03 拖动鼠标指针到绘图区域中合适的位置，单击确认圆弧终点的位置。

04 拖动鼠标指针到绘图区域中合适的位置，单击确认圆弧上一点的位置。

05 单击【圆弧】对话框中的【确定】按钮，完成圆弧的绘制。

三点圆弧的绘制过程如图 2-26 所示。

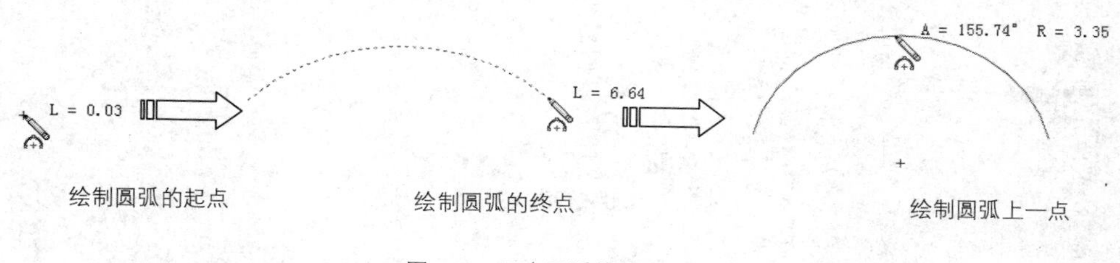

图 2-26　三点圆弧的绘制过程

2.2.5 矩形和多边形

矩形和多边形也是由直线构成，并且可以单独修改各条直线。但为了提高绘图的效率，通常不会以直线的形式来创建矩形或多边形。

1．绘制矩形操作界面

单击【草图】工具栏上的【矩形】按钮，也可以选择【工具】|【草图绘制实体】|【矩形】命令，即打开【矩形】对话框，如图 2-27 所示。矩形类型有 5 种，分别是：边角矩形、中心矩形、三点边角矩形、三点中心矩形和平行四边形。当执行【中心矩形】或【三点中心矩形】命令时，参数栏有【中心点】参数，如图 2-28 所示。

矩形绘制完毕后，对话框会出现【现有几何关系】选项组，如图 2-29 所示；【添加几何关系】选项组，如图 2-30 所示；【选项】选项组，如图 2-31 所示；【参数】选项组，如图 2-32 所示。

图 2-27 【矩形】对话框

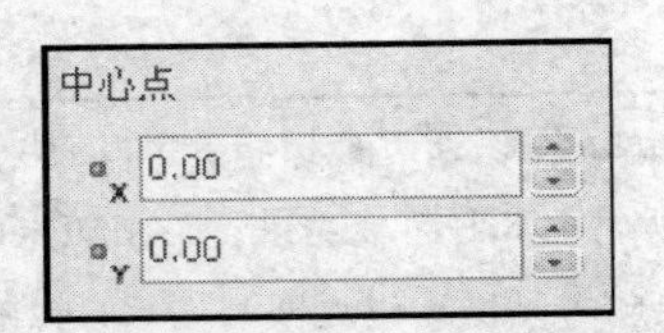

图 2-28 【中心点】选项组

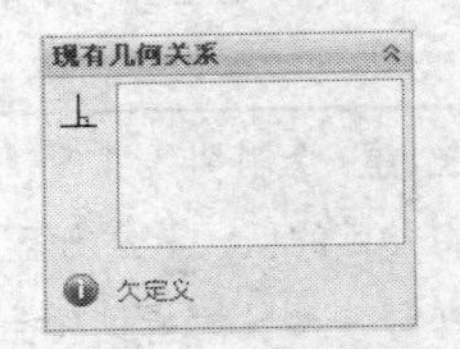

图 2-29 现有几何关系选项组

在【矩形】对话框中，各选项的含义如下：

❑ 【矩形】选项组

边角矩形：通过定义两个对角点绘制标准矩形草图。

中心矩形：通过定义矩形中心与角点绘制矩形。

3 点边角矩形：通过定义矩形上的三个角点绘制一个矩形。

3 点中心矩形：通过定义矩形的中心、长度及宽度方向上的两点绘制矩形。

平行四边形：通过定义三点绘制标准平行四边形草图。

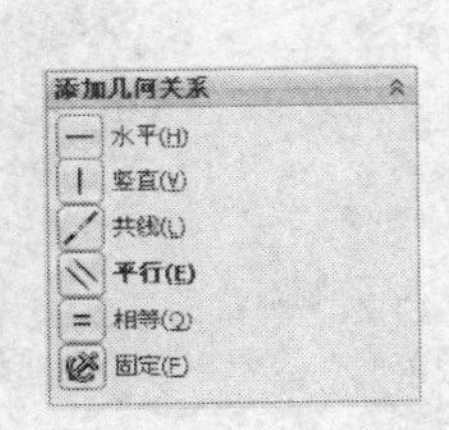

图 2-30 添加几何关系选项组

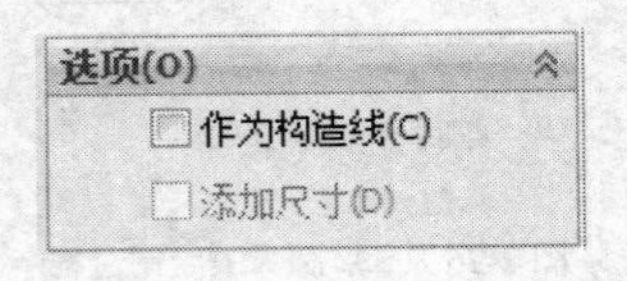

图 2-31 【选项】选项组

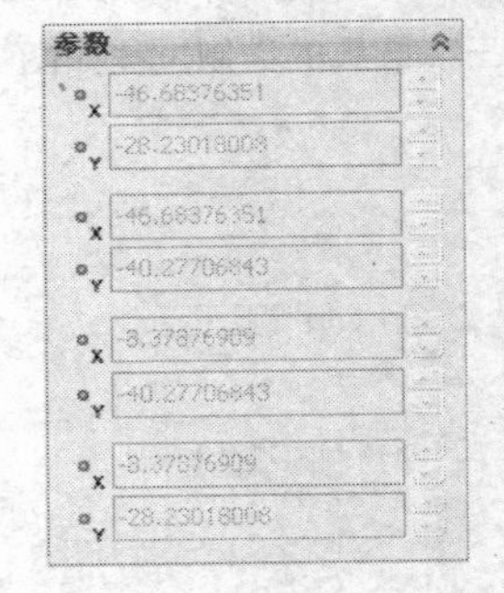

图 2-32 【参数】选项组

❑ 【中心点】选项组

：在后面的微调框中输入点的 X 坐标。

：在后面的微调框中输入点的 Y 坐标。

❑ 【现有几何关系】选项组

该选项组用于显示已有的几何关系与草图的状态信息。

上：显示草图绘制过程中自动推理或使用添加几何关系命令手工生成的几何关系，当在列表中选择一几何关系时，在图形区域中的标注被高亮显示。

❶：显示所选草图实体状态，通常有欠定义、完全定义等。

❑ 【添加几何关系】选项组

用于对所选实体添加几何关系，如垂直或水平等。

—：选择一条或多条直线，或者两个或多个点，所选择的直线会变成水平，点会水平对齐。

|：选择一条或多条直线，或者两个或多个点，所选择的直线会变成竖直，点会竖直对齐。

/：选择两条或多条直线，使所选择的直线位于同一条无限长的直线上。

\\：选择两条或多条直线，使所选择的直线相互平行。

=：使矩形的 4 条边相等。

☑：使矩形的位置固定。

❑ 【选项】选项组

作为构造线：选中该复选框，则生成的矩形将作为构造线，否则生成矩形草图实体。

添加尺寸：将动态输入的尺寸标注到矩形上。

❑ 【参数】选项组

X、Y 坐标会成组出现，用于设置绘制矩形的 4 个角点的坐标。

2. 绘制矩形实例示范

绘制矩形的操作方法如下：

01 选择【工具】|【草图绘制实体】|【矩形】命令，或者单击【草图】工具栏上的□【矩形】按钮，此时光标变为形状。

02 在系统弹出的【矩形】对话框的【矩形类型】选项组中选择绘制矩形的类型。

03 在绘图区域中根据选择的矩形类型绘制矩形。

04 单击【矩形】对话框中的【确定】按钮✔，完成矩形的绘制。

注 意：在绘制矩形时，SolidWorks 应用程序默认的矩形类型为上一次使用过的矩形类型。

3. 绘制多边形操作界面

绘制多边形命令用于绘制 3～40 条边之间的等边多边形。单击【草图】工具栏上的【多边形】按钮，也可以选择【工具】|【草图绘制实体】|【多边形】命令，即打开【多边形】对话框，如图 2-33 所示。

下面具体介绍各参数的设置。

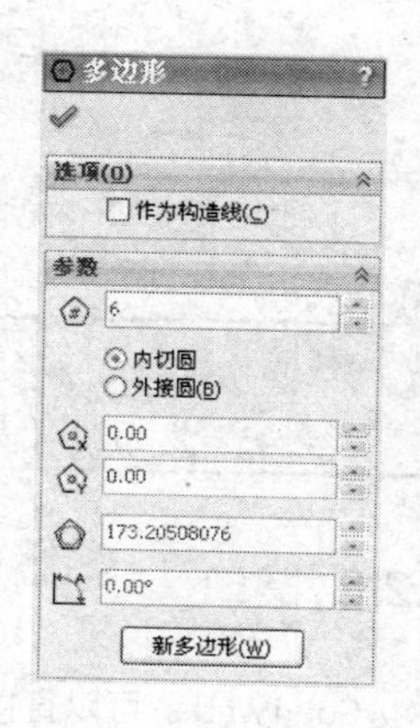

图 2-33　【多边形】对话框

❑ 【选项】选项组

作为构造线：选中该复选框，则生成的多边形将转换为构造线；取消选中则绘制得到草图实体。

❑ 【参数】选项组

多边形边数：在后面的微调框中输入多边形的边数，通常为 3～40 条边。

内切圆：以内切圆方式生成多边形，在多边形外显示内切圆以定义多边形的大小，内切圆为构造几何线，如图 2-34 所示为一个 6 边内切圆。

外接圆：以外接圆方式生成多边形，在多边形外显示外接圆以定义多边形的大小，外接圆为构造几何线，如图 2-35 所示为一个 6 边外接圆。

：显示多边形中心的 X 坐标，可以在微调框中修改。

：显示多边形中心的 Y 坐标，可以在微调框中修改。

：显示内切圆或外接圆的直径，可以在微调框中修改。

：显示多边形的旋转角度，可以在微调框中修改。

新多边形：单击该按钮，可以绘制另外一个多边形。

4. 绘制多边形实例示范

绘制多边形的操作方法如下：

01 在草图绘制下，单击【草图】工具栏上的【多边形】按钮，也可以选择【工具】|【草图绘制实体】|【多边形】命令，此时光标变为形状。

02 在【多边形】对话框中的【参数】选项组中，设置多边形的边数，选择是内切圆模式还是外接圆模式。

03 在绘图区域单击，确定多边形的中心，按住鼠标左键不放拖动，在适合的位置单击，确定多边形的形状。

04 在【参数】选项组中，设置多边形的圆心、圆直径及选择角度。

05 如果继续绘制另一个多边形，单击对话框中的【新多边形】按钮，然后重复以上步骤即可。

06 单击【多边形】对话框中的【确定】按钮，完成多边形的绘制。

如图 2-36 所示为以外接圆的方式绘制的 7 边形。

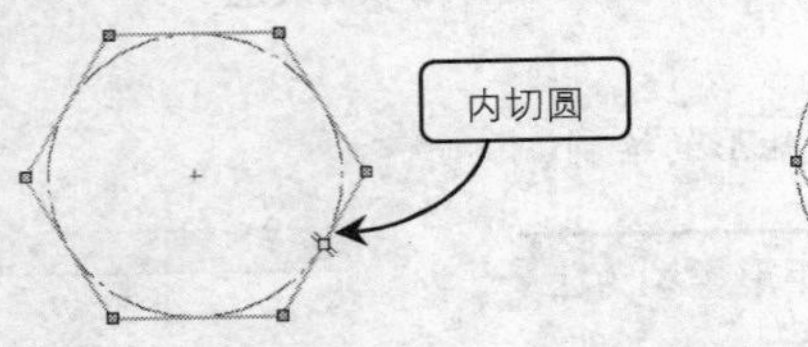

图 2-34 6 边形内切圆

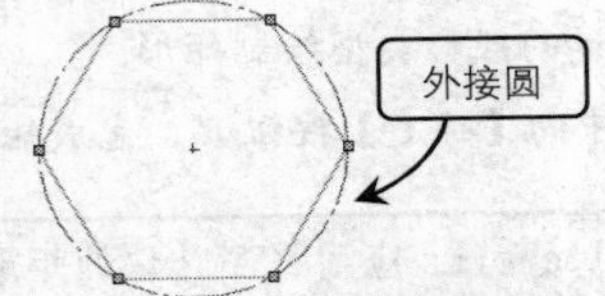

图 2-35 6 边形外接圆

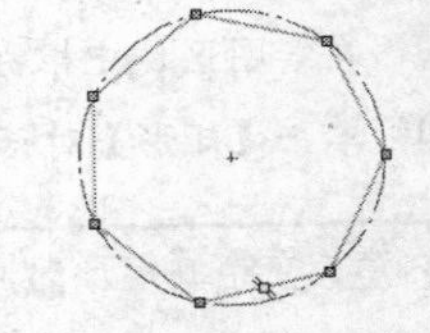

图 2-36 绘制 7 边形

注 意：绘制多边形的方式比较灵活，既可先在【多边形】对话框中设置多边形的属性，然后绘制多边形；也可以先按默认的设置绘制好多边形，然后再修改多边形的属性。

2.2.6 槽口

SolidWorks 可以直接绘制槽口，槽口类型有 4 种，分别是：直槽口、中心点直槽口、三点圆弧槽口、中心点圆弧槽口。

1. 操作界面

单击【草图】工具栏上的【直槽口】按钮，也可以选择【工具】|【草图绘制实体】|【直槽口】命令，即打开【槽口】对话框，如图 2-37 所示。

下面具体介绍对话框中的各参数设置。

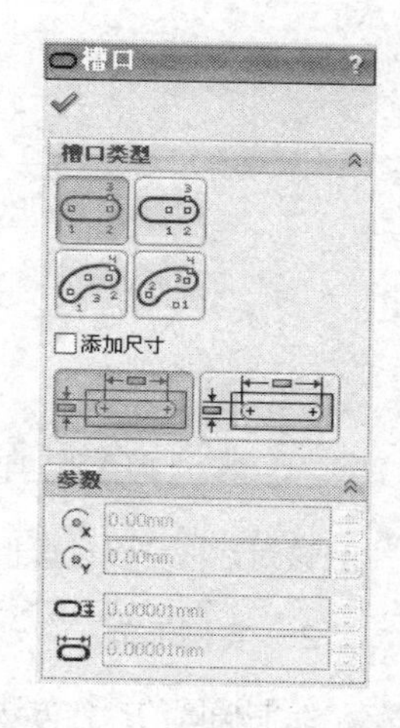

图 2-37 【槽口】对话框

- 【槽口类型】选项组

直槽口：用直线的两个端点绘制直槽口。

中心点直槽口：从中心点绘制直槽口。

三点圆弧槽口：在圆弧上用三个点绘制圆弧槽口。

中心点圆弧槽口：用圆弧的圆心和圆弧的两个端点绘制圆弧槽口。

添加尺寸：显示槽口的长度和圆弧尺寸。

中心到中心：以两个中心间的长度作为直槽口的长度尺寸。

总长度：以槽口的总长度作为直槽口的长度尺寸。

- 【参数】选项组

：槽口中心点的 X 坐标。

：槽口中心点的 Y 坐标。

：（选择三点圆弧槽口可用）圆弧半径。

：（选择三点圆弧槽口可用）圆弧角度。

：槽口宽度。

：槽口长度。

2. 实例示范

01 选择【工具】|【草图绘制实体】|【直槽口】命令，或者单击【草图】工具栏上的【直槽口】按钮，此时光标呈形状。

02 在系统弹出的【槽口】对话框的【槽口类型】选项组中选择绘制槽口的类型。

03 在绘图区域中根据选择的槽口类型绘制槽口。

04 以绘制直槽口为例，在绘图区绘制一直线，确定槽口的长度，拖动鼠标到合适的位置单击以确定槽口的宽度。

05 单击【槽口】对话框中的【确定】按钮，完成槽口的绘制。

如图 2-38 所示则是选择了“直槽口”类型的绘制方式。

2.2.7 椭圆与部分椭圆

1. 操作界面

椭圆是由中心点、长轴长度与短轴长度确定的，三者缺一不可。单击【草图】工具栏上的【椭圆】按钮，也可以选择【工具】|【草图绘制实体】|【椭圆】命令，即可打开椭圆绘制对话框，如图 2-39 所示。

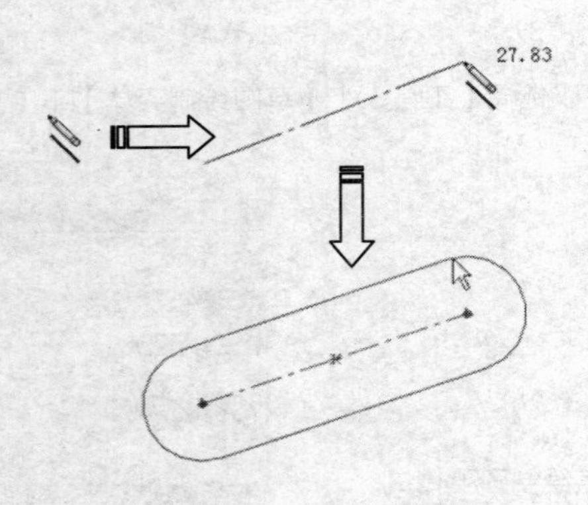

图 2-38 直槽口绘制方式

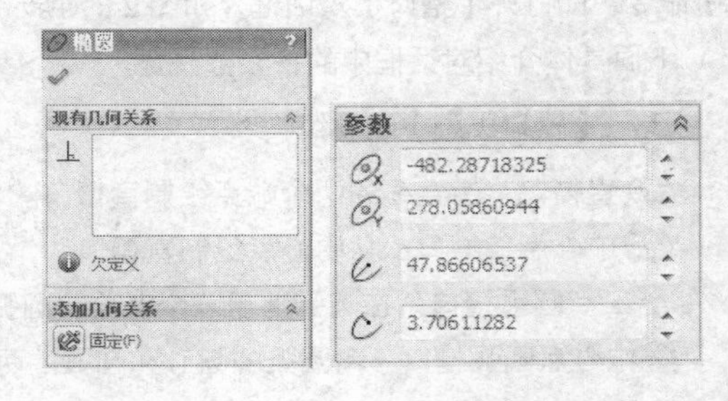

图 2-39 【椭圆】对话框

该对话框可以设置相关点的坐标及椭圆的长轴半径、短轴半径及部分椭圆所包含的角度。

2. 实例示范

绘制椭圆的操作方法如下：

01 在草图绘制状态下。单击【草图】工具栏上的【椭圆】按钮，也可以选择【工具】|【草图绘制实体】|【椭圆】命令，此时光标变为形状。

02 在绘图区域合适的位置单击，确定椭圆的中心。

03 按住鼠标左键不放拖拽鼠标，在鼠标指针附近会显示椭圆的长半轴 R 和短半轴 r。在图中合适的位置单击，确定椭圆的短半轴 r。

04 按住鼠标左键不放拖拽鼠标，在图中合适的位置单击，确定椭圆的长半轴 R，此时出现【椭圆】对话框，如图 2-39 所示。【椭圆】对话框中各个参数不再介绍，可以参考前面所介绍的命令参数。

05 在【椭圆】对话框中，根据设计需要对其中心坐标以及长半轴和短半轴的大小进行修改。

06 单击【椭圆】对话框中的【确定】按钮，完成椭圆的绘制。

如图 2-40 所示为绘制椭圆的过程。

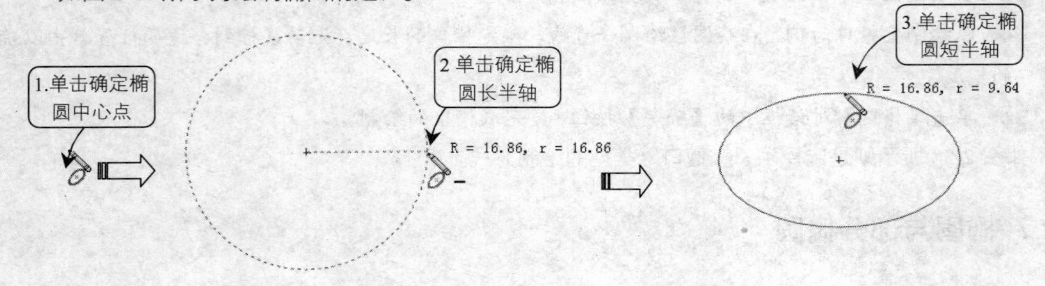

图 2-40 椭圆的绘制过程

注 意：椭圆绘制完毕后，按住鼠标左键不放拖动椭圆的 4 个特征点，可以改变椭圆的形状。通过【椭圆】对话框可以精确地修改椭圆的位置和长、短半轴。

部分椭圆即椭圆弧的绘制过程与椭圆相似，绘制过程为：先确定圆心，然后绘制长半轴，再绘制短半轴，最后确定椭圆弧，其绘制过程如图 2-41 所示。

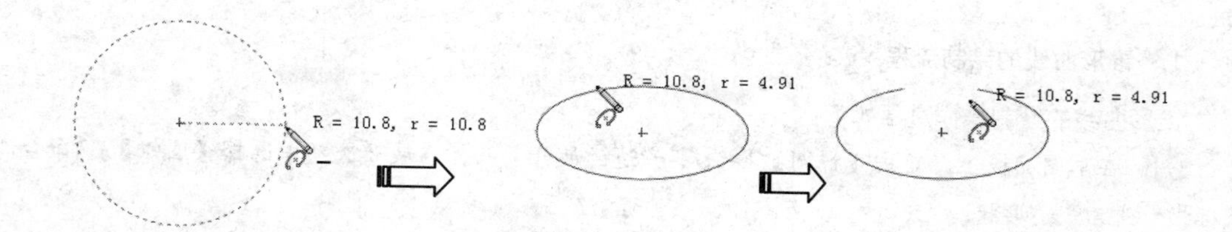

图 2-41　椭圆弧的绘制过程

2.2.8 抛物线

1. 操作界面

单击【草图】工具栏上的【抛物线】按钮，或选择【工具】|【草图绘制实体】|【抛物线】命令，即可绘制抛物线，其对话框如图 2-42 所示。

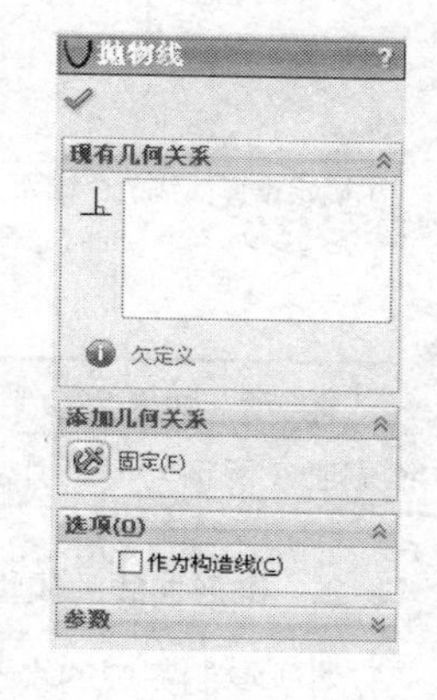

图 2-42　【抛物线】对话框

2. 实例示范

绘制抛物线的操作方法如下：

01 在草图绘制状态下。单击【草图】工具栏上的【抛物线】按钮，也可以选择【工具】|【草图绘制实体】|【抛物线】命令，此时光标变为形状。

02 在绘图区域合适的位置单击，确定抛物线的焦点。

03 在图中合适的位置单击，确定抛物线的焦距。

04 在图中合适的位置单击，确定抛物线的起点。

05 在图中合适的位置单击，确定抛物线的终点。此时出现【抛物线】对话框。在【抛物线】对话框中，根据设计需要修改对话框中的参数。

06 单击【抛物线】对话框中的【确定】按钮，完成抛物线的绘制。

如图 2-43 所示为抛物线的绘制过程。

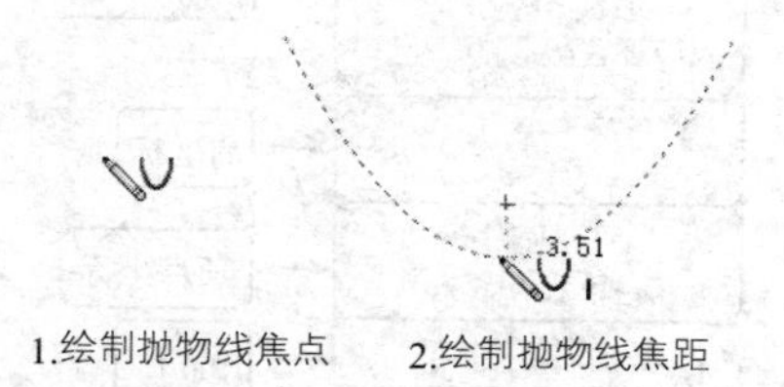

1.绘制抛物线焦点　2.绘制抛物线焦距

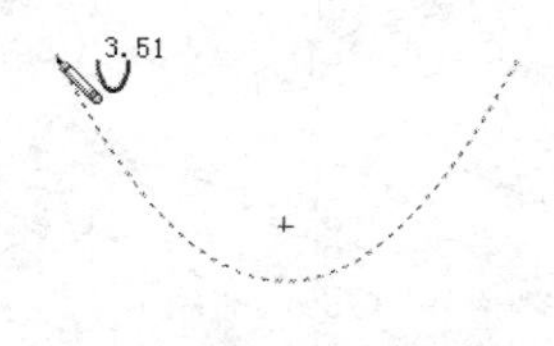

3.绘制抛物线的起点

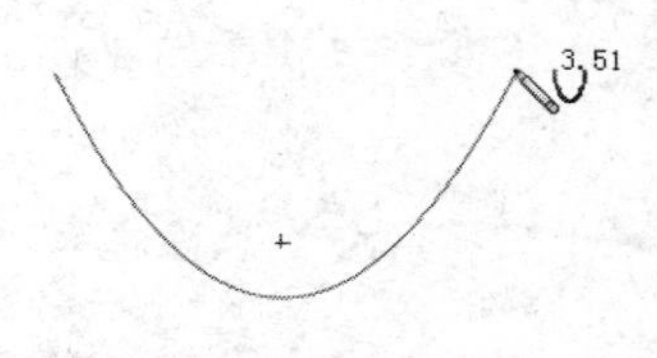

4.绘制抛物线的终点

图 2-43　抛物线的绘制过程

2.2.9 锥形曲线

在绘制椭圆（或抛物线）时，都需要先确定焦点位置，再绘制曲线，因此绘制的曲线起点和终点不能够随意选择。锥形曲线是 SolidWorks2013 新提供的一种曲线绘制方式，用户能够先确定曲线的起点和终点，然后控制曲线的形状，而且可控制生成的曲线在起点和终点与已有实体相切，形成平滑过渡。

1. 锥形曲线的绘制流程

锥形曲线的绘制操作过程如下：

01 在草图面板上，单击【椭圆】按钮旁边的展开箭头，在展开选项中选择【圆锥】命令，鼠标指针变为形状。

02 在绘图区单击确定曲线的一个端点，然后在另一点单击确定曲线第二个端点。

03 拖动指针控制锥肩的方向，单击确定该方向。

04 沿锥顶方向移动指针，调整曲线的 Rho 值，Rho 值越大，锥形越尖。

05 在某一 Rho 值单击，生成锥形曲线。

如图 2-44 所示为绘制锥形曲线的过程。

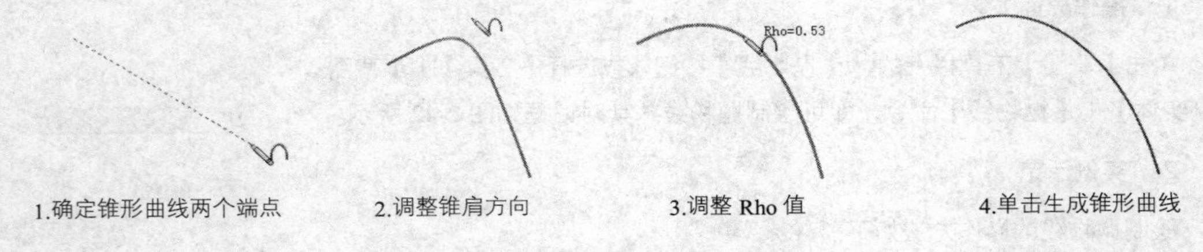

图 2-44 锥形曲线的绘制过程

提 示：如果要绘制对称的锥形曲线，在图 2-44 中步骤 2，控制锥肩方向时，出现中心线引导表明锥形曲线两侧对称，如图 2-45 所示。

2. 锥形曲线的属性修改

对于绘制完成的锥形曲线，可以进行属性设置，精确定义其 Rho 值。单击选中某条锥形曲线，弹出【圆锥】对话框，如图 2-46 所示，在对话框中精确设置锥形曲线参数。

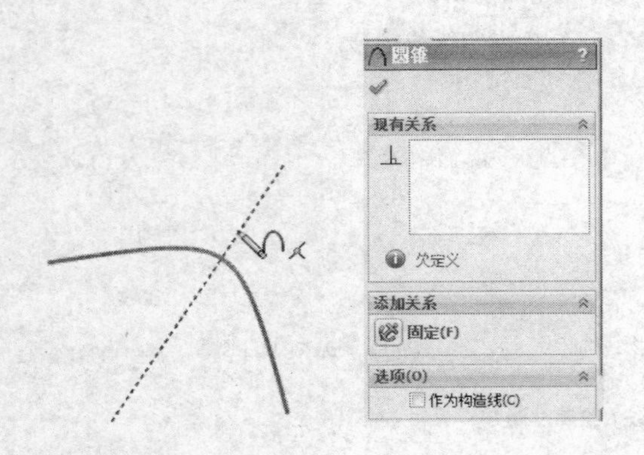

图 2-45 对称引导线

图 2-46 【圆锥】对话框

3. 在已有实体间绘制锥形曲线

锥形曲线的特殊作用就在于能够连接已有实体，而且能够控制起点和终点与已有实体相切。连接两已有实体的锥形曲线，绘制方法如下：

01 打开素材库中“第2章/2.2.9锥形曲线.sldprt”文件，选择编辑“草图1”，素材如图2-47所示。

02 在草图面板上，展开【椭圆】按钮旁边的箭头，在展开菜单中选择【圆锥】命令。

03 如图2-48所示，在直线端点单击，确定锥形曲线第一个端点。

04 如图2-49所示，在另一直线端点单击，确定锥形曲线第二个端点。

05 拖动指针，生成锥形曲线预览。将指针移动到与第一条直线重合的位置，出现相切的引导线，如图2-50所示。

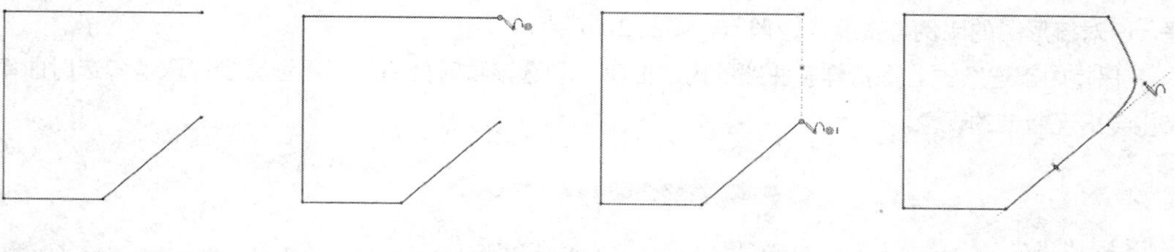

图2-47 草图素材　图2-48 选择曲线端点　图2-49 选择第二个端点　图2-50 相切引导线

06 将指针移动到与第二条直线重合的位置，出现另一条相切的引导线，如图2-51所示。

07 在两条引导线交点单击，放置锥形曲线的顶点。这样就保证了锥形曲线同时与两直线相切。

08 移动指针，调整锥形曲线的Rho值到0.35，如图2-52所示。

09 单击完成锥形曲线。在锥形曲线上可以看出锥形曲线的顶点和肩点，是两个不同的概念，如图2-53所示。

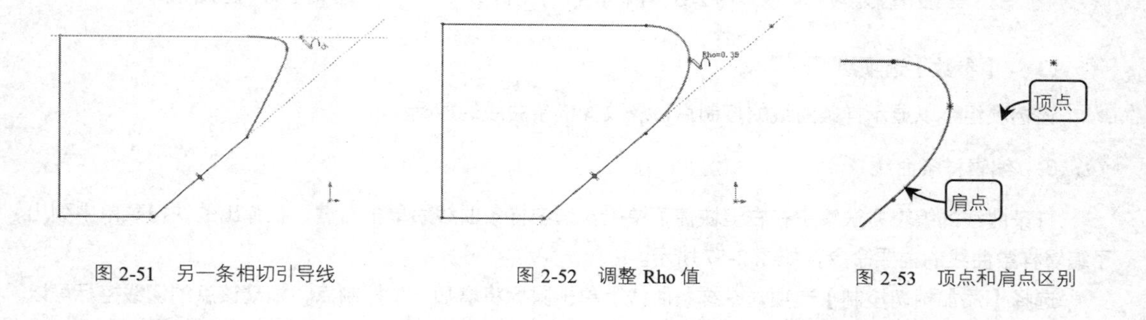

图2-51 另一条相切引导线　图2-52 调整Rho值　图2-53 顶点和肩点区别

2.2.10 样条曲线

在创建复杂的曲面造型时，样条曲线是草图中不可缺少的几何元素，由于样条曲线的可控性及可塑性都非常强，用户可以自由修改样条曲线上每处节点的坐标、角度和曲率。

1. 样条曲线绘制流程

绘制样条曲线的操作方法如下：

01 单击【草图】工具栏上的【样条曲线】按钮，也可以选择【工具】|【草图绘制实体】|【样条曲线】命令，此时光标变为形状，即可绘制样条曲线。

02 在绘图区合适的位置单击，确定样条曲线的起点，再单击确定样条曲线的经过点，根据需要单击三个和三个以上的点，按下Esc键结束样条曲线的绘制，如图2-54所示为绘制完成的样条曲线。

2. **样条曲线操作界面**

当完成样条曲线绘制或选中样条曲线时，在控制区便会显示【样条曲线】对话框，如图 2-55 所示。在【样条曲线】对话框中，各选项的含义如下：

❑ 【选项】选项组

作为构造线：选中该复选框，则生成的样条曲线将转换为构造线；取消选中将绘制得到实体草图。

显示曲率：选中该复选框，则生成的样条曲线会显示梳状的曲率图，同时会弹出【曲率比例】对话框，以对梳形图的比例与密度进行调节，如图 2-56 所示。

保持内部连续性：保持样条曲线的内部曲率。勾选该项时曲率比例逐渐减少；取消勾选时曲率比例变化会出现断带的现象。

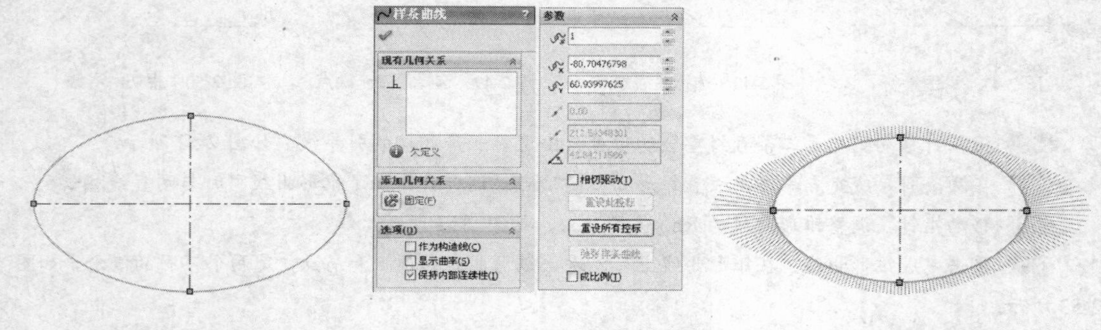

图 2-54 绘制的样条曲线　　图 2-55 【样条曲线】对话框　　图 2-56 显示的曲率

❑ 【参数】选项组

该选项组可以显示样条曲线的控制点，及改变样条曲线的控标。

3. **编辑样条曲线**

样条曲线的编辑方法集中在右键快捷菜单中。选中样条曲线后单击右键，在弹出的快捷菜单中列出了编辑样条曲线的主要命令，如图 2-57 所示。

选择【添加相切控制】选项，在样条曲线上单击鼠标将增加一个控制点，拖动该点的切线控标可以改变样条曲线在此点周围的形态，如图 2-58 所示。选择【添加曲率控制】选项，在样条曲线上单击鼠标将增加一个控制点，拖动该点可以改变样条曲线的曲率，如图 2-59 所示。

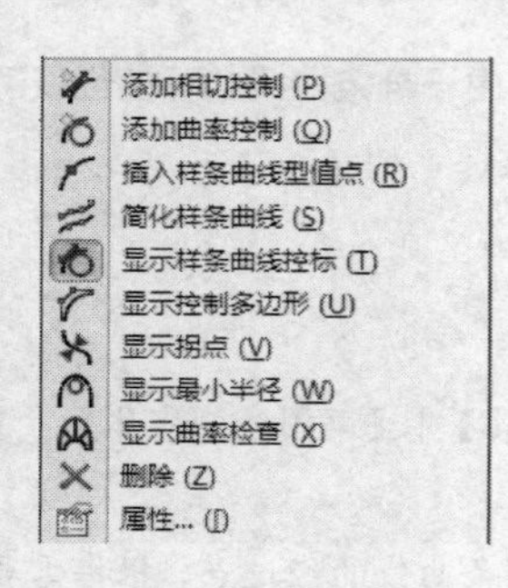

图 2-57 右键快捷菜单

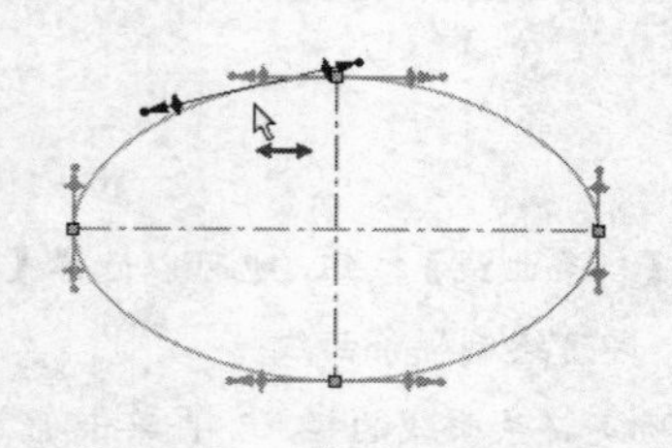

图 2-58 添加相切控制

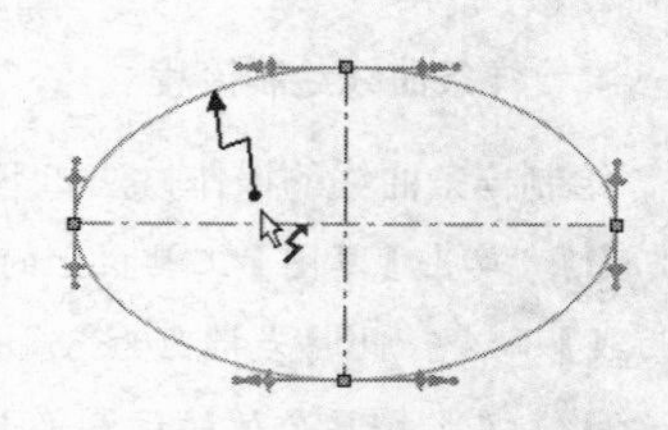

图 2-59 添加曲率控制

选择【插入样条曲线型值点】，鼠标形状变为 ，在样条曲线上单击以增加样条曲线控制点。删除控制点的方法是选中控制点后，按 Delete 键，也可以选中控制点后右键单击鼠标，在弹出的快捷菜单中选择【删除】选项。

选择【显示控制多边形】选项，样条曲线将显示控制多边形，拖动多边形的角点，可以改变样条曲线的形状，如图 2-60 所示。

选择【最小半径】选项，将显示出样条曲线中的最小半径，如图 2-61 所示。

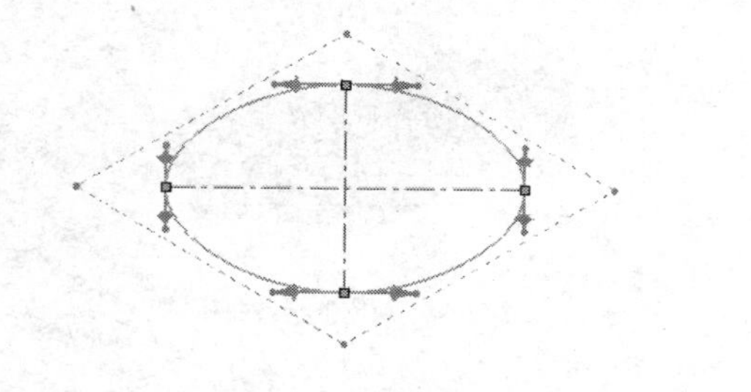

图 2-60　显示控制多边形

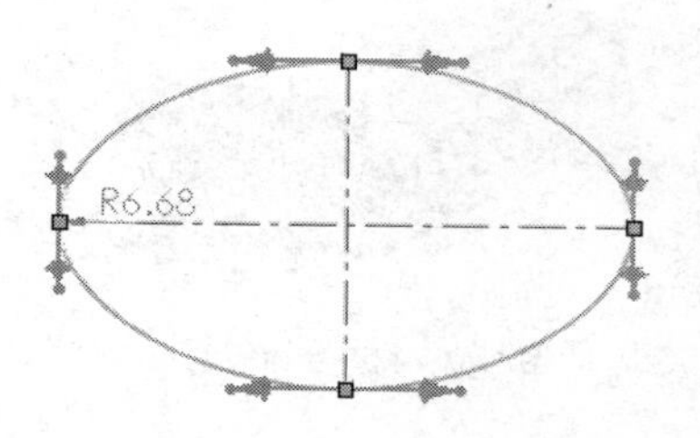

图 2-61　显示最小半径

选择【显示曲率检查】选项，样条曲线将显示曲率图，曲率是圆弧半径的倒数，因此在样条曲线上曲率越大的地方弯曲越厉害。可以在【曲率比例】对话框中设定曲率的比例和密度，如图 2-62 所示。

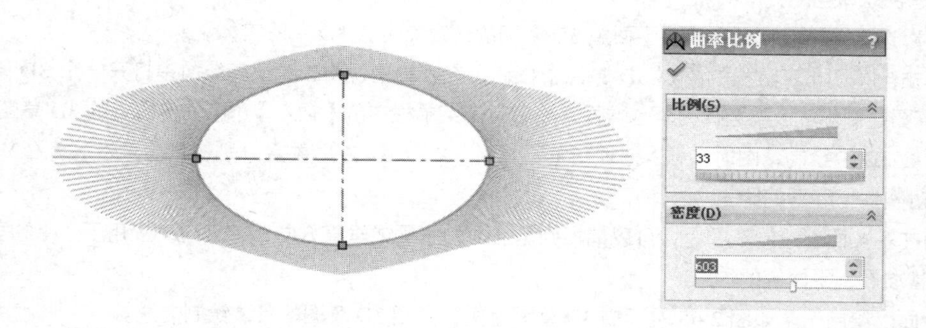

图 2-62　显示曲率以及曲率密度和比例设置

4. 曲面上的样条曲线

曲面上的样条曲线功能可以在曲面上绘制样条曲线。在曲面上绘制的样条曲线包含了标准样条曲线的特性和以下功能：

- 沿曲面添加和拖动点。
- 生成一个通过点自动平滑的预览。

注 意：所有的样条曲线型值点都会被绘制样条曲线所在的曲面所限定，样条曲线只能在一个曲面上绘制。

曲面上的样条曲线的使用范围如下：

- 零件和模具设计。其中，曲面样条曲线可以生成更为直观精确的分型线或过渡线。
- 复杂扫描。其中，曲面样条曲线方便生成受曲面几何体限定的引导线。

在曲面上绘制样条曲线的操作方法如下：

01 打开素材库中“第 2 章/2.2.10 曲面.sldprt”文件，打开一个曲面模型，如图 2-63 所示。

02 单击【草图】工具栏上的【曲面上的样条曲线】按钮，或者单击菜单栏中的【工具】|【草图绘制实体】|【曲面上的样条曲线】命令，系统进入 3D 草图绘制环境。

03 在曲面上绘制一条样条曲线，调整【样条曲线】对话框中的参数，单击【确定】按钮，完成曲面上的曲线绘制，如图 2-64 所示。

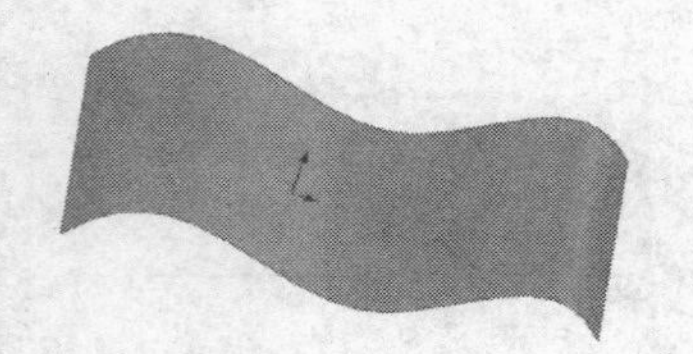

图 2-63 打开曲面模型

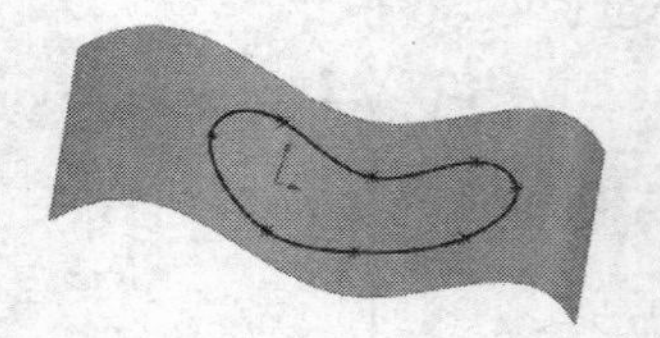

图 2-64 绘制的样条曲线

2.2.11 3D 草图

3D 草图的绘制和 2D 草图绘制之间既有相似又有区别。2D 草图绘制必须在基准面上完成，而 3D 草图绘制是在立体空间完成的。

可以选择一个基准面、模型平面或 3D 空间的任意点生成 3D 草图实体。

单击【草图】工具栏的【3D 草图】按钮，在等轴测视图的前视基准面中打开一个 3D 草图，进入 3D 草图绘制环境，或选择一个基准面，然后单击菜单栏中的【插入】|【基准面上的 3D 草图】命令。

当在 3D 中绘制草图时，可以捕捉到主要方向【X、Y 和 Z】，并且分别应用约束沿 X、沿 Y 和沿 Z。这些是对整体坐标系的约束。

当在基准面上绘制草图时，可以捕捉到基准面的水平或垂直方向，并且约束应用于水平和垂直。这些是对基准面、平面等的约束。

下面以绘制一个如图 2-65 所示的 3D 草图为例，介绍 3D 草图的具体绘制方法。

绘制 3D 草图的具体方法如下：

01 单击【草图】工具栏中的【3D 草图】按钮，或者单击菜单栏中的【插入】|【3D 草图】命令，进入 3D 草图绘制环境。

02 单击【草图】工具栏中的【直线】命令，以图示的前视图为参考，绘制长方体，如图 2-66 所示。

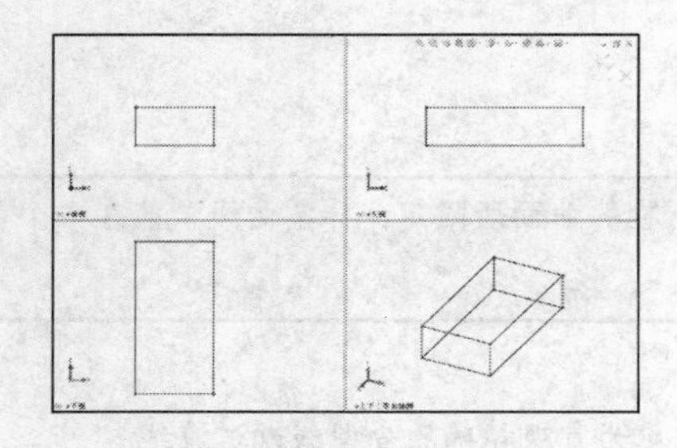

图 2-65 3D 草图

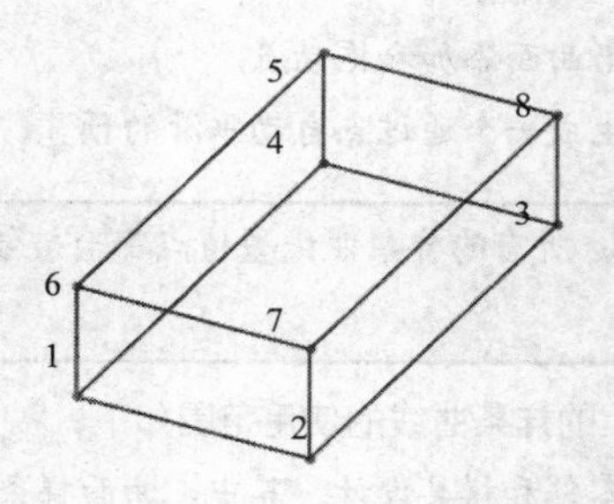

图 2-66 绘制长方体

03 单击【草图】工具栏中的【显示/删除几何关系】按钮，系统弹出【显示/删除几何关系】对话框，在对话框中单击【删除所有】按钮，删除所有的几何约束。

04 选择直线的起点，在对话框中修改 X、Y、Z 的参数值，然后单击【固定】按钮，将点固定住。

05 用同样的方式分别将 8 个点的参数值修改并作【固定】约束，8 个点的参数如表 2-4 所示。

06 单击【草图】工具栏中的【退出草图】按钮，完成 3D 草图的制作。

表 2-3　8 个点的参数值

序号	X 轴	Y 轴	Z 轴	约束	序号	X 轴	Y 轴	Z 轴	约束
1	0	0	0	固定	5	0	5	-20	固定
2	10	0	0	固定	6	0	5	0	固定
3	10	0	-20	固定	7	10	5	0	固定
4	0	0	-20	固定	8	10	5	-20	固定

2.2.12 交叉曲线

能够生成交叉曲线的类型有：

- 基准面和曲面或模型面
- 两个曲面
- 曲面和模型面
- 基准面和整个零件
- 曲面和整个零件

交叉曲线必须在 3D 草图绘制状态下产生，其操作方法如下：

01 打开素材库中"第 2 章/2.2.12 交叉曲线.sldprt"，如图 2-67 所示。

02 单击【草图】工具栏上的【3D 草图】按钮，进入 3D 草图绘制状态。

03 单击【草图】工具栏上的【交叉曲线】按钮，或者单击菜单栏上的【工具】|【草图工具】|【交叉曲线】命令，系统弹出如图 2-68 所示的对话框。

04 单击选择零件的表面和上视基准面，如图 2-69 所示。

05 单击【交叉曲线】对话框中的【确定】按钮，草图样条曲线在基准面和零件的表面相交处生成，如图 2-70 所示。

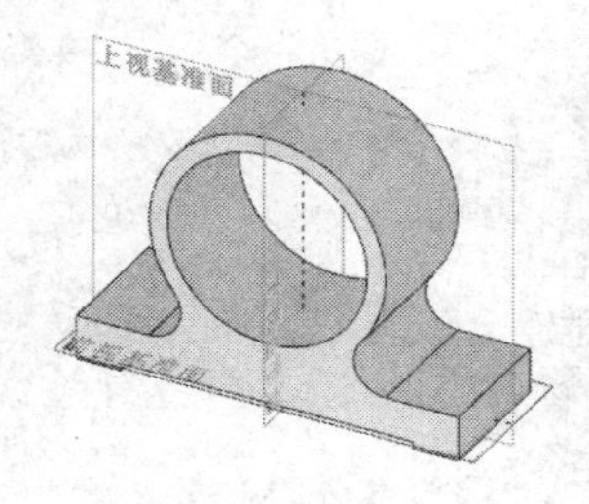

图 2-67　打开文件

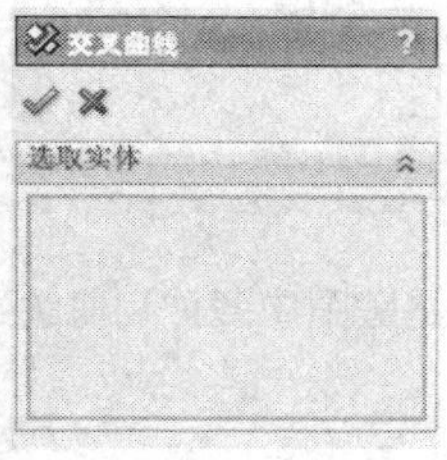

图 2-68　【交叉曲线】对话框

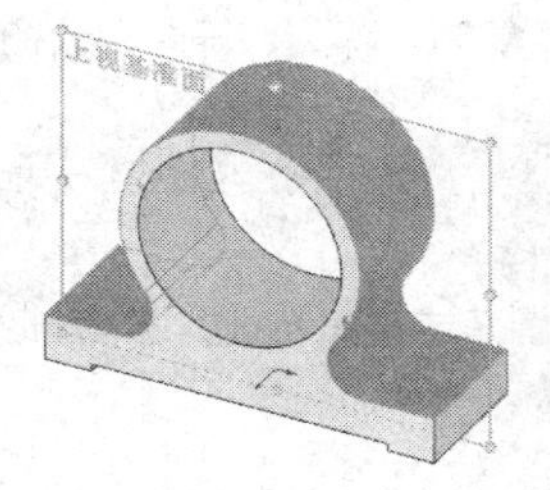

图 2-69　选择基准面及零件表面

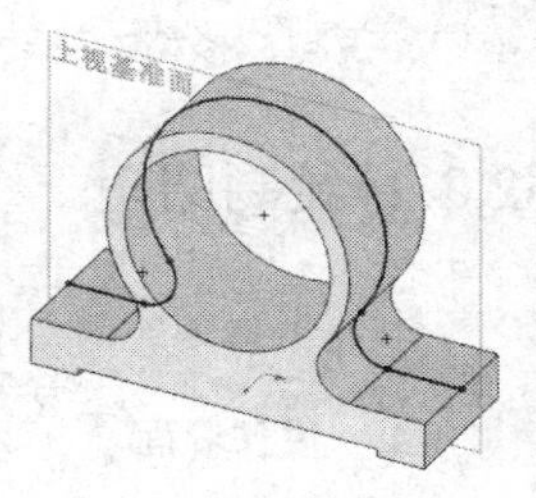

图 2-70　生成的交叉曲线

2.2.13 草图文字

在草图中还可以创建文字几何，这类草图可以用于产品的Logo、铭牌，在机身上需注明的文字等。

先在绘图区域绘制好草图路径，草图路径可以是直线、圆弧、样条曲线。然后单击【草图】工具栏中的【文本】按钮，弹出【草图文字】对话框，如图2-71所示。

在对话框中的【曲线】选项中输入草图文字路径，在【文字】选项框中输入要添加的文字，文字将出现在选中的路径上，如果没有选择路径，将鼠标在绘图区单击，文字就会出现在鼠标单击的位置。在【草图文字】对话框中可以控制文字的大小、字体、方向和对齐方式等。

在设定好草图文字后，在【草图文字】对话框中单击【确定】按钮，完成草图文字的绘制，如图2-72所示为创建好的草图文字。

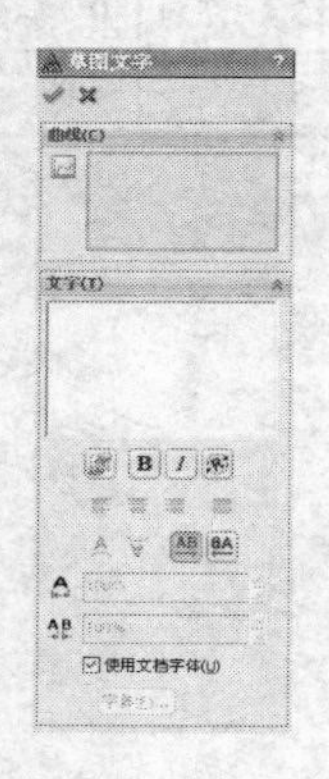

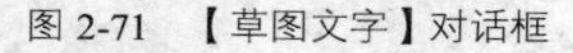

图2-71 【草图文字】对话框

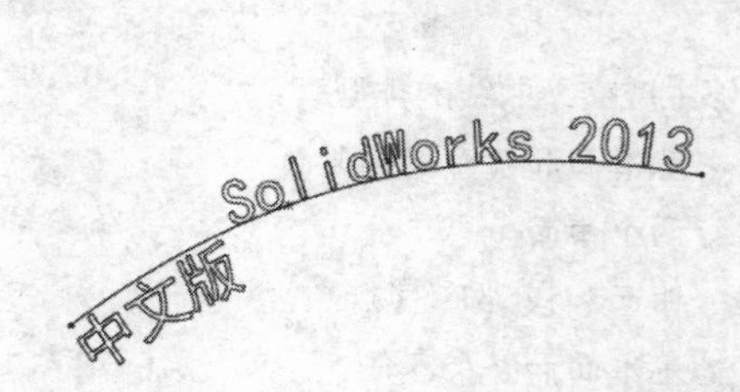

图2-72 创建好的草图文字

注 意：需要改变文字属性时，只需要双击所选中的文字，弹出【草图文字】对话框，就可以对草图文字进行修改了。

2.3 编辑草图

草图绘制完毕后，需要对草图进一步进行编辑以符合设计的需要，草图编辑包括圆角、倒角、裁剪、延伸、镜向、移动、旋转、复制、阵列、等距、分割等，本节将一一介绍。

2.3.1 绘制圆角

特征的转角处都会作圆角或直角特征，圆角与直角是截图中各种几何的过渡元素。

1. 操作界面

选择【工具】|【草图工具】|【圆角】命令，或者单击【草图】工具栏上的【绘制圆角】按钮，系统出现如图2-73所示的【绘制圆角】对话框。

在【绘制圆角】对话框中，各选项的含义如下：

➢ 圆角半径：指定绘制圆角半径。

➢ 保持拐角处的约束条件：如果顶点具有尺寸或几何关系，选中该复选框，将保留虚拟交点；如果取消选中该复选框，且顶点具有尺寸或几何关系，将会询问用户是否想在生成圆角时删除这些关系，如图2-74所示。

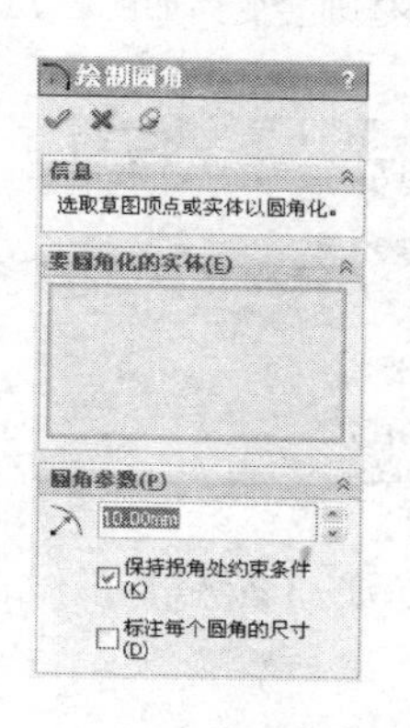

图2-73 【绘制圆角】对话框

图2-74 系统提示框

2. 实例示范

绘制圆角的操作方法如下：

01 在草图编辑状态下，选择【工具】|【草图工具】|【圆角】命令，或者单击【草图】工具栏上的【绘制圆角】按钮，系统出现【绘制圆角】对话框。

02 在【绘制圆角】对话框中，设置圆角的半径、拐角处约束条件。

03 分别单击如图2-75所示的直线1和2。

04 单击【绘制圆角】对话框中的【确定】按钮，完成圆角绘制，显示结果如图2-76所示。

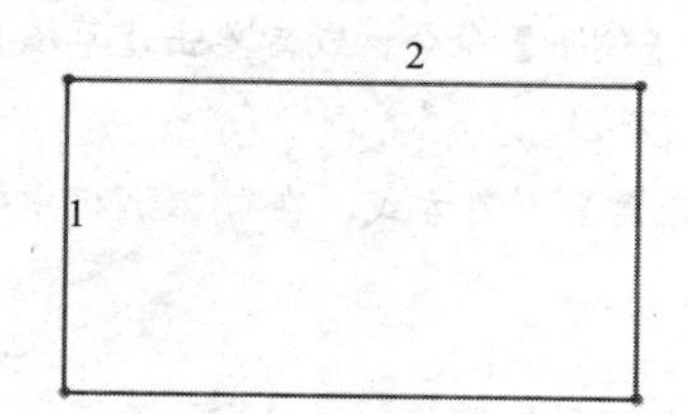

图2-75 绘制圆角前的图形

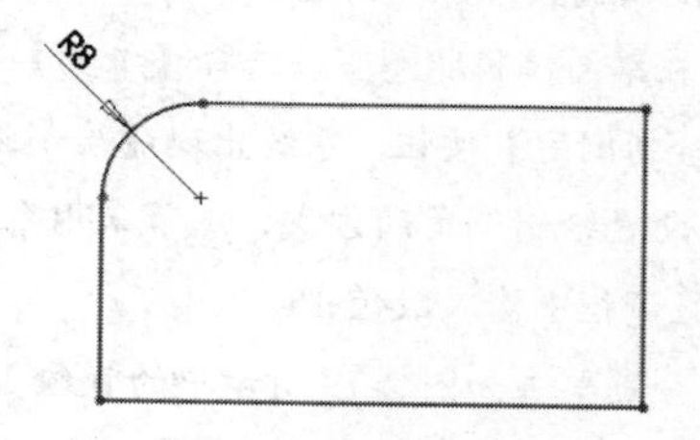

图2-76 绘制圆角后的图形

注 意：SolidWorks 2013【草图】工具栏中的【绘制圆角】命令用于在两个草图实体的交叉处剪裁掉交叉部分，生成一个切线弧，而【特征】工具栏中的【圆角】命令用于将实体圆角化，比如零件的边线，使用中要注意区别。

2.3.2 绘制倒角

绘制倒角命令是将倒角应用到相邻的草图实体中，此工具在二维和三维草图中均可使用。

1．操作界面

在菜单栏中选择【工具】|【草图工具】|【倒角】命令，或者单击【草图】工具栏上的【绘制倒角】按钮，系统出现默认选中【距离-距离】单选按钮和【相等距离】复选框的【绘制倒角】对话框，如图 2-77 所示。如果选中【角度距离】单选按钮，【绘制倒角】对话框则会变为如图 2-78 所示。

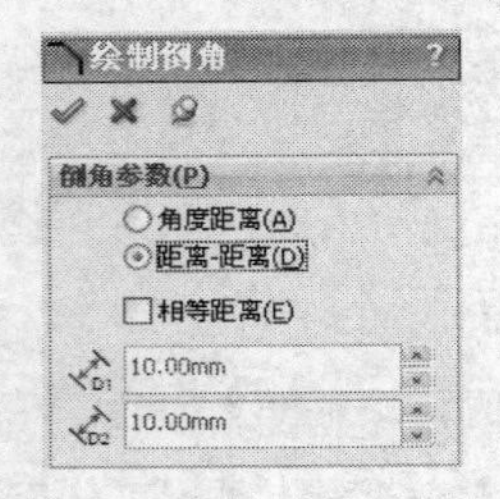

图 2-77 【绘制倒角】对话框

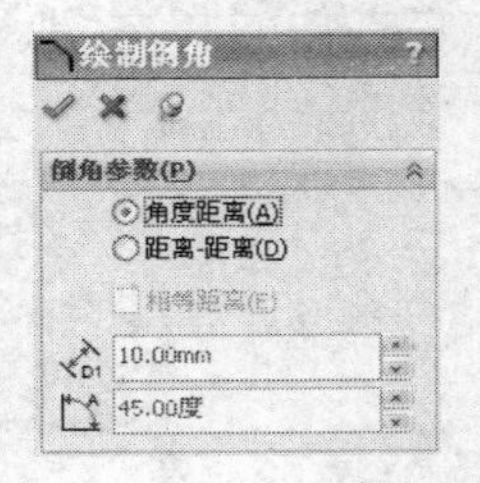

图 2-78 【绘制倒角】对话框

在【绘制倒角】对话框中，各选项的含义如下：

- 角度距离：以角度距离方式设置绘制的倒角。
- 距离-距离：以距离-距离方式绘制倒角。
- 相等距离：选中该复选框，将设置的的值应用到两个草图实体中；取消选中该复选框，将为两个草图实体分别设置数值。
- ：设置第一个所选草图实体的距离。
- ：设置从第一个草图实体到第二个草图实体夹角。
- ：设置第二个所选草图实体的距离。

2．实例示范

绘制倒角的具体操作方法如下：

01 在草图编辑状态下，选择【工具】|【草图工具】|【倒角】命令，或者单击【草图】工具栏上的【绘制倒角】按钮，系统出现【绘制圆角】对话框。

02 设置绘制倒角的方式，本节采用系统默认的【距离-距离】倒角方式，在微调框中输入数值 10，在微调框中输入数值 15。

03 分别单击如图 2-79 所示中的直线 1 和 2。

04 单击【绘制倒角】对话框中的【确定】按钮，完成倒角的绘制，显示结果如图 2-80 所示。

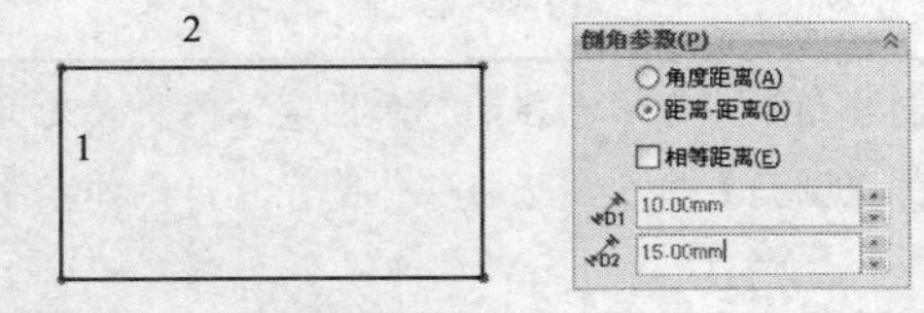

图 2-79 绘制倒角前的图形

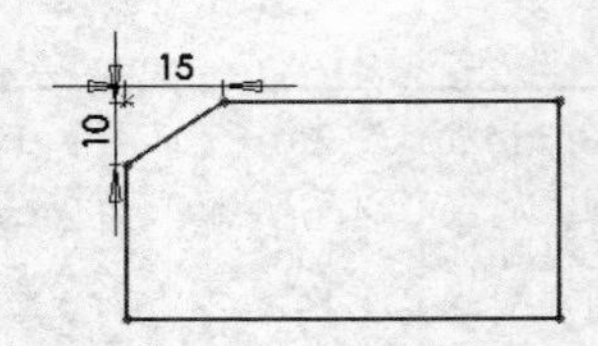

图 2-80 绘制倒角后的图形

05 以【距离-距离】方式绘制倒角并选中【相等距离】复选框，在微调框中输入数值 10，结果显示如图 2-81 所示。

06 选择【角度距离】倒角方式，在框中输入数值10，在框中输入数值60所绘制出的倒角如图2-82所示。

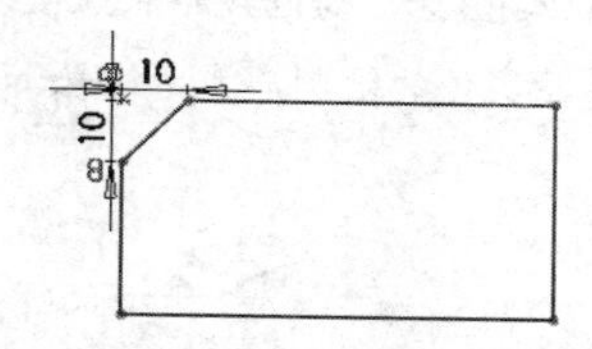

图2-81 选中【相等距离】设置的倒角

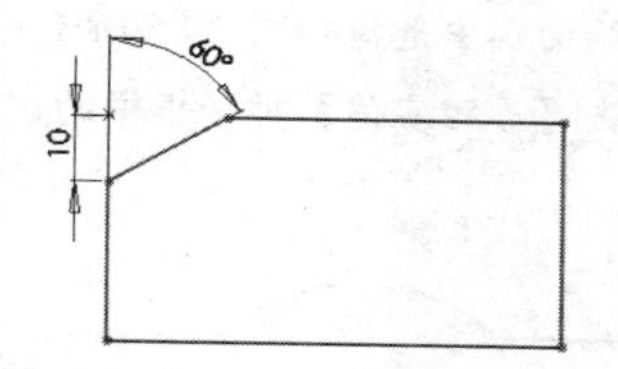

图2-82 【角度距离】方式设置的倒角

2.3.3 等距实体

1. 操作界面

等距实体命令是按指定的距离偏移一个或者多个草图实体、模型边线或模型面，以生成新的草图实体，也可以等距样条曲线或圆弧、环之类的草图实体。

在菜单栏中选择【工具】|【草图工具】|【等距实体】命令，或者单击【草图】工具栏上的【等距实体】按钮，系统弹出【等距实体】对话框，如图2-83所示。

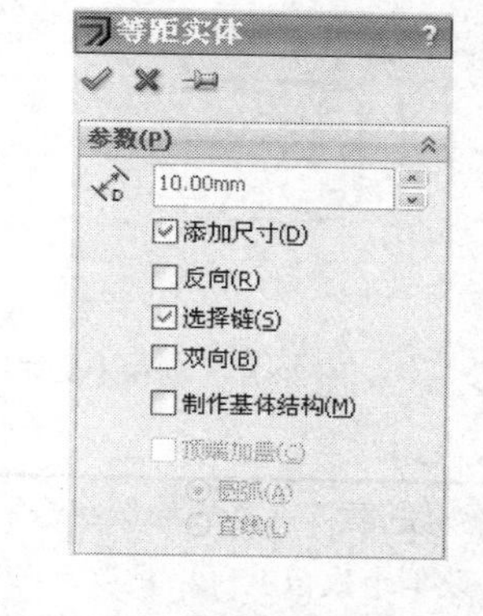

图2-83 【等距实体】对话框

在【等距实体】对话框中，各选项的含义如下：

- ：设定数值以特定数值来等距草图实体。
- 添加尺寸：为等距的草图添加等距距离的尺寸标注。
- 反向：选中该复选框更改等距实体的方向；取消选中复选框则按默认的方向进行。
- 选择链：勾选该项后，选择草图中的单一线段时，所有连续草图实体都会被选取。
- 双向：在绘图区域中双向生成等距实体。
- 制作基本结构：将原有的草图实体转换为构造线。
- 顶端加盖：在选中【双向】复选框后此选项有效，在草图实体的顶部添加一个顶盖来封闭原有草图实体。可以使用圆弧或直线为延伸顶盖的类型，如图2-84所示。

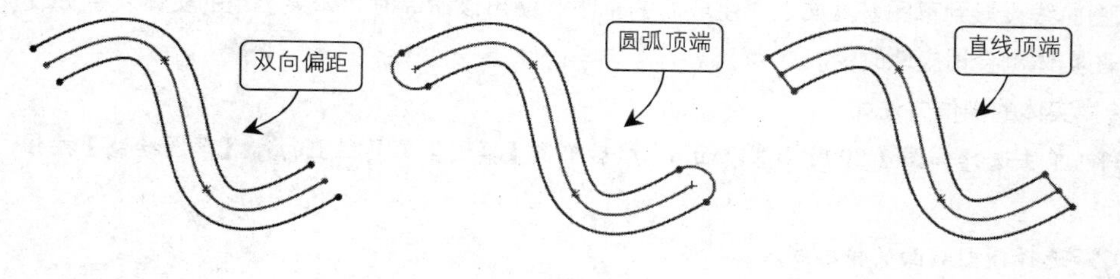

图2-84 顶端加盖等距

2. 实例示范

等距实体的具体操作方法如下：

01 在草图编辑状态下，选择【工具】|【草图工具】|【等距实体】命令，或者单击【草图】工具栏上的【等距实体】按钮，系统出现【等距实体】对话框。

02 在绘图区中选择如图 2-85 所示的图元，在微调框中输入值 10，其他按照默认值设置。

03 单击【等距实体】对话框中的【确定】按钮，完成等距实体的绘制，显示结果如图 2-86 所示。

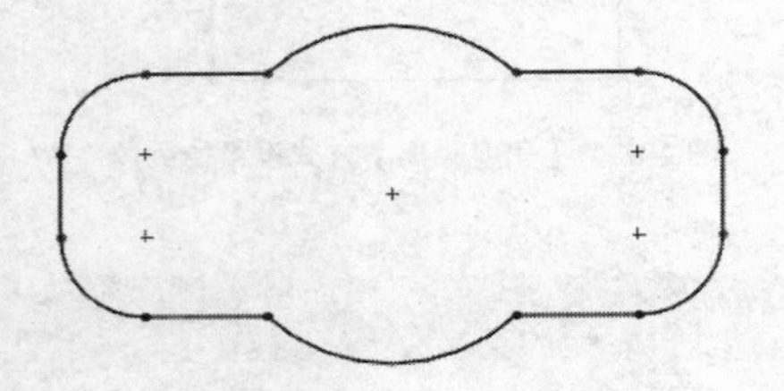

图 2-85 等距前的实体

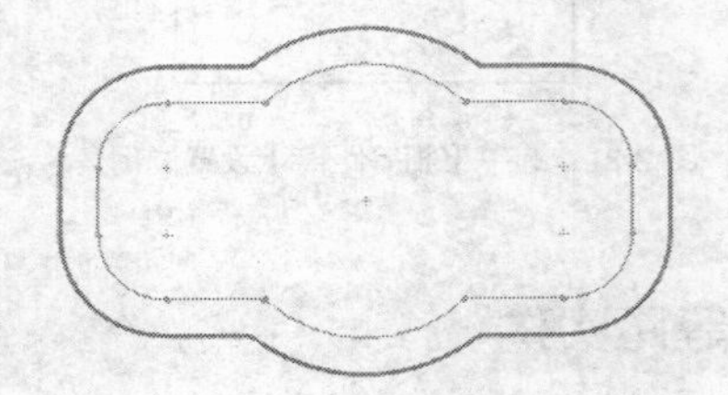

图 2-86 等距后的实体

如果在【等距实体】对话框中选中【反向】复选框，则显示结果如图 2-87 所示。如果选中【双向】复选框，则显示结果如图 2-88 所示。

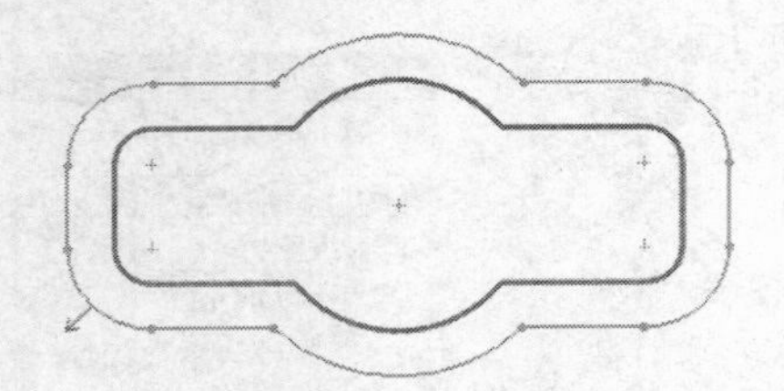

图 2-87 选中【反向】的等距实体

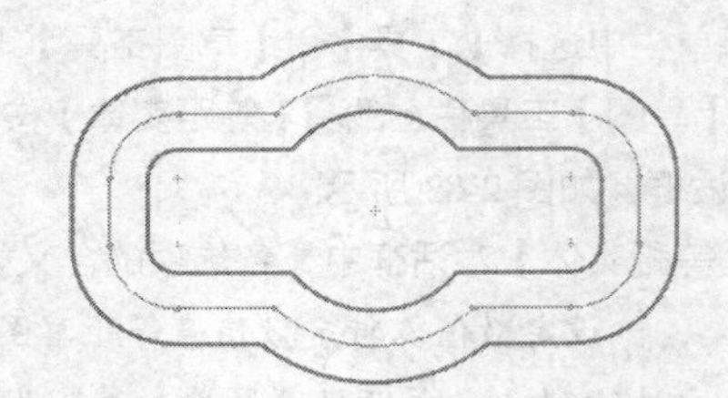

图 2-88 选中【双向】的等距实体

注 意：在草图绘制状态下，双击等距实体的尺寸，就可以更改等距数值，如果是在双向等距中，修改单个数值就可以更改双向等距尺寸。

2.3.4 转换实体

转换实体引用是通过已有的模型或草图，将其边线、环、面、曲线、外部草图轮廓线、一组边线或一组草图曲线投影到草图基准面上，生成新的草图。使用该命令时，如果引用的实体发生更改，那么转换的草图实体也会相应地改变。

转换实体的操作方法如下：

01 单击选择如图 2-89 所示基准面 6，然后单击【草图】工具栏上的【草图绘制】按钮，进入草图绘制状态。

02 选择模型端面的轮廓线。

03 在菜单栏中选择【工具】|【草图工具】|【转换实体引用】命令，或者单击【草图】工具栏上的【转换实体引用】按钮，实行转换实体引用命令，显示结果如图 2-90 所示。

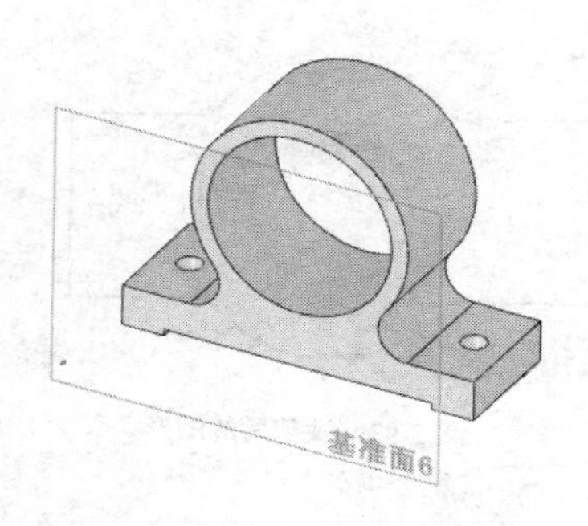

图 2-89　转换实体引用前的图形

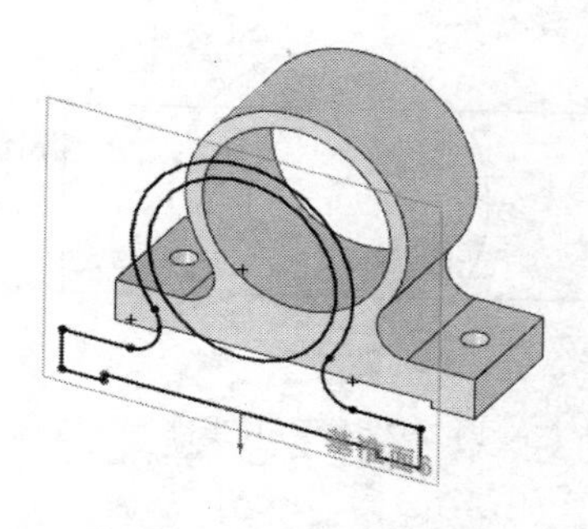

图 2-90　转换实体引用后的图形

2.3.5 修剪草图

对于相交或存在相交趋势的草图实体来说，可以选择其中某些几何线段作为剪刀，剪除不需要的几何线段。

1. 操作界面

在菜单栏中选择【工具】|【草图工具】|【裁剪】命令，或者单击【草图】工具栏上的【剪裁实体】按钮，系统弹出【剪裁】对话框，如图 2-91 所示。

在【裁剪】对话框中，各选项的含义如下：

❑ 【信息】文本框

裁剪操作的提示信息，根据所选的裁剪方式，显示具体的操作方法。

❑ 【选项】选项组

强劲剪裁：通过鼠标光标拖过每个草图实体来剪裁多个相邻的草图实体。

边角：延伸或裁剪两个草图实体，直到它们在虚拟边角处相交。

在内剪除：选择两个边界实体，剪裁位于两个边界实体内的草图实体。

在外剪除：选择两个边界实体，剪裁位于两个边界实体外的草图实体。

剪裁到最近端：将一草图实体剪裁到最近交叉实体端。

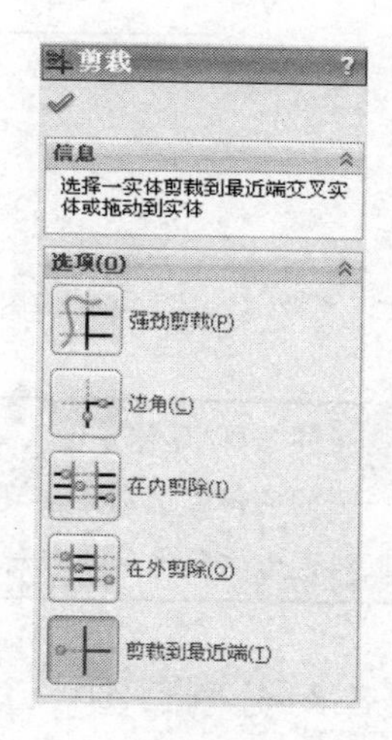

图 2-91　【剪裁】对话框

2. 实例示范

裁剪草图实体命令的具体操作步骤如下：

01 在草图编辑状态下，选择【工具】|【草图工具】|【裁剪】命令，或者单击【草图】工具栏上的【裁剪】按钮，系统弹出【裁剪】对话框。

02 设置裁剪模式，在【选项】选项组中，选择【强劲裁剪】按钮。剪裁如图 2-92 所示的草图实体。

03 在绘图区域中移动光标经过要裁剪的线条。

04 单击【裁剪】对话框中的【确定】按钮，完成裁剪草图实体，显示结果如图 2-93 所示。

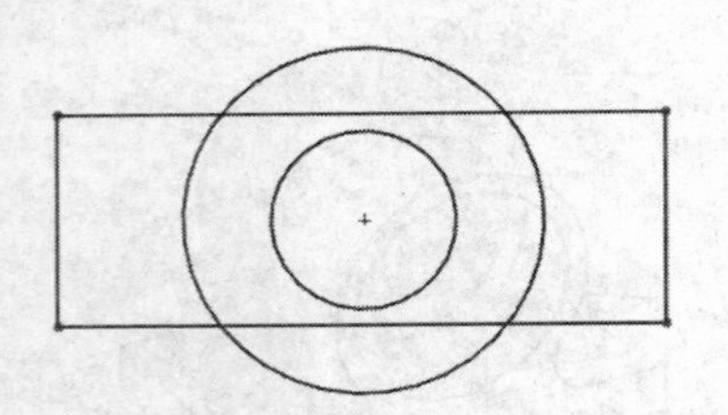

图 2-92　裁剪前的图形

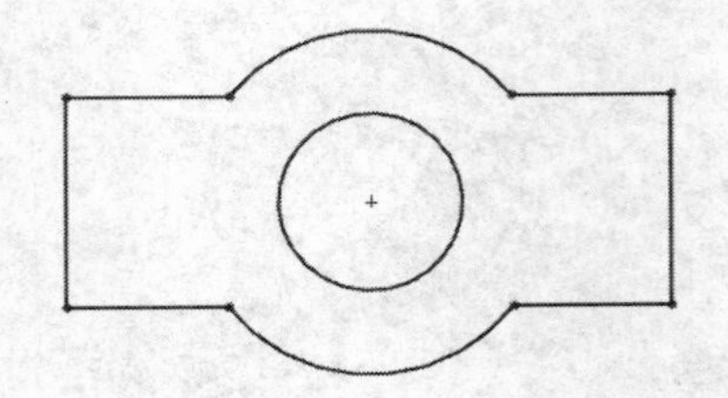

图 2-93　裁剪后的图形

2.3.6 延伸草图

当草图长度不够时，可以使用【延伸实体】命令将一草图延伸至另一草图实体。

在菜单栏中选择【工具】|【草图工具】|【延伸】命令，或者单击【草图】工具栏上的【延伸实体】按钮，执行延伸草图实体命令。

延伸草图实体的操作步骤如下：

01 在草图编辑状态下，选择【工具】|【草图工具】|【延伸】命令，或者单击【草图】工具栏上的【延伸实体】按钮，此时光标变为形状。

02 单击选择如图 2-94 所示中倾斜线，将其延伸，显示结果如图 2-95 所示。

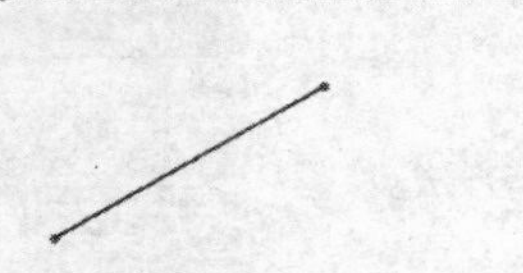

图 2-94　草图延伸前的图形

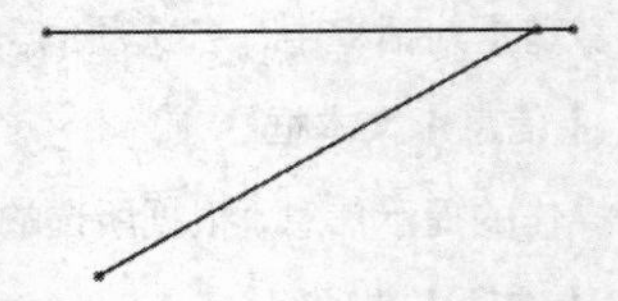

图 2-95　草图延伸后的图形

注 意：延伸草图实体时，如果两个方向都可以延伸，而实际需要单一方向延伸时，单击延伸方向一侧的实体部分即可实现延伸，在执行该命令过程中，实体延伸的结果预览会以红色显示。如果预览以错误方向延伸，将鼠标指针移到直线或圆弧实体的另一半延伸。

2.3.7 分割草图

分割草图是将一连续的草图实体分割成为两个草图实体。反之，也可以删除一个分割点，将两个草图合并成为一个单一的草图实体。

1. 操作界面

在菜单栏中选择【工具】|【草图工具】|【分割实体】命令，或者单击【草图】工具栏上的【分割实体】按钮，系统弹出【分割实体】对话框，如图 2-96 所示。

图 2-96　【分割实体】对话框

2．实例示范

分割草图实体的具体操作方法如下：

01 在草图编辑状态下，选择【工具】|【草图工具】|【分割实体】命令，或者单击【草图】工具栏上的【分割实体】按钮，进入分割草图实体命令状态。

02 确定添加分割点的位置，单击如图 2-97 所示圆的合适位置，添加 4 个分割点，将圆弧分为 4 部分，并利用【裁剪】工具进行裁剪，结果如图 2-98 所示。

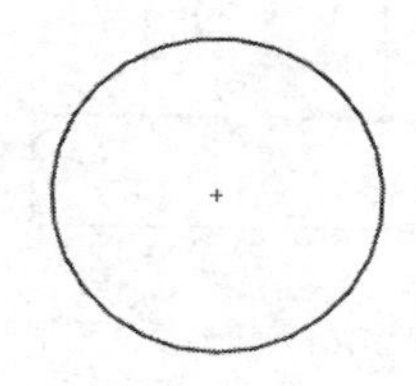

图 2-97　添加分割点前的图形

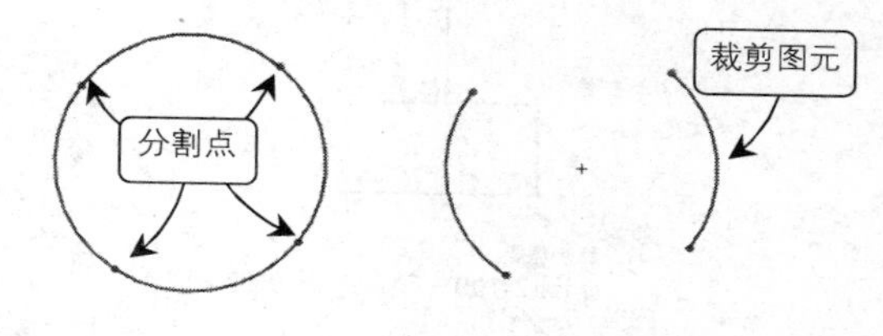

图 2-98　添加分割点并裁剪图元

2.3.8 镜向草图

对称形式的草图，可以只创建对称轴一侧的草图，另一侧草图通过镜向命令来创建。

1．操作界面

在菜单栏中选择【工具】|【草图工具】|【镜向】命令，或者单击【草图】工具栏上的【镜向实体】按钮，系统弹出【镜向】对话框，如图 2-99 所示。

在【镜向】对话框中，各选项的含义如下：

❑ 【信息】文本框

显示镜向操作的流程，提示选择镜向实体及镜向点以及是否复制原镜向实体。

❑ 【选项】选项组

要镜向的实体：选择要镜向的草图实体，所选择的实体出现在（要镜向的实体）列表框中。

复制：选中该复选框可以保留原始草图实体并镜向草图实体；取消选中，则删除原始草图实体再镜向实体。

镜向点：选择边线或直线作为镜向点，选择的对象出现在（镜向点）列表框中。

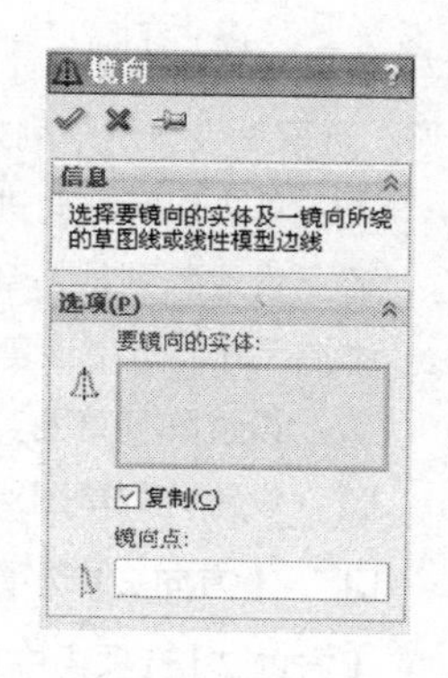

图 2-99　【镜向】对话框

注 意：在 SolidSorks 中，镜向点不仅限于构造线，它可以是任意类型的直线。

2．实例示范

镜向草图实体命令具体操作步骤如下：

01 在草图编辑状态下，选择【工具】|【草图工具】|【镜向】命令，或者单击【草图】工具栏

上的【镜向】按钮，系统弹出【镜向】对话框。

02 单击激活【要镜向的实体】拾取框，使其变为蓝色，然后选择如图 2-100 所示的图形，作为镜向源。

03 单击激活【镜向点】拾取框，然后选择竖直中心线作为镜向点。

04 单击【镜向】对话框中的【确定】按钮，完成镜向，结果如图 2-101 所示。

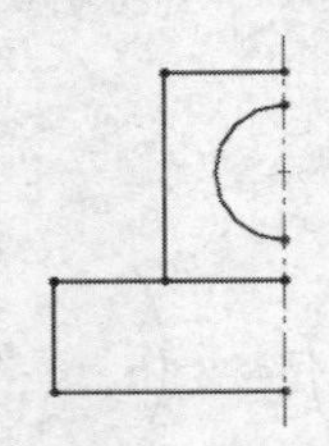

图 2-100 镜向前的图形

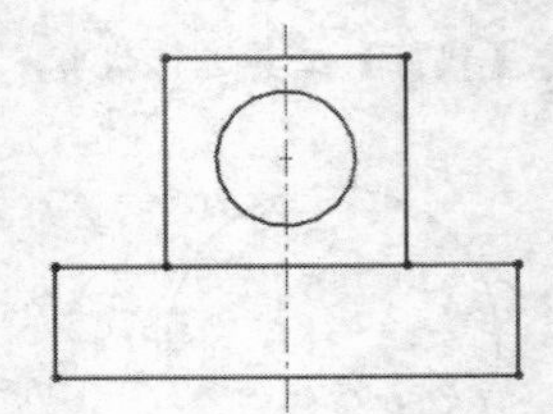

图 2-101 镜向后的图形

2.3.9 阵列草图

线性草图阵列就是将草图实体沿一条或两条直线方向复制生成多个排列图形。

1．线性阵列操作界面

在菜单栏中选择【工具】|【草图工具】|【线性阵列】命令，或者单击【草图】工具栏上的【线性草图阵列】按钮，系统弹出【线性阵列】对话框，如图 2-102 所示。

在【线性阵列】对话框中，各选项的含义如下：

- 【方向 1】选项组

选取 x 轴、线性实体或模型边线来定义线性阵列的第一方向。系统会默认选择 x 轴作为定义方向的参照，选取后会显示阵列方向。

：单击以反方向进行线性阵列。

：设置阵列相邻草图实体之间的距离。

添加尺寸：选中该复选框，阵列后的草图实体将自动标注阵列尺寸。

：设置阵列草图实体的数量。

：设置阵列草图实体的角度。

- 【方向 2】选项组

【方向 2】选项组中各参数与【方向 1】选项组相同，主要用来指定第二方向的阵列参数，系统默认选取 y 轴作为阵列方向参照。选中【在轴之间添加角度尺寸】复选框，将自动标注方向 1 和方向 2 的尺寸；取消选中则不标注。

- 【要阵列的实体】选项组

选择要阵列的草图实体，所选择的实体出现在（要阵列的实体）列表框中。

2．线性阵列实例示范

线性阵列草图实体的操作方法如下：

01 在草图编辑状态下，选择【工具】|【草图工具】|【线性阵列】命令，或者单击【草图】工具栏上的【线性阵列草图实体】按钮，系统弹出【线性阵列】对话框。

02 单击激活【线性阵列】对话框【要阵列的实体】列表框，选择如图 2-103 所示的圆，其他设置如图 2-104 所示。

03 单击【线性阵列】对话框中的【确定】按钮，完成线性阵列草图实体，结果如图 2-105 所示。

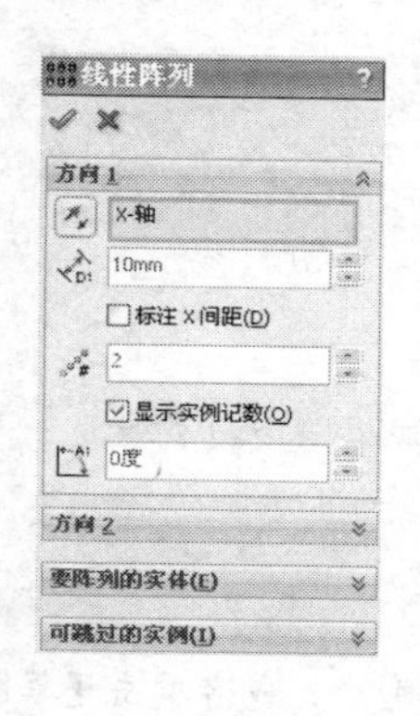

图 2-102 【线性阵列】对话框

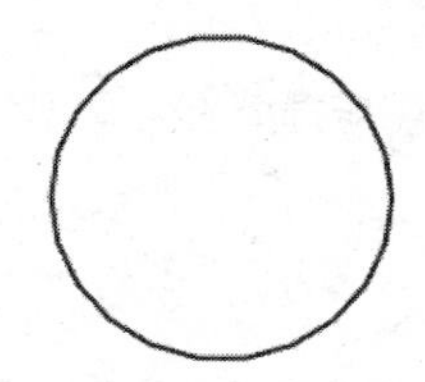

图 2-103 阵列草图实体前的图形

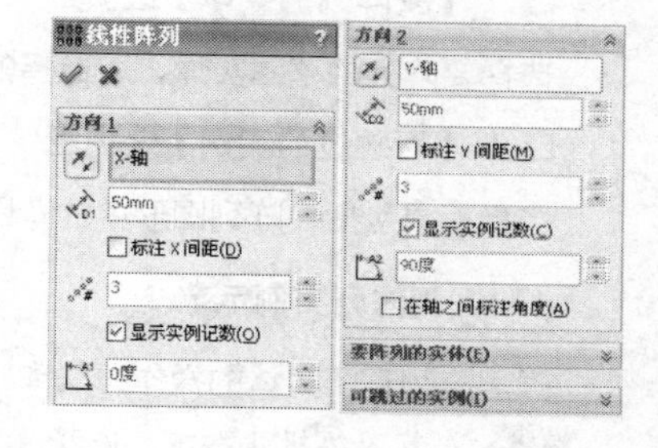

图 2-104 设置线性阵列参数

3. 圆周阵列操作界面

圆周草图阵列就是将草图实体沿一个指定大小的圆弧进行环状阵列。

在菜单栏中选择【工具】|【草图工具】|【圆周阵列】命令，或者单击【草图】工具栏上的【圆周草图阵列】按钮，系统弹出【圆周阵列】对话框，如图 2-106 所示。

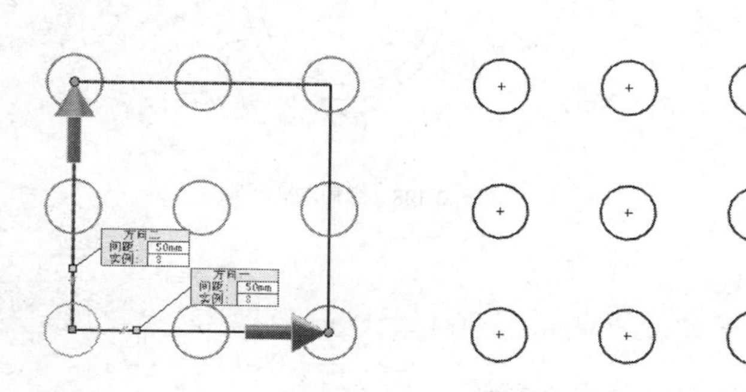

图 2-105 阵列草图实体后的图形

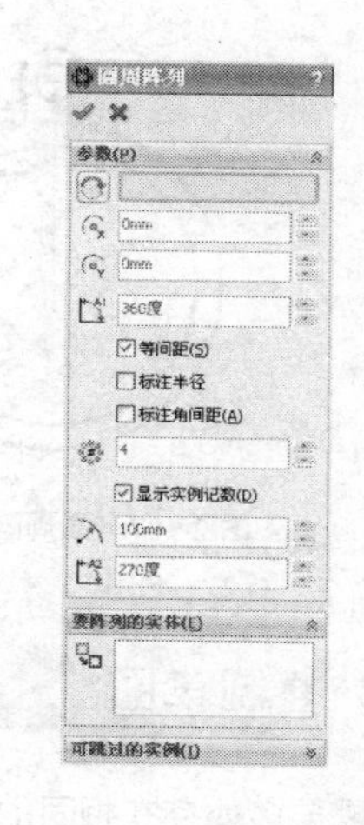

图 2-106 【圆周阵列】对话框

在【圆周阵列】对话框中，各选项的含义如下：

❑ 【参数】选项组

：单击以反方向进行圆周阵列。

：设置阵列中心的 X 坐标。

设置阵列中心的Y坐标。

设置圆周阵列草图实体的数量。

设置圆周阵列包括的总角度。

设置圆周阵列的半径。

设置从所选实体的中心到阵列的中心点或顶点所测量的夹角。

等间距：设置以相等间距阵列草图实体。

标注半径：为阵列草图实体添加阵列尺寸。

❑ 【要阵列的实体】选项组

选择要阵列的草图实体，所选择的实体出现在（要阵列的实体）框中。

❑ 【可跳过的实例】选项组

选择不想包括在阵列图形中的草图实体，所选择的实体出现在（可跳过的实例）框中。

4. 圆周阵列实例示范

圆周阵列草图实体的操作方法如下：

01 在草图编辑状态下，选择【工具】|【草图工具】|【圆周阵列】命令，或者单击【草图】工具栏上的【圆周阵列草图实体】按钮，系统弹出【圆周阵列】对话框。

02 单击【圆周阵列】对话框中的【要阵列的实体】选项下面的列表框中选择如图2-107所示的圆与圆弧，在【参数】选项组中的X、Y坐标微调框中输入原点坐标值。【数量】微调框中输入6，总角度微调框中输入值360。

03 单击【圆周阵列】对话框中的【确定】按钮，完成圆周阵列草图实体，阵列结果如图2-108所示。

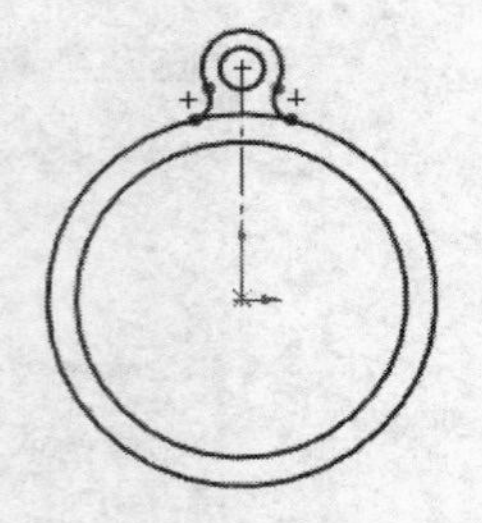

图2-107 圆周阵列前的图形

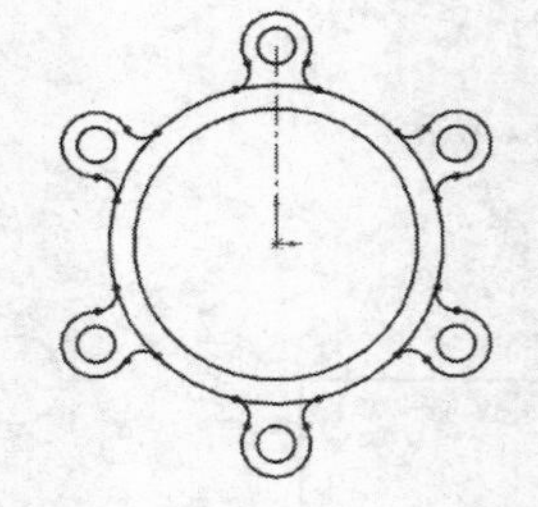

图2-108 圆周阵列后的图形

2.3.10 复制草图

当需要多处存在相同的图形时，可以使用复制功能快速得到相同的几何实体。

1. 操作界面

在菜单栏中选择【工具】|【草图工具】|【复制】命令，或者单击【草图】工具栏上的【复制草图实体】按钮，系统弹出【复制】对话框，如图2-109所示。

在【复制】对话框中，各选项的含义如下：

□　【要复制的实体】选项组

选择要复制的草图实体，所选择的实体出现在（要复制的实体）列表框中。

保留几何关系：选中该复选框，则所复制的草图保留了原草图中的几何关系，取消选中则不保留原草图中的几何关系。

□　【参数】选项组

从/到：用指定开始点与目标点的方式移动实体。

X/Y：如果选中该复制方式，则【复制】对话框变为如图 2-110 所示。

ΔX：确定复制草图的 X 方向移动的距离。

ΔY：确定复制草图的 Y 方向移动的距离。

重复：在完成实体的移动操作后再单击该按钮，可以用相同的距离再次移动实体。

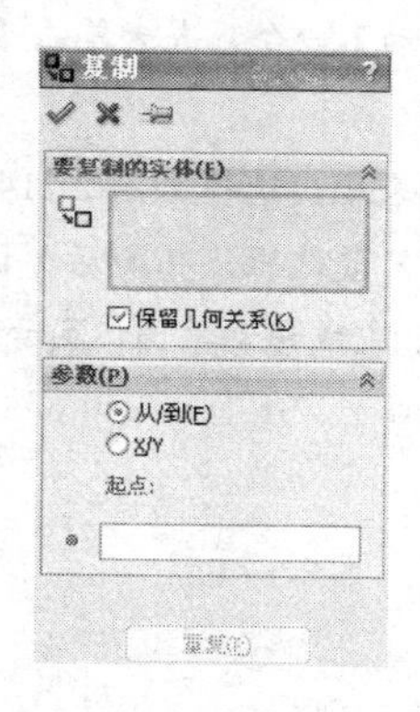

图 2-109　【复制】对话框

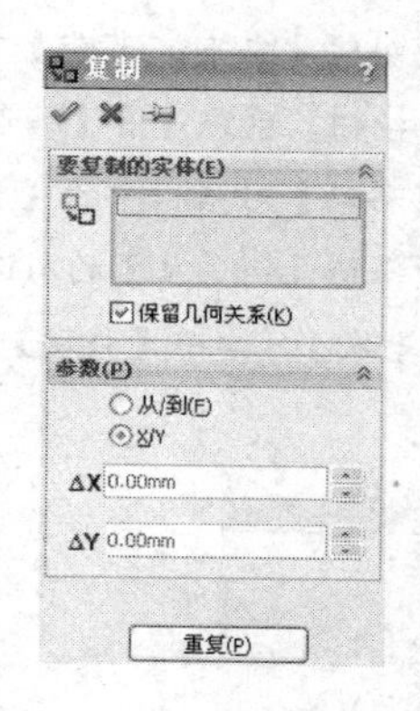

图 2-110　【复制】对话框

2.　实例示范

复制命令的操作方法如下：

01　在草图编辑状态下，选择【工具】|【草图工具】|【复制】命令，或者单击【草图】工具栏上的【复制实体】按钮，系统弹出【复制】对话框。

02　单击【复制】对话框【要复制的实体】选项下面的列表框，选择如图 2-111 所示的草图。

03　选择【参数】选项中的【X/Y】单选按钮，在ΔX后微调框中输入 100，在ΔY后微调框中输入 100。单击【复制】对话框中的【确定】按钮，完成复制草图，显示结果如图 2-112 所示。

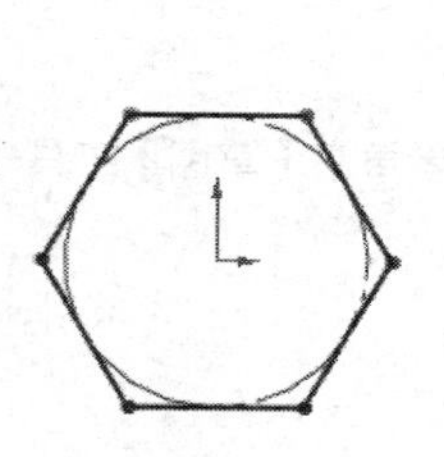

图 2-111　草图

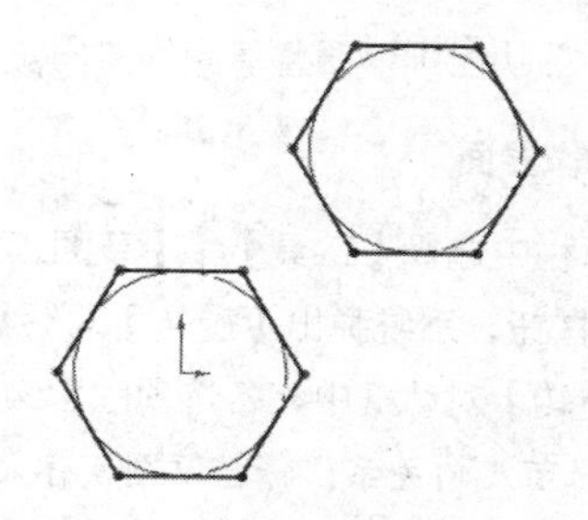

图 2-112　复制草图

2.3.11 移动草图实体

使用移动草图功能，可以调整几何实体的位置。

1. 操作界面

在菜单栏中选择【工具】|【草图工具】|【移动】命令，或者单击【草图】工具栏上的【移动草图实体】按钮，系统弹出【移动】对话框，如图 2-113 所示。

该对话框参数与【复制】对话框中的参数基本相同，不同的是移动草图实体是不保留原草图的。

2. 实体示范

移动命令的具体操作方法如下：

01 在草图编辑状态下，选择【工具】|【草图工具】|【移动】命令，或者单击【草图】工具栏上的【移动】按钮，系统弹出【移动】对话框。

02 单击【移动】对话框中的【要移动的实体】选项下面的列表框，选择如图 2-114 所示的草图。

03 取消【保留几何关系】的勾选，选择【参数】选项中的 X/Y 复选框，在ΔX后微调框中输入 10，在ΔY后微调框中输入 10。单击【移动】对话框中的【确定】按钮，完成移动草图，显示结果如图 2-115 所示。

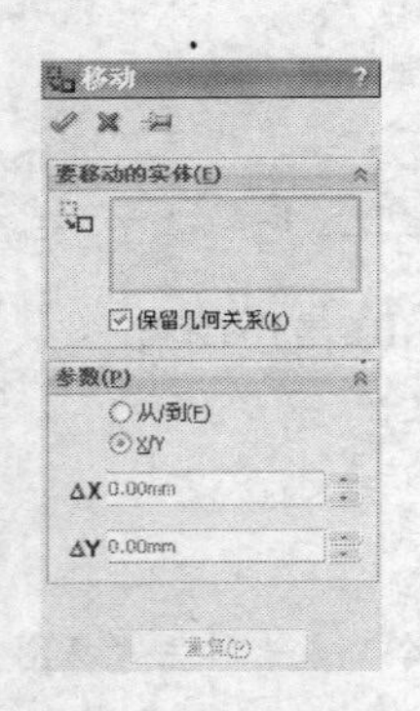

图 2-113 【移动】对话框

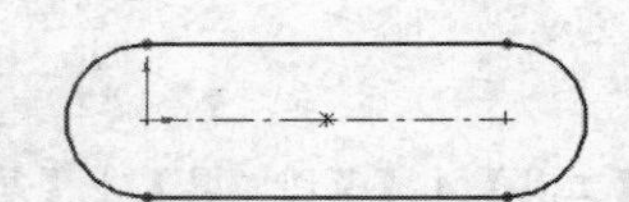
图 2-114 草图

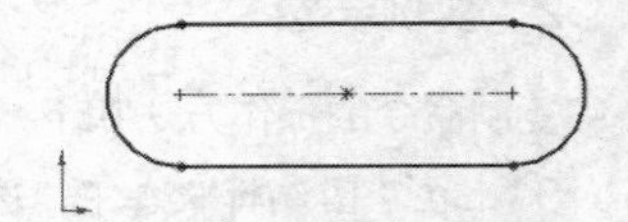
图 2-115 移动草图

2.3.12 旋转草图实体

旋转草图功能可以调整草图的方向。

1. 操作界面

在菜单栏中选择【工具】|【草图工具】|【旋转】命令，或者单击【草图】工具栏上的【旋转草图实体】按钮，系统弹出【旋转】对话框，如图 2-116 所示。

在【旋转】对话框中，各选项的含义如下：

- 保留几何关系：保持草图实体之间原有的几何关系。
- 旋转中心：单击指定草图旋转所围绕的中心点。
- ：定义旋转实体的角度。

2. 实体示范

旋转命令的具体操作方法如下：

01 在草图编辑状态下，选择【工具】|【草图工具】|【旋转】命令，或者单击【草图】工具栏上的【旋转实体】按钮，系统弹出【旋转】对话框。

02 单击激活【旋转】对话框中的【要旋转的实体】列表框，选择如图2-117所示的草图。

03 单击【旋转中心】选项下面的列表框，使其变为蓝色，单击绘图区的原点，即将原点作为旋转中心。在微调框中输入60，单击【旋转】对话框中的【确定】按钮，完成旋转草图，显示结果如图2-118所示。

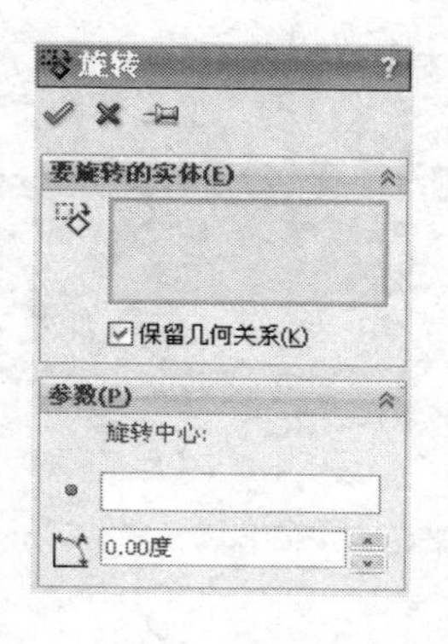

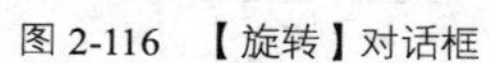

图2-116　【旋转】对话框

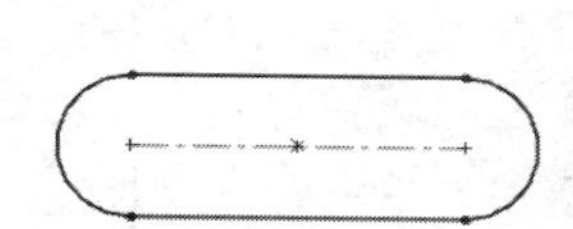

图2-117　草图

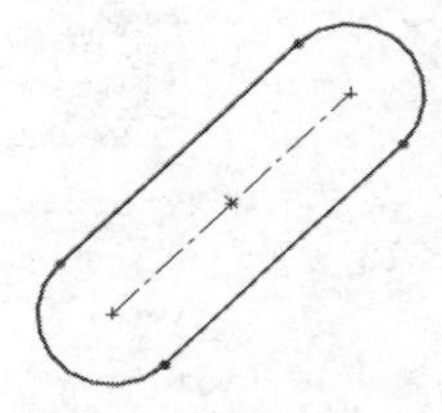

图2-118　旋转草图

2.3.13 伸展草图

1. 操作界面

在菜单栏中选择【工具】|【草图工具】|【伸展实体】命令，或者单击【草图】工具栏上的【伸展实体】按钮，系统弹出如图2-119所示的对话框。

【伸展】对话框参数与【复制】对话框基本相同，可以参考前面的介绍进行理解。

2. 实例示范

伸展实体命令的具体操作方法如下：

01 在草图编辑状态下，选择【工具】|【草图工具】|【伸展实体】命令，或者单击【草图】工具栏上的【伸展实体】按钮，系统弹出【伸展】对话框。

02 单击激活【伸展实体】对话框【要绘制的实体】选项下面的列表框，选择如图2-120所示草图中线条1、圆弧2和线条3。

03 在【参数】选项组中选择X/Y单选按钮，在【伸展】对话框中的微调框中输入10，如图2-121所示。

04 单击【伸展】对话框中的【确定】按钮，完成伸展草图实体，显示结果如图2-122所示。

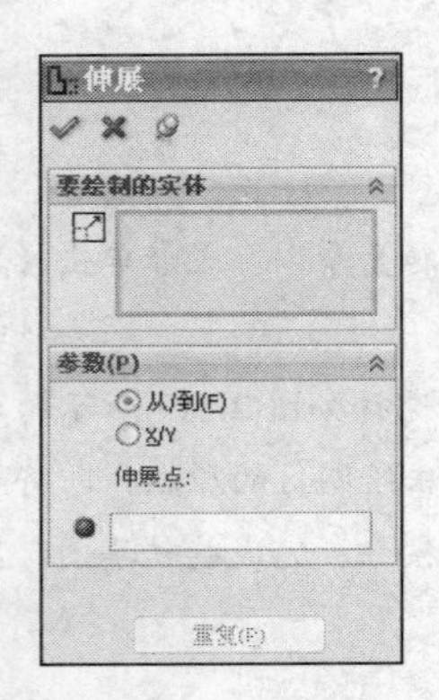

图 2-119 【伸展】对话框

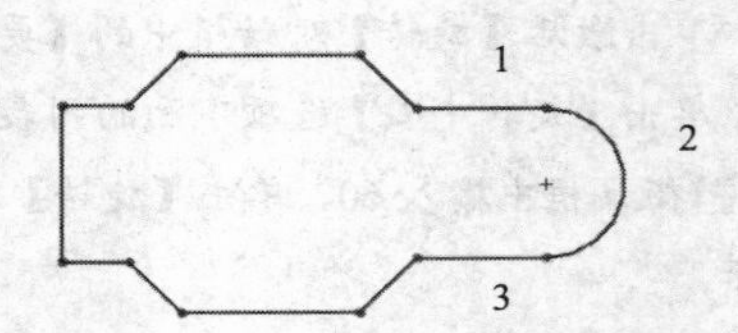

图 2-120 伸展前的草图

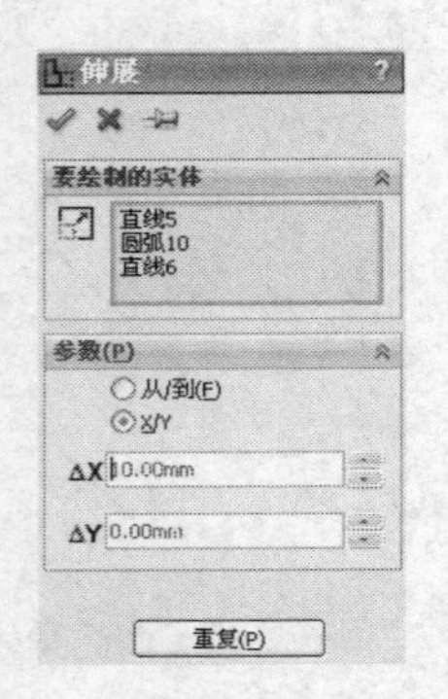

图 2-121 【伸展】对话框

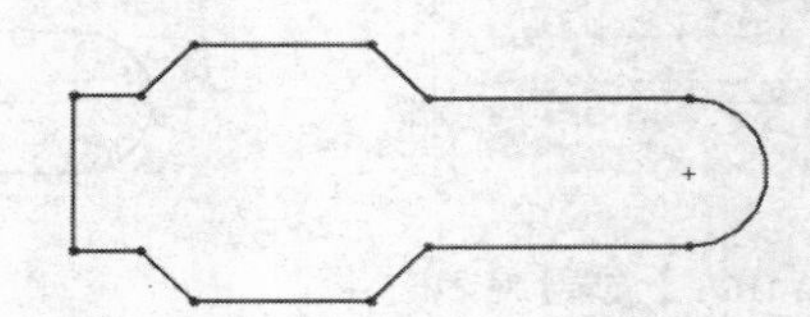

图 2-122 伸展后的草图实体

2.4 定义草图

为了更好地表达用户的设计意图，更加精确地绘制出零件，其绘制的草图必需是进行了定义的。定义草图包括标注草图尺寸和约束草图几何关系，其中几何约束可以将草图几何大致约束至设计要求的形状，而尺寸标注则是精确的约束方式，可以将几何约束后的草图几何精确定义至设计尺寸。

2.4.1 尺寸与几何约束工具简介

标注尺寸和添加几何关系命令集中在【尺寸/几何关系】工具栏中，打开此工具栏，如图 2-123 所示。

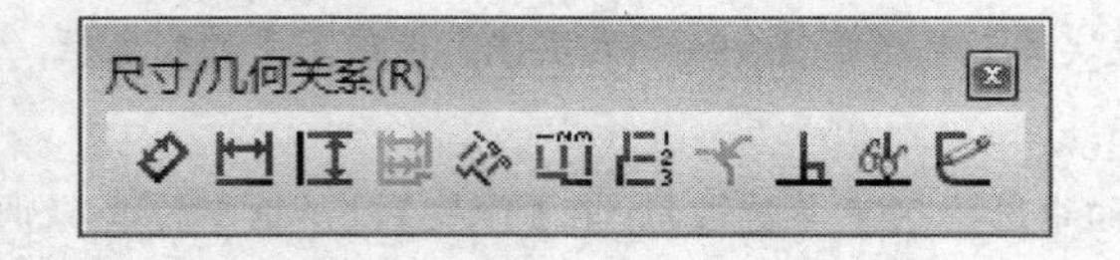

图 2-123 【尺寸/几何关系】工具栏

该工具栏各按钮的含义如下：

【智能尺寸】按钮：为一个或多个实体生成尺寸。

【水平尺寸】按钮：在所选实体之间生成水平尺寸。

【垂直尺寸】按钮：在所选实体之间生成垂直尺寸。

【尺寸链】按钮：从工程图或草图的横纵轴生成一组尺寸。

【水平尺寸链】按钮：从第一个所选实体水平测量而在工程图或草图中生成的水平尺寸链。

【垂直尺寸链】按钮：从第一个所选实体水平测量而在工程图或草图中生成的垂直尺寸链。

【添加几何关系】按钮：控制带约束（例如同轴心或竖直）的实体的大小或位置。

【自动几何关系】按钮：打开或关闭自动添加几何关系。

【显示/删除几何关系】按钮：显示和删除几何关系。

【搜寻相等关系】按钮：在草图上搜寻具有等长或等半径的实体。在等长或等半径的草图实体之间设定相等的几何关系。

2.4.2 添加草图几何约束

变量化技术与参数化技术的一个重要区别就是变量化技术可以支持几何实体之间的几何约束关系的存在。因此在变量化技术中，可以通过尺寸和几何约束共同完成草图的约束定义，而且几何约束较尺寸约束更为直观。

草图中的几何实体之间的几何约束类型有以下几种：

- 点和点：水平、竖直、重合。
- 点和直线：中点、重合。
- 点和圆/圆弧：同心、重合
- 直线和直线：水平、竖直、平行、垂直、相等、共线
- 直线和圆/圆弧：相切
- 圆和圆：全等、相切、同心、相等。

1. 点与点

01 单击菜单栏中的【工具】|【几何关系】|【添加】命令，或者单击草图工具栏中的【添加几何关系】按钮。系统弹出【添加几何关系】对话框，如图 2-124 所示。

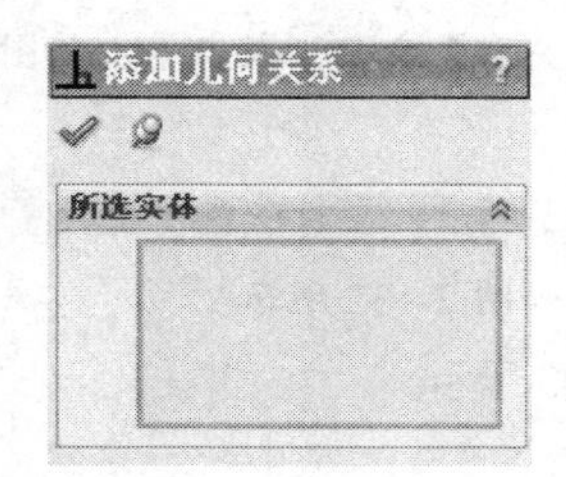

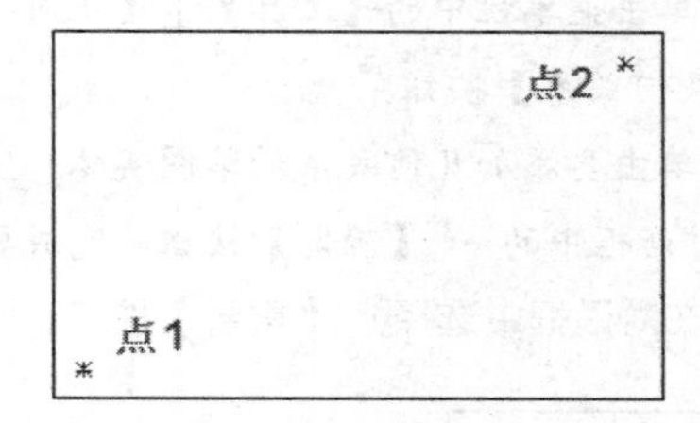

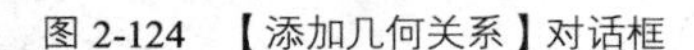

图 2-124　【添加几何关系】对话框　　图 2-125　草图点

02 单击要添加几何关系的草图实体：点 1 与点 2，如图 2-125 所示。此时【添加几何关系】对话框变为如图 2-126 所示。在【添加几何关系】选项中，选择【竖直】按钮。

03 单击对话框中的【确定】按钮，完成要添加的几何关系，效果如图 2-127 所示，点 1 和点 2 位于同一竖直线上。

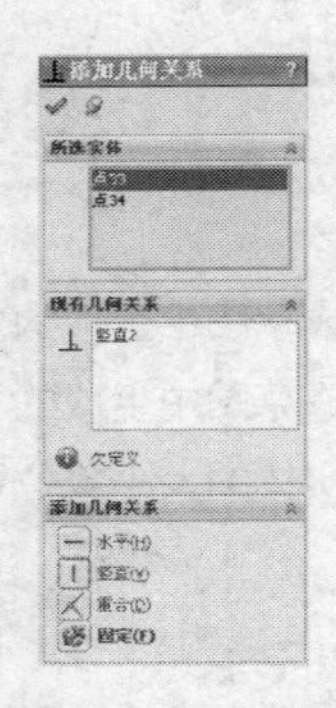

图 2-126　添加几何关系对话框

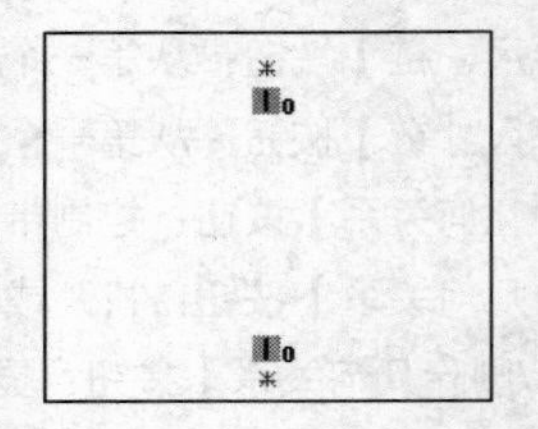

图 2-127　添加竖直几何关系

点与点的其他几何关系的添加和上述方法相同，这里就不一一列举了。

2．点与直线

01 单击菜单栏中的【工具】|【几何关系】|【添加几何关系】命令，或者单击草图工具栏中的【添加几何关系】按钮。

02 单击要添加几何关系的草图实体——点与直线，如图 2-128 所示。

03 在【添加几何关系】对话框中的【添加几何关系】选项组里选择【中点】按钮，单击对话框中的【确定】按钮，显示结果如图 2-129 所示。

如果在【添加几何关系】对话框中的【添加几何关系】选项组里选择【重合】按钮，单击对话框中的【确定】按钮，显示结果如图 2-130 所示。

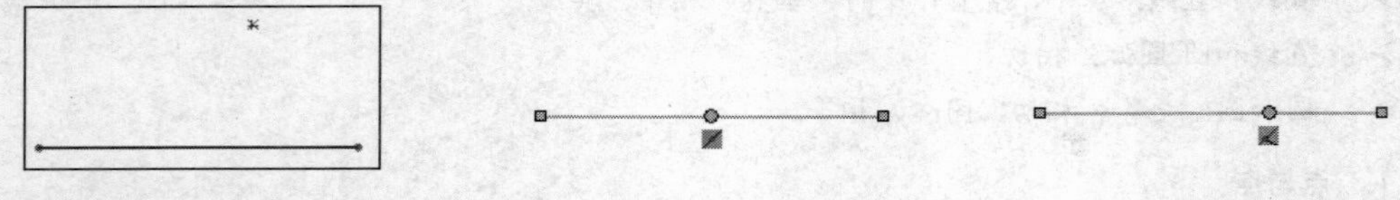

图 2-128　点与直线　　图 2-129　添加中点几何约束　　图 2-130　添加重合约束

3．点与圆/圆弧

01 单击菜单栏中的【工具】|【几何关系】|【添加几何关系】命令，或者单击草图工具栏中的【添加几何关系】按钮。

02 单击要添加几何关系的草图实体——点与圆，如图 2-131 所示。在对话框中选择【同心】按钮，单击对话框中的【确定】按钮，完成要添加的几何关系，如图 2-132 所示。

如果在对话框中选择【重合】按钮，则显示结果如图 2-133 所示。

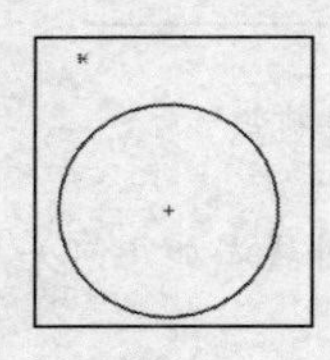

图 2-131　草图点和圆

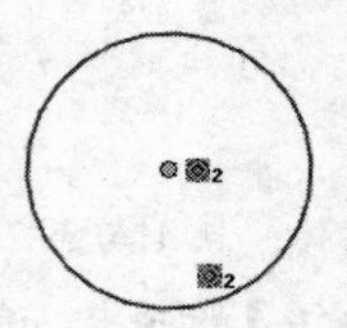

图 2-132　添加同心几何约束

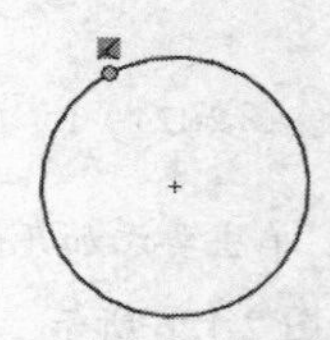

图 2-133　添加重合几何约束

4．直线与直线

01 单击菜单栏中的【工具】|【几何关系】|【添加几何关系】命令，或者单击草图工具栏中的【添加几何关系】按钮。

02 单击要添加几何关系的草图实体——直线与直线，如图 2-134 所示。在对话框中选择【垂直】按钮，单击对话框中的【确定】按钮，完成要添加的几何关系，如图 2-135 所示。

如图 2-136 所示为直线与直线的其他约束效果显示。

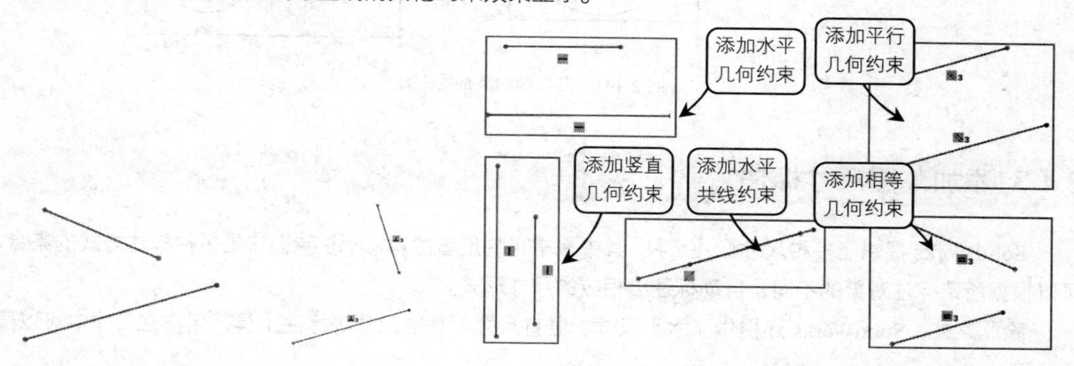

图 2-134　两条直线　　图 2-135　添加垂直几何约束　　图 2-136　直线与直线的其他约束效果

5．直线与圆/圆弧

01 单击菜单栏中的【工具】|【几何关系】|【添加几何关系】命令，或者单击草图工具栏中的【添加几何关系】按钮。

02 单击要添加几何关系的草图实体——直线与圆，如图 2-137 所示，并在对话框中选择【相切】按钮。

03 单击对话框中的【确定】按钮，完成要添加的几何关系，如图 2-138 所示。

6．圆与圆/圆弧

01 单击菜单栏中的【工具】|【几何关系】|【添加几何关系】命令，或者单击草图工具栏中的【添加几何关系】按钮。

02 单击要添加几何关系的草图实体——圆与圆，如图 2-139 所示。并在对话框中选择【相切】按钮。

03 单击对话框中的【确定】按钮，完成要添加的几何关系，如图 2-140 所示。

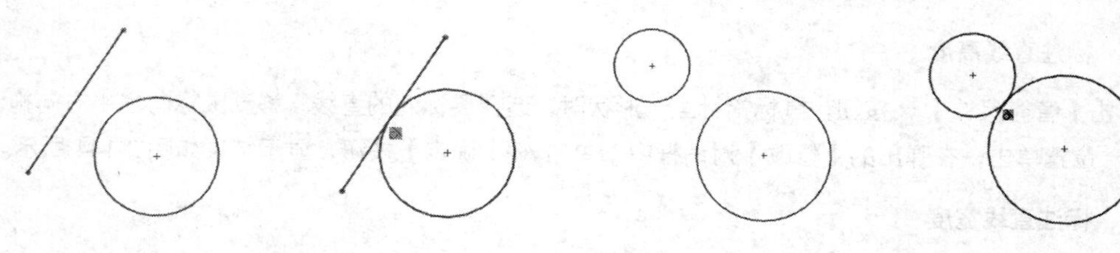

图 2-137　直线与圆　　图 2-138　添加的相切几何约束　　图 2-139　草图圆与圆　　图 2-140　添加相切几何约束

如图 2-141 所示为圆与圆/圆弧的其他约束效果显示。

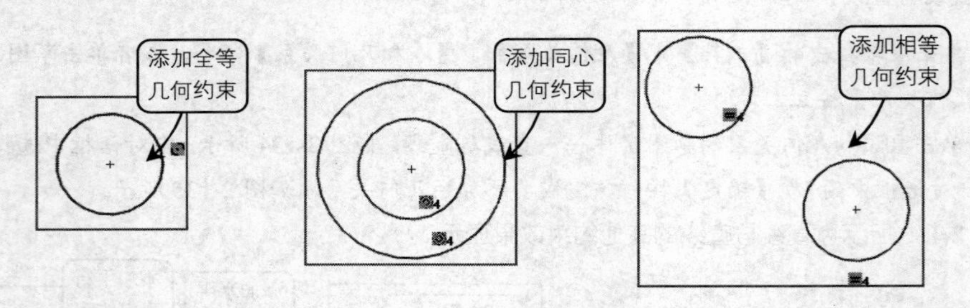

图 2-141　圆与圆的其他约束

2.4.3 添加草图尺寸标注

SolidWorks 提供了多种尺寸标注工具，其中最常用的是智能尺寸标注。它是多种标注方式的集合，可以根据所选标注对象的不同，自动标注出相应的尺寸形式。

除此之外，SolidWorks 还提供了水平尺寸、竖直尺寸、基准尺寸等标注工具，用户在工作中可以灵活运用。

为了方便读者理解，这里以标注类型的不同（不以标注工具），分别讲解各种尺寸的标注方法。

1. 标注直线长度

单击【智能尺寸】按钮，鼠标指针呈形状时，选择要标注的直线，移动鼠标至放置尺寸位置单击，系统弹出【修改】对话框，如图 2-142 所示。在对话框中可以输入尺寸值，单击【修改】对话框中的【确定】按钮，完成尺寸标注，显示结果如图-143 所示。

图 2-142　【修改】对话框

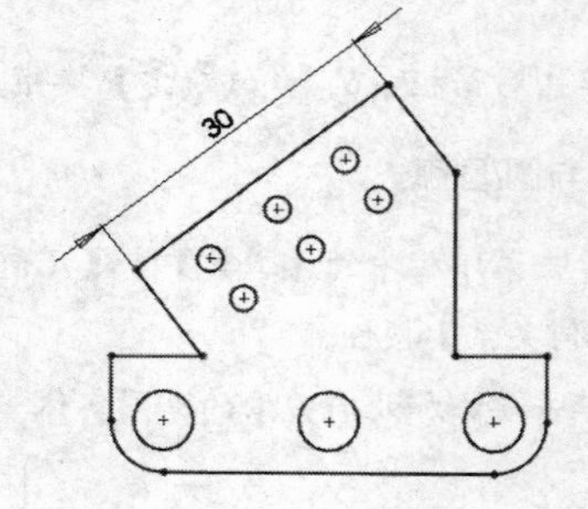

图 2-143　直线长度的标注

2. 标注直线高度

单击【智能尺寸】按钮，鼠标指针呈形状时，选择要标注的直线，移动鼠标向水平方向拖动至放置尺寸位置单击，在弹出的【修改】对话框中，单击【确定】按钮，显示结果如图 2-144 所示。

3. 标注直线宽度

单击【智能尺寸】按钮，鼠标指针呈形状时，选择要标注的直线，移动鼠标向竖直方向拖动至放置尺寸位置单击，在弹出的【修改】对话框中，单击【确定】按钮，显示结果如图 2-145 所示。

4. 标注圆直径

单击【智能尺寸】按钮，鼠标指针呈形状时，选择要标注的圆，移动鼠标至放置尺寸位置单击，在弹出的【修改】对话框中，单击【确定】按钮，显示结果如图2-146所示。

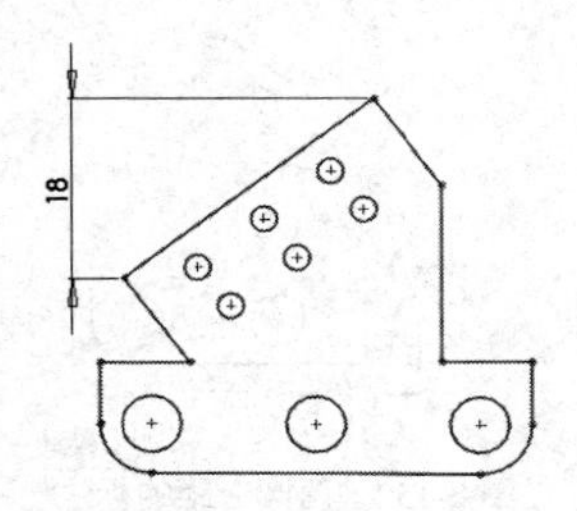

图2-144 直线高度的标注

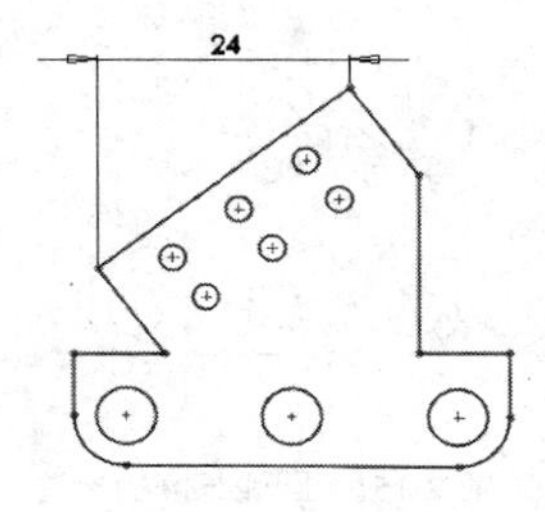

图2-145 直线宽度的标注

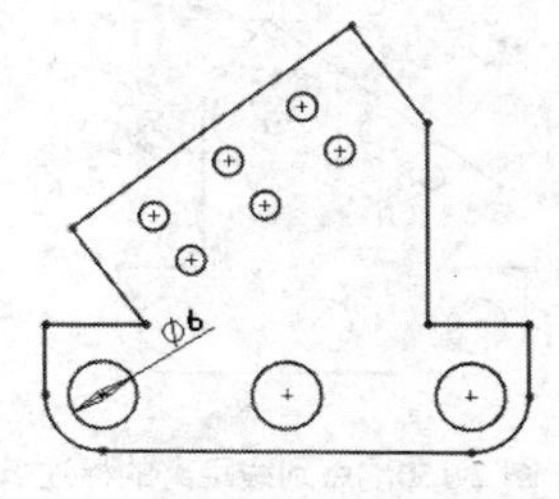

图2-146 圆直径的标注

5. 标注圆弧半径

单击【智能尺寸】按钮，鼠标指针呈形状时，选择要标注的圆弧，移动鼠标至放置尺寸位置单击，在弹出的【修改】对话框中，单击【确定】按钮，显示结果如图2-147所示。

6. 标注角度

单击【智能尺寸】按钮，鼠标指针呈形状时，分别选择夹角的两条直线，移动鼠标至放置尺寸位置单击，在弹出的【修改】对话框中，单击【确定】按钮，显示结果如图2-148所示。

7. 标注平行线距离

单击【智能尺寸】按钮，鼠标指针呈形状时，分别选择要标注的两条平行线，移动鼠标至放置尺寸位置单击，在弹出的【修改】对话框中，单击【确定】按钮，显示结果如图2-149所示。

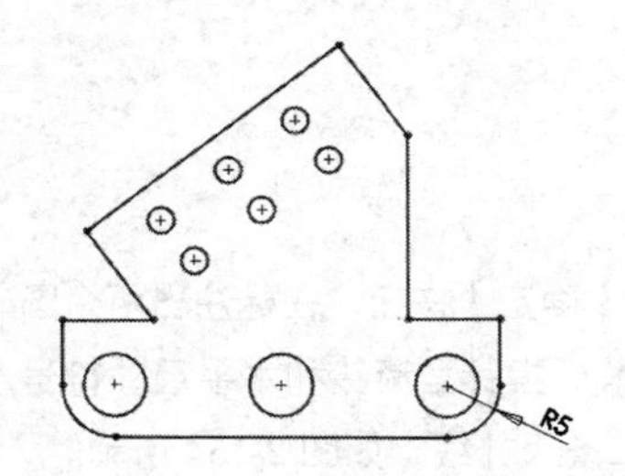

图2-147 圆弧半径的标注

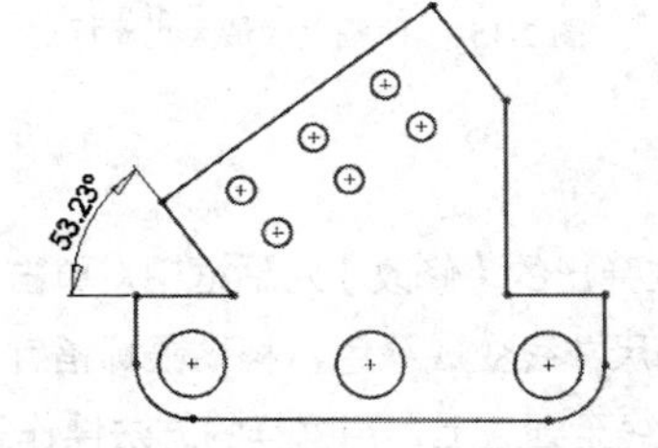

图2-148 角度的标注

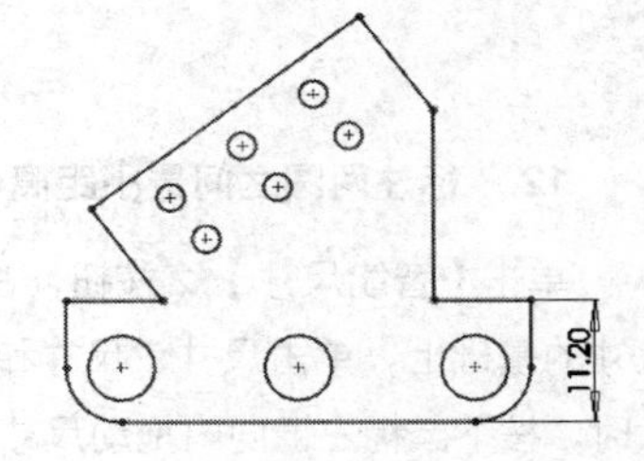

图2-149 平行线距离的标注

8. 标注点到线的距离

单击【智能尺寸】按钮，鼠标指针呈形状时，分别选择要标注的直线和点，移动鼠标至放置尺寸位置单击，在弹出的【修改】对话框中，单击【确定】按钮，显示结果如图2-150所示。

9. 标注圆弧长度

单击【智能尺寸】按钮，鼠标指针呈形状时，选择要标注的圆弧，再分别选择圆弧的两个端点，移动鼠标至放置尺寸位置单击，在弹出的【修改】对话框中，单击【确定】按钮，结果如图2-151所示。

10. 标注两圆心距

单击【智能尺寸】按钮，鼠标指针呈形状时，分别选择需要标注两个圆，移动鼠标至放置尺寸位置单击，在弹出的【修改】对话框中，单击【确定】按钮，显示结果如图 2-152 所示。

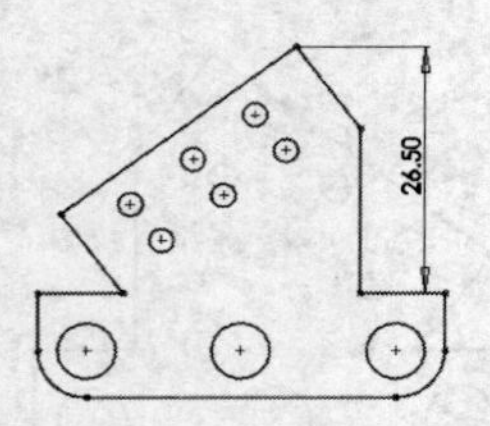

图 2-150　点到线距离的标注

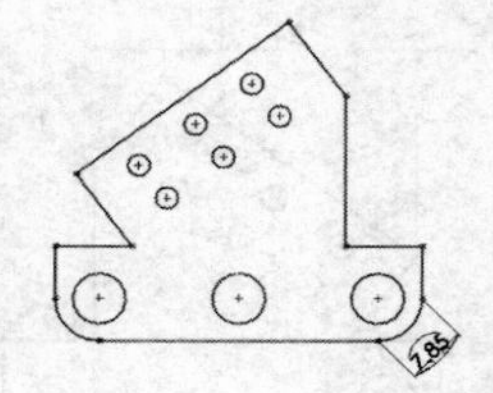

图 2-151　圆弧长度的标注

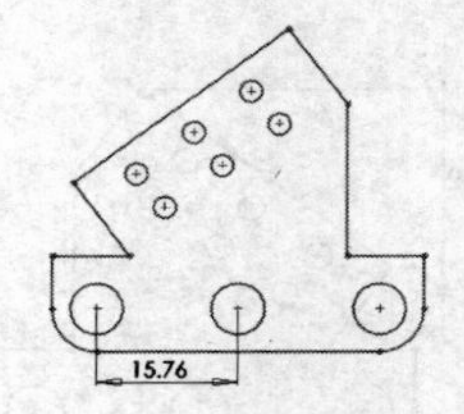

图 2-152　两圆心距的标注

11. 标注两圆之间最大距离

单击【智能尺寸】按钮，鼠标指针呈形状时，在标注出两个圆心距尺寸的基础上，单击尺寸，尺寸和尺寸线变成绿色，移动鼠标指针当鼠标指针呈箭头和水平尺寸符号形状时，按下鼠标左键向外拖动尺寸线至圆边上，用同样的方法操作第二条尺寸线，如图 2-153 所示。

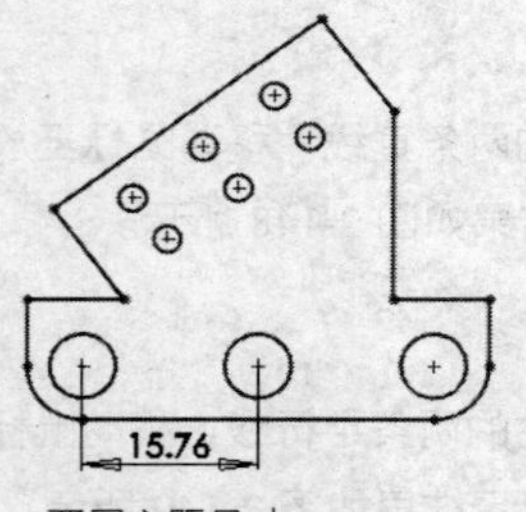

两圆心距尺寸

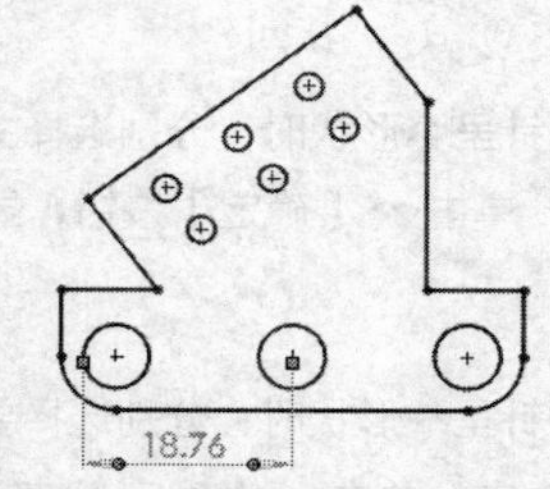

向外拖动鼠标放置圆外侧节点处

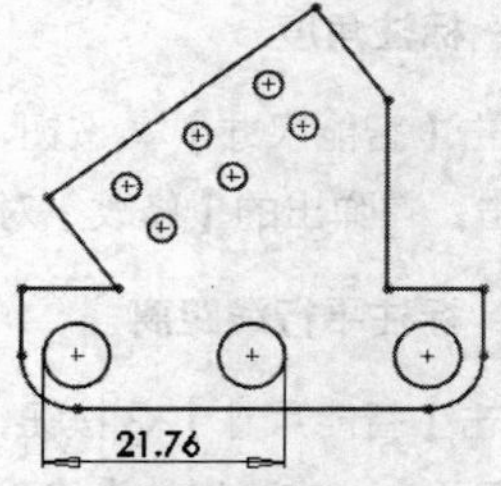

两圆最大距离尺寸

图 2-153　两圆之间最大距离标注

12. 标注两圆之间最小距离

单击【智能尺寸】按钮，在弹出的【修改】对话框中，单击【确定】按钮，在标注出两个圆心尺寸的基础上，单击尺寸，尺寸和尺寸线变成绿色，移动鼠标指针当鼠标指针呈箭头和水平尺寸符号形状时，按下鼠标左键向内拖动尺寸线至圆边上，用同样的方法操作第二条尺寸线，如图 2-154 所示。

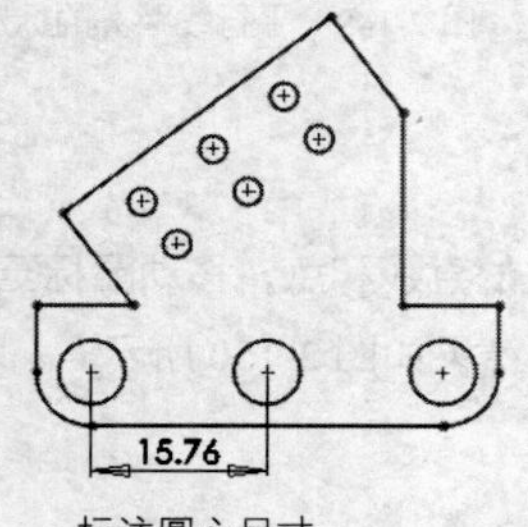

标注圆心尺寸

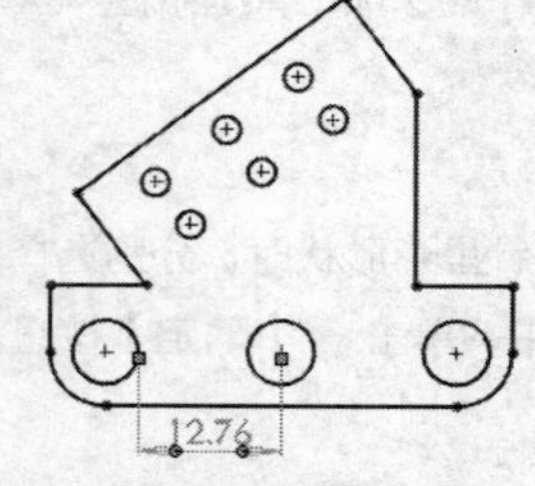

向内拖动鼠标放置圆内侧节点处

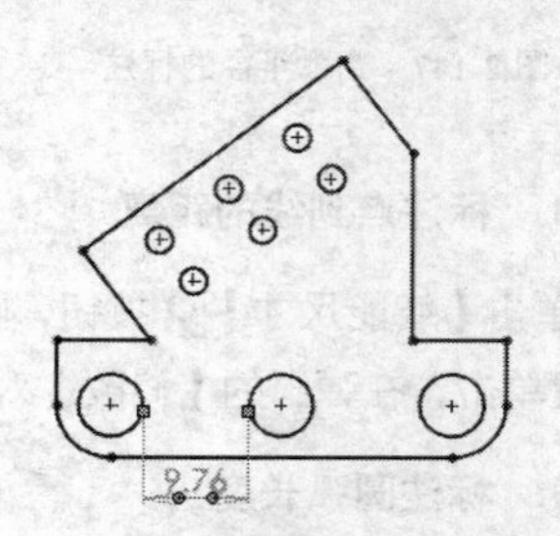

两圆最小距离尺寸

图 2-154　两圆之间最小距离的标注

13. 标注对称尺寸

对称尺寸用于标注关于中心线对称的图素。

单击【智能尺寸】按钮，当鼠标指针呈形状时，选择中心线和直线，移动鼠标至中心线和直线外侧，单击鼠标移动鼠标至放置尺寸位置，在弹出的【修改】对话框中，单击【确定】按钮，显示结果如图 2-155 所示。

14. 标注尺寸链

尺寸链标注用于标注同一方向上多个基准相同的尺寸组，第一个选择的几何对象为尺寸基准，后续每选择一点都会在相应的位置上标注尺寸。

单击【尺寸链】按钮，鼠标指针变为，单击要标注尺寸链的第一条直线，在合适的位置单击，然后依次单击选择其他要标注的直线，单击其中一个尺寸，拖动鼠标至放置尺寸的位置单击，如图 2-156 所示。

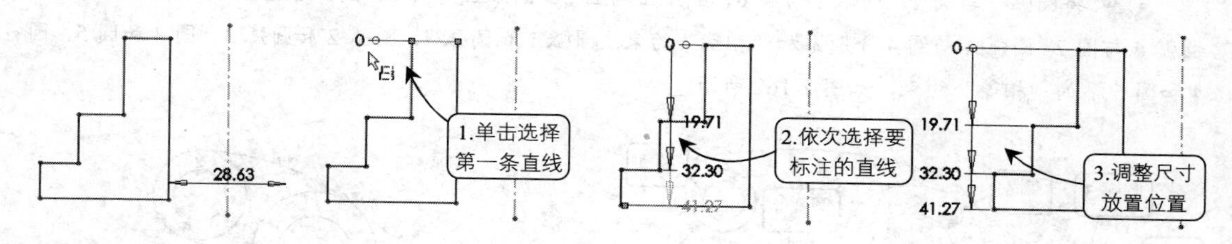

图 2-155　对称尺寸的标注　　图 2-156　标注尺寸链

注 意：草图尺寸可以随时修改，只需要双击要修改的尺寸值，系统弹出尺寸【修改】对话框，如图 2-157 所示。在对话框中输入尺寸值。

2.4.4 添加约束和尺寸标注实例示范

下面以绘制如图 2-158 所示的草图为例，以熟悉尺寸标注及添加几何约束具体操作方法。

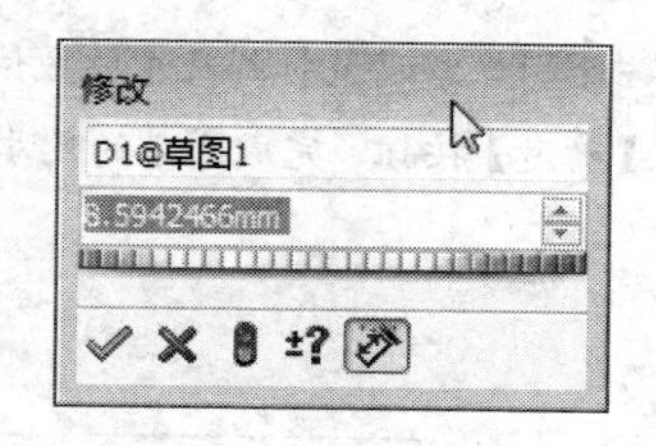

图 2-157　【修改】对话框

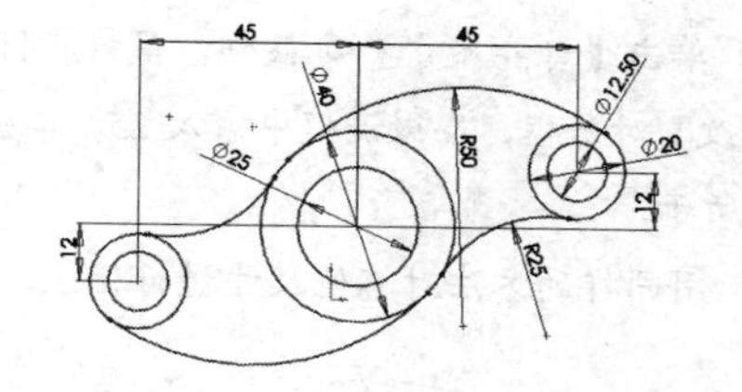

图 2-158　草图

1. 绘制草图

01 在草图绘制状态下，选择【工具】|【草图绘制实体】|【圆】命令，或者单击【草图】工具栏上的【圆】按钮，开始绘制圆，如图 2-159 所示。

02 单击【草图】工具栏上的【三点圆弧】按钮，绘制如图 2-160 所示的圆弧。

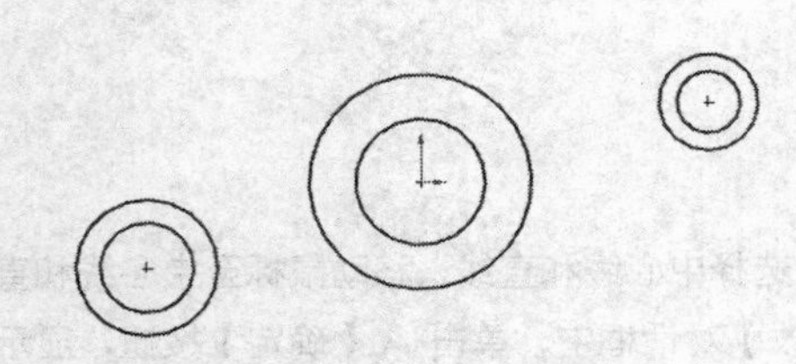

图 2-159　绘制的草图圆

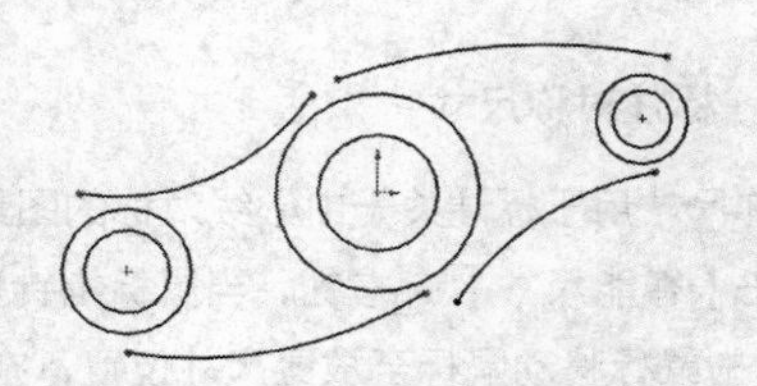

图 2-160　绘制草图圆弧

2．添加几何约束

01 单击【尺寸/几何关系】工具栏上的【添加几何关系】按钮，系统弹出【添加几何关系】对话框，单击如图 2-161 所示中的圆 1 和圆 2。

02 选择【添加几何关系】对话框中的【同心】按钮，分别将圆 1 与圆 2、圆 3 与圆 4、圆 5 与圆 6 添加“同心”的几何约束。

03 将圆弧 1 与圆 2、圆弧 1 与圆 6、圆弧 2 与圆 2、圆弧 2 与圆 6、圆弧 3 与圆 2、圆弧 3 与圆 4、圆弧 4 与圆 2. 圆弧 4 与圆 4 分别添加“相切”约束；圆弧 1 和圆弧 4、圆弧 2 和圆弧 3、圆 3 和圆 5、圆 4 和圆 6 添加“相等”约束，如图 2-162 所示。

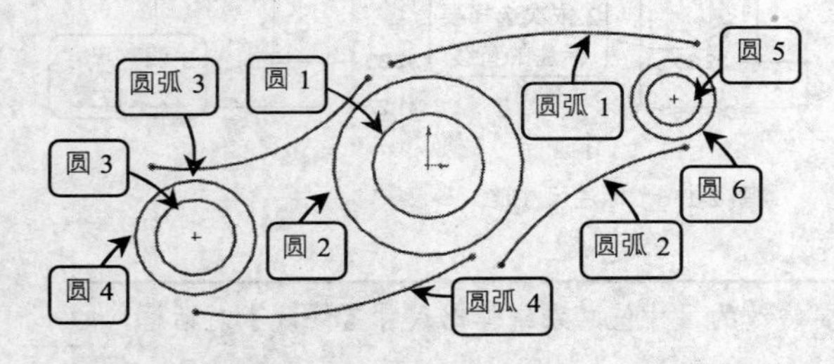

图 2-161　草图

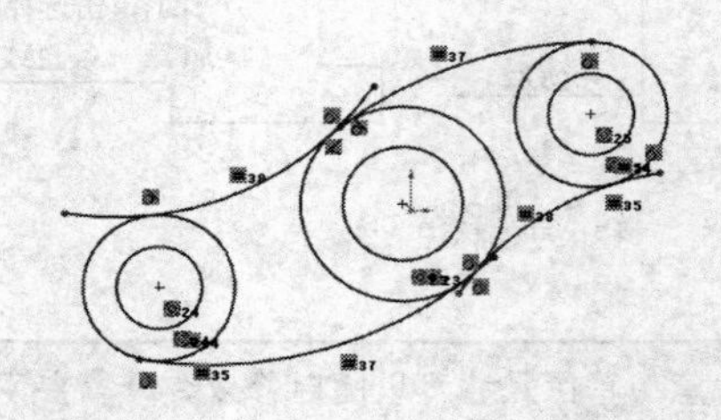

图 2-162　添加约束

04 单击【添加几何关系】对话框中的【确定】按钮，完成要添加的几何关系。

05 单击【草图】工具栏上的【裁剪】按钮，裁掉多余的线段，如图-163 所示。

3．标注草图尺寸

01 单击【智能尺寸】按钮，鼠标指针呈形状时，单击圆 1，移动鼠标到尺寸放置位置单击，出现【修改】对话框，在微调框中输入 25，单击对话框中的【确定】按钮，完成圆 1 的尺寸标注，如图 2-164 所示。

02 用同样的方法对其他尺寸进行标注，如图 2-165 所示。

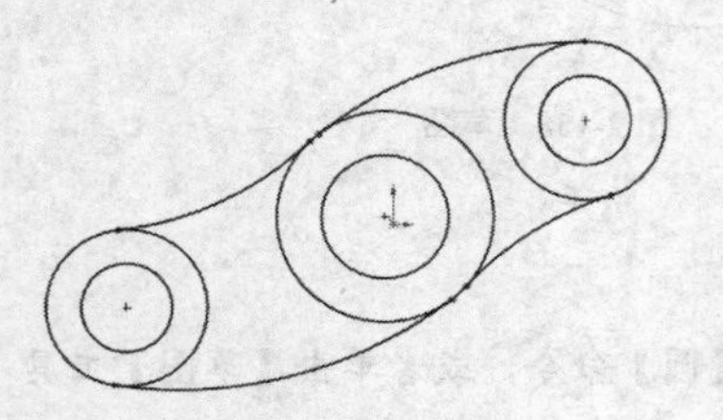

图 2-163　修剪草图

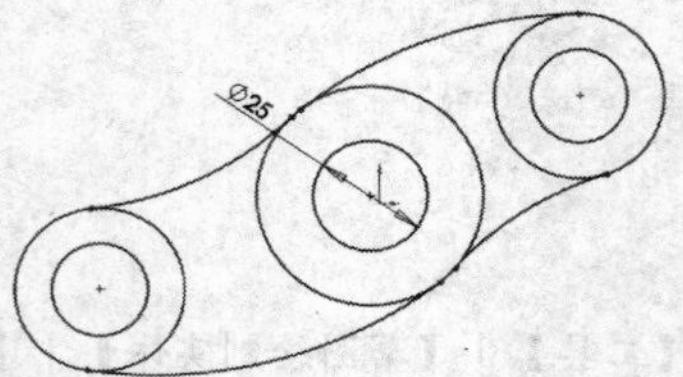

图 2-164　圆 1 尺寸标注

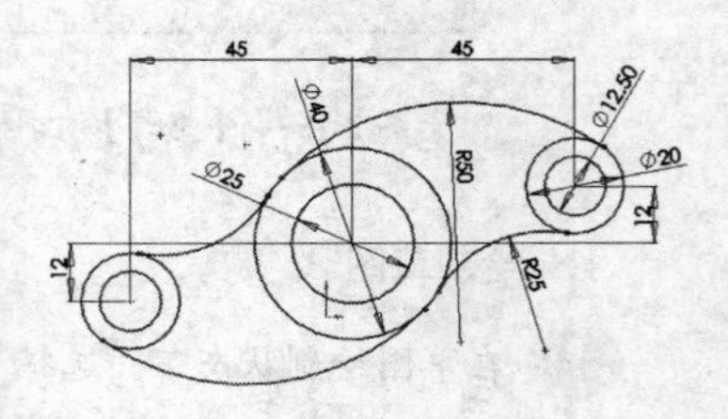

图 2-165　标注草图尺寸

2.4.5 完全定义草图

完全定义草图命令可以根据草图几何现有的状态，自动添加草图几何中相关的约束，如尺寸约束、几何约束等。

1. 操作界面

在完成草图绘制后，单击【尺寸与几何关系】工具栏中的【完全定义草图】按钮，系统弹出【完全定义草图】对话框，如图 2-166 所示。

下面具体介绍【完全定义草图】对话框中的参数含义。

❑ 【要完全定义的实体】选项组

可以选择全部草图实体，也可以指定部分草图实体进行完全定义。单击【计算】按钮，系统会自动分析草图并添加相应的几何关系和尺寸。

❑ 【几何关系】选项组

可以选择的几何关系有：水平、竖直、共线、垂直、平行、中点、重合、相切、同心、相等 10 种，可以自定义其中几种，也可以选择所有关系。

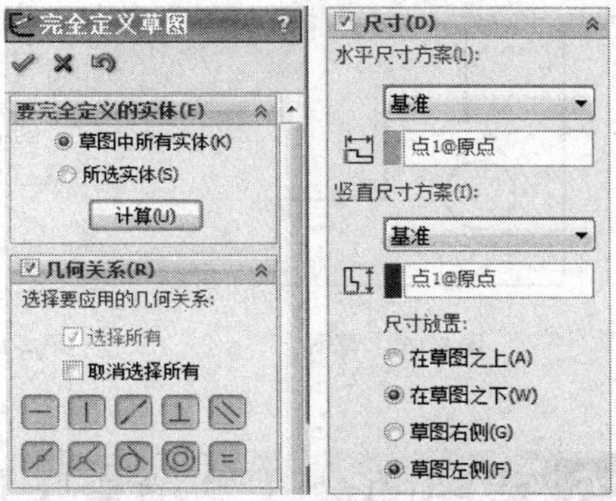

图 2-166 【完全定义草图】对话框

❑ 【尺寸】选项组

水平或竖直尺寸方案：有三种不同的标注尺寸方案分别是尺寸链、基准、链。

基准：可以设置尺寸基准，系统默认为原点。

尺寸放置：可以选择尺寸放置的位置。

2. 实例示范

使用完全定义草图工具定义如图 2-167 所示的草图。

01 单击【尺寸与几何关系】工具栏中的【完全定义草图】按钮，系统弹出【完全定义草图】对话框。

02 在【要完全定义的实体】选项组中选择草图中所有实体，在【几何关系】选项组中选择取消选择所有并单击水平、竖直、共线等几何约束按钮，在【尺寸】选项组中的标注尺寸方案中选择尺寸链，其他均按照系统默认设置。

03 单击【计算】按钮，系统自动以原点作为参考点，标注出水平方向和竖直方向的尺寸，并添加几何约束，如图 2-168 所示。

04 单击对话框中的【确定】按钮，完成草图的完全定义。

2.4.6 显示和删除几何关系

单击菜单栏中的【工具】|【几何关系】|【显示/删除几何关系】命令，或者单击【草图】工具栏中的【显示/删除几何关系】按钮。系统弹出【显示/删除几何关系】对话框，如图 2-169 所示。

在该对话框中列出了当前草图的全部几何关系，如果选择某一草图实体后在单击【显示/删除几何关系】按钮，则对话框中显示的是选中草图实体的几何关系。

若要删除某一几何关系，可在【显示/删除几何关系】对话框中选中该几何关系，然后单击【删除】按钮，如要删除全部几何关系，单击【删除所有】按钮即可。单击✔【确定】按钮，完成要删除的几何关系。

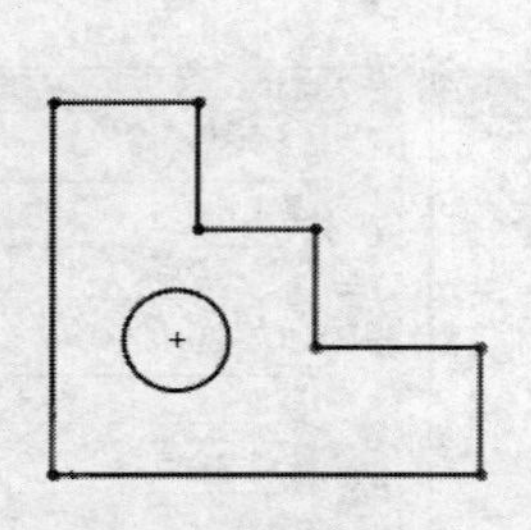

图 2-167　草图

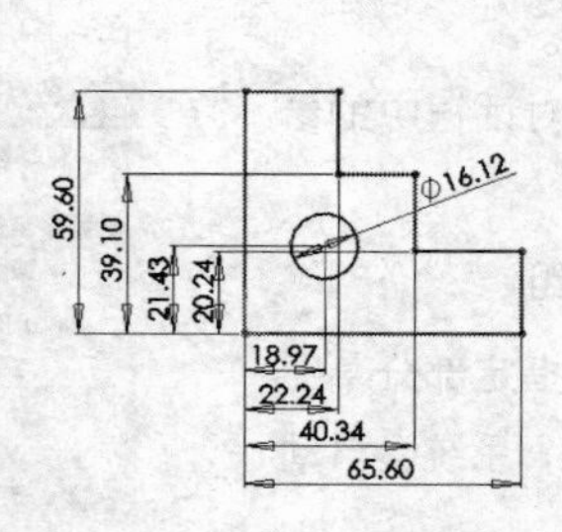

图 2-168　完全约束草图

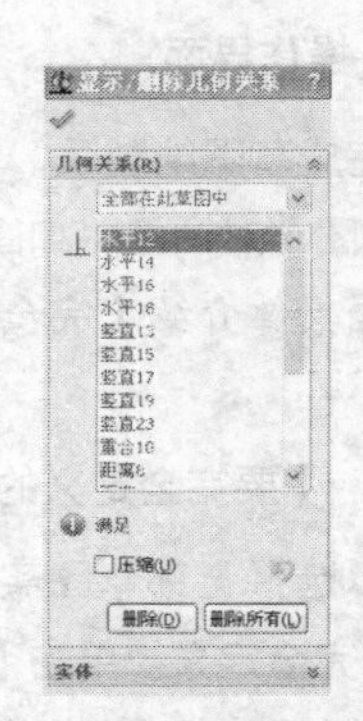

图 2-169　【显示/删除几何关系】对话框

2.5 草图的合法性检查与修复

在草图生成特征的过程中经常会出现错误信息，这主要是因为草图轮廓没有闭合，或者存在重叠，或者存在开环轮廓。为解决这个问题，SolidWorks 提供了特征检查功能。

2.5.1 检查草图合法性

单击菜单栏中的【工具】|【草图工具】|【检查草图合法性】命令，系统弹出【检查有关特征草图合法性】对话框，如图 2-170 所示。在对话框中选择一种特征用法，然后单击【检查】按钮，系统弹出检查结果对话框，如图 2-171 所示。

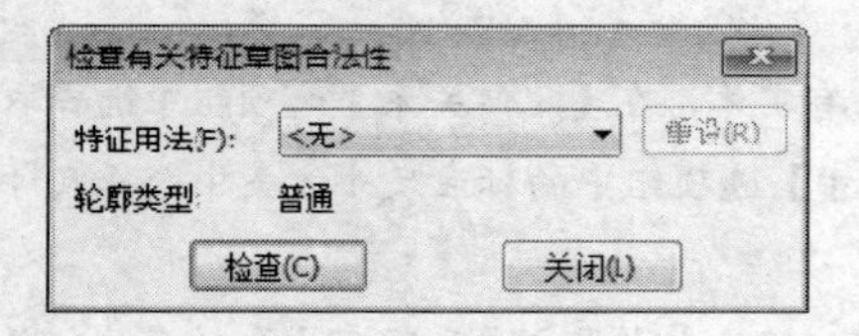

图 2-170　【检查有关特征草图合法性】对话框

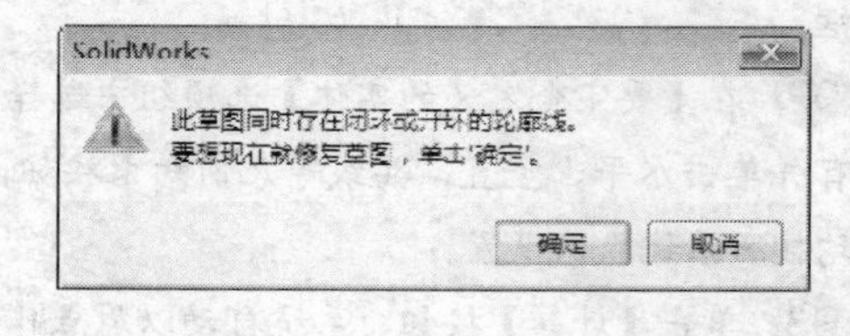

图 2-171　系统提示框

如果检查结果显示草图中有一个以上的开环轮廓，在开环处系统会以绿色显示出来，只需用修剪工具修剪草图，即可成为合法草图。

2.5.2 自动修复草图

对于草图线条重叠的问题，SolidWorks 提供了【修复草图】命令加以解决。【修复草图】命令可将

重叠的线条加以合并，可将共线相连的多段线合并成一段线条，还可以弥补草图线条之间小于 0.00001mm 的缝隙，消除零长度线条等。

自动修复草图的操作方法如下：在草图编辑环境中，单击【2D 到 3D】工具栏中的【修复草图】按钮，或者单击菜单栏中的【工具】|【草图工具】|【修复草图】命令，如图 2-172 所示草图中重叠部分将自动修复，修复后的图形如图 2-173 所示。

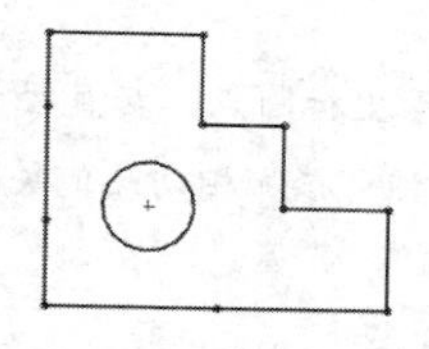

图 2-172　自动修复前的图形

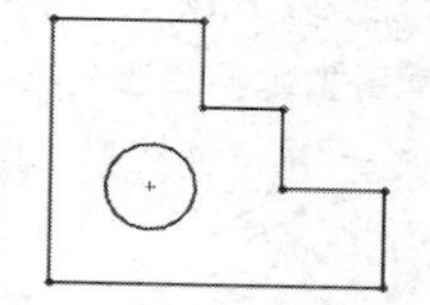

图 2-173　自动修复后的图形

2.6 案例实战

2.6.1 综合范例 1

绘制如图 2-174 所示的草图。本范例需要用到的绘制草图工具有：圆、三点圆弧、直线、中心线。编辑草图工具有：倒圆角、旋转草图实体。

下面具体介绍草图绘制过程。

1. 启动 SolidWorks 2013 并新建文件

01 启动 SolidWorks 2013，单击【新建】按钮，弹出【新建 SolidWorks 文件】对话框，如图 2-175 所示。

02 在模板中选择【零件】选项，单击【确定】按钮，进入了零件绘图模式。

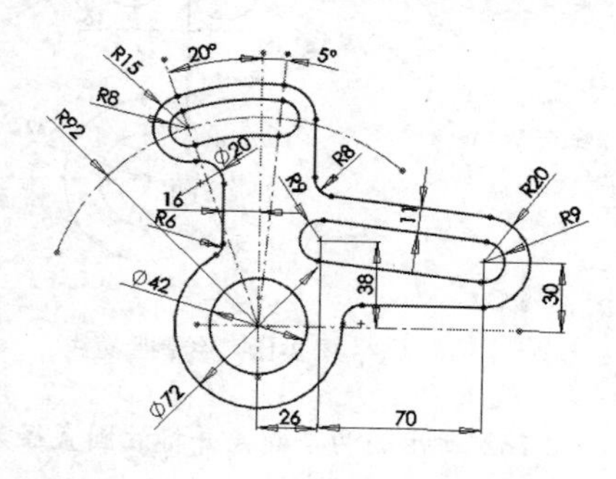

图 2-174　综合范例 1 效果

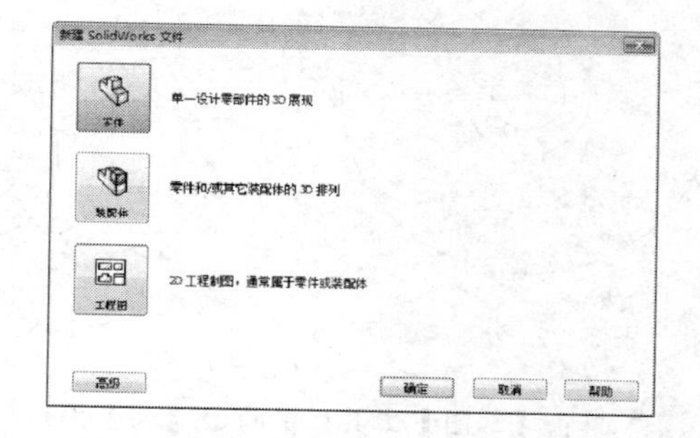

图 2-175　【新建 SolidWorks 文件】对话框

2. 绘制草图实体

01 选择【特征管理器设计树】中的【前视基准面】，使其成为草图绘制平面。单击【标准视图】工具栏上的【正视于】按钮，进入草图绘制模式。

02 单击【草图】工具栏上的【中心线】按钮，绘制几何构造线。再单击【圆】按钮，在【圆】对话框中的【选项】参数面板下，选中【作为构造线】复选框，绘制一个直径为184的定位圆。单击【尺寸/几何关系】工具栏上的【智能尺寸】按钮，添加定位尺寸，如图2-176所示。

03 单击【草图】工具栏上的【圆】按钮，绘制圆心与坐标圆点重合直径为42和72的两个圆。再绘制直径为30、圆心位于两条构造线与直径为184的定位圆的交点处的两个圆。单击【尺寸/几何关系】工具栏上的【智能尺寸】按钮，对尺寸进行标注，如图2-177所示。

04 单击【草图】工具栏上的【圆】按钮，绘制一个圆心位于坐标圆点、与直径为30的两个圆相切的圆。单击【尺寸/几何关系】工具栏上的【添加几何关系】按钮，添加相切几何关系，如图2-178所示。

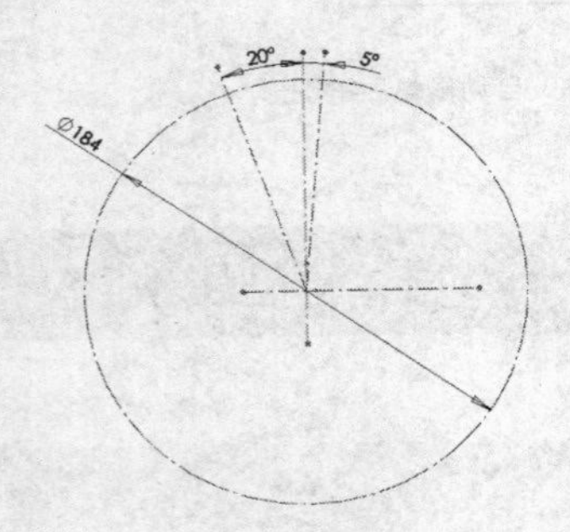

图2-176 绘制定位圆

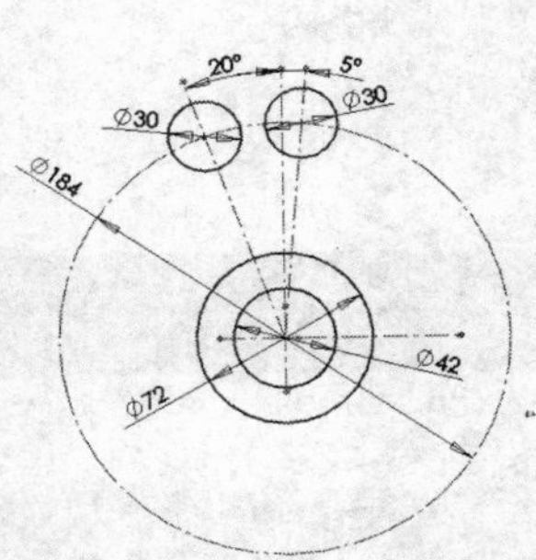

图2-177 绘制4个圆

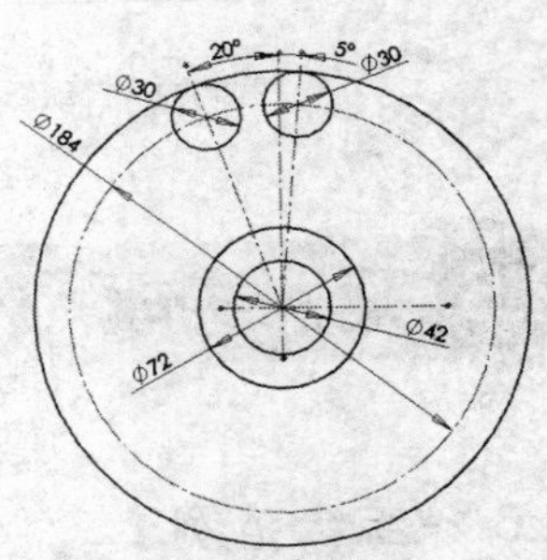

图2-178 绘制圆

05 单击【草图】工具栏中的【分割实体】按钮，分割直径为184的构造圆，如图2-179所示。

06 单击【草图】工具栏中的【裁剪实体】按钮，删除多余的草图部分，如图2-180所示。

07 单击【草图】工具栏中的【直线】按钮，绘制一条与竖直中心线之间的距离为16的一条竖直线，如图2-181所示。

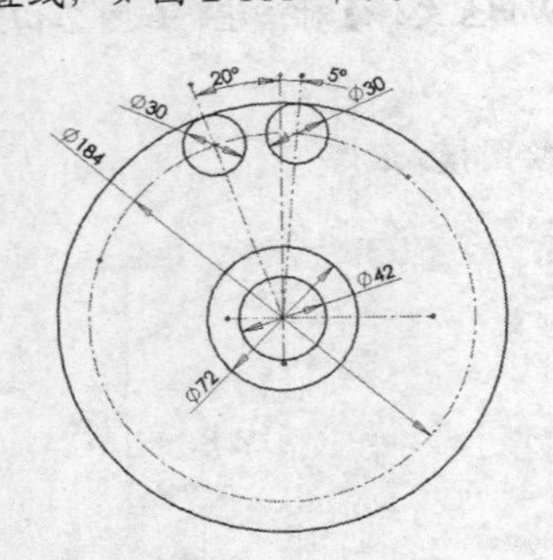

图2-179 分割构造圆

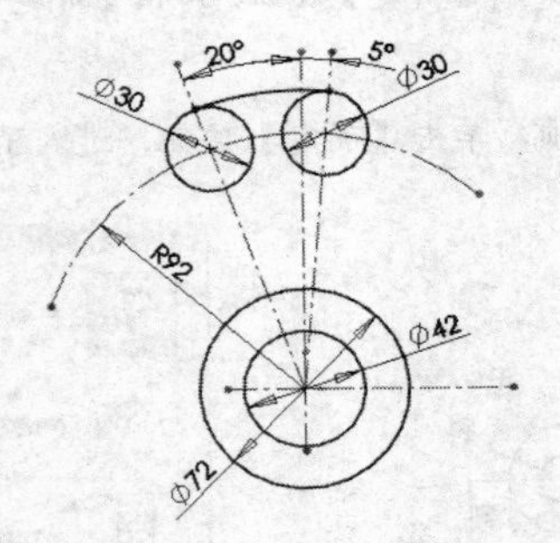

图2-180 裁剪草图

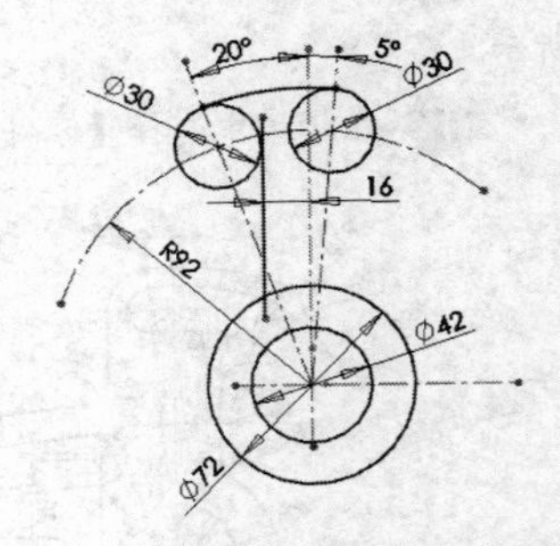

图2-181 绘制竖直线

08 单击【草图】工具栏中的【圆】按钮，绘制如图2-182所示的两个圆，并标注圆直径为20和12。

09 单击【尺寸/几何关系】工具栏上的【添加几何关系】按钮，将直径为20的圆与直径为30的圆、竖直直线设置为相切几何关系。将直径为12的圆与直径为72、竖直直线设置为相切几何关系，如图2-183所示。

10 单击【草图】工具栏中的【裁剪实体】按钮，删除多余的草图部分，如图2-184所示。

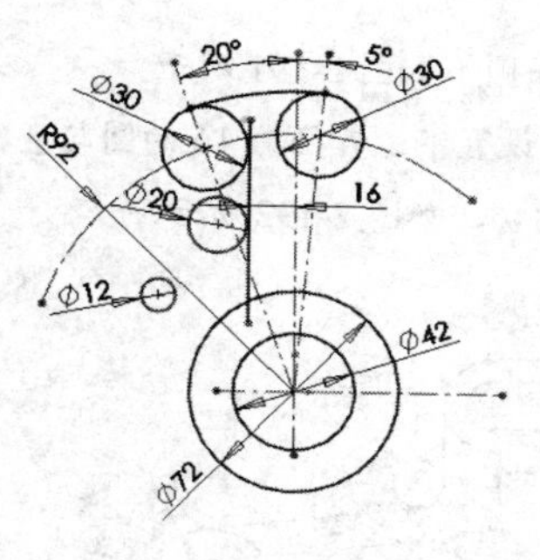

图 2-182 绘制圆

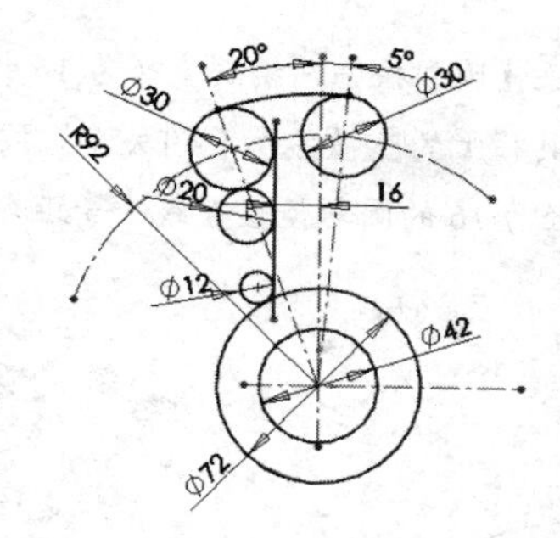

图 2-183 设置相切几何关系

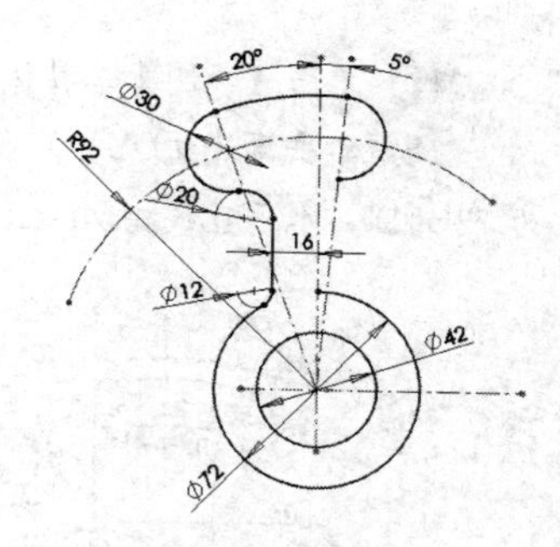

图 2-184 裁剪多余线段

11 单击【草图】工具栏上的【圆】按钮，绘制两个直径为16、圆心分别与半径为15的圆同心的圆；再绘制两个与直径为16的圆相切、圆心在坐标圆点的圆，如图2-185所示。

12 单击【草图】工具栏中的【裁剪实体】按钮，删除多余的草图部分，如图2-186所示。

13 单击【草图】工具栏上的【圆】按钮，绘制如图2-187所示的3个圆。

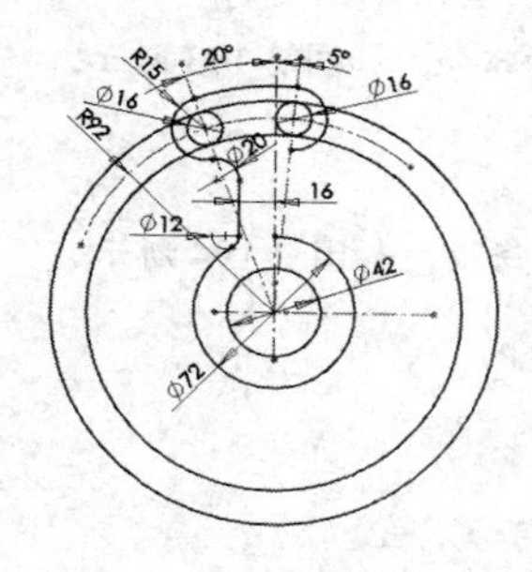

图 2-185 绘制4个圆

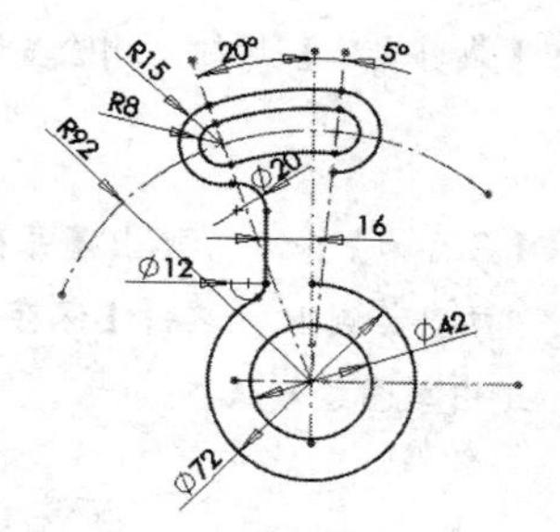

图 2-186 裁剪多余线段

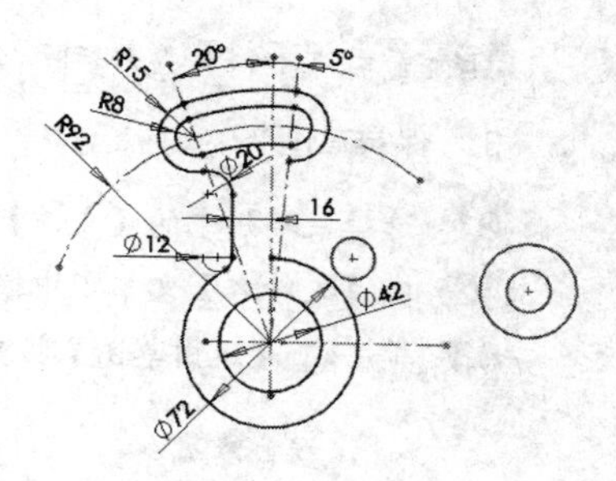

图 2-187 绘制圆

14 单击【尺寸/几何关系】工具栏上的【智能尺寸】按钮，标注圆的大小，并准确确定圆位置，如图2-188所示。

15 单击【草图】工具栏上的【直线】按钮，绘制两条与直径为18的两个圆分别相切的直线。并利用【偏距实体】按钮，将上边的一条直线向上偏移11，与直径为40的圆相切的直线，如图2-189所示。

16 单击【草图】工具栏上的【直线】按钮，绘制一条与半径为15的圆相切的竖直直线；一条与直径为40的圆相切的水平直线，如图2-190所示。

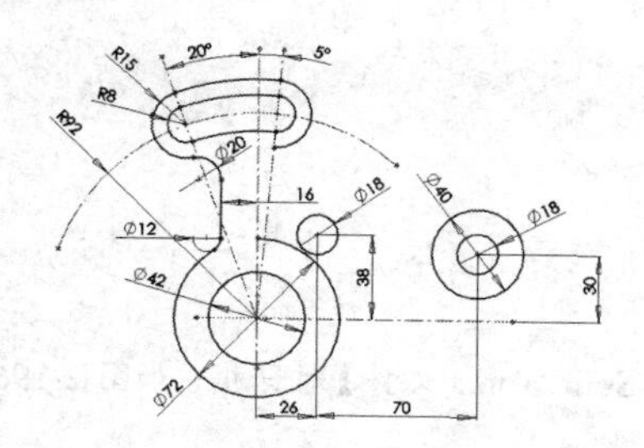

图 2-188 确定圆位置

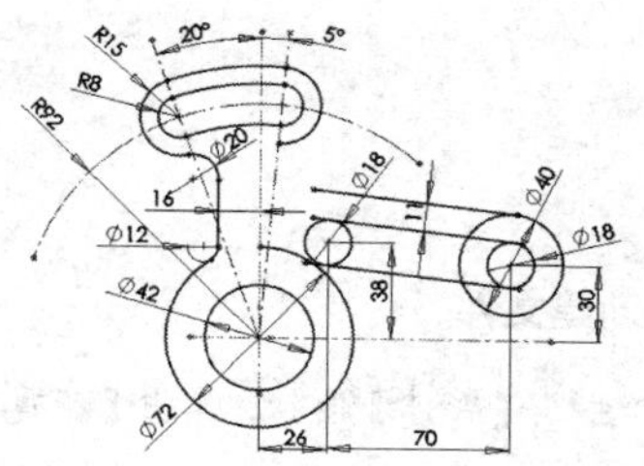

图 2-189 绘制直线

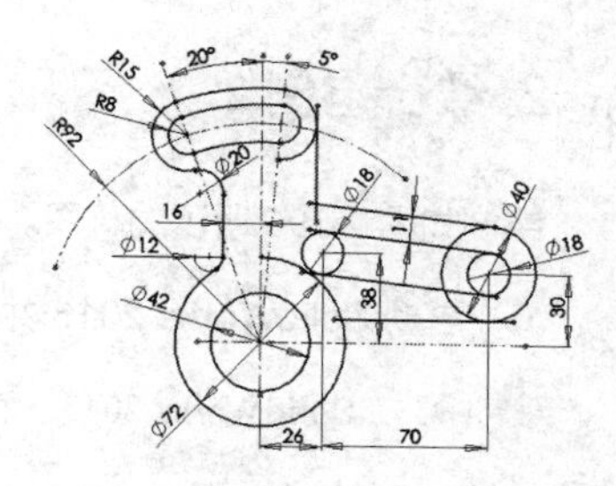

图 2-190 绘制直线

17 单击【草图】工具栏上的【圆】按钮，绘制直径为 16 的两个圆，如图 2-191 所示。

18 单击【尺寸/几何关系】工具栏上的【添加几何关系】按钮，设置下边直径为 16 的圆与直径为 72 的圆、水平直线相切；上边直径为 16 的圆与竖直直线、等距直线相切，如图 2-192 所示。

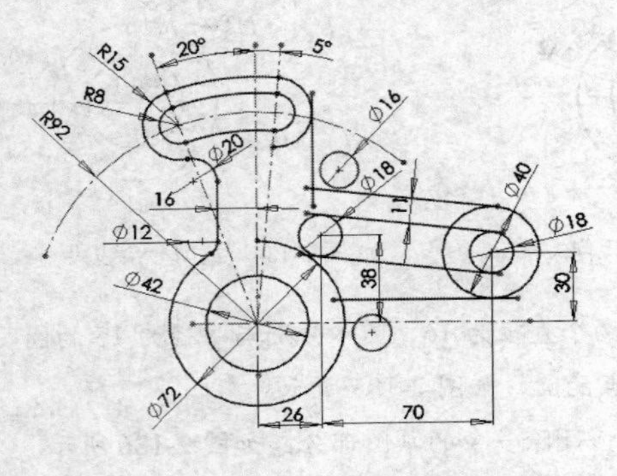

图 2-191 绘制两个圆

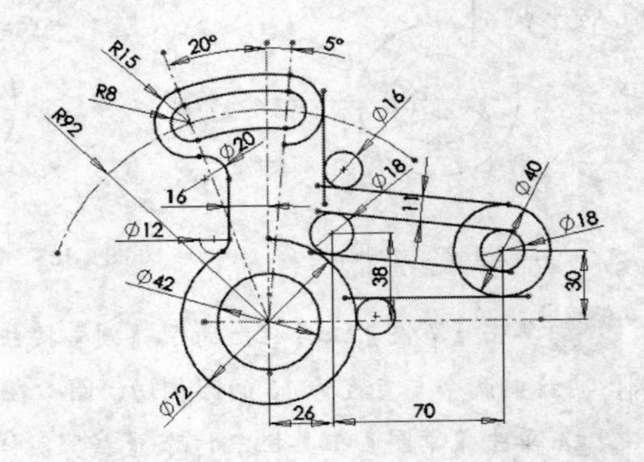

图 2-192 添加相切约束

19 单击【草图】工具栏中的【裁剪实体】按钮，删除多余的草图部分，如图 2-193 所示。

3. 保存草图

01 选择菜单栏中的【文件】|【另存为】命令，弹出【另存为】对话框，如图 2-194 所示。

02 在【文件名】文本框中输入“典型实例 1”，单击【保存】按钮。

03 单击【退出草图】按钮，退出草图绘制状态。

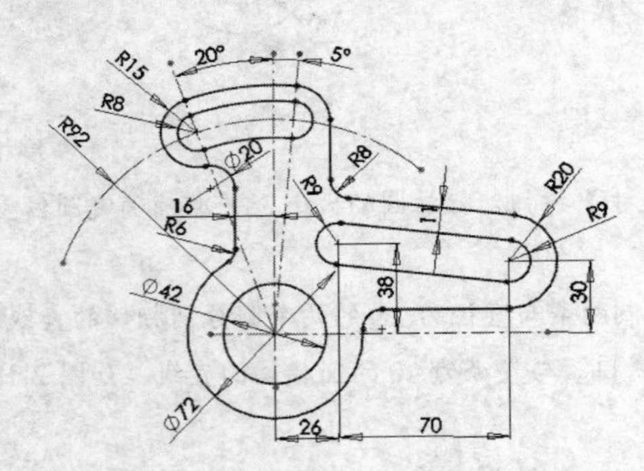

图 2-193 裁剪多余线段

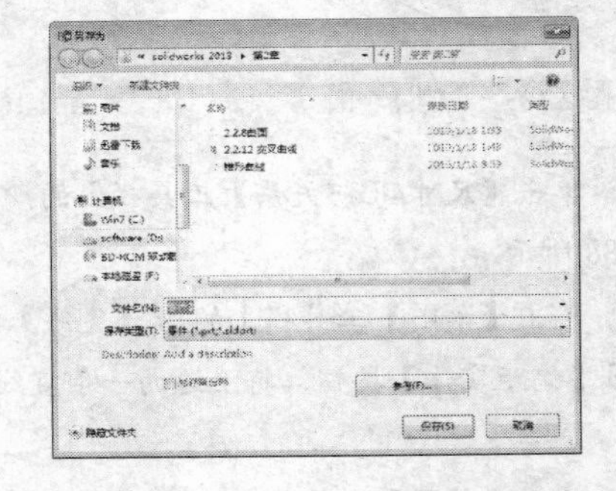
图 2-194 【另存为】对话框

2.6.2 综合范例 2

绘制如图 2-195 所示的草图。

1. 启动 SolidWorks 2013 并新建文件

01 启动 SolidWorks 2013，单击【新建】按钮，弹出【新建 SolidWorks 文件】对话框，如图 2-196 所示。

02 在模板中选择【零件】选项，单击【确定】按钮，进入了零件绘图模式。

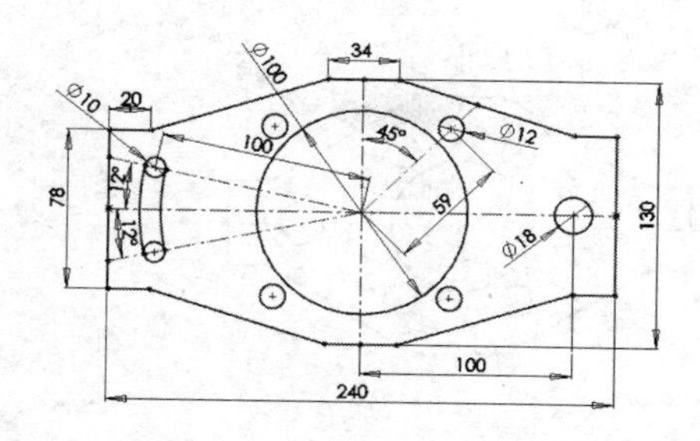

图 2-195　综合实例 2 效果

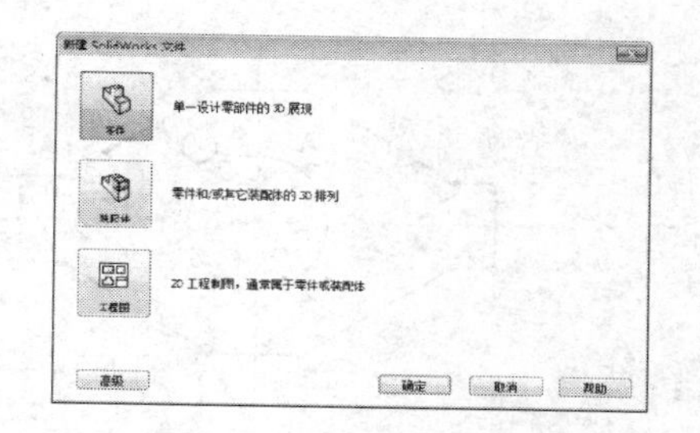

图 2-196　【新建 SolidWorks 文件】对话框

2．绘制草图实体

01 选择【特征管理器设计树】中的【前视基准面】，使其成为草图绘制平面。单击【标准视图】工具栏上的【正视于】按钮，进入草图绘制模式。

02 单击【草图】工具栏上的【中心线】按钮，绘制如图 2-197 所示的两条水平和竖直中心线。

03 单击【草图】工具栏中的【直线】按钮，绘制出该零件一侧轮廓线的大致形状，如图 2-198 所示。

04 单击【尺寸/几何关系】工具栏上的【添加几何关系】按钮，利用【对称】约束，使轮廓线左右对称，如图 2-199 所示。

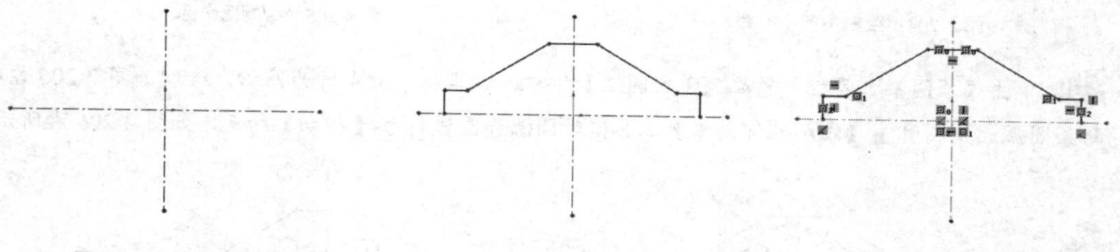

图 2-197　绘制中心线　　图 2-198　绘制一侧轮廓线　　图 2-199　添加对称约束

05 单击【镜向】按钮，打开【镜向】对话框，选择刚绘制的轮廓线作为要镜向的实体，水平中心线作为镜向点，单击【确定】按钮，草图实体镜向完毕，如图 2-200 所示。

06 单击【中心线】按钮，打开【插入线条】对话框，绘制如图 2-201 所示的中心线。

07 单击【草图】工具栏中的【圆】按钮，绘制如图 2-202 所示的三个圆。

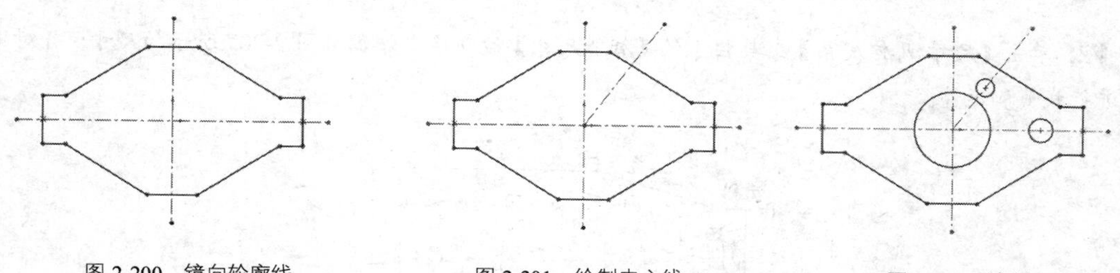

图 2-200　镜向轮廓线　　图 2-201　绘制中心线　　图 2-202　绘制圆

08 单击【镜向】按钮，打开【镜向】对话框，选择圆心位于斜中心线上的圆作为要镜向的实体，竖直中心线作为镜向点，单击【确定】按钮，草图实体镜向完毕，如图 2-203 左所示。以同样方法镜向另外两个圆，如图 2-203 右所示。

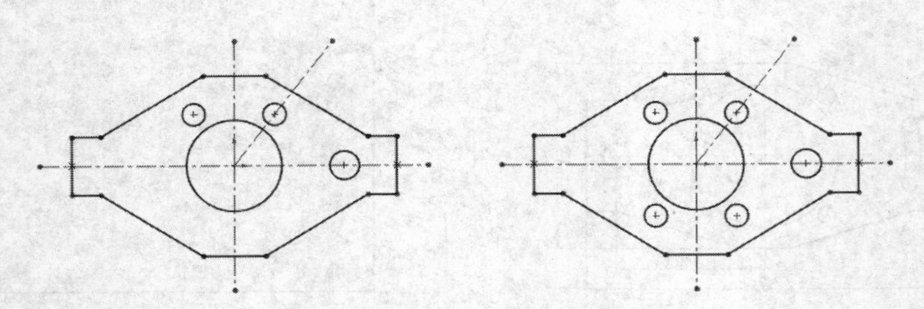

图 2-203　镜向圆

09 单击【中心线】按钮，打开【插入线条】对话框，绘制如图 2-204 所示的两条中心线。

10 单击【草图】工具栏中的【圆】按钮，绘制如图 2-205 所示的圆心在中心线上的两个圆。

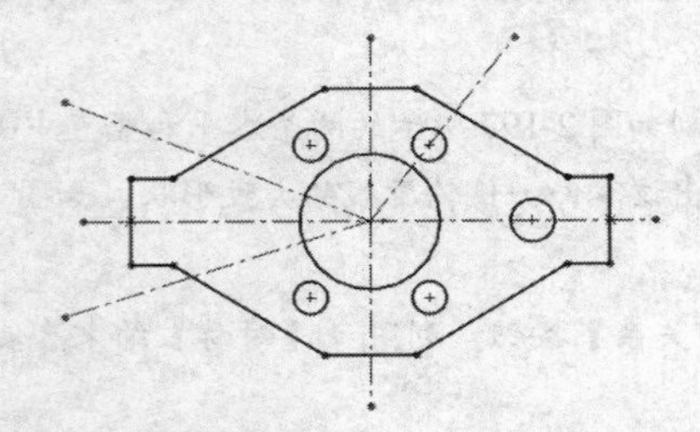

图 2-204　绘制两条中心线

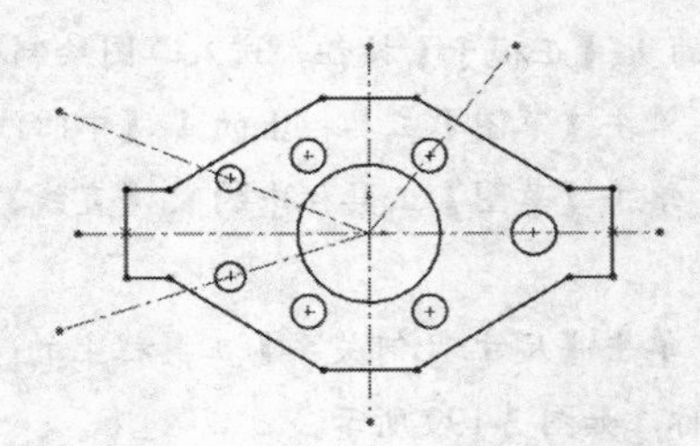

图 2-205　绘制两个圆

11 单击【草图】工具栏中的【3 点圆弧】按钮，以坐标系原点作为圆心，绘制如图 2-206 左所示的两条圆弧；并利用【添加几何约束】工具，对圆弧和圆进行【相切】约束，如图 2-206 右所示。

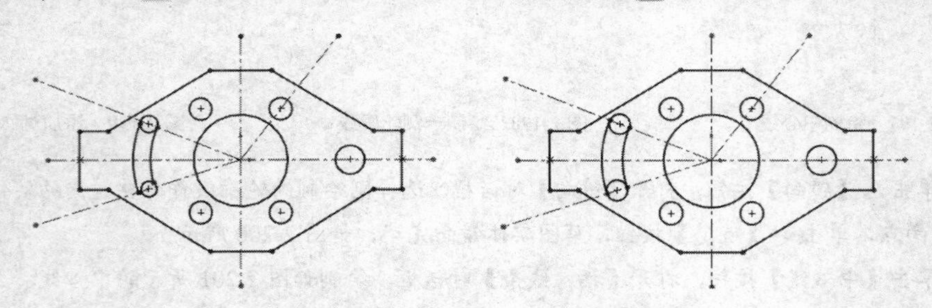

图 2-206　绘制圆弧并添加相切约束

12 单击【尺寸/几何关系】工具栏上的【智能尺寸】按钮，添加如图 2-207 所示的尺寸；并对中心线进行裁剪和延伸。

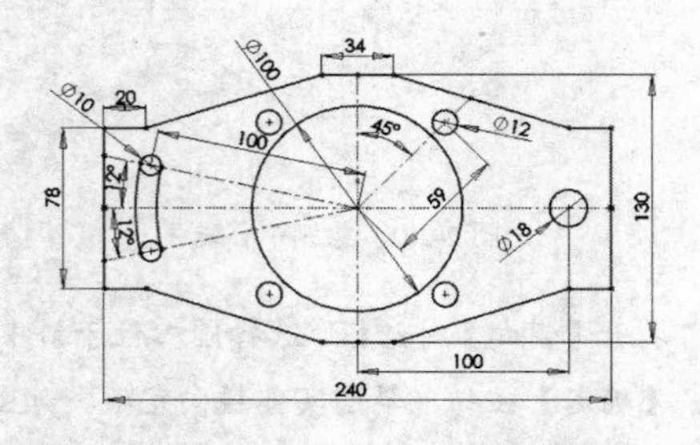

图 2-207　标注尺寸

第 3 章
参考几何体

本章导读：

参考几何体是定义曲面或实体形状的基准，在创建各种特征中起辅助、参考作用，包括基准面、活动剖切面、基准轴、坐标系和点等。

学习目标：

- 建立基准面
- 建立活动剖切面
- 建立基准轴
- 建立坐标系
- 建立参考点
- 质量中心参考

3.1 建立基准面

在生成零件或装配体中，可以使用系统已有的三个默认的基准面、零件上的平面或创建各种基准面来绘制草图。

3.1.1 操作界面

选择【插入】|【参考几何体】|【基准面】命令，系统弹出【基准面】对话框，如图 3-1 所示。

在【基准面】对话框中，有【第一参考】、【第二参考】、【第三参考】三个选项组。当选择任意参考时，系统便会自动列出相应的参照约束方式，如图 3-2 所示。

各约束方式的含义在先前章节已经介绍，现不再赘述。

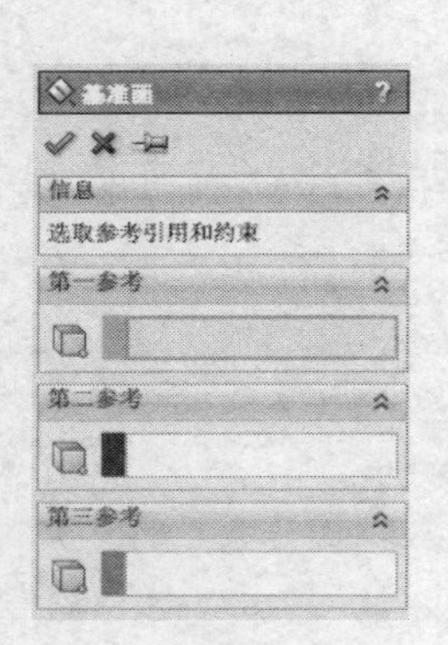

图 3-1 【基准面】对话框

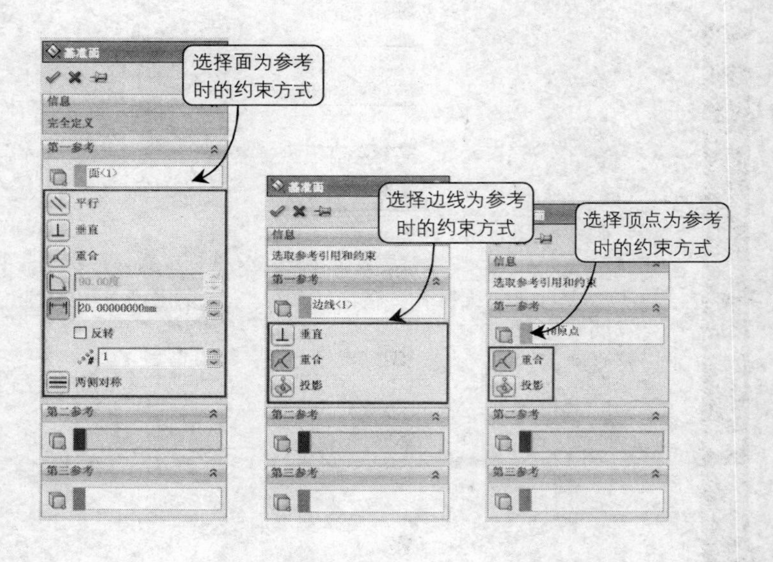

图 3-2 约束方式

3.1.2 实例示范

建立基准面的操作方法具体如下：

01 打开素材库中“第 3 章/3.1.2 基准面零件.sldprt”，如图 3-3 所示。

02 选择菜单栏中的【插入】|【参考几何体】|【基准面】命令。打开【基准面】对话框，如图 3-4 所示。单击对话框上【保持可见】按钮，使基准面创建之后，对话框不退出，继续创建多个基准面。

03 选择零件的一条边和一个顶点，如图 3-5 所示。单击【基准面】对话框中的【确定】按钮，生成如图 3-6 所示的基准面。

图 3-3　打开文件

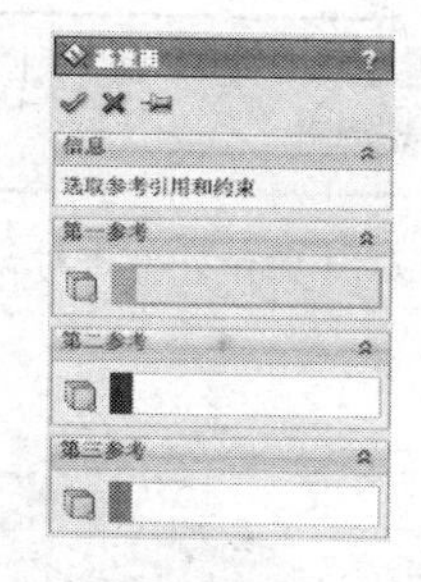

图 3-4　【基准面】对话框

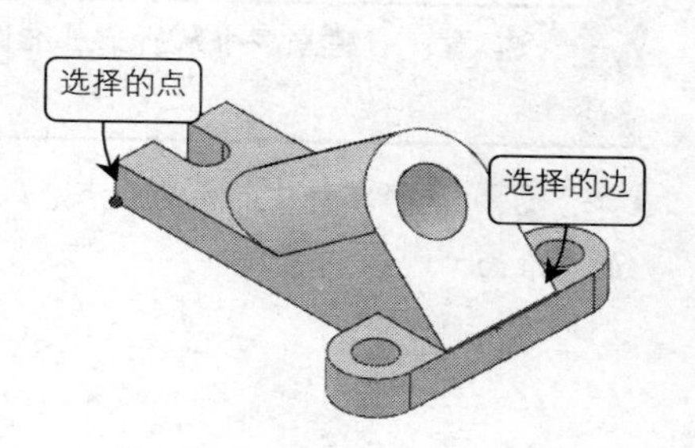

图 3-5　选择的边和顶点

04 选择零件的一个面和一个顶点，如图 3-7 所示。单击对话框中的✔【确定】按钮，即生成如图 3-8 所示的基准面。

图 3-6　生成的基准面

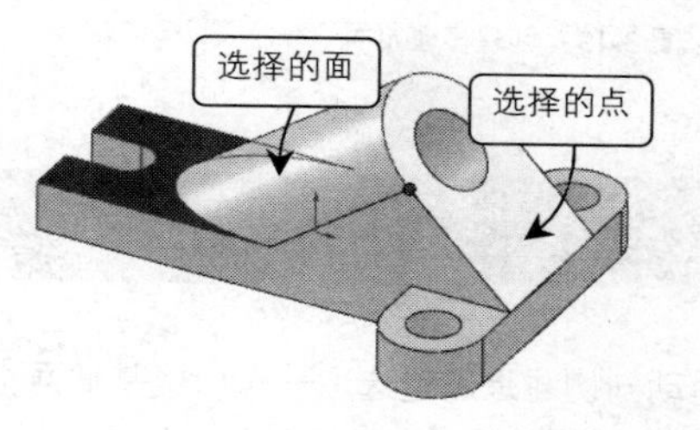

图 3-7　选择零件的面和顶点

05 选择零件的一个面和一条边，并在【角度】框中输入 160，如图 3-9 所示。单击对话框中✔【确定】按钮，即生成如图 3-10 所示的基准面。

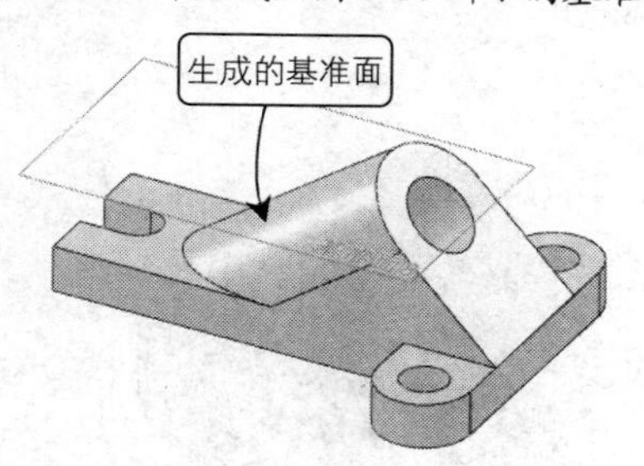

图 3-8　生成的基准面

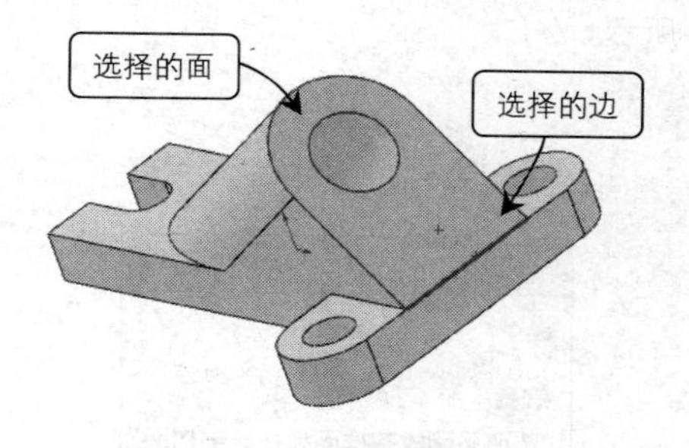

图 3-9　选择零件的面和边线

06 选择零件的一个面，在微调框中输入 20，如图 3-11 所示。单击对话框中✔【确定】按钮，生成如图 3-12 所示的基准面。

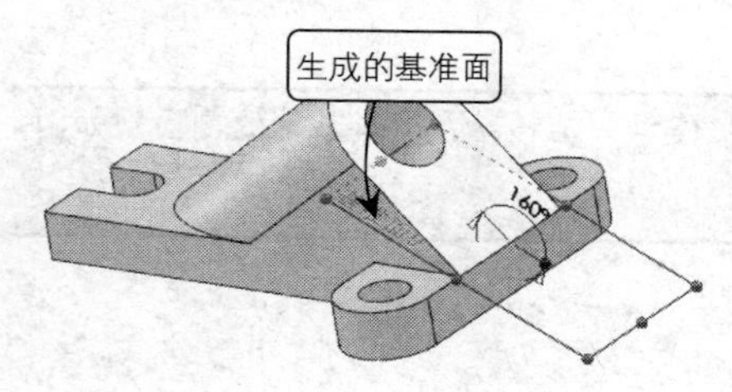

图 3-10　生成的基准面

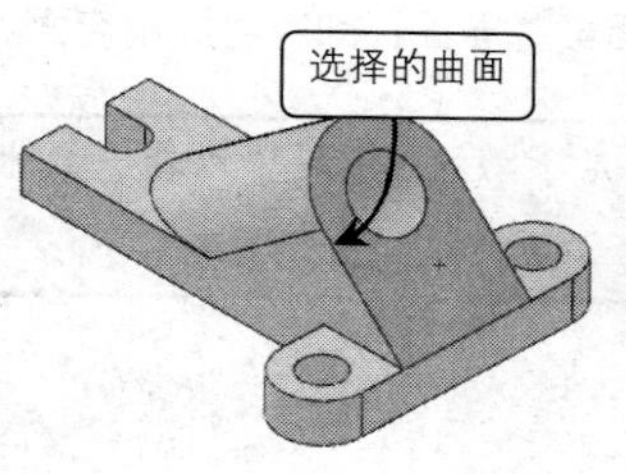

图 3-11　选择零件的面

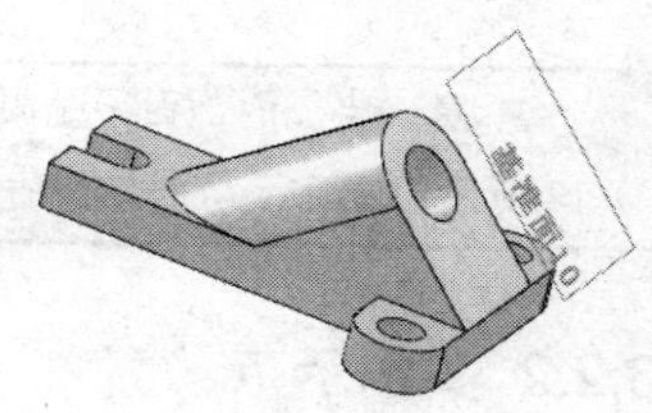

图 3-12　生成的基准面

注 意：若建立多个从所选基准面等距离的基准面，则在微调框中输入基准面数，如图 3-13 所示。

07 选择零件中的曲面和点，如图 3-14 所示。单击对话框中【确定】按钮，生成如图 3-15 所示的基准面。

图 3-13　创建多基准面

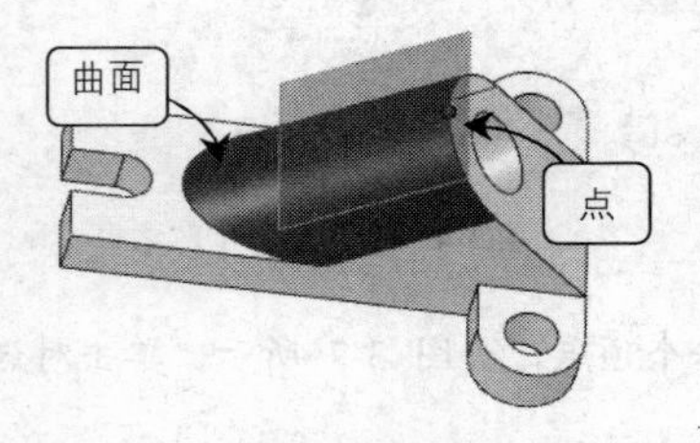

图 3-14　选择零件的曲面和点

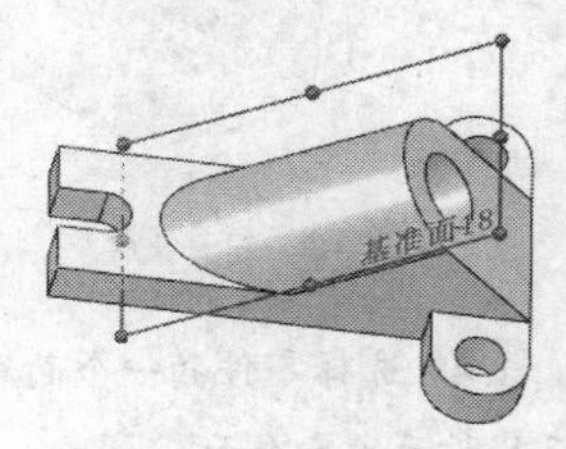

图 3-15　生成的基准面

3.2 建立活动剖切面

活动剖切面是通过选取一个面或基准面把零件分割，可显示模型内部的形状。

3.2.1 操作界面

选择【插入】|【参考几何体】|【活动剖切面】命令，系统弹出一个【选取剖切面】的提示框，如图 3-16 所示。

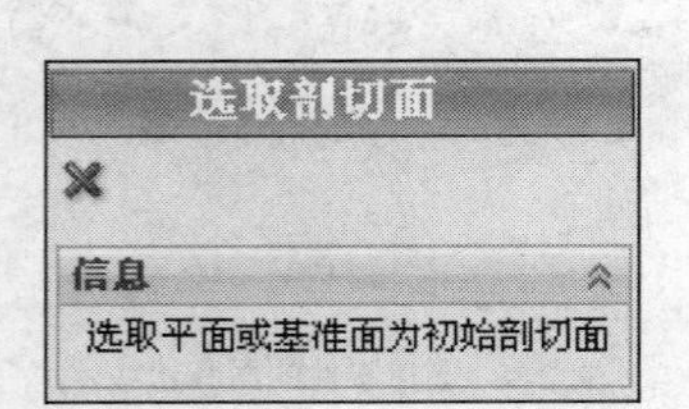

图 3-16　【选取剖切面】提示框

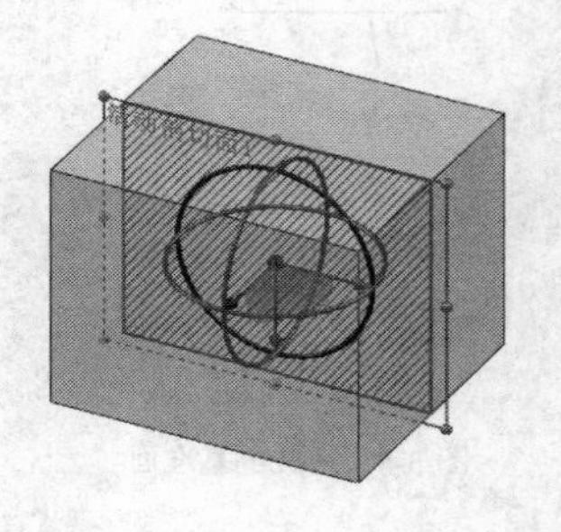

图 3-17　活动剖切面的三重轴

单击选择绘图区中任意平面或基准面，即可生成剖切面。

注 意：生成的剖面不是固定不动的，它可以沿着三重轴中任意一轴移动，生成零件的剖面。如图 3-17 所示为零件活动剖切面的三重轴。

3.2.2 实例示范

01 打开素材库中“第 3 章/3.2.2　活动剖切面零件.sldprt”文件，如图 3-18 所示。

02 选择【插入】|【参考几何体】|【活动剖切面】命令，然后选择绘图区中的【上视基准面】，即生成活动剖切面，如图 3-19 所示。

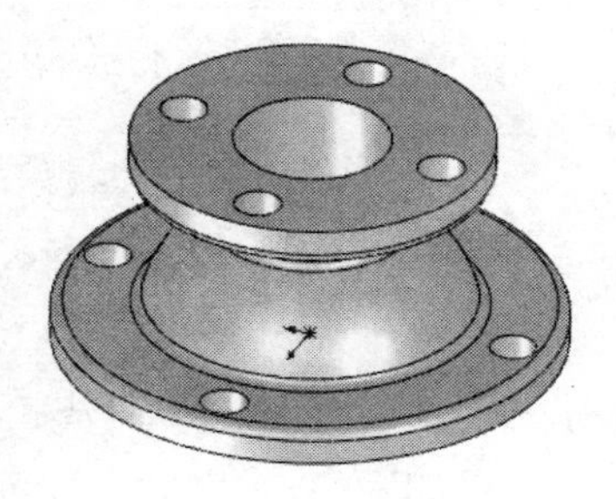

图 3-18 模型文件

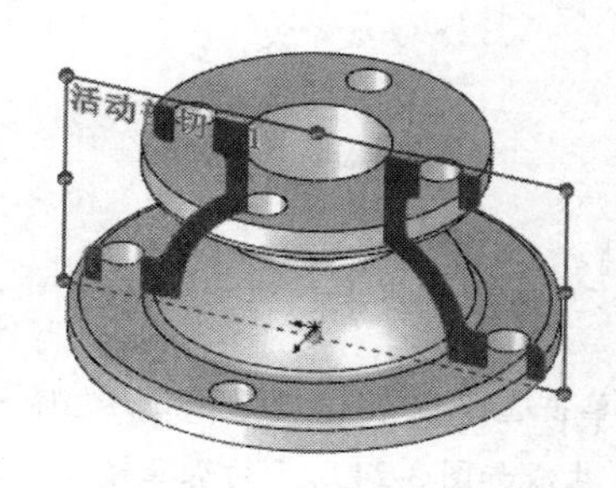

图 3-19 剖切面

3.3 建立基准轴

基准轴一般作为特征圆周阵列的轴线，可以使用多种方法来定义基准轴。

3.3.1 操作界面

选择【插入】|【参考几何体】|【基准轴】命令，系统弹出【基准轴】对话框，如图 3-20 所示。

在【基准轴】对话框中，各选项含义如下：

参考实体：显示所选实体。

一直线/边线/轴：选择一处线性边界、草图直线或者选择临时轴作为参数来创建基准轴。创建的基准轴通过选择的参照。

两平面：选择两处平面、基准面作为参照来创建基准轴。创建的基准轴在两平面的交线处。

两点/顶点：选择两处顶点、中点作为参照来创建基准轴。创建的基准轴穿过选择的两点。

圆柱/圆锥面：选择一处圆柱或圆锥面作为参照来创建基准轴。创建的基准轴以圆柱的中心线作为基准轴。

点和面/基准面：选择一处曲面或者基准面与一处顶点或中点作为参照来创建基准轴。创建的基准轴通过点且垂直于所选的面。

3.3.2 实例示范

建立基准轴的操作方法具体如下：

01 打开素材库中“第 3 章/3.3.2 基准轴零件.sldprt”文件。

02 选择菜单栏中的【插入】|【参考几何体】|【基准轴】命令，打开【基准轴】对话框。单击对话框上【保持可见】按钮，使基准轴创建之后，对话框不退出，继续创建多个基准轴。

03 单击选择【一直线/边线/轴】按钮，选择零件的某一边线，如图 3-21 所示。单击对话框中【确定】按钮，生成如图 3-22 所示的基准轴。

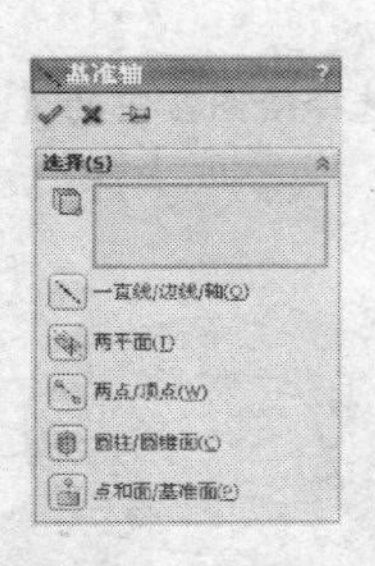

图 3-20 【基准轴】对话框

图 3-21 选择某一边线

04 单击选择【两平面】按钮，选择零件中相交的两平面，如图 3-23 所示。单击对话框中【确定】按钮，生成如图 3-24 所示的基准轴。

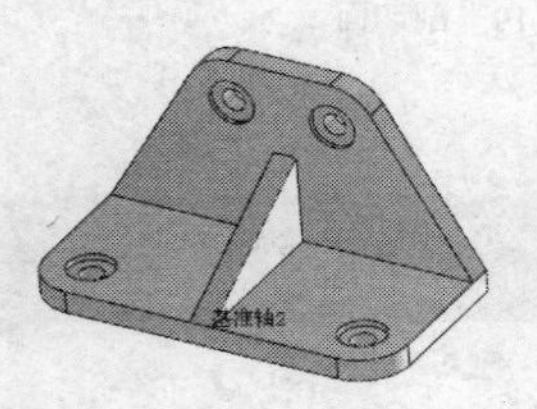

图 3-22 生成的基准轴

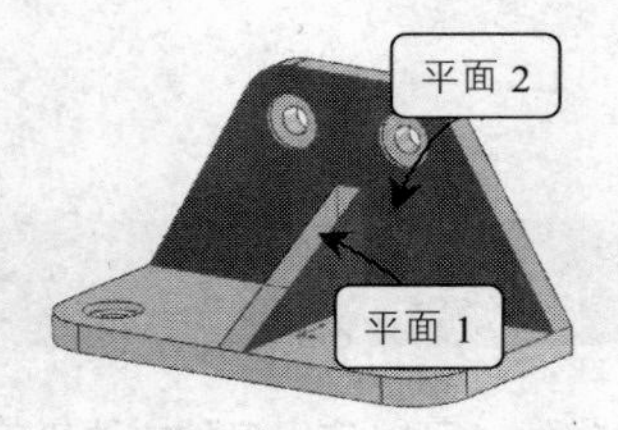

图 3-23 选择两相交的平面

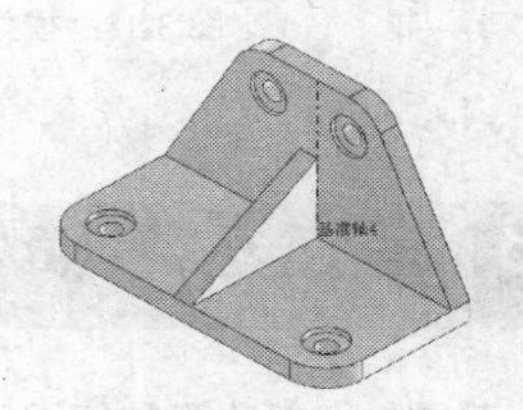

图 3-24 生成的基准轴

05 单击选择【两点/顶点】按钮，选择零件中任意两点，如图 3-25 所示。单击对话框中【确定】按钮，生成如图 3-26 所示的基准轴。

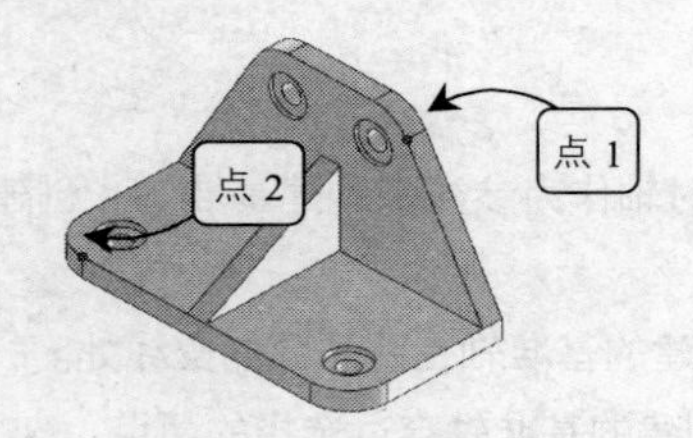

图 3-25 选择任意两点

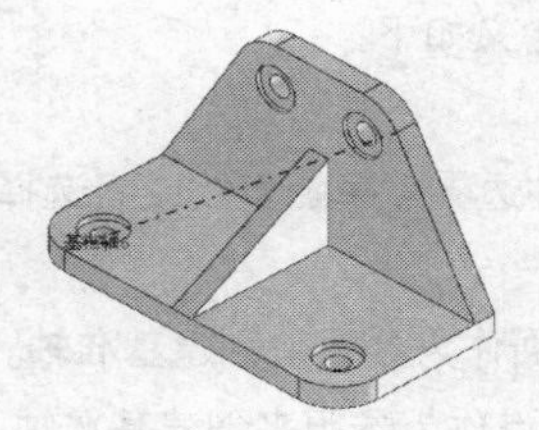

图 3-26 生成的基准轴

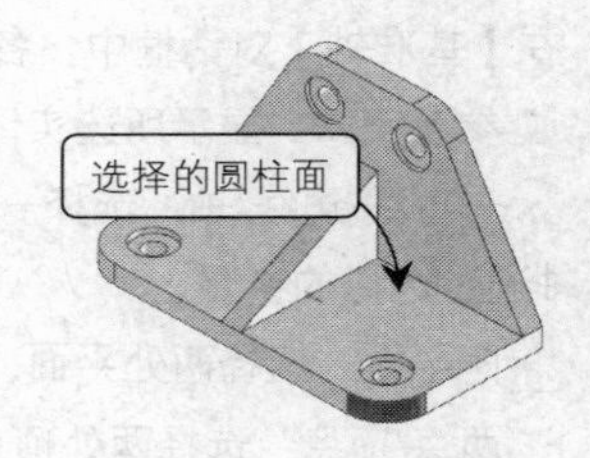

图 3-27 选择的圆柱面

06 单击选择【圆柱/圆锥面】按钮。选择零件中的圆柱表面，如图 3-27 所示。单击对话框中【确定】按钮，生成如图 3-28 所示的基准轴。

07 单击选择【点和面/基准面】按钮。选择零件中的某一平面和某一点，如图 3-29 所示。单击对话框中【确定】按钮，生成如图 3-30 所示的基准轴。

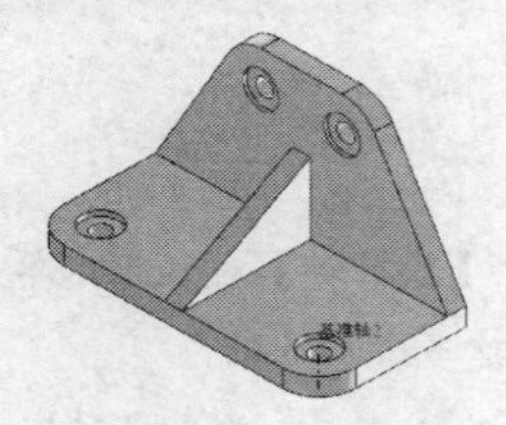

图 3-28 生成的基准轴

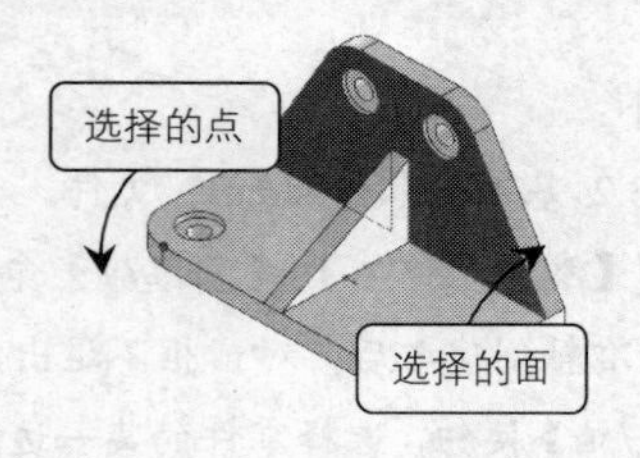

图 3-29 选择的平面和点

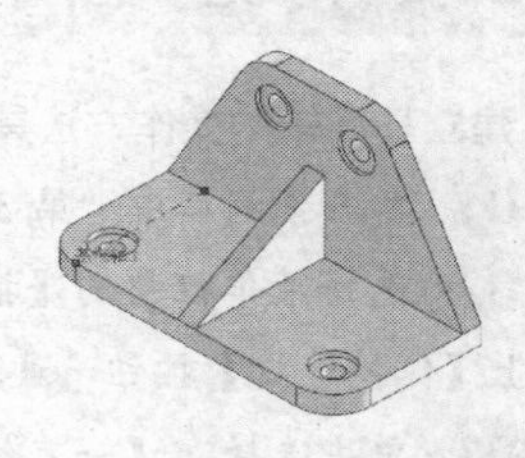

图 3-30 生成的基准轴

3.4 建立坐标系

坐标系常用于装配时的默认约束参照，其作用还可作为零件的缩放参照、测量参照。坐标系与其他基准点、基准轴、基准面有相同的性质，所有的特征都必须选中其中的某一个或多个基准作为参照。

3.4.1 操作界面

选择【插入】|【参考几何体】|【坐标系】命令，系统弹出【坐标系】对话框，如图 3-31 所示。

在【坐标系】对话框中，各选项含义如下：

- 原点：为坐标系原点选择某一顶点。
- X 轴、Y 轴及 Z 轴：定义 x、y、z 轴方向
- 反转轴方向：反转轴的方向。

3.4.2 实例示范

建立坐标系的操作方法具体如下：

01 选择【插入】|【参考几何体】|【坐标系】命令。

02 设置【坐标系】对话框中的选项，在【原点】文本框中选择绘图区中的原点，在【X 轴】文本框中选择【前视基准面】，在【Y 轴】文本框中选择【上视基准面】，如图 3-32 所示。

03 单击【确定】按钮，生成坐标系，如图 3-33 所示。

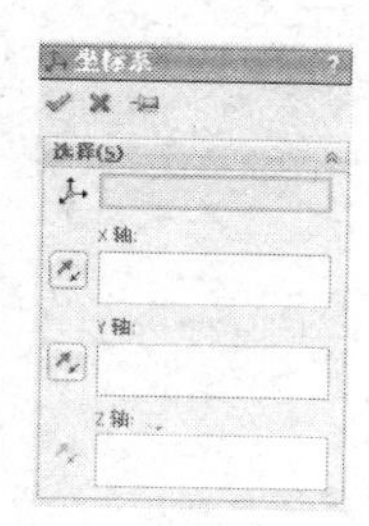

图 3-31 【坐标系】对话框

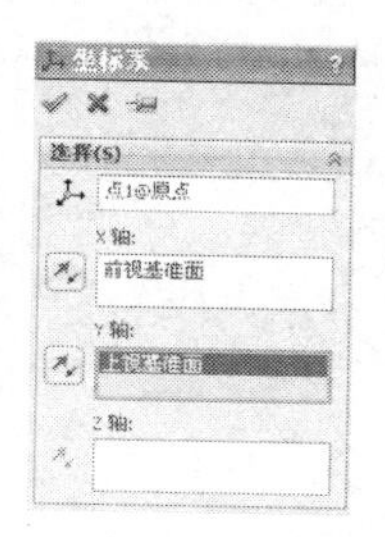

图 3-32 【坐标系】对话框

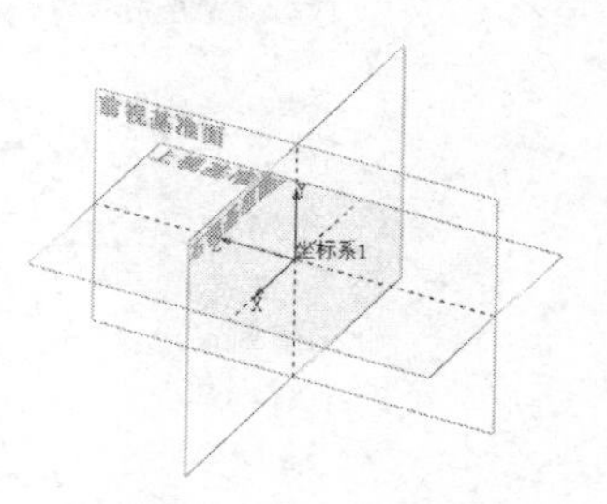

图 3-33 生成坐标系

3.5 建立参考点

参考点相当于基准点，可以用来作为定位参照，辅助一些曲线的创建，此外它还可以作为计算和模型分析的已知参考点。

3.5.1 操作界面

选择【插入】|【参考几何体】|【点】命令，系统弹出【点】对话框，如图 3-34 所示。

在【点】对话框中，各选项含义如下：

参考实体：显示用来建立参考点的所选实体。

圆弧中心：在所选圆弧或圆的中心建立参考点。

面中心：在所选面的引力中心建立一参考点。可选择平面或非平面。

交叉点：在两个所选实体的交点处建立一参考点。可选择边线、曲线及草图线段。

投影：建立一个从一实体投影到另一实体的参考点。需要选择两个实体：要投影的实体和投影到某一位置的实体。可将点、曲线的端点及草图线段、实体的顶点及曲面投影到基准面和平面或非平面。点将垂直于基准面或实体面而被投影。

沿曲线距离或多个参考点：通过选择一条边线、曲线或者草图作为参照来创建基准点。创建后的基准点根据设置的距离、百分比或均匀分布来定义基准点的位置。选中该方式后，【点】对话框将添加一些新的参数，如图 3-35 所示。

新添选项各选项含义如下：

- 距离：按设定的距离建立参考点数。第一个参考点以此从端点的距离建立，而非在端点上建立。
- 百分比：按设定的百分比建立参考点数。百分比指的是所选实体长度的百分比。例如，选择长度为 100mm 的实体。如果将参考点数设定为 5，百分比为 10，则 5 个参考点将以实体总长度的百分之十(或 10mm)彼此相隔而建立。
- 均匀分布：在实体上均匀分布的参考点数。如果编辑参考点数，则参考点将相对于开始端点而更新其位置。
- 参考点数：设定要沿所选实体建立的参考点数。参考点使用选中的距离、百分比或均匀分布选项而建立。

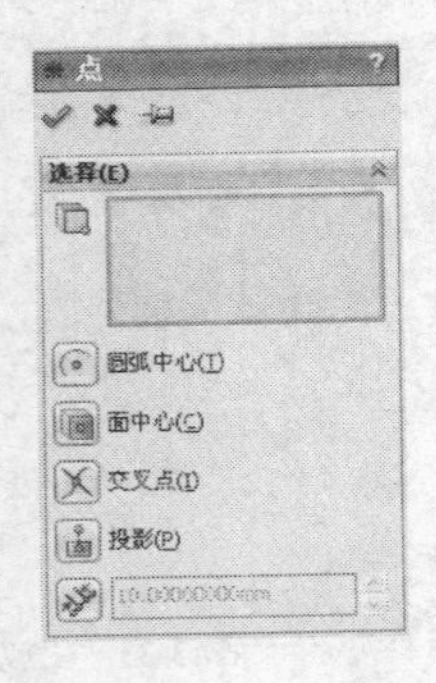

图 3-34 【点】对话框

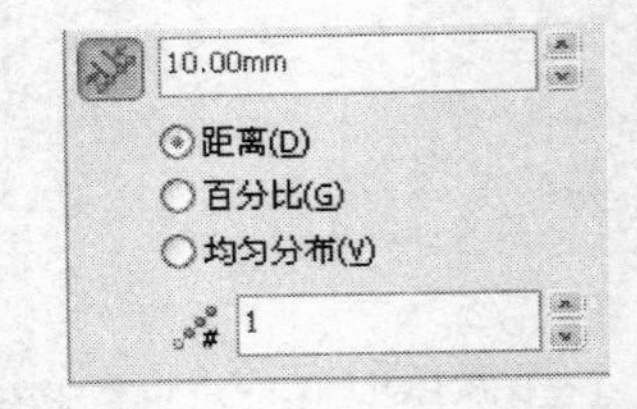

图 3-35 新添的参数

3.5.2 实例示范

建立参考点的操作方法具体如下：

用 "圆弧中心" 的方法建立参考点

01 打开素材库中"第 3 章/3.5.2 参考点零件.sldprt"文件，如图 3-36 所示。

02 选择菜单栏中的【插入】|【参考几何体】|【点】命令，打开【点】对话框。单击对话框上【保持可见】按钮，使参考点创建之后，对话框不退出，继续创建多个参考点。

03 单击选择【圆弧中心】按钮。选择零件中的某一圆弧边，如图 3-37 所示。单击【点】对话框中的【确定】按钮，生成如图 3-38 所示的参考点。

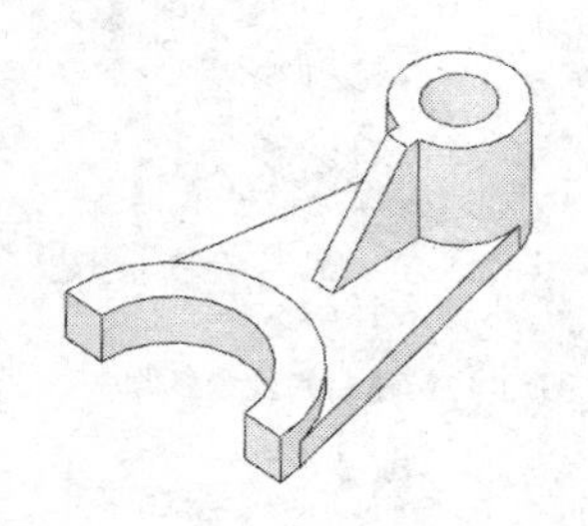
图 3-36　打开零件文件

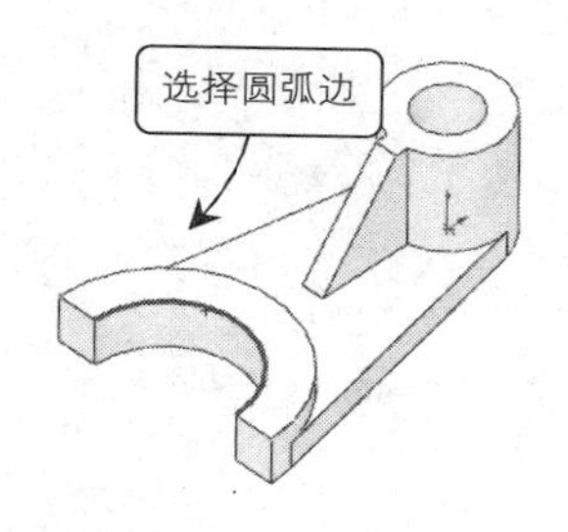

图 3-37　选择零件边线

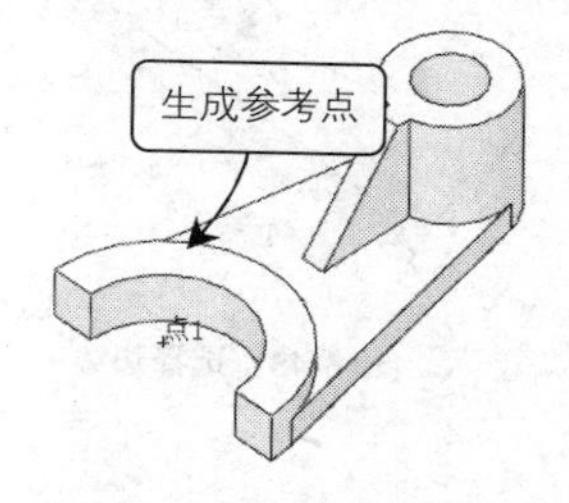

图 3-38　生成参考点

04 单击选择【面中心】按钮。选取零件的底面，如图 3-39 所示。单击对话框中的【确定】按钮，生成如图 3-40 所示的参考点。

05 单击选择【交叉点】按钮。选择零件中的任意两相交的边线，如图 3-41 所示。单击对话框中的【确定】按钮，生成如图 3-42 所示的参考点。

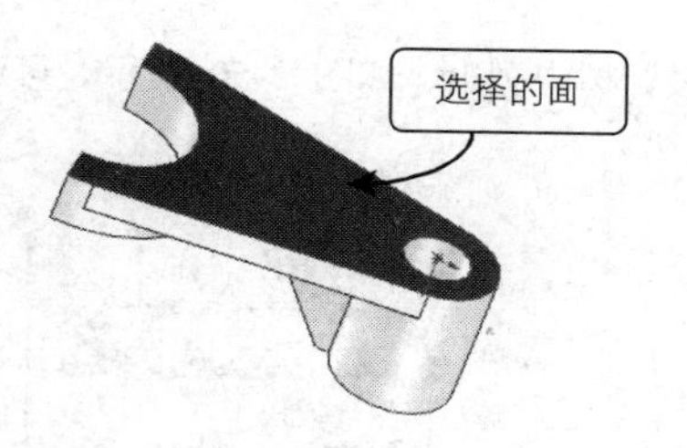

图 3-39　选择零件底面

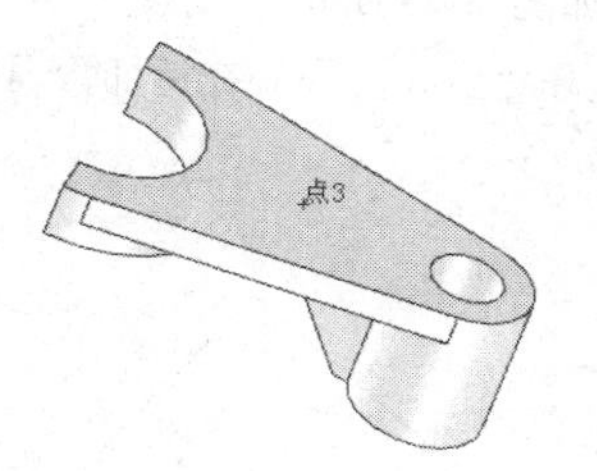

图 3-40　生成的基准点

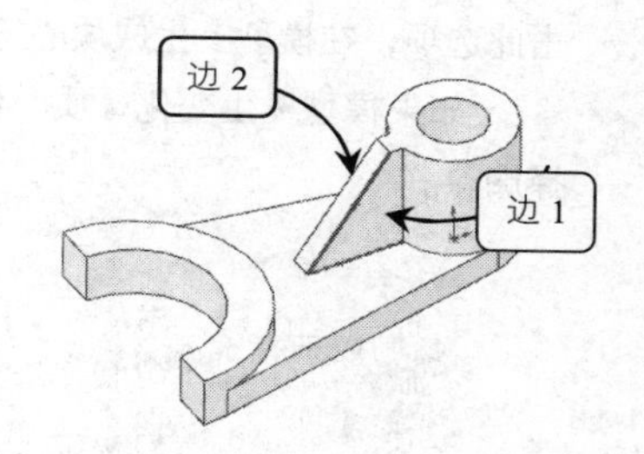

图 3-41　选择两相交的边线

06 选择【投影】按钮。单击零件中的一个顶点和一平面，如图 3-43 所示。单击【确定】按钮，生成如图 3-44 所示的参考点。

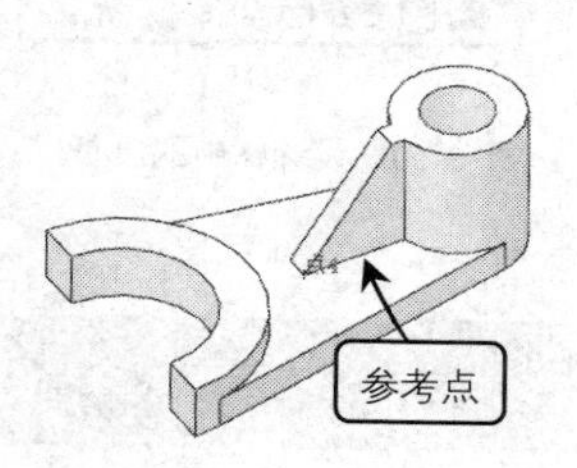

图 3-42　生成的参考点

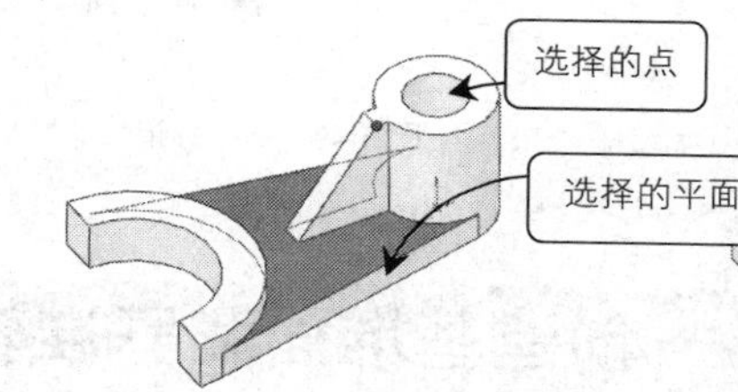

图 3-43　选择的平面和点

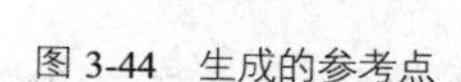

图 3-44　生成的参考点

07 选择【沿曲线距离或多个参考点】按钮。选择【距离】单选按钮，在微调框中输入 10，然后选择如图 3-45 所示的边线。单击【确定】按钮，生成一个参考点，如图 3-46 所示。

08 如果要建立多个参考点则在微调框中输入参考点的个数，如图 3-47 所示是建立的 4 个均匀分布的参考点。

图 3-45 选择边线

图 3-46 生成的参考点

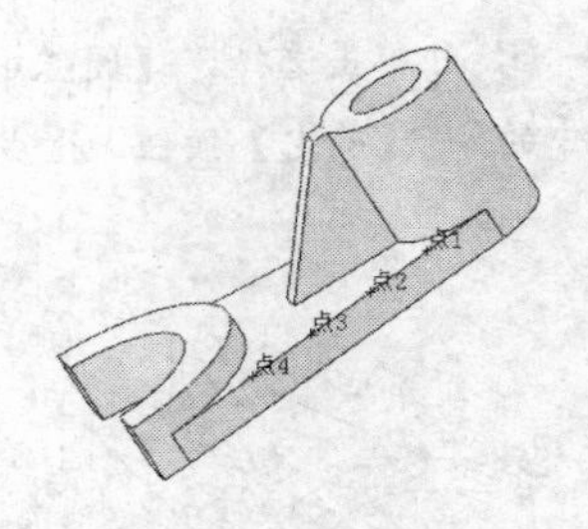

图 3-47 建立的多个参考点

3.6 质量中心参考

质量中心（COM）是 SolidWorks 2013 新增的参考类型，其作用是在设计过程中，提示质量中心的位置。

当建立一个实体模型之后，在【参考几何体】按钮下就会出现【质心】选项，如图 3-48 所示。单击此选项，在模型上生成质心符号，如图 3-49 所示。

如果模型发生变化，质心位置也随之更新。质心在特征管理设计树中列出，如图 3-50 所示，可选择删除。

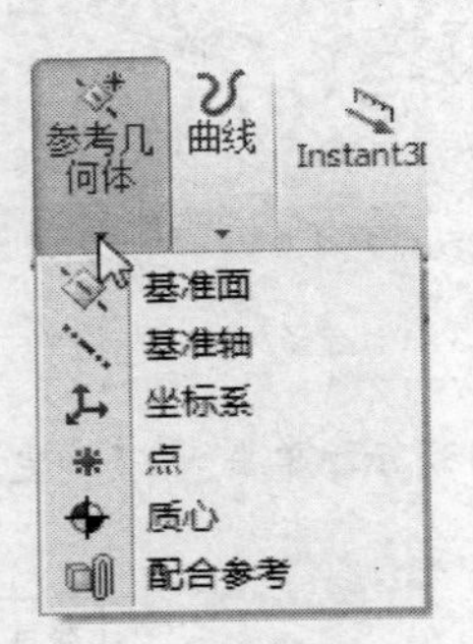

图 3-48 参考几何体菜单

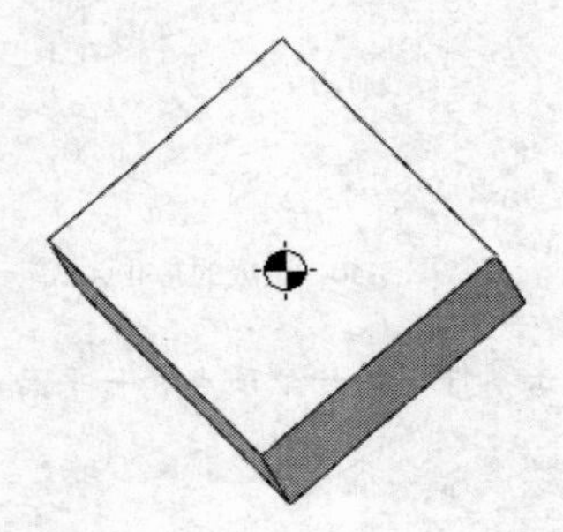

图 3-49 质心标记

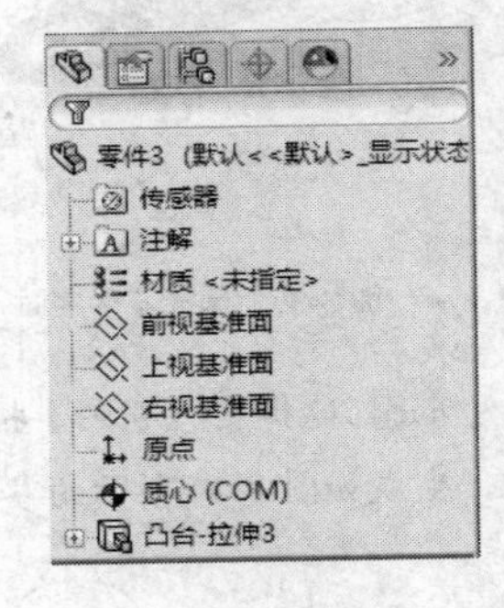

图 3-50 设计树中的质心

3.7 案例实战——创建基准面和基准轴

下面以图 3-51 所示的模型为例，讲解基准面、基准轴及参考点的创建方法。

3.7.1 建立基准面

01 启动 SolidWorks 2013，打开素材库中“第 3 章/3.7 综合案例零件.sldprt”文件，如图 3-52 所示。

02 选择菜单栏中的【插入】|【参考几何体】|【基准面】命令，打开【基准面】对话框。

03 单击选择图 3-53 所示的圆弧面和弧面上的点。

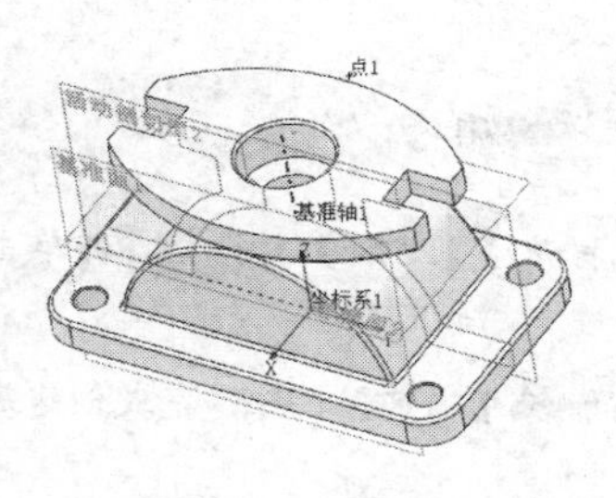

图 3-51 参考几何体模型

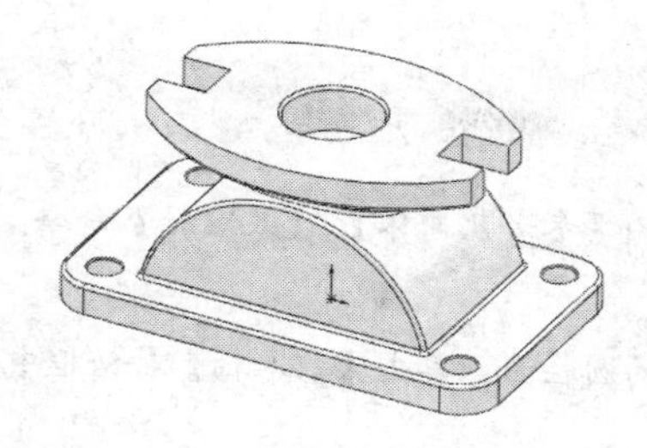

图 3-52 模型文件

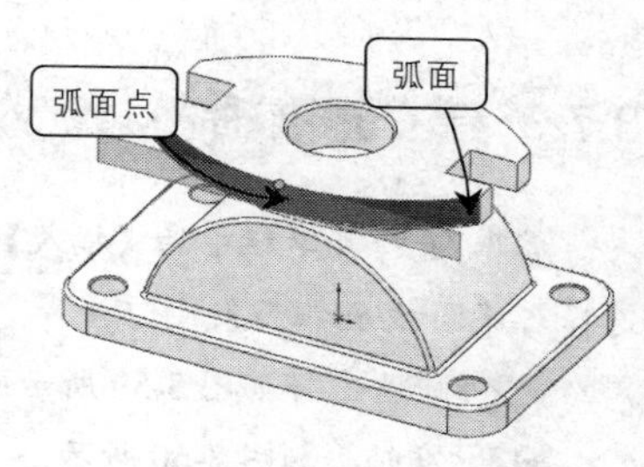

图 3-53 选择曲面及曲面上的点

04 单击【基准面】对话框中的✔【确定】按钮，生成基准面 1，如图 3-54 所示。

05 再次选择【基准面】命令，打开【基准面】对话框，并单击选择【偏移距离】按钮。

06 单击选择零件的上端面，如图 3-55 所示。在【基准面】对话框中的微调框中输入 100。

07 查看预览效果，若是方向不正确，可以单击【基准面】对话框中的【反向】复选框。

08 单击【基准面】对话框中的✔【确定】按钮，完成创建基准面，如图 3-56 所示。

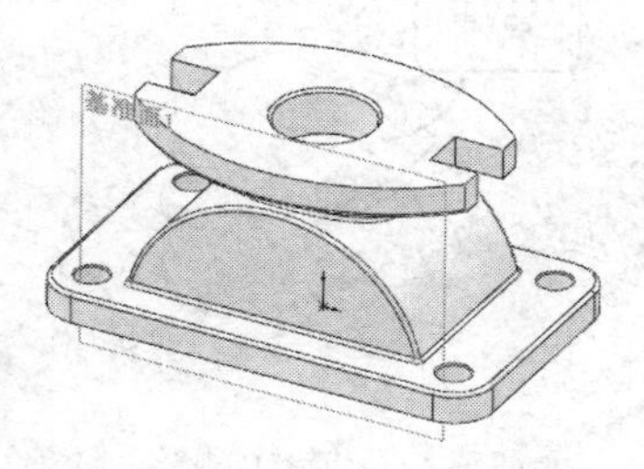

图 3-54 生成的基准面

图 3-55 选择面

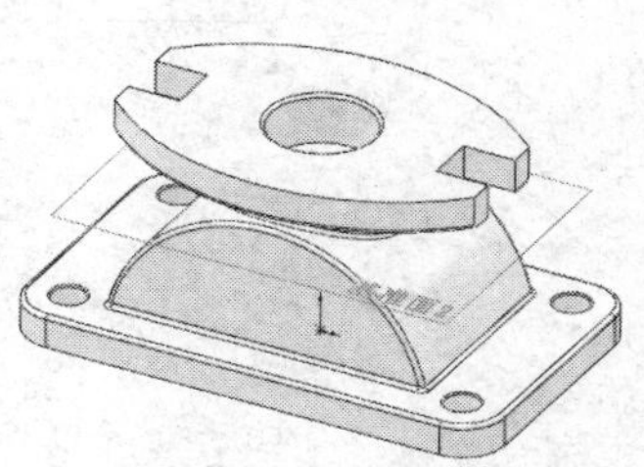

图 3-56 生成的基准面

3.7.2 建立活动剖切面

01 选择菜单栏中的【插入】|【参考几何体】|【活动剖切面】命令。

02 选择绘图区中的【前视基准面】，如图 3-57 所示。

03 按下 Esc 键，退出活动剖切面命令，生成如图 3-58 所示的剖面。

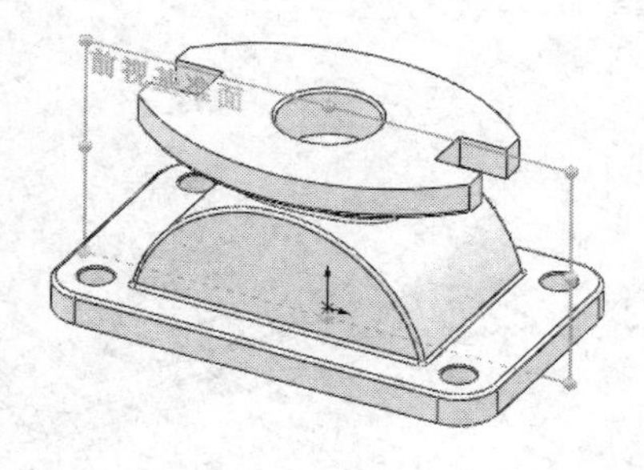

图 3-57 选择【前视基准面】

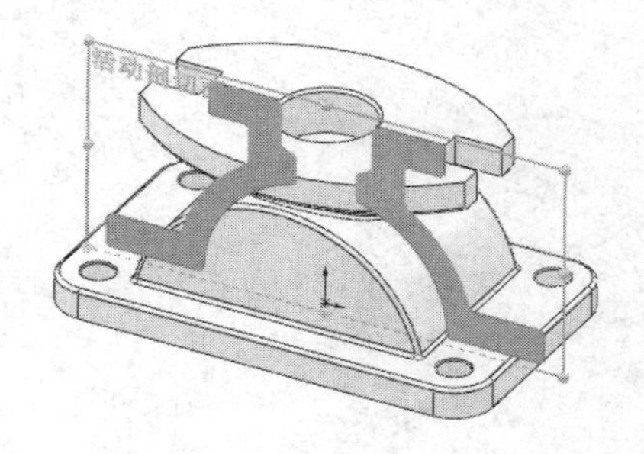

图 3-58 生成的剖切面

3.7.3 建立基准轴

01 选择菜单栏中的【插入】|【参考几何体】|【基准轴】命令。打开【基准轴】对话框，并单击选择【圆柱/圆锥面】按钮。

02 单击选择如图 3-59 所示的圆柱面。单击【基准轴】对话框中的【确定】按钮，完成创建基

03 准轴，如图 3-60 所示。

3.7.4 建立参考点

01 选择菜单栏中的【插入】|【参考几何体】|【点】命令。打开【点】对话框，并单击选择【圆弧中心】按钮。

02 单击选择零件的弧线，如图 3-61 所示，单击【确定】按钮，完成创建参考点，如图 3-62 所示。

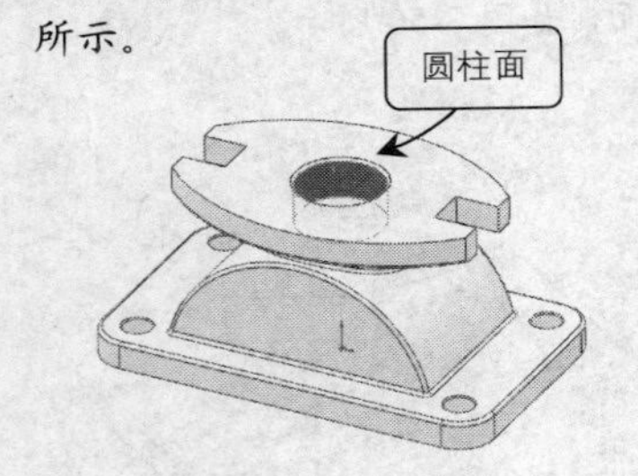

图 3-59　选择圆柱面

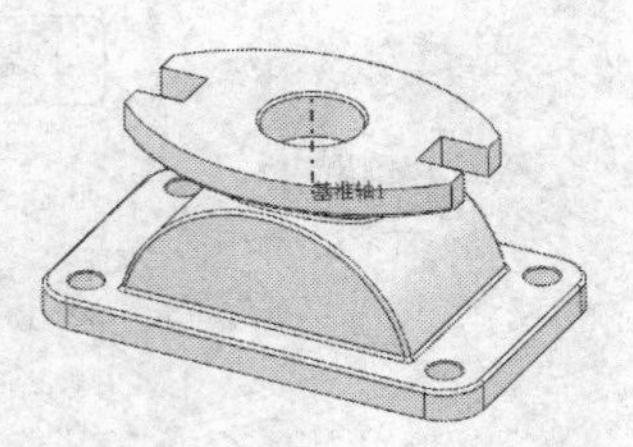

图 3-60　生成的基准轴

图 3-61　选择的弧线

3.7.5 建立坐标系

01 选择菜单栏中的【插入】|【参考几何体】|【坐标系】命令。打开【坐标系】对话框。

02 设置【坐标系】的参考对象，坐标原点拾取系统原点，其他参考如图 3-63 所示。

03 单击【坐标系】对话框中的【确定】按钮，完成创建坐标系，如图 3-64 所示。

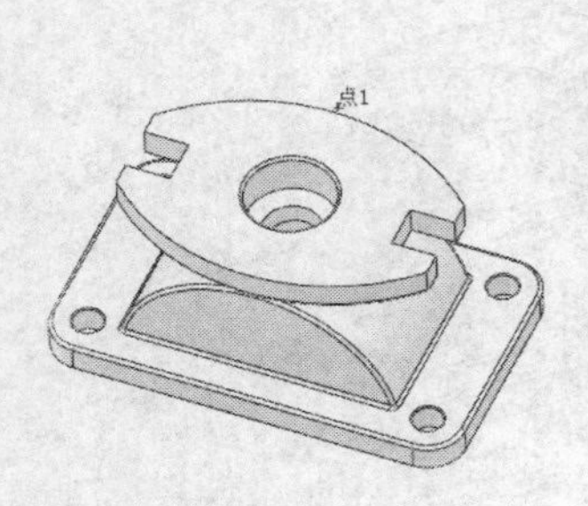

图 3-62　生成的参考点

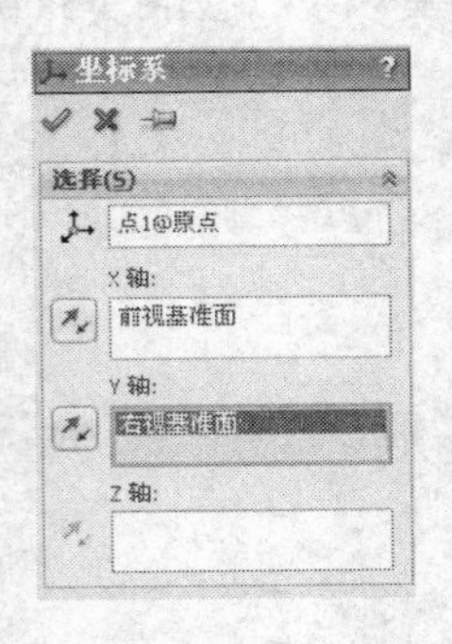

图 3-63　【坐标系】对话框

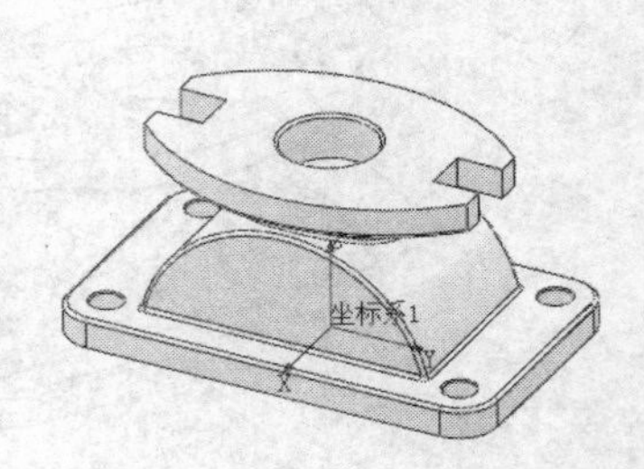

图 3-64　生成的坐标系

第 4 章

创建基础特征

本章导读：

特征对于 SolidWorks 2013 中的三维对象来说是一个重要概念，可以说所有的模型零件和组装件都是以特征为起点建立的，特征是构成零件的基本要素。

SolidWorks 中的基础特征主要是指拉伸、旋转、扫描、放样等。任何三维实体都是建立在基础特征之上的。本章将介绍 SolidWorks 各个基础特征的建立方法。

学习目标：

- 拉伸特征
- 旋转特征
- 扫描特征
- 放样特征

4.1 拉伸特征

基体拉伸是由草图生成实体零件的第一个特征，基体是实体的基础，在此基础上可以通过增加和减少材料来得到各种复杂的实体零件。

4.1.1 拉伸凸台特征操作界面

单击【特征】工具栏上的【拉伸凸台/基体】按钮，或者选择菜单栏中的【插入】|【凸台/基体】|【拉伸】命令，即可打开【凸台 拉伸】对话框，如图 4-1 所示。

图 4-1 【凸台 拉伸】对话框

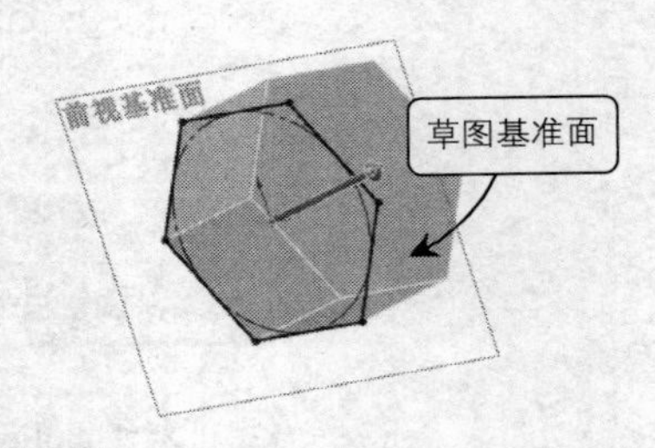

图 4-2 从草图基准面进行拉伸

在【拉伸】对话框中，各选项的含义如下：

1. 【从】选项组

该选项组用来设置拉伸的开始条件，包括的选项有以下 4 种：

- 草图基准面：从草图所在的基准面开始拉伸，如图 4-2 所示。
- 曲面\面\基准面：选择其中之一作为基础开始拉伸。操作时曲面\面\基准面的选择必须为有效的实体，实体可以是平面或非平面，平面实体不必与草图基准面平行，但草图必须完全包含在非平面曲面或面的边界内，如图 4-3 所示。
- 顶点：从选择的顶点处开始拉伸，如图 4-4 所示。
- 等距：从与当前草图基准面等距的基准面上开始拉伸，等距距离值可手工输入，如图 4-5 所示。

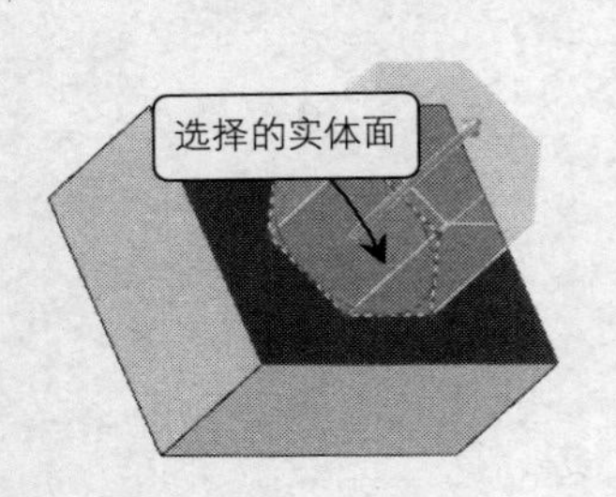

图 4-3 从选择的实体面进行拉伸

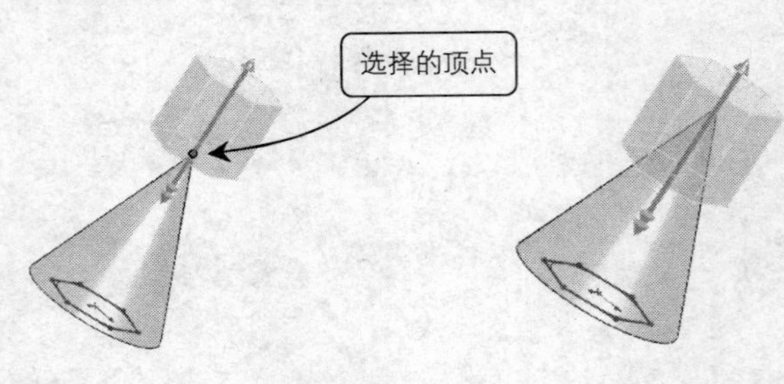

图 4-4 以顶点处拉伸

图 4-5 从等距草绘平面 50mm 处拉伸

2. 【方向1】选项组

用于定义方向1上的拉伸特征，如方向1上拉伸特征的终止条件、方向、深度值和设置拔模。终止条件的类型如下：

- 给定深度：在深度数值框中定义拉伸值。
- 完全贯穿：拉伸至已有模型的最末端。
- 成形到下一面：拉伸至下一平面/曲面处。
- 成形到一顶点：拉伸到在绘图区所选择的一个顶点。
- 成形到一面：拉伸到在图形区域中所选择的一个面或基准面。
- 到离指定面指定的距离：拉伸至所选参照曲面的等距距离处。
- 成形到实体：拉伸到图形区域中选择的实体/曲面实体。在装配件中拉伸时，可以使用成形到实体，以延伸草图到所选的实体。
- 两侧对称：设定深度，按照所在平面的两侧对称距离来完成拉伸特征。

拉伸方向：是在图形区域中选择方向向量，并以垂直于草图轮廓的方向拉伸草图。

拔模开/关：可以设定拔模角度，如有必要，可改变拔模的方向，如图4-6所示是系统默认方向拔模，如图4-7所示则是向外方向拔模。

合并结果（仅限于凸台/基体拉伸）：将拉伸所产生的实体合并到现有实体上，如果不选择此标签，特征将生成一个不同的实体，如图4-8所示为选择了此标签后的拉伸结果，如图4-9所示为取消选择的结果。

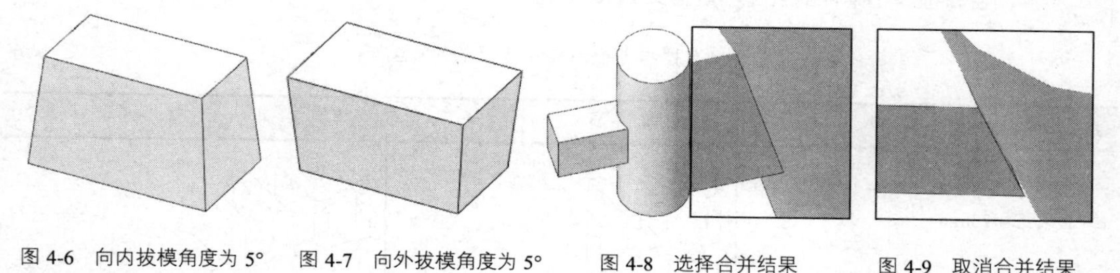

图4-6　向内拔模角度为5°　图4-7　向外拔模角度为5°　图4-8　选择合并结果　图4-9　取消合并结果

3. 【方向2】选项组

在该选项组中，可以设置同时从草图基准面往两个方向拉伸，这些选项的用法和【方向 1】选项组基本相同。

4. 【薄壁特征】选项组

创建薄壁特征时，可以在对话框中勾选【薄壁特征】复选框。当拉伸截面是开放状态时，系统将默认勾选该选项，并且该栏中会增加【自动加圆角】项。

类型：决定薄壁拉伸的类型，单击【反向】按钮可以沿预览中所示的相反方向拉伸薄壁特征。其下拉列表中的选项介绍如下：

- 单向：薄壁特征沿草图的一个方向拉伸，设定薄壁的厚度，如图4-10所示。
- 两侧对称：设定厚度，按照草图的两侧对称距离来完成薄壁特征，如图4-11所示。
- 双向：薄壁特征可以沿两个方向拉伸，设定方向1的薄壁厚度，设定方向2的薄壁厚度，如图4-12所示。

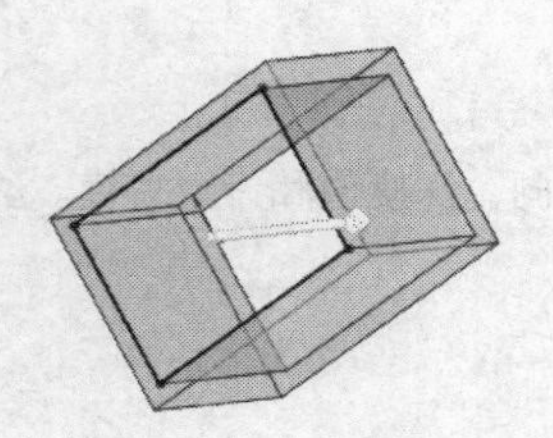

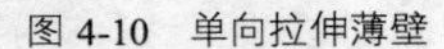

图 4-10　单向拉伸薄壁

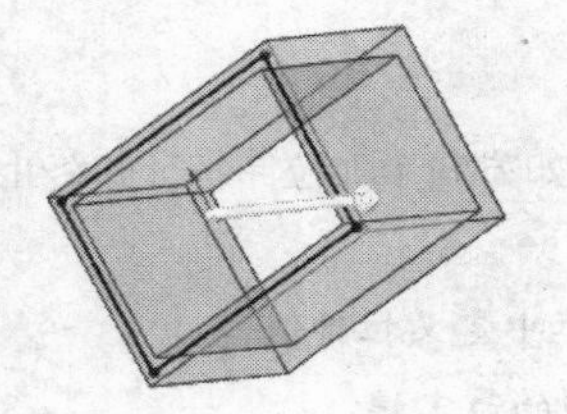

图 4-11　两侧对称

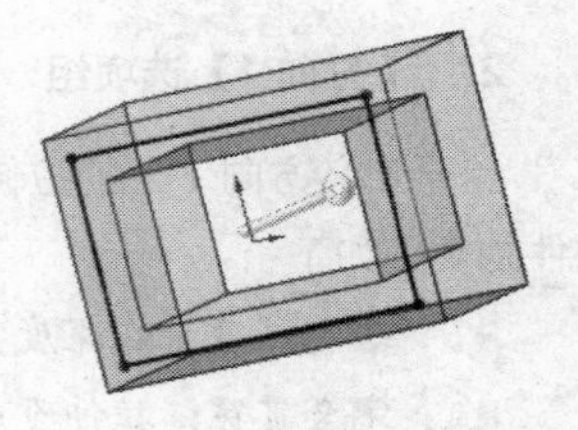

图 4-12　双向拉伸薄壁

顶端加盖：选中该复选框则在零件的顶部加上盖子，如图 4-13 所示。取消选中的复选框则不加盖。

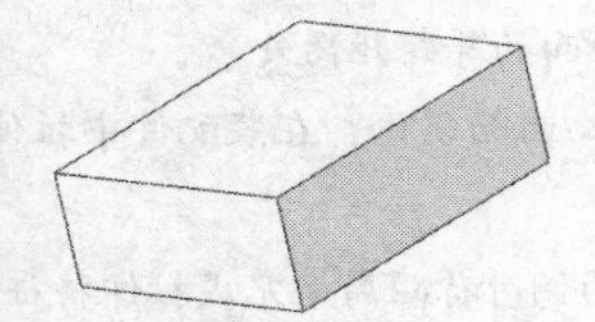

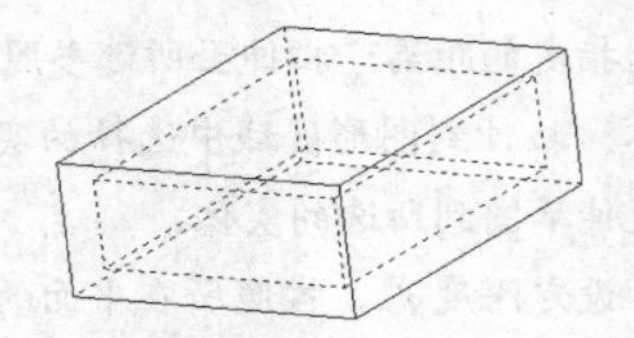

图 4-13　顶端加盖

5.　【所选轮廓】选项组

◇所选轮廓：允许使用部分草图来生成拉伸特征，在图形区域中可以选择草图轮廓和模型边线。

拉伸凸台特征终止条件的各选项的含义见表 4-1。

表 4-1　拉伸凸台特征终止条件的各项含义

终止条件类型	对象选取	效果图
给定深度为 20mm		
完全贯穿		
成形到一顶点		
成形到一面		
到离指定面指定的距离为 5mm		

终止条件类型	对象选取	效果图
成形到实体		
两侧对称		

6．右键展开菜单设置终止条件

除了在【方向 1】和【方向 2】选项组设置拉伸的终止条件，SolidWorks2013 新增了右键展开菜单快速设置终止条件的功能。在拉伸预览的状态下，在模型区空白位置单击右键，展开菜单如图 4-14 所示。

在菜单中选择命令与对话框操作有同等效果，不再介绍。

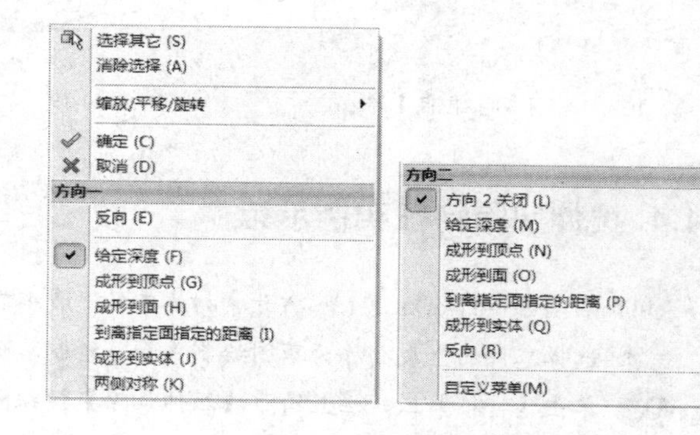

图 4-14　右键展开菜单

4.1.2 拉伸凸台特征实例示范

01 选择【前视基准面】作为草图绘制平面，绘制草图，如图 4-15 所示。

02 单击【特征】工具栏上的【拉伸凸台/基体】按钮，或者选择菜单栏中的【插入】|【凸台/基体】|【拉伸】命令。

03 设置【拉伸】对话框中的选项，在【方向 1】选项组中设置拉伸深度为 20mm，其他设置均为默认方式。单击对话框中✓【确定】按钮，生成拉伸特征如图 4-16 所示。

04 如果勾选【薄壁特征】选项，将类型设置为单向，厚度设置为 4mm，生成的薄壁拉伸特征如图 4-17 所示。

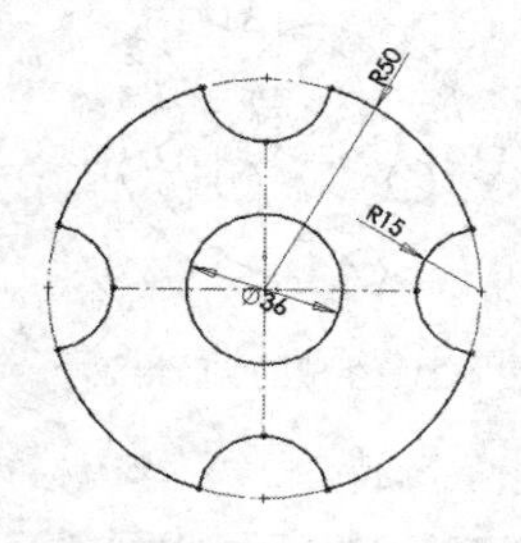

图 4-15　绘制草图

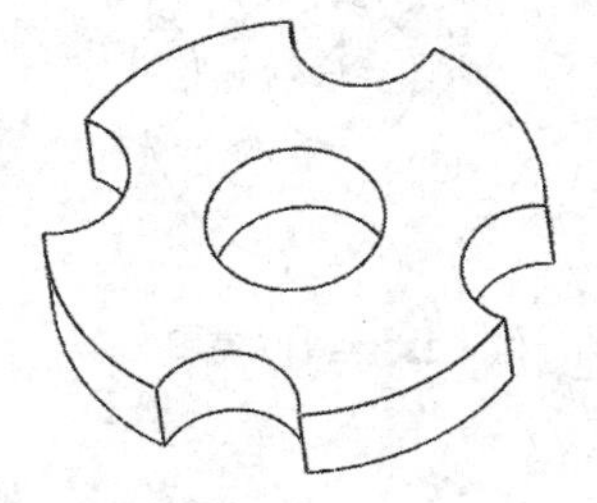

图 4-16　拉伸凸台

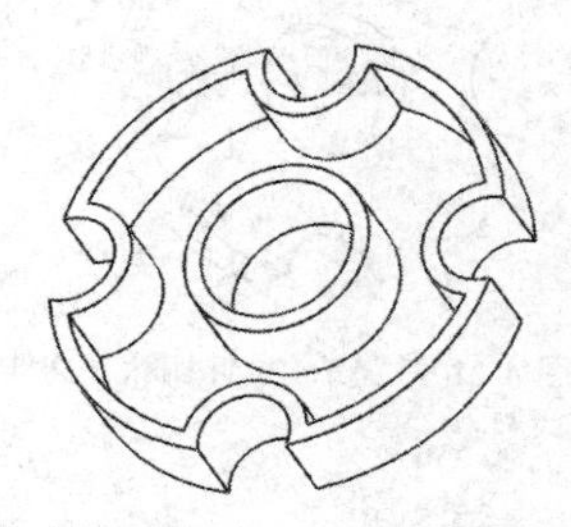

图 4-17　薄壁拉伸特征

4.1.3 拉伸切除特征操作界面

单击【特征】工具栏上的【拉伸切除】按钮，或选择菜单栏中的【插入】|【切除】|【拉伸】

命令，即可打开【切除-拉伸】对话框，如图 4-18 所示。

该对话框中的参数设置与拉伸凸台的参数设定基本一致，不同的地方是，在【方向 1】选项组中有一个【反向切除】复选框。默认情况下，材料从轮廓内部移除，如图 4-19 所示。反侧切除（仅限于拉伸的切除）的主要作用是移除轮廓外的所有材质，如图 4-20 所示。

【拉伸切除】的终止条件含义与【拉伸凸台】相同，参见表 4-1。

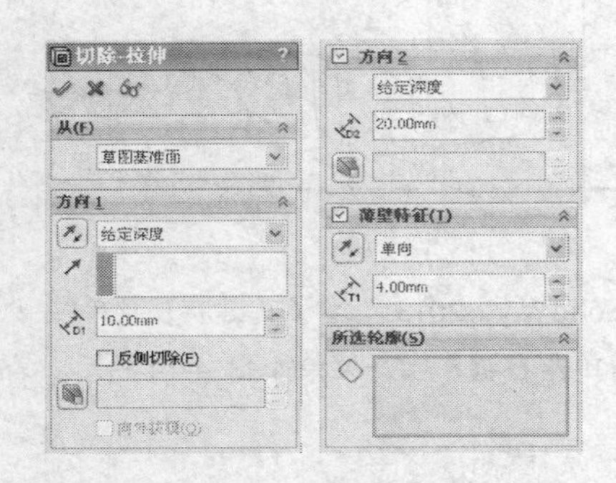

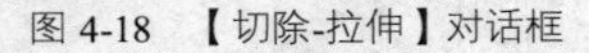

图 4-18 【切除-拉伸】对话框

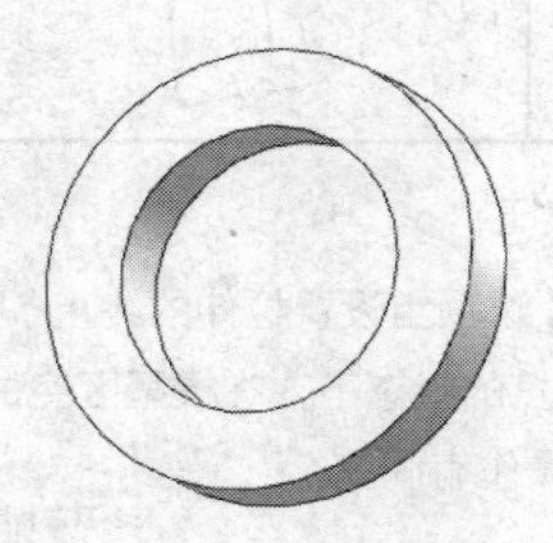

图 4-19 默认切除

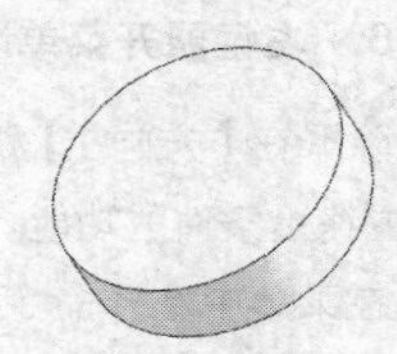

图 4-20 反侧切除

4.1.4 拉伸切除特征实例示范

01 启动 SolidWorks 2013，打开素材库中的“第 4 章/4.1.4 拉伸-切除.sldprt”文件，如图 4-21 所示。

02 选择零件的上表面作为草图绘制平面，绘制草图，如图 4-22 所示。

03 单击【特征】工具栏上的【拉伸切除】按钮，或选择菜单栏中的【插入】|【切除】|【拉伸】命令，系统弹出【拉伸】对话框。

04 设置【拉伸】对话框中的选项，在【方向 1】选项组中设置拉伸深度为 40mm。

05 观察绘图区中出现的预览，如果切除的方向不对，则单击【反向】按钮。

06 单击【拉伸】对话框中的【确定】按钮，生成拉伸-切除特征，如图 4-23 所示。

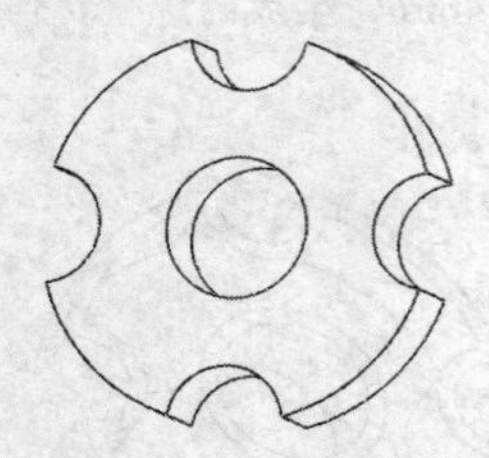

图 4-21 “4.1.4 拉伸切除”文件

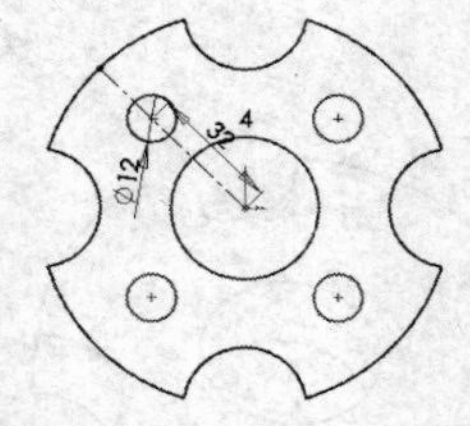

图 4-22 绘制的草图

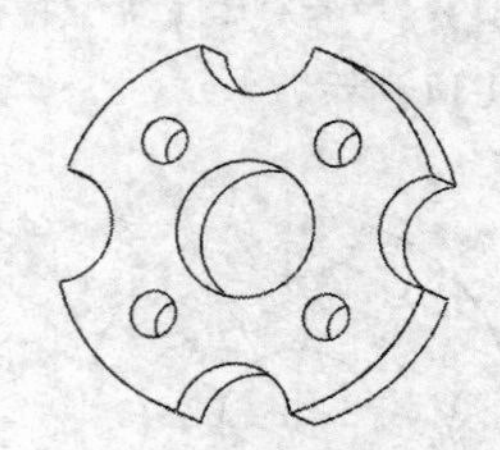

图 4-23 生成的切除特征

4.2 旋转特征

旋转特征通过绕中心线旋转一个或多个轮廓来生成回转体特征，系统默认的旋转角度为 360°，可以生成凸台/基体、旋转切除或旋转曲面。

4.2.1 旋转凸台特征操作界面

单击【特征】工具栏上的【旋转凸台/基体】按钮，或者选择菜单栏中的【插入】|【凸台/基体】|【旋转】命令，即可打开【旋转】对话框，如图 4-24 所示。

在【旋转】对话框中，各选项的含义如下：

1. 【旋转参数】选项组

旋转轴：选择旋转所绕的轴，根据所生成的旋转特征的类型，此轴可为中心线、直线或边线。同一截面选择不同的旋转轴时，创建的旋转特征也会有所不同。

旋转类型：从草图基准面中定义旋转方向。单击【反向】按钮可以沿预览中所示的相反方向旋转特征。其下拉列表中的选项介绍如下：

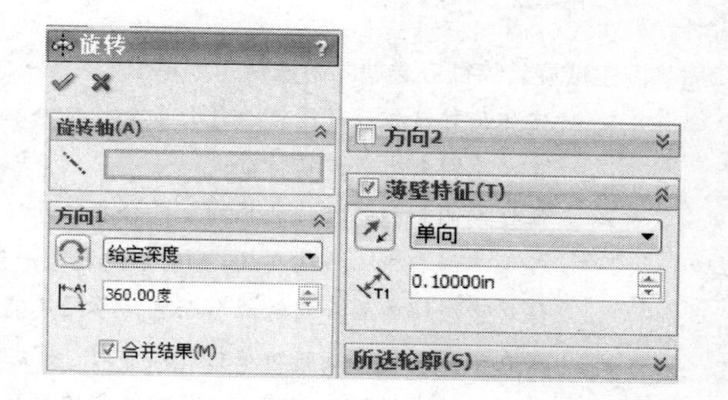

图 4-24　【旋转】对话框

- 单向：只沿一个方向旋转，如图 4-25 所示。
- 双向：可以沿两个方向旋转，并可以设置两个方向的旋转角度，如图 4-26 所示。
- 两侧对称 ：沿两个方向对称旋转，如图 4-27 所示。
- 【角度】：设置旋转角度。

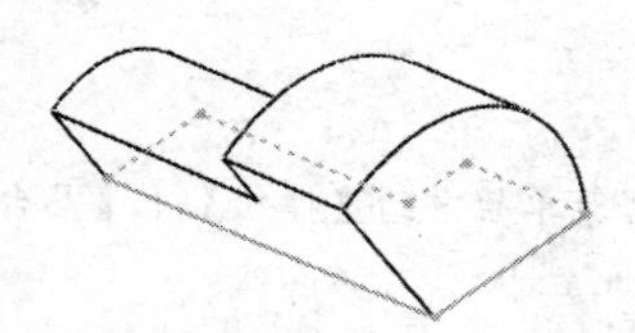

图 4-25　单向旋转

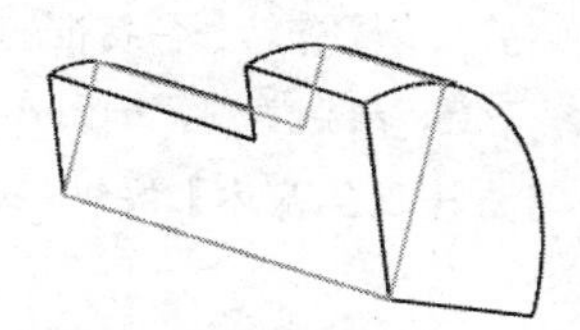

图 4-26　双向旋转

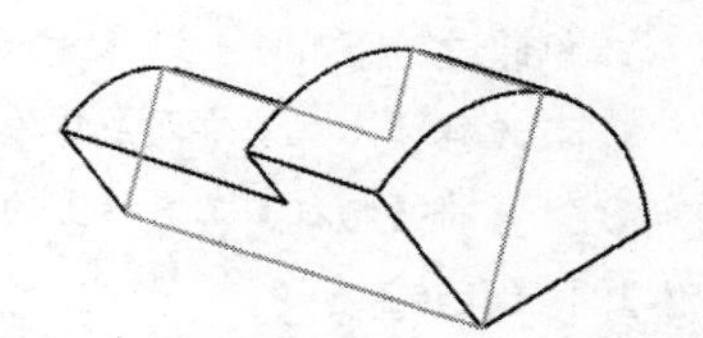

图 4-27　两侧对称旋转

2. 【薄壁特征】选项组

薄壁特征的类型包括 3 种：

- 单向：从草图以单一方向添加薄壁体积，如有必要，单击【反向】按钮来反转薄壁添加的方向，如图 4-28 所示。
- 双向：在草图两侧添加不同的薄壁体积，设定方向 1 厚度，从草图向外添加薄壁体积，再设定方向 2 厚度从草图向内添加薄壁体积，如图 4-29 所示。
- 两侧对称：以草图为中心，在草图两侧使用均等体积来添加薄壁，如图 4-30 所示。

【厚度】：设置薄壁厚度。

3. 【所选轮廓】选项组

选择创建旋转特征时的截面参照。当只有一个截面时，系统会自动选取。当有多组截面时，需自行选择旋转截面，多组截面中选择不同的旋转截面区域，旋转特征也会不同。

所选轮廓◇：在图形区域中可以选择草图轮廓和模型边线。

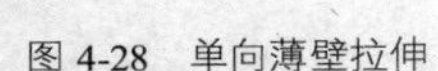

图 4-28　单向薄壁拉伸

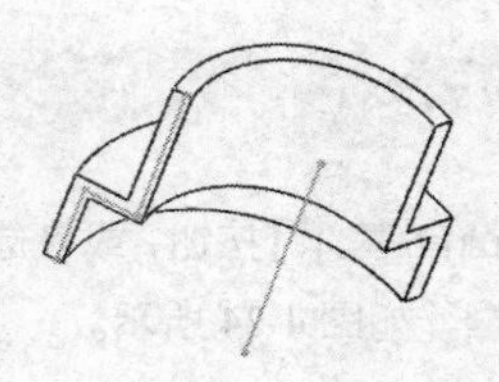

图 4-29　双向薄壁拉伸

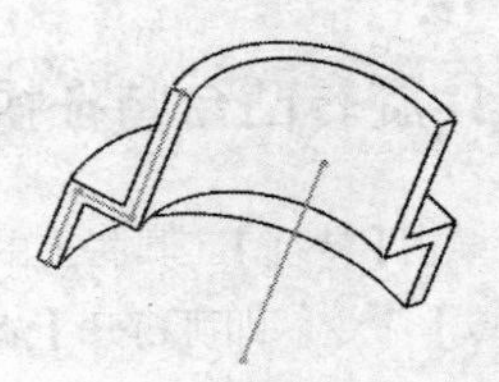

图 4-30　两侧对称薄壁拉伸

生成旋转特征应遵循以下规则：

- 实体旋转特征的草图可以包含多个相交轮廓，可以使用所选轮廓指针选择一个或多个交叉或非交叉草图来生成旋转特征。
- 薄壁或曲面旋转特征的草图可包含多个开环的或闭环的相交轮廓。
- 轮廓不能与中心线相交叉，如果草图包含一条以上的中心线，请选择想要用做旋转轴的中心线，仅对于旋转曲面和旋转薄壁而言，草图不能位于中心线上。
- 当在中心线内为旋转特征标注尺寸时，将生成旋转特征的半径尺寸；如果通过中心线外为旋转特征标注半径尺寸，将生成旋转特征的直径尺寸。

注 意：必须重建模型才可显示半径或直径尺寸。

4.2.2 旋转凸台实例示范

本例通过制作如图 4-31 所示一个端盖，介绍旋转凸台特征的创建方法。

01 选择【上视基准面】作为草绘平面，绘制草图，如图 4-32 所示。

02 单击【特征】工具栏上的【旋转凸台/基体】按钮，或者选择菜单栏中的【插入】|【凸台/基体】|【旋转】命令。

03 设置【旋转】对话框中的参数，选择草图中竖直线作为旋转轴，在【旋转类型】中选择【给定深度】旋转，设置角度为 360 度，其他设置均为默认方式。

04 单击【旋转】对话框中的【确定】按钮，生成旋转特征，如图 4-33 所示。

图 4-31　端盖

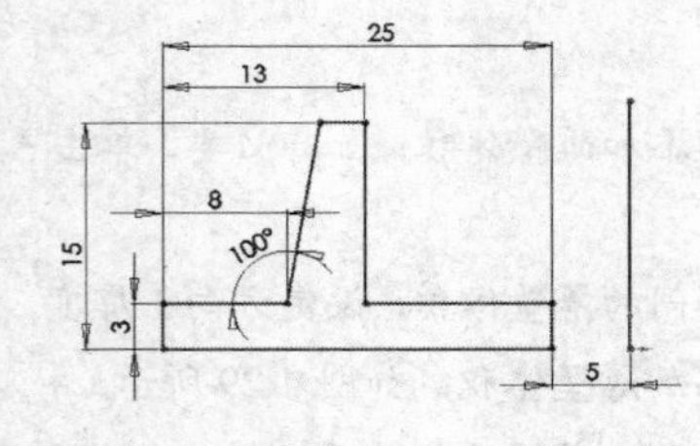

图 4-32　草图

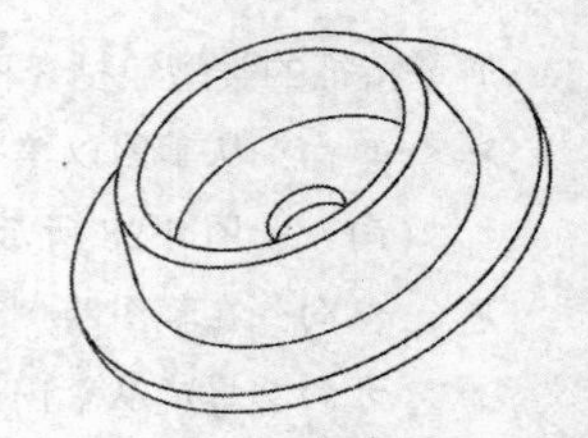

图 4-33　生成旋转特征

4.2.3 旋转切除特征操作界面

单击【特征】工具栏上的【旋转切除】按钮，或者选择菜单栏中的【插入】|【切除】|【旋转】命令，即可打开【切除-旋转】对话框，如图 4-34 所示。

【切除-旋转】对话框中的各参数与【旋转】对话框中的参数设置是相同的，可以参照理解。

4.2.4 旋转切除特征实例示范

01 打开素材库“第 4 章/4.2.4 旋转切除.sldprt”文件，零件如图 4-35 所示。

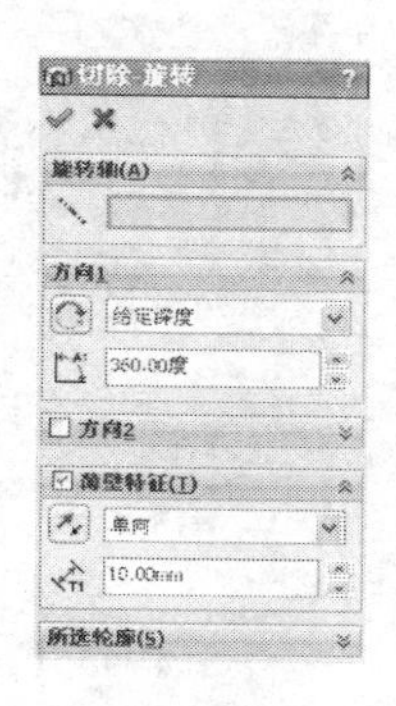

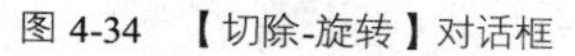

图 4-34　【切除-旋转】对话框

图 4-35　零件素材

02 单击【草图】工具栏中的【草图绘制】按钮，选择【前视基准面】作为草图绘制平面。绘制如图 4-36 所示的草图。

03 单击【特征】工具栏上的【旋转切除】按钮，或者选择菜单栏中的【插入】|【切除】|【旋转】命令，系统弹出【切除-旋转】对话框。

04 设置【切除-旋转】对话框中的参数，选择草图中位于旋转中心的线作为旋转轴，在【旋转类型】中选择【给定深度】旋转，设置角度为 360 度，其他设置均为默认方式，如图 4-37 所示。

05 单击【切除-旋转】对话框中的【确定】按钮，生成旋转切除特征，如图 4-38 所示。

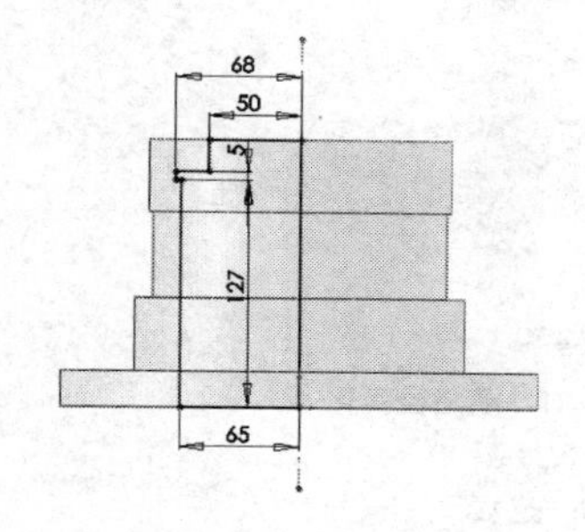

图 4-36　绘制的草图

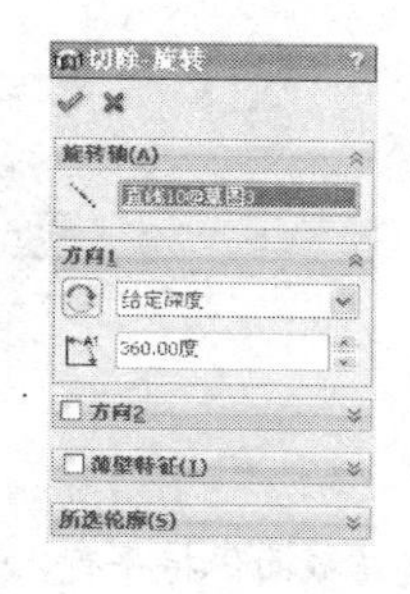

图 4-37　【切除-旋转】对话框

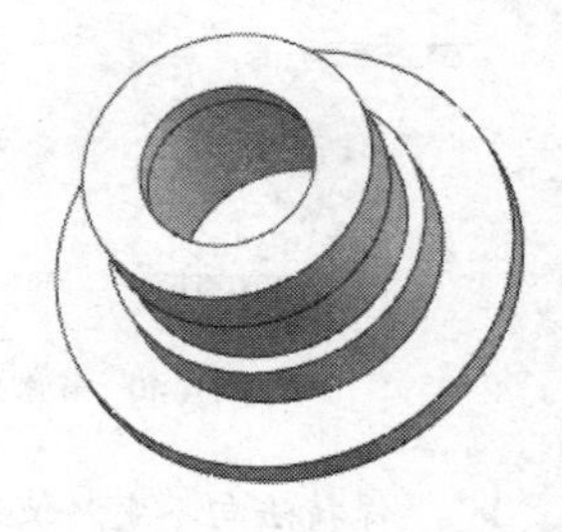

图 4-38　旋转切除特征

4.3 扫描特征

扫描特征是通过沿着一条路径移动轮廓（截面）来生成基体、凸台、切除或是曲面，使用该方法可以生成复杂的模型零件。扫描可以分为以下 4 种：简单扫描、使用引导线扫描、使用多轮廓扫描和使用薄壁特征扫描。

4.3.1 扫描特征操作界面

扫描特征的使用规则如下：

- 对于基体或凸台扫描特征，轮廓必须是闭环的；对于曲面扫描特征，轮廓则可以是闭环的也可以是开环的。
- 路径可以是开环或闭环。
- 路径可以是一张草图、一条曲线或一组模型边线中包含的一组草图曲线。
- 路径的起点必须位于轮廓的基准面上。
- 不论是按截面、路径或所形成的实体，都不能有自相交叉的情况。

图 4-39 【扫描】对话框

选择菜单栏中的【插入】|【凸台/基体】|【扫描】命令，系统弹出【扫描】对话框，如图 4-39 所示。

在【扫描】对话框中，各选项的含义如下：

1. 【轮廓和路径】选项组

轮廓：设定用来生成扫描的草图轮廓（截面），在图形区域中或特征管理器设计树中选取草图轮廓。

路径：设定轮廓扫描的路径，如图 4-40 所示。

2. 【选项】选项组

方向/扭转控制：用以控制轮廓在沿路径扫描时的方向。其下拉列表中各项说明如下：

- 随路径变化：截面相对于路径保持时刻处于同一角度，如图 4-41 所示。

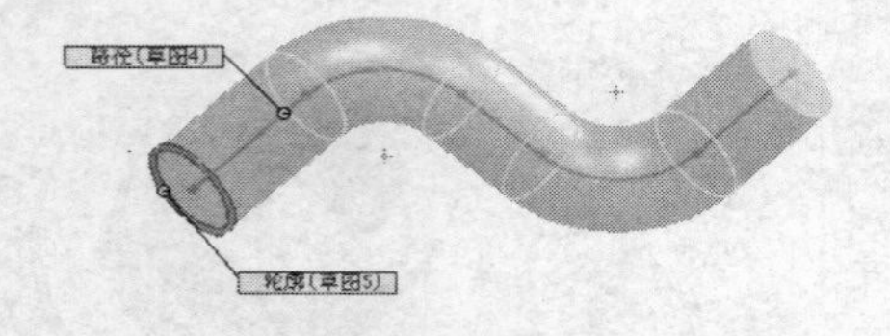

图 4-40 轮廓和路径

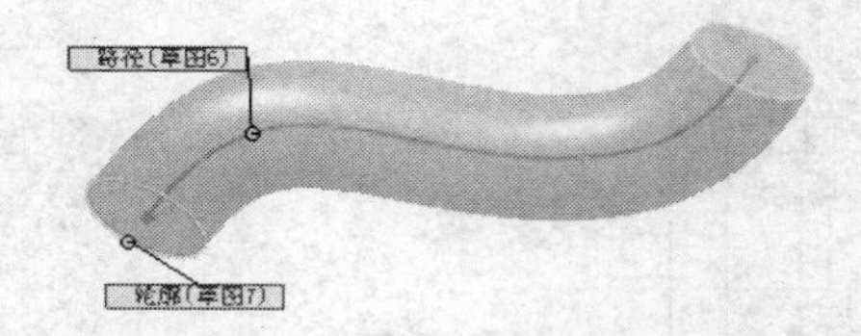

图 4-41 随路径变化

- 保持法向不变：使截面总是与起始截面保持平行，如图 4-42 所示。
- 随路径和第一引导线变化：中间截面的扭转由路径到第一条引导线的向量决定，在所有中间截面的草图基准面中，该向量与水平方向之间的角度保持不变，如图 4-43 所示。

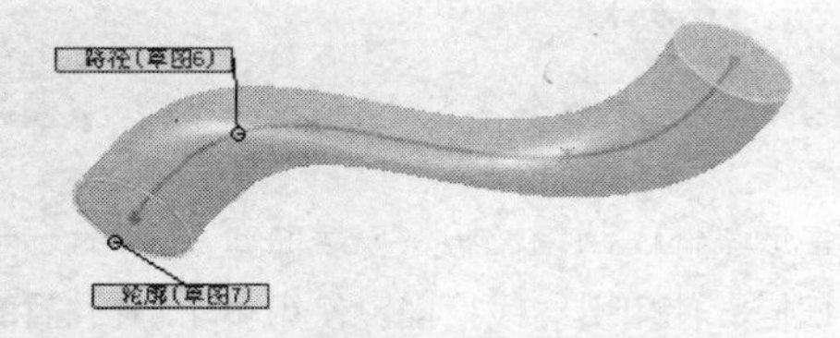

图 4-42 保持法向不变

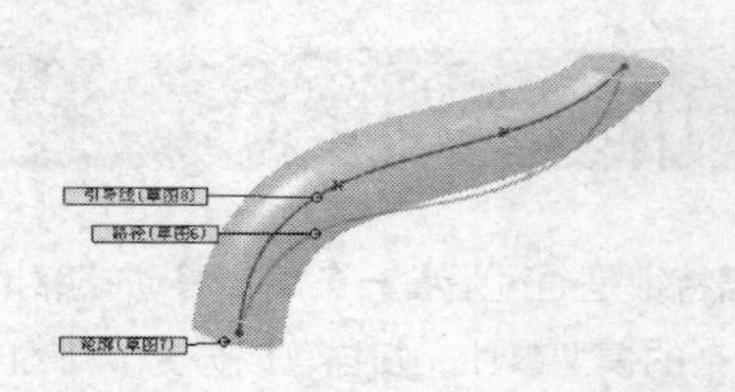

图 4-43 随路径和第一引导线变化

- ➢ 随第一和第二引导线变化：中间截面的扭转由路径到第一条到第二条引导线的向量决定，如图 4-44 所示。
- ➢ 沿路径扭转：沿路径扭转截面。可以按照度数、弧度或旋转来定义扭转，如图 4-45 所示。
- ➢ 以法向不变沿路径扭曲：在沿路径扭曲时，保持与开始截面平行而沿路径扭曲截面，如图 4-46 所示。

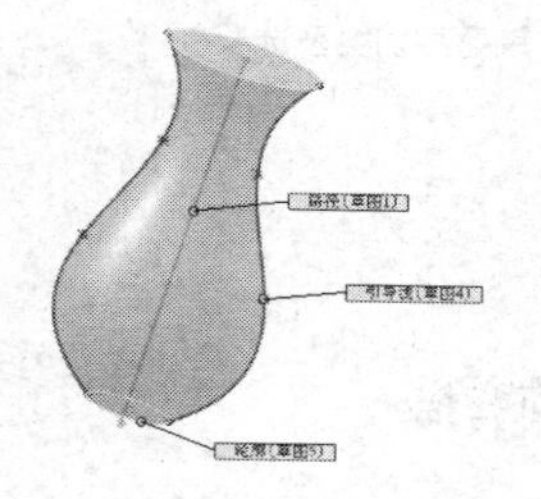

图 4-44　随第一和第二引导线变化

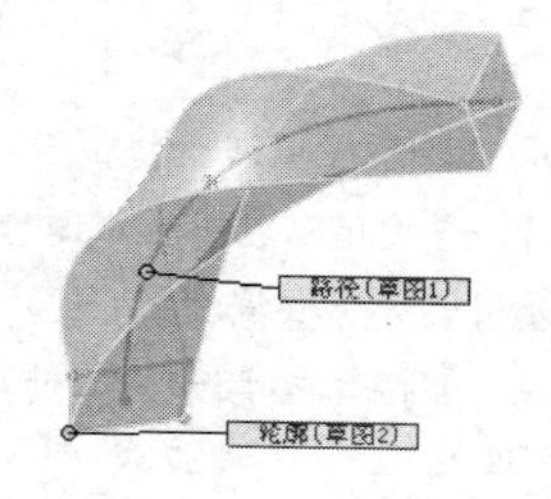

图 4-45　沿路径扭转

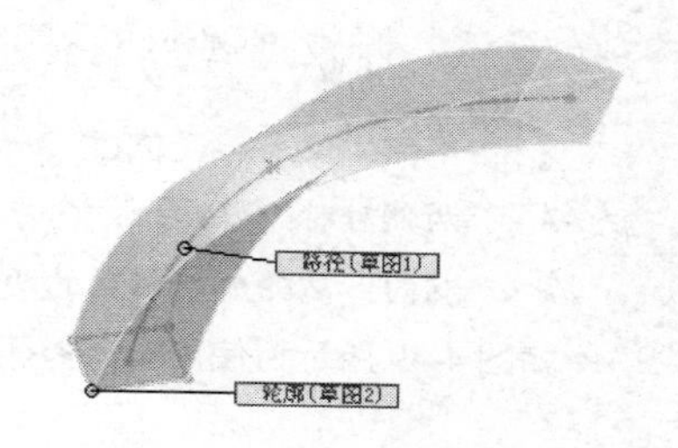

图 4-46　以法向不变沿路径扭曲

路径的对齐类型：当路径上出现少许波动和不均匀波动，使轮廓不能对齐时，可以将轮廓路径稳定下来。其下拉列表中各项说明如下：

- ➢ 无：垂直于轮廓而对齐轮廓，不进行纠正。
- ➢ 最小扭转(对于三维路径)：阻止轮廓在随路径变化时自我相交。
- ➢ 方向向量：以方向向量所选择的方向对齐轮廓，选择设定方向向量的实体。
- ➢ 所有面：当路径包括相邻面时，使用扫描轮廓在几何关系可能的情况下与相邻面相切。

合并切面：如果扫描轮廓具有相切线段，可使所产生的扫描中的相应曲面相切。

显示预览：显示扫描的上色预览，取消选择则只显示轮廓和路径。

合并结果：将多个实体合并成一个实体。

与结束端面对齐：将扫描轮廓延伸到路径所遇到的最后一个面。扫描的面被延伸或缩短以与扫描端点处的面相匹配，而不要求额外的几何体，此选项常用于螺旋线。

3. 【引导线】选项组

引导线：在轮廓沿路径扫描时加以引导形成特征。

上移、下移：调整引导线的顺序，选择一引导线并拖动鼠标以调整轮廓顺序。

合并平滑的面：改进通过引导线扫描的性能，并在引导线或路径不是曲率连续的所有点处分割扫描。

显示截面：显示扫描的截面。单击箭头，按截面数查看轮廓并进行删减。

4. 【起始处/结束处相切】选项组

起始处相切类型：其选项如图 4-47 所示。

- ➢ 无：没有相切。
- ➢ 路径切线：垂直于开始点路径而生成扫描。

结束处相切类型与起始处相切类型的选项相同，如图 4-48 所示，在此不再赘述。

5. 【薄壁特征】选项组

薄壁特征类型：设定薄壁特征扫描的类型。

图 4-47 起始处相切类型选项

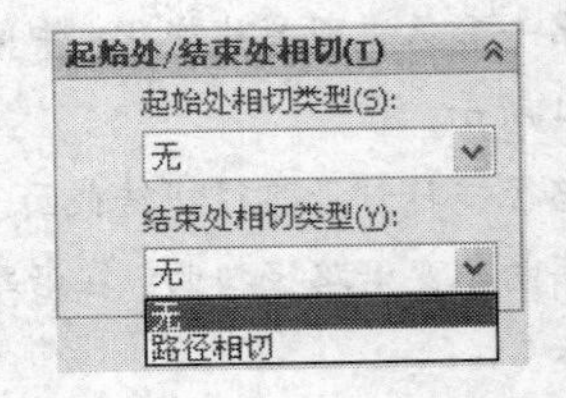

图 4-48 结束处相切类型选项

- 单侧：使用厚度值 单一方向从轮廓生成薄壁特征。
- 两侧对称：以两个方向应用同一厚度值从轮廓生成薄壁特征。
- 双向：从轮廓以相反的两个方向生成薄壁特征。

如图 4-49 所示为使用实体特征扫描，如图 4-50 所示则是使用薄壁特征扫描。

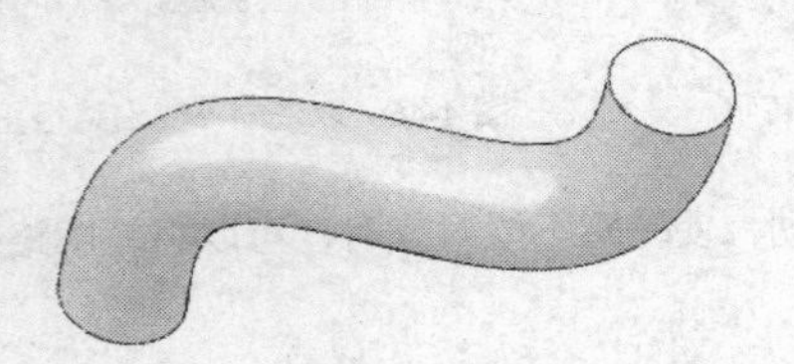

图 4-49 使用实体特征扫描

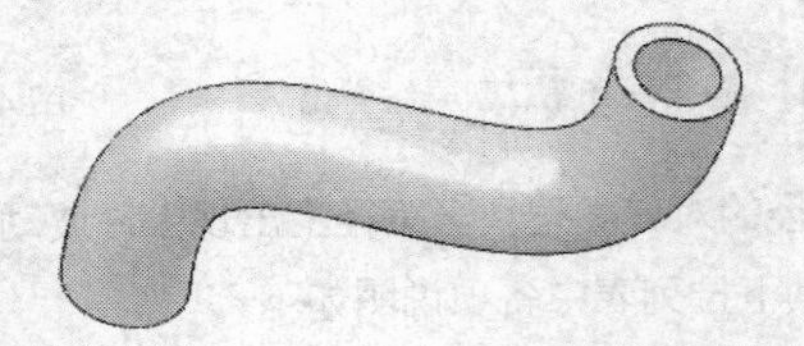

图 4-50 使用薄壁特征扫描

4.3.2 扫描特征实例示范

1. 简单扫描

简单扫描特征的操作方法如下：

01 打开素材库中的“第 4 章/4.3.2 简单扫描.sldprt”文件，如图 4-51 所示。

02 选择菜单栏中的【插入】|【凸台/基体】|【扫描】命令，或者单击【特征】工具栏中的【扫描】按钮，系统弹出【扫描】对话框，如图 4-52 所示。

03 在【轮廓和路径】选项组中选择【轮廓】为【草图 1】，选择【路径】为【螺旋线】，其他参数利用系统默认值。

04 单击【扫描】对话框中的【确定】按钮，完成简单扫描，如图 4-53 所示。

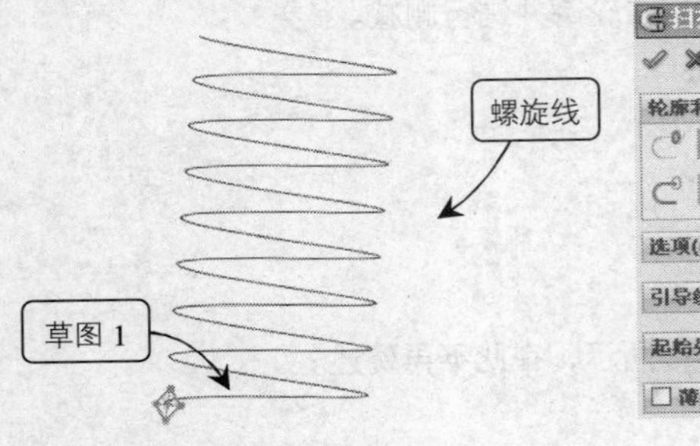

图 4-51 “4.3.2 简单扫描”文件

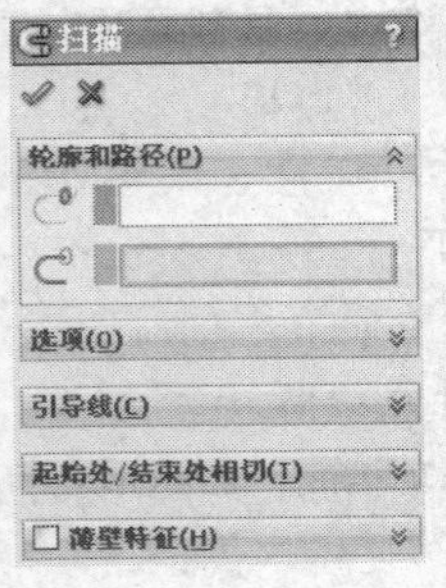

图 4-52 【扫描】对话框

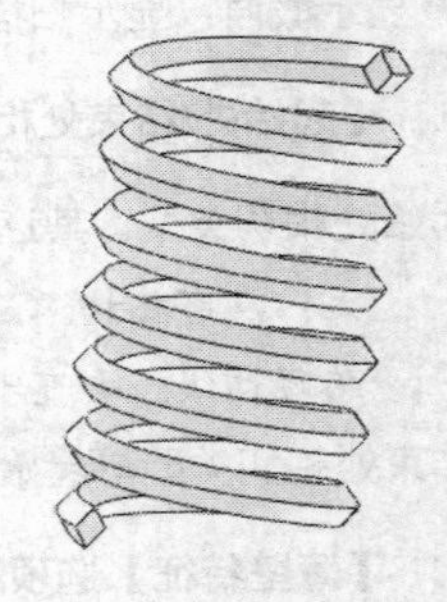

图 4-53 简单扫描

2. 使用引导线扫描

使用引导线扫描特征的操作方法如下：

01 打开素材库中的“第 4 章/4.3.2 引导线扫描.sldprt”文件，如图 4-54 所示。

02 选择菜单栏中的【插入】|【特征】|【扫描】命令，或者单击【特征】工具栏中的【扫描】按钮，系统弹出【扫描】对话框。

03 在【轮廓和路径】选项组中选择【轮廓】为【草图 1】，选择【路径】为【草图 2】，在【引导线】选项组中选择【草图 3】为引导线，其他参数均为默认值，如图 4-55 所示为预览特征。

04 单击【扫描】对话框中的【确定】按钮，完成引导线扫描特征，如图 4-56 所示。

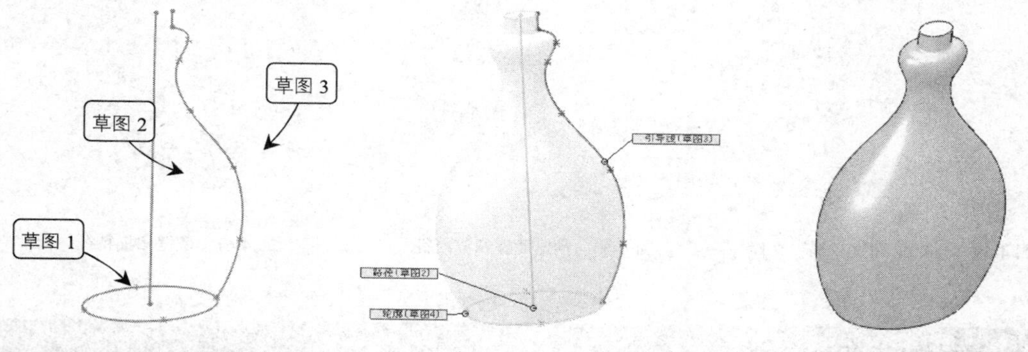

图 4-54　打开引导线扫描文件　　图 4-55　预览特征　　图 4-56　生成扫描特征

注 意： 引导线可以有多条，每条引导线端点必须与轮廓线有穿透或重合的几何约束。

3. 使用多轮廓扫描

使用多轮廓扫描的操作方法如下：

01 打开素材库中的“第 4 章/4.3.2 多轮廓扫描.sldprt”文件，如图 4-57 所示。

02 选择菜单栏中的【插入】|【特征】|【扫描】命令，或者单击【特征】工具栏中的【扫描】按钮，系统弹出【扫描】对话框。

03 在【轮廓和路径】选项组中选择【轮廓】为【草图 1】，选择【路径】为【草图 2】，其他参数均为默认值。

04 单击【扫描】对话框中的【确定】按钮，完成多截面扫描，如图 4-58 所示。

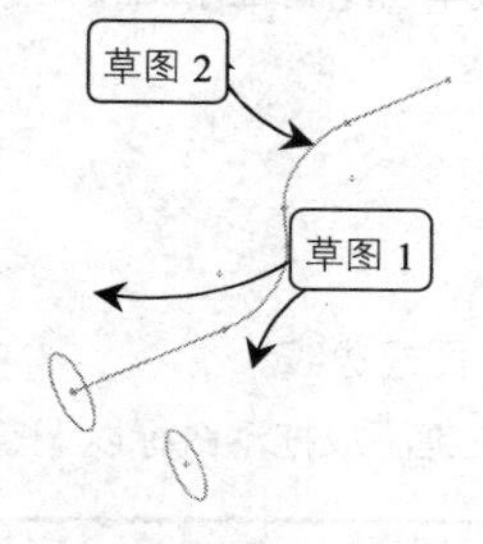

图 4-57　“4.3.2 多轮廓扫描”文件

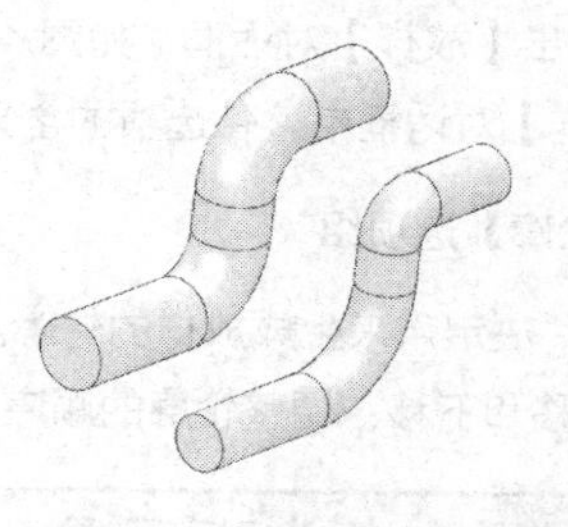

图 4-58　多截面扫描

4. 使用薄壁特征扫描

01 打开素材库中的“第4章/4.3.2薄壁扫描.sldprt”文件，如图4-59所示。

02 选择菜单栏中的【插入】|【特征】|【扫描】命令，或者单击【特征】工具栏中的【扫描】按钮，系统弹出【扫描】对话框。

03 在【轮廓和路径】选项组中选择【轮廓】为【草图1】；选择【路径】为【草图2】，在【薄壁】选项组中选择类型为【单向】，设置厚度为2mm，如图4-60所示为预览薄壁扫描特征。

04 单击【扫描】对话框中的【确定】按钮，完成薄壁扫描，如图4-61所示。

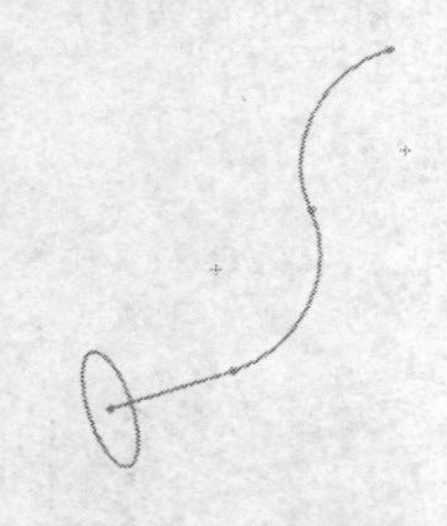
图4-59 “4.3.2薄壁扫描”文件

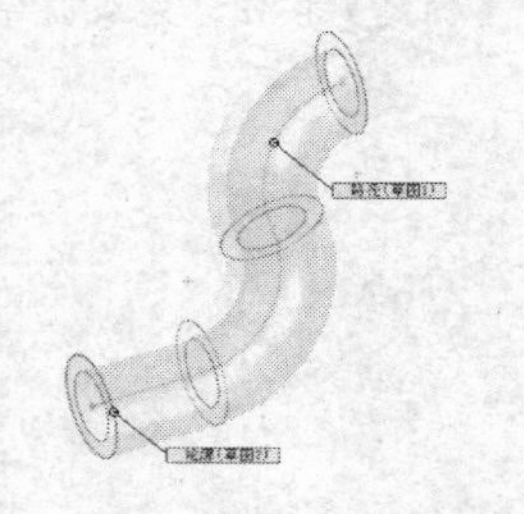
图4-60 预览薄壁扫描特征

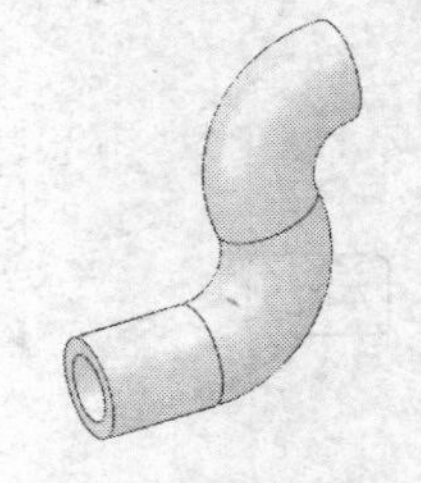
图4-61 薄壁扫描特征

4.4 放样特征

放样特征通过在轮廓之间进行过渡来生成特征。放样可以是基体、凸台、切除或曲面，可以使用两个或多个轮廓生成放样，但仅第一个或最后一个轮廓可以是点。放样可以分为：

- 简单放样
- 用分割线放样
- 用引导线放样
- 用空间轮廓线放样
- 用中心线放样

4.4.1 放样特征操作界面

选择菜单栏中的【插入】|【凸台/基体】|【放样】命令，或单击【特征】工具栏中的【放样】按钮，系统弹出【放样】对话框，如图4-62所示。

在【放样】对话框中，各选项的含义如下：

1. 【轮廓】选项组

轮廓：决定用来生成放样的轮廓。选择要放样的草图轮廓、面或边线。

上移和下移：调整轮廓的顺序，选择一轮廓后按住鼠标左键不放拖动鼠标以调整轮廓顺序。

注 意：如果放样预览显示不理想，则需要重新选择或将草图重新组序以在轮廓上连接不同的点。

2. 【起始/结束约束】选项组

开始和结束约束：应用约束以控制开始和结束轮廓的相切，包括如下选项：

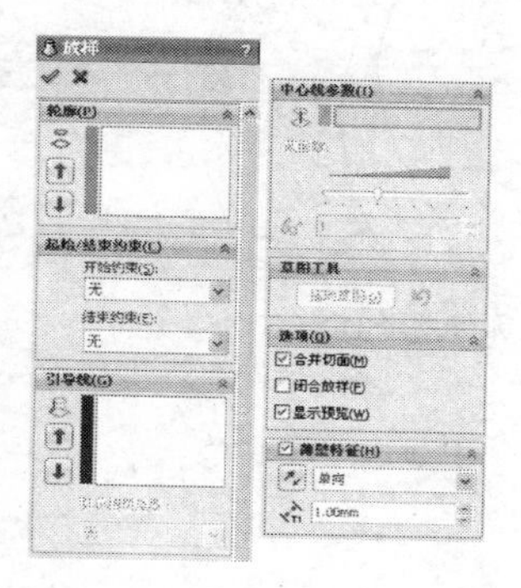

图 4-62　【放样】对话框

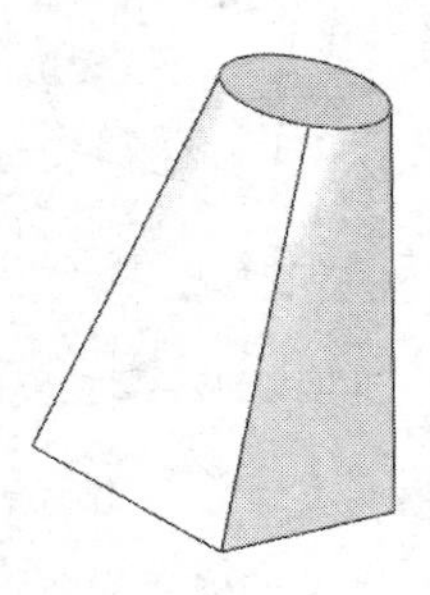

图 4-63　放样模型

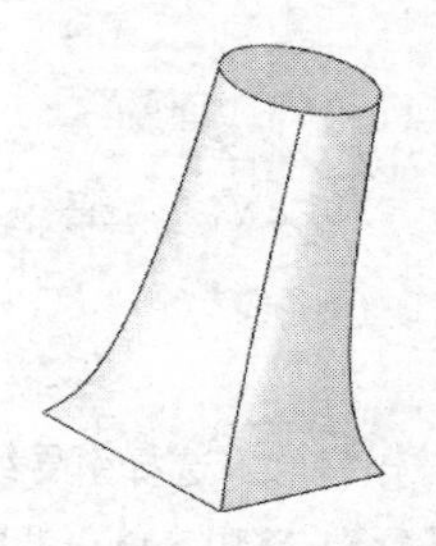

图 4-64　方向向量放样模型

- 无：没应用相切约束（曲率为零），如图 4-63 所示。
- 方向向量：根据所选的方向向量来应用相切约束。放样与所选线性边线或与轴相切，或与所选面或基准面的法线相切。然后设定拔模角度和起始/结束处相切长度，如图 4-64 所示为设定了拔模角度为 2，起始相切长度为 3，所选方向向量为【上视基准面】的放样模型。
- 垂直于轮廓：应用在垂直于开始或结束轮廓处的相切约束，设定拔模角度和起始/结束处相切长度。如图 4-65 所示为系统默认方式下放样模型，如图 4-66 所示则是垂直于轮廓方式放样模型。

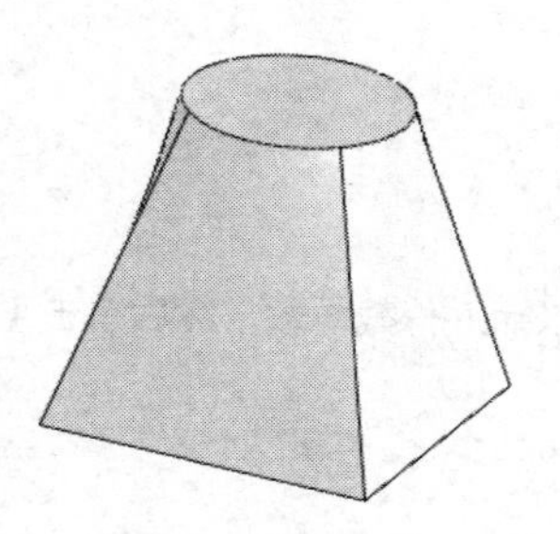

图 4-65　默认放样模型

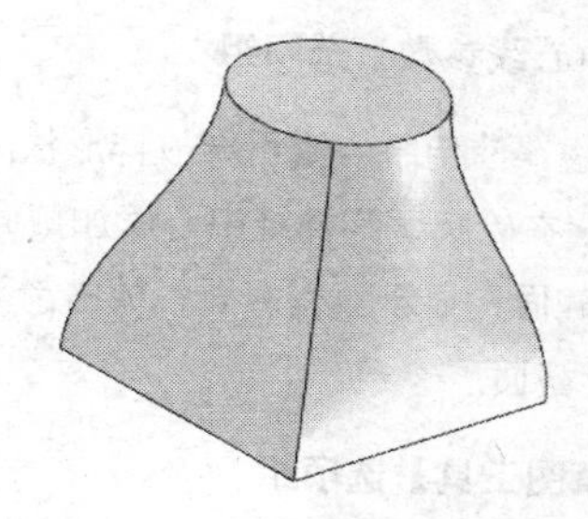

图 4-66　垂直于轮廓放样模型

应用到所有：显示为整个轮廓控制所有约束的控标，取消选择此选项来显示可允许单个线段控制的多个控标。

3. 【引导线】选项组

引导线感应类型：控制引导线对放样的影响力。包括如下选项：

- 到下一引线：只将引导线延伸到下一引导线。
- 到下一尖角：只将引导线延伸到下一尖角。
- 到下一边线：只将引导线延伸到下一边线。
- 整体：将引导线影响力延伸到整个放样。

如图 4-67 所示为引导线感应类型对放样的影响。

两个轮廓和一根引线

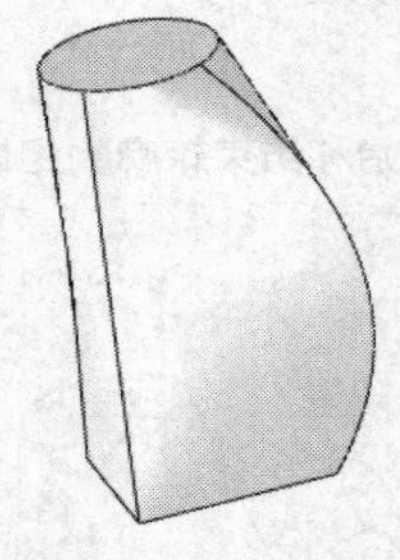

引导线延伸到下一尖角

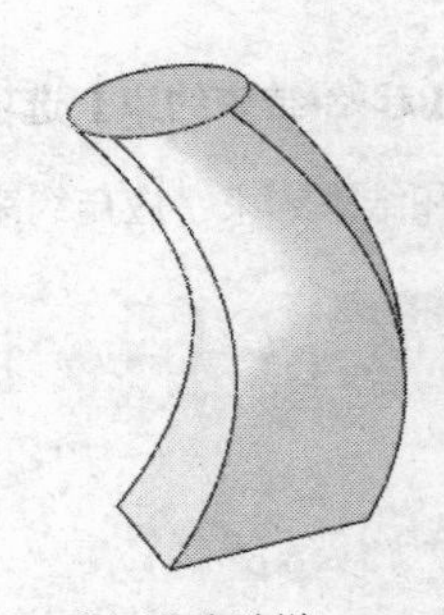

延伸到整个放样

图 4-67 引导线感应类型对放样的影响

引导线：选择引导线来控制放样。

上移和下移：调整轮廓的顺序。

引导线相切类型：控制放样与引导线相遇的相切关系。包括如下类型：

- 无：不应用相切约束。
- 方向向量：根据所选的方向向量应用相切约束。
- 与面相切：在位于引导线路径上的相邻面之间添加边侧相切，从而在相邻面之间生成更平滑的过渡。

注 意：轮廓在其与引导线相交处还应与相切面相切。理想的公差是 2°或者小于 2°，可以使用连接点距离相切面小于 30°的轮廓（如果大于 30°放样就会失败）。

4. 【中心线参数】选项组

中心线：使用中心线引导放样形状。

截面数：在轮廓之间并绕中心添加截面。

显示截面：显示放样截面，单击箭头来显示截面，也可以输入一截面数，然后单击【显示截面】按钮来跳到此截面。

5. 【草图工具】选项组

拖动草图：激活拖动模式，当编辑放样特征时，可从任何已为放样定义了轮廓线的三维草图中拖动任何三维草图线段、点或基准面，三维草图在拖动时自动更新。若想退出拖动模式状态，再次单击【拖动草图】按钮即可。

撤销草图拖动：撤销先前的草图拖动并将预览返回到其先前状态。

6. 【选项】选项组

合并切面：如果对应的线段相切，则保持放样的曲面相切。

闭合放样：沿放样方向生成一闭合实体，选中此复选框会自动连接最后一个和第一个草图。

显示预览：显示放样的上色预览，取消选择则只显示轮廓和路径。

7. 【薄壁特征】选项组

薄壁特征类型如下：

- 单向：使用厚度值在单一方向从轮廓生成薄壁特征。
- 两侧对称：以两个方向应用同一厚度值从轮廓生成薄壁特征。
- 双向：从轮廓以相反的两个方向生成薄壁特征。

注　意： 放样时选择轮廓要对应选择，否则就会出现放样的形状扭曲，如图 4-68 所示。

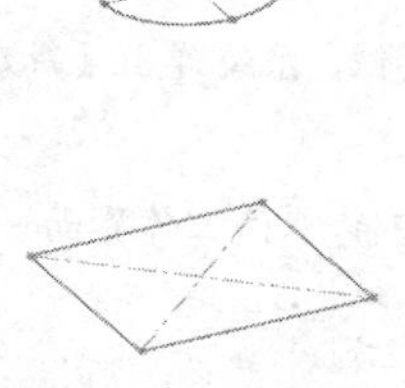

用于放样的两个轮廓

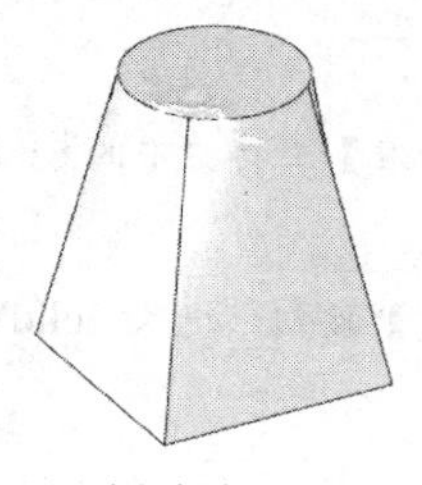

对应点选择

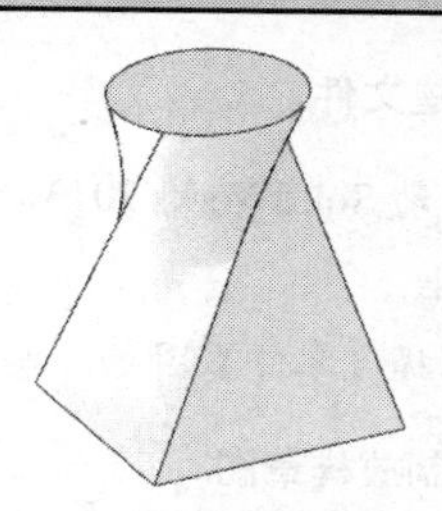

选择错位点放样

图 4-68　轮廓选择决定放样

4.4.2 基础放样实例示范

放样特征的具体操作步骤如下：

01 打开素材库中的“第 4 章/4.4.2 简单放样.sldprt”文件，如图 4-69 所示。

02 选择菜单栏中的【插入】|【特征】|【放样】命令，或者单击【特征】工具栏中的【放样】按钮，系统弹出【放样】对话框。

03 在【轮廓】选项组中选择 4 个矩形图形。

04 单击【引导线】参照收集器，选择如图 4-70 所示的 4 条线段作为引导线。

05 单击【扫描】对话框中的【确定】按钮，完成简单放样，如图 4-71 所示。

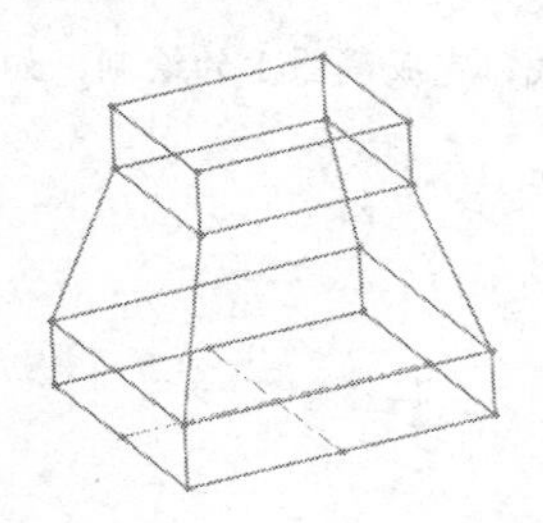

图 4-69　“4.4.2 简单放样”文件

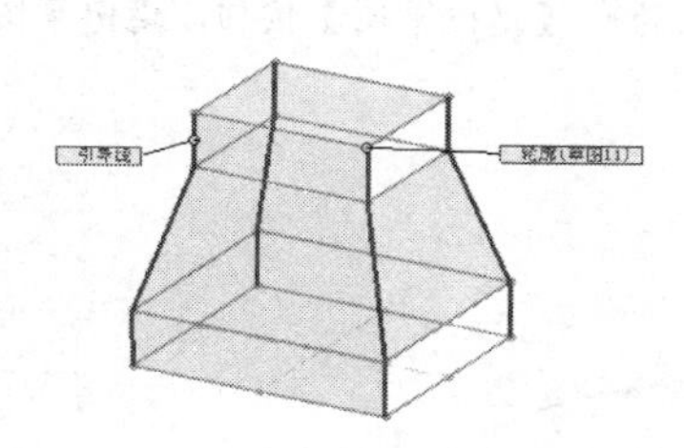

图 4-70　选择引导线

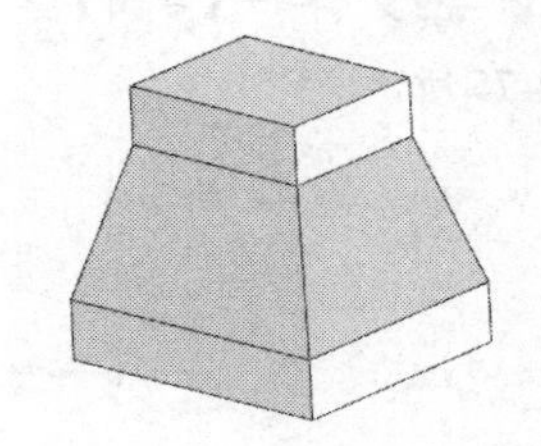

图 4-71　生成的放样模型

4.4.3 引导线放样实例示范

引导线放样是使用一条或多条引导线连接轮廓生成的放样特征。轮廓线可以是平面或空间的，引导线控制特征中间的轮廓线形。

下面以制作“手柄”为例，介绍使用引导线放样的方法，手柄最终效果如图 4-72 所示。

此实例可以分为如下步骤：

➢ 启动 SolidWorks 2013 并新建文件
➢ 绘制放样草图
➢ 创建放样特征
➢ 保存零件

制作手柄的具体操作如下：

1. 新建文件

01 启动 SolidWorks 2013，单击【标准】工具栏中的【新建】按钮，系统弹出【新建 SolidWorks 文件】对话框。

02 选择【零件】图标，单击【确定】按钮，进入 SolidWorks 2013 的零件工作界面。

2. 绘制放样草图

❑ 绘制草图 1

01 单击【草图】工具栏中的【草图绘制】按钮，在绘图区选择【前视基准面】作为草图绘制平面。

02 单击【草图】工具栏中的【直线】按钮和【样条曲线】按钮，绘制草图。

03 单击【尺寸/几何关系】工具栏中的【智能尺寸】按钮，标注如图 4-73 所示的尺寸。

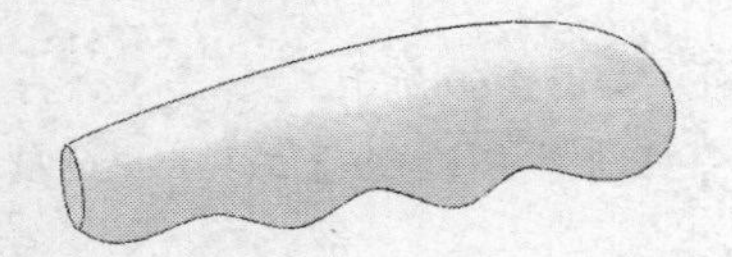
图 4-72 手柄

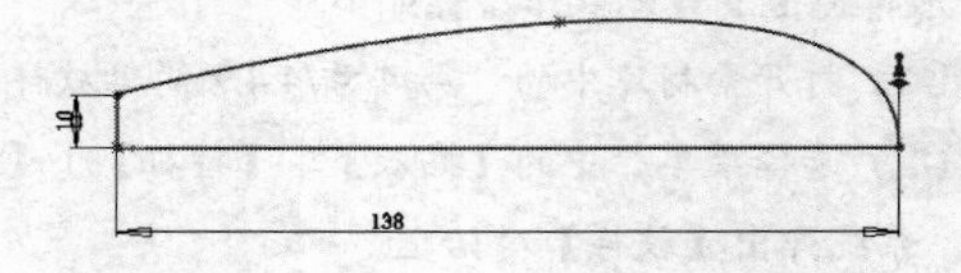

图 4-73 绘制草图

04 选择样条曲线末端的型值点控标，在【样条曲线】对话框的参数栏中将【相切径向方向】角度值修改成-90，如图 4-74 所示。单击【确定】按钮，关闭对话框。

05 单击【草图】工具栏上的【退出草图】按钮，退出草图绘制模式，完成草图 1 的绘制，如图 4-75 所示。

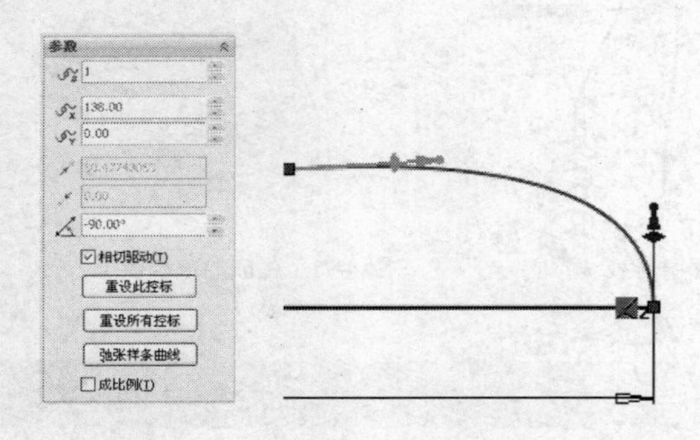

图 4-74 编辑样条曲线控标参数

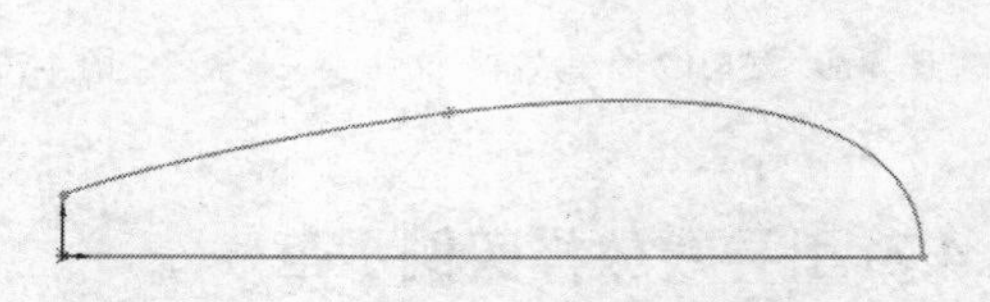
图 4-75 草图 1

❑ 绘制草图 2

01 单击【草图】工具栏中的【草图绘制】按钮，在绘图区选择【前视基准面】作为草图绘制平面。

02 单击【草图】工具栏中的╲【直线】按钮和∿【样条曲线】按钮，绘制草图。

03 单击【尺寸/几何关系】工具栏中的【智能尺寸】，标注如图 4-76 所示的尺寸。

04 选择样条曲线末端的型值点控标，在【样条曲线】对话框的参数栏中将【相切径向方向】角度值修改成 90，如图 4-77 所示。单击【确定】按钮，关闭对话框。

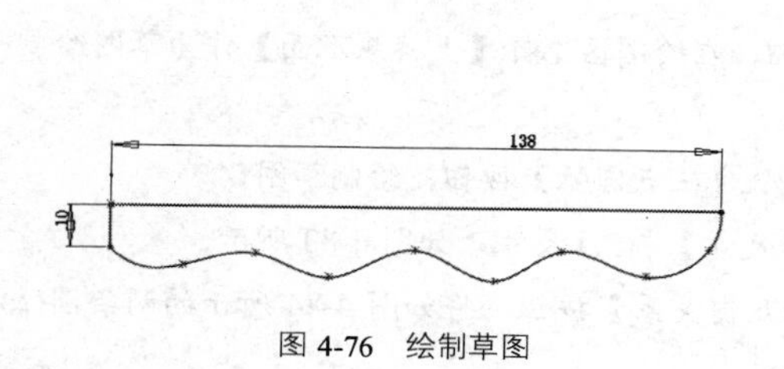

图 4-76　绘制草图

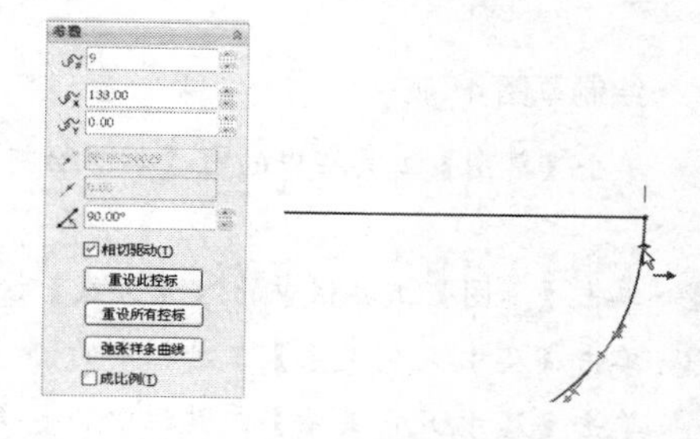

图 4-77　编辑样条曲线控标参数

05 单击【草图】工具栏上的【退出草图】按钮，退出草图绘制模式，完成草图 2 的绘制，如图 4-78 所示。

❑　绘制草图 3

01 单击【草图】工具栏中的【草图绘制】按钮，在绘图区选择【上视基准面】作为草图绘制平面。

02 单击【草图】工具栏中的╲【直线】按钮和【三点圆弧】按钮，绘制草图。

03 单击【尺寸/几何关系】工具栏中的【智能尺寸】，标注尺寸，如图 4-79 所示。

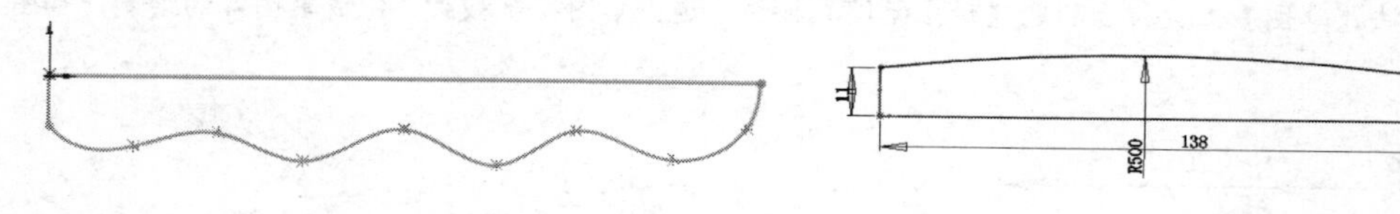

图 4-78　草图 2　　　　图 4-79　草图标注

04 单击【尺寸/几何关系】工具栏中的【添加几何关系】按钮，将如图 4-80 所示的两条圆弧作“相切”约束。

05 将小圆弧的弧心和直线作“重合约束”，如图 4-81 所示。

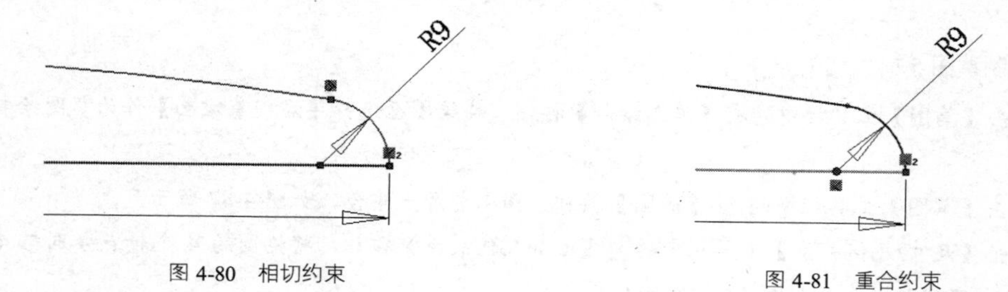

图 4-80　相切约束　　　　图 4-81　重合约束

06 单击【草图】工具栏上的【退出草图】按钮，退出草图绘制模式，完成草图 3 的绘制，如图 4-82 所示。

图 4-82　草图 3

□ 绘制草图 4

01 单击【草图】工具栏中的【草图绘制】按钮，在绘图区选择【上视基准面】作为草图绘制平面。

02 单击【草图】工具栏中的【直线】按钮和【三点圆弧】按钮，绘制草图。

03 单击【尺寸/几何关系】工具栏中的【智能尺寸】，标注尺寸，如图 4-83 所示。

04 单击【尺寸/几何关系】工具栏中的【添加几何关系】按钮，将如图 4-84 所示的两条圆弧添加“相切”约束。

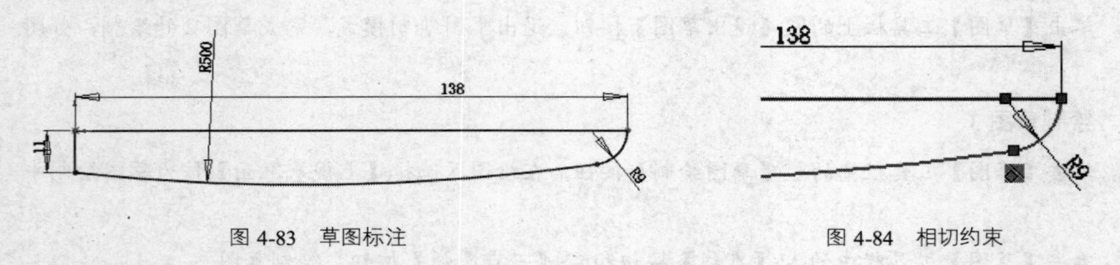

图 4-83　草图标注　　图 4-84　相切约束

05 将小圆弧的弧心和直线添加“重合约束”，如图 4-85 所示。

06 单击【草图】工具栏上的【退出草图】按钮，退出草图绘制模式，完成草图 4 的绘制，如图 4-86 所示。

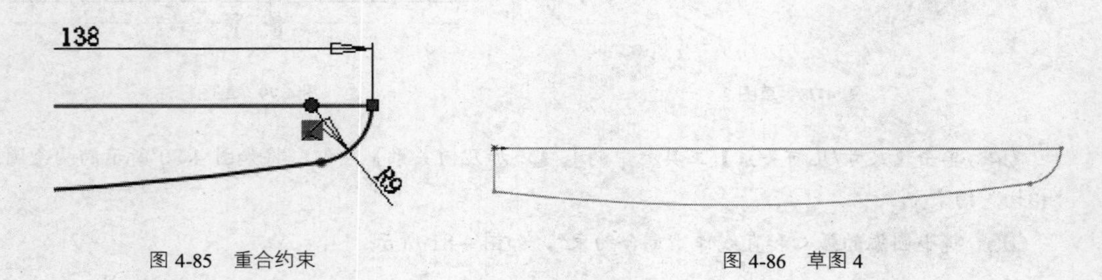

图 4-85　重合约束　　图 4-86　草图 4

□ 绘制草图 5

01 单击【草图】工具栏中的【草图绘制】按钮，在绘图区选择【右视基准面】作为草图绘制平面。

02 单击【草图】工具栏中的【椭圆】按钮，圆心与原点重合，如图 4-87 所示。

03 单击【尺寸/几何关系】工具栏中的【添加几何关系】按钮，将椭圆的 4 个轴点分别与 4 个灰色曲线添加“穿透”约束，如图 4-88 所示。

04 单击【草图】工具栏上的【退出草图】按钮，退出草图绘制模式，完成草图 5 的绘制，如图 4-89 所示。

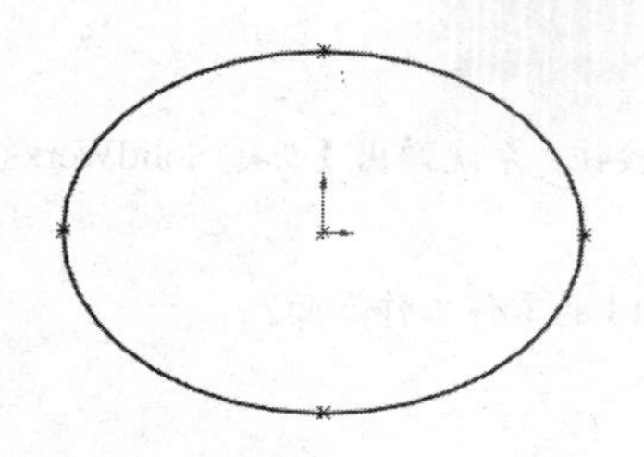

图 4-87　绘制椭圆

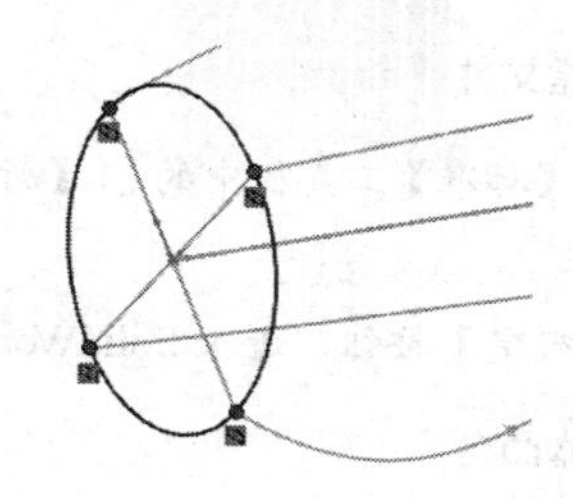

图 4-88　添加“穿透”约束

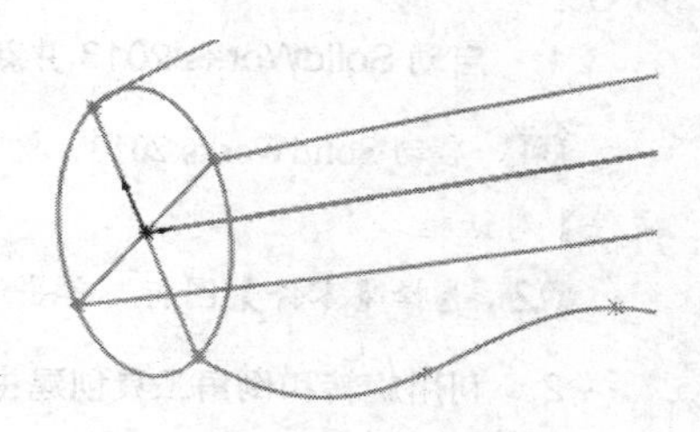

图 4-89　草图 5

3. 创建放样特征

01 选择菜单栏中的【插入】|【凸台/基体】|【放样】命令，或者单击【特征】工具栏中的【放样】按钮，系统弹出【放样】对话框。

02 在【轮廓】选项组中依次选择草图 4、草图 1、草图 3、草图 2.，在【引导线】选项框中选择“草图 5”，单击选择【闭合放样】复选框，其他各参数均为默认值.。

03 单击【放样】对话框中的【确定】按钮，生成放样模型，如图 4-90 所示。

4. 保存零件

01 选择【文件】|【另存为】命令，弹出【另存为】对话框。

02 在【文件名】列表框中输入“4.4.4 手柄”，单击【保存】按钮，完成实例操作。

4.5 案例实战——花键轴

本实例综合了前面所学的关于拉伸凸台、拉伸切除、旋转凸台、旋转切除、扫描等建模方法，来创建花键轴实体，最终效果如图 4-91 所示。

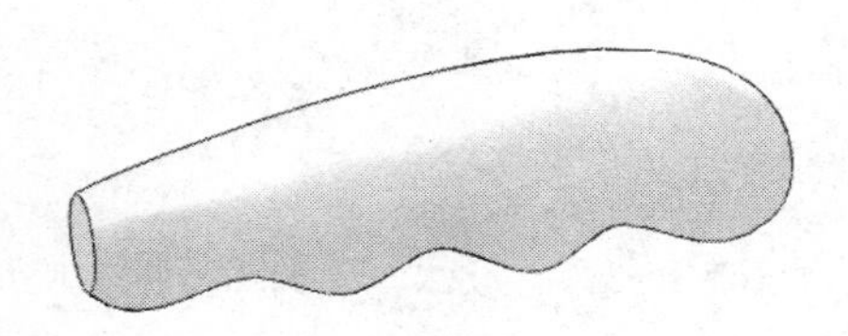

图 4-90　生成放样模型

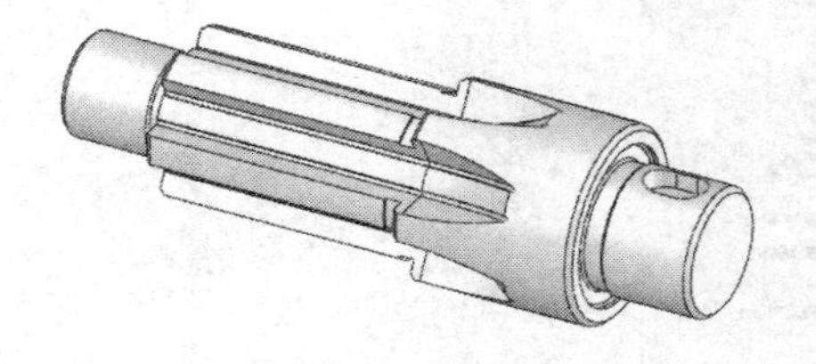

图 4-91　花键轴实体模型

本实例操作可以分为如下步骤：

- 启动 SolidWorks 2013 并新建文件。
- 利用旋转和倒角工具创建主体凸台。
- 利用拉伸和切除工具创建键槽。
- 创建扫描切除特征。
- 对扫描剪切特征进行圆周阵列。
- 保存零件。

1. 启动 SolidWorks 2013 并新建文件

01 启动 SolidWorks 2013，单击【标准】工具栏中的【新建】按钮，系统弹出【新建 SolidWorks 文件】对话框。

02 选择【零件】图标，单击【确定】按钮，进入 SolidWorks 2013 的零件工作界面。

2. 利用旋转和倒角工具创建主体凸台

01 在绘图区选择【前视基准面】作为草图平面，绘制草图如图 4-92 所示。

02 单击【特征】工具栏上的【旋转凸台/基体】按钮，打开【旋转】对话框。

03 选择长度为 125mm 的水平直线作为旋转轴，单击【确定】按钮，生成旋转凸台，如图 4-93 所示。

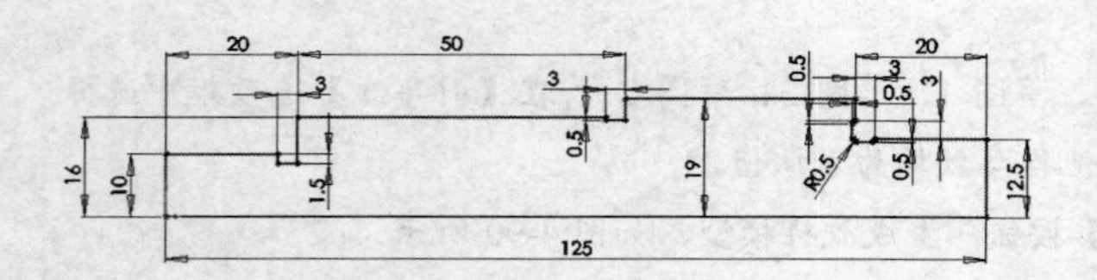

图 4-92 绘制草图

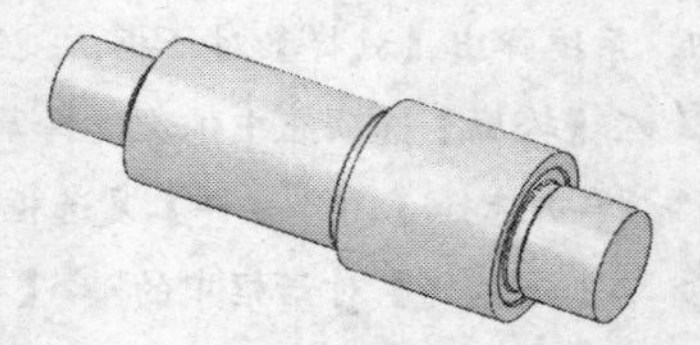

图 4-93 创建旋转凸台

04 单击【特征】工具栏上的【倒角】按钮， 选择如图 4-94 所示的边线作为倒角对象，在【距离】输入框中输入距离值为 1，其他采用默认设置，单击【确定】按钮，添加倒角特征。

3. 创建键槽

01 单击【参考几何体】工具栏上的【基准面】按钮，打开【基准面】对话框，选择半径为 12.5mm 的圆柱面、前视基准面作为第一方向和第二方向参考。单击【确定】按钮，创建基准平面，如图 4-95 所示。

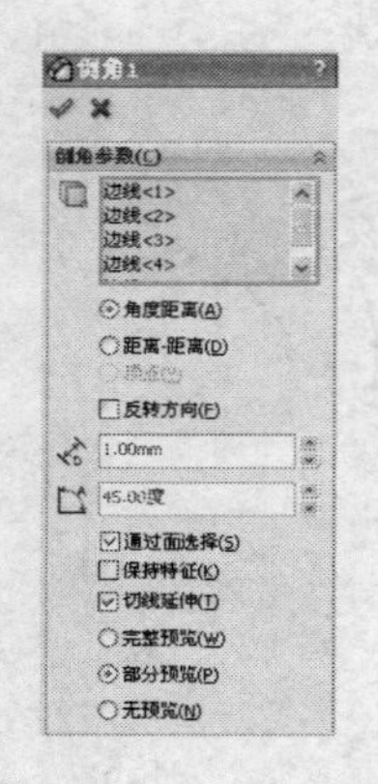

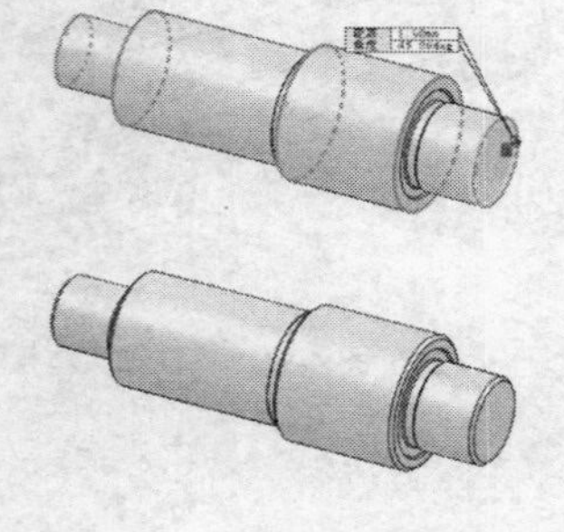

图 4-94 添加倒角

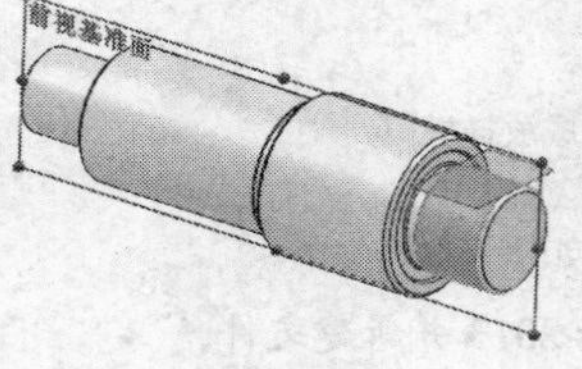

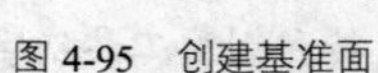

图 4-95 创建基准面

02 选择菜单栏中的【插入】|【切除】|【拉伸】命令，或者单击【特征】工具栏上的【拉伸切除】按钮，系统弹出【切除-拉伸】对话框。

03 选择刚创建的基准面 1 作为草绘平面，单击【直槽口】按钮，绘制如图 4-96 所示的槽截面。

04 在【切除-拉伸】对话框中的【深度】输入栏中，输入拉伸切除深度为 4，单击【确定】按钮，创建键槽，如图 4-97 所示。

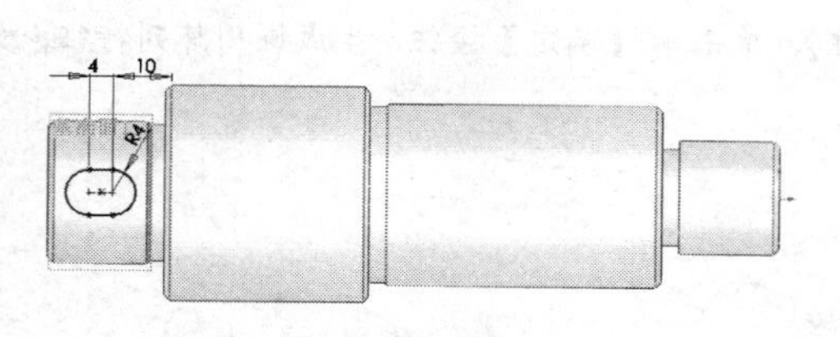

图 4-96　绘制直槽口

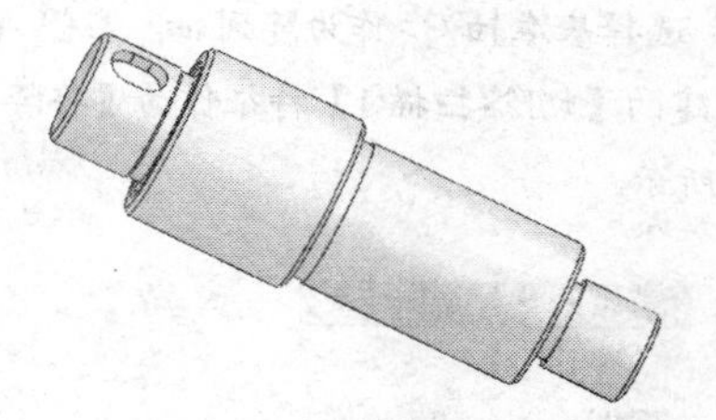

图 4-97　创建键槽

4．创建扫描切除特征

01 单击【草绘】工具栏中的【草图绘制】按钮，选择半径为 16mm 的圆柱端面作为草绘平面。绘制如图 4-98 所示的草图 3。单击【草绘】工具栏中的【退出草绘】按钮，完成草图 3 的绘制。

02 单击【草绘】工具栏中的【草图绘制】按钮，选择半前视基准面作为草绘平面。绘制如图 4-99 所示的草图 4。单击【草绘】工具栏中的【退出草绘】按钮，完成草图 4 的绘制。

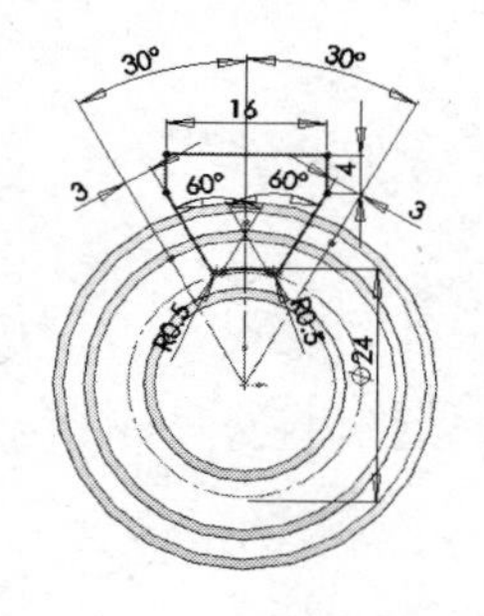

图 4-98　绘制草图 3

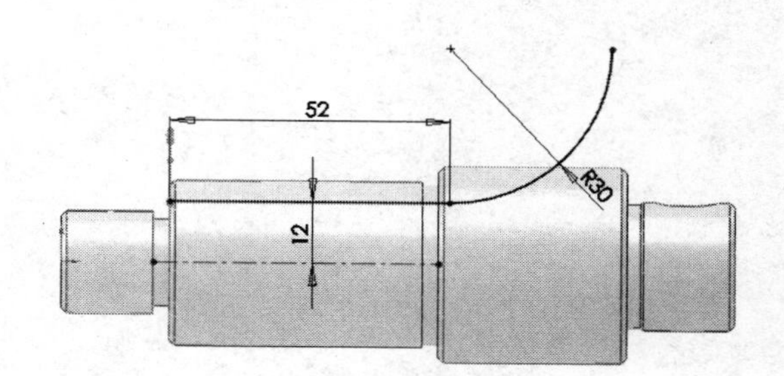

图 4-99　绘制草图 4

03 单击【特征】工具栏中的【扫描切除】按钮，或者选择菜单栏中的【插入】|【切除】|【扫描】命令，打开【扫描切除】对话框。

04 选择草图 3 作为扫描轮廓，草图 4 作为扫描路径，单击【确定】按钮，创建扫描切除特征，如图 4-100 所示。

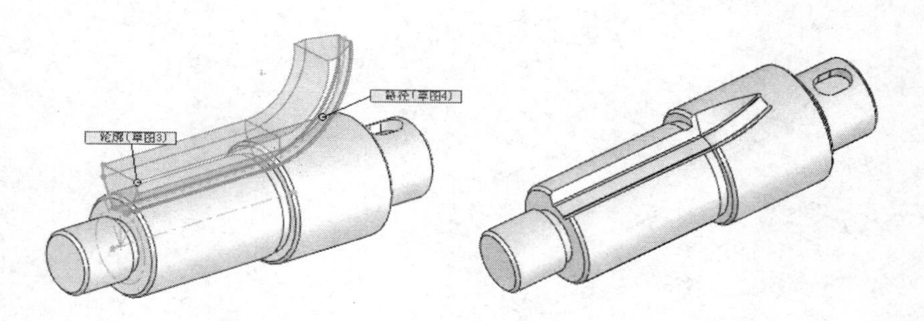

图 4-100　创建扫描切除特征

05 单击【特征】工具栏中的【圆周阵列】按钮，或者选择菜单栏中的【插入】|【阵列/镜像】|【圆周阵列】命令，打开【圆周阵列】对话框。

06 选择基准轴<1>作为阵列轴，在【角度】输入栏中输入 60，【实例数】输入栏中输入 6。选择刚创建的【切除-扫描 1】特征作为【要阵列的特征】，单击【确定】按钮，生成圆周阵列特征，如图 4-101 所示。

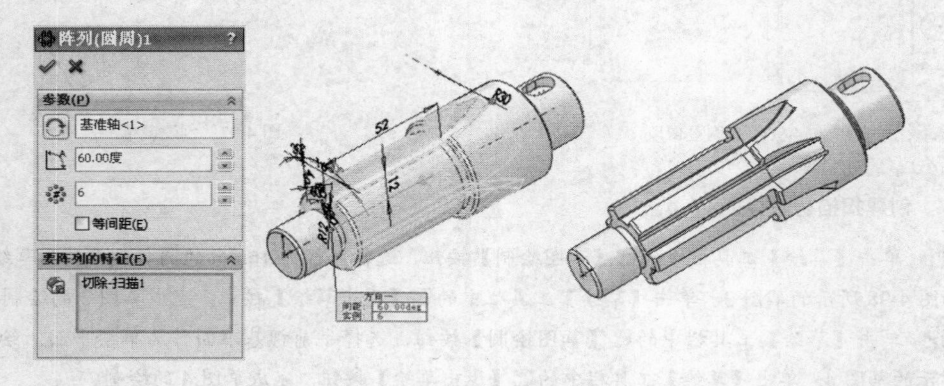

图 4-101　生成圆周阵列特征

第 5 章

编辑基本特征

本章导读：

编辑基本特征是针对已经完成的实体模型进行辅助性的编辑，又称为应用特征或工程特征，包括：圆角特征、倒角特征、孔特征、拔模特征、抽壳特征、筋特征、扣合特征等。

学习目标：

- 圆角和倒角特征
- 拔模特征
- 抽壳特征
- 孔特征
- 筋特征
- 镜向特征
- 阵列特征
- 相交工具

5.1 圆角特征

圆角特征是在零件上生成内圆角面或者外圆角面的一种特征，可以在一个面的所有边线上、所选的多组面上、所选的边线或者边线环上生成圆角。

5.1.1 圆角特征操作界面

选择菜单栏中的【插入】|【特征】|【圆角】命令，系统弹出【圆角】对话框，如图 5-1 所示。若单击【FilleXpert】模式按钮，对话框将会变为【FilleXpert】对话框，如图 5-2 所示。

在【圆角】对话框中的【圆角类型】选项组中有 4 种圆角类型，分别是等半径、变半径、面圆角、完整圆角。下面将具体介绍各圆角类型。

1. 等半径

在整个边线上生成具有相同半径的圆角。单击【等半径】单选按钮，其对话框如图 5-3 所示。

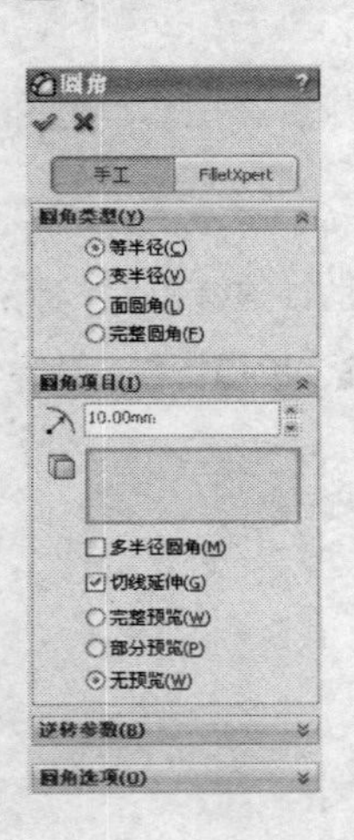

图 5-1 【圆角】对话框 1

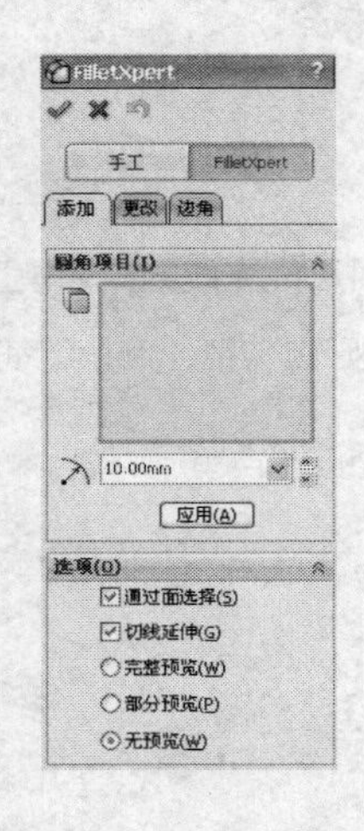

图 5-2 【FilleXpert】对话框

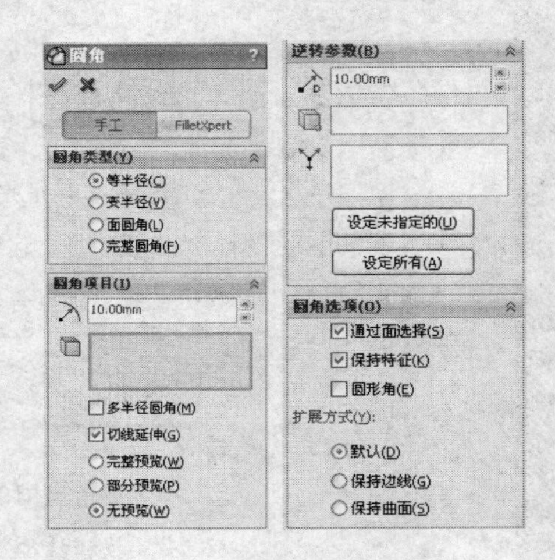

图 5-3 【圆角】对话框 2

在【圆角】对话框中，各选项的含义如下：

❑ 【圆角项目】选项组

半径：设置圆角的半径。

边线、面、特征和环：在图形区域中选择要进行圆角处理的实体。

多半径圆角：以不同边线的半径生成圆角，可以使用不同半径的三条边线生成圆角，但不能为具有共同边线的面或者环指定多个半径。

切线延伸：将圆角延伸到所有与所选面相切的面。

完整预览：显示所有边线的圆角预览。

部分预览：只显示一条边线的圆角预览。

无预览：不对倒圆进行预览，可以缩短复杂模型的重建时间。

❑　【逆转参数】选项组

在混合曲面之间沿着模型边线生成圆角并形成平滑的过渡。

距离：在顶点处设置圆角逆转距离。

逆转顶点：在图形区域中选择一个或者多个顶点。

逆转距离：以相应的【距离】数值列举边线数。

设定未指定的：应用当前的【距离】数值到【逆转距离】下没有指定距离的所有边线。

设定所有：应用当前的【距离】数值到【逆转距离】下的所有边线。

❑　【圆角选项】选项组

通过面选择：应用通过隐藏边线的面选择边线。

保持特征：如果用一个大到可以覆盖特征的圆角半径，则保持切除或者凸台特征使其可见。

圆形角：生成含圆形角的等半径圆角。必须选择至少两个相邻边线使其圆角化，圆形角在边线之间有平滑过渡，可以消除边线汇合处的尖锐接合点。

扩展方式：控制在单一闭合边线（如圆、样条曲线、椭圆等）上圆角在边线汇合时的方式。

默认：由应用程序选择【保持边线】或者【保持曲线】选项。

保持边线：模型边线保持不变，而圆角则进行调整。

保持曲面：将圆角边线调整为连续和平滑，而模型边线则被更改以与圆角边线匹配。

2. 变半径

生成含可变半径值的圆角，使用控制点帮助定义圆角。单击【变半径】单选按钮，其对话框如图 5-4 所示。

在【圆角】对话框中，各选项的含义如下：

❑　【圆角项目】选项组

与【等半径】中的【圆角项目】选项组中参数设置相同

❑　【变半径参数】选项组

半径：设置圆角的半径。

附加的半径：列举在【圆角项目】选择组的【边线、面、特征和环】选择框中选择的边线顶点，并列举在图形区域中选择的控制点，如图 5-5 所示为附加半径指定状态。

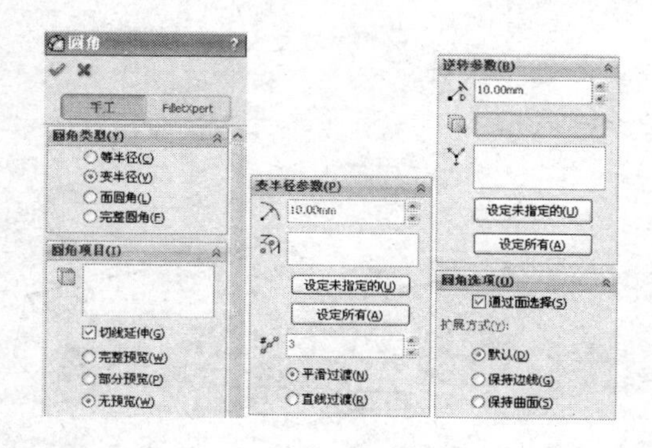

图 5-4　【圆角】对话框 3

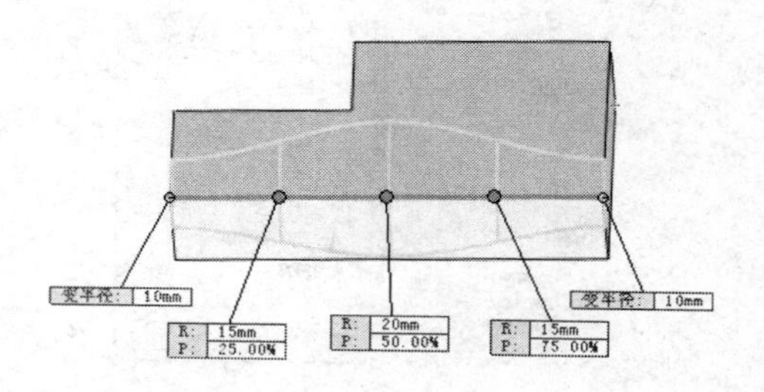

图 5-5　附加半径指定状态

设置未指定的：应用当前的【半径】到【附加的半径】下所有未指定半径的项目。

设定所有：应用当前的【半径】到【附加的半径】下的所有项目。

实例数：设置边线上的控制点数。

平滑过渡：生成圆角，当一条圆角边线接合于一个邻近面时，圆角半径从某一半径平滑地转换为另一半径，如图 5-6 所示。

直线过渡：生成圆角，圆角半径从某一半径线性转换为另一半径，但是不将切边与邻近圆角相匹配，如图 5-7 所示。

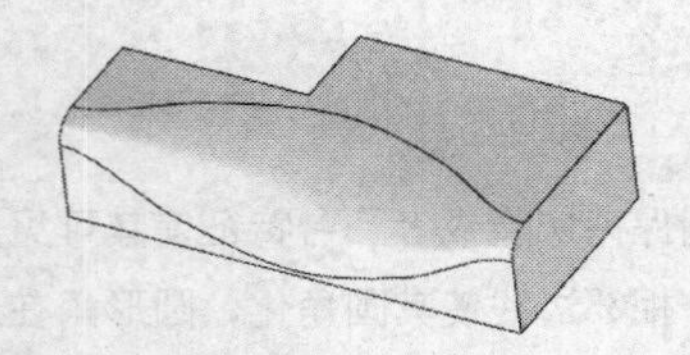

图 5-6　平滑过渡

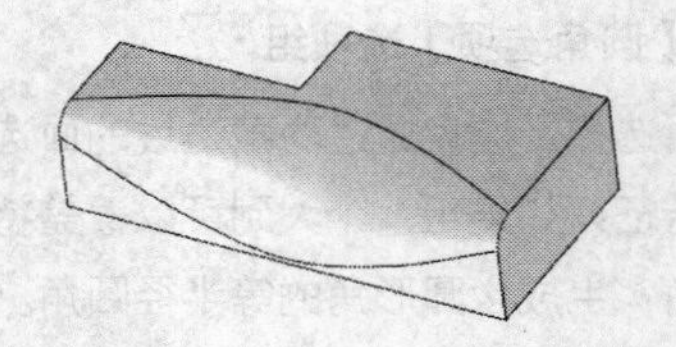

图 5-7　直线过渡

❑　【逆转参数】选项组

与【等半径】中的【逆转参数】选项组中参数设置相同。

❑　【圆角选项】选项组

与【等半径】中的【圆角选项】选项组中参数设置相同。

3. 面圆角

用于混合非相邻、非连续的面。单击【面圆角】单选按钮，其对话框如图 5-8 所示。

在【圆角】对话框中，各选项的含义如下：

❑　【圆角项目】选项组

半径：设置圆角半径。

面组 1：在图形区域中选择要混合的第一个面或者第一组面。

面组 2：在图形区域中选择要与【面组 1】混合的面。

如图 5-9 所示为创建面圆角。

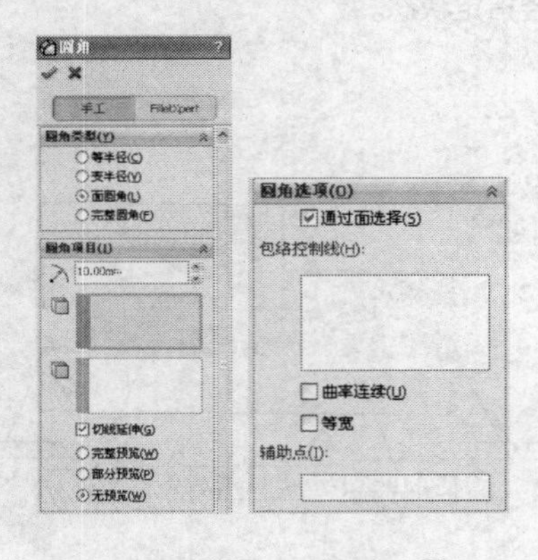

图 5-8　【圆角】对话框 4

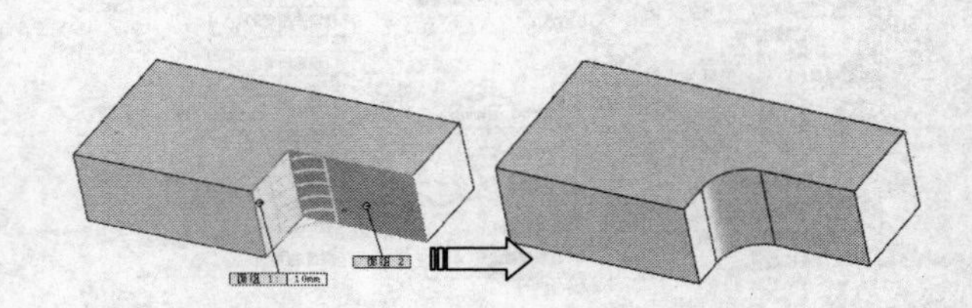

图 5-9　创建面圆角

□　【圆角选项】选项组

通过面选择：应用通过隐藏边线的面选择边线。

包括控制线：选择模型上的边线或者面上的投影分割线，作为决定圆角形状的边界，圆角的半径由控制线和要圆角化的边线之间的距离来控制。

曲率连续：解决不连续问题并在相邻曲面之间生成更平滑的曲率。如果需要核实曲率连续性的效果，可以显示斑马条纹，也可以使用曲率工具分析曲率。曲率连续圆角不同于标准圆角，它们有一个样条曲线横断面，而不是圆形横断面，曲率连续圆角比标准圆角更平滑，因为边界处在曲率中无跳跃，如图 5-10 所示。

等宽：生成等宽的圆角，如图 5-11 所示。

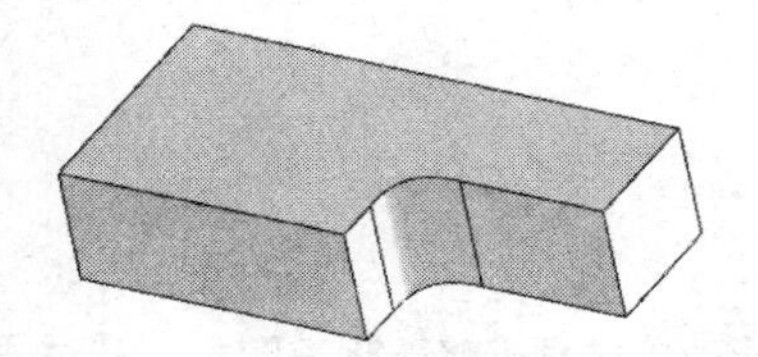

图 5-10　【曲率连续】方式倒圆角

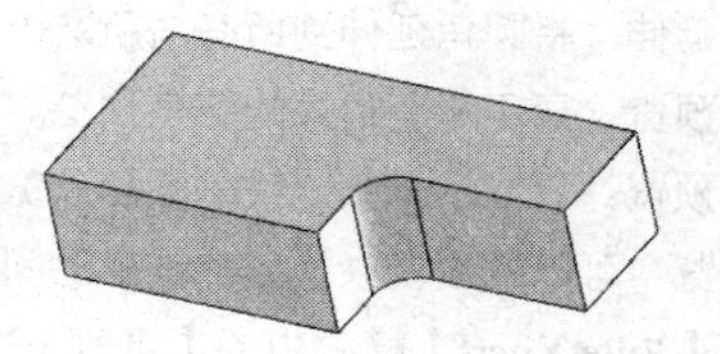

图 5-11　【等宽】方式倒圆角

辅助点：在可能不清楚在何处发生面混合时解决模糊选择的问题。单击【辅助点顶点】选择框，然后单击要插入面圆角的边线上的一个顶点，圆角在靠近辅助点的位置处生成。

4. 完整圆角

生成相切于三个相邻面组（一个或者多个面相切）的圆角。单击【完整圆角】单选按钮，其对话框如图 5-12 所示。

在【圆角】对话框中，各选项的含义如下：

边侧面组 1：选择第一个边侧面。

中央面组：选择中央面。

边侧面组 2：选择与【边侧面组 1】相对的面组。

如图 5-13 所示为创建完整圆角。

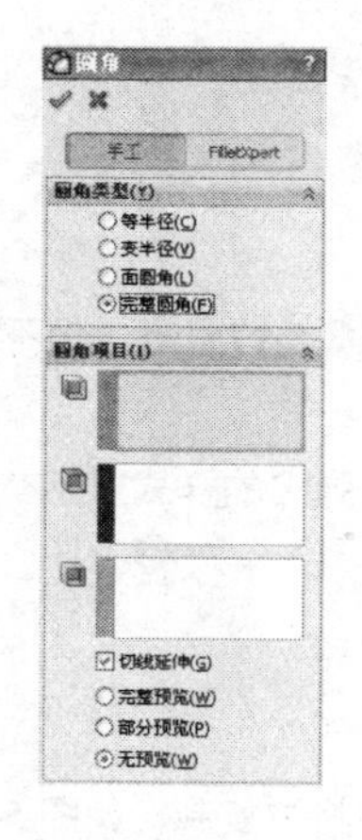

图 5-12　【圆角】对话框 5

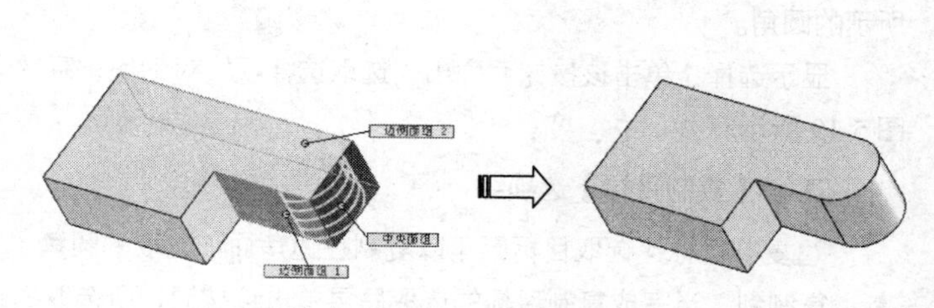

图 5-13　创建完整圆角

在【FilletXpert】模式中，可以帮助管理、组织和重新排序圆角。

单击【FilletXpert】模式中的【添加】选项卡，使用【添加】选项卡生成新的圆角，其对话框如图5-14所示。

在【FilletXpert】对话框中，各选项的含义如下：

❑ 【圆角项目】选项组

边线、面、特征和环：在图形区域中选择要进行圆角处理的实体。

半径：设置圆角的半径。

❑ 【选项】选项组

通过面选择：应用通过隐藏边线的面选择边线。

切线延伸：将圆角延伸到所有与所选面相切的面。

完整预览：显示所有边线的圆角预览。

部分预览：只显示一条边线的圆角预览。

无预览：可以缩短复杂模型的重建时间。

单击【FilletXpert】模式中的【更改】选项卡，使用【更改】选项卡修改现有圆角，其对话框如图5-15所示。

在【FilletXpert】对话框中，各选项的含义如下：

❑ 【要更改的圆角】选项组

圆角面：选择要调整大小或者删除的圆角，可以在图形区域中选择个别边线，从包含多条圆角边线的圆角特征中删除个别边线或者调整其大小，或者以图形方式编辑圆角，而不必知道边线在圆角特征中的组织方式。

半径：设置新的圆角半径。

调整大小：将所选圆角修改为设置的半径值。

移除：从模型中删除所选的圆角。

❑ 【现有圆角】选项组

按大小分类：按照大小过滤所有圆角。从【过滤面组】选择框中选择圆角大小以选择模型中包含该值的所有圆角，同时将它们显示在【圆角面】选择框中。

单击【FilletXpert】模式中的【边角】选项卡，其对话框如图5-16所示。

在【FilletXpert】对话框中，各选项的含义如下：

❑ 【边角面】选项组

边角面：在绘图区域选择三条边线在一个顶点汇合的圆角，如图5-17所示。但不能选择如图5-18所示的圆角。

显示选择：单击该按钮后弹出“选取选择项”对话框，系统会以弹出的样式显示交替圆角预览，如图5-19所示。

❑ 【复制目标】选项组

复制目标：选取目标圆角以复制在边角面下选取的圆角。

复制到：当完成复制目标的选取后再单击该按钮，所选取的圆角将被复制，如图5-20所示。

激活高亮显示：选择该选项，激活复制目标选项时，绘图区中兼容的目标圆角将会高亮显示。

图 5-14【FilletXpert】对话框 1

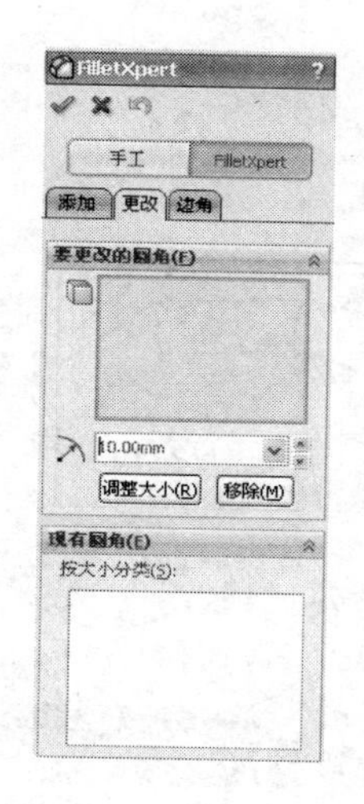

图 5-15　【FilletXpert】对话框 2

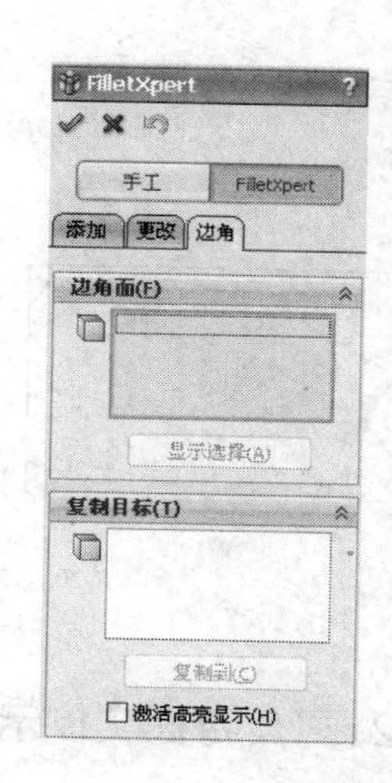

图 5-16　【FilletXpert】对话框 3

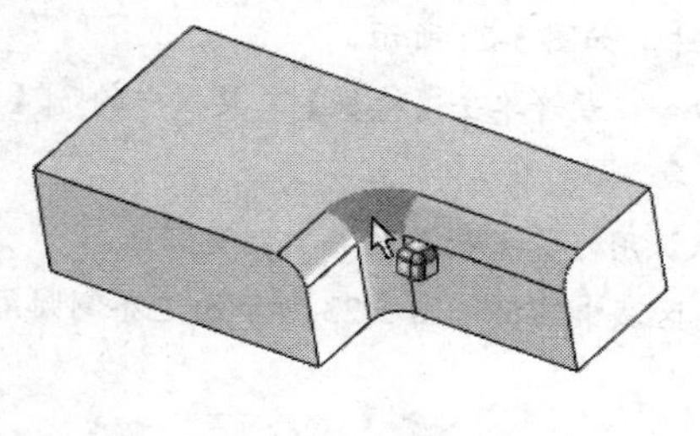

图 5-17　选择边角面圆角

图 5-18　不能选取的圆角类型

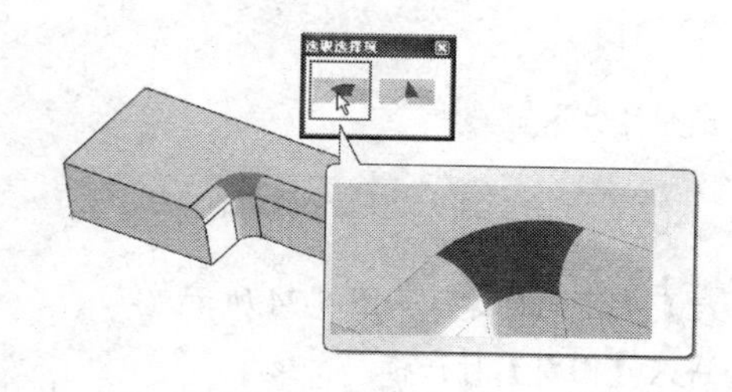

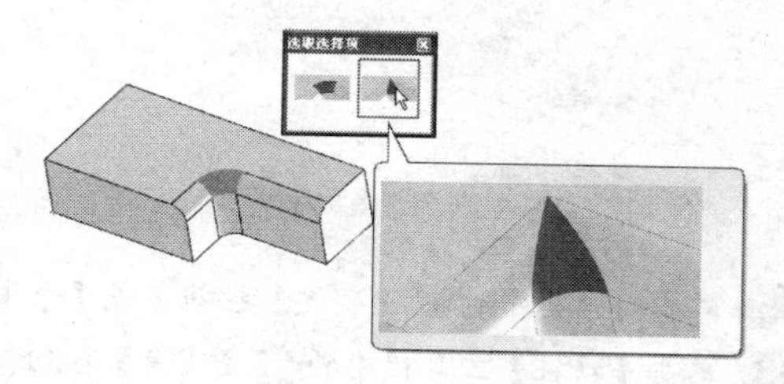

图 5-19　圆角交替预览

5. 边线选择工具介绍

SolidWorks2013 提供了一个边线选择工具，使用户不必像过去那样逐条地选择圆角边线。当使用手工添加圆角时，在模型上选择某条边线，在指针附近弹出边线选择工具，如图 5-21 所示。

边线选择工具有五种选择类型，将指针在某个按钮上停留，显示出所有此类边线，单击某个按钮，所有的边线被选中，列出在【圆角】对话框中。如果选择的某些边线不需要，则单击该边线，即可去掉选择。

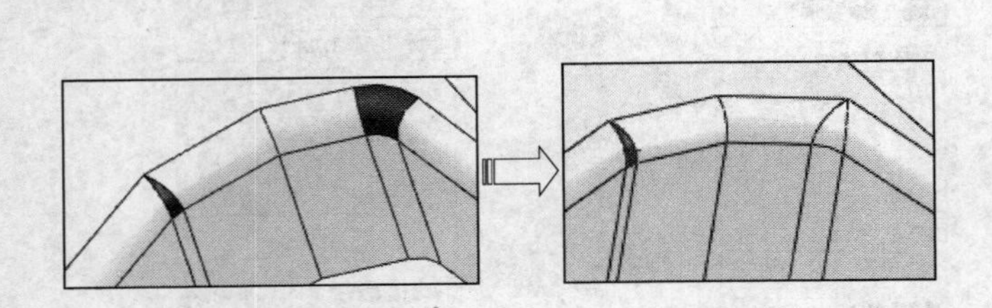

图 5-20　复制圆角后的状态

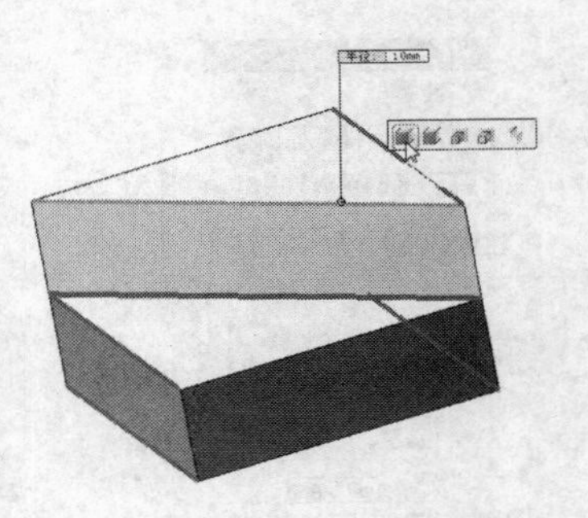

图 5-21　边线选择工具

5.1.2 圆角特征实例示范

下面将利用不同的圆角类型在实体中创建圆角特征，使实体中的相接部分圆滑过渡，具体操作方法如下：

01 打开素材库中的“第 5 章/5.1.2 倒圆角.sldprt”文件，如图 5-22 所示。

02 单击菜单栏中的【插入】|【特征】|【圆角】命令，或者单击【特征】工具栏中的【圆角】按钮，系统弹出【FilletXpert】对话框。

03 单击 手工 按钮，切换至【圆角】对话框，并默认用【等半径】的类型创建圆角。

04 在【圆角项目】栏中将半径修改为 8mm，在绘图区域中选择如图 5-23 所示的边界倒圆角。

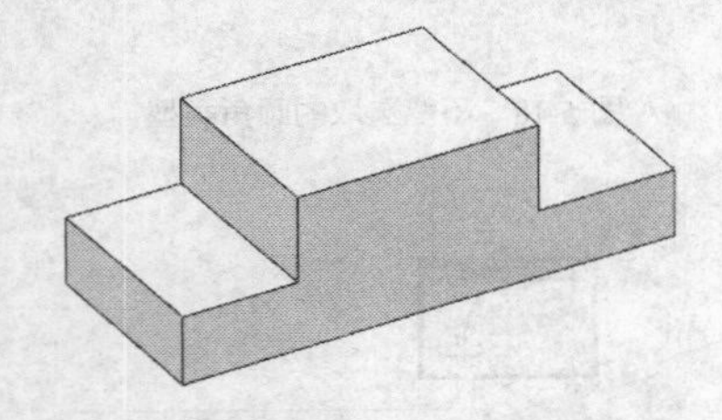

图 5-22　打开倒圆角文件

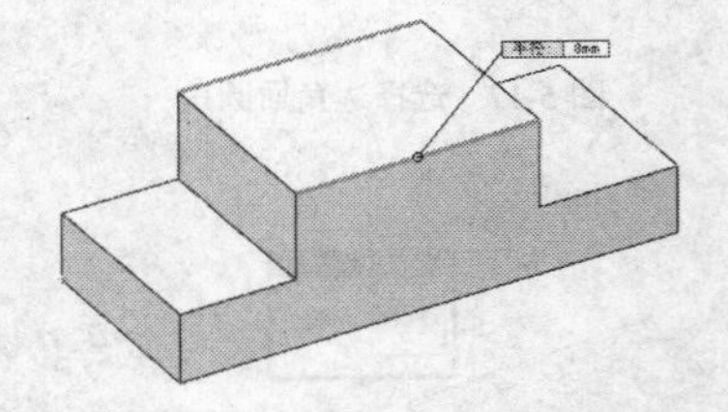

图 5-23　选择要倒圆角的边线

05 单击对话框中的【确定】按钮完成【等半径】圆角的创建，如图 5-24 所示。

06 单击【特征】工具栏中的【圆角】按钮，进入【圆角】对话框。

07 在【圆角类型】栏选择【变半径】选项，然后在绘图区中选择如图 5-25 所示的边线进行倒圆角。

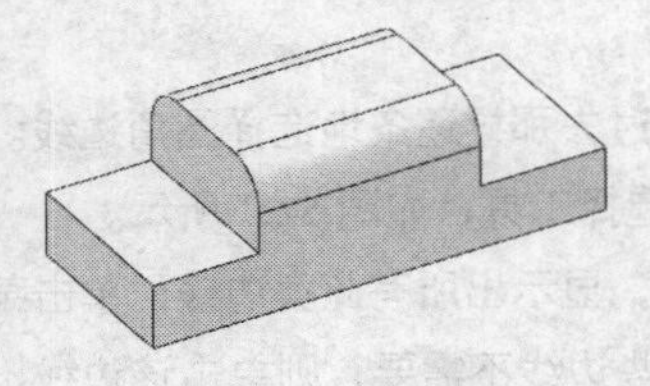

图 5-24　【等半径】倒圆角

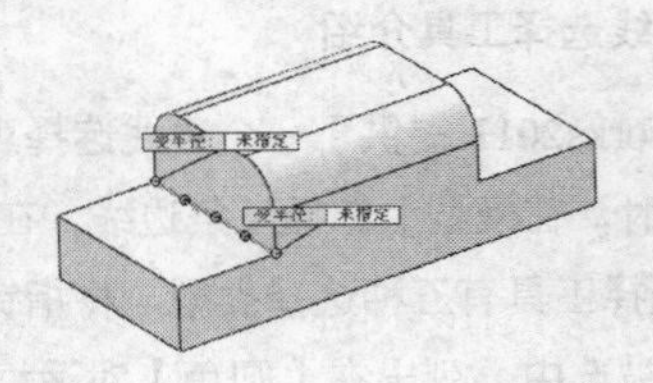

图 5-25　选择倒圆角边线

08 在【变半径参数】选项组中设置参数如图 5-26 所示。

09 单击对话框中的✔【确定】按钮完成【变半径】倒圆角的创建，如图 5-27 所示。

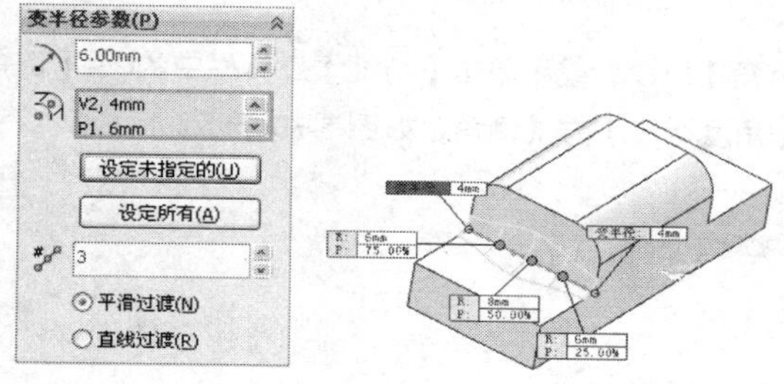

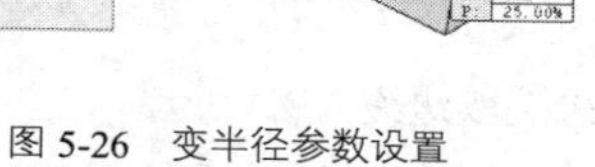

图 5-26 变半径参数设置

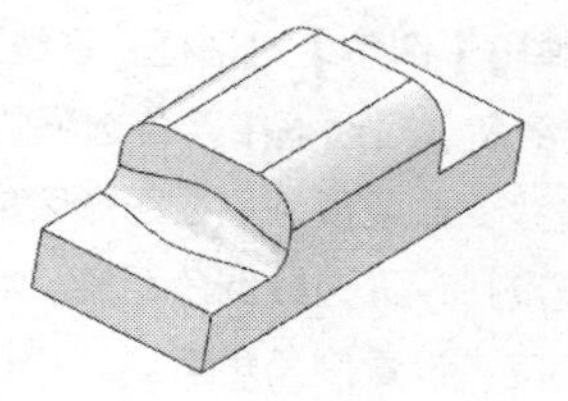

图 5-27 【变半径】倒圆角

10 单击【特征】工具栏中的【圆角】按钮，进入【圆角】对话框。

11 在【圆角类型】栏选择【完整圆角】选项，然后在绘图区中选择如图 5-28 所示的面进行倒圆角。

12 单击对话框中的✔【确定】按钮完成【完整圆角】的创建，如图 5-29 所示。

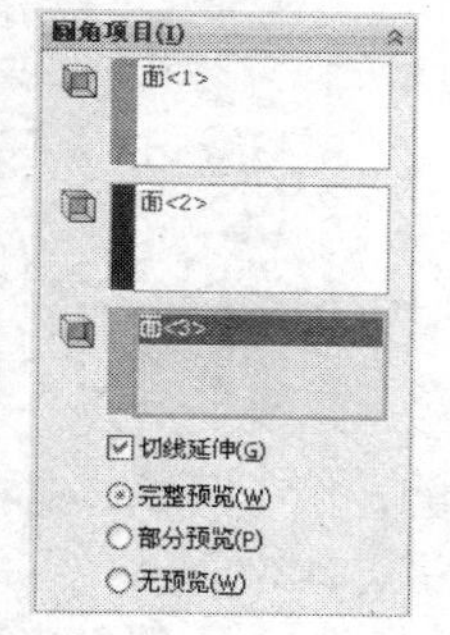

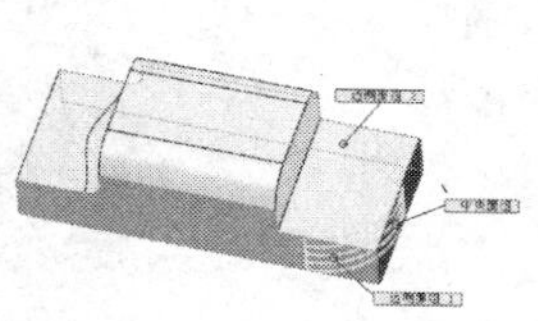

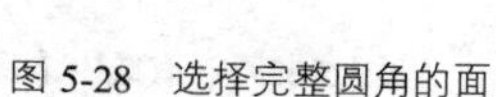

图 5-28 选择完整圆角的面

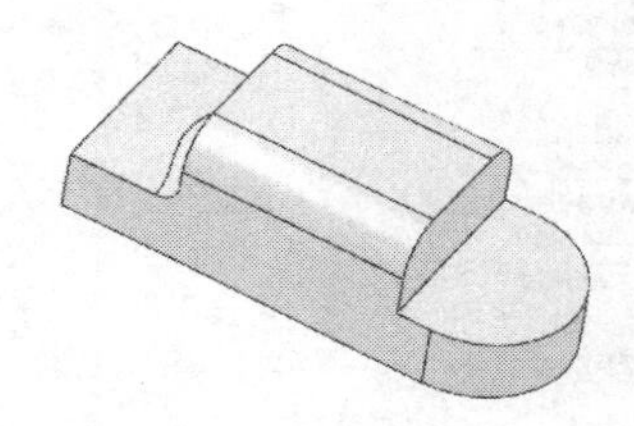

图 5-29 完整圆角

注 意： 1. 在半径数值框中输入数值后，应在按 Enter 键确认，否则该项半径值将不会改变。2. 在变半径 变半径: 未指定 右侧数值框中单击“未指定”项，可以激活半径数值框，同样可以输入该项的圆角半径。

5.2 倒角特征

应用倒角是指在需要的边线或者顶点上生成一个倾斜的面。在机械加工中，应用倒角一般是为了去除零件的毛边、毛刺，或在装配零件时，满足其装配要求。倒角生成方式主要有 3 种：

- 角度距离倒角
- 距离-距离倒角
- 顶点倒角

5.2.1 倒角特征操作界面

选择菜单栏中的【插入】|【特征】|【倒角】命令，或者单击【特征】工具栏中的【倒角】按钮，系统弹出【倒角】对话框，系统默认选择【角度距离】方式倒角，如图 5-30 所示。

在【倒角】对话框中，各选项的含义如下：

边线、面或顶点：在图形区域选择一个实体。

距离：设置边线倒角距离。

角度：设置倒角角度。

通过面选择：选中该复选框，可通过隐藏边线的面来选取边线。

保持特征：选中【保持特征】复选框来保留诸如切除或拉伸之类的特征，这些特征在应用倒角时通常被移除，如图 5-31 所示为选中【保持特征】复选框倒角，如图 5-32 所示为没有选中【保持特征】复选框倒角。

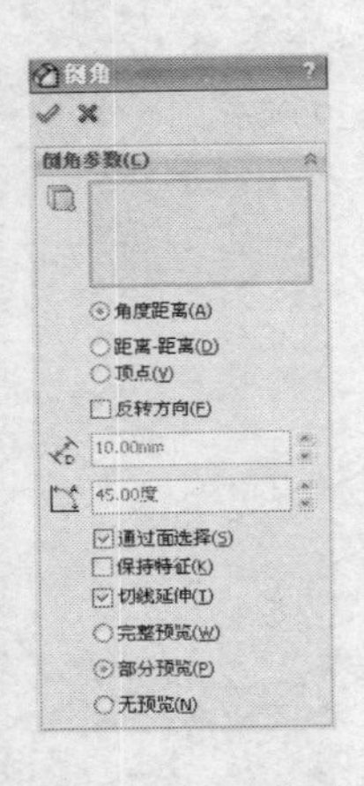

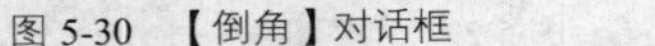
图 5-30 【倒角】对话框

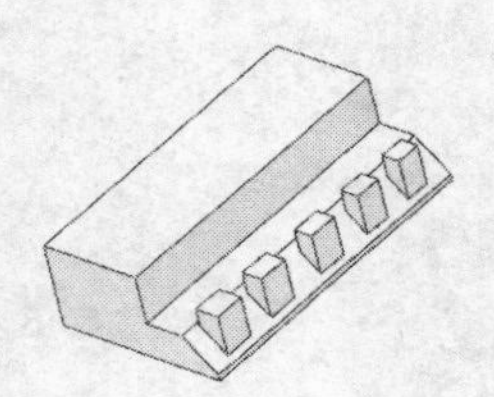
图 5-31 选中【保持特征】倒角

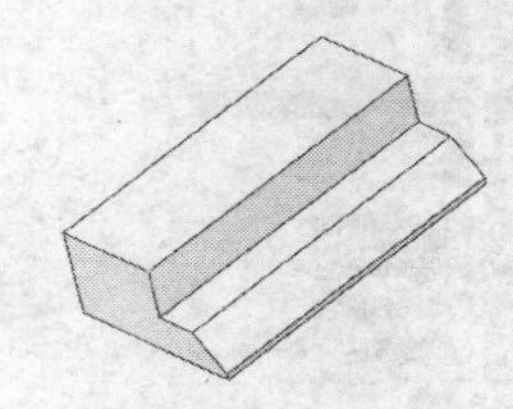
图 5-32 没有选中【保持特征】倒角

切线延伸：将圆角延伸到所有与所选面相切的面。

完整预览：显示所有边线的圆角预览。

部分预览：只显示一条边线的圆角预览。

无预览：可以缩短复杂模型的重建时间。

5.2.2 倒角特征实例示范

倒角方法可以分为角度距离、距离-距离、顶点三种，下面将一一介绍其操作方法。

1. 角度距离方式倒角

其操作方法如下：

01 打开素材库中的“第 5 章/5.2.2 倒角.sldprt”文件，如图 5-33 所示。

02 单击【特征】工具栏中的【倒角】按钮，在对话框中的【距离】微调框中输入 8mm，在【角度】微调框中输入 30，其他参数均为默认值。

03 单击绘图区如图5-34所示的模型边线，系统显示模型预览。单击对话框中的✔【确定】按钮，完成倒角，如图5-35所示。

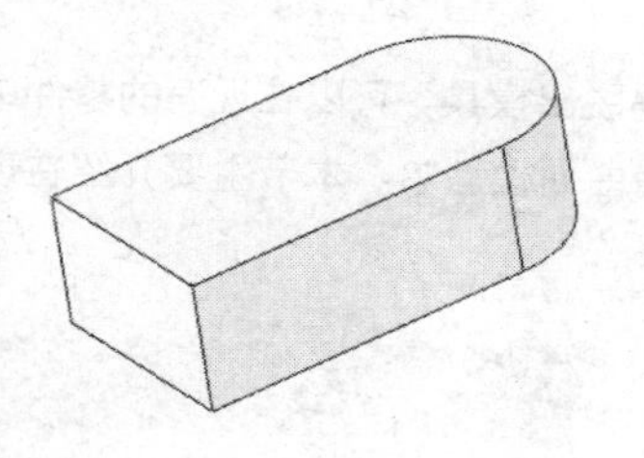

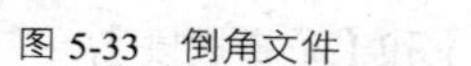

图5-33　倒角文件

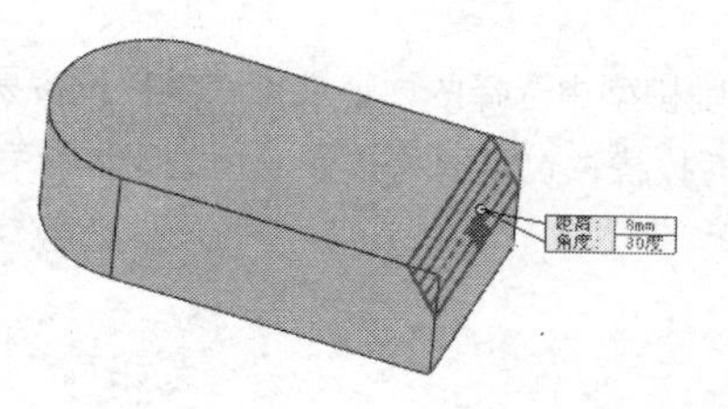

图5-34　选择模型边线

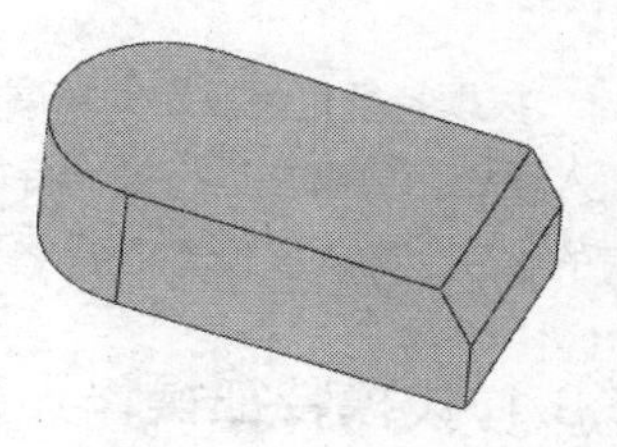

图5-35　创建的倒角

2. 距离-距离方式倒角

01 单击【特征】工具栏中的【倒角】按钮，选择【距离-距离】方式倒角，在对话框中的【距离】微调框中输入4，在【距离2】微调框中输入6，其他参数均为默认值。

02 单击绘图区模型边线，系统显示模型预览，如图5-36所示。

03 单击对话框中的✔【确定】按钮完成【距离-距离】倒角的创建，如图5-37所示。

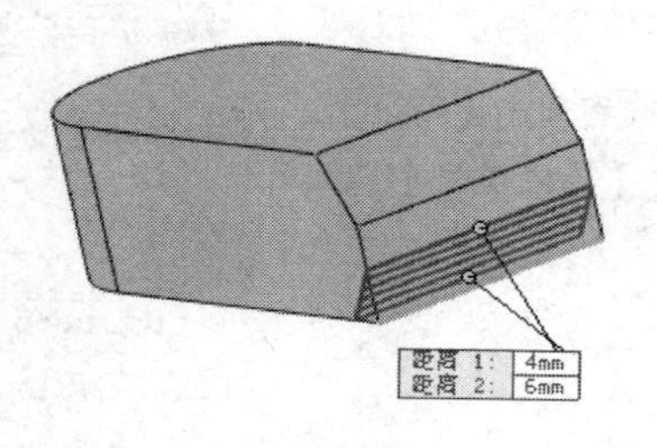

图5-36　倒角预览

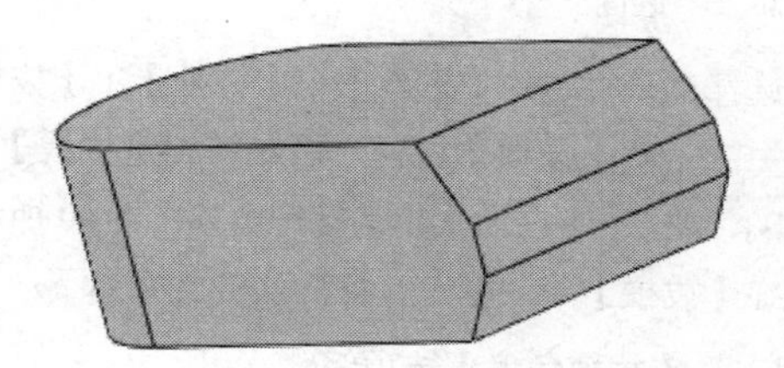

图5-37　【距离-距离】倒角结果

3. 顶点方法倒角

01 单击【特征】工具栏中的【倒角】按钮，选择【顶点】倒角，在对话框中的【距离】微调框中输入8，在【距离2】微调框中输入9，在【距离3】微调框中输入10，其他参数均为默认值。

02 单击绘图区模型顶点，系统显示模型预览，如图5-38所示。

03 单击对话框中的✔【确定】按钮，完成【顶点】倒角的创建，如图5-39所示。

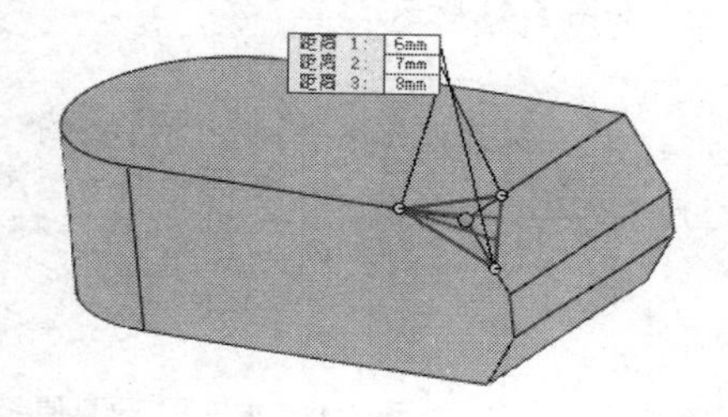

图5-38　【顶点】倒角预览

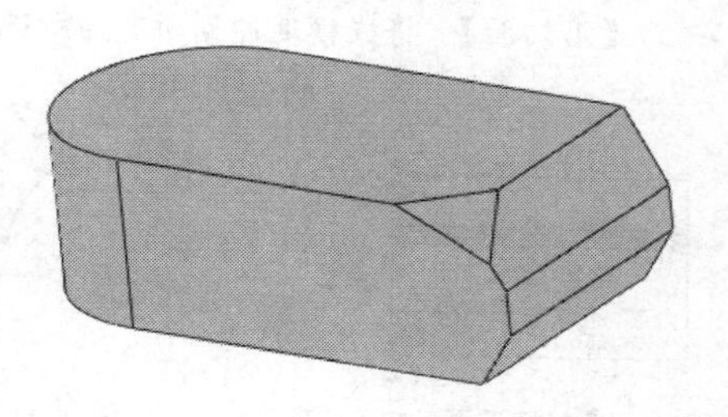

图5-39　【顶点】倒角结果

5.3 拔模特征

拔模特征是用指定的角度斜削模型中选择的面，使型腔零件更容易脱出模具，可以在现有的零件中插入拔模，或者在进行拉伸特征时拔模，也可以将拔模应用到实体或者曲面模型中。本节主要介绍在现有的零件上插入拔模特征。

5.3.1 拔模特征操作界面

在【手工】模式中，可以指定拔模类型，包括【中性面】、【分型线】和【阶梯拔模】。

- 中性面：使用中性面为拔模类型，可以拔模一些外部面、所有外部面、一些内部面、所有内部面、相切的面、或内部和外部面组合。
- 分型面：分型线选项可以对分型线周围的曲面进行拔模，分型线可以是空间的。
- 阶梯拔模：阶梯拔模为分型线拔模的变体，阶梯拔模绕用为拔模方向的基准面旋转而生成一个面。

1. 中性面

选择菜单栏中的【插入】|【特征】|【拔模】命令，或者单击【特征】工具栏中的【拔模】按钮，系统弹出【拔模】对话框，在【拔模类型】选项组中，单击【中性面】单选按钮，如图 5-40 所示。

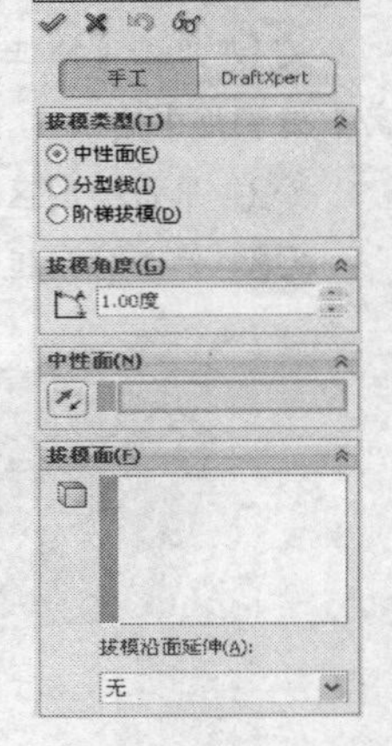

图 5-40 【拔模】对话框 1

在【拔模】对话框中，各选项的含义如下：

❑ 【拔模角度】选项组

拔模角度：垂直于中性面进行测量的角度。

❑ 【中性面】选项组

中性面：选择一个面或者基准面。如果有必要，单击【反向】按钮向相反的方向倾斜拔模。

❑ 【拔模面】选项组

拔模面：在图形区域中选择要拔模的面。

拔模沿面延伸：可以将拔模延伸到额外的面。其选项如图 5-41 所示。

- 【无】：只在所选的面上进行拔模，如图 5-42 所示。
- 【沿切面】：将拔模延伸到所有与所选面相切的面，如图 5-43 所示。

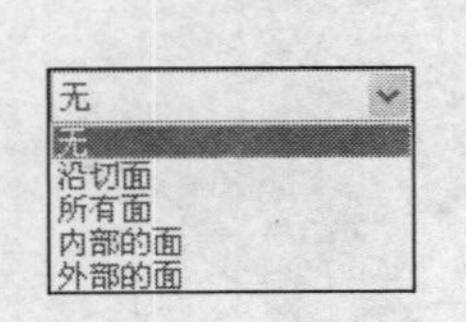

图 5-41 【拔模沿面延伸】选项

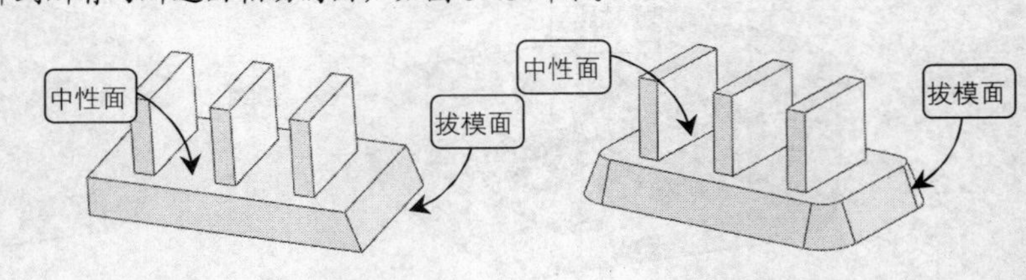

图 5-42 无拔模沿面延伸

图 5-43 拔模沿切面延伸

➢ 【所有面】：将拔模延伸到所有从中性面拉伸的面，如图5-44所示。

➢ 【内部的面】：将拔模延伸到所有从中性面拉伸的内部面，如图5-45所示。

➢ 【外部的面】：将拔模延伸到所有从中性面拉伸的外部面，如图5-46所示。

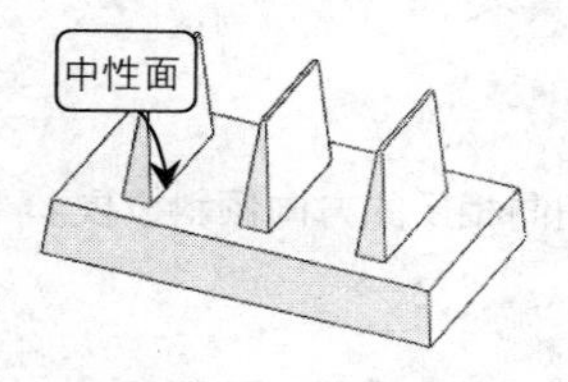

图5-44 所有面拔模

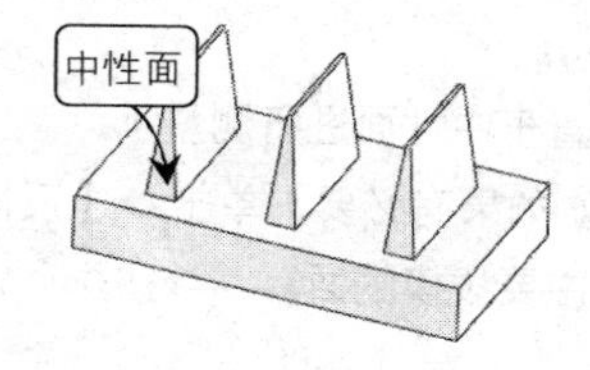

图5-45 内部面拔模

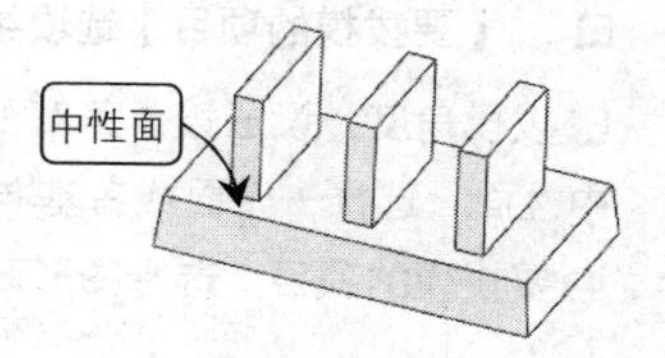

图5-46 外部面拔模

2. 分型线

单击【分型线】单选按钮，可以对分型线周围的曲面进行拔模。在【分型线】拔模时，可以包括【阶梯拔模】。

如果要在分型线上拔模，可以先插入一条分割线以分离要拔模的面，或者使用现有的模型边线，然后在指定拔模方向。

选择菜单栏中的【插入】|【特征】|【拔模】命令，或者单击【特征】工具栏中的【拔模】按钮，系统弹出【拔模】对话框，在【拔模类型】选项组中选择【分型线】单选按钮，如图5-47所示。

在【拔模】对话框中，各选项的含义如下：

允许减少角度：只可用于分型线拔模。在由最大角度所生成的角度总和与拔模角度为90°或者以上时允许生成拔模。

❑ 【拔模方向】选项组

拔模方向：在绘图区域中选择一条边线或者一个面指示拔模方向。如果有必要，单击【反向】按钮以改变拔模的方向。

❑ 【分型线】选项组

分型线：在绘图区域中选择分型线。如果要为分型线的每一条线段指定不同的拔模方向，单击选择框中的边线名称，然后单击 其它面 按钮。

拔模沿面延伸：可以将拔模延伸到额外的面，其选项如下：

➢ 无：只在所选面上进行拔模。

➢ 沿切面：将拔模延伸到所有与所选面相切的面。

3. 阶梯拔模

阶梯拔模为分型线拔模的变体，阶梯拔模围绕用为拔模方向的基准面旋转而生成一个面。

选择菜单栏中的【插入】|【特征】|【拔模】命令，或者单击【特征】工具栏中的【拔模】按钮，系统弹出【拔模】对话框，在【拔模类型】选项组中选择【阶梯拔模】单选按钮，如图5-48所示。

【阶梯拔模】的参数设置与【分型线】的参数设置基本相同，读者可以参考理解。

在【DraftXpert】模式中，可以生成多个拔模、执行拔模分析、编辑拔模以及自动调用FeatureXpert求解初始没有进入模型的拔模特征。

选择菜单栏中的【插入】|【特征】|【拔模】命令，或者单击【特征】工具栏中的【拔模】按

钮，系统弹出【拔模】对话框，单击 DraftXpert 按钮，切换到【DraftXpert】模式，在【DraftXpert】模式中选择【添加】选项卡，如图 5-49 所示

在【DraftXpert】对话框中，各选项的含义如下：

❑ 【要拔模的项目】选项组

拔模角度：设置拔模角度（垂直于中性面进行测量）。

中性面：选择一个面或者基准面。如果有必要，单击【反向】按钮向相反的方向倾斜拔模。

要拔模的项目：选择图形区域中要拔模的面。

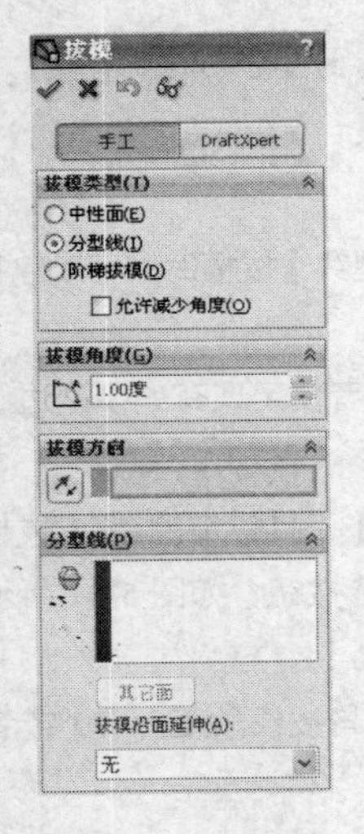

图 5-47 【拔模】对话框 2

图 5-48 【拔模】对话框 3

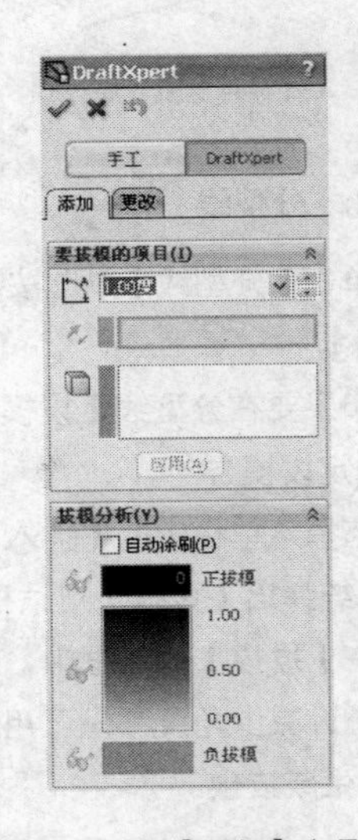

图 5-49 选择【添加】选项卡

❑ 【拔模分析】选项组

自动涂刷：选择模型的拔模分析。

颜色轮廓映射：通过颜色和数值显示模型中拔模的范围以及【正拔模】和【负拔模】的面数。

在【DraftXpert】模式中选择【更改】选项卡，如图 5-50 所示。

在【DraftXpert】对话框中，各选项的含义如下：

❑ 【要更改的拔模】选项组

拔模项目：在绘图区选择包含要更改或者删除的拔模的面。

中性面：选择一个面或者基准面。如果有必要，单击【反向】按钮向相反的方向倾斜拔模。如果只更改拔模角度，则无需中性面。

拔模角度：设置拔模角度。

❑ 【现有的拔模】选项组

分排列表方式：按照角度、中性面或者拔模方向过滤所有拔模，其选项如图 5-51 所示，可以根据需要更改或者删除拔模。

❑ 【拔模分析】选项组

【拔模分析】选项组的参数设置与【添加】选项卡中基本相同，读者可以参照理解。

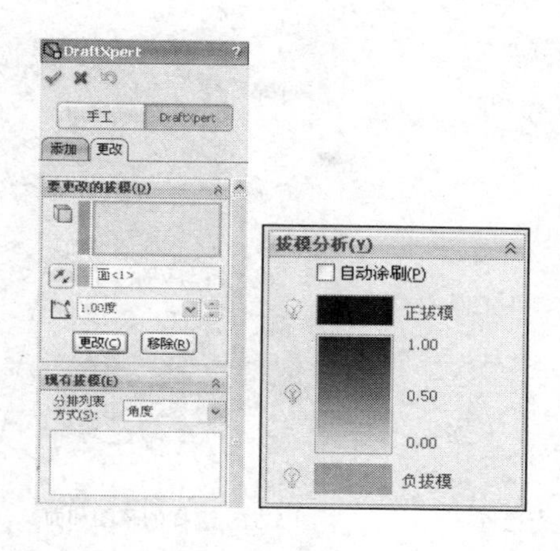

图 5-50 选择【更改】选项卡

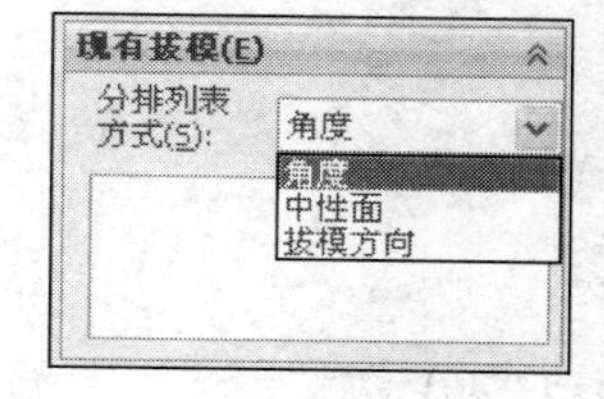

图 5-51 【分派列表方式】选项

5.3.2 拔模特征实例示范

1. 中性面拔模

具体操作方法如下：

01 打开素材库中的“第 5 章/5.3.2 中性面拔模.sldprt”文件，如图 5-52 所示。

02 选择菜单栏中的【插入】|【特征】|【拔模】命令，或者单击【特征】工具栏中的【拔模】按钮，系统弹出【拔模】对话框。

03 单击手工模式中的【中性面】单选按钮，设置拔模角度为 10，在绘图区中选择如图 5-53 所示的中性面和拔模面。单击【拔模】对话框中的【确定】按钮，完成中性面拔模，如图 5-54 所示。

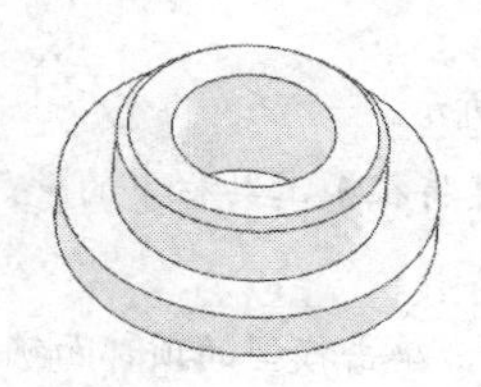

图 5-52 “5.3.2 中性面拔模”文件

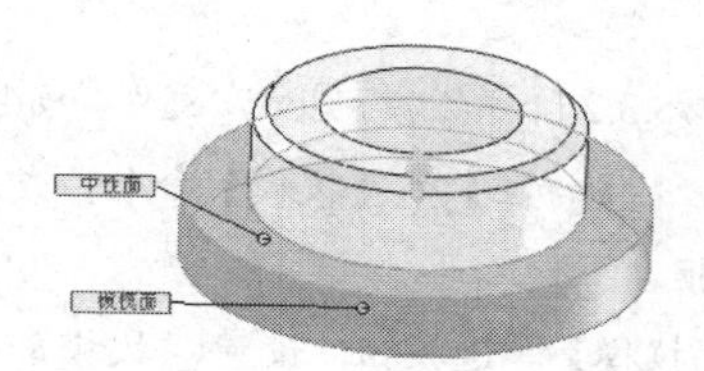

图 5-53 选择拔模面

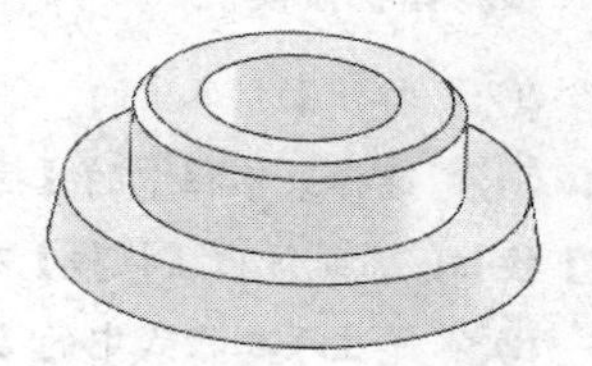

图 5-54 生成拔模特征

2. 分型线拔模

01 打开素材库中的“第 5 章/5.3.2 分型线拔模.sldprt”文件，如图 5-55 所示。

02 单击菜单栏中【插入】|【曲线】|【分割线】命令，系统弹出【分割线】对话框，如图 5-56 所示。

03 单击绘图区中的草图作为要投影的草图，选择模型的一表面作为投影面，如图 5-57 所示。

04 单击【分割线】对话框中的【确定】按钮，生成分割线，如图 5-58 所示。

05 选择菜单栏中的【插入】|【特征】|【拔模】命令，或者单击【特征】工具栏中的【拔模】按钮，系统弹出【拔模】对话框。

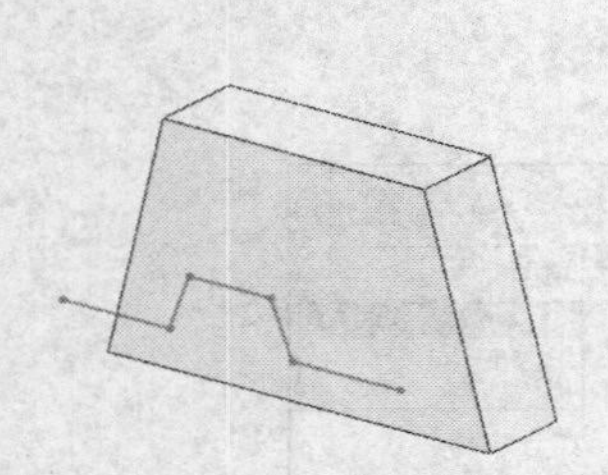
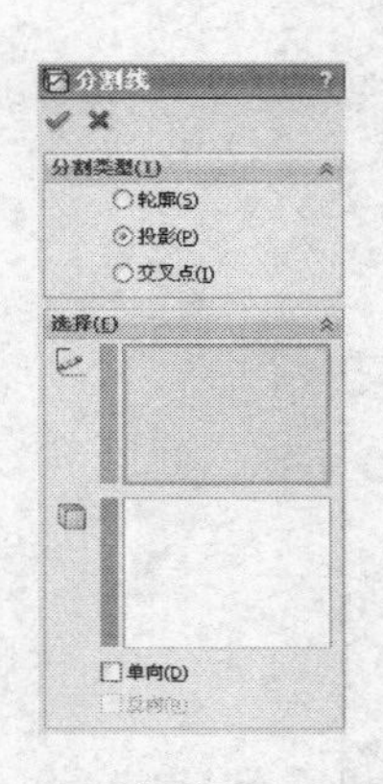

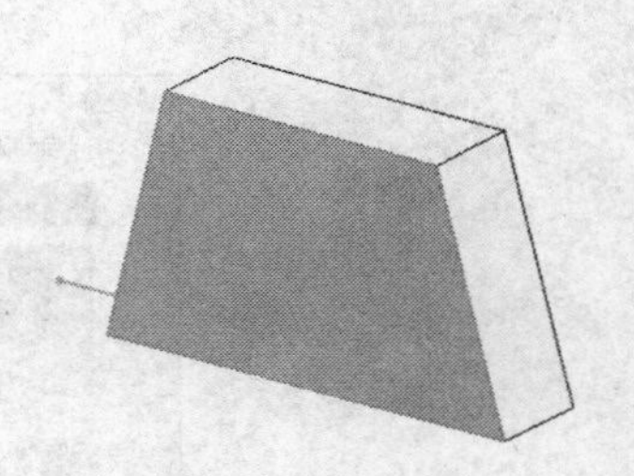

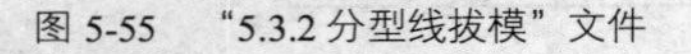

图 5-55 “5.3.2 分型线拔模”文件　　图 5-56 【分割线】对话框　　图 5-57 选择的草图和面

06 单击手工模式中的【分型线】单选按钮，设置拔模角度为 10°，单击选取如图 5-59 所示的面为拔模方向，单击分割线作为拔模分型线，其他参数均为默认值。

07 单击【拔模】对话框中的【确定】按钮，生成分型线拔模特征，如图 5-60 所示。

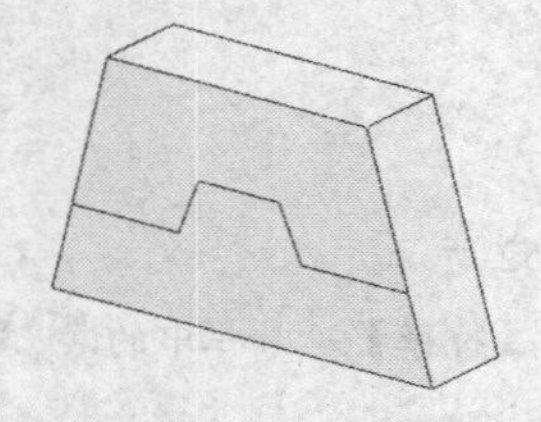
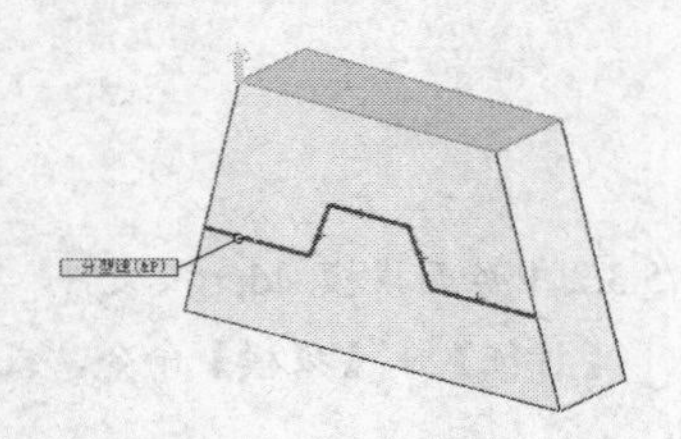
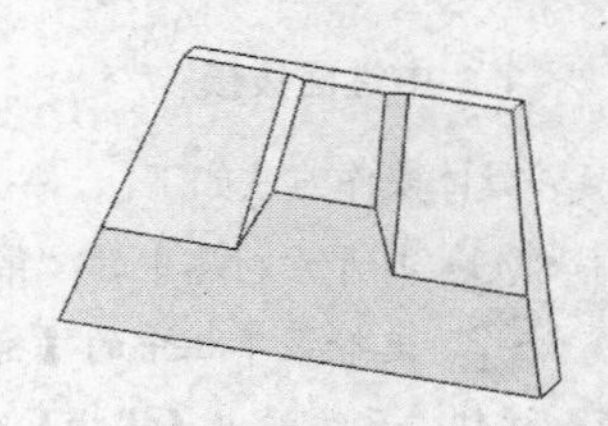

图 5-58 生成的分割线　　图 5-59 确定拔模方向　　图 5-60 生成分型线拔模特征

3. 阶梯拔模

01 打开素材库中的“第 5 章/5.3.2 阶梯拔模.sldprt”文件，如图 5-61 所示。

02 选择菜单栏中的【插入】|【特征】|【拔模】命令，或者单击【特征】工具栏中的【拔模】按钮，系统弹出【拔模】对话框。

03 单击手工模式中的【阶梯拔模】单选按钮，设置拔模角度为 10°，单击模型的顶部面确定拔模方向，单击分割线作为拔模分型线，如图 5-62 所示，其他参数均为默认值。

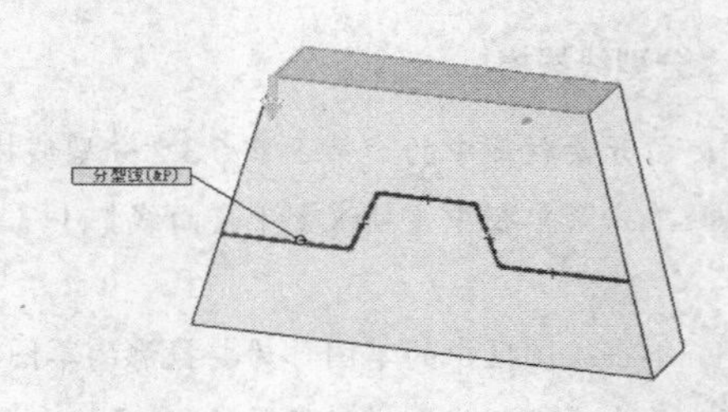

图 5-61 “5.3.2 阶梯拔模”文件　　图 5-62 选择拔模方向及分型线

04 单击【拔模】对话框中的【确定】按钮，生成锥型阶梯拔模特征，如图 5-63 所示。

用同样的方法可以生成垂直阶梯拔模特征，如图 5-64 所示。

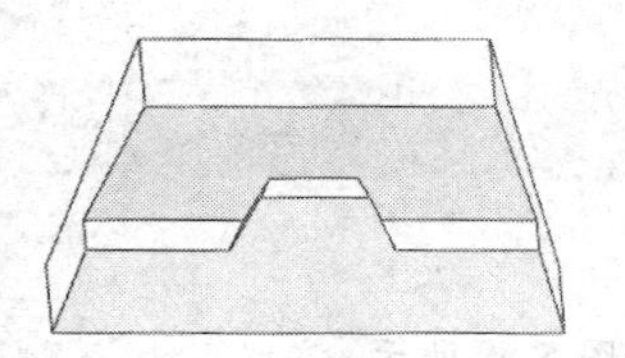

图 5-63　生成锥型阶梯拔模特征

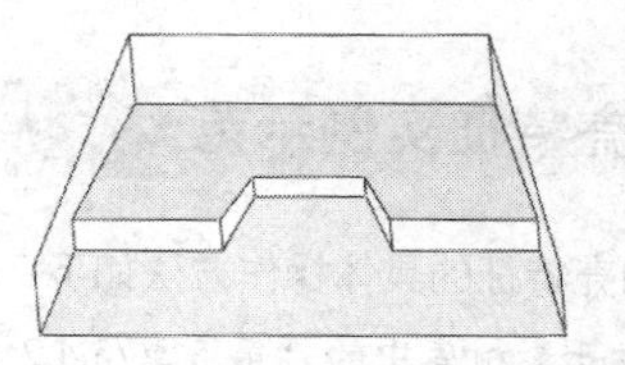

图 5-64　生成垂直阶梯拔模特征

5.4 抽壳特征

抽壳特征可以掏空零件，使所选择的面敞开，在其他面上生成薄壁特征。如果没有选择模型上的任何面，则掏空实体零件，生成闭合的抽壳特征，也可以使用多个厚度以生成抽壳模型。

5.4.1 抽壳特征操作界面

选择菜单栏中的【插入】|【特征】|【抽壳】命令，或者单击【特征】工具栏中的【抽壳】按钮，系统弹出【抽壳】对话框，如图 5-65 所示。

在【抽壳】对话框中，各选项的含义如下：

1. 【参数】选项组

厚度：设置保留的厚度。

移除的面：在图形区域中可以选择一个或者多个面，如图 5-66 所示为没有选择移除面抽壳，如图 5-67 所示选择上表面移除抽壳。

壳厚朝外：增加模型的外部尺寸。

显示预览：显示抽壳特征的预览。

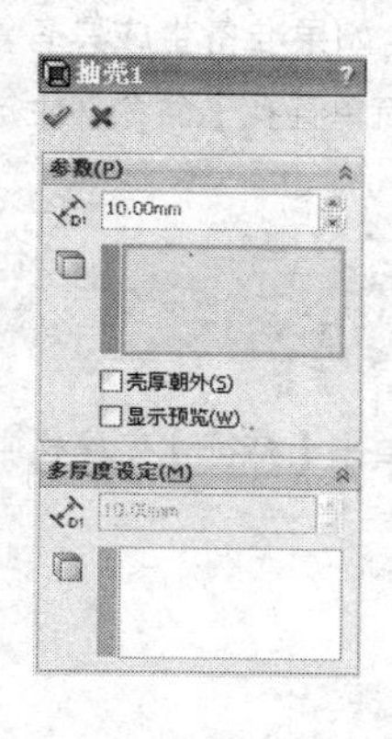

图 5-65　【抽壳】对话框

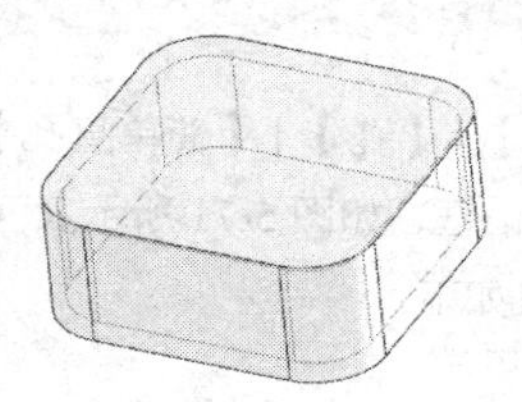

图 5-66　没有选择移除面

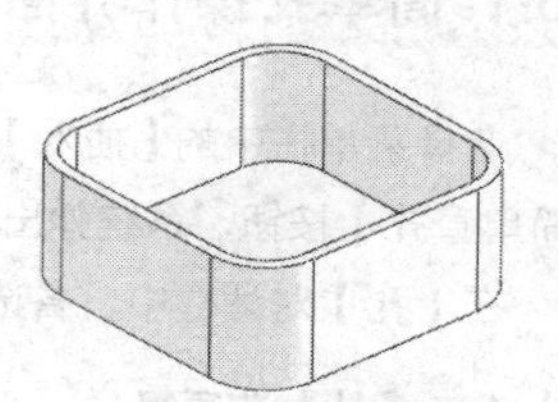

图 5-67　上表面被移除

2. 【多厚度设定】选项组

多厚度：为所选面设置【多厚度】数值。

多厚度面：在图形区域中选择一个面。

5.4.2 抽壳特征实例示范

生成抽壳特征的具体操作方法如下：

01 打开素材库中的“第5章/5.4.2 抽壳.sldprt”文件，如图5-68所示。

02 单击【特征】工具栏中的【抽壳】按钮，打开【抽壳】对话框，在【厚度】微调框中输入“3mm”。

03 单击选择绘图区中模型的上表面作为移除面，如图5-69所示。

04 单击对话框中的【确定】按钮完成抽壳特征的创建，如图5-70所示。

图5-68 打开抽壳文件

图5-69 选择要被移除的面

图5-70 生成抽壳特征

5.5 孔特征

孔特征一般在整个零件设计完成后，在指定的平面特征内生成孔，创建孔特征时，需选择放置孔的基准面并设置相关参数以完成孔特征的创建。

作为设计者，一般是在设计阶段临近结束时生成孔，这样可以避免因为疏忽而将材料添加到先前生成的孔内。如果准备生成不需要其他参数的孔，可以选择【简单直孔】命令；如果准备生成具有复杂轮廓的异型孔（如锥孔等），则一般会选择【异型孔向导】命令；两者相比较，【简单直孔】命令在生成不需要其他参数的孔时，可以提供比【异型孔向导】命令更优越的性能。

5.5.1 简单孔操作界面

选择菜单栏中的【插入】|【特征】|【孔】|【简单直孔】命令，或者单击【特征】工具栏中的【简单直孔】按钮，系统弹出【孔】对话框，如图5-71所示。

在【孔】对话框中，各选项的含义如下：

1. 【从】选项组

【从】选项组中的各选项如图5-72所示，各选项含义如下：

- 草图基准面：从草图所在的基准面开始生成简单直孔，如图5-73所示。
- 曲面/面/基准面：从在窗口中所选择的曲面、面或基准面开始创建孔，如图5-74所示。

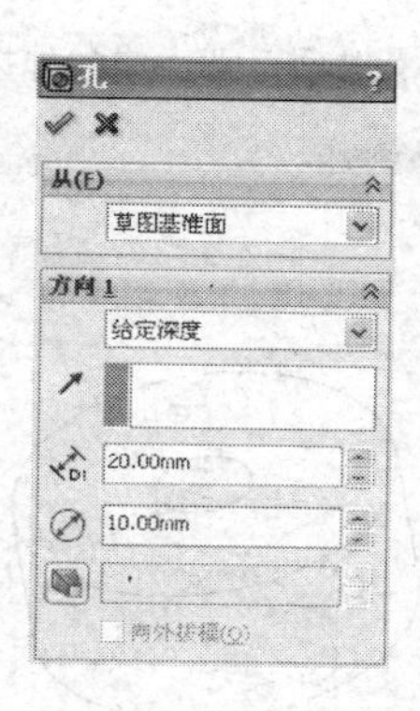

图 5-71　【孔】对话框

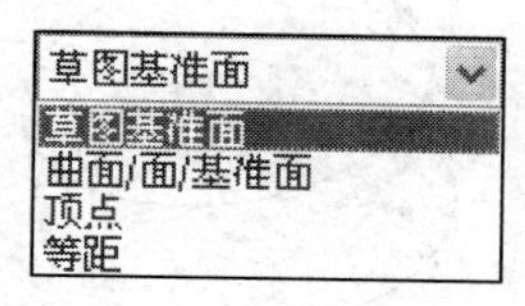

图 5-72　【从】选项组选项

图 5-73　孔从草图基准面延伸

➢　顶点：从所选择的顶点位置处开始生成简单直孔，如图 5-75 所示。

➢　等距：从与当前草图基准面等距的基准面上生成简单直孔，如图 5-76 所示。

图 5-74　孔从指定一面开始延伸

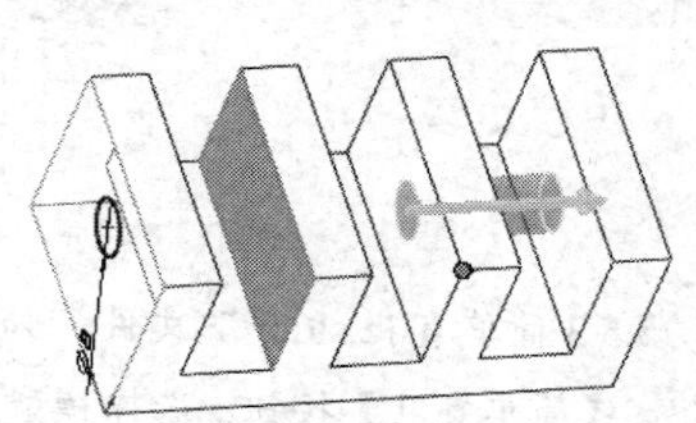

图 5-75　孔从指定一顶点开始延伸

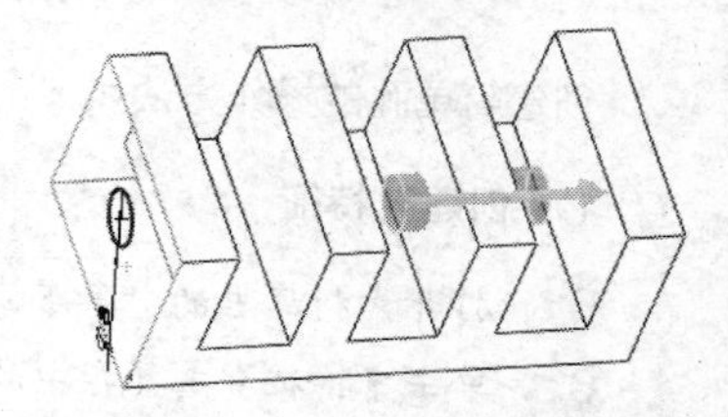

图 5-76　孔从等距距离开始延伸

2.　【方向 1】选项组

【方向 1】中各选项如图 5-77 所示，各选项的含义如下：

➢　给定深度：从草图的基准面以指定的距离延伸特征。

➢　完全贯穿：从草图的基准面延伸特征直到贯穿所有现有的几何体。

➢　成形到下一面：从草图的基准面延伸特征到下一面（隔断整个轮廓）以生成特征。

➢　成形到一顶点：从草图基准面延伸特征到某一平面，这个平面平行于草图基准面且穿越指定的顶点。

➢　成形到一面：从草图的基准面延伸特征到所选的曲面以生成特征。

➢　到离指定面指定的距离：从草图的基准面到某面的特定距离处生成特征。

拉伸方向：用于在除了垂直于草图轮廓以外的其他方向拉伸孔。

深度或者等距距离：在设置【终止条件】为【给定深度】或者【到离指定面指定的距离】时可用（在选择【给定深度】选项时，此选项为【深度】选项；在选择【到离指定面指定的距离】选项时，此选项为【等距距离】选项）。

孔直径：设置孔的直径。

反向等距：（在设置【终止条件】为【到离指定面指定的距离】时可用）以所选【面/平面】应用指定的【等距距离】。

转化曲面：(在设置【终止条件】为【到离指定面指定的距离】时可用)如果需要使用真实等距，则取消选择【转化曲面】

拔模开/关：添加拔模到孔，可以设置【拔模角度】。选择【向外拔模】选项，则生成向外拔模，如图 5-78 所示为默认方式拔模，如图 5-79 所示为选择【向外拔模】选项后拔模。

图 5-77 【终止条件】选项

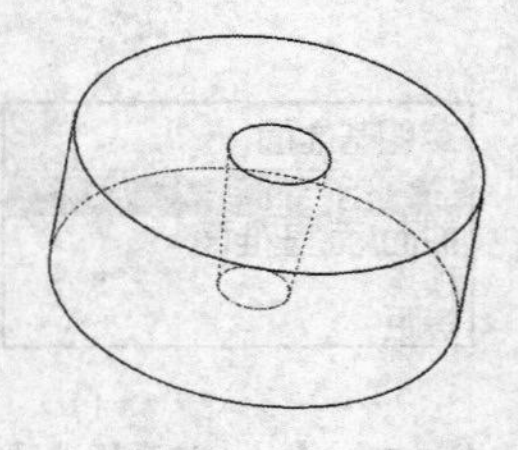

图 5-78 默认方式拔模

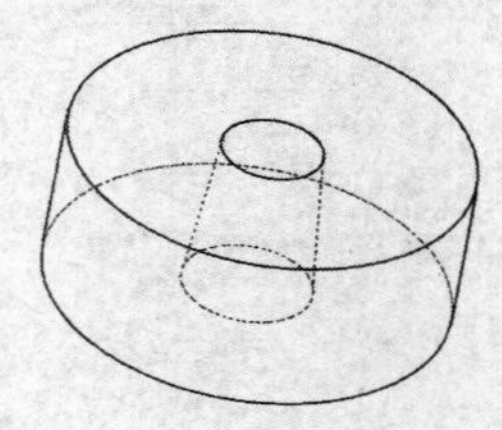

图 5-79 向外拔模

5.5.2 简单孔实例示范

创建简单孔的操作方法如下：

1. 创建孔特征

01 打开素材库里的“第 5 章/5.5.3 简单直孔.sldprt”文件，如图 5-80 所示。

02 单击【特征】工具栏中的【简单直孔】按钮，选择模型上表面放置孔，系统弹出【孔】对话框，在对话框中的【终止条件】下拉列表中选择【完全贯穿】选项，设置孔直径为 15mm，其他参数均为默认值，如图 5-81 所示。

03 单击对话框中的【确定】按钮完成简单直孔的创建，如图 5-82 所示。

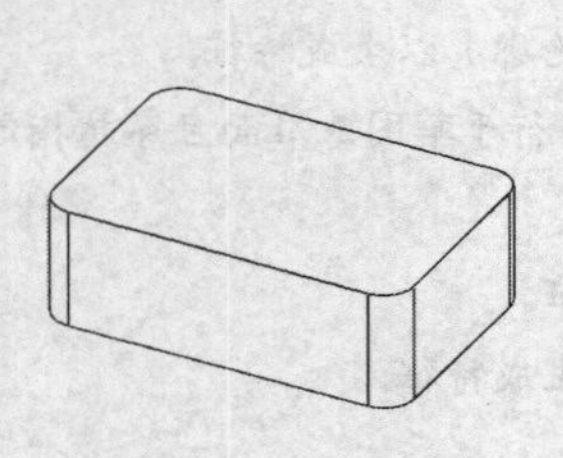

图 5-80 打开文件

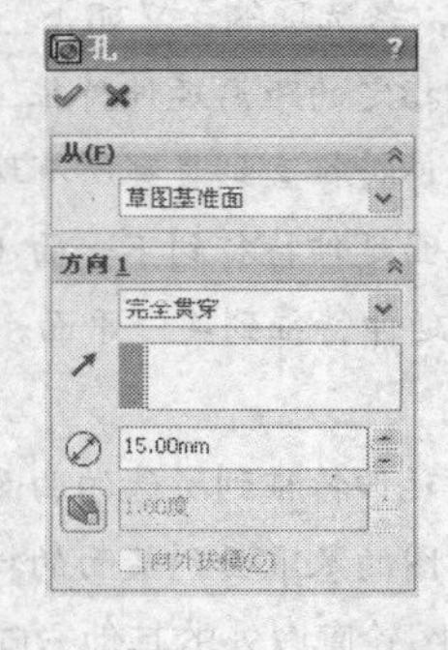

图 5-81 参数设置

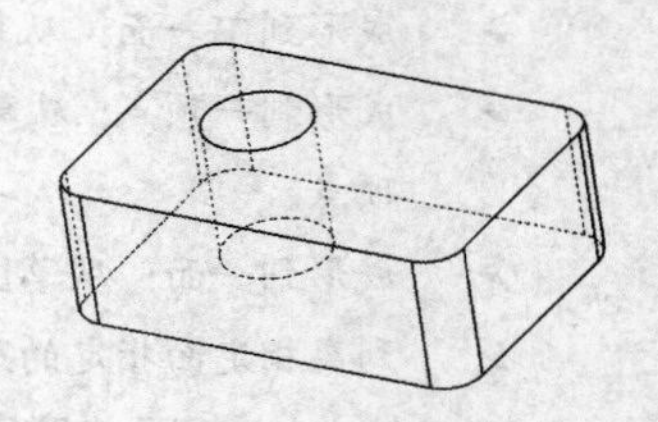

图 5-82 生成孔特征

2. 编辑孔位置

01 在特征管理设计树中，选择孔的草图，编辑该草图，为图标注尺寸，如图 5-84 所示。

02 单击【草图】工具栏中的【退出草图】按钮，退出草图绘制模式，生成如图 5-85 所示的简单直孔。

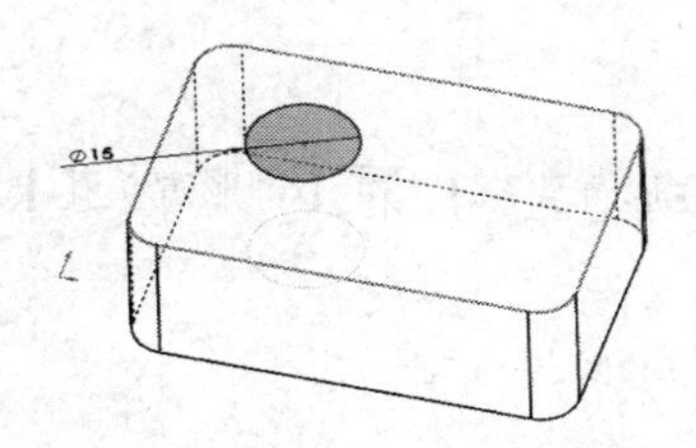

图 5-83 进入草图绘制模式

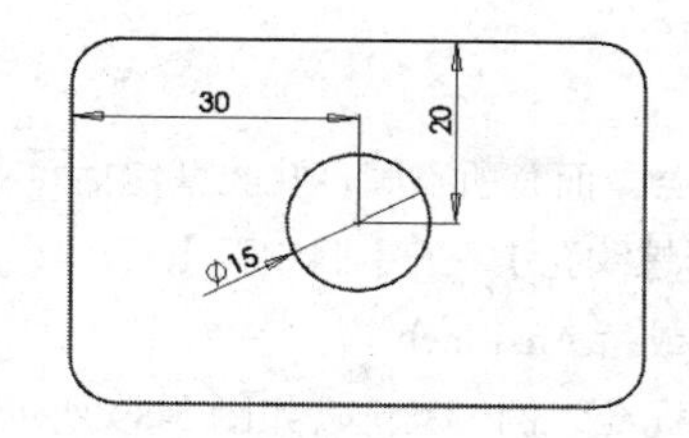

图 5-84 标注尺寸

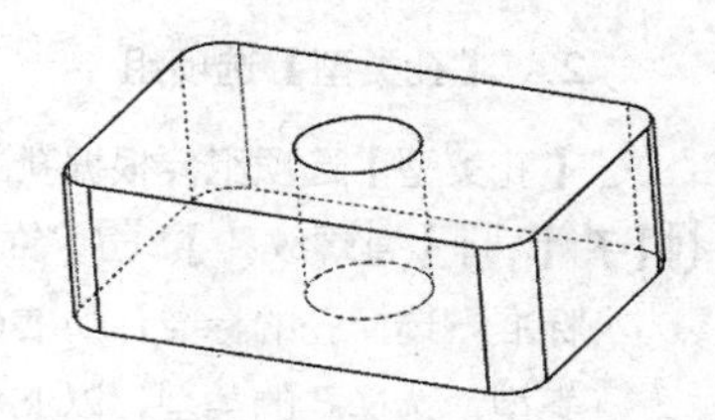

图 5-85 生成简单直孔

5.5.3 异型孔操作界面

选择菜单栏中的【插入】|【特征】|【孔】|【向导】命令，或者单击【特征】工具栏中的【异型孔向导】按钮，系统弹出【孔规格】对话框，如图 5-86 所示。

【孔规格】对话框中包括两个选项卡：

➢ 类型：设置孔类型参数。

➢ 位置：在平面或者非平面上找出异型孔向导孔，使用尺寸和其他草图绘制工具定位孔中心。

1. 【收藏】选项组

用于管理可以在模型中重新使用的常用异型孔清单，如图 5-87 所示。

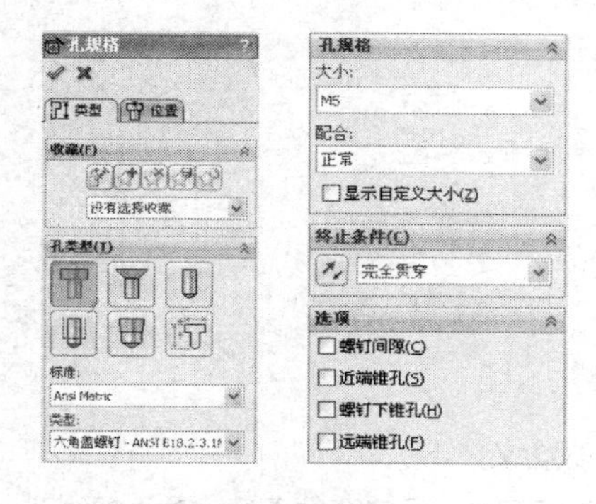

图 5-86 【孔规格】对话框

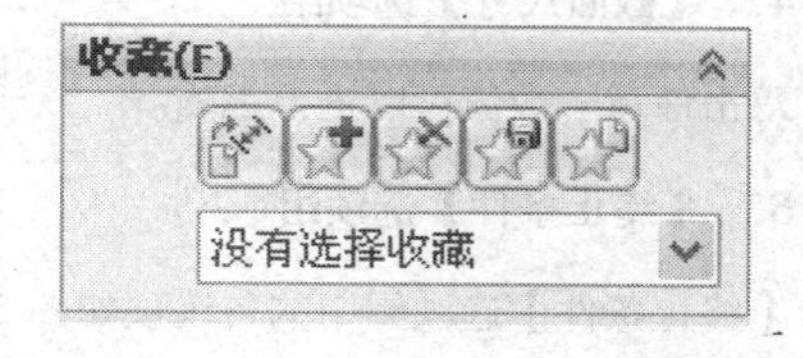

图 5-87 【收藏】选项组

应用默认/无收藏：重设到【没有选择最常用的】及默认设置。

添加或更新收藏：将所选异型孔向导孔添加到常用类型清单中。如果需要添加常用类型，单击【添加或更新收藏】按钮，弹出【添加或更新收藏】对话框，键入名称，如图 5-88 所示，单击【确定】按钮。如果需要更新常用类型，单击【添加或更新收藏】按钮，弹出【添加或更新收藏】对话框，键入新的或者现有名称。

图 5-88 【添加或更新收藏】对话框

删除收藏：删除所选的常用类型。

保存收藏：保存所选的常用类型。

装入收藏：载入常用类型。

2. 【孔类型】选项组

【孔类型】选项组会根据孔的类型而有所不同，孔类型包括【柱形沉头孔】、【锥形沉头孔】、【孔】、【直螺纹孔】、【锥形螺纹孔】、【旧制孔】。

标准：选择孔的标准，如 ISO 或者 Ansi Inch 等。

类型：选择孔的类型，以 ISO 标准为例，其选项如图 5-89 所示。

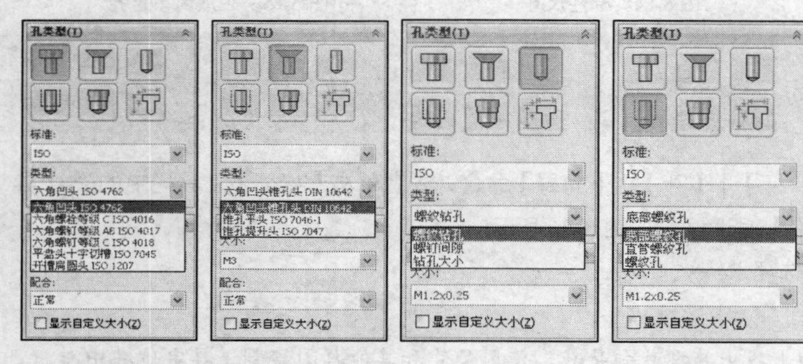

柱形沉头孔　　锥形沉头孔　　孔　　直螺纹孔　　锥形螺纹孔　　旧制孔

图 5-89　【类型】选项

3. 【孔规格】选项组

大小：为螺纹件选择尺寸大小。

配合：为扣件选择配合模式

4. 【截面尺寸】选项组

双击任意一数值可以进行编辑。

5. 【终止条件】选项组

【终止条件】选项组中的各选项如图 5-90 所示，各参数含义如下：

盲孔深度（在设置【终止条件】为【给定深度】时可用）：设定孔的深度。对于螺纹孔，可以设置【螺纹类型】和【螺纹线深度】，如图 5-91 所示。对于【锥形螺纹孔】，可以设置【螺纹线深度】，如图 5-92 所示。

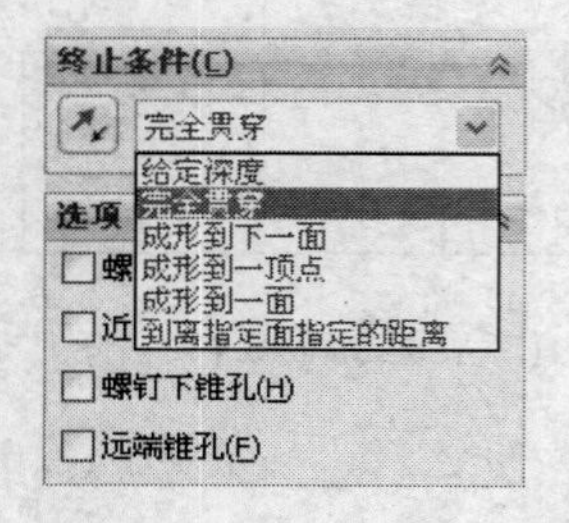

图 5-90　【终止条件】选项组选项

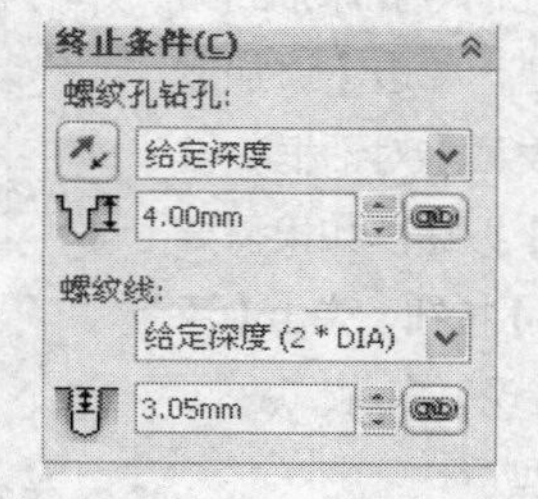

图 5-91　设置【直螺纹孔】的参数

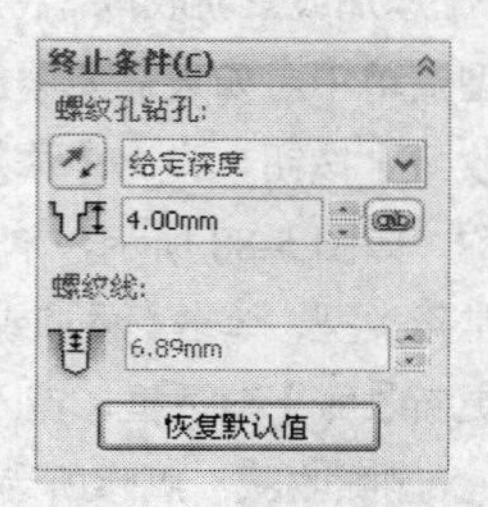

图 5-92　设置【锥形螺纹孔】的参数

顶点（在设置【终止条件】为【成形到一顶点】时可用）：将孔特征延伸到选择的顶点处。

面/曲面/基准面（在设置【终止条件】为【成形到一面】或者【到离指定面指定的距离】时可用）：将孔特征延伸到选择的面、曲面或者基准面处。

等距距离（在设置【终止条件】为【到离指定面指定的距离】时可用）：将孔特征延伸到从所选面、曲面或者基准面设置等距距离的平面处。

6. **【选项】选项组**

【选项】选项组包括螺钉间隙、近端锥形沉头孔直径、近端锥形沉头孔角度、下头锥形沉头孔直径、下头锥形孔角度、远端锥形沉头孔直径、远端锥形沉头孔角度等选项，可以根据孔类型的不同而发生变化。

5.5.4 异型孔实例示范

我们以创建螺纹孔为例，具体介绍创建异型孔的操作方法。

1. **创建螺纹孔**

01 打开素材库中的“第 5 章/5.5.4 异型孔.sldprt”文件，如图 5-93 所示。

02 选择菜单栏中的【插入】|【特征】|【孔】|【向导】命令，或者单击【特征】工具栏中的【异型孔向导】按钮，系统弹出【孔规格】对话框。

03 在对话框中设置如图 5-94 所示的参数，单击【位置】选项卡，确定螺纹孔的放置表面。

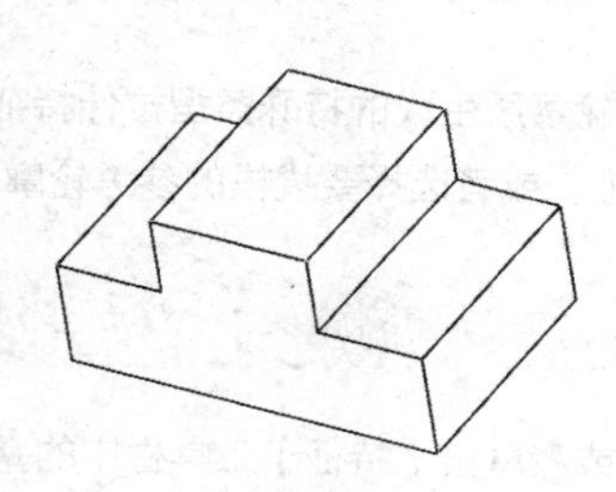

图 5-93　模型文件

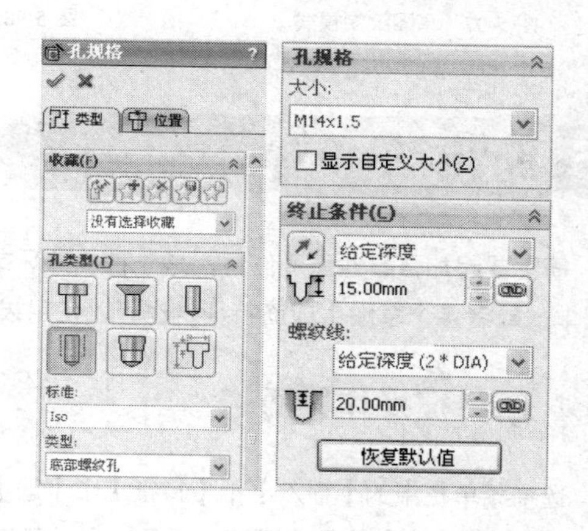

图 5-94　参数设置

04 单击【确定】按钮，生成如图 5-95 所示的螺纹孔。

2. **编辑螺纹孔位置**

01 选择【特征管理器设计树】中创建的螺纹孔特征，在下拉菜单中右键单击【3D 草图】并在弹出的快捷菜单中单击【编辑草图】按钮，如图 5-96 所示。

02 系统会自动进入草图绘制模式，如图 5-97 所示，单击【尺寸/几何关系】工具栏中的【智能尺寸】按钮，将草图点标注尺寸，如图 5-98 所示。

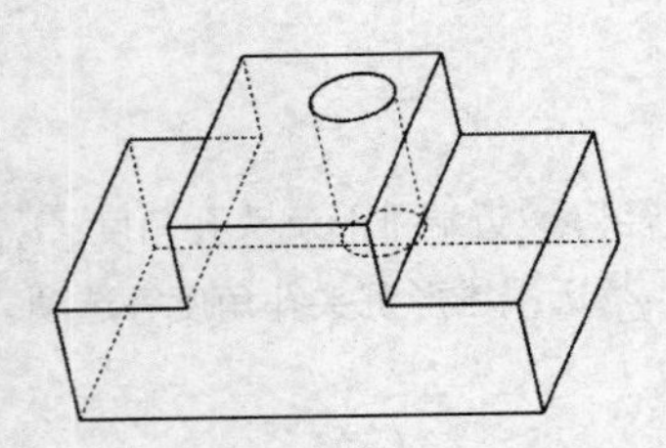

图 5-95　生成螺纹孔特征

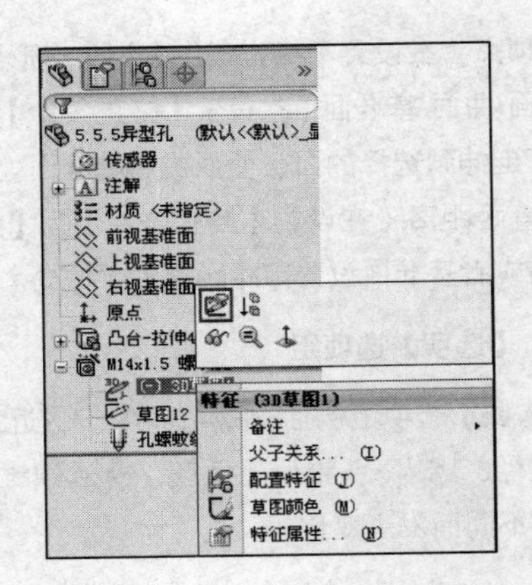

图 5-96　编辑 3D 草图

03 单击【草图】工具栏中的【3D 草图】按钮，退出草图绘制模式，生成如图 5-99 所示的螺纹孔。

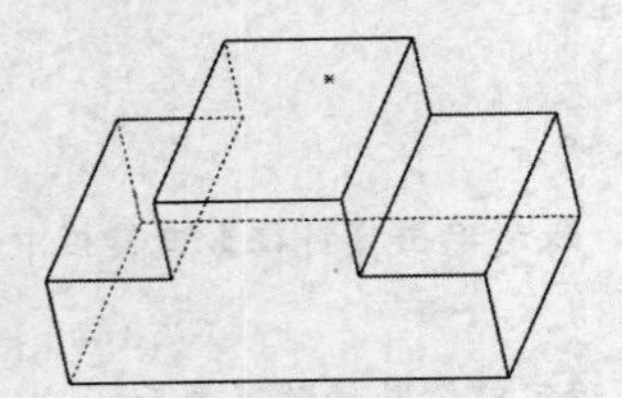

图 5-97　草图绘制模式

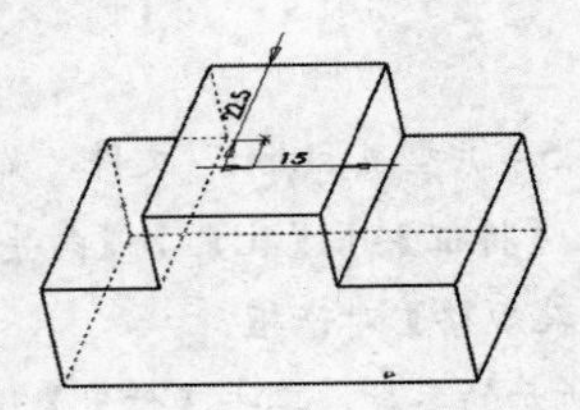

图 5-98　添加尺寸

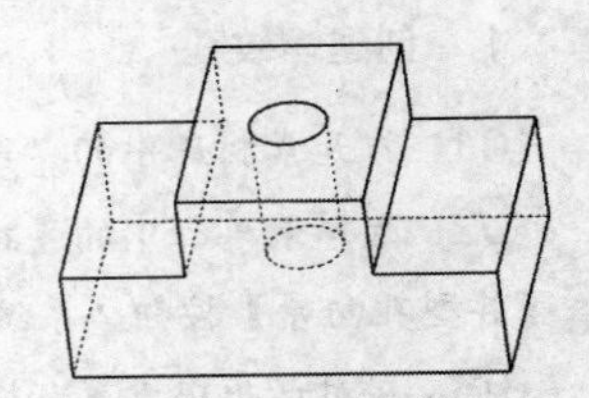

图 5-99　生成异型孔特征

5.6 筋特征

筋主要起加强零件强度作用，是一种从开环或闭环绘制的轮廓所生成的特殊类型拉伸特征。它可以使用单一或者多个草图生成筋特征，也可以使用拔模生成筋特征，或者选择要拔模的参考轮廓。

5.6.1 筋特征操作界面

选择菜单栏中的【插入】|【特征】|【筋】菜单命令，或者单击【特征】工具栏中的【筋】按钮，系统弹出【筋】信息对话框，提示选择一基准面、平面或边线来绘制特征横截面还是选择一现有草图为特征所用，如图 5-100 所示。

在【筋】对话框中，各选项的含义如下：

1. 【参数】选项组

厚度：在草图边缘添加筋的厚度

- 第一边：只延伸草图轮廓到草图的一边，如图 5-101 所示。
- 两侧：均匀延伸草图轮廓到草图的两边，如图 5-102 所示。
- 第二边：只延伸草图轮廓到草图的另一边，如图 5-103 所示。

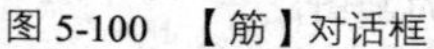
图 5-100　【筋】对话框

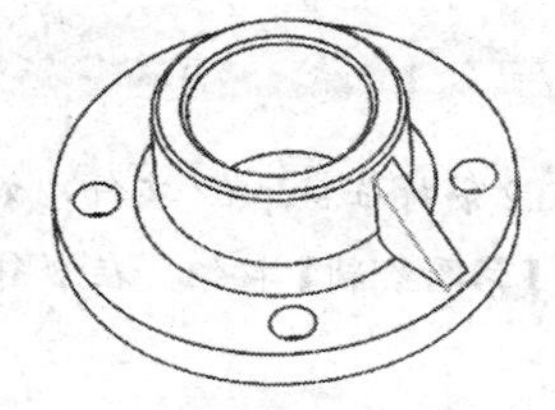

图 5-101　添加筋【第一边】

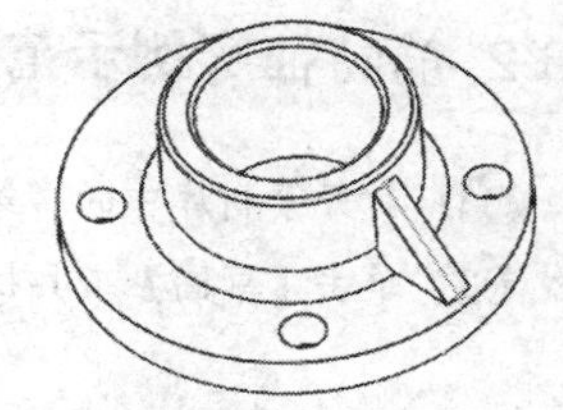

图 5-102　添加筋【两边】

筋厚度：设置筋的厚度。

拉伸方向：设置筋的拉伸方向。

➢ 平行于草图：平行于草图拉伸生成筋，如图 5-104 所示。

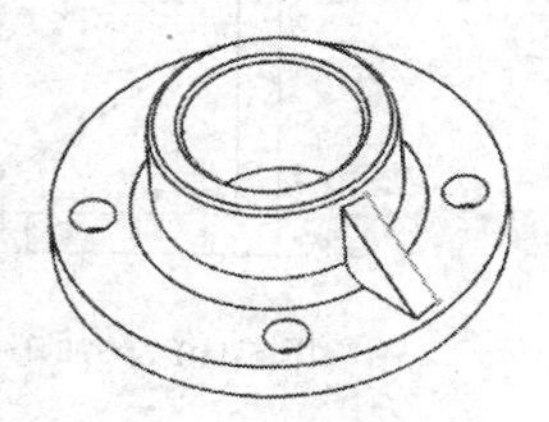

图 5-103　添加筋【第二边】

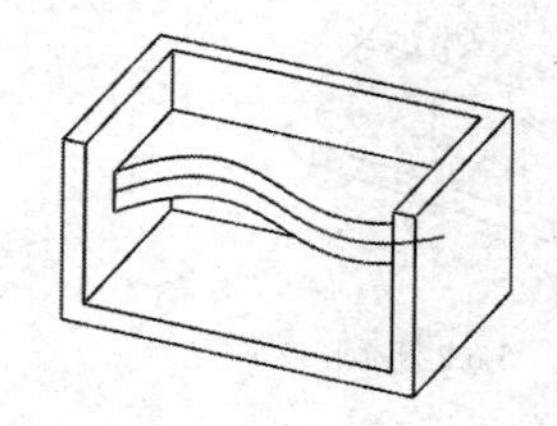

图 5-104　平行于草图拉伸生成筋

➢ 垂直于草图：垂直于草图拉伸生成筋，如图 5-105 所示。

反转材料方向：更改添加材料的方向。

拔模开/关：生成向内或者向外拔模角度。

单击选择该项后可以向外生成拔模角度，如图 5-106 所示。取消选择后，将生成向内的拔模角度，如图 5-107 所示。

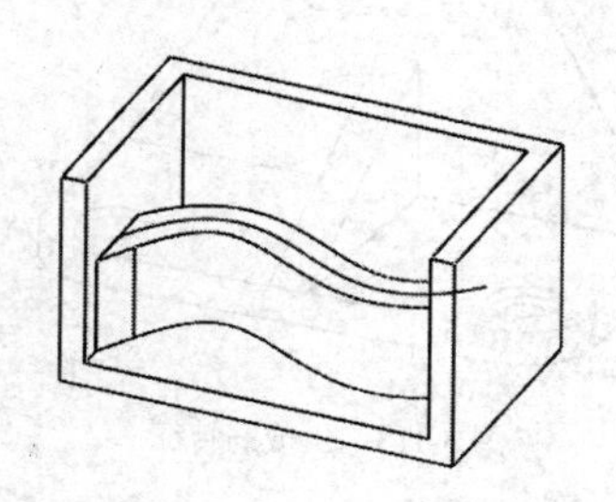

图 5-105　垂直于草图拉伸生成筋

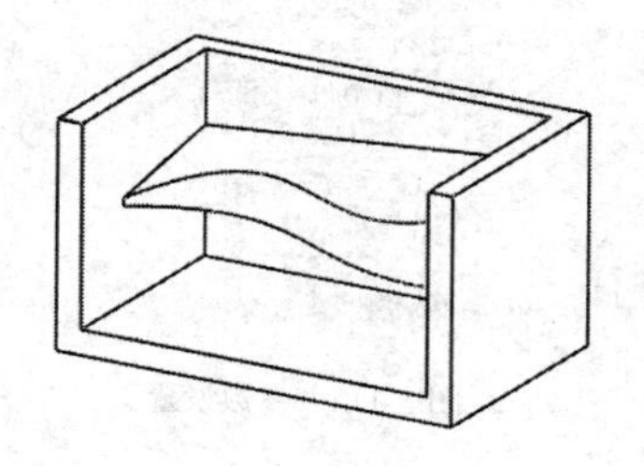

图 5-106　向外拔模

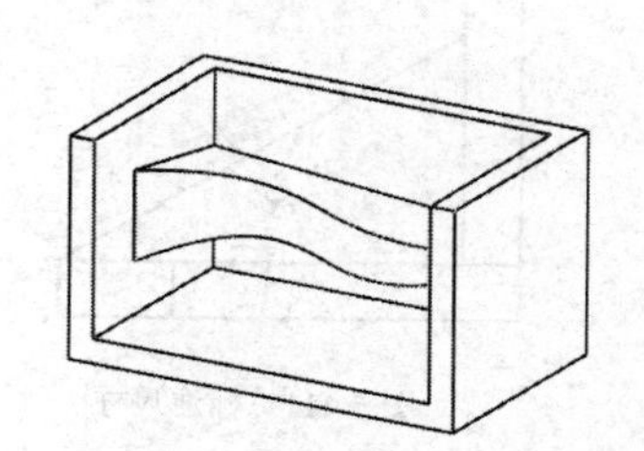

图 5-107　向内拔模

类型：在【拉伸方向】中选择【垂直于草图】按钮时可用。

➢ 线性：生成与草图方向垂直而延伸草图轮廓（直到筋与边界汇合）的筋。

➢ 自然：生成沿草图轮廓延伸以相同轮廓方式延续（直到筋与边界汇合）的筋。

下一参考（在【拉伸方向】中选择【平行于草图】按钮且单击【拔模开/关】按钮时可用）：切换草图轮廓，可以选择拔模所用的参考轮廓。

2. 【所选轮廓】选项组

◇所选轮廓参数用来列举生成筋特征的草图轮廓。

5.6.2 筋特征实例示范

01 打开素材库中的“第5章/5.6.2 筋特征.sldprt”文件，如图5-108所示。

02 单击【草图】工具栏中的【草图绘制】按钮，在绘图区选择【右视基准面】作为草图绘制平面。

03 单击【草图】工具栏中的【直线】按钮，绘制如图5-109所示的草图。

04 单击【尺寸/几何关系】工具栏中的【添加几何关系】按钮，将草图中直线的两端点分别与模型边线约束“重合”，如图5-110所示。

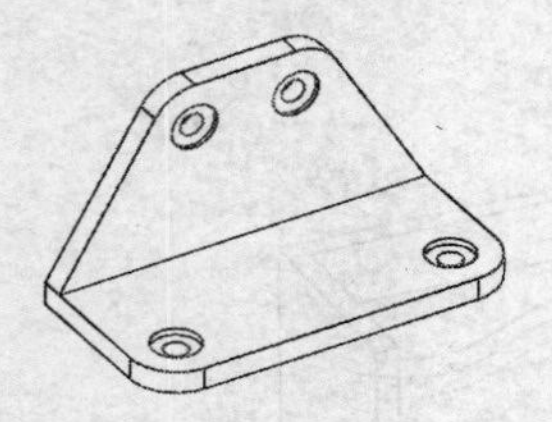

图5-108 “5.6.2 筋板”文件

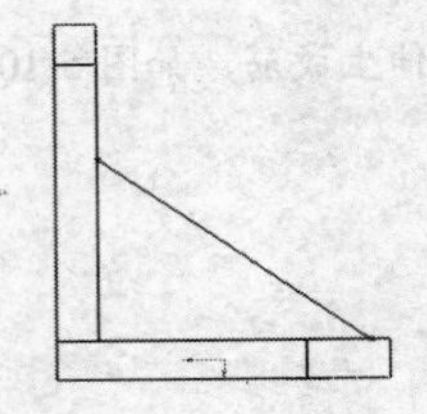

图5-109 绘制草图

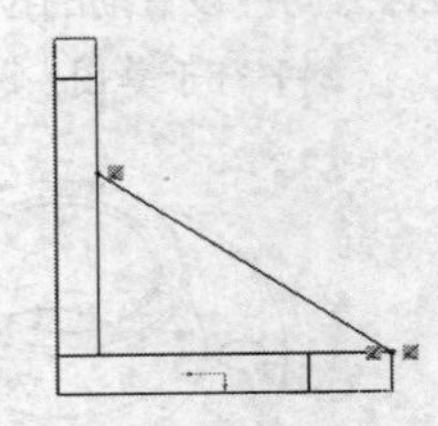

图5-110 添加几何约束

05 单击【尺寸/几何关系】工具栏中的【智能尺寸】按钮，标注如图5-111所示的尺寸。

06 单击特征工具栏中的【筋】按钮，系统弹出【筋】对话框，在对话框中设置如图5-112所示的参数。

07 单击对话框中的【确定】按钮，生成如图5-113所示的筋板。

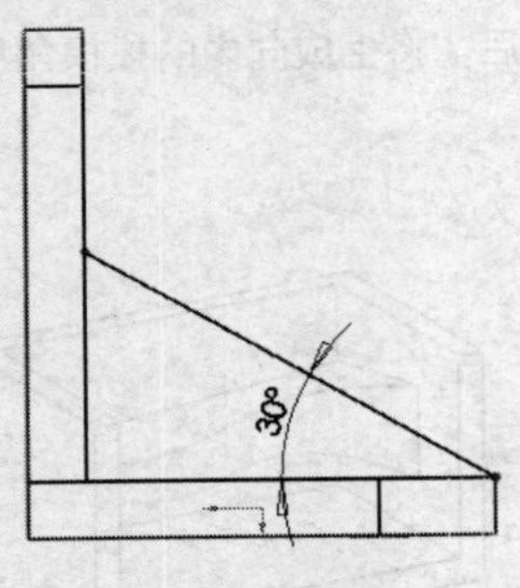

图5-111 标注尺寸

图5-112 参数设置

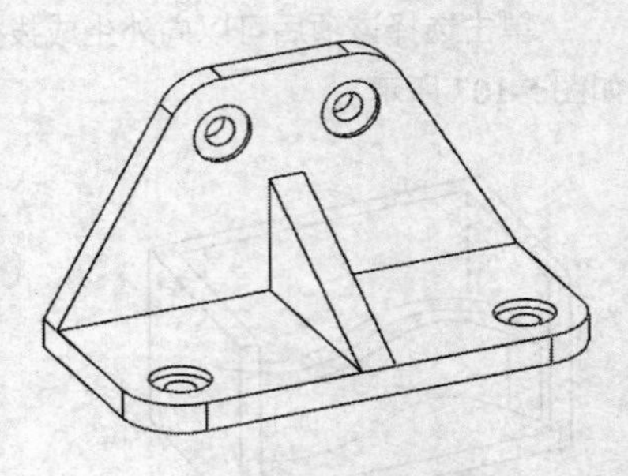

图5-113 生成筋特征

5.7 镜向特征

当零件的结构具有对称性时，可以先创建该零件结构的一半，然后使用镜向的方法生成另一半，镜向平面可以是基准面也可以是实体平面。

5.7.1 镜向特征操作界面

选择菜单栏中的【插入】|【阵列/镜向】|【镜向】命令，或者单击【特征】工具栏中的【镜向】按钮，系统弹出【镜向】对话框，如图 5-114 所示。

在【镜向】对话框中，各选项的含义如下：

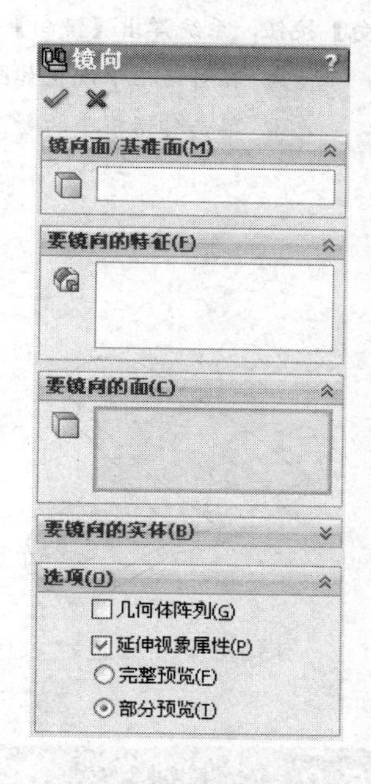

图 5-114　【镜向】对话框

1. **【镜向面/基准面】选项组**

镜向面/基准面：在绘图区选择一个面或基准面作为镜向面。

2. **【要镜向的特征】选项组**

要镜向的特征：单击模型中一个或多个特征或使用特征管理器设计树中弹出的部分来设置要镜向的特征。

3. **【要镜向的面】选项组**

要镜向的面：在图形区域中单击选择要镜向的特征面。

4. **【要镜向的实体】选项组**

要镜向的实体：在图形区域中单击选择要镜向的实体。

5. **【选项】选项组**

几何体阵列：如果仅想镜向特征的几何体(面和边线)，而并非想求解整个特征，请选择几何体阵列复选框。

延伸视象属性：若想镜向已镜向实体的视象属性（SolidWorks 的颜色、纹理和装饰螺纹数据延），选取延伸视象属性。

合并实体（当选择要镜向实体时有用）：当您在实体零件上选择一个面并消除【合并实体】复选框时，您可生成附加到原有实体但为单独实体的镜向实体。如果您选择【合并实体】，原有零件和镜向的零件成为单一实体。

缝合曲面（当选择要镜向实体时有用）：如果选择通过将镜向面附加到原有面但在曲面之间无交叉或缝隙来镜向曲面，可选择【缝合曲面】将两个曲面缝合在一起，如图 5-115 所示。

完整预览：显示所有特征的镜像预览。

部分预览：只显示一个特征的镜像预览。

前视图生成的曲面

选择曲面缝合复选框镜向

取消选择曲面缝合镜向

图 5-115　缝合曲面的运用

5.7.2 镜向特征实例示范

镜向特征的具体操作方法如下：

01 打开素材库中的“第 5 章/5.7.2 镜向.sldprt”文件，如图 5-116 所示。

02 选择菜单栏中的【插入】|【阵列/镜向】|【镜向】命令，或者单击【特征】工具栏中的【镜向】按钮，系统弹出【镜向】对话框。

03 在对话框中设置如图 5-117 所示的参数，在绘图区中选择所有特征。

04 单击对话框中的【确定】按钮，生成镜向特征，如图 5-118 所示。

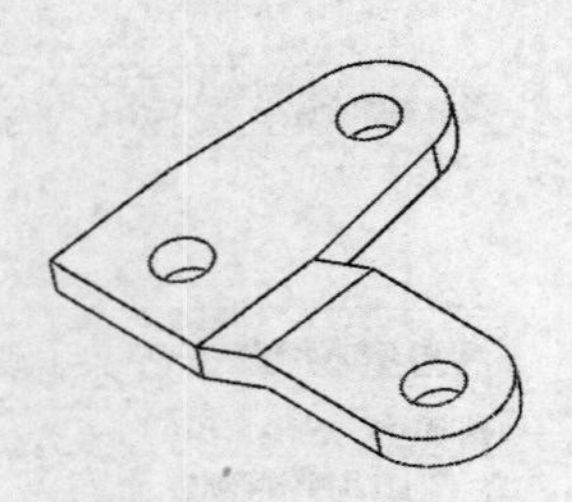

图 5-116 “5.7.2 镜向”文件

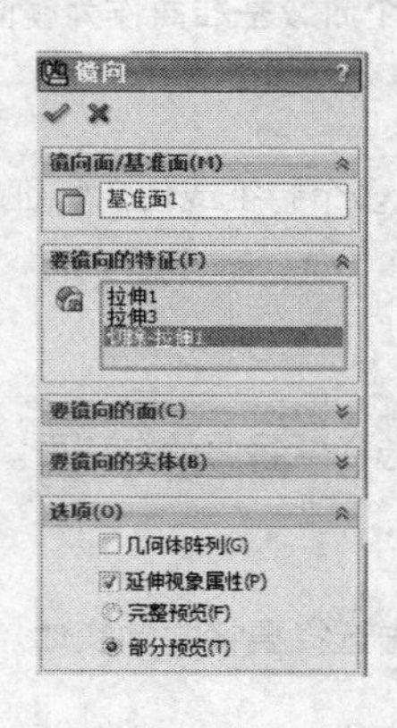

图 5-117 参数设置

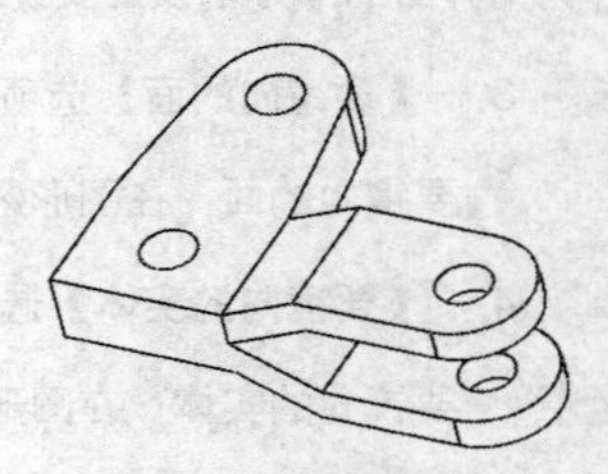

图 5-118 生成镜向特征

5.8 阵列特征

阵列操作实际上是一种特殊的复制操作，可以根据原始特征创建一系列具有某种关系的特征。常见的阵列方式主要包括线性阵列、圆周阵列、曲线驱动阵列、草图驱动阵列、表格驱动阵列、填充阵列等。

5.8.1 线性阵列特征

特征的线性阵列是在一个或者几个方向同时进行阵列操作，阵列的对象可以是凸台、孔等特征。

1. 操作界面

单击【特征】工具栏中的【线性阵列】按钮，或者选择菜单栏中的【插入】|【阵列/镜向】|【线性阵列】命令，系统弹出【线性阵列】对话框，如图 5-119 所示。

在【线性阵列】对话框中，各选项的含义如下：

- 【方向 1】和【方向 2】选项组

阵列方向：设置阵列方向，可以选择线性边线、直线、轴或者尺寸。

反向：改变阵列方向。

和间距：设置阵列实例之间的间距。

实例数：设置阵列实例数量。

只阵列源：只使用圆特征而不复制【方向 1】选项组的阵列实例在【方向 2】选项组中生成的线性阵列，如图 5-120a 所示为取消选择只阵列源选项的阵列孔效果，如图 5-120b 所示则是选择只阵列源选项的阵列孔效果。

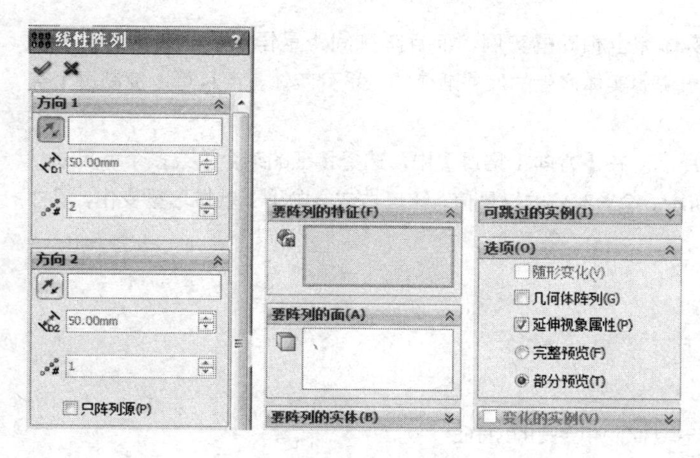

图 5-119　【线性阵列】对话框

a)取消选择【只阵列源】的效果

b) 选择【只阵列源】的效果

图 5-120　取消与选择【只阵列源】的效果

- 【要阵列的特征】选项组

可以使用所选择的特征作为源特征以生成线性阵列。

- 【要阵列的面】选项组

可以使用构成源特征的面生成阵列。在图形区域中选择源特征的所有面，这对于只输入构成特征的面而不是特征本身的模型很有用。当设置【要阵列的面】选项组参数时，阵列必须保持在同一面或者边界内，不能跨越边界。

- 【要阵列的实体】选项组

可以使用在多实体零件中选择的实体生成线性阵列。

- 【可跳过的实体】选项组

可以在生成线性阵列时跳过在图形区域中选择阵列实例。

- 【选项】选项组

随行变化：允许重复时阵列更改，如图 5-121 所示。

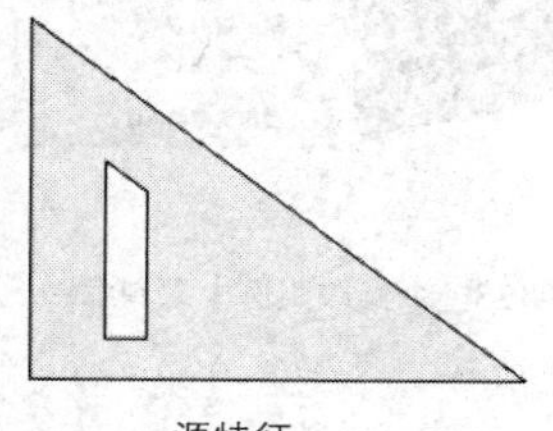

源特征

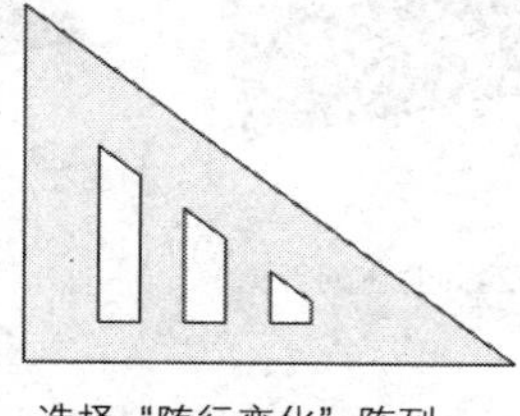

选择“随行变化”阵列

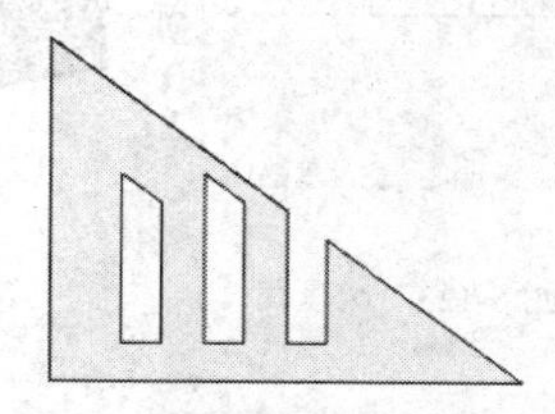

消除选择“随行变化”阵列

图 5-121　“随行变化”参数的运用

几何体阵列：只使用特征的几何体(面和边线)来生成阵列，而不阵列和求解特征的每个实例。几何体阵列选项可以加速阵列的生成及重建。对于与模型上其他面共用一个面的特征，则不能使用几何体阵列选项。

延伸视象属性：将 SolidWorks 的颜色、纹理和装饰螺纹数据延伸给所有阵列实例。

❑ 【变化的实例】选项组

在之前版本中，只能够阵列与源实体完全相同的实例，而且阵列间距是恒定的。变化的实例是 SolidWorks2013 新增的功能，允许阵列出由源实体产生的尺寸渐变的一系列实体，而且可以控制每个实体间距变化。

【变化的实例】选项组如图 5-122 所示。在【方向 1 增量】中，选择特征的某个（或多个）尺寸，对话框中出现尺寸增量列表如图 5-123 所示。输入对应的增量值，该尺寸在方向 1 上就按增量变化，尺寸增量变化效果如图 5-124 所示。

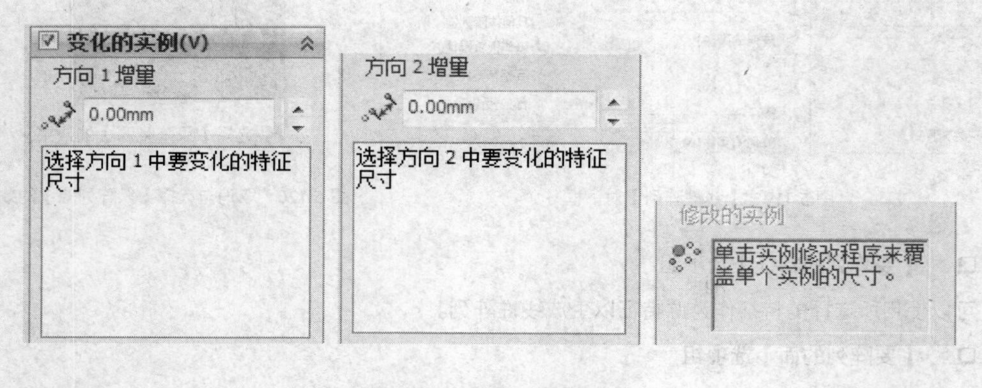

图 5-122 【变化的实例】选项组

【方向 2 增量】控制另一方向阵列的变化，使用方法相同，不再介绍。

【修改的实例】，如果对变化阵列中的某一个实例单独修改，在模型上单击选择该实例，弹出菜单如图 5-125 所示。若选择【跳过实例】，该实例将不生成。若选择【修改实例】，将弹出修改编辑框如图 5-126 所示，在框中修改此实例的特征尺寸和间距。修改某个单独的实例效果如图 5-127 所示。

图 5-123 增量表　　图 5-124 变化的阵列　　图 5-125 【修改实例】菜单命令

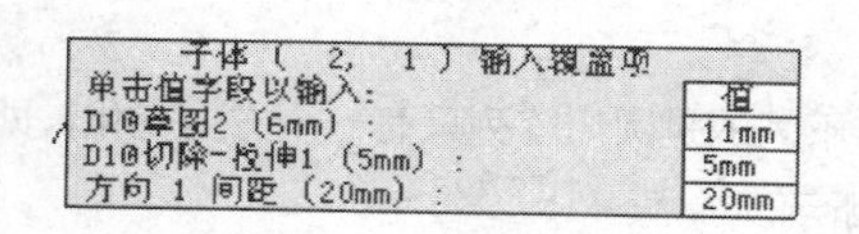

图 5-126　编辑实体尺寸

图 5-127　修改某个实例

2．实例示范

线性阵列具体操作方法如下：

01 打开素材库中的“第 5 章/5.8.1 线性阵列.sldprt”文件，如图 5-128 所示。

02 单击【特征】工具栏中的【线性阵列】按钮或者选择【插入】|【阵列/镜向】|【线性阵列】菜单命令，系统弹出【线性阵列】对话框。

03 在对话框中设置如图 5-129 所示的参数，单击【确定】按钮，生成线性阵列特征，如图 5-130 所示。

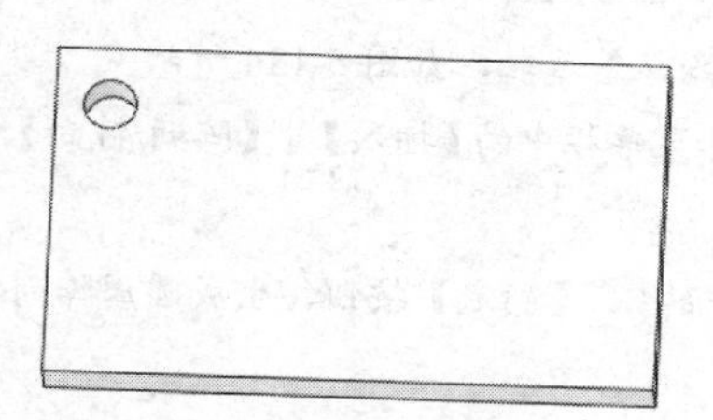

图 5-128　线性阵列示例

图 5-129　参数设置

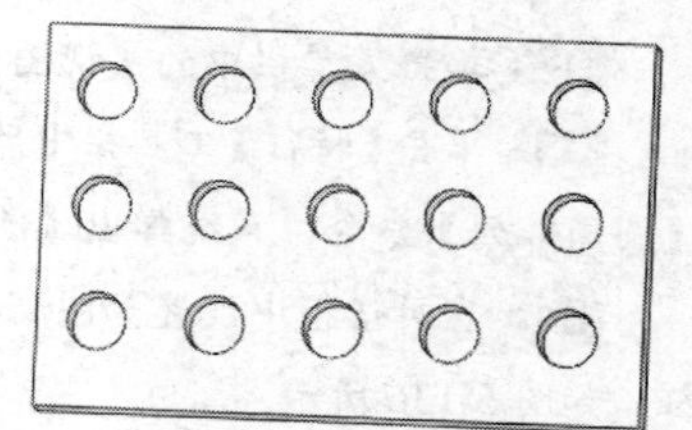

图 5-130　生成的阵列模型

5.8.2 圆周阵列特征

圆周阵列是将源特征围绕指定的轴线复制多个特征。

1．操作界面

单击【特征】工具栏中的【圆周阵列】按钮，或者选择菜单栏中的【插入】|【阵列/镜向】|【圆周阵列】命令，系统弹出【圆周阵列】对话框，如图 5-131 所示。

在【圆周阵列】对话框中，各选项含义如下：

【参数】选项组

➢ 阵列轴：阵列绕此轴生成。如有必要，单击【反向】来改变圆周阵列的方向。

➢ 角度：指定每个实例之间的角度。

➢ 阵列个数：设定源特征的实例数。

➢ 等间距：系统自动设定总角度为 360°。

【变化的实例】选项组

【变化的实例】选项组与【线性阵列】中基本相同，不同的是圆周阵列只有一个方向变化，即沿圆周方向变化，且距离的增量是以角度度量的，如图 5-132 所示。

其他选项组参数设置与【线性阵列】的选项组参数设置相同，这里不再作介绍。

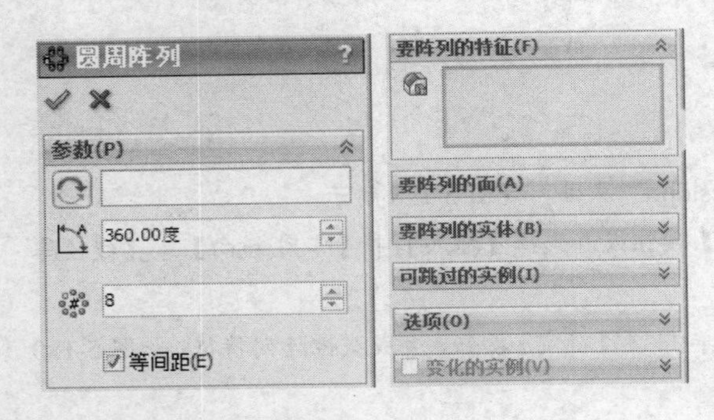

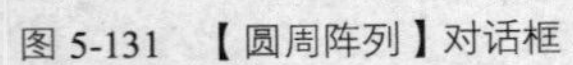

图 5-131 【圆周阵列】对话框

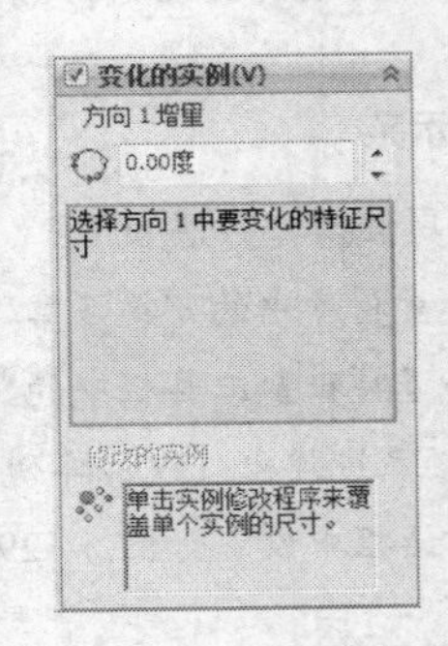

图 5-132 【变化的实例】选项组

2. 实例示范

圆周阵列具体操作方法如下：

01 打开素材库中的“第 5 章/5.8.2 圆周阵列.sldprt”文件，如图 5-133 所示。

02 单击菜单栏中的【视图】|【临时轴】命令，出现系统默认基准轴，如图 5-134 所示。

03 单击【特征】工具栏中的【圆周阵列】按钮，或者选择菜单栏中的【插入】|【阵列/镜向】|【圆周阵列】命令，系统弹出【圆周阵列】对话框。

04 在对话框中设置如图 5-135 所示的参数。单击对话框中的【确定】按钮，生成圆周阵列特征，如图 5-136 所示。

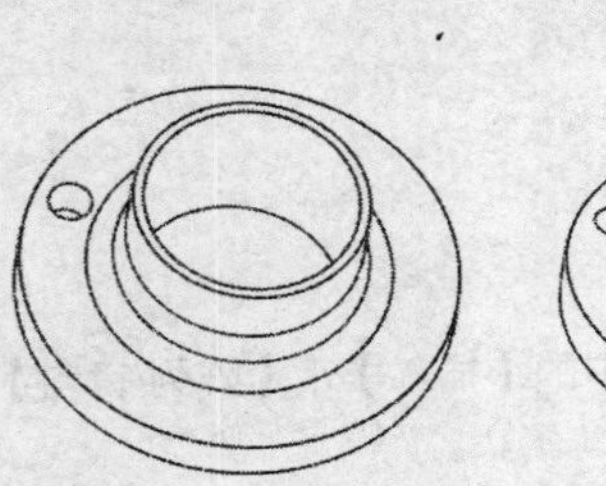

图 5-133 打开圆周阵列文件

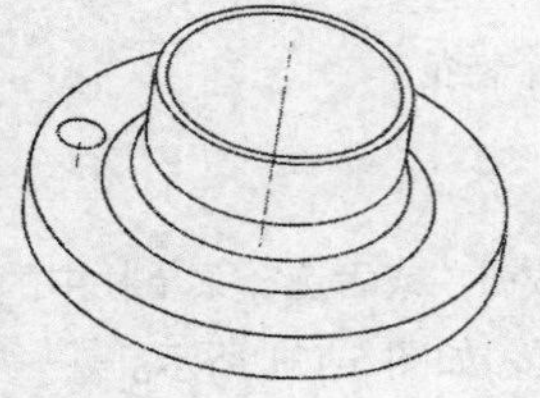

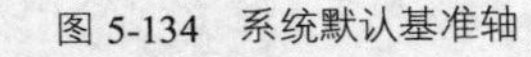

图 5-134 系统默认基准轴

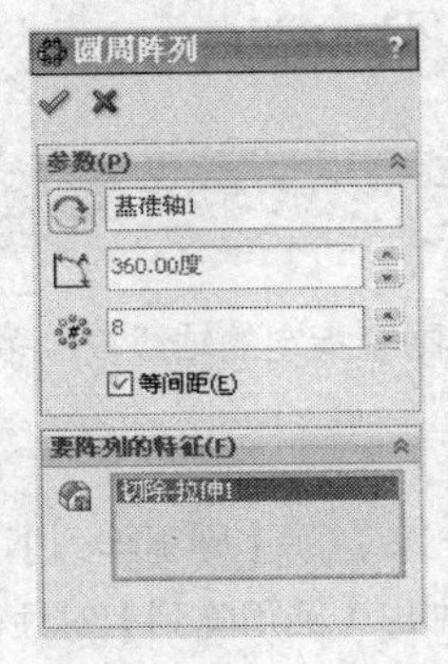

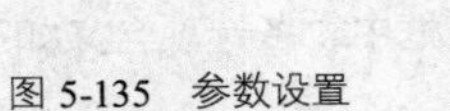

图 5-135 参数设置

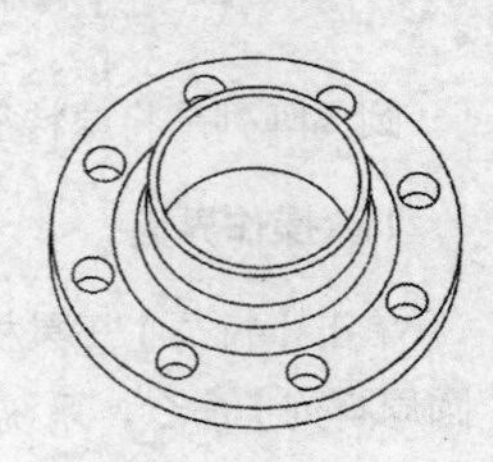

图 5-136 生成圆周阵列特征

5.8.3 曲线驱动阵列

1. 操作界面

曲线驱动的阵列是指特征可以沿着平面或 3D 曲线进行阵列。定义阵列所选择的曲线可以是任何草图线段或者是曲线边界、实体棱边。

选择菜单栏中的【插入】|【阵列/镜向】|【曲线驱动的阵列】命令，或者单击【特征】工具栏中的【曲线驱动的阵列】按钮，系统弹出【曲线驱动的阵列】对话框，如图 5-137 所示。

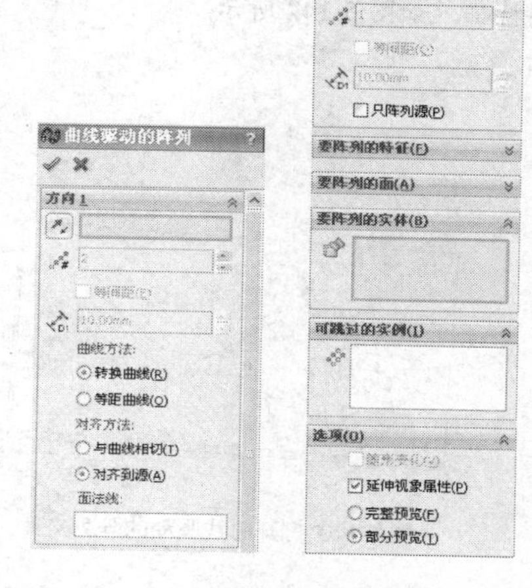

图 5-137 【曲线驱动的阵列】对话框

在【曲线驱动的阵列】对话框中，各选项含义如下：

【方向 1】选项组

阵列方向：选择一曲线、边线、草图实体、或从【特征管理器设计树】中选择草图作为阵列的路径。如有必要，单击【反向】按钮来改变阵列的方向。

反向：改变阵列方向。

实例数：为阵列中源特征的实例数设置一个数值。

等间距：设定每个阵列实例之间的距离相等，如图 5-138 所示为取消等间距复选框的阵列效果，如图 5-139 所示则是选择等间距复选框的阵列效果。

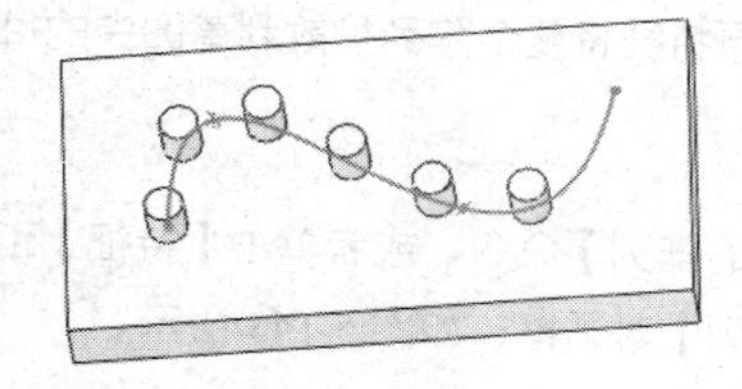

图 5-138 取消等间距复选框阵列

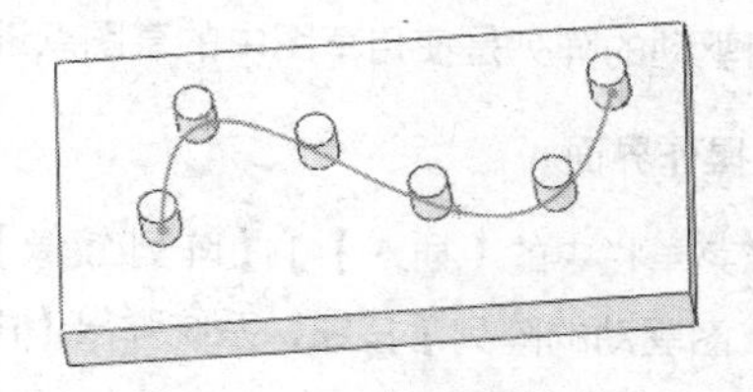

图 5-139 选择等间距复选框阵列

间距：沿曲线为阵列实例之间的距离设置一数值。曲线与要阵列的特征之间的距离垂直于曲线而测量。

曲线方法：使用所选择的曲线来定义阵列的方向。

- 转换曲线：为每个实例保留从所选曲线原点到源特征的【Delta X】和【Delta Y】的距离。
- 等距曲线：为每个实例保留从所选曲线原点到源特征的垂直距离。

对齐方法：

- 与曲线相切：对齐所选择的与曲线相切每个实例。
- 对齐到源：对齐每个实例以与源特征的原有对齐匹配。

面法线：（只针对 3D 曲线）选取 3D 曲线所在的面来生成曲线驱动的阵列。

其他选项组参数设置不再作介绍。

2. 实例示范

生成曲线驱动阵列的具体操作方法如下：

01 打开素材库中的“第5章/5.8.3 曲线驱动的阵列.sldprt”文件，如图5-140所示。

02 选择菜单栏中的【插入】|【阵列/镜向】|【曲线驱动的阵列】命令，或者单击【特征】工具栏中的【曲线驱动的阵列】按钮，系统弹出【曲线驱动的阵列】对话框。

03 在对话框中，设置如图5-141所示的参数，单击对话框中的【确定】按钮，生成曲线驱动阵列特征，如图5-142所示。

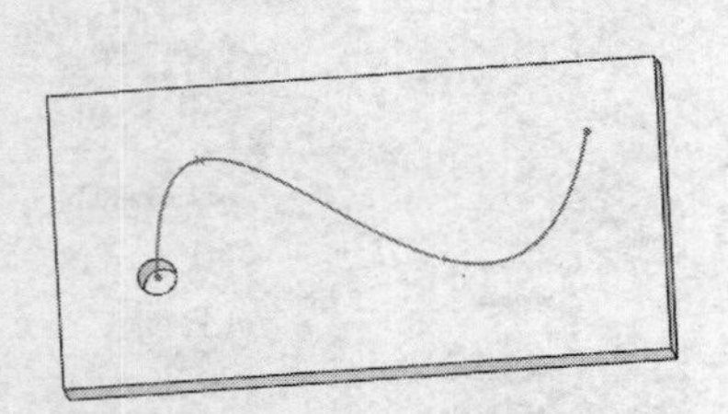

图5-140 打开曲线驱动的阵列文件

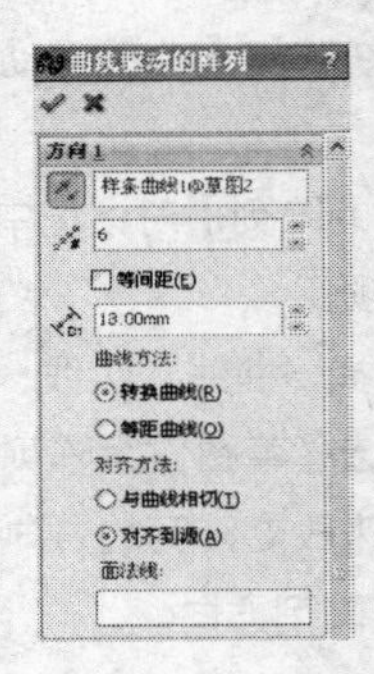

图5-141 参数设置

5.8.4 草图驱动阵列

草图驱动的阵列是使用草图中的草图点进行特征阵列，原特征将整个阵列扩散到草图中的每个点。

1. 操作界面

选择菜单栏中的【插入】|【阵列/镜像】|【草图驱动的阵列】命令，或者单击【特征】工具栏中的【草图驱动的阵列】按钮，系统弹出【由草图驱动的阵列】对话框，如图5-143所示。

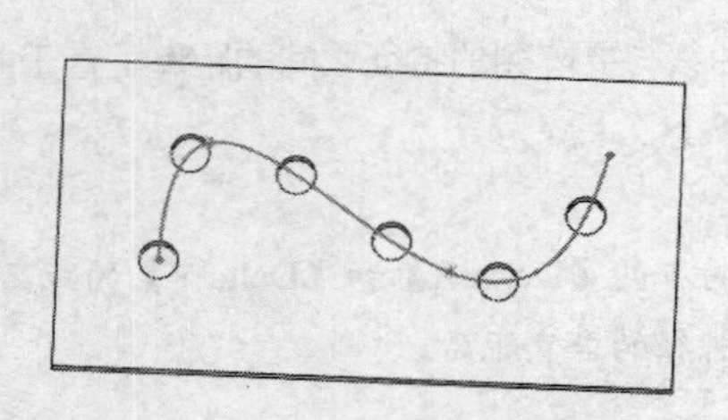

图5-142 生成曲线驱动阵列

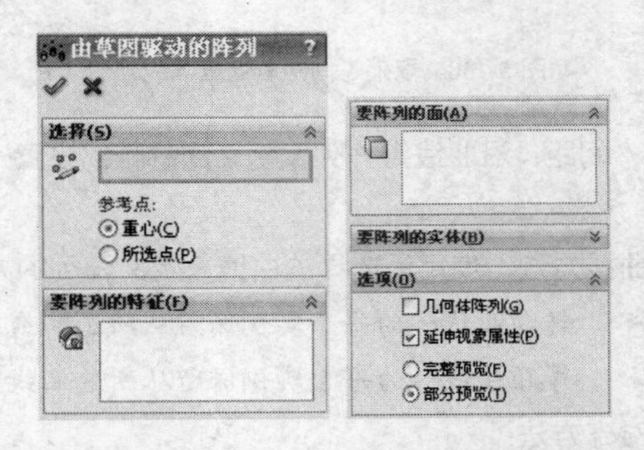

图5-143 【由草图驱动的阵列】对话框

在【由草图驱动的阵列】对话框中，各选项的含义如下：

- 参考草图：在【特征管理设计树】中选择草图用作阵列。
- 重心：根据源特征的类型决定重心。
- 所选点：在图形区域中选择一个点作为参考点。

其他选项组中的参数设置这里不再重复了。

2. 实例示范

草图驱动阵列的具体操作方法如下：

01 打开素材库中的“第 5 章/5.8.4 草图驱动的阵列.sldprt”文件，如图 5-144 所示。

02 选择菜单栏中的【插入】|【阵列/镜向】|【草图驱动的阵列】命令，或者单击【特征】工具栏中的【草图驱动的阵列】按钮，系统弹出【由草图驱动的阵列】对话框。

03 单击绘图区中的草图点作为参考草图，选择要阵列的特征，如图 5-145 所示。

04 单击对话框中的【确定】按钮，生成草图驱动阵列特征，如图 5-146 所示。

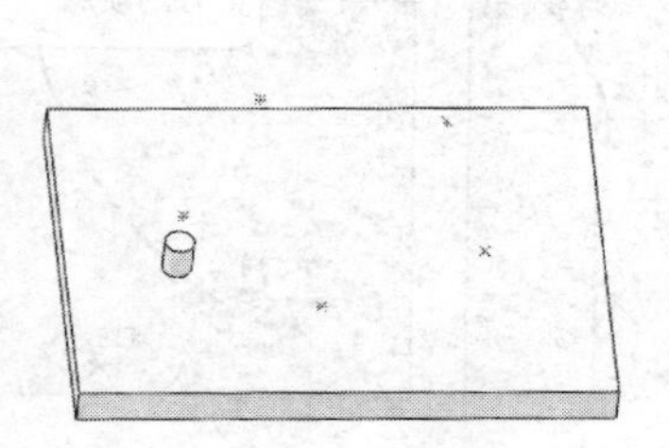
图 5-144　打开示例文件

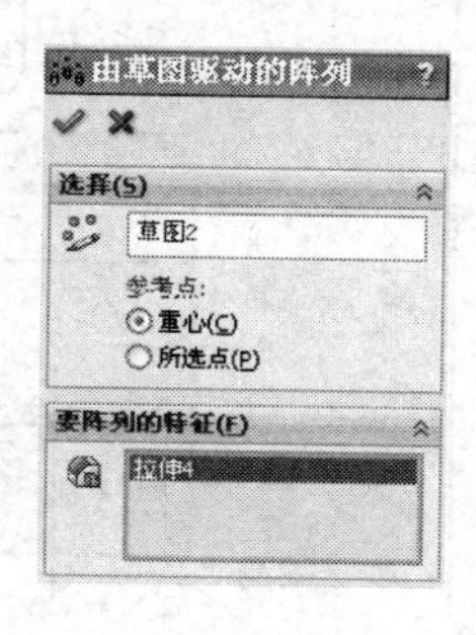

图 5-145　参数设置

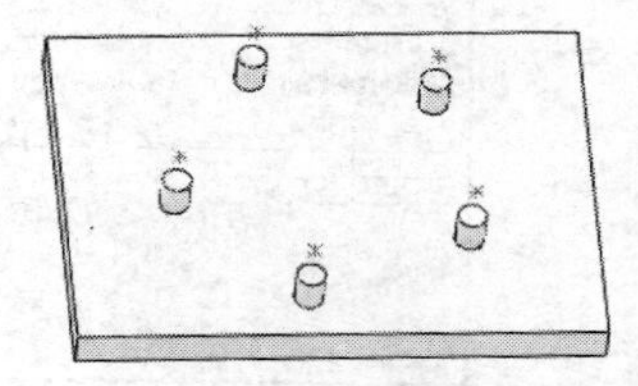
图 5-146　生成阵列特征

5.8.5 表格驱动阵列

通过【表格驱动的阵列】命令，可以使用 x、y 坐标来对指定的源特征进行阵列。使用 x、y 坐标的孔阵列是表格驱动中比较常见的应用，但也可以使用其他源特征。

1. 操作界面

选择菜单栏中的【插入】|【阵列/镜向】|【表格驱动的阵列】命令，或者单击【特征】工具栏中的【表格驱动的阵列】按钮，系统弹出【由表格驱动的阵列】对话框，如图 5-147 所示。

在【由表格驱动的阵列】对话框中，各选项含义如下：

读取文件：输入带 x、y 坐标的阵列表或文字文件。单击【浏览】按钮，然后选择阵列表(*.sldptab)文件或文字(*.txt)文件来输入现有的 x、y 坐标。

所选点：将参考点设定到所选顶点或草图点。

重心：将参考点设定到源特征的重心，它们之间的区别如图 5-148 所示。

坐标系：设定用来生成表格阵列的坐标系，包括选择原点或从【特征管理器设计树】中选择所生成的坐标系。

要复制的实体：根据多实体零件生成阵列。

要复制的特征：根据特征生成阵列。可以选择多个特征。

要复制的面：根据构成特征的面生成阵列，选择图形区域中的所有面，这对于只输入构成特征的面而不是特征本身的模型很有用。

几何体阵列：只使用对特征的几何体(如面和边线等)生成阵列。此选项可以加速阵列的生成及重建，

对于具有与零件其他部分合并的特征，不能生成几何体阵列，几何体阵列在选择了【要复制的实体】后则不可使用。

延伸视象属性：将 SolidWorks 的颜色、纹理和装饰螺纹数据延伸给所有阵列实例。

x、y 坐标表：使用 x、y 坐标为阵列实例生成位置点，双击数值框后输入数值即可。

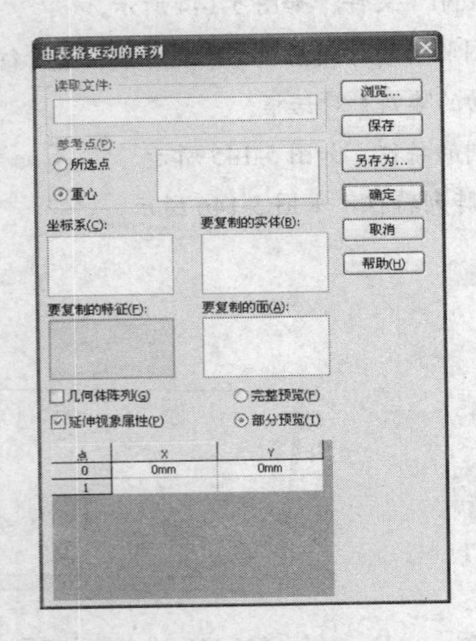

图 5-147 【由表格驱动的阵列】对话框

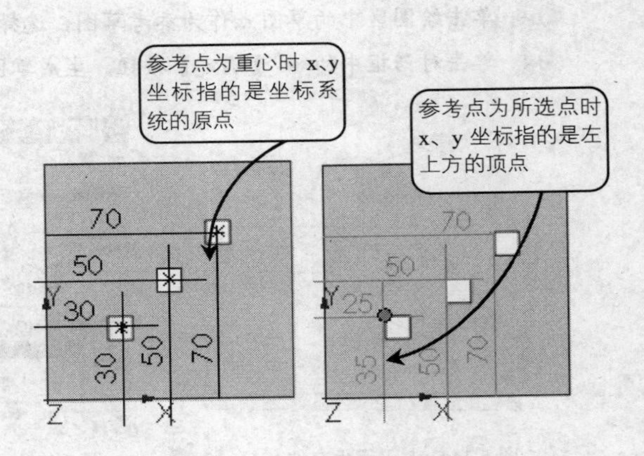

图 5-148 所选点与重心的区别

注 意：在生成表格驱动的阵列前，必须要先生成一个坐标系，并且要阵列的特征相对于该坐标系有确定的空间位置关系。

2. 实例示范

表格驱动阵列的具体操作方法如下：

01 打开素材库中的“第 5 章/5.8.5 表格驱动阵列.sldprt”文件，如图 5-149 所示。

02 选择【插入】|【参考几何体】|【坐标系】命令，系统弹出【坐标系】对话框。

03 设置【坐标系】对话框中的选项，在【原点】文本框中选择绘图区中的原点，在【X 轴】文本框中选择【上视基准面】，在【Z 轴】文本框中选择【前视基准面】，如图 5-150 所示。

04 单击 【确定】按钮，生成坐标系，如图 5-151 所示。

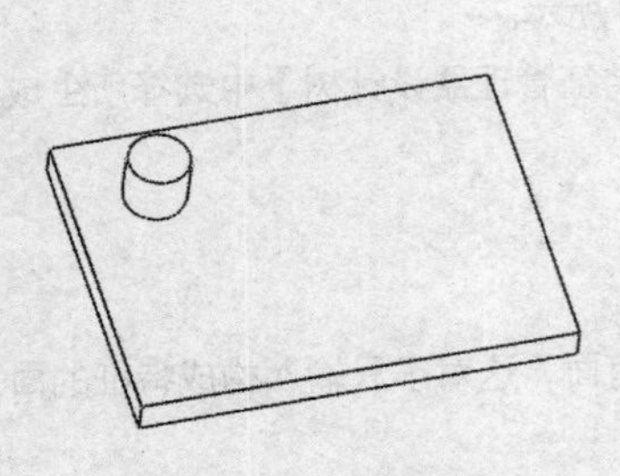

图 5-149 表格驱动阵列文件

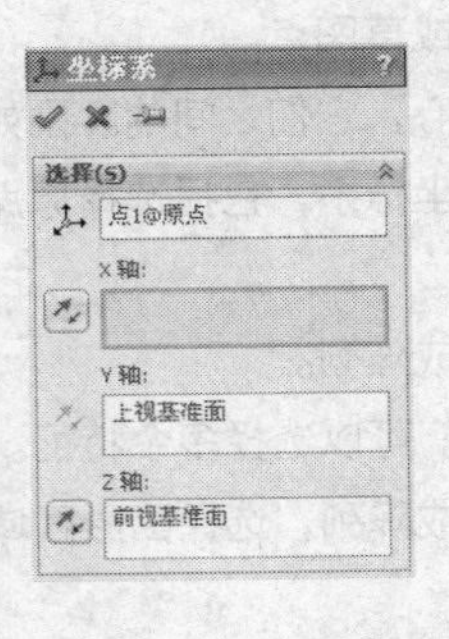

图 5-150 参数设置

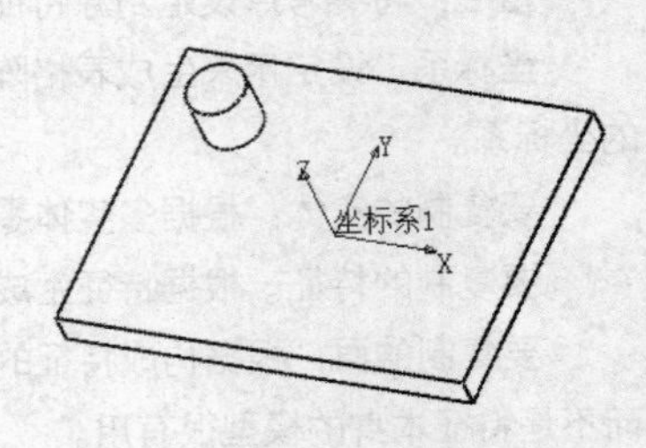

图 5-151 生成坐标系

05 选择菜单栏中的【插入】|【阵列/镜像】|【表格驱动的阵列】命令，或者单击【特征】工具栏中的【表格驱动的阵列】按钮，系统弹出【由表格驱动的阵列】对话框。

06 在对话框中设置如图5-152所示的参数，单击【确定】按钮，生成表格驱动的阵列，如图5-153所示。

5.8.6 填充阵列

填充阵列是指在一个平面上先创建一个用作阵列的对象，阵列对象的形状可以是圆形、矩形、多边形等。系统将根据用户设置的阵列形状进行切割并阵列。

1. 操作界面

选择菜单栏中的【插入】|【镜向/阵列】|【填充阵列】命令，或者单击【特征】工具栏中的【填充阵列】按钮，系统弹出【填充阵列】对话框，如图5-154所示。

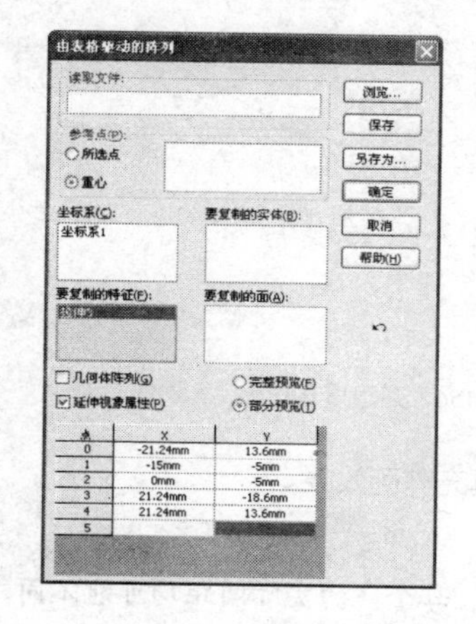

图5-152　参数设置

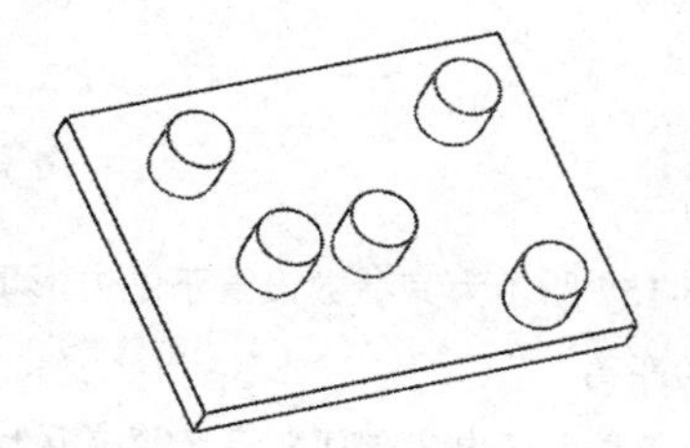

图5-153　生成表格驱动的阵列

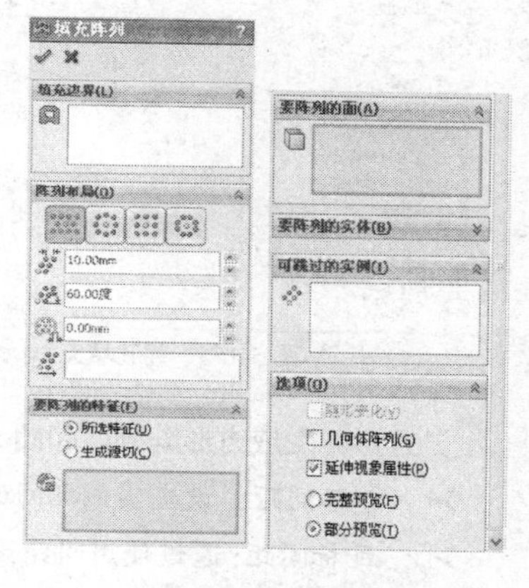

图5-154　【填充阵列】对话框

在【填充阵列】对话框中，各选项含义如下：

❑ 【填充边界】选项组

填充边界：定义要使用阵列填充的区域。

❑ 【阵列布局】选项组

决定填充边界内实例的布局阵列，可自定义形状进行阵列，或对特征进行阵列，阵列实例以源特征为中心呈同轴心分布。在该选项组中有如下选项：

穿孔：为钣金穿孔式阵列生成网格，如图5-155所示为其参数设置下的穿孔填充阵列效果。

- ➢ 实例间距：设置实例中心的距离。
- ➢ 交错断续角度：设置各实例行之间的交错断续角度，起始点位于阵列方向所使用的向量处。
- ➢ 边距：设定填充边界与最远端实例之间的边距，可以将边距的值设定为零。
- ➢ 阵列方向：设定方向参考。如果未指定参考，系统将使用最合适的参考。

圆周：生成圆周形阵列，如图5-156所示为其参数设置下的圆周填充阵列效果。

- ➢ 环间距：设定实例环间的距离。

➢ 目标间距：设置每个环内实例间距离以填充区域。每个环的实际间距均可能不同，因此各实例会进行均匀调整。
➢ 每环的实例：使用实例数（每环）来填充区域。
➢ 实例间距：设定每个环内实例中心间的距离。
➢ 实例数：设定每环的实例数。
➢ 边距：设定填充边界与最远端实例之间的边距。可以将边距的值设定为零。
➢ 阵列方向：设置方向参考。如果未指定参考，系统将使用最合适的参考。

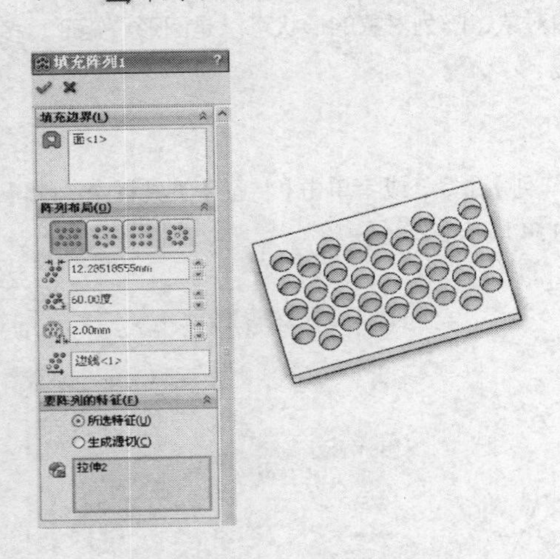
图 5-155　穿孔填充阵列

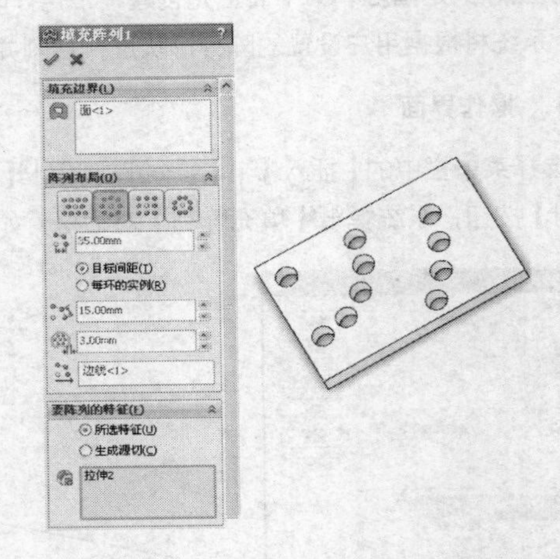
图 5-156　圆周填充阵列

方形：生成方形阵列，如图 5-157 所示为其参数设置下的方形填充阵列效果。
➢ 环间距：设定实例环间的距离。
➢ 目标间距：通过使用间距设定每个环内实例间距离来填充区域。每个环的实际间距均可能不同，因此各实例会进行均匀调整。
➢ 每边的实例：使用实例数（每个方形的每边）填充区域。
➢ 实例间距：设定每个环内实例中心间的距离。
➢ 边距：设定填充边界与最远端实例之间的边距。可以将边距的值设定为零。
➢ 阵列方向：设定方向参考。如果未指定参考，系统将使用最合适的参考。

多边形：生成多边形阵列，如图 5-158 所示为其参数设置下的多边形填充阵列效果。
➢ 环间距：设定实例环间的距离。
➢ 多边形边：设定阵列中的边数。
➢ 目标间距：通过使用间距设定每个环内实例间距离填充区域。每个环的实际间距均可能不同，因此各实例会进行均匀调整。
➢ 每边的实例：使用实例数（每个菱形的每边）填充区域。
➢ 实例间距：设定每个环内实例中心间的距离。
➢ 实例数：设定每个菱形每边的实例数。
➢ 边距：设定填充边界与最远端实例之间的边距。可以将边距的值设定为零。
➢ 阵列方向：设定方向参考。如果未指定参考，系统将使用最合适的参考。

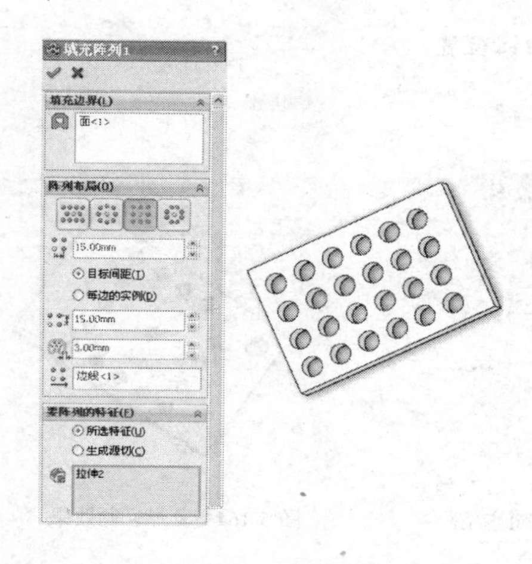

图 5-157 方形填充阵列

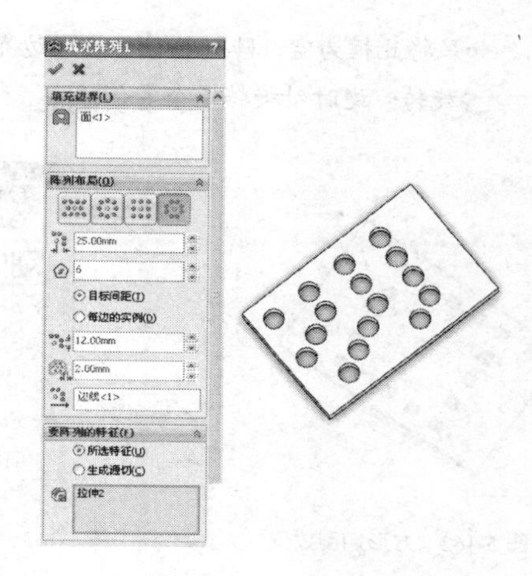

图 5-158 多边形填充阵列

【要阵列的特征】选项组

所选特征：选择要阵列的特征。

生成源切：为要阵列的源特征自定义切除形状。有如下选项：

- 圆：生成圆形切割作为源特征，其参数如图 5-159 所示，圆切割效果如图 5-160 所示。
- 直径：设定直径。
- 顶点或草图点：将源特征的中心定位在所选顶点或草图点处，并生成以该点为起始点的阵列。如果将此框为空，阵列将位于填充边界面上的中心位置。

方形：生成方形切割作为源特征，其参数如图 5-161 所示，方形切割效果如图 5-162 所示。

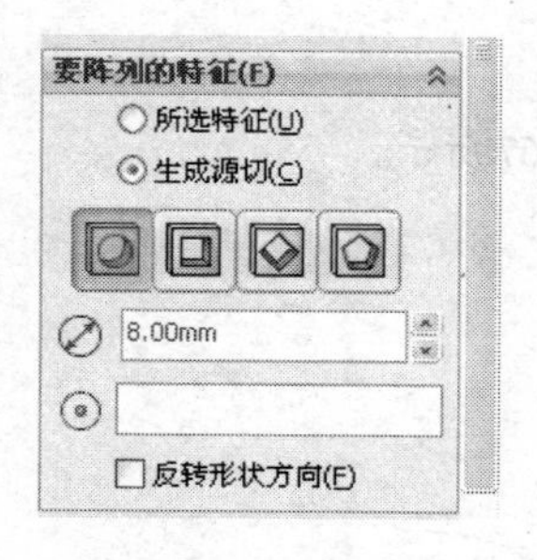

图 5-159 单击【圆】按钮

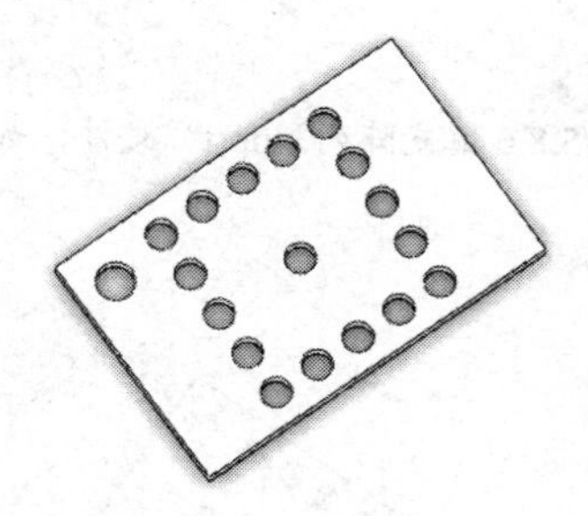

图 5-160 圆切割效果

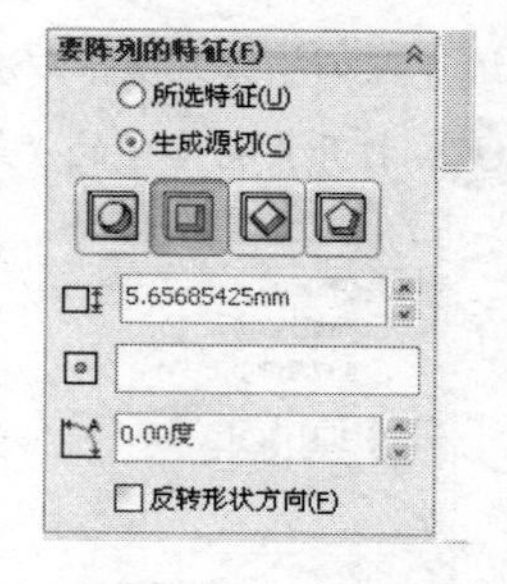

图 5-161 单击【方形】按钮

- 尺寸：设定各边的长度。
- 顶点或草图点：将源特征的中心定位在所选顶点或草图点处，并生成以该点为起始点的阵列。如果将此框为空，阵列将位于填充边界面上的中心位置。
- 旋转：逆时针旋转每个实例。

菱形：生成菱形切割作为源特征，其参数如图 5-163 所示，菱形切割效果如图 5-164 所示。

- 尺寸：设定各边的长度。
- 对角：设定对角线的长度。
- 顶点或草图点：将源特征的中心定位在所选顶点或草图点处，并生成以该点为起始点的阵列。

如果将此框为空，阵列将位于填充边界面上的中心位置。

➢ 旋转：逆时针旋转每个实例。

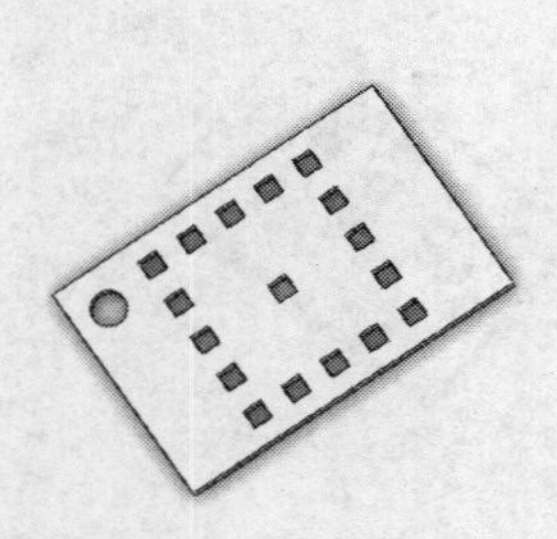

图 5-162　方形切割效果

图 5-163　单击【菱形】按钮

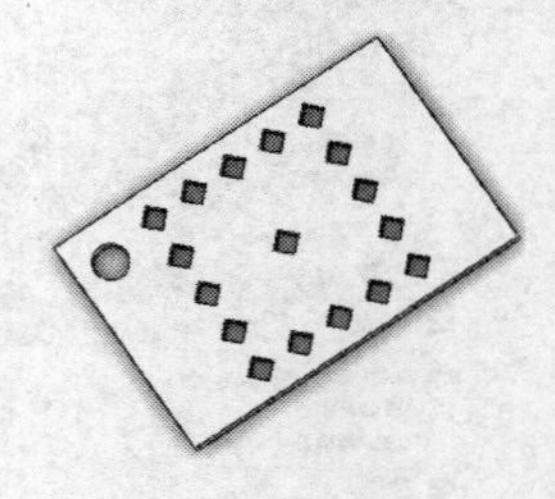

图 5-164　菱形切割效果

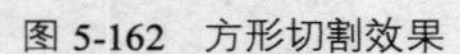

多边形：生成多边形切割作为源特征，参数如图 5-165 所示，多边形切割效果如图 5-166 所示。

➢ 多边形边：设定边数。

➢ 外径：根据外径设定大小。

➢ 内径：根据内径设定大小。

➢ 顶点或草图点：将源特征的中心定位在所选顶点或草图点处，并生成以该点为起始点的阵列。如果将此框为空，阵列将位于填充边界面上的中心位置。

➢ 旋转：逆时针旋转每个实例。

反转形状方向：围绕在填充边界中所选择的面反转源特征的方向。

其他选项组中的参数设置不再进行介绍。

2. 实例示范

填充阵列的具体操作方法如下：

01 打开素材库中的“第 5 章/5.8.6 填充阵列.sldprt”文件，如图 5-167 所示。

图 5-165　单击【多边形】

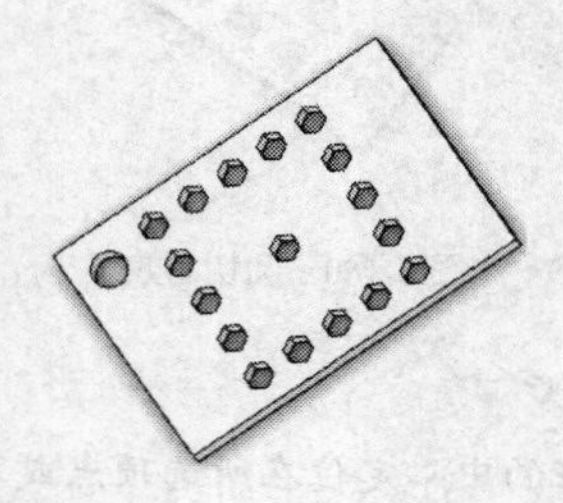

图 5-166　多边形切割效果

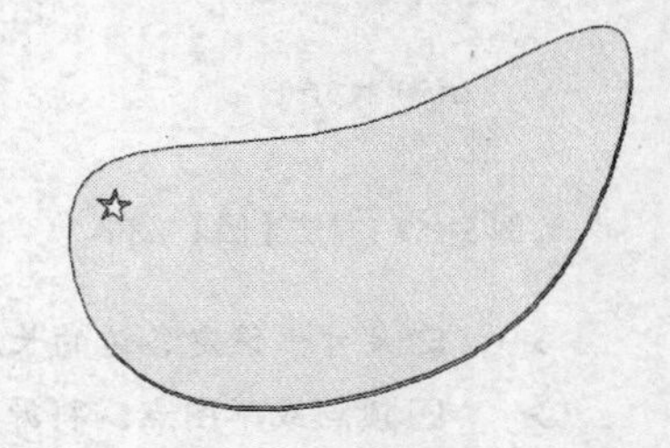

图 5-167　打开示例文件

02 选择菜单栏中的【插入】|【阵列/镜像】|【填充阵列】命令，或者单击【特征】工具栏中的【填充阵列】按钮，系统弹出【填充阵列】对话框。

03 单击绘图区中的模型上表面作为填充边界，设置如图 5-168 所示的参数。

04 单击对话框中的【确定】按钮，完成填充阵列，如图 5-169 所示。

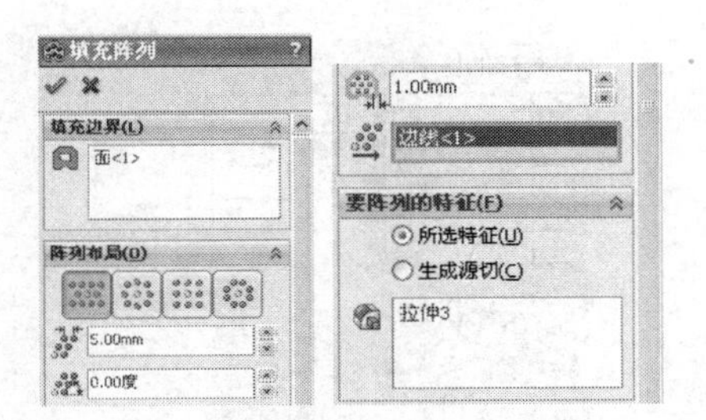

图 5-168　参数设置

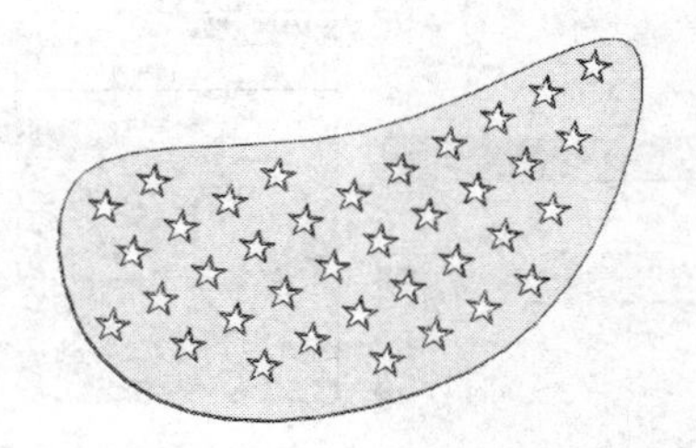

图 5-169　填充阵列

5.9 相交工具

Solidworks2013 新增了相交工具，相交工具通过相交的实体、平面或曲面修改现有几何体，或者创建新几何体。如图 5-170 所示为相交的锥体和球体，利用相交工具，在球体上生成一个锥形孔，如图 5-171 所示。

图 5-170　两个相交的实体

图 5-171　相交工具生成锥形孔

注意：相交工具要求选择两个或多个相交的实体，因此在拉伸、旋转等创建实体操作时，注意去掉对话框中的【合并结果】选项。

5.9.1 相交工具操作界面

单击【特征】工具栏上的【相交】按钮，或从菜单栏选择【插入】|【特征】|【相交】，系统弹出【相交】对话框，如图 5-172 所示。对话框中各选项组的含义如下：

- 【选择】选项组
  - 拾取栏：从模型上拾取要相交的对象，可以拾取多个实体、曲面或基准面。
  - 【曲面上的封盖平面开口】：勾选此项，将不封闭的曲面用一个平面封闭。
  - 【相交】按钮：选择相交对象后，单击【相交】按钮，系统计算相交区域。
- 【要排除的区域】选项组

单击【相交】按钮后，系统计算出实体或曲面间的相交区域，将这些区域列出在【要排除的区域】选项组中，如图 5-173 所示。

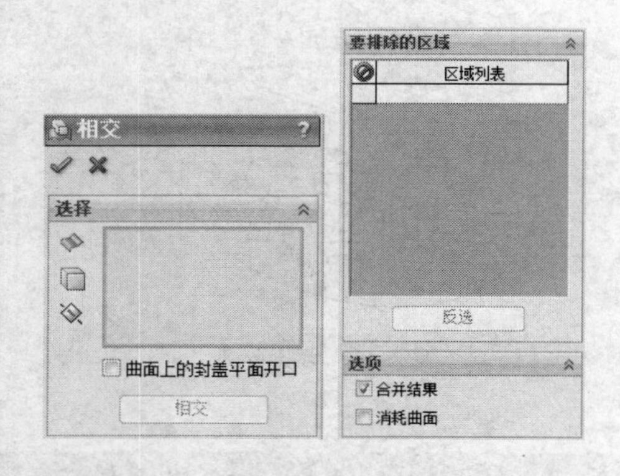

图 5-172 【相交】对话框

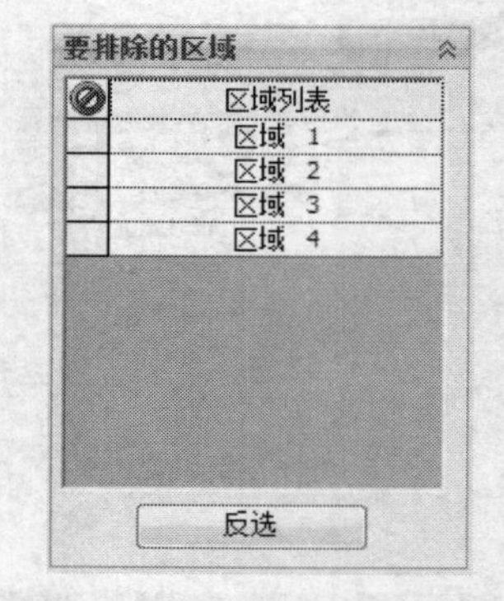

图 5-173 排除区域列表

在某个区域前勾选，则生成的结果中将不包含该区域。【反转】按钮用于在勾选项和未勾选项之间切换。

❑ 【选项】选项组

➢ 合并结果：勾选此项，生成的相交结果会将所有区域合并为单一实体，如果不勾选此项，每个区域成为单独的实体。

➢ 消耗曲面：勾选此项，生成相交结果中，伸出实体的曲面将被删除。如图 5-174 所示为保留曲面的效果，如图 5-175 所示为勾选【消耗曲面】的效果。

图 5-174 未使用【消耗曲面】

图 5-175 使用【消耗曲面】的效果

图 5-176 模型素材

5.9.2 相交工具实例示范

利用相交工具修改和创建实体的操作方法演示如下：

01 打开素材库中的“第 5 章/5.9.2 相交工具.sldprt”文件，模型如图 5-176 所示。其中包含相交的曲面和实体，曲面如图 5-177 所示。

02 单击【特征】工具栏上【相交】按钮，系统弹出【相交】对话框。选择曲面和圆盘为相交对象，然后单击【相交】按钮，系统计算出相交区域。

03 在【要排除的区域】选项组，选择“区域 1”和“区域 3”为要排除的区域，如图 5-178 所示。

04 在【选项】选项组，勾选【合并结果】和【消耗曲面】选项，单击对话框上【确定】，生成相交结果如图 5-179 所示。

图 5-177　曲面

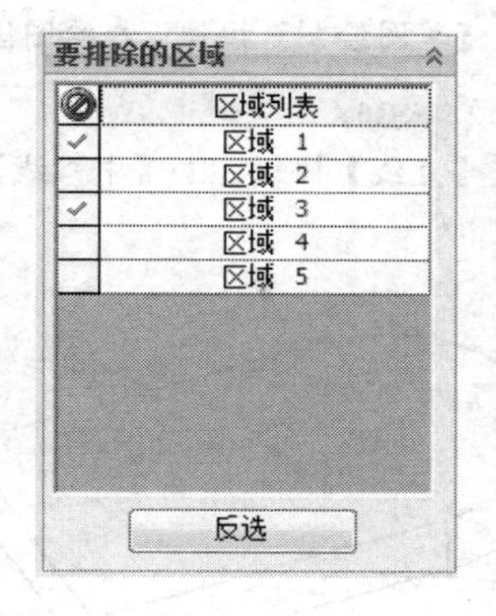

图 5-178　选择排除区域

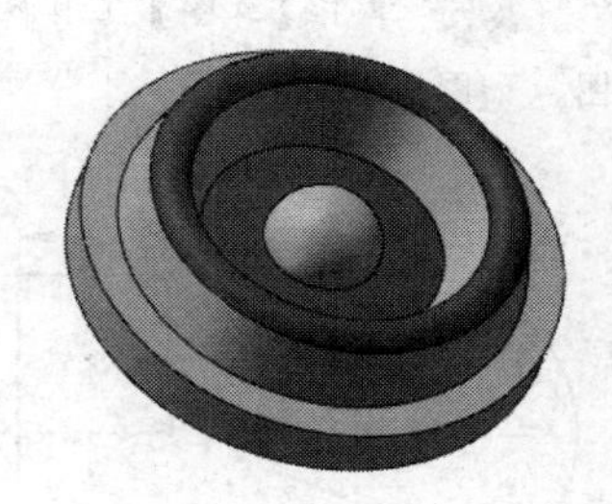

图 5-179　生成的相交结果

5.10 案例实战——连接零件

本实例是制作一个连接零件，最终效果如图 5-180 所示。

制作本实例可以分为如下步骤：

- 启动 SolidWorks 2013 并新建文件。
- 创建拉伸凸台主体。
- 创建镜像凸台特征。
- 创建筋特征。
- 创建简单直孔特征。
- 创建倒角特征。
- 创建倒圆角特征。
- 保存零件。

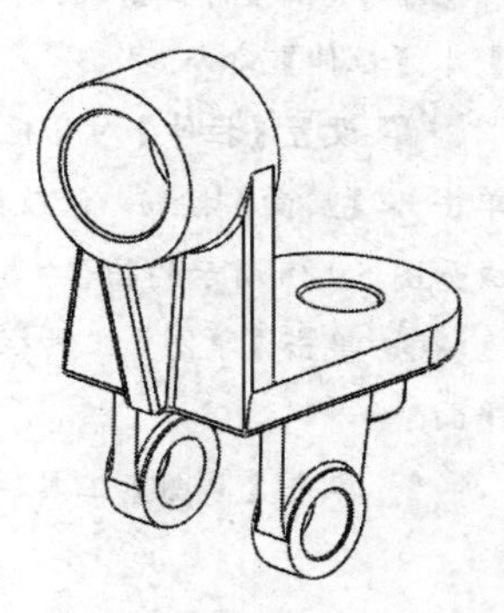

图 5-180　连接零件

1. 启动 SolidWorks 2013 并新建文件。

01 启动 SolidWorks 2013，单击【标准】工具栏中的【新建】按钮，系统弹出【新建 SolidWorks 文件】对话框。

02 选择【零件】图标，单击【确定】按钮，进入 SolidWorks 2013 的零件工作界面。

2. 创建拉伸凸台主体

01 单击【草图】工具栏中的【草图绘制】按钮，在绘图区选择【前视基准面】作为草图绘制平面。

02 单击【草图】工具栏中的【直线】按钮、【中心线】按钮和【3 点圆弧】按钮，绘制草图，并单击【尺寸/几何关系】工具栏中的【智能尺寸】按钮，添加尺寸，如图 5-181 所示。

03 单击【特征】工具栏上的【拉伸凸台/基体】按钮，或选择菜单栏中的【插入】|【凸台/基体】|【拉伸】命令。

04 设置【拉伸】对话框中的参数，在【方向 1】选项组中设置为“给定深度”，输入深度为 25mm。其他均为默认设置。单击【拉伸】对话框中的【确定】按钮，生成如图 5-182 所示的凸台。

05 单击【草图】工具栏中的【草图绘制】按钮，在绘图区选择【右视基准面】作为草图绘制平面。

06 单击【草图】工具栏中的【直线】按钮、【中心线】按钮和【3 点圆弧】按钮，绘制草图，如图 5-183 所示。

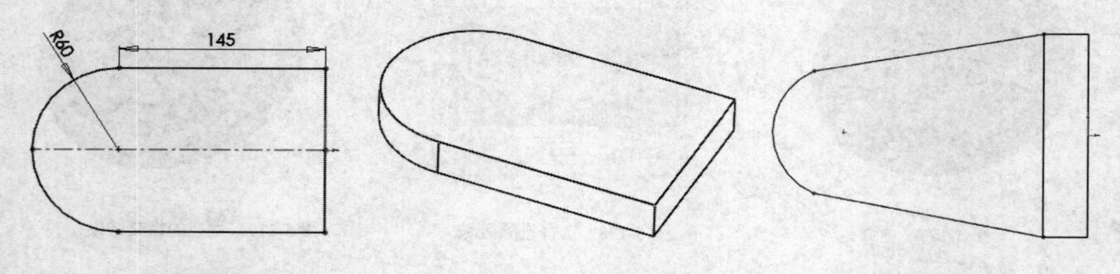

图 5-181 绘制草图 1　　图 5-182 生成拉伸凸台 1 特征　　图 5-183 绘制草图 2

07 单击【尺寸/几何关系】工具栏中的【智能尺寸】按钮，添加尺寸，单击【添加几何关系】按钮，将两斜直线添加【相等】几何关系，如图 5-184 所示。

08 单击【特征】工具栏上的【拉伸凸台/基体】按钮，或选择菜单栏中的【插入】|【凸台/基体】|【拉伸】命令。

09 设置【拉伸】对话框中的参数，在【方向 1】选项组中设置为"给定深度"，输入深度为 20mm，并单击【反向】按钮，修改拉伸方向。其他均为默认设置。单击【拉伸】对话框中的【确定】按钮，生成如图 5-185 所示的凸台。

10 单击【草图】工具栏中的【草图绘制】按钮，在绘图区选择创建的拉伸凸台 1 表面为草图绘制平面。

11 单击【草图】工具栏中的【圆】按钮，绘制一个圆，如图 5-186 所示。

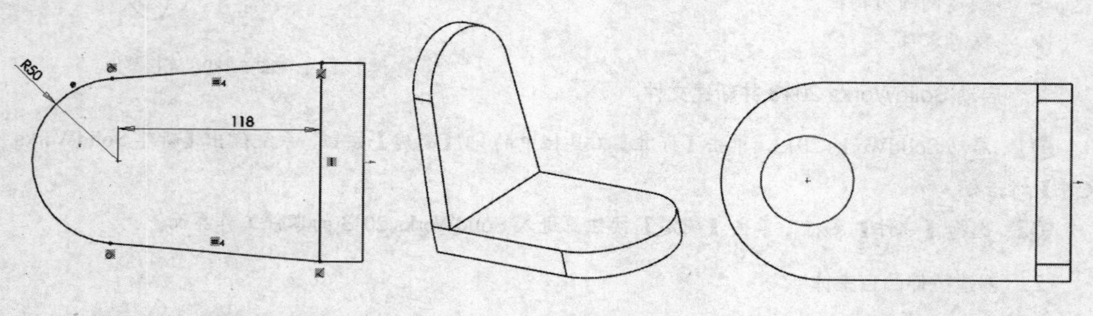

图 5-184 添加几何关系　　图 5-185 生成拉伸凸台 2　　图 5-186 绘制草图 3

12 单击【尺寸/几何关系】工具栏中的【智能尺寸】按钮，添加尺寸，单击【添加几何关系】按钮，将绘制的圆和圆弧添加【同心】几何关系，如图 5-187 所示。

13 单击【特征】工具栏上的【拉伸凸台/基体】按钮，或选择菜单栏中的【插入】|【凸台/基体】|【拉伸】命令。

14 设置【拉伸】对话框中的参数，在【方向 1】选项组中设置为"给定深度"，输入深度为 60mm，并单击【反向】按钮，修改拉伸方向。其他均为默认设置。单击【拉伸】对话框中的【确定】按钮，

生成如图 5-188 所示的凸台

15 单击【参考几何体】关系中的【基准面】按钮，打开【基准面】对话框，选择【右视基准面】作为第一参考，输入偏移距离为 25，单击勾选【反转】单选按钮。单击【确定】按钮，创建基准面 1，如图 5-189 所示。

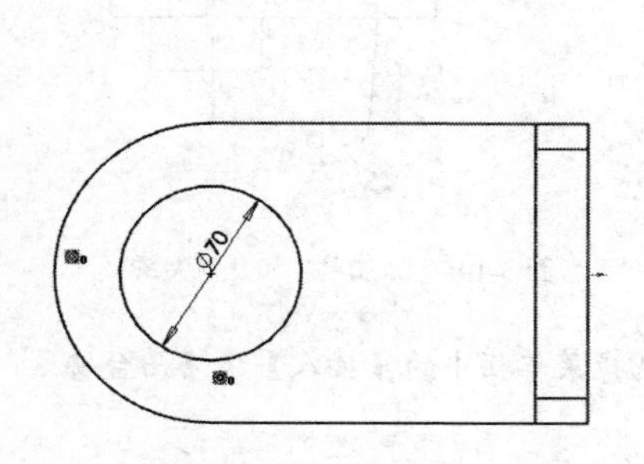

图 5-187　添加几何关系

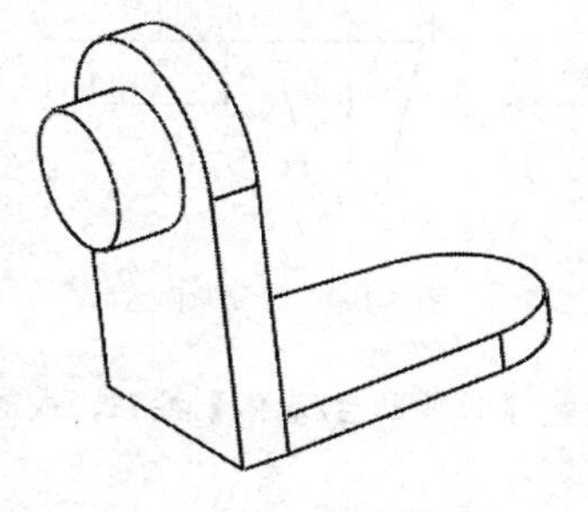

图 5-188　生成拉伸凸台 3

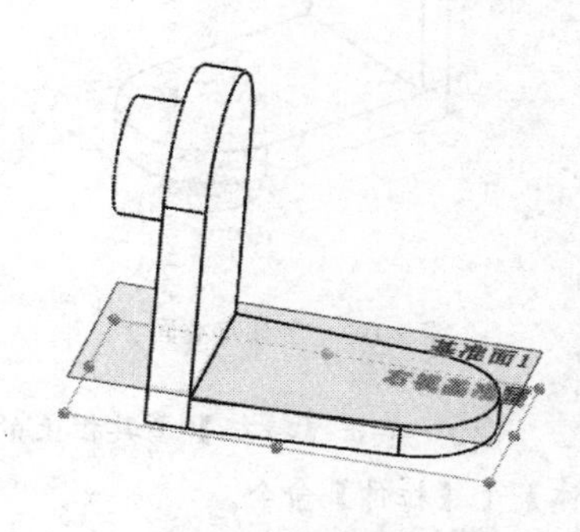

图 5-189　创建基准面 1

16 单击【草图】工具栏中的【草图绘制】按钮，在绘图区选择基准面 1 作为草图绘制平面。

17 单击【草图】工具栏中的【圆】按钮，绘制一个圆，如图 5-190 所示。

18 单击【尺寸/几何关系】工具栏中的【添加几何关系】按钮，将绘制的圆和圆弧添加【同心】和【相切】几何关系，如图 5-191 所示。

19 单击【特征】工具栏上的【拉伸凸台/基体】按钮，或选择菜单栏中的【插入】|【凸台/基体】|【拉伸】命令。

20 设置【拉伸】对话框中的参数，在【方向 1】选项组中设置为"给定深度"，输入深度为 70mm。其他均为默认设置。单击【拉伸】对话框中的【确定】按钮，生成如图 5-192 所示的凸台。

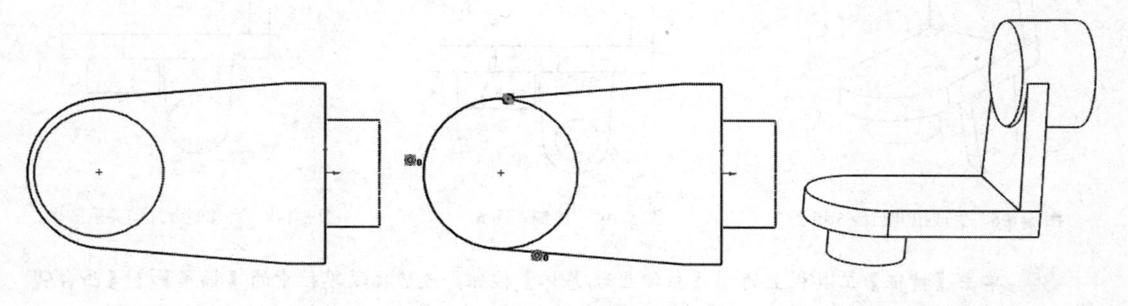

图 5-190　绘制草图 4　　图 5-191　添加几何关系　　图 5-192　生成拉伸凸台 4

21 单击【参考几何体】关系中的【基准面】按钮，打开【基准面】对话框。选择【上视基准面】作为第一参考，输入偏移距离为 48。单击【确定】按钮，创建基准面 2，如图 5-193 所示。

22 单击【草图】工具栏中的【草图绘制】按钮，在绘图区选择基准面 2 作为草图绘制平面。

23 单击【草图】工具栏中的【直线】按钮、【中心线】按钮和【圆弧】按钮，绘制如图 5-194 所示草图。

24 单击【尺寸/几何关系】工具栏中的【智能尺寸】按钮，添加尺寸，单击【添加几何关系】按钮，使草图关于中心线左右对称，如图 5-195 所示。

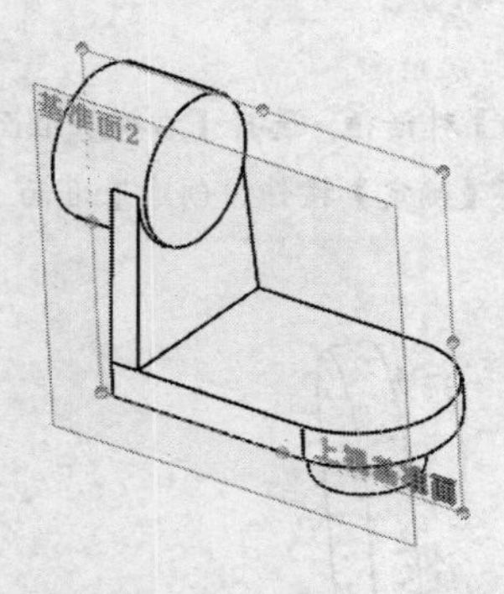

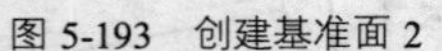

图 5-193 创建基准面 2

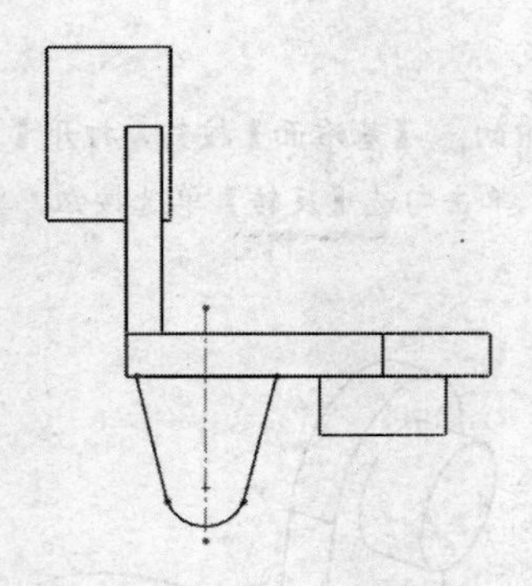

图 5-194 绘制草图 5

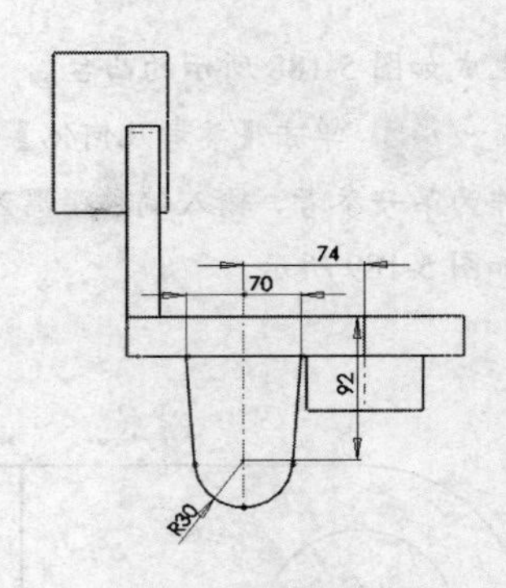

图 5-195 添加尺寸和几何关系

25 单击【特征】工具栏上的【拉伸凸台/基体】按钮，或选择菜单栏中的【插入】|【凸台/基体】|【拉伸】命令。

26 设置【拉伸】对话框中的参数，在【方向 1】选项组中设置为“两侧对称”，输入深度为 15mm。其他均为默认设置。单击【拉伸】对话框中的【确定】按钮，生成如图 5-196 所示的凸台。

27 单击【草图】工具栏中的【草图绘制】按钮，在绘图区选择基准面 2 作为草图绘制平面。

28 单击【草图】工具栏中的【圆】按钮，绘制一个圆，如图 5-197 所示。

29 单击【尺寸/几何关系】工具栏中的【添加几何关系】按钮，将绘制的圆和圆弧添加【同心】和【相切】几何关系，如图 5-198 所示。

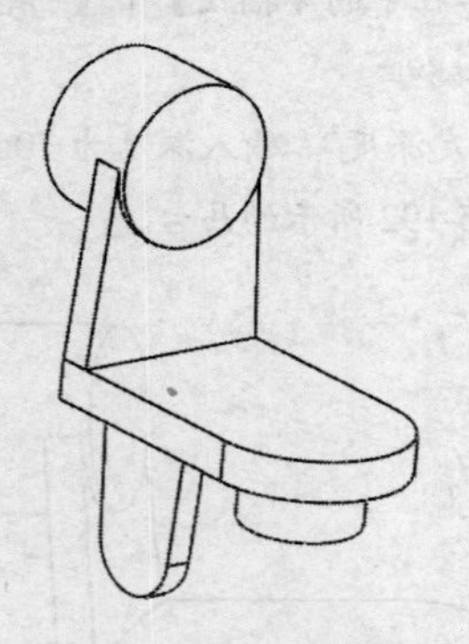

图 5-196 生成拉伸凸台 5 特征

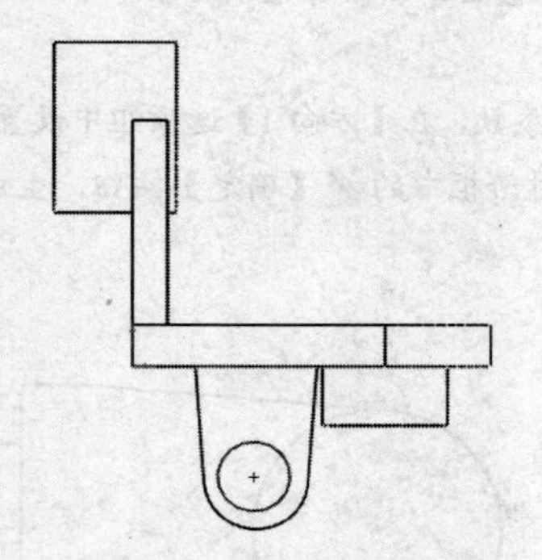

图 5-197 绘制草图 6

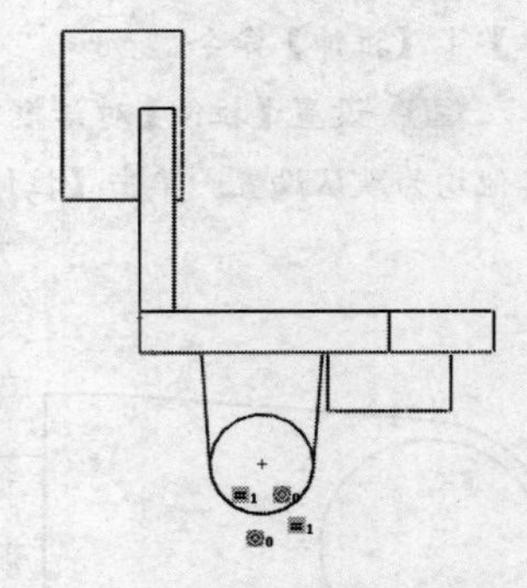

图 5-198 添加同心几何关系

30 单击【特征】工具栏上的【拉伸凸台/基体】按钮，或选择菜单栏中的【插入】|【凸台/基体】|【拉伸】命令。

31 设置【拉伸】对话框中的参数，在【方向 1】选项组中设置为“两侧对称”，输入深度为 24mm。其他均为默认设置。单击【拉伸】对话框中的【确定】按钮，生成如图 5-199 所示的凸台。

3. 镜像凸台特征

单击【特征】工具栏中的【镜像】按钮，打开【镜像】对话框。在【镜像面/基准面】选项组中选择【上视基准面】；选择拉伸凸台 5 和拉伸凸台 6 特征作为【要镜像的特征】。单击【确定】按钮，完成镜像特征的创建，如图 5-200 所示。

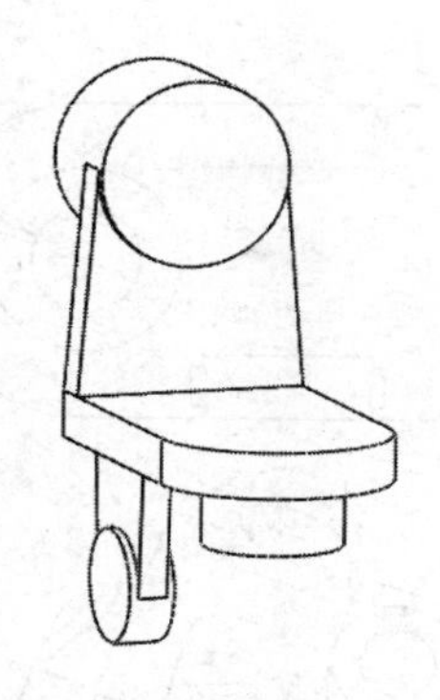

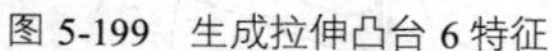

图 5-199　生成拉伸凸台 6 特征

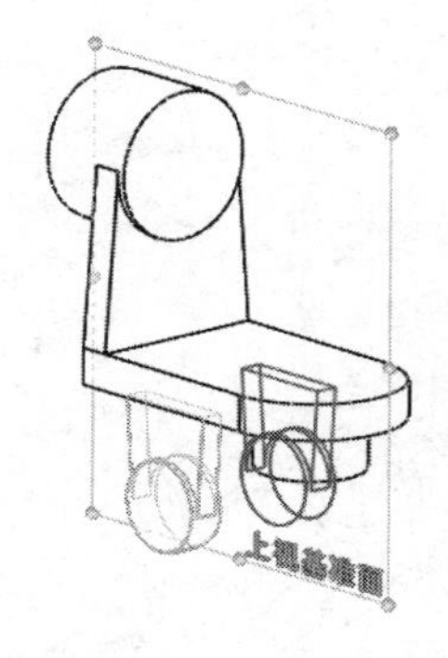

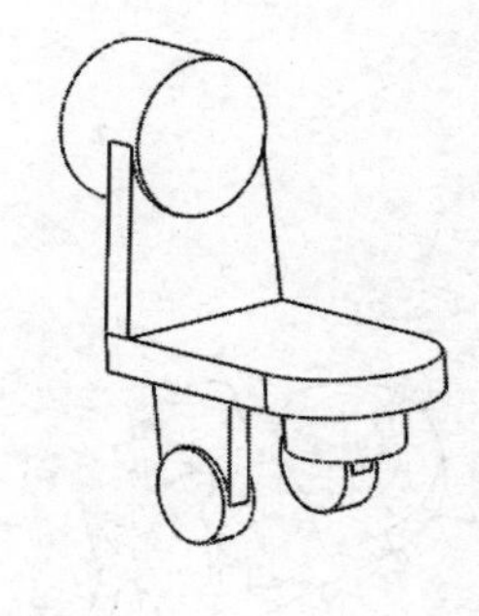

图 5-200　镜像凸台

4．创建筋特征

01 单击【草图】工具栏中的【草图绘制】按钮，在绘图区选择【上视基准面】作为草图绘制平面。单击【草图】工具栏中的【直线】按钮，绘制草图，如图 5-201 所示。

02 单击【尺寸/几何关系】工具栏中的【智能尺寸】按钮，添加如图 5-202 所示的尺寸。

03 单击【特征】工具栏中的【筋】按钮，打开【筋】对话框。在【参数】选项组中选择厚度方式为【两侧】，输入筋厚度为 20，选择【平行于草图】的拉伸方式，单击【确定】按钮，创建筋特征，如图 5-203 所示。

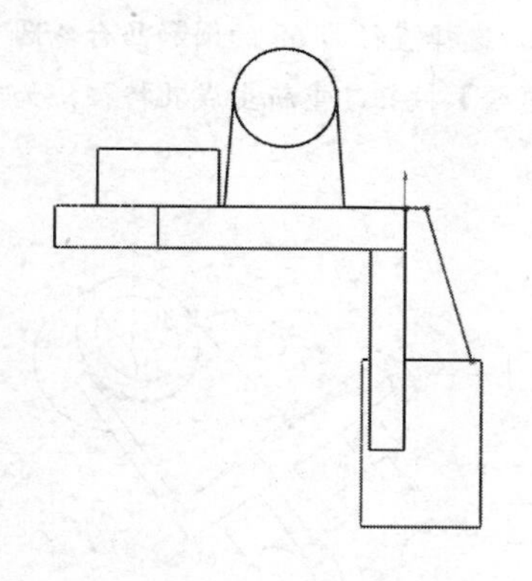

图 5-201　绘制草图 7

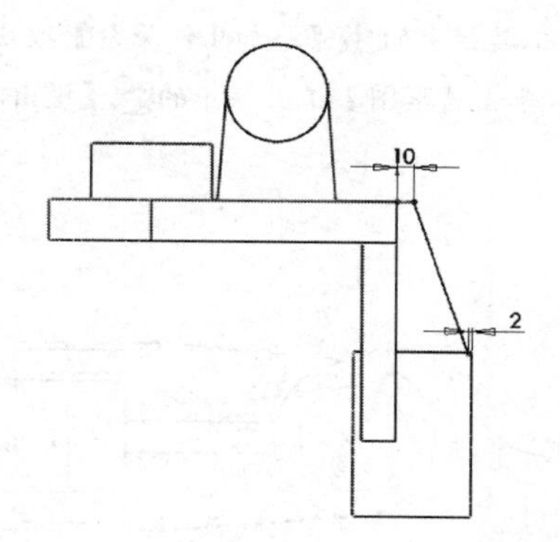

图 5-202　添加尺寸

图 5-203　创建筋特征

5．创建简单直孔

01 单击【特征】工具栏中的【简单直孔】按钮，选择直径为 70 的拉伸凸台 3 的表面作为孔中心的放置平面位置。【在方向 1】选项组中选择终止条件为【完全贯穿】，输入孔直径为 40，单击【确定】按钮，生成简单直孔，如图 5-204 所示。

02 在绘图区右键单击创建的孔 1 特征，并在弹出的快捷菜单中单击【编辑草图】按钮，系统会自动进入草图绘制模式。

03 单击【尺寸/几何关系】工具栏中的【添加几何关系】按钮，选择直径为 40 的圆和凸台圆 3 截面，添加【同心】几何关系。单击【草图】工具栏中的【退出草绘】按钮，重新生成孔特征，如图 5-205 所示。

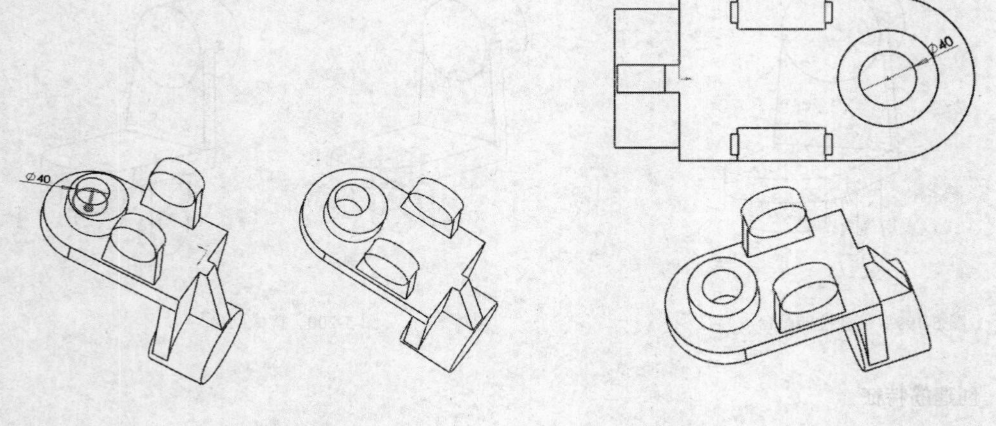

图 5-204　生成简单直孔 1　　　图 5-205　重新定位孔 1

04 单击【特征】工具栏中的【简单直孔】按钮，选择拉伸凸台 4 的表面作为孔中心的放置平面位置。【在方向 1】选项组中选择终止条件为【完全贯穿】，输入孔直径为 68，单击【确定】按钮，生成简单直孔，如图 5-206 所示。

05 在绘图区右键单击创建的孔 2 特征，并在弹出的快捷菜单中单击【编辑草图】按钮，系统会自动进入草图绘制模式。

06 单击【尺寸/几何关系】工具栏中的【添加几何关系】按钮，选择直径为 68 的圆和凸台 4 圆截面，添加【同心】几何关系。单击【草图】工具栏中的【退出草绘】按钮，重新生成孔特征，如图 5-207 所示。

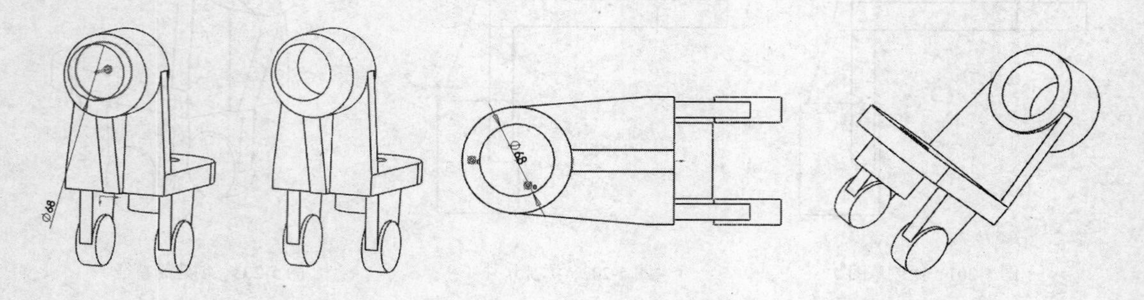

图 5-206　生成简单直孔 2　　　图 5-207　定位孔 2

07 单击【特征】工具栏中的【简单直孔】按钮，选择拉伸凸台 7 的外侧表面作为孔中心的放置平面位置。【在方向 1】选项组中选择终止条件为【完全贯穿】，输入孔直径为 38，单击【确定】按钮，生成简单直孔，如图 5-208 所示。

08 单击【尺寸/几何关系】工具栏中的【添加几何关系】按钮，选择直径为 68 的圆和凸台 7 圆截面，添加【同心】几何关系。单击【草图】工具栏中的【退出草绘】按钮，重新生成孔特征，如图 5-209 所示。

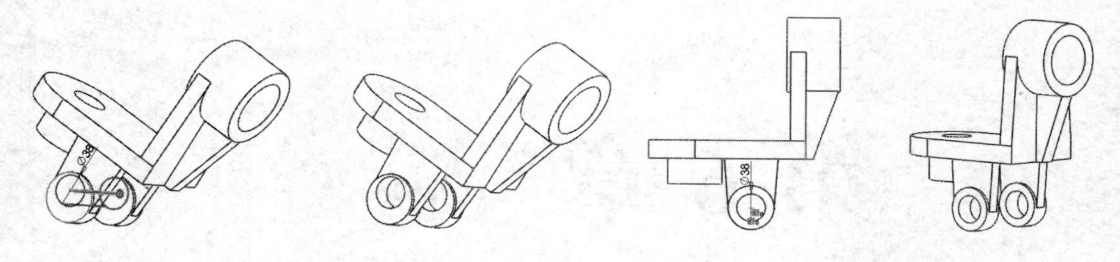

图 5-208　生成简单直孔 3　　　　图 5-209　定位孔 3

6. 创建倒角和圆角特征

01 单击【特征】工具栏中的【倒角】按钮，打开【倒角】对话框。选择如图 5-210 左所示的边线为倒角边线，选择【角度距离】倒角方式，输入距离为 2，角度为 45。单击【确定】按钮，添加倒角特征，如图 5-210 右所示。

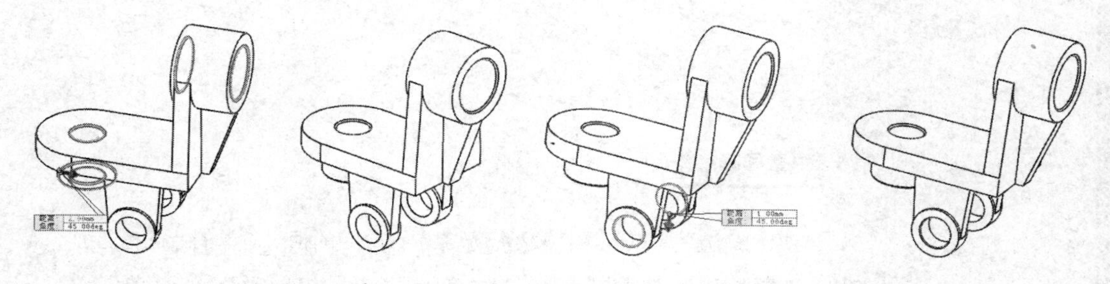

图 5-210　添加倒角特征　　　　图 5-211　添加倒角特征

02 单击【特征】工具栏中的【倒角】按钮，打开【倒角】对话框。选择如图 5-211 左所示的边线为倒角边线，选择【角度距离】倒角方式，输入距离为 1，角度为 45。单击【确定】按钮，添加倒角特征，如图 5-211 右所示。

03 单击【特征】工具栏中的【圆角】按钮，打开【圆角】对话框。选择【等半径】圆角类型，输入圆角半径为 3，选择如图 5-212 左所示的边线，单击【确定】按钮，添加圆角特征，如图 5-212 右所示。

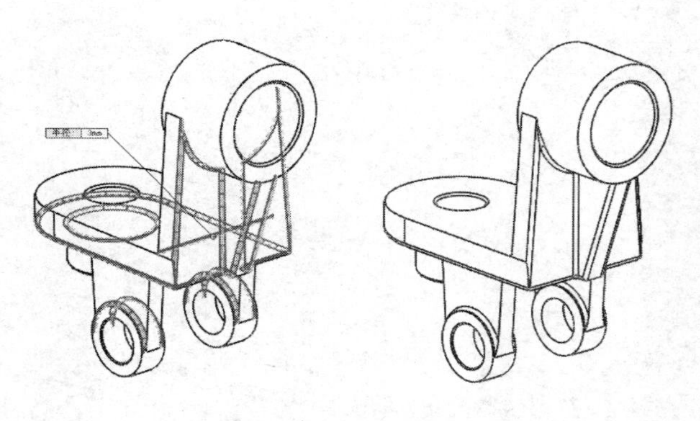

图 5-212　添加圆角特征

第 6 章

高级特征编辑

本章导读：

要想创建造型复杂的零件模型，单靠前面介绍的相对简单的特征是远远不够的，还需要构建一些复杂特征，如本章所要介绍的扣合特征、变形编辑等。

学习目标：

- 扣合特征
- 变形编辑
- 综合实例操作

6.1 扣合特征

扣合特征简化了塑料和钣金零件生成共同特征的过程，利用扣合命令可以创建装配凸台、弹簧扣、弹簧扣凹槽、通风口及唇缘/凹槽。

6.1.1 装配凸台

运用此命令可以生成各种装配凸台，并通过设定装配凸台的翅片数和选择孔或销钉来确定凸台的形状。

1. 装配凸台操作界面

选择菜单栏中的【插入】|【扣合特征】|【装配凸台】命令，或者单击【扣合特征】工具栏中的【装配凸台】按钮，系统弹出【装配凸台】对话框，如图 6-1 所示。

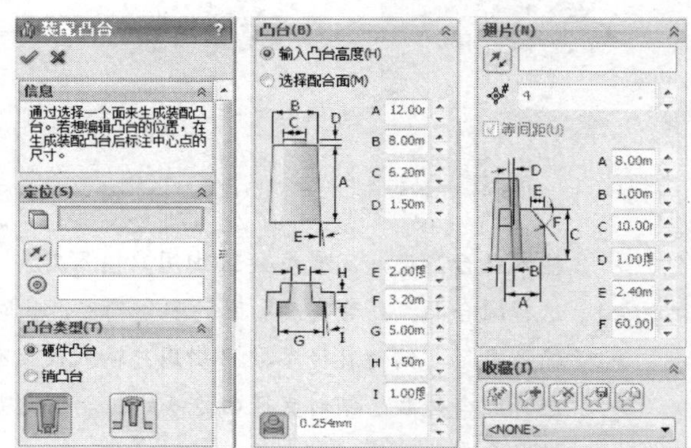

图 6-1　【装配凸台】对话框

在【装配凸台】对话框中各选项的含义如下：

❑ 【信息】选项组

提示创建装配凸台的操作方法。

❑ 【定位】选项组

➢ ：选择用于放置装配凸台的平面或空间，系统会在 3D 草图中生成一个点（供选择面的位置）。

➢ 选择方向（仅限空间）：为凸台设定方向，如果不指定，凸台将放置在与选定点处的面相垂直的位置。如有必要，单击【反向】按钮。

➢ ：选择圆形边线以定位装配凸台的中心轴。

❑ 【凸台类型】选项组

SolidWorks2013 在以前版本的基础上增加了凸台类型选项。有【硬件凸台】和【销凸台】两种凸台类型供选择。当选择【硬件凸台】时，有【头部】和【螺纹】两个选项，对应两种不同的【硬件凸台】，如图 6-2 所示。当选择【销凸台】时，有【销钉】和【孔】两个选项，对应不同的销凸台，如图 6-3 所示。

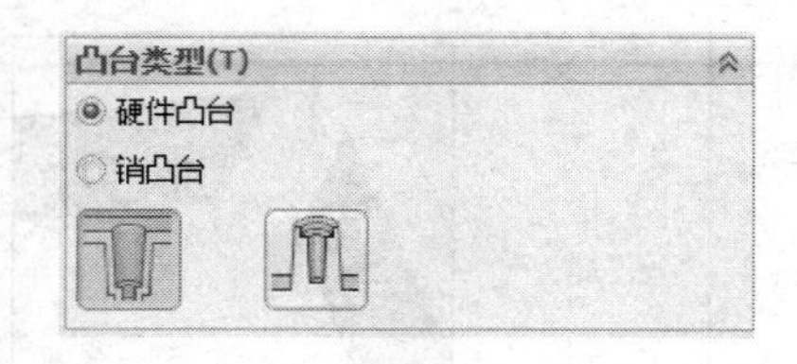

图 6-2　硬件凸台类型

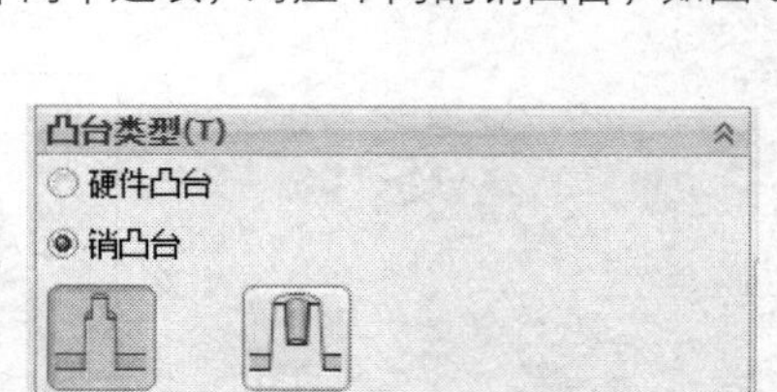

图 6-3　销凸台类型

□ 【凸台】选项组

如前面介绍的，有两类共 4 种凸台类型供选择。选择不同类型的凸台，在【凸台】选项组有不同的参数项目。4 种凸台对应的参数项如图 6-4 和图 6-5 所示。

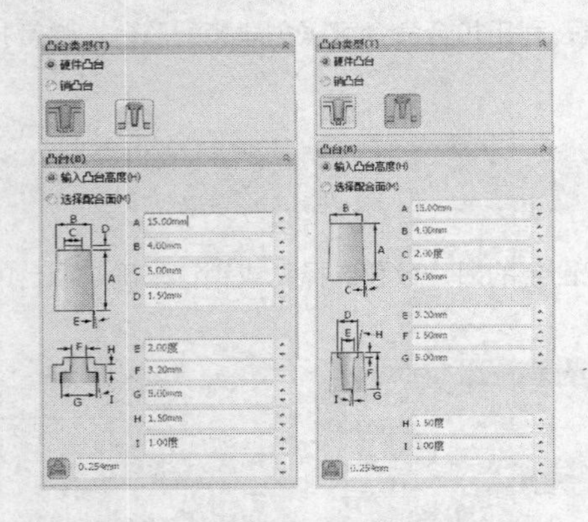

图 6-4 两种硬件凸台的参数设置

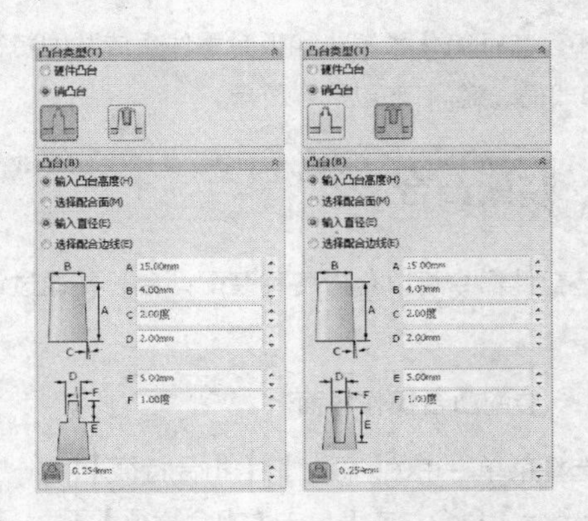

图 6-5 两种销凸台的参数设置

- 输入凸台高度：高度参数 A 由用户输入。
- 选择配合面：凸台高度由面的配合确定，此时凸台高度参数 A 灰选，不可编辑。
- 输入直径：销钉直径参数 B 由用户输入，只有销凸台有此选项。
- 选择配合边线：销钉直径由边线的配合确定定，此时销钉直径参数 B 灰选，不可编辑。只有销凸台有此选项。
- 凸台高度间隙值：输入凸台顶面与配合面的间隙，只有选择【配合面】方式，才能编辑此项。

□ 【翅片】选项组

【翅片】是对一种对装配凸台的加强筋，选项组如图 6-6 所示。

选择一方向向量：选择定位一个翅片的方向向量。其他翅片会自动以凸台为中心自行定位。如有必要，单击【反向】按钮。

翅片数：设置翅的数量。

等间距：（只可用于两个翅片）等间距是指在两个翅片之间生成 180 度的角。取消选择此选项，可以选择第二个翅片的方向向量。边角凸台通常取消【等间距】，图 6-7 所示为选择了【等间距】的翅片效果图，图 6-8 所示则是取消了【等间距】的翅片效果图。

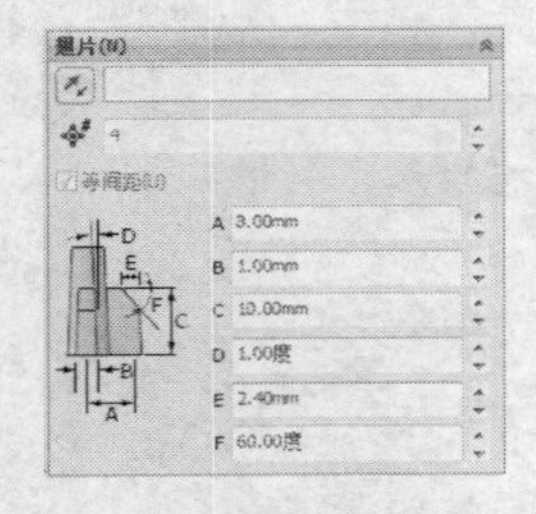

图 6-6 设置翅片参数

图 6-7 等间距翅片

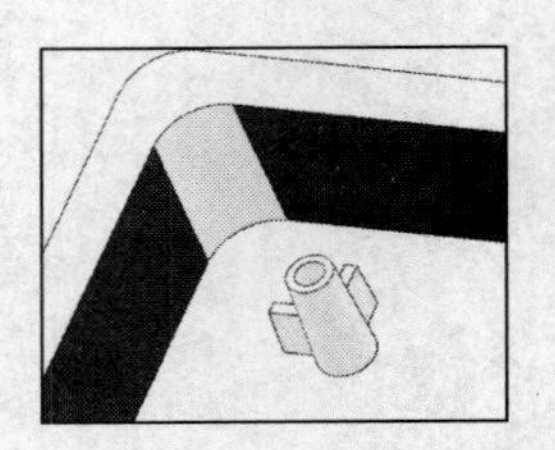

图 6-8 非等间距的翅片

❑　【收藏】选项组

该选项组管理在模型中多次使用的收藏清单，如图 6-9 所示。

➢ 应用默认/无收藏：重设到【没有选择最常用的】及默认设置。
➢ 添加或更新收藏：将所选异型孔向导孔添加到常用类型清单中。如果需要添加常用类型，单击【添加或更新收藏】按钮，弹出【添加或更新收藏】对话框，键入名称，如图 6-10 所示，单击【确定】按钮；如果需要更新常用类型，单击【添加或更新收藏】按钮，弹出【添加或更新收藏】对话框，键入新的或者现有名称。
➢ 删除收藏：删除所选的常用类型。
➢ 保存收藏：保存所选的常用类型。
➢ 装入收藏：载入常用类型。

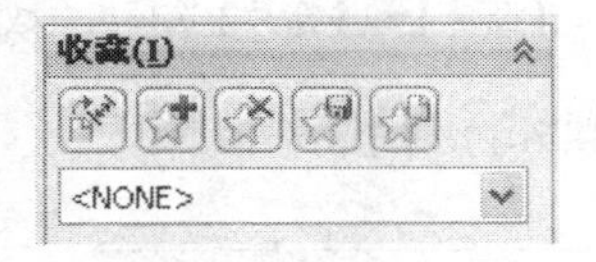

图 6-9　【收藏】选项组

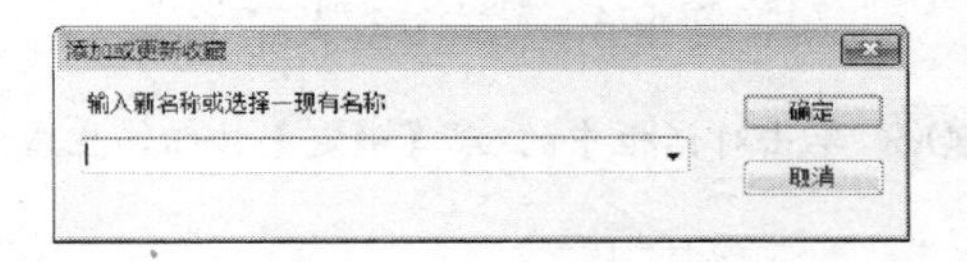

图 6-10　【添加或更新常用类型】对话框

注　意：【装配凸台】位置的确定和【异型孔】位置的确定相似，需要修改 3D 草图点以确定位置。

2．装配凸台实例示范

装配凸台的创建方法如下：

01 打开素材库中的“第 6 章/6.1.1 装配凸台.sldprt”文件，如图 6-11 所示。

02 选择菜单栏中的【插入】|【扣合特征】|【装配凸台】命令，或者单击【扣合特征】工具栏中的【装配凸台】按钮，系统弹出【装配凸台】对话框。

03 在绘图区中选择如图 6-12 所示的平面和圆弧边线以确定凸台放置位置，如图 6-13 所示。

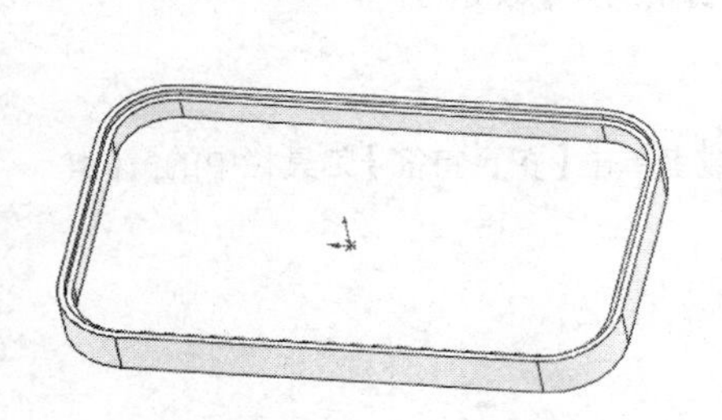

图 6-11　“6.1.1 装配凸台”文件

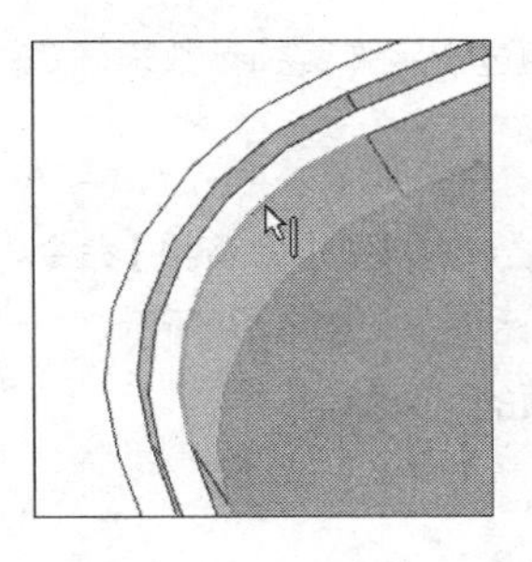

图 6-12　选择面和边线

图 6-13　装配凸台放置预览

04 在【凸台类型】选项组，选择凸台类型为【销凸台】，并单击【孔】按钮，选择孔类型的凸台。对话框如图 6-14 所示。

05 设置【凸台】选项组和【翅片】选项组中的参数，如图 6-15 所示，其中翅片的方向参考面选择如图 6-16 所示，使翅片的方向与该面垂直。

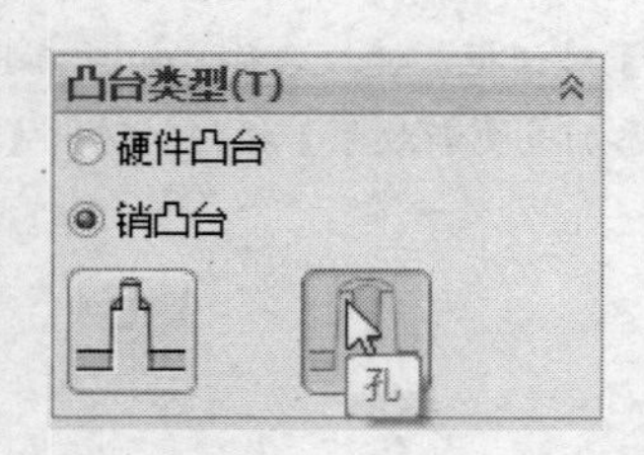

图 6-14　选择凸台类型

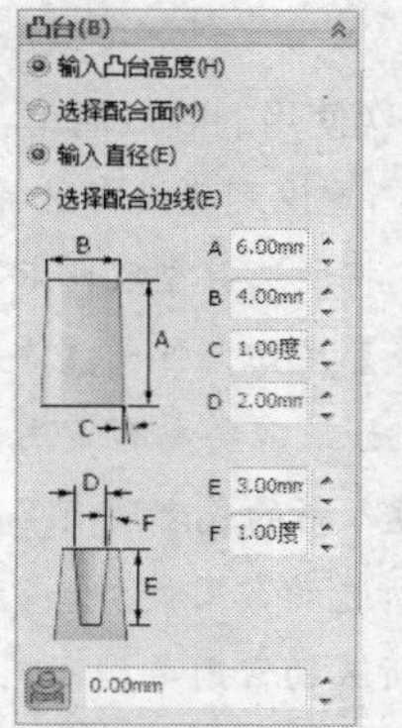

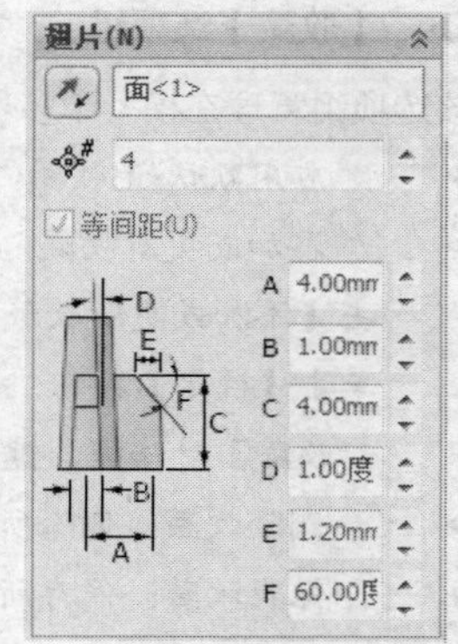

图 6-15　【凸台】和【翅片】选项组参数设置

06 单击对话框中的✔【确定】按钮，生成装配凸台，如图 6-17 所示。

图 6-16　翅片方向参考

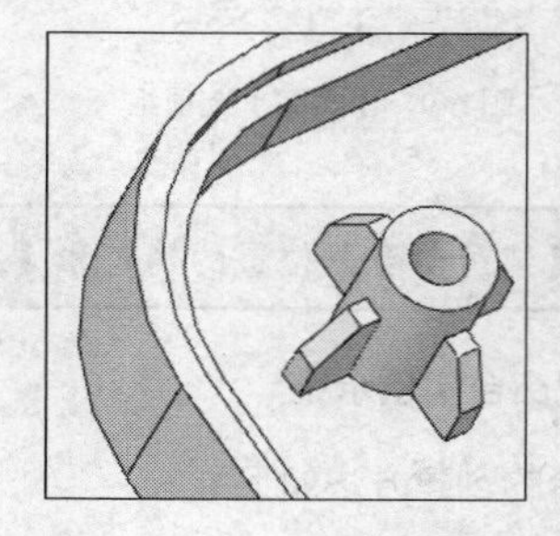

图 6-17　生成的装配凸台特征

6.1.2 弹簧扣

用户可以自定义各种弹簧扣，通过设定弹簧扣参数来确定弹簧扣的大小及定位。

1. 弹簧扣操作界面

选择菜单栏中的【插入】|【扣合特征】|【弹簧扣】命令，或者单击【扣合特征】工具栏中的【弹簧扣】按钮，系统弹出【弹簧扣】对话框，如图 6-18 所示。

在【弹簧扣】对话框中，各选项的含义如下：

- 【信息】选项组

提示创建弹簧扣的操作方法。

- 【弹簧扣选择】选项组

选择位置：选择放置弹簧扣的边线或面。

定义竖直方向：选择面、边线或轴来定义弹簧扣的竖直方向。如果必要，则选择反向。

定义弹簧扣方向：选择面、边线或轴来定义弹簧扣的方向。如果必要，则选择反向。

为弹簧扣实体选择配合面：（当【选择位置】为选择面时可用）选择与弹簧扣的实体配合的面。

输入实体高度：激活实体高度设定。

选择配合面：激活【选择配合面】单选按钮，并取消激活弹簧扣数据下的实体高度设定。

：选择与弹簧扣底部配合的面，系统将自动计算实体高度。

❑ 【弹簧扣数据】选项组

弹簧扣几何参数设置如图6-19所示。

❑ 【收藏】选项组

与【装配凸台】中的【收藏】选项组相同，这里不再重复介绍。

2. 弹簧扣实例示范

创建弹簧扣特征的具体操作方法如下：

01 打开素材库中的“第6章/6.1.2弹簧扣.sldprt”文件，如图6-20所示。

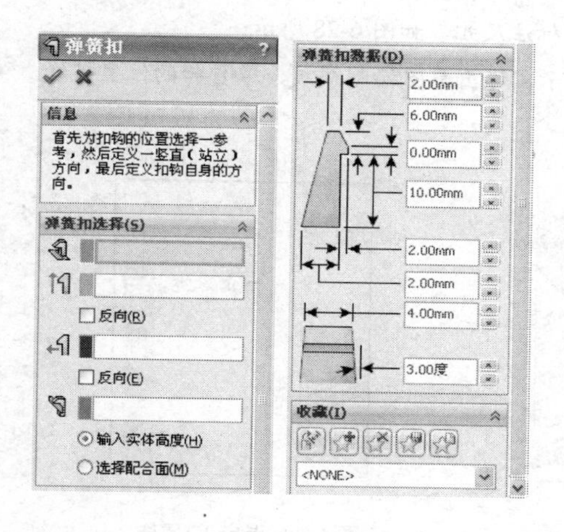

图6-18 【弹簧扣】对话框

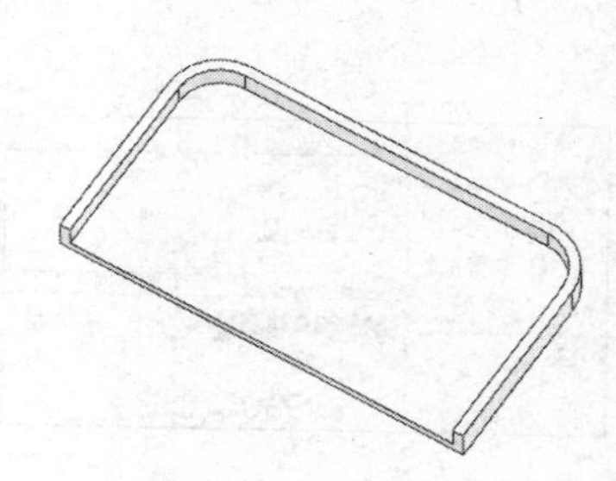

图6-19 弹簧扣尺寸设置

图6-20 “6.1.2弹簧扣”文件

02 选择菜单栏中的【插入】|【扣合特征】|【弹簧扣】命令，或者单击【扣合特征】工具栏中的【弹簧扣】按钮，系统弹出【弹簧扣】对话框。

03 在绘图区选择如图6-21所示的平面作为放置面，再选择如图6-22所示的平面定义弹簧扣的竖直方向。

04 在绘图区中选择如图6-23所示的面用于确定弹簧勾扣方向，再单击选择如图6-24所示的面来配合勾扣实体。

图6-21 选择放置平面

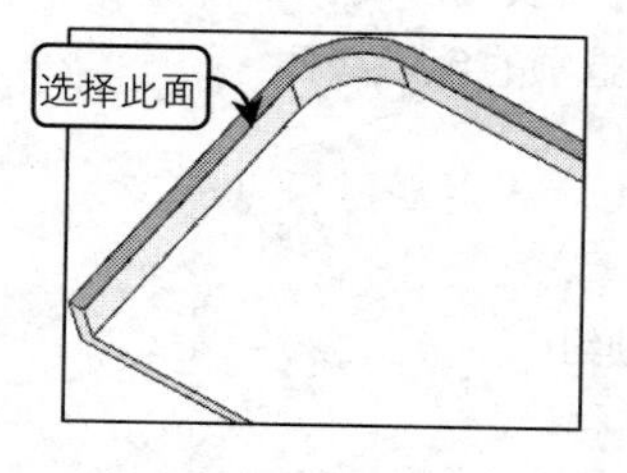

图6-22 选择弹簧扣竖直方向

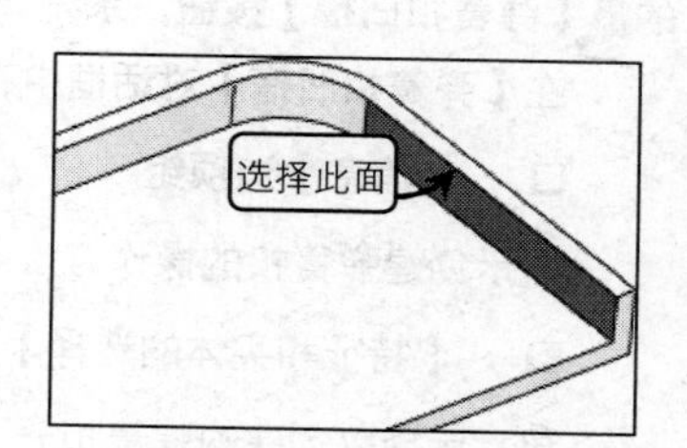

图6-23 选择面确定勾扣方向

05 设置如图 6-25 所示的弹簧扣数据，单击【确定】按钮，生成弹簧扣特征，如图 6-26 所示。

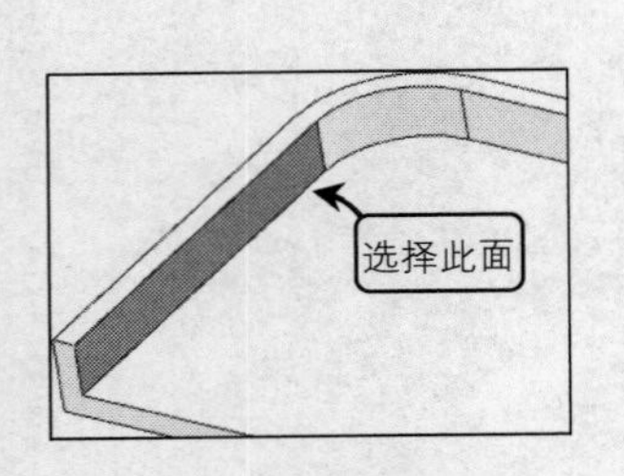

图 6-24 选择面配合勾扣实体

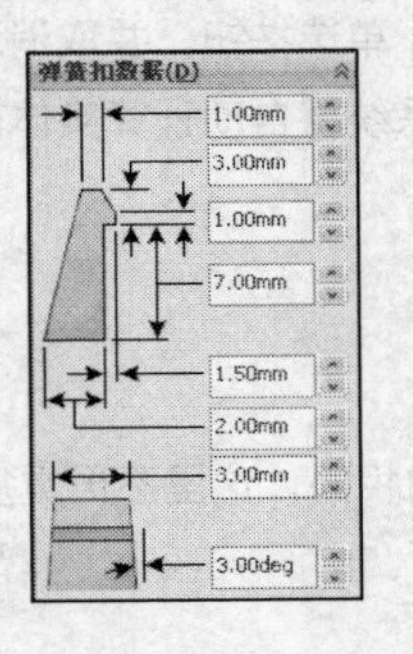

图 6-25 设置参数

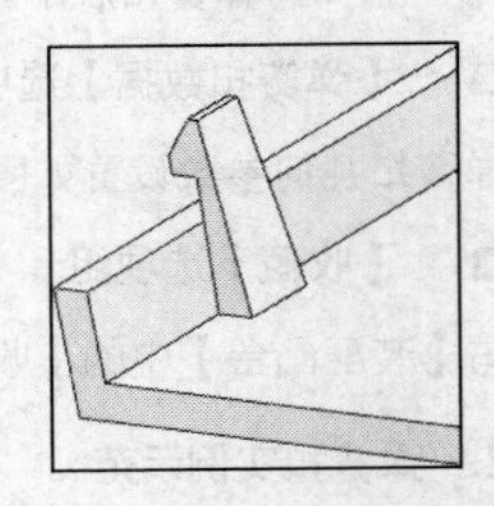

图 6-26 生成弹簧扣特征

06 单击【特征管理器设计树】中弹簧扣，在其下拉菜单中选择 3D 草图右键单击，并在弹出的快捷按钮中单击【编辑草图】按钮，如图 6-27 所示。为草图标注尺寸，如图 6-28 所示。

07 单击绘图区右上角的【退出】按钮，如图 6-29 所示，退出草图绘制模式，弹簧扣的位置被修改。

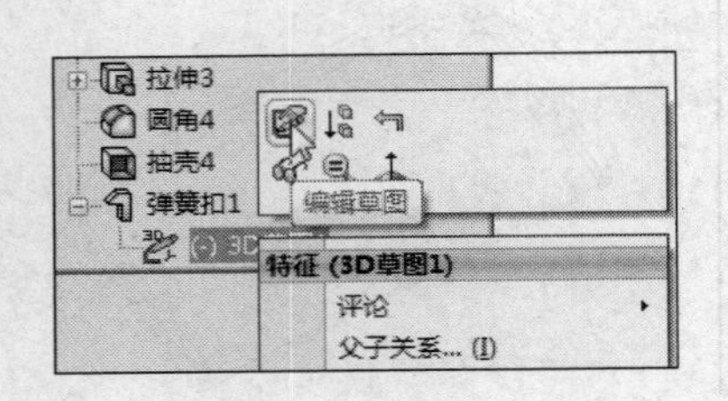

图 6-27 编辑草图

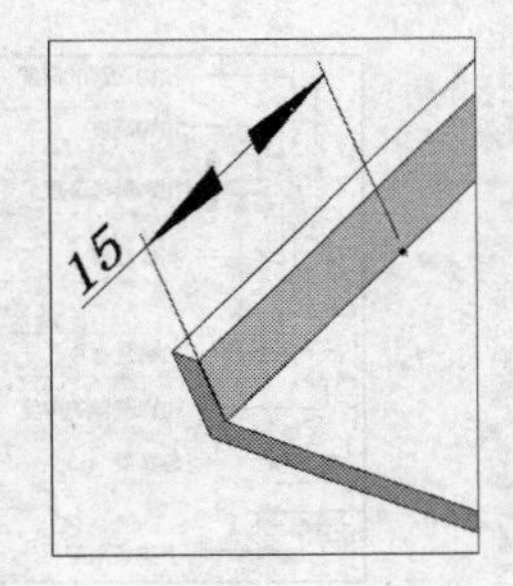

图 6-28 标注尺寸

图 6-29 退出 3D 草图

6.1.3 弹簧扣凹槽

在 SolidWorks 中必须首先生成弹簧扣，然后才能生成弹簧扣凹槽。

1. 弹簧扣凹槽操作界面

选择菜单栏中的【插入】|【扣合特征】|【弹簧扣凹槽】命令，或者单击【扣合特征】工具栏中的【弹簧扣凹槽】按钮，系统弹出【弹簧扣凹槽】对话框，如图 6-30 所示。

在【弹簧扣凹槽】对话框中，各选项的含义如下：

❑ 【信息】选项组

提示创建弹簧扣的操作方法。

❑ 【特征和实体的选择】选项组

：选择以创建的弹簧扣。

：选择一个实体用来设定凹槽的位置。扣钩的底部会自动接触凹槽的底部。

如图 6-31 所示为弹簧扣凹槽的数据设置。

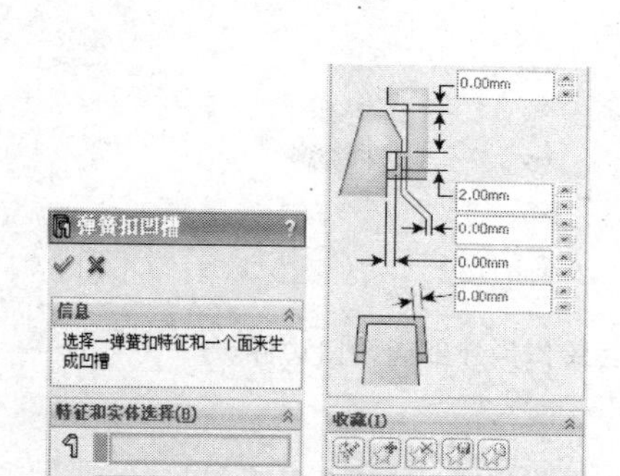

图 6-30 【弹簧扣凹槽】对话框

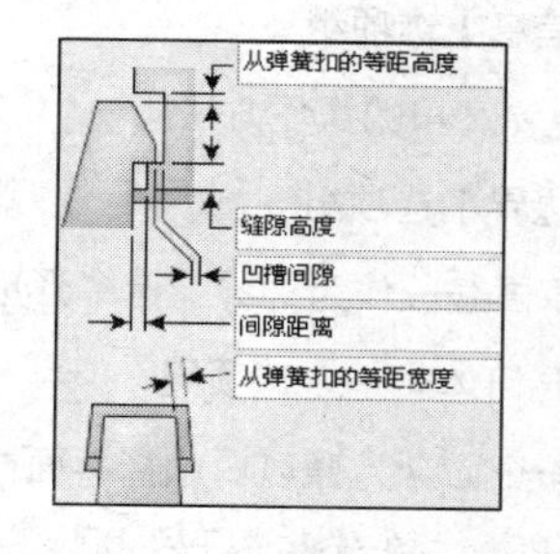

图 6-31 弹簧扣凹槽的数据设置

2. 弹簧扣凹槽实例示范

弹簧扣凹槽的具体创建方法如下：

01 打开素材库中的“第 6 章/6.1.3 弹簧扣凹槽.sldprt”文件，如图 6-32 所示。

02 选择菜单栏中的【插入】|【扣合特征】|【弹簧扣凹槽】命令，或者单击【扣合特征】工具栏中的【弹簧扣凹槽】按钮，系统弹出【弹簧扣凹槽】对话框。

03 在绘图区选择以创建好的弹簧扣特征，与之扣合的实体选择方块。

04 在【弹簧扣凹槽】对话框中设置如图 6-33 所示的参数，单击【确定】按钮，生成弹簧扣凹槽特征，如图 6-34 所示。

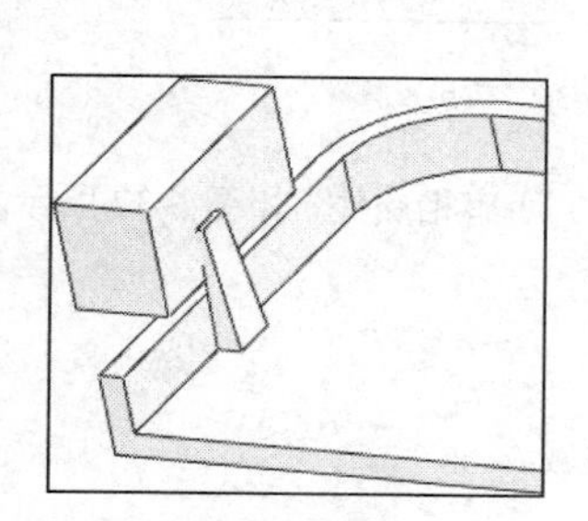

图 6-32 “6.1.3 弹簧扣凹槽”文件

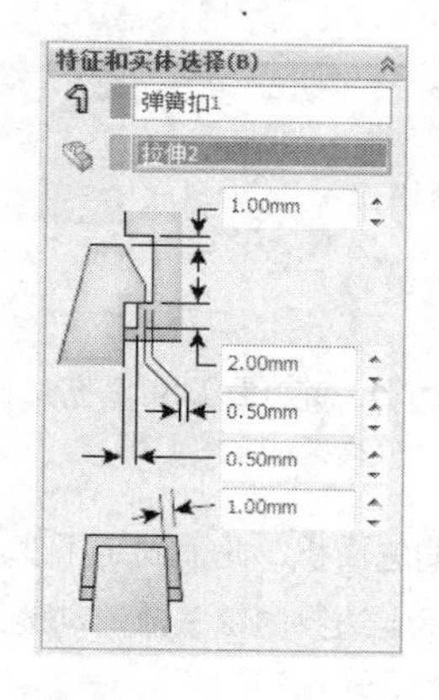

图 6-33 参数设置

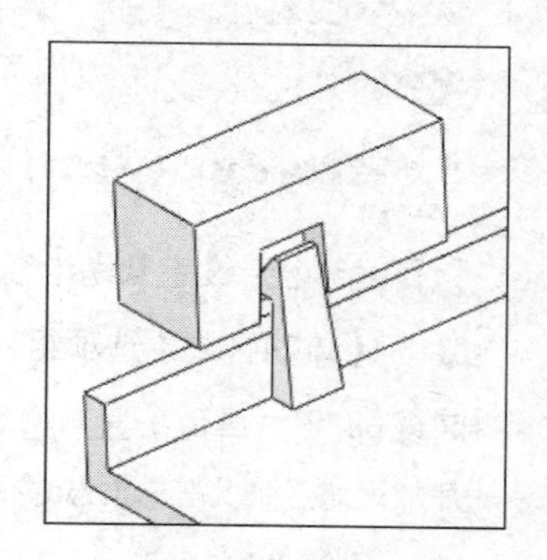

图 6-34 生成弹簧扣凹槽

6.1.4 通风口

可以使用绘制的草图生成各种通风口，设定筋和翼梁参数，系统将会自动计算流动区域。

1. 通风口操作界面

选择菜单栏中的【插入】|【扣合特征】|【通风口】命令，或者单击【扣合特征】工具栏中的【通风口】按钮，系统弹出【通风口】对话框，如图 6-35 所示。

在【通风口】对话框中，各选项的含义如下：

❑　【信息】选项组

提示创建弹簧扣的操作方法。

❑　【边界】选项组

◇选择草图线段作为边界：选择形成闭合轮廓的草图线段作为外部通风口边界。

❑　【几何体属性】选项组

选择一个面：为通风口选择平面或空间。选定的面上必须能够容纳整个通风口草图。

拔模开/关：单击拔模开/关可以将拔模应用于边界、填充边界以及所有筋和翼梁。对于平面上的通风口，将从草图基准面开始应用拔模，如图 6-36 所示。

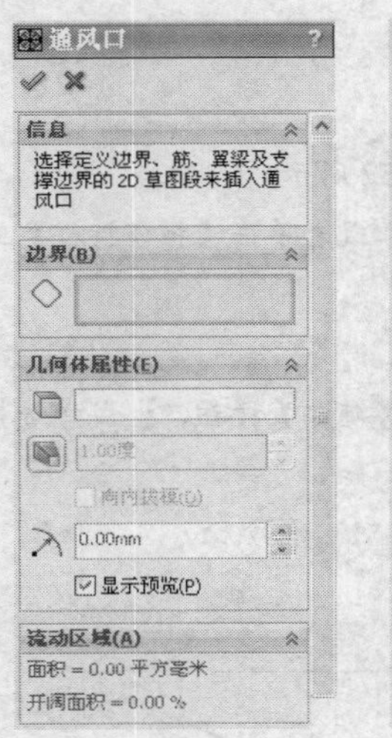

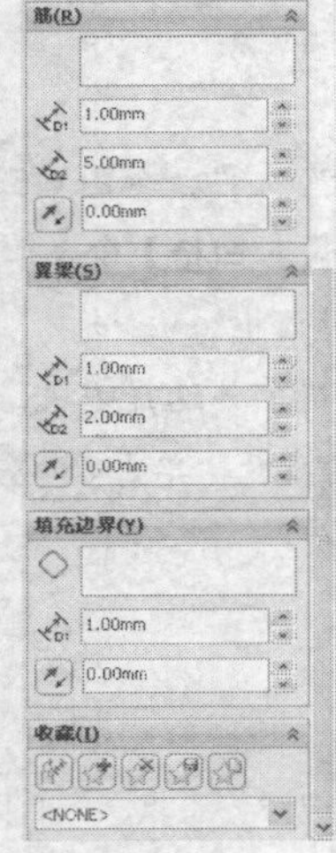

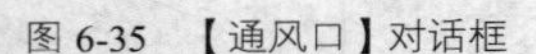

图 6-35　【通风口】对话框

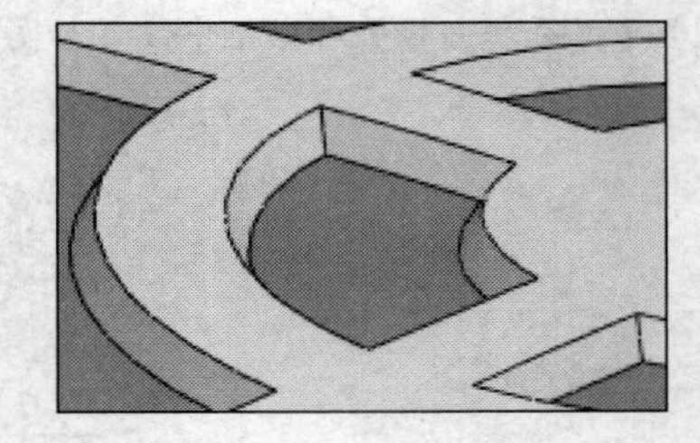

图 6-36　应用拔模

圆角半径：设定圆角半径，应用于边界、筋、翼梁和填充边界之间的所有相交处，如图 6-37 所示。

❑　【流动区域】选项组

区域：（平方单位）显示边界内可用的总面积，此值固定不变。

开放区域：（以占总面积的百分比表示）边界内供气流流动的开放区域。

❑　【筋】选项组

选择草图线段作为筋。

：设置筋的深度。

：设置筋的宽度。

到离指定面指定的距离：使所有筋与曲面之间等距。如有必要，单击【反向】按钮。

❑　【翼梁】选项组

选择草图线段作为翼梁。

：设置翼梁的深度。

：设置翼梁的宽度。

到离指定面指定的距离：使所有翼梁与曲面之间等距。如有必要，单击【反向】按钮。

如图 6-38 所示为通风口的筋和翼梁。

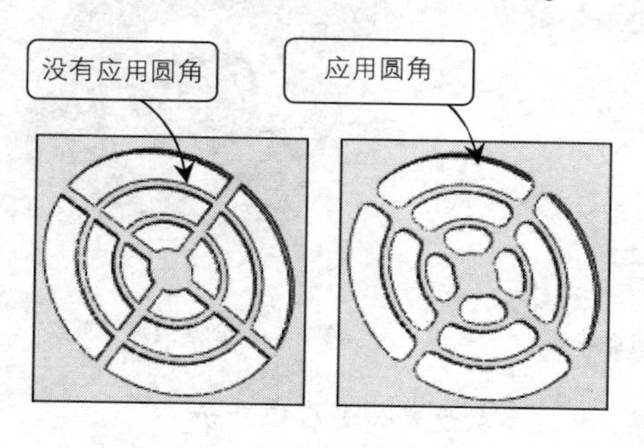

图 6-37 圆角半径的运用

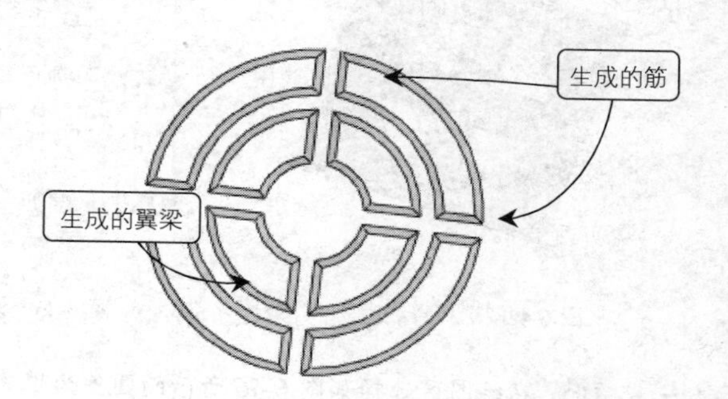

图 6-38 筋和翼梁

❑ 【填充边界】选项组

◇：选择形成闭合轮廓的草图实体。至少必须有一个筋与填充边界相交。

：设置填充边界的深度。

到离指定面指定的距离：使所有填充边界与曲面等距。如有必要，单击【反向】按钮。

2. 通风口实例示范

通风口的具体创建方法如下：

01 打开素材库中的"第 6 章/6.1.4 通风口.sldprt"文件，如图 6-39 所示。

02 选择菜单栏中的【插入】|【扣合特征】|【通风口】命令，或者单击【扣合特征】工具栏中的【通风口】按钮，系统弹出【通风口】对话框。

03 在绘图区单击如图 6-40 所示的圆作为通风口边界，系统自动选择圆所在平面为通风口生成面，生成预览如图 6-41 所示。

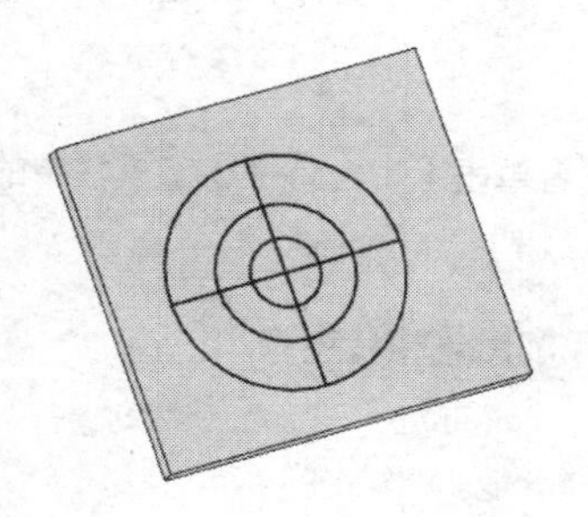

图 6-39 "6.1.4 通风口"文件

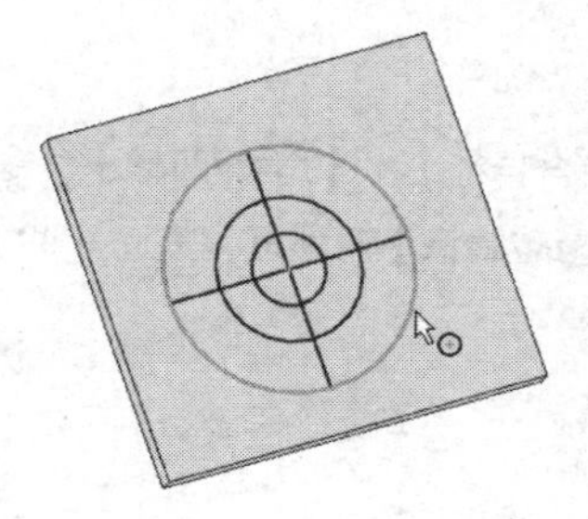

图 6-40 选择通风口边界

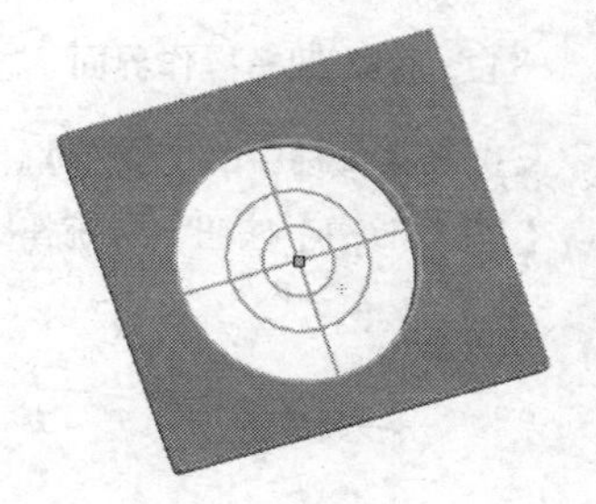

图 6-41 通风口预览

04 单击激活【筋】拾取框，然后选择两正交直线作为通风口的筋，如图 6-42 所示，再设置筋的参数如图 6-43 所示。

05 单击激活【梁】拾取框，然后选择两个同心圆作为翼梁，如图 6-44 所示，再设置翼梁的参数如图 6-45 所示。

图 6-42　选择直线为筋

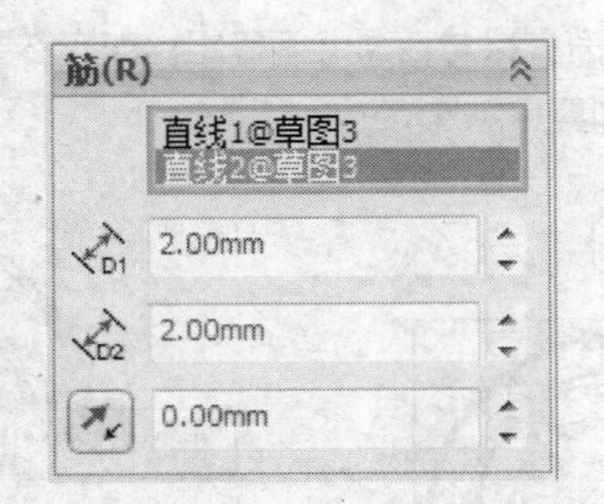

图 6-43　设置筋参数

图 6-44　创建通风口翼梁

06 在绘图区选择如图 6-46 所示的圆作为填充边界，填充参数设置如图 6-47 所示。

07 单击对话框中的✔【确定】按钮，生成通风口特征，如图 6-48 所示。

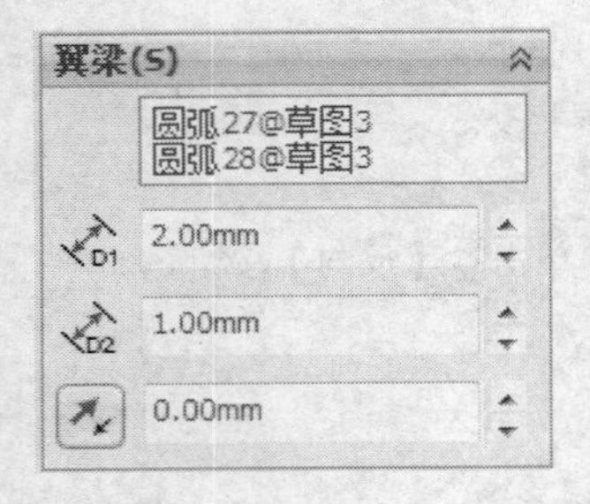

图 6-45　设置翼梁参数

图 6-46　选择填充边界

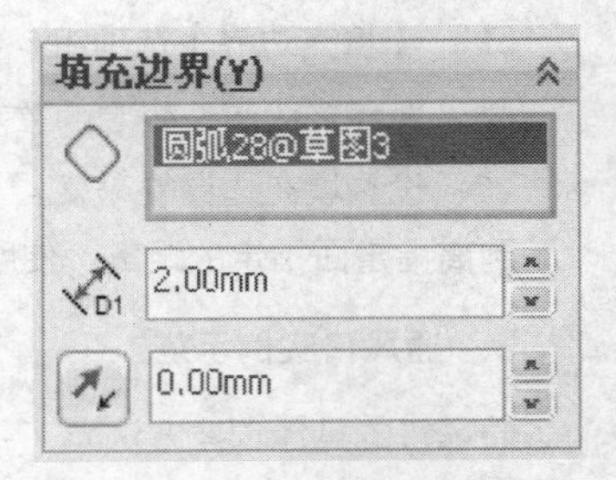

图 6-47　填充参数设置

6.1.5 唇缘/凹槽

唇缘和凹槽特征用于对齐、配合和扣合两个塑料零件，并且可以被应用于多个实体和装配体。

1. 唇缘/凹槽操作界面

选择菜单栏中的【插入】|【扣合特征】|【唇缘/凹槽】命令，或者单击【扣合特征】工具栏中的【唇缘/凹槽】按钮，系统弹出【唇缘/凹槽】对话框，如图 6-49 所示。

图 6-48　生成的通风口特征

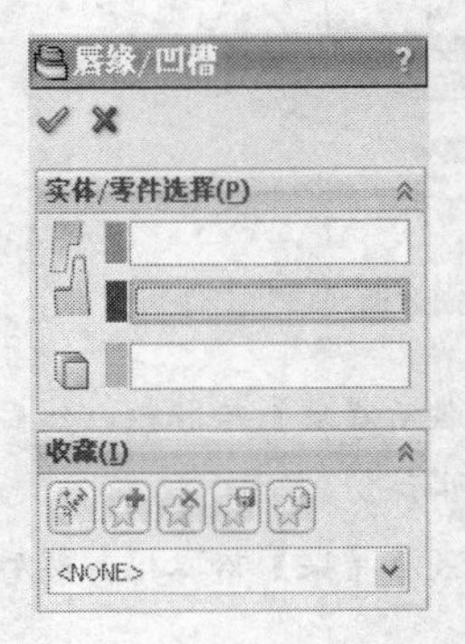

图 6-49　唇缘/凹槽

在【唇缘和凹槽】对话框中，各选项的含义如下：

❑　【实体/零件选择】选项组

：选择要生成凹槽的实体或零部件，选择此选项后激活凹槽参数设置，如图 6-50 所示。

：选择要生成唇缘的实体或零部件，选择此选项后激活唇缘参数设置，如图 6-51 所示。

：选择一个基准面、平面、或直边线来定义唇缘和凹槽的方向。

注 意：若选择用于生成唇缘和凹槽的所有面都是平面并且法向相同，则默认方向是垂直于平面。

❑　【凹槽选择】选项组

面：选择要生成凹槽的面。

切线延伸：将选择延伸到与所选面相切的面。

边线：选择内部或外部边线，该边线就是通过凹槽移除材料的位置。

切线延伸：将选择延伸到与所选线相切的线。

凹槽的参数设置如图 6-52 所示。

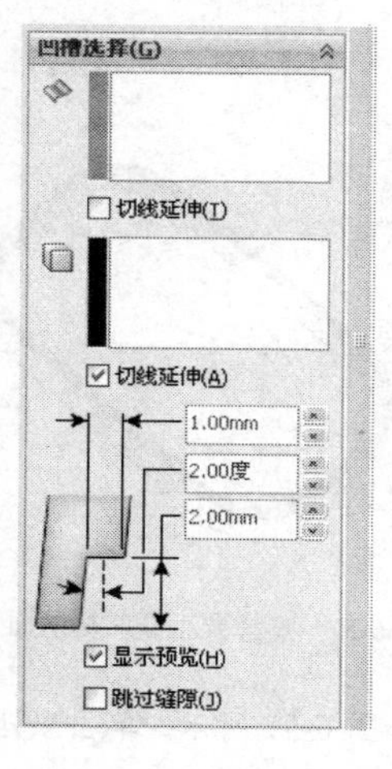

图 6-50　凹槽参数设置

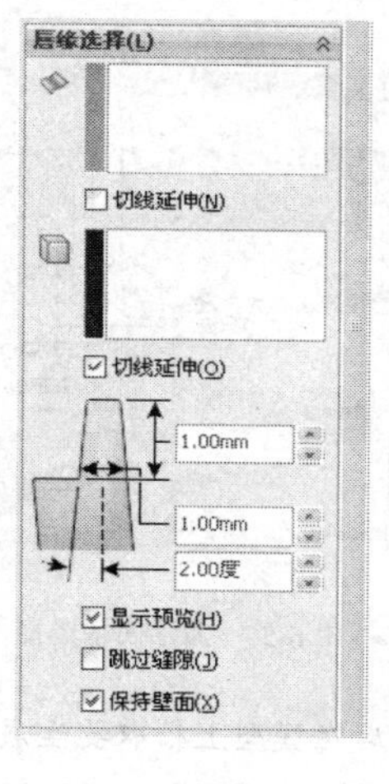

图 6-51　唇缘参数设置

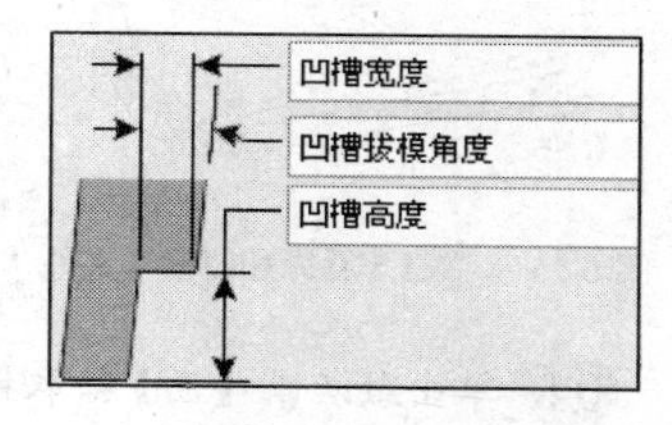

图 6-52　凹槽的参数设置

保留现有壁面：如果在带有拔模的模型壁上生成唇缘，则该选项可以保留该拔模，并将现有壁面延伸到唇缘的顶部，如果取消选择此选项，则系统会添加一些面，如图 6-53 所示。

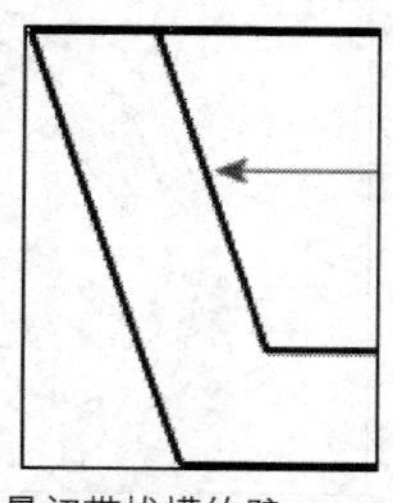

最初带拔模的壁

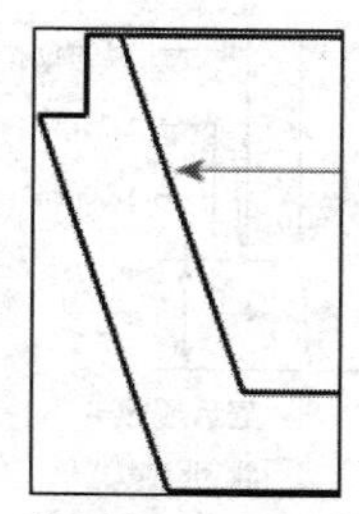

选择了保留现有壁面

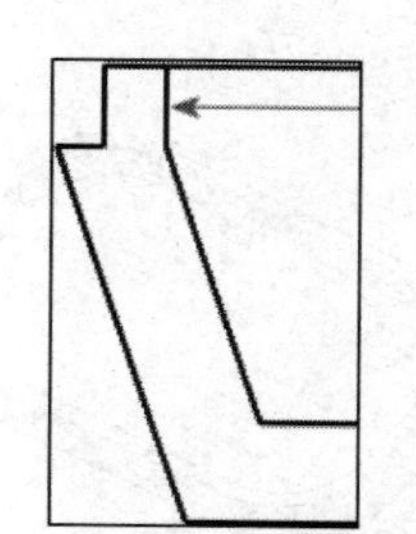

取消选择保留现有壁面

图 6-53　保留现有壁面的运用

□　【唇缘选择】选项组

面：选择要生成唇缘的面。

切线延伸：将选择延伸到与所选面相切的面。

边线：选择内部或外部边线，该边线就是通过唇缘添加材料的位置。

切线延伸：将选择延伸到与所选线相切的线。

唇缘的参数设置如图 6-54 所示。

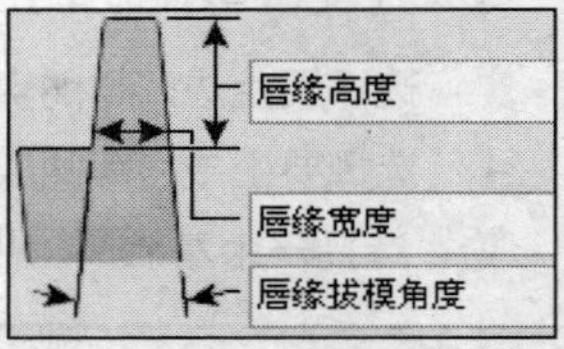

图 6-54　唇缘的参数设置

2. 凹槽实例示范

01 打开素材库中的“第 6 章/6.1.5 凹槽.sldprt”文件，如图 6-55 所示。

02 选择菜单栏中的【插入】|【扣合特征】|【唇缘/凹槽】命令，或者单击【扣合特征】工具栏中的【唇缘/凹槽】按钮，系统弹出【唇缘/凹槽】对话框。

03 在【实体/零件选择】选项组，单击激活【凹槽】拾取栏，如图 6-56 所示，然后在绘图区选择零件。

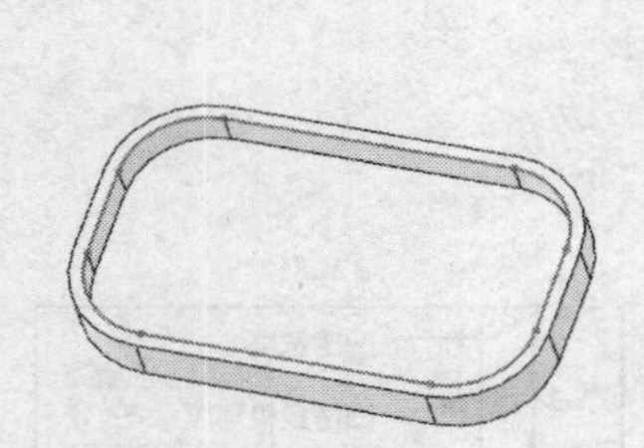

图 6-55　“6.1.5 唇缘和凹槽”文件

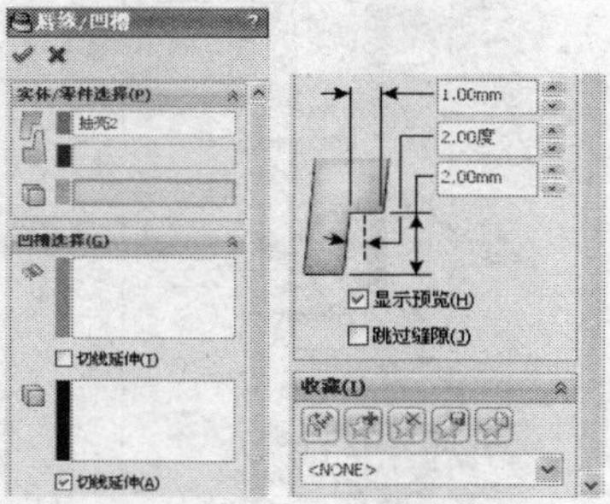

图 6-56　激活凹槽选择

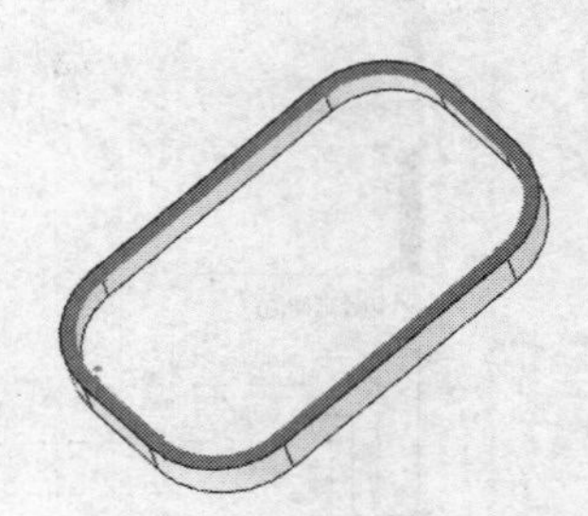

图 6-57　选择要生成凹槽的面

04 单击激活【面】拾取栏，然后在模型上拾取要生成凹槽的面，如图 6-57 所示。单击激活【边线】拾取栏，在模型上拾取要生成凹槽的边线，如图 6-58 所示。

05 设置凹槽的参数，如图 6-59 所示，单击对话框中的【确定】按钮，生成凹槽特征，如图 6-60 所示。

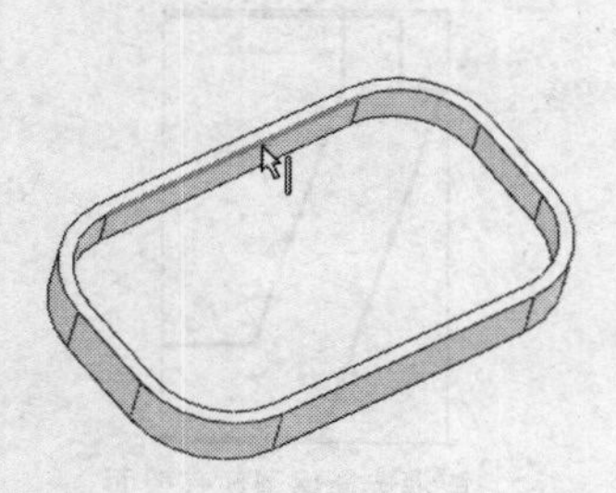

图 6-58　选择要生成凹槽的边线

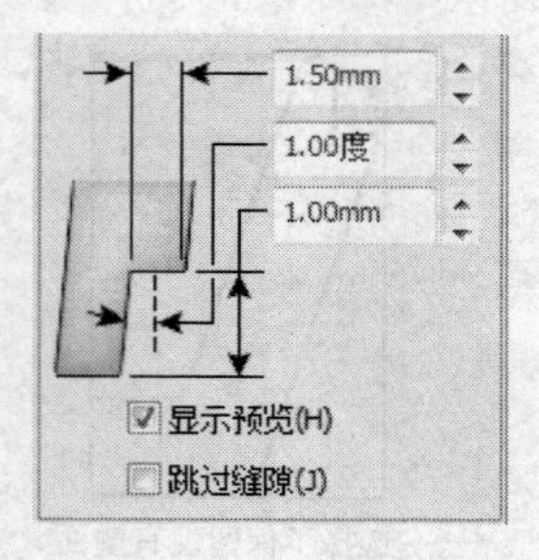

图 6-59　设置凹槽参数

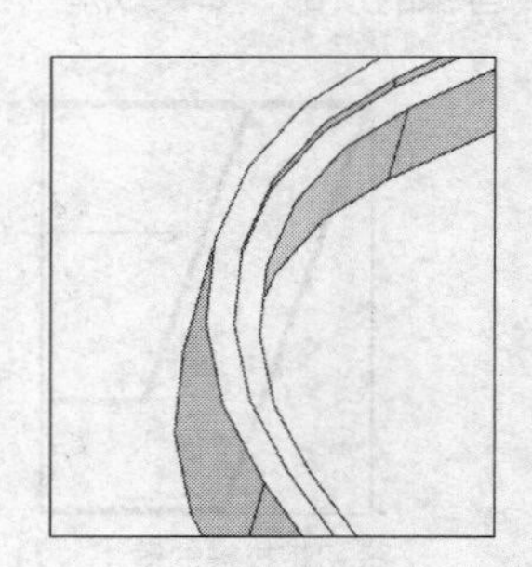

图 6-60　生成凹槽特征

3. 唇缘实例示范

01 打开素材库中的“第 6 章/6.1.5 唇缘.sldprt”文件。

02 选择菜单栏中的【插入】|【扣合特征】|【唇缘/凹槽】命令，或者单击【扣合特征】工具栏中的【唇缘/凹槽】按钮，系统弹出【唇缘/凹槽】对话框。

03 在【实体/零件选择】选项组，单击激活【唇缘】拾取栏，如图 6-61 所示，然后在绘图区选择零件。

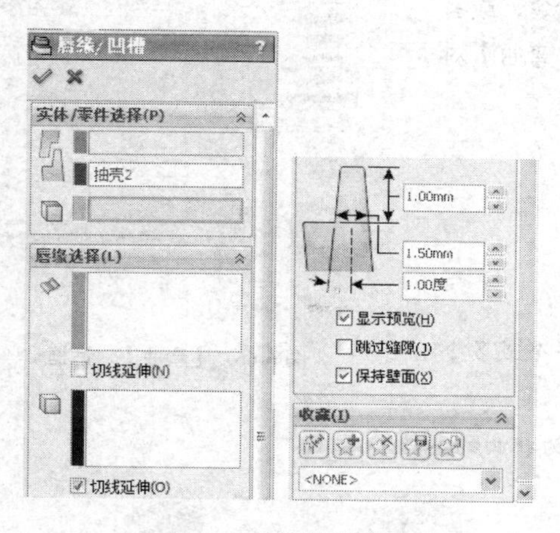

图 6-61　激活唇缘选择

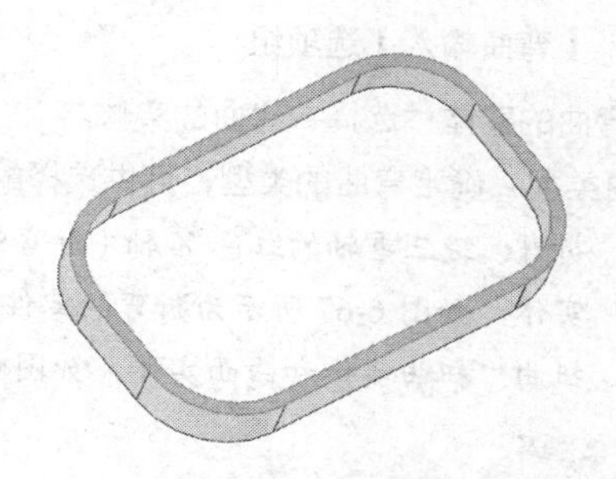

图 6-62　选择要生成唇缘的面

04 单击激活【面】拾取栏，然后在模型上拾取要生成唇缘的面，如图 6-62 所示。单击激活【边线】拾取栏，在模型上拾取要生成唇缘的边线，如图 6-63 所示。

05 设置生成唇缘的参数，如图 6-64 所示，单击对话框中的【确定】按钮，生成唇缘特征，如图 6-65 所示。

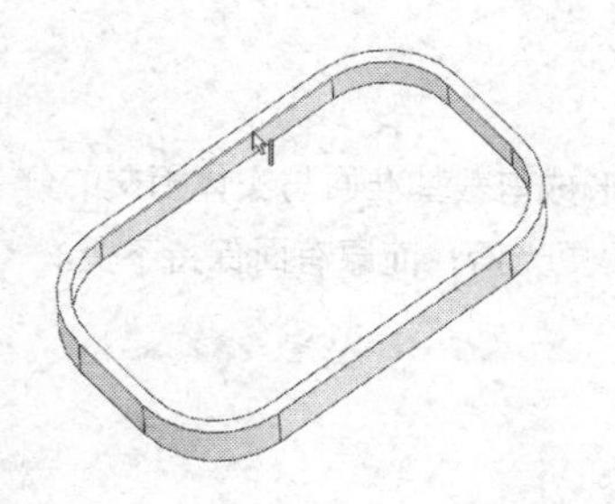

图 6-63　选择要生成唇缘的边线

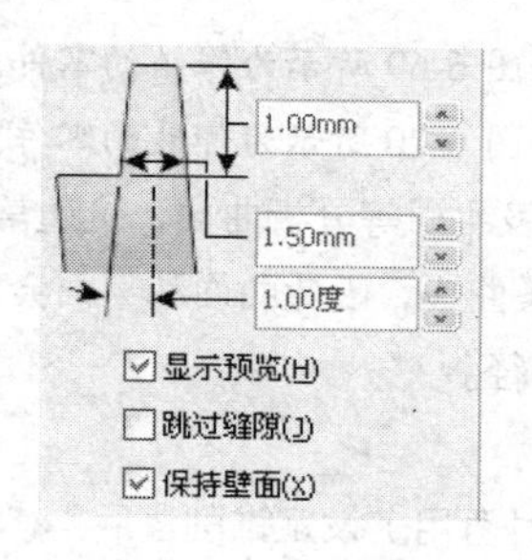

图 6-64　设置唇缘参数

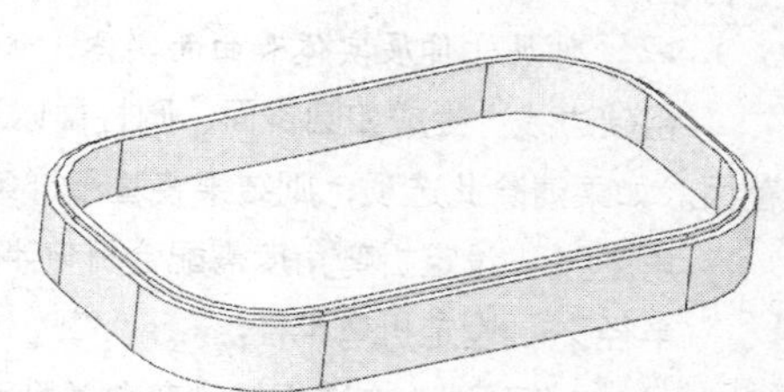

图 6-65　生成的唇缘特征

6.2 变形编辑

零件变形编辑可以改变复杂曲面和实体模型的局部或者整体形状，而无须考虑用于生成模型的草图或者特征约束，其应用到的特征包括弯曲、包覆、圆顶、变形、压凹、特型、缩放等。

6.2.1 弯曲

弯曲特征是通过将零件以可预测、直观的方式将其复杂的特征进行弯曲变形操作。弯曲特征包括折弯、扭曲、锥销、伸展等 4 种类型。

1. 弯曲特征操作界面

选择菜单栏中的【插入】|【特征】|【弯曲】命令，或者单击【特征】工具栏中的【弯曲】按钮，系统弹出【弯曲】对话框，如图 6-66 所示。

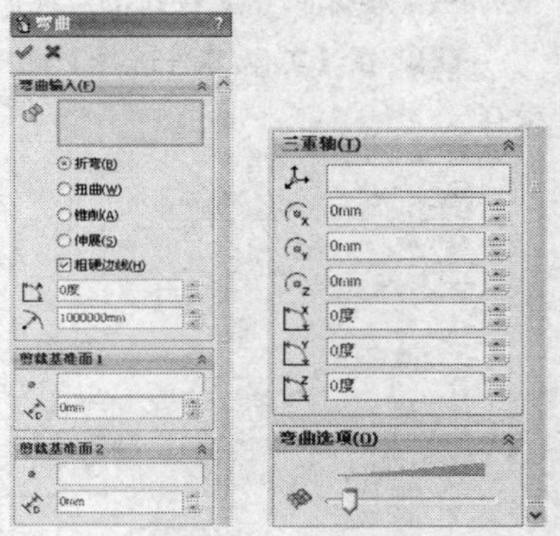

图 6-66 【弯曲】对话框

在【弯曲】对话框中，各选项的含义如下：

❑ 【弯曲输入】选项组

弯曲的实体：选择要弯曲的实体。

弯曲类型：确定弯曲的类型，可供选择的类型如下：

- ➢ 折弯：绕三重轴的红色 X 轴（折弯轴）折弯一个或多个实体，如图 6-67 所示为折弯的零件。
- ➢ 扭曲：扭曲实体和曲面实体，如图 6-68 所示为扭曲的零件。

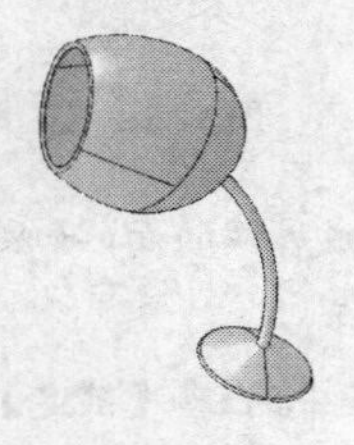

图 6-67 折弯零件

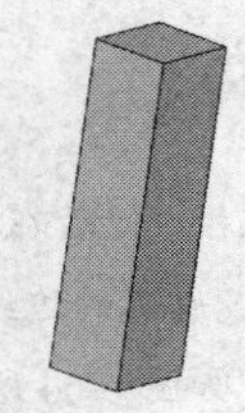

图 6-68 扭曲零件

- ➢ 锥销：锥削实体和曲面实体，如图 6-69 所示为锥销的零件。
- ➢ 伸展：伸展实体和曲面实体，如图 6-70 所示为伸展的零件。

粗硬边线：生成如圆锥面、圆柱面以及平面等分析曲面，这通常会形成剪裁基准面与实体相交的分割面。如果清除此选项，则结果将基于样条曲线，因此曲面和平面会显得更光滑，而原有面保持不变。

角度：设定折弯角度需配合折弯半径。

半径：设定折弯半径。

锥销因子：（在选择锥销弯曲类型时有用）设定锥削量。

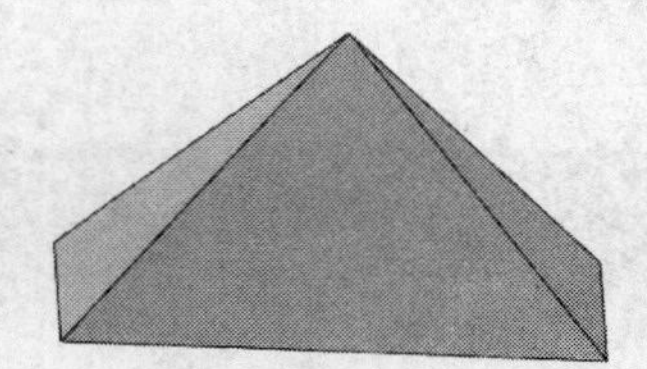

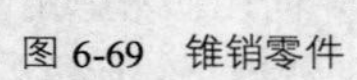

图 6-69 锥销零件

图 6-70 伸展零件

❑　【剪裁基准面 1】选项组

：将剪裁基准面的原点锁定到模型上的所选点。

：设置数值，沿三重轴的剪裁基准面轴（蓝色的 Z 轴）从实体的外部界限移动剪裁基准面。

❑　【剪裁基准面 2】选项组

和【剪裁基准面 1】选项组的参数设置相同，如图 6-71 所示为裁剪基准面的运用。

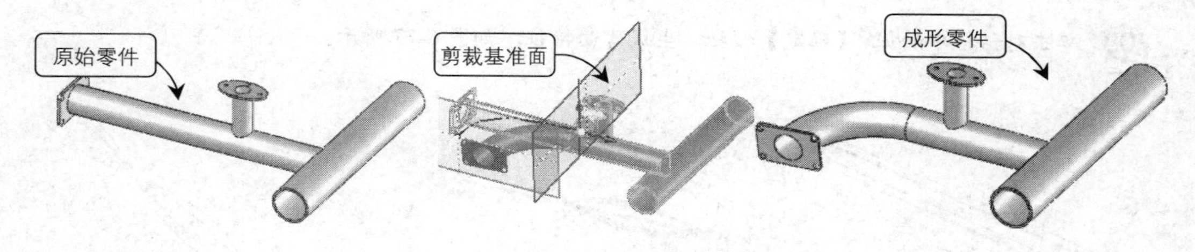

图 6-71　裁剪基准面的运用

❑　【三重轴】选项组

：将三重轴的位置和方向锁定到坐标系。

注 意：必须先添加坐标系特征到模型，才能使用此选项。

X 旋转原点、Y 旋转原点、Z 旋转原点：沿指定轴移动三重轴（相对于三重轴的默认位置）。

X 旋转角度、Y 旋转角度、Z 旋转角度：绕指定轴旋转三重轴（相对于三重轴自身），此角度表示绕零部件坐标系的旋转角度，且按 Z、Y、X 顺序进行旋转。

如图 6-72 所示为系统默认的三重轴，用户可以用鼠标单击拖动任意一轴或环以改变它的方向。

❑　【弯曲选项】选项组

弯曲精度：控制曲面品质，提高品质还将会提高弯曲特征的成功率。

2. 生成弯曲特征实例示范

01 打开素材库中的“第 6 章/6.2.1 弯曲.sldprt”文件，如图 6-73 所示。

02 选择菜单栏中的【插入】|【参考几何体】|【坐标系】命令，打开【坐标系】对话框。

03 设置【坐标系】对话框中的选项，在【原点】文本框中选择绘图区中的原点，在【X 轴】文本框中选择【前视基准面】，在【Y 轴】文本框中选择【上视基准面】，如图 6-74 所示。

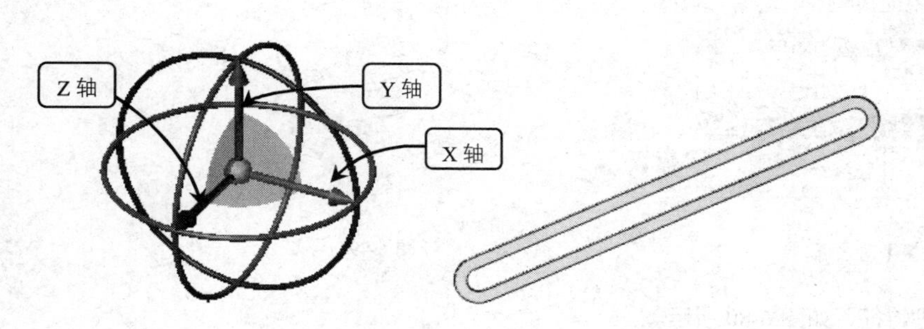

图 6-72　三重轴　　图 6-73　“6.2.1 弯曲”文件

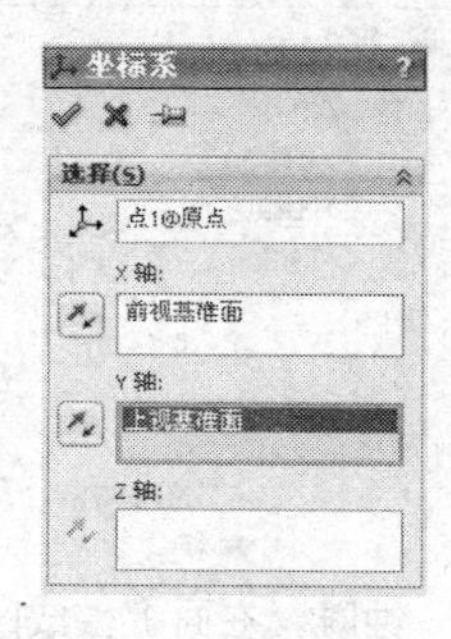

图 6-74　参数设置

04 单击【坐标系】对话框中的✔【确定】按钮，完成创建坐标系，如图 6-75 所示。

05 选择菜单栏中的【插入】|【特征】|【弯曲】命令，或者单击【特征】工具栏中的【弯曲】按钮，系统弹出【弯曲】对话框。

06 选择的弯曲类型为扭曲，设置弯曲角度为 360°，然后在绘图区单击选择零件。

07 选择创建好的坐标系作为扭曲三重轴，其他均为默认值，绘图区出现零件扭曲预览，如图 6-76 所示。

08 单击对话框中的✔【确定】按钮，生成弯曲特征，如图 6-77 所示。

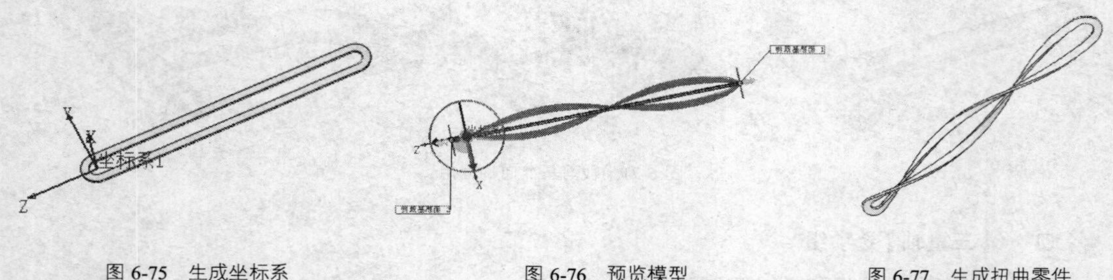

图 6-75 生成坐标系　　图 6-76 预览模型　　图 6-77 生成扭曲零件

6.2.2 包覆

包覆特征是通过绘制草图截面或者选择工作窗口已有的草图轮廓作为参照，将其投影至选择的实体表面处。包覆特征包含三种类型：浮雕、蚀雕、刻划。选择要包覆的草图轮廓时只可包含多个闭合轮廓，但不能选择开放的草图轮廓创建包覆特征。

1. 包覆特征操作界面

在绘图区绘制一封闭的草图，选择菜单栏中的【插入】|【特征】|【包覆】命令，或者单击【特征】工具栏中的【包覆】按钮，系统弹出【包覆】对话框，如图 6-78 所示。

在【包覆】对话框中，各选项的含义如下：

❑ 【包覆参数】选项组

浮雕：在面上生成凸起特征，如图 6-79 所示。

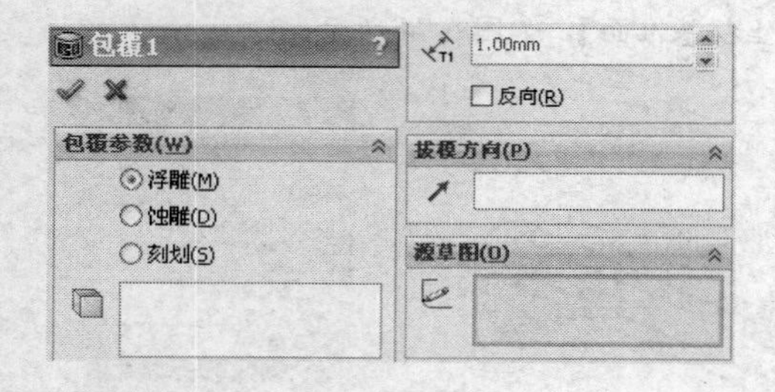

图 6-78 【包覆】对话框

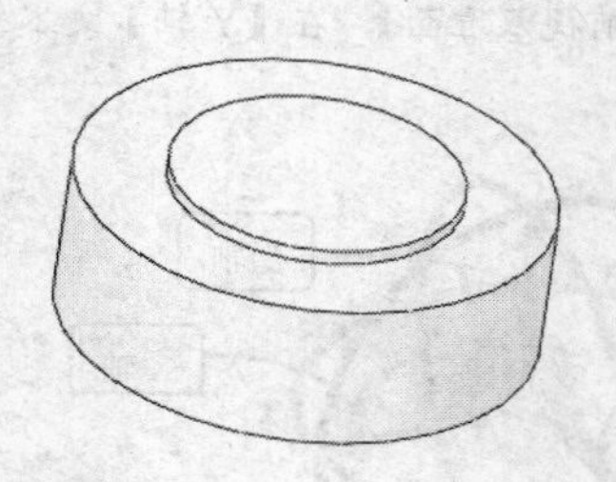

图 6-79 浮雕

蚀雕：在面上生成凹进特征，如图 6-80 所示。

刻划：在面上生成草图轮廓印记，如图 6-81 所示。

：选择包覆草图的面。

：设定凸起或凹进的距离。

反向：调整包覆方向。

- 【拔模方向】选项组

：设置拔模方向。

- 【源草图】选项组

源草图：选择一草图作为要包覆的草图。

2. 包覆特征实例示范

01 打开素材库中的“第 6 章/6.2.2 包覆.sldprt”文件，如图 6-82 所示。

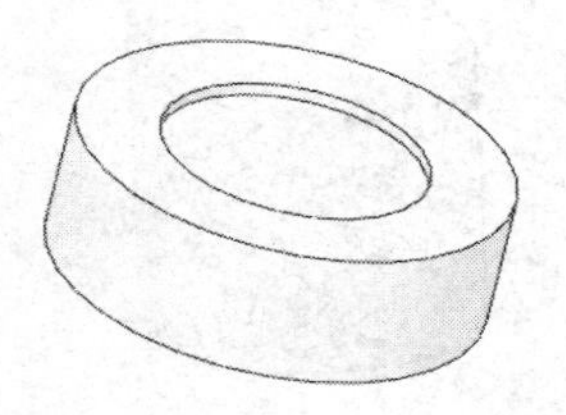

图 6-80　蚀雕

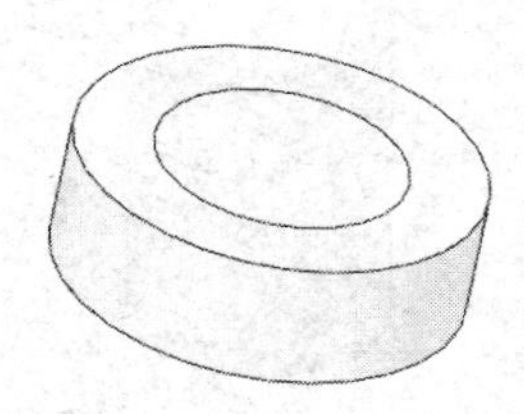

图 6-81　刻划

图 6-82　“6.2.2 包覆”文件

02 选择菜单栏中的【插入】|【特征】|【包覆】命令，或者单击【特征】工具栏中的【包覆】按钮，系统弹出信息提示框，如图 6-83 所示，根据提示，在【特征管理器设计树】中选择文字草图，草图出现在对话框中【源草图】下。

03 选择包覆类型为【蚀雕】，【包覆草图的面】选择模型平面，其他参数如图 6-84 所示。单击对话框中的【确定】按钮，生成包覆特征，如图 6-85 所示。

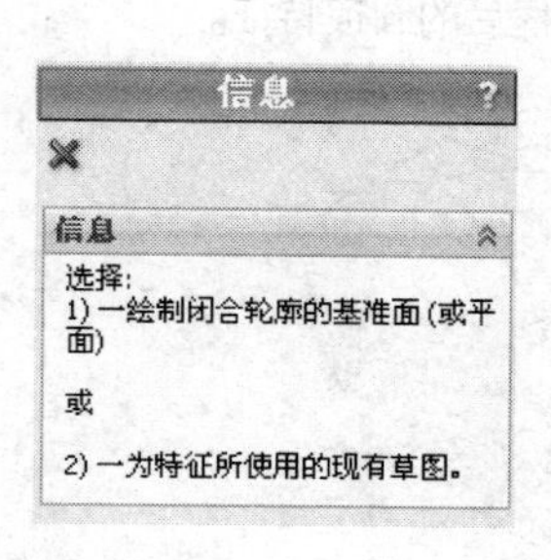

图 6-83　信息提示框

图 6-84　参数设置

图 6-85　生成包覆特征

6.2.3 圆顶

圆顶特征是指在零件的顶部创建类似于圆角类的特征，创建圆顶特征的顶面可以是平面或曲面，系统将根据零件顶部形状创建相应的圆顶特征。

1. 圆顶特征操作界面

选择菜单栏中的【插入】|【特征】|【圆顶】命令，或者单击【特征】工具栏中的【圆顶】按钮，系统弹出【圆顶】对话框，如图 6-86 所示。

在【圆顶】对话框中，各选项的含义如下：

到圆顶的面：选择一个或多个平面或非平面，如图 6-87 所示为选择平面后圆顶效果，如图 6-88 所示则是选择非平面后圆顶的效果。

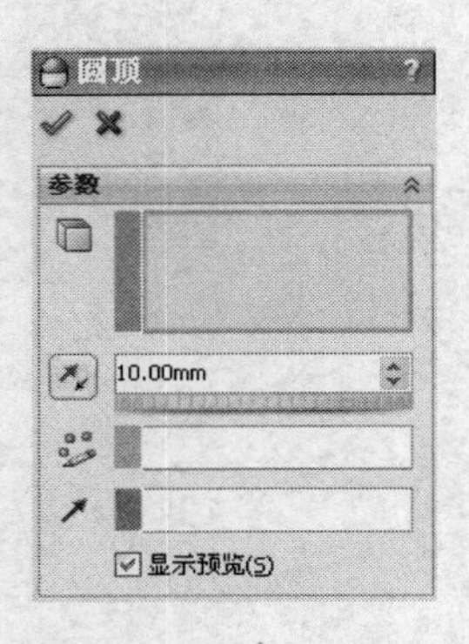

图 6-86 【圆顶】对话框

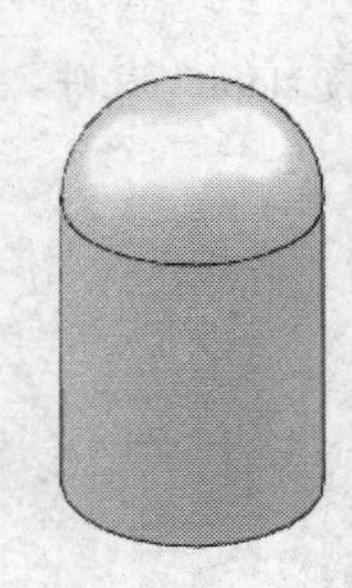

图 6-87 选择平面

图 6-88 选择非平面

距离：设置圆顶扩展距离，如有必要，单击【反向】按钮。

约束点或草图：通过选择包含有点的草图来约束草图的形状以控制圆顶。当使用包含有点的草图为约束时，距离被禁用。

方向：从图形区域选择一方向向量以垂直于面以外的方向拉伸圆顶。可以使用线性边线或由两个草图点所生成的向量作为方向向量。

连续圆顶：当选择多边形的实体创建圆顶特征时系统会添加“连续圆顶”选项，如图 6-89 所示，为选择连续圆顶复选框后的圆顶特征，如图 6-90 所示则是取消圆顶连续复选框后的圆顶特征。

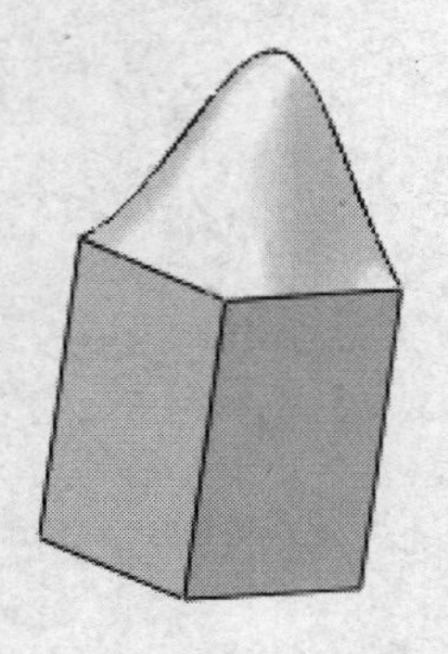

图 6-89 选择连续圆顶

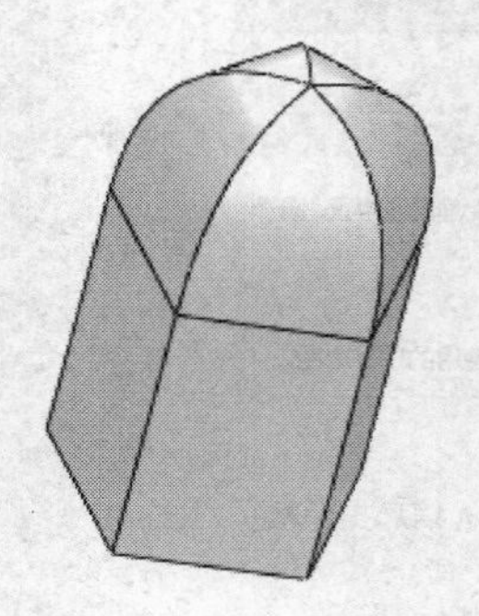

图 6-90 取消选择连续圆顶

注 意： 在圆柱和圆锥模型上，可以将距离设置为 0。系统会使用圆弧半径作为圆顶的基础来计算距离。

2. 圆顶特征实例示范

01 打开素材库中的“第6章/6.2.3 圆顶.sldprt”文件，如图6-91所示。

02 选择菜单栏中的【插入】|【特征】|【圆顶】命令，或者单击【特征】工具栏中的【圆顶】按钮，系统弹出【圆顶】对话框。

03 选择上表面为要圆顶的面，设置圆顶距离为“40mm”，如图6-92所示。

04 单击对话框中的【确定】按钮，完成圆顶操作，如图6-93所示。

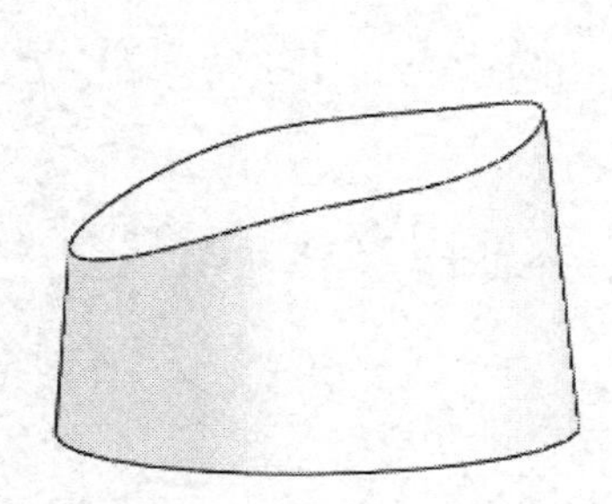

图6-91　“6.2.3 圆顶”文件

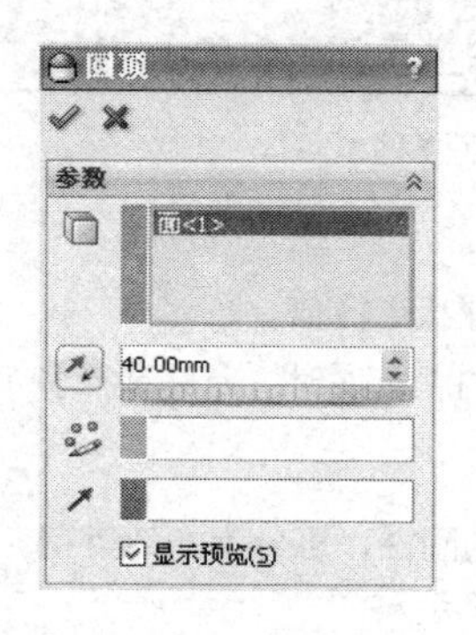

图6-92　【圆顶】对话框

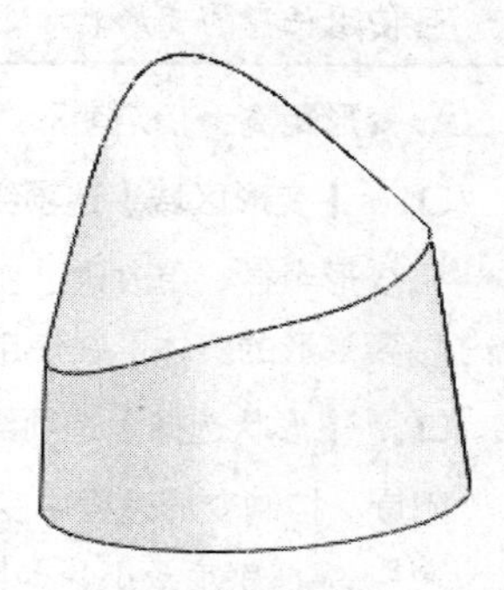

图6-93　圆顶模型

6.2.4 变形

变形是指根据选定的面、点以及边线来改变零件的局部形状，变形有三种类型，分别为点、曲线到曲线、曲面推进。

选择菜单栏中的【插入】|【特征】|【变形】命令，或者单击【特征】工具栏中的【变形】按钮，系统弹出【变形】对话框，如图6-94所示。

根据选择类型的不同，【变形】对话框的选项组也有所不同，下面将具体介绍。

1. 点变形操作界面

当选择变形类型为点时，对话框如图6-95所示。

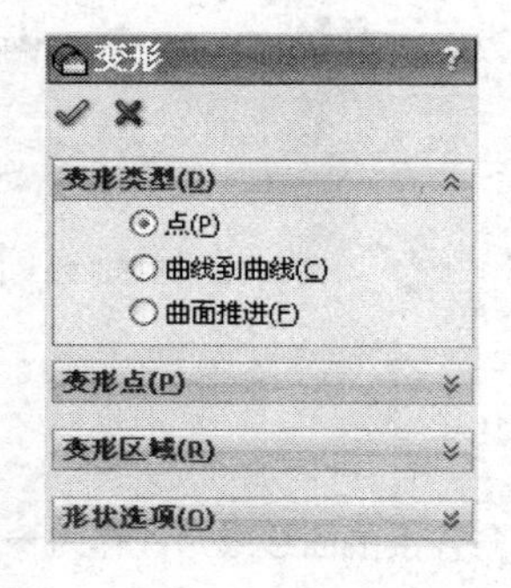

图6-94　【变形】对话框

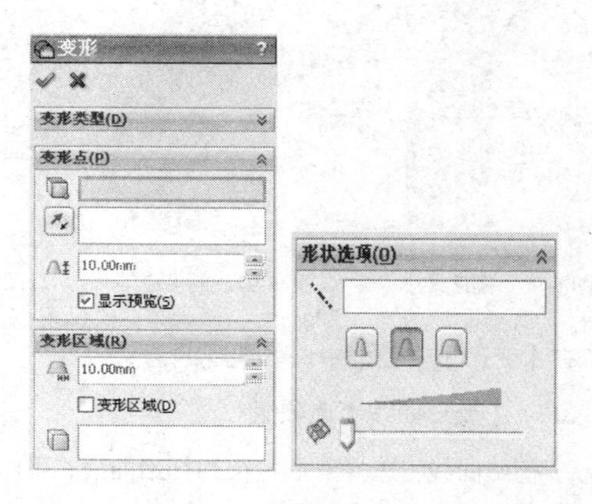

图6-95　选择【点】类型

在【变形】对话框中，各选项的含义如下：

❑ 【变形点】选项组

变形点：选择平面、边线、顶点上的点或空间中的点设置变形的中心。

变形方向：选择一条线性边线、草图直线、平面、基准面或者两个点或顶点作为变形方向。

注 意：如果选择一条线性边线或直线，则方向平行于该边线或直线。如果选择一个基准面或平面，则方向垂直于该基准面或平面。如果选择两个点或顶点，则方向自第一个点或顶点指向第二个点或顶点。可使用任意的变形点和方向。如有必要，单击【反转】按钮变化方向。

变形距离：指定变形的距离（点位移）。

❑ 【变形区域】选项组

变形半径：更改通过变形点的球状半径值。

要变形的实体：在使用空间中的点选项时，允许选择多个实体或一个实体。

❑ 【形状选择】选项组

刚度：控制变形过程中变形形状的刚性，可分为如下类型：

- ：刚度最小，如图 6-96 所示。
- ：刚度中等，如图 6-97 所示。
- ：刚度最大，如图 6-98 所示。

形状精度：控制曲面品质，通过移动滑杆到右侧提高精度，可增加变形特征的成功率。

2. **曲线到曲线操作界面**

当选择变形类型为【曲线到曲线】时，对话框如图 6-99 所示。

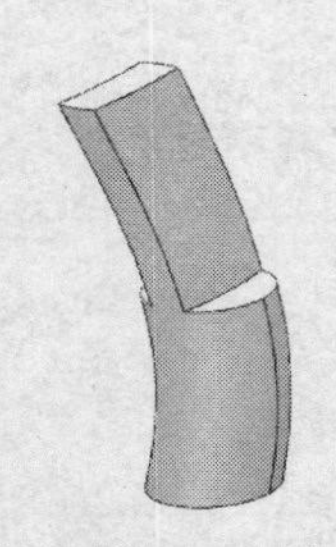

图 6-96　刚度最小

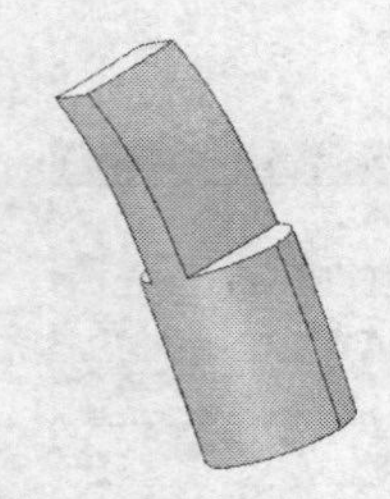

图 6-97　刚度中等

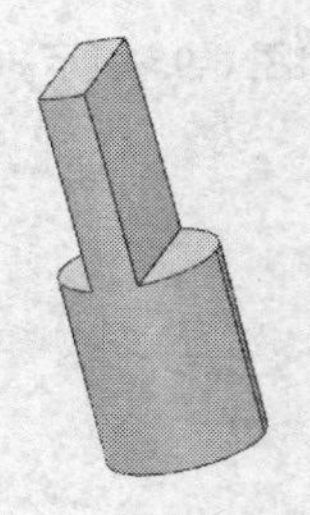

图 6-98　刚度最大

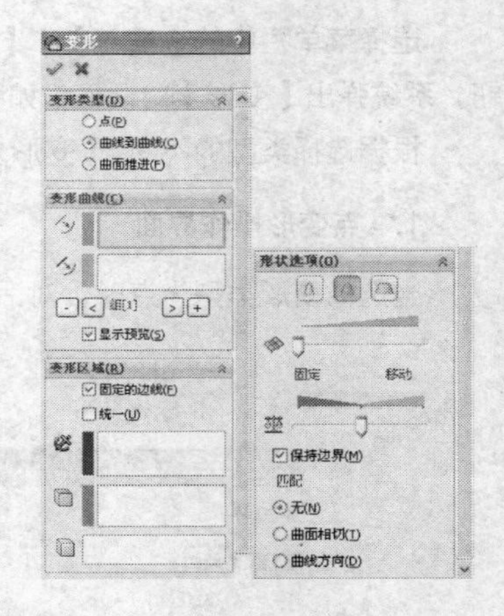

图 6-99　选择曲线到曲线

在【变形】对话框中，各选项的含义如下：

❑ 【变形曲线】选项组

初始曲线：选择变形特征的初始曲线，可以选择一条或多条连接的曲线或边线作为一组，也可以是单一曲线或相邻边线或曲线组。

目标曲线：选择变形特征的目标曲线，可以选择一条或多条连接的曲线或边线作为一组，也可以是单一曲线或相邻边线或曲线组。

组：允许添加、删除以及循环选择组以进行修改。

❑　【变形区域】选项组

统一：变形操作过程中保持原始形状的特性，如图 6-100 所示。

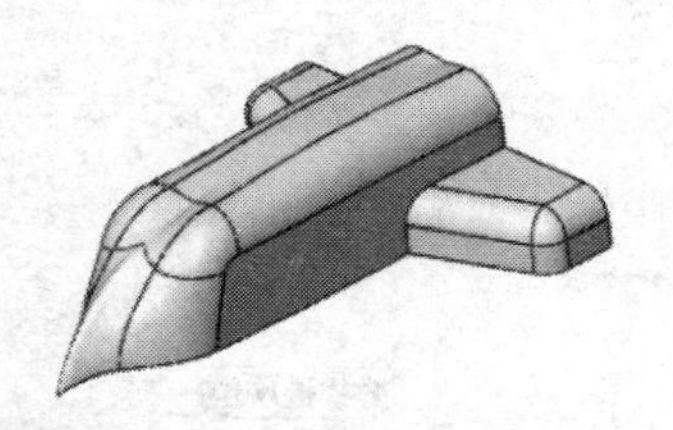

选择【统一】后的模型

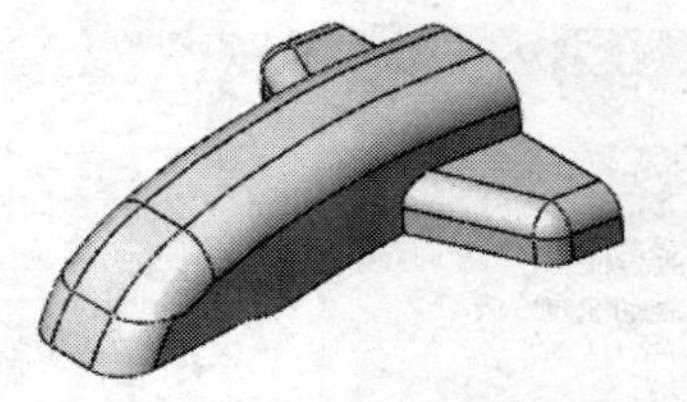

取消选择【统一】后的模型

图 6-100　统一的运用

其他参数和【点】类型中的【变形区域】选项组中参数设置相同，这里不再重复。

❑　【形状选项】选项组

重量：（当选择固定的边线和清除统一时可用）控制两个选项之间的影响度。

保持边界：确保所选边界作为固定曲线/边线/面是固定的，清除保持边界来更改变形区域、选择仅对于额外的面或允许边界移动。

匹配：将变形曲面或面匹配到目标曲面或面边线。

➢　无：未应用匹配条件，如图 6-101 所示。

➢　曲面相切：使用平滑过渡匹配面和曲面的目标边线，如图 6-102 所示。

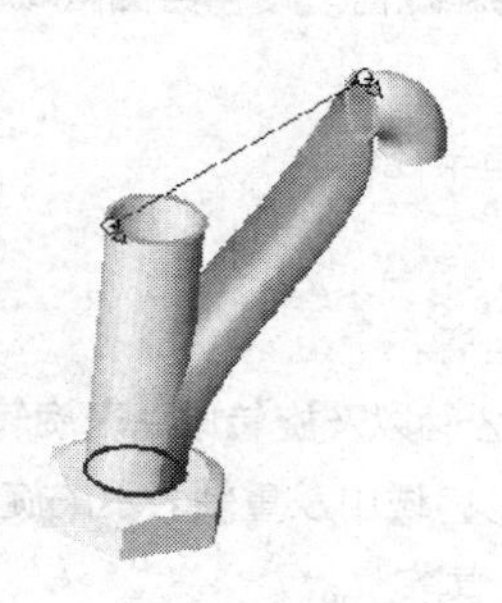

图 6-101　无匹配

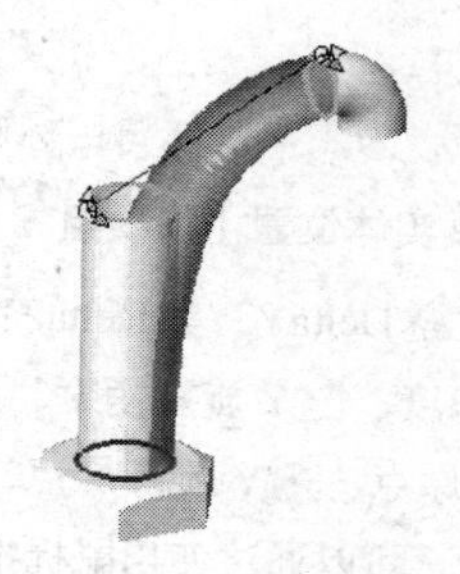

图 6-102　添加相切匹配

➢　曲面方向：从目标曲线或边线更改曲面或面过渡的方向，如图 6-103 所示。

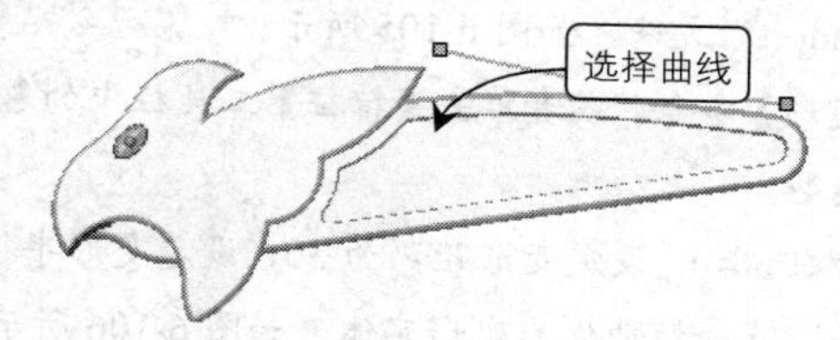

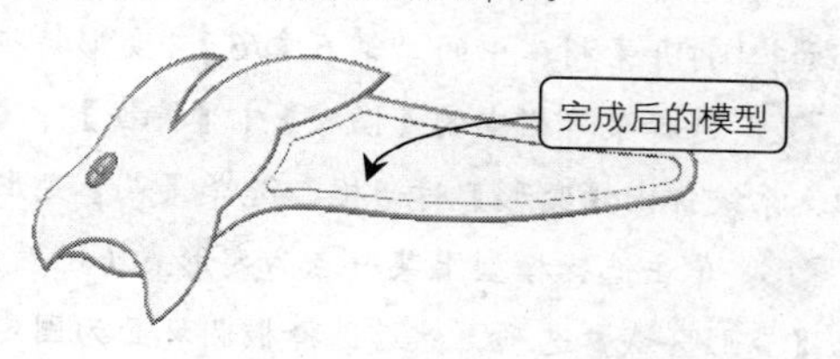

图 6-103　添加曲线方向

3．曲面推进操作界面

当选择变形类型为【曲面推进】时，对话框如图 6-104 所示。

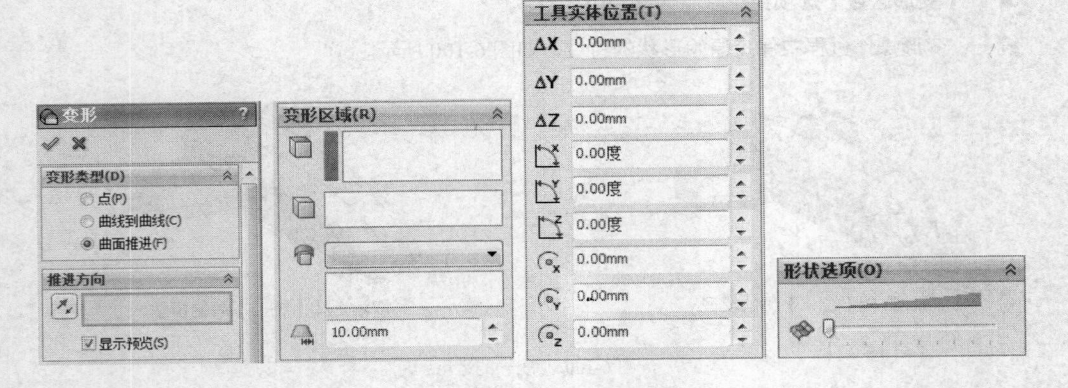

图 6-104 【曲面推进】的对话框

在【变形】对话框中，各选项的含义如下：

❑ 【推进方向】选项组

变形方向：选择一条草图直线、直线边线、平面、基准面或两个点或顶点设置推进（变形）的方向，如有必要，单击【反转】按钮改变方向。

❑ 【变形区域】选项组

：设定对要变形的实体（目标实体）进行变形的工具实体。

从列表中选择预定义的工具实体：椭圆、椭面、多边形、矩形和球面。使用绘图区域中的标注来设定工具实体的大小。

变形误差：为工具实体与目标面或者实体的相交处指定圆角半径值。

❑ 【工具实体位置】选项组

ΔX DeltaX、ΔY DeltaY、ΔZ DeltaZ：沿 x、y、z 轴移动的具体距离。

X 旋转角度、Y 旋转角度、Z 旋转角度：绕 X、Y 或 Z 轴以及旋转原点来旋转工具实体。

X 旋转原点、Y 旋转原点、Z 旋转原点：定位由图形区域中三重轴表示的旋转中心。当鼠标指针变为时，可以通过使用鼠标拖动或旋转工具实体来定位工具实体。

其他选项不再重复介绍。

4．变形特征实例示范

01 打开素材库中的“第 6 章/6.2.4 变形特征.sldprt”文件，如图 6-105 所示。

02 选择菜单栏中的【插入】|【特征】|【变形】命令，或者单击【特征】工具栏中的【变形】按钮，系统弹出【变形】对话框，选择【点】变形类型。

03 单击选择模型上某一点为变形点（位置任意选择），设定变形距离为 30，设定变形半径为 200，勾选【变形区域】选项，然后选择椭圆环面为固定面，选择拉伸体为变形实体，如图 6-106 所示。

04 单击对话框中的【确定】按钮，生成变形特征，如图 6-107 所示。

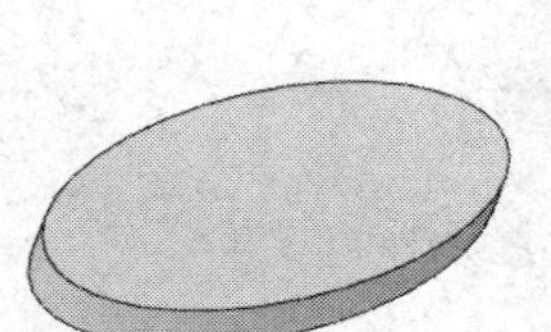

图 6-105 “6.2.4 变形特征”文件

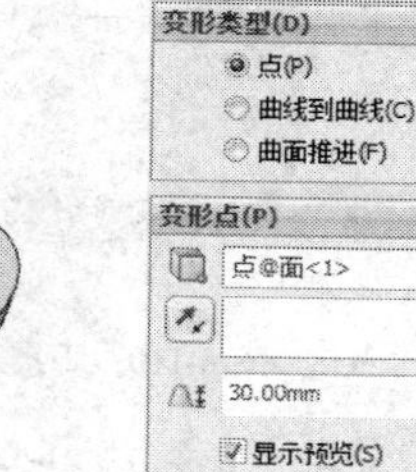
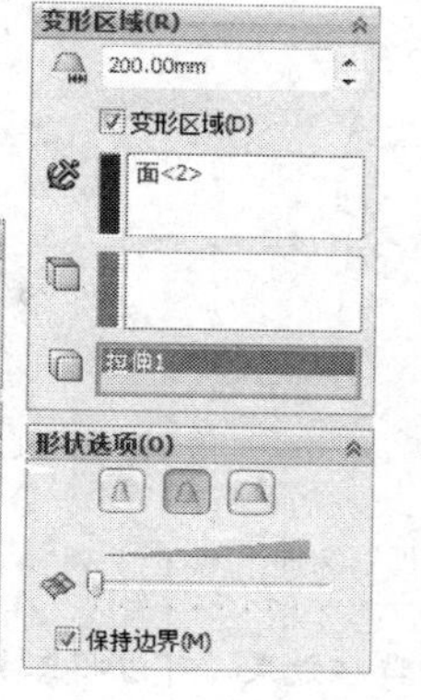

图 6-106 参数设置

图 6-107 生成的变形特征

6.2.5 压凹

压凹是指通过使用厚度和间隙值生成特征，压凹将在所选择的目标实体上生成与所选工具实体轮廓相类似的突起特征。

1. 压凹特征操作界面

选择菜单栏中的【插入】|【特征】|【压凹】命令，或者单击【特征】工具栏中的【压凹】按钮，系统弹出【压凹】对话框，如图 6-108 所示。

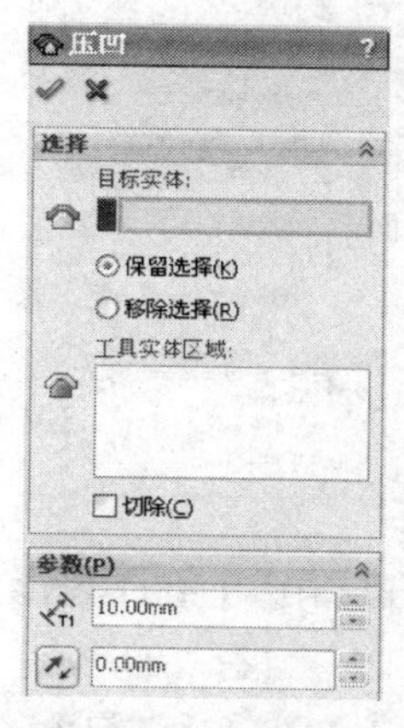

图 6-108 【压凹】对话框

在【压凹】对话框中，各选项的含义如下：

：选择要压凹的实体或曲面实体。

保留选择、移除选择：选择要保留或者移除的模型边线。

：选择一个或多个实体或曲面实体。

切除：选择此选项，则移除目标实体的交叉区域，无论是实体还是曲面，即使没有厚度，也仍然会存在间隙。

：设定压凹特征的厚度。

间隙：确定目标实体和工具实体之间的间隙。如有必要，单击【反向】按钮。

2. 压凹特征实例示范

01 打开素材库中的“第 6 章/6.2.5 压凹.sldprt”文件，如图 6-109 所示。

02 选择菜单栏中的【插入】|【特征】|【压凹】命令，或者单击【特征】工具栏中的【压凹】按钮，系统弹出【压凹】对话框。

03 在绘图区选择大圆柱作为【目标实体】，选择小圆柱特征作为【工具实体】，如图 6-110 所示，其他参数设置如图 6-111 所示。

04 单击对话框中的【确定】按钮，生成压凹特征。

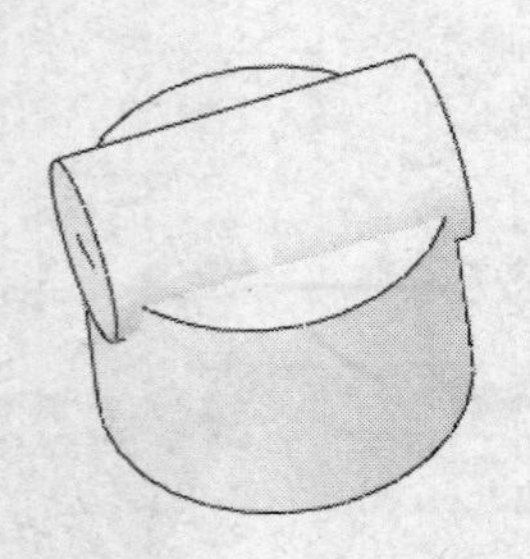

图 6-109 “6.2.5 压凹”文件

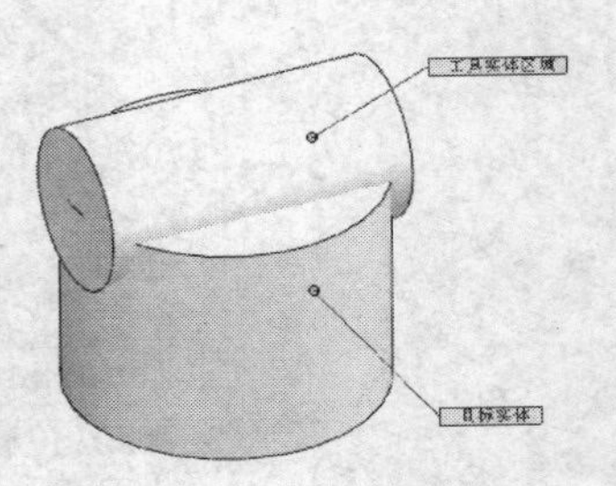

图 6-110 工具实体和目标实体

05 为了更好地观察压凹特征效果，可以将工具实体隐藏，在【特征管理器设计树】中右键单击所要隐藏的特征，在弹出的快捷菜单中选择【隐藏】按钮，如图 6-112 所示，隐藏工具实体的压凹效果如图 6-113 所示。

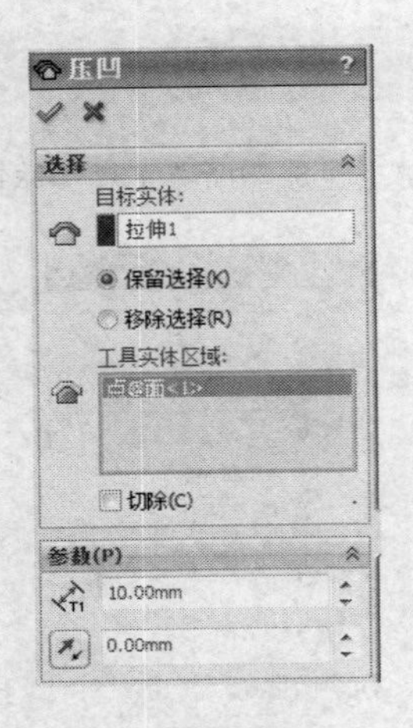

图 6-111 【压凹】参数设置

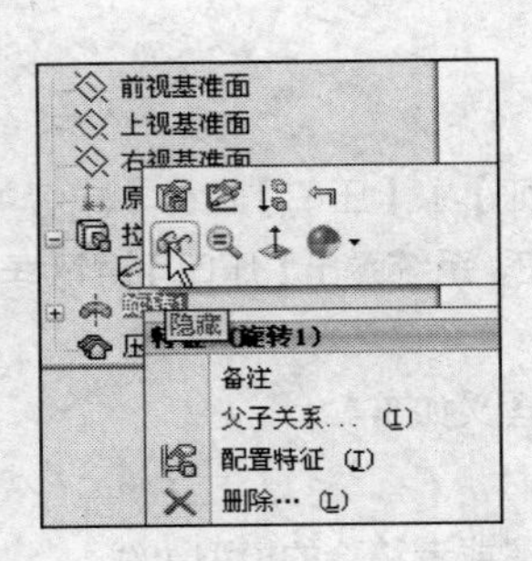

图 6-112 隐藏工具实体

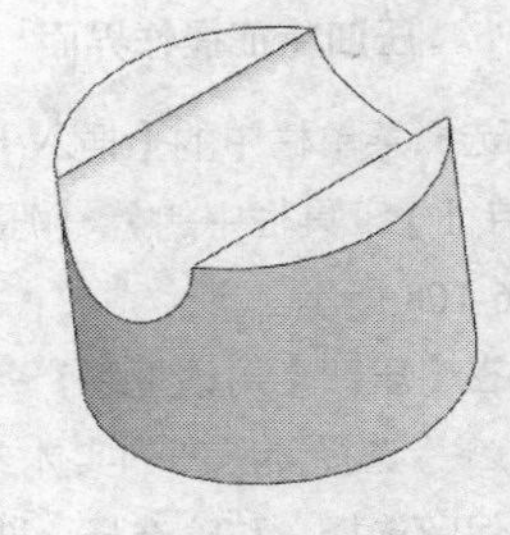

图 6-113 生成压凹特征

6.2.6 自由形

自由曲面编辑功能非常灵活，可在编辑的条件下通过生成曲线和控制点来自由拖拉，使用三重轴约束拖拉方向，来达到修改的目的，但每次只能编辑一个面，并且只能修改有 4 条边线的面。

选择菜单栏中的【插入】|【特征】|【自由形】命令，或者单击【特征】工具栏中的【自由形】按钮，系统弹出【自由形】对话框，如图 6-114 所示。

在【自由形】对话框中，各选项的含义如下：

- 【面设置】选项组

要变形的面：选择一个四边面作为要变形的特征。

方向 1 对称：当零件在一个方向对称时可用，勾选该选项可以只设计一半模型，然后让任意多边形对称应用设计另一半。

方向 2 对称：当零件在两个方向对称时可用，可以在第二个方向添加对称控制曲线。

❑　【控制曲线】选项组

通过点：在控制曲线上使用通过点，通过拖动通过点以修改面，如图 6-115 所示。

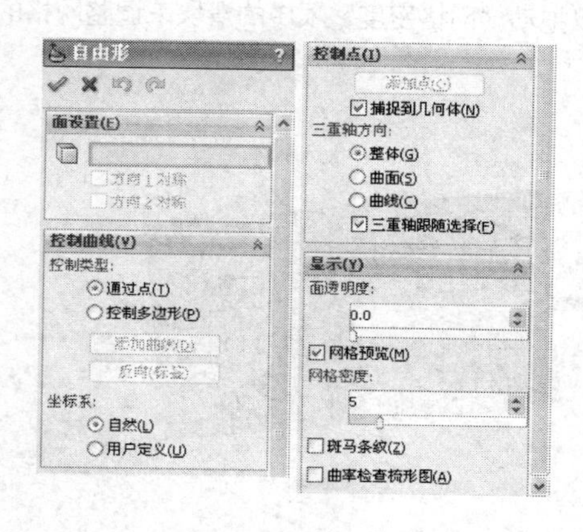

图 6-114　【自由形】对话框

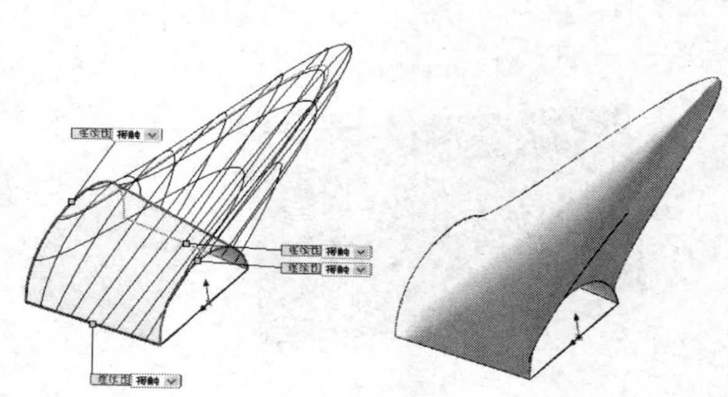

图 6-115　拖动通过点改变形状

控制多边形：在控制曲线上使用控制多边形，通过拖动控制多边形以修改面，如图 6-116 所示。

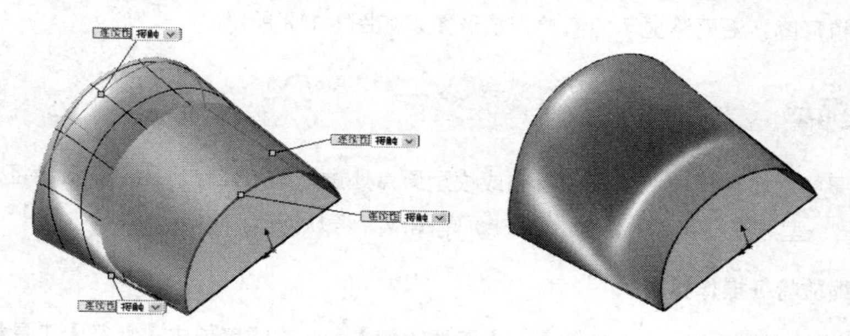

图 6-116 拖动控制多边形改变方向

添加曲线：单击该按钮后，在要添加曲线的曲面上单击，即可添加控制曲线。若要结束曲线的添加操作，可以再次单击该按钮。

反向（标签）：用于反转新控制曲线的方向。单击该按钮，可以在水平与竖直曲线中切换。

❑　【控制点】选项组

添加点：单击该按钮后，在曲线上单击鼠标左键以添加控制点。

捕捉几何体：在移动控制点以修改面时将点捕捉到几何体，同时三重轴的中心在捕捉到几何体时会改变颜色。

三重轴方向：控制可用于精确移动控制点的三重轴方向。

整体：定向三重轴以匹配零件的轴。

曲面：在拖动之前使三重轴垂直于曲面。

曲线：使三重轴与控制曲线上三个点生成的垂直线方向平行。

三重轴跟随选择：将三重轴移动到当前选择的控制点。取消该项的勾选后，在选择其他控制点时，三重轴会保持在当前的控制点，而不会附加到任何控制点。

❑ 【显示】选项组

面透明度：拖动滑块以调整所选面的透明度。

网格预览：显示可用于帮助放置控制单的网络。可以拖动"网格密度"项中的滑块来调整网格的密度，如图 6-117 所示。

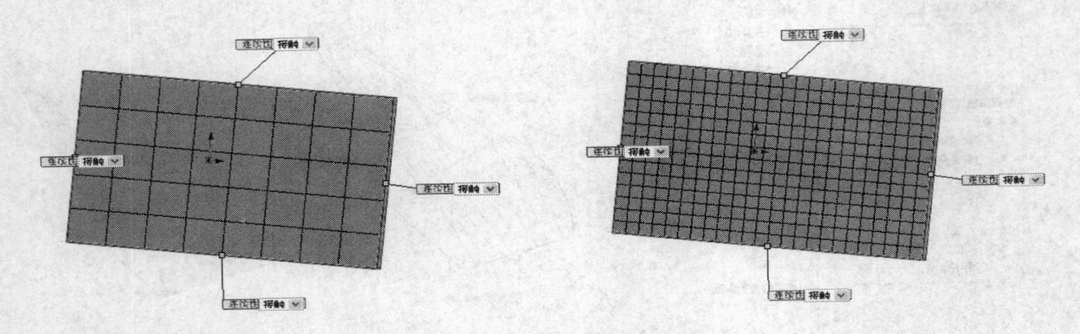

图 6-117 调整网络的密度

斑马条纹：用于查看曲面中标准显示难以分辨的小变化。

曲率检查梳形图：沿网络显示曲率检查梳形图，如图 6-118 所示。

6.2.7 比例缩放

比例缩放是指在零件或曲面模型的重心或模型原点处进行缩放操作。比例缩放特征仅缩放模型几何体，在数据输出、型腔中使用将不会缩放尺寸、草图或参考几何体。

1. 比例缩放特征操作界面

选择菜单栏中的【插入】|【特征】|【缩放比例】命令，或者单击【特征】工具栏中的【比例缩放】按钮，系统弹出【缩放比例】对话框，如图 6-119 所示。

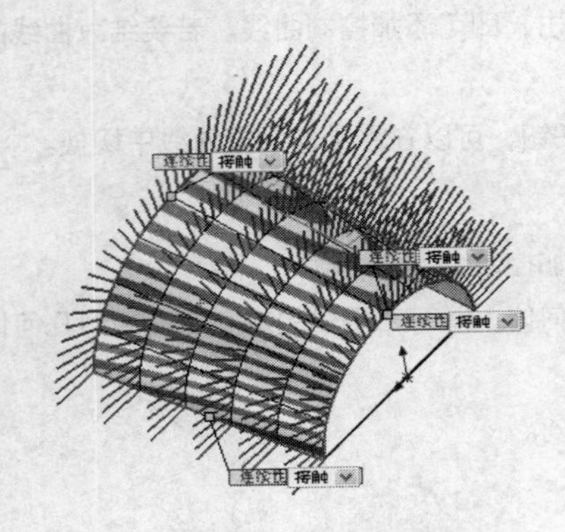

图 6-118 显示曲率检查梳形图状态

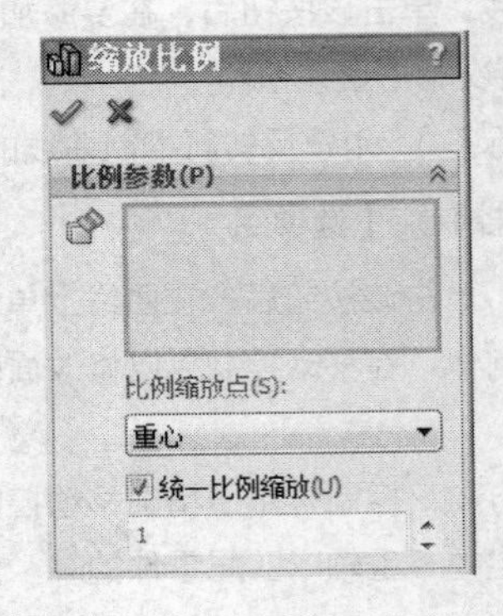

图 6-119 缩放比例对话框

在【缩放比例】对话框中，各选项的含义如下：

比例缩放点：作为缩放比例的模型所绕的点，包括有重心、原点、坐标系三种缩放点类型。

统一比例缩放：选择【统一比例缩放】复选框，并设定比例因子，清除选择【统一比例缩放】复选框并为 X 比例因子、Y 比例因子及 Z 比例因子设定单独设置数值。

比例因子：要缩放的倍数。

2. 比例缩放特征实例示范

01 打开素材库中的“第 6 章/6.2.7 比例缩放.sldprt”文件，如图 6-120 所示。

02 选择菜单栏中的【插入】|【特征】|【缩放比例】命令，或者单击【特征】工具栏中的【比例缩放】按钮，系统弹出【缩放比例】对话框。

03 设定比例因子为 0.5，选择【重心】为比例缩放点，在绘图区单击选择要缩放的特征，如图 6-121 所示。

04 单击对话框中的【确定】按钮，完成比例缩放操作，如图 6-122 所示。

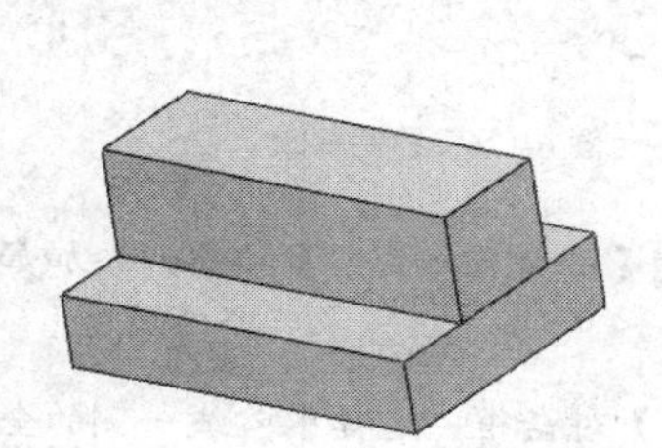

图 6-120　“6.2.7 比例缩放”文件

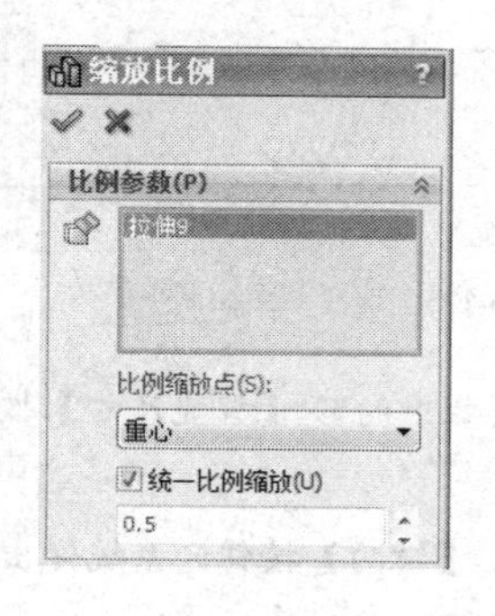

图 6-121　参数设置

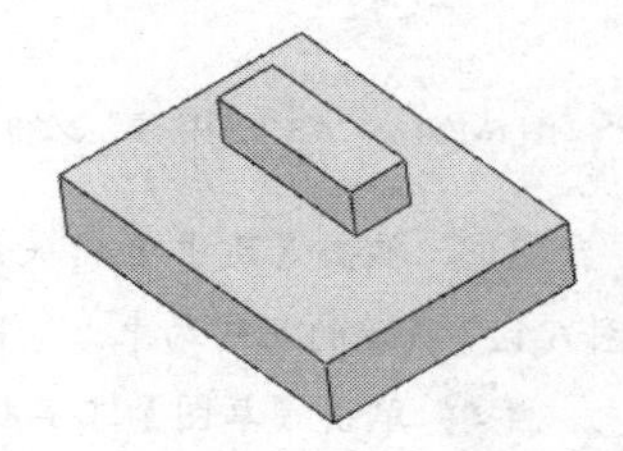

图 6-122　缩放比例的特征

6.3 案例实战——创建塑料壳特征和旋具模型

6.3.1 创建塑料壳特征

根据前面所学知识，创建塑料壳特征，其最终效果如图 6-123 所示。

本实例可以分为如下步骤：

- 启动 SolidWorks 2013 并打开文件。
- 添加拉伸凸台特征。
- 添加装配凸台特征。
- 添加弹簧扣特征。
- 添加通风口特征。
- 保存文件。

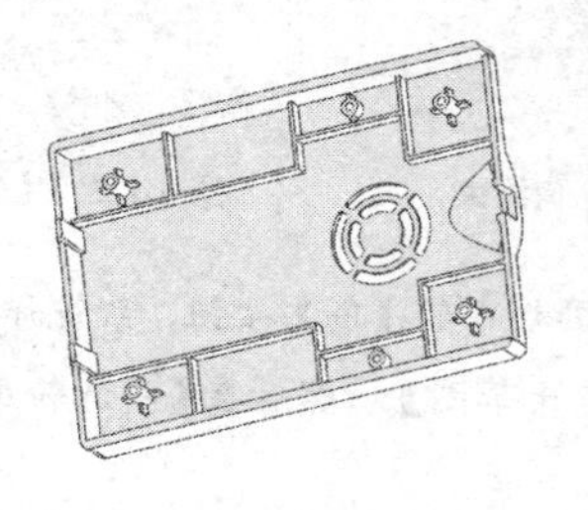

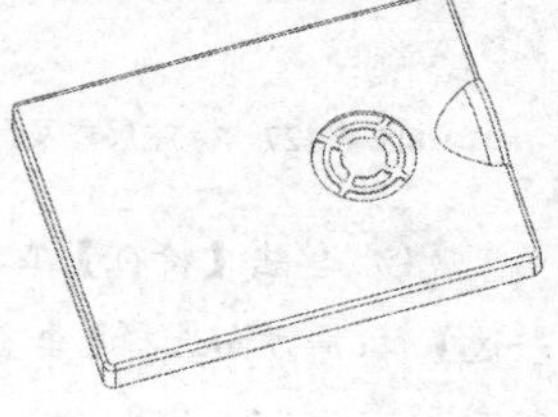

图 6-123　6.3.1 塑料壳

本例的具体操作步骤如下：

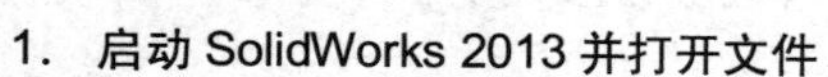

1. 启动 SolidWorks 2013 并打开文件

01 启动 SolidWorks 2013，单击【标准】工具栏中的【打开】按钮，系统弹出【打开】对话框。

02 选择素材库中的"第 6 章/6.3.1 塑料壳.sldprt"文件，如图 6-124 所示，单击【确定】按钮，进入 SolidWorks 2013 的零件工作界面。

2．添加拉伸凸台特征

01 单击【草图】工具栏中的【草图绘制】按钮，在绘图区选择如图 6-125 所示的模型表面作为草图绘制平面。

02 单击【草图】工具栏中的【直线】按钮和【中心线】按钮，绘制如图 6-126 所示的草图。

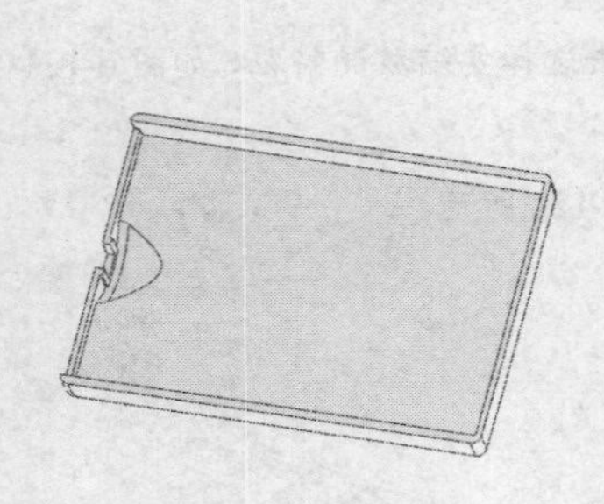

图 6-124 "6.3.1 塑料壳"文件

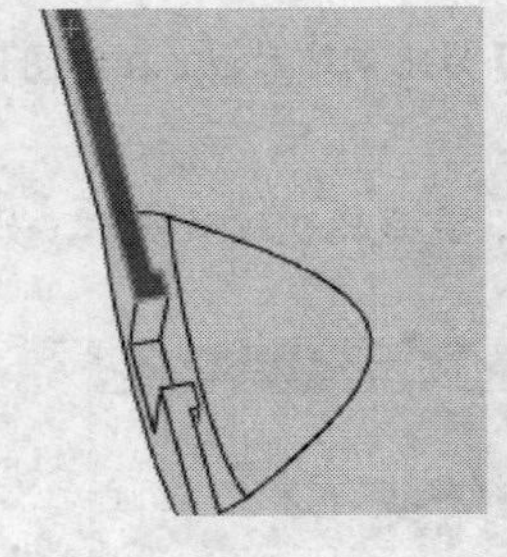

图 6-125 选择草图绘制平面

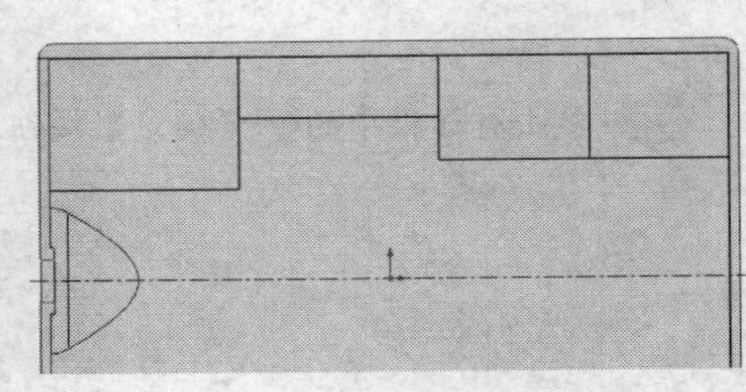

图 6-126 绘制草图

03 单击【尺寸/几何关系】工具栏中的【智能尺寸】按钮和【添加几何关系】按钮，添加如图 6-127 所示的几何约束。

04 单击【草图】工具栏中的【镜向】按钮，系统弹出【镜向】对话框，选择中心线一侧的全部草图元素为要镜像的实体，对话框如图 6-128 所示。

05 单击【确定】按钮，生成如图 6-129 所示的草图。

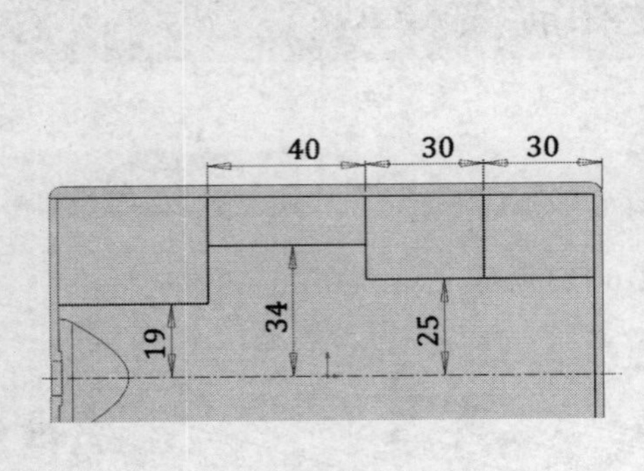

图 6-127 标注尺寸及几何约束

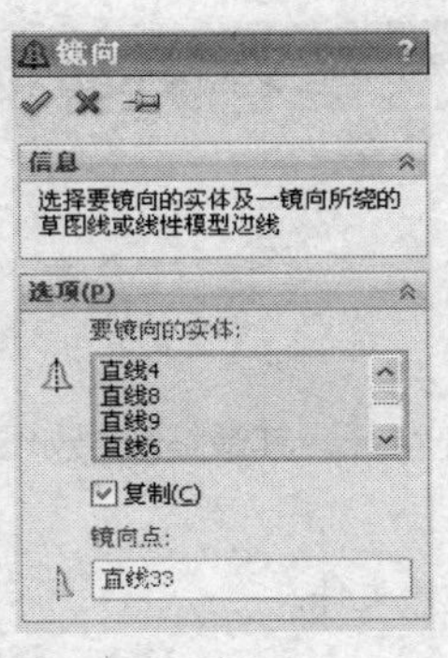

图 6-128 【镜向】对话框

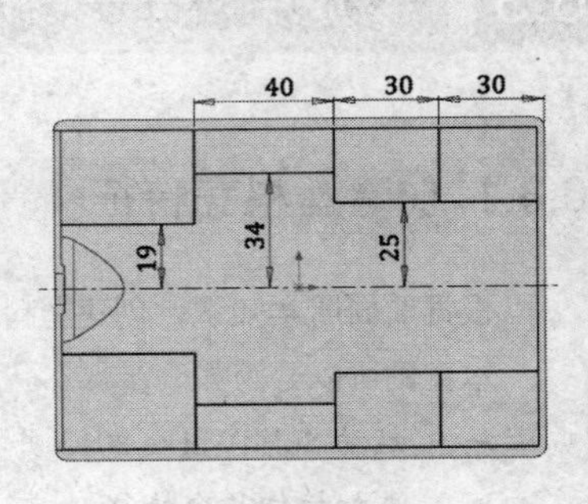

图 6-129 生成的草图

06 单击【特征】工具栏中的【筋】按钮，系统弹出【筋】对话框，对话框中【厚度】类型选择【第一边】，拉伸方向选择【垂直于草图】。然后在【所选轮廓】选项组，拾取草图中的每条实体线，如图 6-130 所示。

07 单击对话框中的【确定】按钮，生成筋特征，如图 6-131 所示。

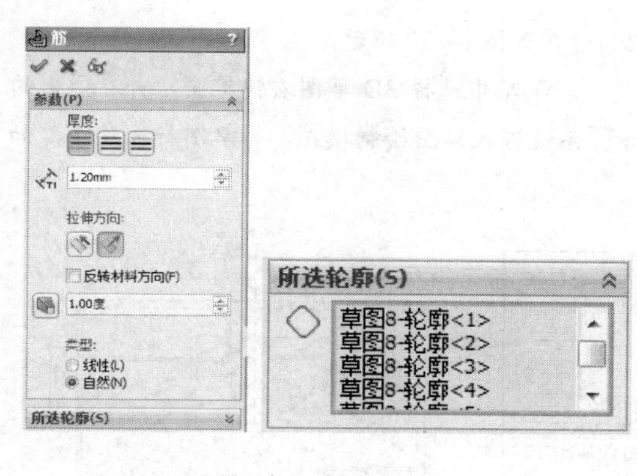

图 6-130 【拉伸】对话框

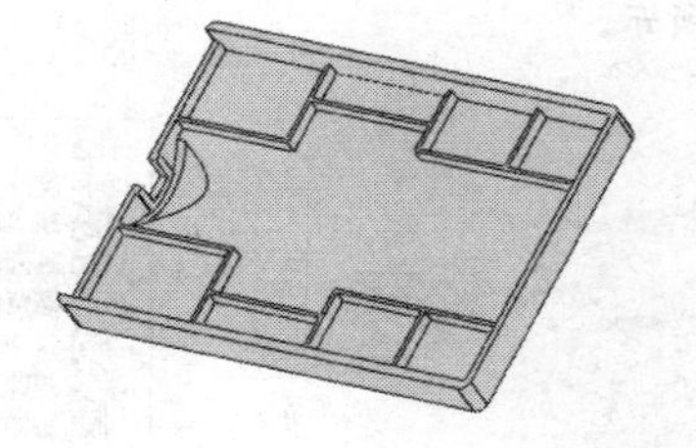

图 6-131 生成的筋特征

3. 添加装配凸台特征

01 选择菜单栏中的【插入】|【扣合特征】|【装配凸台】命令，或者单击【扣合特征】工具栏中的【装配凸台】按钮，系统弹出【装配凸台】对话框。

02 选择如图 6-132 所示的平面为凸台的放置平面。

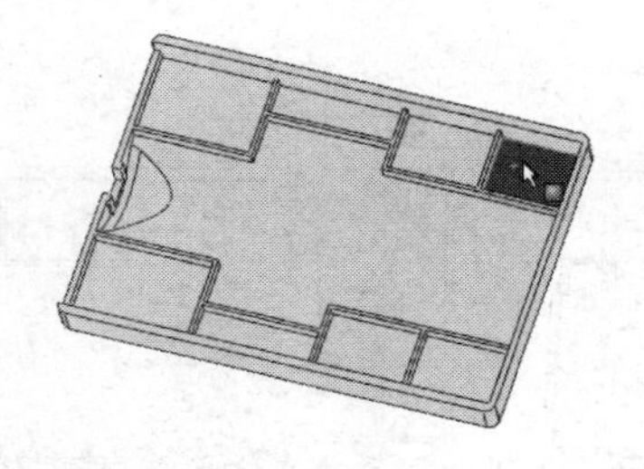

图 6-132 选择定位面

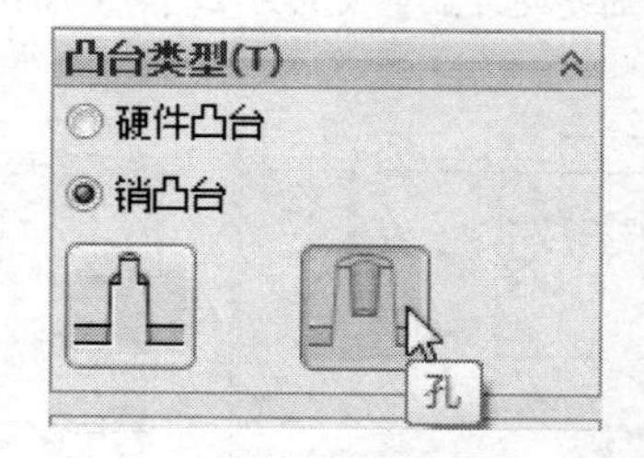

图 6-133 选择定位面

03 在【凸台类型】选项组选择凸台的类型为【孔】，如图 6-133 所示。在【凸台】选项组输入凸台的尺寸，如图 6-134 所示。在【翅片】选项组输入翅片的参数，如图 6-135 所示，其中翅片的方向参考面如图 6-136 所示。

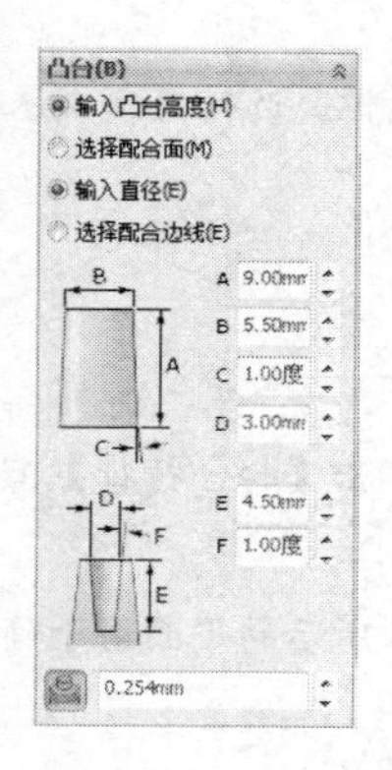

图 6-134 凸台参数设置

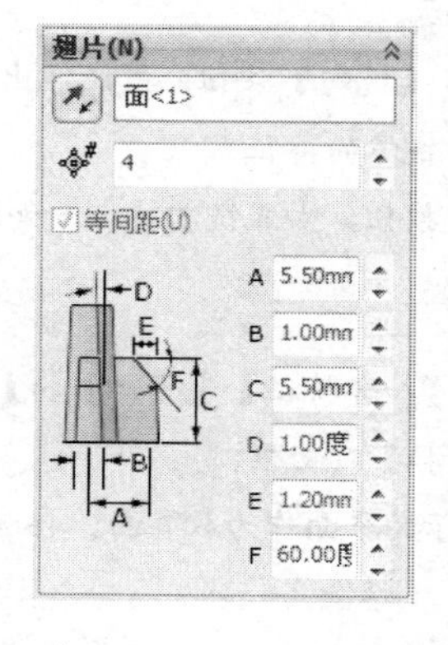

图 6-135 翅片参数设置

图 6-136 选择方向参考面

04 单击对话框中的✔【确定】按钮，生成装配凸台，如图 6-137 所示。

05 单击【特征管理器设计树】中装配凸台，在其下拉菜单中选择 3D 草图右键单击，并在弹出的快捷按钮中单击【编辑草图】按钮，如图 6-138 所示。系统进入草图绘制模式，为草图标注尺寸，如图 6-139 所示。

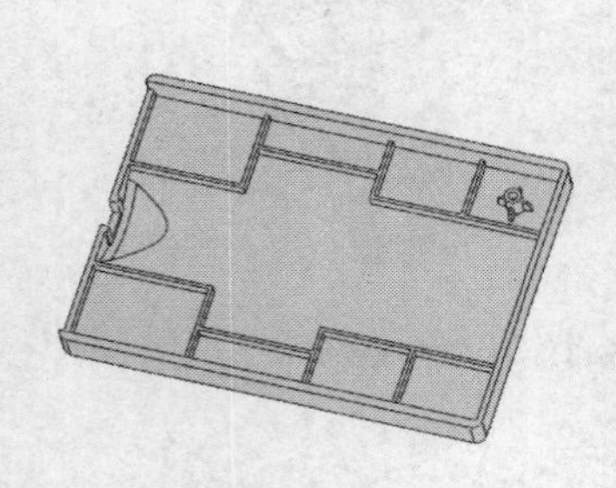

图 6-137 生成的装配凸台特征

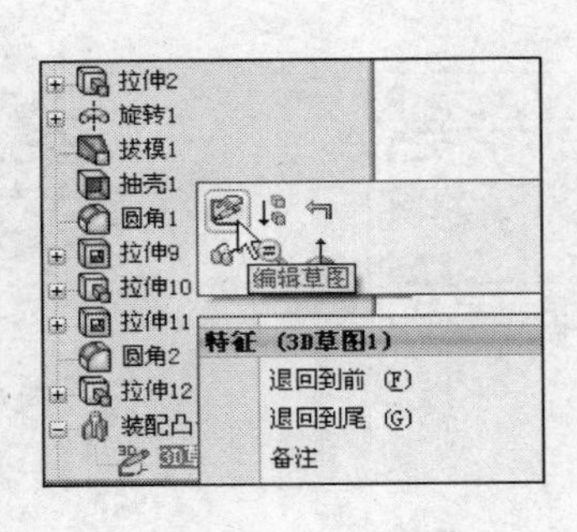

图 6-138 选择编辑草图

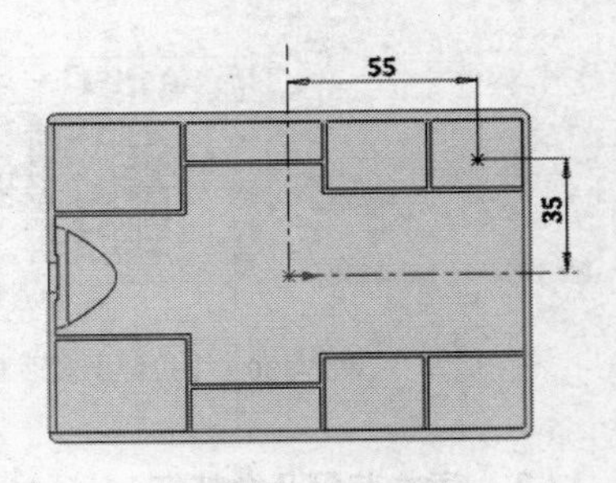

图 6-139 添加尺寸标注

06 单击绘图区右上角的【退出】按钮，退出 3D 草图绘制模式，凸台的位置被修改。

07 同样的方法，在图 6-140 所示位置生成第二个装配凸台，凸台和翅片的尺寸与第一个装配凸台相同，不同的是翅片数量设置为 2，如图 6-141 所示。

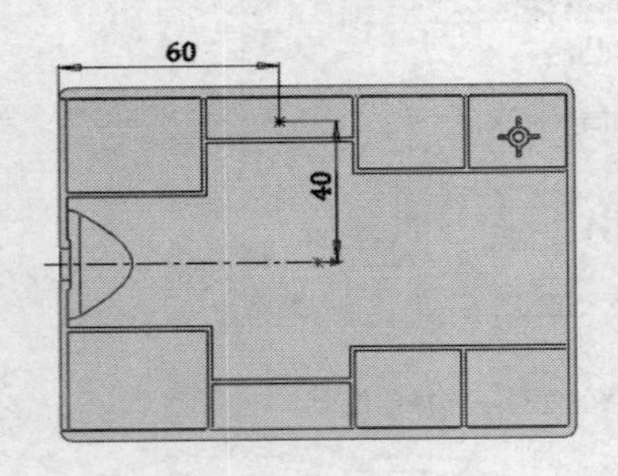

图 6-140 第二个凸台位置

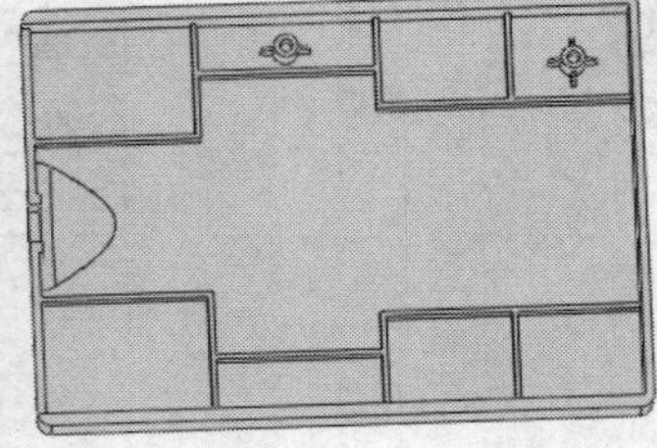

图 6-141 第二个装配凸台

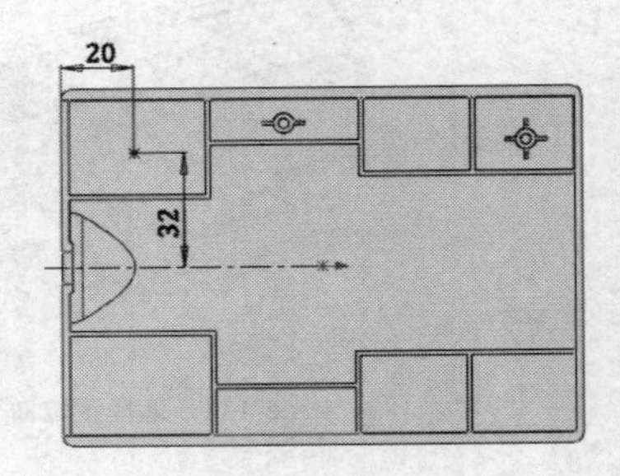

图 6-142 第三个凸台的位置

08 同样的方法，在图 6-142 所示位置生成第三个装配凸台，凸台和翅片的尺寸与第一个装配凸台相同。翅片数量为 4 个，如图 6-143 所示。

09 单击【特征】工具栏中的【镜向】按钮，系统弹出【镜向】对话框。选择【前视基准面】作为镜向面，单击选择三个装配凸台为镜像的特征。

10 单击对话框中的✔【确定】按钮，生成镜向特征，如图 6-144 所示。

4．添加弹簧扣特征

01 选择菜单栏中的【插入】|【扣合特征】|【弹簧扣】命令，或者单击【扣合特征】工具栏中的【弹簧扣】按钮，系统弹出【弹簧扣】对话框。

02 在绘图区选择如图 6-145 所示的平面作为放置面，再选择如图 6-146 所示的平面用于确定弹簧扣的竖直方向。

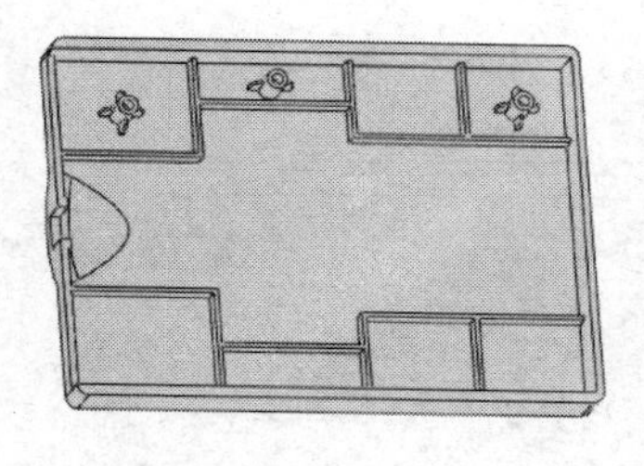

图 6-143　第三个装配凸台

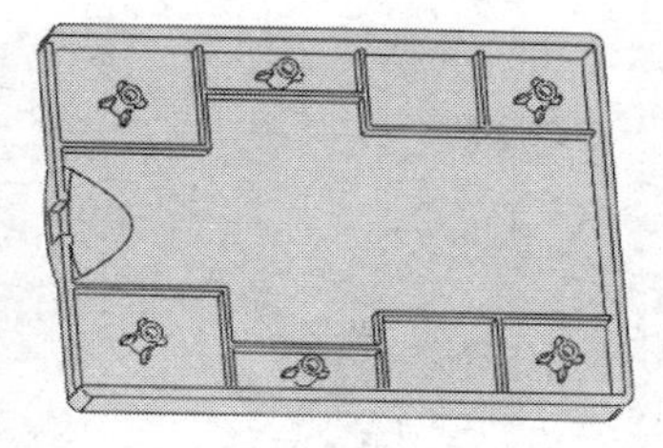

图 6-144　镜像凸台的效果

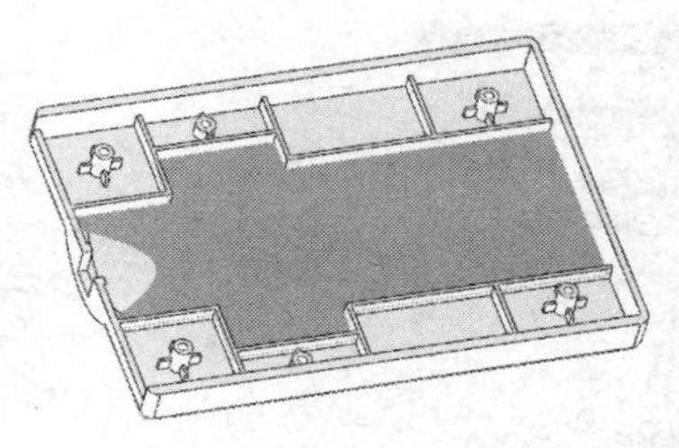

图 6-145　选择放置平面

03 在绘图区中选择如图 6-147 所示的面用于确定弹簧勾扣方向，再单击选择如图 6-148 所示的面来配合勾扣实体。

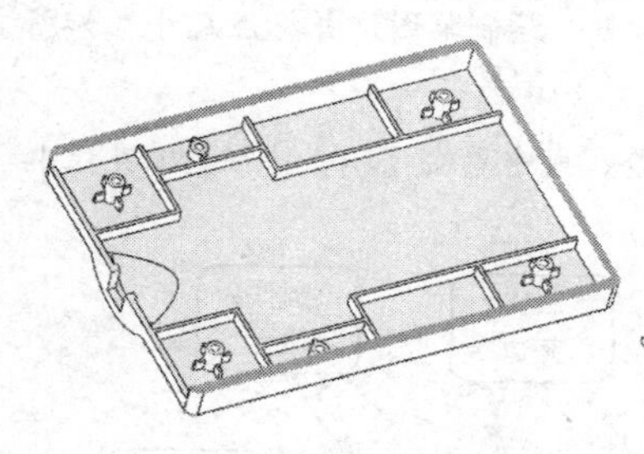

图 6-146　选择弹簧扣竖直方向

图 6-147　选择面确定勾扣方向

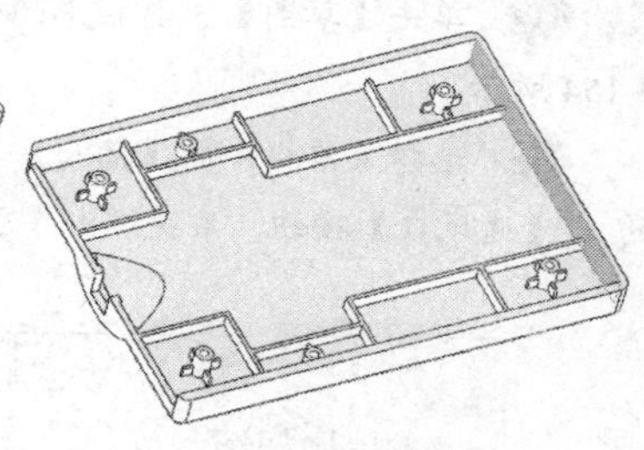

图 6-148　选择面配合勾扣实体

04 设置各参数后，单击【确定】按钮，生成弹簧扣特征，如图 6-149 所示。

05 单击【特征管理器设计树】中弹簧扣，在其下拉菜单中选择 3D 草图右键单击，并在弹出的快捷按钮中单击【编辑草图】按钮，系统会自动进入草图绘制模式。为草图标注尺寸，如图 6-150 所示。

06 单击【草图】工具栏中的【3D 草图】按钮，退出草图绘制模式，生成如图 6-151 所示的弹簧扣特征。

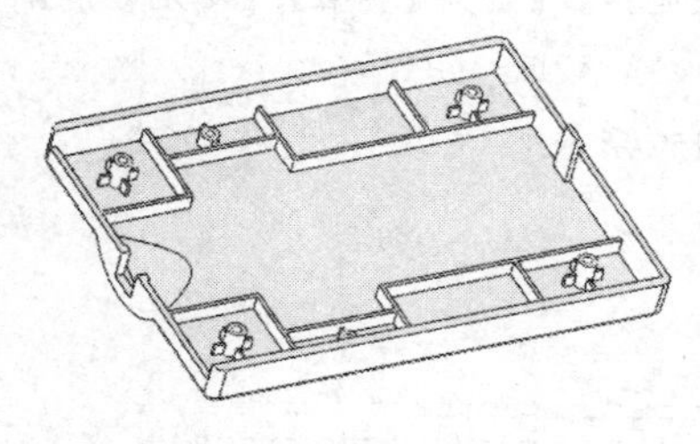

图 6-149　生成弹簧扣特征

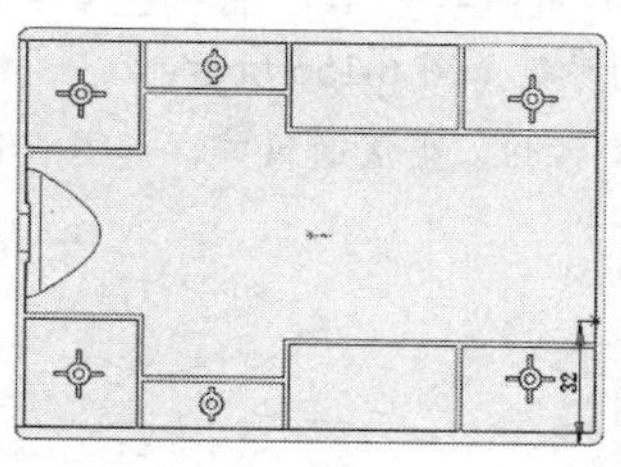

图 6-150　标注草图尺寸

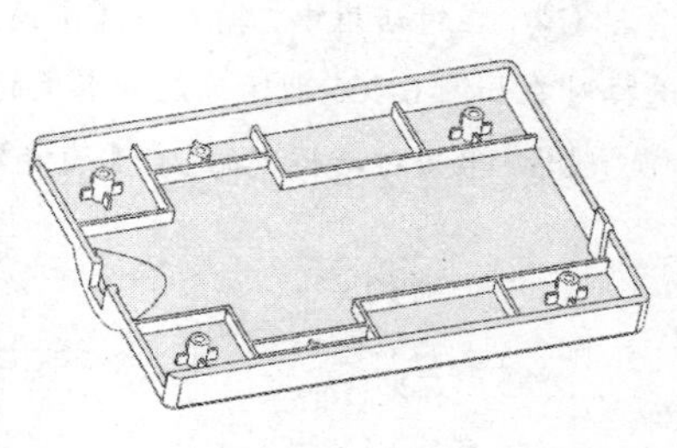

图 6-151　生成弹簧扣

07 单击【特征】工具栏中的【镜向】按钮，系统弹出【镜向】对话框。在绘图区单击【前视基准面】作为镜向面，单击选择弹簧扣为要镜像的特征。

08 单击对话框中的【确定】按钮，生成镜向特征，如图 6-152 所示。

5. 添加通风口特征

01 单击【草图】工具栏中的【草图绘制】按钮，在绘图区选择如图 6-153 所示的模型表面作为草图绘制平面。

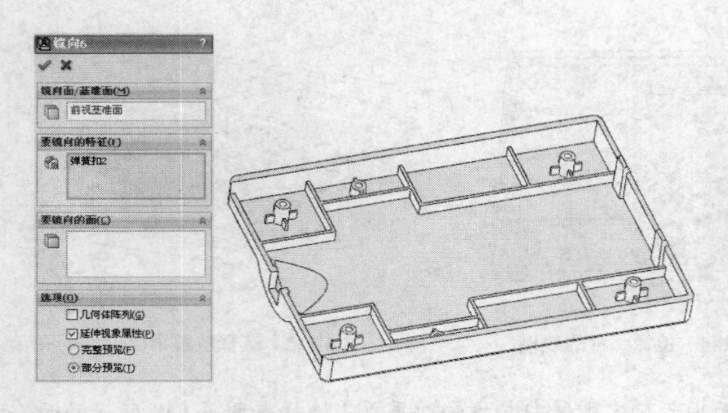

图 6-152　镜像弹簧扣

图 6-153　选择草图绘制平面

02 单击【草图】工具栏中的【圆】按钮和【中心线】按钮，绘制草图，并标注尺寸，如图 6-154 所示。

03 选择菜单栏中的【插入】|【扣合特征】|【通风口】命令，或者单击【扣合特征】工具栏中的【通风口】按钮，系统弹出【通风口】对话框。

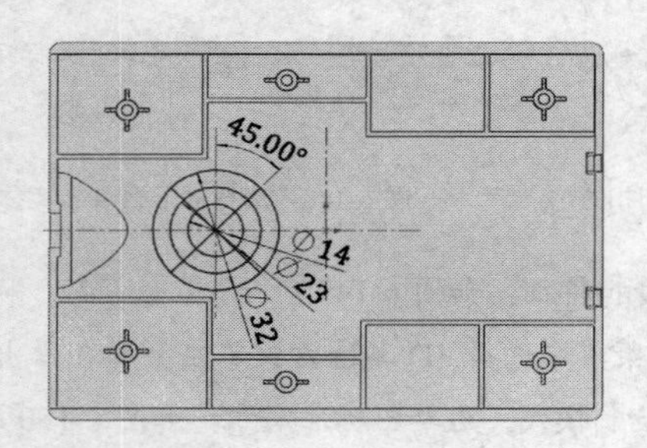

图 6-154　绘制草图并标注

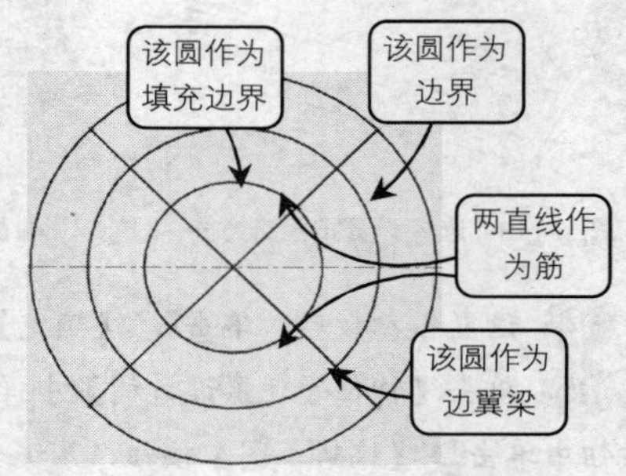

图 6-155　参数设置

04 在对话框中，输入【圆角的半径】为 1。然后分别定义【边界】、【筋】、【翼梁】、【填充边界】，选择对象如图 6-155 所示。筋和翼梁的参数如图 6-156 所示。

05 单击对话框中的【确定】按钮，生成通风口，如图 6-157 所示。

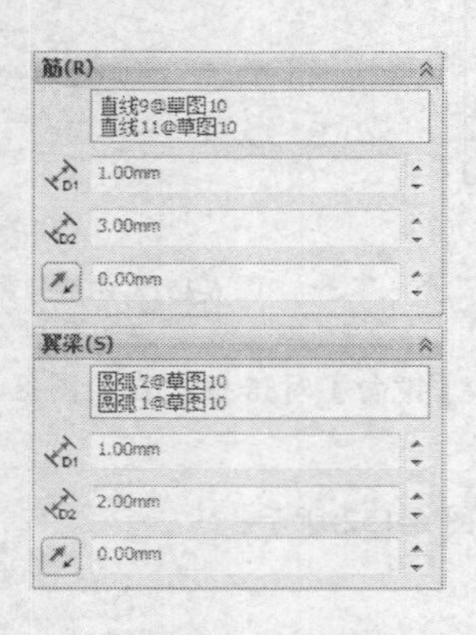

图 6-156　筋和翼梁参数

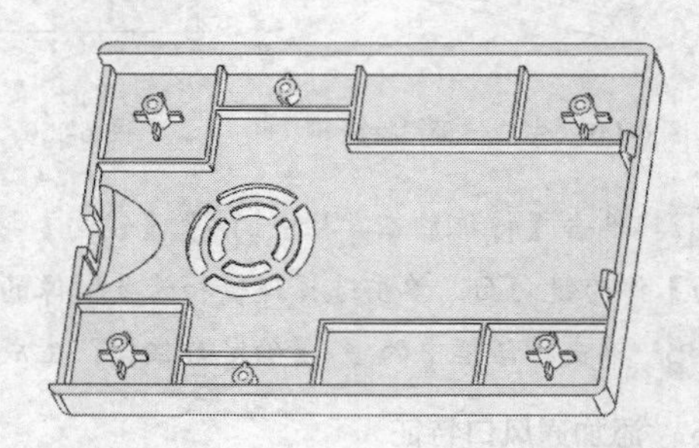

图 6-157　生成通风口特征

6. 保存文件

01 选择【文件】|【另存为】命令，弹出【另存为】对话框。

02 在【文件名】列表框中输入“6.3.1 塑料壳”，单击【保存】按钮，完成实例操作。

6.3.2 创建旋具模型

本例将利用所学知识制作一个旋具模型，最终效果如图 6-158 所示。

本实例可以分为如下步骤：

➢ 启动 SolidWorks 2013 并新建文件
➢ 创建拉伸特征。
➢ 创建圆顶特征。
➢ 创建锥削弯曲特征。
➢ 创建伸展弯曲特征。
➢ 创建旋转阵列特征。
➢ 创建压凹特征。
➢ 保存零件。

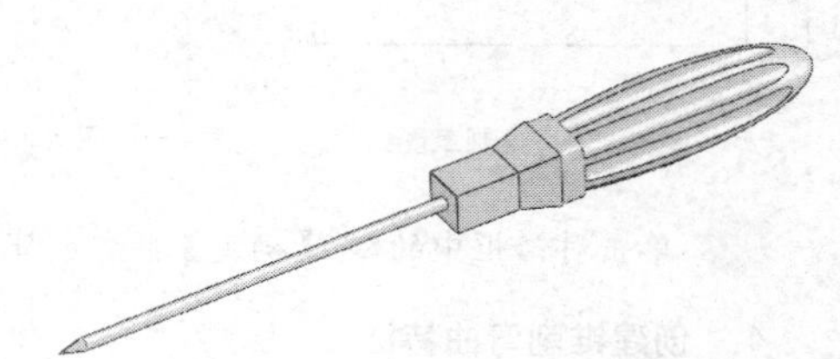

图 6-158 “6.3.2 旋具”文件

制作旋具模型的具体操作步骤如下：

1. 启动 SolidWorks 2013 并新建文件

01 启动 SolidWorks 2013，单击【标准】工具栏中的【新建】按钮，系统弹出【新建 SolidWorks 文件】对话框。

02 选择【零件】图标，单击【确定】按钮，进入 SolidWorks 2013 的零件工作界面。

2. 创建拉伸特征

01 单击【草图】工具栏中的【草图绘制】按钮，在绘图区选择【前视基准面】作为草图绘制平面。

02 单击【草图】工具栏中的【矩形】按钮和【中心线】按钮，输入动态尺寸参数，绘制如图 6-159 所示的草图。

03 单击【特征】工具栏上的【拉伸凸台/基体】按钮，或选择菜单栏中的【插入】|【凸台/基体】|【拉伸】命令。

04 设置【拉伸】对话框中的参数，在【方向 1】选项组中设置为“给定深度”，输入深度为 200mm。其他均为默认设置。

05 单击【拉伸】对话框中的【确定】按钮，生成如图 6-160 所示的凸台。

3. 创建圆顶特征

01 选择菜单栏中的【插入】|【特征】|【圆顶】命令，或者单击【特征】工具栏中的【圆顶】按钮，系统弹出【圆顶】对话框。

02 单击模型上表面作为要圆顶的面，在距离框中输入 210mm，如图 6-161 所示。

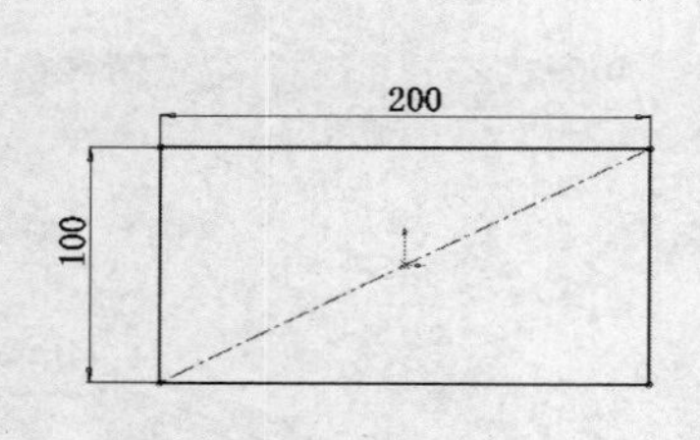

图 6-159　绘制草图

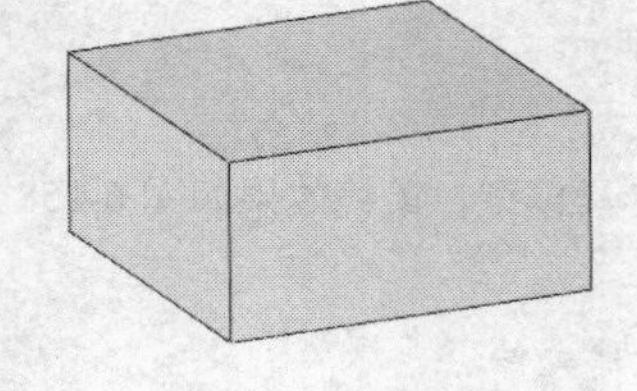

图 6-160　生成拉伸特征

图 6-161　参数设置

03 单击对话框中的✔【确定】按钮，完成圆顶操作，如图 6-162 所示。

4. 创建锥削弯曲特征

01 选择菜单栏中的【插入】|【特征】|【弯曲】命令，或者单击【特征】工具栏中的【弯曲】按钮，系统弹出【弯曲】对话框，选择【锥削】弯曲类型。

02 选择绘图区中的模型作为要弯曲的实体，设置【锥剃因子】为 2，设置【裁剪基准面 1】的裁剪距离为 70mm，如图 6-163 所示。

03 单击对话框中的✔【确定】按钮，完成锥削弯曲特征，如图 6-164 所示。

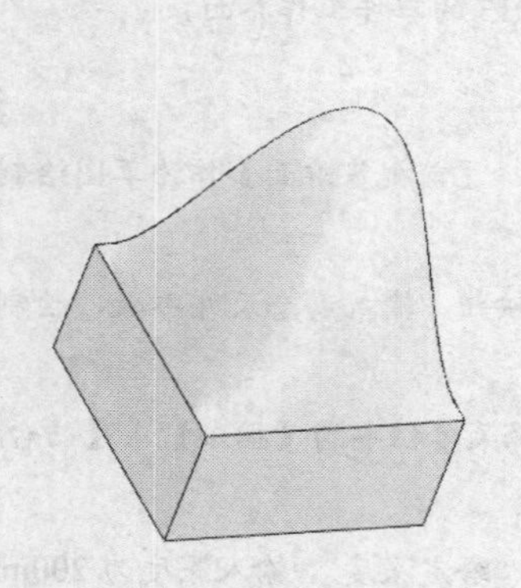

图 6-162　圆顶特征

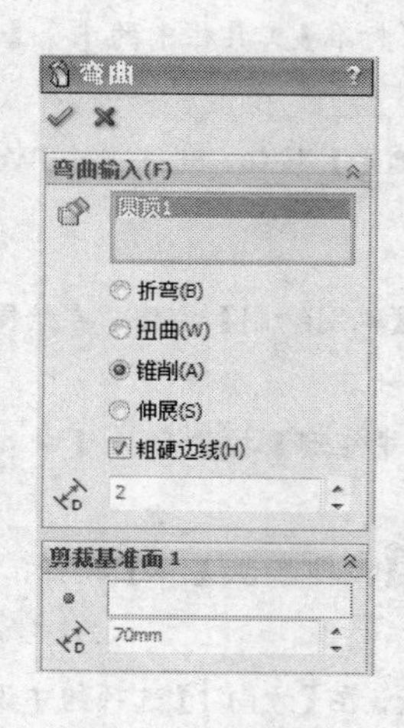

图 6-163　参数设置

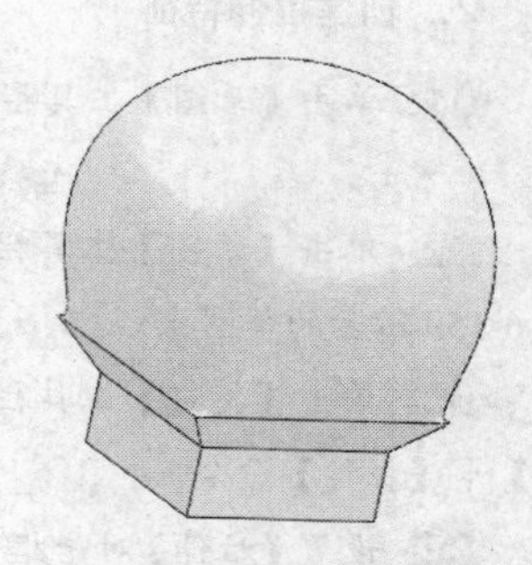

图 6-164　生成锥剃弯曲特征

5. 创建伸展弯曲特征

01 选择菜单栏中的【插入】|【特征】|【弯曲】命令，或者单击【特征】工具栏中的【弯曲】按钮，系统弹出【弯曲】对话框，选择【伸展】弯曲类型。

02 选择模型作为要弯曲的实体，设置【伸展距离】为 900mm，如图 6-165 所示。

03 单击对话框中的✔【确定】按钮，完成伸展弯曲特征，如图 6-166 所示。

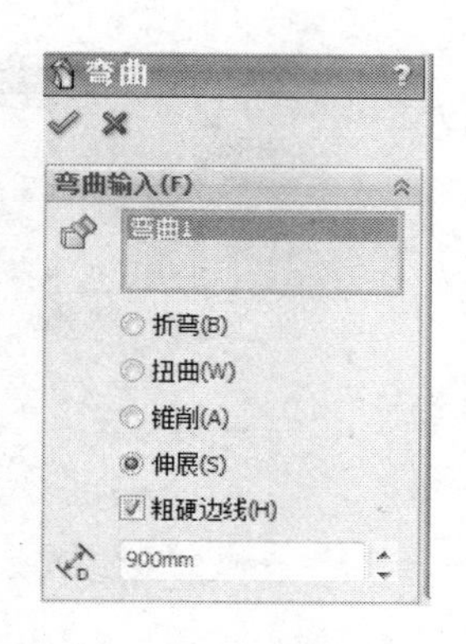

图 6-165 参数设置

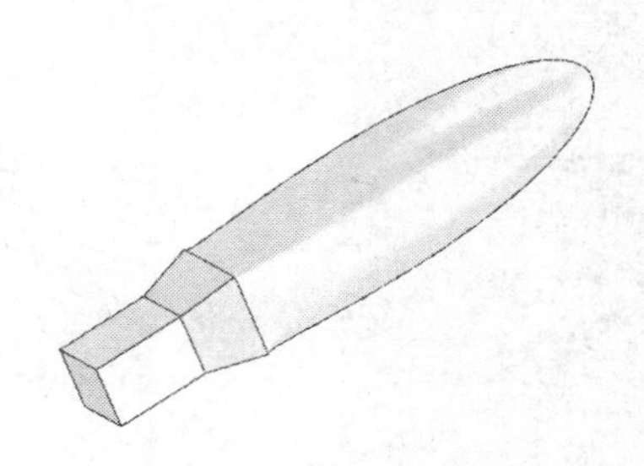

图 6-166 生成伸展弯曲特征

1. 创建旋转阵列特征

01 单击【草图】工具栏中的【草图绘制】按钮，在绘图区选择【前视基准面】作为草图绘制平面。

02 单击【草图】工具栏中的【矩形】按钮，绘制如图 6-167 所示的草图。

03 单击【特征】工具栏上的【旋转凸台/基体】按钮，或者选择菜单栏中的【插入】|【凸台/基体】|【旋转】命令，系统弹出【旋转】对话框。

04 设置【旋转】对话框中的参数，选择矩形左侧边线为旋转中心轴，在【旋转类型】中选择【单向】旋转，设置角度为 360 度，取消【合并结果】复选框，其他设置均为默认方式，如图 6-168 所示。

05 单击【旋转】对话框中的【确定】按钮，生成旋转特征，如图 6-169 所示。

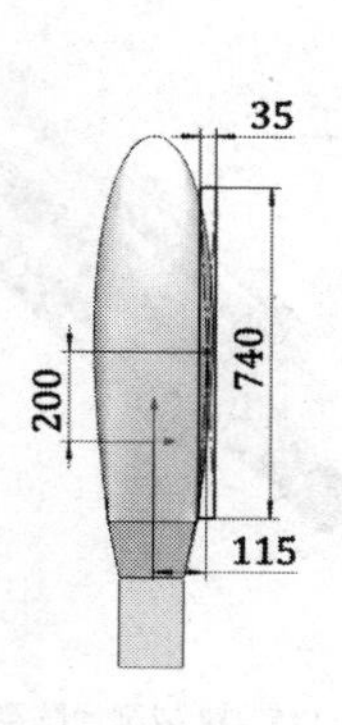

图 6-167 绘制矩形

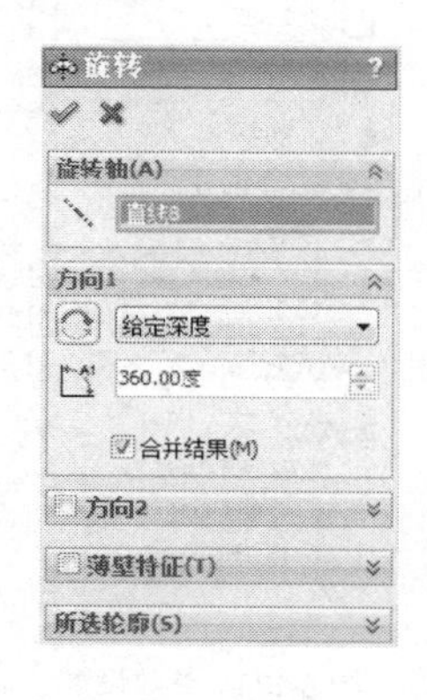

图 6-168 参数设置

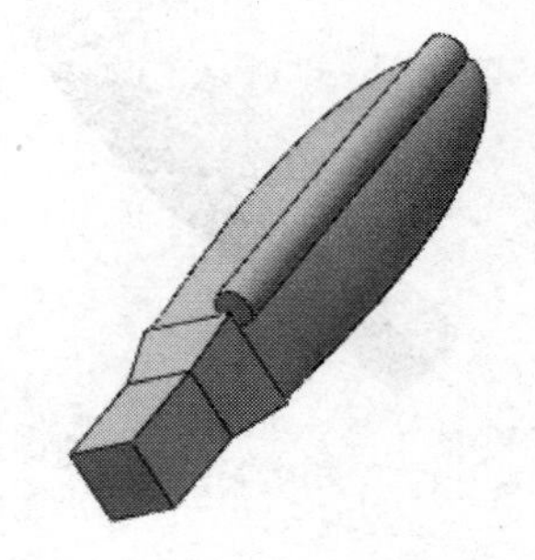

图 6-169 生成的旋转模型

06 在菜单栏中选择【插入】|【参考几何体】|【点】命令，系统弹出【点】对话框，如图 6-170 所示。

07 在【选择】选项组中，单击【面中心】按钮，在绘图区中选择拉伸特征的底面。

08 单击对话框中的【确定】按钮，生成参考点，如图 6-171 所示。

09 在菜单栏中选择【插入】|【参考几何体】|【基准轴】命令，系统弹出【基准轴】对话框，如图 6-172 所示。

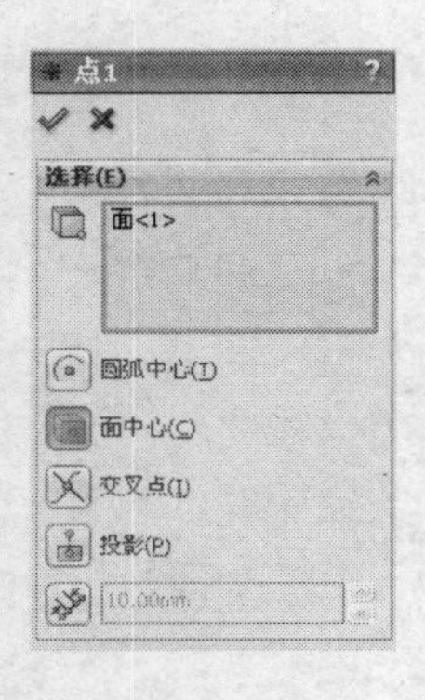

图 6-170 【点】对话框

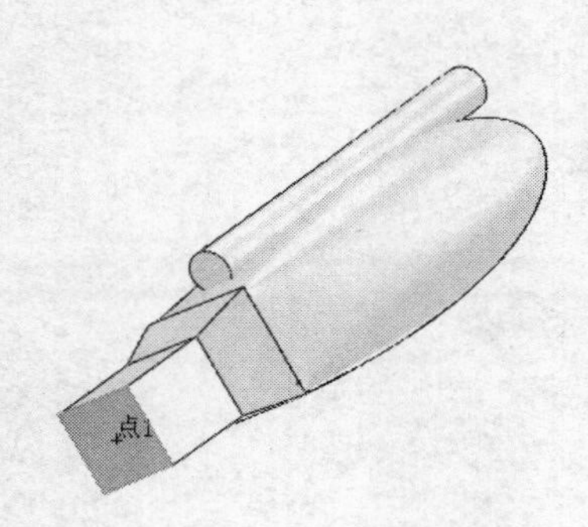

图 6-171 生成参考点

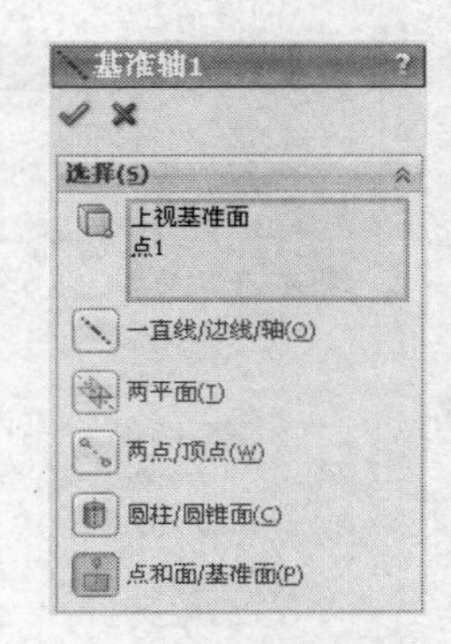

图 6-172 【基准轴】对话框

10 在绘图区选择上视基准面和【参考点 1】，系统会自动生成基准轴 1，单击【确定】按钮，如图 6-173 所示。

11 单击【特征】工具栏中的【圆周阵列】按钮，或者选择菜单栏中的【插入】|【阵列/镜像】|【圆周阵列】命令，系统弹出【圆周阵列】对话框。

12 在对话框中设置如图 6-174 所示的参数。单击对话框中的【确定】按钮，生成圆周阵列特征，如图 6-175 所示。

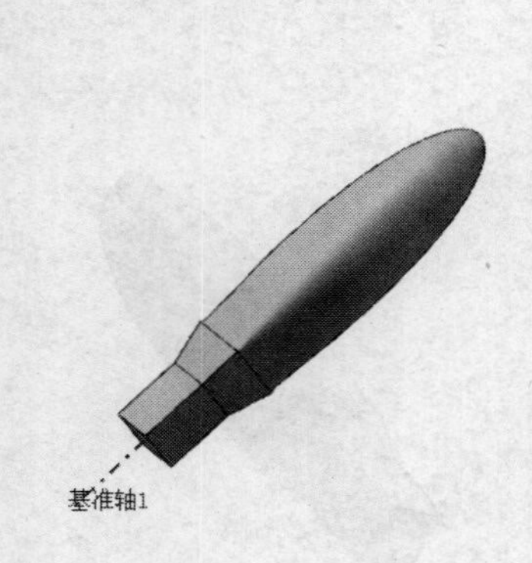

图 6-173 生成基准轴

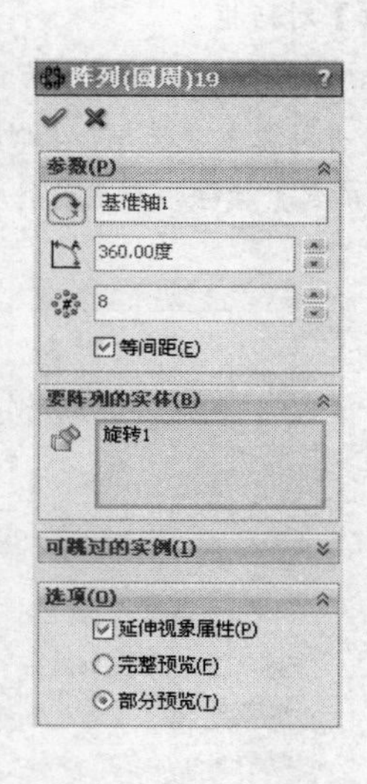

图 6-174 参数设置

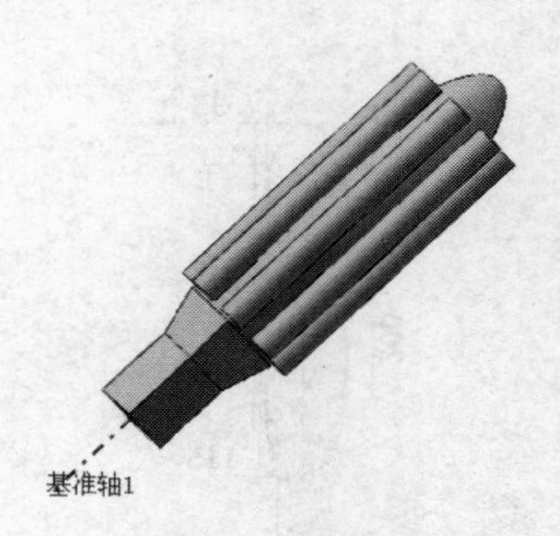

图 6-175 生成圆周阵列

2. 创建压凹特征

01 选择菜单栏中的【插入】|【特征】|【压凹】命令，或者单击【特征】工具栏中的【压凹】按钮，系统弹出【压凹】对话框。

02 在绘图区选择模型的拉伸特征作为【目标实体】，选择圆周阵列特征作为【工具实体】，选择【切除】复选框，如图 6-176 所示。

03 单击对话框中的【确定】按钮，生成压凹特征，如图 6-177 所示。

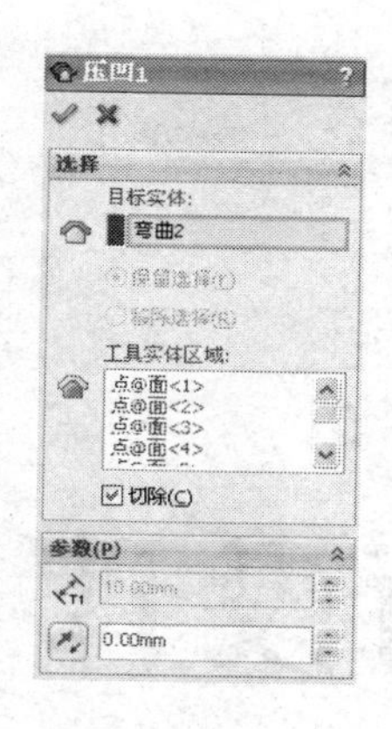

图 6-176　参数设置

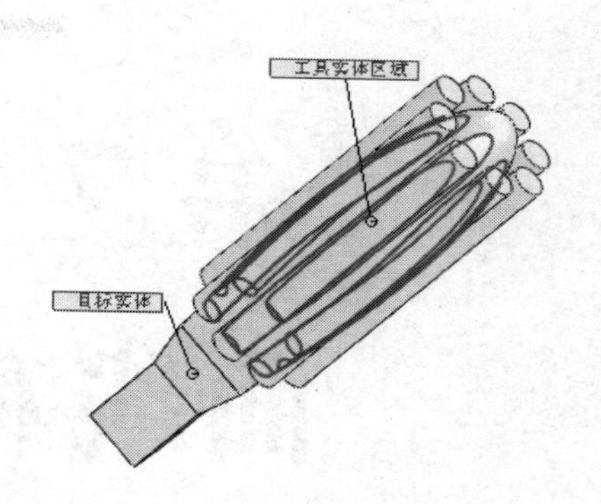

图 6-177　压凹特征

04 为了更好地观察压凹特征效果，需要将阵列和旋转特征隐藏，在【特征管理器设计树】中右键单击所要隐藏的特征，在弹出的快捷菜单中选择【隐藏】按钮，如图 6-178 所示，压凹效果如图 6-179 所示。

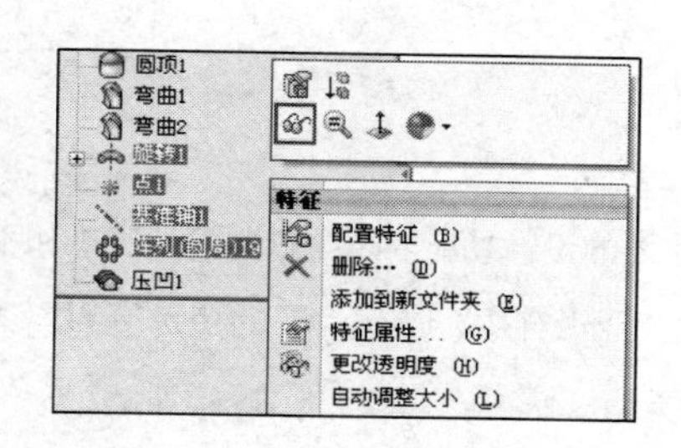

图 6-178　隐藏特征

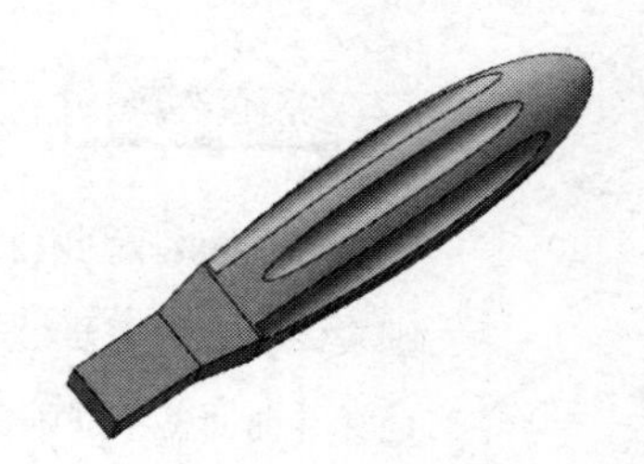

图 6-179　压凹效果

3. 创建旋转凸台特征

01 单击【草图】工具栏中的【草图绘制】按钮，选择【右视基准面】作为草图绘制平面，绘制如图 6-180 所示的草图。

02 单击【特征】工具栏中的【旋转凸台/基体】按钮，系统打开【旋转】对话框，选择长度为 1250 的直线作为旋转轴，单击【确定】按钮，创建旋转实体，如图 6-181 所示。

03 零件完成，选择保存文件。

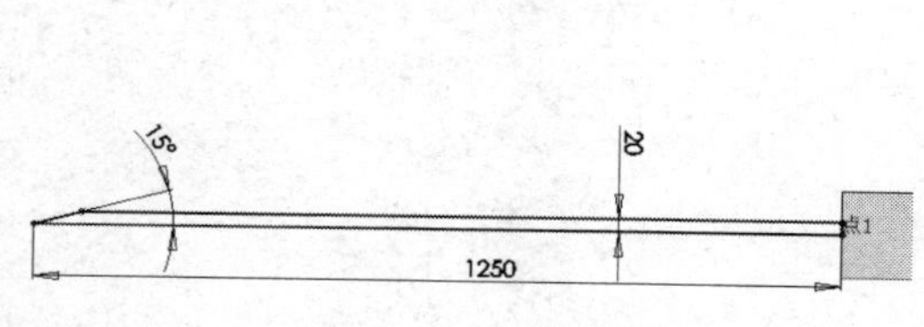

图 6-180　绘制草图

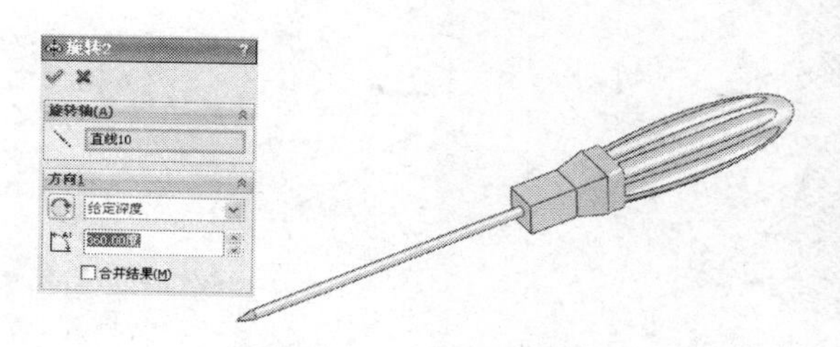

图 6-181　生成旋转实体

第 7 章

曲线和曲面设计

本章导读：

SolidWorks 2013 提供了曲线和曲面的设计功能。曲线和曲面是复杂和不规则实体模型的主要组成部分，尤其在工业设计中，该组命令的应用更为广泛。曲线和曲面使不规则实体的绘制更加灵活、快捷。

学习目标：

- 构建曲线
- 构建曲面
- 编辑曲面
- 综合实例操作

7.1 构建曲线

曲线可以用来生成实体模型特征，生成曲线的命令有【投影曲线】、【组合曲线】、【螺旋线/涡状线】、【分割线】、【通过参考点的曲线】和【通过 XYZ 点的曲线】等。

曲线是组成不规则实体模型的最基本要素，SolidWorks 2013 提供了绘制曲线的工具栏和菜单命令。

选择菜单栏中的【插入】|【曲线】命令可以选择绘制相应曲线的类型，如图 7-1 所示，或者在菜单栏中选择【视图】|【工具栏】|【曲线】命令，调出【曲线】工具栏，如图 7-2 所示，在【曲线】工具栏中进行选择。

7.1.1 分割线

分割线通过将实体投影到曲面或者平面上而生成。它将所选的面分割为多个分离的面，从而可以选择其中一个分离面进行操作。分割线也可以通过将草图投影到曲面实体而生成，投影的实体可以是草图、模型实体、曲面、面、基准面或者曲面样条曲线。

1. 分割线操作界面

单击【曲线】工具栏中的【分割线】按钮或者在菜单栏中选择【插入】|【曲线】|【分割线】命令，系统弹出【分割线】对话框，如图 7-3 所示。

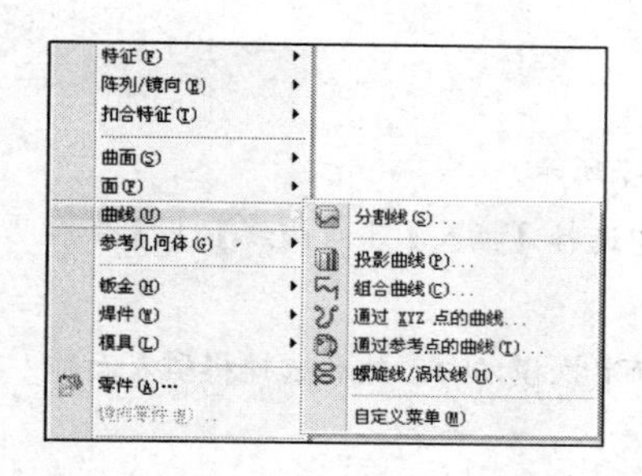

图 7-1　【曲线】菜单命令

图 7-2　【曲线】工具栏

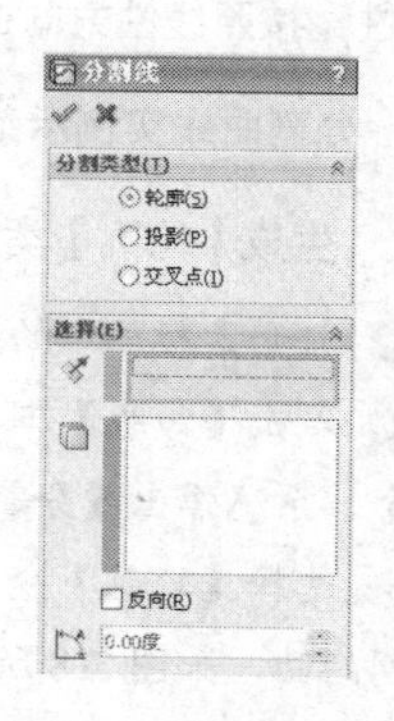

图 7-3　【分割线】对话框

分割类型包括以下几种：

- 轮廓：在圆柱形零件上生成分割线。
- 投影：将草图线投影到表面上生成分割线。
- 交叉点：以交叉实体、曲面、基准面或者曲面样条曲线分割面。

单击【轮廓】单选按钮，其对话框如图 7-4 所示。

拔模方向：在绘图区中或者【特征管理器设计树】中选择通过模型轮廓投影的基准面。

要分割的面：选择一个或者多个要分割的面。

反向：设置拔模方向。如果选择此选项，则以反方向拔模。

角度：设置拔模角度。

单击【投影】单选按钮，其对话框如图 7-5 所示。

要投影的草图：在图形区域或者【特征管理器设计树】中选择草图，作为要投影的草图。

单向：以单方向进行分割以生成分割线。

其他参数不再重复介绍。

单击【交叉点】单选按钮，其对话框如图 7-6 所示。

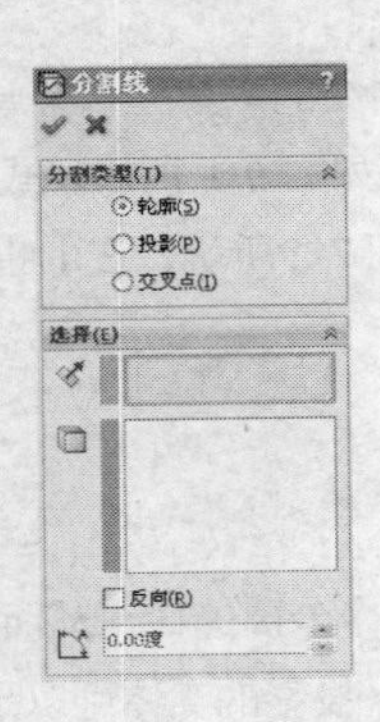

图 7-4 选择【轮廓】单选按钮

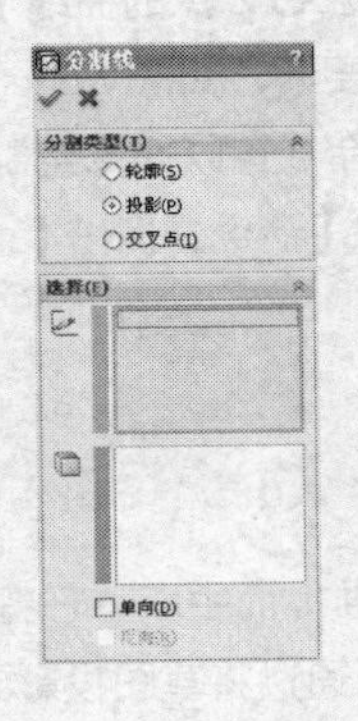

图 7-5 选择【投影】单选按钮

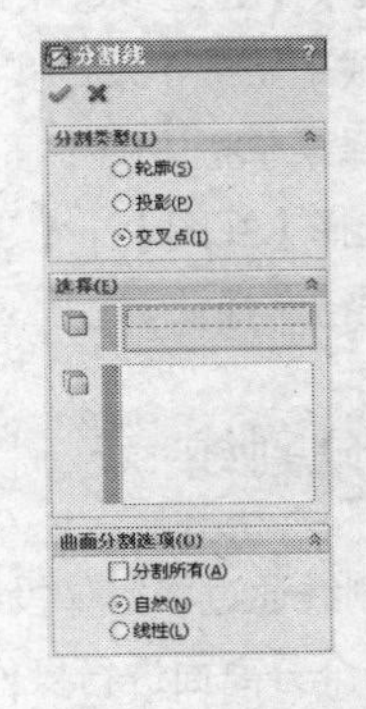

图 7-6 选择【交叉点】单选按钮

：选择分割工具（交叉实体、曲面、面、基准面、或曲面样条曲线）。

分割所有：分割线穿越曲面上所有可能的区域，即分割所有可以分割的曲面。

自然：按照曲面的形状进行分割。

线性：按照线性方向进行分割。

2. 分割曲线实例示范

❑ 生成【轮廓】类型的分割线

01 打开素材库中的“第 7 章/7.1.1 轮廓分割线.sldprt”，如图 7-7 所示。

02 单击【曲线】工具栏中的【分割线】按钮或者在菜单栏中选择【插入】|【曲线】|【分割线】命令，系统弹出【分割线】对话框。

03 选择【轮廓】分割线类型，在绘图区选择【基准面 1】以确定拔模方向，然后选择模型表面作为要分割的面，如图 7-8 所示。

04 单击对话框中的【确定】按钮，生成分割线，如图 7-9 所示。

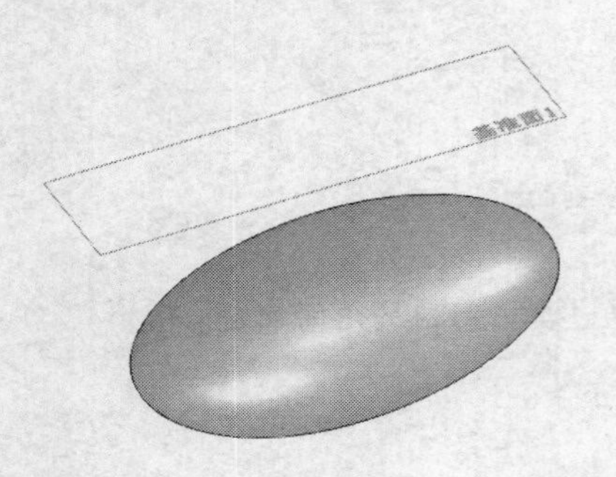

图 7-7 “7.1.1 轮廓分割线”文件

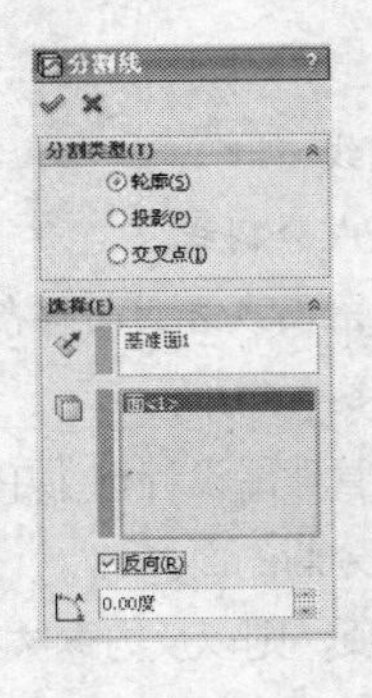

图 7-8 参数设置

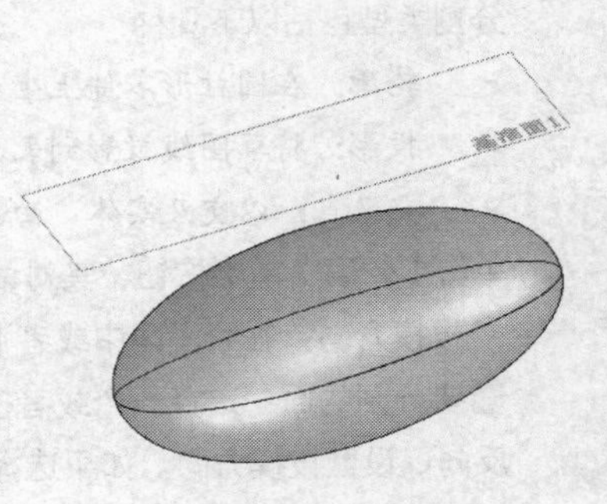

图 7-9 生成分割线

注 意：生成【轮廓】类型的分割线时，要分割的面必须是具有特征的旋转曲面，不能是平面。

❑　生成【投影】类型的分割线

01 打开素材库中的"第 7 章/7.1.1 投影分割线.sldprt"，如图 7-10 所示。

02 单击【曲线】工具栏中的【分割线】按钮或者在菜单栏中选择【插入】|【曲线】|【分割线】命令，系统弹出【分割线】对话框。

03 选择【投影】分割线类型，在绘图区选择【草图 1】作为要投影的草图，然后选择模型表面作为要分割的面，如图 7-11 所示。

04 单击对话框中的【确定】按钮，生成分割线，如图 7-12 所示。

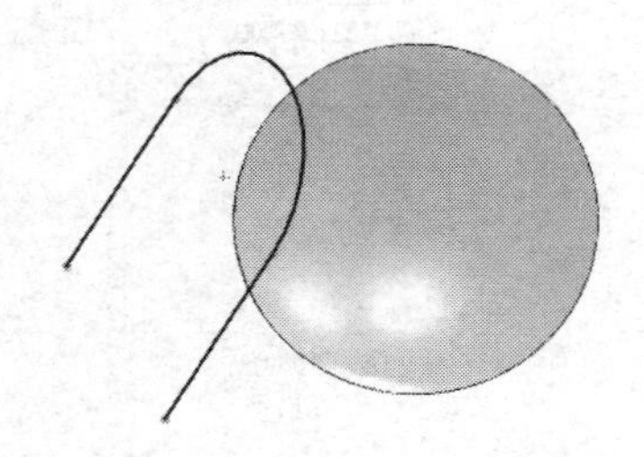

图 7-10　"7.1.1 投影分割线"文件

分割线

要分割的面

图 7-11　选择曲线及要分割的面

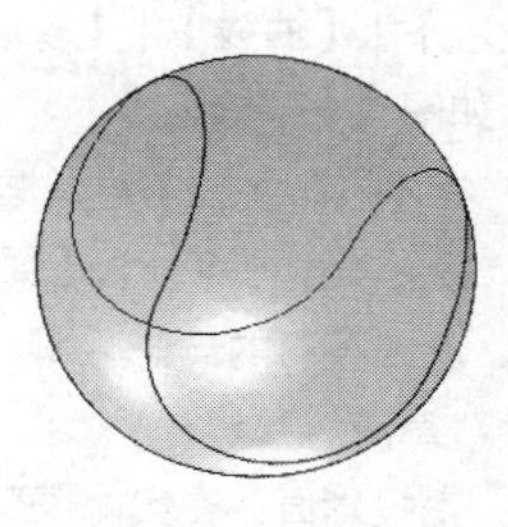

图 7-12　生成投影分割线

❑　生成【交叉点】类型的分割线

01 打开素材库中的"第 7 章/7.1.1 交叉点分割线.sldprt"，如图 7-13 所示。

02 单击【曲线】工具栏中的【分割线】按钮或者在菜单栏中选择【插入】|【曲线】|【分割线】命令，系统弹出【分割线】对话框。

03 选择【投影】分割线类型，在绘图区选择如图 7-14 所示的面作为分割实体面，然后选择模型表面作为要分割的面。

04 单击对话框中的【确定】按钮，生成分割线，如图 7-15 所示。

图 7-13　"7.1.1 交叉点分割线"文件

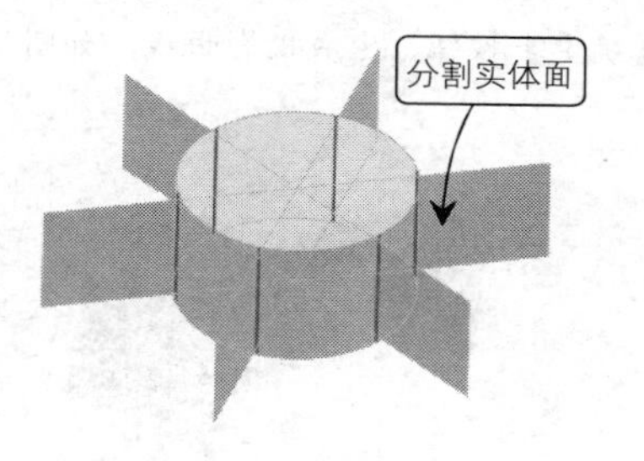

图 7-14　选择分割实体面

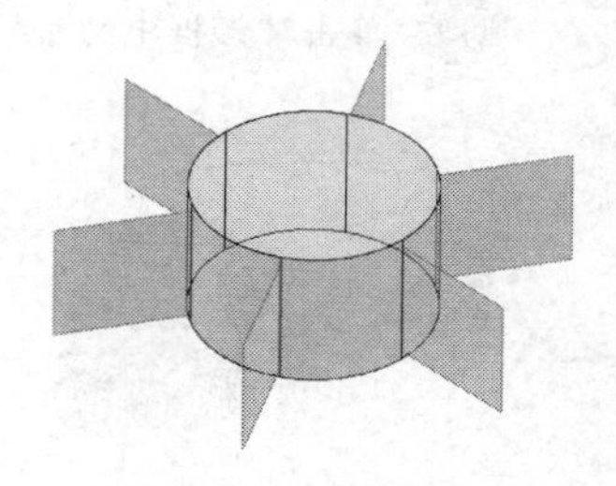

图 7-15　生成交叉点分割线

注 意：生成【交叉点】类型的分割线时，分割实体和目标实体必须有相交处，否则不能生成分割线。

7.1.2 投影曲线

投影曲线可以通过将绘制的曲线投影到模型面上的方式生成一条三维曲线，即【面上草图】投影类型；也可以使用另一种方式生成投影曲线，即【草图上草图】投影类型，首先在两个相交的基准面上分别绘制草图，此时系统会将每个草图沿其所在平面的垂直方向投影以得到相应的曲面，最后这两个曲面在空间中相交而生成一条三维曲线。

1. 投影曲线操作界面

单击【曲线】工具栏中的【分割线】按钮或者在菜单栏中选择【插入】|【曲线】|【投影曲线】命令，系统弹出【投影曲线】对话框，如图 7-16 所示。

在【投影曲线】对话框中，各选项的含义如下：

投影类型：可分为【面上草图】和【草图上草图】两种类型。

要投影的一些草图：在绘图区或者【特征管理器设计树】中选择曲线草图。

投影面：在实体模型上选择需要投影草图的面。

反转投影：设置投影曲线的方向。

图 7-16 【投影曲线】对话框

2. 投影曲线实例示范

❑ 生成【面上草图】类型的投影曲线

01 打开素材库中的“第 7 章/7.1.2 面上草图投影曲线.sldprt”文件，如图 7-17 所示。

02 单击【曲线】工具栏中的【投影曲线】按钮或者在菜单栏中选择【插入】|【曲线】|【投影曲线】命令，系统弹出【投影曲线】对话框。

03 选择【面上草图】单选按钮，选择绘图区中的矩形草图作为要投影的草图，选择曲面作为投影面，如图 7-18 所示。

04 单击对话框中的【确定】按钮，生成投影曲线，如图 7-19 所示。

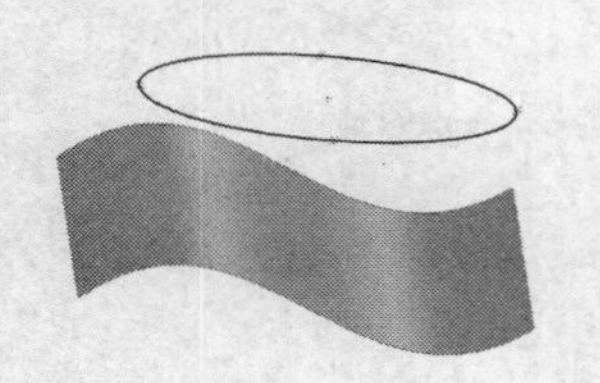

图 7-17 “7.1.2 面上草图投影曲线”文件

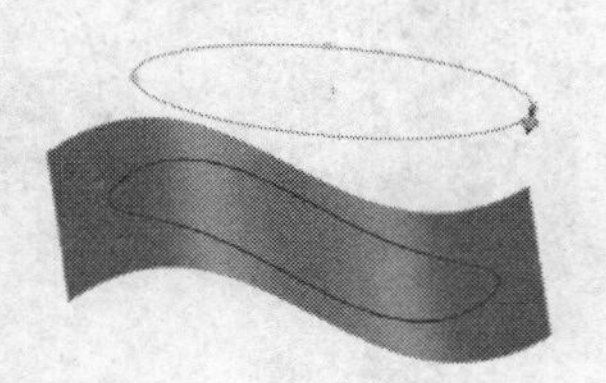

图 7-18 选择要投影草图和投影面

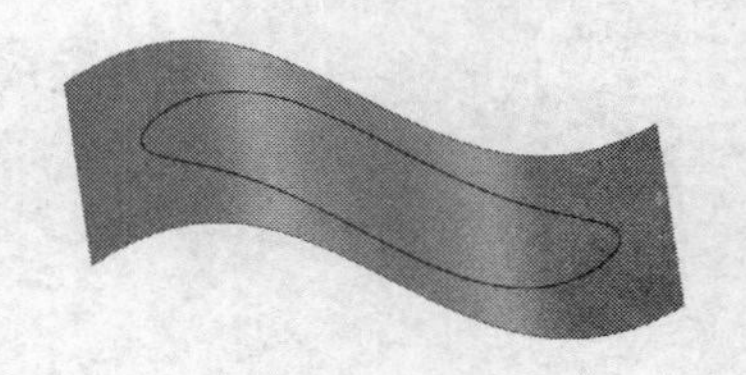

图 7-19 生成投影曲线

❑ 生成【草图上草图】类型的投影曲线

01 打开素材库中的“第 7 章/7.1.2 草图上草图投影曲线.sldprt”文件，如图 7-20 所示。

02 单击【曲线】工具栏中的【投影曲线】按钮或者在菜单栏中选择【插入】|【曲线】|【投影曲线】命令，系统弹出【投影曲线】对话框。

03 选择【草图上草图】单选按钮，选择绘图区中的草图 1 和草图 2。

04 单击对话框中的✔【确定】按钮，生成投影曲线，如图 7-21 所示。

7.1.3 组合曲线

组合曲线通过将曲线、草图几何体和模型边线组合为一条单一曲线而生成，组合曲线可以作为放样特征或者扫描特征的引导线或者轮廓线。

1. 组合曲线操作界面

单击【曲线】工具栏中的【组合曲线】按钮或者在菜单栏中选择【插入】|【曲线】|【组合曲线】命令，系统弹出【组合曲线】对话框，如图 7-22 所示。

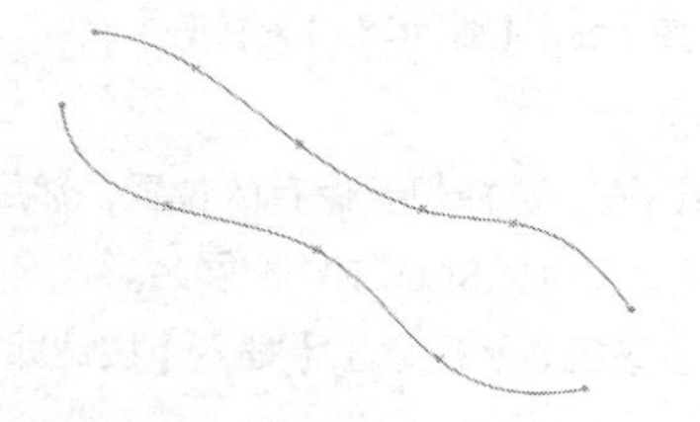

图 7-20 "7.1.2 草图上草图投影曲线"文件

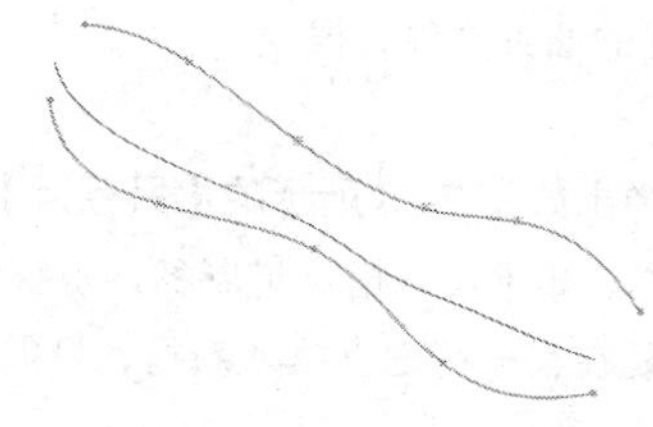

图 7-21 生成投影曲线

图 7-22 【组合曲线】对话框

要连接的草图、边线以及曲线：在绘图区域中选择要组合的曲线。

2. 组合曲线实例示范

01 打开素材库中的"第 7 章/7.1.3 组合曲线.sldprt"文件，如图 7-23 所示。

02 单击【曲线】工具栏中的【组合曲线】按钮或者在菜单栏中选择【插入】|【曲线】|【组合曲线】命令，系统弹出【组合曲线】对话框。

03 在绘图区选择如图 7-24 所示的边线作为要组合的曲线，单击✔【确定】按钮，生成组合曲线，如图 7-25 所示。

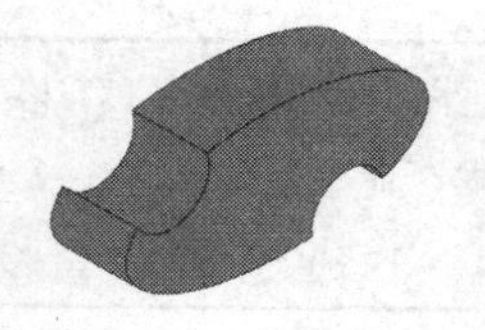

图 7-23 "7.1.3 组合曲线"文件

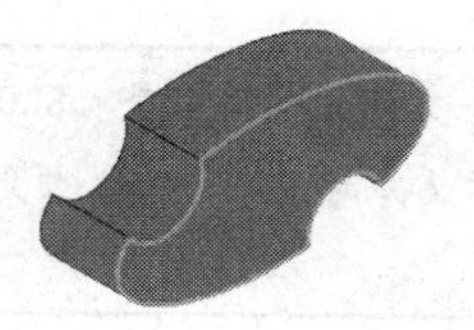

图 7-24 选择要组合的曲线

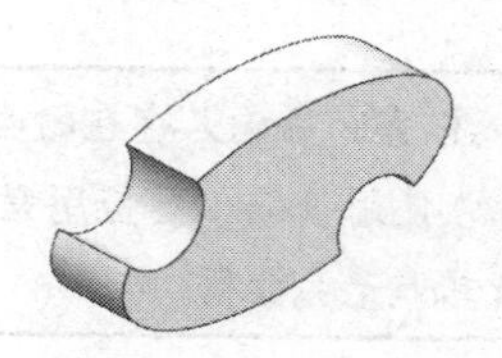

图 7-25 生成的组合曲线

注 意： 组合曲线是一条连续的曲线，它可以是开环的，也可以是闭环的，因此在选择组合曲线的对象时，它们必须是连续的，中间不能有间隔。

7.1.4 通过 XYZ 点的曲线

可以通过用户定义的点生成样条曲线，这种方式生成的曲线称为通过 XYZ 点的曲线。在 SolidWorks

2013 中，用户既可以自定义样条曲线通过的点，也可以利用点坐标文件生成样条曲线。

1. 通过 XYZ 点的曲线操作界面

单击【曲线】工具栏中的【通过 XYZ 点的曲线】按钮或者在菜单栏中选择【插入】|【曲线】|【通过 XYZ 点的曲线】命令，系统弹出【曲线文件】对话框，如图 7-26 所示。

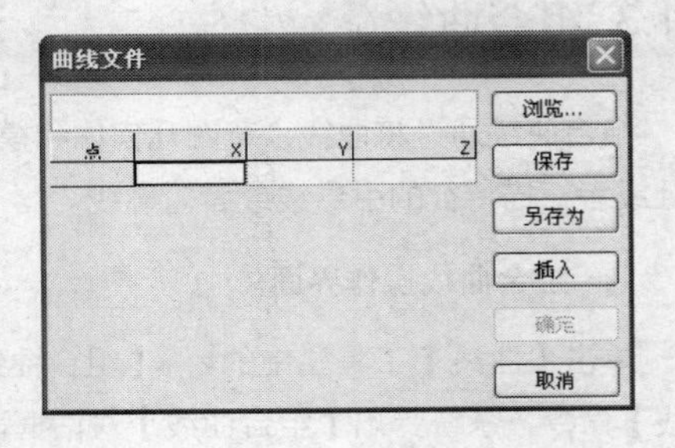

图 7-26 【曲线文件】对话框

在【曲线文件】对话框中，各选项的含义如下：

点、X、Y、Z：双击每个单元格，即可激活该单元格，然后键入数值即可。

浏览：单击【浏览】按钮，弹出如图 7-27 所示的【打开】对话框，可以键入存在的曲线文件，根据曲线文件直接生成曲线。

保存：单击【保存】按钮，弹出如图 7-28 所示的【另存为】对话框，选择想要保存的位置，然后在【文件名】文本框中输入文件名称。如果没有指定扩展名，系统会自动添加*.SLDCRV 扩展名。

插入：用于插入新行。如果要在某一行之上插入新行，只需单击该行，然后单击【插入】按钮即可。

图 7-27 【打开】对话框

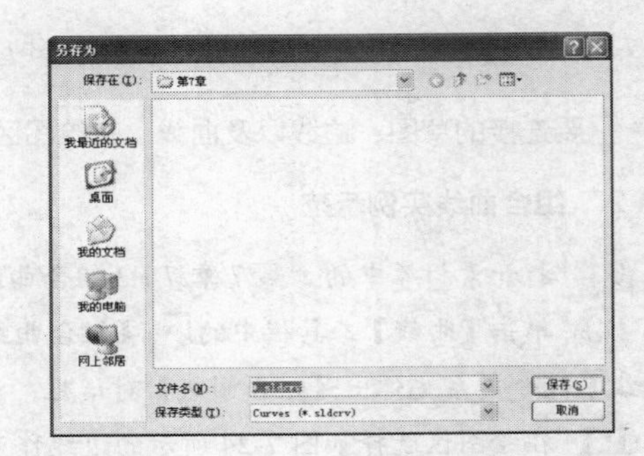

图 7-28 【另存为】对话框

注 意：在输入存在的曲线文件时，文件不仅可以是*.SLDCRV 格式的文件，也可以是*.TXT 格式的文件。使用 Excel 等应用程序生成坐标文件时，文件中必须只包含坐标数据，而不能是 X、Y、Z 的序号及其他无关数据。

2. 通过 XYZ 点的曲线实例示范

01 单击【标准】工具栏中的【新建】按钮，系统弹出【新建 SolidWorks 文件】对话框，选择【零件】图标，单击【确定】按钮，进入 SolidWorks 2013 的零件工作界面。

02 单击【曲线】工具栏中的【通过 XYZ 点的曲线】按钮或者在菜单栏中选择【插入】|【曲线】|【通过 XYZ 点的曲线】命令，系统弹出【曲线文件】对话框。

03 在对话框中输入生成曲线的坐标点的数值，如图 7-29 所示，单击【确定】按钮，生成的曲线，如图 7-30 所示。

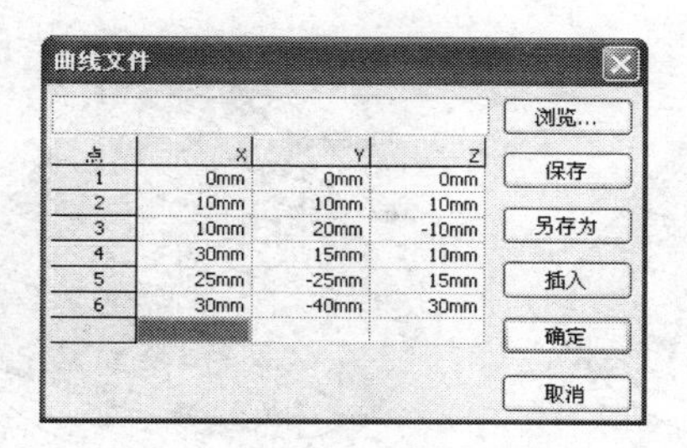

图 7-29　输入坐标点的数值

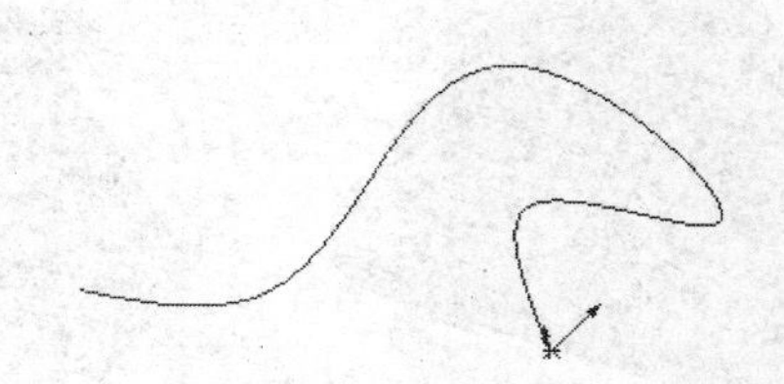

图 7-30　生成的曲线

7.1.5 通过参考点的曲线

使用通过参考点方式创建曲线是指选择已有的点作为曲线通过的参照，至少选择两个或两个以上的点。

1. 通过参考点的曲线操作界面

单击【曲线】工具栏中的【通过参考点的曲线】按钮或者在菜单栏中选择【插入】|【曲线】|【通过参考点的曲线】命令，系统弹出【通过参考点的曲线】对话框，如图 7-31 所示。

在【通过参考点的曲线】对话框中，各选项的含义如下：

通过点：选择通过一个或者多个平面上的点。

闭环曲线：定义生成的曲线是否闭合。选择此选项，则生成的曲线自动闭合，如图 7-32 所示。

图 7-31　【通过参考点的曲线】对话框

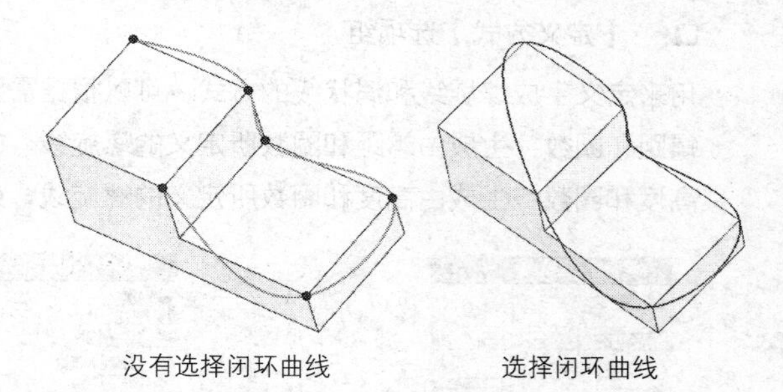

图 7-32　闭环曲线的应用

2. 通过参考点的曲线实例示范

01 打开素材库中的“第 7 章/7.1.5 通过参考点的曲线.sldprt”文件，如图 7-33 所示。

02 单击【曲线】工具栏中的【通过参考点的曲线】按钮或者在菜单栏中选择【插入】|【曲线】|【通过参考点的曲线】命令，系统弹出【通过参考点的曲线】对话框。

03 单击选择如图 7-34 所示的参考点，并勾选【闭环曲线】单选按钮，单击对话框中的【确定】按钮，生成通过参考点的曲线，如图 7-35 所示。

注 意： 在生成通过参考点的曲线时，选择的参考点既可以是草图中的点，也可以是模型实体中的点。

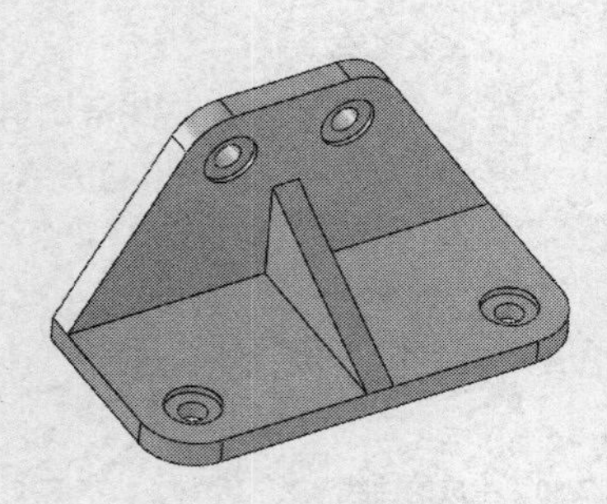

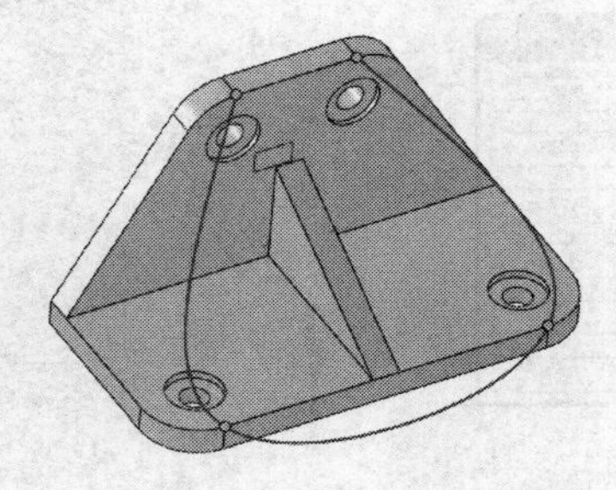

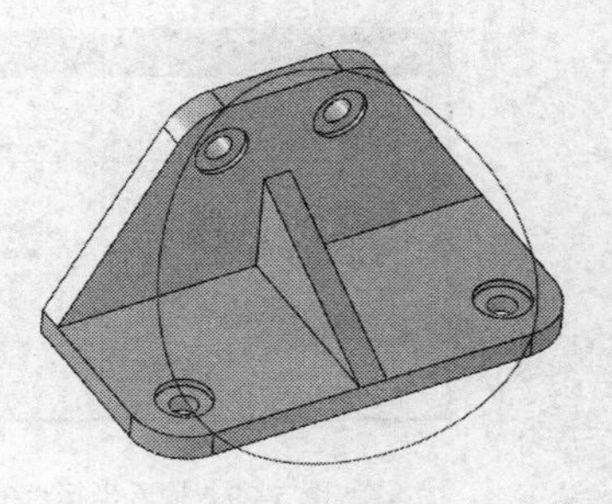

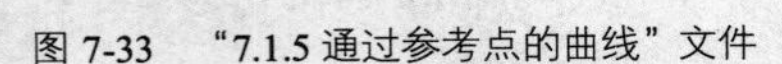

图 7-33 “7.1.5 通过参考点的曲线”文件　　图 7-34 选择参考点　　图 7-35 生成通过参考点的曲线

7.1.6 螺旋线/涡状线

可以在零件中生成螺旋线和涡状线，这两种曲线可以被当作成一个路径或者引导曲线使用在扫描的特征上，或作为放样特征的引导曲线，通常用来生成螺纹、弹簧和发条等零件，也可以在工业设计中作为装饰来使用。

1. 螺旋线和涡状线操作界面

单击【曲线】工具栏中的【螺旋线/涡状线】按钮或者在菜单栏中选择【插入】|【曲线】|【螺旋线/涡状线】命令，系统弹出【螺旋线/涡状线】对话框，如图 7-36 所示。

在【螺旋线/涡状线】对话框中，各选项的含义如下：

❑ 【定义方式】选项组

用来定义生成螺旋线和涡状线的方式，可以根据需要进行选择。

螺距和圈数：生成由螺距和圈数所定义的螺旋线，如图 7-37 所示。

高度和圈数：生成由高度和圈数所定义的螺旋线，如图 7-38 所示。

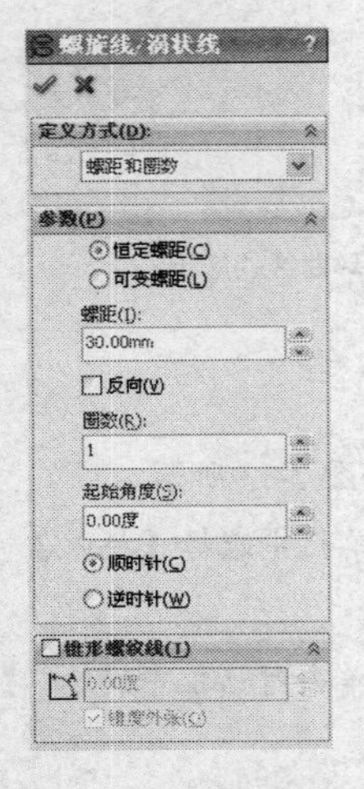

图 7-36 【螺旋线/涡状线】对话框

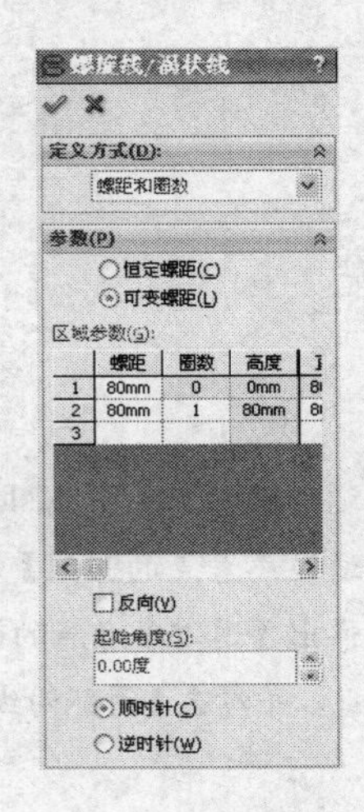

图 7-37 螺距和圈数

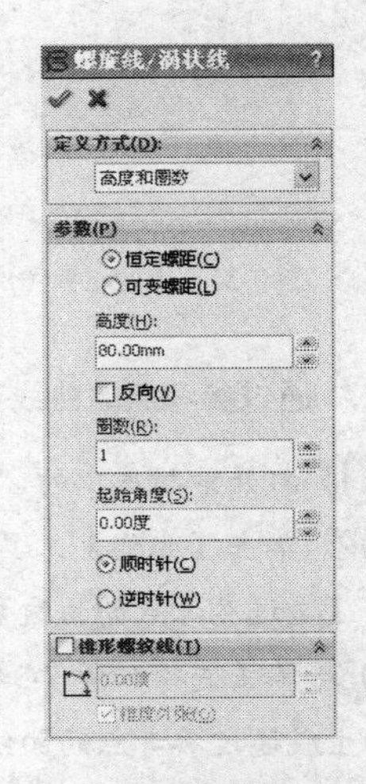

图 7-38 高度和圈数

高度和螺距：生成由高度和螺距所定义的螺旋线，如图 7-39 所示。

涡状线：生成由螺距和圈数所定义的涡状线，如图 7-40 所示。

❑　【参数】选项组

恒定螺距：（在选择【螺距和圈数】和【高度和螺距】时可用）以恒定螺距的方式生成螺旋线，如图 7-41 所示。

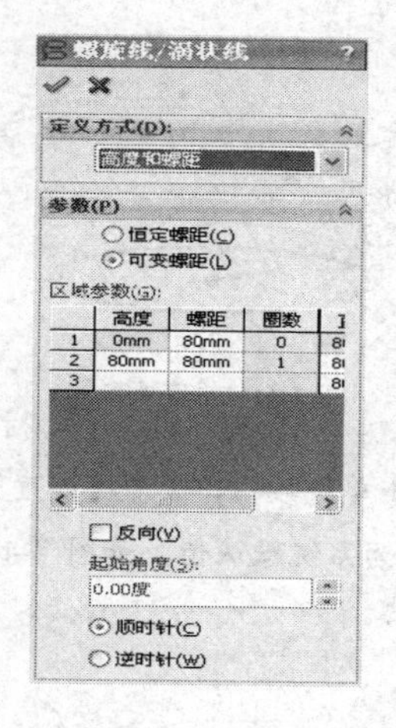

图 7-39　高度和螺距

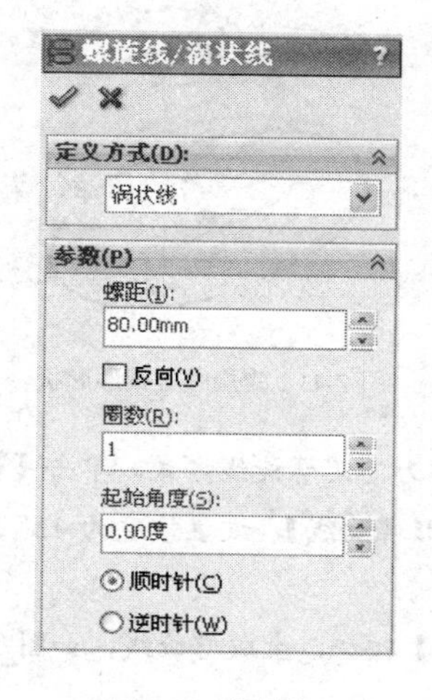

图 7-40　涡状线

图 7-41　恒定螺距螺旋线

可变螺距：（在选择【螺距和圈数】和【高度和螺距】时可用）以可变螺距的方式生成螺旋线，如图 7-42 所示。

区域参数：（在单击【可变螺距】单选按钮后可用）通过指定圈数（Rev）或者高度（H）、直径（Dia）以及螺距率（P）生成可变螺距螺旋线。

螺距：（在选择【高度和圈数】时不可用）为每个螺距设定半径更改比率。设置的数值必须至少为 0.001，且不大于 200000。

圈数：（在选择【高度和螺距】时不可用）设定旋转数。

高度：（在选择【高度和圈数】和【高度和螺距】时可用）设定高度。

反向：将螺旋线从原点处往后延伸，或生成向内涡状线。

起始角度：设定在绘制的圆上在什么地方开始初始旋转。

顺时针：设定旋转方向为顺时针。

逆时针：设定旋转方向为逆时针。

❑　【锥形螺纹线】选项组

锥形角度：设定锥形螺纹线的角度。

锥度外张：控制螺纹线是否锥度外张。如图 7-43 所示为螺旋呈锥形状，如图 7-44 所示则是螺旋线锥度外张。

2.　螺旋线和涡状线实例示范

01 打开素材库中的“第 7 章/7.1.6 螺旋线.sldprt”文件，如图 7-45 所示。

02 单击【曲线】工具栏中的【螺旋线/涡状线】按钮或者在菜单栏中选择【插入】|【曲线】|【螺旋线/涡状线】命令，在绘图区单击草图圆，系统弹出【螺旋线/涡状线】对话框。

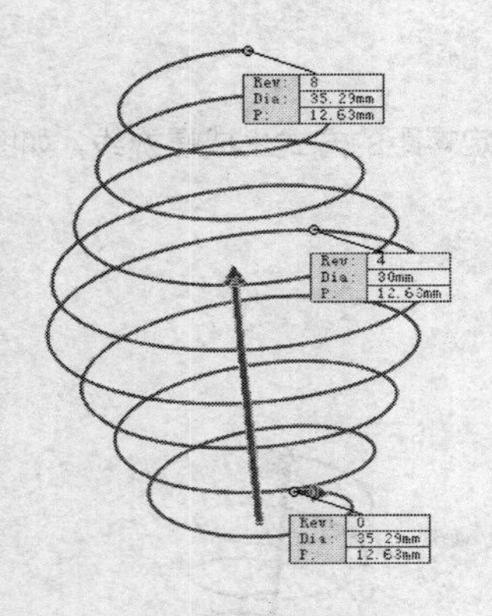

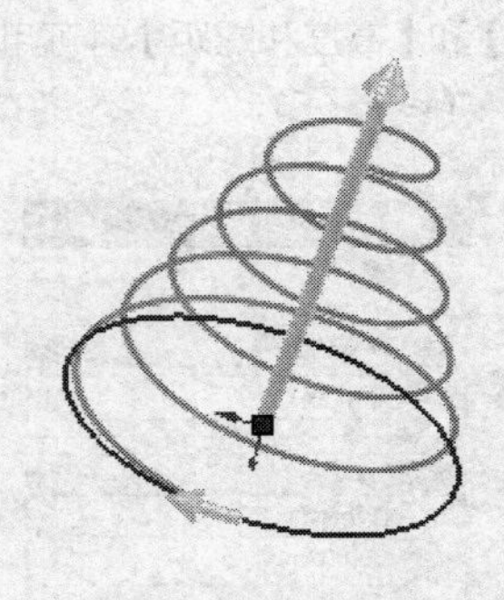

图 7-42　可变螺距螺旋线　　图 7-43　螺旋线呈锥形形状　　图 7-44　锥度外张

03 选择【高度和螺距】选项作为定义螺旋线方式，单击【恒定螺距】单选按钮，设置【高度】为72mm，【螺距】 为 8mm，勾选【锥形螺纹线】，设置锥度为 15°，其他均为系统默认值，如图 7-46 所示。

04 单击对话框中的✔【确定】按钮，生成螺旋线，如图 7-47 所示。

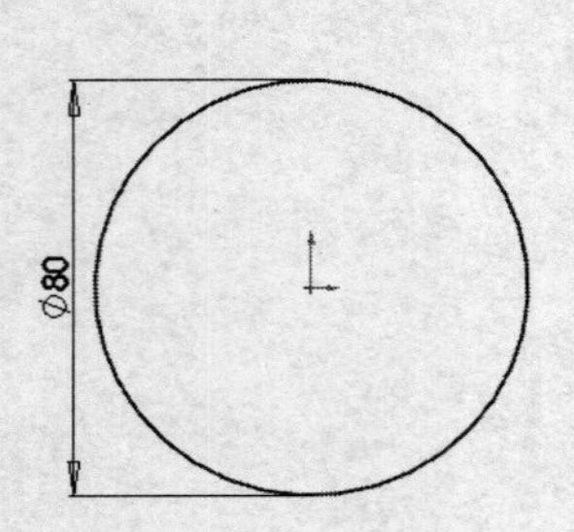

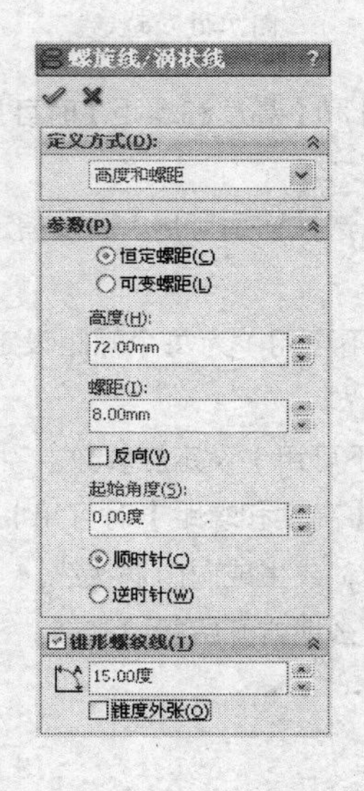

图 7-45　“7.1.6 螺旋线”文件　　图 7-46　参数设置　　图 7-47　生成螺旋线

05 单击【草图】工具栏中的【草图绘制】按钮，在绘图区选择【上视基准面】作为草图绘制平面。

06 单击【草图】工具栏中的【圆】按钮，螺旋线的起点绘制草图，并单击【尺寸/几何关系】工具栏中的【智能尺寸】按钮，添加尺寸，如图 7-48 所示。

07 单击【特征】工具栏上的【扫描】按钮，或选择菜单栏中的【插入】|【凸台/基体】|【扫描】命令，打开【扫描】对话框。

08 选择刚绘制的圆作为扫描【轮廓】，螺旋线作为扫描【路径】，单击对话框中的✔【确定】按钮，生成扫描特征，如图 7-49 所示。

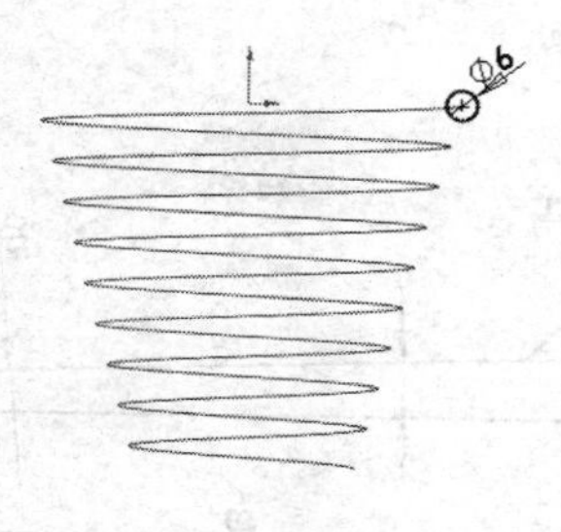

图 7-48　绘制草图

图 7-49　生成扫描特征

7.1.7 综合实例示范

本例将制作如图 7-50 所示的沉头螺钉，需要注意的是螺纹的画法。

制作本例可以分为如下步骤：

- ➢ 启动 SolidWorks 2013 并新建文件。
- ➢ 创建旋转凸台特征。
- ➢ 创建基准面特征。
- ➢ 创建螺旋线/涡状线特征。
- ➢ 创建切除扫描特征。
- ➢ 创建切除拉伸特征。
- ➢ 保存零件。

制作本例具体操作步骤如下：

1. 启动 SolidWorks 2013 并新建文件

01 启动 SolidWorks 2013，单击【标准】工具栏中的【新建】按钮，系统弹出【新建 SolidWorks 文件】对话框。

02 选择【零件】图标，单击【确定】按钮，进入 SolidWorks 2013 的零件工作界面。

2. 创建旋转凸台特征

01 单击【草图】工具栏中的【草图绘制】按钮，在绘图区选择【前视基准面】作为草图绘制平面。

02 绘制如图 7-51 所示的草图，并单击【尺寸/几何关系】工具栏中的【智能尺寸】按钮，添加尺寸。

03 单击【特征】工具栏中的【旋转凸台/基体】按钮，打开【旋转】对话框。选择长度为 50 的水平直线作为旋转轴，单击对话框中的【确定】按钮，创建旋转特征，如图 7-52 所示。

3. 创建基准面特征

01 单击【参考几何体】工具栏上的【基准面】按钮，打开基准面对话框，选择如图 7-53 所示的平面为第一参考。

02 在【偏移距离】输入框中，输入偏移距离为 20，单击【确定】按钮，创建基准面，如图 7-54 所示。

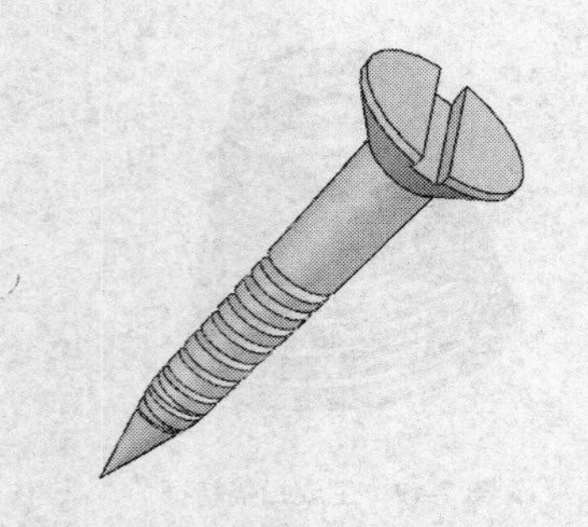

图 7-50　7.1.7 沉头螺钉

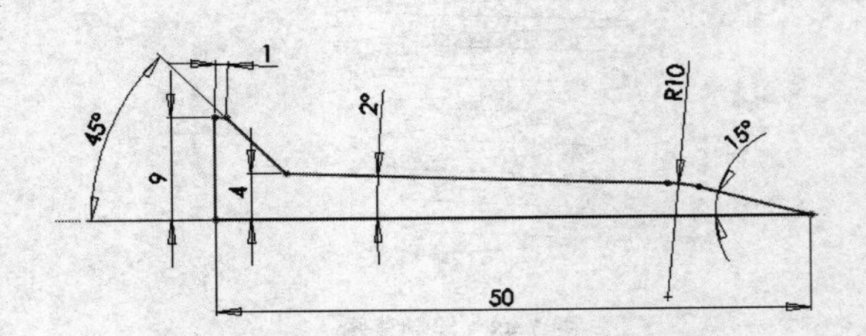

图 7-51　绘制草图

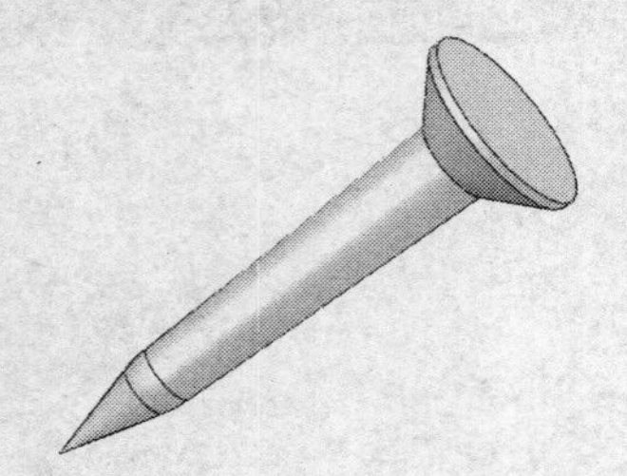

图 7-52　生成旋转特征

图 7-53　选择第一参考

图 7-54　生成基准面 1

4. 创建螺旋线/涡状线特征

01 单击【草图】工具栏中的【草图绘制】按钮，在绘图区选择刚创建的基准面 1 作为草图绘制平面。

02 单击【草图】工具栏中的【圆】按钮，绘制草图。并单击【尺寸/几何关系】工具栏中的【智能尺寸】按钮，添加尺寸，如图 7-55 所示。

03 单击【曲线】工具栏中的【螺旋线/涡状线】按钮或者在菜单栏中选择【插入】|【曲线】|【螺旋线/涡状线】命令，在绘图区单击直径为 4 的草图圆，系统弹出【螺旋线/涡状线】对话框。

04 选择【高度和螺距】选项作为定义螺旋线方式，单击【恒定螺距】单选按钮，设置【高度】为 30mm，【螺距】为 2.5mm，其他均为系统默认值，如图 7-56 所示。

05 单击对话框中的【确定】按钮，生成螺旋线，如图 7-57 所示。

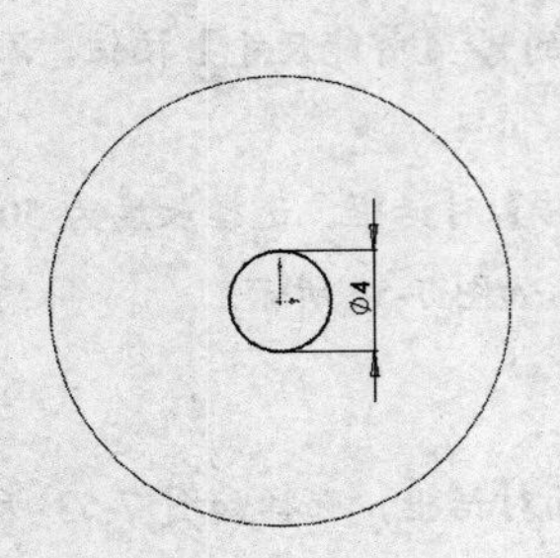

图 7-55　绘制草图

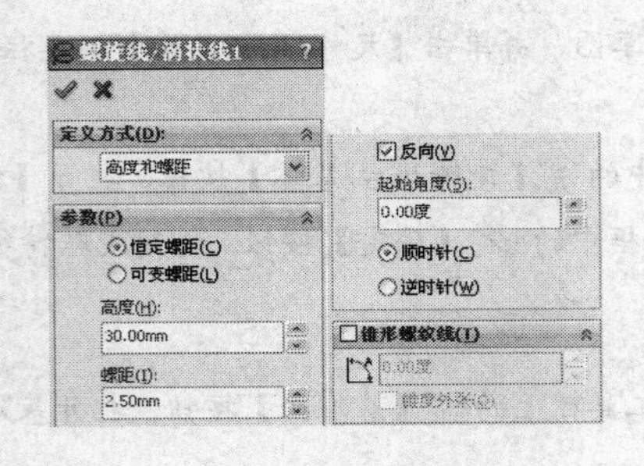

图 7-56　参数设置

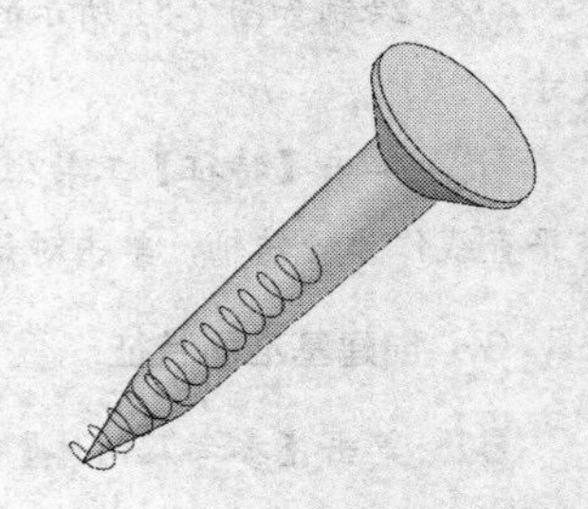

图 7-57　生成螺旋线

5．创建切除扫描特征

01 单击【草图】工具栏中的【草图绘制】按钮，在绘图区选择【上视基准面】作为草图绘制平面。

02 单击【草图】工具栏中的【直线】按钮，绘制草图。并单击【尺寸/几何关系】工具栏中的【智能尺寸】按钮，添加尺寸，如图 7-58 所示。

03 单击【特征】工具栏中的【扫描切除】按钮，打开【切除-扫描】对话框。选择刚绘制的草图为扫描【轮廓】，螺旋线为扫描【路径】，如图 7-59 所示。单击对话框中的【确定】按钮，创建切除扫描特征，如图 7-60 所示。

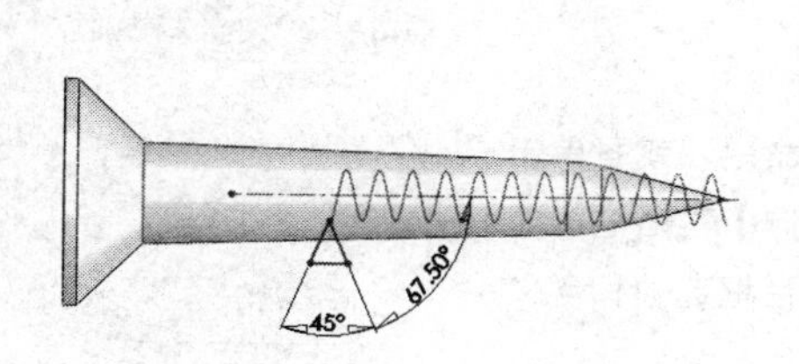

图 7-58　绘制草图

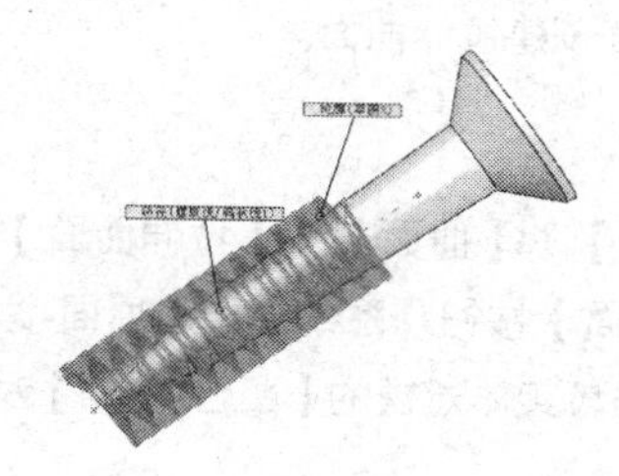

图 7-59　旋转切除扫描路径和轮廓

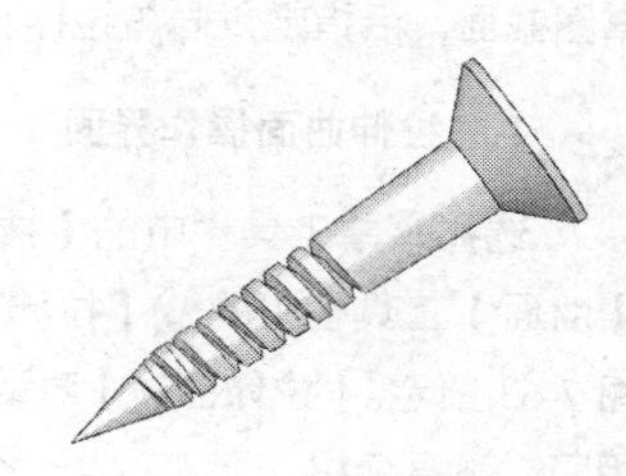

图 7-60　生成切除扫描特征

6．创建切除拉伸特征

01 单击【草图】工具栏中的【草图绘制】按钮，在绘图区选择【前视基准面】作为草图绘制平面。

02 单击【草图】工具栏中的【矩形】按钮，绘制草图。并单击【尺寸/几何关系】工具栏中的【智能尺寸】按钮，添加尺寸，如图 7-61 所示。

03 单击【特征】工具栏中的【拉伸切除】按钮，打开【切除-拉伸】对话框。

04 在【方向 1】选项组中选择终止条件为【两侧对称】，【深度】文本框中输入深度为 30，单击【确定】按钮，生成切除拉伸特征，如图 7-62 所示。

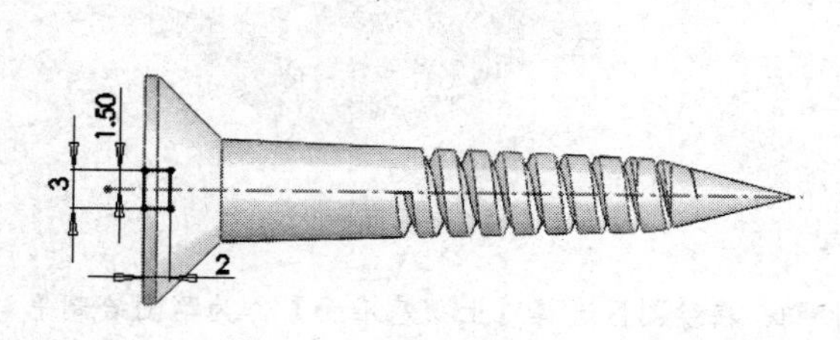

图 7-61　绘制草图

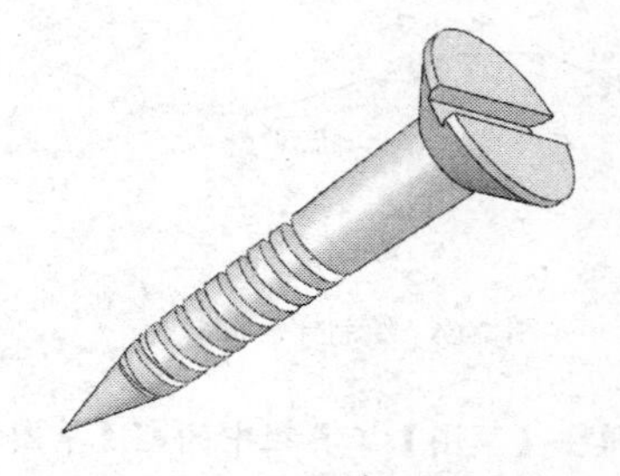

图 7-62　生成切除拉伸特征

7．保存零件

01 选择【文件】|【另存为】命令，弹出【另存为】对话框。

02 在【文件名】列表框中输入“7.1.7 沉头螺钉”，单击【保存】按钮，完成实例操作。

7.2 构建曲面

曲面是一种可用来生成实体特征的几何体，相比基础特征，曲面特征在创建一些较为复杂的外观造形时比较有优势。在创建复杂外观造形时，扫描、放样、边界等曲面形式较为常用。

7.2.1 拉伸曲面

拉伸曲面是以一基准面或现有的平面作为草图绘制平面，选取或绘制拉伸草图截面，沿指定方向与拉伸长度创建拉伸曲面。

1. 拉伸曲面操作界面

选择菜单工具栏中的【插入】|【曲面】|【拉伸曲面】命令，或者单击【曲面】工具栏中的【拉伸曲面】按钮，系统弹出【曲面-拉伸】对话框，如图 7-63 所示。【拉伸曲面】对话框与实体建模的【凸台-拉伸】对话框选项和含义相同，不再介绍。

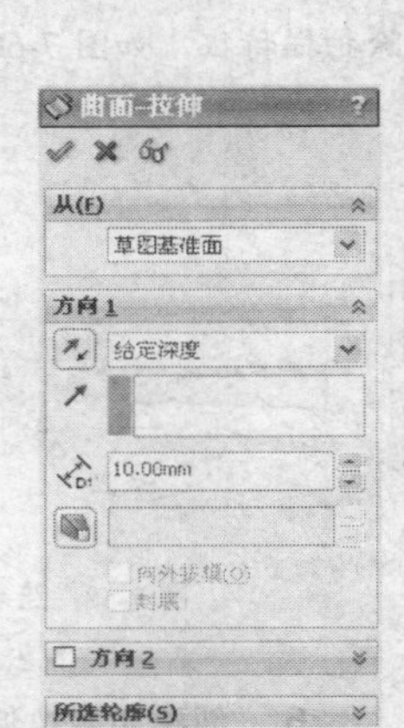

图 7-63 【曲面-拉伸】对话框

2. 拉伸曲面实例示范

01 单击【草图】工具栏中的【草图绘制】按钮，在绘图区选择【前视基准面】作为草图绘制平面。单击【草图】工具栏中的【样条曲线】按钮，绘制草图，如图 7-64 所示。

02 选择菜单工具栏中的【插入】|【曲面】|【拉伸曲面】命令，或者单击【曲面】工具栏中的【拉伸曲面】按钮，系统弹出【拉伸】对话框。

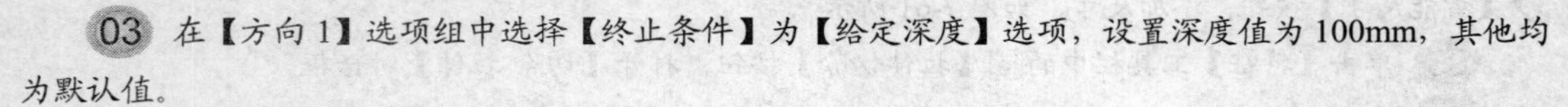

03 在【方向 1】选项组中选择【终止条件】为【给定深度】选项，设置深度值为 100mm，其他均为默认值。

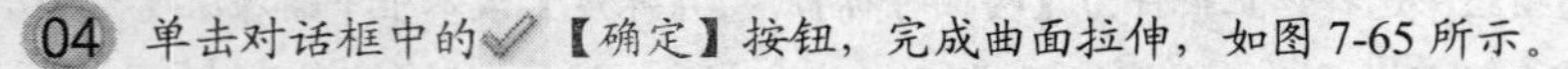

04 单击对话框中的【确定】按钮，完成曲面拉伸，如图 7-65 所示。

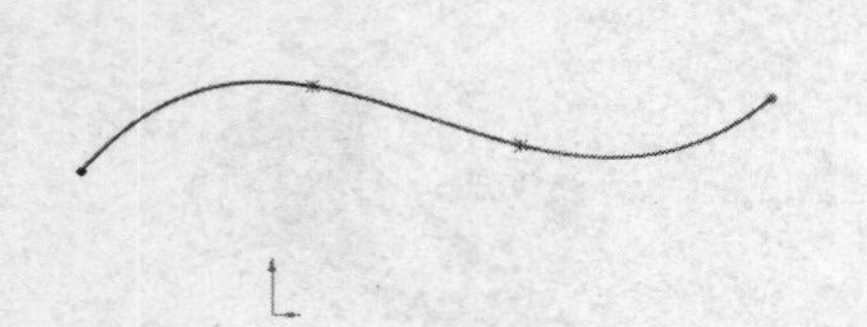

图 7-64 绘制样条曲线

图 7-65 生成拉伸曲面

05 单击【草图】工具栏中的【草图绘制】按钮，在绘图区选择【上视基准面】作为草图绘制平面。单击【草图】工具栏中的【圆】按钮，绘制草图，如图 7-66 所示。

06 选择菜单工具栏中的【插入】|【曲面】|【拉伸曲面】命令，或者单击【曲面】工具栏中的【拉伸曲面】按钮，系统弹出【拉伸】对话框。

07 在【从】选项组的下拉列表框中选择【曲面/面/基准面】选项，选择刚创建的拉伸曲面，如图 7-67 所示。

08 在【方向 1】选项组的【终止条件】下拉列表框中选择【给定深度】选项，在【深度】微调框中输入 45mm。

09 单击对话框中的【确定】按钮，生成拉伸曲面，如图 7-68 所示。

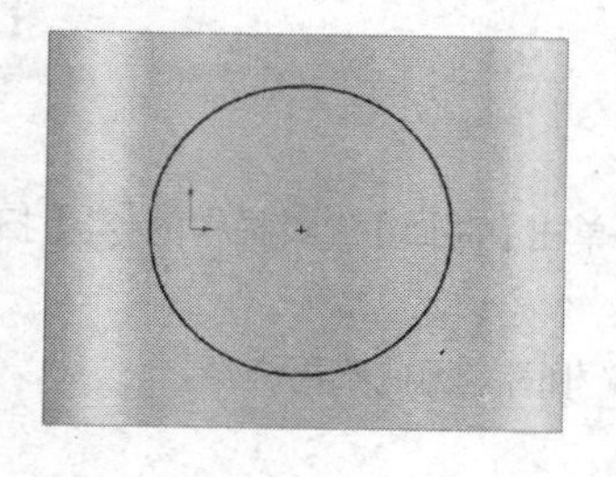
图 7-66　绘制圆

图 7-67　拉伸起始条件

图 7-68　生成拉伸曲面

7.2.2 旋转曲面

旋转曲面是指将选取或创建的旋转草图按指定的旋转角度绕旋转轴创建的曲面。

1. 旋转曲面操作界面

选择菜单工具栏中的【插入】|【曲面】|【旋转曲面】命令，或者单击【曲面】工具栏中的【旋转曲面】按钮，系统弹出【曲面-旋转】对话框，如图 7-69 所示。【曲面-旋转】对话框与实体建模的【旋转】对话框设置相同，不再介绍。

2. 旋转曲面实例示范

01 打开素材库中的“第 7 章/7.2.2 旋转曲面.sldprt”文件，如图 7-70 所示。

02 选择菜单工具栏中的【插入】|【曲面】|【旋转曲面】命令，选择草图，弹出旋转曲面对话框。

03 选择中心线为旋转轴，设置旋转方式为“给定深度”，旋转角度为 360°，其他均为默认值。

04 单击对话框中的【确定】按钮，生成旋转曲面，如图 7-71 所示。

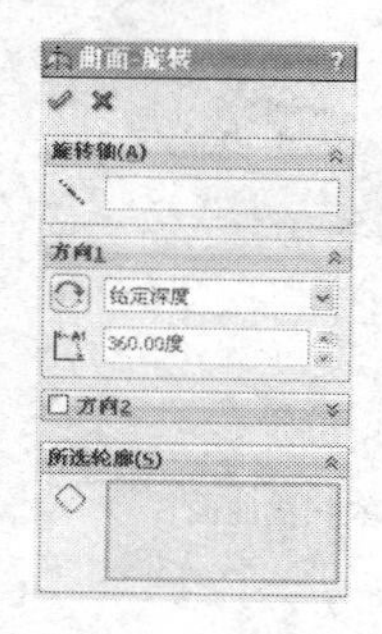

图 7-69　【曲面-旋转】对话框

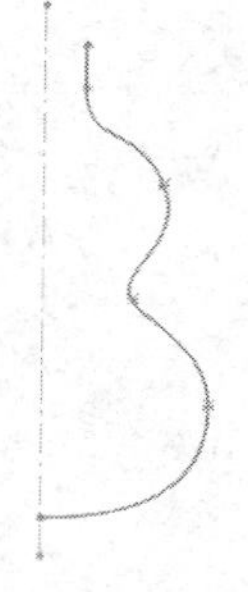
图 7-70　“7.2.2 旋转曲面”文件

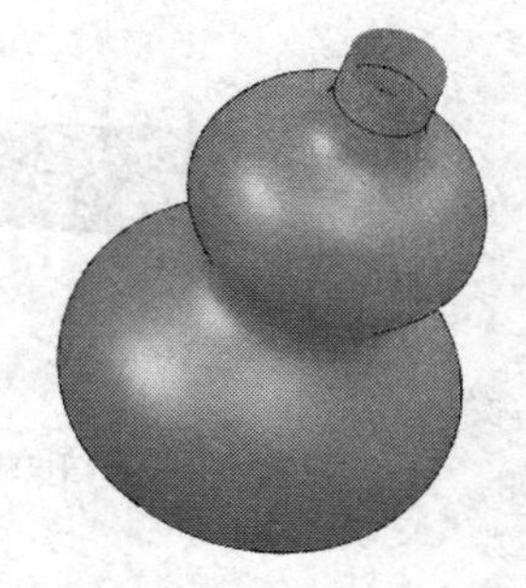
图 7-71　生成的旋转曲面

注　意：生成旋转曲面的草图是交叉和非交叉的草图，绘制的样条曲线可以和中心线相交，但不能穿越。

7.2.3 扫描曲面

扫描曲面是指选择或绘制的扫描截面沿着指定的扫描路径扫描创建的曲面，扫描截面和扫描路径可以呈封闭或开放状态。

1. 扫描曲面操作界面

选择菜单工具栏中的【插入】|【曲面】|【扫描曲面】命令，或者单击【曲面】工具栏中的【扫描曲面】按钮，系统弹出【曲面-扫描】对话框，如图 7-72 所示。

【曲面-扫描】对话框与实体建模的【扫描】对话框选项和设置含义相同，因此不再介绍。

2. 扫描曲面实例示范

01 打开素材库中的“第 7 章/7.2.3 扫描曲面.sldprt”文件，如图 7-73 所示。

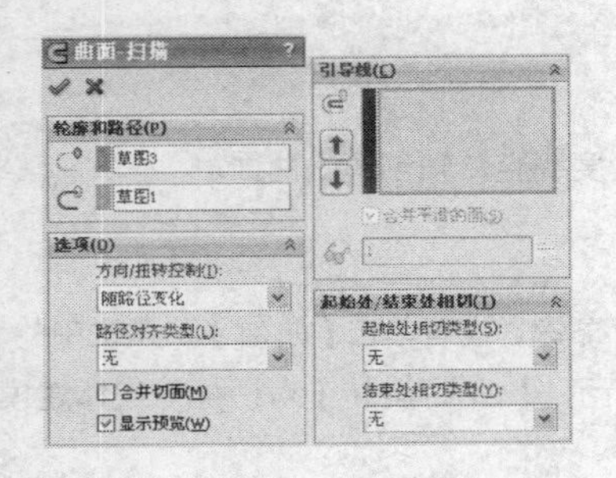
图 7-72 【曲面-扫描】对话框

图 7-73 “7.2.3 扫描曲面”文件

02 选择菜单工具栏中的【插入】|【曲面】|【扫描曲面】命令，或者单击【曲面】工具栏中的【扫描曲面】按钮，系统弹出【曲面-扫描】对话框。

03 在绘图区单击选择圆草图作为扫描轮廓，选择样条曲线草图作为扫描路径，如图 7-74 所示。

04 单击对话框中的【确定】按钮，生成扫描曲面，如图 7-75 所示。

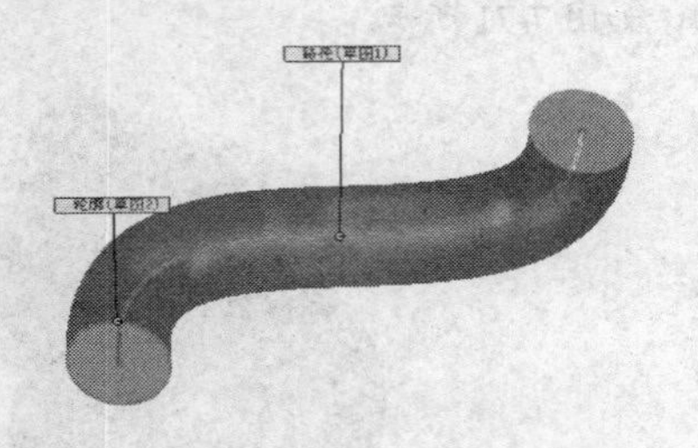
图 7-74 选择扫描轮廓和路径

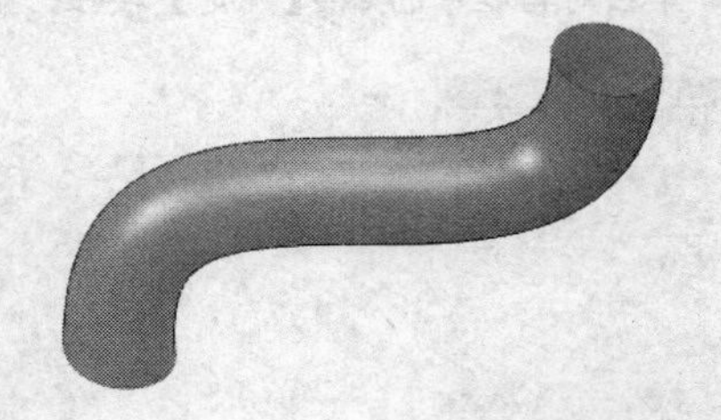
图 7-75 生成的扫描曲面

7.2.4 放样曲面

放样曲面是在两个或多个轮廓间创建过渡曲面，选取的轮廓也可以是点。在创建放样曲面时，可设置起始与结束端边界的约束与设置引导线的数目等。

1. 放样曲面操作界面

选择菜单工具栏中的【插入】|【曲面】|【放样曲面】命令，或者单击【曲面】工具栏中的【放样曲面】按钮，系统弹出【曲面-放样】对话框，如图 7-76 所示。

对话框中各选项组与实体建模的【放样】设置相同，不再介绍。

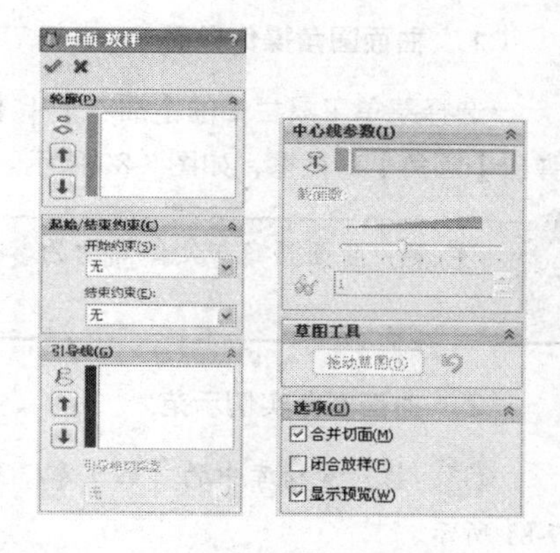

图 7-76 【曲面-放样】对话框

2. 放样曲面实例示范

01 打开素材库中的“第 7 章/7.2.4 放样曲面.sldprt”文

02 件，如图 7-77 所示。

03 选择菜单工具栏中的【插入】|【曲面】|【放样曲面】命令，或者单击【曲面】工具栏中的【放样曲面】按钮，系统弹出【曲面-放样】对话框。

04 依次单击所绘制的草图，并在【起始/结束约束】选项组中，分别设置开始和结束约束均为【垂直于轮廓】，其他参数均默认，如图 7-78 所示。

05 单击对话框中的【确定】按钮，生成放样曲面，如图 7-79 所示。

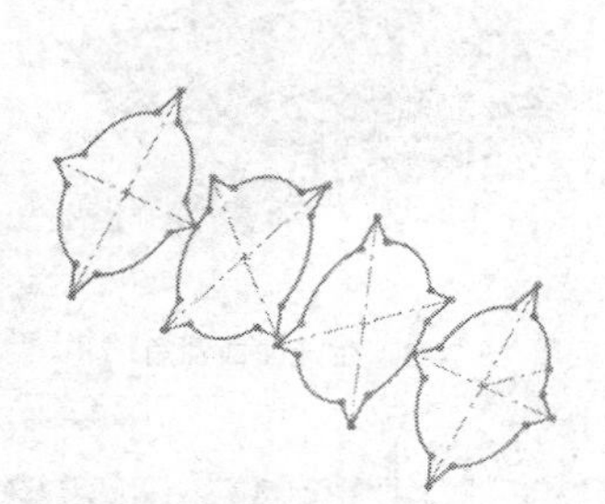

图 7-77 “7.2.4 放样曲面”文件

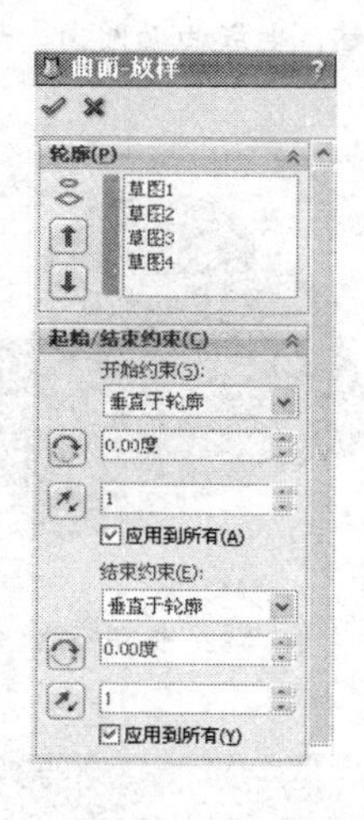

图 7-78 设置参数

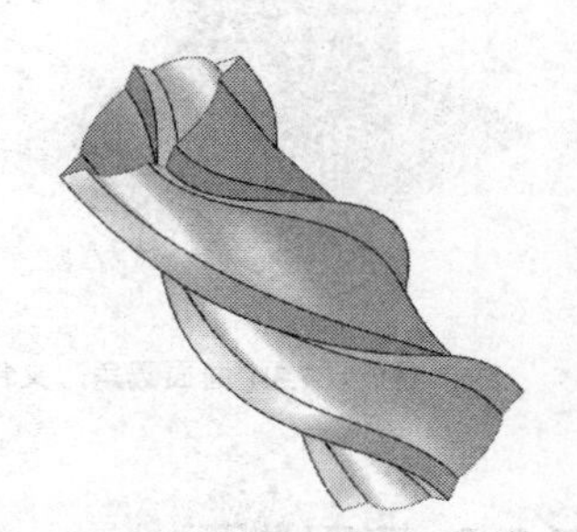

图 7-79 生成的放样曲面

7.3 编辑曲面

为达到设计要求或满足相关操作的需要，常会对创建的曲面进行编辑。常用的编辑命令圆角、等距、延展、裁剪、填充、缝合等命令。

7.3.1 曲面圆角

圆角是一种修饰特征，常用于两个特征几何的过渡，主要减少特征尖角的存在，以避免应力集中现象。使用圆角将曲面实体中以一定角度相交的两个相邻之间的边线进行平滑过渡，则生成的圆角被称为曲面圆角。

1. 曲面圆角操作界面

选择菜单工具栏中的【插入】|【曲面】|【圆角】命令，系统弹出【圆角】对话框，如图 7-80 所示。

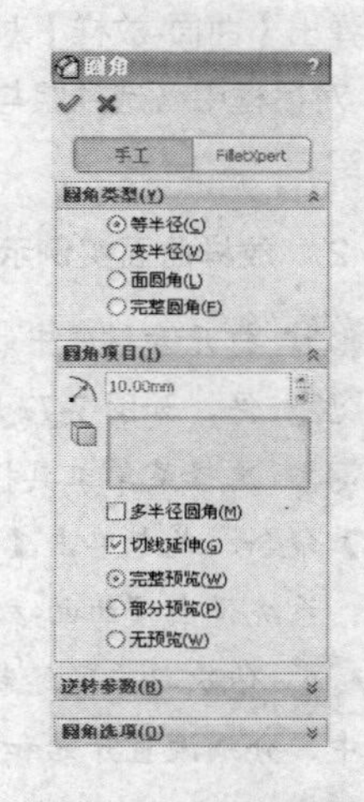

图 7-80 【圆角】对话框

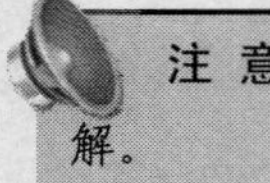

注 意：曲面圆角与实体圆角的参数大致相同，这里将不再进行讲解。

2. 曲面圆角实例示范

01 打开素材库中的“第 7 章/7.3.1 曲面圆角.sldprt”文件，如图 7-81 所示。

02 选择菜单工具栏中的【插入】|【曲面】|【圆角】命令，系统弹出【圆角】对话框。

03 选择【面圆角】单选按钮，设置圆角半径为 5mm，在绘图区单击选择两个曲面，生成面圆角预览，如图 7-82 所示。

04 单击对话框中的【确定】按钮，生成曲面圆角，如图 7-83 所示。

图 7-81 “7.3.1 曲面圆角”文件

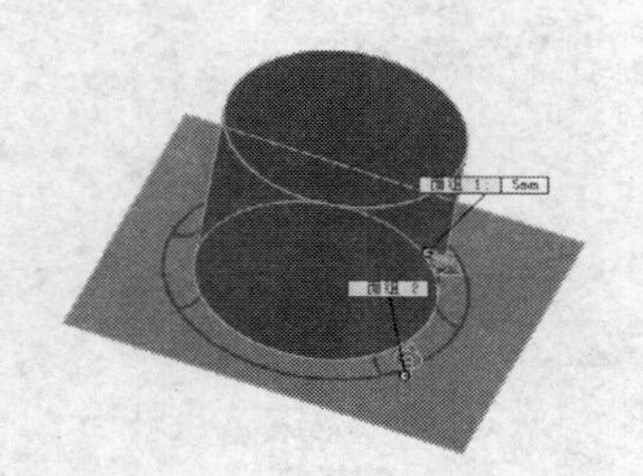

图 7-82 圆角预览

图 7-83 生成曲面圆角

7.3.2 等距曲面

在创建一些形状相同的曲面时，为了提高设计效率，可以将现有的相同曲面偏置一个距离，来创建一个等距曲面。等距曲面是将曲面按一定的距离进行偏移，偏移的曲面可以是多个，并可根据需要改变曲面的偏移方向。

1. 等距曲面操作界面

选择菜单工具栏中的【插入】|【曲面】|【等距曲面】命令，或者单击【曲面】工具栏中的【等距曲面】按钮，系统弹出【等距曲面】对话框，如图 7-84 所示。

在【等距曲面】对话框中，各选项含义如下：

【等距面】：选择需要等距的面。

等距距离：设置等距距离。

反向：调整等距的方向。

2．等距曲面实例示范

01 打开素材库中的“第 7 章/7.3.2 等距曲面.sldprt”文件，如图 7-85 所示。

02 选择菜单工具栏中的【插入】|【曲面】|【等距曲面】命令，或者单击【曲面】工具栏中的【等距曲面】按钮，系统弹出【等距曲面】对话框。

03 在绘图区单击选择要等距的曲面，设置等距距离为 15mm，如图 7-86 所示。

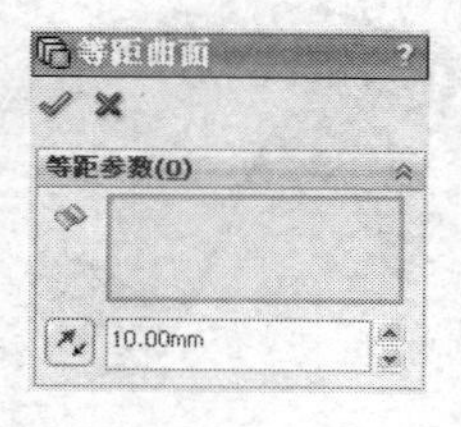

图 7-84　【等距曲面】对话框

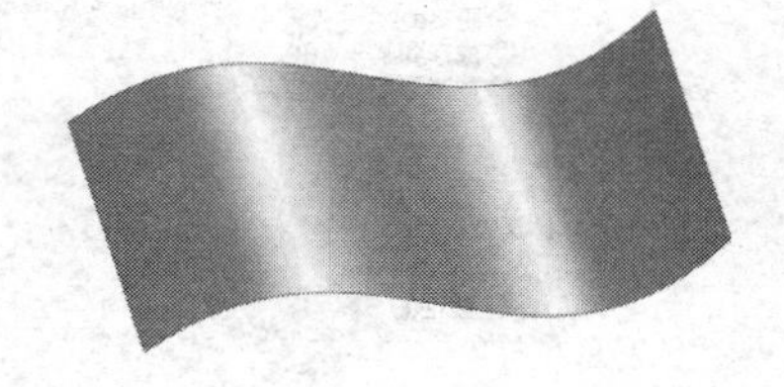

图 7-85　“7.3.2 等距曲面”文件

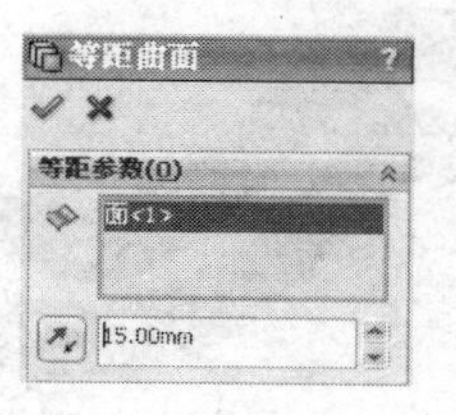

图 7-86　参数设置

04 单击对话框中的【确定】按钮，生成等距曲面，如图 7-87 所示。

7.3.3 延伸曲面

将现有曲线的边缘，沿着切线方向进行延伸形成的曲面称为延伸曲面。

1．延伸曲面操作界面

选择菜单工具栏中的【插入】|【曲面】|【延伸曲面】命令，或者单击【曲面】工具栏中的【延伸曲面】按钮，系统弹出【延伸曲面】对话框，如图 7-88 所示。

在【延伸曲面】对话框中，各选项的含义如下：

- 【拉伸的边线/面】选项组

所选面/边线：在绘图区域中选择延伸的边线或者面。

- 【终止条件】选项组

距离：按照给定的距离值确定延伸曲面的距离。

成形到某一点：将曲面延伸到指定的顶点。

成形到某一面：将曲面延伸到指定的面。

距离：设置延伸距离。

顶点：选择一顶点。

面：选择一曲面或实体面。

- 【延伸类型】选项组

同一曲面：沿曲面的几何体延伸曲面。

线性：沿指定边线相切于原有曲面来延伸曲面。

2. 延伸曲面实例示范

01 打开素材库中的“第 7 章/7.3.3 延伸曲面.sldprt”文件，如图 7-89 所示。

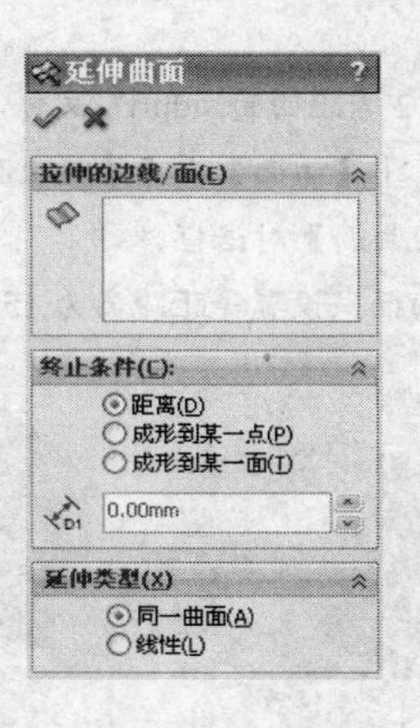

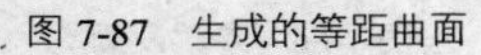

图 7-87 生成的等距曲面　　图 7-88 【延伸曲面】对话框　　图 7-89 “7.3.3 延伸曲面”文件

02 选择菜单工具栏中的【插入】|【曲面】|【延伸曲面】命令，或者单击【曲面】工具栏中的【延伸曲面】按钮，系统弹出【延伸曲面】对话框。

03 在绘图区中选择如图 7-90 所示的曲面边线，设置终止条件为【成形到某一面】，并在绘图区中选择上方的拉伸曲面特征，选择【同一曲面】单选按钮，如图 7-91 所示。

04 单击对话框中的【确定】按钮，生成延伸曲面，如图 7-92 所示。

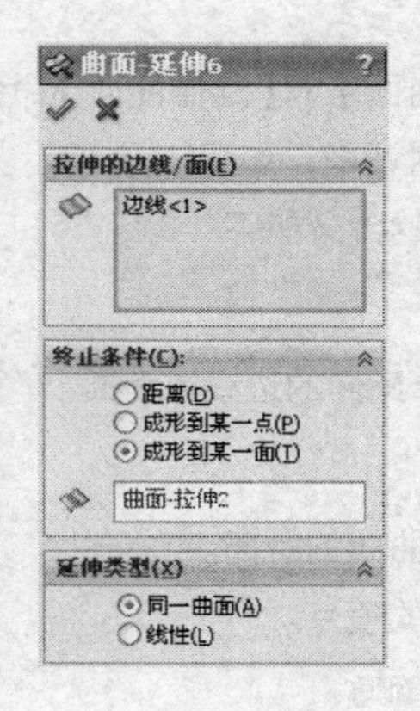

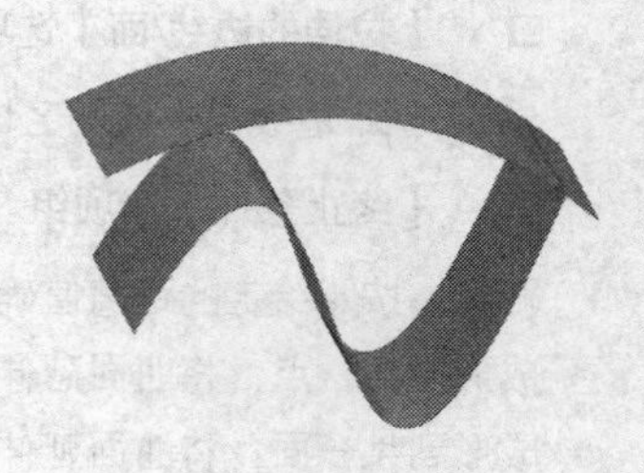

图 7-90 选择要延伸的边线　　图 7-91 参数设置　　图 7-92 生成的延伸曲面

7.3.4 填充曲面

填充曲面设计非常灵活，可根据不同数量的边界来创建形状不同的填充曲面，通过设置曲面的连接条件，如曲率、相切等，可使填充曲面质量变得更加光滑。选择的边界线可以是曲面或实体的边线，也可以是 2D 或 3D 草绘的曲线。

1．填充曲面操作界面

选择菜单工具栏中的【插入】|【曲面】|【填充曲面】命令，或者单击【曲面】工具栏中的【填充曲面】按钮，系统弹出【填充曲面】对话框，如图 7-93 所示。

在【填充曲面】对话框中，各选项的含义如下：

❑　【修补边界】选项组

修补边界：定义所应用修补的边线。对于曲面或者实体边线，可以使用 2D 或 3D 草图作为修补的边界，对于所有草图边界，只可设置【曲率控制】类型为【接触】。

交替面：只在实体模型上生成修补曲面时使用，用于控制修补曲率的反转边界。

曲率控制：在成的修补曲面上进行控制，可以再同一修补曲面中应用不同的曲率控制，其选项如图 7-94 所示。

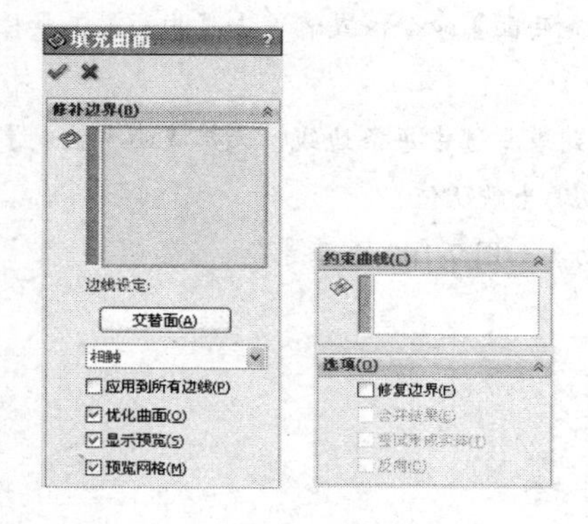

图 7-93　【填充曲面】对话框

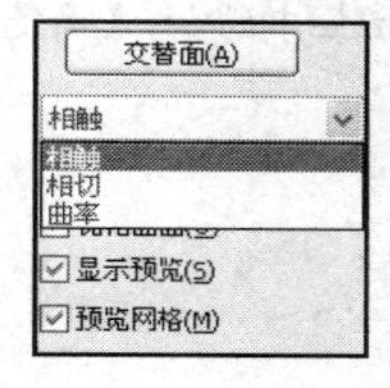

图 7-94　【曲率控制】选项

相触：在所选边界内生成曲面，如图 7-95 所示。

相切：在所选边界内生成曲面，但保持修补边线的相切，如图 7-96 所示。

曲率：在与相邻曲面交界的边界上生成与所选曲面的曲率相配套的曲面，如图 7-97 所示。

图 7-95　曲率控制为【相触】

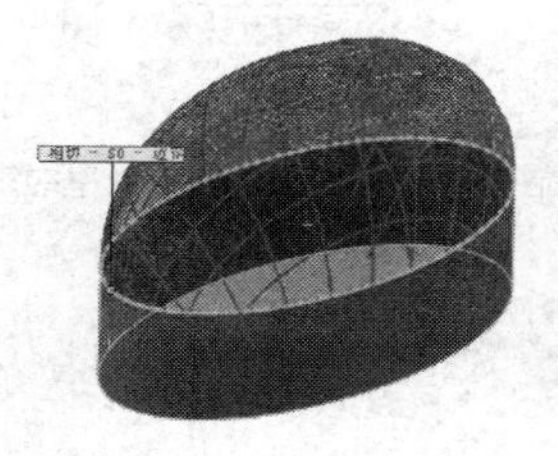

图 7-96　曲率控制为【相切】

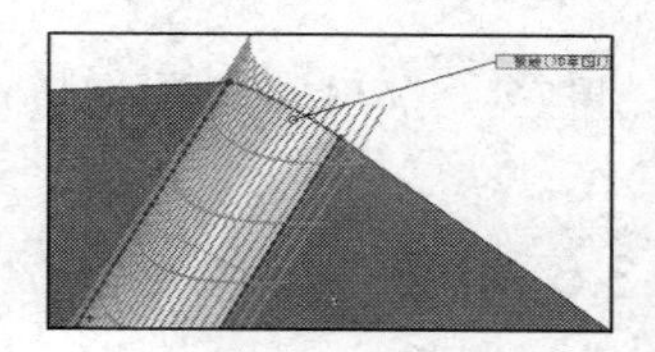

图 7-97　曲率控制为【曲率】

应用到所有边线：可将相同的曲率控制应用到所有边线。

优化曲面：用于对曲面进行优化，其潜在优势包括加快重建时间以及当与模型中的其他特征一起使用时增强稳定性。

显示预览：以上色方式显示曲面填充预览效果。

预览网格：在修补的曲面上显示网格线以直观地观察曲率的变化。

❑ 【约束曲线】选项组

：在填充曲面时添加斜面控制，主要用于工业设计中可以使用草图点或样条曲线等草图实体来生成约束曲线。

❑ 【选项】选项组

修复边界：可以自动修复填充曲面的边界。

合并结果：如果至少有一个边线是开环薄边，那么选择此选项，则可以用边线所属的曲面进行缝合。

尝试形成实体：如果所有边界实体都是开环边线，那么可以选择此选项生成实体。

反向：此选项用于纠正填充曲面时不符合填充需要的方向。

2．填充曲面实例示范

01 打开素材库中的“第 7 章/7.3.4 填充曲面.sldprt”文件，如图 7-98 所示。

02 选择菜单工具栏中的【插入】|【曲面】|【填充曲面】命令，或者单击【曲面】工具栏中的【填充曲面】按钮，系统弹出【填充曲面】对话框。

03 在绘图区选择曲面周边的边线，在【修补边界】列表中选中每条边线，选择【曲率控制】类型为“曲率”，如图 7-99 所示。单击【反转曲面】按钮，其他均为默认值。

04 单击对话框中的【确定】按钮，生成填充曲面，如图 7-100 所示。

图 7-98 “7.3.4 填充曲面”文件

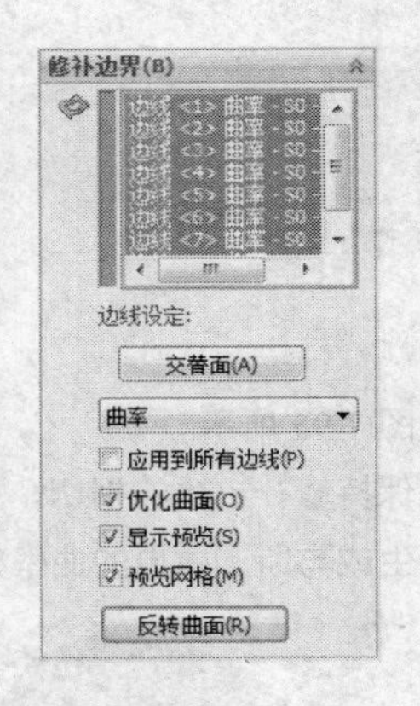

图 7-99 所有边线应用曲率约束

图 7-100 生成填充曲面

7.3.5 中面

使用中面功能可在实体上选择两个面间创建中面。选择的两个面之间的距离必须相等且面必须属于同一实体。

1．中面操作界面

选择菜单工具栏中的【插入】|【曲面】|【中面】命令，或者单击【曲面】工具栏中的【中面】按钮，系统弹出【中面】对话框，如图 7-101 所示。

在【中面】对话框中，各选项的含义如下：

❑　【选择】选项组

面 1：选择生成中间面的其中一个面。

面 2：选择生成中间面的另一个面。

查找双对面：单击此按钮，系统会自动查找模型中合适的双对面，并自动过滤不合适的双对面。

识别阈值：由【阈值运算符】和【阈值厚度】两部分组成。【阈值运算符】为数学操作符，【阈值厚度】为壁厚度数值。

定位：设置生成中间面的位置。系统默认的位置为从【面 1】开始的 50% 位置处。

❑　【选项】选项组

缝合曲面：将中间面和临近面缝合；取消选择此选项，则保留单个曲面。

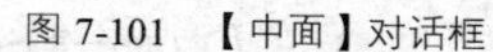

图 7-101　【中面】对话框

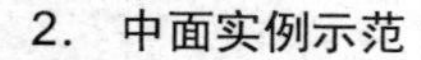

2. 中面实例示范

01 打开素材库中的“第 7 章/7.3.5 中面.sldprt”文件，如图 7-102 所示。

02 选择菜单工具栏中的【插入】|【曲面】|【中面】命令，或者单击【曲面】工具栏中的【中面】按钮，系统弹出【中面】对话框。

03 单击选择模型的两个面，如图 7-103 所示，保持【定位】数值为 50%，其他均为默认值。

04 单击对话框中的【确定】按钮，生成中面，如图 7-104 所示。

图 7-102　“7.3.5 中面”文件

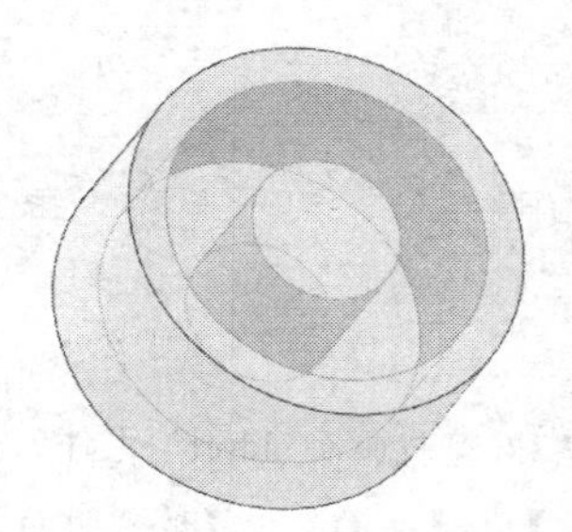

图 7-103　选择要生成中间面的模型表面

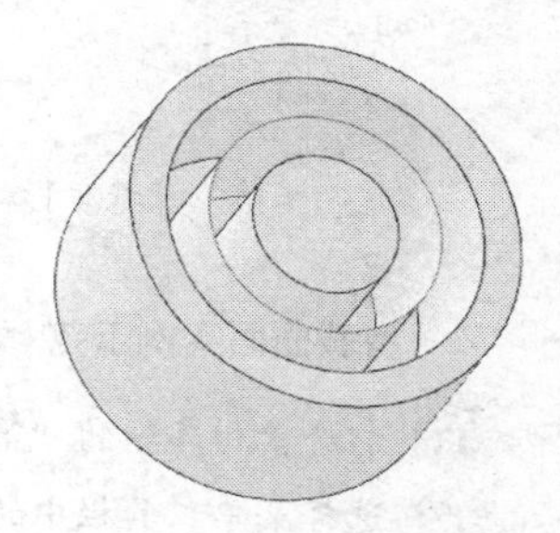

图 7-104　生成中面

注 意：生成中面的两个面必须位于同一实体中，定位从【面 1】开始，位于【面 1】和【面 2】之间，即【定位】数值必须小于 1。

7.3.6 剪裁曲面

剪裁曲面是指采用布尔运算的方法在一个曲面与另一个曲面、基准面、或草图交叉处修剪曲面，或者将曲面与其他曲面联合使用作为相互修剪的工具。

1. 剪裁曲面操作界面

选择菜单工具栏中的【插入】|【曲面】|【剪裁曲面】命令，或者单击【曲面】工具栏中的【剪裁曲面】按钮，系统弹出【剪裁曲面】对话框，如图 7-105 所示。

在【剪裁曲面】对话框中，各选项的含义如下：

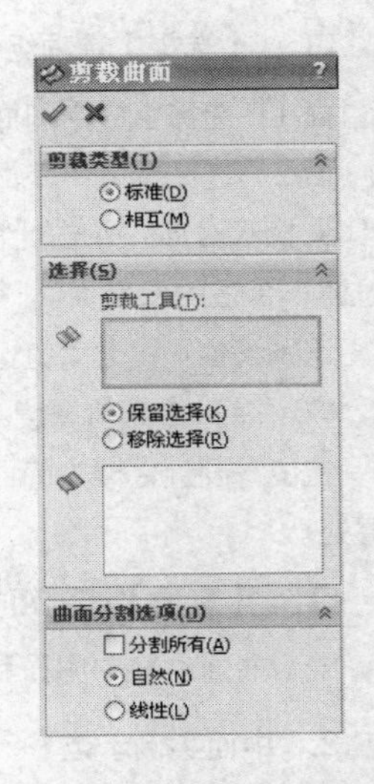

图 7-105 【剪裁曲面】对话框

❑ 【剪裁类型】选项组

标准：可以使用曲面、草图实体、曲线或者基准面等剪裁曲面，如图 7-106 所示，为使用【标准】类型剪裁。

相互：使用曲面本身裁剪多个曲面，如图 7-107 所示，为使用【相互】类型剪裁。

❑ 【选择】选项组

剪裁工具：在图形区域中选择曲面、草图实体、曲线或基准面作为剪裁其他曲面的工具。

保留选择：设置剪裁曲面中选择的部分为要保留的部分。

移除选择：设置剪裁曲面中选择的部分为要移除的部分

❑ 【曲面分割选项】选项组

分割所有：显示曲面中的所有分割。

自然：强迫边界边线随曲面形状变化。

线性：强迫边界边线随剪裁点的线性方向变化。

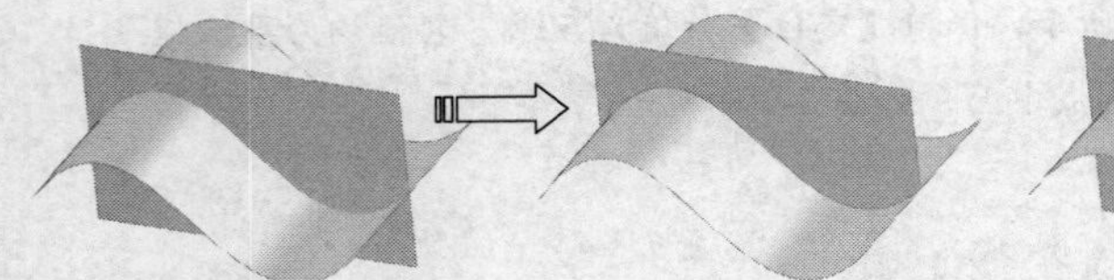

图 7-106 【标准】类型剪裁曲面

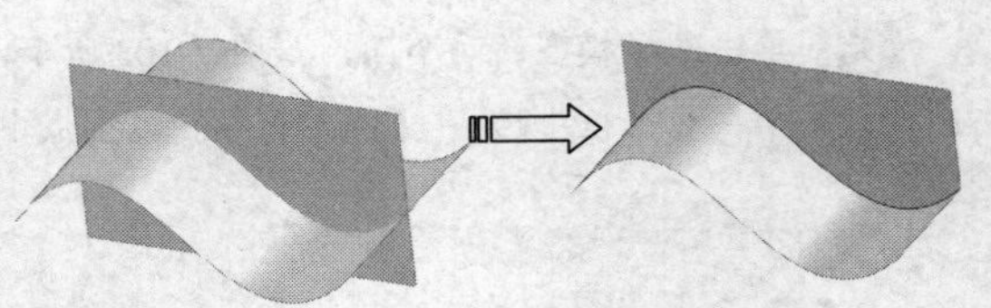

图 7-107 【相互】类型剪裁曲面

2. 剪裁曲面实例示范

01 打开素材库中的“第 7 章/7.3.6 剪裁曲面.sldprt”文件，如图 7-108 所示。

02 选择菜单工具栏中的【插入】|【曲面】|【剪裁曲面】命令，或者单击【曲面】工具栏中的【剪裁曲面】按钮，系统弹出【剪裁曲面】对话框。

03 选择【标准】单选按钮，在绘图区选择曲面 1 作为裁剪工具，选择要保留的部分，如图 7-109 所示。

04 单击对话框中的【确定】按钮，生成剪裁曲面，如图 7-110 所示。

图 7-108 “7.3.6 剪裁曲面”文件

图 7-109 剪裁工具及要保留的部分

图 7-110 生成剪裁曲面

7.3.7 替换曲面

利用新曲面实体替换曲面或者实体中的面，这种方式被称为替换面。替换曲面实体不必与旧的面具有相同的边界。在替换面时，原来实体中的相邻面自动延伸并剪裁到替换曲面实体。

1. 替换曲面操作界面

选择菜单工具栏中的【插入】|【曲面】|【替换曲面】命令，或者单击【曲面】工具栏中的【替换曲面】按钮，系统弹出【替换曲面】对话框，如图 7-111 所示。

在【替换曲面】对话框中，各选项的含义如下：

替换的目标面：选择要替换的面，所选择的面必须相连，但不一定相切。

替换曲面：选择替换曲面。

2. 替换曲面实例示范

01 打开素材库中的“第 7 章/7.3.7 替换曲面.sldprt”文件，如图 7-112 所示。

02 选择菜单工具栏中的【插入】|【曲面】|【替换曲面】命令，或者单击【曲面】工具栏中的【替换曲面】按钮，系统弹出【替换曲面】对话框。

03 单击选择圆柱上表面作为要替换的面，单击曲面作为替换面，如图 7-113 所示。

04 单击对话框中的【确定】按钮，生成替换曲面，如图 7-114 所示。

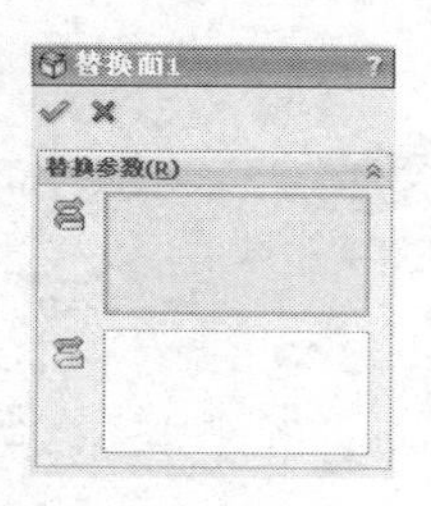

图 7-111 【替换曲面 1】对话框

图 7-112 “7.3.7 替换曲面”文件

图 7-113 选择替换面

图 7-114 生成替换曲面

7.4 案例实战——油壶

本例将利用有关曲线、曲面的知识，创建一个如图 7-115 所示的油壶，使读者可以熟练掌握使用曲线和曲面命令生成复杂实体模型的方法。

制作该油壶可以分为如下步骤：

- 启动 SolidWorks 2013 并新建文件
- 创建扫描曲面特征
- 创建边界曲面特征
- 创建缝合曲面特征
- 创建填充曲面特征

- 创建曲面圆角特征
- 创建放样曲面特征
- 创建拉伸曲面特征
- 创建延伸曲面特征
- 保存零件

制作油壶的具体步骤如下：

图 7-115　油壶

1. 启动 SolidWorks 2013 并新建文件

01 启动 SolidWorks 2013，单击【标准】工具栏中的【新建】按钮，系统弹出【新建 SolidWorks 文件】对话框。

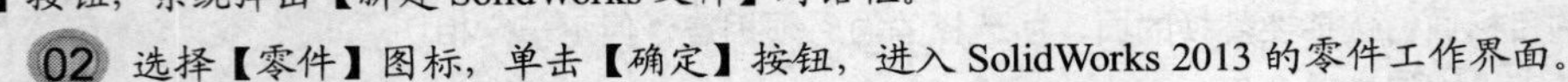

02 选择【零件】图标，单击【确定】按钮，进入 SolidWorks 2013 的零件工作界面。

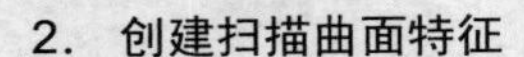

2. 创建扫描曲面特征

01 单击【草图】工具栏中的【草图绘制】按钮，在绘图区选择【前视基准面】作为草图绘制平面，进入草图绘制模式。

02 单击【草图】工具栏中的【直线】按钮，绘制一条长度为 10mm 的竖直线，如图 7-116 所示。

03 单击【参考几何体】工具栏中的【基准面】按钮，选择【前视基准面】作为第一参考，在【距离】输入框中，输入距离为 1.75，单击【确定】按钮，创建基准面 1，如图 7-117 所示。

04 利用同样的方法沿前视基准面，创建平移距离为 1.63 的基准面 2，如图 7-118 所示。

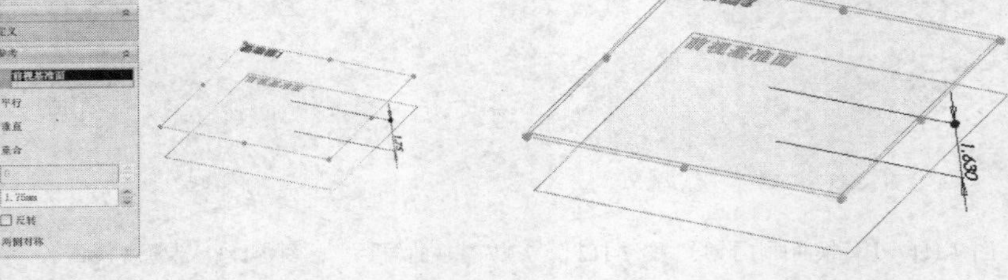

图 7-116　绘制草图 1　　图 7-117　创建基准面 1　　图 7-118　创建基准面 2

05 单击【草图】工具栏中的【草图绘制】按钮，在绘图区选择基准面 1 作为草图绘制平面，进入草图绘制模式。

06 单击【草图】工具栏中的【直线】按钮和【圆弧】按钮，绘制如图 7-119 所示的草图并标注尺寸。

07 单击【草图】工具栏中的【草图绘制】按钮，在绘图区选择基准面 2 作为草图绘制平面，进入草图绘制模式。

08 单击【草图】工具栏中的【直线】按钮和【样条曲线】按钮，绘制如图 7-120 所示的草图并标注尺寸。

09 单击【草图】工具栏中的【草图绘制】按钮，在绘图区选择【上视基准面】作为草图绘制平面，进入草图绘制模式。

10 单击【草图】工具栏中的【圆弧】按钮，以草图2曲线的端点和草图3曲线的端点为圆弧的起点和终点，绘制如图7-121所示的草图并标注尺寸。

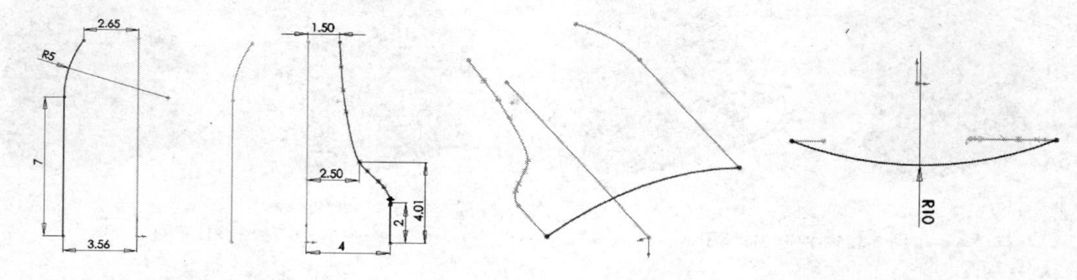

图7-119　绘制草图2　　图7-120　绘制草图3　　图7-121　绘制草图4

11 选择菜单工具栏中的【插入】|【曲面】|【扫描曲面】命令，或者单击【曲面】工具栏中的【扫描曲面】按钮，系统弹出【曲面-扫描】对话框。

12 在【轮廓和路径】选项组中，选择草图4作为扫描【轮廓】，草图1作为扫描【路径】。在【引导线】选项组中选择草图2和草图3作为扫描引导线，如图7-122所示。

13 单击对话框中的【确定】按钮，创建扫描曲面特征，如图7-123所示。

14 单击【特征】工具栏中的【镜像】按钮，打开【镜像】操控面板。选择【前视基准面】为镜像面，刚创建的扫描曲面为要镜像的实体，单击【确定】按钮，镜像扫描曲面，如图7-124所示。

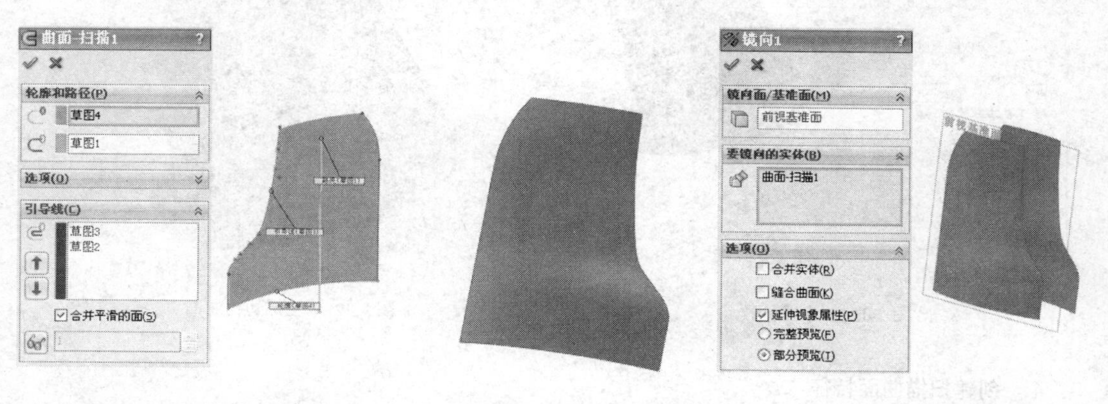

图7-122　设置扫描曲面参数　　图7-123　生成扫描曲面　　图7-124　镜像曲面

3．创建边界曲面特征

01 单击【草图】工具栏中的【3D草图】按钮，进入3D草图绘制模式。单击【样条曲线】按钮，单击选择如图7-125左图所示的两个点，绘制如图7-125右图所示的样条曲线。

02 以同样的方法，选择如图7-126所示的两点，绘制另一条样条曲线。

03 选择菜单工具栏中的【插入】|【曲面】|【边界曲面】命令，或者单击【曲面】工具栏中的【边界曲面】按钮，系统弹出【边界-曲面】对话框。

图 7-125　绘制 3D 草图 1　　　　图 7-126　绘制 3D 草图 2

04 在【方向 1】选项组中选择 3D 草图 1 和 3D 草图 2，【方向 2】选项组中选择两扫描曲面的边界曲线，如图 7-127 所示。

05 单击对话框中的✔【确定】按钮，生成边界曲面，如图 7-128 所示。

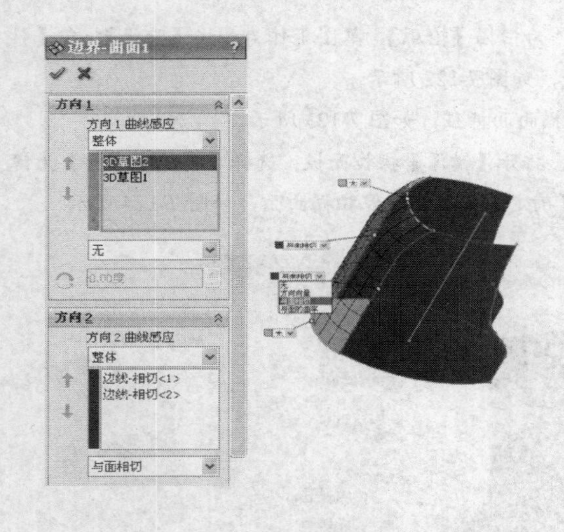

图 7-127　设置参数

图 7-128　生成边界曲面

4. 创建扫描曲面特征

01 单击【草图】工具栏中的【草图绘制】按钮，在绘图区选择【上视基准面】作为草图绘制平面，进入草图绘制模式。

02 单击【草图】工具栏中的【样条曲线】按钮，在曲面的两端点绘制如图 7-129 所示的草图。

03 选择菜单工具栏中的【插入】|【曲面】|【扫描曲面】命令，或者单击【曲面】工具栏中的【扫描曲面】按钮，系统弹出【曲面-扫描】对话框。

04 在【轮廓和路径】选项组中，选择草图 5 作为扫描【轮廓】，草图 1 作为扫描【路径】。在【引导线】选项组中选择两扫描曲面的边界曲线作为扫描引导线，如图 7-130 所示。

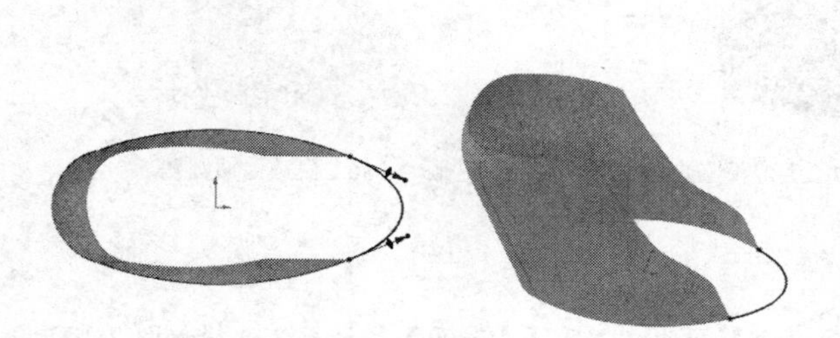

图 7-129　绘制草图 5

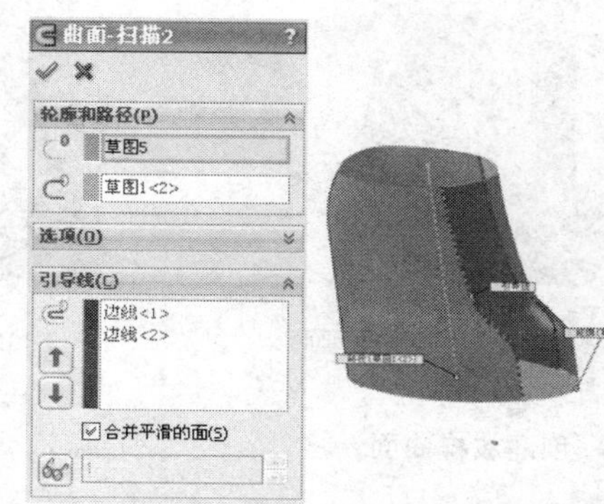

图 7-130　设置参数

05 单击对话框中的【确定】按钮，生成扫描曲面，如图 7-131 所示。

5. 创建曲面缝合特征

01 选择菜单工具栏中的【插入】|【曲面】|【缝合曲面】命令，或者单击【曲面】工具栏中的【缝合曲面】按钮，系统弹出【曲面-缝合】对话框。

02 选择创建的 4 个曲面作为要缝合的曲面，单击【确定】按钮，添加曲面缝合特征，如图 7-132 所示。

6. 创建填充曲面特征

01 选择菜单工具栏中的【插入】|【曲面】|【填充曲面】命令，或者单击【曲面】工具栏中的【填充曲面】按钮，系统弹出【填充曲面】对话框。

02 在绘图区选择如图 7-133 所示的边线，其他均为默认值。

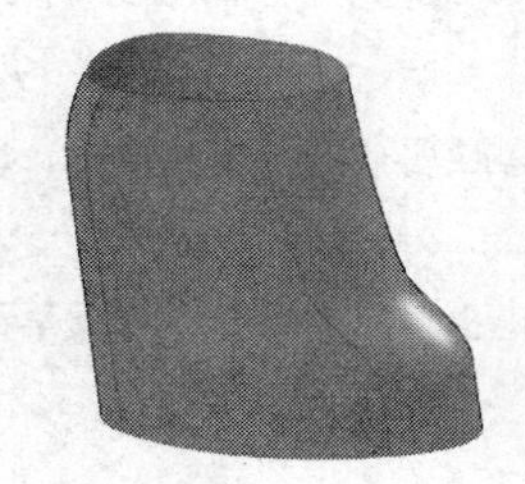

图 7-131　生成扫描曲面

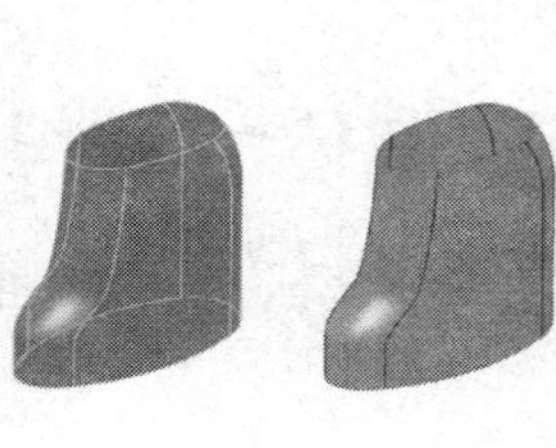

图 7-132　添加曲面缝合特征

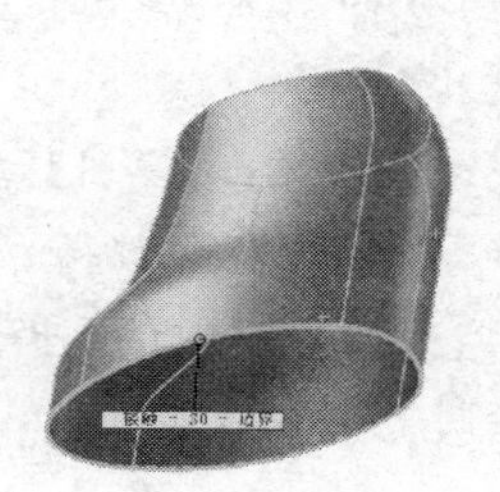

图 7-133　选择边线

03 单击对话框中的【确定】按钮，生成填充曲面，如图 7-134 所示。

7. 添加曲面圆角

01 选择菜单工具栏中的【插入】|【曲面】|【圆角】命令，系统弹出【圆角】对话框。

02 选择【面圆角】单选按钮，设置圆角半径为 0.2mm，在绘图区单击选择两个曲面，生成面圆角预览，如图 7-135 所示。

03 单击对话框中的【确定】按钮，生成曲面圆角，如图 7-136 所示。

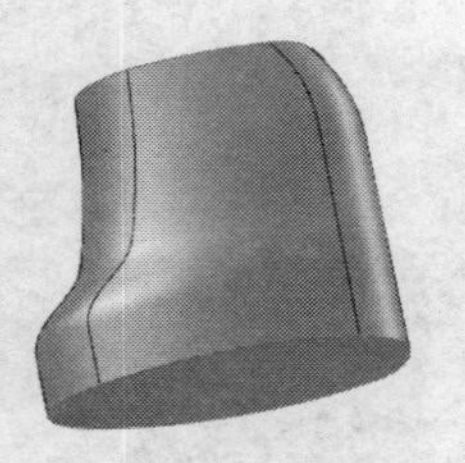

图 7-134　生成填充曲面

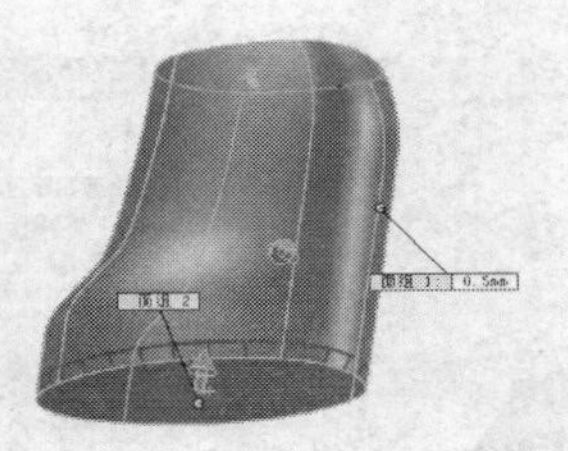

图 7-135　生成预览效果

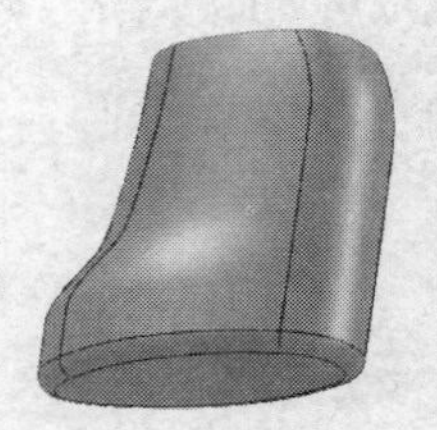

图 7-136　生成曲面圆角

8．创建放样曲面

01 单击【参考几何体】工具栏中的【基准面】按钮，打开【基准面】对话框，选择如图 7-137 所示的边线为【第一参考】。

02 单击对话框中的【确定】按钮，创建基准面 3，如图 7-138 所示。

03 利用同样的方法，选择创建的基准面 3 作为第一参考，沿该基准面创建向上平移 0.375 的基准面 4，如图 7-139 所示。

图 7-137　选择边线

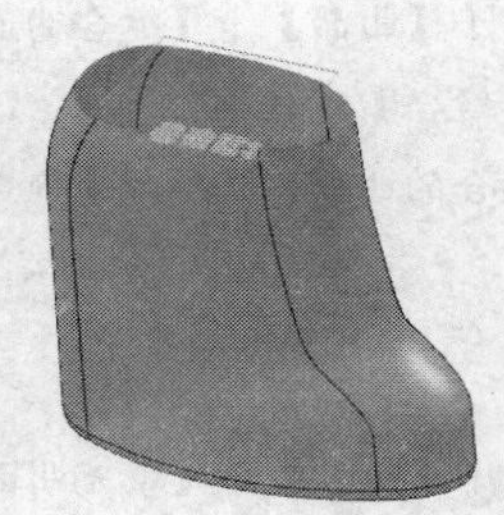

图 7-138　创建基准面 3

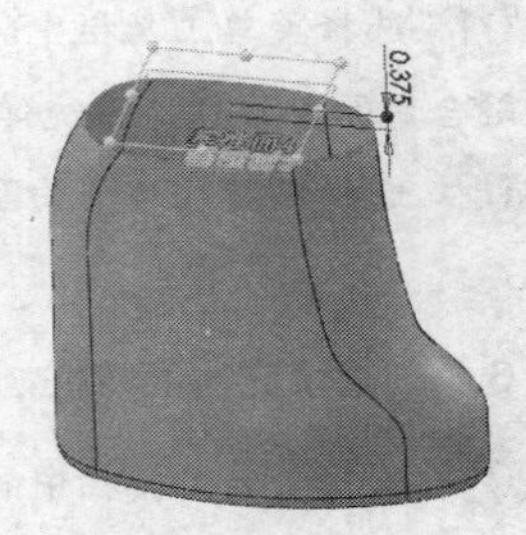

图 7-139　创建基准面 4

04 单击【草图】工具栏中的【草图绘制】按钮，在绘图区选择【基准面 3】作为草图绘制平面，进入草图绘制模式。

05 单击【草图】工具栏中的【转换实体引用】按钮，系统弹出【转换实体引用】对话框，选择如图 7-140 所示的边线。

06 单击对话框中的【确定】按钮，单击【草图】工具栏中的【退出草图】按钮，完成草图的绘制，如图 7-141 所示。

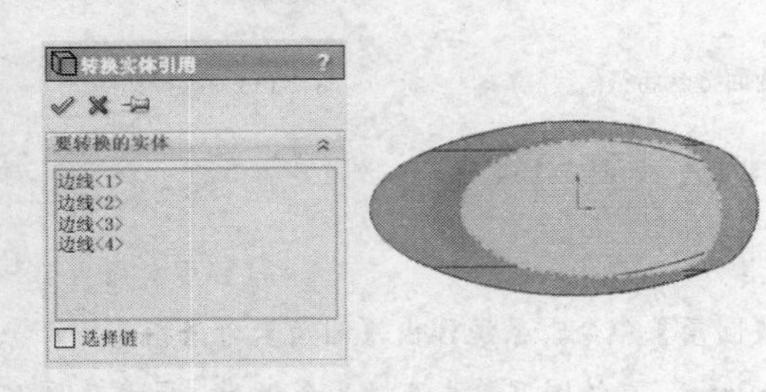

图 7-140　选择边线

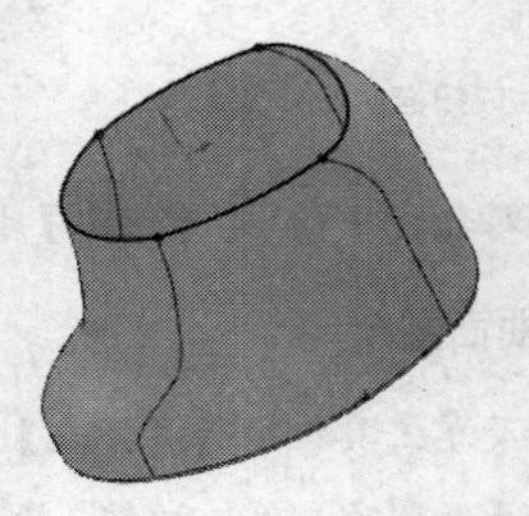

图 7-141　绘制草图 6

07 单击【草图】工具栏中的【草图绘制】按钮，在绘图区选择【基准面 4】作为草图绘制平面，进入草图绘制模式。

08 单击【草图】工具栏中的【等距实体】按钮，系统弹出【等距实体】对话框，输入等距距离为0.5，选择如图7-142所示的边线。

09 单击【确定】按钮，绘制如图7-143所示的草图。

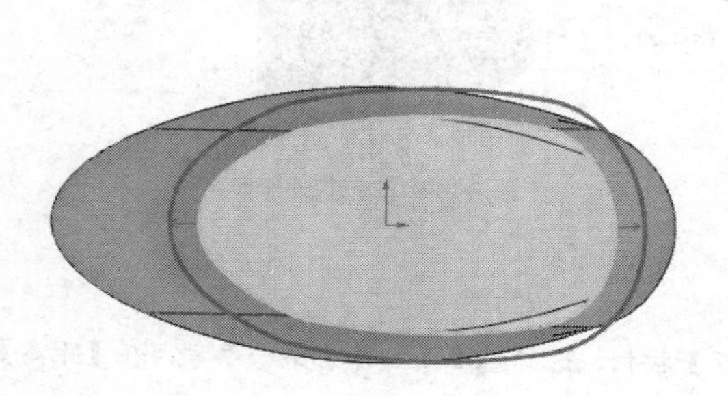

图7-142　选择边线

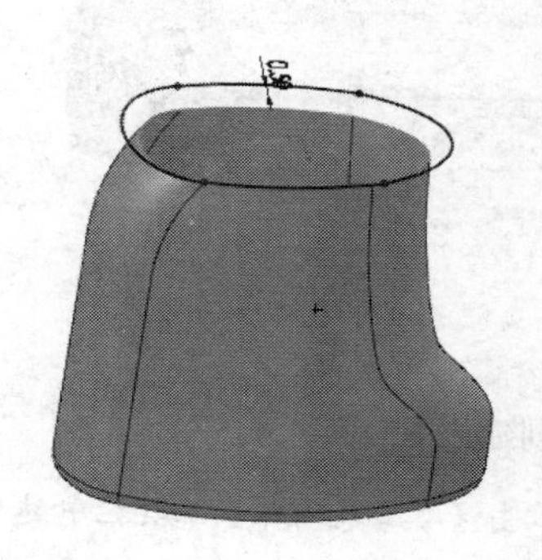

图7-143　绘制草图7

10 选择菜单工具栏中的【插入】|【曲面】|【放样曲面】命令，或者单击【曲面】工具栏中的【放样曲面】按钮，系统弹出【曲面-放样】对话框。

11 依次单击选择所绘制的草图6和草图7，其他参数均默认。单击对话框中的【确定】按钮，生成放样曲面，如图7-144所示。

9. 创建拉伸曲面

01 单击【参考几何体】工具栏中的【基准面】按钮，选择【上视基准面】作为第一参考，在【距离】输入框中，输入距离为11.5，单击【确定】按钮，创建基准面5，如图7-145所示。

02 选择【特征管理器设计树】中的草图7特征，选择菜单工具栏中的【插入】|【曲面】|【拉伸曲面】命令，或者单击【曲面】工具栏中的【拉伸曲面】按钮，系统弹出【曲面-拉伸】对话框。

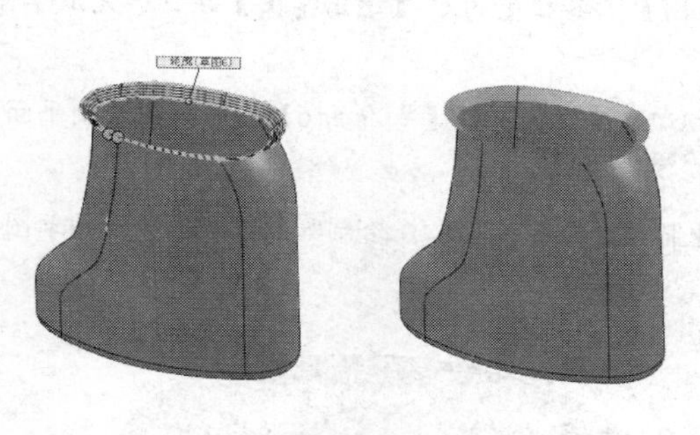

图7-144　生成放样曲面

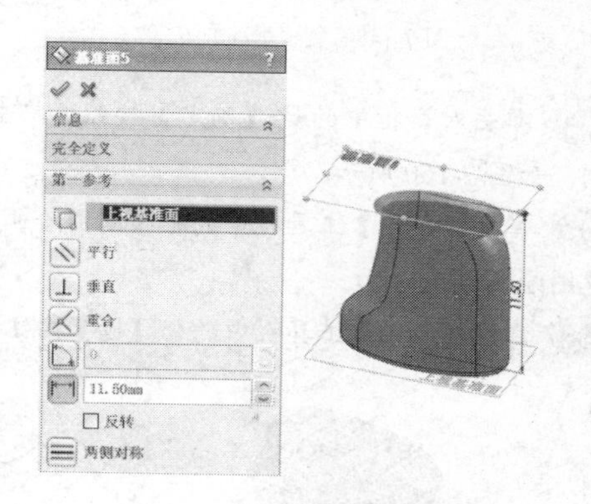

图7-145　创建基准面5

03 在【方向1】选项组中选择终止条件为【成形到一面】选项，选择基准面5，其他均为默认值，如图7-146所示。

04 单击对话框中的【确定】按钮，生成拉伸曲面，如图7-147所示。

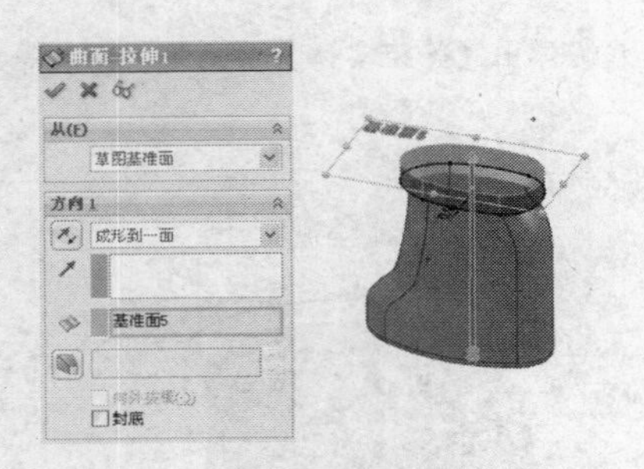

图 7-146 设置参数

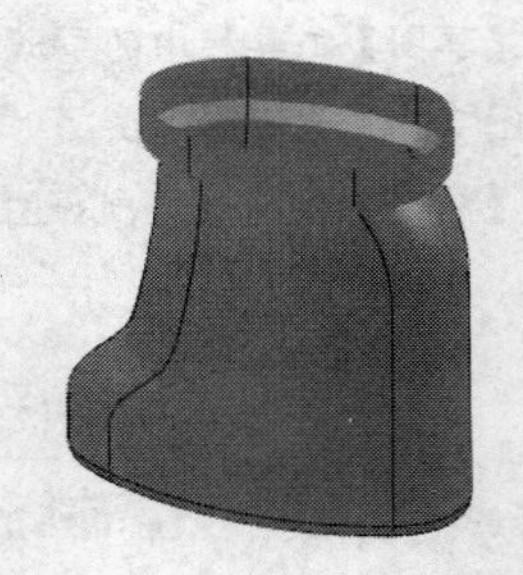

图 7-147 生成拉伸曲面

10. 创建放样曲面

01 单击【参考几何体】工具栏中的【基准面】按钮，选择基准面5作为第一参考，在【距离】输入框中，输入距离为1，单击【确定】按钮，创建基准面6，如图 7-148 所示。

02 单击【草图】工具栏中的【草图绘制】按钮，在绘图区选择【基准面5】作为草图绘制平面，进入草图绘制模式。

03 单击【草图】工具栏中的【转换实体引用】按钮，系统弹出【转换实体引用】对话框，选择如图 7-149 所示的边线。

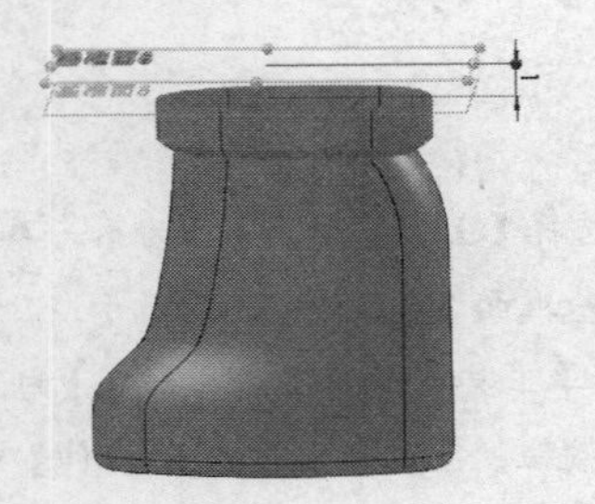

图 7-148 创建基准面 6

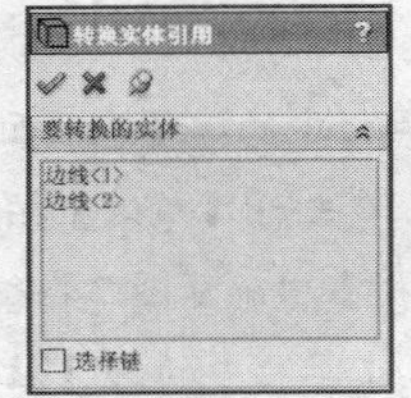

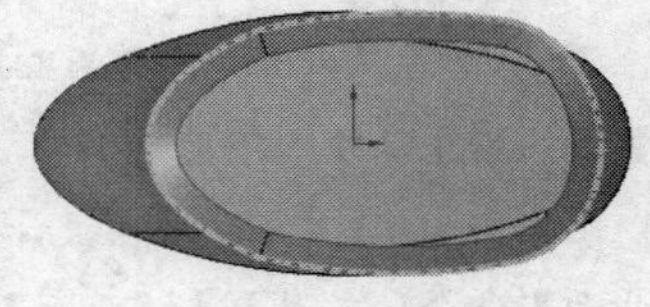

图 7-149 选择边线

04 单击对话框中的【确定】按钮，单击【草图】工具栏中的【退出草图】按钮，完成草图的绘制，如图 7-150 所示。

05 单击【草图】工具栏中的【草图绘制】按钮，在绘图区选择【基准面6】作为草图绘制平面，进入草图绘制模式。

06 单击【草图】工具栏中的【圆】按钮，以坐标系原点作为圆心，绘制如图 7-151 所示的草图。

图 7-150 绘制草图 8

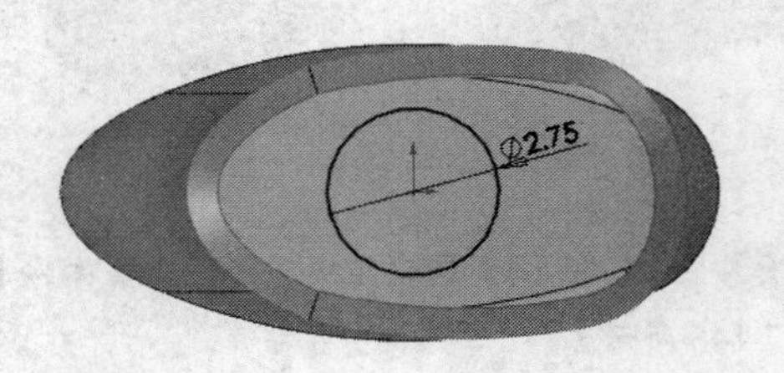

图 7-151 绘制草图 9

07 选择菜单工具栏中的【插入】|【曲面】|【放样曲面】命令，或者单击【曲面】工具栏中的【放样曲面】按钮，系统弹出【曲面-放样】对话框。

08 依次单击选择所绘制的草图8和草图9，其他参数均默认。单击对话框中的【确定】按钮，生成放样曲面，如图7-152所示。

11. 创建拉伸曲面

01 选择【特征管理器设计树】中的草图9特征，选择菜单工具栏中的【插入】|【曲面】|【拉伸曲面】命令，或者单击【曲面】工具栏中的【拉伸曲面】按钮，系统弹出【曲面-拉伸】对话框。

02 在【方向1】选项组中选择终止条件为【给点深度】选项，输入深度0.375，其他均为默认值。单击对话框中的【确定】按钮，生成拉伸曲面，如图7-153所示。

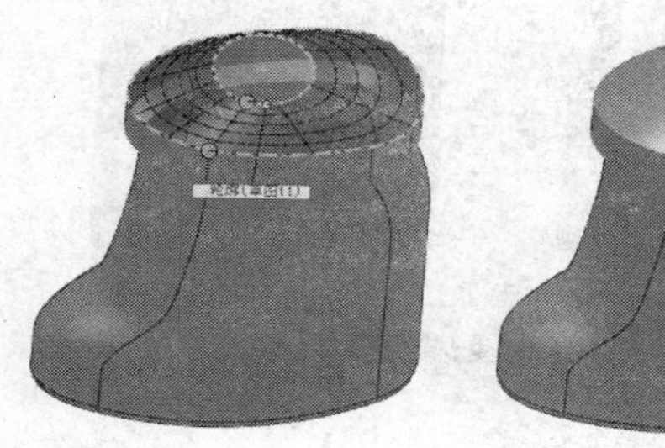

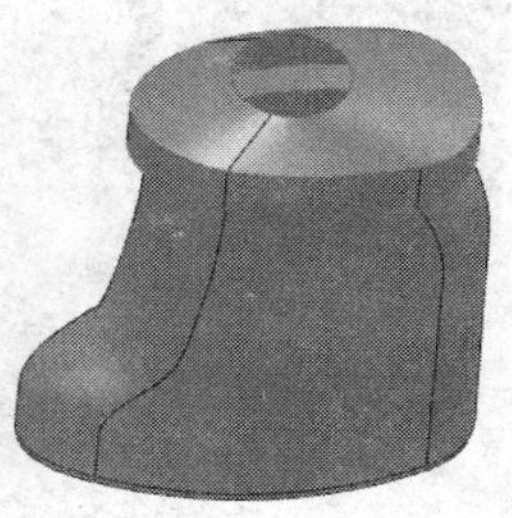

图7-152 生成放样曲面

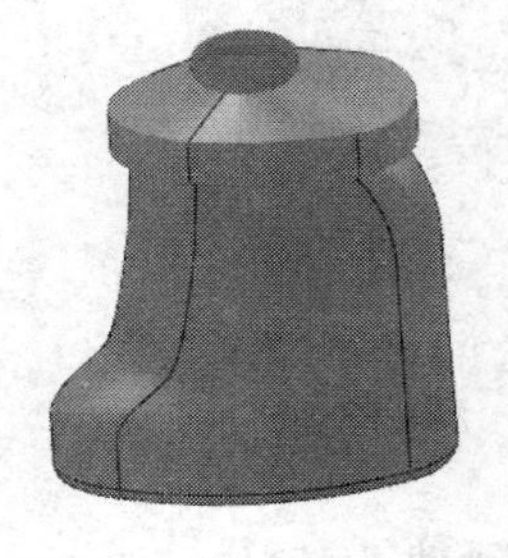

图7-153 生成拉伸曲面

12. 创建扫描曲面

01 单击【草图】工具栏中的【草图绘制】按钮，在绘图区选择【前视基准面】作为草图绘制平面，进入草图绘制模式。

02 单击【草图】工具栏中的【样条曲线】按钮，绘制如图7-154所示的草图并标注尺寸。

03 单击【参考几何体】工具栏中的【基准面】按钮，选择样条曲线和样条曲线的端点，单击【确定】按钮，创建基准面7，如图7-155所示。

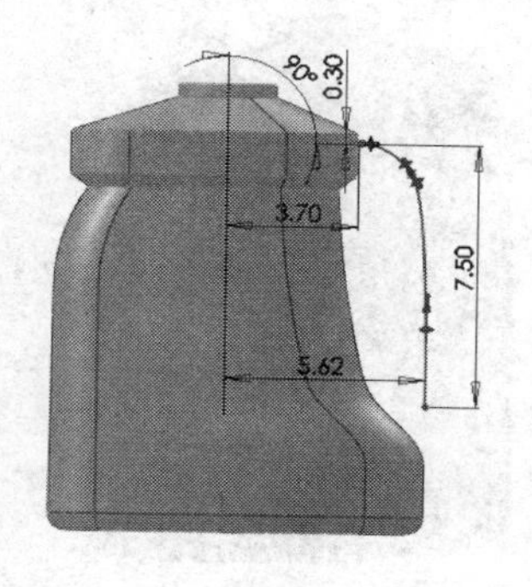

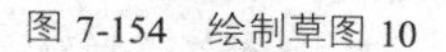

图7-154 绘制草图10

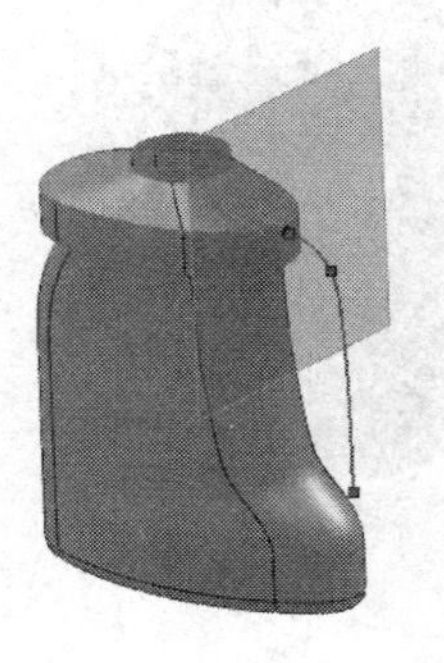

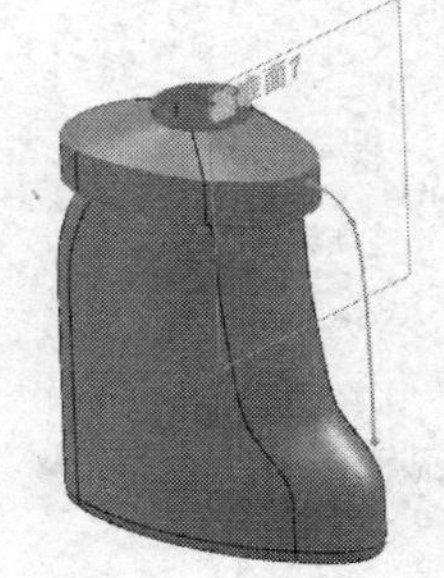

图7-155 创建基准面7

04 单击【草图】工具栏中的【草图绘制】按钮，在绘图区选择【基准面7】作为草图绘制平面，进入草图绘制模式。

05 单击【草图】工具栏中的【圆弧】按钮和【直线】按钮，绘制如图 7-156 所示的草图并标注尺寸。

06 选择菜单工具栏中的【插入】|【曲面】|【扫描曲面】命令，或者单击【曲面】工具栏中的【扫描曲面】按钮，系统弹出【曲面-扫描】对话框。

07 在绘图区单击选择草图 11 作为扫描【轮廓】，草图 10 作为扫描【路径】，如图 7-157 左图所示。单击对话框中的【确定】按钮，生成扫描曲面，如图 7-157 右图所示

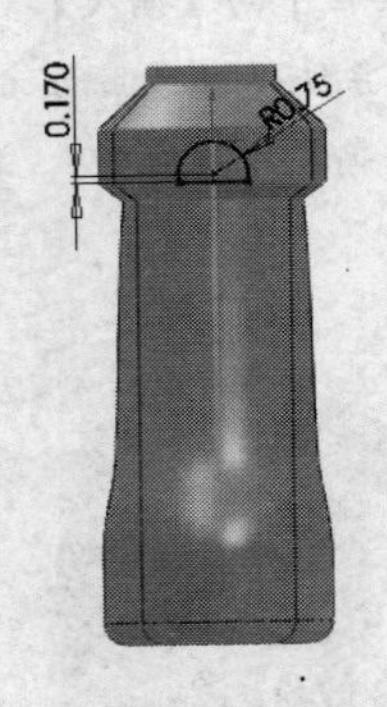

图 7-156 绘制草图 11

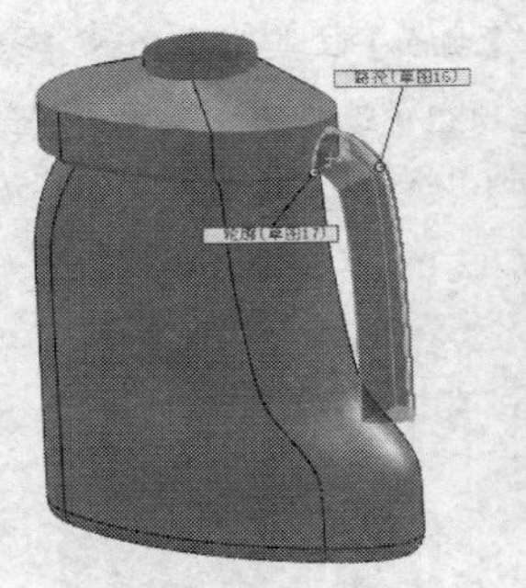

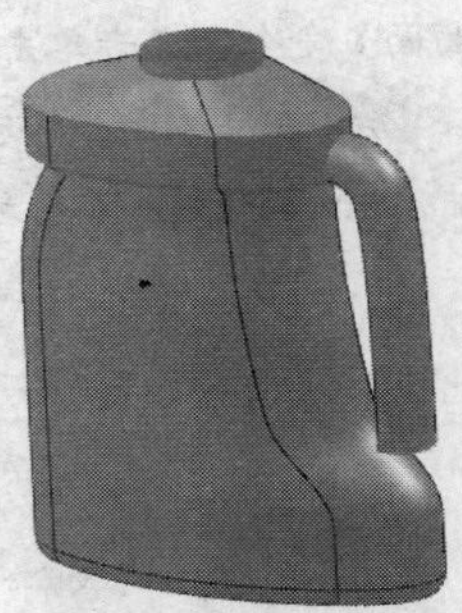

图 7-157 生成扫描曲面

13. 创建延伸曲面特征

01 选择菜单工具栏中的【插入】|【曲面】|【延伸曲面】命令，或者单击【曲面】工具栏中的【延伸曲面】按钮，系统弹出【延伸曲面】对话框。

02 在绘图区中选择扫描曲面边线，设置终止条件为【成形到某一面】，并在绘图区中选择左方的拉伸曲面特征，选择【同一曲面】单选按钮，如图 7-158 所示。

03 单击对话框中的【确定】按钮，生成延伸曲面，如图 7-159 所示。

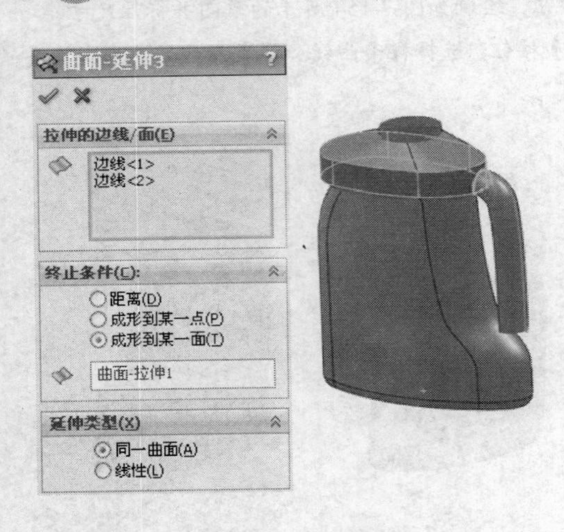

图 7-158 设置参数

图 7-159 延伸曲面

04 利用同样的方法，对扫描曲面的另一端进行延伸，效果如图 7-160 所示。

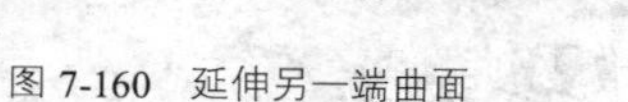

图 7-160 延伸另一端曲面

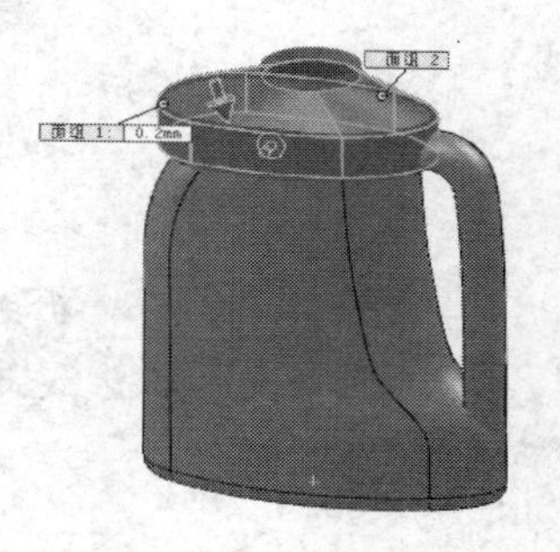

图 7-161 圆角预览效果

14. 添加曲面圆角

01 选择菜单工具栏中的【插入】|【曲面】|【圆角】命令，系统弹出【圆角】对话框。

02 选择【面圆角】单选按钮，设置圆角半径为 0.2mm，在绘图区单击选择如图 7-161 所示的曲面，生成面圆角预览。

03 单击对话框中的✔【确定】按钮，生成曲面圆角，如图 7-162 所示。

04 利用同样的方法，继续添加半径为 0.2mm 的曲面圆角，如图 7-163 所示。

图 7-162 添加曲面圆角

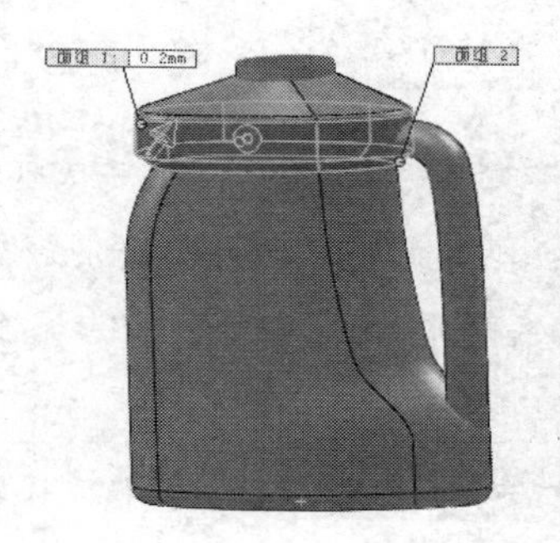

图 7-163 添加曲面圆角

第 8 章
装配体设计

本章导读：

装配体是 SolidWorks 的三大基本功能之一，装配体文件的首要功能是描述产品零件之间的配合关系。除此之外，装配功能中还提供了干涉检查、爆炸视图、轴测剖视图、压缩状态和装配统计等功能。

学习目标：

- 装配概述
- 装配体干涉检查
- 爆炸视图
- 装配体剖视图
- 装配体中零部件的压缩
- 装配体的统计
- 综合实例操作

8.1 装配概述

装配体可以生成由许多零部件所组成的复杂装配体。这些零部件可以是零件或者其他装配体，被称为子装配体。对于大多数操作而言，零件和装配体的行为方式是相同的。当在 SolidWorks 中打开装配体时，将查找零部件文件，以便在装配体中显示，同时零部件中的更改将自动反映在装配体中。

8.1.1 建立装配体文件

选择菜单栏中的【文件】|【新建】命令，或单击工具栏上的（新建）按钮，弹出【新建 SolidWorks 文件】对话框，如图 8-1 所示。

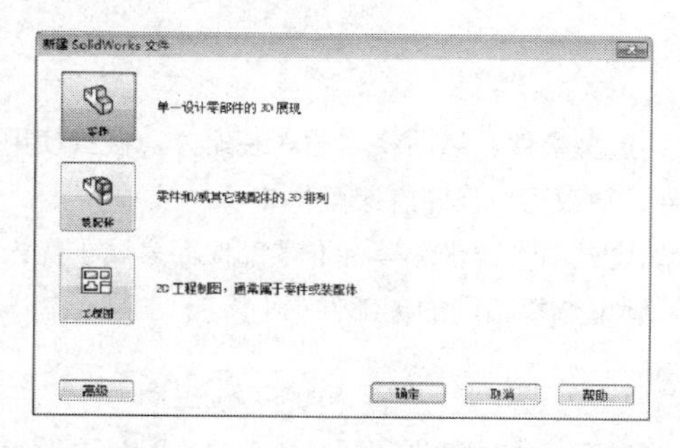

图 8-1 【新建 SolidWorks 文件】对话框

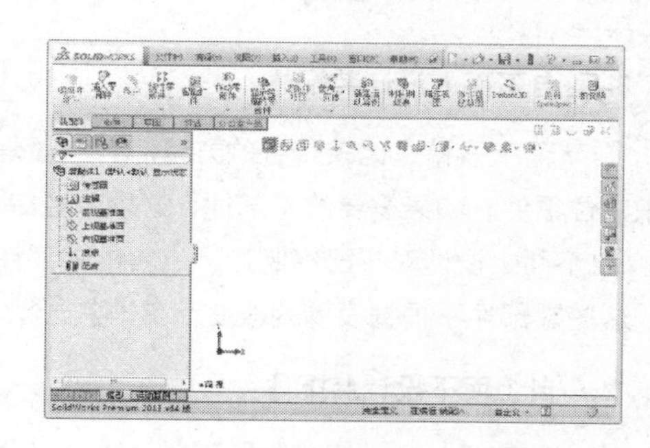

图 8-2　装配体标准窗口

单击对话框中的【装配体】按钮，单击【确定】按钮，进入 SolidWorks 2013 的装配体标准窗口，如图 8-2 所示，并出现【开始装配体】对话框，如图 8-3 所示。

在【开始装配体】对话框中，各选项的含义如下：

1. 【要插入的零件/装配体】选项组

通过【浏览】按钮打开现有零件文件。

2. 【缩略图预览】选项组

展开此选项组，【打开】文档列表中选中的零件，在此窗口生成预览。

3. 【选项】选项组

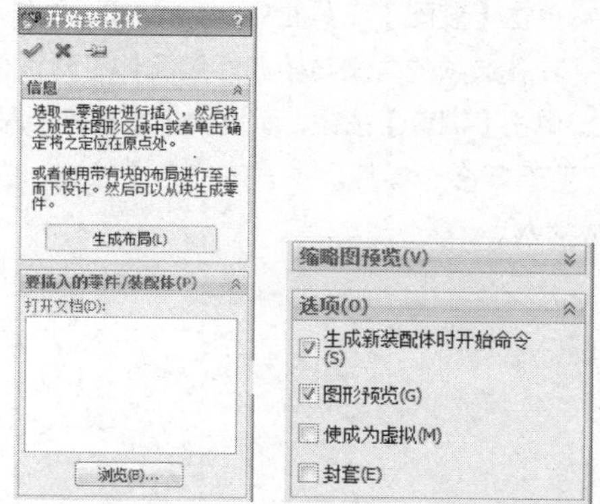

图 8-3　【开始装配体】对话框

生成新装配体时开始命令：当生成新装配体时，选中该复选框以打开此对话框，如果第一个装配体任务为插入零部件或生成布局之外的普通事项，取消选中该复选框。

图形预览：选中该复选框，可以在绘图区中看到所选文档的预览。

使成为虚拟：插入的零件断开与源文件的连接，生成一个源文件的复件，对其修改将不影响到源文件。

封套：封套用于固定一系列零件的位置，例如电视机外壳可作为一个封套，其他零部件在外壳上定位。封套零件在装配体中显示为透明蓝色，不计入材料明细表。

在图形区域单击将零件添加到装配体。可以固定零部件的位置，这样它就不能相对于装配原点移动。默认情况下，装配体中的第一个零件是固定的，但是可以随时使之浮动。

注 意：在【特征管理设计树中】一个固定的零部件有一个（固定）符号会出现在名称之前，没有完全定义的零件则会出现（-）符号在名称前，完全定义的零部件则没有任何前缀。

8.1.2 设计装配体的方式

1. 自下而上设计装配体

自下而上设计是比较传统的方法。它一般是先设计并造型零件，然后将之插入装配体，接着使用配合来定位零件。如果需要改零部件，必须单独编辑零部件，更改可以反映在装配体中。

自下而上设计对于已经制造、出售的零部件，或者如金属器件、带轮等标准零部件而言属于优先技术。这些零部件不根据设计的改变而更改其形状和大小，除非选择不同的零部件。

2. 自上而下设计装配体

自上而下设计中，零部件的形状、大小及位置可以在装配体中进行设计。其优点是在设计更改发生时变动少，零部件根据所生成的方法而自我更新。

8.1.3 插入零件

单击【装配】工具栏中的按钮，系统弹出【插入零部件】对话框，如图 8-4 所示。

其各选项的含义与【开始装配体】对话框中的各选项含义相同。

单击【浏览】按钮，系统弹出【打开】对话框，如图 8-5 所示，找到要插入的零部件文件，按住 Ctrl 键，可选择多个零件。单击【打开】按钮，在绘图区中合适位置单击鼠标，确定零部件的插入位置，即完成插入。

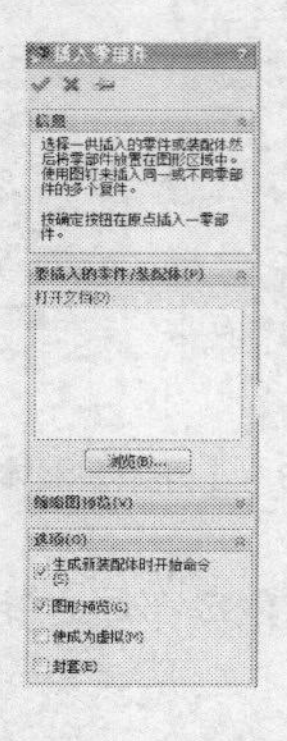

图 8-4 【插入零部件】对话框

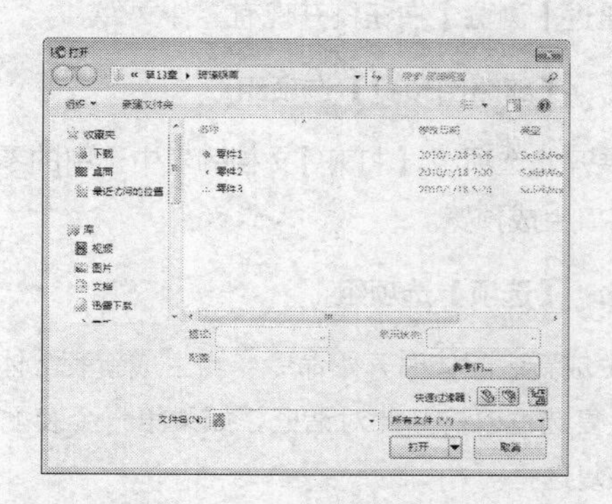

图 8-5 【打开】对话框

8.1.4 移动/旋转零部件

单击【装配】工具栏中的【移动零部件】按钮，系统弹出【移动零部件】对话框，如图 8-6 所示。

此时鼠标指针呈形状，在绘图区选择一个或多个零部件，从移动清单中选择一项目来旋转零部件，单击【移动零部件】对话框中的【确定】按钮，完成此操作。

单击【装配】工具栏中的【旋转零部件】按钮，系统弹出【旋转零部件】对话框，如图 8-7 所示。

此时鼠标指针呈形状，在绘图区选择一个或多个零部件，从旋转清单中选择一项目来旋转零部件，单击【旋转零部件】对话框中的【确定】按钮，完成此操作。

8.1.5 装配体的配合方式

零件调入装配环境时，其位置与配合的尺寸都没有确定，在 SolidWorks 2013 环境中，提供了各种配合方式。可根据设计尺寸确定零件在装配组件中的相对位置与配合关系。

单击【装配】工具栏中的配合按钮，系统弹出【配合】对话框，如图 8-8 所示。

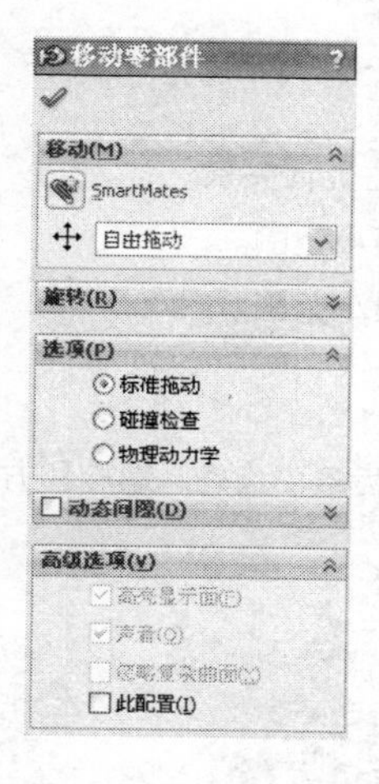

图 8-6　【移动零部件】对话框

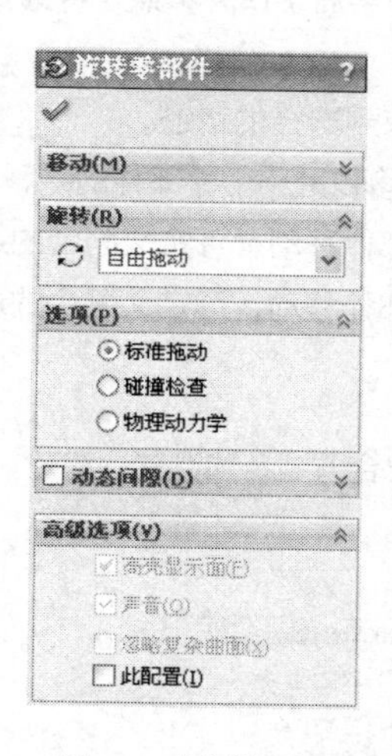

图 8-7　【旋转零部件】对话框

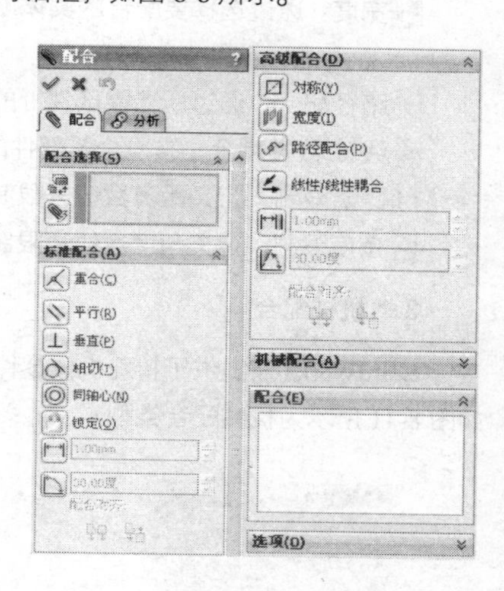

图 8-8　【配合】对话框

在【配合】对话框中，有三种不同的配合方式，分别如下：

- 标准配合
- 高级配合
- 机械配合

下面将一一进行介绍。

1. 标准配合

标准配合是 SolidWorks 最为常用的一组配合方式，在装配零件时较为常用。如图 8-9 所示为标准配合类型。

各标准配合类型的含义如下：

➢ 重合：选择两零部件的面、边线、基准面或顶点参照，使他们重合在一起。
➢ 平行：选择两零部件的面、基准面参照，使他们平行并保持等间距。
➢ 垂直：选择两零部件的面、基准面参照，使他们彼此间以 90 度而放置。
➢ 相切：将选择的两零部件以相切的方式进行放置（至少有一选择项必须为圆柱面、圆锥面或球面）。
➢ 同轴心：将选择的两零部件放置于共享同一中心线。
➢ 锁定：保持两个零部件之间的相对位置和方向。
➢ 距离：通过指定一定距离来定义选择的两零部件放置位置。
➢ 角度：通过指定一定角度来定义选择的两零部件放置位置。

2. 高级配合

其利用零件在装配组件中的特殊位置，可轻松完成各种复杂装配组件，如图 8-10 所示为高级配合类型。

各高级配合类型的含义如下：

对称：使选择的两相同零部件绕基准面或平面对称。

宽度：通过选择要配合的实体（两处平面）作为参照，将选择的薄片宽度定位于凹槽宽度内的中心。

路径配合：通过所选零部件上的约束到选择的路径。

线性/线性耦合：在一个零部件的平移和另一个零部件的平移之间建立几何关系。

距离限制：定义距离数值来限制零部件移动，可定义配合的最大和最小范围。

角度限制：定义角度数值来限制零部件移动，可定义配合的最大和最小范围。

3. 机械配合

SolidWorks 还提供了特殊机械零件的配合方式，如凸轮、齿轮、齿条、齿条小齿轮、螺旋和方向节。如图 8-11 所示为机械配合类型。

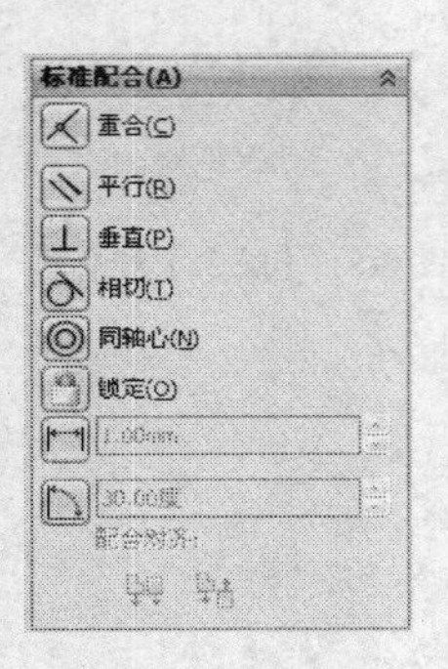

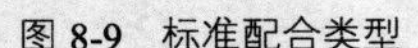
图 8-9 标准配合类型

图 8-10 高级配合类型

图 8-11 机械配合类型

各机械配合类型的含义如下：

凸轮：使圆柱、基准面、或点与一系列相切的拉伸面重合或相切。

铰链：将两个零部件之间的移动限制在一定的旋转范围内。

齿轮：使两个零部件绕所选轴彼此相对而旋转。

齿条小齿轮：一个零件（齿条）的线性平移引起另一个零件（齿轮）的周转，反之亦然。

螺旋：通过选择两零部件的顶点或边线进行配合。当旋转其中一个零部件时，另一个零部件则螺旋方式进行旋转。

万向节：通过选择两零部件的边线进行配合。当旋转零部件时，选择的两零部件的边线始终呈对齐状态。

8.1.6 综合实例示范

下面介绍一个具体的装配实例——千斤顶，最终效果如图 8-12 所示。

制作本实例可以分为如下步骤：

- 新建装配文件。
- 自下而上设计装配体。
- 保存装配体。

千斤顶的装配过程如下：

1. 启动 SolidWorks 2013 并新建装配文件

01 启动 SolidWorks 2013，单击【标准】工具栏中的【新建】按钮，系统弹出【新建 SolidWorks 文件】对话框。选择【装配体】图标，单击【确定】按钮，进入 SolidWorks 2013 的装配体工作界面。

2. 自下而上设计装配体

01 单击【装配体】工具栏中的【插入零部件】按钮，系统弹出【插入零部件】对话框。

02 单击【浏览】按钮，浏览到素材库中“第 8 章/8.1.6 千斤顶装配”文件夹，按住 Ctrl 键，选择“底座.sldprt”和“螺杆.sldprt”零部件，单击【打开】按钮。在绘图区合适位置单击鼠标，确定“底座”的插入位置，在另一位置单击，确定“螺杆”的位置，如图 8-13 所示。

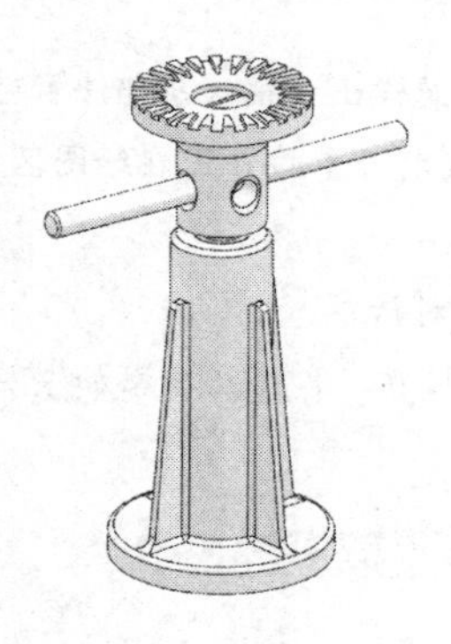

图 8-12 千斤顶

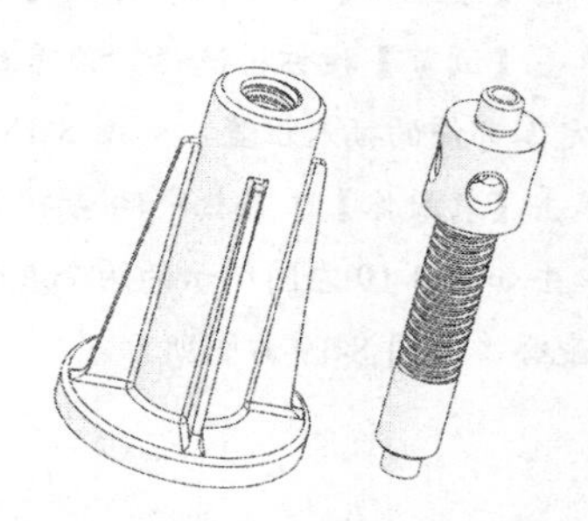

图 8-13 插入底座和螺杆

03 单击【装配体】工具栏中的【配合】按钮，系统弹出【配合】对话框。

04 单击选择如图 8-14 左图所示的两圆柱面，单击【同轴心】按钮，单击【添加/完成配合】按钮，添加同轴心配合，如图 8-14 右图所示。

05 单击选择如图 8-15 左图所示的两表面，单击【重合】按钮，单击【配合】对话框中的【确定】按钮，完成添加配合，如图 8-15 右图所示。

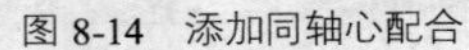
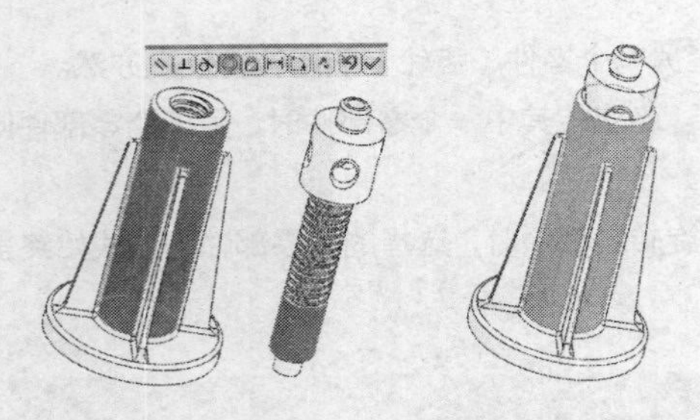
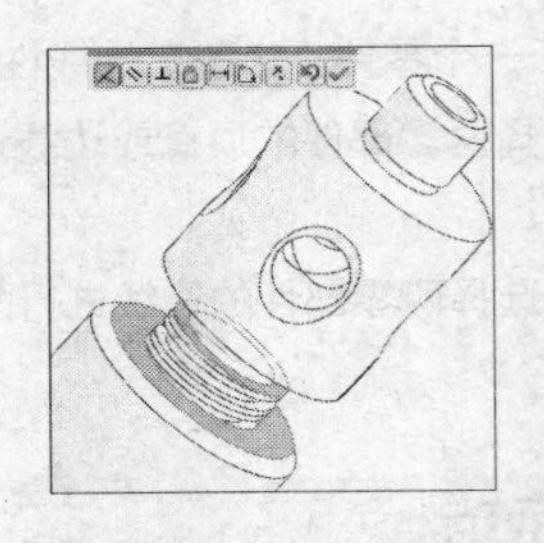
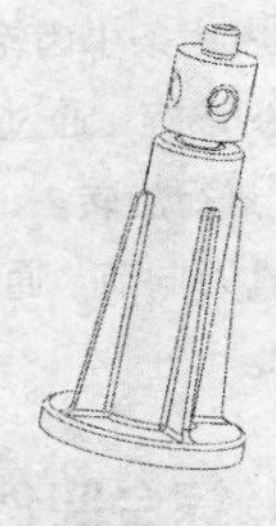

图 8-14　添加同轴心配合

图 8-15　添加重合配合

06 单击【装配体】工具栏中的【插入零部件】按钮，系统弹出【插入零部件】对话框。

07 单击【浏览】按钮，选择“旋转杆.sldprt”零部件，单击【打开】按钮。在绘图区中合适位置单击鼠标，确定零部件的插入位置，如图 8-16 所示。

08 单击【装配体】工具栏中的按钮，系统弹出【配合】对话框。

09 单击如图 8-17 左图所示的两个圆柱面，单击【同轴心】按钮。单击【配合】对话框中【确定】按钮，完成添加约束，如图 8-17 右图所示。

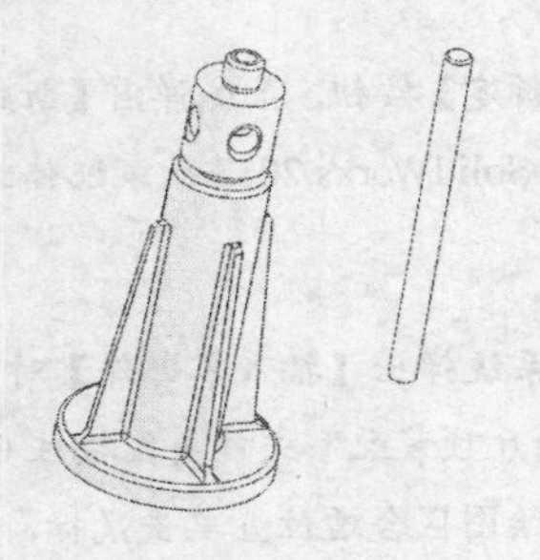
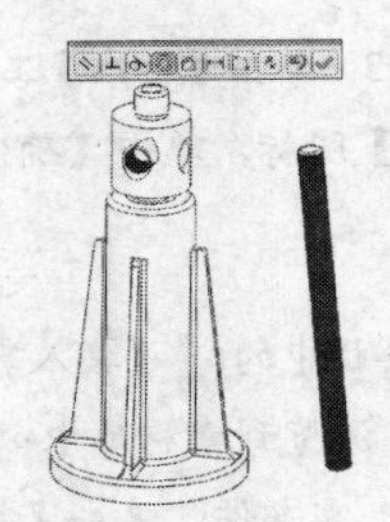
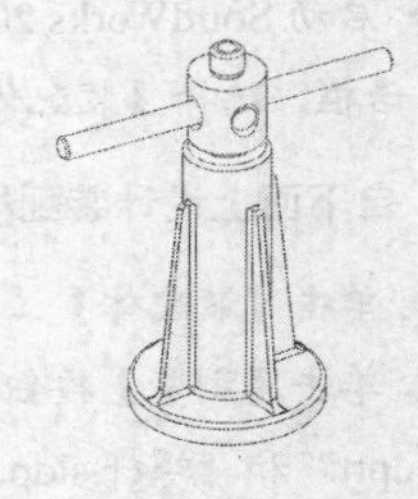

图 8-16　插入“旋转杆.sldprt”零件

图 8-17　添加同轴心配合

10 单击【装配体】工具栏中的【插入零部件】按钮，系统弹出【插入零部件】对话框。

11 单击【浏览】按钮，选择“顶盖.sldprt”零部件，单击【打开】按钮。在绘图区中合适位置单击鼠标，确定零部件的插入位置，如图 8-18 所示。

12 单击【装配体】工具栏中的按钮，系统弹出【配合】对话框。

13 单击如图 8-19 左图所示的两个表面，单击【同轴心】按钮，单击【添加/完成配合】按钮，添加同轴心配合，如图 8-19 右图所示。

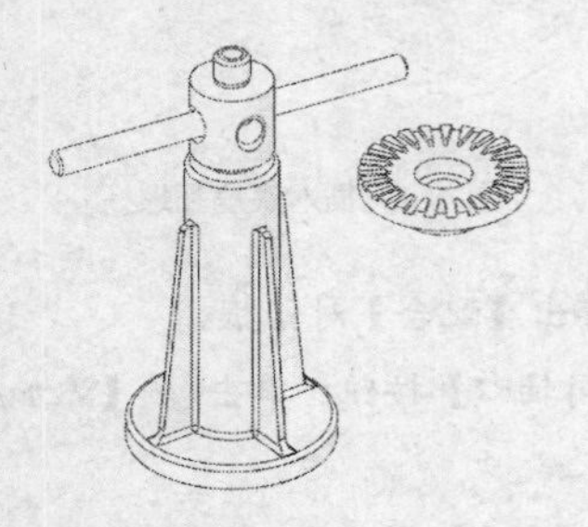
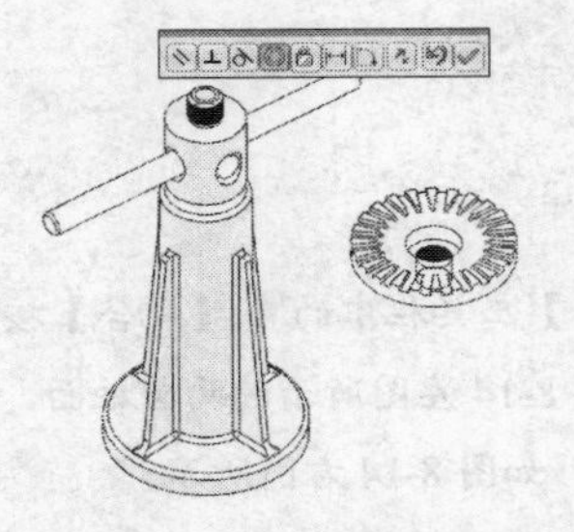
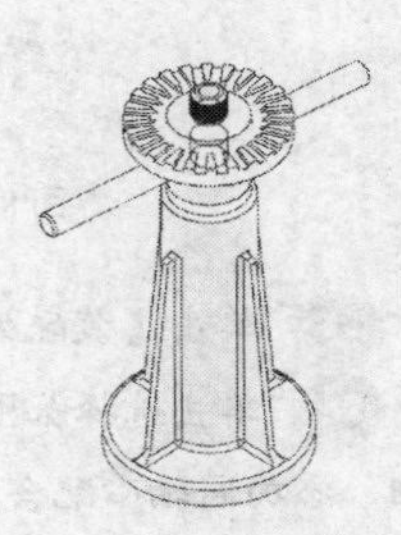

图 8-18　插入“顶盖.sldprt”零件

图 8-19　添加同轴心配合

14 选择顶盖零件并按住鼠标不放，向上拖动鼠标，移动顶盖零件，如图 8-20 所示。

15 单击如图 8-21 左所示的两表面，单击【重合】按钮，单击【配合】对话框中的【确定】按钮，完成添加约束，如图 8-21 右所示。

16 单击【装配体】工具栏中的【插入零部件】按钮，系统弹出【插入零部件】对话框。

17 单击【浏览】按钮，选择“螺钉.sldprt”零部件，单击【打开】按钮。在绘图区中合适位置单击鼠标，确定零部件的插入位置，如图 8-22 所示。

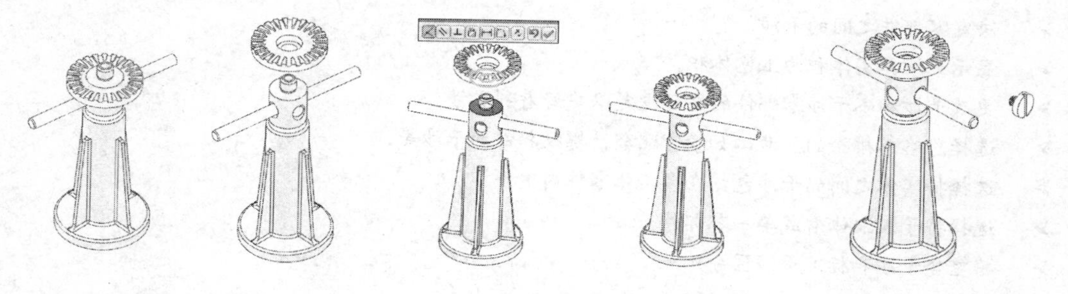

图 8-20 移动顶盖　　图 8-21 添加重合配合　　图 8-22 插入“螺钉.sldprt”零件

18 单击【装配体】工具栏中的【配合】按钮，系统弹出【配合】对话框。

19 单击如图 8-23 左图所示的表面，单击【重合】按钮，单击【添加/完成配合】按钮，添加重合配合，如图 8-23 右图所示。

20 单击如图 8-24 左图所示的表面，单击【同轴心】按钮，单击【配合】对话框中的【确定】按钮，完成添加约束，如图 8-24 右图所示。

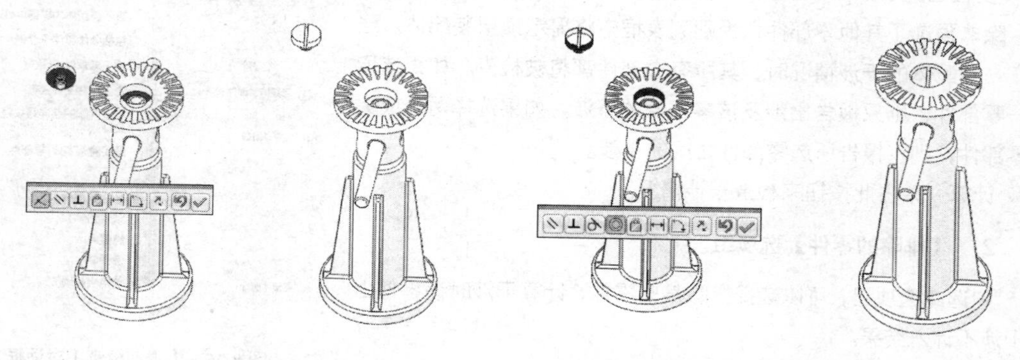

图 8-23 添加重合配合　　图 8-24 添加同轴心约束

3. 保存装配体

01 选择【文件】|【另存为】命令，弹出【另存为】对话框。

02 在【文件名】列表框中输入“8.1.6 千斤顶装配体”，单击【保存】按钮，完成实例操作。

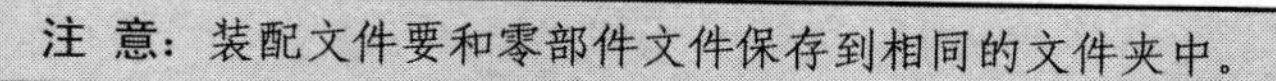

注 意：装配文件要和零部件文件保存到相同的文件夹中。

8.2 装配体干涉检查

装配检验在整个产品设计中起着关键性作用，通过装配检验，可以获得零件之间装配配合间隙值、干涉问题，以保证产品总体尺寸的正确性。在一个复杂的装配体中，如果想用肉眼来检查零部件之间是否有干涉的情况是很困难的事。SolidWorks 装配体可以进行干涉检查，具有的功能如下：

- 决定零部件之间的干涉。
- 显示干涉真实体积为上色体积。
- 更改干涉和不干涉零部件的显示设定以更好看到干涉。
- 选择忽略想排除的干涉，如紧密配合、螺纹扣件的干涉等。
- 选择将实体之间的干涉包括在多实体零件内。
- 选择将子装配体看成单一零部件。
- 将重合干涉和标准干涉区分开来。

8.2.1 干涉检查操作界面

单击【装配体】工具栏上的【干涉检查】按钮，系统弹出【干涉检查】对话框，如图 8-25 所示。

在【干涉检查】对话框中，各选项的含义如下：

1. 【所选零部件】选项组

要检查的零部件：显示为干涉检查所选择的零部件。默认情况下，除非预选了其他零部件，否则列表框中将显示顶层装配体。当检查一装配体的干涉情况时，其所有零部件都将被检查。如果选取单一零部件，则只报告出涉及该零部件的干涉。如果选择两个或更多零部件，则仅报告所选零部件之间的干涉。

计算：单击此按钮来检查干涉情况。

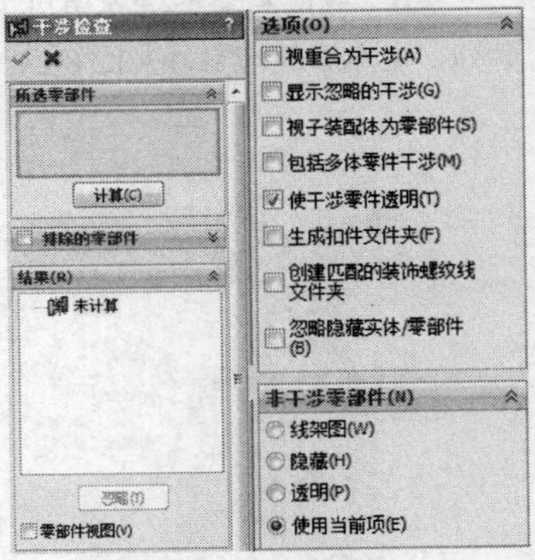

2. 【排除的零件】选项组

勾选此选项组，可以选择排除某些零件，计算干涉时该零件上的干涉不计入结果。

图 8-25 【干涉检查】对话框

3. 【结果】选项组

列表框中显示检测到的干涉。每个干涉的体积出现在每个列举项的右边。

忽略/解除忽略：单击此按钮为所选干涉在忽略和解除忽略模式之间转换。

零部件视图：按零部件名称而不按干涉号显示干涉。

4. 【选项】选项组

视重合为干涉：将重合实体报告为干涉。

显示忽略的干涉：选择以在结果清单中以灰色图标显示忽略的干涉。当此复选框被消除选中时，忽略的干涉将不列举。

视子装配体为零部件：当取消选中此复选框时，子装配体被看成为单一零部件，这样子装配体的零部件之间的干涉将不报出。

包括多体零件干涉：选择此复选框时，报告多实体零件中实体之间的干涉。

使干涉零件透明：选择此复选框时，以透明模式显示所选干涉的零部件。

生成扣件文件夹：选择此复选框时，将扣件（如螺母和螺栓）之间的干涉隔离为在【结果】列表框中的单独文件夹。

5. **【非干涉零部件】选项组**

该选项组设置以何种模式显示非干涉的零部件，模式包括【线架图】、【隐藏】、【透明】、【使用当前项】。

8.2.2 干涉检查实例示范

01 打开素材库中的“第 8 章/8.2.2 干涉检查/圆珠笔转筒.sldasm”装配体文件，如图 8-26 所示。

02 单击【评估】工具栏上的【干涉检查】按钮，系统弹出【干涉检查】对话框，选择两个零件为检查对象，如图 8-27 所示。

03 单击【计算】按钮，【结果】列表框中将显示装配体的干涉体积，单击某一个干涉，右侧绘图区中会高亮显示干涉区域，如图 8-28 所示。

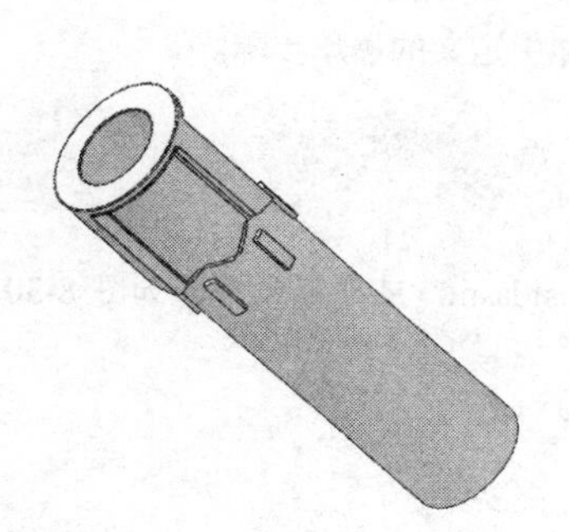

图 8-26 “8.2.2 干涉检查”文件

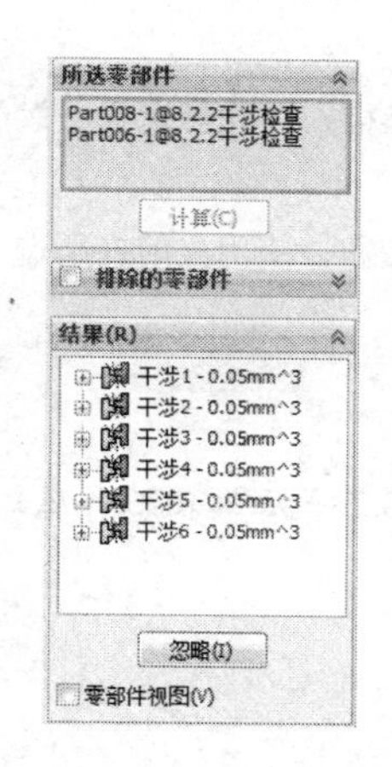

图 8-27 【干涉检查】对话框

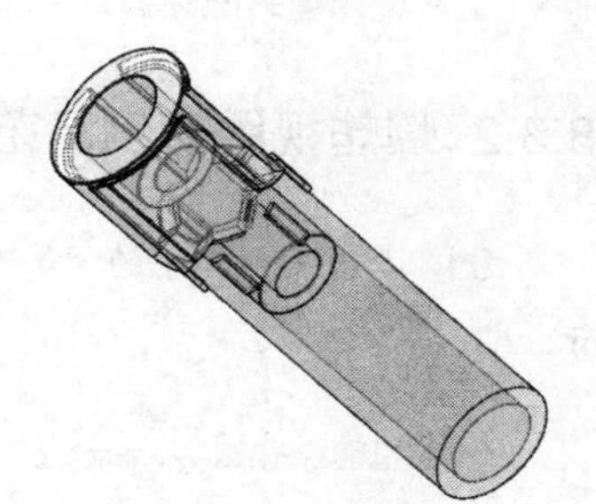

图 8-28 高亮显示干涉区域

8.3 爆炸视图

在实际生产中，出于便于制造的目的，经常需要分离装配体中的零部件以便直观地分析它们之间的相互关系。在装配体的爆炸视图中可以分离其中的零部件以便查看这个装配体。

8.3.1 爆炸视图操作界面

单击【装配体】工具栏中的【爆炸视图】按钮，系统弹出【爆炸】对话框，如图 8-29 所示。

在【爆炸】对话框中，各选项的含义如下：

1. 【操作方法】选项组

显示创建爆炸视图的操作方法。

2. 【操作步骤】选项组

该选项组显示现有的爆炸步骤。

爆炸步骤：爆炸到单一位置的一个或多个所选零部件。

3. 【设定】选项组

爆炸步骤的零部件：显示当前爆炸步骤所选的零部件。

爆炸方向：显示当前爆炸步骤所选的方向，如果有必要单击【反向】按钮。

爆炸距离：显示当前爆炸步骤零部件移动的距离。

应用：单击此按钮以预览对爆炸步骤的更改。

完成：单击此按钮以完成新的或已更改的爆炸步骤。

4. 【选项】选项组

拖动后自动调整零部件间距：沿轴心自动均匀地分布零部件组的间距。

调整零部件链之间的间距：移动该选项中的流动按钮后，系统会自动调整零部件间距放置的零部件之间的距离。

选择子装配体的零件：选择此复选框，可让您选择子装配体的单个零部件；取消此复选框可让您选择整个子装配体。

重新使用子装配体爆炸：单击此按钮，使用先前在所选子装配体中定义的爆炸步骤。

8.3.2 爆炸视图实例示范

01 打开素材库中的“第 8 章/8.3.2 气压缸装配/气压缸装配体.sldasm”装配体文件，如图 8-30 所示。

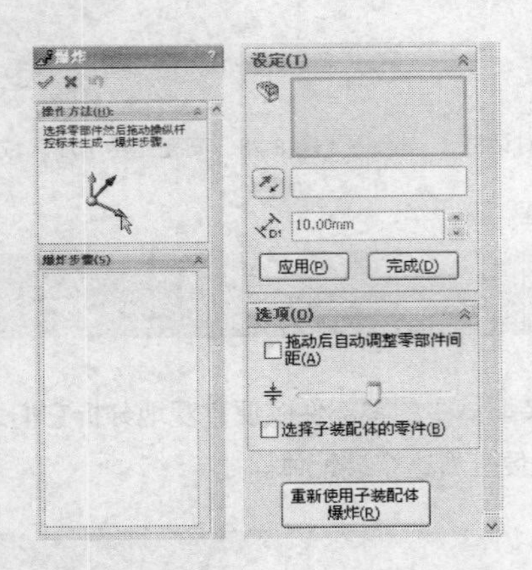

图 8-29 【爆炸】对话框

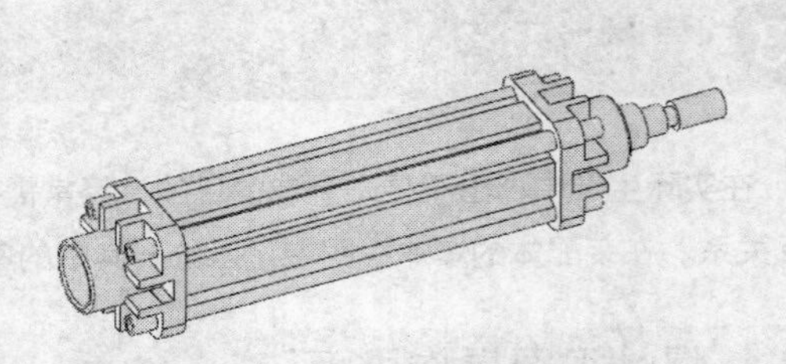

图 8-30 “8.3.2 气压缸”文件

02 单击【装配体】工具栏中的【爆炸视图】按钮，系统弹出【爆炸】对话框。

03 在【设定】选项组中单击装配体中的一个零件，则零件名称将出现在【设定】下的列表框中，同时该零件也显示出一个三维坐标轴，单击某一个轴，在【爆炸距离】微调框中输入 20mm，如图 8-31 所示。

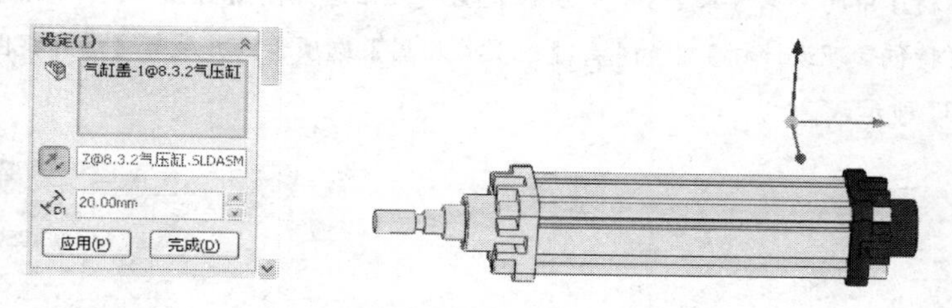

图 8-31 设置爆炸距离

04 单击【应用】按钮，绘图区将显示出爆炸视图的预览，单击【完成】按钮，完成了一个爆炸步骤，【爆炸步骤】中将显示爆炸步骤 1，右侧绘图区将显示爆炸视图结果，如图 8-32 所示。

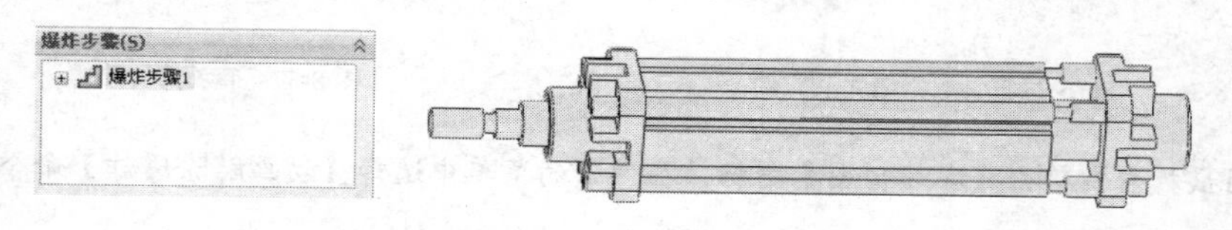

图 8-32 爆炸步骤图

05 右键单击【爆炸步骤 1】，在弹出的快捷菜单中选择【编辑步骤】命令，如图 8-33 所示。

06 在【爆炸距离】微调框中输入 50mm，单击对话框中的【确定】按钮，完成对爆炸视图的修改，如图 8-34 所示。

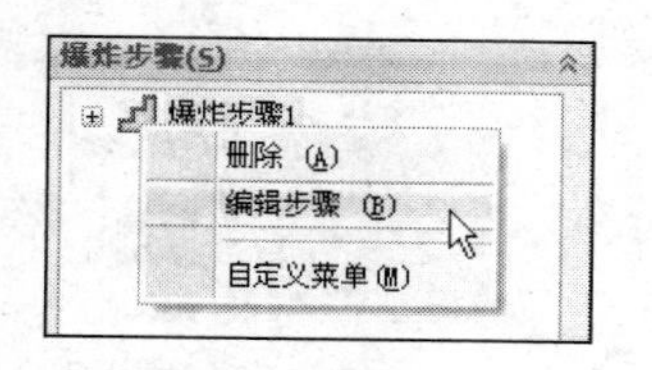

图 8-33 单击编辑步骤

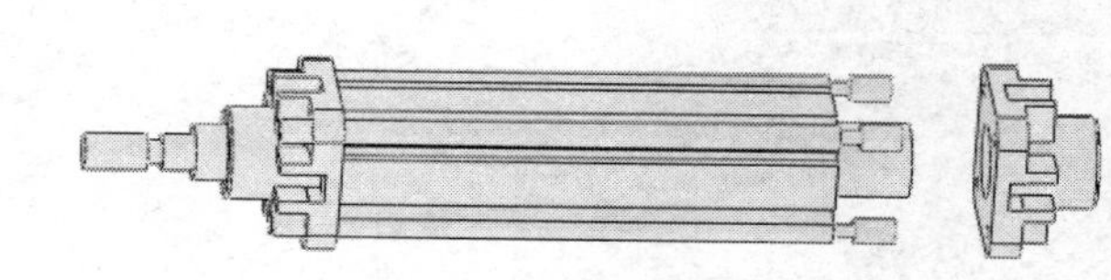

图 8-34 修改爆炸视图

07 单击其他零件，重复（2）~（4）步，可完成对整个装配体爆炸视图的建立，效果如图 8-35 所示。

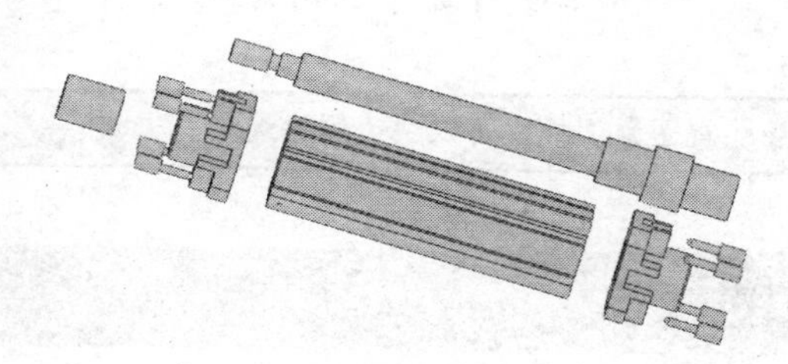

图 8-35 爆炸视图

8.3.3 爆炸动态显示与解除爆炸

爆炸视图保存在生成此视图的装配体配置中，每一个装配体配置都有可以有一个爆炸视图。

01 打开素材库中的“第 8 章/8.3.3 气压缸装配/气压缸爆炸图.sldasm”文件，如图 8-36 所示。

02 单击【特征管理设计树】中的【配置管理器】选项卡，并展开【爆炸视图】图标以查看爆炸步骤，如图 8-37 所示。

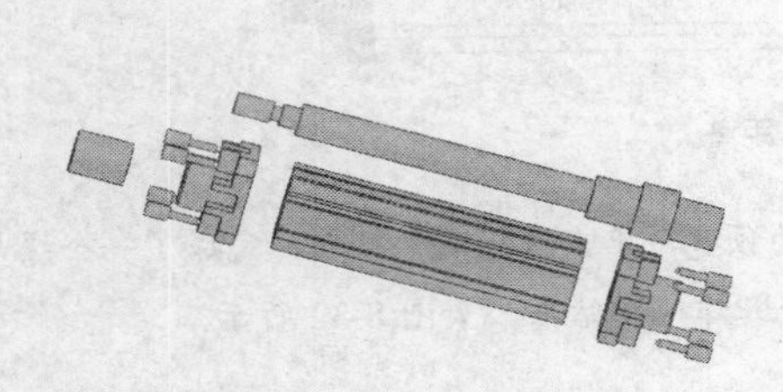

图 8-36 “8.3.3 气缸装配体爆炸”文件

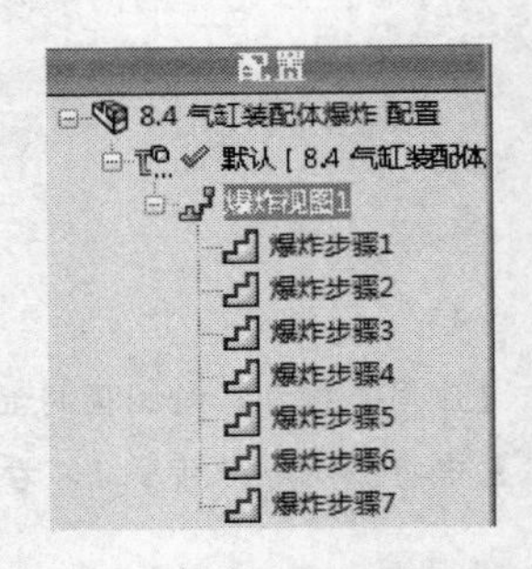

图 8-37 查看爆炸步骤

03 用鼠标右键单击【爆炸视图】图标，在弹出的菜单中选择【动画解除爆炸】命令，如图 8-38 所示。

04 系统弹出【动画控制器】对话框，如图 8-39 所示，单击【播放】按钮，可以动画播放解除爆炸视图。单击【保存】按钮，可以将播放动画保存为 AVI 或其他文件类型。

05 再次右键单击【爆炸视图】图标，在弹出的菜单中选择【动画爆炸】命令，如图 8-40 所示，就回到了最初爆炸状态。

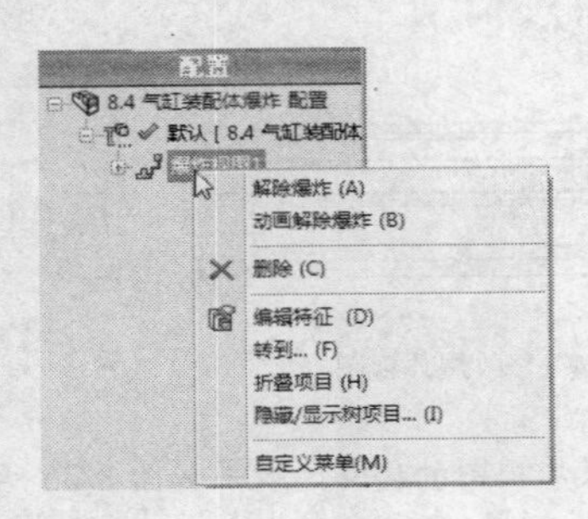

图 8-38 快捷菜单

图 8-39 【动画控制器】对话框

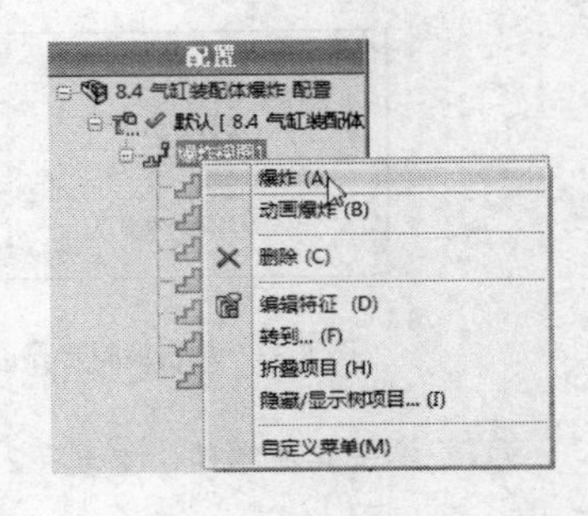

图 8-40 快捷菜单

注 意：用鼠标双击【爆炸视图】图标，可以快速解除爆炸。

8.4 装配体剖视图

隐藏零部件、更改透明度等方法是观察装配体模型的常用手段，但许多产品中零部件之间的空间关

系非常复杂，具有多重嵌套关系，需要进行剖切才能观察其内部结构，而借助 SolidWorks 中的装配体特征可以完成轴测剖视图的功能。

装配体特征是在装配体环境下生成的特征实体，虽然装配体特征改变了装配体的形态，但对零件并不产生影响。装配体特征主要包括切除和孔，适用于展示装配体的剖视图。

8.4.1 操作界面

在装配体窗口中，选择菜单中的【插入】|【装配体特征】|【切除】|命令，该菜单下展开有三种切除方式，如图 8-41 所示。

这三种切除方式的对话框与特征建模中的拉伸、旋转切除、扫描切除基本相同，唯一不同的是对话框下多一个【特征范围】选项组，如图 8-42 所示。

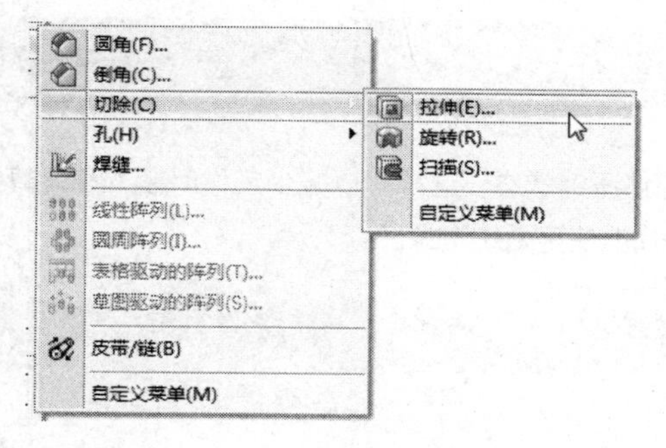

图 8-41　装配体的切除特征

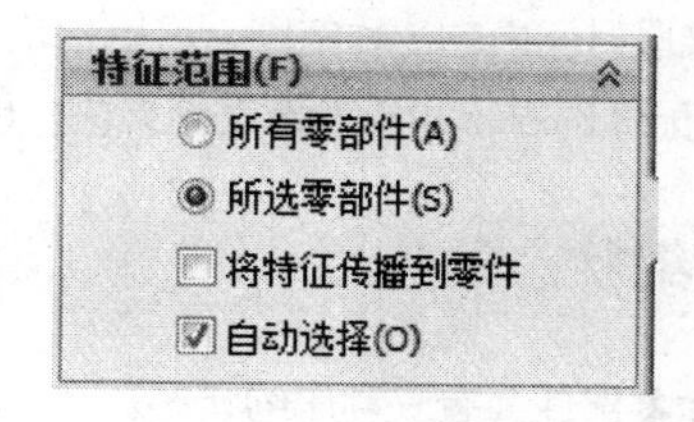

图 8-42　特征范围选项组

【特征范围】选项组控制切除应用到的零部件，选项组中各选项的含义如下：

- 所有零部件：每次特征重新生成时，都要应用到所有的实体。如果将被特征所交叉的新实体添加到模型上，则这些新实体也被重新生成以将该特征包括在内。
- 所选零部件：应用特征到选择的零部件。
- 将特征传播到零件：将装配体中的切除特征应用到零部件文件上。
- 自动选择：当首先以多实体零件生成模型时，特征将自动处理所有相关的交叉零件。【自动选择】选项比【所有零部件】选项快，因为它只处理初始清单中的实体，并不会重新生成整个模型。
- 影响到的零部件：（在取消选择【自动选择】选项时可用）在图形区域中选择受影响的实体。

8.4.2 实例示范

创建装配体剖视图的具体操作方法如下：

01 打开素材库中的“第 8 章/8.4.2 装配体剖视图/风扇装配体.sldasm”文件，如图 8-43 所示。

02 在装配体窗口中，选择菜单中的【插入】|【装配体特征】|【切除】|【拉伸】命令，在绘图区单击所绘制的草图，系统弹出【切除-拉伸】对话框。

03 在【方向 1】选项组中，设置【终止条件】为完全贯穿，在【特征范围】选项组中，去掉勾选【自动选择】，然后单击选择风扇盒（part003）和扇叶（part002）为切除范围，如图 8-44 所示。

04 单击对话框中的【确定】按钮，生成轴测剖视图，如图 8-45 所示。

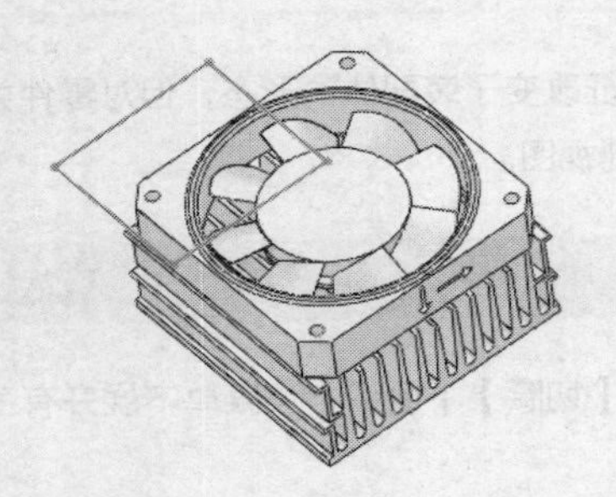

图 8-43 “8.4.2 装配体剖视图”

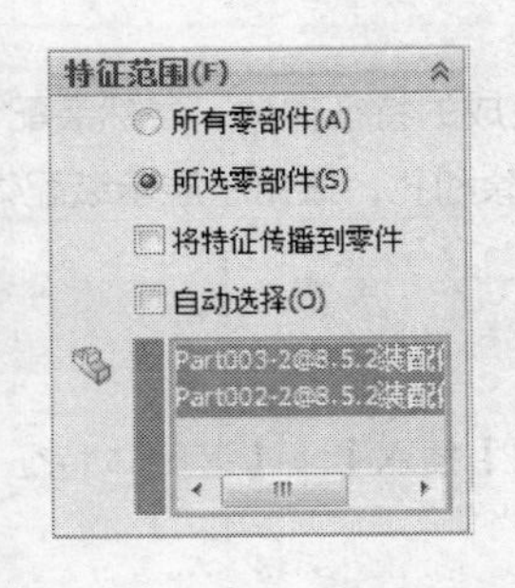

图 8-44 选择切除范围

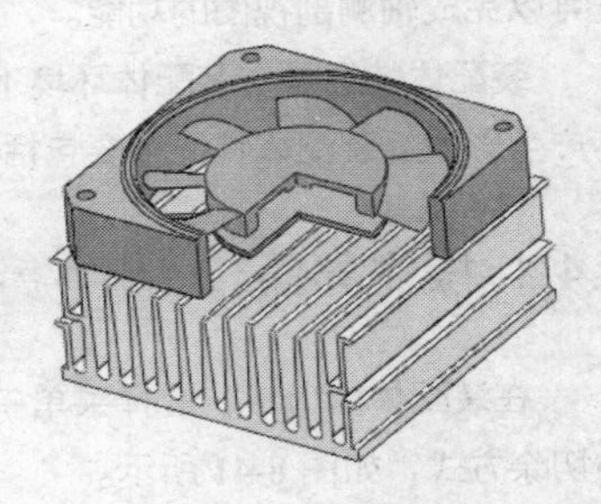

图 8-45 生成的剖视图

8.5 装配体中零部件的压缩

根据某段时间内的工作范围，可以指定合适的零部件压缩状态。这样可以减少工作时装入和计算的数据量。装配体的显示和重建速度会更快，也可以更有效地使用系统资源。

8.5.1 压缩状态的作用

装配体零部件共有三种压缩状态。

1. 还原

装配体零部件的正常状态。完全还原的零部件会完全装入内存，可以使用所有功能及模型数据并可以完全访问、选取、参考、编辑、在配合中使用实体。从装配体中移除（而不是删除），零部件完全装入内存，也不再是装配体中有功能的部分，用户无法看到压缩的零部件，也无法选择这个零件的实体。

2. 压缩

可以使用压缩状态暂时从装配体中移除（而不是删除），零部件不装入内存，也不再是装配体中有功能的部分，用户无法看到压缩的零部件，也无法选择这个零件的实体。

压缩状零部件包含的配合关系也被压缩，因此装配体中零部件的位置可能变为“欠定义”，参考压缩零部件的关联特征也可能受影响，当恢复压缩的零部件为完全还原状态时，可能会产生矛盾，所以在生成模型时必须小心使用压缩状态。

3. 轻化

可以在装配体中激活的零部件完全还原或者轻化时装入装配体，零件和子装配体都可以为轻化。

零部件的完整模型数据只有在需要时才被装入，所以轻化零部件的效率很高。只有受当前编辑进程中所作更改影响的零部件才被完全还原，可以对轻化零部件不还原而进行多项装配体操作，包括添加（或移除）配合、干涉检查、边线（或者面）选择、零部件选择、碰撞检查、装配体特征、注解、测量、尺寸、截面属性、装配体参考几何体、质量属性、剖面视图、爆炸视图、高级零部件选择、物理模拟、高级显示（或者隐藏）零部件等。零部件压缩状态的比较见表 8-1。

表 8-1 压缩状态比较表

	还原	轻化	压缩	隐藏
装入内存	是	部分	否	是
可见	是	是	否	否
在【特征管理设计树】中可以使用特征	是	否	否	否
可以添加配合关系的面和边线	是	是	否	否
解出配合关系	是	是	否	是
解出的关联特征	是	是	否	是
解出的装配体特征	是	是	否	是
在整体操作时考虑	是	是	否	是
可以在关联中编辑	是	是	否	否
装入和重建模型速度	正常	较快	较快	正常
显示速度	正常	正常	较快	较快

8.5.2 压缩零部件实例示范

01 打开素材库中的“第 8 章/8.5.2 压缩零部件/弹簧压块装配体.sldasm”文件，如图 8-46 所示。

02 在装配体窗口中，在【特征管理器设计树】中单击零部件名称或者在绘图区中选择零件。

03 用鼠标右键单击零部件的名称，在弹出的快捷菜单中单击【压缩】按钮，如图 8-47 所示，选择的零部件被压缩，如图 8-48 所示。

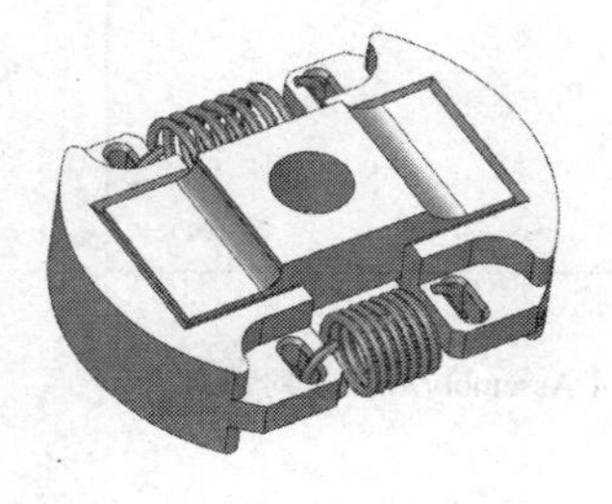

图 8-46 “8.5.2 压缩零部件”文件

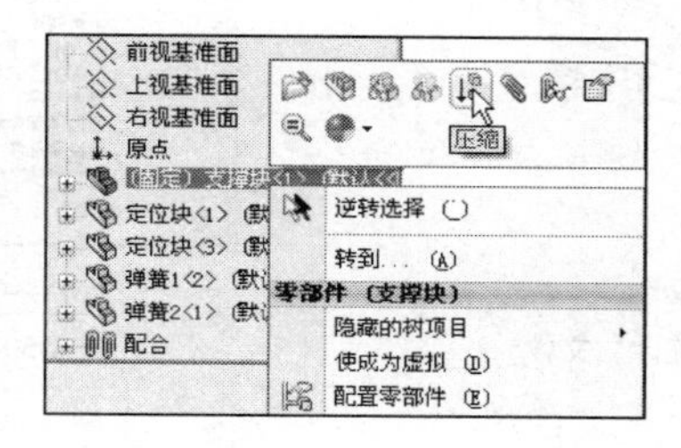

图 8-47 快捷菜单

图 8-48 压缩零部件

8.6 装配体的统计

装配体统计可以在装配体中生成零部件和配合报告。

8.6.1 装配体统计

单击【装配体】工具栏中的【AssemblyXpert】按钮，即可进行装配统计。统计报告包括以下项目：

- 零部件总数。
- 独有零件及子装配体数量。
- 独有零件文件及子装配体文件数量。
- 压缩、解除压缩及轻化的零部件数量。
- 顶层配合数量。
- 顶层零部件数量。
- 实体数量。
- 装配体层次关系（巢状子装配体）的最大深度。

8.6.2 实例示范

装配体统计的具体操作方法如下：

01 打开素材库中的“第 8 章/8.3.2 爆炸视图/气压缸装配体.sldasm”文件，如图 8-49 所示。

02 单击【评估】工具栏中的【AssemblyXpert】按钮，屏幕上将打开【AssemblyXpert】对话框，即装配体的统计信息对话框，如图 8-50 所示。

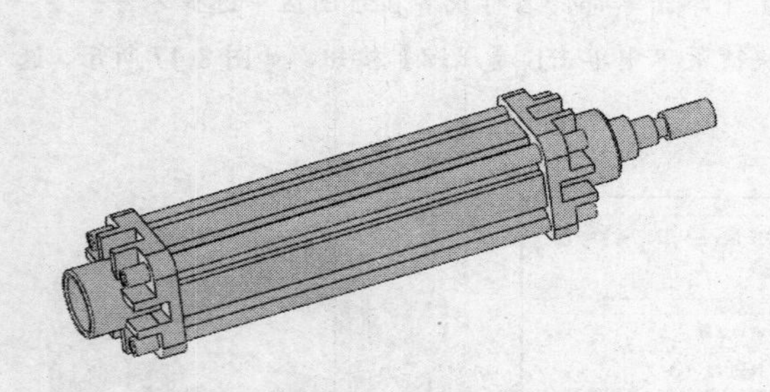

图 8-49 “8.6.2 装配体统计”文件

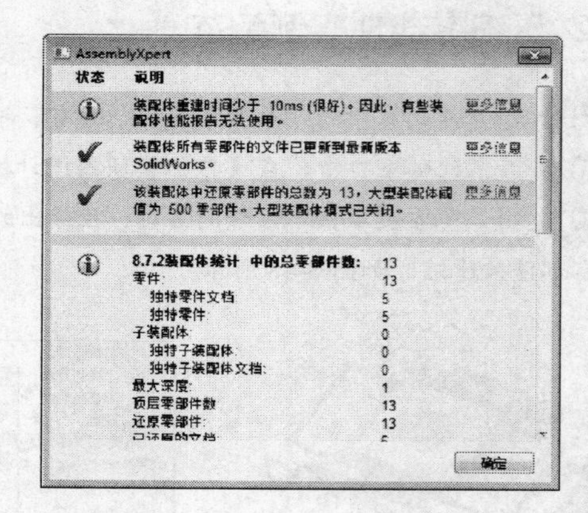

图 8-50 【AssemblyXpert】对话框

8.7 案例实战——叶片泵

下面介绍一个具体的装配体制作实例——叶片泵，最终效果如图 8-51 所示。本节装配所用的零部件在素材库中“第 8 章/8.7 叶片泵装配”文件夹下，以下不再说明。

制作本例可以分为如下步骤：

- 新建装配文件。
- 生成装配体模型。
- 生成装配体轴测剖视图。
- 生成装配体爆炸视图。
- 生成装配体压缩状态。

➢ 装配体统计。

➢ 保存装配体。

制作叶片泵的具体操作步骤如下：

1. 启动 SolidWorks 2013 并新建装配文件

01 启动 SolidWorks 2013，单击【标准】工具栏中的【新建】按钮，系统弹出【新建 SolidWorks 文件】对话框，如图 8-52 所示。

02 选择【装配体】图标，单击【确定】按钮，进入 SolidWorks 2013 的装配体工作界面。

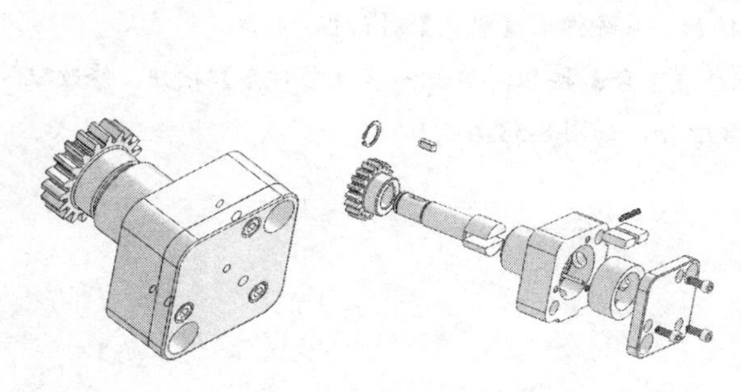

图 8-51　叶片泵

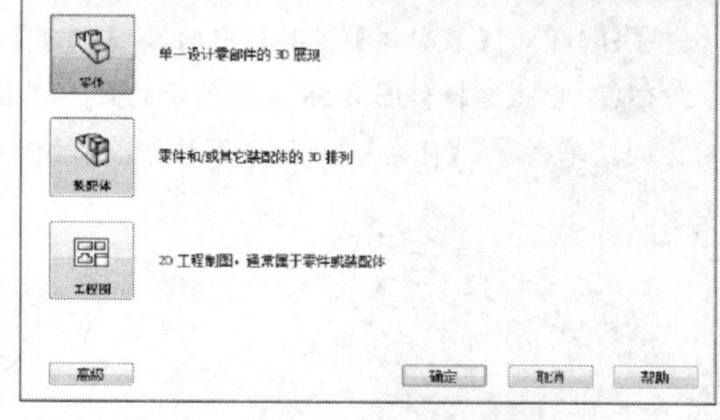

图 8-52　【新建 SolidWorks 文件】对话框

2. 生成装配体模型

01 单击【装配体】工具栏中的【插入零部件】按钮，系统弹出【插入零部件】对话框。

02 单击【浏览】按钮，按住 Ctrl 键，选择"泵体.sldprt"和"泵轴.sldprt"零部件，单击【打开】按钮。在绘图区合适位置单击鼠标，确定泵体的插入位置，在另一位置单击，确定泵轴的插入位置，如图 8-53 所示。

03 单击【装配体】工具栏中的【配合】按钮，系统弹出【配合】对话框。

04 单击选择如图 8-54 左图所示的两圆柱面，单击【同轴心】按钮，单击【添加/完成配合】按钮，添加同轴心配合，如图 8-54 右图所示。

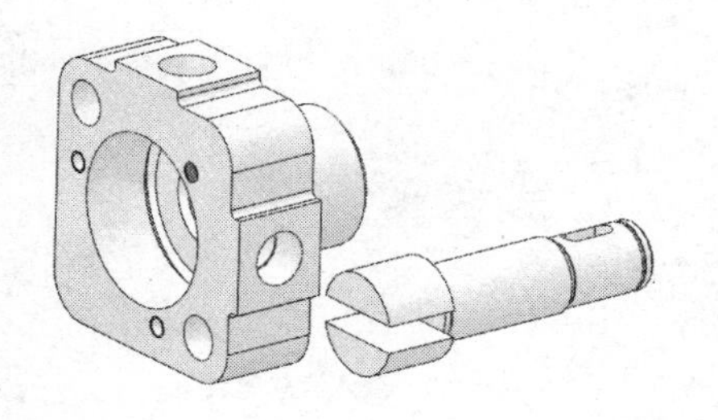

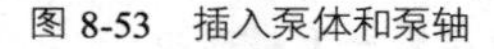

图 8-53　插入泵体和泵轴

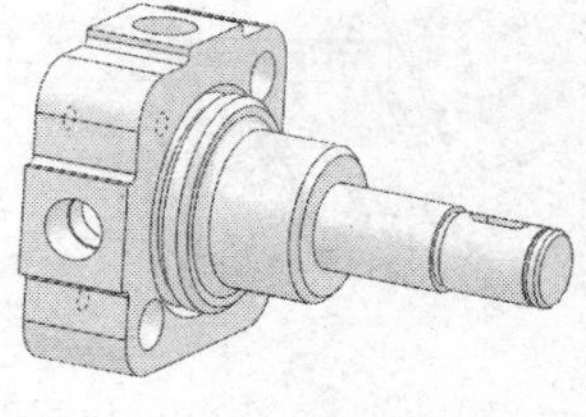

图 8-54　添加同轴心配合

05 按住鼠标选择泵轴零件，拖动鼠标往右，移动泵轴零件，如图 8-55 所示。

06 单击选择如图 8-56 左图所示的面，单击【重合】按钮，单击【配合】对话框中的【确定】按钮，完成添加配合，如图 8-56 右图所示。

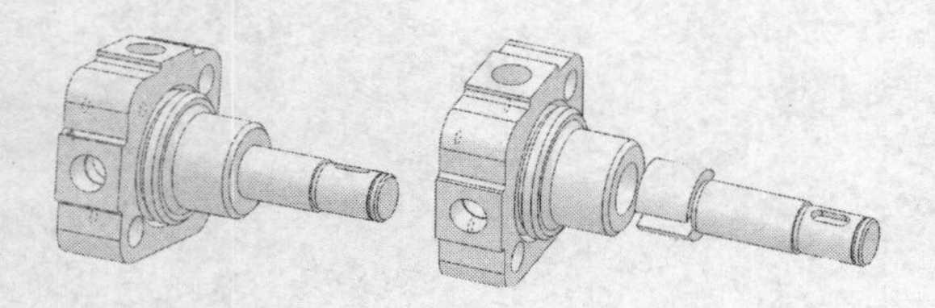

图 8-55　移动泵轴

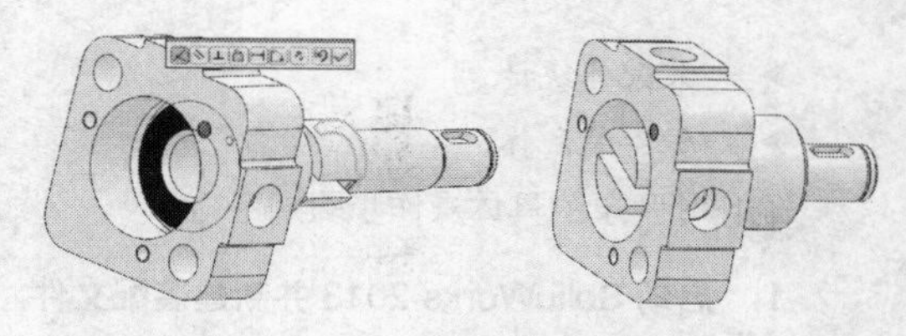

图 8-56　添加重合配合

07 单击【装配体】工具栏中的【插入零部件】按钮，系统弹出【插入零部件】对话框。

08 单击【浏览】按钮，选择“平键.sldprt”零部件，单击【打开】按钮。在绘图区中合适位置单击鼠标，确定零部件的插入位置，如图 8-57 所示。

09 单击【装配体】工具栏中的【配合】按钮，系统弹出【配合】对话框。

10 单击选择如图 8-58 左图所示的面，单击【重合】按钮，单击【反向对齐】按钮，修改配对方向。单击【添加/完成配合】按钮，添加重合配合，如图 8-58 右图所示。

图 8-57　插入平键零件

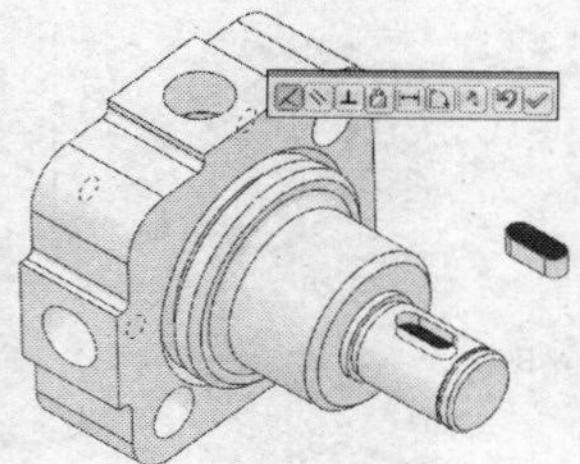

图 8-58　添加重合配合

11 单击选择如图 8-59 左图所示的面，单击【同轴心】按钮，单击【配合】对话框中的【确定】按钮，完成添加配合，如图 8-59 右图所示。

12 单击【装配体】工具栏中的【插入零部件】按钮，系统弹出【插入零部件】对话框。

13 单击【浏览】按钮，选择“齿轮.sldprt”零部件，单击【打开】按钮。在绘图区中合适位置单击鼠标，确定零部件的插入位置，如图 8-60 所示。

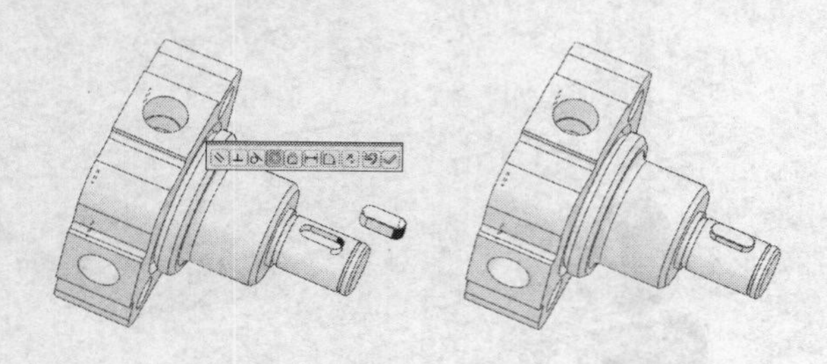

图 8-59　添加同轴心配合

图 8-60　载入齿轮零件

14 单击【装配体】工具栏中的【配合】按钮，系统弹出【配合】对话框。

15 单击选择如图 8-61 左图所示的圆柱面，单击【同轴心】按钮，单击【配合】对话框中的【确定】按钮，添加同轴心配合，如图 8-61 右图所示。

16 按住鼠标选择齿轮零件，拖动鼠标往右，移动齿轮零件，如图 8-62 所示。

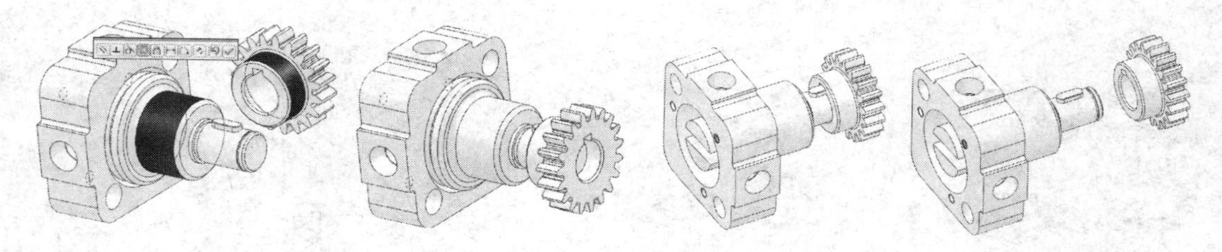

图 8-61 添加同轴心配合

图 8-62 移动齿轮零件

17 单击选择如图 8-63 左图所示的面，单击【平行】按钮，单击【配合】对话框中的【确定】按钮，添加平行配合，如图 8-63 右图所示。

18 单击选择如图 8-64 左图所示的面，单击【重合】按钮。单击【确定】按钮，完成添加配合，如图 8-64 右图所示。

图 8-63 添加平行配合

图 8-64 添加重合配合

19 单击【装配体】工具栏中的【插入零部件】按钮，系统弹出【插入零部件】对话框。

20 单击【浏览】按钮，选择“挡圈.sldprt”零部件，单击【打开】按钮。在绘图区中合适位置单击鼠标，确定零部件的插入位置，如图 8-65 所示。

21 单击【装配体】工具栏中的【配合】按钮，系统弹出【配合】对话框。

22 单击选择如图 8-66 左图所示的两圆柱面，单击【同轴心】按钮，单击【添加/完成配合】按钮，添加同轴心配合，如图 8-66 右图所示。

图 8-65 插入挡圈零件

图 8-66 添加同轴心配合

23 单击选择如图 8-67 左图所示的面，单击【重合】按钮。单击【确定】按钮，完成添加配合，如图 8-67 右图所示。

24 单击【装配体】工具栏中的【插入零部件】按钮，系统弹出【插入零部件】对话框。

25 单击【浏览】按钮，选择“偏心套.sldprt”零部件，单击【打开】按钮。在绘图区中合适位置单击鼠标，确定零部件的插入位置，如图 8-68 所示。

图 8-67　添加重合配合

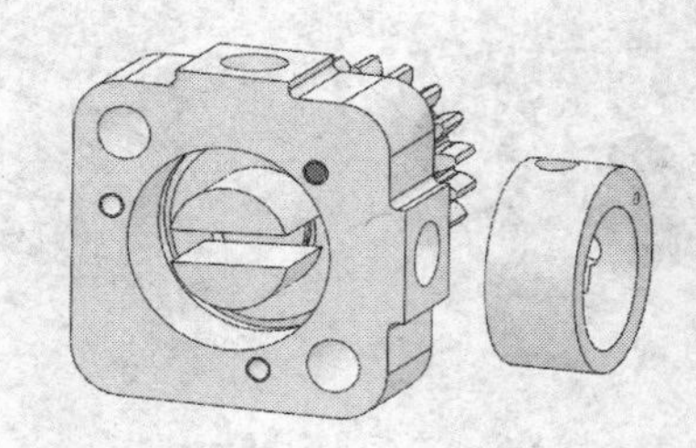

图 8-68　插入偏心套零件

26 单击【装配体】工具栏中的【配合】按钮，系统弹出【配合】对话框。

27 单击选择如图 8-69 左图所示的两圆柱面，单击【同轴心】按钮，单击【添加/完成配合】按钮，添加同轴心配合，如图 8-69 右图所示。

图 8-69　添加同轴心配合

28 单击选择如图 8-70 左图所示的两圆柱面，单击【同轴心】按钮，单击【确定】按钮，完成添加配合，如图 8-70 右图所示。

29 单击【装配体】工具栏中的【插入零部件】按钮，系统弹出【插入零部件】对话框。

30 单击【浏览】按钮，选择“叶片.sldprt”零部件，单击【打开】按钮。在绘图区中合适位置单击鼠标，确定零部件的插入位置，如图 8-71 所示。

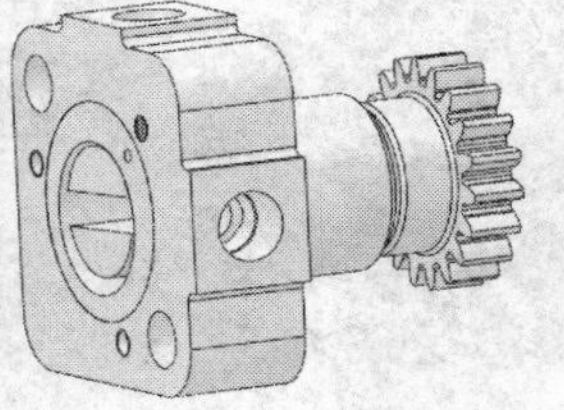

图 8-70　添加同轴心配合

图 8-71　插入叶片零件

31 单击【装配体】工具栏中的【配合】按钮，系统弹出【配合】对话框。

32 单击选择如图 8-72 左图所示的面，单击【重合】按钮，单击【反向对齐】按钮，修改配对方向。单击【添加/完成配合】按钮，添加重合配合，如图 8-72 右图所示。

33 单击选择如图 8-73 左图所示的面，单击【重合】按钮。单击【添加/完成配合】按钮，添加重合配合，如图 8-73 右图所示。

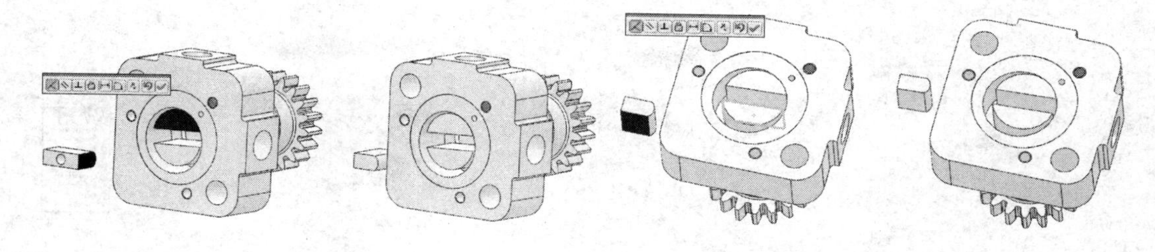

图 8-72 添加重合配对

图 8-73 添加重合配对

34 按住鼠标选择叶片零件，拖动鼠标往右，移动叶片零件，如图 8-74 所示。

35 单击选择如图 8-75 左图所示的圆柱面，单击【相切】按钮。单击【配对】对话框中的【确定】按钮，完成添加配合，如图 8-75 右图所示。

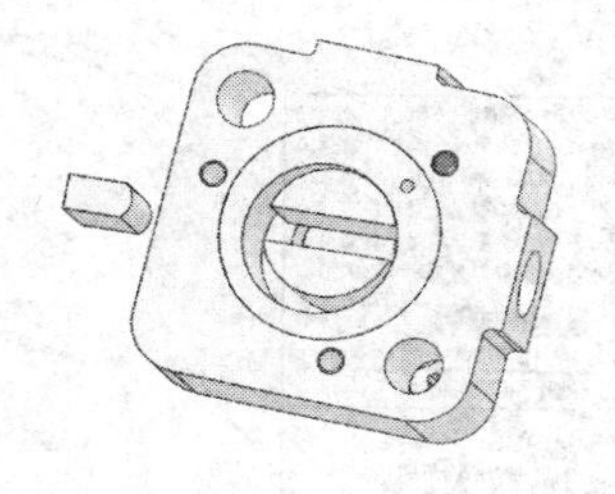

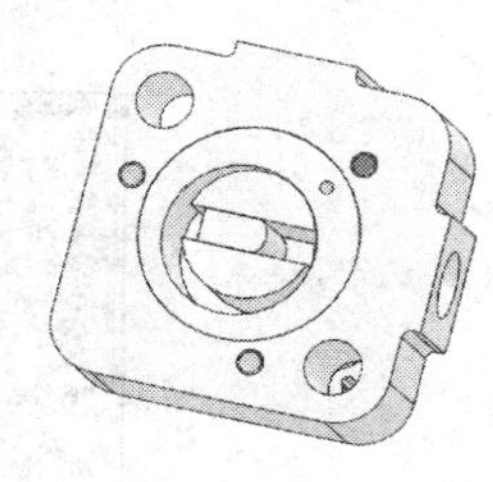

图 8-74 移动叶片

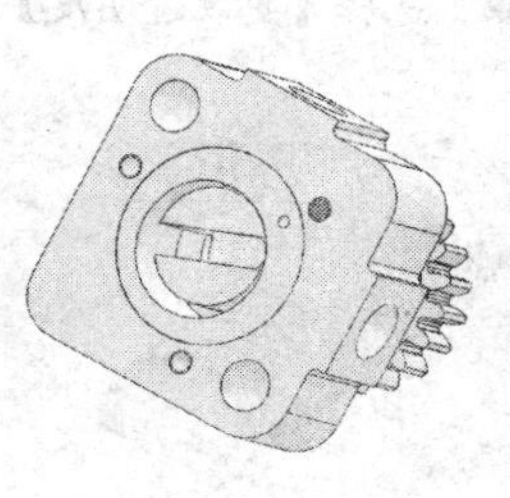

图 8-75 添加相切配对

36 利用同样的方法，添加定位另一个叶片零件，效果如图 8-76 所示。

37 单击【装配体】工具栏中的【插入零部件】按钮，系统弹出【插入零部件】对话框。

38 单击【浏览】按钮，选择"弹簧.sldprt"零部件，单击【打开】按钮。在绘图区中合适位置单击鼠标，确定零部件的插入位置，如图 8-77 所示。

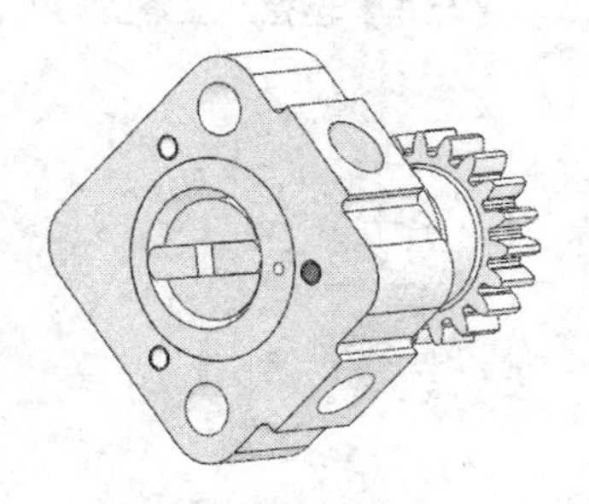

图 8-76 添加定位另一个叶片

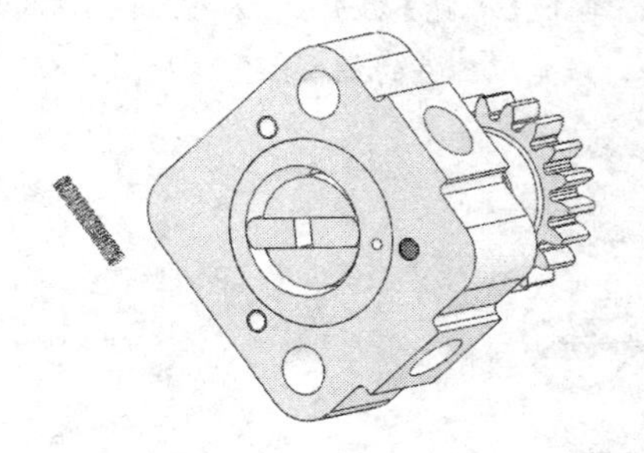

图 8-77 插入弹簧零件

39 单击选择叶片零件，在弹出的快捷菜单中，单击【更改透明度】按钮，使叶片零件透明显示，如图 8-78 所示。

40 在叶片零件处，单击鼠标右键，系统弹出右键快捷菜单，如图 8-79 左图所示。选择【选择其他】选项，系统弹出【选择其他】菜单，选择如图 8-79 右图所示的边线。

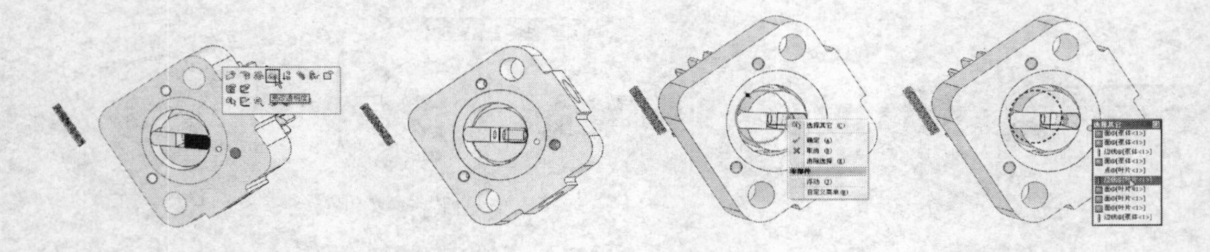

图 8-78　更改叶片透明度　　　　图 8-79　选择边线

41 选择如图 8-80 左图所示的弹簧端面，单击【重合】按钮。单击【添加/完成配合】按钮，添加重合配合，如图 8-80 右图所示。

42 在【模型设计树】中选择透明的叶片零件，单击右键，系统弹出如图 8-81 所示的右键快捷菜单，选择【更改透明度】按钮，更改叶片的透明度。

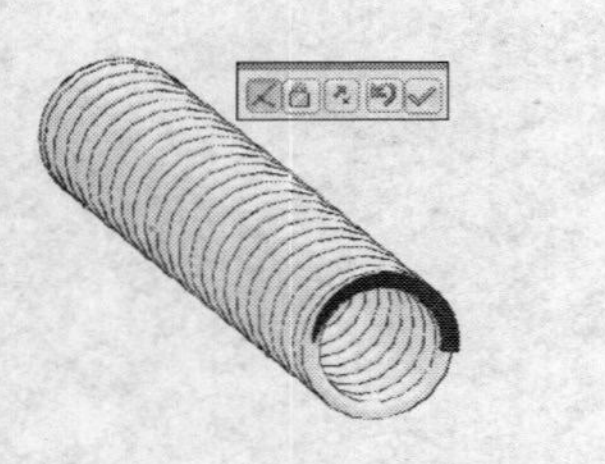

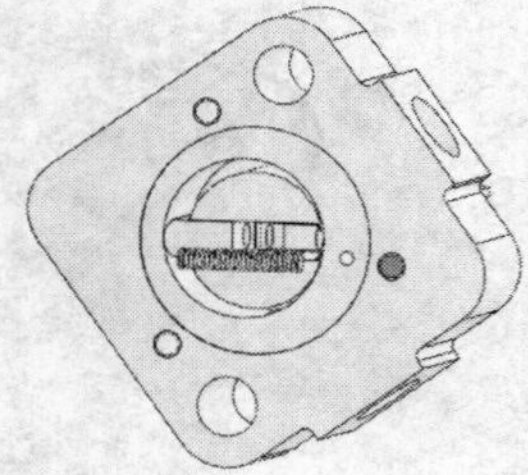

图 8-80　添加重合约束

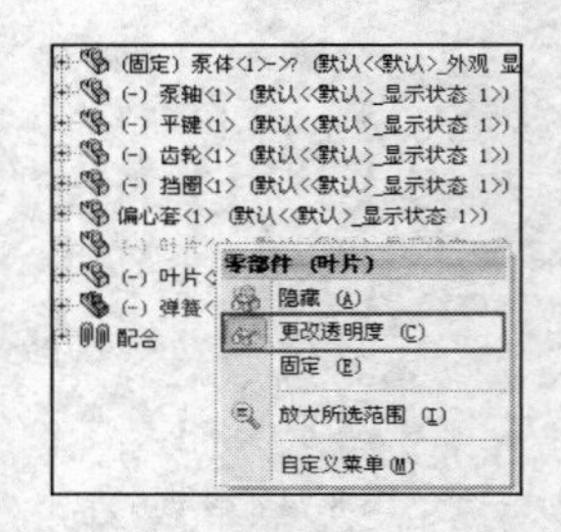

图 8-81　右键快捷菜单

43 打开基准轴显示，单击选择如图 8-82 左图所示的基准轴和圆，单击【同轴心】按钮，单击【确定】按钮，完成添加配合，如图 8-82 右图所示。

44 单击【装配体】工具栏中的【插入零部件】按钮，系统弹出【插入零部件】对话框。

45 单击【浏览】按钮，选择“圆柱销.sldprt”零部件，单击【打开】按钮。在绘图区中合适位置单击鼠标，确定零部件的插入位置，如图 8-83 所示。

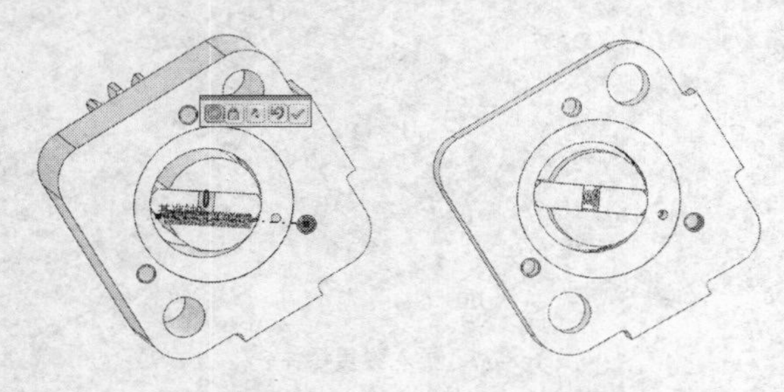

图 8-82　添加同轴心配对

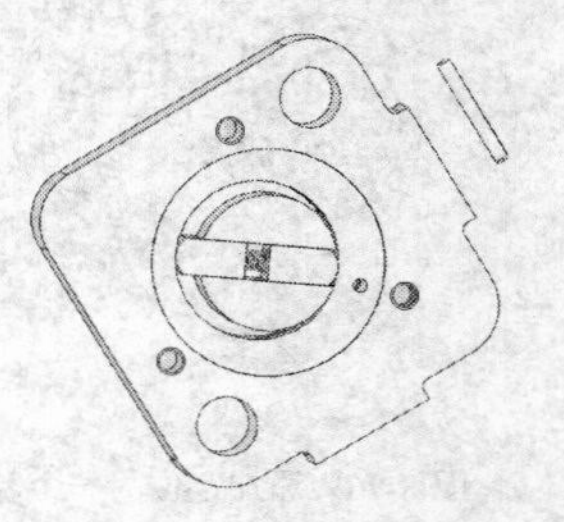

图 8-83　插入圆柱销零件

46 单击【装配体】工具栏中的【配合】按钮，系统弹出【配合】对话框。

47 单击选择如图 8-84 左图所示的面，单击【重合】按钮，单击【同向对齐】按钮，修改配对方向。单击【添加/完成配合】按钮，添加重合配合，如图 8-84 右图所示。

48 单击选择如图 8-85 左图所示的圆柱面，单击【同轴心】按钮，单击【确定】按钮，完成添加配合，如图 8-85 右图所示。

图 8-84 添加重合配对

图 8-85 添加同轴心配对

49 单击【装配体】工具栏中的【插入零部件】按钮，系统弹出【插入零部件】对话框。

50 单击【浏览】按钮，选择“泵盖.sldprt”零部件，单击【打开】按钮。在绘图区中合适位置单击鼠标，确定零部件的插入位置，如图 8-86 所示。

51 单击【装配体】工具栏中的【配合】按钮，系统弹出【配合】对话框。

52 单击选择如图 8-87 左图所示的平面，单击【重合】按钮。单击【添加/完成配合】按钮，添加重合配合，如图 8-87 右图所示。

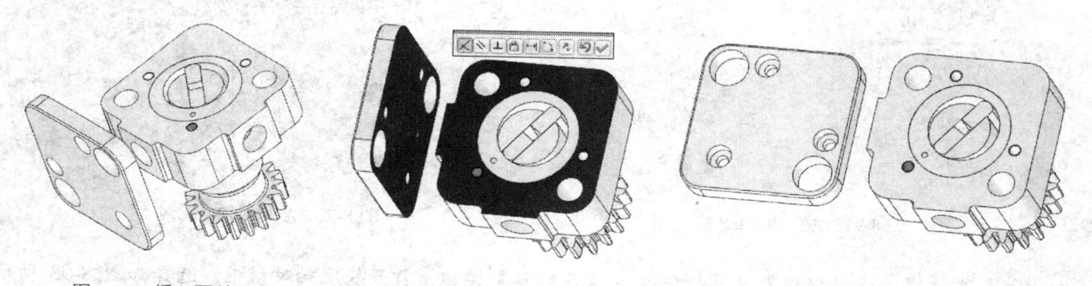

图 8-86 插入泵盖零件

图 8-87 添加重合配对

53 单击选择如图 8-88 左图所示的圆柱面，单击【同轴心】按钮，单击【添加/完成配合】按钮，添加同轴心配合，如图 8-88 右图所示。

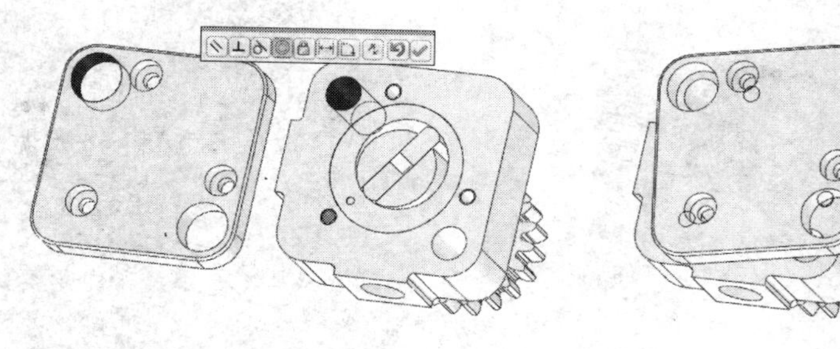

图 8-88 添加同轴心配对

54 单击选择如图 8-89 左图所示的平面，单击【重合】按钮。单击【确定】按钮，完成添加配合，如图 8-89 右图所示。

55 单击【装配体】工具栏中的【插入零部件】按钮，系统弹出【插入零部件】对话框。

56 单击【浏览】按钮，选择“螺钉.sldprt”零部件，单击【打开】按钮。在绘图区中合适位置单击鼠标，确定零部件的插入位置，如图 8-90 所示。

图 8-89 添加重合配对

图 8-90 插入螺钉零件

57 单击【装配体】工具栏中的【配合】按钮，系统弹出【配合】对话框。

58 单击选择如图 8-91 左图所示的平面，单击【重合】按钮。单击【添加/完成配合】按钮，添加重合配合，如图 8-91 右图所示。

59 单击选择如图 8-92 左图所示的圆柱面，单击【同轴心】按钮，单击【添加/完成配合】按钮，添加同轴心配合，如图 8-92 右图所示。

图 8-91 添加重合配对

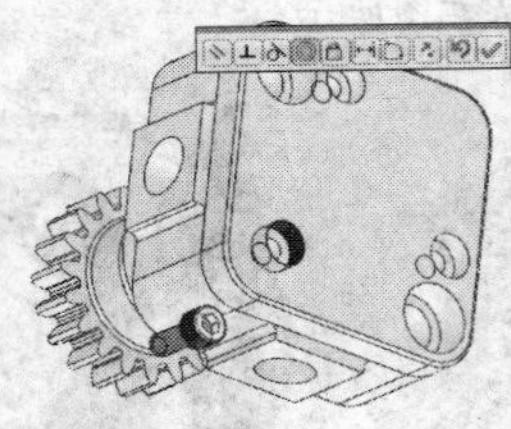

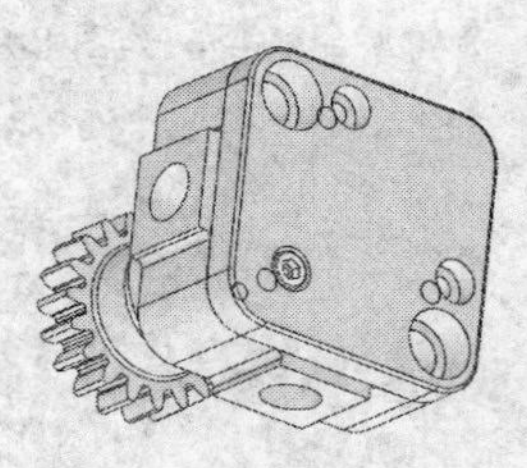

图 8-92 添加同轴心配对

60 单击【参考几何体】工具栏中的【基准轴】按钮，打开基准轴对话框。选择如图 8-93 所示的圆柱面。

61 单击对话框中的【确定】按钮，创建基准轴，如图 8-94 所示。

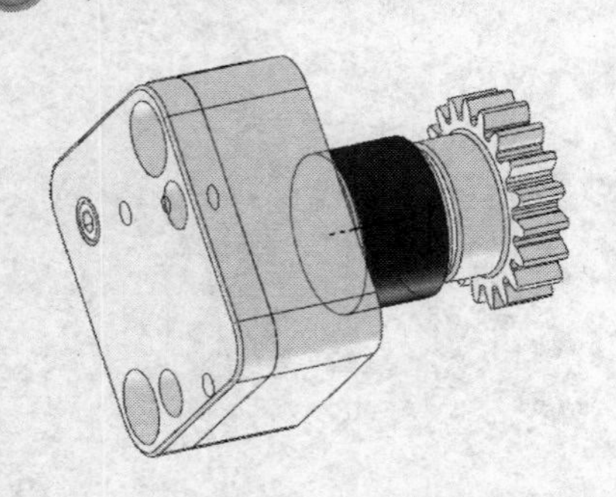

图 8-93 选择圆柱面

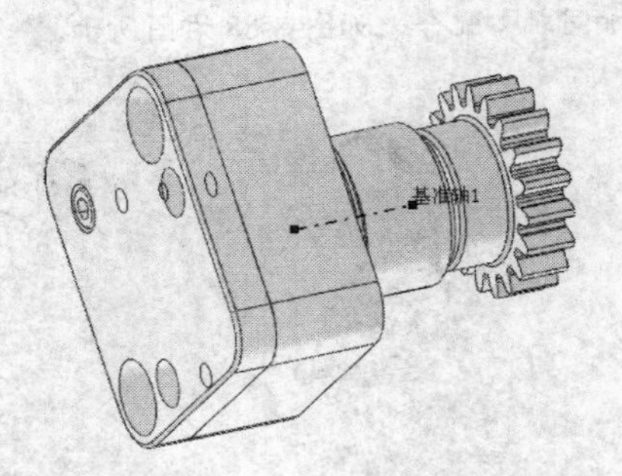

图 8-94 生成基准轴

62 单击【装配体】工具栏中的【圆周阵列】按钮，或选择主菜单栏中的【插入】|【零部件阵列】|【圆周阵列】选项，打开【圆周阵列】对话框。

63 选择基准轴 1 作为【阵列轴】，装配的螺钉元件为【要阵列的零部件】，输入阵列数为 3，如图 8-95 所示。

64 单击【圆周阵列】对话框中的【确定】按钮，对螺钉进行阵列，如图 8-96 所示。

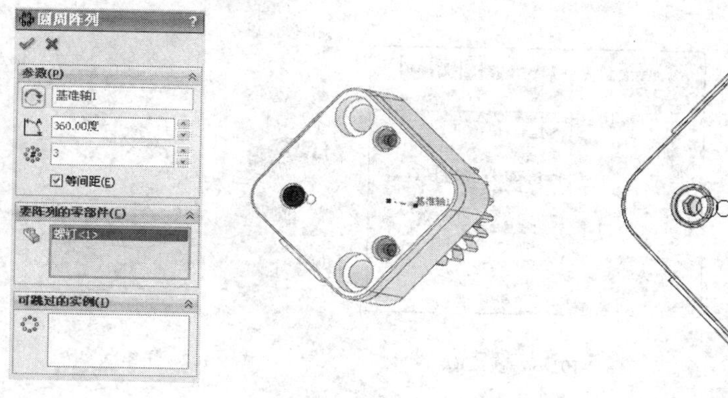

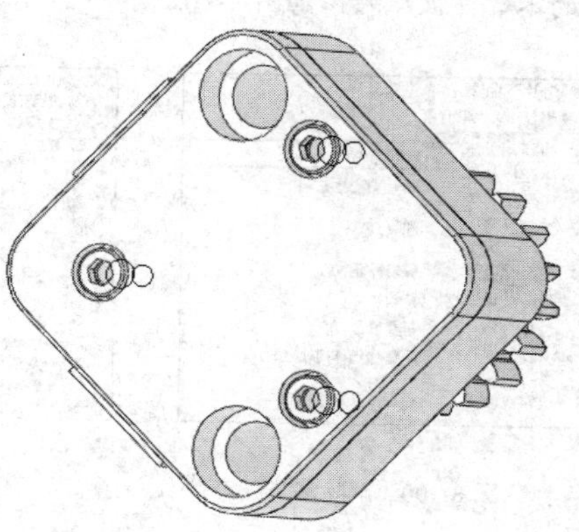

图 8-95　设置圆周阵列参数

图 8-96　阵列螺钉

3. 生成装配体爆炸视图

01 单击【装配体】工具栏中的【爆炸视图】按钮，系统弹出【爆炸】对话框。

02 在【设定】选项组中单击装配体中的泵盖零件，则零件名称将出现在【设定】下的列表框中，同时该零件也显示出一个三维坐标轴，单击某一个轴，在【爆炸距离】微调框中输入 80mm，如图 8-97 所示。

03 单击【应用】按钮，在绘图区中显示爆炸预览效果，如图 8-98 所示。

04 重复上面步骤，完成其他爆炸步骤，最终效果如图 8-99 所示。

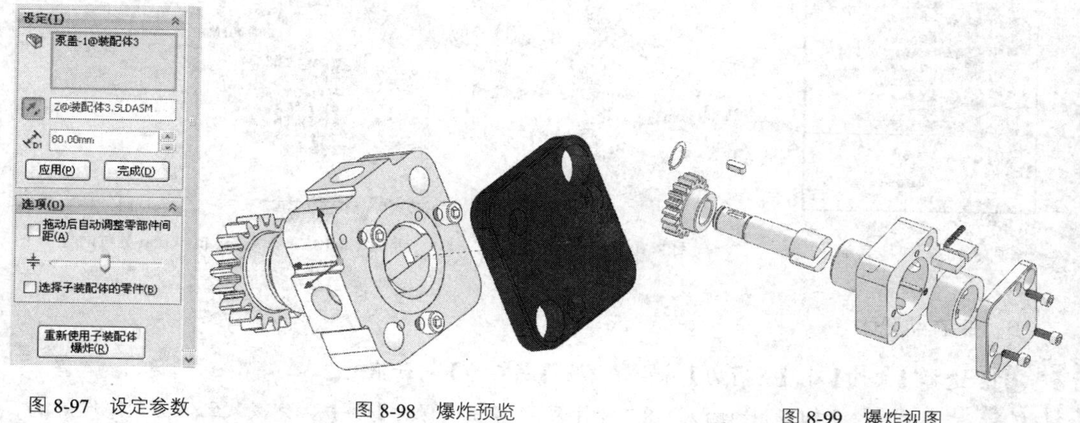

图 8-97　设定参数

图 8-98　爆炸预览

图 8-99　爆炸视图

05 如果需要取消爆炸视图的显示，单击【特征管理设计树】中的【配置管理器】选项卡，右键单击【爆炸步骤】图标，在弹出的快捷菜单中选择【解除爆炸】命令，如图 8-100 所示，则爆炸视图被取消。

4. 生成装配体压缩状态

01 在装配体窗口中，单击【特征管理器设计树】中零部件名称或者在绘图区中选择零件。

02 用鼠标右键单击零部件的名称，在弹出的快捷菜单中单击【压缩】按钮，如图 8-101 所示，选择的零部件被压缩，如图 8-102 所示。

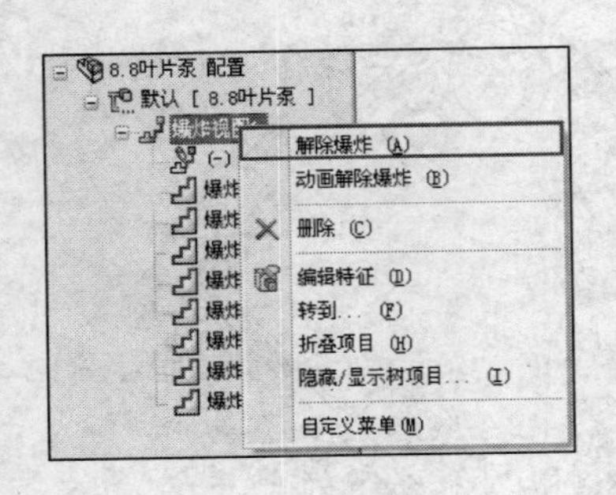

图 8-100 解除爆炸

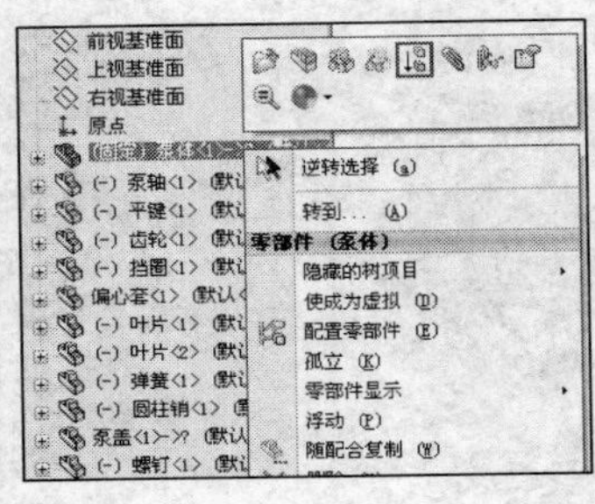

图 8-101 快捷菜单

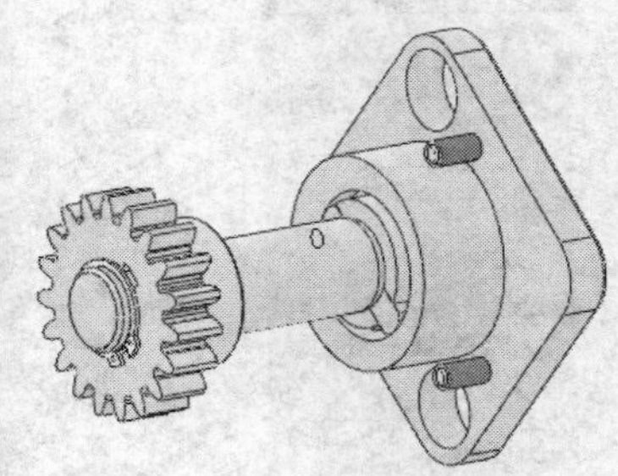

图 8-102 压缩状态

03 如果要还原压缩，则用鼠标右键单击零部件的名称，在弹出的快捷菜单中单击【设定为还原】命令，如图 8-103 所示，在绘图区中被压缩的零件显示出来，如图 8-104 所示。

5. 装配体统计

单击【评估】工具栏中的【AssemblyXpert】按钮，屏幕上将打开【AssemblyXpert】对话框，即装配体的统计信息对话框，如图 8-105 所示。

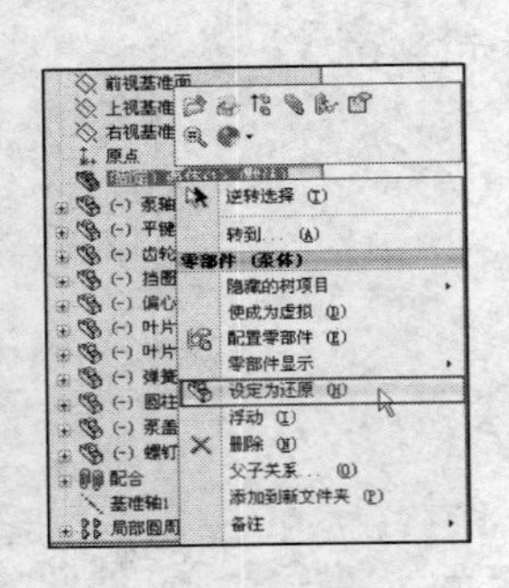

图 8-103 快捷菜单

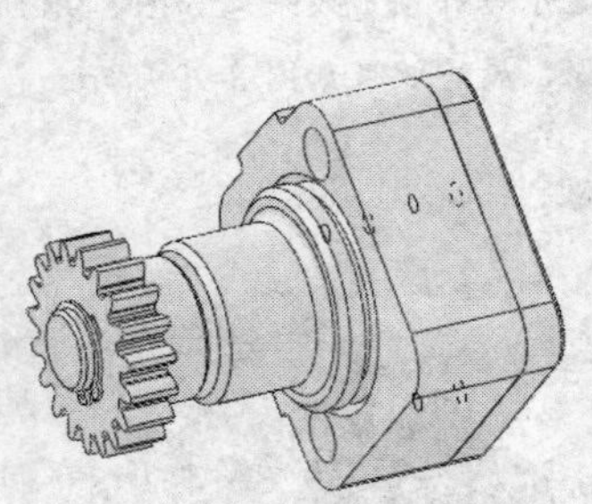

图 8-104 还原状态

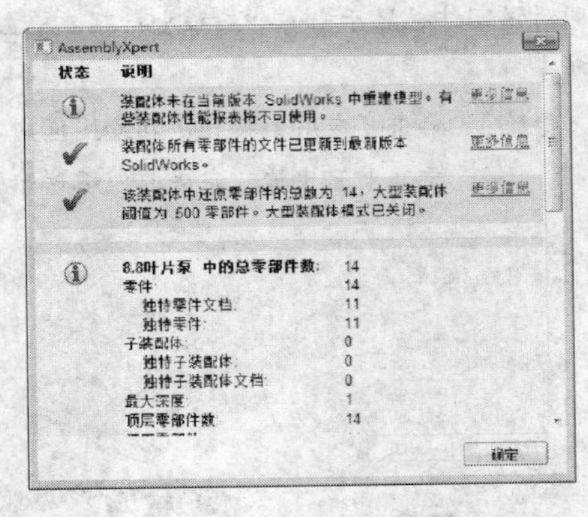

图 8-105 【AssemblyXpert】对话框

6. 保存装配体

01 选择【文件】|【另存为】命令，弹出【另存为】对话框。

02 在【文件名】列表框中输入“8.7叶片泵”，单击【保存】按钮，完成装配体实例操作。

第 9 章

工程图设计

本章导读：

工程图是用来表达三维模型的二维图样，通常包含一组视图、完整尺寸、技术要求、标题栏等内容。在工程图设计中，可以利用 SolidWorks 设计的实体零件和装配体直接生成所需视图，也可以基于现有的视图生成新的视图。

学习目标：

- 工程图概述
- 工程视图
- 尺寸标注
- 注解
- 明细栏

9.1 工程图概述

本节主要介绍关于工程图的一些基础知识，以使读者能对 SolidWorks 2013 中的工程图有初步了解，本节主要内容如下：

- 工程图的基本概念
- 工程图图纸格式
- 工程图文件
- 线型和图层

9.1.1 工程图的基本概念

工程图是产品设计的重要技术文件，一方面它体现了设计成果，另一方面它也是指导生产的参考依据。在产品的生产制造中，工程图是设计人员进行交流和提高工作效率的重要工具，是工程界的技术语言。SolidWorks 系统提供了强大的工程图设计功能，用户可以很方便地借助于零部件获得装配体三维模型创建所需的各个视图，包括剖视图、剖面图、局部放大图等。

SolidWorks 系统在工程图和零部件或装配体三维模型之间提供全相关的功能，全相关是指对零部件或装配体三维模型进行修改时，所有相关的工程视图将自动更新，以反映零部件或装配体的形状和尺寸变化；反之，当在一个工程图中修改零部件或装配体尺寸时，系统也自动将相关的其他工程视图及三维零部件或装配体中相应结构的尺寸进行更新。

9.1.2 工程图图纸格式

1. 设定图纸格式

当建立一幅新的工程图时，必须选择一种图纸格式。图纸格式可以采用标准图纸格式，也可以自定义和修改图纸格式。通过对图纸格式的设置，有助于生成具有统一格式的工程图。图纸格式主要用来保存图纸中相对不变的部分，如图框、标题栏和明细栏。

选择菜单栏中的【文件】|【新建】命令，或单击工具栏上的（新建）按钮，弹出【新建 SolidWorks 文件】对话框，如图 9-1 所示。

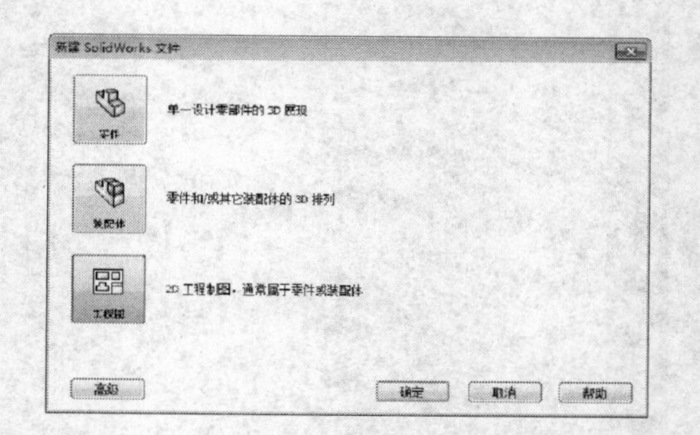

图 9-1 【新建 SolidWorks 文件】对话框

单击对话框中的【工程图】按钮，单击【确定】按钮，进入 SolidWorks 2013 的工程图设计界面。

2. 编辑图纸格式

生成一个工程图文件后，可以随时对图纸大小、图纸格式、绘图比例、投影类型等图纸细节进行修改。

在【特征管理器设计树】中，用鼠标右键单击图标，或者在工程图图纸空白区域单击鼠标右键，在弹出的快捷菜单中选择【属性】命令，如图 9-2 所示，系统弹出【图纸属性】对话框，如图 9-3 所示。

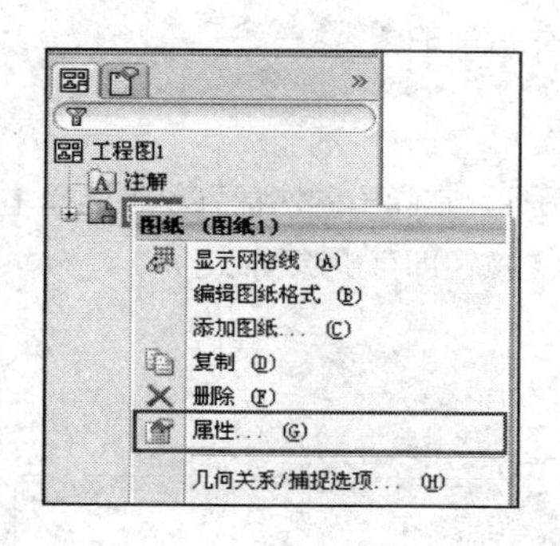

图 9-2　快捷菜单

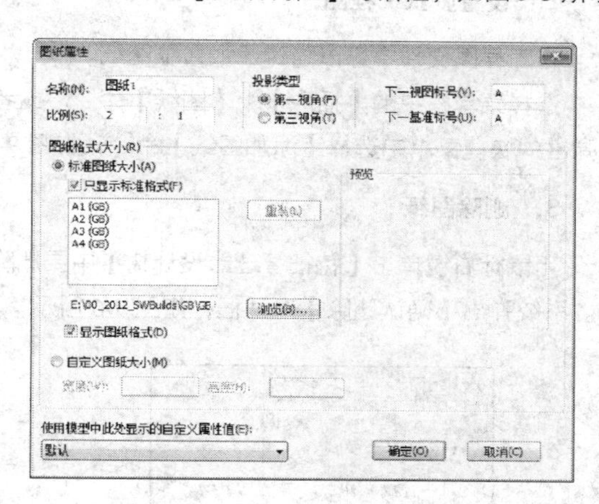

图 9-3　【图纸属性】对话框

在【图纸属性】对话框中，各选项的含义如下：

➢　名称：在方框中输入名称。
➢　比例：为图纸设定比例。
➢　投影类型：为标准三视图投影选择第一视角或第三视角。
➢　下一视图标号：指定将使用在下一个剖面视图或局部视图的字母。
➢　下一基准标号：指定要用作下一个基准特征符号的英文字母。

采用在此显示模型的自定义属性值：如果图纸上显示一个以上模型，且工程图包含链接到模型自定义属性的注释，则选择包含您想使用的属性的模型之视图。如果没有另外指定，则将使用插入到图纸的第一个视图中的模型属性。

9.1.3 工程图文件

工程图文件是 SolidWorks 三大基本功能之一。

1. 工程图文件窗口

在一个 SolidWorks 工程图文件中，可以包含多张图纸，这使得用户可以利用同一个文件生成一个零件的多张图纸或者多个零件的工程图。

工程图文件窗口可以分为两部分。左侧区域为文件的管理区域，显示了当前文件的所有图纸、图纸中包含的工程视图等内容；右侧图纸区域可以认为是传统意义上的图纸，包含了图纸格式、工程视图、尺寸、注解、表格等工程图所必须的内容，如图 9-4 所示。

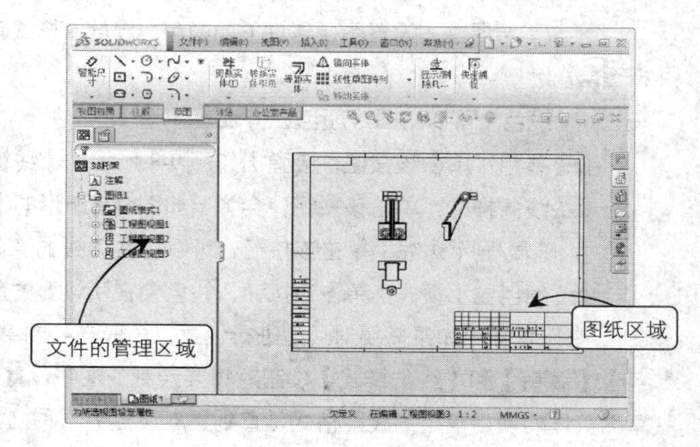

图 9-4　工程图文件窗口

2. 设置多张工程图

在工程图文件中可以随时添加多张图纸。

选择菜单栏中的【插入】|【图纸】命令，或者用鼠标右键单击【特征管理设计树】中的图标，在弹出的快捷菜单中选择【添加图纸】命令，如图 9-5 所示，生成新的图纸。

3. 删除图纸

用鼠标右键单击【特征管理器设计树】中要删除的图纸图标，在弹出的快捷菜单中选择【删除】命令。系统弹出【确认删除】对话框，如图 9-6 所示，单击【是】按钮即可删除图纸。

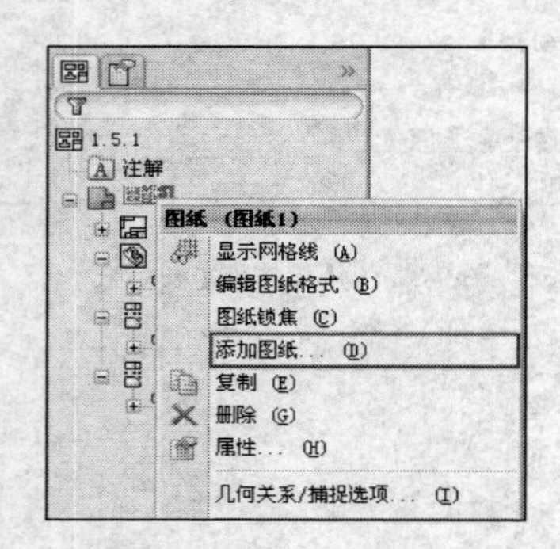

图 9-5 快捷菜单

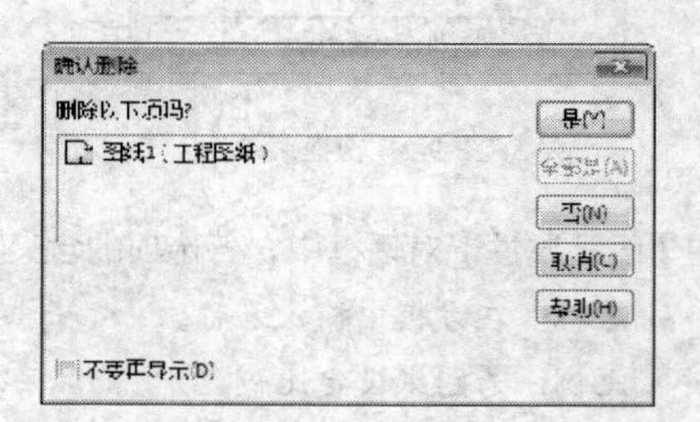

图 9-6 【确认删除】对话框

9.1.4 线型和图层

利用【线型】工具栏可以对工程视图的线型和图层进行设置。

1. 设置线型

对于视图中图形线条的线色、线粗、线型、颜色显示模式等，可以利用【线型】工具栏进行设置。【线型】工具栏如图 9-7 所示。

在【线型】工具栏中，各选项的含义如下：

图层属性：设置图层属性（如颜色、厚度、样式等），将实体移动到图层中，然后为新的实体选择图层。

线色：可以对图线颜色进行设置。

线粗：单击该按钮，会弹出如图 9-8 所示的【线粗】菜单，可以对图线粗细进行设置。

线条样式：单击该按钮，会弹出如图 9-9 所示的【线条样式】菜单，可以对图线样式进行设置。

隐藏/显示边线：单击该按钮，可以切换边线的隐藏和显示

颜色显示模式：单击该按钮，线色会在所设置的颜色中进行切换。

在工程图中如果需要对线型进行设置，一般在绘制草图实体之前，先利用【线型】工具栏中的【线色】、【线粗】和【线条样式】按钮对将要绘制的图线设置所需的格式，这样可以使被添加到工程图中的草图实体均使用指定的线型格式，直到重新设置另一种格式为止。

如果需要改变直线、边线或者草图视图的格式，可以先选择需要更改的直线、边线或草图实体，然后利用【线型】工具栏中的相应按钮进行修改，新格式将被应用到所选视图中。

图 9-7 【线型】工具栏

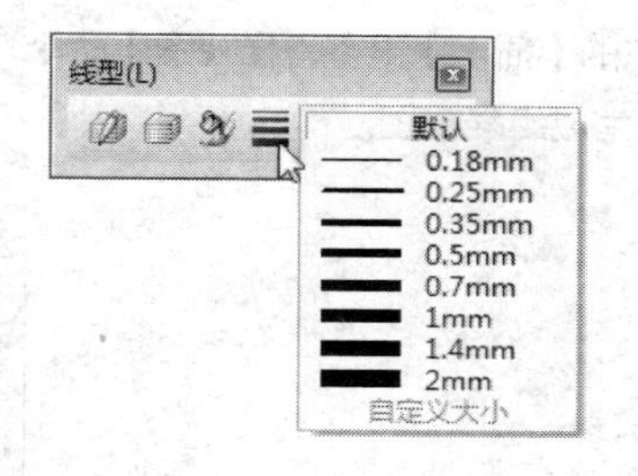

图 9-8 【线粗】菜单

图 9-9 【线条样式】菜单

2. 设置图层

在工程图文件中，可以根据用户需求建立图层，并为每个图层上生成的新实体指定线条颜色、线条粗细和线型。新的实体会自动添加到激活的图层中，图层可以被隐藏或显示，另外还可以将实体从一个图层移到另一个图层。

尺寸和注解（包括注释、区域剖面线、块、折断线、局部视图图标、剖面线及表格）可以移到图层上，它们使用图层指定的颜色。

如果将.dxf 或.dwg 文件输入到 SolidWorks 2013 工程图中，就会自动生成图层。在最初生成.dxf 或.dwg 文件的系统中指定的图层信息将保留。

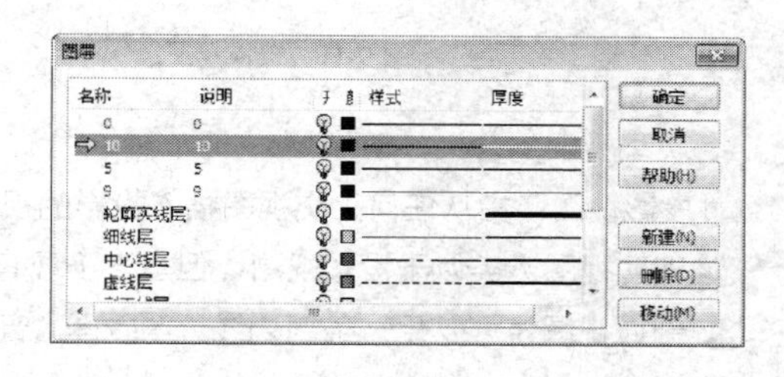

图 9-10 【图层】对话框

建立图层的操作步骤如下：

01 在工程图中单击【线型】工具栏上的【图层属性】按钮，就会弹出如图 9-10 所示的【图层】对话框。

02 单击【新建】按钮，然后输入新图层的名称。

03 更改图层默认图线的颜色、样式和厚度。

- 颜色：单击【颜色】下的方框，弹出【颜色】对话框，从中选择一种颜色。
- 样式：单击【样式】下的方框，从弹出的菜单中选择一种图线样式。
- 厚度：单击【厚度】下的方框，从弹出的菜单中选择图线粗细。

04 单击【确定】按钮，就可为文件建立新的图层。

9.2 工程视图

工程视图是指在图纸中生成的所有视图。在 SolidWorks 中，用户可以根据需要生成各种零件模型的表达视图，如投影视图、辅助视图、局部视图、裁剪视图、剖面视图、旋转剖视图或断裂视图等，如图 9-11 所示。

在生成工程图之前，应首先生成零部件或者装配体的三维模型，然后根据此三维模型考虑和规划视图，如工程图由几个视图组成、是否需要剖视等，最后在生成工程图。

在工程图文件中，选择菜单栏中的【插入】|【工程视图】命令，弹出工程视图菜单，如图 9-12 所示，根据需要，可以选择相应的命令生成工程视图。

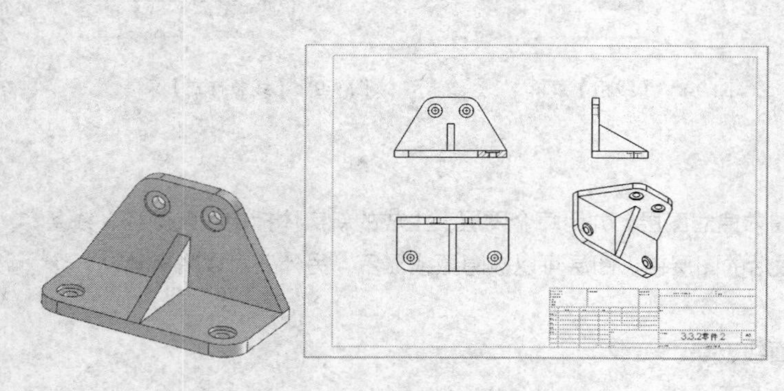

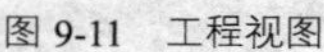

图 9-11　工程视图

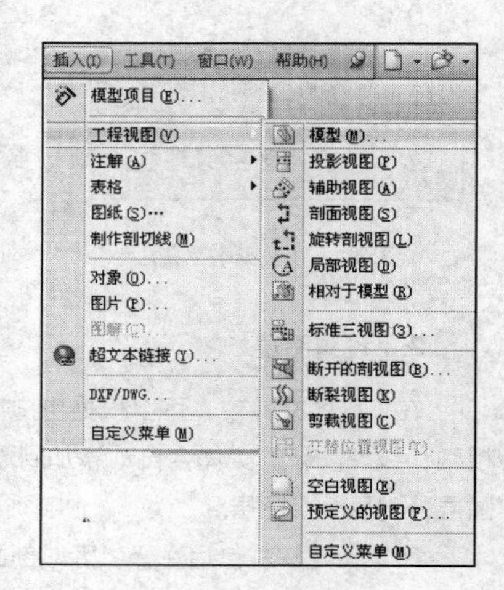

图 9-12　工程视图菜单

各类型视图的含义如下：

投影视图：指从任何正交视图插入投影的视图。

辅助视图：类似于投影视图，但垂直于现有的视图参考边线的展开视图。

剖面视图：可以用一条剖切线分割视图。剖面视图可以是直切剖面或者是用阶梯剖切线定义的等距剖面。

旋转剖视图：与剖面视图相似，但旋转剖面的剖切线由连接到一个夹角的两条或者多条线组成。

局部视图：通常是以放大比例显示一个视图的某个部分，可以是正交视图、空间视图、剖面视图、裁剪视图、爆炸装配体视图或者另一局部视图等。

相对于模型：正交视图，由模型中两个直交面或者基准面及各自的具体方位的规格定义。

标准三视图：前视视图为模型视图，其他两个视图为投影视图，使用在图纸属性中指定的第一视角或者第三视角投影法。

断开的剖视图：是现有工程图的一部分，而不是单独的视图，可以用闭合的轮廓定义断开的剖视图。

断裂视图：也称为中断视图。断裂视图可以将工程图视图以比较大比例显示在较小的工程图上。与断裂区域相关的参考尺寸和模型尺寸反映实际的模型数值。

裁剪视图：除了局部视图、已用于生成局部视图的视图或者爆炸视图，用户可以根据需要裁剪任何工程视图。

9.2.1 视图对齐关系的设定和解除

将未对齐的视图按参照视图进行对齐，其中对齐的方式有原点对齐方式、原点竖直对齐、中心水平对齐、中心竖直对齐。

1. 设定视图对齐

其具体操作方法如下：

01 打开素材库中的“第 9 章/9.2.1 对齐视图.slddrw”文件，如图 9-13 所示。

02 在图纸区域中选择一个要对齐的视图。

03 选择菜单栏中的【工具】|【对齐工程图视图】|【竖直对齐另一个视图】命令，此时鼠标呈形状。

04 在图纸中选择对齐视图时的参考视图，系统自动将视图的中心沿所选的方向对齐，如图 9-14 所示。

注 意：在图纸中选择一个要对齐的视图后，可以右键单击鼠标，并在弹出的快捷菜单中选择【视图对齐】|【原点水平对齐】命令，再选择参考完成视图的对齐操作。

2. 解除视图的对齐关系

右键单击视图边界内部，然后在弹出的快捷菜单中选择【视图对齐】|【解除视图关系】命令，如图 9-15 所示，系统自动解除视图的对齐关系。

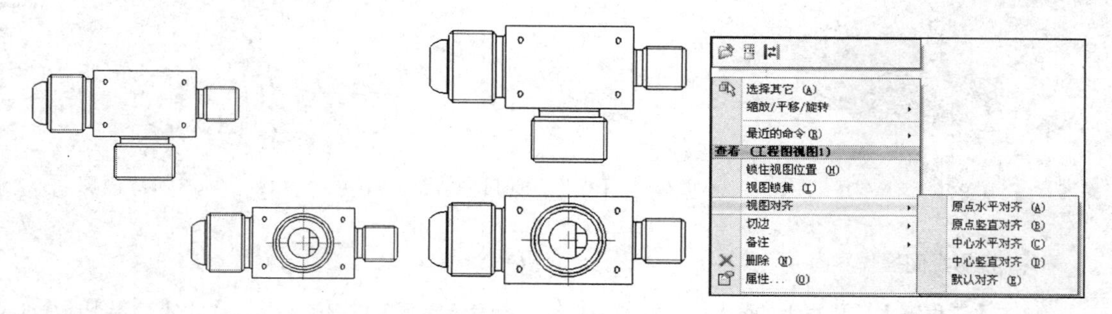

图 9-13 “9.2.1 对齐视图.slddrw”文件　　图 9-14 竖直对齐状态　　图 9-15 快捷菜单

9.2.2 标准三视图

1. 标准三视图

标准三视图可以生成三个默认正交视图，其中主视图方向为零件或者装配体的前视，投影类型则按照图纸格式设置的第一视角或者第三视角投影法，我国采用的是第一视角投影法。

在标准三视图中，主视图、俯视图及左视图有固定的对齐关系。主视图与俯视图长度方向对齐，主视图与左视图高度方向对齐，俯视图与左视图宽度方向相等。俯视图可以竖直移动，侧视图可以水平移动。

注 意：在生成标准三视图时，主视图、俯视图及左视图按系统规定的投影类型自动生成。

2. 生成标准三视图实例示范

01 打开素材库中的“第 9 章/9.2.2 支座.sldprt”文件，如图 9-16 所示。

02 新建工程图文件，并设置所需要的图纸格式。

03 单击【工程图】工具栏中的【标准三视图】按钮或者选择菜单栏中的【插入】|【工程视图】|【标准三视图】命令，系统弹出【标准三视图】对话框，如图 9-17 所示。

04 在【要插入的零件/装配体】选项组中，单击【浏览】按钮。在弹出的【打开】对话框中，选择 9.2.2 支座.sldprt 零件。

05 单击【标准三视图】对话框中的【确定】按钮，在图纸区域的适当位置出现【泵体】的标准三视图，如图 9-18 所示。

9.2.3 投影视图

投影视图是根据已有视图利用正交投影生成的视图。投影视图的投影方法是根据在【图纸属性】对话框中所设置的第一视角或者第三视角投影类型而定。

图 9-16 支座零件

图 9-17 【标准三视图】对话框

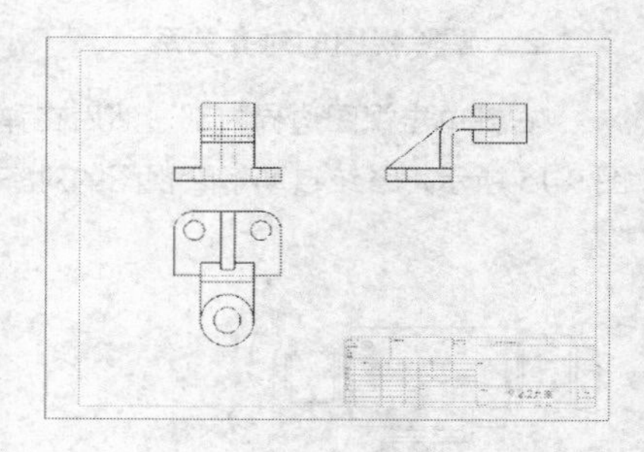

图 9-18 支座的标准三视图

1. 投影视图操作界面

单击【工程图】工具栏上的【投影视图】按钮，或者选择菜单栏中的【插入】|【工程视图】|【投影视图】命令，系统弹出【投影视图】对话框，如图 9-19 所示。

此时鼠标指针呈形状，在图纸中单击要投影的工程图，【投影视图】对话框如图 9-20 所示。

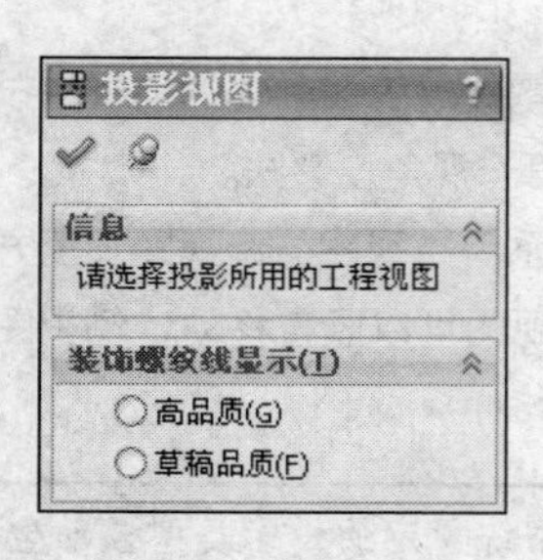

图 9-19 【投影视图】对话框

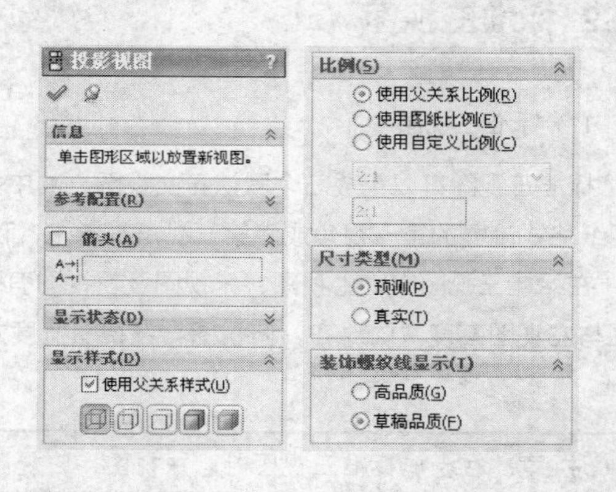

图 9-20 【投影视图】对话框

在【投影视图】对话框中，各选项的含义如下：

❑　【箭头】选项组

标号：表示按相应父视图的投影方向得到的投影视图的名称。

❑　【显示样式】选项组

使用父关系样式：取消选择此选项，可以选择与父视图不同的显示样式，显示样式包括【线架图】、【隐藏线可见】、【消除隐藏线】、【带边线上色】和【上色】，各显示样式结果如图 9-21 所示。

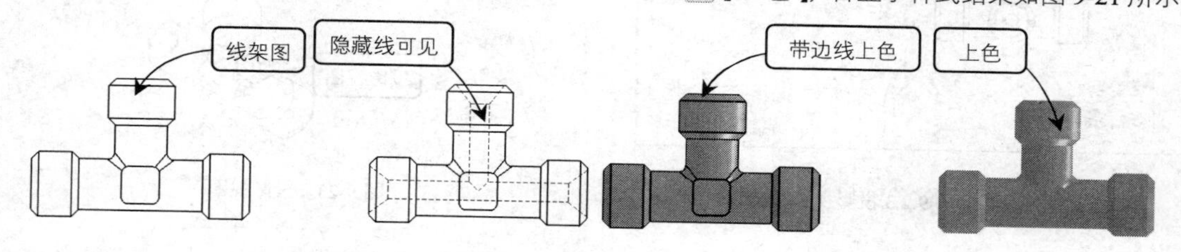

图 9-21　不同样式的投影视图

❑　【比例】选项组

使用父关系比例：可以应用为父视图所使用的相同比例。

使用图纸比例：可以应用为工程图图纸所使用的相同比例。

使用自定义比例：可以根据需要应用自定义的比例。

❑　【尺寸类型】选项组

预测：图纸默认为模型的二维尺寸。

真实：精确模型尺寸值。

❑　【装饰螺纹线显示】选项组

高品质：显示装饰螺纹线中的精确线型字体及剪裁，如果装饰螺纹线只部分可见，选择【高品质】单选按钮，系统将只显示可见部分。

草稿品质：以更少细节显示装饰螺纹线，如果装饰螺纹线只部分可见，选择【草稿品质】单选按钮，系统将显示整个特征。

2．生成投影视图实例示范

生成投影视图的具体步骤如下：

01 单击打开素材库中的“第 9 章/9.2.3 投影视图.slddrw”文件，如图 9-22 所示。

02 单击【工程图】工具栏上的【投影视图】按钮，或者选择菜单栏中的【插入】|【工程视图】|【投影视图】命令，系统弹出【投影视图】对话框，此时鼠标指针呈形状，在图纸中单击要投影的工程图，这里选择主视图作为要投影的视图。

03 系统根据鼠标指针在选定视图位置自动指定投影方向。此时从视图的任意方向生成投影视图。

04 按照需要的投影方向，将鼠标指针移动至所选视图的相应一侧，在适合位置处单击鼠标左键，生成投影视图，如图 9-23 所示。

注 意：如果要对投影视图进行编辑，单击该视图，系统弹出【工程视图】对话框，在对话框中进行编辑。

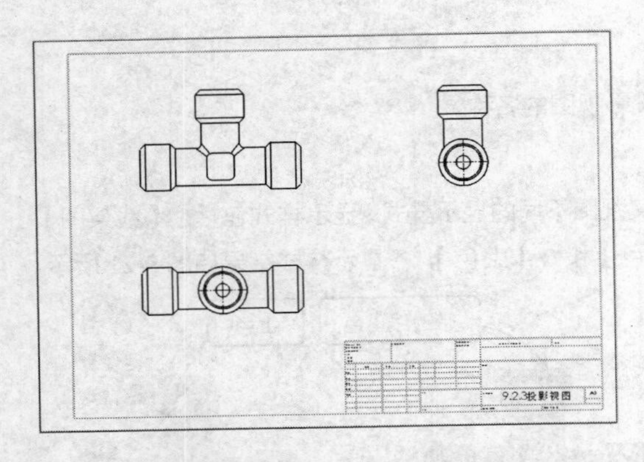

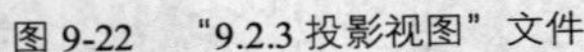
图 9-22 “9.2.3 投影视图”文件

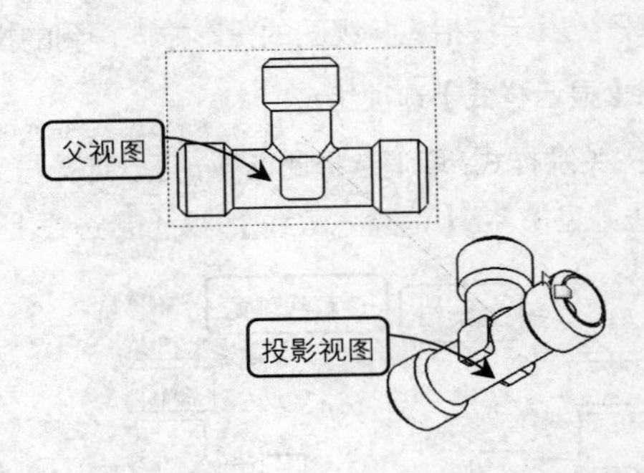

图 9-23 投影视图

9.2.4 辅助视图

辅助视图类似于投影视图，它的投影方向垂直于所选视图的参考边线，但参考边线一般不能为水平或者垂直，否则生成的就是投影视图。辅助视图相当于技术制图表达方式中的斜视图，可以用来表达零件的倾斜结构。

1. 辅助视图操作界面

单击【工程图】工具栏上的【辅助视图】按钮，或者选择菜单栏中的【插入】|【工程视图】|【辅助视图】命令，系统弹出【辅助视图】对话框，如图 9-24 所示。

此时鼠标指针呈形状，在图纸中单击要生成辅助视图的工程视图上的投影参考线，【辅助视图】对话框如图 9-25 所示。

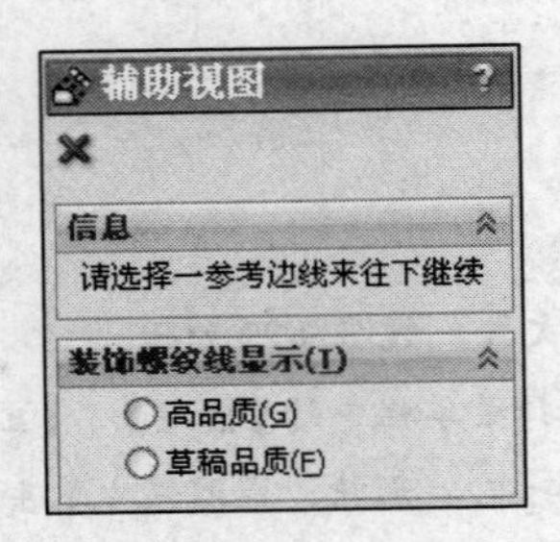

图 9-24 【辅助视图】对话框

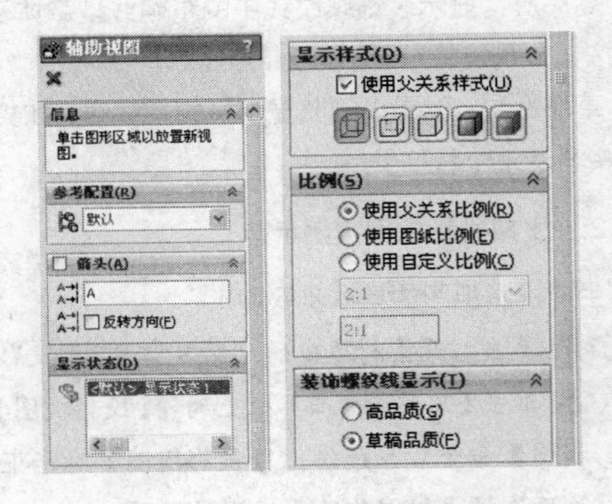

图 9-25 【辅助视图】对话框

在【辅助视图】对话框中各选项的含义和【投影视图】对话框中的含义相同，这里不再做介绍。

2. 生成辅助视图实例示范

01 打开素材库中的“第 9 章/9.2.4 辅助视图.slddrw”文件，如图 9-26 所示。

02 单击【工程图】工具栏上的【辅助视图】按钮，或者选择菜单栏中的【插入】|【工程视图】|

【辅助视图】命令，系统弹出【辅助视图】对话框。

03 此时鼠标指针呈形状，在图纸中单击要生成辅助视图的工程视图上的投影参考线。

04 在与投影参考线垂直的地方出现一个辅助视图的预览效果，拖动鼠标指针到合适的位置，单击左键放置辅助视图。

05 用户可以根据需要编辑视图名称并更改视图方向。如图 9-27 所示为零件模型；如图 9-28 所示为该零件所生成的辅助视图（在工程图生成过程中，系统默认汉字、字母、数字等标注的字体为正体）。

3. 旋转辅助视图实例示范

辅助视图可以围绕其中心点转动任意角度，也可以将所选边线设置为水平方向或者竖直方向。旋转辅助视图的具体操作方法如下：

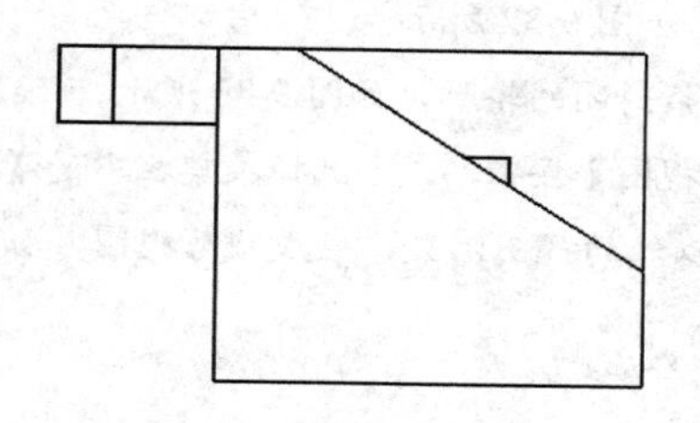

图 9-26 “9.2.4 辅助视图”文件

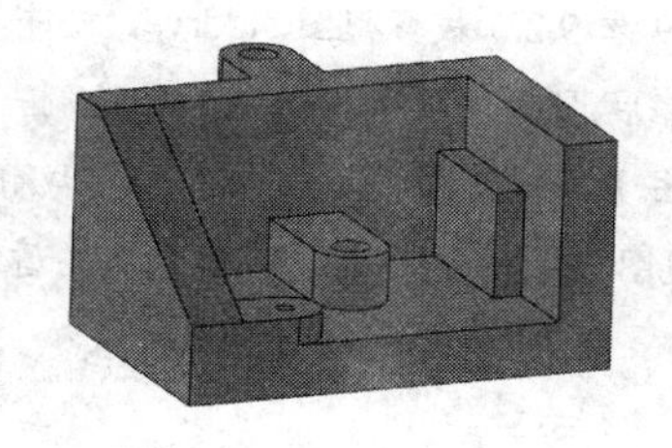

图 9-27 零件模型

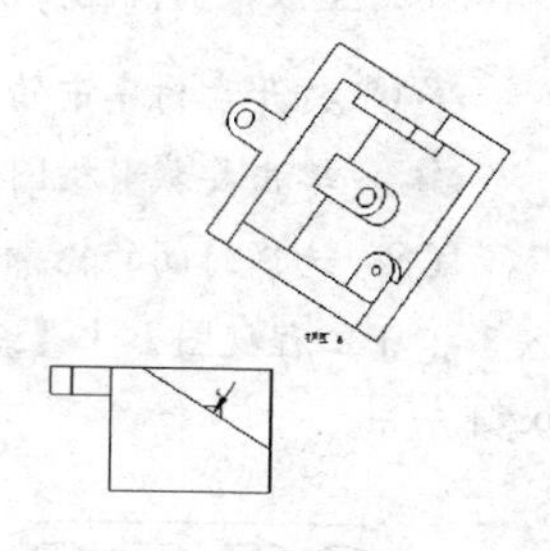

图 9-28 生成辅助视图

01 单击【视图】工具栏中的【旋转视图】按钮，弹出【旋转工程视图】对话框，如图 9-29 所示。

02 单击并拖动视图，视图转动的角度显示在【工程视图角度】数值框中视图转动以 40°的增量进行捕捉，也可以直接输入旋转角度数值。

03 单击【应用】按钮并关闭对话框，得到旋转后的工程视图，如图 9-30 所示为旋转前后的辅助视图对比。

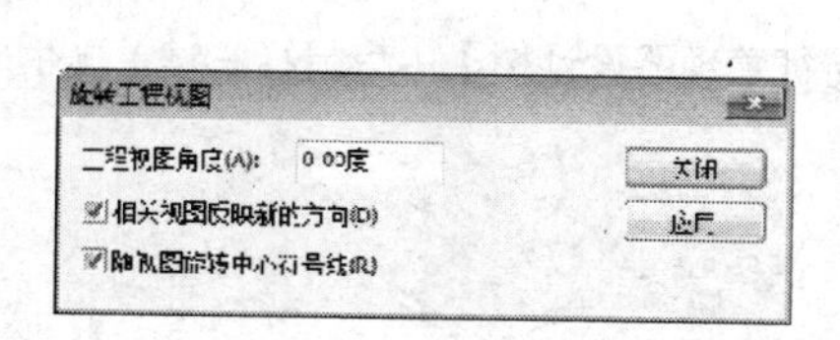

图 9-29 【旋转工程视图】对话框

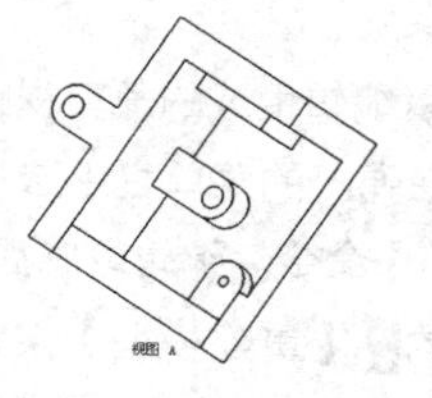

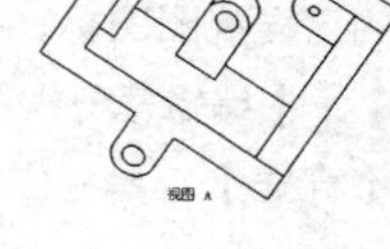

图 9-30 旋转辅助视图

9.2.5 剪裁视图

在 SolidWorks 工程图中，裁剪视图是由除了局部视图、已用于生成局部视图的视图或者爆炸视图之外的任何工程视图经裁剪而生成的。裁剪视图类似于局部剖视图，但是由于裁剪视图没有生成新的视图，也没有放大原视图，因此可以减少视图生成的操作步骤。裁剪视图的生成过程如图 9-31 所示。

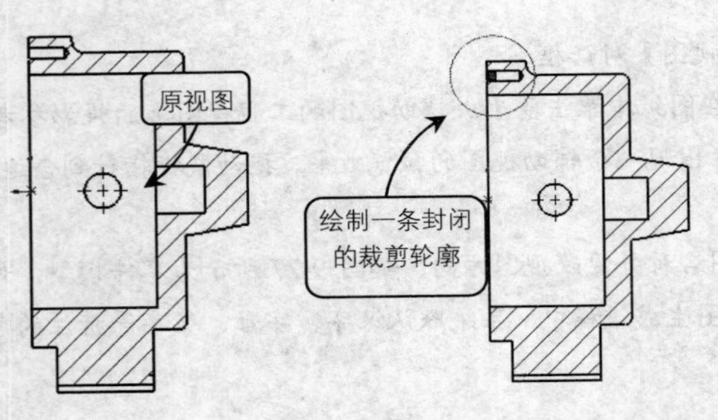

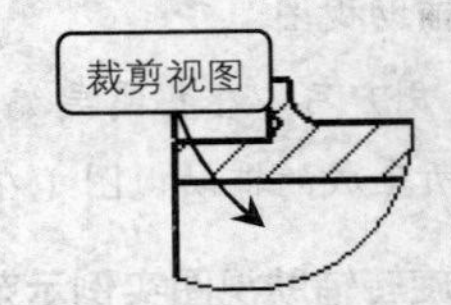

图 9-31　裁剪视图的生成过程

1. 生成裁剪视图实例示范

01 打开素材库中的“第 9 章/9.2.5 裁剪视图.slddrw”文件，如图 9-32 所示。

02 单击要裁剪视图的工程视图，使用草图绘制工具绘制一条封闭的轮廓，如图 9-33 所示。

03 选择封闭的轮廓，单击【工程图】工具栏中的【裁剪视图】按钮，或者选择菜单栏中的【插入】|【工程视图】|【裁剪视图】菜单命令。此时，裁剪轮廓以外的视图消失，生成裁剪视图，如图 9-34 所示。

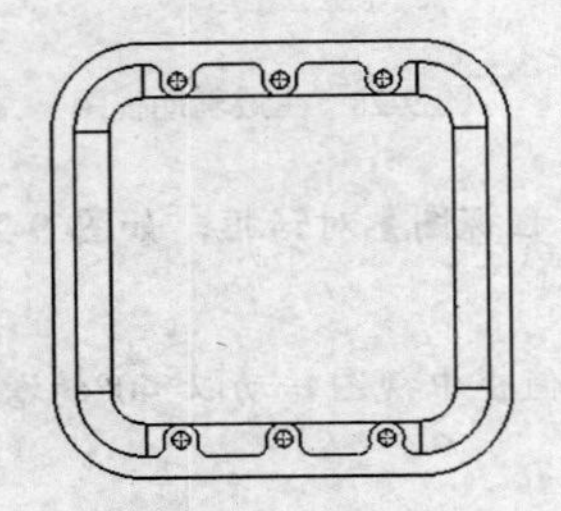

图 9-32　“9.2.5 裁剪视图”文件

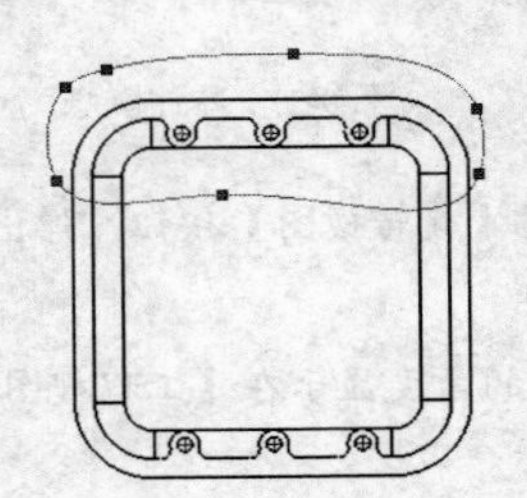

图 9-33　绘制裁剪轮廓

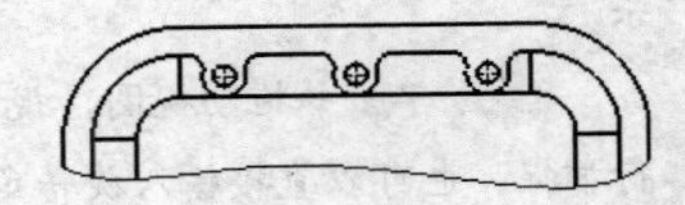

图 9-34　生成裁剪视图

2. 编辑裁剪视图

生成裁剪视图后，可以编辑生成的裁剪视图，在【特征管理器设计树】中有鼠标右键单击生成的裁剪视图的工程视图图标，在弹出的菜单栏中选择【裁剪视图】|【编辑裁剪视图】命令。编辑轮廓后退出，并单击【标准】工具栏中的【重建模型】按钮，即可更新视图，如图 9-35 所示为编辑裁剪视图的快捷菜单。

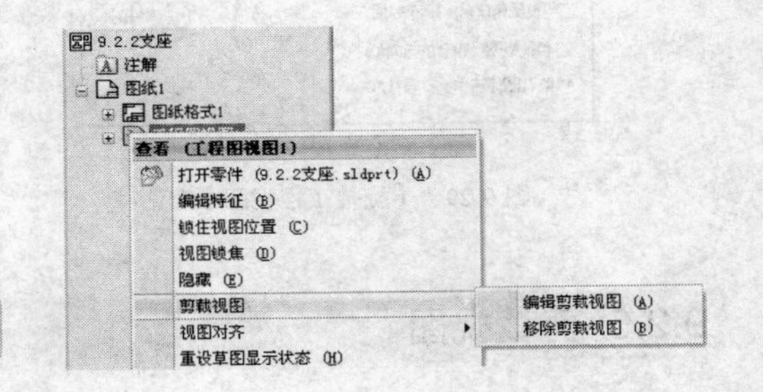

图 9-35　快捷菜单

9.2.6 局部视图

局部视图是一种派生视图，可以用来显示父视图的某一局部形状，通常采用放大比例显示。局部视图的父视图可以是正交视图、空间（等轴测）视图、剖面视图、裁剪视图、爆炸视图、爆炸装配体视图或者另一局部剖视图，但不能在透视图中生成模型的局部视图。

1. 局部视图操作界面

单击【工程图】工具栏中的【局部视图】按钮，或者选择菜单栏中的【插入】|【工程视图】|【局部视图】命令，系统弹出【局部视图 I（根据生成的局部视图，按罗马字母顺序排序）】对话框，如图 9-36 所示。

在【局部视图 I】对话框中，各选项的含义如下：

❑ 【局部视图图标】选项组

样式：可以选择一种样式，如图 9-37 所示，也可以单击【轮廓】（必须在此之前已经绘制好一条封闭的轮廓曲线）或者【圆】单选按钮。

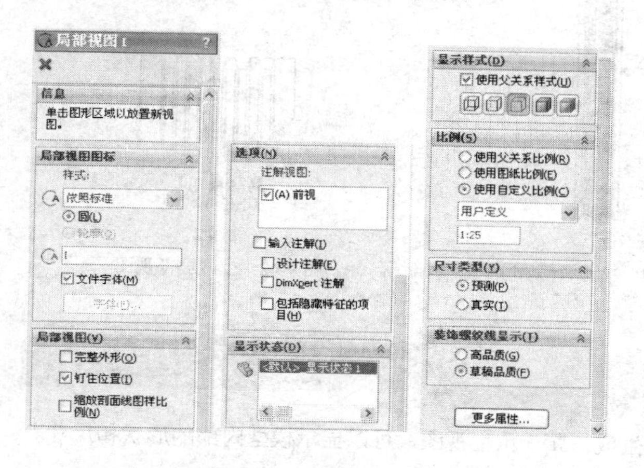

图 9-36 【局部视图 I】对话框

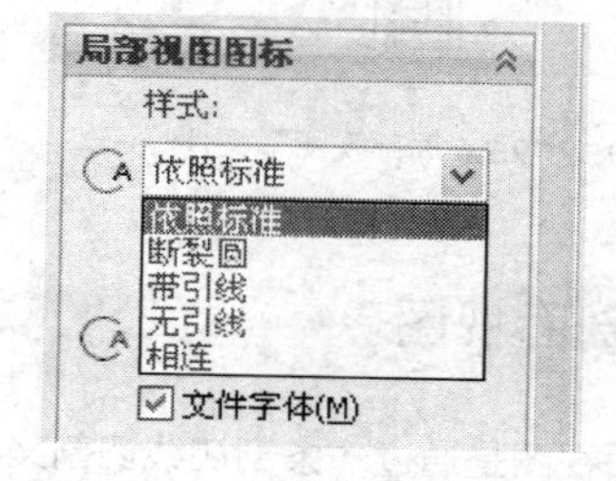

图 9-37 【样式】选项

各样式效果，如图 9-38 所示。

标号：编辑与局部视图相关的字母。

字体：如果要为局部视图标号选择文件字体以外的字体，取消选择【文件字体】选项，然后单击【字体】按钮。

❑ 【局部视图】选项组

完整外形：局部视图轮廓外形全部显示，如图 9-39 所示。

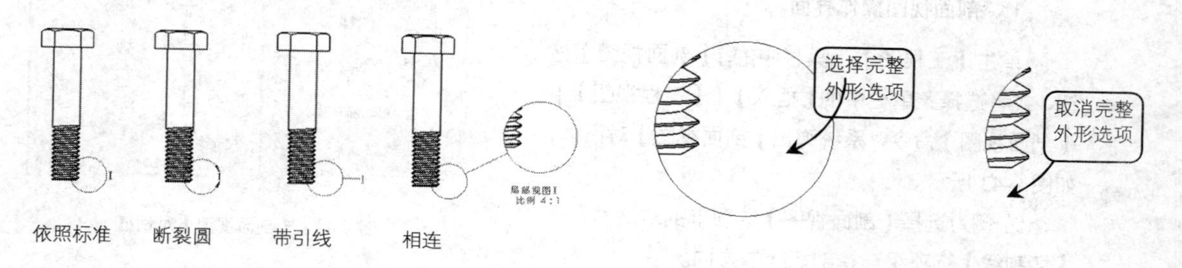

图 9-38 不同样式的效果

图 9-39 【完整外形】选项

钉住位置：选择此复选框，可以阻止父视图比例更改时局部视图发生移动。

缩放剖面线图样比例：可以根据局部视图的比例缩放剖面线图样比例。

2. 生成局部视图实例示范

01 打开素材库中的“第9章/9.2.6局部视图.slddrw”文件，如图9-40所示。

02 在需要放大的地方绘制一个封闭的轮廓，如图9-41所示。

03 单击【工程图】工具栏中的【局部视图】按钮，或者选择菜单栏中的【插入】|【工程视图】|【局部视图】命令，系统弹出【局部视图I】对话框，设置比例为1：50，移动鼠标至合适位置单击，以放置局部视图，单击对话框中的【确定】按钮，生成局部视图，如图9-42所示。

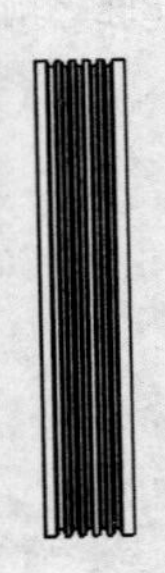

图9-40 “9.2.6局部视图”文件

图9-41 绘制封闭轮廓

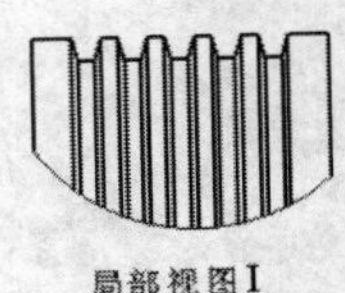

图9-42 生成局部视图

9.2.7 剖面视图

剖面视图是通过一条剖切线切割父视图而生成，属于派生视图，可以显示模型内部的形状和尺寸。剖面视图可以是剖切面或者用阶梯剖切线定义的等距剖面视图，并可以生成半剖视图。

在之前版本的SolidWorks中，生成剖面视图前必须先在工程视图中绘制出剖切路径草图。SolidWorks 2013提供了新的剖面视图界面，使用户不必自行绘制剖切线草图，而直接在【剖面视图】对话框中选择剖切样式。

1. 剖面视图操作界面

单击【工程图】工具栏中的【剖面视图】按钮，或者选择菜单栏中的【插入】|【工程视图】|【剖面视图】命令，系统弹出【剖面视图】对话框，如图9-43所示。

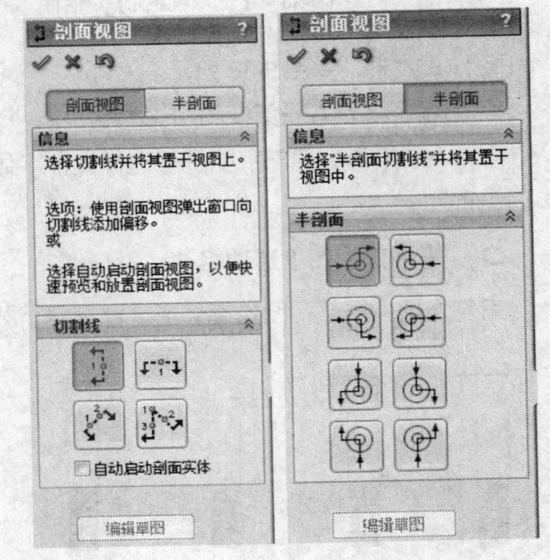

图9-43 【剖面视图】对话框

左侧为选择【剖面视图】选项卡的对话框，在【切割线】选项组选择剖切线的方向。

右侧为选择【半剖面】选项卡的对话框，在【半剖面】选项组选择剖面的方向。

在图纸区移动剖切线的预览，在某一位置单击，弹出剖切线编辑工具栏，如图9-44所示，单击工具栏上【确定】按钮，生成此位置的剖面视图，同时弹出【剖面视图A-A（根据生成的剖面视图，按字母顺序排序】对话框，如图9-45所示。

在【剖面视图 A-A】对话框中，各选项的含义如下：

图 9-44　剖切线编辑工具

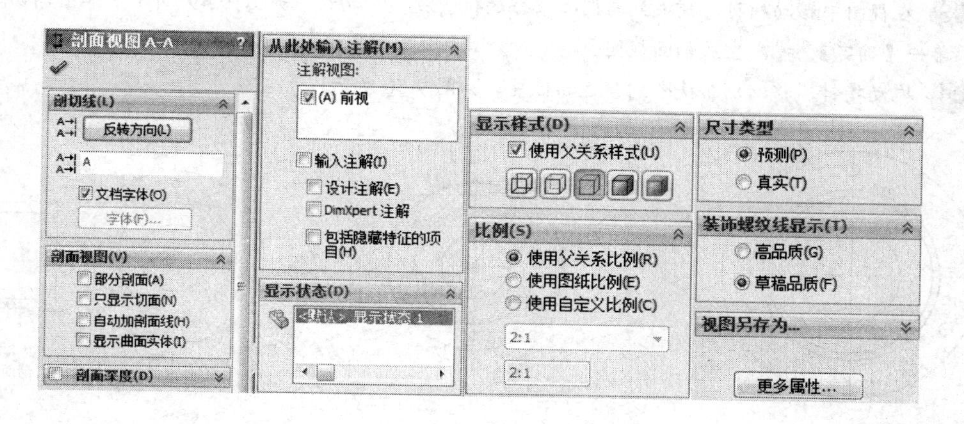

图 9-45　【剖面视图 A-A】对话框

❑　【剖切线】选项组

反转方向：反转剖切的方向。

标号：编辑与剖切线或者剖面视图相关的字母。

字体：如果剖切线标号选择文件字体以外的字体，取消选择【文档字体】选项，然后单击字体按钮，可以为剖切线或者剖面视图的注释文字选择字体。

❑　【剖面视图】选项组

部分剖面：当剖切线没有完全切透视图中模型的边框线时，需勾选此项，以生成部分的剖视图，如图 9-46 所示。

只显示切面：只有被剖切线切除的曲面出现在剖面视图中，剖面视图的显示模式如图 9-47 所示。

自动加剖面线：选择此选项，系统可以自动添加必要的剖面线。

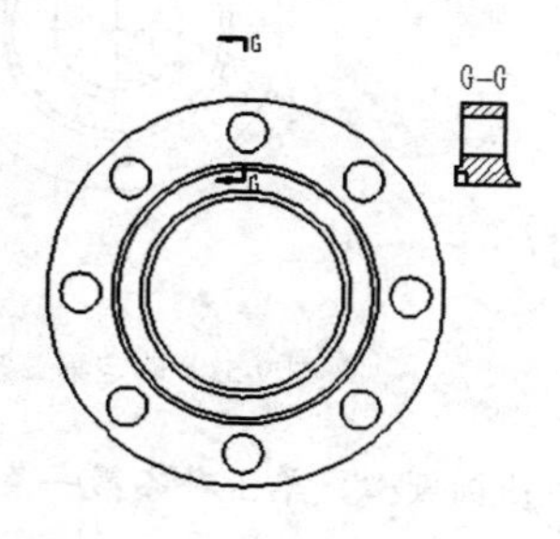

图 9-46　部分剖面

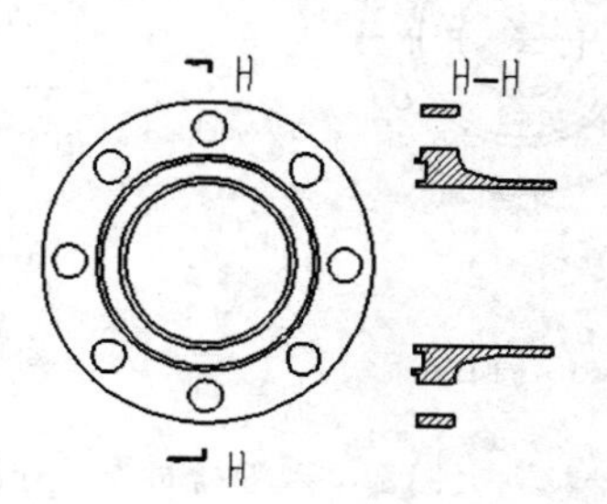

图 9-47　只显示切面

2. 生成剖面视图实例示范

01 打开素材库中的“第 9 章/9.2.7 剖视图.slddrw”文件，如图 9-48 所示。

02 单击【工程图】工具栏中的【剖面视图】按钮，弹出【剖面视图】对话框，在【切割线】类型中选择【竖直】剖切。

03 在视图中移动指针，捕捉到与圆心重合的位置放置剖切线，如图 9-49 所示。弹出剖切编辑工具栏，单击【确定】，生成剖面视图。

04 拖动指针，移动剖面视图到合适的位置，如图 9-50 所示。

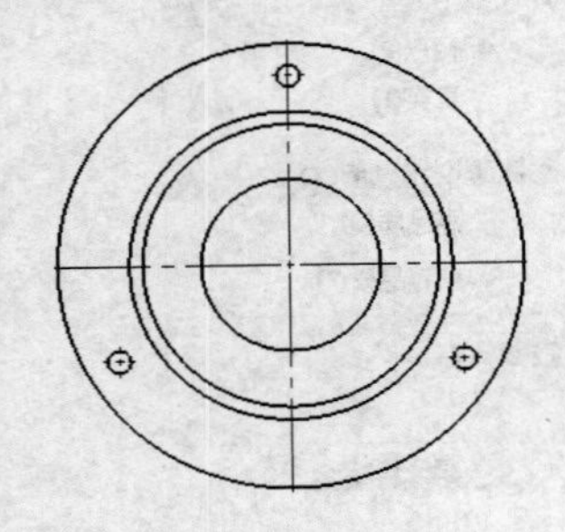

图 9-48 “9.2.7 剖视图”文件

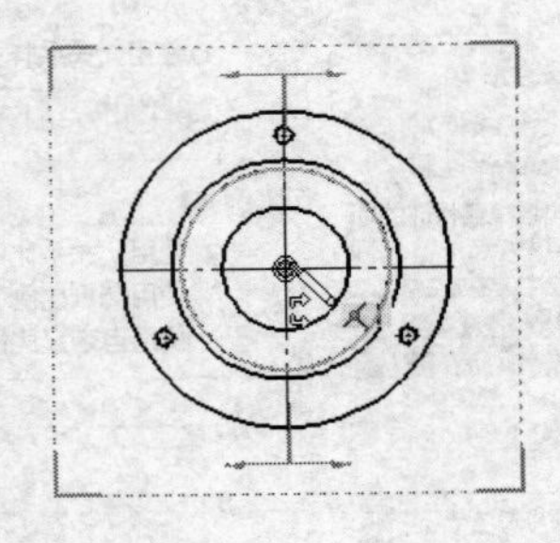

图 9-49 放置剖切线

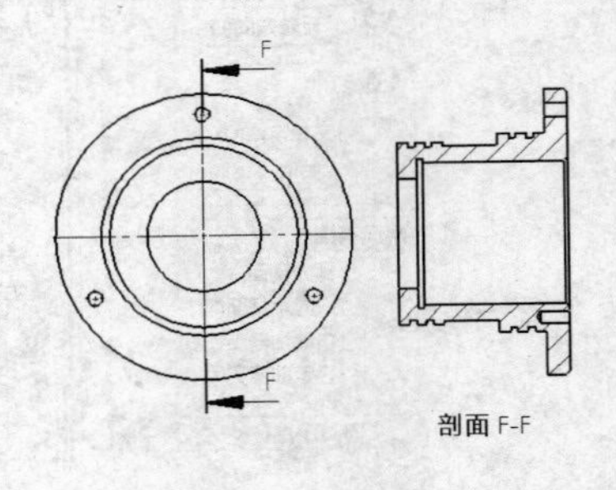

图 9-50 生成剖面视图

提 示：双击剖切线，可以反转剖切方向。

3. 旋转剖视图

旋转剖视图可以用来表达具有回转轴的零件模型内部形状。

01 打开素材库中的“第 9 章/9.2.7 剖视图.slddrw”文件。

02 单击【工程图】工具栏中的【剖面视图】按钮，弹出【剖面视图】对话框，在【切割线】类型中选择【对齐】剖切。

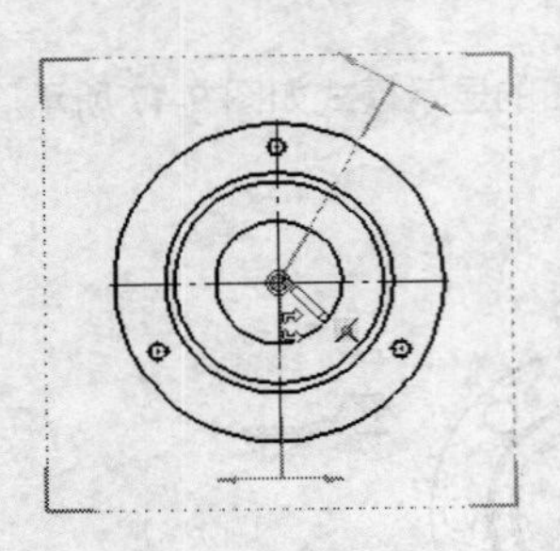

图 9-51 确定转折点

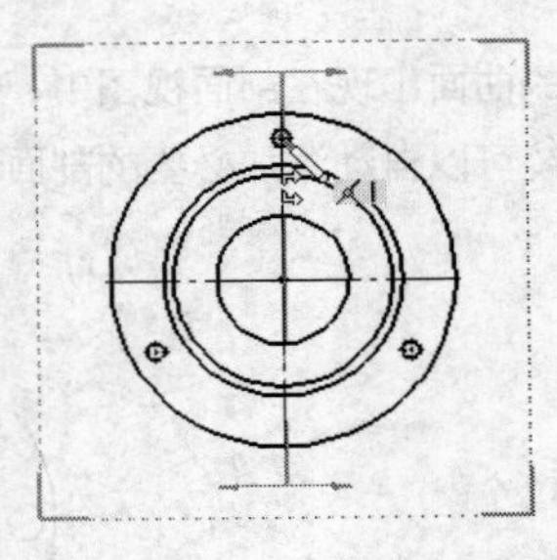

图 9-52 确定第一条剖切线

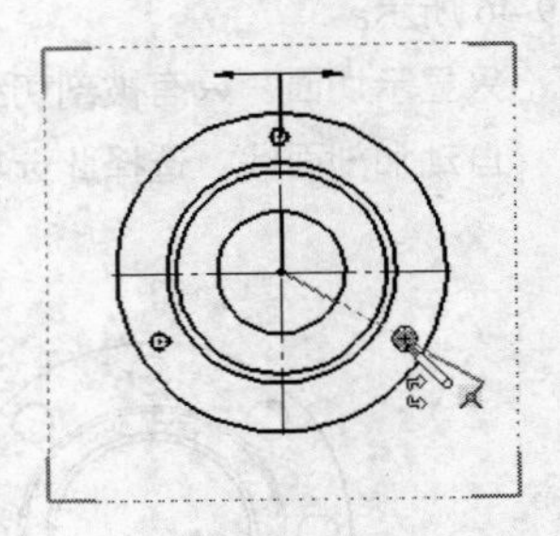

图 9-53 确定第二条剖切线

03 捕捉到大圆圆心放置转折点，如图 9-51 所示。捕捉到小圆圆心，单击对齐第一条剖切线，如图 9-52 所示。捕捉到小圆圆心，单击对齐第二条剖切线，如图 9-53 所示。

04 弹出剖切线编辑工具条，单击工具条上的【确定】生成剖面视图，如图 9-54 所示。

9.2.8 断裂视图

对于一些较长的零件（如轴、杆、型材等），如果沿着长度方向的形状统一或者沿着一定的规律变化时，可以用折断显示的断裂视图来表达，这样就可以将零件以较大比例显示在较小的工程图纸上。断裂视图可以应用于多个视图，并可根据要求撤销断裂视图。

1. 断裂视图操作界面

单击【工程图】工具栏中的【断裂视图】按钮，或者选择【插入】|【工程视图】|【断裂视图】菜单命令，系统弹出【断裂视图】对话框，如图9-55所示。

在【断裂视图】对话框中，各选项的含义如下：

添加竖直折断线：生成断裂视图时，将视图沿水平方向断开。

添加水平折断线：生成断裂视图时，将视图沿竖直方向断开。

缝隙大小：改变折断线缝隙之间的间距量。

折断线样式：定义折断线的样式，如图9-56所示，其效果如图9-57所示。

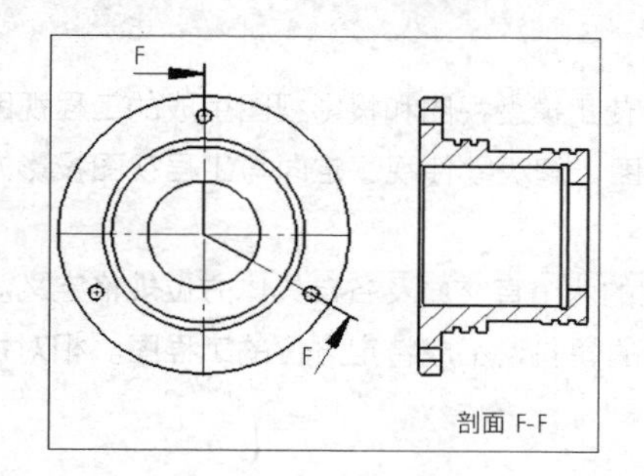

图9-54 生成的旋转剖视图

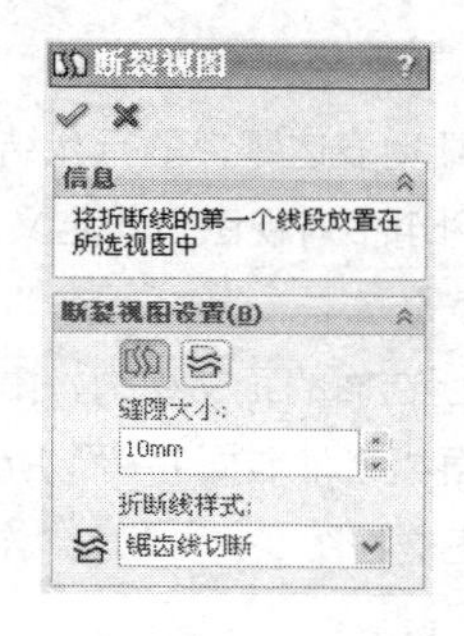

图9-55 【断裂视图】对话框

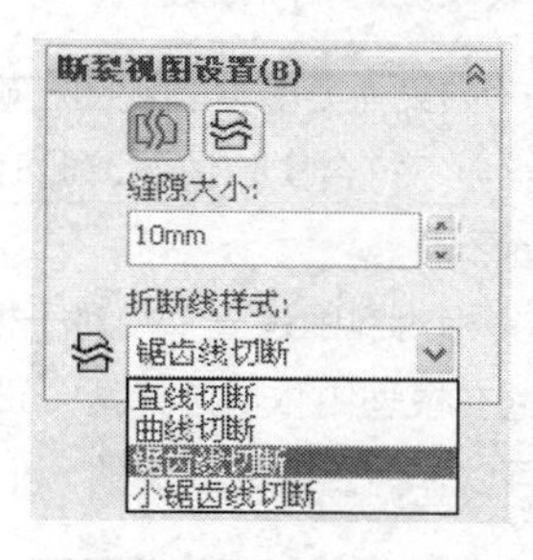

图9-56 【折断线样式】选项

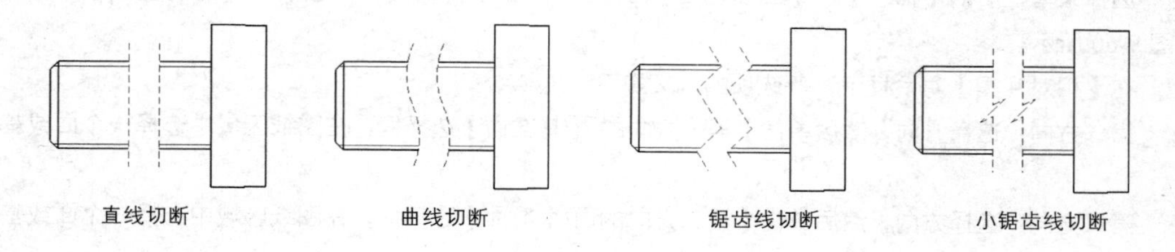

图9-57 不同折断线样式的效果

2. 生成断裂视图实例示范

01 打开素材库中的“第9章/9.2.8 断裂视图.slddrw”文件，如图9-58所示。

02 在图纸区域中激活现有视图，单击【工程图】工具栏中的【断裂视图】按钮，或者选择【插入】|【工程视图】|【断裂视图】菜单命令，系统弹出【断裂视图】对话框。

03 设置折断缝隙大小为5mm，折断线样式为曲线折断，单击鼠标左键选择要插入断裂线的工程视图，出现第一条断裂线，在需要折断的另一位置单击鼠标左键，出现第二条断裂线，单击对话框中的【确定】按钮，生成断裂视图，如图9-59所示。

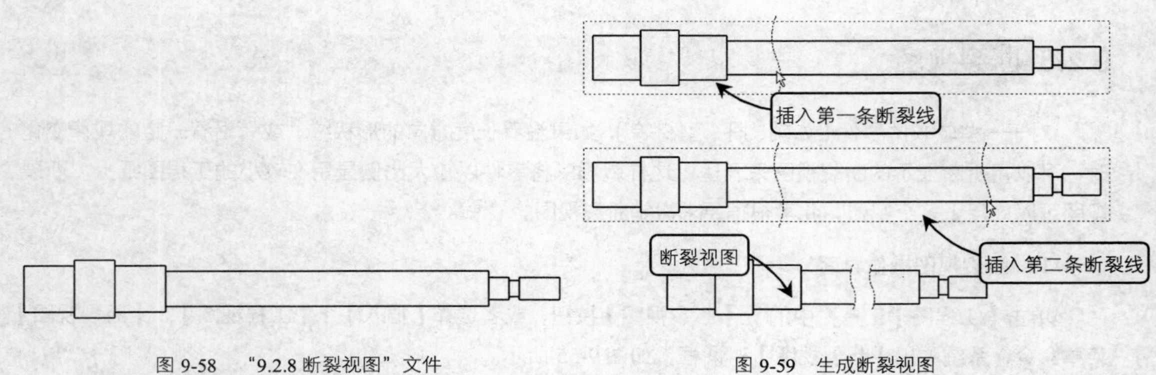

图 9-58 “9.2.8 断裂视图”文件　　　　图 9-59 生成断裂视图

注 意： 如果需要对生成的断裂视图进行修改，只需要单击断裂线，就会弹出【断裂视图】对话框，可以对断裂视图进行编辑。

9.2.9 相对视图

如果需要零件的视图正确、清晰地表达零件的行状结构，使用模型视图和投影视图生成的工程视图可能会不符合实际情况，此时可以利用相对视图自行定义主视图，解决零件视图定向与工程视图投影方向的矛盾。

相对视图是一个相对于模型中所选面的正交视图，由模型的两个直交面及各自具体方位规格定义。通过在模型中依次选择两个正交平面或者基准面并指定所选面的朝向，生成特定方位的工程图。相对视图可以作为工程视图中的一个基础正交视图。

1. 相对视图操作界面

选择菜单栏中的【插入】|【工程视图】|【相对于模型】命令，系统弹出【相对视图】对话框，如图 9-60 所示。

在【相对视图】对话框中，各选项的含义如下：

第一方向：选择方向，然后单击【第一方向的面/基准面】选择框，在图纸区域中选择一个面或基准面。

第二方向：选择方向，然后单击【第二方向的面/基准面】选择框，在图纸区域中选择一个面或基准面。

2. 生成相对视图实例示范

01 新建工程图文件，并设置所需要的图纸格式。

02 选择菜单栏中的【插入】|【工程视图】|【相对于模型】命令，系统弹出【相对视图】对话框。

03 在图纸区域中单击鼠标右键，在弹出的快捷菜单中选择【从文件中插入】命令，如图 9-61 所示。

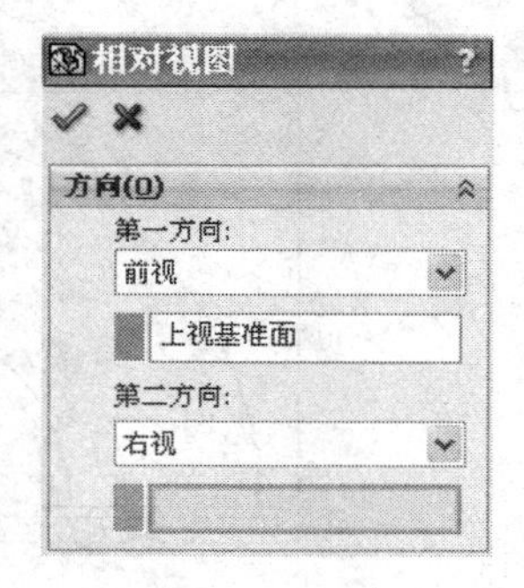

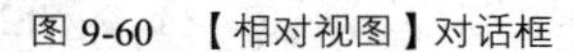

图 9-60 【相对视图】对话框

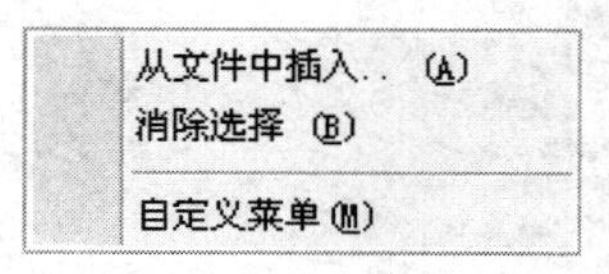

图 9-61 快捷菜单

04 系统弹出打开对话框，在打开对话框中选择素材库中的“第 9 章/9.2.9 相对视图零件.sldprt”文件，单击【打开】按钮。

05 零件模型出现在零件窗口的图形区域中，可以再【相对视图】对话框中对投射方向进行设置，分别选择模型的前视基准面作为【第一方向】、右视基准面作为【第二方向】，如图 9-62 所示。

06 单击对话框中的✔【确定】按钮，回到工程图窗口中，在图纸区域中拖动鼠标指针，单击鼠标左键将相对视图放置在合适位置，系统出现【工程图 1】对话框，单击【工程图 1】对话框中的✔【确定】按钮，生成相对视图，如图 9-63 所示。

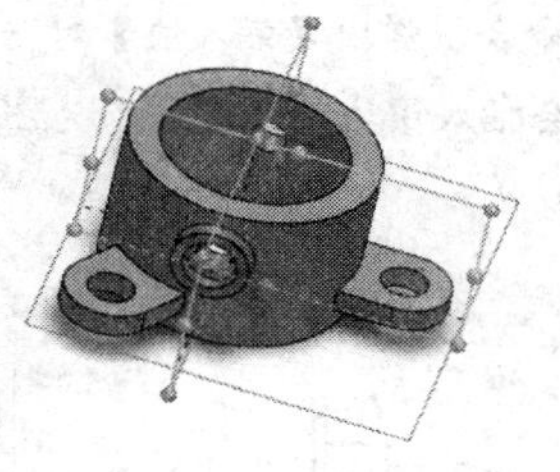

图 9-62 设置方向

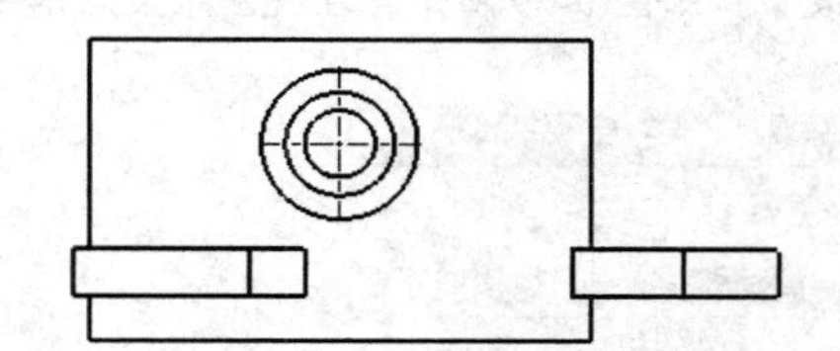

图 9-63 生成的相对视图

9.2.10 工程视图转换为草图

对于插入的某个工程视图，只能对整个视图进行编辑或删除，而无法编辑其中的某条线。SoldWorks 2013 新增将工程视图转换为草图的功能，转换之后，可以像编辑草图那样，编辑实体对象。生成的草图与原模型文件将消除链接关系，修改草图或模型时，彼此之间不会产生影响。

1. 转换视图操作界面

在图纸区单击右键选择某个视图，弹出快捷菜单如图 9-64 所示。选择【将视图转换为草图】命令，弹出对话框如图 9-65 所示。对话框中各项的含义如下：

- 使用草图替换视图：将视图的线条全部替换为草图线条。
- 使用块替换视图：将视图的线条全部替换为草图线条，但这些草图线条组成一个整体的块。
- 插入作为块：生成与视图线条相同的块，但不删除原视图，而是在另一位置插入这个块。
- 插入点：只有选择后两种转换方式时，才可编辑插入点。

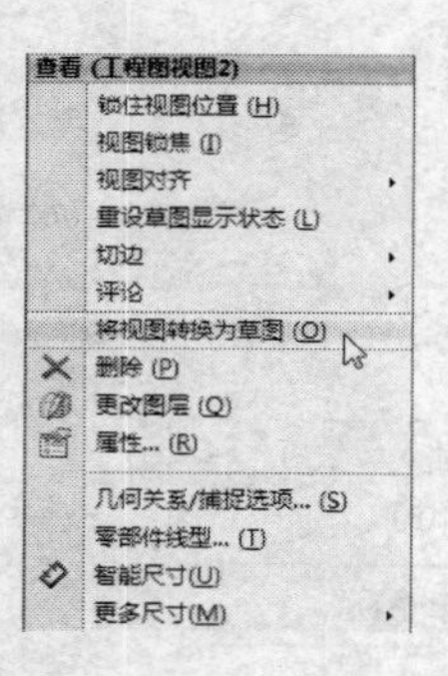

图 9-64　右键展开菜单

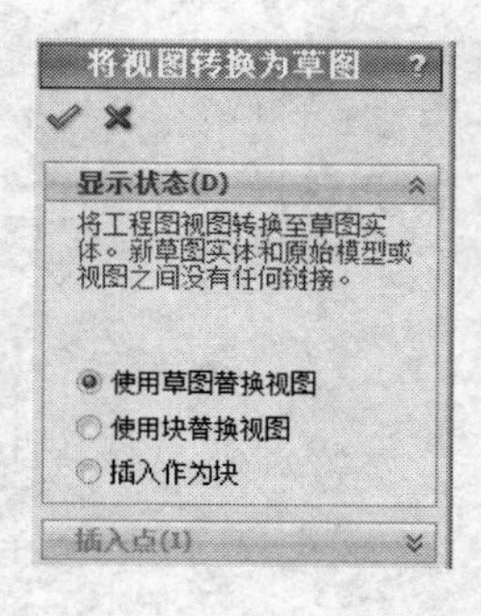

图 9-65　对话框

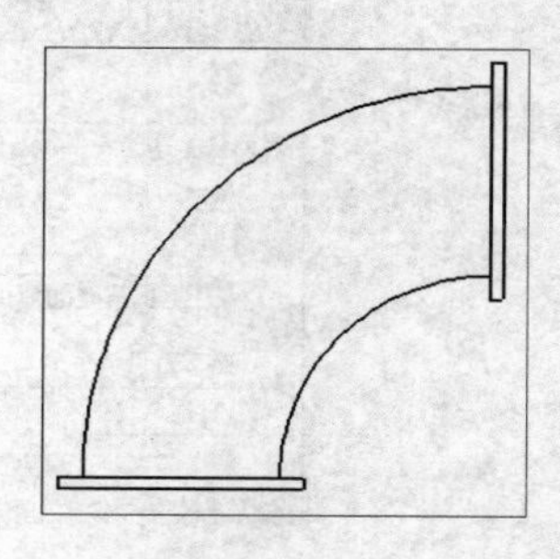

图 9-66　工程图素材

2．转换视图实例示范

01 打开素材文件"第 9 章/9.2.10 转换视图"，工程视图如图 9-66 所示。

02 右键单击该视图，弹出快捷菜单，在菜单中选择【将视图转换为草图】命令，弹出【将视图转换为草图】对话框。

03 如图 9-67 所示，在对话框中，选择转换方式为【使用块替换视图】，然后单击展开【插入点】选项组，模型上出现操纵杆。拖动黑色箭头至某一位置，然后将坐标也拖至该位置，如图 9-68 所示。

04 单击对话框中【确定】✓，完成视图转换。

05 从菜单栏选择【工具】|【块】|【插入】命令，弹出【插入块】对话框，创键的块已经在对话框列表中，如图 9-69 所示。在视图上某点单击，将会插入该块，且插入点为图 9-68 中设置的点。

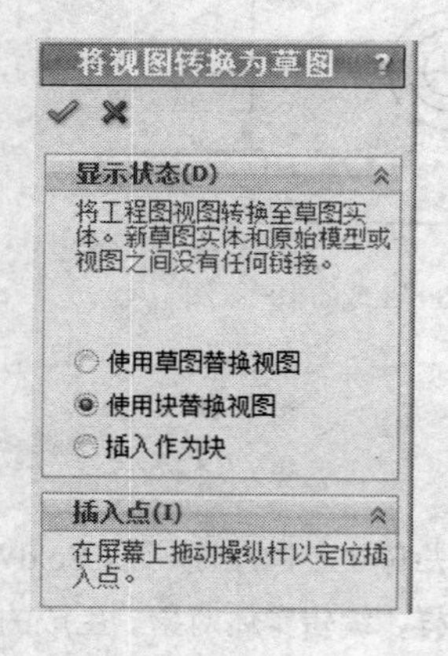

图 9-67　对话框

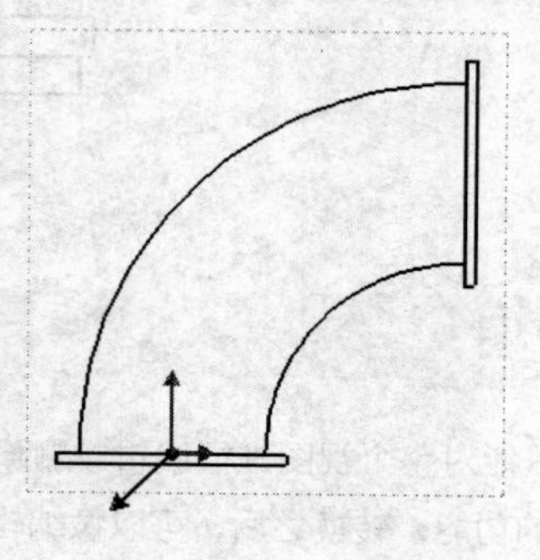

图 9-68　设置插入点

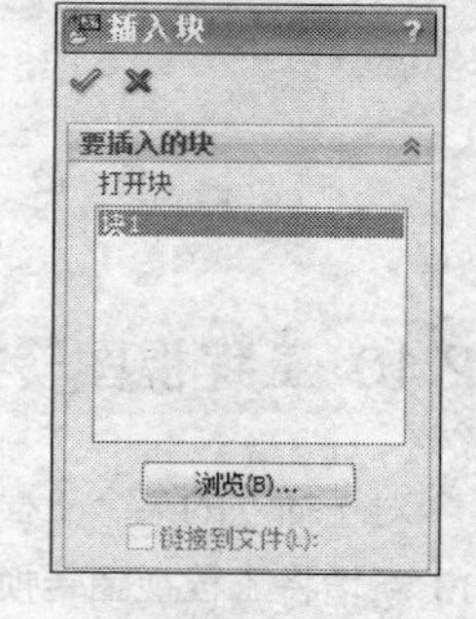

图 9-69　【插入块】对话框

9.2.11 实例示范

本例讲解如何生成轴承座零件模型（如图 9-70 所示）的工程视图，如图 9-71 所示。

制作本实例可分为如下操作步骤：

➢ 创建建工程图文件。

➢ 设置图纸格式。

- 生成前视图。
- 修改视图比例。
- 生成剖视图。
- 生成局部放大视图。
- 保存工程图。

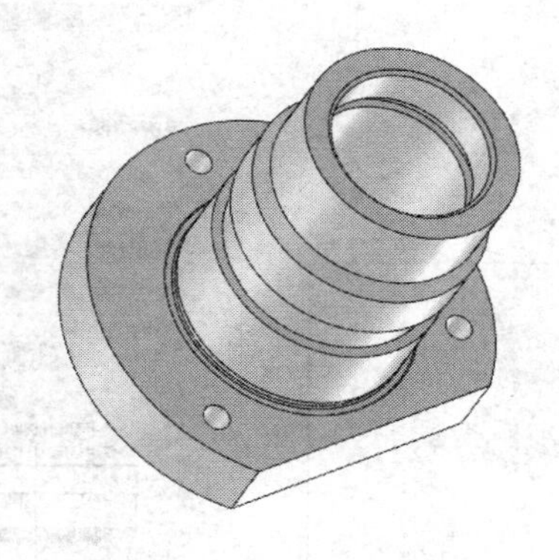

图 9-70 定位套零件模型

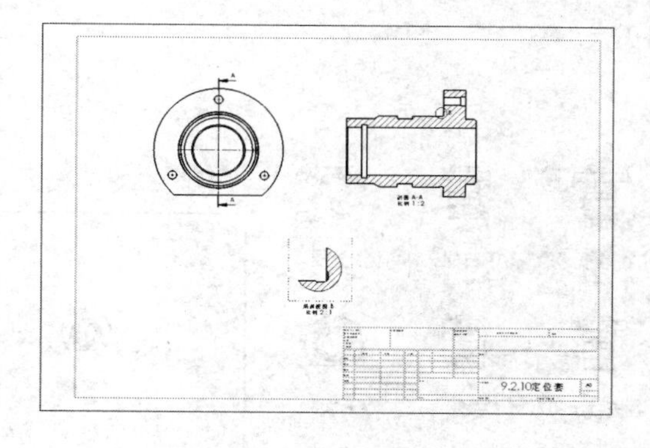

图 9-71 定位套工程图

本实例的具体操作步骤如下：

1. 创建工程图文件

01 启动 SolidWorks 2013，单击【标准】工具栏中的【打开】按钮，系统弹出【打开】对话框。

02 选择素材库中的“9.2.11 定位套.sldprt”文件，如图 9-72 所示，单击【打开】按钮，进入 SolidWorks 零件图界面。

03 从菜单栏选择【文件】|【从零件制作工程图】，系统进入工程图工作界面。

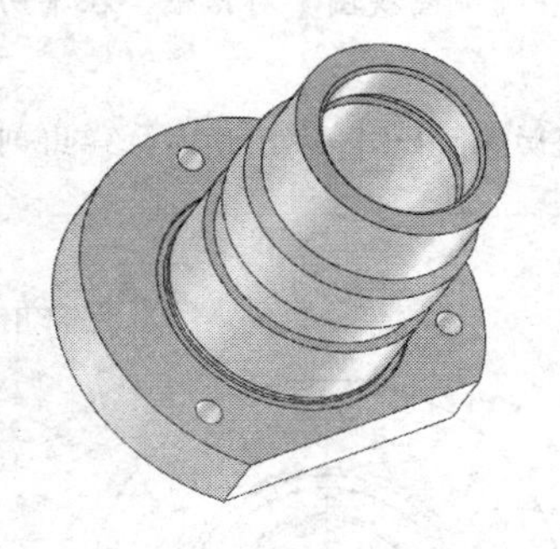

图 9-72 “9.2.10 定位套”文件

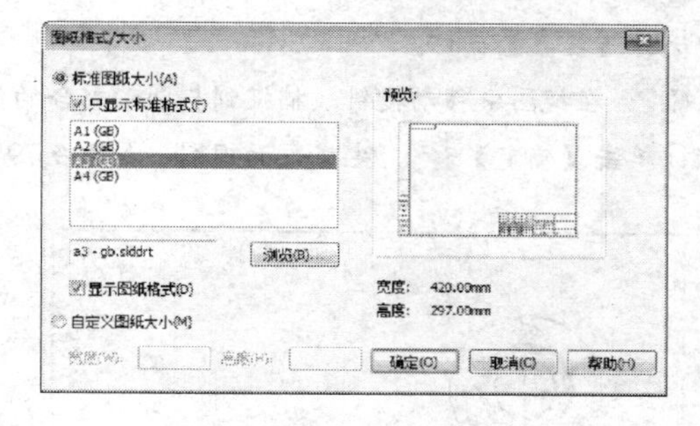

图 9-73 【图纸格式/大小】对话框

2. 设置图纸格式

01 进入工程图界面之后，系统弹出【图纸格式/大小】对话框，如图 9-73 所示。

02 设置图纸大小为 A3（GB）的工程图文件，单击对话框中的【确定】按钮。

3. 生成前视图

01 在工作界面的右下角，出现快速视图选项，如图 9-74 所示。

02 按住鼠标左键拖动【下视图】到图纸区，生成定位套的下视图，如图 9-75 所示。

4. 修改视图比例

01 单击选择视图，系统自动弹出【工程图视图】对话框。在【比例】选项组中选择“使用自定义比例”选项，选择视图的比例为 1∶2，如图 9-76 所示。

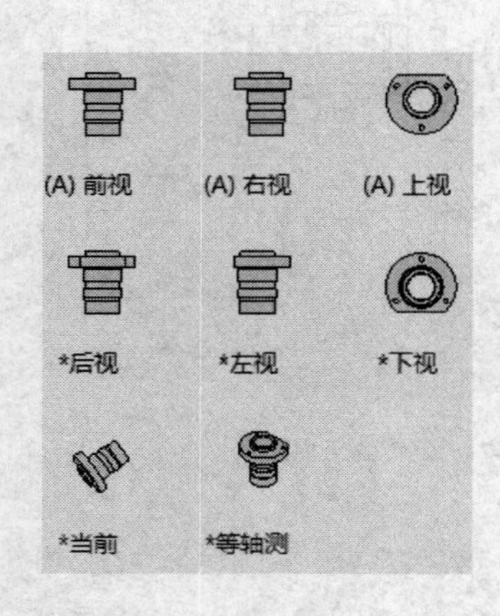

图 9-74 【模型视图】对话框

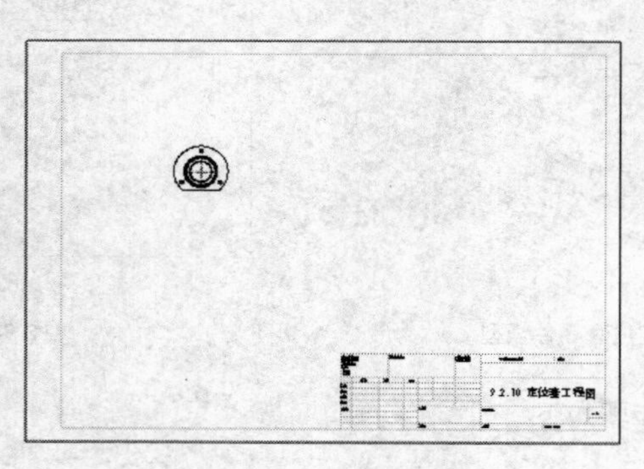

图 9-75 生成下视图

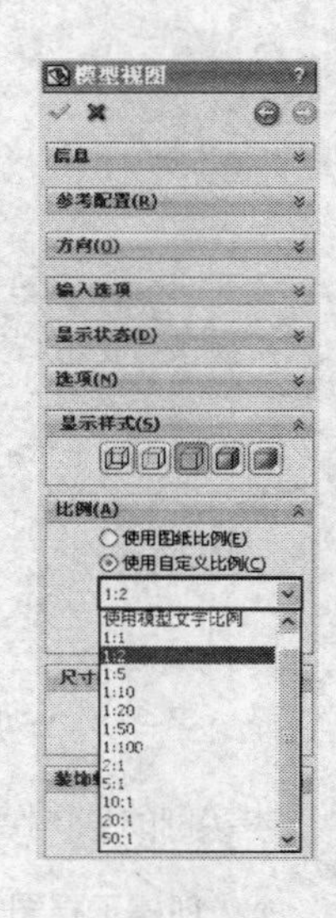

图 9-76 修改比例值

02 单击对话框中的【确定】按钮，完成视图比例的修改，修改效果如图 9-77 所示。

5. 生成剖视图

01 单击【工程图】工具栏中的【剖面视图】按钮，弹出【剖面视图】对话框，在【切割线】类型中选择【竖直】剖切。

02 在视图中移动指针，捕捉到与圆心重合的位置放置剖切线，如图 9-78 所示。弹出剖切编辑工具栏，单击【确定】，生成剖面视图，如图 9-79 所示。

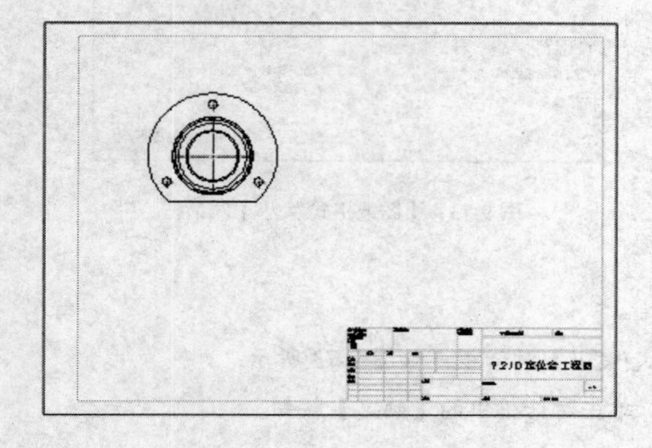

图 9-77 修改比例的效果

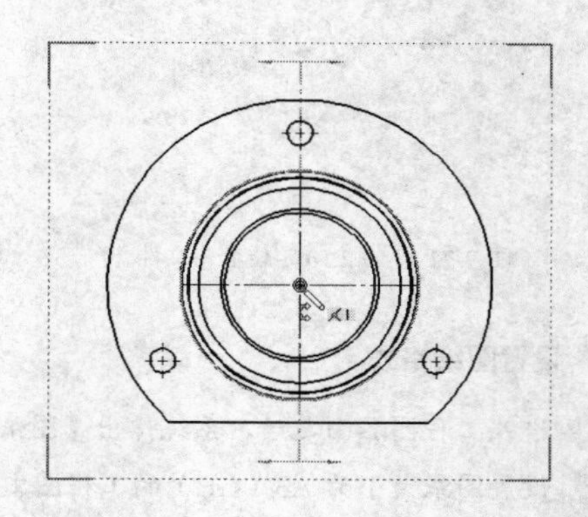

图 9-78 放置剖切线

6. 生成局部放大视图

01 单击激活剖面视图，然后单击【草图】工具栏中的【圆】按钮，在需要放大的地方绘制一个封闭的轮廓，如图 9-80 所示。

02 选择封闭的轮廓，单击【工程图】工具栏中的【局部视图】按钮，或者选择菜单栏中的【插入】|【工程视图】|【局部视图】命令，系统弹出【局部视图 I】对话框，设置比例为 2∶1，移动鼠标至合适位置单击，以放置局部视图，单击对话框中的【确定】按钮，生成局部放大视图，如图 9-81 所示。

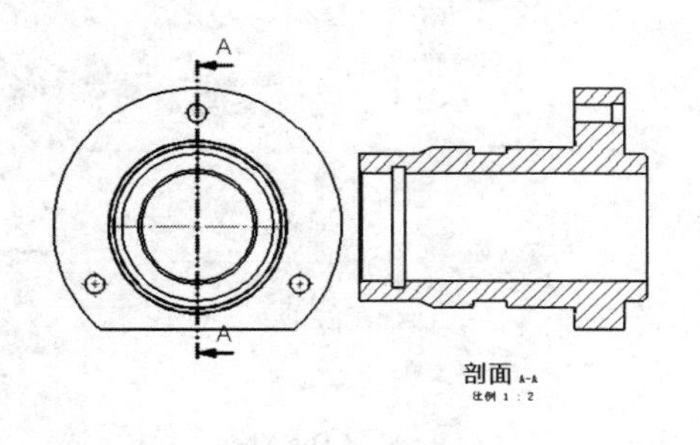

图 9-79 生成全剖视图

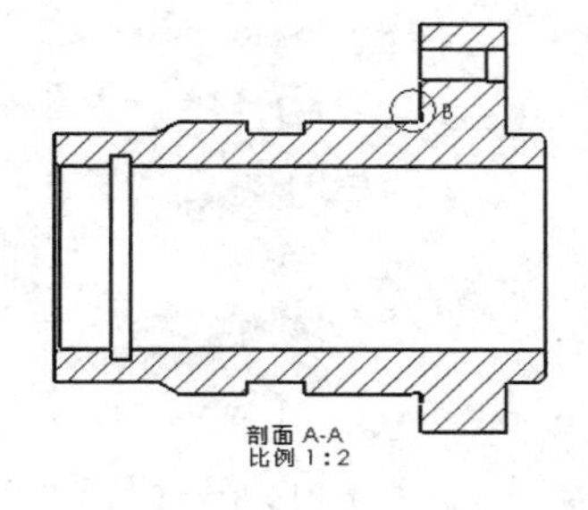

图 9-80 绘制封闭轮廓

图 9-81 生成局部放大视图

7. 保存工程图

01 选择【文件】|【另存为】命令，弹出【另存为】对话框。

02 在【文件名】列表框中输入“9.2.10 定位套工程图”，单击【保存】按钮。

9.3 尺寸标注

标注尺寸可以将 3D 模型特征的位置尺寸及大小尺寸数值化，让每一位阅读图纸的工程师都能清楚零件的具体尺寸。

工程图中标注尺寸会与零件特征相关联，在修改零件时，工程图中的尺寸会自动进行更新。

9.3.1 设置尺寸样式

在实际工作中，应根据要求对工程图的相关设置进行调整，单击菜单栏中的【工具】|【选项】命令，系统弹出【文档属性-尺寸】对话框，选择【文档属性】选项卡，单击【尺寸】选项，如图 9-82 所示。

在此对话框中，用户可以设置尺寸标注的各种参数，如：尺寸的文字对齐样式、尺寸箭头、尺寸引线、尺寸精度、公差等。

9.3.2 尺寸标注方式

系统提供了两种尺寸标注的方式，【DimXpert】方式和【自动标注尺寸】方式。这两种方式都用在不同的场合，在标注尺寸的过程中，应该根据零件的特征及要求进行选择。

单击【尺寸/几何关系】工具栏中的【尺寸】按钮，系统弹出【尺寸】对话框。单击【DimXpert】选项卡，切换至【DimXpert】方式，如图 9-83 所示。

在【尺寸辅助工具】选项组中的智能尺寸标注方法和草图中的标注方法相同，这里就不再介绍。单击【DimXpert】按钮，将对话框切换至 DimXpert 尺寸标注，如图 9-84 所示。

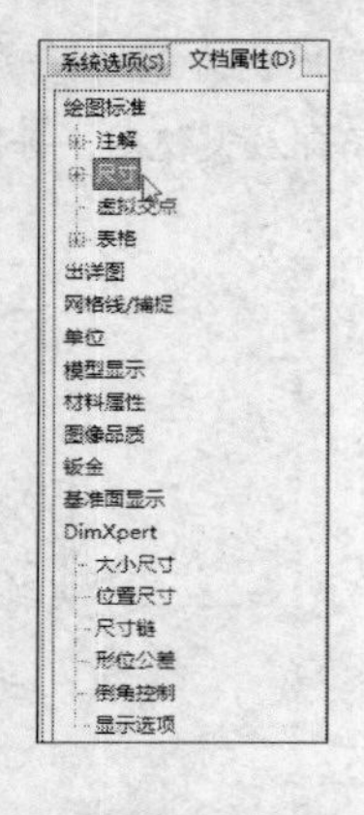

图 9-82 设置【尺寸】选项

图 9-83 【尺寸】对话框

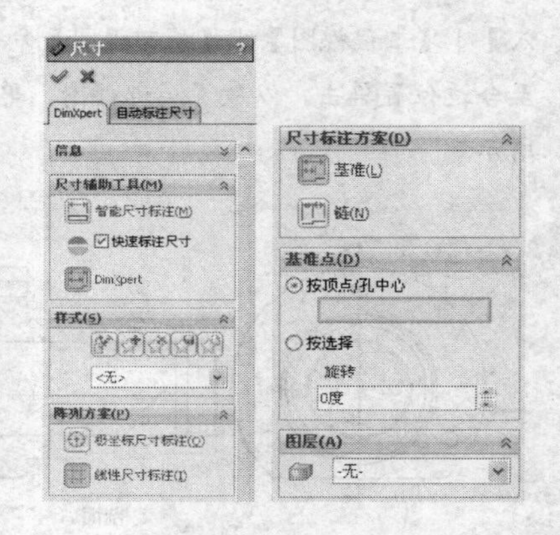

图 9-84 【DimXpert】尺寸标注

在【DimXpert】尺寸标注中，各选项的含义如下：

- 【阵列方案】选项组

极坐标尺寸标注：以所选极坐标的方式标注尺寸，如图 9-85 所示。

线性尺寸标注：以线性的方式标注尺寸，如图 9-86 所示。

- 【尺寸标注方案】选项组

基准：从选择的基准开始标注尺寸。

链：标注后的尺寸首尾依次相连。

- 【基准点】选项组

按顶点/孔中心：参照选择的顶点或孔的中心定义基准点。

按选择：在工程图中选择边线定义 X 与 Y 轴，选择该项后【基准点】选项组变为如图 9-87 所示。

旋转：通过输入数值，定义基准点旋转的角度。

利用自动标注尺寸工具，可以将参考尺寸作为基准尺寸、链和尺寸链插入工程视图中，系统根据所设置的一些参数自动生成尺寸。

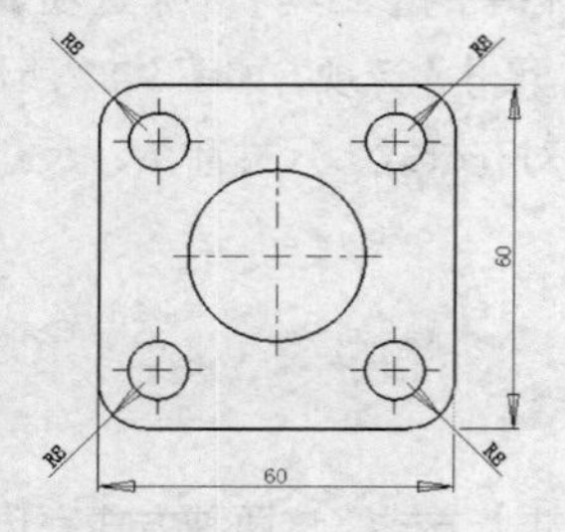

图 9-85 极坐标尺寸标注

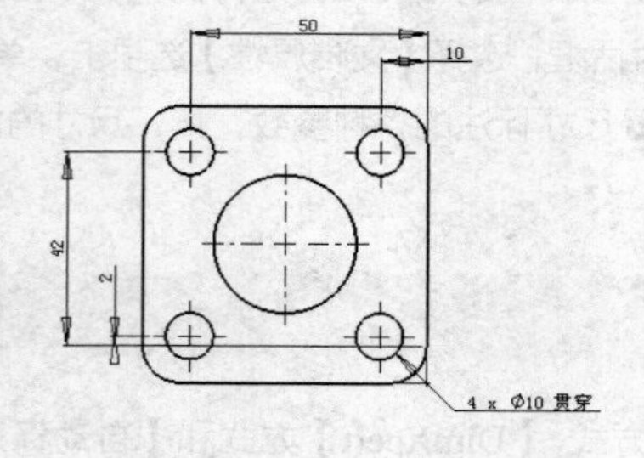

图 9-86 线性尺寸标注

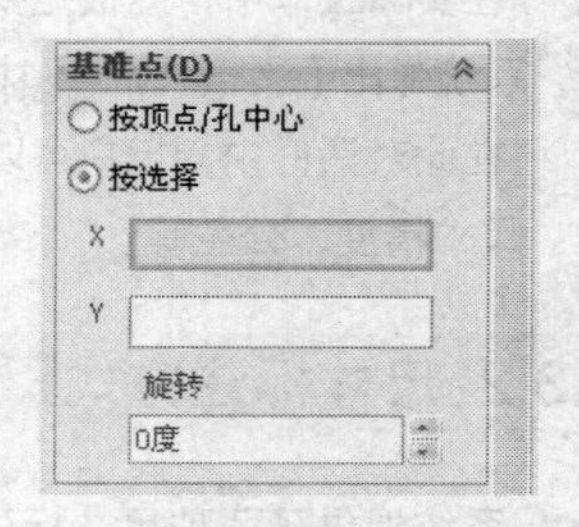

图 9-87 【基准点】选项组

9.4 注解

一张完整的工程图，尤其是零件图，除了包含一组表达零件内、外结构的视图外，还必须包含制造零件的尺寸和零件的技术要求（如尺寸公差、形位公差、表面粗糙度、热处理、表面处理以及其他用文字说明的技术要求等）。因此利用SolidWorks生成工程图后，需要为工程图添加相关的注解信息。

在SolidWorks 2013中，可以添加多种注解，主要包括注释、表面粗糙度符号、焊接符号、形位公差、基准特征符号、基准目标、孔标注、中心符号线、装饰螺纹线、块等。

在【注解】工具栏中包含了所有可以添加的注解类型，如图9-88所示。

图9-88 【注解】工具栏

9.4.1 注释

利用注释工具可以在工程图中添加文字信息和一些特殊要求的标注形式。注释文字可以独立浮动，也可以指向某个对象（如面、边线或顶点等）。注释可以包含文字、符号、参数文字或者超文本链接。如果注释中包含引线，则引线可以是直线、折弯线或者多转折引线。

1. 注释操作界面

单击【注解】工具栏中的A【注释】按钮，或者选择菜单栏中的【插入】|【注解】|【注释】命令，系统它弹出【注释】对话框，如图9-89所示。

注 意：注释有两种类型。如果在注释中键入文本并将其另存为常用注释，则该文本会随注释属性保存。当生成新注释时，选择该常用注释并将注释放置在图形区域中，注释便会与该文本一起出现。如果选择文件中的文本，然后选择一种常用类型，则会应用该常用类型的属性，而不更改所选文本；如果生成不含文本的注释并将其另存为常用注释，则只保存注释属性。

在【注释】对话框中，各选项的含义如下：

- 【文字格式】选项组

文字对齐方式：包括【左对齐】、【居中】、【右对齐】。

角度：设置注释文字的旋转角度（正角度值表示逆时针方向旋转）。

插入超文本链接：单击该按钮，可以在注释中包含超文本链接。

链接到属性：单击该按钮，可以将注释链接到文件属性。

添加符号：将鼠标指针放置在需要显示符号的【注释】文本框中，单击【添加符号】按钮，弹出【符号】对话框，选择一种符号，单击【确定】按钮，符号显示在注释中如图9-90所示。

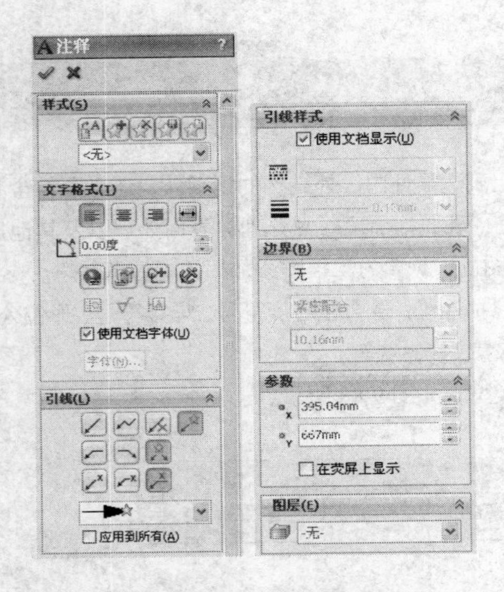

图 9-89 【注释】对话框

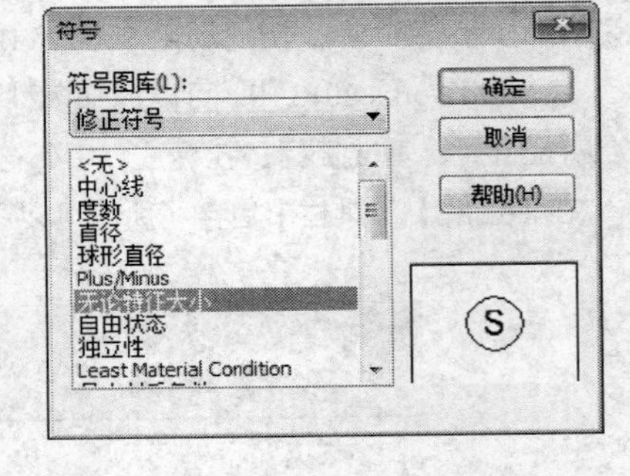

图 9-90 选择符号

锁定/解除锁定注释：将注释固定到位。当编辑注释时，可以调整其边界框，但不能移动注释本身。

插入形位公差：可以在注释中插入形位公差符号。

插入表面粗糙度符号：可以在注释中插入表面粗糙度符号。

插入基准特征：可以在注释中插入基准特征符号。

使用文档字体：选择该选项，使用文件设置的字体；取消选择该选项，可以选择字体样式、大小及效果。

❑ 【引线】选项组

引线的种类：如图 9-91 所示，为包含的全部引线种类。

箭头的种类：如图 9-92 所示，为包含的全部箭头种类。

应用到所有：将更改应用到所选注释的所有箭头。

❑ 【边界】选项组

样式：指定边界的形状或者无，如图 9-93 所示。

大小：指定文字是否为【紧密配合】或者固定的字符数，如图 9-94 所示。

图 9-91 引线种类

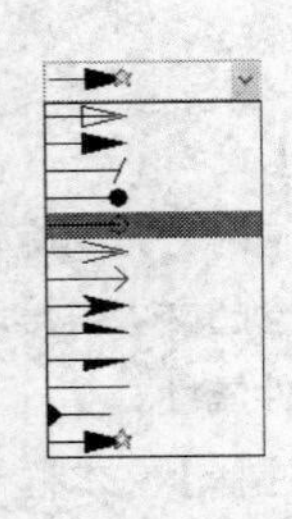

图 9-92 箭头种类

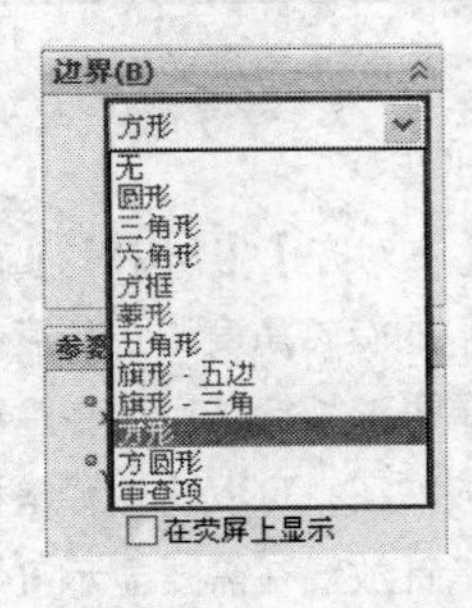

图 9-93 【样式】选项

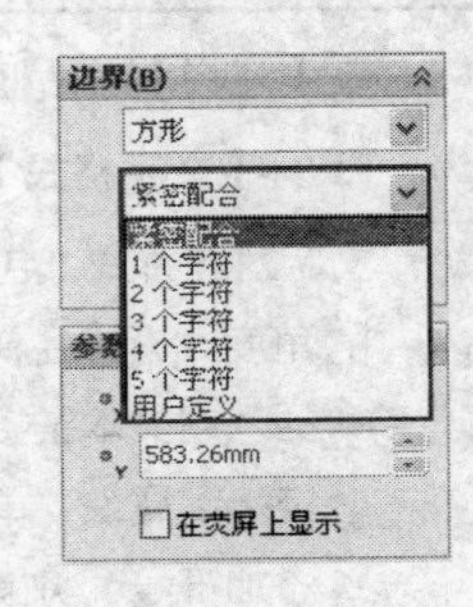

图 9-94 【大小】选项

2. 注释实例示范

01 新建工程视图文件，单击【注解】工具栏中的A【注释】按钮，或者选择菜单栏中的【插入】|【注解】|【注释】命令，系统弹出【注释】对话框。

02 此时鼠标指针呈形状，在图纸区域中拖动鼠标指针定义文本框，在文本框中输入相应的注释文字。

03 如果有多处需要注释文字，只需在相应位置单击鼠标左键即可添加新注释，单击【确定】按钮，注释添加完成。如图 9-95 所示，为添加无引线注释和引线注释。

3. 编辑注释

❑ 修改注释参数

用鼠标左键双击注释的文本，系统弹出【注释】对话框，修改其中各参数。

❑ 移动注释

对于无引线的注释，选择注释文字后，可以将注释拖动至合适位置。

❑ 复制注释

选择注释，在拖动注释的同时按住 Ctrl 键，将其拖动至合适位置。

❑ 对齐注释

在工程图中有时会添加多个注释，为了使注释排列整齐，需要对齐注释。

01 打开素材库中的“第 9 章/9.4.1 对齐注释.slddrw”文件，如图 9-96 所示。

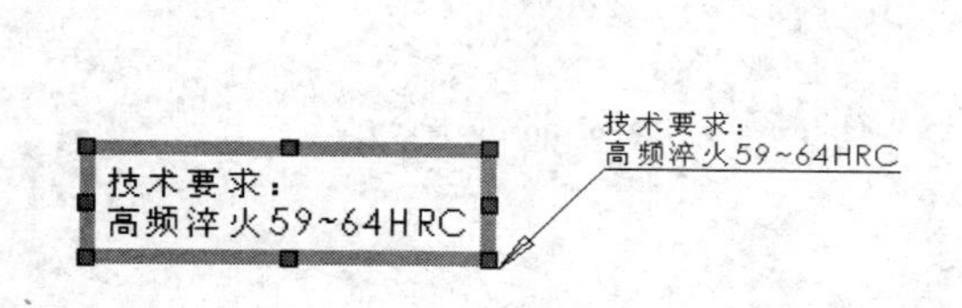

图 9-95 添加注释

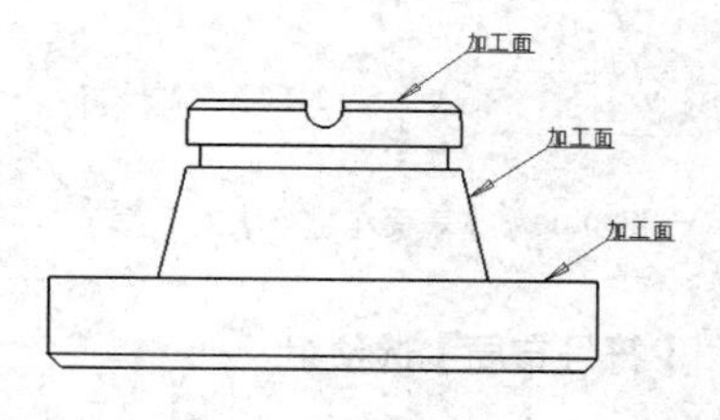

图 9-96 “9.4.1 对齐注释”文件

02 选择菜单栏中的【视图】|【工具栏】|【对齐】命令，弹出【对齐】工具栏，如图 9-97 所示。

03 选择要对齐的所有注释，单击【对齐】工具栏中的【右对齐】按钮，对齐注释效果如图 9-98 所示。

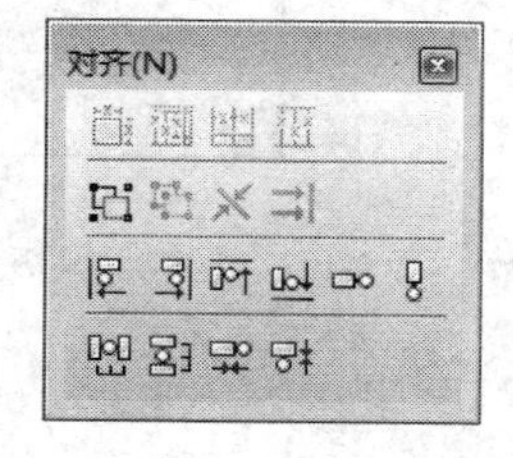

图 9-97 【对齐】工具栏

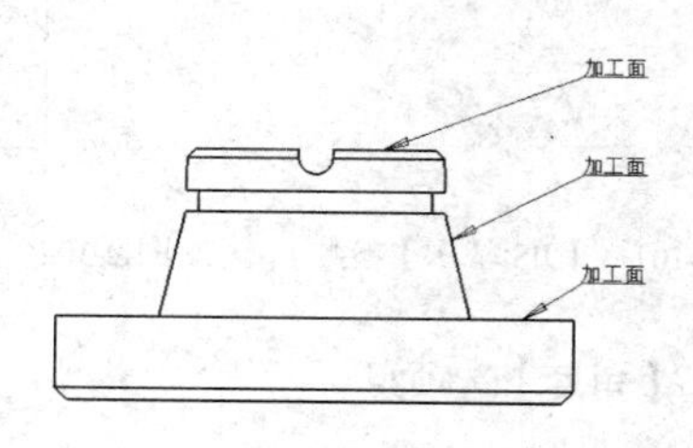

图 9-98 对齐注释

9.4.2 表面粗糙度符号

在零件、装配体或者工程图文件中，都可以使用表面粗糙度符号标注零件的表面粗糙度。表面粗糙度符号是用来表示零件表面粗糙程度的参数代号及数值，单位为 um（微米）。

1. 表面粗糙度符号操作界面

单击【注解】工具栏中的【表面粗糙度符号】按钮，或者选择菜单栏中的【插入】|【注解】|【表面粗糙度符号】命令，系统它弹出【表面粗糙度】对话框，如图 9-99 所示。

在【表面粗糙度】对话框中，各选项的含义如下：

❑ 【符号】选项组

根据要求，可以选择一种表面粗糙度符号，如果单击【需要 JIS 切削加工】或【JIS 基本】按钮，则会出现曲面纹理可供选择，如图 9-100 所示。

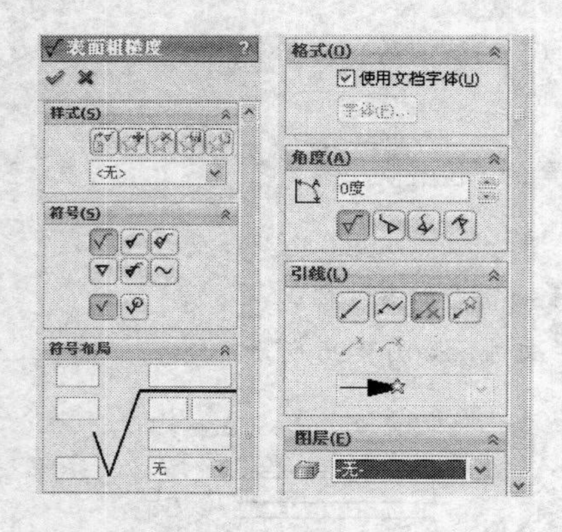

图 9-99 【表面粗糙度】对话框

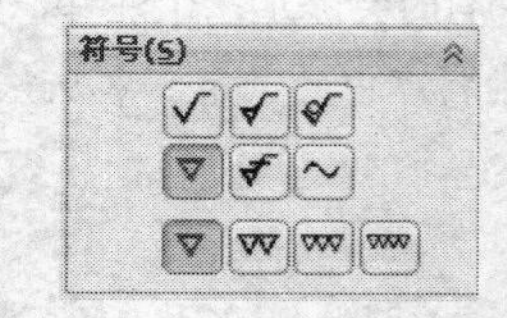

图 9-100 曲面纹理

❑ 【符号布局】选项组

此选项根据参数设置不同而显示出不同的状态，列举如下：

对于【JIS 基本】符号，如图 9-101 所示。

对于【需要 JIS 切削加工】符号，如图 9-102 所示。

对于【禁止 JIS 切削加工】符号，如图 9-103 所示。

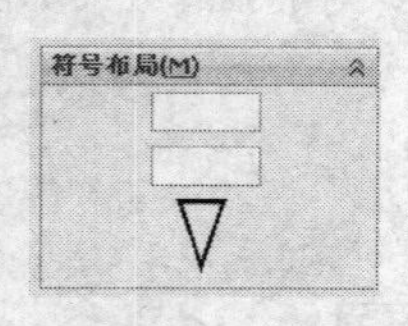

图 9-101 【JIS 基本】参数

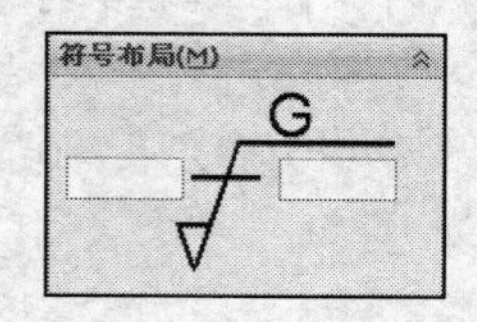

图 9-102 【需要 JIS 切削加工】参数

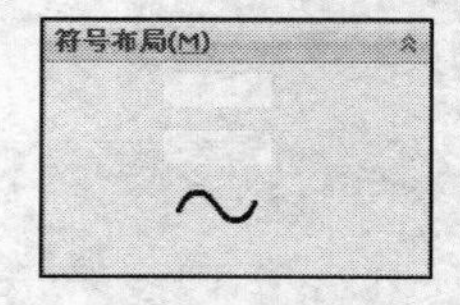

图 9-103 【禁止 JIS 切削加工】参数

❑ 【角度】选项组

角度：为符号设置旋转角度。

其他选项组的含义在这里不再介绍。

2．添加表面粗糙度符号实例示范

01 打开素材库中的“第 9 章/9.4.2 粗糙度符号.slddrw”文件，如图 9-104 所示。

02 单击【注解】工具栏中的【表面粗糙度符号】按钮，或者选择菜单栏中的【插入】|【注解】|【表面粗糙度符号】命令，系统它弹出【表面粗糙度】对话框，根据需要设置属性。

03 在图纸区域中拖动鼠标指针预览效果至需要添加标注的位置，单击鼠标左键放置符号。对于需要多处放置表面粗糙度符号的情况，可以单击鼠标左键多次放置符号，单击【确定】按钮，完成表面粗糙度符号的添加，如图 9-105 所示。

3．编辑表面粗糙度符号

❑ 修改表面粗糙度符号参数

单击需要修改的表面粗糙度符号，系统弹出【表面粗糙度】对话框。根据需要在【表面粗糙度】对话框中进行参数设置，单击【确定】按钮，完成表面粗糙度符号的修改。

❑ 移动表面粗糙度符号

含有引线以及未指定边线或者面的表面粗糙度符号，可以直接将其拖动到工程图中的任何位置。

对于指定边线标注的表面粗糙度符号，只能沿模型拖动，拖动模型边线时自动生成一条延伸线。

用户可以拖动含有引线的表面粗糙度符号到任意位置。如果将不含引线的表面粗糙度符号附加到一条边线上，将它拖离模型边线将生成一条延伸线，如图 9-106 所示。

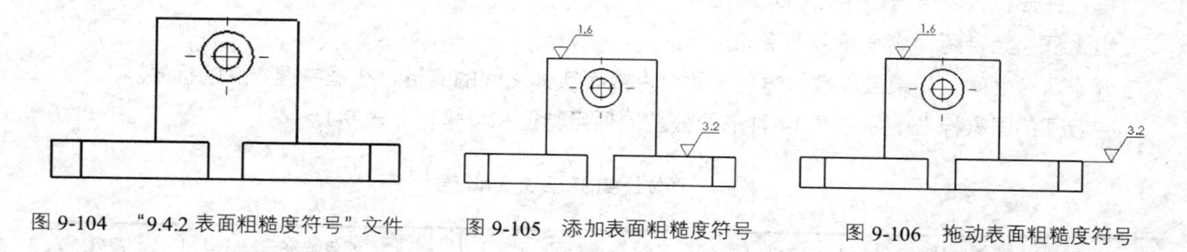

图 9-104　“9.4.2 表面粗糙度符号”文件　　图 9-105　添加表面粗糙度符号　　图 9-106　拖动表面粗糙度符号

9.4.3 形位公差

在工程图中可以标注特征的形位公差，同时可以为同一要素添加不同类型的形位公差。

形位公差符号可以在工程图、零件、装配体或者草图中的任何地方进行标注，可以显示引线或者不显示引线，并可以附加符号于尺寸线上的任何地方。

形位公差符号的【属性】对话框可以根据所选的符号而提供各种选项，但是只有那些适用于所选符号的属性才可以使用。

1．形位公差操作界面

单击【注解】工具栏中的【形位公差】按钮，或者选择菜单栏中的【插入】|【注解】|【形位公差】命令，系统弹出【形位公差】对话框，如图 9-107 所示，同时在图纸区域弹出形位公差的【属性】对话框，如图 9-108 所示。

在【形位公差】对话框中的各选项含义，在此不再叙述。

在【属性】对话框中，各选项的含义如下：

材料条件：可以选择需要插入的材料条件。

符号：选择要插入的符号。

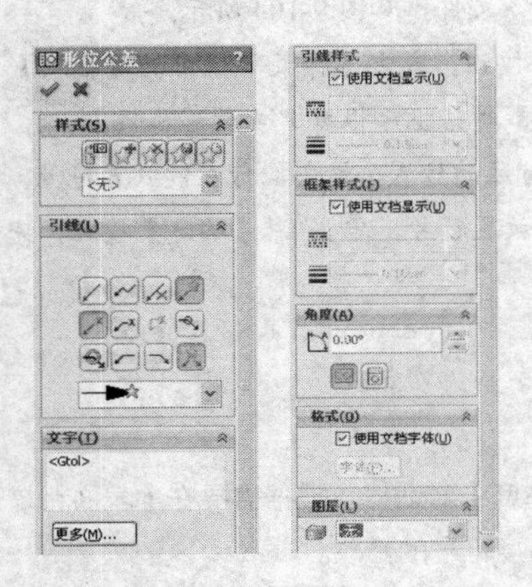

图 9-107 【形位公差】对话框

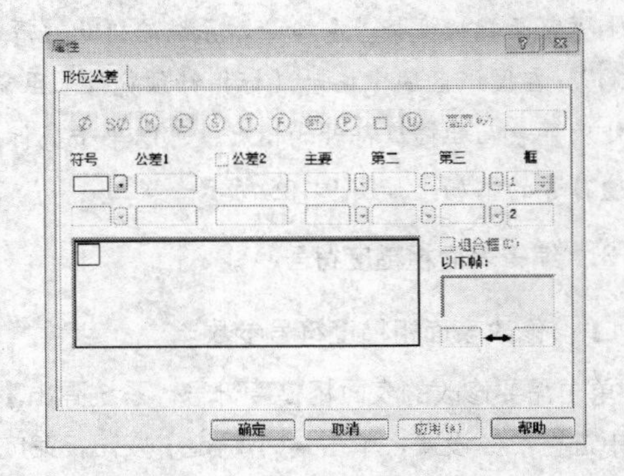

图 9-108 【属性】对话框

高度：输入投影公差数值。

公差 1、公差 2：输入公差数值。

主要、第二、第三：输入基准名称与材料条件符号。

框：在形位公差符号中生成额外框格。

组合框：组合两个或者多个框格的符号。

介于两点之间：如果公差数值适用于两个点或者实体之间的测量，在框中键入点的标号。

在我国的国家标准中规定了 14 种形位公差的项目特征和符号，见表 9-1。

表 9-1 形位公差的项目特征和符号

分类	项目特征	符号	分类		项目特征	符号
形状公差	直线度	—	位置公差	定向公差	平行度	//
	平面度	▱			垂直度	⊥
	圆　度	○			倾斜度	∠
	圆柱度	⌭		定位公差	位置度	⌖
	线轮廓度	⌒			同轴度	◎
	面轮廓度	⌓			对称度	⌯
				跳动公差	圆跳动	↗
					全跳动	⌰

2. 添加形位公差实例示范

01 打开素材库中的“第 9 章/9.4.3 形位公差.slddrw”文件，如图 9-109 所示。

02 单击【注解】工具栏中的【形位公差】按钮，或者选择菜单栏中的【插入】|【注解】|【形位公差】命令，系统它弹出【形位公差】对话框，同时在图纸区域弹出形位公差的【属性】对话框。

03 在【属性】对话框中，选择需要标注的形位公差符号，输入公差数值。

04 在图纸区域拖动鼠标指针至需要的位置添加标注的位置，单击鼠标左键放置形位公差符号，可以根据需要单击多次以放置多个符号，单击【确定】按钮，完成添加形位公差，如图 9-110 所示。

9.4.4 中心线符号

在工程视图中的圆或者圆弧上可以添加中心符号线，如图 9-111 所示，作为成为尺寸标注的参考体。

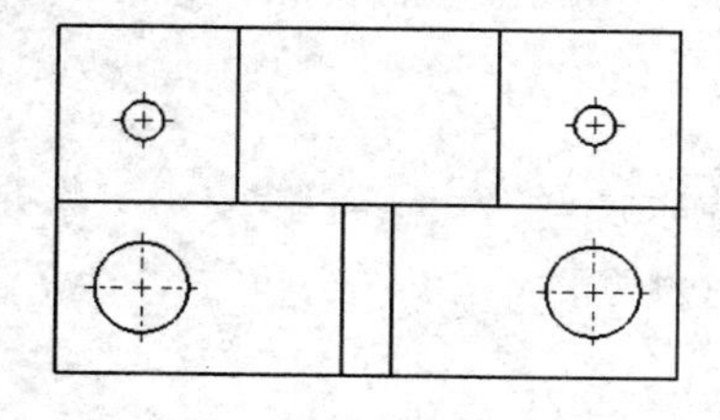

图 9-109 "9.4.3 形位公差"文件

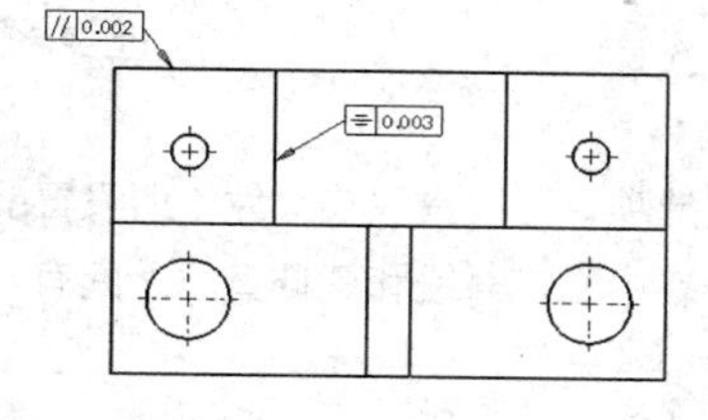

图 9-110 添加形位公差

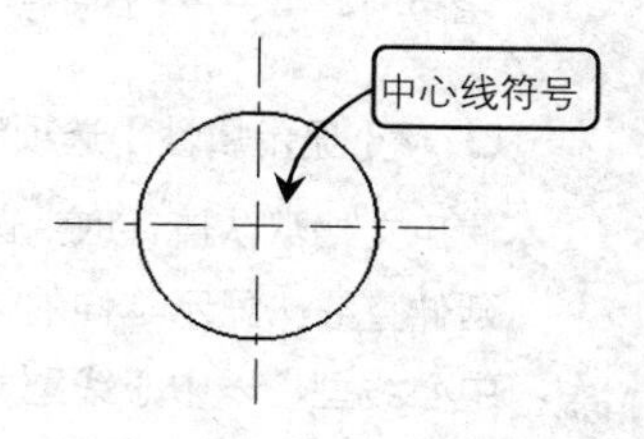

图 9-111 中心线符号

在使用中心线符号之前需要对其格式进行设置，选择菜单栏中的【工具】|【选项】命令，系统弹出【系统选项-普通】对话框，选择【文档属性】选项卡，选择【绘图标准】选项，即可对中心符号线进行相关设置，如图 9-112 所示。

1. 中心线符号操作界面

单击【注解】工具栏中的【中心符号线】按钮，或者选择菜单栏中的【插入】|【注解】|【中心符号线】命令，系统弹出【中心符号线】对话框，如图 9-113 所示。

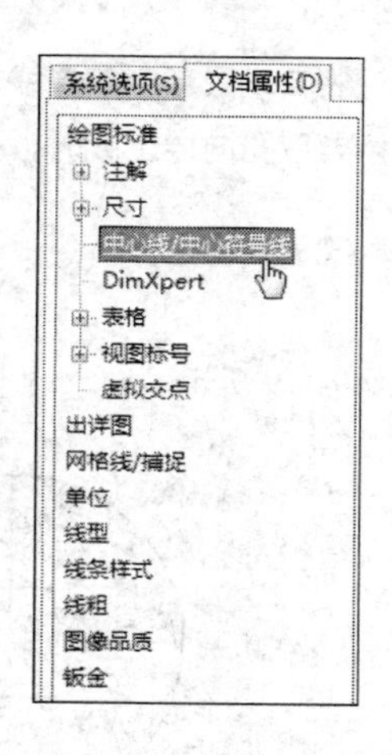

图 9-112 【文档属性-中心线/中心符号线】选项

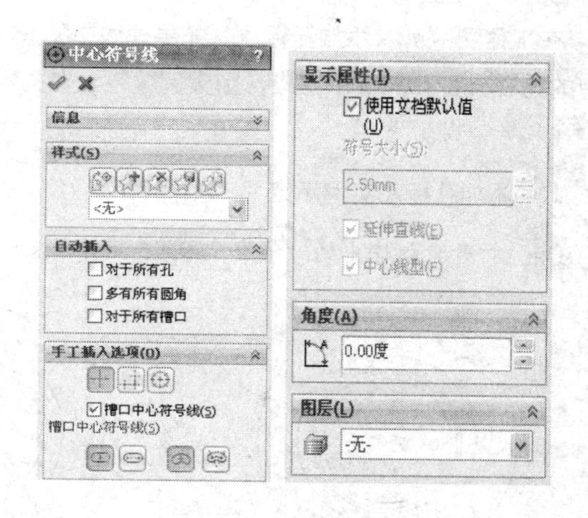

图 9-113 【中心符号线】对话框

在【中心符号线】对话框中，各选项的含义如下：

- 【手工插入选项】选项组

单一中心线符号：将中心符号线插入到单一圆或者圆弧中，如图 9-114 所示。

线性中心线符号：将中心符号线插入到圆或者圆弧的线性阵列中，如图 9-115 所示。

圆形中心线符号：将中心符号线插入到圆或者圆弧的圆周阵列中，如图 9-116 所示。

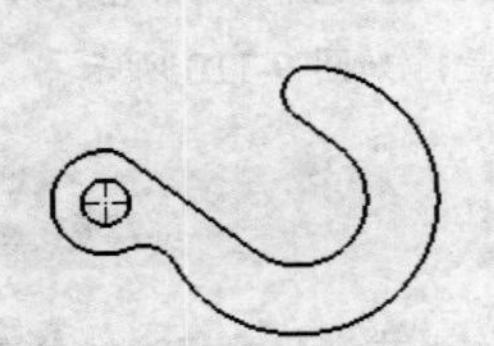
图 9-114　单一中心线符号

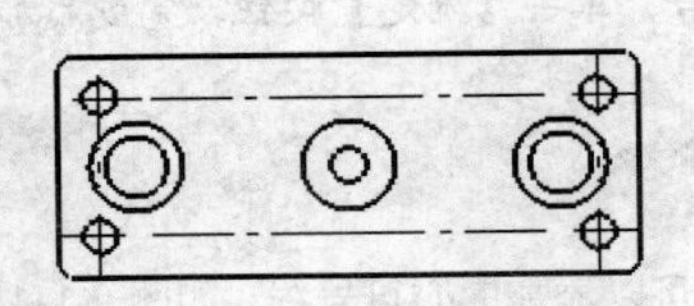
图 9-115　线性中心线符号

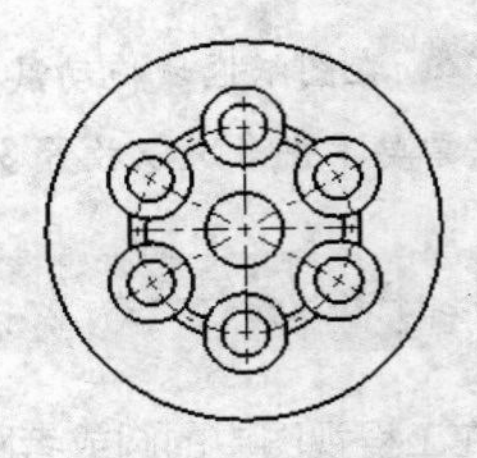
图 9-116　圆形中心线符号

❑ 【显示属性】选项组

使用文档默认值：取消选择此选项，可以更改在文件中所设置的显示属性。

延伸直线：显示延伸的轴线，在中心符号线和延伸直线之间有一个缝隙。

中心线型：以中心线型显示中心符号线。

2. 添加中心线符号实例示范

01 打开素材库中的"第 9 章/9.4.4 中心线符号.slddrw"文件，如图 9-117 所示。

02 单击【注解】工具栏中的【中心符号线】按钮，或者选择菜单栏中的【插入】|【注解】|【中心符号线】命令，系统它弹出【中心符号线】对话框，根据需要设置参数。

03 在图纸区域中单击需要标注中心符号线的位置，中心符号线按照所设置的属性自动显示在图形中，单击【确定】按钮，完成添加中心线符号，如图 9-118 所示。

9.4.5 孔标注

在工程图中可以添加孔标注。如果模型中的尺寸发生改变，标注将自动更新。如果线性或者圆周阵列中的孔在异型孔向导中生成，则实例数包含在孔标注中。当孔使用异型孔向导生成时，孔标注将使用异型孔向导信息。

1. 添加孔标注实例示范

01 打开素材库中的"第 9 章/9.4.5 孔标注.slddrw"文件，如图 9-119 所示。

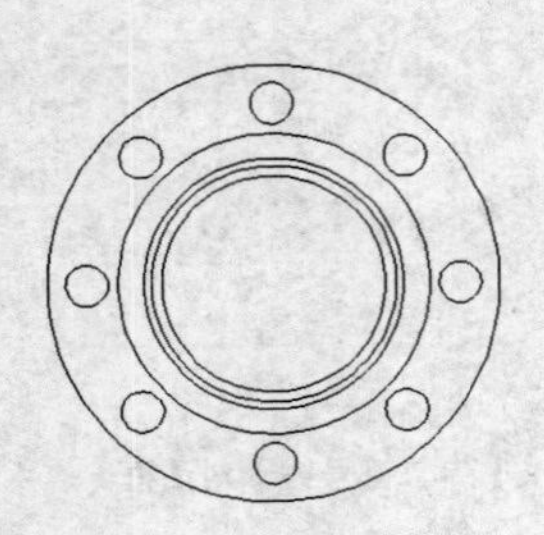
图 9-117　"9.4.4 中心线符号"文件

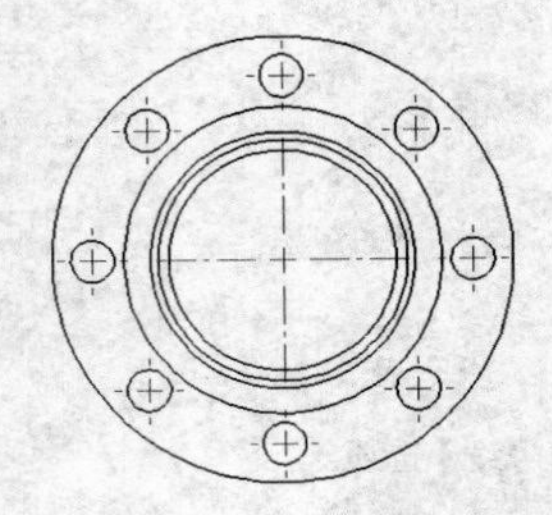
图 9-118　添加中心线符号

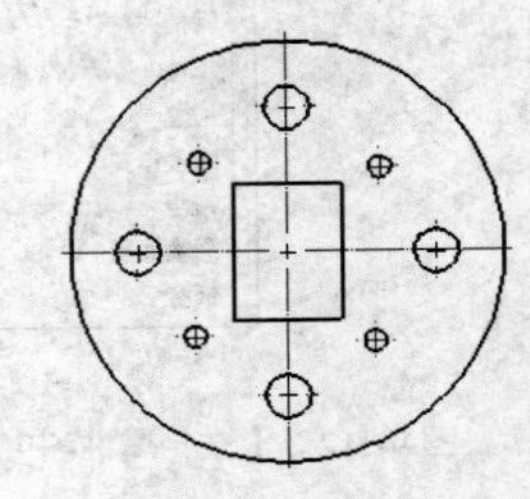
图 9-119　"9.4.5 孔标注"文件

02 单击【注解】工具栏中的【孔标注】按钮，或者选择菜单栏中的【插入】|【注解】|【孔标注】命令。

03 单击孔的边线，再在合适的位置单击以放置孔标注，系统弹出【尺寸】对话框，如图 9-120 所示。

04 根据需要，在【尺寸】对话框中编辑标注，可以指定精度、选择箭头样式、添加文字等，但需要保留孔大小和类型的尺寸或者符号。

05 单击✔【确定】按钮，完成添加孔标注，如图 9-121 所示。

2. 编辑孔标注

在工程图中添加孔标注之后，如果模型中的孔尺寸发生改变，孔标注符号将自动更新。

用鼠标单击需要修改的孔标注，系统弹出【尺寸】对话框，利用对话框中的【标注尺寸文字】选项组可以修改标注内容。

如果需要添加孔标注公差，则单击需要修改的孔标注，弹出【尺寸】对话框，在【公差/精度】选项组中，设置【公差类型】以及+【最大变化】及−【最小变化】数值，单击✔【确定】按钮，完成添加孔标注公差，如图 9-122 所示。

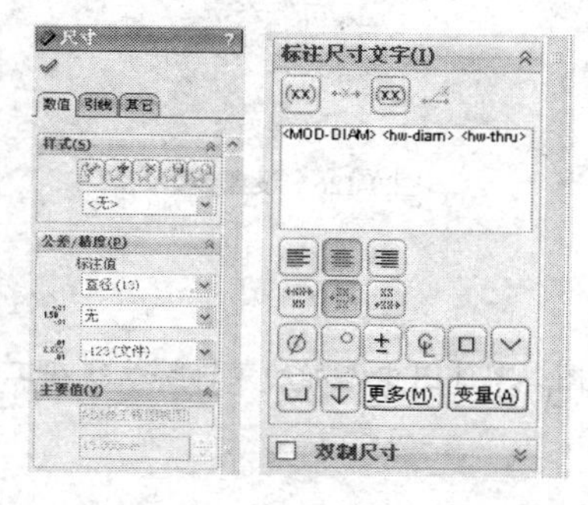

图 9-120　【尺寸】对话框

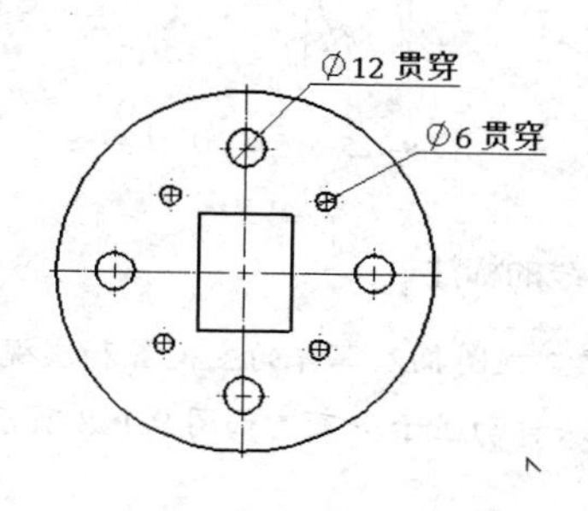

图 9-121　添加孔标注

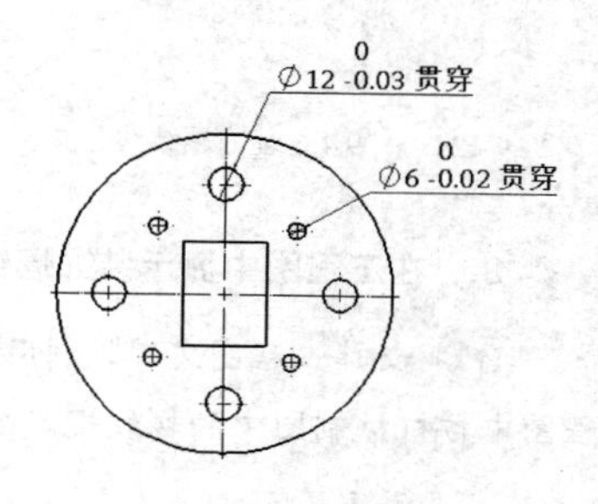

图 9-122　添加孔标注公差

9.4.6 装饰螺纹线

装饰螺纹线是图纸中螺纹的规定绘制法，与其他注解有所不同，属于附加项目的专有特征。在零件或者装配体中添加的装饰螺纹线可以输入到工程图中。如果在工程图中添加了装饰螺纹线，零件或者装配体中会自动更新以包含装饰螺纹线特征。

1. 装饰螺纹线操作界面

单击【注解】工具栏中的【装饰螺纹线】按钮，或者选择菜单栏中的【插入】|【注解】|【装饰螺纹线】命令，系统它弹出【装饰螺纹线】对话框，如图 9-123 所示。

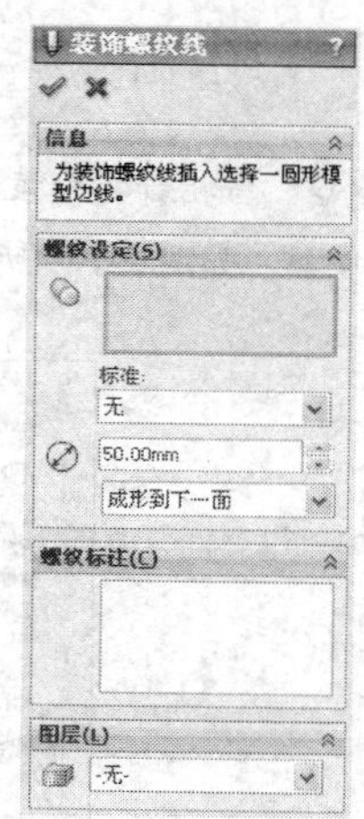

图 9-123　【装饰螺纹线】对话框

在【装饰螺纹线】对话框中，各选项的含义如下：

圆形边线：在图形区选择圆形边线。

终止条件：从所选的圆形边线延伸装饰螺纹线的终止条件。

- 给定深度：按照指定深度生成装饰螺纹线。
- 成形到下一面：指定装饰螺纹线所延伸至的实体面。
- 通孔：完全贯穿所选几何体。

深度：设置装饰螺纹线的深度。

⊘次要直径：为与带装饰螺纹线的实体类型对等的尺寸设置直径数值。

2. 在零件图中添加装饰螺纹线实例示范

01 打开素材库中的“第9章/9.4.6装饰螺纹线.sldprt”文件，如图9-124所示。

02 选择如图9-125所示的圆形边线，单击【注解】工具栏中的【装饰螺纹线】按钮或者选择菜单栏中的【插入】|【注解】|【装饰螺纹线】命令，系统它弹出【装饰螺纹线】对话框。

03 设定如图9-126所示的参数，单击【确定】按钮，完成添加装饰螺纹线，如图9-127所示。

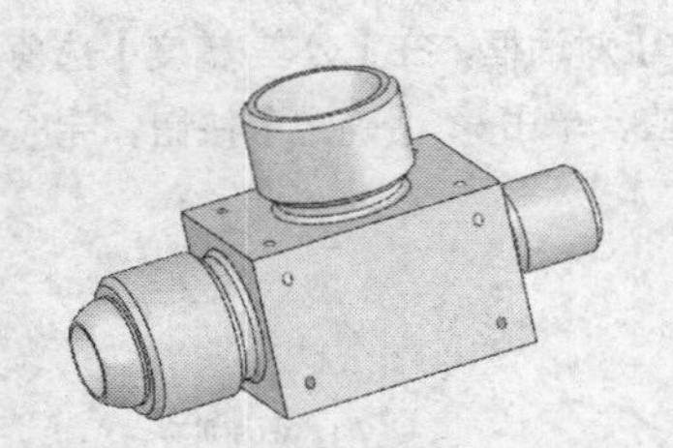

图9-124 “9.4.6装饰螺纹线”文件

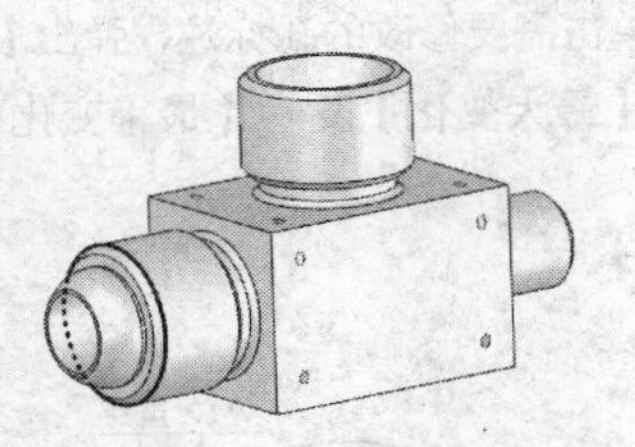

图9-125 选择圆形边线

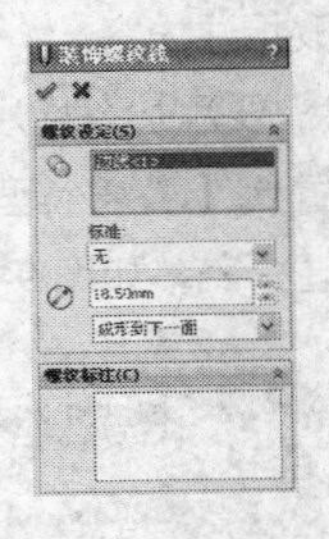

图9-126 设置参数

3. 在工程图中显示装饰螺纹线的标注

01 新建工程图文件，利用模型视图插入零件的主视图和左视图，零件图中添加的装饰螺纹线在工程图中按机械制图中的螺纹规定画法自动显示出来，如图9-128所示。

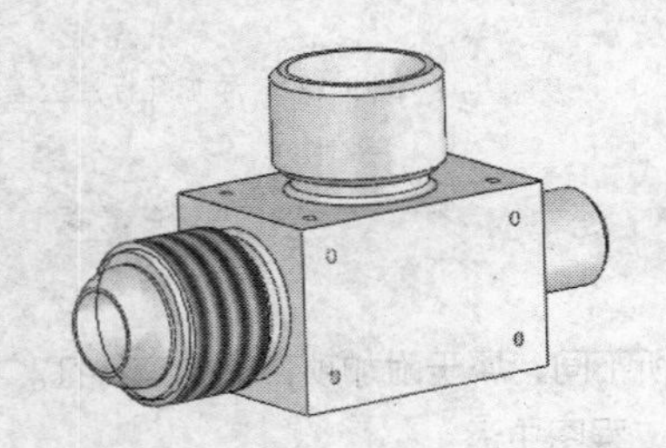

图9-127 生成装饰螺纹线

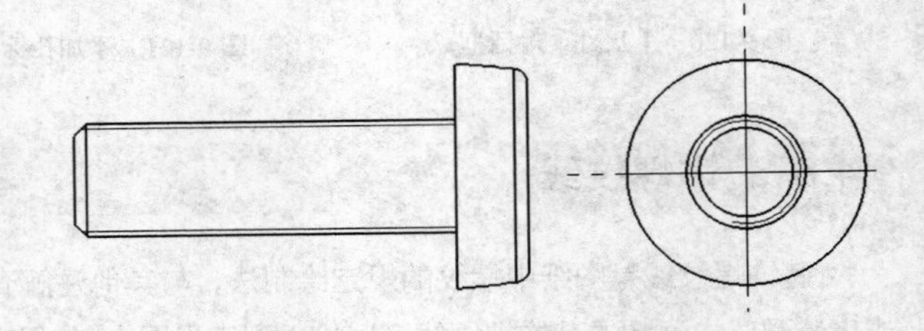

图9-128 显示装饰螺纹线

02 当指针指向装饰螺纹线时，指针呈形状，单击鼠标右键，从弹出的快捷菜单中选择【插入标注】命令，如图9-129所示。装饰螺纹线标注被添加到工程图中，如图9-130所示。

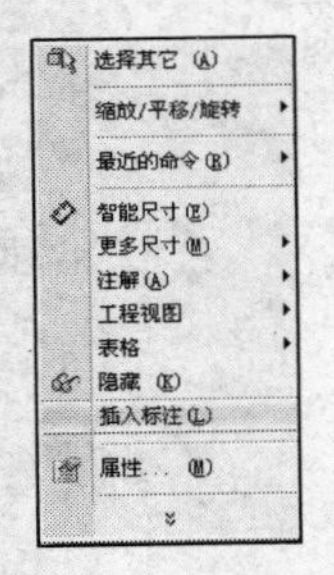

图9-129 快捷菜单

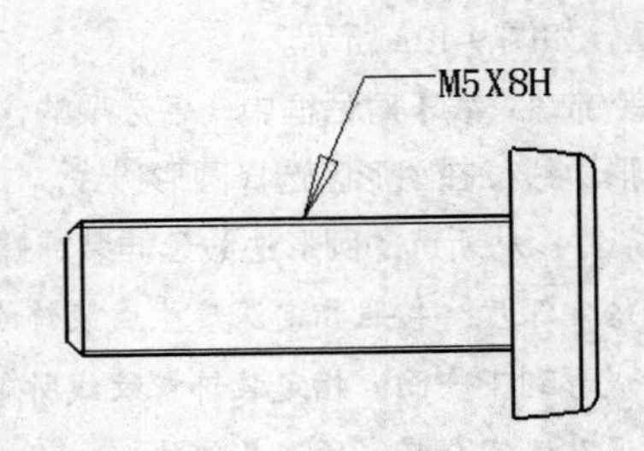

图9-130 插入装饰螺纹线标注

注 意： 在系统默认的情况下，标注引线附加到螺纹线，标注是个注释，可以如编辑任何注释一样编辑标注。

9.4.7 焊接符号

在零件、装配体和工程图文件中可以独立构造焊接符号。在添加或者编辑焊接符号时，可以将次要填角焊接信息添加到某些类型的焊接符号中。

1. 焊接符号操作界面

单击【注解】工具栏中的【焊接符号】按钮，或者选择菜单栏中的【插入】|【注解】|【焊接符号】命令，系统弹出【焊接符号】对话框，如图 9-131 所示，同时还弹出【属性】对话框，如图 9-132 所示。

【焊接符号】对话框中可以对引线样式进行设置。

在【属性】对话框中，各选项的含义如下：

现场：添加图标或者图标，来表示焊接在现场应用。

全周：添加图标，来表示焊接应用到轮廓周围

焊接符号：单击此按钮，弹出【符号】对话框，如图 9-133 所示，然后从【符号】对话框中选择一符号，其他选项根据所选择的符号切换为可用状态，可以在【焊接符号】按钮的左侧和右侧的数值框中输入尺寸。

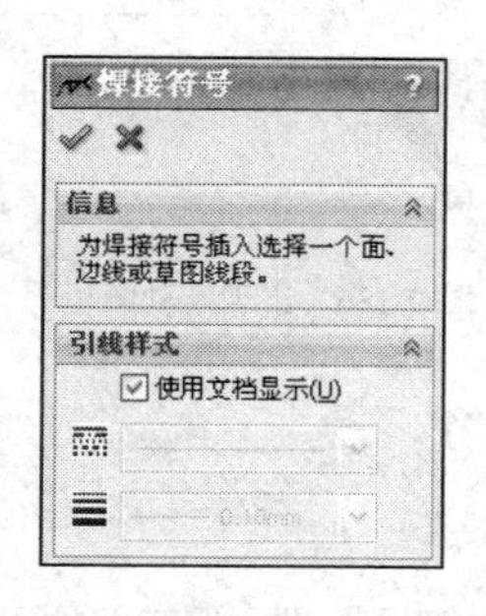

图 9-131 【焊接符号】对话框

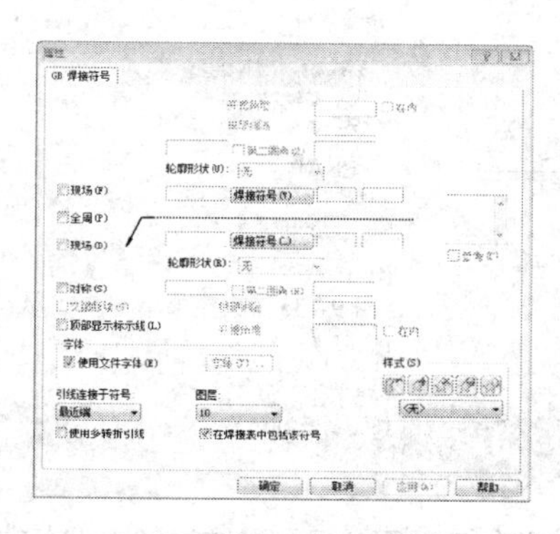
图 9-132 【属性】对话框

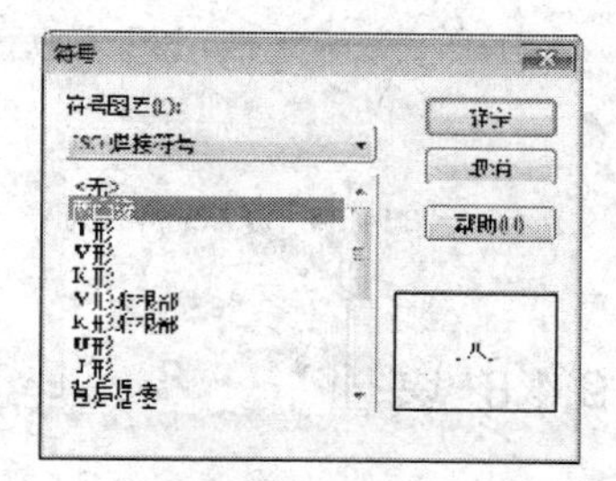

图 9-133 【符号】对话框

开槽角度：设置角度数值（只应用于 JIS）。

根据间隔：设置尺寸数值（只应用于 JIS）。

第二圆角：只应用于某些焊接符号（如方形或斜面），可以在【第二圆角】复选框左侧和右侧的区域中输入尺寸。

对称：选择此选项，符号行一侧的属性也在另一侧出现。

交错断续：选择此选项，线上或线下的圆角焊接符号交错断续。

参考：围绕符号文字生成参考框。

引线连接于符号：将引线定位于焊接符号的指定位置。

使用多转折引线：允许在图纸区域中单击数次，为引线生成折弯。

图层：在包括命名图层的工程图中，从列表中选择图层。

2. 添加焊接符号实例示范

01 在视图中选择需要添加焊件符号的边线。

02 单击【注解】工具栏中的 【焊接符号】按钮，或者选择菜单栏中的【插入】|【注解】|【焊接符号】命令，系统弹出【属性】对话框。根据需要，选择是否采用现场焊接。如果选择【现场】选项，则可以现场预览焊接符号。

03 单击【焊接符号】按钮，在弹出的【符号】对话框中选择所需要的符号，单击【确定】按钮，关闭此对话框。

04 单击需要标注焊接点的面或者边线。如果焊接符号带引线，单击鼠标左键首先方式引线，在单击鼠标左键放置焊件符号，单击【确定】按钮，焊接符号添加完成，如图 9-134 所示。

3. 编辑焊接符号

用鼠标左键双击需要修改的焊接符号或者用鼠标右键单击该符号，在弹出的快捷菜单中选择【属性】命令，如图 9-135 所示。系统弹出【属性】对话框，在对话框中可以修改相应的参数，单击【确定】按钮，完成对焊接符号的修改。

如果需要移动焊接符号，首先单击选择该焊接符号，出现拖动控标，如图 9-136 所示。将鼠标指针移向焊接符号箭头，当鼠标指针呈 形状时拖动箭头，可以将其拖动到需要的位置。

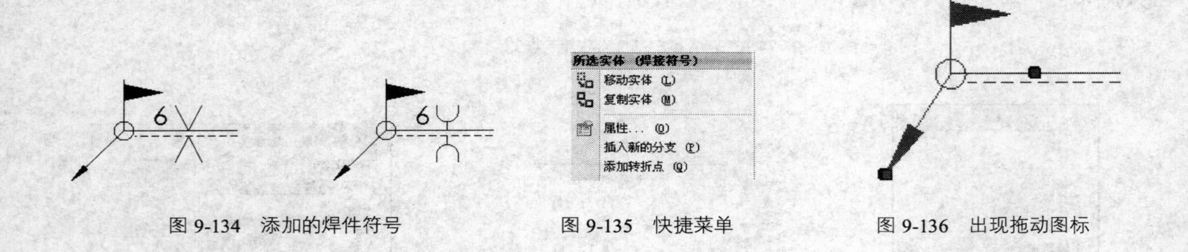

图 9-134 添加的焊件符号　　图 9-135 快捷菜单　　图 9-136 出现拖动图标

9.4.8 块

在工程视图中，可以将经常使用的工程图项目和系统注解中没有的特定符号生成、保存并插入块，如标准注释、标题栏、标签位置等。

在块中，可以包括文字、任何类型的草图实体、零件序号、输入的实体及文字、区域剖面线等。可以将块附加到几何体或者工程视图中，还可以将块插入到图纸格式中。块只能应用于工程图文件。

如图 9-137 所示为几种常见的块范例。

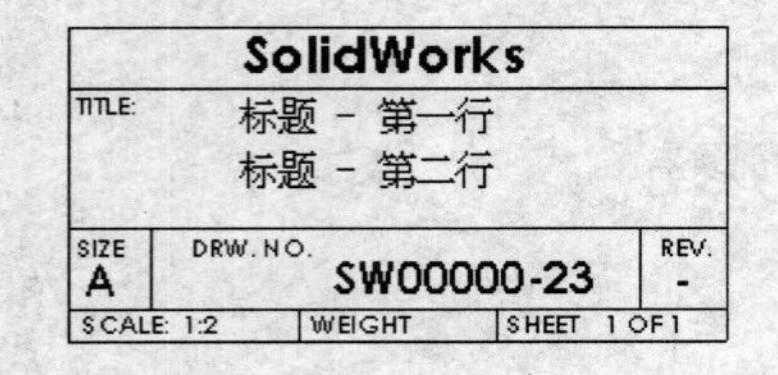

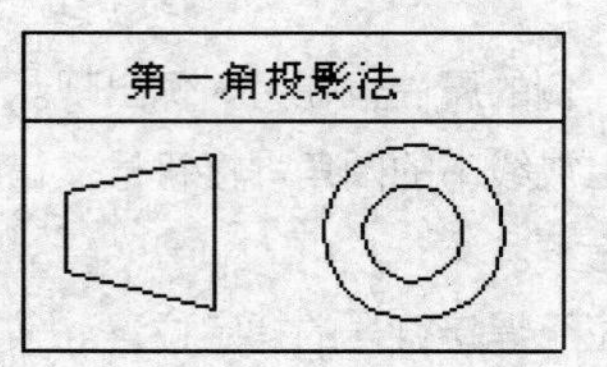

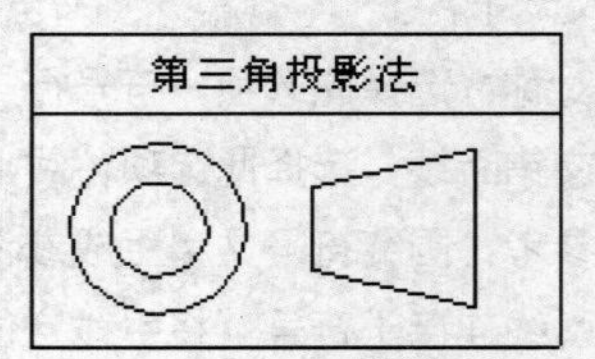

图 9-137 创建块范例

1. **制作块实例示范**

01 在工程图文件中，使用草图工具绘制需要制作块的实体，如图9-138所示为绘制的图形。

02 单击菜单栏中的【工具】|【块】|【制作】命令，系统弹出【制作块】对话框。

03 选择要制作成块的图形，单击【插入点】选项组，在绘图区出现一个坐标轴，将坐标轴拖动到所需位置，如图9-139所示。单击对话框中的【确定】按钮，完成块的制作。

04 完成制作块后，所选草图实体自动转化为块，可以将块进行保存。单击【块】工具栏中的【保存块】按钮，将其保存。

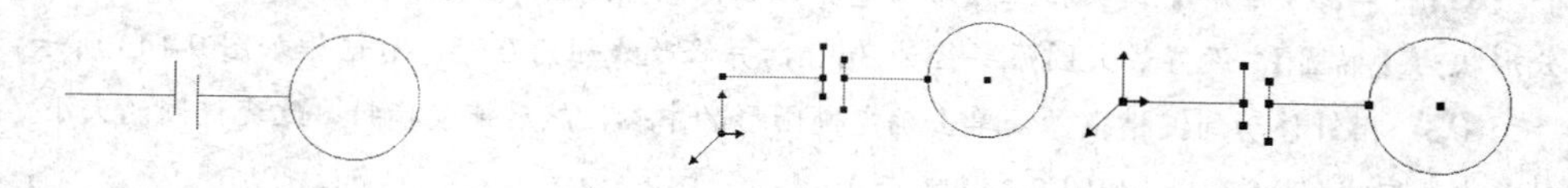

图9-138　要制作成块的图形

图9-139　移动坐标轴

2. **插入块实例示范**

在编辑草图状态中，单击【块】工具栏中的【插入块】按钮，或者单击菜单栏中的【工具】|【块】|【插入】命令。系统弹出【插入块】对话框，如图9-140所示。

单击【浏览】按钮，选择所要插入的块，在【参数】选项组中，设置块的比例以及旋转角度。并设置块的引线，单击对话框中的【确定】按钮，完成块的插入。

9.4.9 修订云

修订云是SolidWorks 2013新增的一种注释符号，用来突出图纸中的某一部分，可以配合文字注释，用于审阅者对图纸的评判。

1. **修订云的操作界面**

单击【注解】工具栏上【修订云】按钮，或从菜单栏选择【插入】|【注解】|【修订】命令，系统弹出【修订云】对话框，如图9-141所示。对话框中，各选项的含义如下：

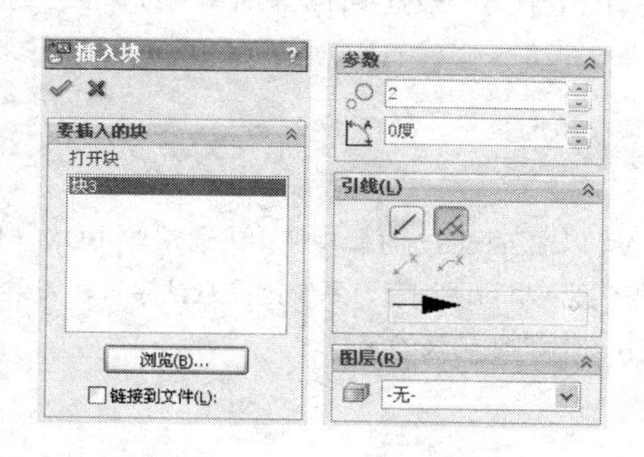

图9-140　【插入块】对话框

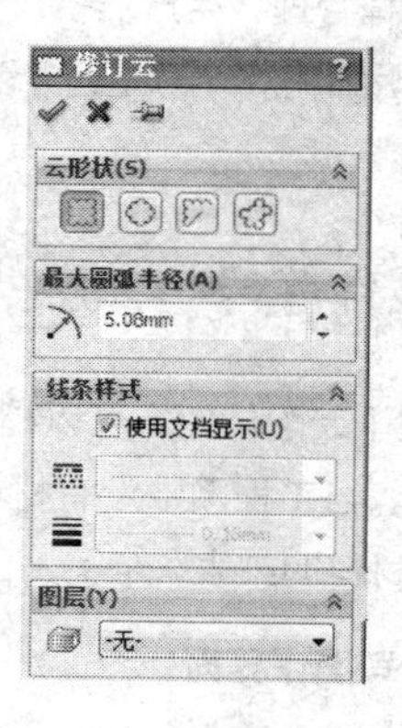

图9-141　【修订云】对话框

- 云形状：设置修订云的轮廓形状。
- 最大圆弧半径：由于修订云是由多段圆弧构成的，设置最大圆弧半径，即控制了轮廓的细腻程度。
- 线条样式：跟其他的线条一样，修订云的线条也可以设置线型、线粗。
- 图层：将修订云定义到某个图层。

2. 修订云实例示范

01 打开素材库“第 9 章/9.4.9 修订云”文件，工程图如图 9-142 所示。

02 单击【注解】工具栏上【修订云】按钮，系统弹出【修订云】对话框。在对话框中，选择云形状为【椭圆】，设置最大圆弧半径为 3mm，并修改线粗为 0.25，对话框如图 9-143 所示。

03 指针移动到键槽中心，单击确定椭圆形的中心，然后拖动指针，改变椭圆的大小，在大小合适时单击，完成修订云线，如图 9-144 所示。

图 9-142 工程图素材　　图 9-143 设置参数　　图 9-144 生成的修订云

9.5 明细栏

为了便于图样管理、生产准备、进行装配和看懂装配图，必须对机器或部件的各组成零件编注序号和代号，并填写明细栏。序号是为了看图时便于图、栏对照，代号一般是零件的图样编号或标准件的标准编号。

9.5.1 标注零件序号

零件序号用于装配体中，可以指定零件的数量，也可以在工程图与注释中使用，通常与 BOM（明细表）表相关联。当工程图中没有材料明细表时，如果不插入材料明细表，系统则按默认序号，如果激活的图纸中没有材料明细表，但另一图纸中有，则将使用该材料明细表的序号。

1. 零件序号操作界面

在工程图文件中，单击【注解】工具栏中的【零件序号】按钮，或者选择菜单栏中的【插入】|【注解】|【零件序号】命令，系统弹出【零件序号】对话框，如图 9-145 所示。

在【零件序号设定】选项组中可以对序号的样式、大小及零件序号文字进行设置。

2. 标注零件序号实例示范

01 打开素材库中的“第 9 章/9.5.1 零件序号/风扇装配体.slddrw”文件，如图 9-146 所示。

02 单击【注解】工具栏中的【零件序号】按钮，或者选择菜单栏中的【插入】|【注解】|【零件序号】命令，系统弹出【零件序号】对话框。

03 在对话框中的【零件序号设定】选项组中设定如图 9-147 所示的参数，单击鼠标放置引线位置，再次单击鼠标放置序号位置，可以连续标注多个序号，单击对话框中的【确定】按钮，完成标注零件序号，如图 9-148 所示。

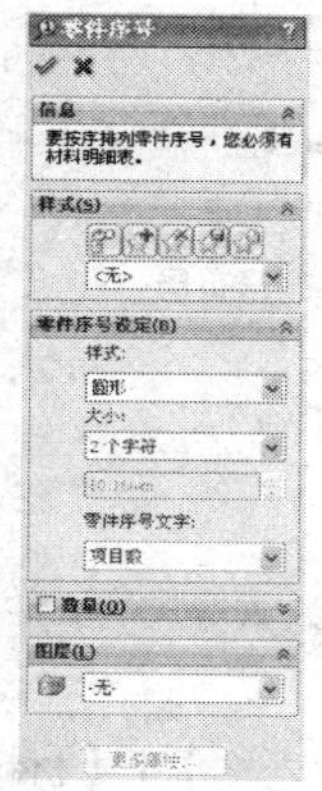

图 9-145 【零件序号】对话框

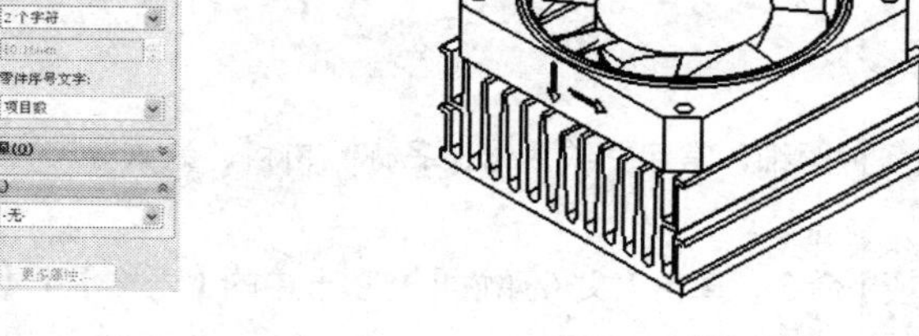

图 9-146 “9.5.1 零件序号”文件

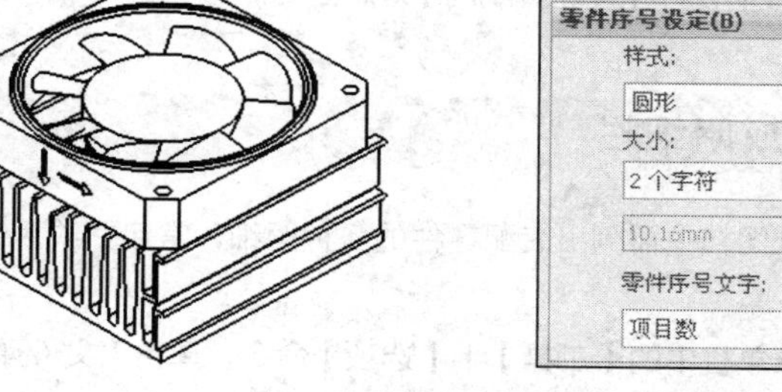

图 9-147 参数设置

3. 自动零件序号

01 打开素材库中的“第 9 章/9.5.1 自动零件序号/千斤顶装配体.slddrw”工程图文件，如图 9-149 所示。

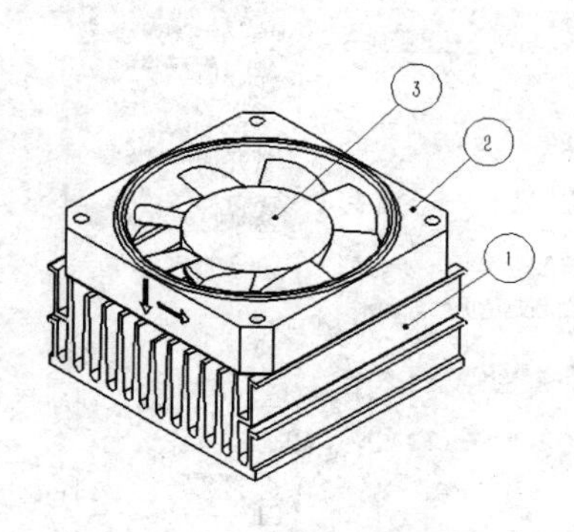

图 9-148 生成零件序号

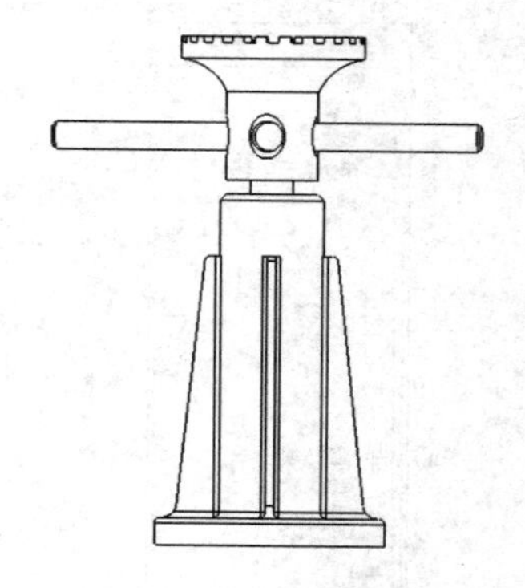

图 9-149 “9.5.1 自动零件序号”文件

02 单击【注解】工具栏中的【自动零件序号】按钮，或者选择菜单栏中的【插入】|【注解】|【自动零件序号】命令，系统弹出【自动零件序号】对话框，如图 9-150 所示。

03 设置零件序号布局以及零件序号样式，如图 9-151 所示，零件序号布局方式。

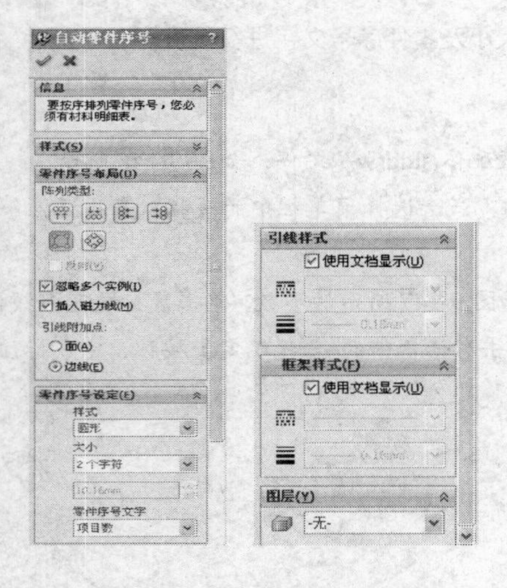

图 9-150 【自动零件序号】对话框

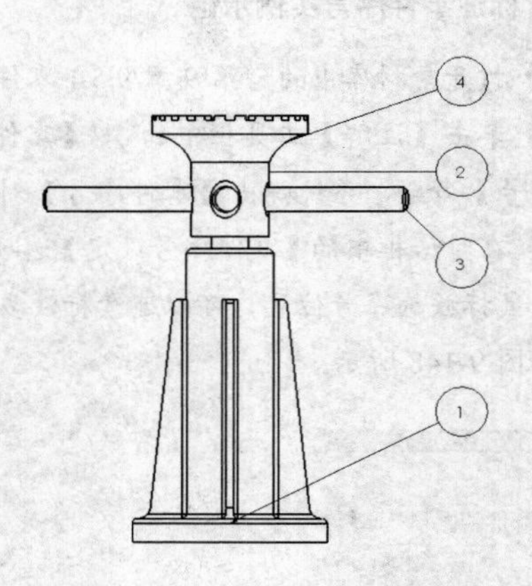

图 9-151 零件序号布局

9.5.2 生成明细栏

在装配图档中需列出装配零件的各种明细，常包括项目号、名称、材料、数量等内容，俗称 BOM 表（明细栏）。

单击菜单栏中的【工具】|【选项】命令，单击【文件属性】选项卡中的【表格】|【材料明细表】选项，如图 9-152 所示，可以设定其字体、字体样式和高度。

1. 材料明细表操作界面

在工程图文件中，单击菜单栏中的【插入】|【表格】|【材料明细表】命令，选择一工程视图来指定模型，系统弹出【材料明细表】对话框，如图 9-153 所示。

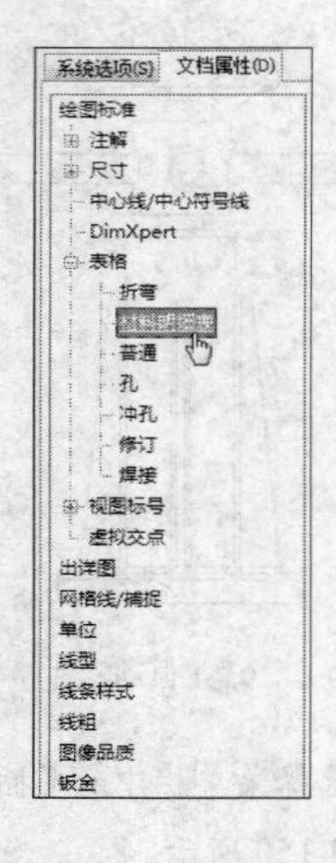

图 9-152 文档属性-材料明细表

图 9-153 【材料明细表】对话框

在【材料明细表】对话框中，各选项的含义介绍如下：

❑ 【表格模板】选项组

单击（为材料明细表打开表格模板）按钮来选择标准或自定义模板，此选项只在插入表格过程中才可以使用。

❑ 【表格位置】选项组

将指定的边角附加到表定位点。

❑ 【材料明细表类型】选项组

仅限顶层：列举零件和子装配体，但非子装配体零部件。

仅限零件：不列举子装配体，列举子装配体零部件为单独项目。

缩进：列举子装配体，将子装配体零部件缩进在其子装配体中。

❑ 【配置】选项组

在材料明细表中为所有所选配置列举数量。

❑ 【零件配置分组】选项组

显示为一个项目号：在不同顶层装配体配置中为零部件不同的配置使用同一项目号。每个独特零部件配置只可在材料明细表的装配体配置之一中出现。

将同一零件的配置显示为单独项目：如果零部件有多个配置，每个配置将列举在材料明细表中。

将同一零件的所有配置显示为一个项目：如果零部件有多个配置，零部件只列举在材料明细表的一行中。

将具有相同名称的配置显示为单一项目：如果一个以上零部件具有相同配置名称，它们将列举在材料明细表一行中。

❑ 【项目号】选项组

起始于：输入起始项目号。

不更改项目号：当在其他位置更改项目号时，选中此选项可阻止材料明细表项目号更新。

❑ 【边界】选项组

取消【使用文档设定】并单击框边界或网格边界从列表中选取对应的边界厚度。

2. 添加材料明细表实例示范

01 在工程图文件中，单击菜单栏中的【插入】|【表格】|【材料明细表】命令，选择一工程视图来指定模型，系统弹出【材料明细表】对话框。

02 在对话框中设置表模板、表定位点、材料明细表类型。

03 单击【确定】按钮，在图形区域中单击鼠标以确定表格位置，完成添加材料明细表，如图9-154所示。

项目号	零件号	说明	库存大小	数量
1	Part001			1
2	Part003			1
3	Part002			1

图9-154 生成的材料明细表

04 双击材料明细表各单元格，可以修改其文字。用鼠标右键单击材料明细表，从快捷菜单中选择【插入】命令，可以插入行或列；选择【选择】命令，可选择行、列或表；选择【删除】命令，可删除行、列或表；选择【分割】命令，可以分割表，选择【合并】命令，可以合并表。

9.6 案例实战

本例将为一个零件模型（如图 9-155 所示）的工程图添加注解。

制作本例可以分为如下步骤：

- 生成工程视图。
- 添加中心符号线和中心线。
- 添加尺寸标注。
- 添加孔标注。
- 添加表面粗糙度符号。
- 添加基准特征符号。
- 添加形位公差。
- 添加文字注释。
- 保存工程视图。

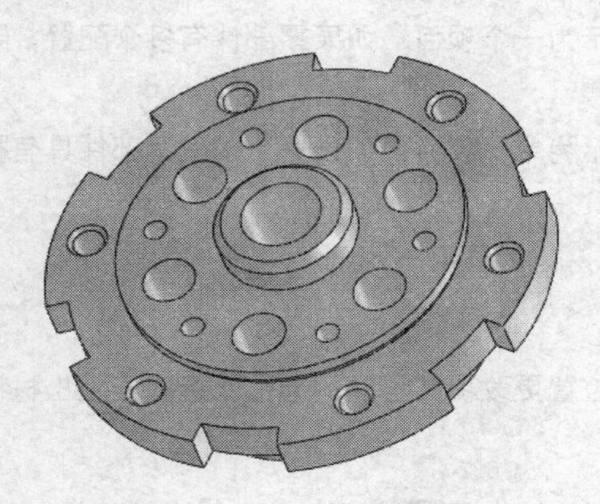

图 9-155　零件模型

制作本实例的具体操作步骤如下：

1. 生成工程视图

01 在生成零件工程图之前，应该首先生成零件模型，启动 SolidWorks 2013，单击【标准】工具栏中的【打开】按钮，系统弹出【打开】对话框。

02 选择素材库中的“9.6 零件模型.sldprt”文件，如图 9-156 所示，单击【打开】按钮，进入 SolidWorks 2013 的零件工作界面。

03 单击【标准】工具栏中的【新建】按钮，系统弹出【新建 SolidWorks 文件】对话框，选择【工程图】图标，单击【确定】按钮，系统进入工程图工作界面。

04 在菜单栏中选择【插入】|【图纸】命令，系统弹出【图纸格式/大小】对话框，在【图纸格式/大小】对话框中，设置图纸大小为“A3(GB)”，如图 9-157 所示，单击【确定】按钮，生成图纸 1。

05 单击【工程图】工具栏中的【模型视图】按钮，系统弹出【模型视图】对话框。在【方向】选项组中单击【右视】按钮，并修改图纸比例为 1：2。

06 用鼠标双击要生成工程视图的零件，移动鼠标至合适的位置生成零件的俯视图，如图 9-158 所示。

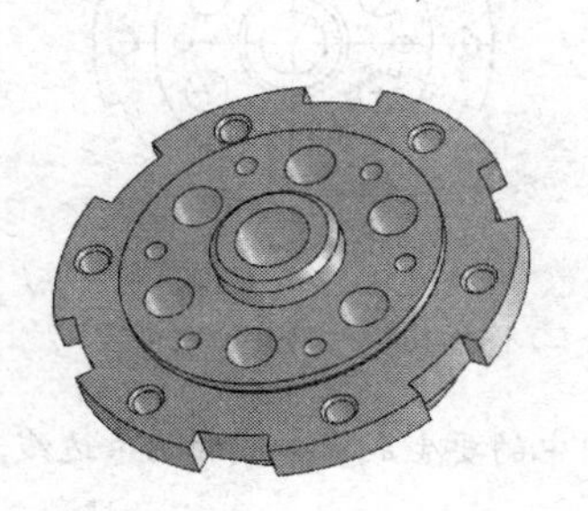

图 9-15 “9.6 零件模型”文件

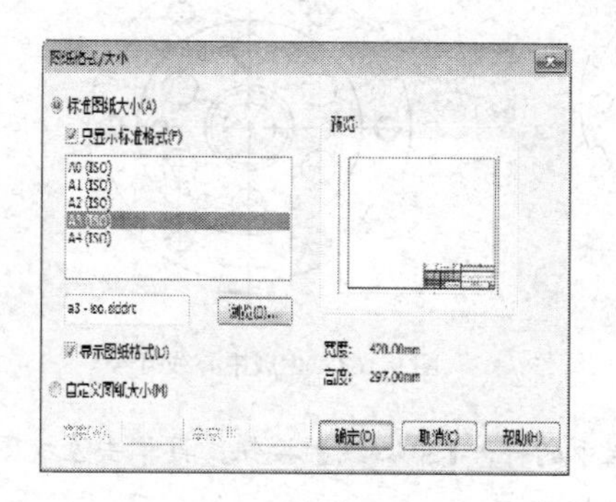

图 9-157 【图纸格式/大小】对话框

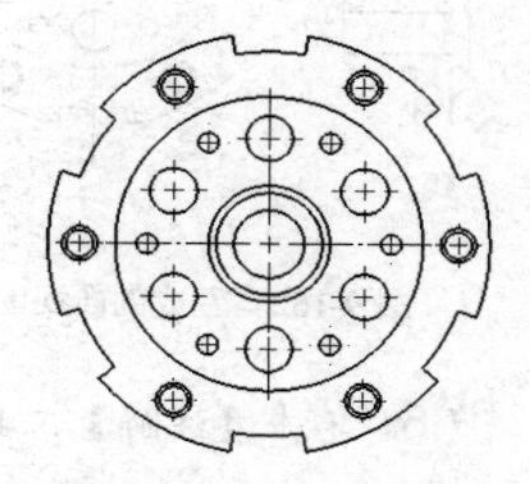

图 9-158 生成俯视图

07 单击【工程图】工具栏中的【剖面视图】按钮，弹出【剖面视图】对话框，在【切割线】类型中选择【对齐】剖切。

08 捕捉到工程图中心放置转折点，如图 9-159 所示。捕捉到小圆圆心，单击对齐第一条剖切线，如图 9-160 所示。捕捉到小圆圆心，单击对齐第二条剖切线，如图 9-161 所示。

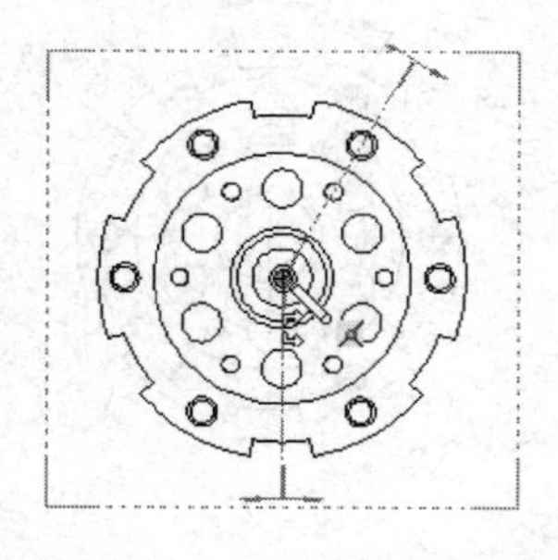

图 9-159 确定转折点

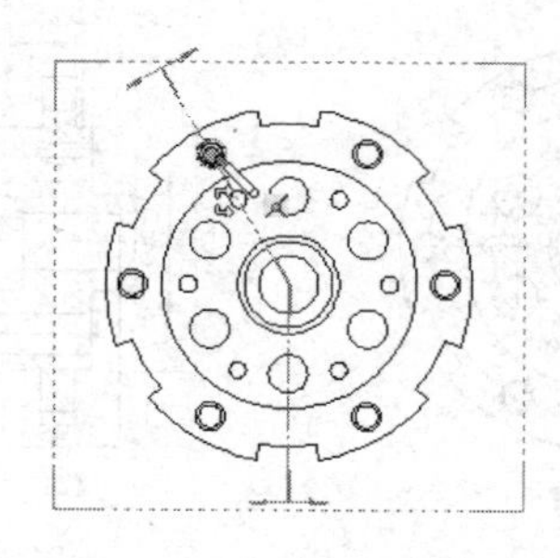

图 9-160 确定第一条剖切线

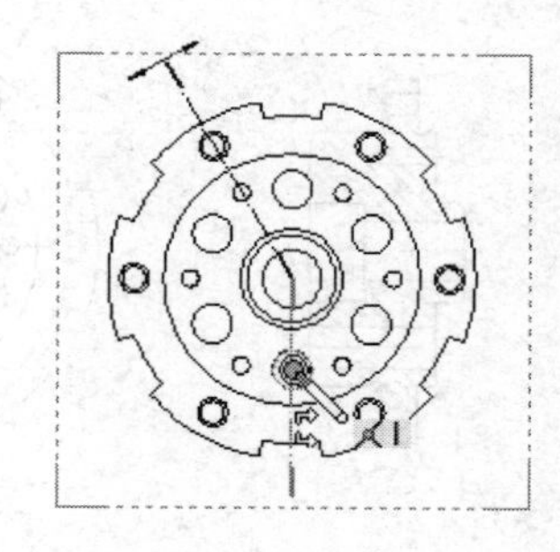

图 9-161 确定第二条剖切线

09 弹出剖面线编辑工具栏，单击工具栏中【确定】按钮，生成剖面视图，如图 9-162 所示。

2. 添加中心符号线和中心线

01 选择菜单栏中的【工具】|【选项】命令，弹出【系统选项-普通】对话框，选择【文档属性】选项卡，可以再【绘制标准】中设置【中心线延伸】、【中心线符号】和【视图生成时自动插入】等相关参数。

02 单击【注解】工具栏中的【中心符号线】按钮，或者选择菜单栏中的【插入】|【注解】|【中心符号线】命令，系统弹出【中心符号线】对话框。

03 在【选项】选项组中，单击【圆形中心线符号】按钮。依次选择 6 个最小圆柱孔的边线，生成中心符号线，如图 9-163 所示。

04 以同样的方法添加其他中心符号线，如图 9-164 所示。

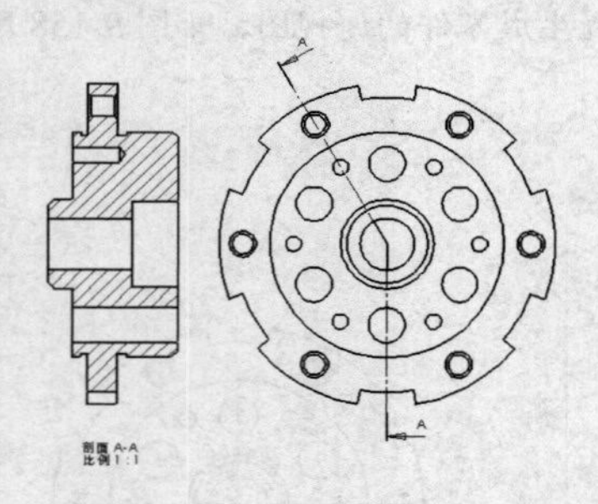

图 9-162 生成剖面视图

图 9-163 生成中心线符号

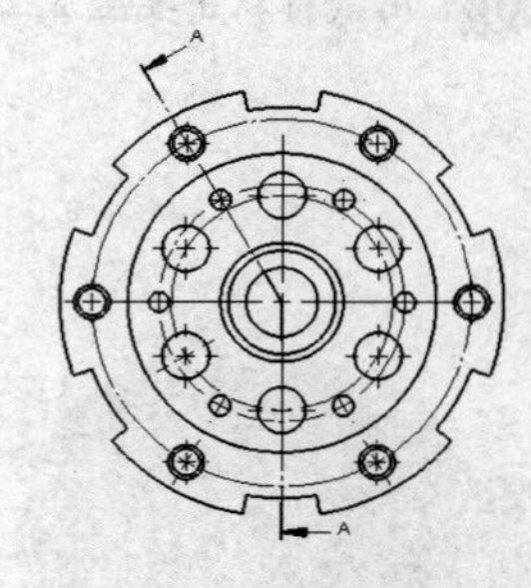

图 9-164 生成中心线符号

05 单击【注解】工具栏中的【中心线】按钮，再单击左视图中的要生成中心线的两条边线，在视图中生成中心线，如图 9-165 所示。

3. 添加尺寸标注

01 单击【尺寸/几何关系】工具栏中的【尺寸】按钮，系统弹出【尺寸】对话框。

02 对工程视图进行尺寸标注，并添加相应的标注尺寸文字。单击【确定】按钮，完成添加尺寸标注，如图 9-166 所示。

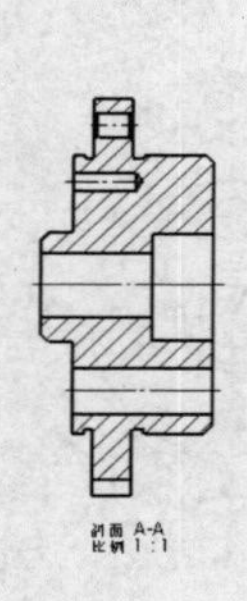

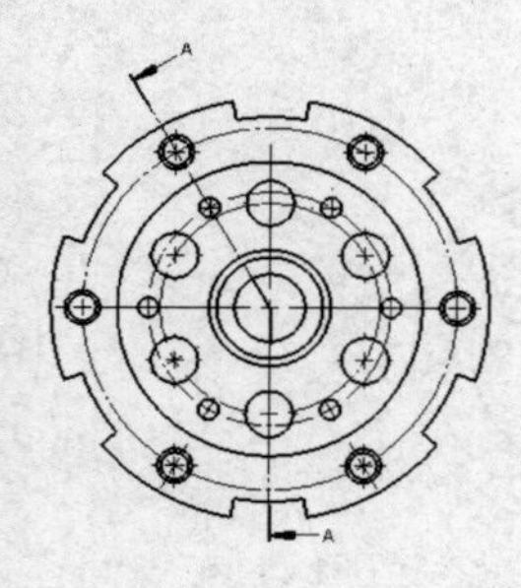

图 9-165 生成的中心线

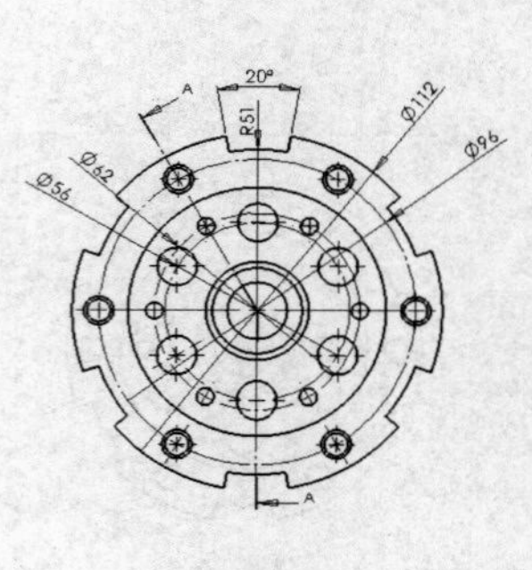

图 9-166 添加尺寸标注

4. 添加孔标注

01 单击【注解】工具栏中的【孔标注】按钮，或者选择菜单栏中的【插入】|【注解】|【孔标注】命令。

02 单击孔的边线，再在合适的位置单击以放置孔标注，系统弹出【尺寸】对话框，在【标注尺寸文字】选项组中修改文字，如图 9-167 所示，单击【确定】按钮，完成添加孔标注，如图 9-168 所示。

5. 添加表面粗糙度符号

01 单击【注解】工具栏中的【表面粗糙度符号】按钮，或者选择菜单栏中的【插入】|【注解】|【表面粗糙度符号】命令，系统弹出【表面粗糙度】对话框。

02 在图纸区域中拖动鼠标指针预览效果至需要添加标注的位置，单击鼠标左键放置符号，单击✔【确定】按钮，生成表面粗糙度符号，如图 9-169 所示。

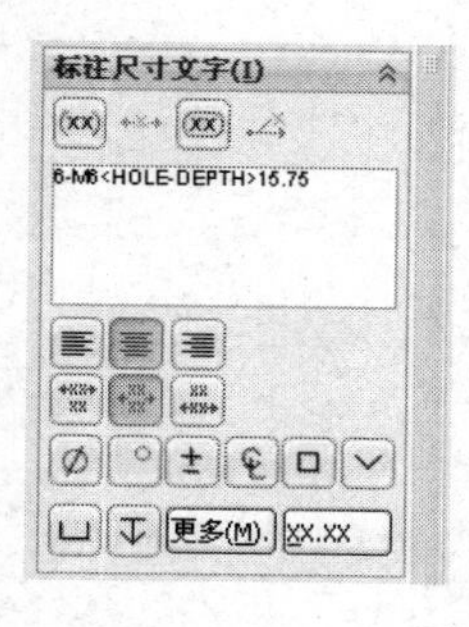

图 9-167　【标注尺寸文字】选项组

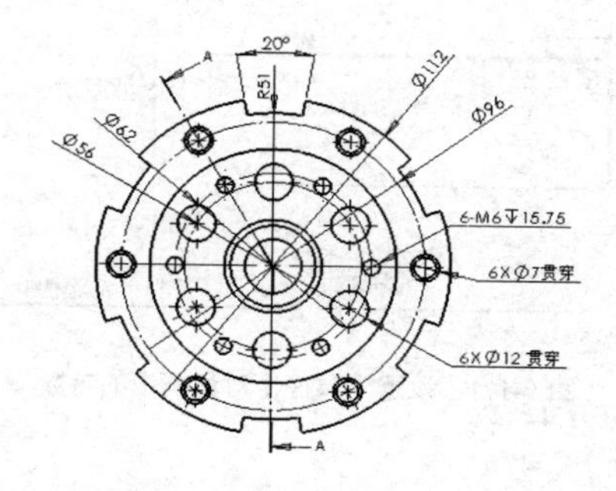

图 9-168　添加孔标注

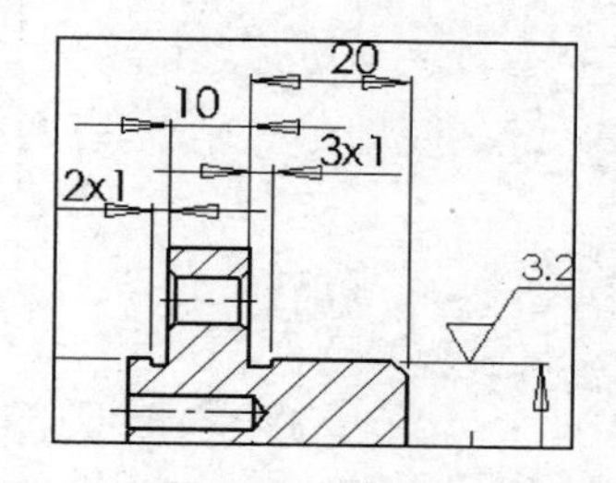

图 9-169　添加表面粗糙度符号

03 根据需要，在相应的位置单击多次以放置多个表面粗糙度符号，修改符号类型及数值，单击✔【确定】按钮，完成添加表面粗糙度符号。

6. 添加基准特征符号

01 单击【注解】工具栏中的【基准特征】按钮，或者选择菜单栏中的【插入】|【注解】|【基准特征符号】命令，系统弹出【基准特征】对话框。

02 根据基准特征符号的标注要求设置参数，选择引线样式，如图 9-170 所示。

03 拖动鼠标指针至要添加基准特征符号的位置，单击鼠标左键放置基准特征符号，根据需要，单击鼠标左键多次以顺序放置多个基准特征符号，单击✔【确定】按钮，完成添加基准特征符号。

图 9-170　引线样式

7. 添加形位公差

01 单击【注解】工具栏中的【形位公差】按钮，或者选择菜单栏中的【插入】|【注解】|【形位公差】命令，系统弹出【形位公差】对话框，同时在图纸区域弹出形位公差的【属性】对话框。

02 在【属性】对话框中，选择需要标注的形位公差符号，输入公差数值，如图 9-171 所示。

03 在图纸区域拖动鼠标指针至需要添加标注的位置，单击鼠标左键放置形位公差符号，可以根据需要单击多次以放置多个符号，单击【确定】按钮，完成添加形位公差。

04 根据需要修改其余形位公差的符号、公差数值等，单击【确定】按钮，完成形位公差的修改。

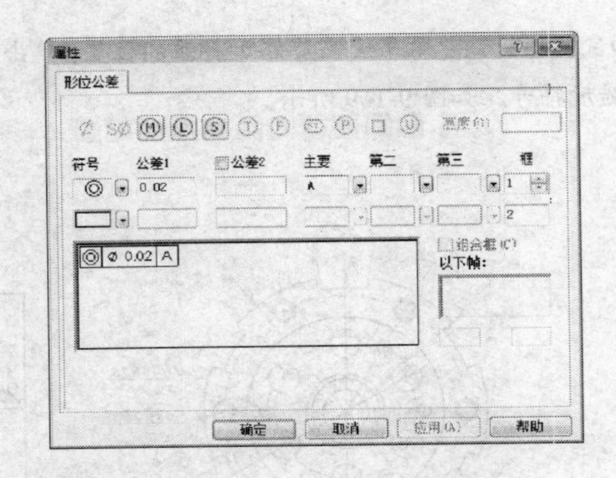

图 9-171　设置【属性】对话框中的参数

8. 添加文字注释

01 单击【注解】工具栏中的A【注释】按钮，或者选择菜单栏中的【插入】|【注解】|【注释】命令，系统弹出【注释】对话框。

02 此时鼠标指针呈形状，在图纸区域中拖动鼠标指针定义文本框，在文本框中输入相应的注释文字。

03 在【格式化】工具栏中设置文字字体、字号等，如图 9-172 所示。

图 9-172　【格式化】工具栏

04 添加的文字注释如图 9-173 所示。

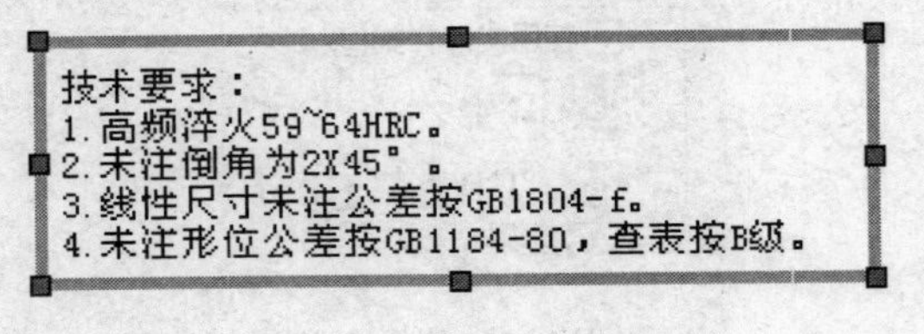

图 9-173　添加文字注释

9. 保存工程视图

01 选择【文件】|【另存为】命令，弹出【另存为】对话框。

02 在【文件名】列表框中输入“9.6 工程视图”，单击【保存】按钮，完成工程图实例操作。

第 10 章 制作动画

本章导读：

动画是交流设计思想最好的途径，能更有效地促进多方设计人员的协同工作。SolidWorks 利用运动算例来制作产品的演示动画，使用运动算例能将 SolidWorks 的三维模型实现动态的可视化，并且及时录制产品设计的模拟装配过程、模拟拆卸过程和产品的模拟运行过程，将设计者的意图更好地传递给用户。

学习目标：

- 运动算例的基础知识
- 旋转动画
- 距离和角度配合动画
- 装配体爆炸动画
- 物理模拟运动
- 插值模式运动
- 播放与录制
- 实例操作

10.1 运动算例的基础知识

SolidWorks 运动算例是基于键码画面的界面。首先决定装配体在各个时间的外观，然后 SolidWorks 运动算例应用程序会计算从一个位置移动到下一个位置所需的顺序。

打开一个装配体文件，单击【特征管理器设计树】下方的【运动算例 1】按钮，打开基于键码画面的动画操作界面，如图 10-1 所示。

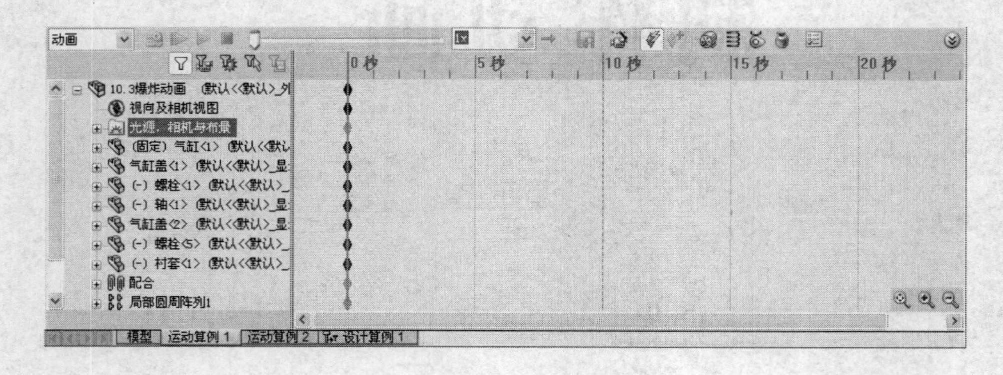

图 10-1　动画操作界面

在此操作界面中有如下基本元素：

- 键码画面：与装配配体零部件运动、视象属性更改等对应的实体。
- 键码点：与装配体零部件、视象属性等对应的实体。
- 时间线：显示时间和动画事件类型的区域。
- 时间栏：沿时间线定位的实体，指示在动画中查看或者编辑的时间。
- 更改栏：连接键码点的水平实体，在生成动画时被添加。

基于键码画面的动画的基础涉及以下知识：

- 沿时间线定位时间栏，以定义要更改的终点位置。更改可包括装配体零部件的运动、不同的视点以及视象属性的更改。
- 将装配体零部件放置在图形区域中的所需位置以及由时间栏位置所指示的时间处。

10.1.1 键码点和键码属性

每个键码画面在时间线上都包括代表开始运动时间或者结束运动时间的键码点。无论何时定位一个新的键码点，它都会对应于运动或者视象属性的更改。

1. 识别键码点

可以通过编辑颜色识别键码点。

将鼠标指针移动到键码点上以显示工具提示，其功能如表 10-1 所示。

表 10-1　各选项的功能

图　标	功　能
	总动画持续时间长度
	视图定向
	视图定向被压缩
	外观
	驱动运动
	从动运动
	爆炸
	配合尺寸
	任何零部件或者配合键码
	任何压缩的键码
	位置还未解出
	位置不能到达
	隐藏的子关系

2. **键码属性**

当将鼠标指针移动至任意一个键码点上时，零件序号将会显示此键码点的键码属性，如表 10-2 所示。

表 10-2　键码属性

Slide2<1> 00:00:06
=100%

键码属性	描　　述
Spider<1>00：00：10	【特征管理器设计树】中的零部件 Spider<1>
	移动零部件
	爆炸步骤（运动）
=	外观：应用到零部件的相同颜色
=100%	透明度：表示 100%透明度
	零部件显示：上色

10.1.2 时间线

时间线是动画的时间界面，它显示在动画【特征管理器设计树】的右侧。

当定位时间栏、在图形区域中移动零部件或者更改视象属性时，时间栏会使用键码点和更改栏显示这些更改。

时间线被竖直网格线均分，这些网格线对应于表示时间的数字标记。数字标记从 00：00：00 开始，其间距取决于窗口的大小。例如，沿时间线可能每隔 1 秒、2 秒或者 5 秒就会有一个标记，如图 10-2 所示。

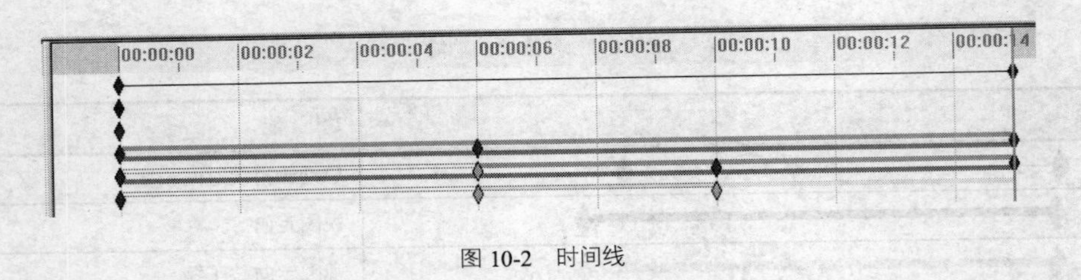

图 10-2　时间线

如果需要显示零部件，可以沿时间线单击任意位置，以更新该点的零部件位置。定位时间栏和图形区域中的零部件后，可以通过控制键码点来编辑动画。在时间线区域中用鼠标右键单击，然后在弹出的快捷菜单中进行选择，如图 10-3 所示。

沿时间线用鼠标右键单击任意一个键码点，在弹出的菜单中可以选择针对具体键码点需要执行的操作，如图 10-4 所示。

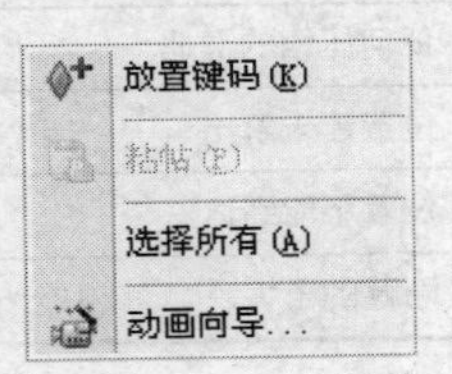

图 10-3　快捷菜单

图 10-4　快捷菜单

在弹出的快捷菜单中的各命令含义如下：

- 剪切、删除：对于 00：00：00 标记处的键码点不可用。
- 替换键码：更新所选键码点以反映模型的当前状态。
- 压缩键码：将所选键码点及相关键码点从其指定的函数中排除。
- 插值模式：在播放过程中控制零部件的加速、减速或者视像属性。

10.1.3 时间栏

时间线上的黑色实体竖直线即为时间栏，它表示动画的当前时间。如果需要移动时间栏，可以沿时间线拖动时间栏到任意位置或者单击时间线上的任意位置，键码点除外。

注 意： 当鼠标指针位于时间线上时，按空格键以向前移动时间栏到下一个增量。

10.1.4 更改栏

更改栏是表示一段时间内发生更改的水平实体，更改包括运动算例的时间长度、零部件运动、视图定向（如旋转等）、视象属性（如颜色、视图等）等。

更改栏沿时间线连接键码点，根据实体不同，更改栏使用不同的颜色以直观地识别零部件和类型的更改。

注 意： 除颜色外，还可以通过动画【特征管理器设计树】中的图标识别实体。

10.2 旋转动画

通过动画向导就可以生成旋转动画。

生成旋转动画的操作方法如下：

01 打开一个装配体文件，单击绘图区左下方的 模型 运动算例 1 （运动算例 1）标签，切换到【运动算例 1】选项卡。则在绘图区下方出现【SolidWorks 运动算例】工具栏和时间栏，如图 10-5 所示。

02 单击【SolidWorks 运动算例】工具栏中的【动画向导】按钮，系统弹出【选择动画类型】对话框，如图 10-6 所示。

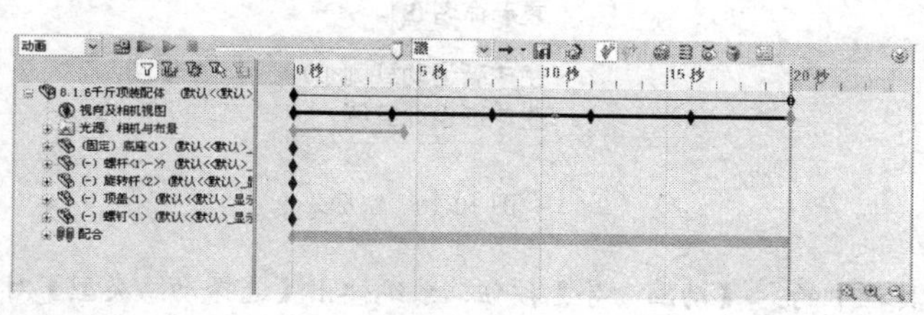

图 10-5 【SolidWorks 运动算例】工具栏和时间栏

图 10-6 【选择动画类型】对话框

03 选中【旋转模型】单选按钮，单击【下一步】按钮，弹出【选择-旋转轴】对话框，如图 10-7 所示。

04 在【选择-旋转轴】对话框中，选中【X-轴】单选按钮，在【旋转次数】文本框中输入 1，选中【逆时针】单选按钮，单击【下一步】按钮，弹出【动画控制选项】对话框，如图 10-8 所示。

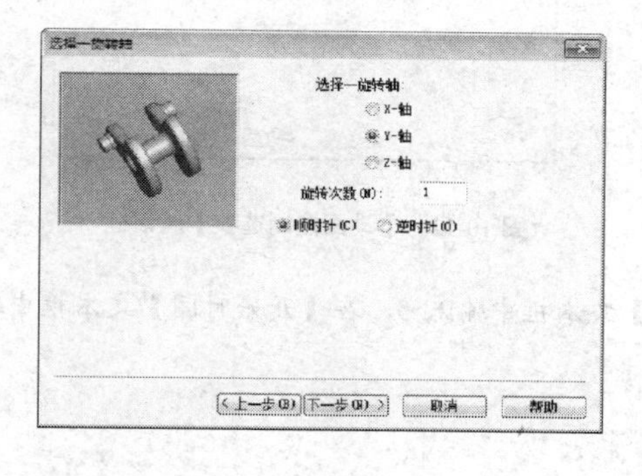

图 10-7 【选择-旋转轴】对话框

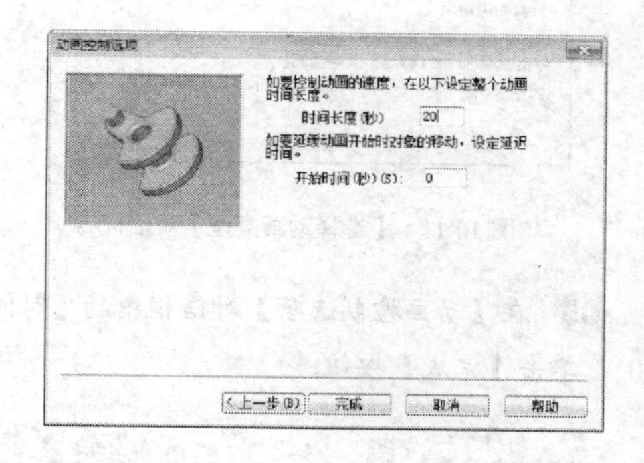

图 10-8 【动画控制选项】对话框

05 在【动画控制选项】对话框中的【时间长度】文本框中输入 20，在【开始时间】文本框中输入 0，单击【完成】按钮，实现了旋转动画的设定。单击【SolidWorks 运动算例】工具栏上的【播放】按钮，观看旋转动画效果。

10.3 装配体爆炸动画

装配体爆炸动画是将装配体的爆炸视图步骤按照时间先后次序转化成动画形式。

下面介绍装配体的爆炸动画的操作步骤。

01 打开素材库“第 10 章/爆炸动画/爆炸动画.sldasm”装配体爆炸视图文件，如图 10-9 所示。

02 单击【特征】工具栏上的【新建运动算例】按钮，或者用鼠标右键单击【运动算例 1】选项卡，在弹出如图 10-10 所示的快捷菜单中选择【生成新运动算例】命令，则在绘图区下方出现时间栏，同时窗体标签栏中将出现新的运动算例标签 模型 | 运动算例 1 | 运动算例 2 ，切换到【运动算例 2】选项卡。

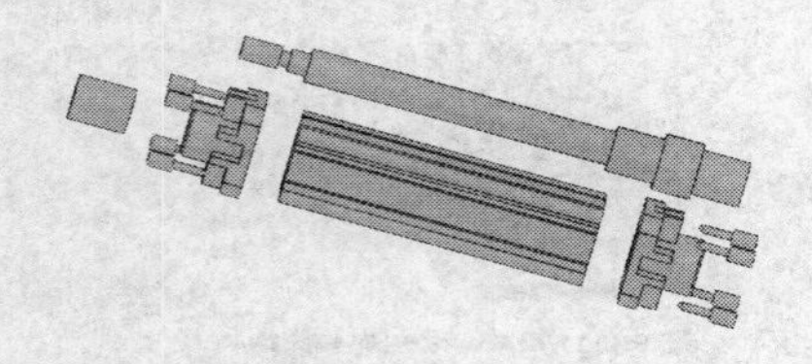

图 10-9 打开示例文件

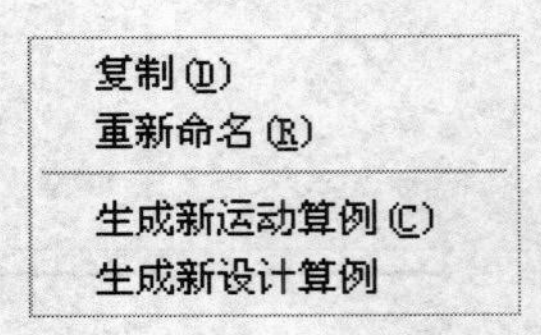

图 10-10 快捷菜单

03 单击【SolidWorks 运动算例】工具栏中的【动画向导】按钮，系统弹出【选择动画类型】对话框，选中【解除爆炸】单选按钮，如图 10-11 所示。

04 单击【下一步】按钮，弹出【动画控制选项】对话框，如图 10-12 所示。

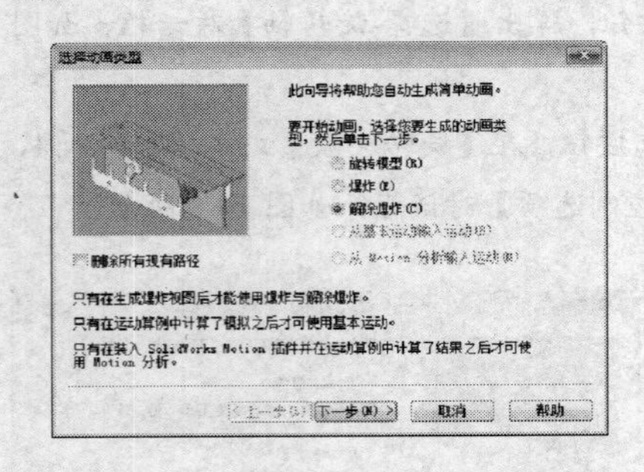

图 10-11 【选择动画类型】对话框

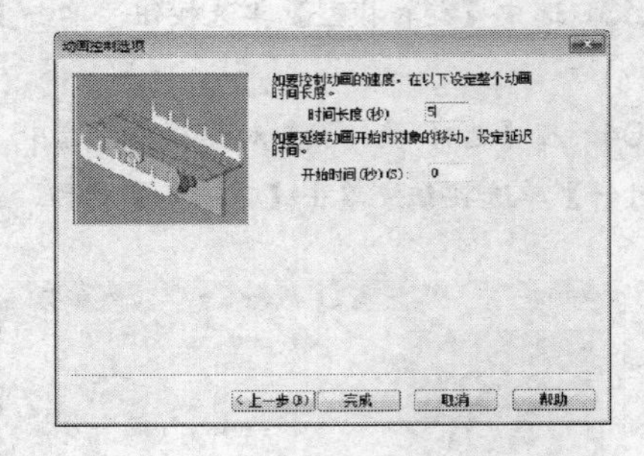

图 10-12 【动画控制选项】对话框

05 在【动画控制选项】对话框中的【时间长度】文本框中输入 5，在【开始时间】文本框中输入 0 ，单击【完成】按钮。

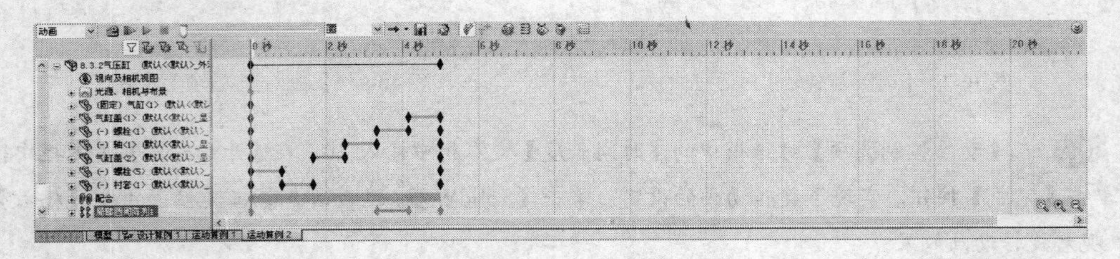

图 10-13 【SolidWorks 运动算例】工具栏和时间栏

06 此时【SolidWorks 运动算例】时间栏，将显示各零件的移动时间段，如图 10-13 所示。

07 单击【SolidWorks 运动算例】工具栏上的【播放】按钮，观看解除爆炸动画，解除爆炸最终效果如图 10-14 所示。

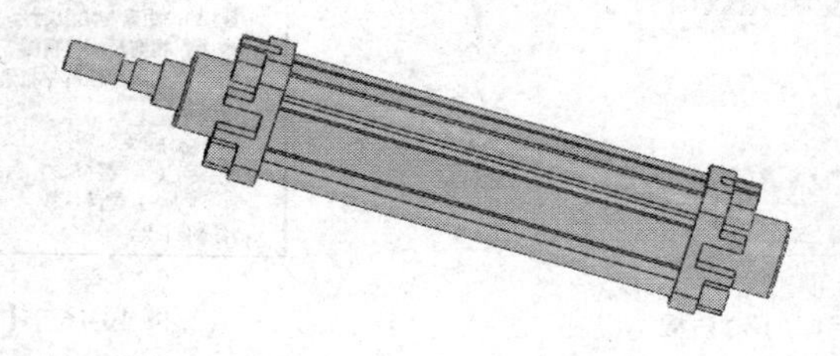

图 10-14　最终效果

利用相同的方法可以观看【爆炸】动画效果。

10.4 物理模拟动画

物理模拟可以允许模拟马达、弹簧及引力等在装配体的效果。物理模拟将模拟成分与 SolidWorks 工具（如配合和物理动力等）相结合以围绕装配体移动零部件。物理模拟包括引力、线性或者旋转马达、线性或者扭转弹簧等。

10.4.1 引力

引力是模拟沿某一方向的万有引力，在零部件自由度之内逼真地移动零部件。

其注意事项如下：

- 可以在每个装配体中定义一个引力模拟成分。
- 所以零部件无论其质量如何都在引力效果下以相同速度移动。
- 由于马达的运动优先于引力的运动，如果一个马达将零件向左移动并有一个引力将零部件向右移动，零部件将向左移动，无任何向右的拉力。
- 如果使用数字选项，可以使用物理模拟的结果自动设置装配体中每个零件的载荷和边界条件，从而进行 SimulationXpress 分析。

1. 引力

单击【模拟】工具栏中的【引力】按钮，系统弹出【引力】对话框，如图 10-15 所示。

在【引力】对话框中，各选项的含义如下：

引力参数：选择线性边线、平面、基准面或者基准轴作为引力的方向参考。如果选择基准面或者平面，方向参考与所选实体正交。

反向：改变引力方向。

数字：单击此按钮，输入【数字引力值】数值。

2. 生成引力的操作步骤

01 单击【模拟】工具栏中的【引力】按钮，系统弹出【引力】对话框。

02 根据需要设置引力的参数，单击✔【确定】按钮，一个【引力】图标被添加到【特征管理器设计树】中，如图 10-16 所示。

图 10-15 【引力】对话框

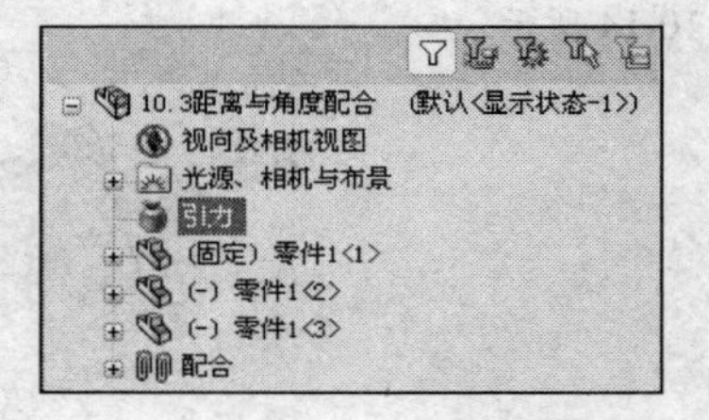

图 10-16 【引力】图标

10.4.2 线性马达或旋转马达

线性马达或旋转马达为物理动力围绕一个装配体移动零部件的模拟成分。

其注意事项如下：

- 马达所选方向移动零部件，但马达不是力，马达强度不根据零部件大小或者质量而变化。
- 如果一个力（如与另一部件碰撞等）更改了马达方向参考，马达将以新的方向移动零部件。
- 不要在同一零部件上添加一个以上同类型的马达。
- 由于马达运动优先于引力或者弹簧的运动，如果有一个马达将零部件向左移动并有一个引力或者弹簧将零部件向右移动，零部件将向左移动。
- 如果使用数字选项，可以使用物理模拟的结果自动设置装配体中每个零件的载荷和边界条件，从而进行 SimulationXpress 分析。

注 意：物理模拟的默认范围之外的数值只影响分析应用程序。例如，线性马达的最大默认速度为 300mm/s。如果指定的值大于 300mm/s，则当重新播放物理模拟时，零部件不会以更快速度相应运动，但在分析应用程度中则会运动得更快。

1. 线性马达

单击【模拟】工具栏中的【马达】按钮，系统弹出【马达】对话框，单击对话框中的【线性马达】按钮，对话框变为如图 10-17 所示。

在【马达】对话框中，各选项的含义如下：

方向参考：选择零部件的线性（或者圆形）边线、平面、圆柱（或者圆锥面）、基准轴（或者基准面）作为方向参考。如果选择圆形边线或者圆锥面，方向参考将与圆柱的轴平行；如果选择基准面或者平面，方向参考与实体正交。

反向：改变线性马达的方向。

马达类型：马达产生的运动类型。

数字马达值：可以设置马达运动的速度值。

2. 生成线性马达的操作方法

01 打开素材库中“第 10 章/线性马达/线性马达.sldasm”装配体文件，单击【模拟】工具栏中的

【马达】按钮，系统弹出【马达】对话框，单击对话框中的【线性马达】按钮。

02 选择插杆的左端面为马达位置，线性马达的速度方向将垂直于该平面，选择底板为要相对移动的零部件。单击【数字】按钮，设置【数字马达值】为 5mm/s，如图 10-18 所示，单击【确定】按钮，一个【线性马达】图标被添加到【特征管理器设计树】中。

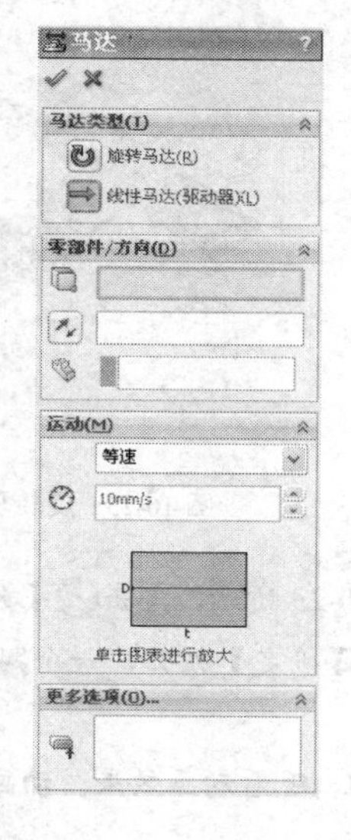

图 10-17 【马达】对话框

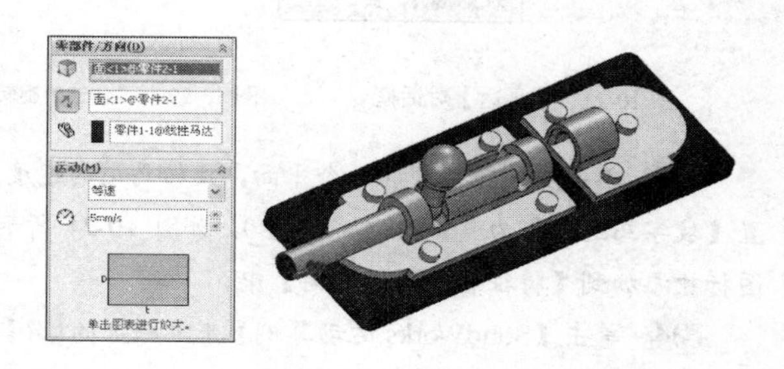

图 10-18 设置数字马达

03 单击【SolidWorks 运动算例】工具栏上的【播放】按钮，观看动画效果。动画开始时效果如图 10-19 所示，动画结束时效果图 10-20 所示。

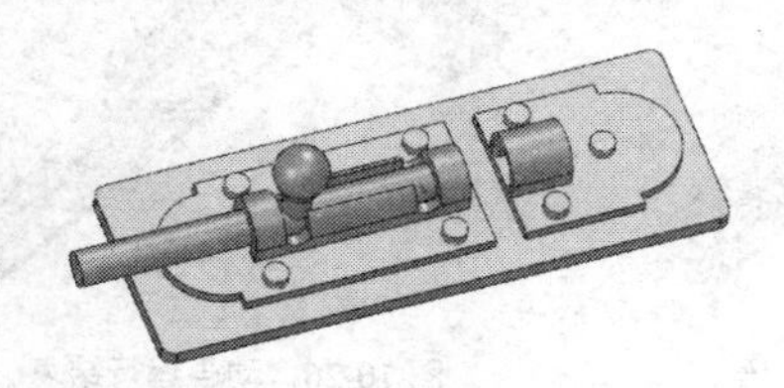

图 10-19 动画开始时

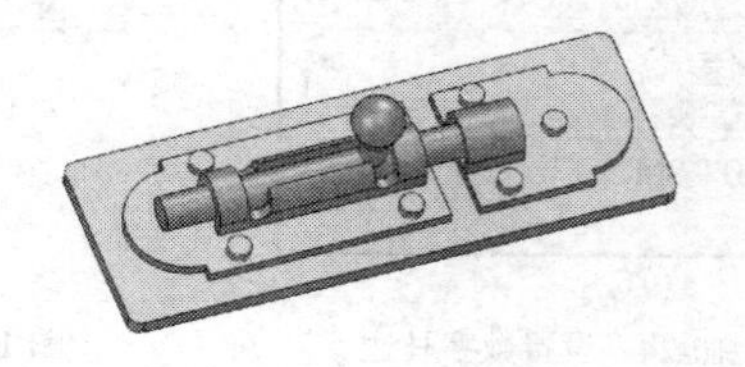

图 10-20 动画结束时

3. 旋转马达

单击【模拟】工具栏中的【马达】按钮，系统弹出【马达】对话框，单击对话框中的【旋转马达】按钮，对话框变为如图 10-21 所示。

在【马达】对话框中，各选项的含义如下：

方向参考：选择零部件的线性（或者圆形）边线、平面、圆柱（或者圆锥面）、基准轴（或者基准面）作为方向参考。如果选择圆形边线或者圆锥面，方向参考将与圆柱的轴平行；如果选择基准面或者平面，方向参考与实体正交。

反向：改变线性马达的方向。

马达类型：马达产生的运动类型。

数字马达值：可以设置马达运动的速度值。

4. 生成旋转马达的操作方法

01 打开素材库中的“第 10 章/旋转马达/旋转马达.sldasm”文件，如图 10-22 所示。

02 单击【模拟】工具栏中的【马达】按钮，系统弹出【马达】对话框，单击对话框中的【旋转马达】按钮。

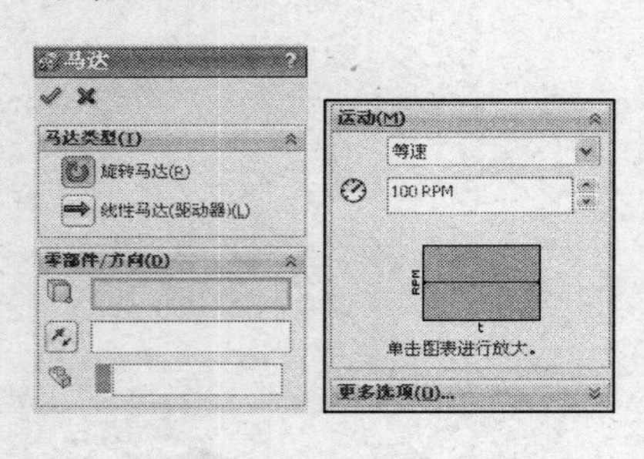

图 10-21 【马达】对话框

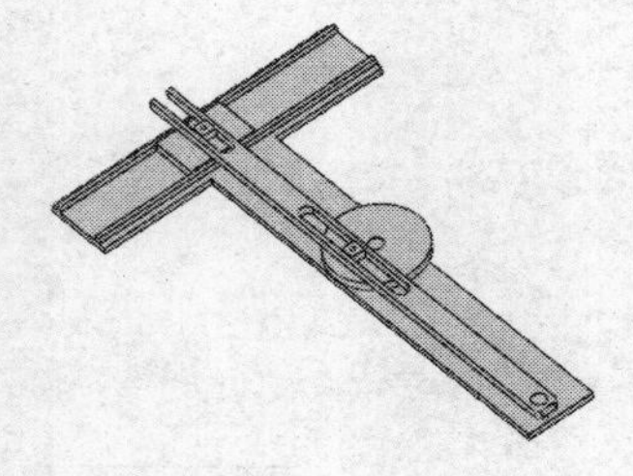

图 10-22 “10.5.2 旋转马达”文件

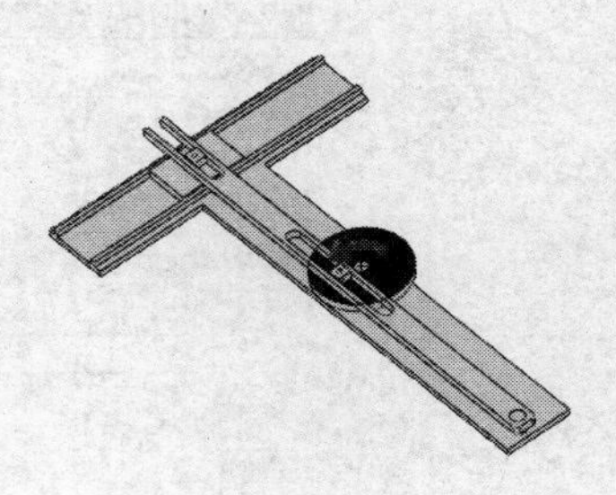

图 10-23 旋转马达方向

03 单击要旋转模型的一个平面，旋转马达的速度方向如图 10-23 所示，单击【数字】按钮，设置【数字马达值】为 100RPM（转/秒），如图 10-24 所示，单击【确定】按钮，一个【旋转马达】图标被添加到【特征管理器设计树】中。

04 单击【SolidWorks 运动算例】工具栏上的【播放】按钮，观看动画效果。动画运行开始，效果如图 10-25 所示，动画运行结束，效果如图 10-26 所示。

图 10-24 设置数字马达

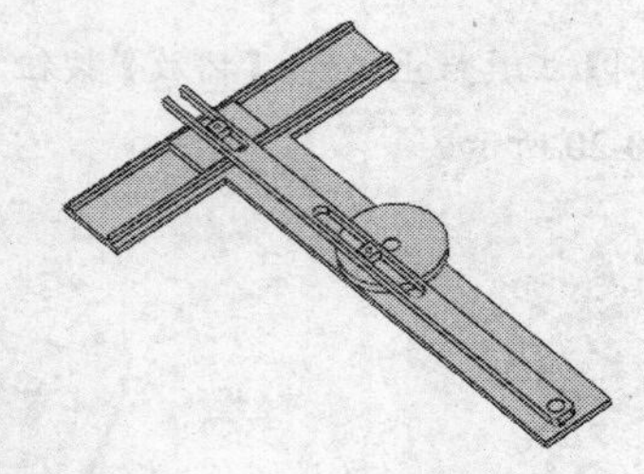

图 10-25 动画运行开始

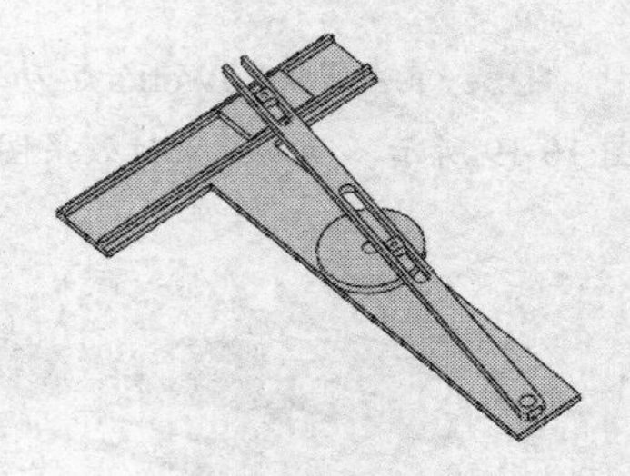

图 10-26 动画运行结束

10.4.3 线性弹簧和扭转弹簧

1. 线性弹簧

单击【模拟】工具栏中的【弹簧】按钮，系统弹出【弹簧】对话框，单击对话框中的【线性弹簧】按钮，对话框变为如图 10-27 所示。

在【弹簧】对话框中，各选项的含义如下：

【弹簧端点】：连接弹簧，可以选择线性边线、顶点或者草图点。如果选择边线，弹簧端点将附加到边线的中点。

kx^e【弹簧力表达式指数】：设置弹簧力的函数表达式的指数次方。

k【弹簧常数】：设置弹簧常数。

【自由长度】：初始距离为当前在图形区域中显示的零件之间的长度。

2. 生成线性弹簧的操作方法

01 打开一个装配体文件，单击【模拟】工具栏中的【弹簧】按钮，系统弹出【弹簧】对话框，单击对话框中的【线性弹簧】按钮。

02 选择模型中的放置线性弹簧的两个端点，设置如图 10-28 所示的参数，在图形区域显示出弹簧预览效果，如图 10-29 所示。

03 单击【确定】按钮，一个【线性弹簧】图标被添加到【特征管理器设计树】中。

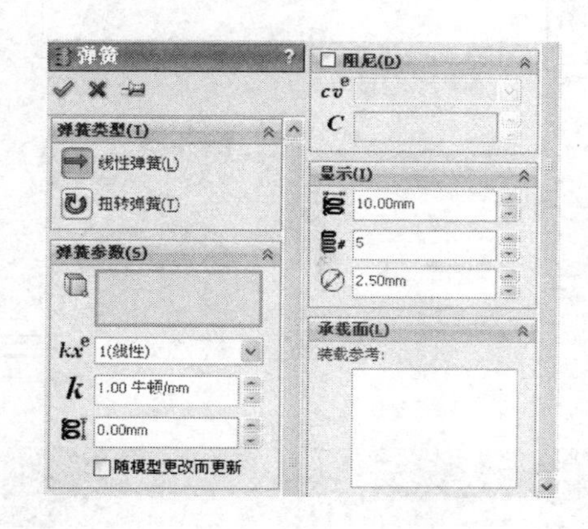

图 10-27 【弹簧】对话框

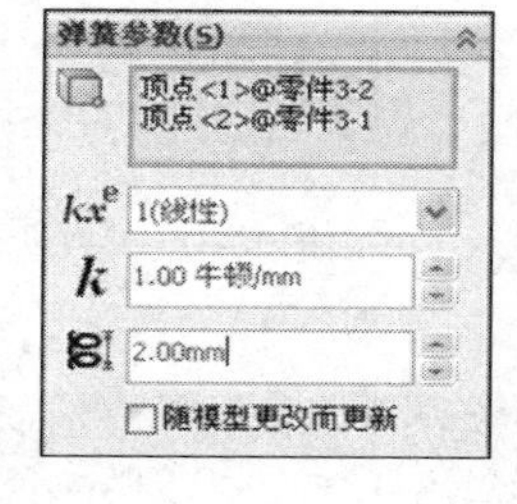

图 10-28 参数设置

图 10-29 弹簧预览效果

3. 扭转弹簧

单击【模拟】工具栏中的【弹簧】按钮，系统弹出【弹簧】对话框，单击对话框中的【扭转弹簧】按钮，对话框变为如图 10-30 所示。

在【弹簧】对话框中，各选项的含义如下：

【弹簧端点】：连接弹簧，可以选择线性边线、顶点或者草图点。如果选择边线，弹簧端点将附加到边线的中点。

【基体零部件】：固定不动的基体部件。

kx^e【弹簧力表达式指数】：设置弹簧力的函数表达式的指数次方。

k【弹簧常数】：设置弹簧常数。

【自由角度】：初始角度为当前在图形区域中显示的零件之间的角度。

4. 生成扭转弹簧的操作方法

01 打开一个装配体文件，单击【模拟】工具栏中的【弹簧】按钮，系统弹出【弹簧】对话框，单击对话框中的【扭转弹簧】按钮。

02 选择装配体模型中一个零件的轴线和另一个零件的端点，设置如图 10-31 所示的参数，在图形区域中显示出弹簧预览效果，如图 10-32 所示。

03 单击【确定】按钮，一个【扭转弹簧】图标被添加到【特征管理器设计树】中。

图 10-30 【弹簧】对话框

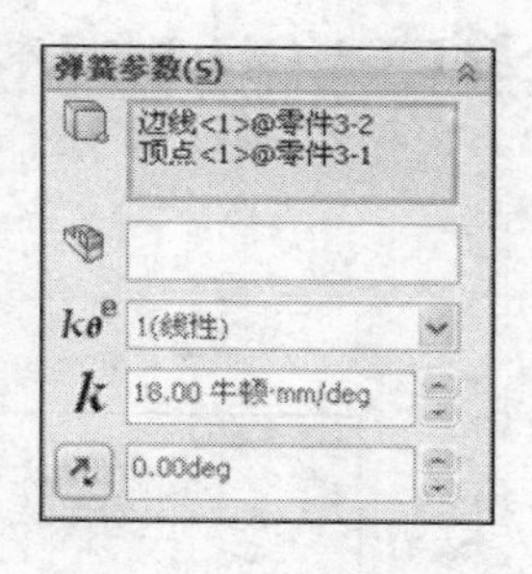

图 10-31 参数设置

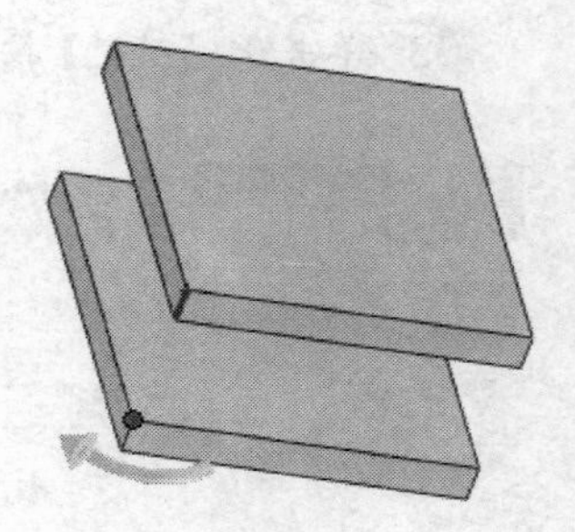

图 10-32 弹簧预览效果

10.5 插值模式运动

可以控制零部件的加速或者减速运动，包括物理模拟和零部件旋转。例如，如零部件从 00：00：03（位置 A）变为 00：00：06（位置 B），则可以调整从 A 到 B 的播放运动，其中 A 和 B 代表沿时间线的键码点。

添加插值模式的方法。

01 生成包括零部件运动或视像属性更改的动画。

02 在时间线上，右击想要影响的零部件的键码点。

03 单击插值模式并选择以下选项之一。

- 线性：默认设置为零部件以匀速从位置 A 移到位置 B。
- 捕捉：零部件以匀速从位置 A 开始移动，直到捕捉到位置 B。
- 渐入：零部件开始以匀速移动，但随后会朝着位置 B 方向加速移动。
- 渐出：零部件开始以加速移动，但当快接近位置 B 时减速移动。
- 渐入/渐出：结合渐入和渐出这两种移动，这样零部件在接近位置 A 和位置 B 的中间位置过程中加速移动，然后在接近位置 B 过程中减速移动。

04 单击【SolidWorks 运动算例】工具栏上的【播放】按钮，观看动画效果。

10.6 案例实战——曲柄滑块机构的运动动画

曲柄滑块机构如图 10-33 所示，下面应用本章所提到的动画制作功能来完成曲柄滑块机构的运动动画。

制作本例可分为如下步骤：

- 生成旋转动画
- 生成爆炸动画
- 生成物理模拟动画

制作曲柄摇杆机构的运动动画的具体步骤如下：

1. 生成旋转动画

01 启动 SolidWorks 2013，单击【标准】工具栏中的【打开】按钮，系统弹出打开对话框，选择素材库中的"第 10 章/曲柄滑块机构/曲柄滑块机构.sldasm"装配体文件，单击【打开】按钮，如图 10-34 所示。

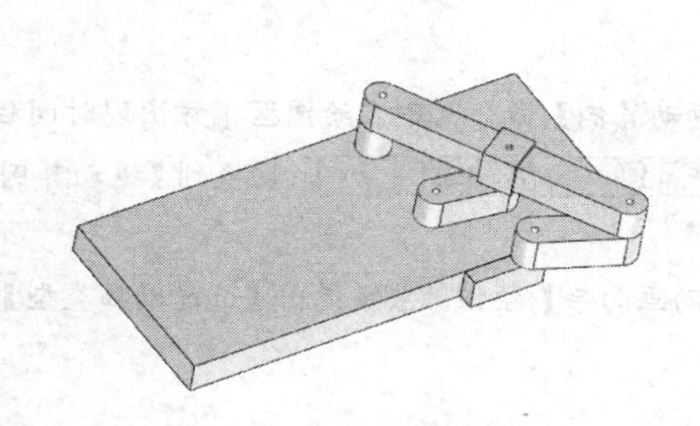

图 10-33　曲柄滑块机构

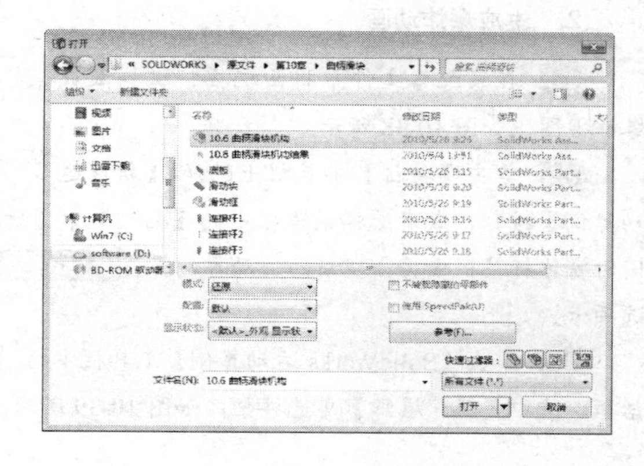

图 10-34　【打开】对话框

02 选择菜单栏中的【插入】|【新建运动算例】命令，或者单击绘图区左下角的标签栏 模型 运动算例 1（运动算例 1）标签，在绘图区下方出现【SolidWorks 运动算例】工具栏和时间栏。

03 单击【SolidWorks 运动算例】工具栏中的【动画向导】按钮，系统弹出【选择动画类型】对话框，如图 10-35 所示。

04 选中【旋转模型】单选按钮，单击【下一步】按钮，弹出【选择-旋转轴】对话框，如图 10-36 所示。

图 10-35　【选择动画类型】对话框

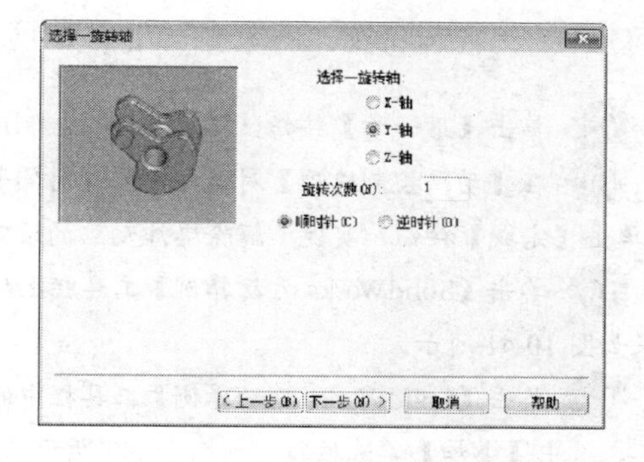

图 10-36　【选择-旋转轴】对话框

05 在【选择-旋转轴】对话框中，选中【Y-轴】单选按钮，在【旋转次数】文本框中输入 1，选中【顺时针】单选按钮，单击【下一步】按钮，弹出【动画控制选项】对话框，如图 10-37 所示。

06 在【动画控制选项】对话框中的【时间长度】文本框中输入 10s，在【开始时间】文本框中输入 0，单击【完成】按钮，实现了旋转动画的设定。单击【SolidWorks 运动算例】工具栏上的【播放】按钮，观看旋转动画效果。

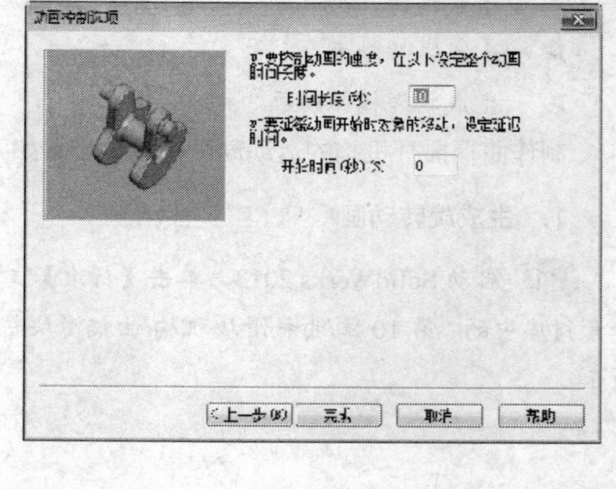

图 10-37 【动画控制选项】对话框

2. 生成爆炸动画

01 在装配体文件中将曲柄摇杆机构做成爆炸视图，如图 10-38 所示。

02 单击【特征】工具栏上的【新建运动算例】按钮，或者选择菜单栏中的【插入】|【新建运动算例】命令，则在绘图区下方出现时间栏，同时窗体标签栏中将出现新的运动算例标签 模型 | 运动算例 1 | 运动算例 2 ，切换到【运动算例 2】选项卡。

03 单击【SolidWorks 运动算例】工具栏中的【动画向导】按钮，系统弹出【选择动画类型】对话框，选中【解除爆炸】单选按钮，如图 10-39 所示。

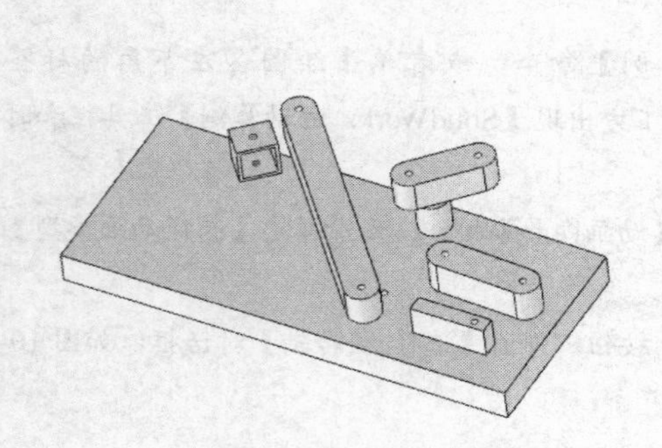

图 10-38 爆炸视图

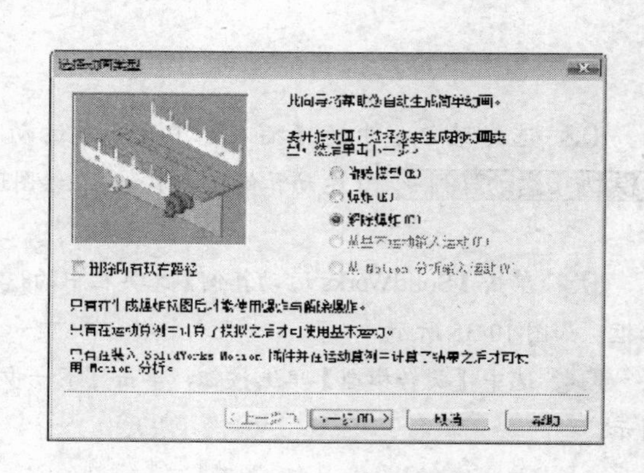

图 10-39 【选择动画类型】对话框

04 单击【下一步】按钮，弹出【动画控制选项】对话框，如图 10-40 所示。

05 在【动画控制选项】对话框中的【时间长度】文本框中输入 5，在【开始时间】文本框中输入 0，单击【完成】按钮，实现了解除爆炸动画的设定。

06 单击【SolidWorks 运动算例】工具栏上的【播放】按钮，观看解除爆炸动画效果。解除爆炸结果如图 10-41 所示。

07 单击【SolidWorks 运动算例】工具栏中的【动画向导】按钮，系统弹出【选择动画类型】对话框，选中【爆炸】单选按钮，如图 10-42 所示。

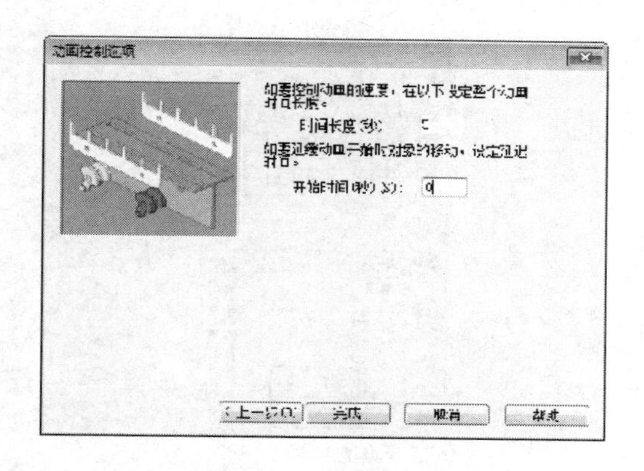

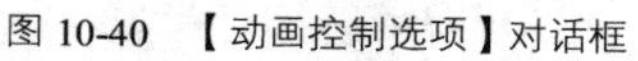

图 10-40　【动画控制选项】对话框

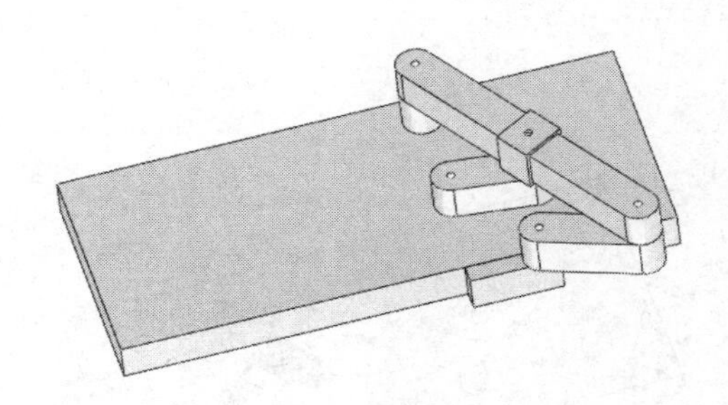

图 10-41　解除爆炸结果

08 单击【下一步】按钮，弹出【动画控制选项】对话框，如图 10-43 所示。

09 在【动画控制选项】对话框中的【时间长度】文本框中输入 5，在【开始时间】文本框中输入 5，单击【完成】按钮，实现了爆炸动画的设定。单击【SolidWorks 运动算例】工具栏上的【播放】按钮，观看爆炸动画效果。

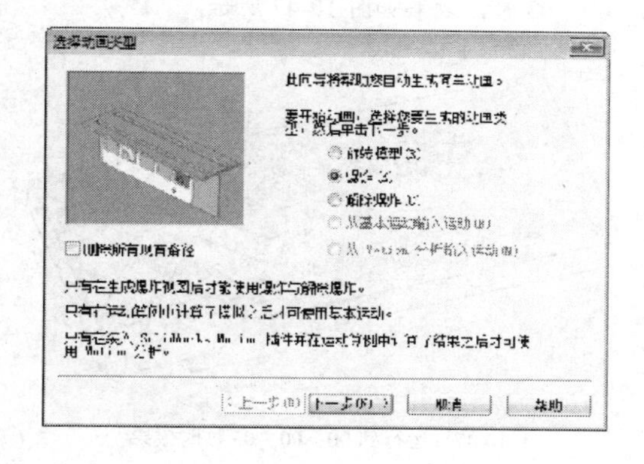

图 10-42　【选择动画类型】对话框

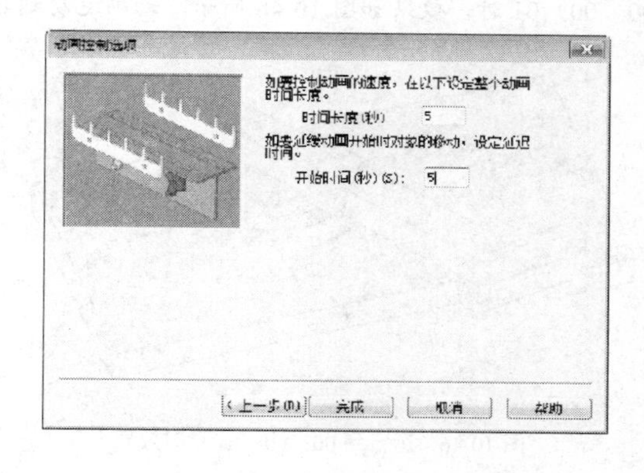

图 10-43　【动画控制选项】对话框

3. 生成物理模拟动画

01 单击【特征】工具栏上的【新建运动算例】按钮，或者选择菜单栏中的【插入】|【新建运动算例】命令，则在绘图区下方出现时间栏，同时窗体标签栏中将出现新的运动算例标签 模型 | 运动算例 1 | 运动算例 2 | 运动算例 3 ，切换到【运动算例 3】选项卡。

02 单击【模拟】工具栏中的【马达】按钮，系统弹出【马达】对话框，单击对话框中的【旋转马达】按钮。

03 单击如图 10-44 所示的模型面，在【速度】微调框中输入 20RPM，单击【确定】按钮，完成旋转马达的设置，如图 10-45 所示。

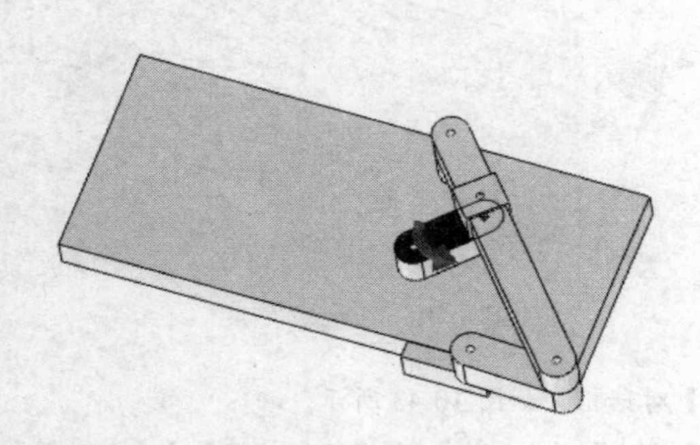

图 10-44　选择模型面

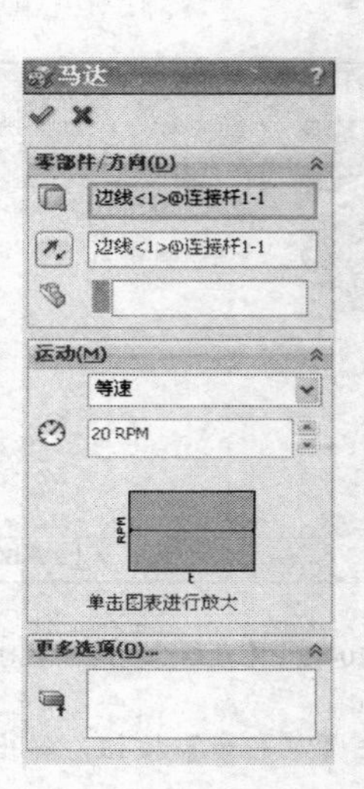

图 10-45　参数设置

04 单击【SolidWorks 运动算例】工具栏上的 【播放】按钮，观看动画效果。动画运行到 00：00：01 时，效果如图 10-46 所示，动画运动到 00：00：03 时，效果如图 10-47 所示。

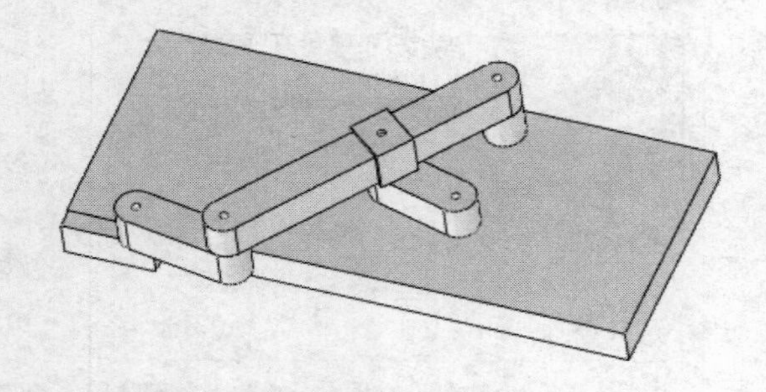

图 10-46　运行到 00：00：01 秒时效果

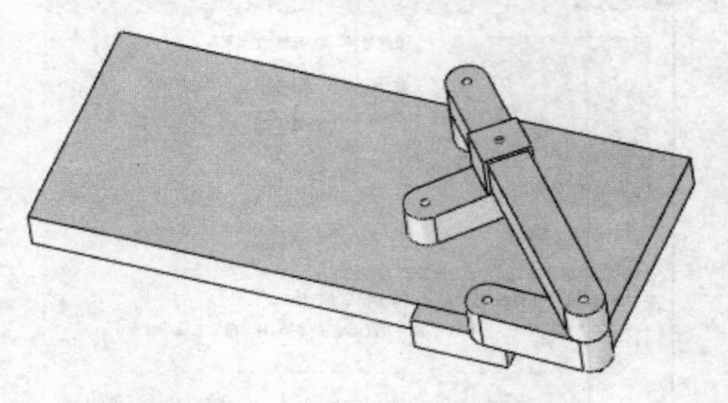

图 10-47　运行到 00：00：03 秒时效果

第 11 章

钣金设计

本章导读：

钣金零件通常用作零部件的外壳，或者用于支撑其他零部件。SolidWorks 可以独立设计钣金零件，而不需要对其所包含的零件作任何参考，也可以在包含此内部零部件的关联装配体中设计钣金零件。

学习目标：

- 钣金设计的基础
- 钣金零件设计
- 钣金零件编辑
- 钣金成形工具
- 实例操作

11.1 钣金设计的基础

钣金是工业中常用的一种零件，如轿车主体都是由钣金体零件构成。创建钣金前需要了解创建钣金的一些基本术语，包括折弯系数、折弯系数表、K 因子和折弯扣除等。

11.1.1 折弯系数

折弯系数是沿材料中性轴所测量的圆弧长度。在生成折弯时，可以输入数值给任何一个钣金折弯以指定明确的折弯系数。

以下方程用来决定使用折弯系数数值时的总平展长度。

Lt=A+B+BA

式中，Lt 是总的平展长度；A 与 B 的含义如图 11-1 所示；BA 为折弯系数。

11.1.2 折弯系数表

折弯系数表指定钣金零件的折弯系数或者折弯扣除数值。折弯系数表还包括折弯半径、折弯角度以及零件厚度数值。有两种折弯系数表可供使用，一种是带有*.BTL 扩展名的文本文件，二是嵌入的 Excel 电子表格。

11.1.3 K 因子

K 因子代表中立板相对于钣金零件厚度位置的比率。包含 K 因子的折弯系数使用以下计算公式：

BA=Π(R + KT) A/180

式中：BA 为折弯系数；R 为内侧折弯半径；K 是 K-因子，即 t / T，T 代表材料厚度，t 为内表面到中性面的距离；A 为折弯角度(经过折弯材料的角度)，如图 11-2 所示。

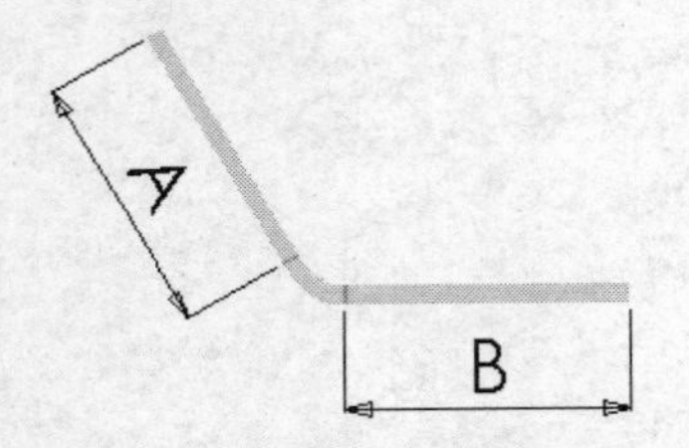

图 11-1　折弯系数中 A 和 B 的含义

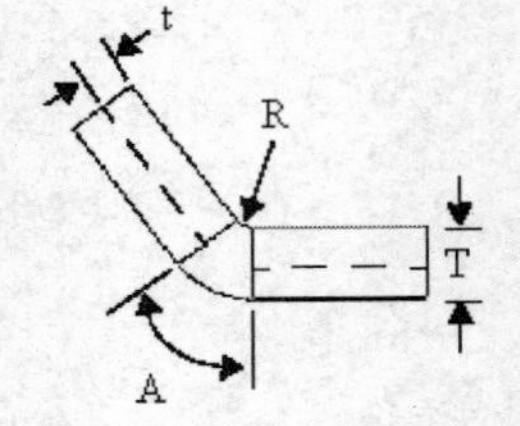

图 11-2　公式中各字母所代表的含义

11.1.4 折弯扣除

折弯扣除是折弯系数与双倍外部逆转之间的差别。在生成折弯时，可以通过输入数值以给任何钣金折弯指定明确的折弯扣除。

以下方程式用来决定使用折弯扣除数值时总平展长度。

$L_t = A + B - BD$

式中：L_t是总的平展长度；A 与 B 的含义如图 11-3 所示；BD 为折弯扣除值。

11.2 钣金零件设计

有两基本的方法可以进行钣金零件设计，即使用特定的钣金工具设计钣金零件或将实体转换成为钣金零件。

11.2.1 使用特定钣金工具设计钣金零件

特定的钣金工具主要有：基体法兰、边线法兰、斜接法兰、褶边、绘制的折弯、闭合角和转折。

1. 基体法兰

基体法兰是钣金零件的第一个特征。当基体法兰被添加到 SolidWorks 零件后，系统会将该零件标记为钣金零件，在适当位置生成折弯，并且在【特征管理器设计树】中显示特定的钣金特征。

其注意事项如下：

- 基体法兰是从草图生成的，草图可以是单一开环、单一闭环，也可以是多重封闭轮廓。
- 在一个 SolidWorks 零件中，只能有一个基体法兰特征。
- 基体法兰特征的厚度和折弯钣金将成为其他钣金特征的默认值。

单击【钣金】工具栏中的【基体法兰/薄片】按钮，或者选择菜单栏中的【插入】|【钣金】|【基体法兰】命令，系统弹出【基体法兰】对话框，如图 11-4 所示。

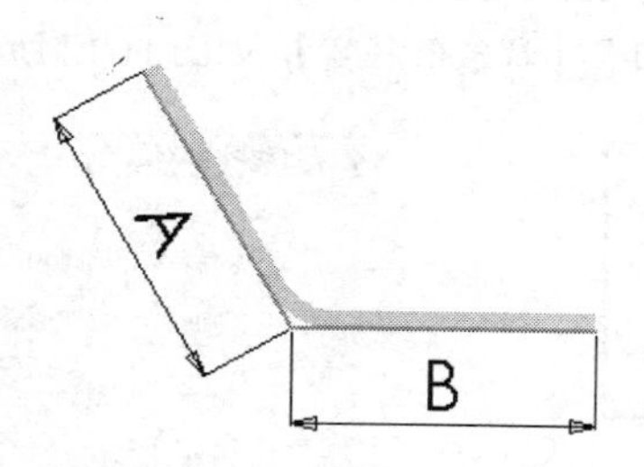

图 11-3 折弯扣除值中 A 和 B 的含义

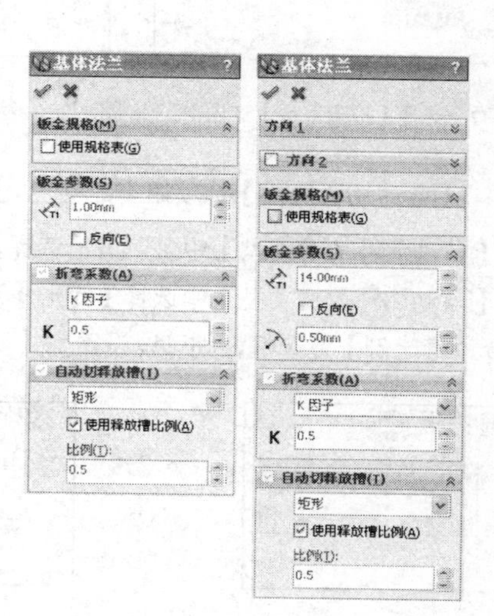

图 11-4 【基体法兰】对话框

在【基体法兰】对话框中，各选项的含义如下：

❑　【金规格】选项组

根据指定的材料，选择【使用规格表】选项（如图 11-5 所示）定义钣金的电子表格及数值。规格表由 SolidWorks 软件提供，位于<安装目录>\lang\<chinese-simplified>\Sheet Metal Gauge Tables\ 中。

❑　【钣金参数】选项组

厚度：设置钣金厚度。

反向：以相反方向加厚草图。

❑　【折弯扣除】选项组

K 因子：选择此选项，其参数如图 11-6 所示。

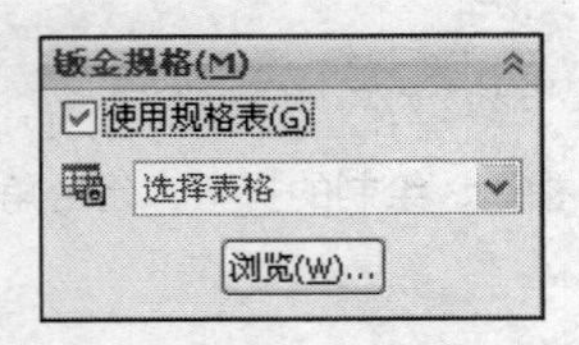

图 11-5　选择【使用规格表】复选框

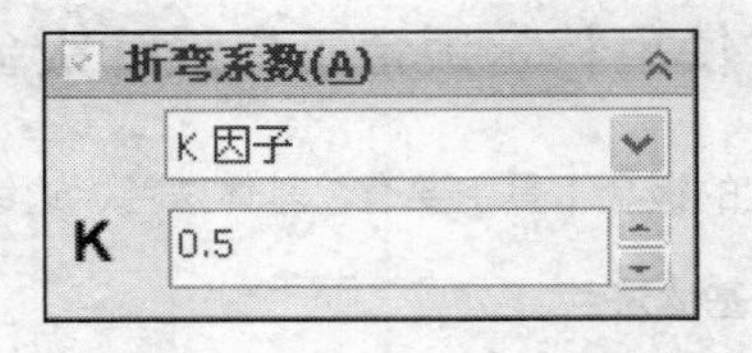

图 11-6　选择【K 因子】选项

折弯系数：选择此选项，其参数如图 11-7 所示。

折弯系数表：选择此选项，其参数如图 11-8 所示。

折弯扣除：选择此选项，其参数如图 11-9 所示。

图 11-7　选择【折弯系数】选项

图 11-8　选择【折弯系数表】选项

图 11-9　选择【折弯扣除】选项

❑　【自动切释放槽】选项组

在【自动切释放槽类型】中可以进行选择，如图 11-10 所示。

在【自动切释放槽类型】中选择【矩形】或者【矩圆形】选项，其参数如图 11-11 所示。取消选择【使用释放槽比例】复选框，则可以设置【释放槽宽度】和【释放槽深度】，如图 11-12 所示。

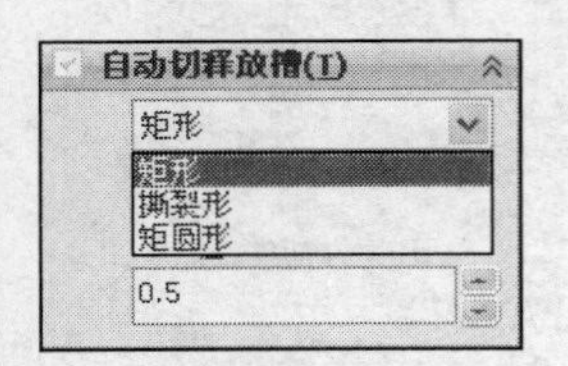

图 11-10　【自动切释放槽】选项

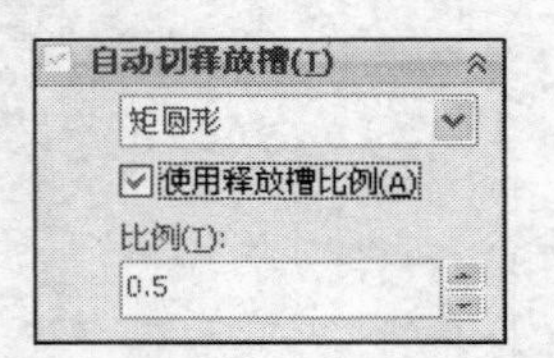

图 11-11　选择【矩圆形】选项后的参数

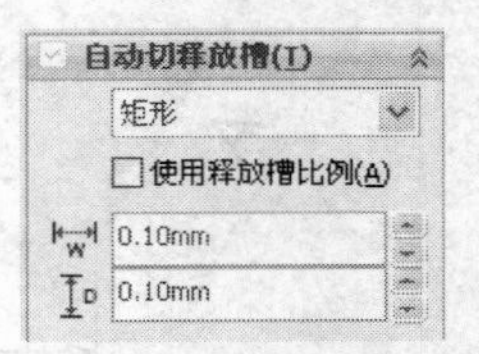

图 11-12　取消选择【使用释放槽比例】

2. 生成基体法兰的操作方法

01 新建一个零件文件，单击【钣金】工具栏中的【基体法兰/薄片】按钮，或者选择菜单栏中

的【插入】|【钣金】|【基体法兰】命令，系统弹出【信息】提示框，如图 11-13 所示。

02 选择【前视基准面】作为草图绘制平面，绘制草图，如图 11-14 所示。

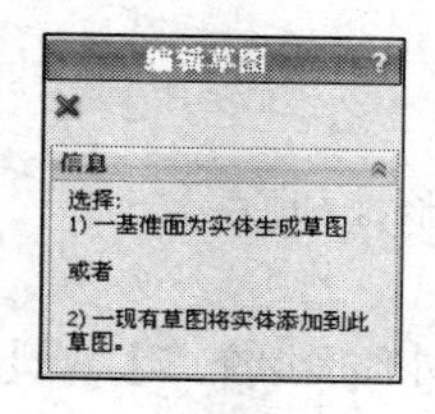

图 11-13　【信息】提示框

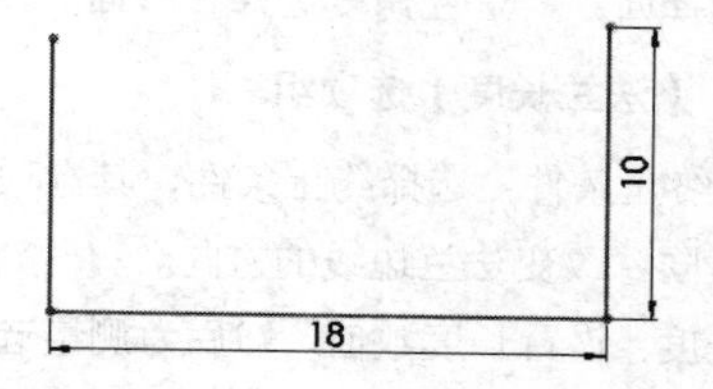

图 11-14　绘制草图

03 单击【草图】工具栏中的【退出草图】按钮，系统弹出【基体法兰】对话框。

04 选择方向 1 中的【终止条件】类型为【给定深度】，输入深度值为 10mm，在【钣金参数】选项组中设定【厚度】值为 1mm 以及【折弯半径】值为 0.5mm，如图 11-15 所示。

05 单击对话框中的【确定】按钮，生成基体法兰特征，如图 11-16 所示。

图 11-15　参数设置

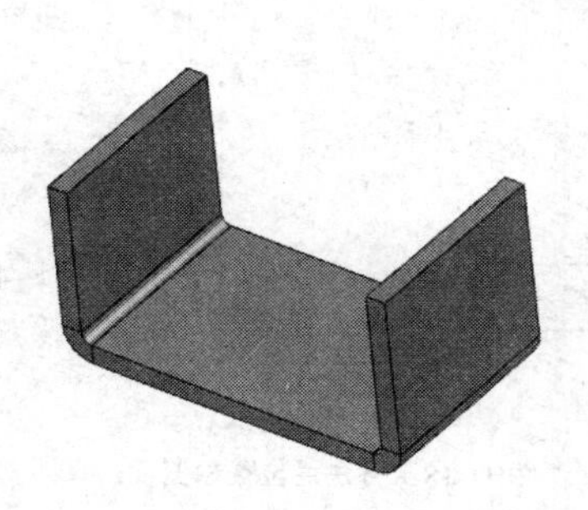

图 11-16　生成的基体法兰特征

图 11-17　【边线-法兰】对话框

3. 边线法兰

在一条或者多条边线上可以添加边线法兰。单击【钣金】工具栏中的【边线法兰】按钮，或者选择菜单栏中的【插入】|【钣金】|【边线法兰】命令，系统弹出【边线-法兰】对话框，如图 11-17 所示。

在【边线-法兰】对话框中，各选项的含义如下：

❑ 【法兰参数】选项组

选择参数：在图形区域中选择边线。

编辑法兰轮廓：编辑轮廓草图。

使用默认半径：可以使用系统默认的半径。

折弯半径：在取消选择【使用默认半径】复选框时可用。

缝隙距离：设置缝隙距离。

❑ 【角度】选项组

法兰角度：设置角度数值。

选择面：为法兰角度选择参考面。

❑ 【法兰长度】选项组

长度终止条件：选择终止条件，其选项有【给定深度】和【成形到一顶点】。

反向：改变法兰边线的方向。

长度：设置长度数值，然后为测量选择一个原点，包括【外部虚拟交点】、【内部虚拟交点】和【双弯曲】。

❑ 【法兰位置】选项组

法兰位置：可以单击以下按钮之一，包括【材料在内】、【材料在外】、【折弯在外】、【虚拟交点的折弯】，各选项预览如图 11-18 所示。

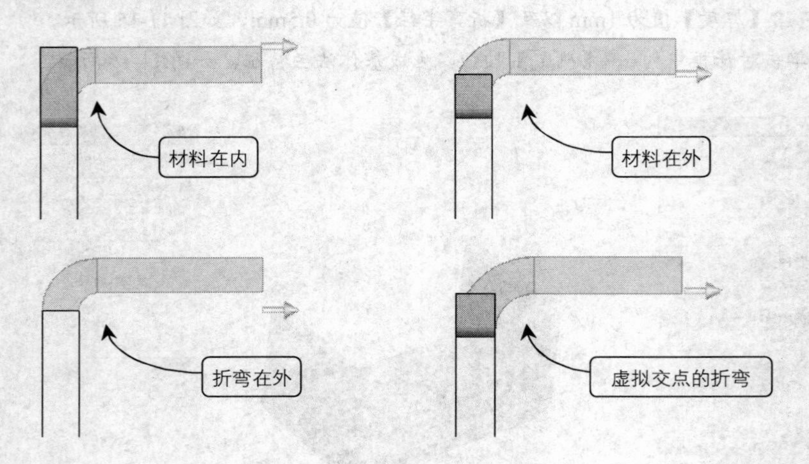

图 11-18　各法兰位置预览

剪裁侧边折弯：移除邻近折弯的多余部分。

等距：选择此选项，可以生成等距法兰。

❑ 【自定义折弯系数】选项组

选择【折弯系数类型】选项并为折弯系数设置数值。

❑ 【自定义释放槽类型】选项组

选择【释放槽类型】选项以添加释放槽切除。

4. 斜接法兰

单击【钣金】工具栏中的【斜接法兰】按钮，或者选择菜单栏中的【插入】|【钣金】|【斜接法兰】命令，系统弹出【斜接法兰】对话框，如图 11-19 所示。

在【斜接法兰】对话框中，各选项的含义如下：

沿边线：选择要斜接的边线。

其他选项的含义不再介绍。

注 意： 如果需要令斜接法兰跨越模型的整个边线，将【开始等距距离】和【结束等距距离】设置为零。

5. 褶边

褶边可以被添加到钣金零件的所选边线上。

其注意事项如下：

➢ 所选边线必须为直线。

➢ 斜接边角被自动添加到交叉褶边上。

➢ 如果选择多个要添加褶边的边线，则这些边线必须在同一面上。

单击【钣金】工具栏中的【褶边】按钮，或者选择菜单栏中的【插入】|【钣金】|【褶边】命令，系统弹出【褶边】对话框，如图 11-20 所示。

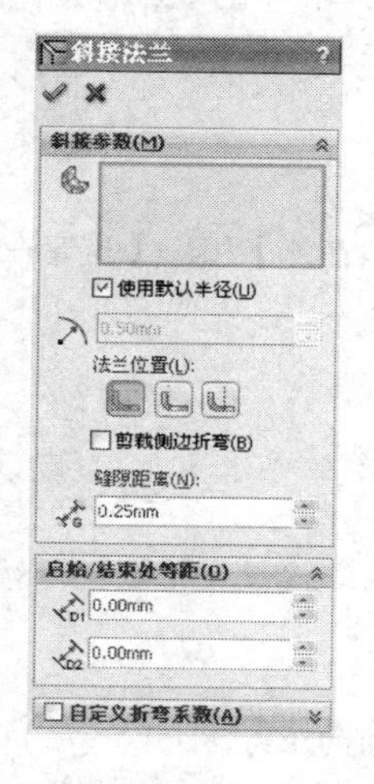

图 11-19 【斜接法兰】对话框

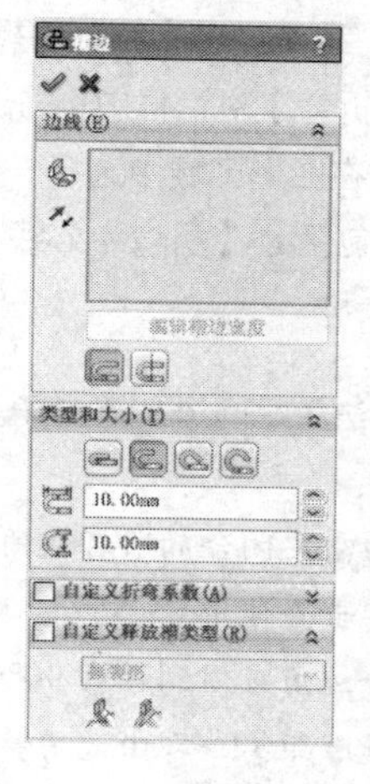

图 11-20 【褶边】对话框

在【褶边】对话框中，各选项的含义如下：

❑ 【边线】选项组

边线：在图形区域中选择需要添加褶边的边线。

❑ 【类型和大小】选项组

选择褶边类型，包括【闭合】、【打开】、【撕裂形】和【滚扎】，选择不同类型的效果如图 11-21 所示。

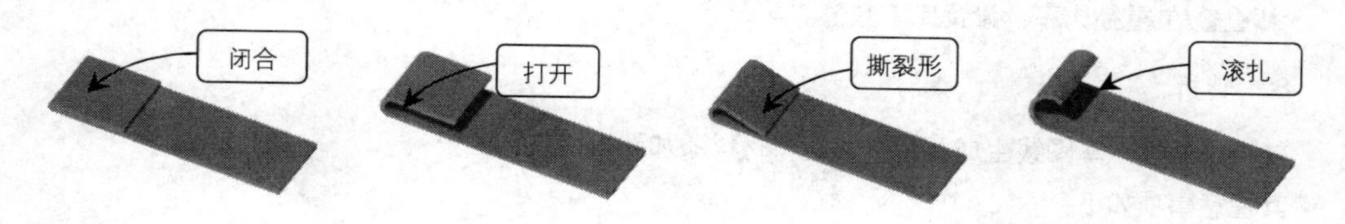

图 11-21 不同褶边类型效果

长度：在选择【闭环】和【开环】选项时可用，输入长度值。

缝隙距离：在选择【开环】选项时可用，输入缝隙距离值。

角度：在选择【撕裂形】和【滚扎】选项时可用，输入角度值。

半径：在选择【撕裂形】和【滚扎】选项时可用，输入半径值。

6. 绘制的折弯

绘制的折弯在钣金零件处于折叠状态时将折弯线添加到零件，使折弯线的尺寸标注到其他折叠的几何体上。

其注意事项如下：

- 在草图中只允许使用直线，可以为每个草图添加多条直线。
- 折弯线长度不一定与折弯面的长度相同。

单击【钣金】工具栏中的【绘制的折弯】按钮，或者选择菜单栏中的【插入】|【钣金】|【绘制的折弯】命令，系统弹出【绘制的折弯】对话框，如图 11-22 所示。

在【绘制的折弯】对话框中，各选项的含义如下：

固定面：在图形区域中选择一个不因为特征而移动的面。

折弯位置：包括【折弯中心线】、【材料在内】、【材料在外】和【折弯在外】多个选项。

7. 闭合角

可以在钣金法兰之间添加闭合角。

其功能如下：

- 通过为需要闭合的所有边角选择面以同时闭合多个边角。
- 关闭非垂直边角。
- 将闭合边角应用到带有 90°以外折弯的法兰。
- 调整缝隙距离，即由边角特征所添加的两个材料截面之间的距离。
- 调整重叠/欠重叠比率（即重叠的部分与欠重叠的部分之间的比率），数值 1 表示重叠和欠重叠相等。
- 闭合或者打开折弯区域。

单击【钣金】工具栏中的【闭合角】按钮，或者选择菜单栏中的【插入】|【钣金】|【闭合角】命令，系统弹出【闭合角】对话框，如图 11-23 所示。

在【闭合角】对话框中，各选项的含义如下：

要延伸的面：选择一个或者多个平面。

边角类型：可以选择边角类型，包括【对接】、【重叠】、【欠重叠】多个选项。

缝隙距离：设置缝隙数值。

重叠/欠重叠比率：设置比率数值。

8. 转折

转折是通过从草图线生成两个折弯而将材料添加到钣金零件上。

其注意事项如下：

- 草图必须只包含一条直线。
- 直线不一定是水平或者垂直直线。

➢ 折弯线长度不一定与正折弯的面的长度相同。

单击【钣金】工具栏中的【转折】按钮，或者选择菜单栏中的【插入】|【钣金】|【转折】命令，系统弹出【转折】对话框，如图 11-24 所示。

其对话框中各选项的含义不再叙述。

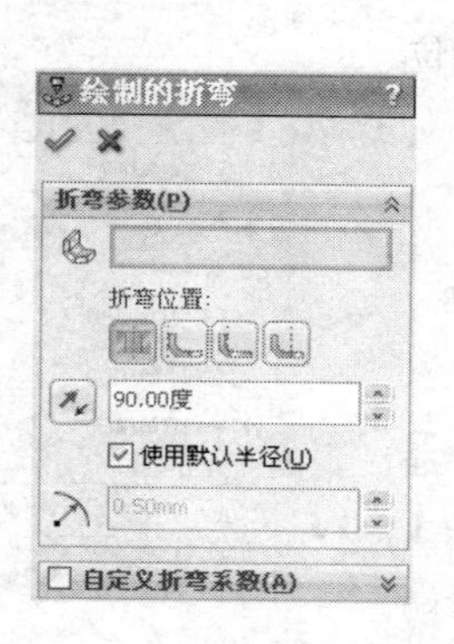

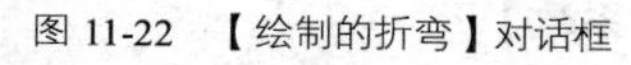
图 11-22 【绘制的折弯】对话框

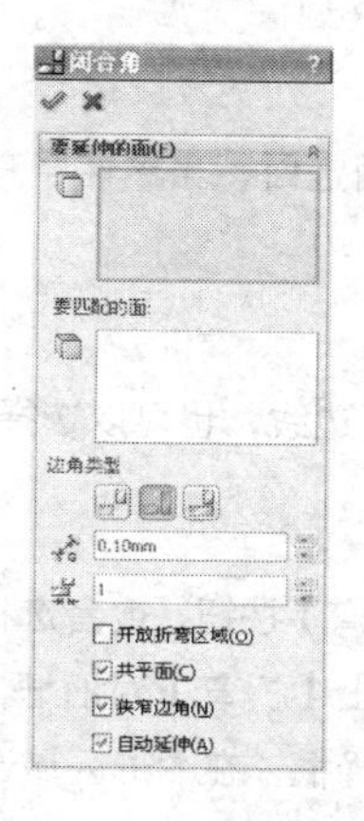

图 11-23 【闭合角】对话框

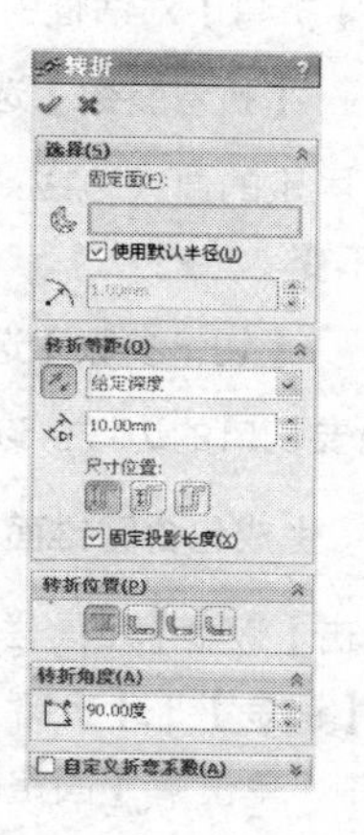

图 11-24 【转折】对话框

9. 断开边角

单击【钣金】工具栏中的【断开边角/边角剪裁】按钮，或者选择菜单栏中的【插入】|【钣金】|【断裂边角】命令，系统弹出【断开边角】对话框，如图 11-25 所示。

在【断开边角】对话框中，各选项的含义如下：

边角、边线或法兰面：选择要断开的边角、边线或法兰面，可同时选择两者。

折断类型：包括【倒角】选项和【圆角】选项，选择【倒角】折断类型的效果如图 11-26 所示，选择【圆角】折断类型的效果如图 11-27 所示。

距离：倒角距离的值。

半径：圆角半径的值。

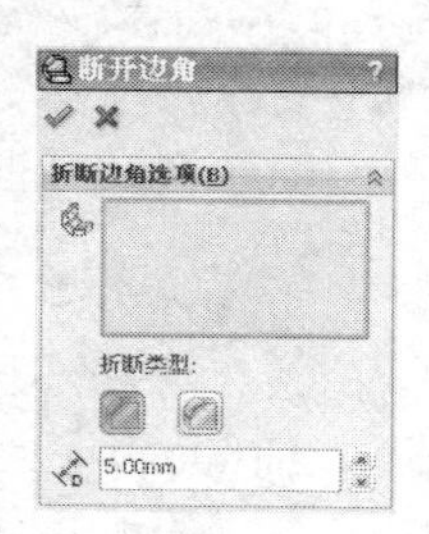

图 11-25 【断开边角】对话框

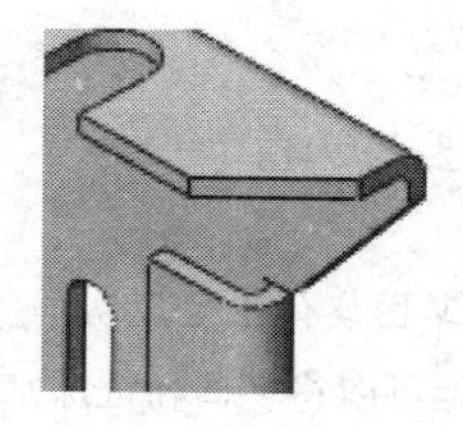

图 11-26 选择【倒角】类型

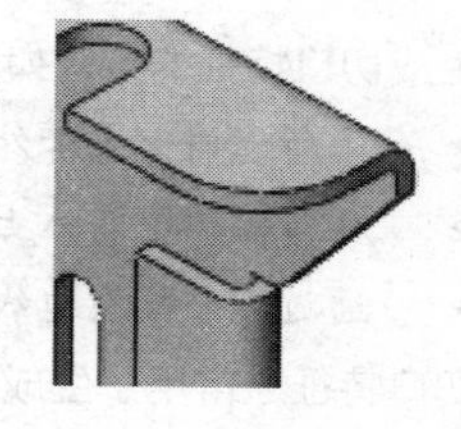

图 11-27 选择【圆角】类型

11.2.2 将实体转换成为钣金零件

将实体转换为钣金零件这里主要介绍如下两种方法：

1. 使用折弯生成钣金零件

单击【钣金】工具栏中的【插入折弯】按钮，或者选择菜单栏中的【插入】|【钣金】|【折弯】命令，系统弹出【折弯】对话框，如图 11-28 所示。

在【折弯】对话框中，各选项的含义如下：

❑ 【折弯参数】选项组

固定的面或边线：选择模型上的固定面，当零件展开时该固定面的位置保持不变。

❑ 【切口参数】选项组

要切口的边线：选择内部或者外部边线，也可以选择线性草图实体。

2. 生成包含圆锥面的钣金零件

单击【钣金】工具栏中的【插入折弯】按钮，或者选择菜单栏中的【插入】|【钣金】|【折弯】命令，系统弹出【折弯】对话框，在【折弯参数】选项组中，单击【固定的面或边线】选择框，在图形区域选择圆锥面一个端面的一条线性边线作为固定边线，设置【折弯半径】数值；在【折弯系数】选项组中，选择【折弯系数】类型并进行设置。

图 11-28 【折弯】对话框

注 意：如果生成一个或者多个包含圆锥面的钣金零件，必须选择 K 因子作为折弯系数类型。所选择的折弯系数类型及为折弯半径、折弯系数和自动切释放槽设置的数值会成为下一个新生成的钣金零件的默认设置。

11.3 钣金零件编辑

下面介绍编辑钣金特征的方法。

11.3.1 生成切口

生成切口特征的方法如下：

➢ 沿所选内部或者外部模型边线生成切口。

➢ 从线性草图实体上生成切口。

➢ 通过组合模型边线在单一线性草图实体上生成切口。

切口特征通常用于生成钣金零件，但可以将切口特征添加到任何零件上。

选择菜单栏中的【插入】|【钣金】|【切口】命令，或者单击【钣金】工具栏中的【切口】按钮，系统弹出【切口】对话框，如图 11-29 所示。

在【切口】对话框中，各选项的含义如下：

要切口的边线：选择内部或外部边线。

改变方向：改变切口方向。

缝隙距离：为切口缝隙设置距离值。

11.3.2 展开与折叠钣金零件

1. 展开钣金零件

在钣金零件中，选择菜单栏中的【插入】|【钣金】|【展开】命令，或者单击【钣金】工具栏中的【展开】按钮，系统弹出【展开】对话框，如图 11-30 所示。

在【展开】对话框中，各选项的含义如下：

固定面：选择一个不因为特征而移动的面。

要展开的折弯：选择一个或多个折弯展开。

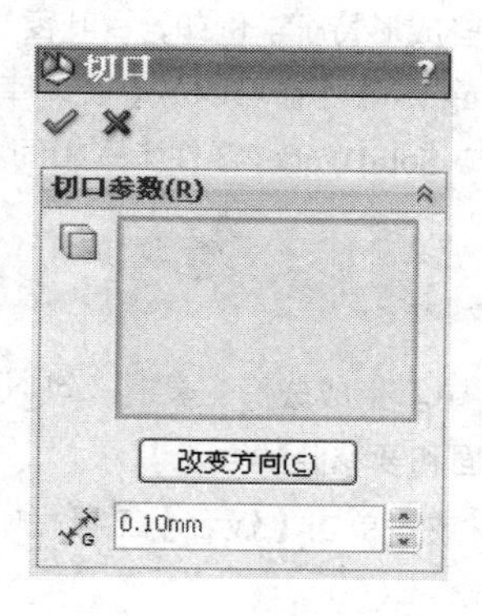

图 11-29　【切口】对话框

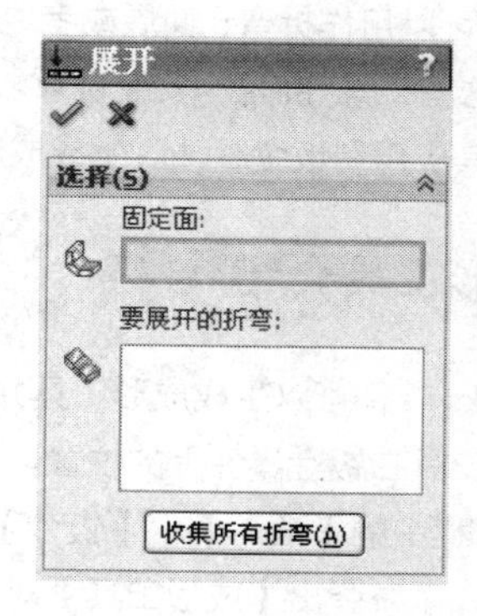

图 11-30　【展开】对话框

2. 折叠钣金零件

在钣金零件中，选择菜单栏中的【插入】|【钣金】|【折叠】命令，或者单击【钣金】工具栏中的【折叠】按钮，系统弹出【折叠】对话框，如图 11-31 所示。

在【折叠】对话框中，各选项的含义如下：

固定面：选择一个不因为特征而移动的面。

要折叠的折弯：选择一个或多个折弯进行折叠。

11.3.3 放样折弯

钣金零件中的放样折弯使用由放样连接的两个开环轮廓草图，基体法兰特征不与放样的折弯特征一起使用。

放样折弯的特征包括如下：

- 使用 K-因子或折弯系数来计算折弯。
- 不能被镜向。
- 要求有两个草图，包括：无尖锐边线的开环轮廓；轮廓开口同向对齐以使平板型式更精确。

选择菜单栏中的【插入】|【钣金】|【放样的折弯】命令，或者单击【钣金】工具栏中的【放样折弯】按钮，系统弹出【放样折弯】对话框，如图 11-32 所示。

在【放样折弯】对话框中，各选项的含义如下：

轮廓：在图形区域中选择两个草图轮廓。

上移和下移：可以调整轮廓顺序。

厚度：设定一厚度数值。

反向：调整放样方向。

折弯线数量：选取【折弯线数量】单选按钮，并为控制平板式折弯线设定一数值。

最大误差：选取【最大误差】单选按钮，并设定一数值。

11.4 钣金成形工具

成形工具可以用作折弯、伸展或者成形钣金的冲模，生成一些成形特征。例如，百叶窗、矛状器具、法兰和筋等。这些工具存储在<安装目录>\data\design library\forming tools 中。可以从【设计库】中插入成形工具，并将其应用到钣金零件。生成成形工具的许多步骤与生成 SolidWorks 零件步骤相同。

11.4.1 成形工具介绍

SolidWorks 软件可以生成成形工具并将它们添加到钣金零件中。生成成形工具时，可以添加定位草图以确定成形工具在钣金零件上的位置，并应用颜色以区分停止面和要移除的面。

选择菜单栏中的【插入】|【钣金】|【成形工具】命令，或者单击【钣金】工具栏中的【成形工具】按钮，系统弹出【成形工具】对话框，如图 11-33 所示。

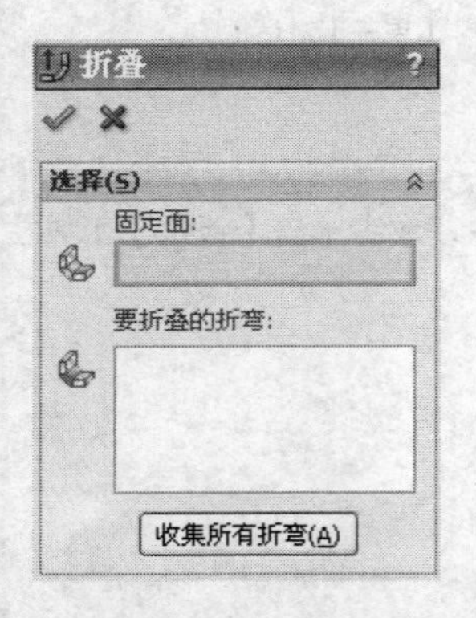

图 11-31 【折叠】对话框

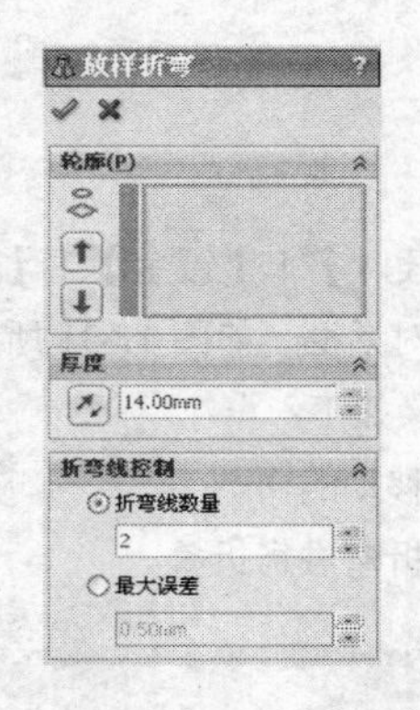

图 11-32 【放样折弯】对话框

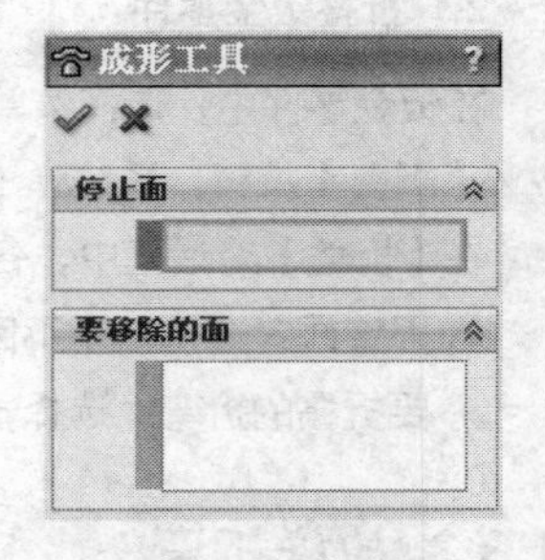

图 11-33 【成形工具】对话框

停止面：选择一个面作为停止面。

移除面：选择一个或多个面做为要移除的面。

11.4.2 使用成形工具生成钣金零件

在 SolidWorks 中，可以使用【设计库】中的成形工具生成钣金零件。

01 打开一钣金零件。

02 在任务窗格中单击【设计库】选项卡，选择【forming tools（成形工具）】文件夹，如图 11-34

所示。

03 选择成形工具，将其从【设计库】任务窗口中拖动到需要改变形状的面上。

04 按 Tab 键改变其方向到材质的另一侧，如图 11-35 所示。

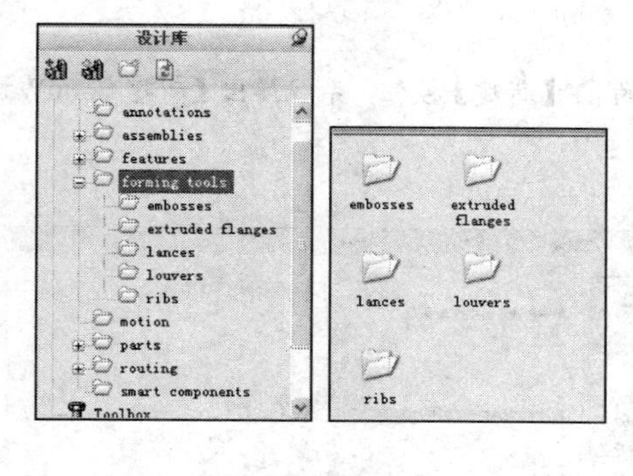

图 11-34　选择【forming tools】文件夹

图 11-35　改变方向

05 将特征拖动至要应用的位置，设置【放置成形特征】对话框中的参数。

06 使用【智能尺寸】、【添加几何关系】或者【修改】等命令定义成形工具，单击【完成】按钮，完成使用【设计库】中的成形工具生成钣金零件的操作。

11.4.3 定位成形工具的操作步骤

可以使用草图工具在钣金零件上定位成形工具。

01 在钣金零件的一个面上绘制任何实体，并使用尺寸和几何关系帮助定位成形工具。

02 在【设计库】任务窗口中，选择【forming tools（成形工具）】文件夹。

03 选择成形工具，将其拖动到需要定位的面上释放鼠标，成形工具被放置在该面上，设置【放置成形特征】对话框中的参数。

04 使用【智能尺寸】、【添加几何关系】或者【修改】等命令定义成形工具，单击【完成】按钮，即可完成使用草图工具在钣金零件上定位成形工具的操作。

11.5 案例实战——指甲钳

本实例制作一个钣金指甲钳，最终效果如图 11-36 所示。

制作钣金背板可以分为如下步骤：

- 新建钣金文件。
- 生成基体法兰特征。
- 生成边线法兰特征。
- 生成扫描切除。
- 生成薄片特征。
- 镜像薄片特征。
- 生成绘制的折弯特征。

➢ 生成拉伸切除特征

➢ 保存零件

制作本例的具体操作步骤如下：

1. 新建钣金文件

01 启动 SolidWorks 2013，单击【标准】工具栏中的【新建】按钮，系统弹出【新建 SolidWorks 文件】对话框，如图 11-37 所示。

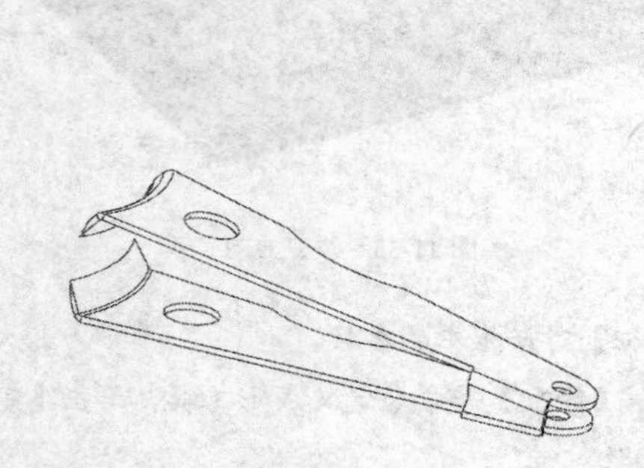

图 11-36 11.5 指甲钳

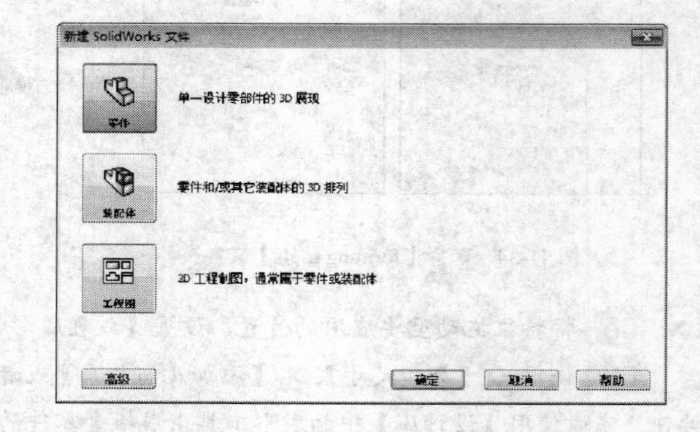

图 11-37 【新建 SolidWorks 文件】对话框

02 选择【零件】图标，单击【确定】按钮，进入 SolidWorks 2013 的零件工作界面。

2. 生成基体法兰特征

01 单击【草图】工具栏中的【草图绘制】按钮，在绘图区选择【上视基准面】作为草图绘制平面。

02 单击【草图】工具栏中的【直线】按钮、【中心线】按钮和【3 点圆弧】按钮，绘制草图，并单击【尺寸/几何关系】工具栏中的【智能尺寸】和【添加几何关系】按钮，添加尺寸和几何约束，如图 11-38 所示。

03 单击【钣金】工具栏中的【基体法兰/薄片】按钮，或者选择菜单栏中的【插入】|【钣金】|【基体法兰】命令，系统弹出【基体法兰】对话框。

04 在对话框中设置如图 11-39 所示的参数，单击【确定】按钮，生成基体法兰特征，如图 11-40 所示。

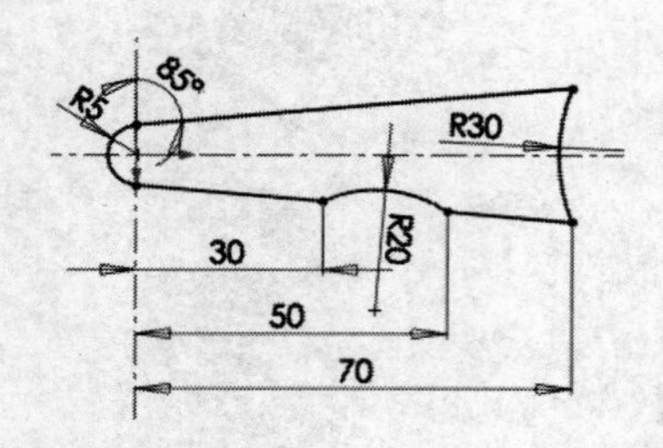

图 11-38 绘制草图并标注尺寸

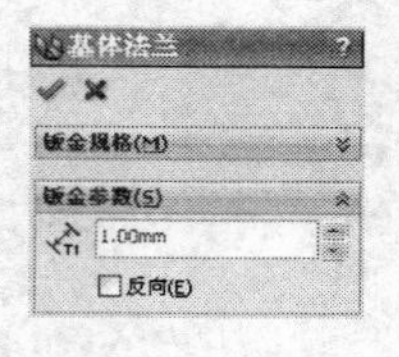

图 11-39 参数设置

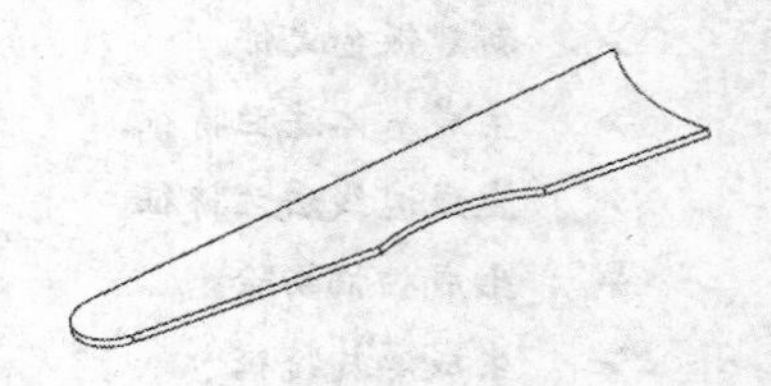

图 11-40 生成基体法兰特征

3. 生成边线法兰特征

01 单击主菜单栏中的【插入】|【钣金】|【边线法兰】选项，系统弹出【边线-法兰】对话框。

02 在【边线-法兰】对话框中，设置法兰角度为 60，法兰长度为 5.8。选择基体法兰凹圆弧的边线为法兰边线，如图 11-41 所示。

03 单击对话框中的【确定】按钮，生成边线法兰特征，如图 11-42 所示。

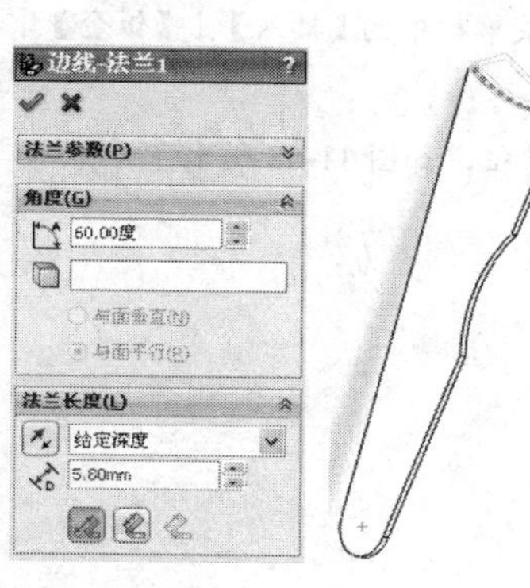

图 11-41　参数设置

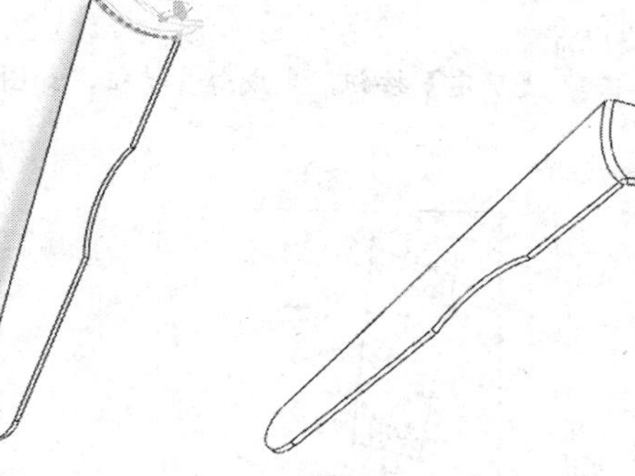

图 11-42　生成边线法兰特征

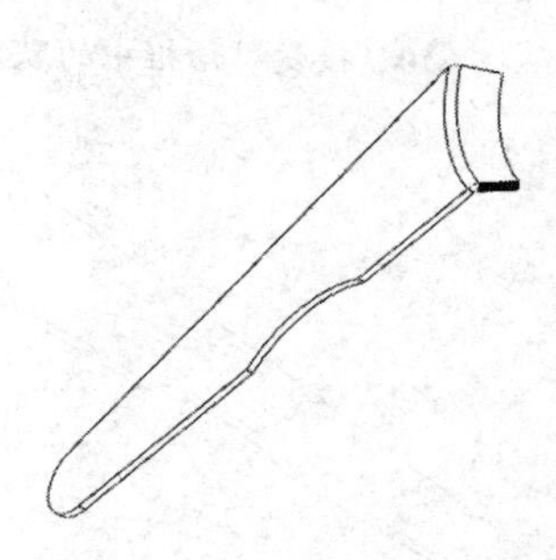

图 11-43　选择边线法兰侧面

4. 生成扫描切除特征

01 单击【草图】工具栏中的【草图绘制】按钮，在绘图区选择边线法兰的侧面作为草图绘制平面，如图 11-43 所示。

02 单击【草图】工具栏中的【直线】按钮，绘制草图。并单击【尺寸/几何关系】工具栏中的【智能尺寸】，添加尺寸，如图 11-44 所示。

03 单击【特征】工具栏中的【扫描切除】按钮，打开【切除-扫描】对话框。

04 选择刚绘制的草图作为扫描轮廓，边线法兰的边界线为扫描路径，如图 11-45 所示。

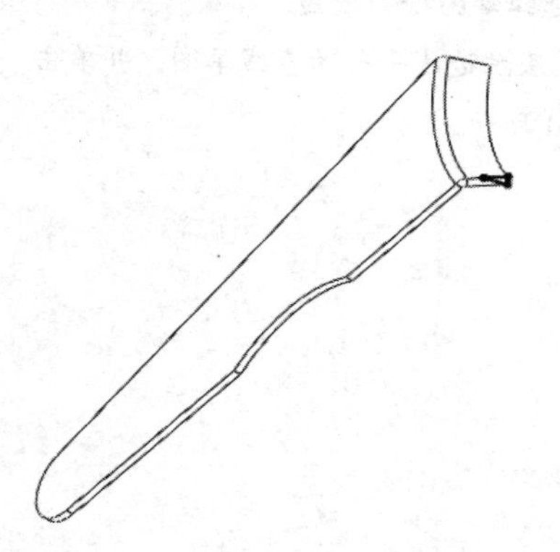

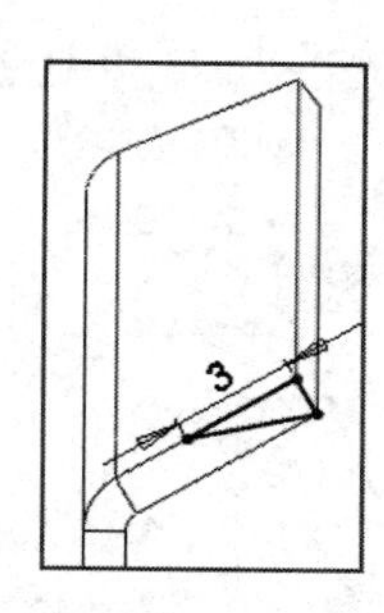

图 11-44　绘制草图

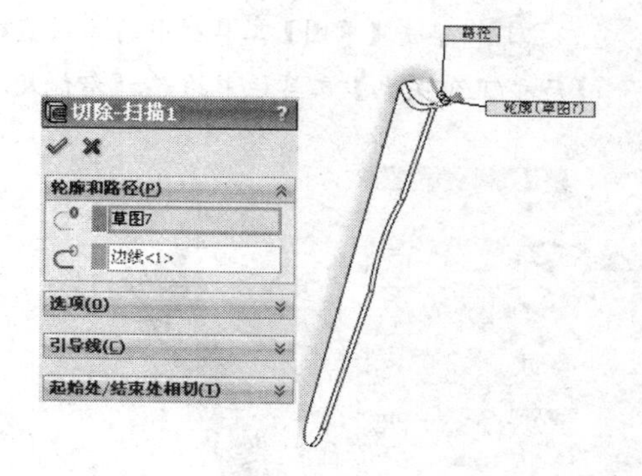

图 11-45　设置扫描切除参数

05 单击对话框中的【确定】按钮，生成扫描切除特征，如图 11-46 所示。

5. 生成薄片特征

01 单击【草图】工具栏中的【草图绘制】按钮，在绘图区选择基体法兰的上表面作为草图绘制平面。

02 单击【草图】工具栏中的【直线】按钮，绘制草图。并单击【尺寸/几何关系】工具栏中的【智能尺寸】，添加尺寸，如图 11-47 所示。

03 单击【钣金】工具栏中的【基体法兰/薄片】按钮，或者选择菜单栏中的【插入】|【钣金】|【基体法兰】命令，系统弹出【薄片】对话框。

04 接受对话框中的默认参数，单击【确定】按钮，生成薄片特征，如图 11-48 所示。

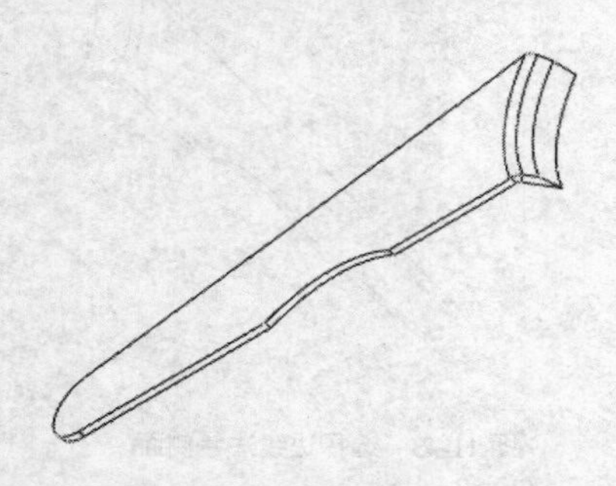

图 11-46 生成扫描切除特征

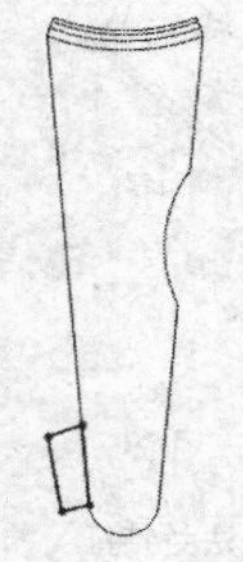

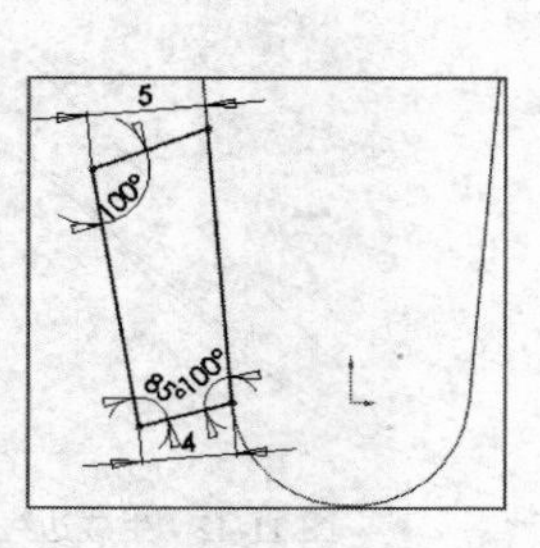

图 11-47 绘制草图

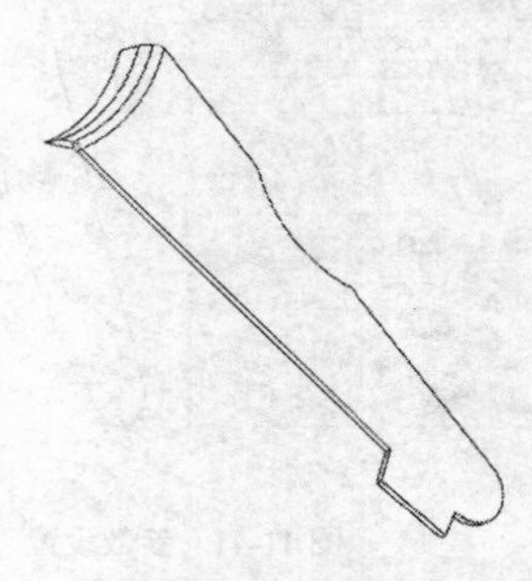

图 11-48 生成薄片特征

6. 镜像薄片特征

01 单击【特征】工具栏中的【镜像】按钮，打开【镜像】对话框。选择薄壁的左侧面为镜像面，薄片为要镜像的实体，如图 11-49 所示。

02 单击对话框中的【确定】按钮，对钣金薄壁镜像，如图 11-50 所示。

7. 生成绘制的折弯特征

01 单击【草图】工具栏中的【草图绘制】按钮，在绘图区选择草图绘制平面。

02 单击【草图】工具栏中的【直线】按钮，绘制一条与基体法兰边线平行的直线草图。并单击【尺寸/几何关系】工具栏中的【智能尺寸】，添加尺寸，如图 11-51 所示。

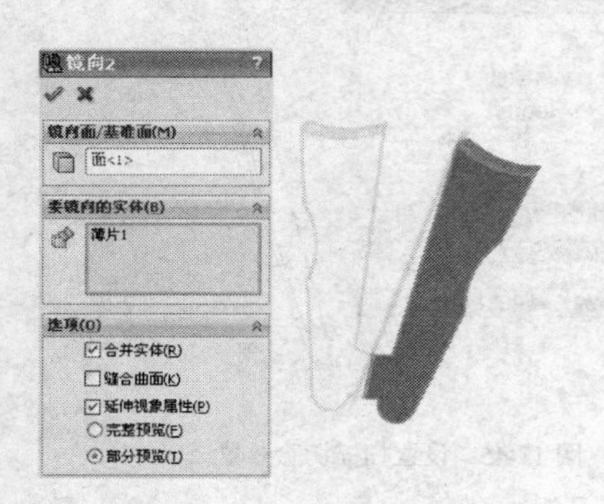

图 11-49 设置镜像参数

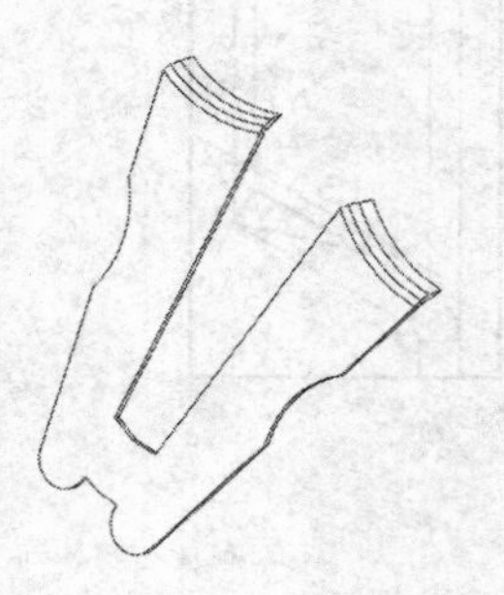

图 11-50 镜像薄壁

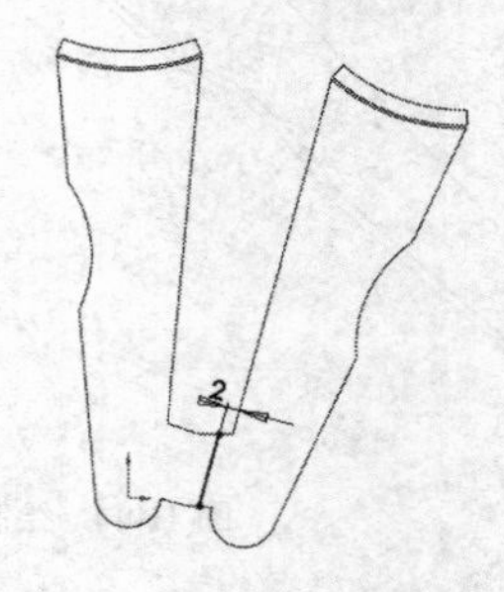

图 11-51 绘制草图并添加尺寸

03 选择主菜单栏中的【插入】|【钣金】|【绘制的折弯】选项，系统弹出【绘制的折弯】对话框。选择如图 11-52 所示的面为固定面，其他参数均默认。

04 单击对话框中的【确定】按钮，生成绘制的折弯特征，如图 11-53 所示。

05 单击【草图】工具栏中的【草图绘制】按钮，在绘图区选择草图绘制平面。

06 单击【草图】工具栏中的【直线】按钮，绘制一条与镜像基体法兰边线平行的直线草图。并单击【尺寸/几何关系】工具栏中的【智能尺寸】，添加尺寸，如图 11-54 所示。

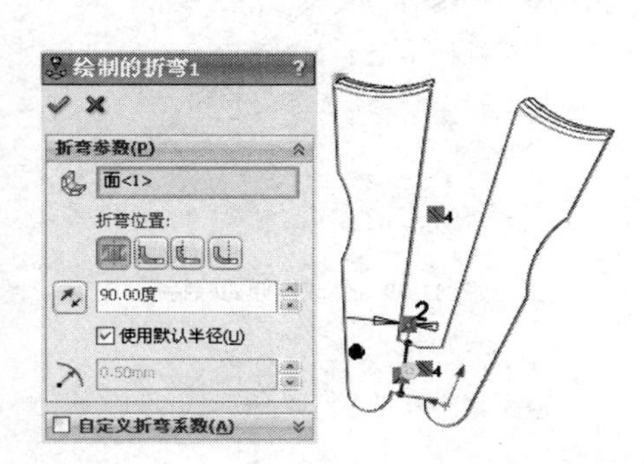

图 11-52　选择固定面

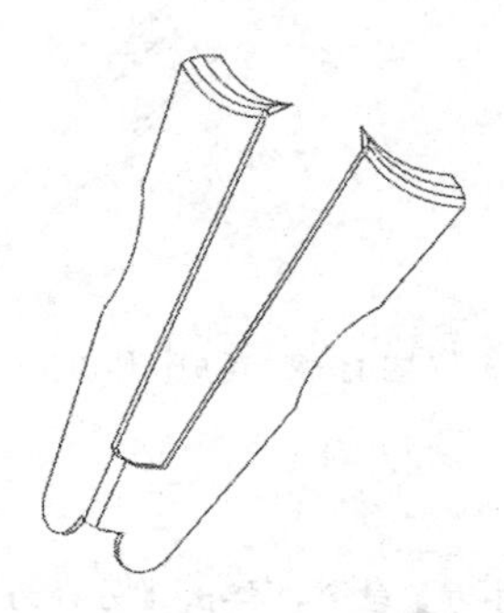

图 11-53　生成绘制的折弯特征

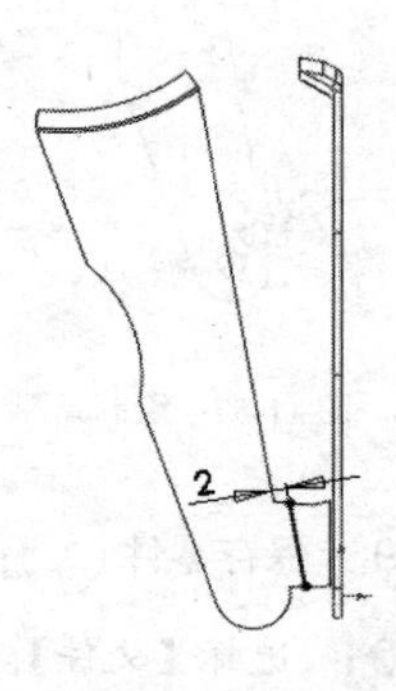

图 11-54　绘制草图并添加尺寸

07 选择主菜单栏中的【插入】|【钣金】|【绘制的折弯】选项，系统弹出【绘制的折弯】对话框。选择如图 11-55 所示的面为固定面，其他参数均默认。

08 单击对话框中的【确定】按钮，生成绘制的折弯特征，如图 11-56 所示。

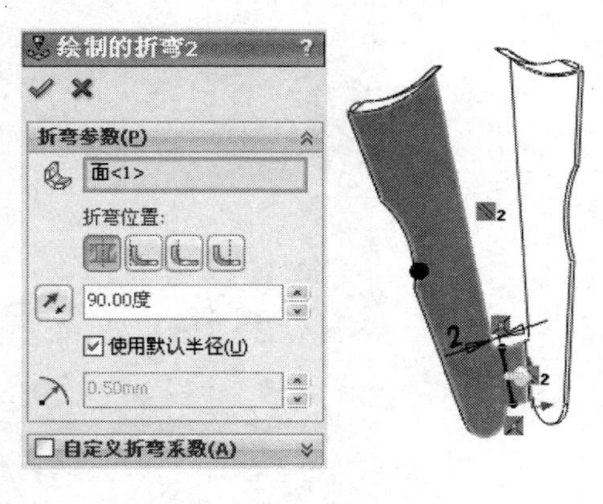

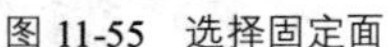

图 11-55　选择固定面

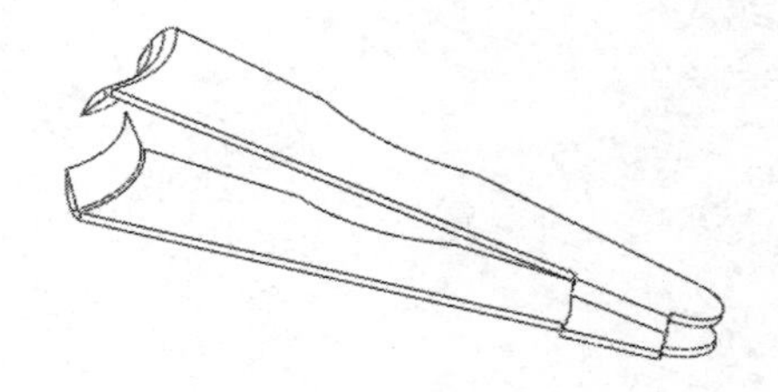

图 11-56　生成绘制的折弯特征

8. 生成拉伸切除特征

01 单击【草图】工具栏中的【草图绘制】按钮，在绘图区草图绘制平面。

02 单击【草图】工具栏中的【圆】按钮，绘制如图 11-57 所示的草图，并标注尺寸。

03 单击【特征】工具栏上的【拉伸切除】按钮，或选择菜单栏中的【插入】|【切除】|【拉伸】命令。

04 设置【拉伸】对话框中的选项，在【方向 1】选项组中选择【成形到下一面】选项，其他均为默认设置。

05 单击【拉伸】对话框中的【确定】按钮，生成拉伸切除特征，如图 11-58 所示。

06 以同样的方法添加另一侧的拉伸切除特征，如图 11-59 所示。

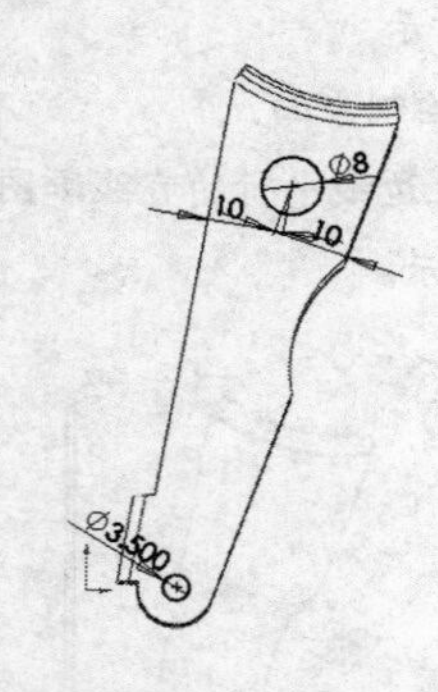

图 11-57　绘制草图

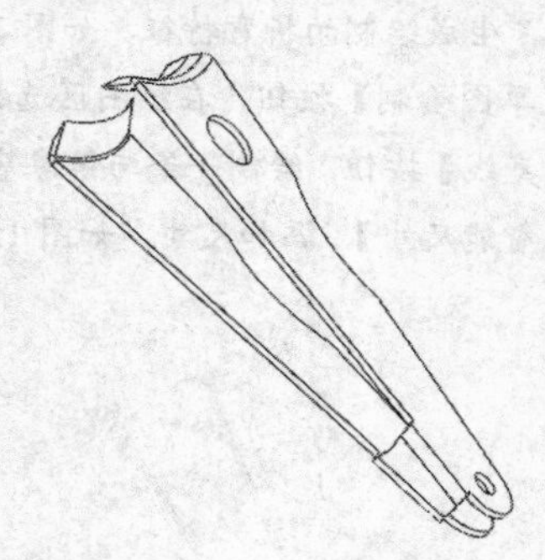
图 11-58　生成拉伸切除特征

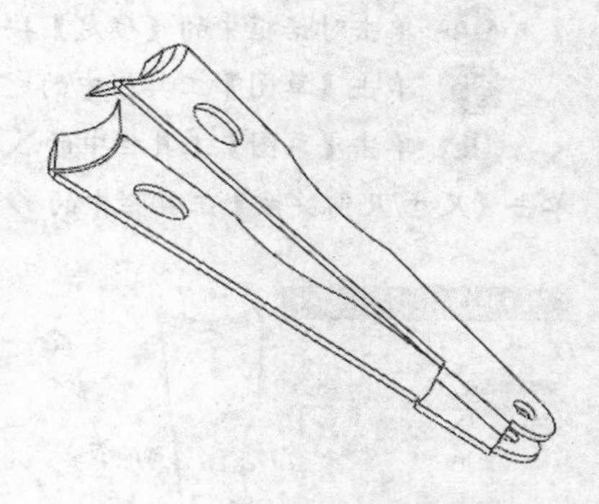
图 11-59　生成拉伸切除特征

9. 保存零件

01 选择【文件】|【另存为】命令，弹出【另存为】对话框。

02 在【文件名】列表框中输入“11.5 钣金指甲钳”，单击【保存】按钮，完成实例操作。

第 12 章

焊件设计

本章导读：

在 SolidWorks 中，选择【焊缝】命令可以将多种焊接类型的焊缝零件添加到装配体中，生成的焊缝属于装配体特征，是关联装配体中生成的新的装配体零部件。

学习目标：

- 焊件轮廓
- 结构构件
- 剪裁结构构件
- 添加焊缝
- 子焊件
- 焊件切割清单
- 焊件工程图
- 实例操作

12.1 焊件轮廓

可以根据用户需要生成焊件轮廓以便在生成焊件结构构件时使用。将轮廓创建为库特征零件，然后将其保存于一个定义的位置即可。

具体操作步骤如下：

01 新建一个零件文件。

02 绘制轮廓草图。当使用轮廓生成一个焊件结构构件时，草图的原点为默认穿透点（穿透点可以相对于生成结构构件所使用的草图线段以定义轮廓上的位置），且可以选择草图中的任何顶点或者草图点作为交替穿透点。

03 选择所绘制的草图。

04 选择菜单栏中的【文件】|【另存为】菜单命令，系统弹出【另存为】对话框。

05 在【另存在】中选择<安装目录>\dada\weldment profiles，然后选择或者生成一个适当的子文件夹，在【保存类型】中选择库特征零件（*.SLDLFP），在【文件名】中键入名称，单击【保存】按钮。

12.2 结构构件

在零件中生成第一个结构构件时，【焊件】图标将被添加到【特征管理器设计树】中。在【配置管理器】中生成两个默认配置，即一个父配置（默认<按加工>）和一个派生配置（默认<按焊接>），如图 12-1 所示。

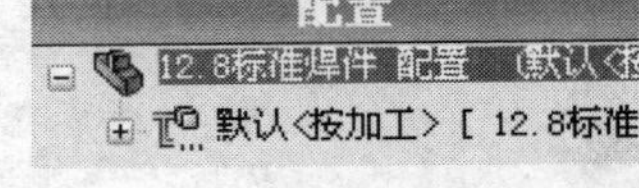

图 12-1 配置管理器

结构构件包含的属性如下：

- 结构构件都使用轮廓。例如，角铁等。
- 轮廓由【标准】、【类型】及【大小】等属性识别。
- 结构构件可以包含多个片段，但所有片段只能使用一个轮廓。
- 分别具有不同轮廓的多个结构构件可以属于同一个焊接零件。
- 在一个结构构件中的任何特定点处，只有两个实体才可以交叉。
- 结构构件在【特征管理器设计树】中以【结构构件1】、【结构构件2】等名称显示。
- 结构构件允许相对于生成结构构件所使用的草图线段指定轮廓的穿透点。

12.2.1 结构构件的介绍

单击【焊件】工具栏中的【结构构件】按钮，或者选择菜单栏中的【插入】|【焊件】|【结构构件】命令，系统弹出【结构构件】对话框，如图 12-2 所示。

在【结构构件】对话框中，各选项的含义如下：

1. 【选择】选项组

【标准】：选择先前所定义的 iso、ansi 英寸或者自定义标准。

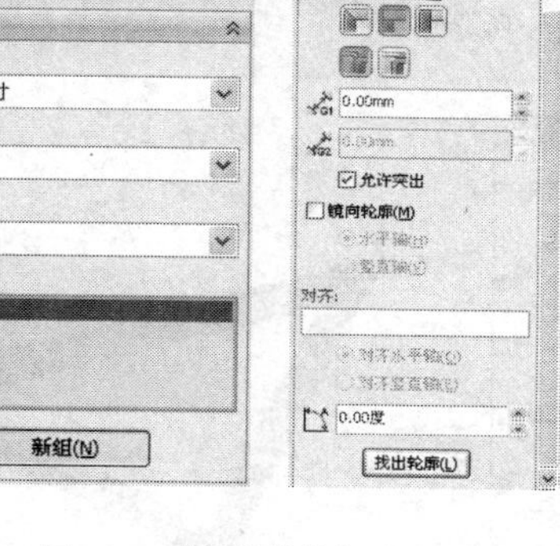

图 12-2 【结构构件】对话框

图 12-3 【类型】选项

【类型】：选择轮廓类型，其选项如图 12-3 所示。不同轮廓类型效果，如图 12-4 所示。

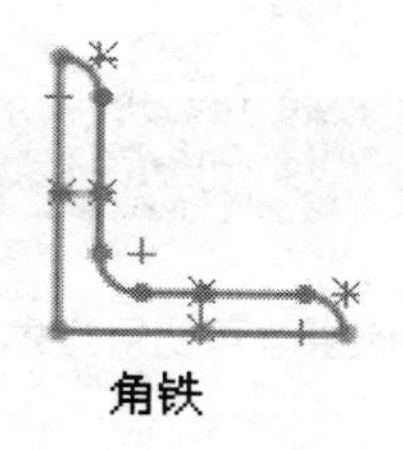

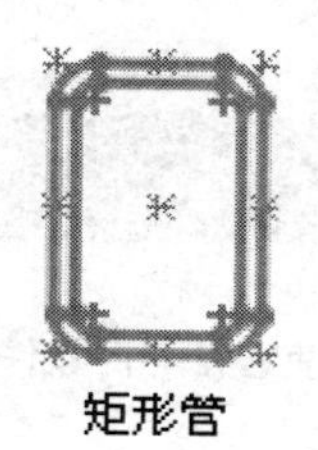

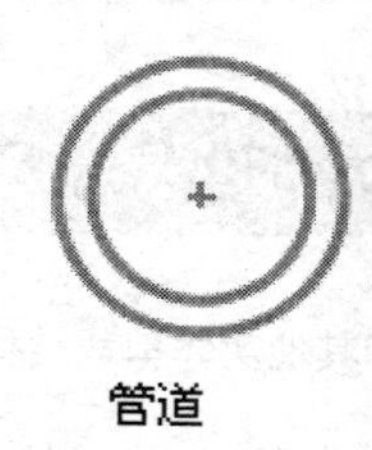

图 12-4 不同轮廓类型效果

【大小】：选择轮廓大小。

2. 【设定】选项组

路径线段：可以在图形区域中选择一组草图实体。

同一组中连接线段之间的缝隙：指定相同组中的线段边角处的焊接缝隙。

不同组线段之间的缝隙：指定该组的线段端点与另一个组中的线段邻接处的焊接缝隙。

镜向轮廓：沿组的水平轴或竖直轴反转组的轮廓。

旋转角度：设置度数值旋转结构构件。

找出轮廓：更改相邻结构构件之间的穿透点（默认穿透点为草图原点）。

12.2.2 生成结构构件实例示范

生成结构构件具体操作方法如下：

01 打开素材库中的“第 10 章/12.2.2 结构构件.sldprt”文件，如图 12-5 所示。

02 单击【焊件】工具栏中的【焊件】按钮，激活焊件环境，【焊件】图标被添加到【特征管理器设计树】中。

03 单击【焊件】工具栏中的【结构构件】按钮，或者选择菜单栏中的【插入】|【焊件】|【结构构件】命令，系统弹出【结构构件】对话框。

04 在【选择】选项组中，设置【标准】、【类型】、【大小】参数，如图 12-6 所示。在【设定】选项组中，单击【路径线段】选择框，在绘图区域中选择一组草图实体，如图 12-7 所示。

05 单击对话框中的【确定】按钮，生成第一组结构构件。

06 用同样的步骤，生成另外两组结构构件，如图 12-8 所示。

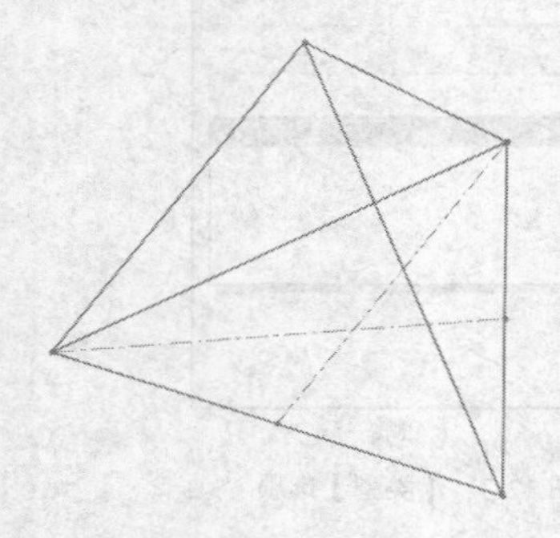

图 12-5 "12.2.2 结构构件"文件

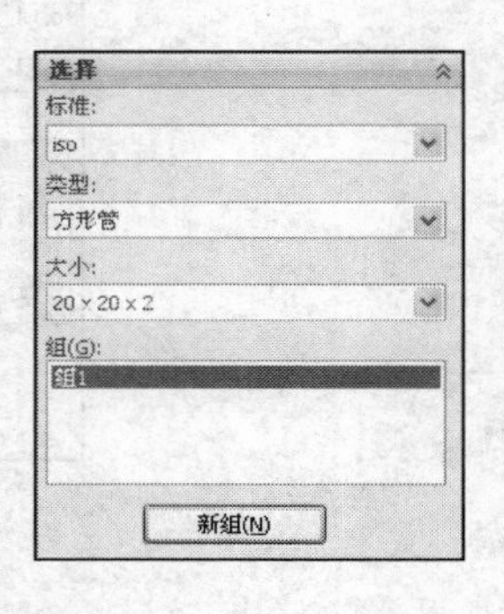

图 12-6 参数设置

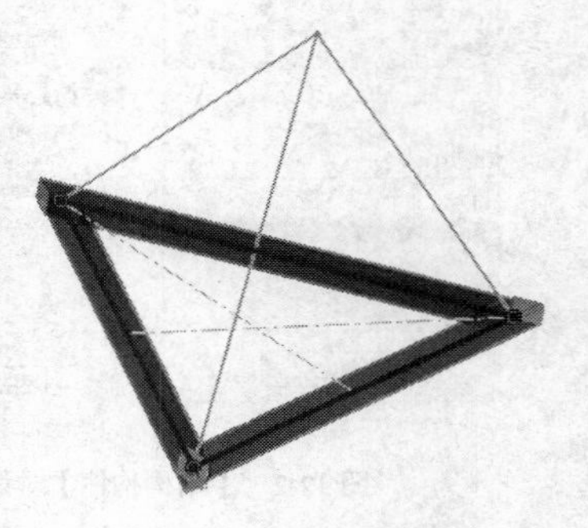

图 12-7 选择草图实体

12.3 剪裁结构构件

可以使用结构构件和其他实体剪裁结构构件，使它在焊件零件中正确对接。可使用剪裁/延伸来裁剪或延伸以下结构构件：

- 两个在角落处汇合的结构构件。
- 一个或多个相对于另一实体的结构构件。

注 意： 应剪裁焊件模型中的所有边角以精确结构构件的长度。

单击【焊件】工具栏上的【裁剪/延伸】按钮，或者选择菜单栏中【插入】|【焊件】|【剪裁/延伸】命令，系统弹出【剪裁/延伸】对话框，如图 12-9 所示。

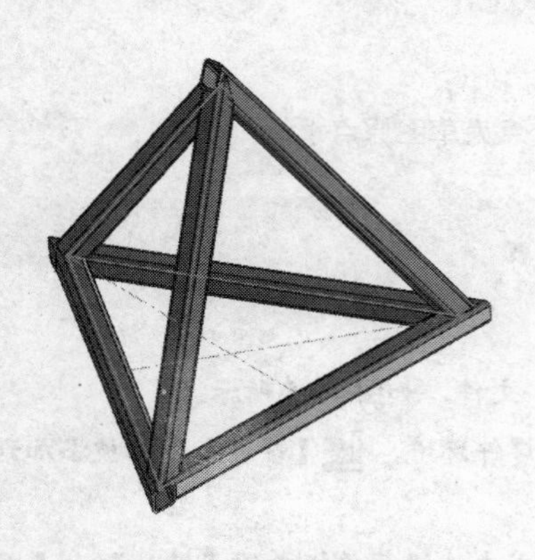

图 12-8 生成的结构构件

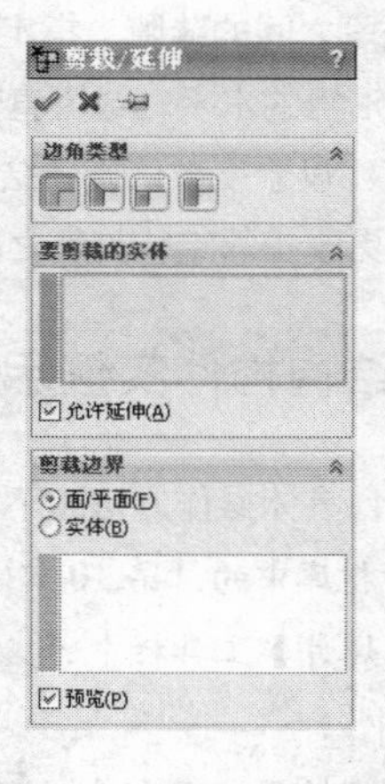

图 12-9 【剪裁/延伸】对话框

在【剪裁/延伸】对话框中，各选项的含义如下：

❑　【边角类型】选项组

剪裁结构构件时，应先选择边角类型。边角类型主要包括终端裁剪、终端斜接、终端对接 1、终端对接 2 等选项，各选项的裁剪效果如图 12-10 所示。

❑　【要剪裁的实体】选项组

裁剪结构构件时，应设置要剪裁的实体。

对于终端斜接、终端对接 1 及终端对接 2 边角类型，选择要裁剪的一个实体。

对于终端剪裁边角类型，选择要剪裁的一个或多个实体。

❑　【剪裁边界】选项组

剪裁结构构件时，还应选择剪裁边界的类型，具体包括如下。

平面：使用平面作为剪裁边界。

实体：使用实体作为剪裁边界。

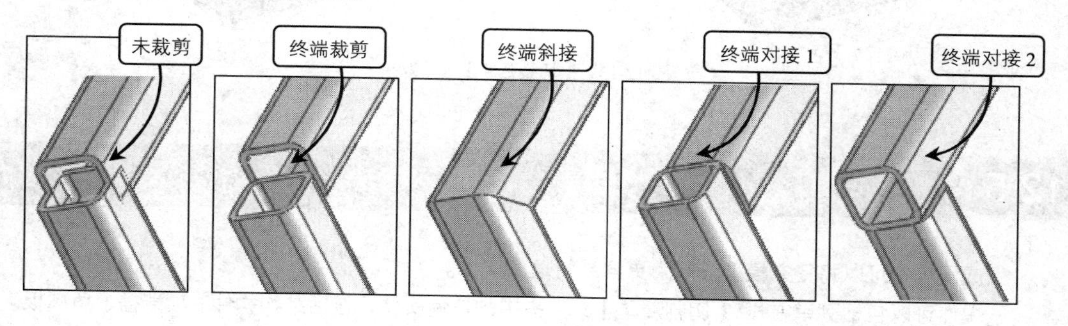

图 12-10　各选项的裁剪效果

注　意：选择平面作为剪裁边界通常更有效且性能更好。只在相当于诸如圆形管道或阶梯式曲面之类的非平面实体剪裁时才选择实体为剪裁边界。

12.4 添加焊缝

可以在任何交叉的焊件实体（如结构构件、平板焊件或角撑板）之间添加全长、间歇或交错圆角焊缝。

单击【焊件】工具栏上的【圆角焊缝】按钮，或者选择菜单栏中【插入】|【焊件】|【圆角焊缝】命令，系统弹出【圆角焊缝】对话框，如图 12-11 所示。

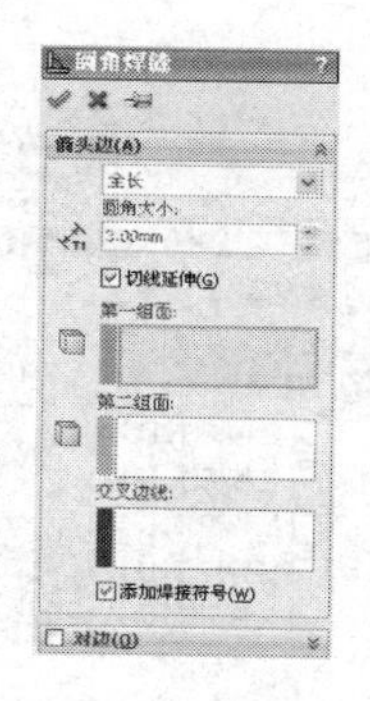

图 12-11　【圆角焊缝】对话框

在【圆角焊缝】对话框中，各选项的含义如下：

焊缝类型：可以选择的焊缝类型有全长、间歇、交错。其焊缝类型效果如图 12-12 所示。

圆角大小：设置圆角焊缝的支柱长度。

切线延伸：其效果如图 12-13 所示。

面组 1、面组 2：选择相交叉的两个面。

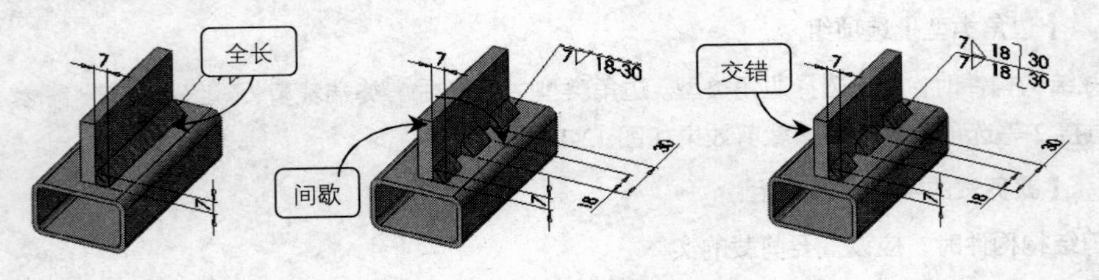

图 12-12　焊缝类型效果

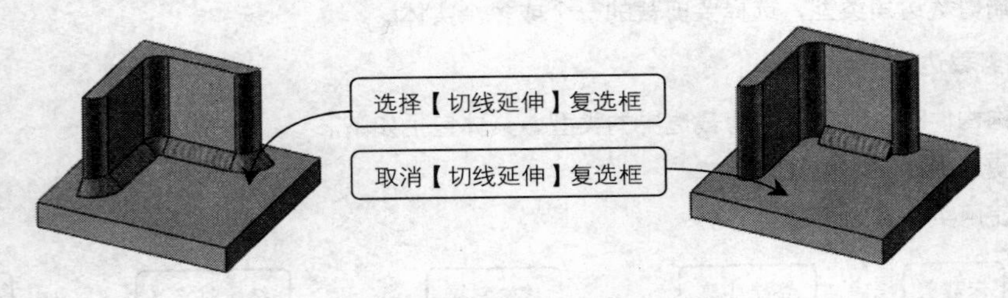

图 12-13　【切线延伸】选项效果

12.5 子焊件

生成子焊件可以将复杂模型分解为更容易管理的实体。

子焊件可以包括列举在【切割清单】文件夹中的任何实体，包括结构构件、顶端盖、角撑板、圆角焊缝以及使用【剪裁/延伸】工具所剪裁的结构构件。

使用子焊件操作方法如下：

01 在焊件模型的【属性管理器设计树】中，扩展【切割清单】文件夹，如图 12-14 所示。

02 选择要包括在子焊件中的实体，所选实体在将绘图区域中高亮显示。

03 单击鼠标右键，在弹出的快捷菜单中选择【生成子焊件】命令，如图 12-15 所示。

04 包含所选实体的【子焊件】文件夹出现在【切割清单】文件夹下。

05 在【子焊件】文件夹上单击鼠标右键，在弹出的快捷菜单中选择【插入到新零件】命令，如图 12-16 所示。

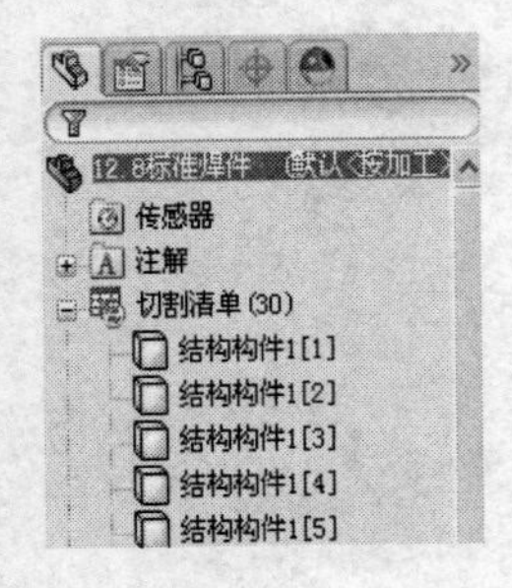

图 12-14　扩展【切割清单】文件夹

图 12-15　快捷菜单

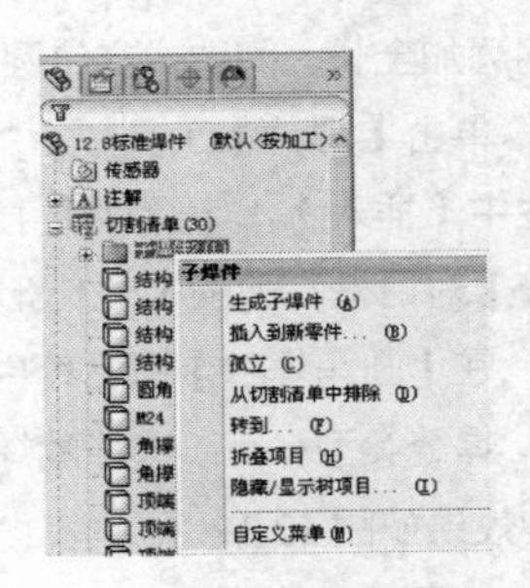

图 12-16　快捷菜单

06 子焊件模型在新的 SolidWorks 窗口中打开，同时系统弹出【另存为】对话框。

07 接受或编辑【文件名称】文本框，然后单击【保存】按钮。在焊缝模型中所作的更改扩展到子焊件模型中。

12.6 焊件切割清单

当第一个焊件特征插入到零件中时，【特征管理器设计树】中出现【切割清单】文件夹，以表示包括在【切割清单】中的项目。图标表示切割清单需要更新；图标表示切割清单已经更新。

切割清单可以自动生成，也可以手工指定什么时候在焊件零件文档中更新。还可以一次性进行众多更改，然后更新【切割清单】文件夹。

注 意：自动组织切割清单中所有焊件实体的选项在新的焊件零件中默认打开。若想关闭选项，用右键单击【切割清单】图标，然后在弹出的快捷菜单中取消选择【自动】选项。

12.6.1 使用切割清单

1. 更新切割清单

在焊件零件的【属性管理器设计树】中，用鼠标右键单击【切割清单】图标，在弹出的菜单中选择【更新】命令，如图 12-17 所示，【切割清单】图标变为。

2. 将焊件【切割清单】插入到工程图中

01 在工程图中单击【表格】工具栏上的【焊件切割清单】按钮，或者选择菜单栏上的【插入】|【表格】|【焊件切割清单】命令。

02 选择一个工程视图。

03 在【焊件切割清单】对话框中，设置指定参数，然后单击【确定】按钮。

04 如果没有在对话框中选择【附加到定位点】选项，在图形区域中单击鼠标左键以放置切割清单。

12.6.2 自定义属性

焊件切割清单包括项目号、数量以及切割清单自定义属性。在焊件零件中，属性包含在使用库特征零件轮廓从结构构件所生成的切割清单项目中，包括【说明】、【长度】、【角度 1】、【角度 2】等，可以将这些属性添加到切割清单项目中。

在零件文件中，用鼠标右键单击【切割清单项目】图标，在弹出的快捷菜单中选择【属性】命令，系统弹出【切割清单属性】对话框，如图 12-18 所示。

在对话框中设置【属性名称】、【类型】和【数值/文字表达】等属性，单击【确定】按钮。

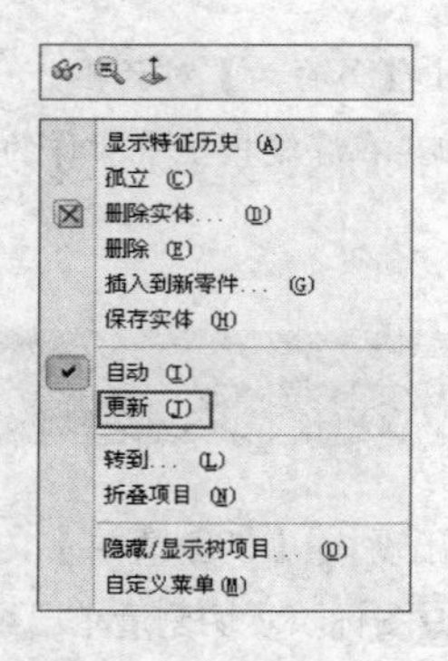

图 12-17 快捷菜单

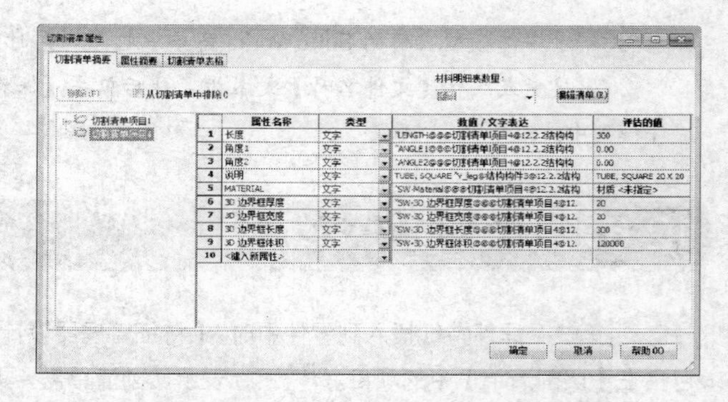

图 12-18 【切割清单项目自定义属性】对话框

12.7 焊件工程图

焊件工程图包括以下的部分。

- 整个焊件零件的视图。
- 焊件零件单个实体的视图（相对视图）。
- 焊件切割清单。
- 零件序号。
- 自动零件序号。
- 剖面视图的备选剖面线。

焊件工程图中的零件序号设置规则如下:

- 所有配置在生成零件序号时均参考同一切割清单。即使零件序号是在另一视图中生成的，也会与切割清单保持关联。附加到整个焊件工程图视图中的实体零件序号以及附加到只显示实体的工程图视图中同实体的零件序号具有相同的项目号。
- 如果用户将自动零件序号插入到焊件的工程视图中，而该工程图不包含切割清单，则会提示用户是否生成切割清单。
- 如果用户删除切割清单，所有与该切割清单相关的零件序号的项目号都会变为 1。

12.8 案例实战

本例通过一个标准焊件结构的建模过程进一步熟悉焊件的相关功能，最终效果如图 12-19 所示。

制作本例可以分为如下步骤:

- 新建零件文件
- 绘制草图轮廓
- 生成结构构件
- 生成支架
- 生成焊缝
- 生成角撑板

- 生成顶端盖
- 保存零件

制作本实例的具体操作步骤如下：

1. 启动 SolidWorks 2013 并新建文件

01 启动 SolidWorks 2013，单击【标准】工具栏中的【新建】按钮，系统弹出【新建 SolidWorks 文件】对话框，如图 12-20 所示。

02 选择【零件】图标，单击【确定】按钮，进入 SolidWorks 2013 的零件工作界面。

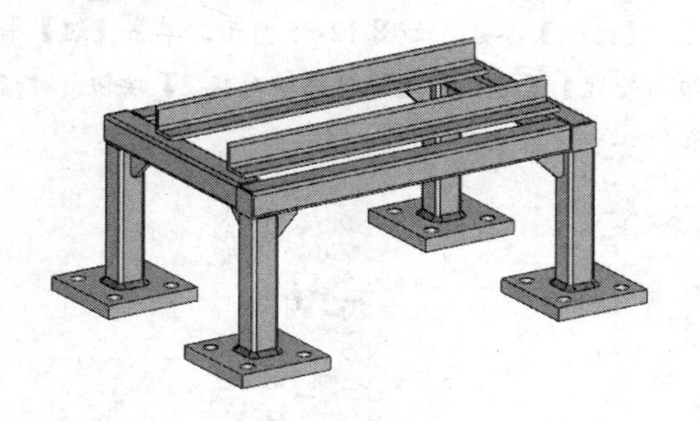

图 12-19　12.8 标准焊件

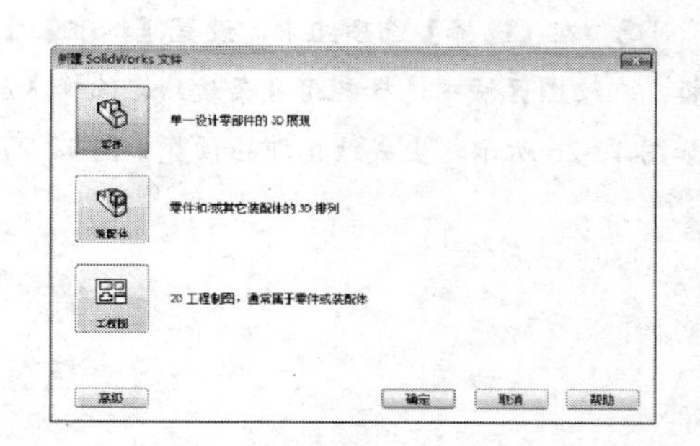

图 12-20　【新建 SolidWorks 文件】对话框

2. 绘制草图轮廓

01 单击【草图】工具栏中的【草图绘制】按钮，在绘图区选择【前视基准面】作为草图绘制平面。

02 单击【草图】工具栏中的【矩形】按钮和【中心线】按钮，绘制草图，在动态尺寸框输入尺寸，如图 12-21 所示。

03 单击【草图】工具栏中的【退出草图】按钮，退出草图绘制状态。

04 在菜单栏中选择【插入】|【参考几何体】|【基准面】命令，系统弹出【基准面】对话框。

05 选择矩形两垂直边为参考对象，并设置如图 12-22 所示参考几何关系，单击对话框中的【确定】按钮，生成基准面 1，如图 12-23 所示。

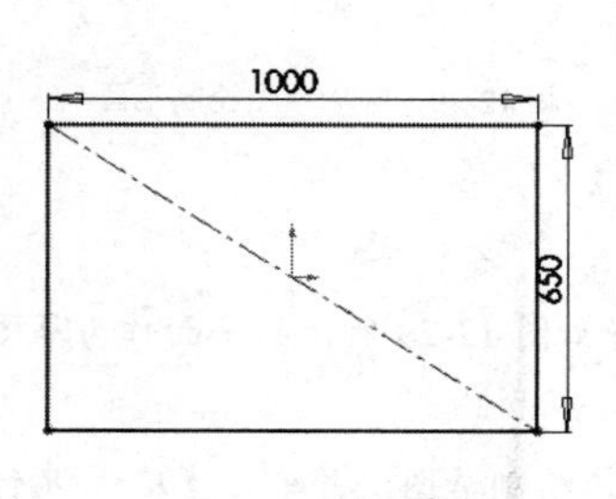

图 12-21　绘制草图

图 12-22　参数设置

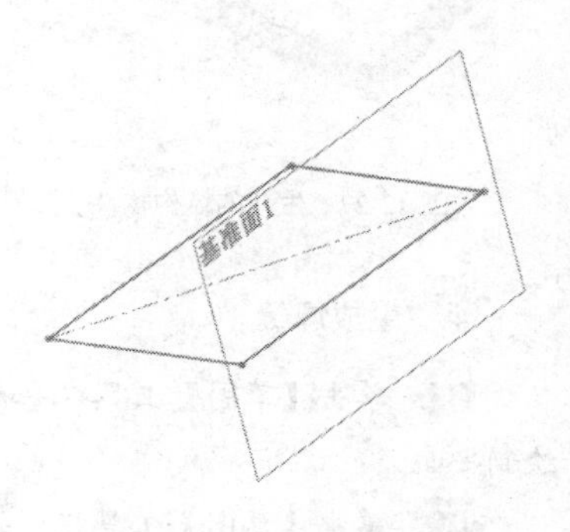

图 12-23　生成基准面 1

06 选择【基准面1】作为草图平面。单击【草图】工具栏中的【直线】按钮，绘制直线，并在动态尺寸框输入尺寸，如图 12-24 所示。

07 单击【草图】工具栏中的【退出草图】按钮，退出草图绘制状态。

3. 生成结构构件

01 单击【焊件】工具栏中的【焊件】按钮，激活焊件环境。

02 单击【焊件】工具栏中的【结构构件】按钮，或者选择菜单栏中的【插入】|【焊件】|【结构构件】命令，系统弹出【结构构件】对话框。

03 在【选择】选项组中，设置【标准】、【类型】、【大小】参数，如图 12-25 所示。单击【组】拾取框，在绘图区域中选择矩形 4 条边线，选择【应用边角处理】复选框且选择【终端对接 2】按钮，对话框如图 12-26 所示，生成结构件的预览如图 12-27 所示。

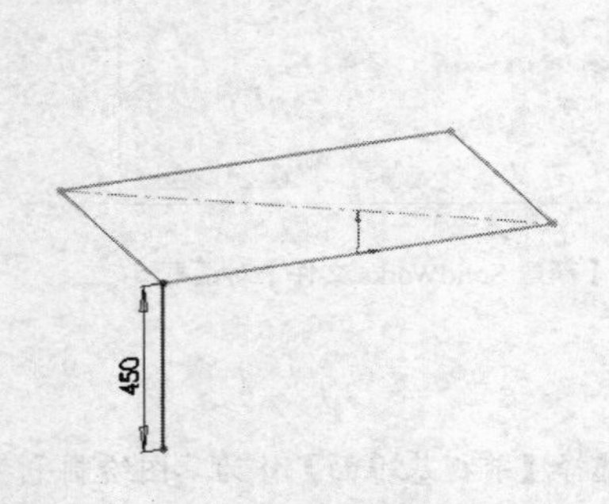

图 12-24 绘制草图并添加尺寸

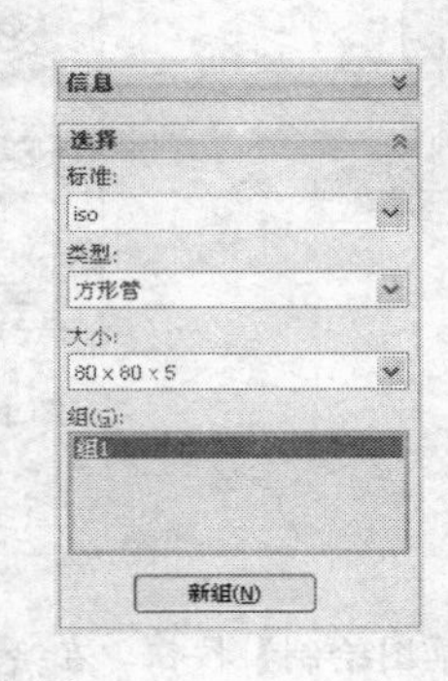

图 12-25 【选择】参数设置

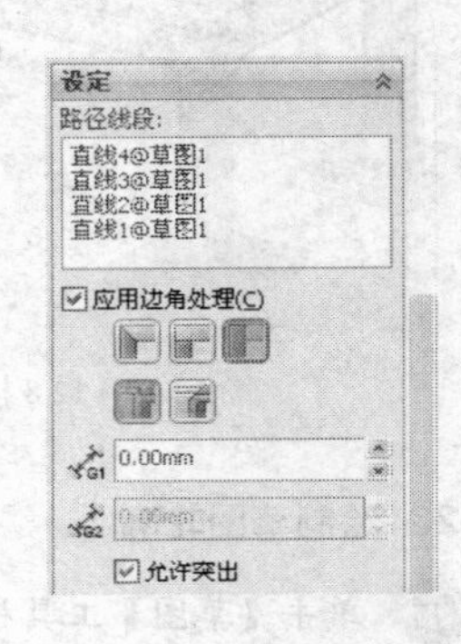

图 12-26 【设定】参数设置

04 单击对话框中的【新组】按钮，然后选择长度 450 的线段，生成第二组结构，单击对话框中【确定】，生成如图 12-28 所示的结构构件。

图 12-27 生成的结构构件

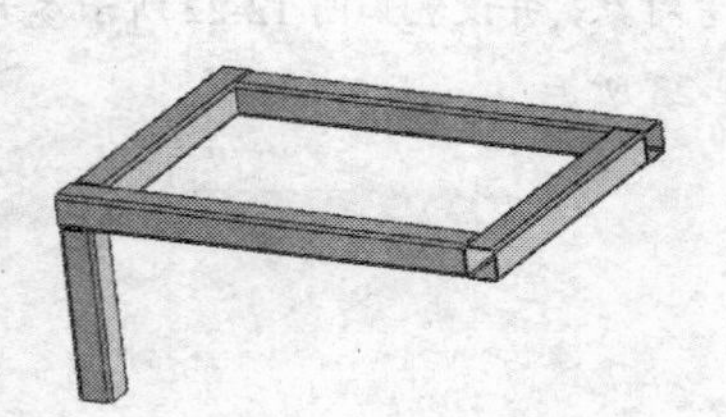

图 12-28 生成的结构构件

图 12-29 选择草图绘制平面

4. 生成焊缝

01 单击【草图】工具栏中的【草图绘制】按钮，在绘图区选择如图 12-29 所示的平面作为草图绘制平面。

02 单击【草图】工具栏中的【矩形】按钮和【中心线】按钮，绘制草图，并单击【尺寸/几何关系】工具栏中的【智能尺寸】和【添加几何关系】按钮，添加尺寸和几何约束，如图 12-30 所示。

03 单击【特征】工具栏上的【拉伸凸台/基体】按钮，或选择菜单栏中的【插入】|【凸台/基体】|【拉伸】命令。

04 设置【拉伸】对话框中的参数，在【方向 1】选项组中设置为“给定深度”，输入深度为 40mm。其他均为默认设置，如图 12-31 所示。

05 单击【拉伸】对话框中的【确定】按钮，生成如图 12-32 所示的凸台。

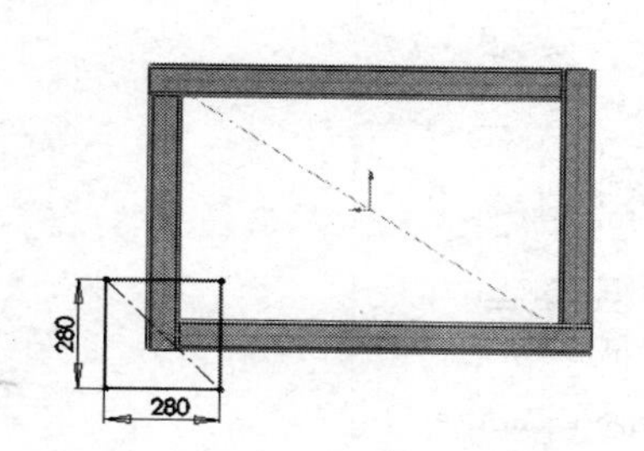

图 12-30　绘制的草图

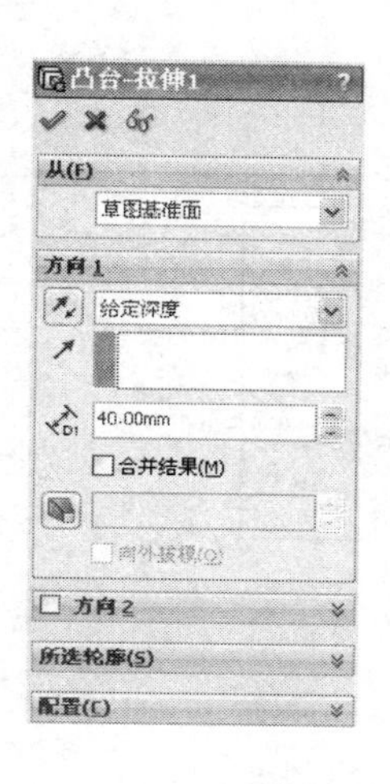

图 12-31　参数设置

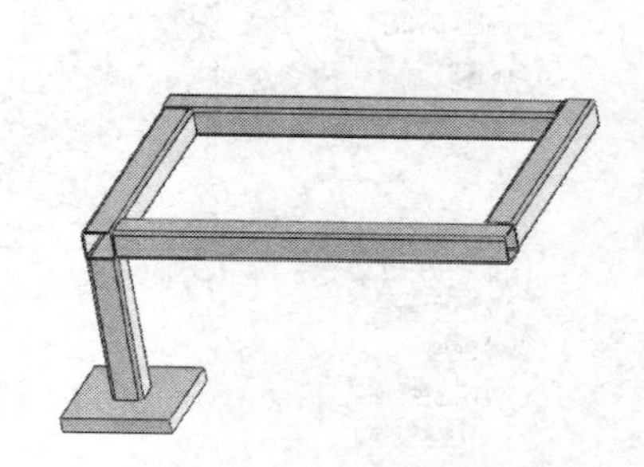

图 12-32　生成凸台特征

06 单击【焊件】工具栏上的【圆角焊缝】按钮，或者选择菜单栏中【插入】|【焊件】|【圆角焊缝】命令，系统弹出【圆角焊缝】对话框。

07 在对话框中设置如图 12-33 所示的参数，在绘图区选择如图 12-34 所示的模型面，系统生成圆角焊缝预览，如图 12-35 所示。

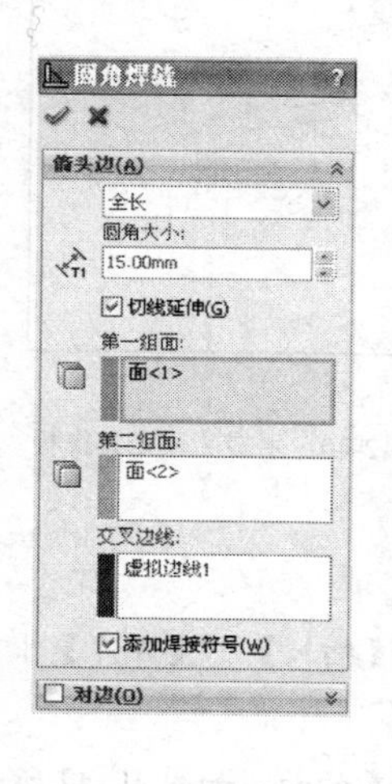

图 12-33　参数设置

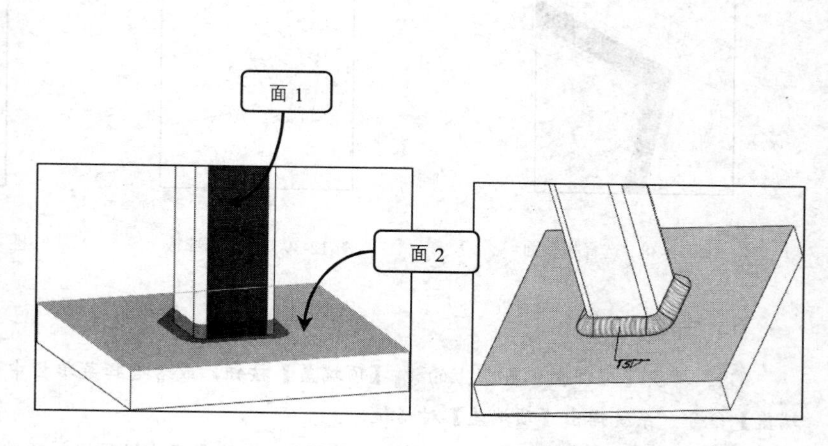

图 12-34　选择模型面

图 12-35　生成圆角焊缝特征

08 单击【特征】工具栏中的【异型孔向导】按钮，生成 4 个规则为 M24 六角凹头螺钉的柱形沉头孔特征，如图 12-36 所示。

5. 生成角撑板

01 单击【焊件】工具栏上的【角撑板】按钮，或者选择菜单栏中【插入】|【焊件】|【角撑板】命令，系统弹出【角撑板】对话框。

02 在对话框中设置如图 12-37 所示的参数，在绘图区域选择如图 12-38 所示的模型面。

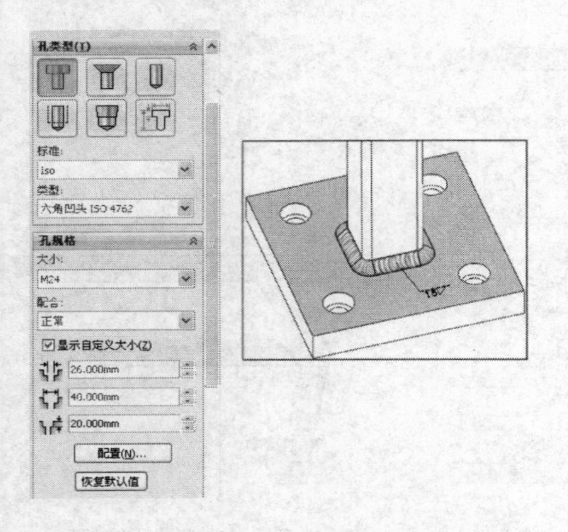

图 12-36 生成异型孔特征

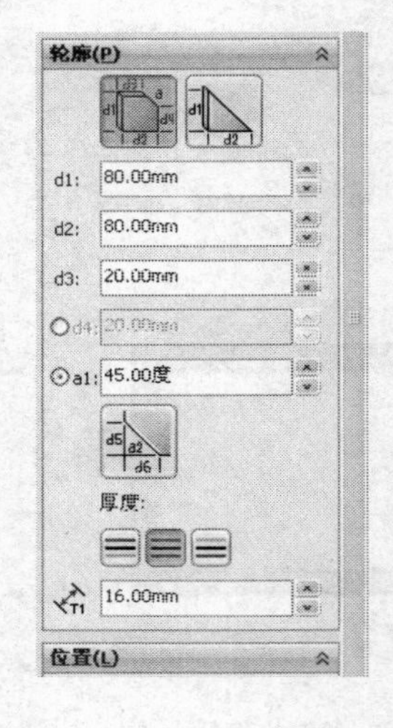

图 12-37 参数设置

03 单击【确定】按钮，生成角撑板，如图 12-39 所示。

04 利用同样的方法，添加相邻侧的另一个角撑板，效果如图 12-40 所示。

图 12-38 选择模型面

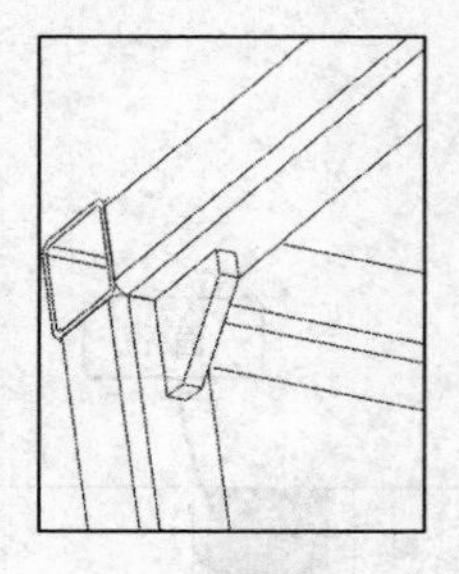

图 12-39 生成角撑板

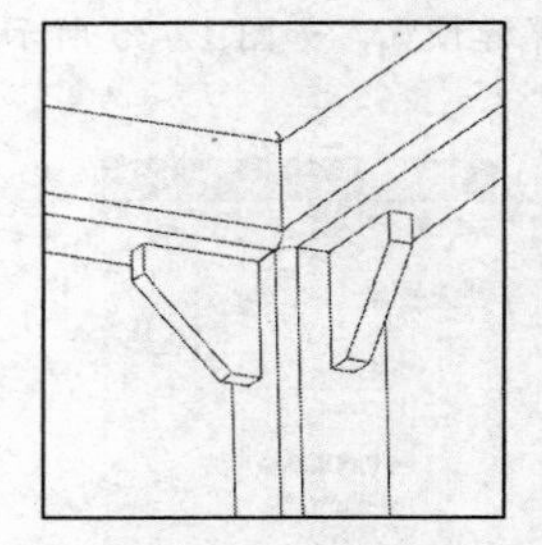

图 12-40 生成另一个角撑板

6. 生成顶端盖

01 单击【焊件】工具栏上的【顶端盖】按钮，或者选择菜单栏中【插入】|【焊件】|【顶端盖】命令，系统弹出【顶端盖】对话框。

02 在对话框中设置如图 12-41 所示的参数，在绘图区选择要添加顶端盖的面，如图 12-42 所示。

03 单击【确定】按钮，生成顶端盖，如图 12-43 所示。

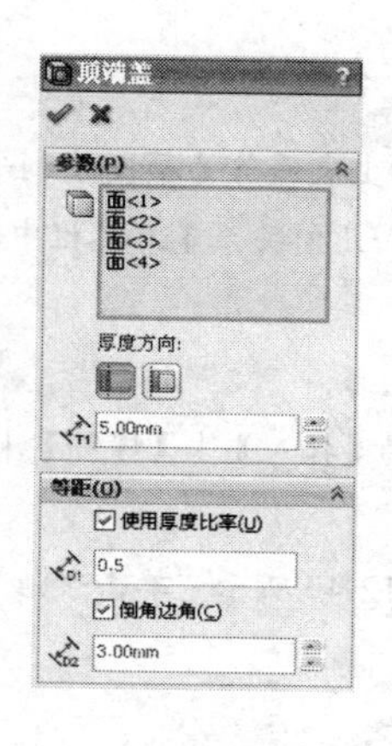

图 12-41　参数设置

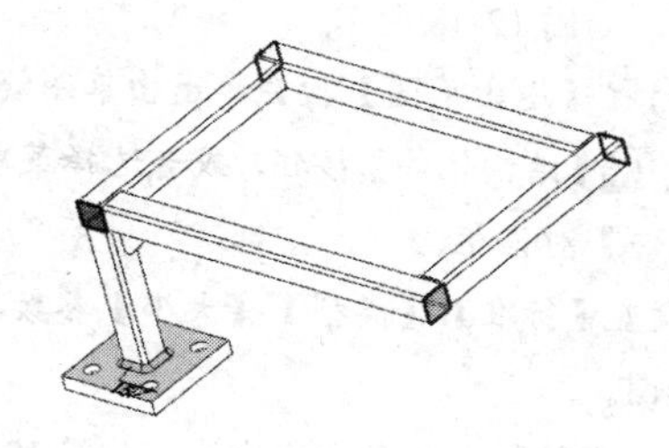

图 12-42　选择模型面

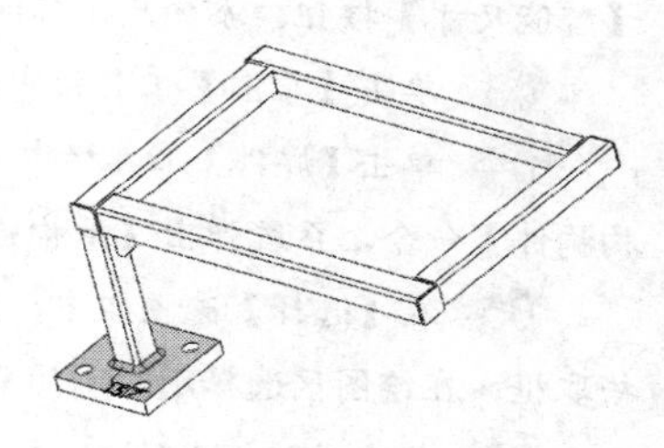

图 12-43　生成顶端盖特征

7. 生成镜向实体特征

01 选择菜单栏中的【插入】|【阵列/镜向】|【镜向】命令，或者单击【特征】工具栏中的【镜向】按钮，系统弹出【镜向】对话框。

02 在【特征管理器设计树】中单击选择【右视基准面】作为镜向面，在绘图区中选择需要镜向的实体，生成镜向预览，如图 12-44 所示。

03 单击对话框中的【确定】按钮，生成镜向特征，如图 12-45 所示。

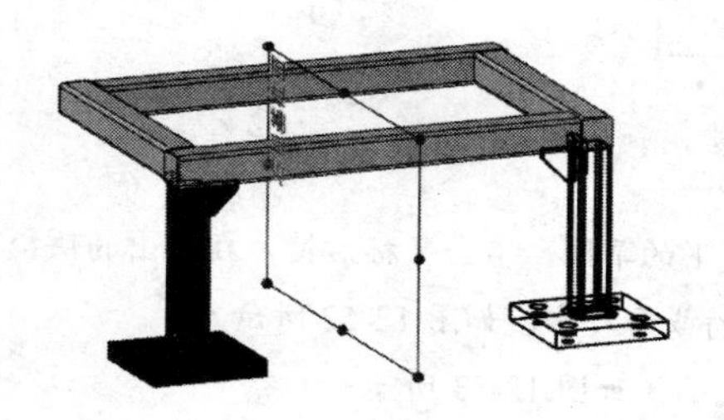

图 12-44　镜向预览

图 12-45　生成镜向特征

04 单击【特征】工具栏中的【镜向】按钮，在【特征管理器设计树】中单击选择【上视基准面】作为镜向面，在绘图区中选择需要镜向的实体，生成镜向预览，如图 12-46 所示。

05 单击对话框中的【确定】按钮，生成镜向特征，如图 12-47 所示。

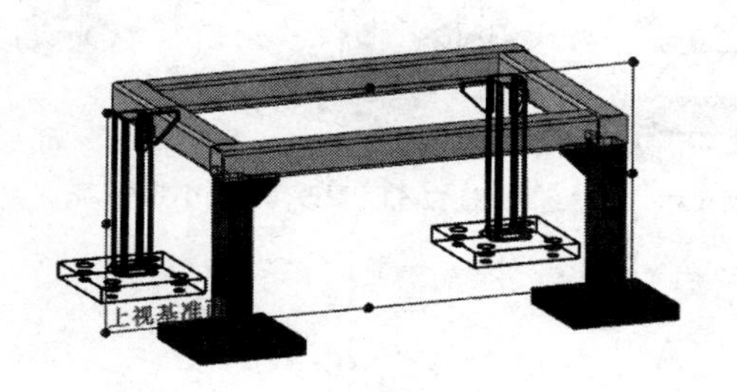

图 12-46　镜向预览

图 12-47　生成镜向特征

8. 生成结构构件

01 单击【草图】工具栏中的【草图绘制】按钮，在绘图区选择模型的上表面作为草图绘制平面。

02 单击【草图】工具栏中的【直线】按钮，绘制草图，并单击【尺寸/几何关系】工具栏中的【智能尺寸】按钮，添加尺寸标注，如图 12-48 所示。

03 单击【草图】工具栏中的【退出草图】按钮，退出草图绘制状态。

04 单击【焊件】工具栏中的【结构构件】按钮，或者选择菜单栏中的【插入】|【焊件】|【结构构件】命令，系统弹出【结构构件】对话框。

05 在【选择】选项组中，设置【标准】、【类型】、【大小】参数，如图 12-49 所示。单击激活【组】拾取框，在绘图区选择刚绘制的草图。

06 单击对话框中的【确定】按钮，生成结构构件，如图 12-50 所示。

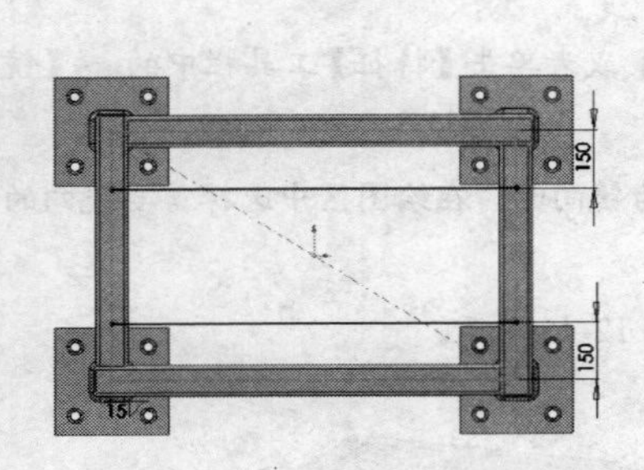

图 12-48 绘制草图并添加尺寸

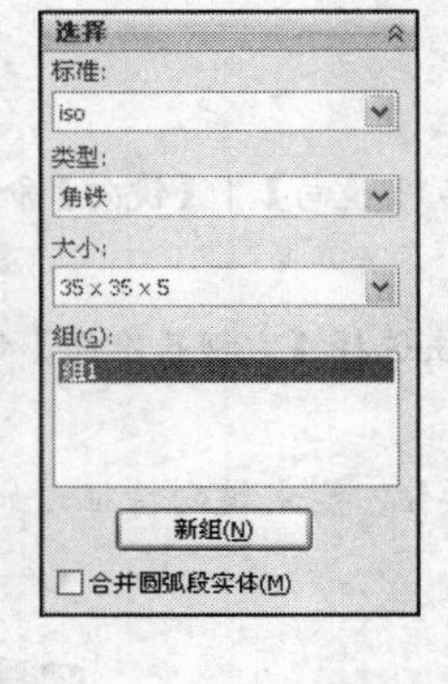

图 12-49 参数设置

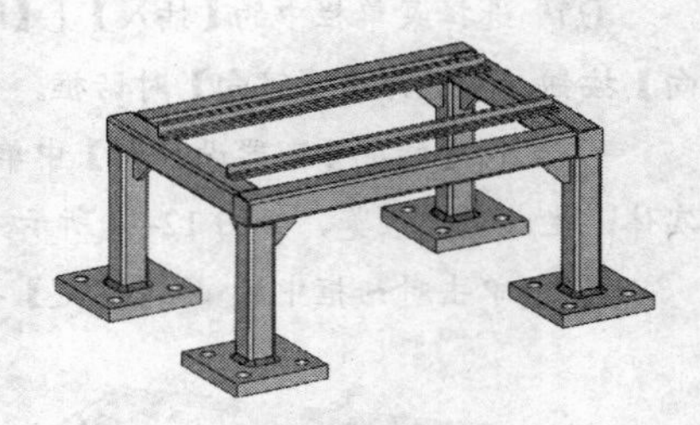
图 12-50 生成结构构件

07 在【特征管理器设计树】中选择刚角铁结构构件下的草图，单击鼠标右键，在弹出的快捷菜单中，单击【编辑草图】按钮，如图 12-51 所示。修改角钢的截面尺寸，如图 12-52 所示。

08 单击【退出草绘】按钮，系统自动更新角钢的大小，如图 12-53 所示。

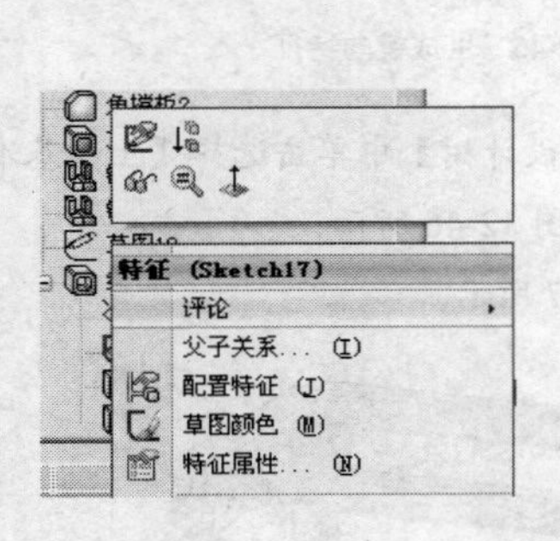

图 12-51 单击【编辑草图】按钮

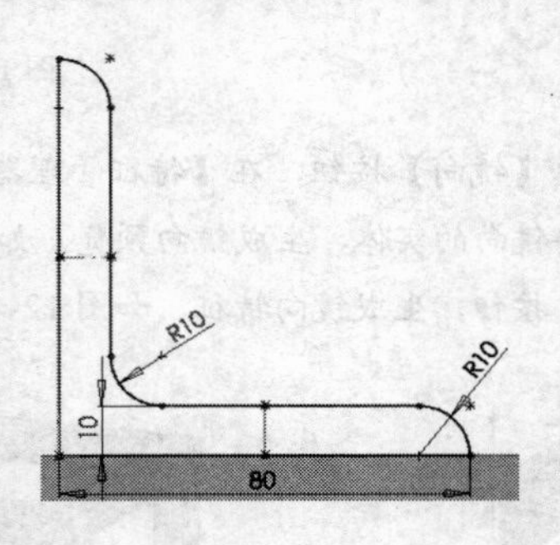

图 12-52 修改角钢的截面尺寸

图 12-53 更改角钢大小效果

第 13 章

配置和系列零件设计表

本章导读：

配置是指在单一文件中为零件或装配体创建多个变化，例如同种类型但不同大小的螺栓，可以创建螺栓的多个配置，每个配置对应一种规格变化。学习Solidworks的配置和系列零件设计表，是参数化和系列化零件设计的基础。

学习目标：

- 零件和装配体的配置
- 系列零件设计表
- 工程图中的系列零件设计表
- 案例实战

13.1 零件和装配体的配置

生产实际中有许多零件，特别是标准零件，如螺栓、轴承等，通常有各种规格，称为系列化零件。系列化的零件结构相同，只是具体尺寸不同。如果为零部件添加一系列的配置，每种配置对应一种不同的规格，这样仅一个文件，就可以表达整个系列的零件（或装配体），要使用某种规格的零件，只需切换到对应的配置即可。

尺寸配置是最常用的配置项目，除了尺寸配置，还可以为零部件的材料、颜色、显示状态等添加配置。

生成零件的配置有以下几个途径：

➢ 在配置管理器（ConfigurationManger）中生成配置。

➢ 使用修改配置对话框生成配置。

➢ 使用系列零件设计表在 Excel 表格中生成配置。

13.1.1 ConfigurationManger 介绍

一般在 ConfigurationManger（配置管理器）选项卡中显示和管理零件的配置。选择管理器窗格顶部的ConfigurationManager 选项卡，列表中列出了所创建的配置，如图 13-1 所示。在配置管理器中，正常显示的配置是模型当前使用的配置，灰色显示的是未激活的配置。

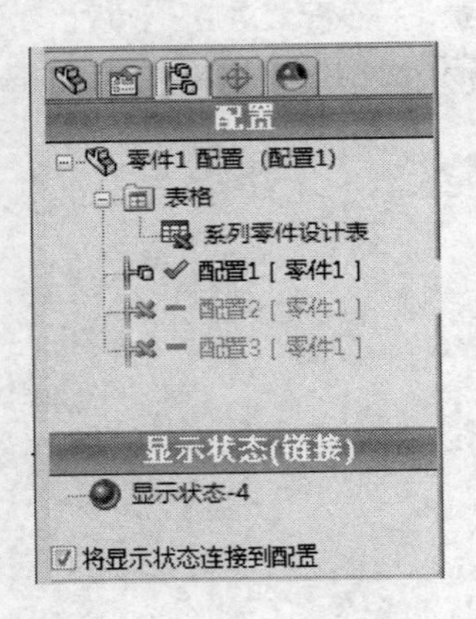

图 13-1 配置管理器

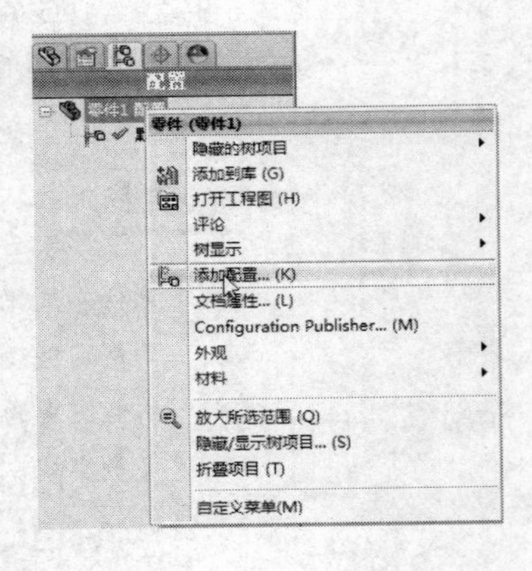

图 13-2 添加配置的菜单命令

13.1.2 在配置管理器中添加配置

若要手工生成一个配置，先创建一个配置，然后修改模型，修改将应用到新配置中。在配置管理器中，单击选中要添加配置的零件（或装配体），然后单击右键，展开菜单如图 13-2 所示。选择【添加配置】命令，弹出【添加配置】对话框，如图 13-3 所示。

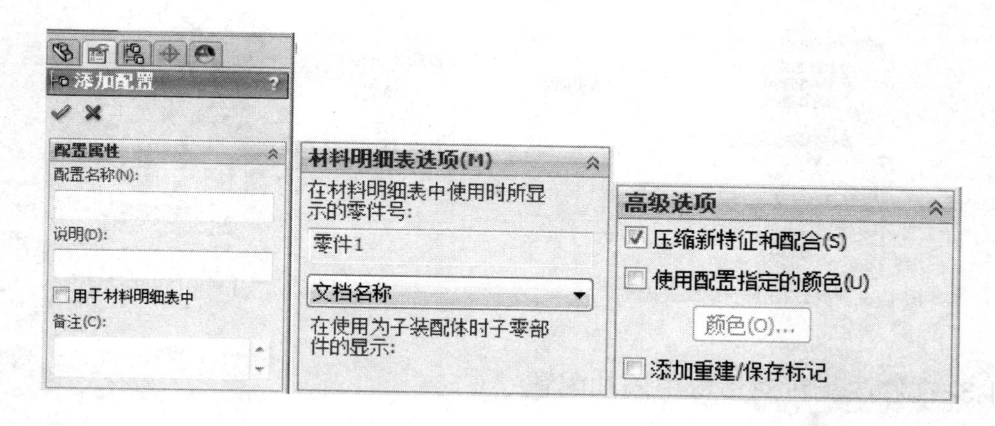

图 13-3　【添加配置】对话框

在对话框中输入配置的名称和说明，展开高级选项还可以为此配置的零件设置专门的颜色，然后单击【确定】，该配置即添加到配置列表中。

如果在装配体中添加配置，对话框有所不同，如图 13-4 所示。在【父/子选项】中，可以选择配置对象，可选择整个装配体，也可以选择单独或几个零部件为配置对象。

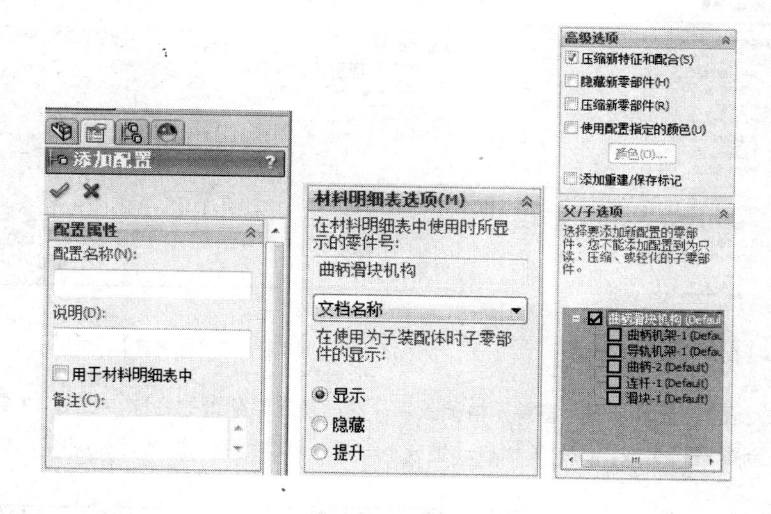

图 13-4　装配体中的【添加配置】对话框

新添加的配置自动转换为激活的配置，然后转到 FeatureManager（特征管理）设计树，在设计树中编辑特征（或草图）。在编辑特征或草图时，注意设置特征（或尺寸）的应用范围，一般情况下修改只应用到当前配置中，设置方式如下：

➢ 在编辑特征时，该特征属性对话框下包含【配置】选项组，从中选择新特征参数的应用范围，如图 13-5 所示。
➢ 编辑草图尺寸时，在【修改】对话框，选择当前尺寸的应用范围，如图 13-6 所示。如果选择“此配置”，新尺寸只应用到当前配置中；如果选择“所有配置”，则未激活的配置中尺寸也会更改。

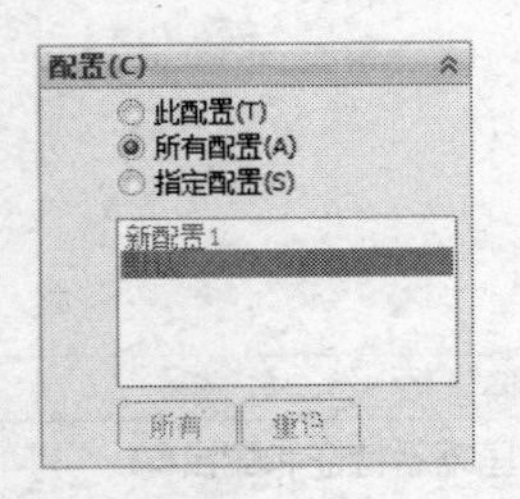

图 13-5　特征对话框中的配置选择

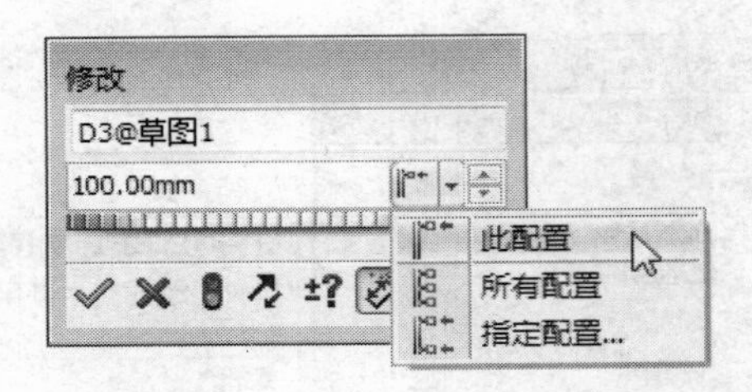

图 13-6　【修改尺寸】对话框中的配置选择

13.1.3 在修改配置对话框中添加配置

除了在配置管理器中添加配置，还可以在 FeatureManager（特征管理）设计树中直接选择特征（或草图），为其添加配置。

在特征管理设计树中，选中某个特征（或草图、材料），然后单击右键，在弹出菜单中选择【配置特征】命令，如图 13-7 所示。弹出【修改配置】对话框，如图 13-8 所示。

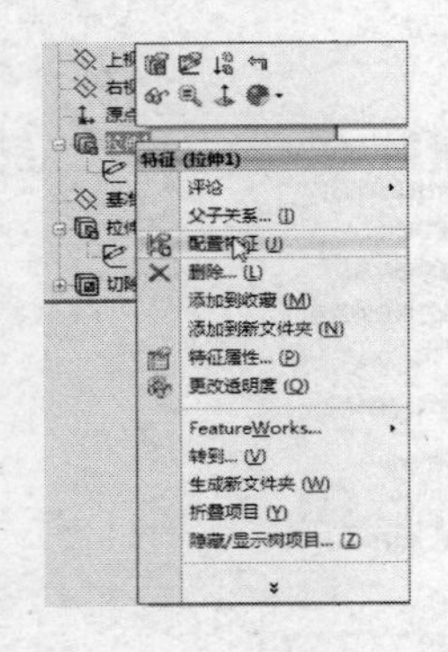

图 13-7　【配置特征】命令

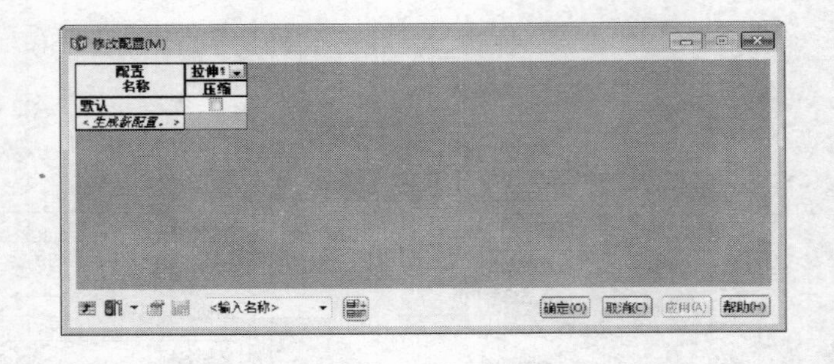

图 13-8　【修改配置】对话框

单击【生成新配置】单元格，该单元格被激活，然后输入新配置的名称，如图 13-9 所示。单击激活黑色单元格，新配置行生成，同时表格自动生成下一行，可继续添加配置，如图 13-10 所示。

图 13-9　输入配置名称

配置名称	拉伸1 压缩
默认	☐
新配置1	☐
< 生成新配置。 >	

图 13-10　生成的配置行

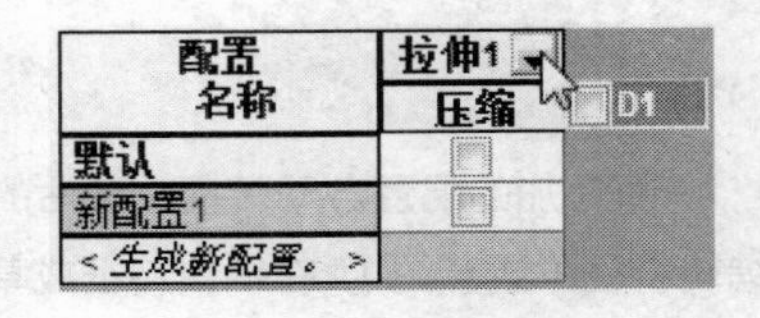

图 13-11　尺寸配置项目

配置项目中提供了“压缩”项目，勾选该项，对应的配置会变为压缩状态。单击特征旁边的展开箭头，弹出可供选择的配置项目，如图 13-11 所示。该尺寸 D1 是控制“拉伸 1”深度的尺寸，勾选该项，然后在表格外单击，表格中增加一个配置项目，如图 13-12 所示，编辑某个配置对应的尺寸参数，即修改该配置。

配置名称中加粗的配置是当前显示的配置，如果要显示其他配置，选择配置名称所在单元格，然后单击右键，弹出菜单如图 13-13 所示，选择【切换到配置】命令，激活和显示该配置。

配置名称	拉伸1	
	压缩	D1
默认	☐	6.00mm
新配置1	☐	6.00mm
< 生成新配置。 >		

图 13-12　新的配置项目

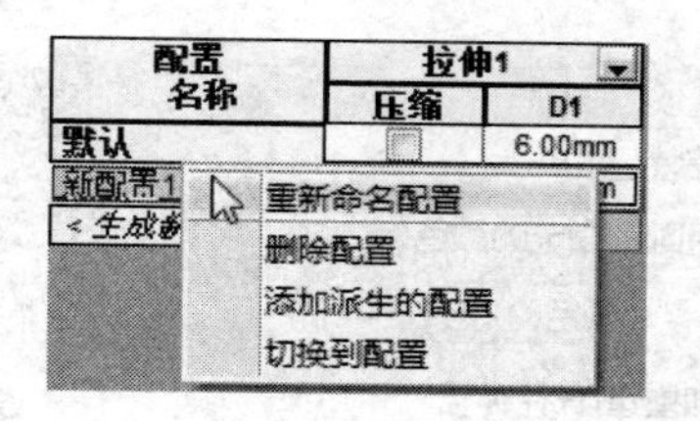

图 13-13　右键弹出菜单

13.1.4 手工创建配置实例示范

01 打开素材库“第 13 章/13.1 六角头螺柱.sldprt”文件，零件如图 13-14 所示，该零件只有一个默认配置。

02 展开 ConfigurationManager 选项卡，在配置列表中，单击选中“六角头螺柱配置”项目，然后单击右键，弹出菜单如图 13-15 所示。选择【添加配置】命令，弹出【添加配置】对话框。

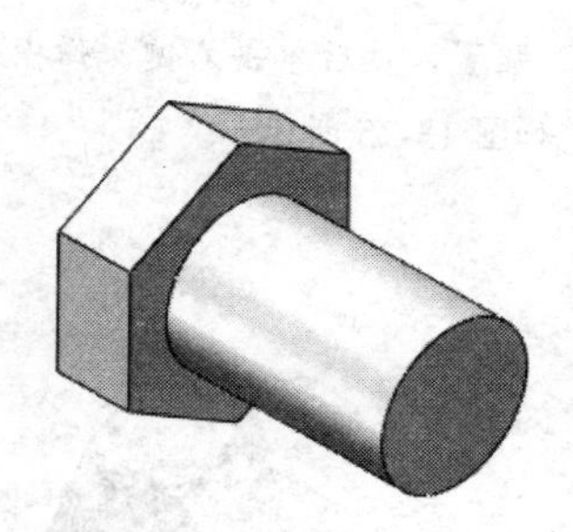

图 13-14　六角头螺柱模型

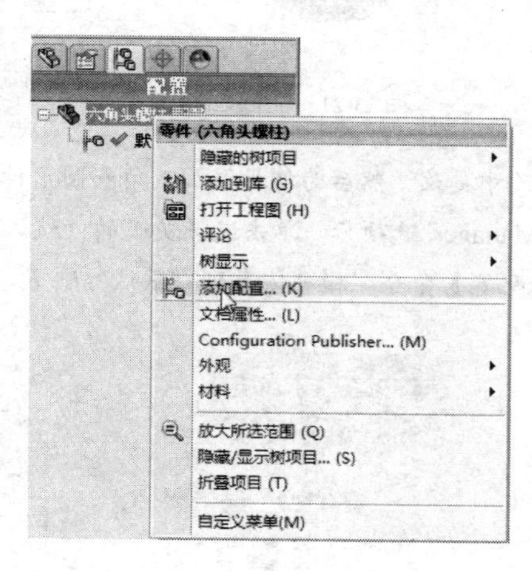

图 13-15　选择添加配置

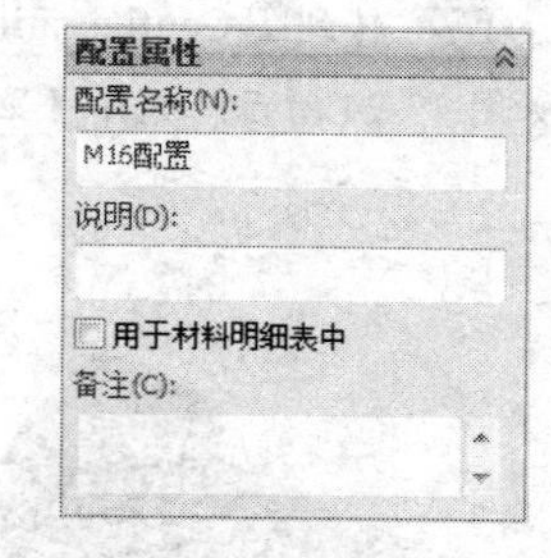

图 13-16　配置名称

03 在【配置属性】选项组输入配置名称为“M16 配置”，对话框如图 13-16 所示。在【高级选项】选项组，勾选【使用配置指定颜色】，对话框如图 13-17 所示，设置此配置的颜色为蓝色。单击对话框上【确定】，创建该配置。

04 在配置管理器中，新建的配置自动转为当前显示，如图 13-18 所示。模型的颜色显示为配置指定的颜色。

05 转到特征管理设计树，在零件标题后显示了零件当前的配置，如图 13-19 所示。修改两个拉伸特征的草图，修改“草图 1”如图 13-20 所示，修改“草图 2”如图 13-21 所示。注意在修改尺寸对话框中，选择应用范围为【此配置】，如图 13-22 所示，避免其他的配置受影响。

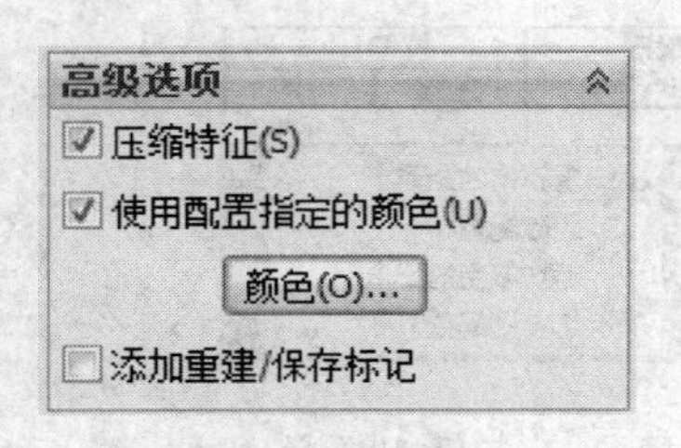

图 13-17　配置高级选项

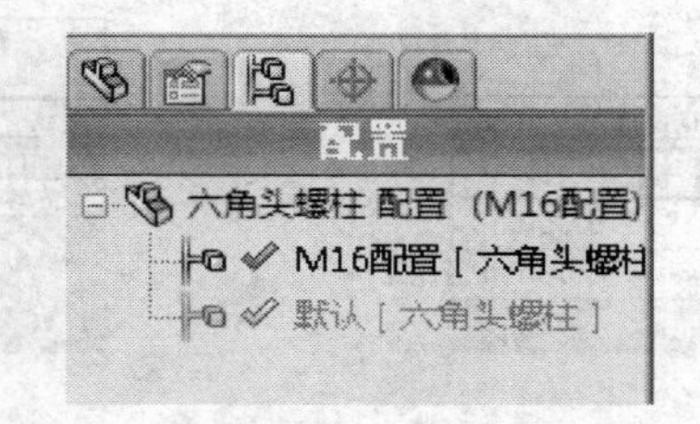

图 13-18　生成的新配置

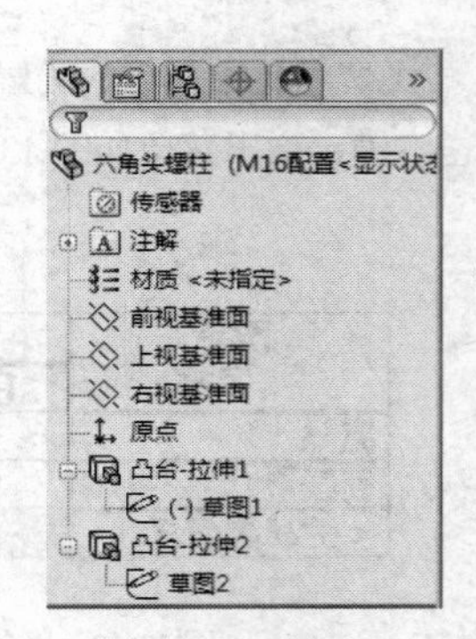

图 13-19　特征管理设计树

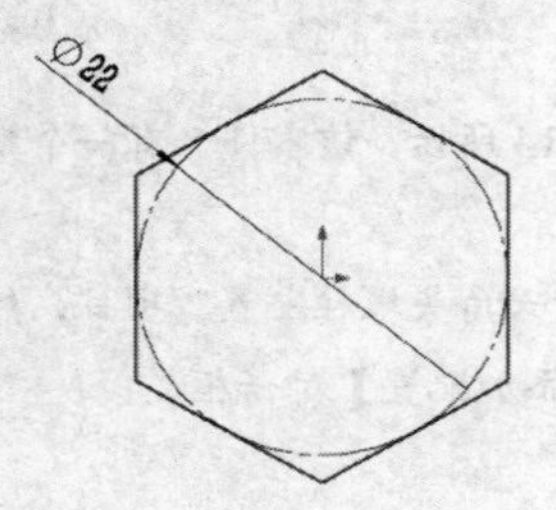

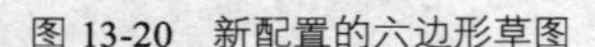

图 13-20　新配置的六边形草图

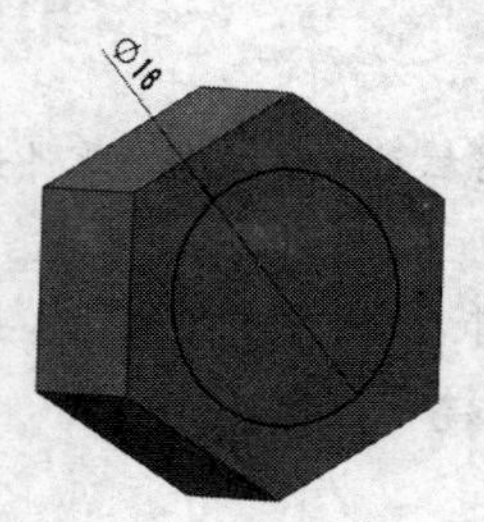

图 13-21　新配置的圆草图

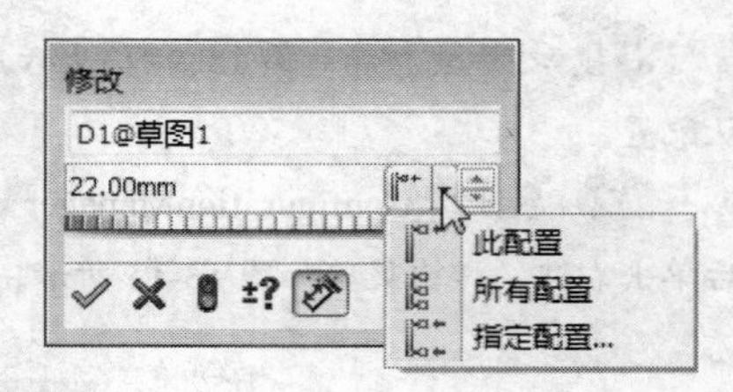

图 13-22　选择尺寸应用范围

06 草图修改后，螺柱的尺寸更改。然后为螺柱添加倒角和圆角特征，如图 13-23 所示。

07 转到 ConfigurationManager 选项卡，单击选择灰选的“默认”配置，然后单击右键，弹出菜单如图 13-24 所示。选择【显示配置】命令，模型恢复到“默认”配置，如图 13-25 所示。

图 13-23　新配置的零件

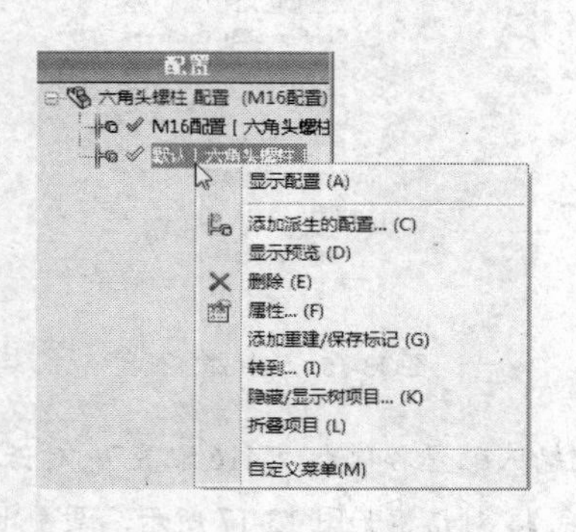

图 13-24　显示配置的菜单命令

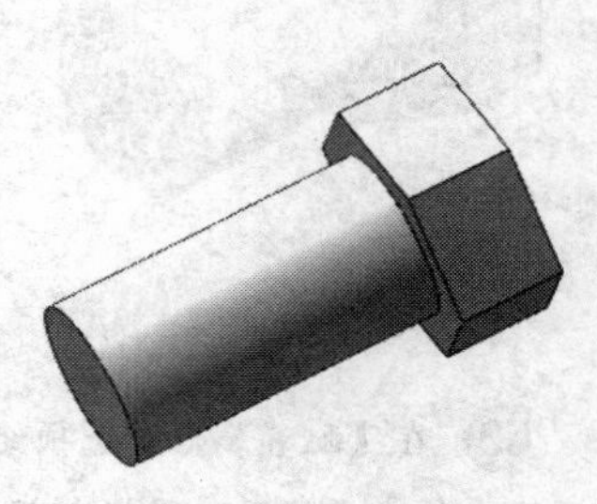

图 13-25　默认的配置

13.2 系列零件设计表

手工逐个创建配置的方法，只适用于配置参数比较少，系列化程度不高的零部件。对于多配置、多参数的系列化零件，Solidwork 提供了设计表的方法，将不同的参数和不同的配置列成表格形式，在表格

中能够十分方便地创建多个配置，添加多个配置参数。使用系列零件设计表用表格的方式，代替了手工创建配置繁杂的对话框操作，效率得到很大提高。而且表格数据结构清晰，便于检查和修改。

在 Solidworks2013 中创建系列零件设计表，要求用户安装 2007 以上版本的 Excel 软件。

从菜单栏选择【插入】|【表格】|【设计表】命令，弹出【系列零件设计表】对话框，如图 13-26 所示。

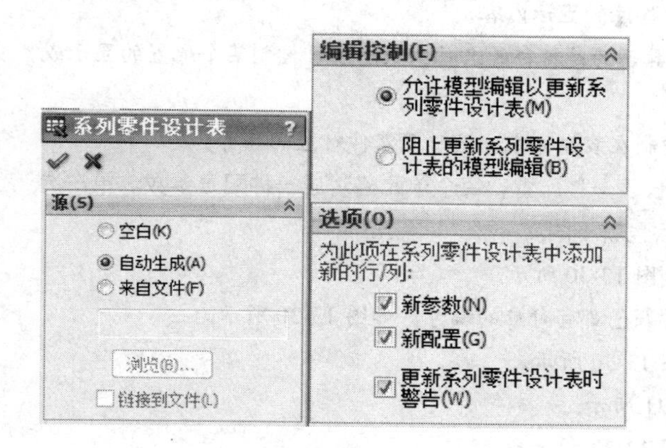

图 13-26　【系列零件设计表】对话框

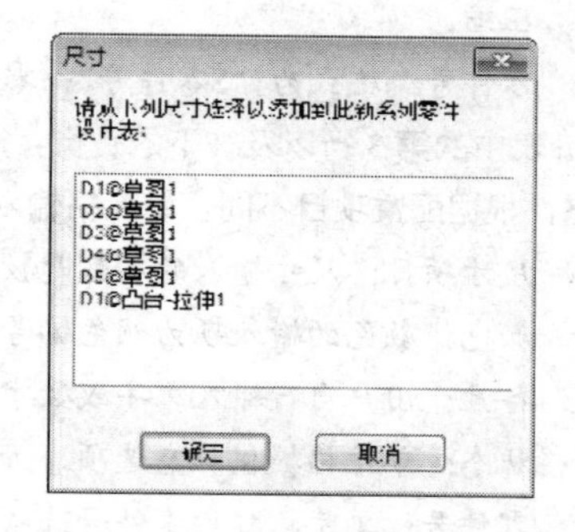

图 13-27　选择配置尺寸参数

13.2.1 设计表的参数

在【系列零件设计表】对话框中，选择源为【自动生成】，单击【确定】，系统弹出如图 13-27 所示的【尺寸】对话框，在对话框中选择要配置的项目，按住 Ctrl 键可选择多项，也可不选择任何项目，创建空白设计表。对话框中的尺寸项目是模型上标注的尺寸，例如“D2@草图 1”，是指草图 1 上的尺寸 D2，尺寸的编号“D2”是在标注尺寸时系统自动生成的，如图 13-28 所示。

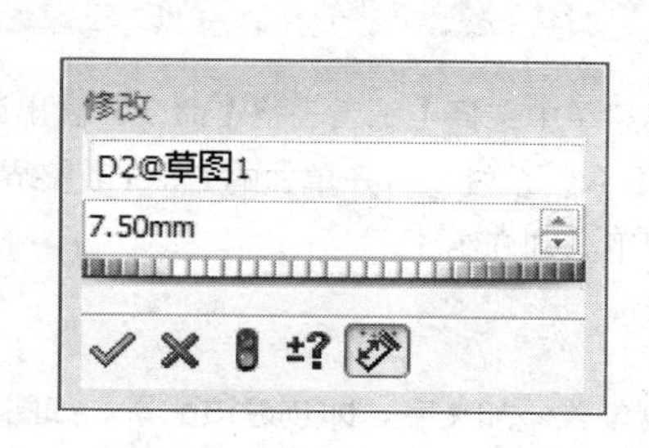

图 13-28　尺寸的名称

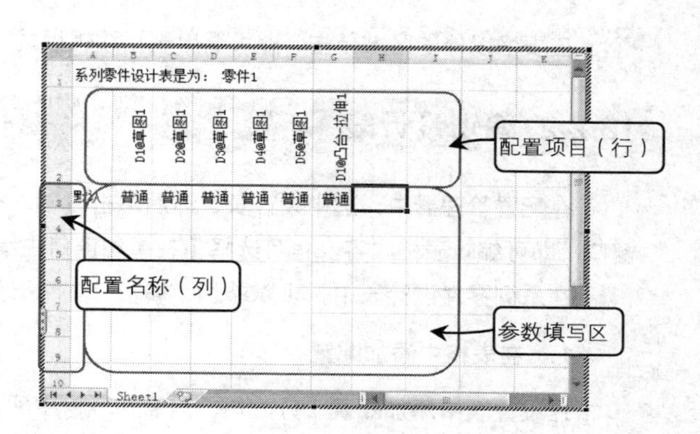

图 13-29　生成的设计表

选择配置项目后，单击【确定】，在模型区生成设计表，如图 13-29 所示。同时 Solidworks 软件界面变为 Excel 表格界面。

设计表中的第 1 行是说明文字，指明了当前设计表的应用对象。

设计表中第 2 行是配置项目，如图 13-27 所示对话框中选择的配置项目，在第 2 行并列排布。常用设计表的配置项目如下：

- 尺寸项目：格式为“尺寸@特征”或“尺寸@草图”，在@前显示的是尺寸编号，@后显示的是尺寸的位置，分为草图上的尺寸和特征的拉伸、旋转等尺寸。
- 颜色：格式为“$颜色”。颜色项目控制某个配置的颜色显示。
- 备注：格式为“$备注”。备注项目控制备注的显示内容。
- 状态：格式为“$状态@特征”，在@后显示的是特征的名称。状态项目控制某个配置的显示或压缩。
- 零件号：格式为“$零件号”。零件号控制在装配体中，该配置零件对应的序号。

设计表中的第 3 行以及往下的各行，每一行代表一种配置，每个单元格对应一种配置参数。单击选中单元格，根据配置项目不同，单元格输入的内容也就不同。

- 尺寸项目：尺寸输入的参数是数值，如图 13-30 所示。
- 颜色：颜色的输入项为颜色编号，每种颜色都有对应的编号，如图 13-30 所示。
- 备注：用户自行输入文字或数字，如图 13-30 所示。
- 状态：单元格提供状态选项，如图 13-31 所示。
- 零件号：单元格提供零件号选项，如图 13-32 所示。

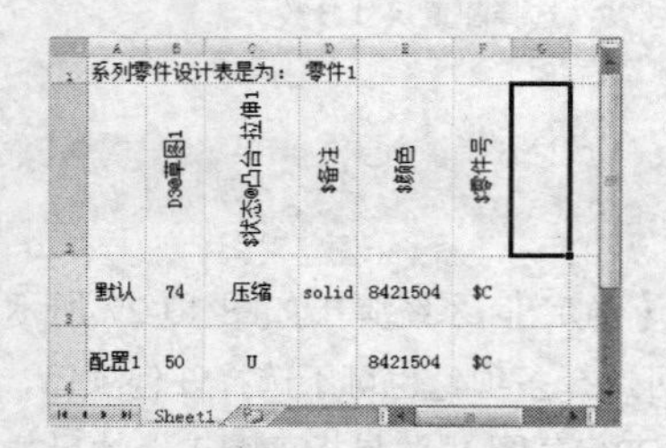

图 13-30 设计表参数的输入

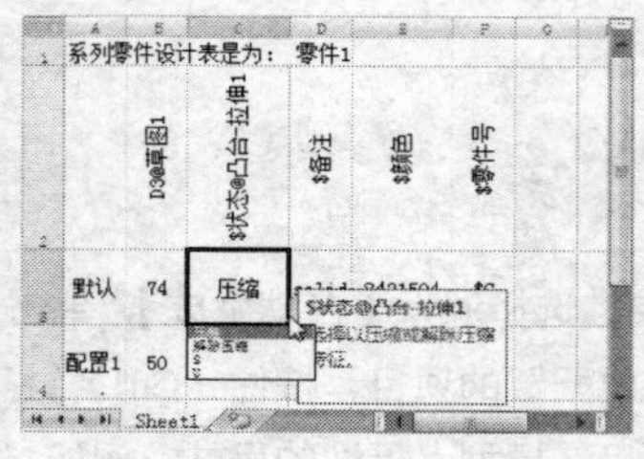

图 13-31 状态参数的选择

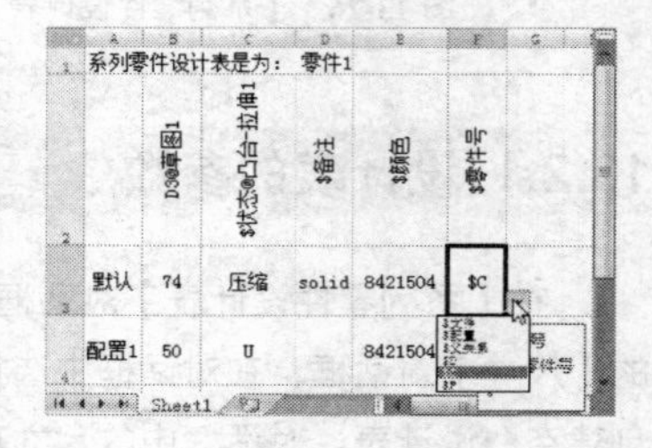

图 13-32 零件号的选择

在表格以外的区域单击，即可退出表格编辑模式。在配置管理器中显示设计表格，如图 13-33 所示。

13.2.2 编辑设计表

在配置管理器中，选中设计表，然后单击右键，在弹出菜单中选择【编辑表格】命令，弹出设计表窗口，即可编辑表格内容。也可选择【在单独窗口中编辑】命令，系统将打开单独的 Excel 表格界面。

在系列零件设计表中，可以添加、编辑、删除配置，以下分别介绍。

1. 在表格中添加配置

在设计表中添加配置十分方便，只需在表格中配置标题位置添加文字，即创建该配置。如图 13-34 所示，在 A4 单元格输入文字“配置 1”。然后在表格区域外单击，退出表格。系统提示生成配置，如图 13-35 所示。单击【确定】，新建的配置出现在配置列表中，如图 13-36 所示。

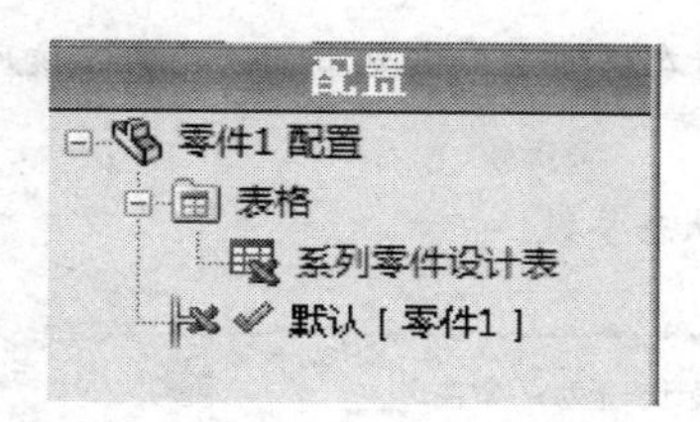

图 13-33　配置管理器中的设计表项目

图 13-34　添加配置名称

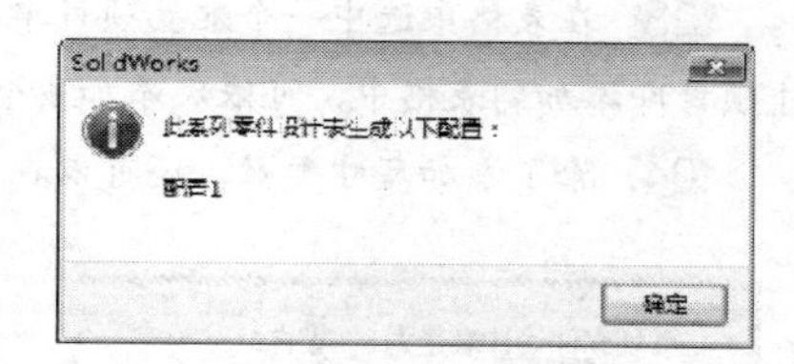

图 13-35　新建配置提示

2. 在表格中编辑配置

在表格中编辑单元格，即可编辑该配置。用编辑表格代替编辑草图、编辑特征的大量对话框操作，极大地加快了系列化零件的配置修改。例如，如图 13-37 所示的“配置 1”行，编辑其凸台拉伸的深度，双击激活对应单元格，然后输入数值即可。

除了添加配置，在表格中还可以增加新的配置项目。如图 13-38 所示，选中一个空白的配置项目单元格，在单元格中输入“$状态@凸台-拉伸 1”，即增加该配置项目。自行输入项目需注意两点：一是格式要正确，二是特征或草图的名称必须与设计树中的名称完全吻合。

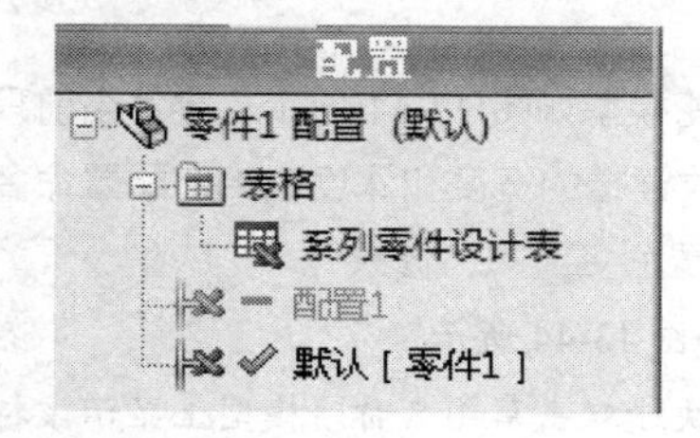

图 13-36　由设计表格创建的配置

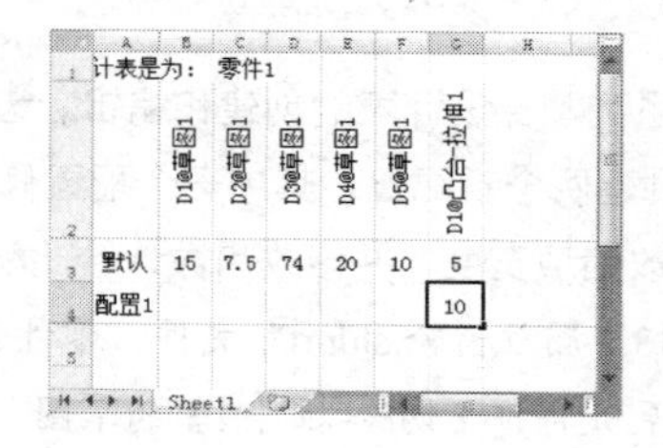

图 13-37　编辑配置参数

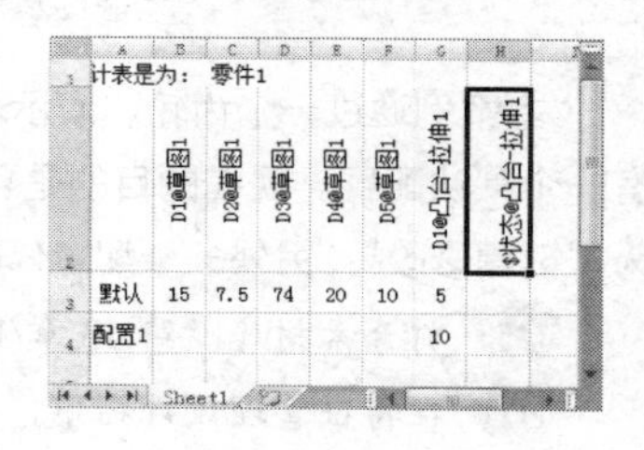

图 13-38　添加配置项目

另外还可以从模型上直接拾取尺寸来创建配置项目，方法如下：

01 将模型尺寸显示出来。如图 13-39 所示，在特征设计树中选中【注解】文件夹，然后单击右键，弹出菜单。选择【显示特征尺寸】命令，模型的尺寸显示出来，如图 13-40 所示。

02 编辑设计表，在配置管理器中展开【表格】文件夹，选中【系列零件设计表】项目，单击右键，弹出菜单如图 13-41 所示。选择【编辑表格】命令，弹出设计表格。

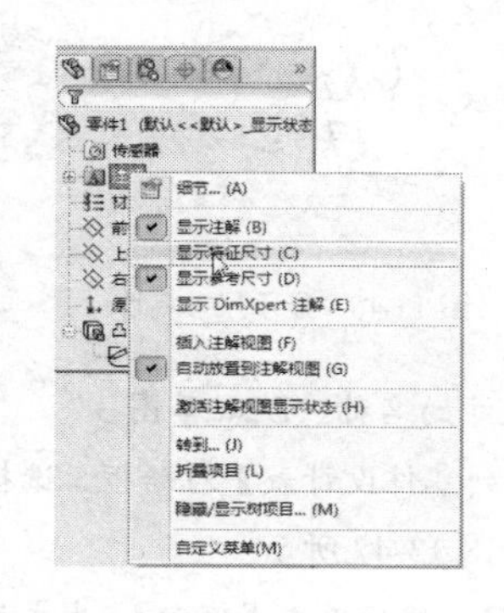

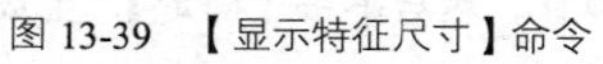

图 13-39　【显示特征尺寸】命令

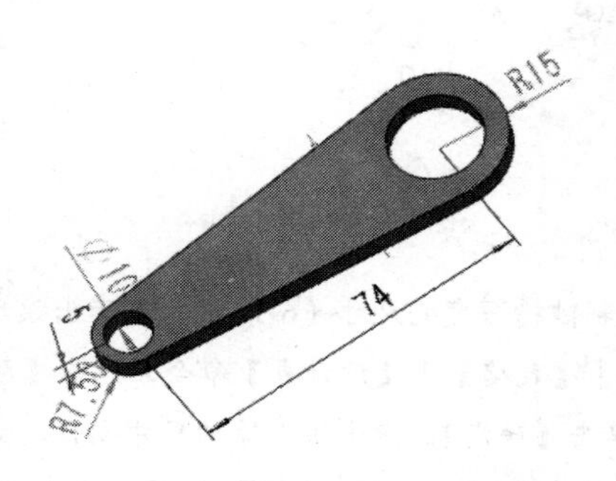

图 13-40　尺寸的显示效果

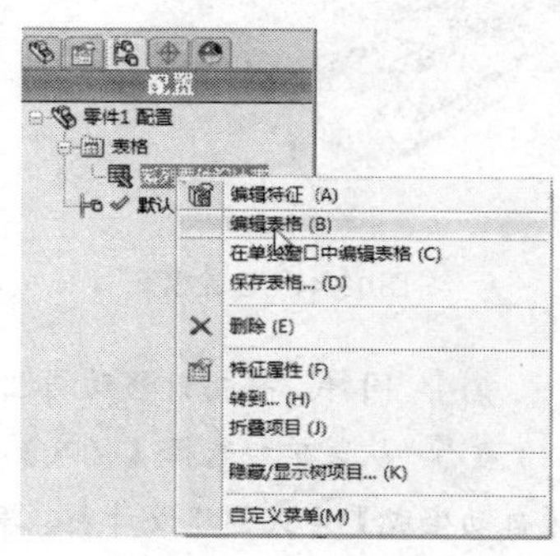

图 13-41　【编辑表格】命令

03 在表格中选中一个配置项目单元格，如图 13-42 所示。然后在模型上单击要添加的尺寸，该尺寸项目即添加到表格中，可依次添加多个尺寸，如图 13-43 所示。

04 除了添加尺寸参数，还可以在模型上双击某个特征，添加状态参数。

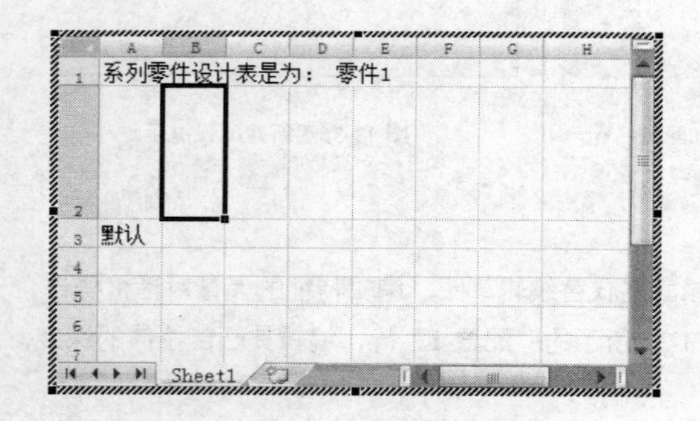

图 13-42　选中配置项目单元格

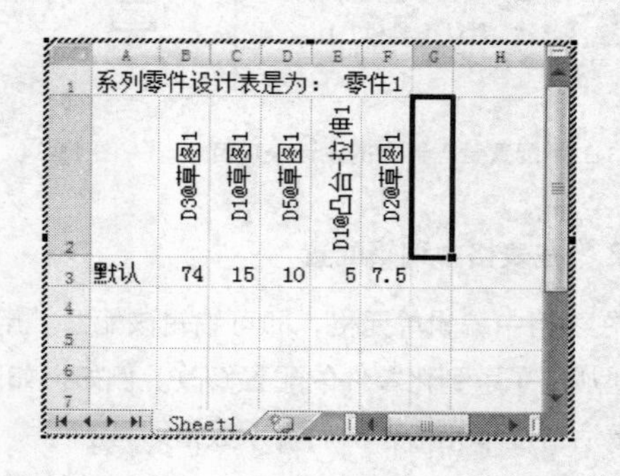

图 13-43　创建的配置项目

13.2.3 创建设计表实例示范

本案例通过一个齿轮，演示系列零件设计表的创建和编辑。齿轮模型如图 13-44 所示，零件当前只有一个默认配置。现在的目的是创建两个新配置，其中一个配置修改键槽的宽度和深度，给此配置命名为“键槽修改”；另外一个配置修改齿顶宽度，并修改齿数，给此配置命名为“齿修改”。

01 打开素材库“第 13 章/13.2 圆柱齿轮.sldprt”文件，零件如图 13-44 所示。

02 在特征管理设计树中，展开特征【切除-拉伸 1】的草图，快速双击草图名称，模型上显示该特征的相关尺寸，如图 13-45 所示。

03 将指针移动到键槽宽度尺寸（32）上，显示出该尺寸的名称“D3@草图 3”，如图 13-46 所示。

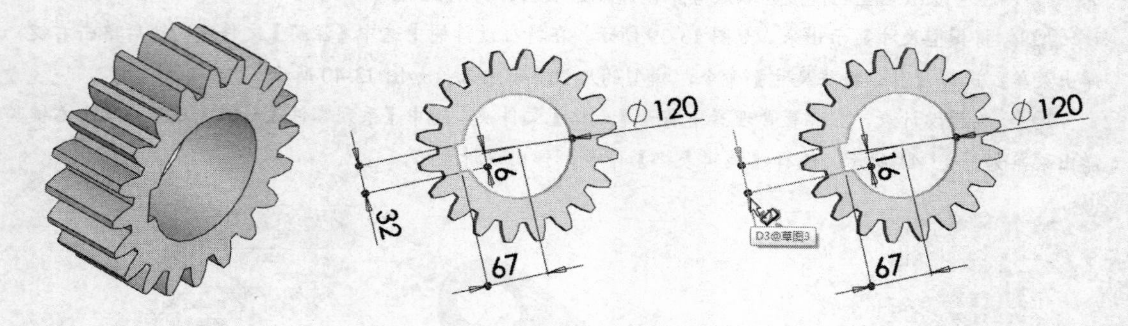

图 13-44　齿轮模型　　图 13-45　特征尺寸　　图 13-46　显示尺寸名称

04 同样，将指针移动到控制键槽深度的尺寸（67）上，显示出该尺寸的名称“D2@草图 3”。

05 从菜单栏选择【插入】|【表格】|【设计表】命令，弹出【系列零件设计表】对话框。选择【自动生成】方式创建设计表，单击【确定】，弹出供选择的尺寸项目，如图 13-47 所示。

06 在尺寸列表中选则“D3@草图 3”和“D2@草图 3”两个尺寸项目，然后单击【确定】，生成的设计表如图 13-48 所示。

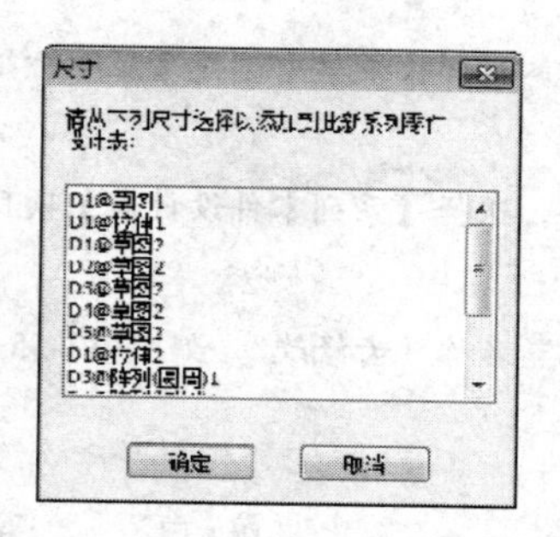

图 13-47　选择尺寸配置项目

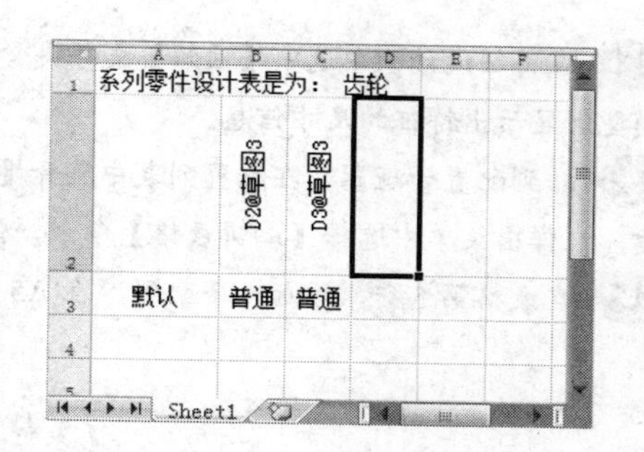

图 13-48　生成的设计表

07 对于设计表中显示为“普通”的单元格，可以修改为显示数字。方法是选中该单元格，然后单击右键，在弹出菜单中选择【设置单元格格式】命令，弹出对话框如图 13-49 所示，在【分类】列表中选择“常规”，单击【确定】退出设置，单元格即显示数字，如图 13-50 所示。

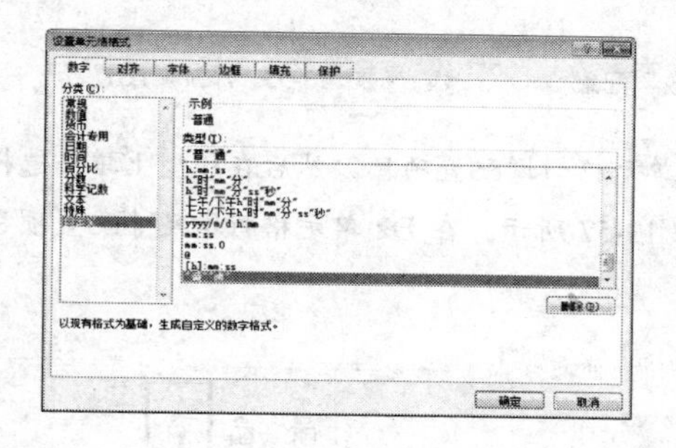

图 13-49　设置单元格格式

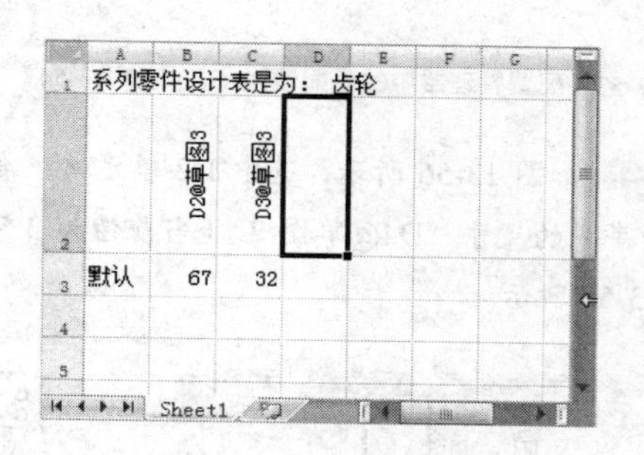

图 13-50　单元格显示数值

08 在第 4 行新建一个配置，在 A4 单元格输入配置名“键槽修改”，然后在 B4 单元格输入 D2 尺寸（键槽深度）为 72，在 C4 单元格输入 D3 尺寸（键槽宽度）为 40，表格如图 13-51 所示。

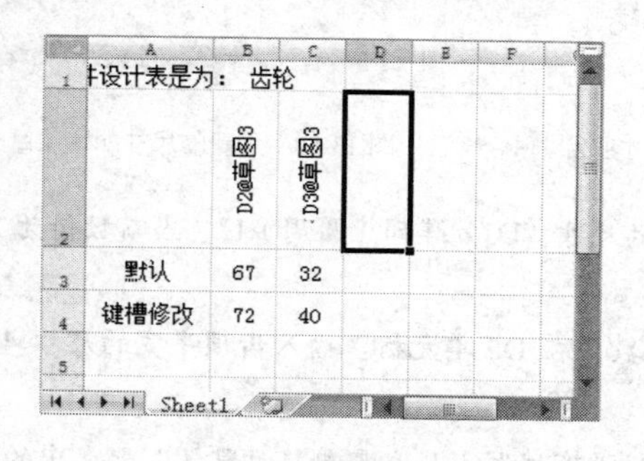

图 13-51　创建新配置行

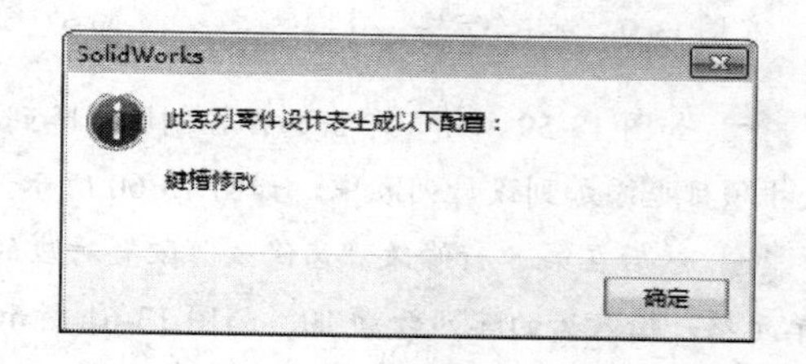

图 13-52　创建新配置的提示

09 在表格外的空白区单击，退出编辑表格模式。系统弹出新建配置的提示，如图 13-52 所示。单击【确定】，新配置“键槽修改”在配置管理器中列出，如图 13-53 所示。

10 在配置管理器中选中“键槽修改”配置，然后单击右键，在弹出菜单中选择【显示配置】命令，模型显示为“键槽修改”配置，键槽的尺寸也随之改变。在模型上，双击【切除-拉伸 1】特征，模型显示新配置的键槽尺寸，如图 13-54 所示。

11 在特征设计树中选中【注解】文件夹，然后单击右键，在弹出菜单中选择【显示特征尺寸】命令，模型上显示出特征的尺寸信息。

12 转到配置管理器，在配置列表中展开【表格】文件夹，选择【系列零件设计表】项目，然后单击右键，在弹出菜单中选择【编辑表格】命令，弹出设计表格。

13 在表格第5行，添加一个配置。在A5单元格输入配置名称"齿修改"，如图13-55所示。

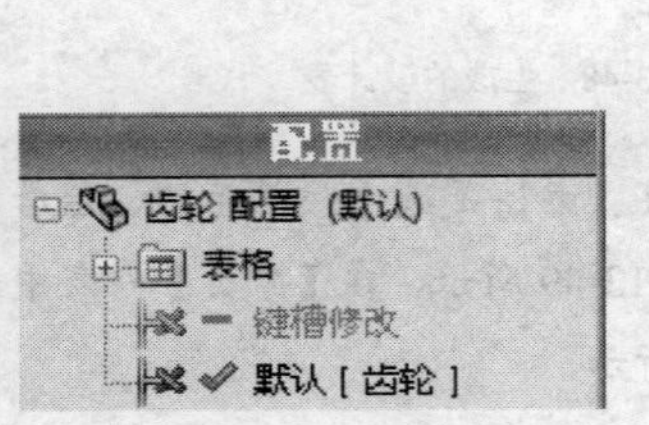

图 13-53 配置管理器中的新配置

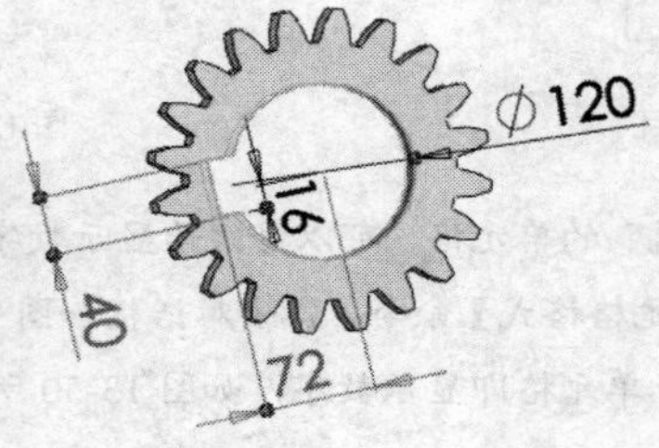

图 13-54 "键槽修改"配置

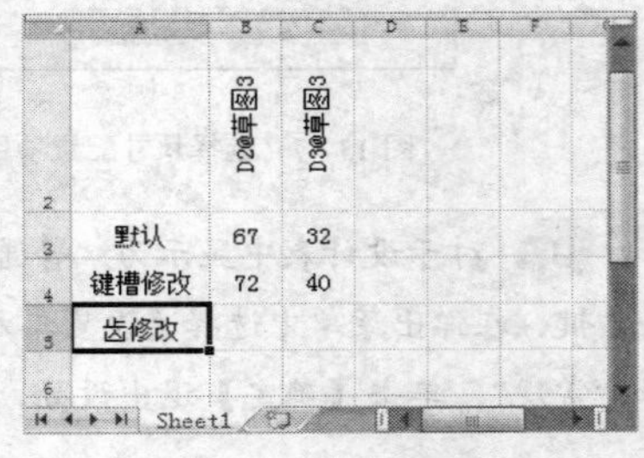

图 13-55 添加新配置行

14 如图13-56所示，选中D2单元格，准备在此单元格新增配置项目。然后在模型上单击选择控制齿项半宽的尺寸"D4@草图2"（当前值为3.5），如图13-57所示。在D2单元格新增尺寸配置项目，如图13-58所示。

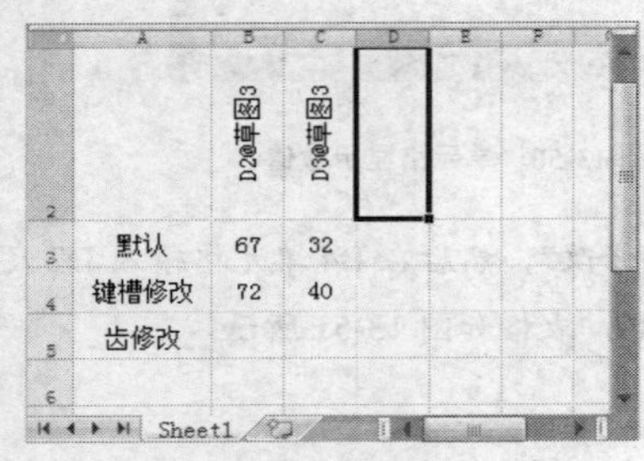

图 13-56 选中单元格

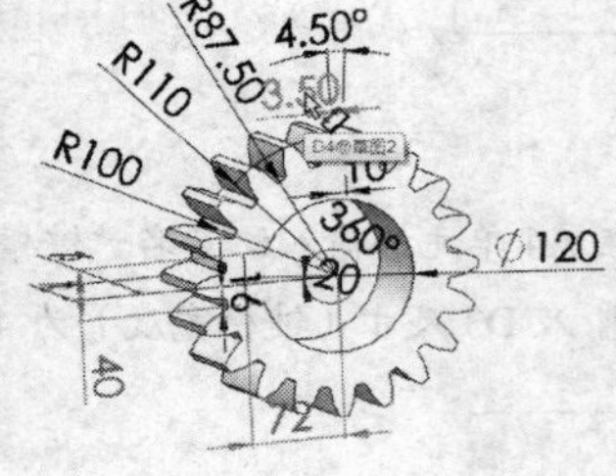

图 13-57 选择尺寸项目

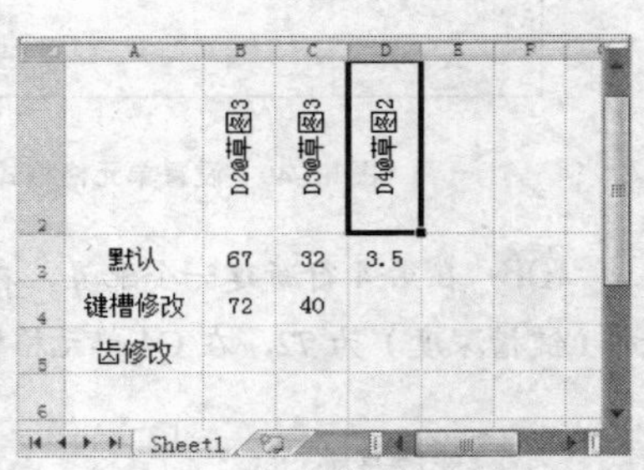

图 13-58 创建的尺寸配置项目

15 如图13-59所示，单击选择控制圆周阵列数目的尺寸"D1@阵列（圆周）1"（当前数值为20），该尺寸项目也添加到设计列表中，如图13-60所示。

16 然后在第5行修改"齿修改"配置对应的齿参数。在D5单元格，输入齿顶半宽的尺寸4，在E5单元格，输入齿的阵列数量10，如图13-61所示。

17 "齿修改"配置的B5和C5单元格对应的参数没有填写，此时需要将"默认"配置中的对应参数复制过来。或者手工输入67和32.

提 示： 对于设计表中用户空缺的参数，系统指定为当前配置的对应参数。对于本例，在步骤10中转换到了"键槽修改"配置，由于在"齿修改"配置中不需要键槽的两个尺寸修改，所以我们复制"默认"配置中的键槽尺寸。

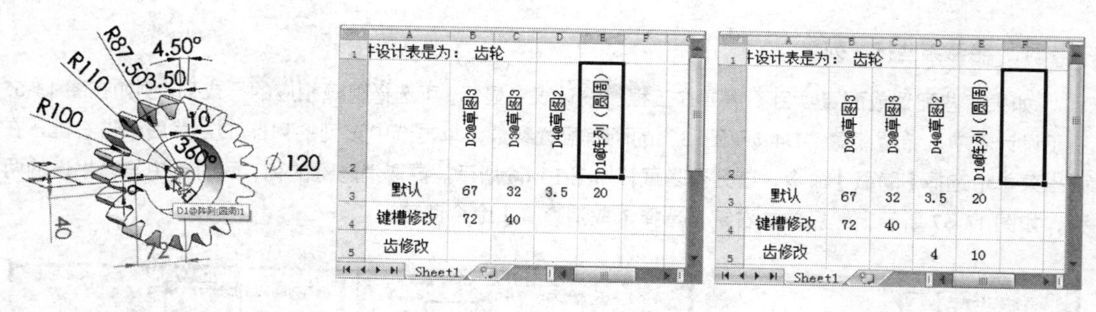

图 13-59　选择尺寸项目　　图 13-60　创建的尺寸配置项目　　图 13-61　填写配置参数

18 在表格区域外的空白区域单击，退出表格编辑。由于本次编辑增加了“齿修改”配置行，退出的同时，系统弹出创建新配置的提示，如图 13-62 所示，单击确定完成创建新配置。

19 在配置管理器中选择显示“齿修改”配置，该配置下的零件如图 13-63 所示。

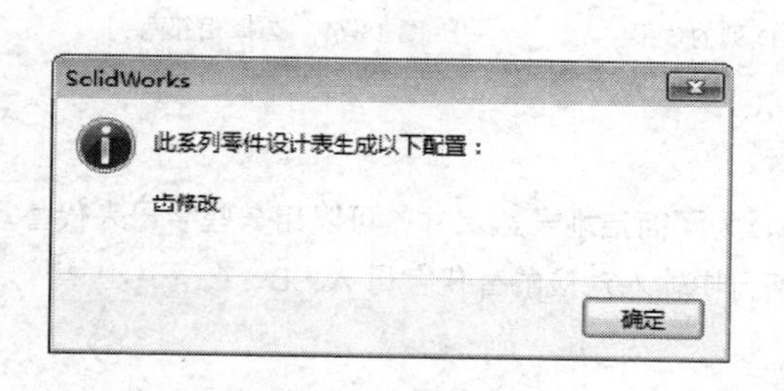

图 13-62　创建新配置的提示

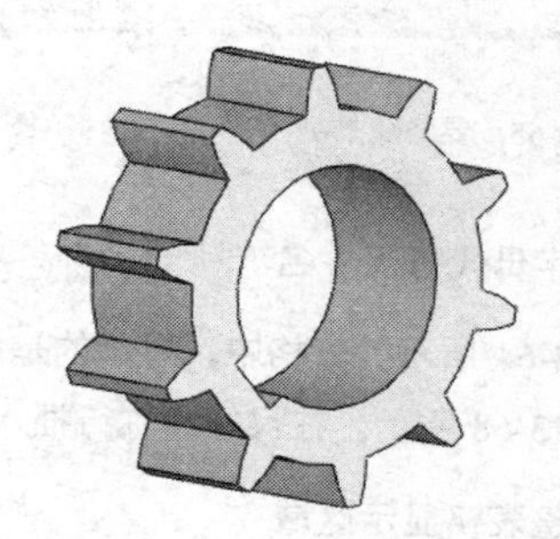

图 13-63　“齿修改”的配置效果

13.3 工程图中的系列零件设计表

一个含有多种配置的系列化零件文件，可以用一个工程图表达所有配置的尺寸信息，方法是在工程图中插入一个设计表，如图 13-64 所示。在工程图中，仅标注尺寸的名称，其对应的数值在表格中查询，对于不同的配置就查看不同的行。

在工程图中插入设计表的前提是，对应的零件（装配体）文件中已经生成了设计表。而且在插入之前，需在零件（装配体）中修改设计表的格式，使之符合工程图的规范。

	D1@草图1	D2@草图1	D4@草图1	D3@草图1	D1@凸台-拉伸1
默认	90	15	50	30	20
配置1	80	10	40	20	10
配置2	60	8	30	15	20

图 13-64　工程图中的系列零件设计表

13.3.1 修改零件图中的设计表

零件（装配）体的设计表，一般要作一些格式调整，才能插入到工程图中，例如图 13-64 所示的设计表，只保留了设计表的一个区域，将其他的单元格隐藏了。

1. 隐藏某些行、列

如果有些配置或配置项目不需要在工程图设计表中显示，可选择隐藏相应的行或列。例如在图 13-65 所示设计表中，希望隐藏“D4@草图 3”的所有配置参数，单击选中该列的列标 D，然后单击右键，在弹出菜单中选择【隐藏】命令，该列被隐藏，如图 13-66 所示。要取消隐藏的列，同时选中与之相连的两列，如图 13-67 所示，然后单击右键，选择【取消隐藏】命令即可。

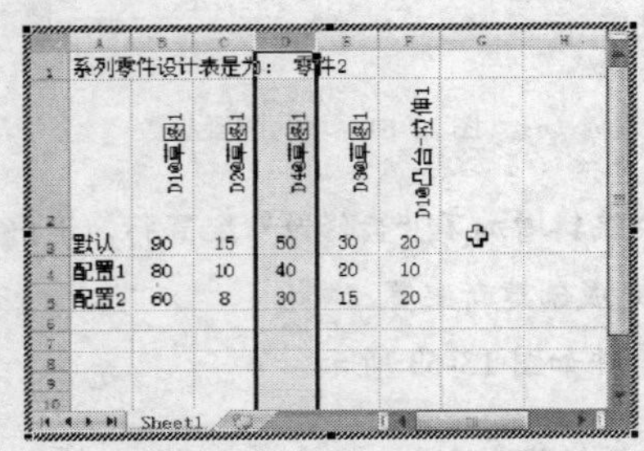

图 13-65 要隐藏的列

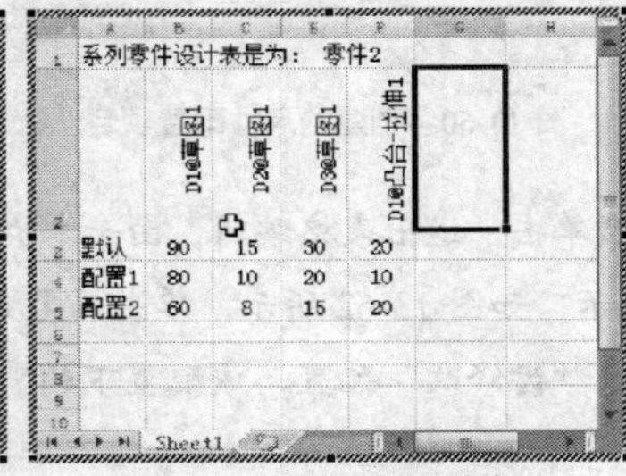

图 13-66 隐藏 D 列的效果

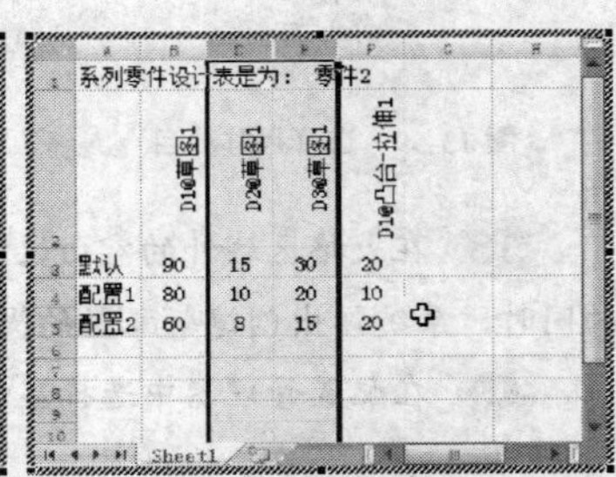

图 13-67 选择相邻两列

2. 用字母代替尺寸名

如图 13-64 所示的表格中，显示的是尺寸的全名，为了简洁地表达尺寸，可以用一些字母来代替尺寸名。如图 13-68 所示，在尺寸名称行插入一行，在新行中输入对应的替代字母 A、B、C……。

3. 调整表格显示区域

如图 13-68 所示为设计表的原始样式，为了在工程图设计表中，不显示空白的单元格，而且不显示原尺寸名称，拖动表格边框，并调整滚动条，将表格显示区域调整到要显示的范围，如图 13-69 所示。

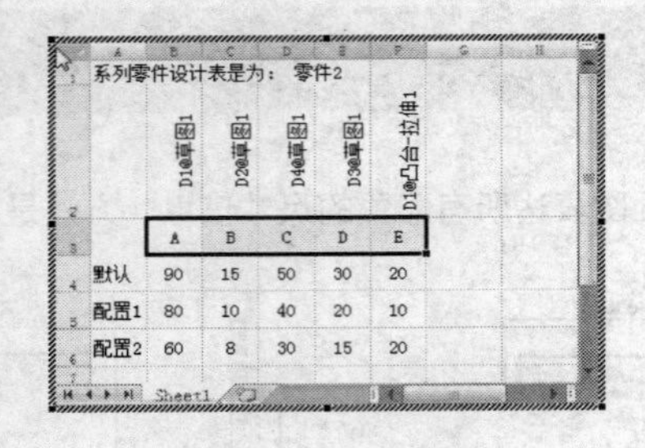

图 13-68 插入对应字母

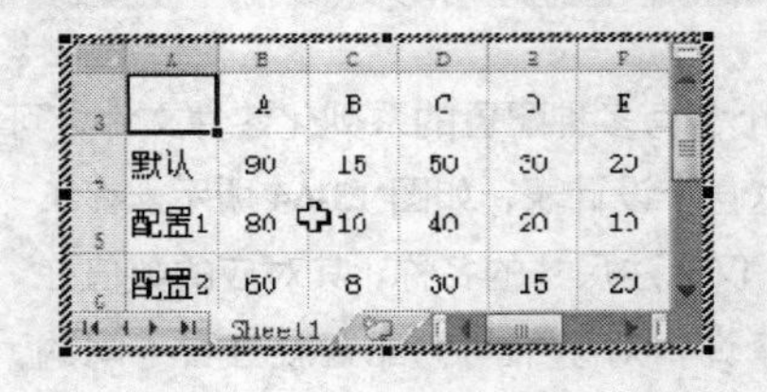

图 13-69 调整表格显示区域

4. 显示单元格边框

默认的设计表示不含边框，在工程图中，一般要求显示边框。如图 13-70 所示，选中所有要添加边框的区域，然后使用 Excel 添加边框的命令，为该区域的单元格添加边框，添加边框的表格如图 13-71 所示。

除了以上操作外，用户可根据自己需求，调整单元格的行高、列宽，添加底纹等。这些操作均为 Excel 表格操作，在本书中不再详细介绍。

表格设置完成之后，在表格外空白处单击，退出编辑，然后保存文件。

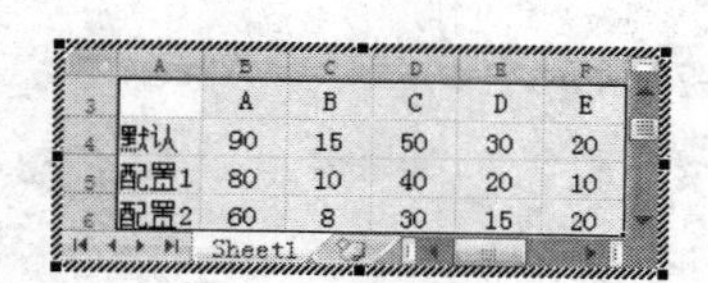

	A	B	C	D	E
默认	90	15	50	30	20
配置1	80	10	40	20	10
配置2	60	8	30	15	20

图 13-70 框选表格区域

	A	B	C	D	E
默认	90	15	50	30	20
配置1	80	10	40	20	10
配置2	60	8	30	15	20

图 13-71 添加边框的效果

13.3.2 在工程图中插入设计表

在零件（装配体）文件中修改表格之后，然后创建工程图，在工程图文件中就可以插入对应的设计表。

1. 插入设计表

在工程图界面，单击选中某个视图，然后从菜单栏选择【插入】|【表格】|【设计表】命令，设计表出现在图纸的某个位置，将其拖动到所需位置即可，如图 13-72 所示。

2. 标注对应尺寸

插入设计表之后，需要在视图上标注尺寸，将尺寸名称与设计表中的名称对应起来。标注尺寸时，弹出【尺寸】对话框，在【标注尺寸文字】选项组中，删除原有的尺寸数值，用对应的字母代替，如图 13-73 所示。尺寸与设计表对应的效果，如图 13-74 所示。

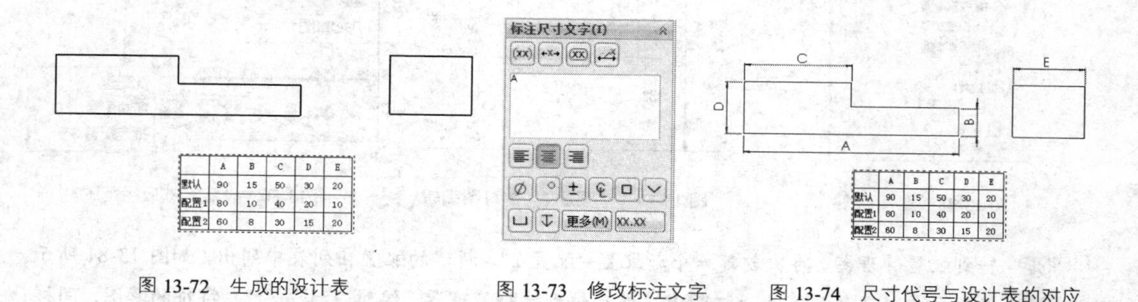

	A	B	C	D	E
默认	90	15	50	30	20
配置1	80	10	40	20	10
配置2	60	8	30	15	20

图 13-72 生成的设计表　　图 13-73 修改标注文字　　图 13-74 尺寸代号与设计表的对应

13.4 案例实战

本节提供一个轴承的模型，如图 13-75 所示，该轴承由内外圈、保持架和滚珠三个部件组成。本实例先为每一个零部件生成多种配置，并在“保持架”的工程图中插入设计表，最后将零部件装配，在装配体中创建多种配置，生成一个系列化的轴承。

1. 为内外圈创建多种配置

01 打开素材库文件“第 13 章/13.4 轴承模型/内外圈.sldprt”，零件如图 13-76 所示。

02 选择管理器窗口中的 ConfigurationManager（配置管理器）选项卡，在配置管理器中单击选中“内外圈配置”项目，然后单击右键，在弹出菜单中选择【添加配置】命令，弹出【添加配置】对话框，输入配置名称“配置 1”，单击【确认】创建新配置。

03 添加配置之后，系统自动激活显示新配置，如图 13-77 所示。

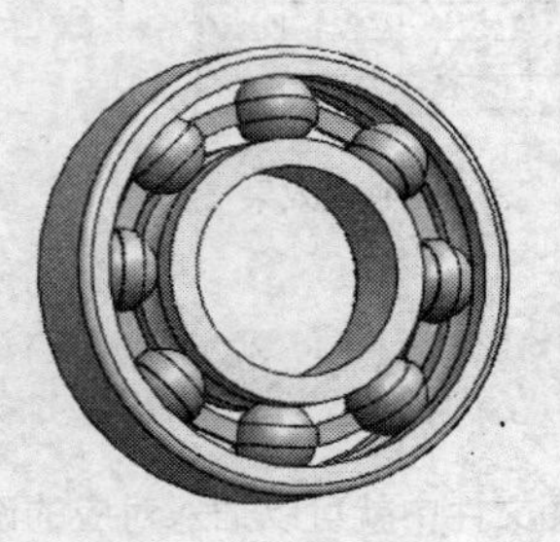

图 13-75　轴承装配体模型

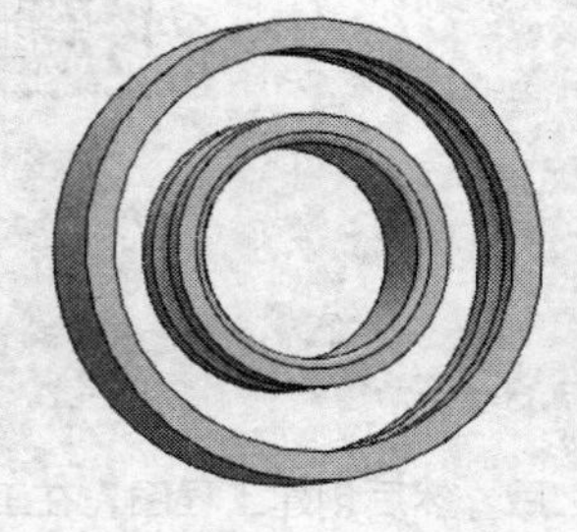

图 13-76　内外圈零部件

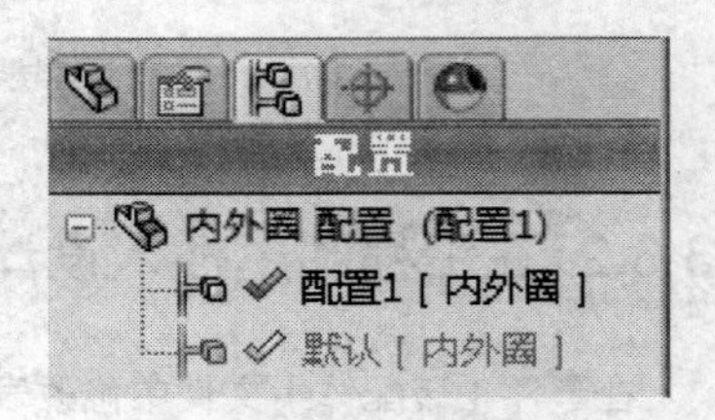

图 13-77　新建的“配置 1”

04 转到特征管理器，选择“旋转 1”特征的草图，如图 13-78 所示。编辑该草图，修改的尺寸如图 13-79 所示。注意在【修改尺寸】对话框，选择新尺寸的应用范围为【此配置】，如图 13-80 所示。

05 退出草图编辑，“旋转 1”特征相应地更改。

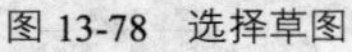

图 13-78　选择草图

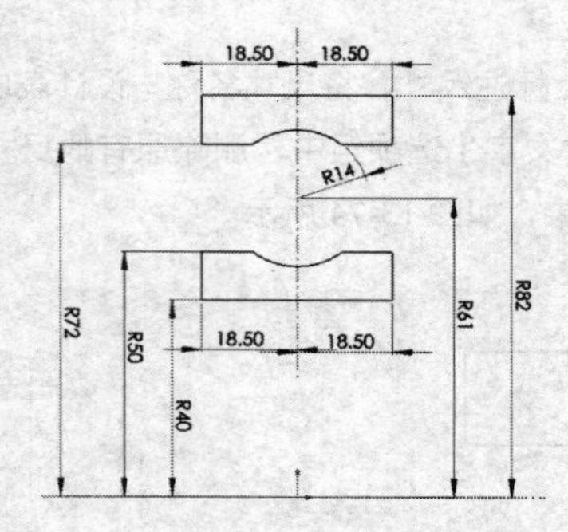

图 13-79　“配置 1”的草图编辑

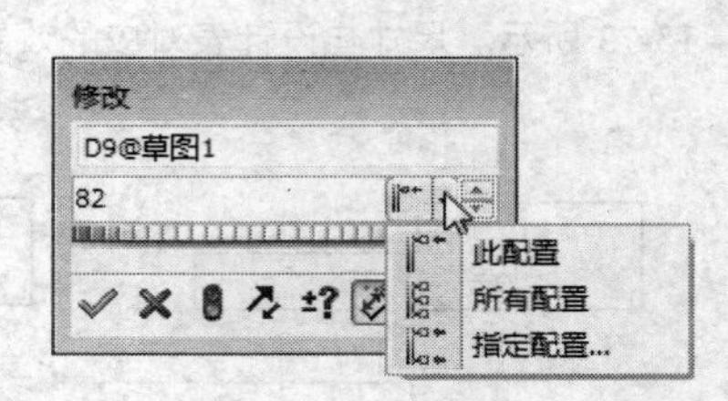

图 13-80　设定尺寸应用范围

06 转到配置管理器，再次创建一个新配置“配置 2”，新建的配置在列表中列出，如图 13-81 所示。

07 保证当前激活的配置为“配置 2”，然后转到特征管理器，编辑 “旋转 1” 特征的草图，同样，注意尺寸的应用范围仅限于此配置，修改后的草图如图 13-82 所示。

08 退出草图编辑，“旋转 1”特征相应地更改。

09 选择保存文件。

2. 为保持架创建多个配置

前面步骤为内外圈创建了两个新配置，一个配置更改了滚槽中心的位置（如图 13-79 所示的尺寸 61），另一个配置更改了滚槽半径（如图 13-82 所示的尺寸 16），因此与之配套的保持架也需要创建两个新配置。

01 打开素材库文件“第 13 章/13.4 轴承模型/保持架.sldprt”，零件如图 13-83 所示。

02 在特征设计树中选中【注解】文件夹，然后单击右键，在弹出菜单中选择【显示特征尺寸】命令，模型上显示出特征的尺寸信息。

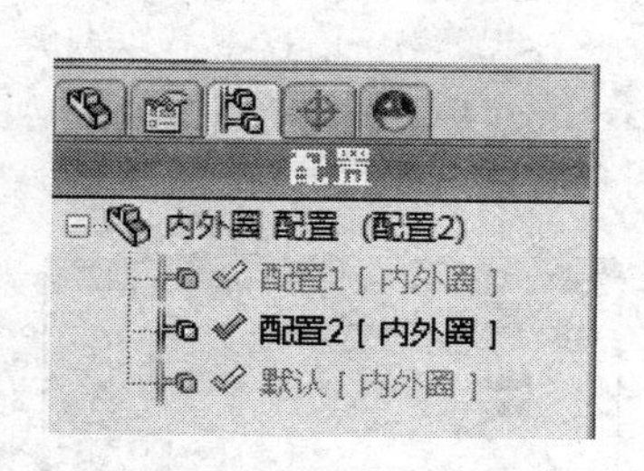

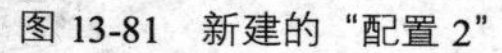
图 13-81 新建的“配置 2”

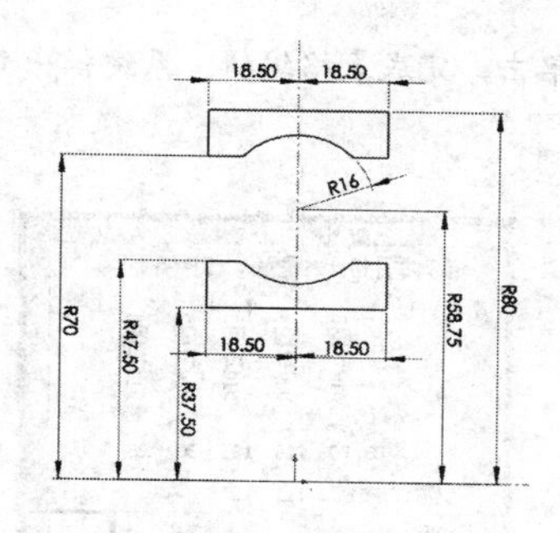

图 13-82 “配置 2”的草图编辑

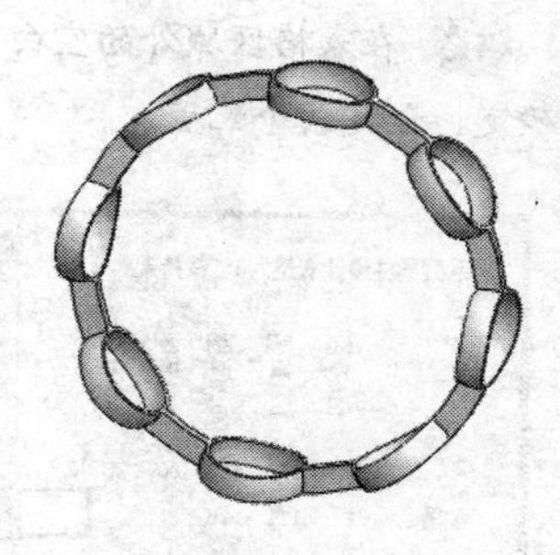

图 13-83 保持架零件

03 从菜单栏选择【插入】|【表格】|【设计表】命令，弹出【系列零件设计表】对话框，选择【源】类型为自动生成。单击【确定】，弹出【尺寸】对话框如图 13-84 所示，由于不知道尺寸代表的具体意义，暂不选择任何项目，单击【确定】，生成空白的设计表，如图 13-85 所示。

04 选中 B2 单元格，然后在模型上找到套圈中心的位置尺寸“D1@草图 2”（当前值为 58.75），双击该尺寸，在 B2 单元格创建该尺寸配置。

05 表格自动选中下一单元格，在模型上找出保持架内径的尺寸“D2@草图 3”（当前值为 110），双击该尺寸，在 C2 单元格创建该尺寸配置。

06 表格自动选中下一单元格，在模型上找出保持架外径的尺寸“D1@草图 3”（当前值为 125），双击该尺寸，在 D2 单元格创建该尺寸配置。

07 表格自动选中下一单元格，在模型上找出套圈外径的尺寸“D2@草图 2”（当前值为 30），双击该尺寸，在 E2 单元格创建该尺寸配置。

08 表格自动选中下一单元格，在模型上找出套圈内直径的尺寸“D1@草图 4”（当前值为 28），双击该尺寸，在 F2 单元格创建该尺寸配置。

09 以上创建的尺寸配置如图 13-86 所示。

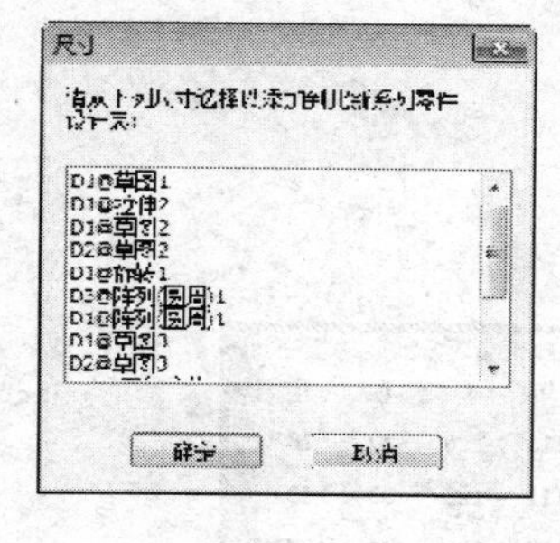

图 13-84 选择尺寸配置项

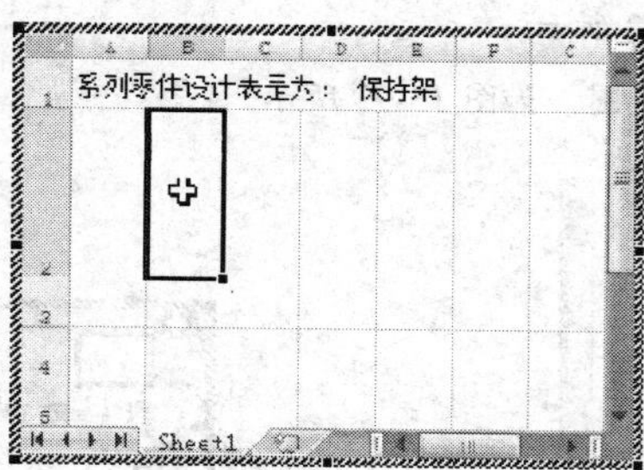

图 13-85 生成的空白设计表

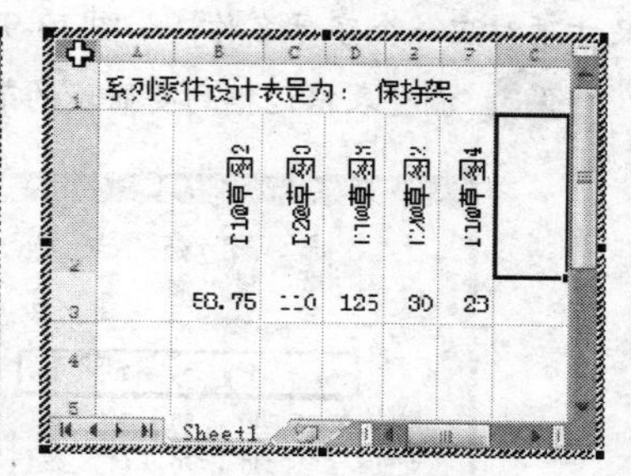

图 13-86 创建尺寸配置项

10 从第 4 行创建新配置，在 A4 单元格输入配置名称“配置 1”，然后输入“配置 1”对应的“D1@草图 2”尺寸为 61，输入对应的“D2@草图 3”尺寸为 111，输入对应的“D1@草图 3”尺寸为 126。新建的配置如图 13-87 所示，配置 1 修改了保持架的内径、外径大小。

11 从第 5 行创建新配置，在 A5 单元格输入配置名称“配置 2”，然后输入“配置 2”对应的“D2@草图 2”尺寸为 34，输入对应的“D1@草图 4”尺寸为 32。新建的配置如图 13-88 所示，配置 2 修改了套圈的大小。

12 在表格区域外的空白处单击，完成表格编辑。系统弹出新建配置的提示，如图 13-89 所示，单击确定，创建两个配置。

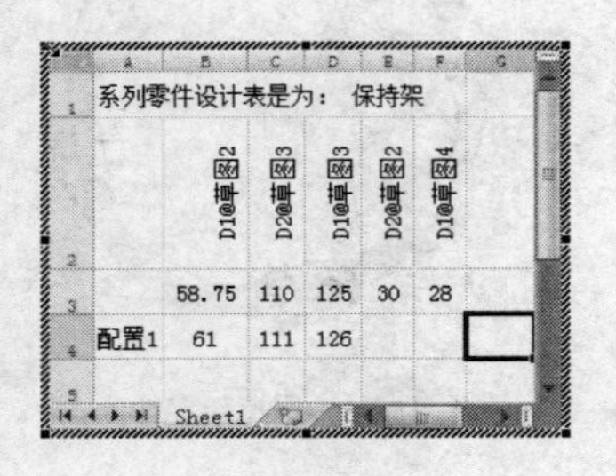

图 13-87 创建“配置 1”

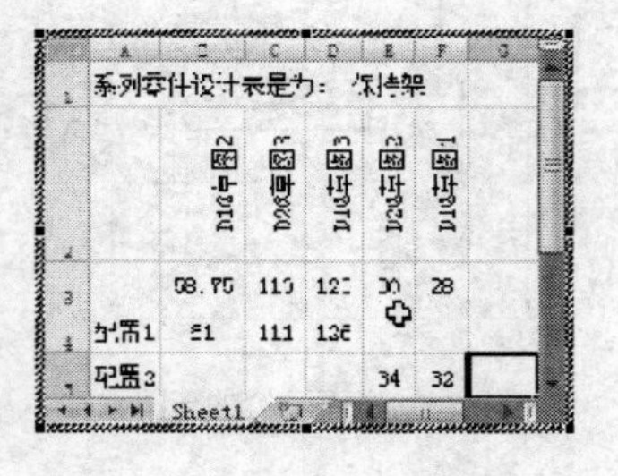

图 13-88 创建“配置 2”

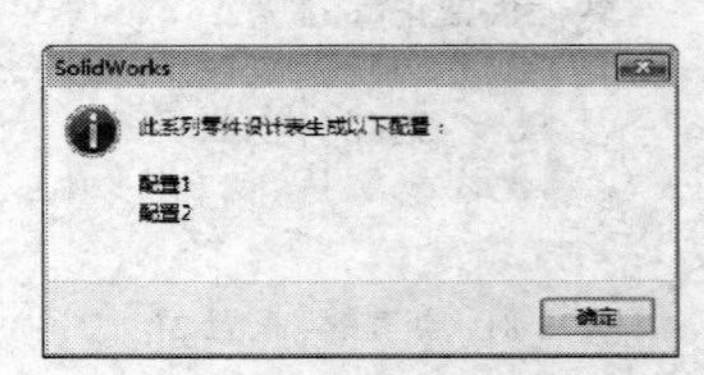

图 13-89 新建配置的提示

13 创建的设计表和配置在配置管理器中列出，如图 13-90 所示。

3. 创建工程图并插入设计表

01 打开素材库“第 13 章/13.4 轴承模型/保持架工程图.slddrw”文件。为工程图标注尺寸，如图 13-91 所示。

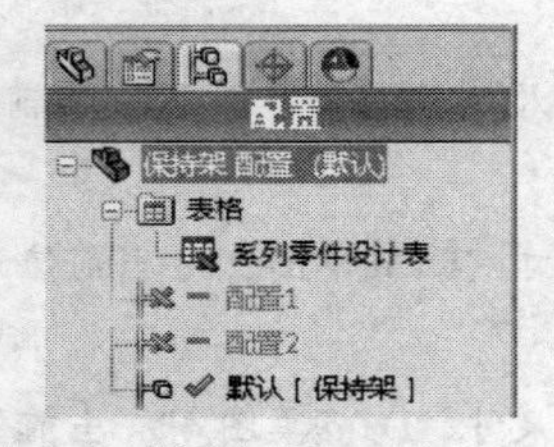

图 13-90 配置管理器中的设计表

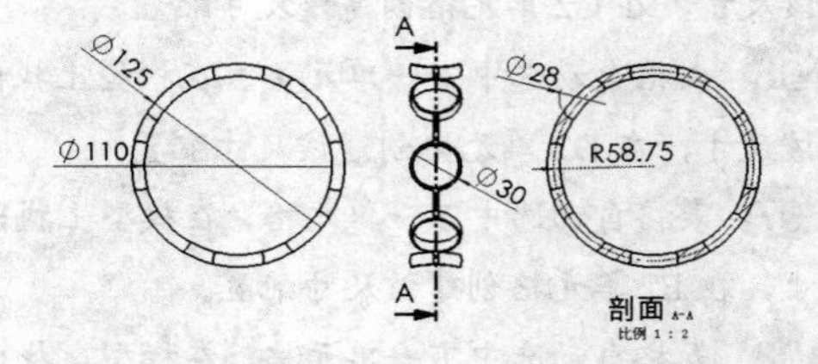

图 13-91 标注工程图尺寸

02 打开保持架零件文件，转到配置管理器，选择编辑设计表。在表格中插入一行，然后为每一个尺寸项对应一个字母名称，如图 13-92 所示。

03 调整表格边框到要显示的范围，如图 13-93 所示。

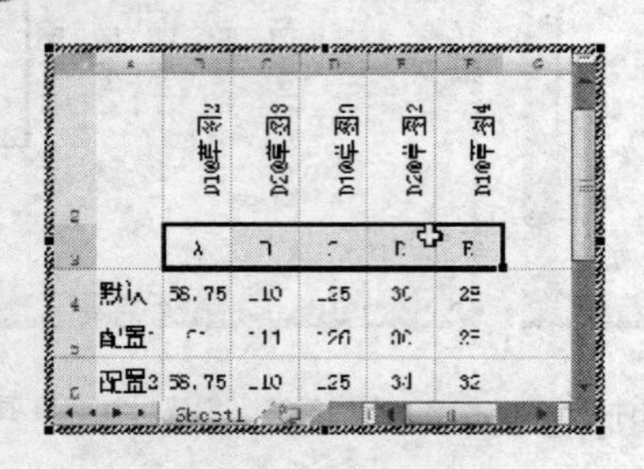

图 13-92 插入字母表头

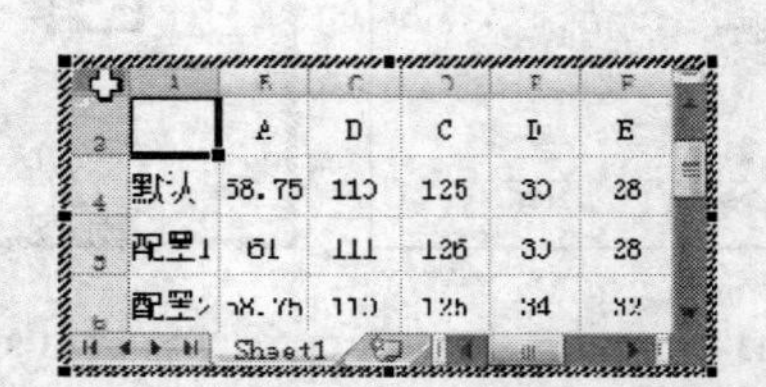

图 13-93 调整后的表格区域

04 为表格区域添加单元格边框，如图 13-94 所示。然后在表格外单击，退出表格编辑，保存零件文件。

05 回到“保持架”工程图文件，单击激活某个视图，然后从菜单栏选择【插入】|【表格】|【设计表】命令，表格在图纸某个位置生成，将其拖动到合适位置，如图 13-95 所示。

06 将工程图中标注的尺寸数值，修改为设计表中对应的字母，如图 13-96 所示。

07 选择保存工程图文件。

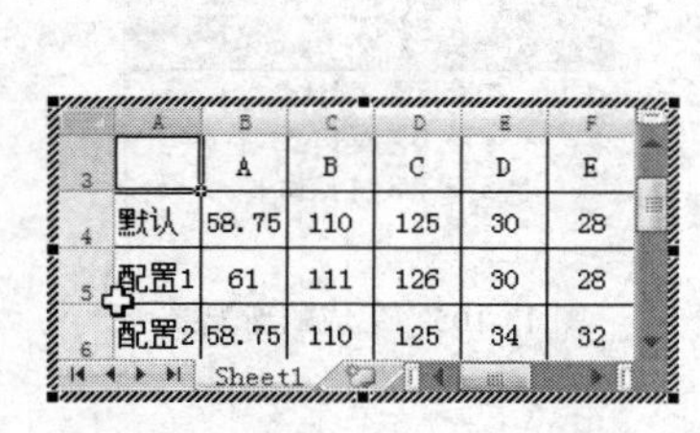

	A	B	C	D	E
默认	58.75	110	125	30	28
配置1	61	111	126	30	28
配置2	58.75	110	125	34	32

图 13-94　添加表格边框的效果

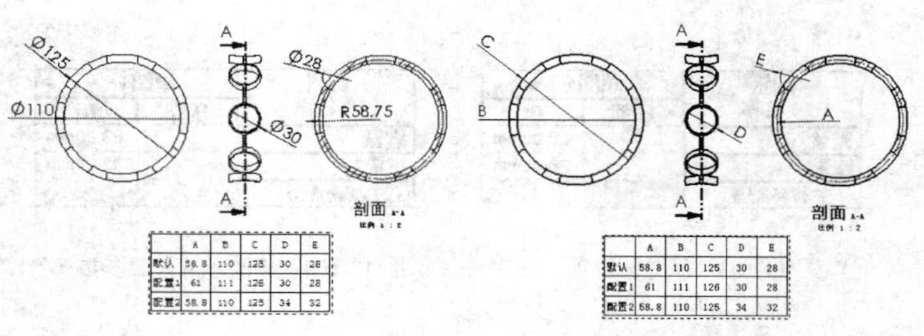

图 13-95　工程图插入的设计表

图 13-96　修改标注文字

4．为滚珠创建多个配置

01 打开素材库文件“第 13 章/13.4 轴承模型/滚珠.sldprt”，零件如图 13-97 所示。

02 在特征管理器中，选中“旋转 1”特征的草图，如图 13-98 所示。然后单击右键，在弹出菜单中选择【配置特征】命令，弹出【修改配置】对话框，如图 13-99 所示。

图 13-97　滚珠零部件

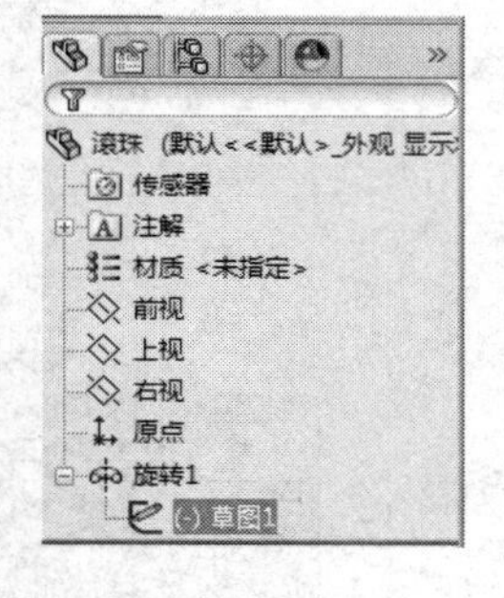

图 13-98　“旋转 1”的草图

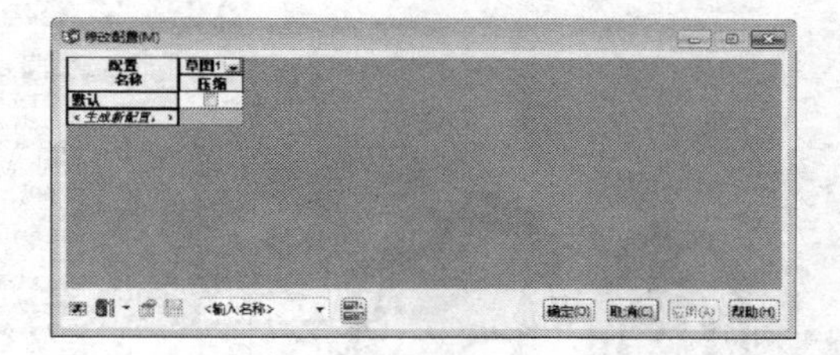

图 13-99　【修改配置】对话框

03 在【修改配置】对话框中，单击【生成新配置】单元格，然后输入新配置的名称“配置 2”（使用此名称，方便与内外圈和保持架的“配置 2”对应），如图 13-100 所示。此时“配置 2”行和“压缩”列所对的单元格变为黑色底纹，单击该单元格，即创建该配置，如图 13-101 所示。

04 单击“草图 2”旁边的展开箭头，弹出可以配置的尺寸项目，如图 13-102 所示。指针移动到该尺寸项目上，在模型上会显示该尺寸，可以看出 D1 尺寸控制滚珠的直径大小。

配置名称	草图1 压缩
默认	☐
配置2	

图 13-100　输入新配置名称

配置名称	草图1 压缩
默认	☐
配置2	☐
<生成新配置。>	

图 13-101　生成的“配置 2”

配置名称	草图1 压缩	D1
默认	☐	
配置2	☐	
<生成新配置。>		

图 13-102　尺寸配置项

05 勾选“D1”项目，然后在表格之外的灰色区域单击，创建 D1 尺寸的配置项，如图 13-103 所示。

06 将“配置 2”对应的 D1 尺寸修改为 32mm，如图 13-104 所示。然后单击【确定】，即创建了“配置 2”。查看配置管理器，“配置 2”出现在配置列表中，如图 13-105 所示。

07 保存零件文件。

配置名称	草图1	
	压缩	D1
默认	☐	28.00mm
配置2	☐	28.00mm
< 生成新配置。 >		

图 13-103　尺寸配置项

配置名称	草图1	
	压缩	D1
默认	☐	28.00mm
配置2	☐	32.00mm
< 生成新配置。 >		

图 13-104　修改尺寸配置参数

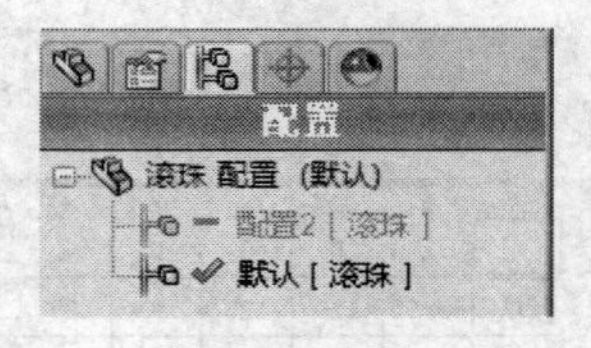

图 13-105　生成的新配置

5．创建装配体并添加配置

01 新建 solidworks 装配体文件，依次插入内外圈、保持架、滚珠，零部件如图 13-106 所示。插入的零件的配置为零件保存时显示的配置。

02 先将所有的零部件，按“默认”配置装配。如图 13-107 所示，在特征设计树中选中“内外圈”零部件，然后单击右键，在弹出菜单中选择【配置零部件】命令，弹出【修改配置】对话框，如图 13-108 所示。

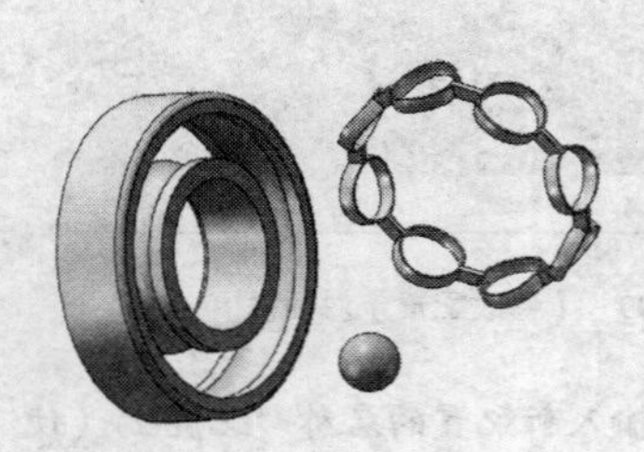

图 13-106　插入的零部件

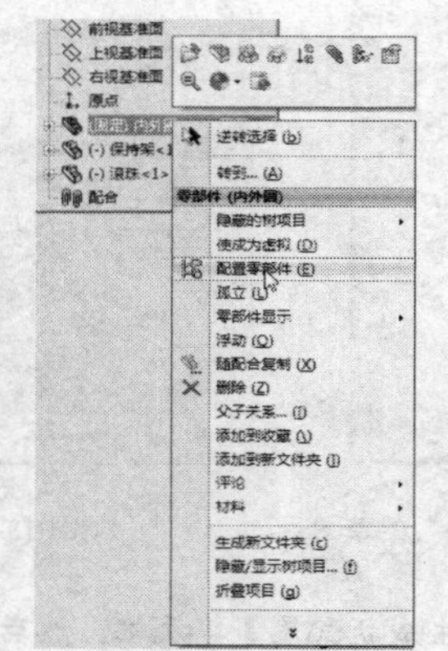

图 13-107　在特征设计树中配置零部件

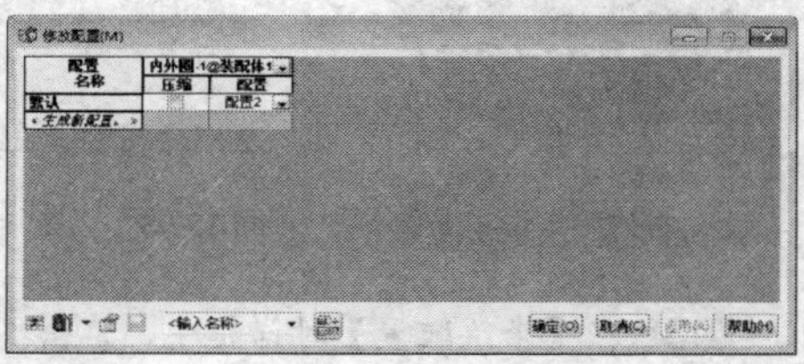

图 13-108　修改配置对话框

03 展开配置选项，如图 13-109 所示。列表中对应了“内外圈”零部件的三个配置，选择“默认”配置为当前配置，单击确定，设计树中“内外圈”零件的配置更改，如图 13-110 所示。

配置名称	内外圈-1@装配体1	
	压缩	配置
默认	☐	配置2
< 生成新配置。 >		配置1 配置2 默认

图 13-109　配置选项

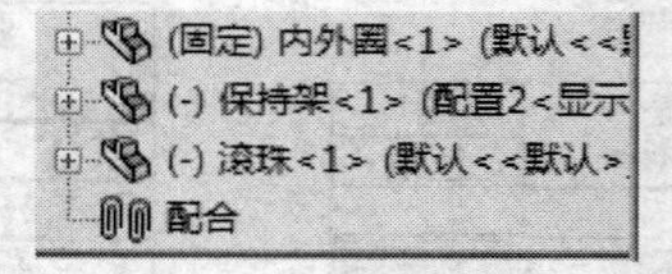

图 13-110　内外圈的配置显示

04 同样的方法，将其他零部件的配置也修改为“默认”配置。

05 零部件的配置统一之后，添加配合，先为滚珠球面和保持架套圈内球面添加重合配合，如图

13-111 所示。

06 使用圆周阵列零部件命令，阵列出 8 个滚珠，如图 13-112 所示。

07 为保持架和内外圈圆柱面添加同轴心配合，最后为保持架环形平面和内圈端面添加距离配合，配合距离为 17mm，如图 13-113 所示，装配完成。

图 13-111　重合配合

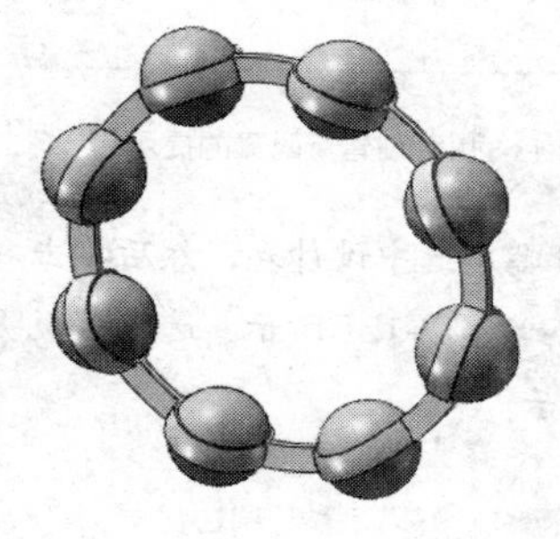

图 13-112　圆周阵列零部件

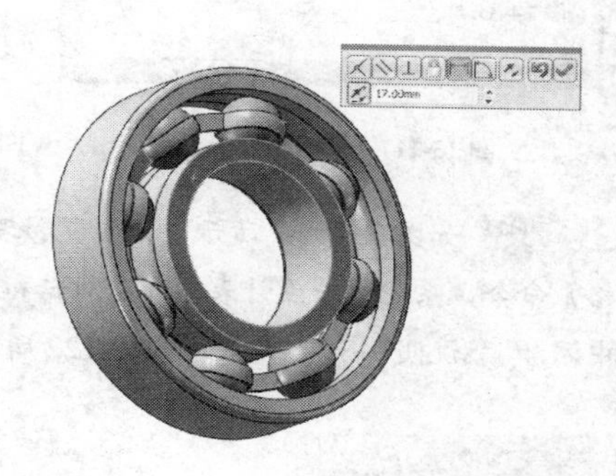

图 13-113　平面的距离配合

08 在装配体界面，从菜单栏选择【插入】|【表格】|【设计表】命令，弹出【系列零件设计表】对话框，在【源】类型中选择【自动生成】，单击【确定】，弹出提示可供选择的配置项目，如图 13-114 所示。不选任何项目，单击【确定】，创建设计表如图 13-115 所示。

09 在 B2 单元格添加配置项目，输入“$配置@内外圈<1>”，在 C2 单元格添加配置项目，输入“$配置@保持架<1>”，在 D2 单元格添加配置项目，输入“$配置@滚珠<1>”，创建的三个配置项目如图 13-116 所示。

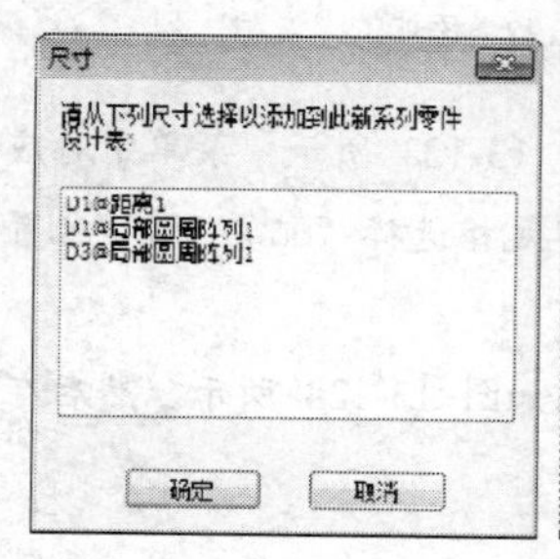

图 13-114　选择尺寸配置项

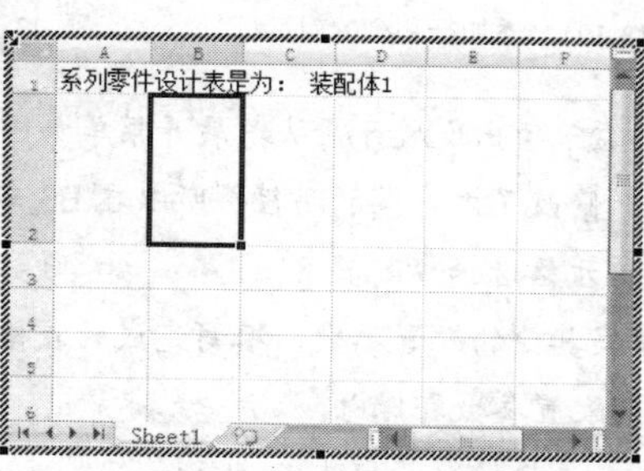

图 13-115　生成的空白设计表

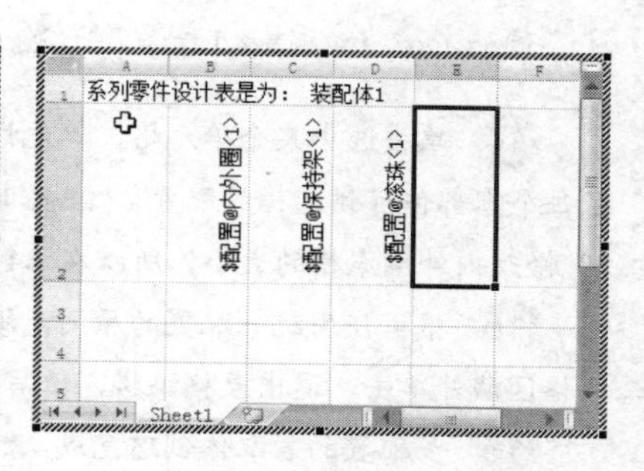

图 13-116　手工输入配置项

提　示：在装配体中，零件“配置”参数项的格式为“$配置@零部件<1>”，尖扩号中的数字是零件的显示状态编号，如果零件没有新建其他的显示状态，则只有一个默认显示状态，编号为“1”。

10 在第 3 行创建新配置，在 A3 单元格输入配置名称“轴承半径修改”。

11 在第 4 行创建新配置，在 A4 单元格输入配置名称“滚珠半径修改”。

12 创建的两个新配置如图 13-117 所示，然后在表格区域外单击，退出表格编辑。系统弹出创建新配置的提示，如图 13-118 所示，单击【确定】。在配置管理器中，列出新配置，如图 13-119 所示。

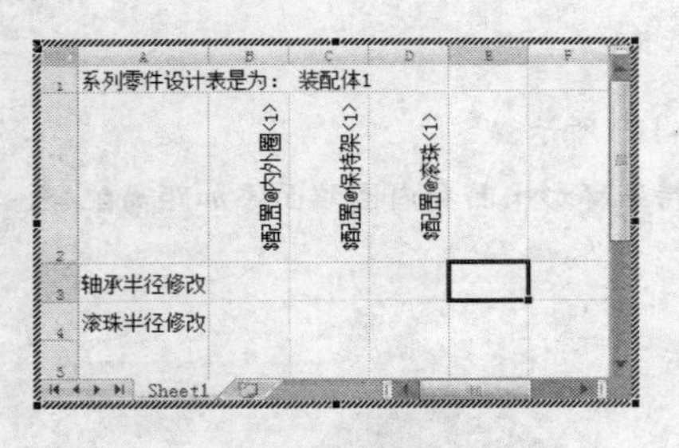

图 13-117 创建配置行

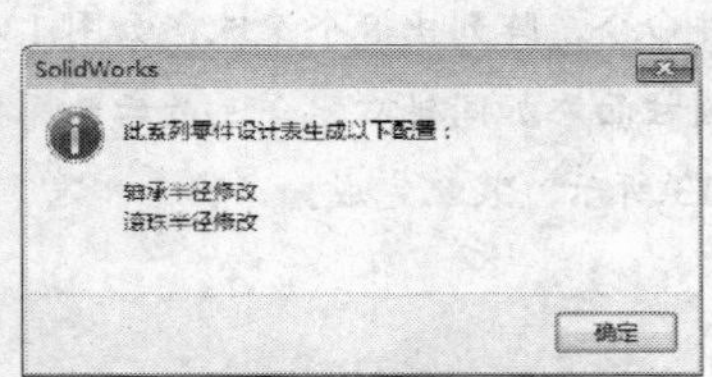

图 13-118 创建新配置的提示

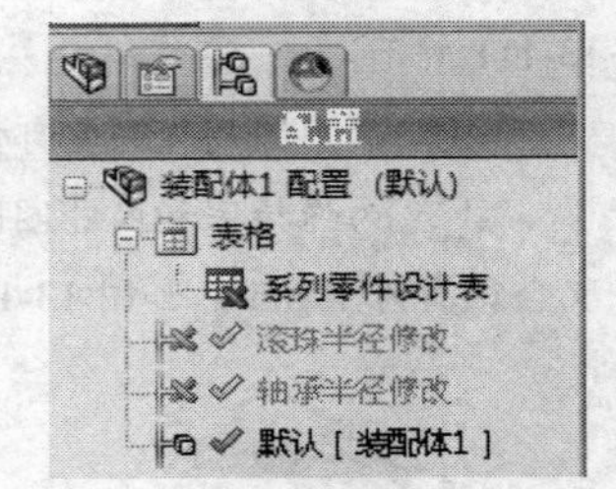

图 13-119 生成的新配置

13 如图 13-120 所示，在配置管理器中选中设计表，然后单击右键，在弹出菜单中选择【编辑表格】命令，系统更新设计表，弹出对话框如图 13-121 所示。选择“说明”参数项，单击确定，在设计表中添加“$说明”配置项，如图 13-122 所示。

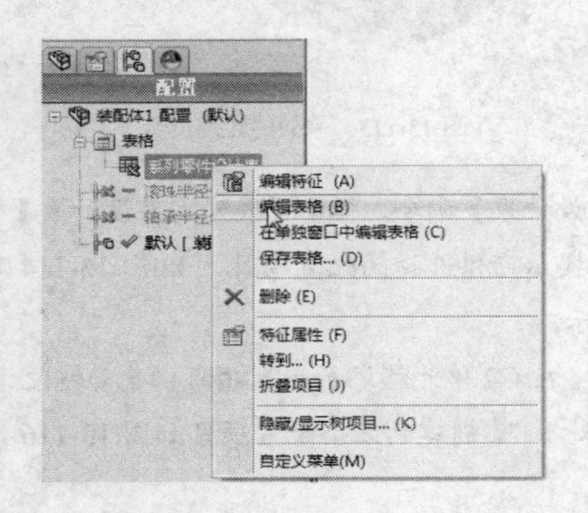

图 13-120 【编辑表格】命令

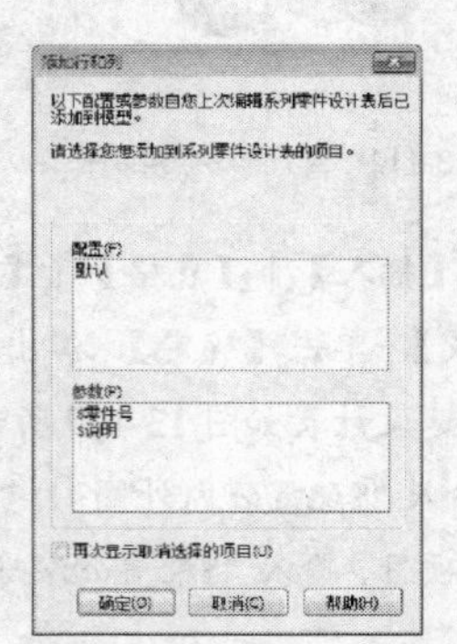

图 13-121 添加行和列的对话框

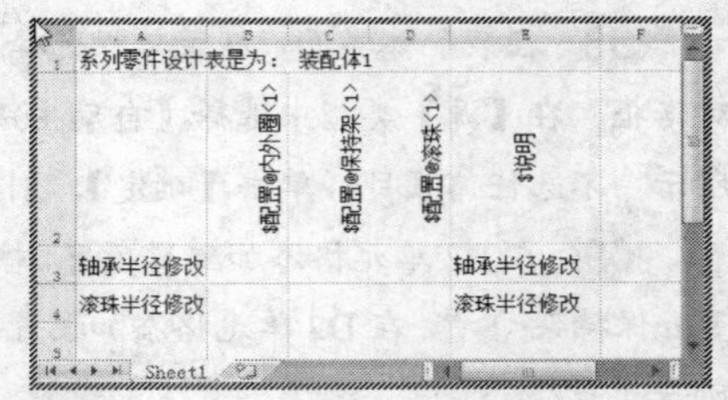

图 13-122 添加的“说明”列

14 单击选中某个单元格，单元格右下角出现展开箭头，展开菜单如图 13-123 所示。菜单中对应了每个零部件可供选择的配置。“配置 1”修改了内外圈的半径，所以在 B3 单元格选择“配置 1”，“配置 2”修改内外圈滚槽的大小，所以在 B4 单元格选择“配置 2”。

15 根据使用统一配置的原则，填写其他的配置参数，填写完成的表格如图 13-124 所示。然后在表格区域外单击，退出表格编辑，填写的配置参数即保存。

16 多配置的装配体创建完成，然后选择保存装配体文件。

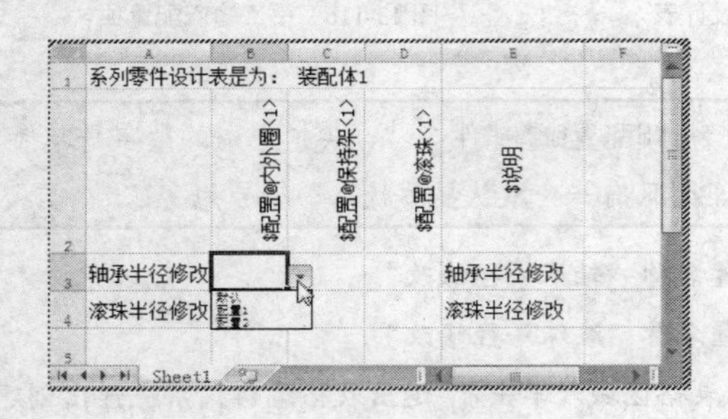

图 13-123 配置参数选项

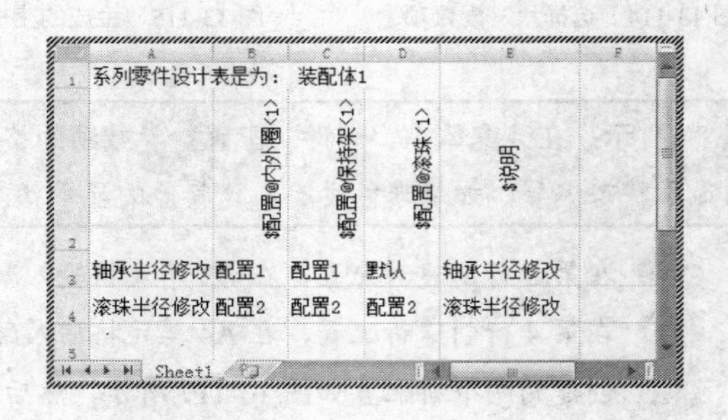

图 13-124 填写完整的设计表

第14章 应力分析

本章导读：

一个机械零件总是通过与其他零件的相互作用，来实现一定的运动或结构功能，这种相互作用就是力的作用，部件在力作用下的强度和刚度如何，会不会发生破坏和失效，这是每一个零部件初步设计出来之后，都要考虑的问题。Solidworks提供模型应力分析的功能，使用户在软件界面仿真模型的受力环境，用户只要输入模型的初识条件，系统自动完成应力和变形计算。

学习目标：

- 应力分析基础知识
- 应力分析操作
- 查看结果和生成报告
- 案例实战

14.1 应力分析基础知识

应力分析是指在模型的初始条件（材料、约束、受力）已知的情况下，计算模型各点的应力、应变和位移。通过应力分析，可以找出模型的最不利位置，进行加强。同时对于应力安全的位置，可以适当去除材料。

在计算机出现之前，应力分析只能通过人工计算完成，这种方法效率低下，而且几乎不可能求解复杂的模型。计算机出现之后，逐渐发展出求解复杂模型的有限单元法（FEA）。

有限单元法的前提是将模型离散为许多小单元，如图 14-1 所示，将正方体划分为四面体单元，四面体的 4 个顶点称为节点，如图 14-2 所示。这样通过离散，将求解复杂模型的问题转化为求解每个单元的问题。

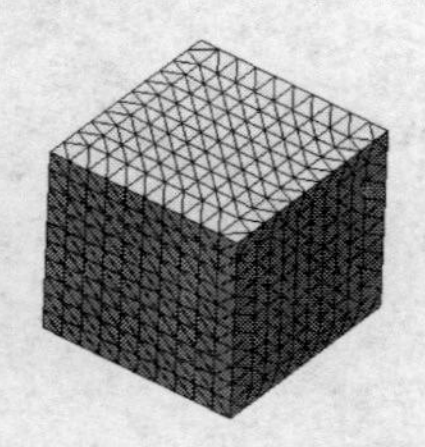

图 14-1　模型离散化

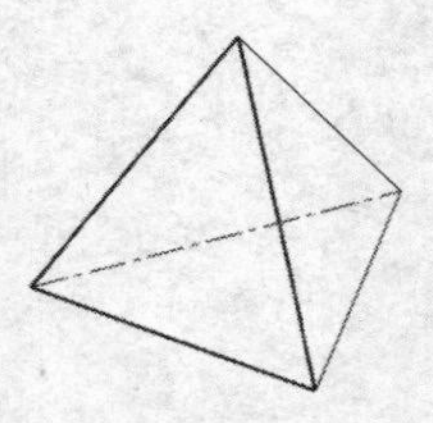

图 14-2　四面体单元

图 14-3　标准工具栏选择插件

有限元方法的计算不是得到一个精确解，而是接近精确解的一个近似解，将单元划分越细，结果就越接近于精确解。但划分过细会使方程数呈几何级数增加，将会消耗更多的计算时间。因此在实际应用中，网格的精度满足工程需求即可。

14.2 应力分析操作

SolidWorks 提供一个 Simulation 插件用于应力分析。从菜单栏选择【工具】|【插件】命令，或从标准工具栏展开选项按钮，如图 14-3 所示，选择插件命令。在弹出的【插件】对话框中勾选【solidworks Simulation】插件，调用该插件。调用 Simulation 插件后，菜单栏增加 Simulation 菜单，如图 14-4 所示。同时工具面板增加 Simulation 面板，如图 14-5 所示。

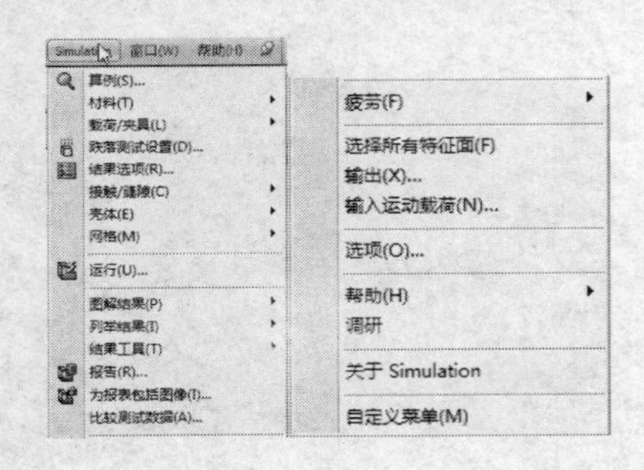

图 14-4　Simulation 菜单

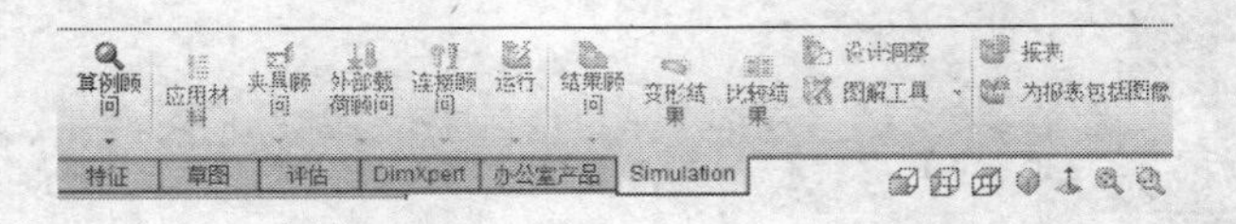

图 14-5　Simulation 面板

在 Simulation 中，运行应力分析通常有以下几个步骤：

01 新建算例

02 定义材料

03 定义约束（夹具）和载荷

04 网格划分（可选步骤，如果不自定义划分，系统按默认设置自动划分）

05 运行计算

14.2.1 新建算例

在应力分析之前，需新建一个算例。在菜单中，选择【算例】命令，弹出【算例】对话框，如图 14-6 所示。

- 名称：输入希望保存的算例名称，算例名称最好能够清楚地反映分析内容，方便查看。例如“悬臂梁的静应力分析”、“容器的跌落测试“之类的名称。
- 类型：根据模型的实际和用户关心的项目，选择分析类型，例如，如果关心静止结构的材料强度，就选择静应力分析；如果关心一个运动模型的动力学效应，就选择动力分析；如果设计的是压力容器，就选择压力容器设计。
- 使用 2D 简化：如果模型在第三个坐标方向没有力学或运动效应，就可以将计算简化为 2D 平面上的算例。

输入算例名称，选择算例类型之后，单击【确定】✔，创建算例。创建的算例以树图的样式显示在特征设计树下方，如图 14-7 所示。

14.2.2 定义材料

任何一个力学分析都必须包含确切的材料参数，常用的材料参数有弹性模量、泊松比、剪切模量、屈服应力等。在 Simulation 中并不需要用户定义这些参数，用户只要选择一种材料类型，该材料的各种参数就自动输入到计算中。

图 14-6　选择算例类型

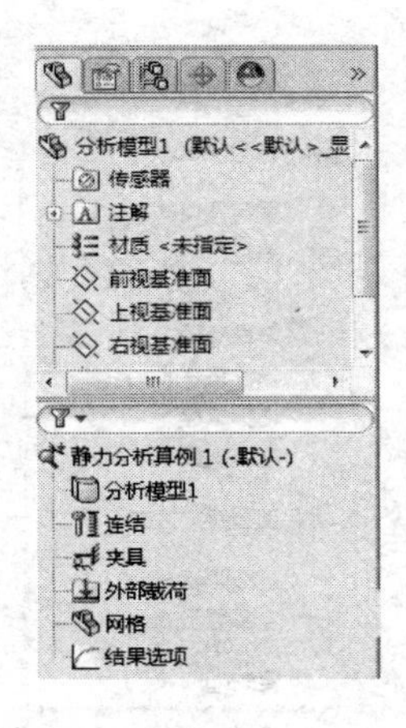

图 14-7　算例树图结构

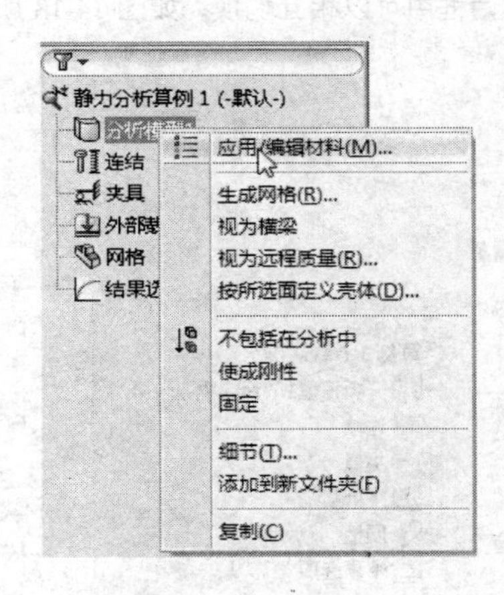

图 14-8　右键展开菜单

在算例树图中，单击选择【分析模型】项目，然后单击右键，展开菜单如图 14-8 所示。选择【应用

/编辑材料】命令，弹出【材料】对话框如图 14-9 所示，窗口左侧为材料列表，总体上分为系统材料和用户自定义材料两个部分。右侧为材料查看和编辑区，但对系统材料参数只能查看，不可编辑。在左侧材料列表中选择某一种材料，该材料的属性显示在右侧，如图 14-10 所示。

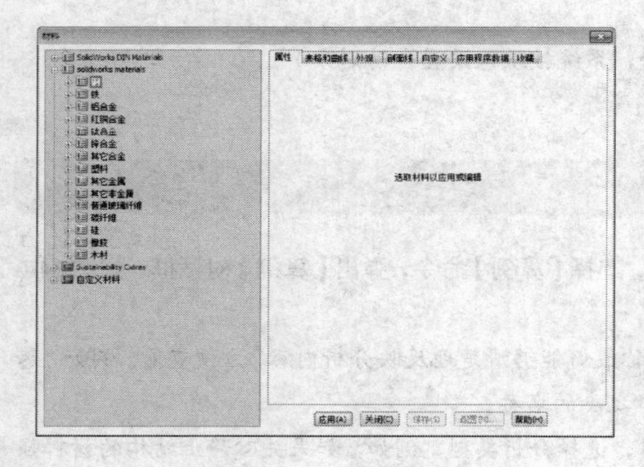

图 14-9 【材料】对话框

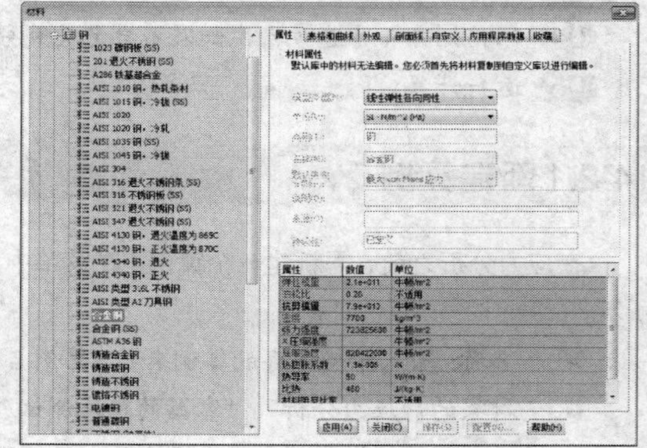

图 14-10 查看和编辑材料属性

选择一种材料后，单击对话框上【应用】按钮，该材料即应用到模型上。需要注意的是此时定义的材料只在当前算例中有效。定义的材料在算例树图中显示，如图 14-11 所示是指定了合金钢材料之后的算例树图。

14.2.3 定义夹具

模型在实际中总是受到某些方向上的运动限制，即约束条件，在 Simulation 中的夹具即是模型的约束条件。

在算例树图中，单击选择【夹具】项目，然后单击右键，展开菜单如图 14-12 所示。选择某一类型的夹具后，会弹出该夹具的对话框，三种常用夹具："固定几何体"、"滚珠/滑杆"和"固定铰链"，在对话框中可以相互切换，如图 14-13 所示。

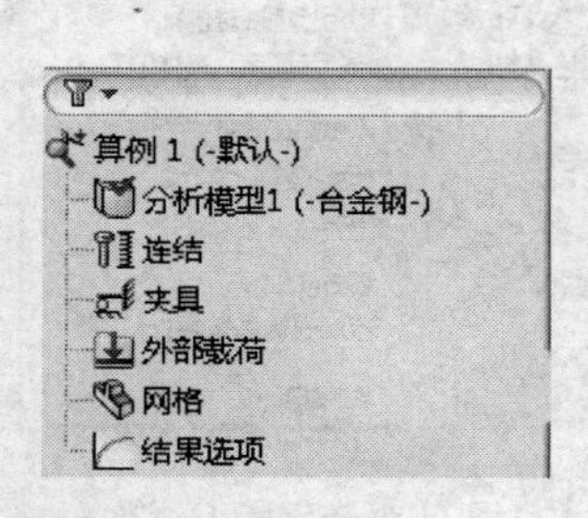

图 14-11 定义材料后的算例

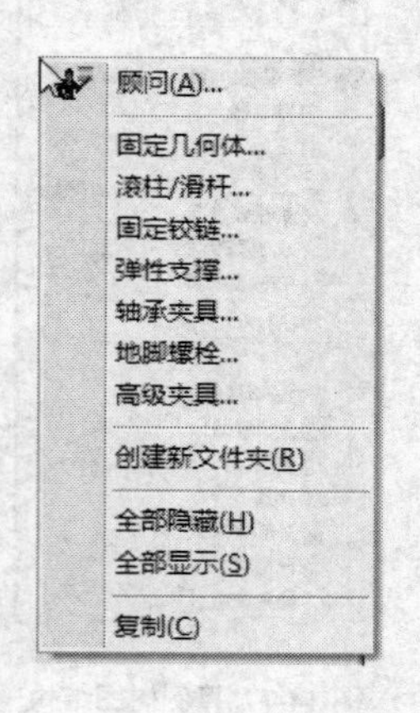

图 14-12 夹具类型菜单选项

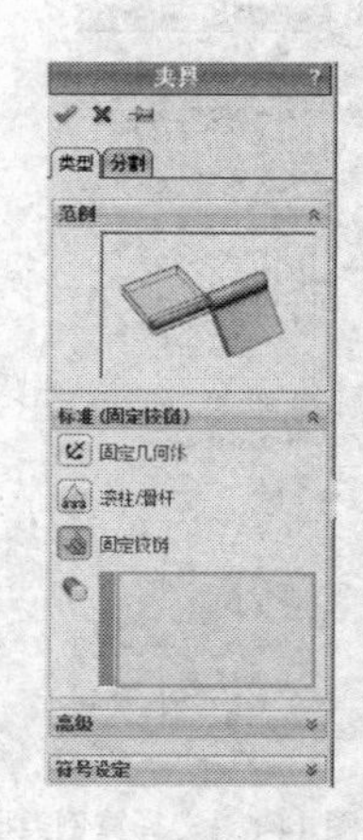

图 14-13 夹具对话框

选择某一夹具类型，然后在模型上选取要约束的对象，单击【确定】✔，模型即被添加该约束。

添加的夹具显示在算例树图中，如图 14-14 所示。单击选择某个夹具，然后单击右键，展开菜单如图 14-15 所示。可以选择【编辑定义】编辑该夹具，选择【删除】删除该夹具，也可以选择【压缩】该夹具，压缩后的夹具保留在模型中，但不参与分析过程。压缩的夹具可以随时选择解除压缩。

如果模型约束区域不是整个面，而是该面的某个区域，就需要通过分割功能，将面分割为指定的区域。这种作用类似于曲线中的分割线作用。

【分割】选项卡如图 14-16 所示，有两种分割类型：草图投影分割和交叉面分割。

草图分割：草图分割需要一个投影草图，单击【生成草图】按钮，弹出如图 14-17 所示对话框，进入草图模式。在模型区选择平面，绘制草图，然后单击【退出草图】按钮。回到【分割】选项卡，选择投影草图和投影面，最后单击【生成分割】按钮，选择的面完成分割。

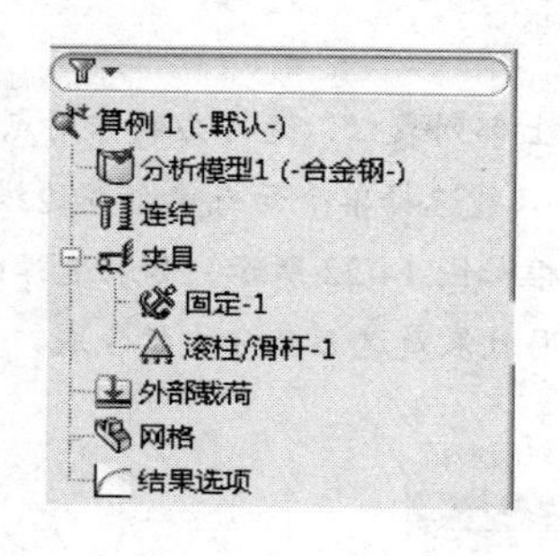

图 14-14　夹具列表

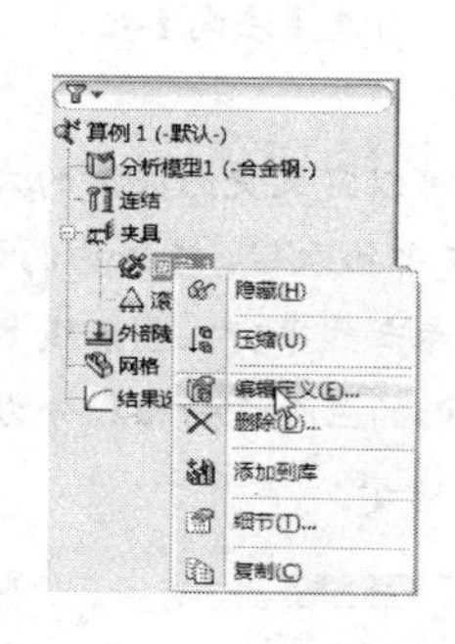

图 14-15　右键快捷菜单

图 14-16　分割选项卡

交叉分割：用于分割两个实体间的接触面，对话框如图 14-18 所示。在模型区选择两个接触的面，如图 14-19 所示，选择圆柱面为分割面，选择平板面为要分割的面，单击【生成分割】按钮，平板面被分割。

图 14-17　草图模式中的退出按钮

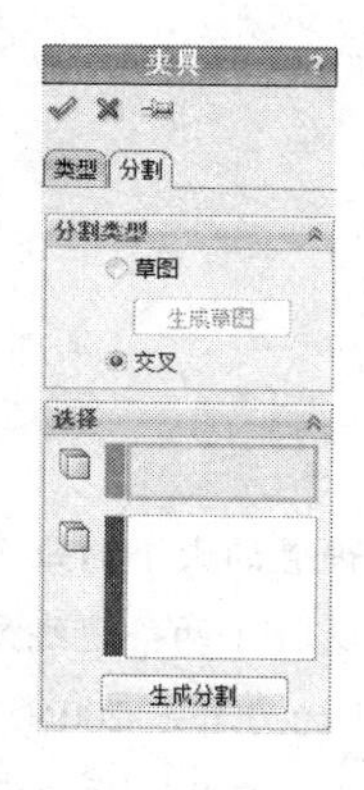

图 14-18　交叉分割方式

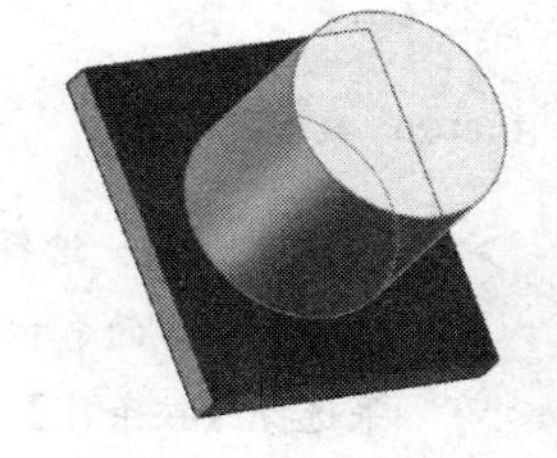

图 14-19　分割面和被分割面

14.2.4 定义载荷

载荷是指模型所受的外力因素，常用的载荷类型有力、压力。在 Simulation 中将热载荷也扩充进载荷类型，用于热力分析。

在算例树图中，单击选择【外部载荷】项目，然后单击右键，展开菜单如图 14-20 所示。选择某一类型的载荷，弹出该载荷的对话框，在对话框中设置载荷大小等参数，然后在模型上选择载荷的作用位置，单击【确定】✔，即完成载荷的添加。

下面介绍几种常用载荷的属性设置。

2. 力

Simulation 中的【力】载荷是指集中力，即作用于某一点的力。力的三要素是：大小、方向和作用点，在力的参数设置中，也必须完全定义这三个要素，力的单位是牛顿（N）。

【力】的对话框如图 14-21 所示，该对话框中，各项的含义如下：

➢ 【力】/【扭矩】按钮：在【扭矩】和【力】两种载荷之间切换。

➢ 法向：设置力垂直于某个平面，勾选【法向】之后，在模型中拾取一个平面。选择法向的对话框如图 14-21 所示。

➢ 选定的方向：勾选此项，用户可以定义更为灵活的力方向。在上部列表栏，选择力的作用点，可以选择点、直边线、面。在下部拾取栏，选择力的方向参考，只能选择单个面或单个直边线。如果选择线参考，力的方向与参考线平行，选择线参考的对话框如图 14-22 所示。如果选择面参考，可以在垂直和平行于该面的三个方向添加分力，力的作用效果是这三个分力的合成，选择面参考的对话框如图 14-23 所示。

图 14-20　载荷菜单选项

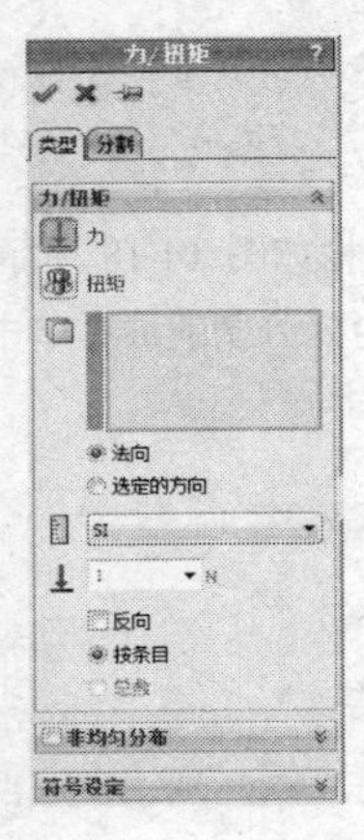

图 14-21　【力】对话框

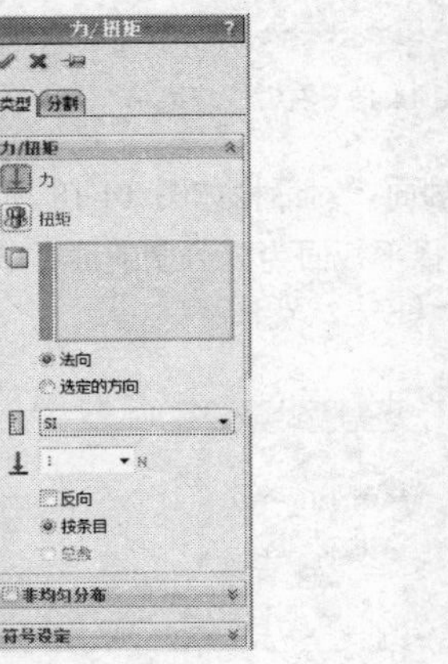

图 14-22　选择边线参考的对话框

➢ 按条目/总数：选择【按条目】，设置的大小为每个力的大小；选择【总数】，设置的力为各作用位置上力的总和。例如：如果选择了两条边线为力的作用位置，设置力的大小为 200N，如果选择【按条目】，则每条边线上的力都是 200N，如果选择【总数】，两条边上各分配 100N。

➢ 非均匀分布：如果力不是均匀大小，在此选项组设置力的变化规律。选择坐标系，在对话框中输入曲线的系数，力的分布按曲线的形状变化。例如，设置一个抛物线曲线 $X^2+2XY+Y^2$ 分布的载荷，参数对话框如图 14-24 所示，创建的载荷大小沿抛物线变化，如图 14-25 所示。

➢ 符号设定：设置力符号的显示，可以改变箭头符号的大小和颜色。

对话框的【分割】选项卡和夹具对话框中的【分割】使用方法相同，不再介绍。如果模型的受力不是在整个面上，而是集中在面上的某个区域，就可以将面分割为指定的区域，然后再加载。

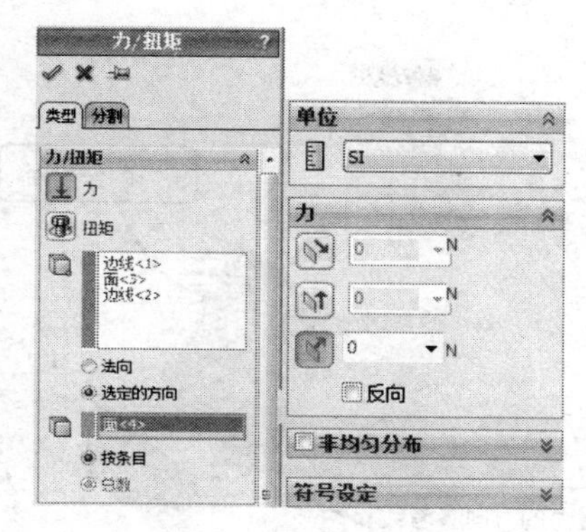

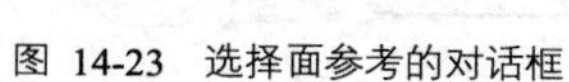

图 14-23　选择面参考的对话框

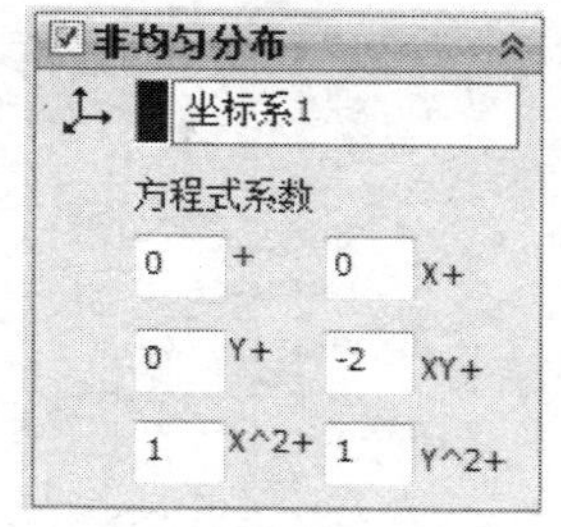
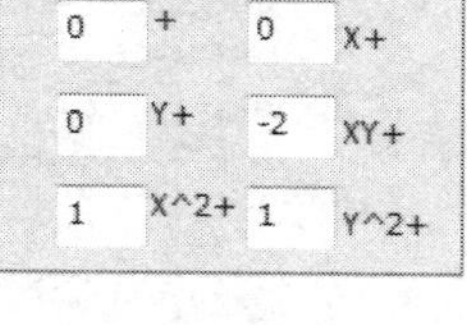

图 14-24　曲线参数

图 14-25　载荷的抛物线变化

3. 扭矩

扭矩是使物体产生转动效应的载荷，扭矩的单位是 N·m。扭矩有也有三个要素：作用面、大小和方向。在载荷选项菜单中，选择【扭矩】命令，弹出【力/扭矩】对话框，如图 14-26 所示。对话框中有两个拾取栏，上部拾取栏拾取扭矩的作用面，只能选取平面；下部的拾取栏拾取扭矩的方向参考面，选择一个基准轴或圆柱面作为扭矩的方向参考，如图 14-27 所示。

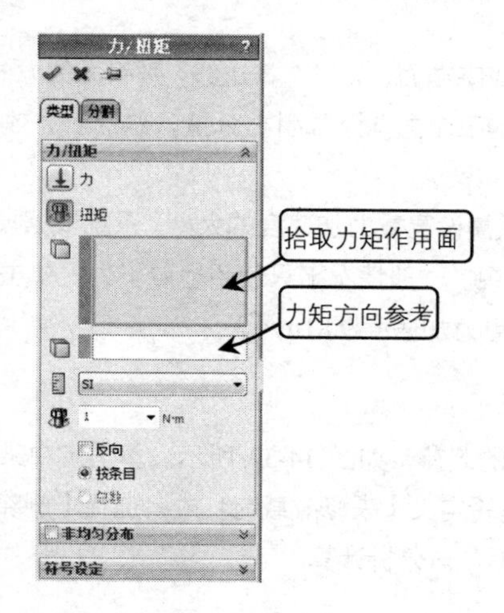

图 14-26　【扭矩】对话框

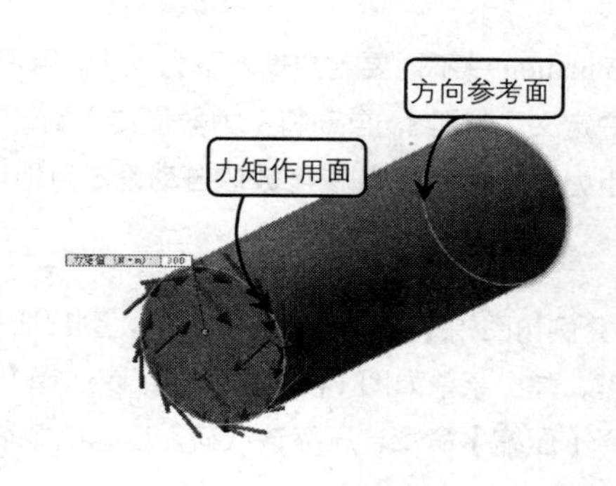

图 14-27　扭矩的作用面和方向参考

4. 压力

压力是作用到每点的分布力，压力的单位是帕斯卡（Pa），1Pa=1 N/m^2，是指作用在单位面积上的力的大小。常见的水压、气压均为压力。

在载荷菜单中选择【压力】命令，弹出压力对话框，如图 14-28 所示。

垂直于所选面：选择此项，在面上产生垂直于面的压力。

使用参考几何体：选择此项，用户可以更为灵活地选择压力方向。对话框如图 14-29 所示，上部拾取栏选择压力的作用面，下部拾取栏选择压力的作用方向，可选择直线或面。用参考几何体定义压力的方向如图 14-30 所示。

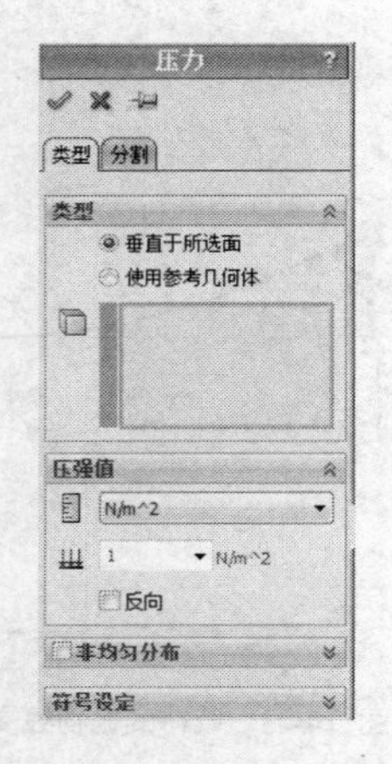

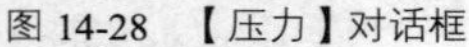

图 14-28 【压力】对话框

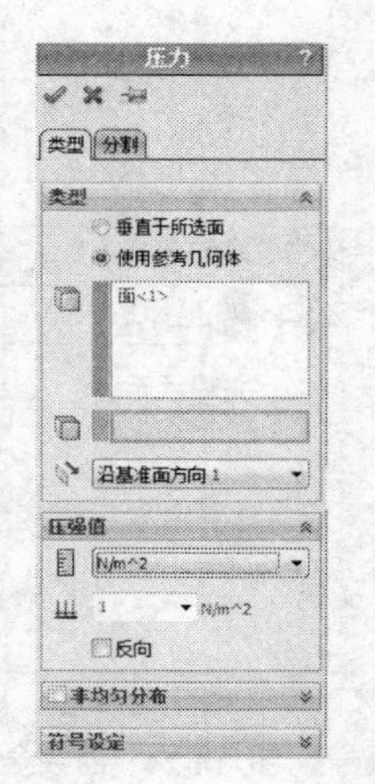

图 14-29 选择【使用参考几何体】的对话框

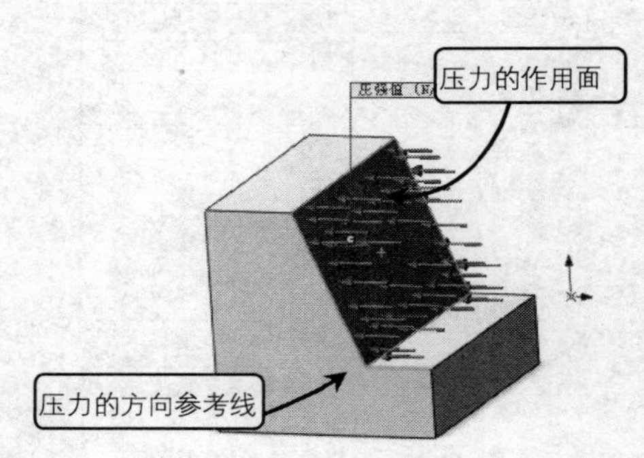

图 14-30 压力的作用面和方向参考

5. 引力

引力即物体所受到的重力，是与模型质量和重力加速度相关的力。通常的应力分析忽略引力的影响，在重力作用对结果影响显著时，需添加引力。在图示菜单中选择【引力】选项，弹出【应力】属性对话框，如图 14-31 所示。

在引力方向参考中，选择一条边线或一个平面或基准面，如果选择边线，则引力的方向与该线平行，如果选择平面或基准面，则可在垂直和平行于该面的三个方向添加引力分量，总的引力效应是这三个分量的合成。

Simulation 中不需要用户输入引力大小，用户只需设置重力加速度的大小，系统根据模型的质量（前提是用户定义了材料），自动将引力数值传递到计算中。一般情况下只使用地球引力，单击对话框中【使用地球引力】按钮，加速度数值自动设定为地球重力加速度 9.81m/s^2。

6. 查看和编辑载荷

在算例树图中【外部载荷】项目下，列出所有的载荷，如图 14-32 所示。单击选中某个载荷，然后单击右键，弹出菜单如图 14-33 所示，可以选择【编辑定义】来修改载荷，或者选择【删除】该载荷。还可以选择【压缩】命令，压缩该载荷，压缩的载荷不参与分析计算。

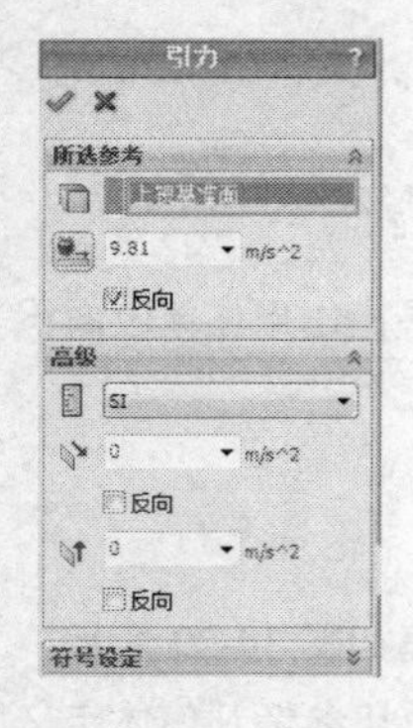

图 14-31 【引力】对话框

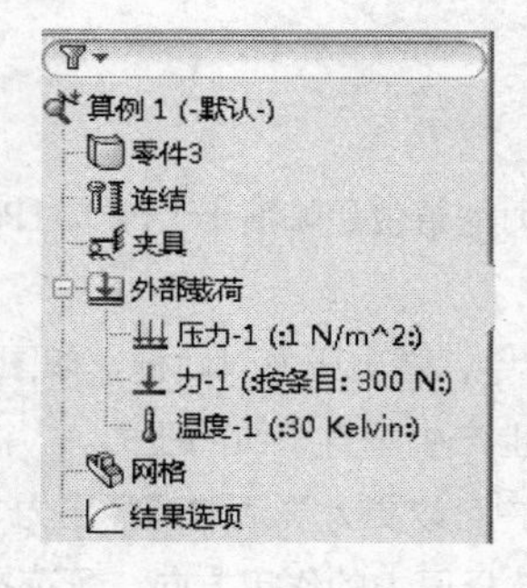

图 14-32 载荷列表

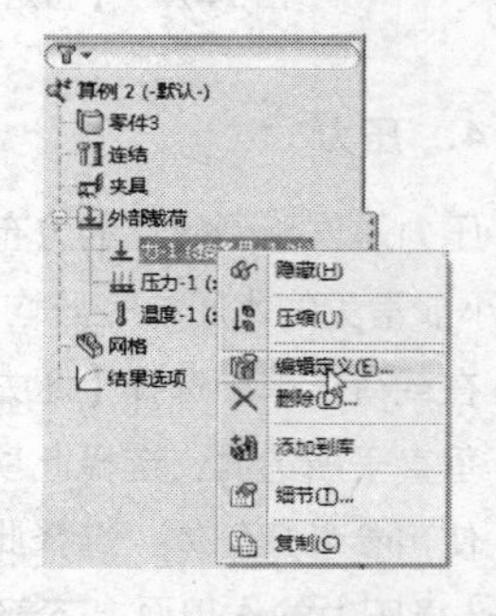

图 14-33 编辑载荷的菜单命令

14.2.5 网格划分

网格划分是有限单元法的前提，其目的是将模型划分为大量的细小单元。在 Simulation 中，网格划分不是必须步骤，用户如果不自定义网格划分，系统在计算过程中按默认方式划分。如果用户希望得到更精确的计算结果，可设置网格划分，将模型分得更细。当然，这样会增加一些计算时间。

在算例树图中，单击右键选择【网格】项目，弹出快捷菜单如图 14-34 所示。单击选择【生成网格】命令，弹出【网格】对话框如图 14-35 所示。拖动滚动条控制网格的密度，越靠近良好，网格划分越细。单击【重设】按钮，滚动条恢复到适中位置。

单击【确定】按钮，模型上生成网格，如图 14-36 所示。

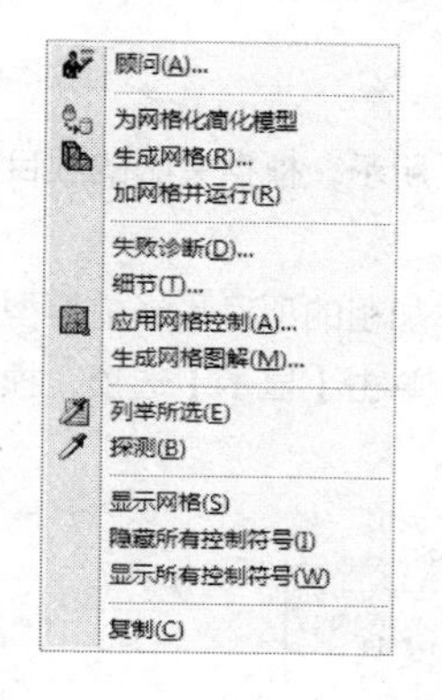

图 14-34　网格的菜单命令

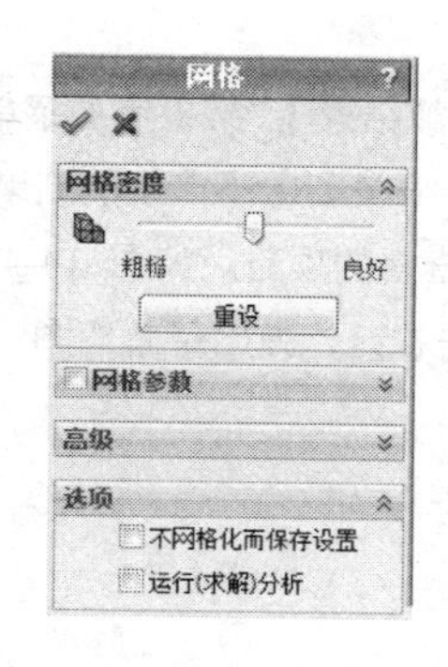

图 14-35　【网格】对话框

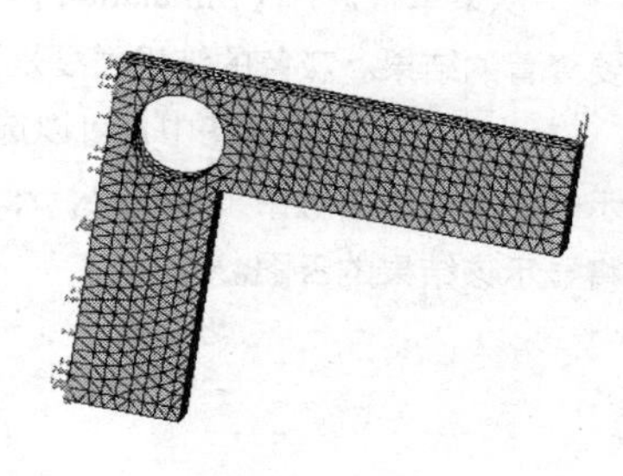

图 14-36　生成的网格

14.2.6 运行算例

当材料、约束（夹具）和载荷都定义之后，就可以开始运行计算。在算例树图中，单击选中算例名称，然后单击右键，弹出菜单如图 14-37 所示，单击选择【运行】命令，系统开始计算，根据模型的复杂程度不同，计算所耗的时间也不同。计算完成之后，模型区显示应力云图，如图 14-38 所示。同时算例树图中出现结果项目，如图 14-39 所示。

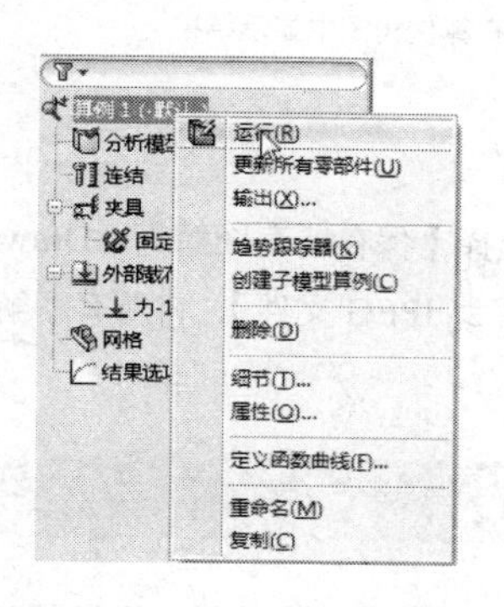

图 14-37　运行算例的菜单命令

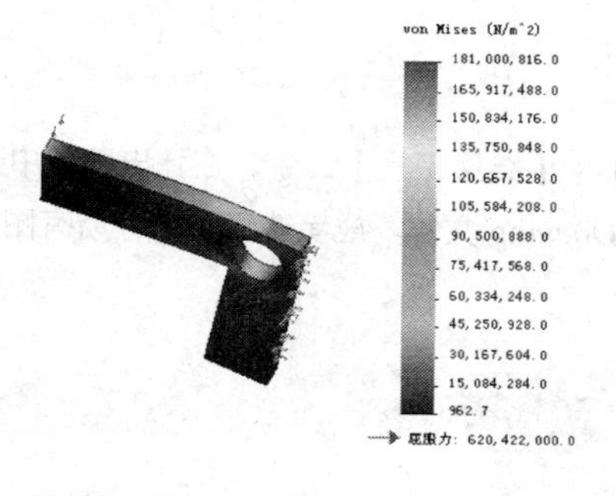

图 14-38　运行的结果

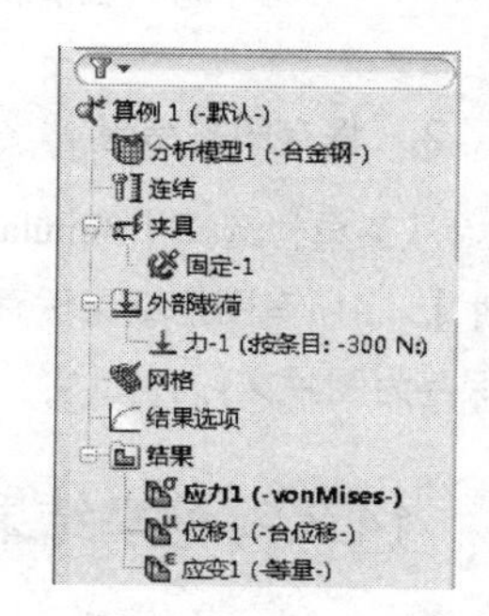

图 14-39　算例树图中的结果列表

14.3 查看结果和生成报告

Simulation 计算结果有多种查看方式，例如云图显示的图解结果，表格显示的列举结果，动画显示的结果，探测模型某个位置的结果等，而且这些结果可以保存，方便再次查看。

14.3.1 图解结果

图解结果是用云图的方式，在模型上直观地显示运算结果，以不同的颜色表示不同的结果值，并在右侧显示颜色对照卡，如图 14-38 所示。

1. 查看图解结果

从菜单栏选择【Simulation】|【图解结果】，结果选项菜单如图 14-40 所示，根据关心的项目选择要查看的结果。灰色的结果类型是当前分析类型中不产生的结果。

此外，在算例树图中也可以选择要查看的项目。如图 14-41 所示，字体加粗的项目是当前模型区显示的结果。单击选中某一结果，然后单击右键，弹出菜单如图 14-41 所示。单击【显示】选项，模型区将显示该结果的云图。

图 14-40 图解结果的菜单选项

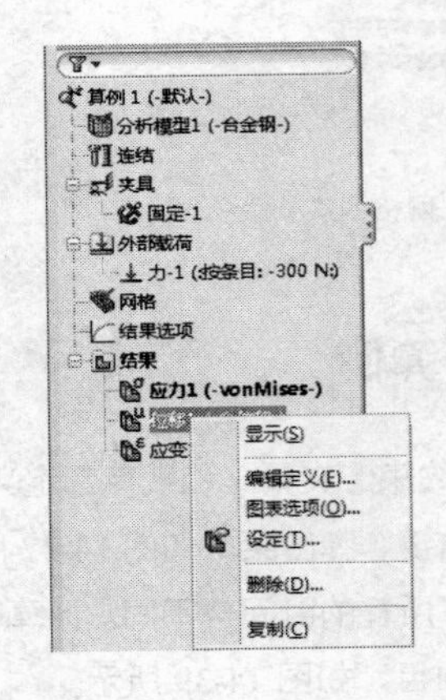

图 14-41 在算例树图中显示结果

2. 保存图解结果

从菜单栏选择【Simulation】|【结果工具】命令，在弹出菜单中选择【保存所有图解为 eDrawing 文件】，将所有图解结果保存为 eDrawing 文件。或者选择【保存所有图解为 JPEG 文件】，将所有图解结果保存为图片文件。

14.3.2 列举结果

列举结果是将结果以列表的方式显示，列表结果的缺点是不够直观，优点是数值准确，而且可以保存。

1. **查看列举结果**

从菜单栏选择【Simulation】|【图解结果】，结果选项菜单如图 14-42 所示。选择某种结果，弹出【列举结果】对话框，如图 14-43 所示。在【数量】选项组选择查看的结果类型，单击【确定】✔，弹出结果列表，如图 14-44 所示。

2. **保存列举结果**

在图 14-44 所示对话框中，单击保存按钮，可以将结果保存为一个 Excel 表格文件。保存之后，单击【关闭】按钮，退出结果列表。

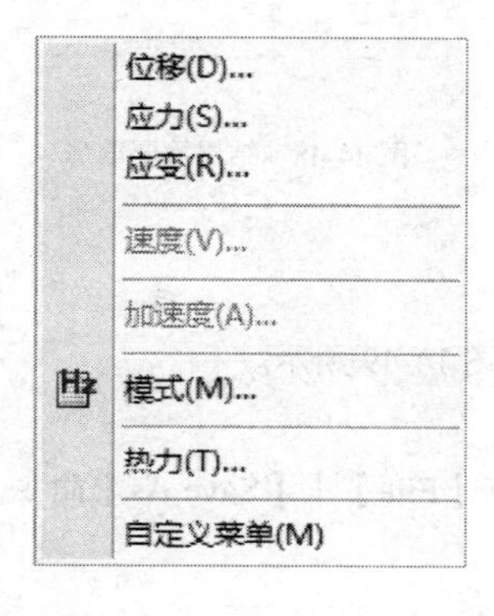

图 14-42 列举结果的菜单选项

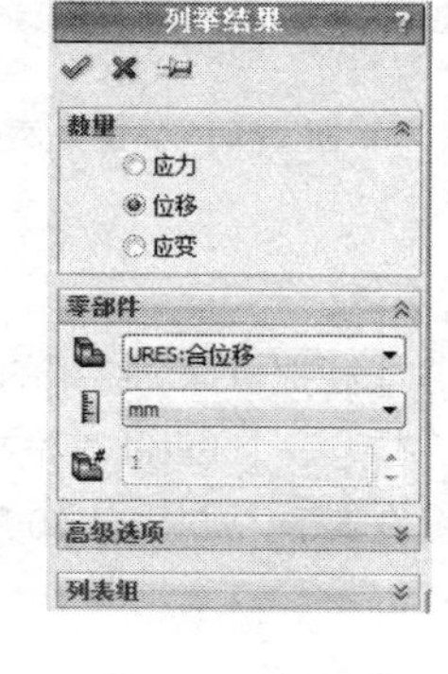

图 14-43 【列举结果】对话框

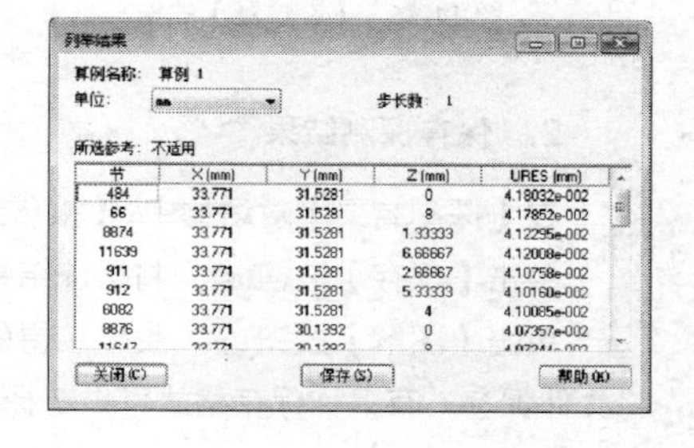

图 14-44 结果列表

14.3.3 探测结果

探测是指查看某个具体位置的结果，例如云图上显示某个区域应力集中，就可以使用探测工具，查看某点的准确应力值。

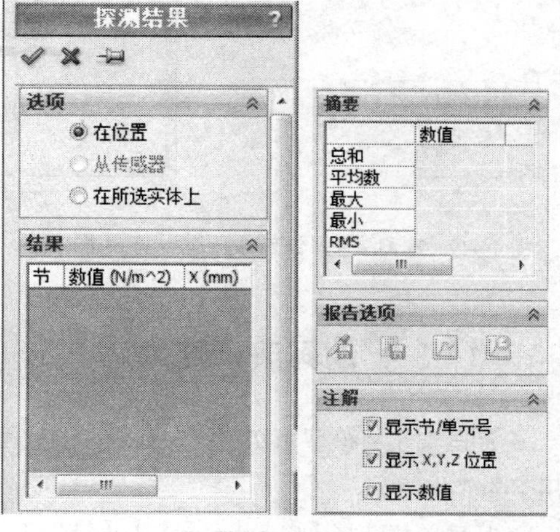

图 14-45 【探测结果】对话框

1. **查看探测结果**

从菜单栏选择【Simulation】|【结果工具】|【探测】命令，弹出【探测结果】对话框，如图 14-45 所示。

选择【在位置】选项，查看某一点的结果数值。然后在模型上某点单击，生成该点的结果标记，如图 14-46 所示。

选择【在所选实体上】，可查看多个点、线或面上的结果。然后在模型上选择一个或多个对象，然后单击对话框中【更新】按钮，结果列表中列出所选位置的结果，如图 14-46 所示。同时在【摘要】栏列出平均值、最大值等信息，如图 14-48 所示。

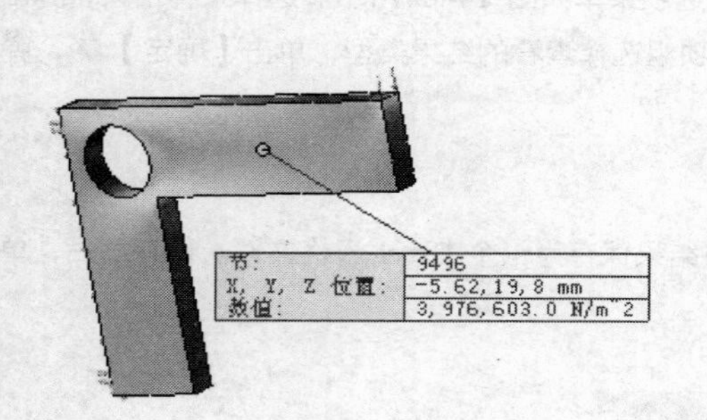

图 14-46 【在位置】的探测结果

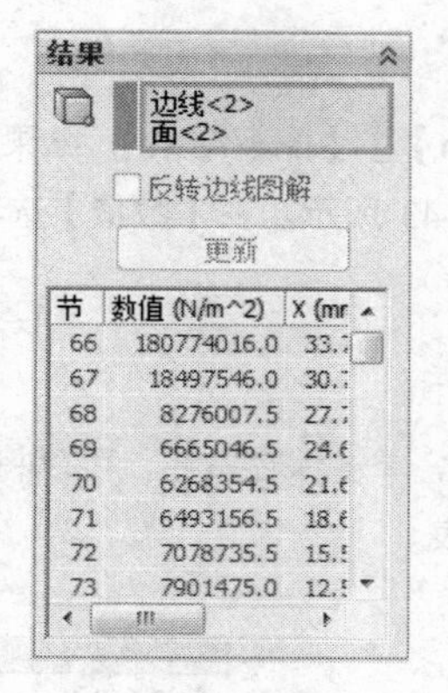

图 14-47 所选实体的探测结果

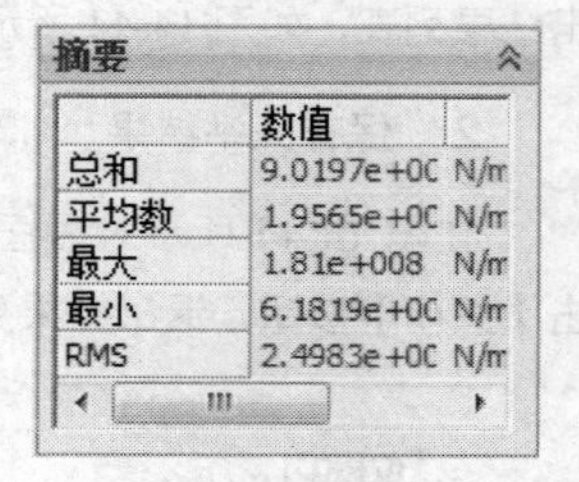

图 14-48 结果摘要信息

2. 保存探测结果

在【探测结果】对话框中，【报告选项】栏提供探测结果的保存，如图 14-49 所示。

单击【保存】按钮，将探测结果保存为一个 Excel 表格文件。

单击【图解】按钮，生成结果的图像表示，如图 14-50 所示。选择【File】|【Save As】命令，将文件保存，有多种保存格式可供选择。

图 14-49 探测结果报告选项

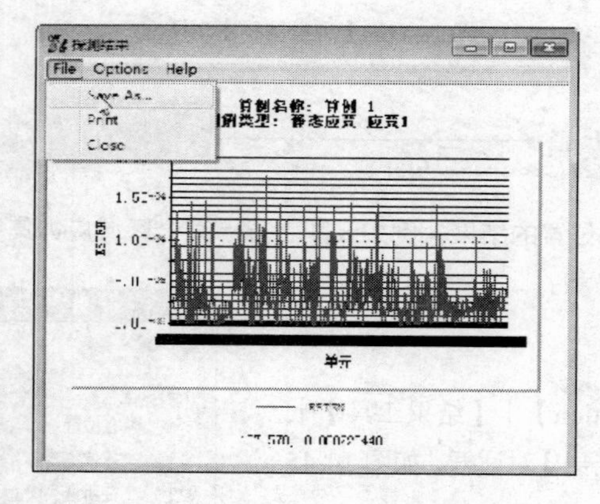

图 14-50 探测结果的图像显示

图 14-51 【动画】对话框

14.3.4 动画演示结果

动画演示将模型由初始状态到变形的过程用动画的效果演示出来，能够更直观地查看模型在载荷作用下的变化情况。

从菜单栏选择【Simulation】|【结果工具】|【动画】命令，弹出【动画】对话框，如图 14-51 所示。模型区重复播放动画效果，在对话框中调整【速度】选项，可以调整动画播放速度。单击【暂停】按钮，可以暂停播放。勾选【保存为 AVI 文件】选项，选择保存路径和名称之后，该动画保存为 avi 电影。

14.3.5 生成报告

Simulation 报告是将分析的内容生成 Word 文档的形式，包含了从模型到约束、加载和计算结果的全过程。分析报告是向第三方展示分析过程的文档依据。

从菜单栏选择【Simulation】|【报告】命令，弹出【报告选项】对话框，如图 14-52 所示。对于不同的分析类型，报告格式也就不同，图 14-52 所示是静态算例的报告格式。下面以该报告格式为例，介绍对话框中几个重要选项。

- 报表分段：此列表中列出了报表所包含的内容，可根据需求选择。
- 分段属性：在报表分段中选中某个分段，然后编辑该分段的属性，可以修改分段的名称，添加说明文字等。
- 标题信息：关于此设计的一些私人信息。
- 报表路径：选择生成报表存放的位置。
- 文档名称：生成的 word 报表文件名。

设置报告选项之后，单击对话框下的【出版】按钮，系统开始生成报表，进度提示如图 14-53 所示，完成后系统自动打开该报告文件。

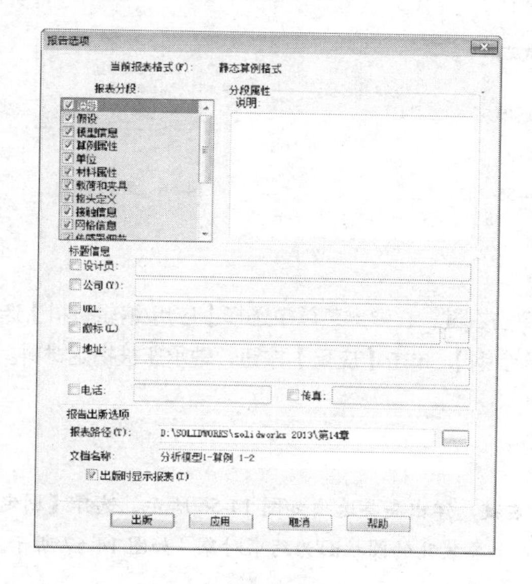

图 14-52　【报告选项】对话框

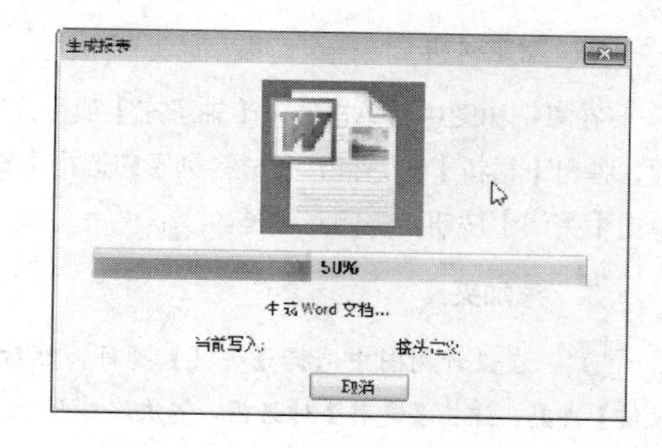

图 14-53　报表生成进度

14.4 案例实战——轴承座的静应力分析

本节对一个轴承座的模型进行静应力分析，模型如图 14-54 所示。在进行分析之前，对模型有以下几个假设：

- 轴承座用 4 个螺栓固定，螺栓对底座的约束视为固定铰链，该约束限制底座平移，但不限制其转动。

➢ 轴承座底面受到基础的约束为滚柱支承，该约束限制底座垂直方向移动，但不限制平面方向移动。

➢ 轴承座受到的载荷为轴承施加在圆柱面上的载荷，方向竖直向下。

1. 新建算例

01 打开素材库中的“第 14 章/14.4 轴承座.sldprt”文件，模型如图 14-54 所示。

02 插入 Simulation 插件，从菜单栏选择【Simulation】|【算例】命令，弹出【算例】对话框，选择算例类型为静应力分析，为算例命名为“轴承座的静应力分析”，单击【确定】✓新建算例，窗口左侧生成算例树图，如图 14-55 所示。

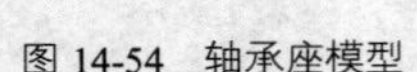

图 14-54　轴承座模型

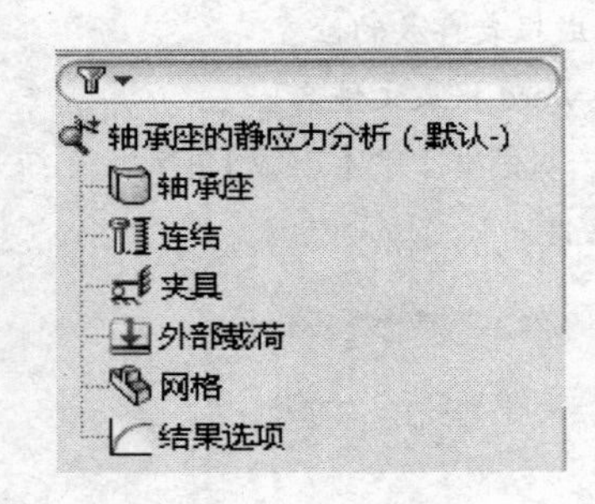

图 14-55　算例树图

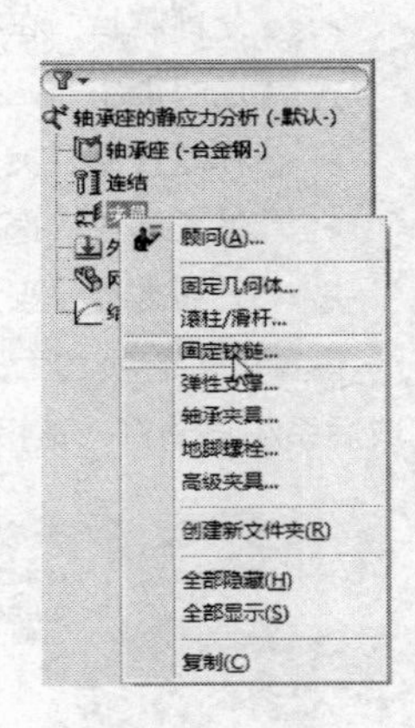

图 14-56　夹具选项

2. 指定材料

在算例树图中，单击选中【轴承座】项目，然后单击右键，在弹出菜单中选择【应用/编辑材料】选项，弹出【材料】对话框，在材料列表中选择【铸造合金钢】，单击【应用】按钮，轴承座被指定材料。单击【关闭】按钮，关闭对话框。

3. 添加夹具

01 在设计树图中选择【夹具】项目，然后单击右键，弹出夹具选项如图 14-56 所示。选择【固定铰链】夹具，弹出【夹具】对话框，依次在模型上拾取 4 个安装孔的圆柱面为约束对象，如图 14-57 所示。单击【确定】✓，完成夹具添加。

02 再次添加夹具，在夹具选项菜单中，选择【滚柱/滑杆】夹具，弹出【夹具】对话框，在模型上拾取轴承座底面为约束对象，如图 14-58 所示。单击【确定】✓，完成夹具添加。

4. 添加载荷

01 转到【特征】面板，单击【参考几何体】按钮，在弹出菜单中选择【点】命令，弹出【点】对话框，选择参考点方式为【圆弧中心】，然后选择轴承座圆形边线，如图 14-59 所示。单击【确定】✓，创建基准点。

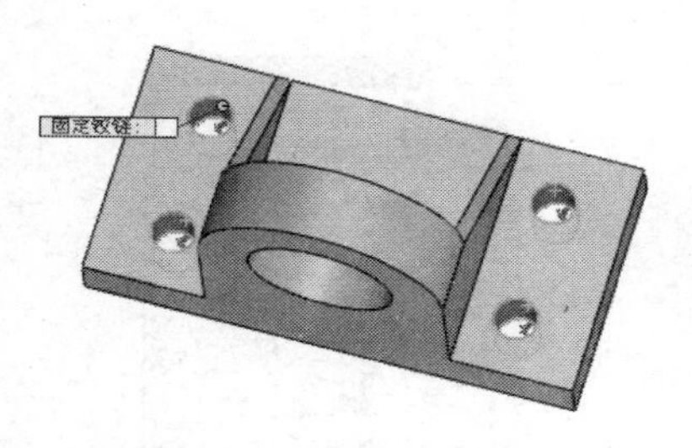

图 14-57 添加固定铰链夹具

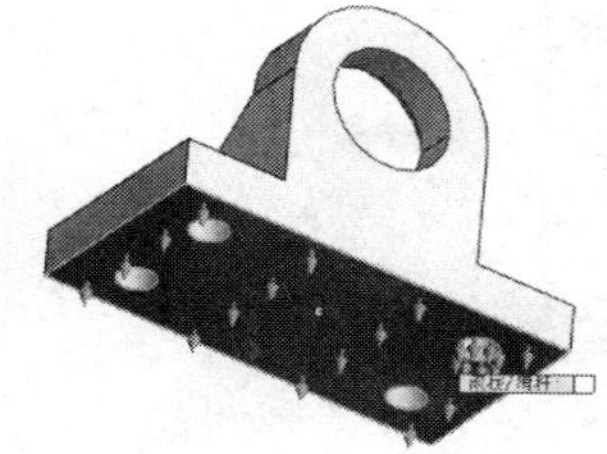

图 14-58 添加滚柱/滑杆夹具

图 14-59 创建参考点

02 再次单击【参考几何体】按钮，选择【坐标系】命令，弹出坐标系对话框。

03 在坐标系对话框中，【原点】选择创建的基准点，如图 14-60 所示。X 轴方向参考选择轴承座侧面，如图 14-61 所示。Y 轴方向参考选择轴承座底面，如图 14-62 所示，并保证 Y 轴向方向向下。单击【确定】，创建的坐标系如图 14-63 所示。

图 14-60 选择坐标系原点

图 14-61 选择 X 轴方向参考

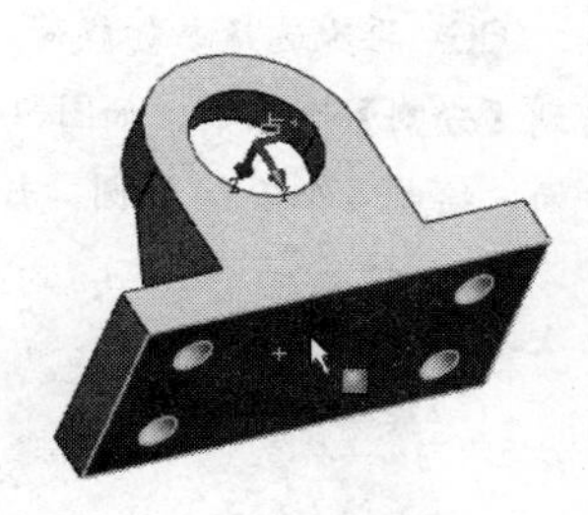

图 14-62 选择 Y 轴方向参考

04 在算例树图中选中【外部载荷】项目，然后单击右键，弹出载荷选项如图 14-64 所示，选择【轴承载荷】，弹出【轴承载荷】对话框。

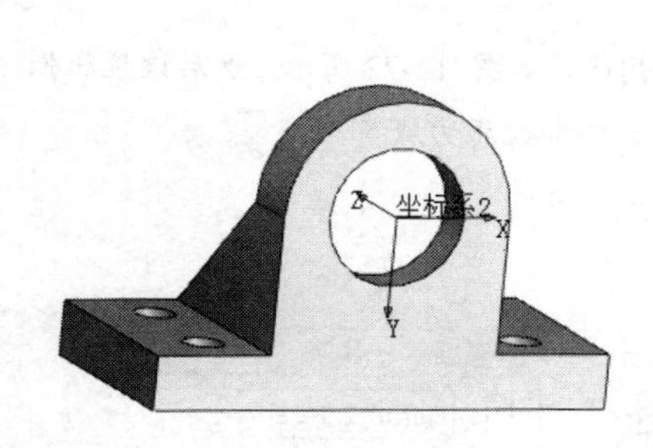

图 14-63 创建的坐标系

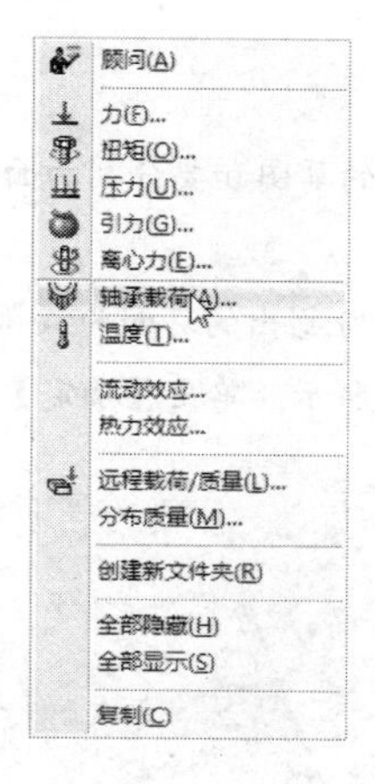

图 14-64 载荷选项

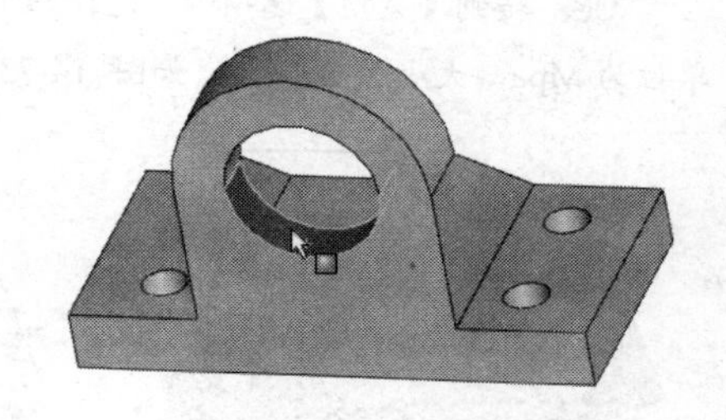

图 14-65 选择载荷作用面

05 在对话框中，载荷的作用面选择轴承座下半部分圆柱面，如图 14-65 所示。【参考坐标系】选择创建的坐标系。然后在【轴承载荷】选项组输入 X 方向载荷为 0，Y 方向载荷为 3000，分布方式选择正弦分布，对话框如图 14-66 所示，载荷预览如图 14-67 所示。单击【确定】，添加此载荷。

图 14-66　设置载荷数值

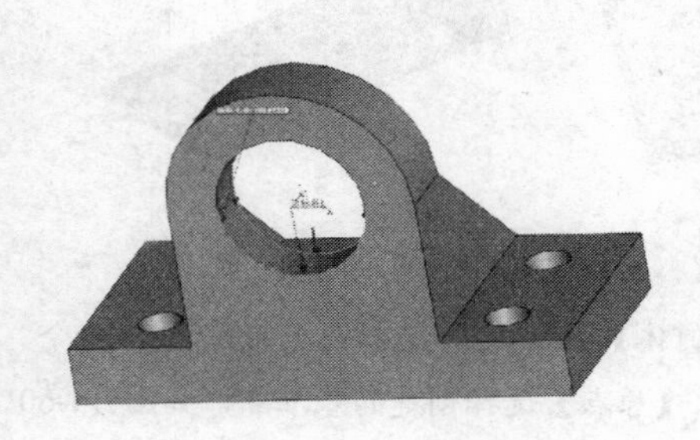

图 14-67　轴承载荷的预览

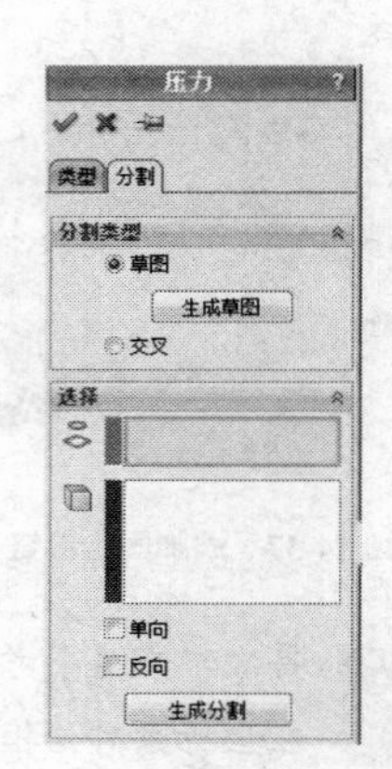

图 14-68　分割选项卡

06 再次选择添加载荷，载荷选项菜单中，选择【压力】载荷，弹出【压力】对话框。在对话框中转到【分割】选项卡，如图 14-68 所示。单击【生成草图】按钮，然后选择如图 14-69 所示平面为草图平面，绘制 4 个Φ14 的圆，如图 14-70 所示。然后单击【退出草图】按钮，退出草图模式。

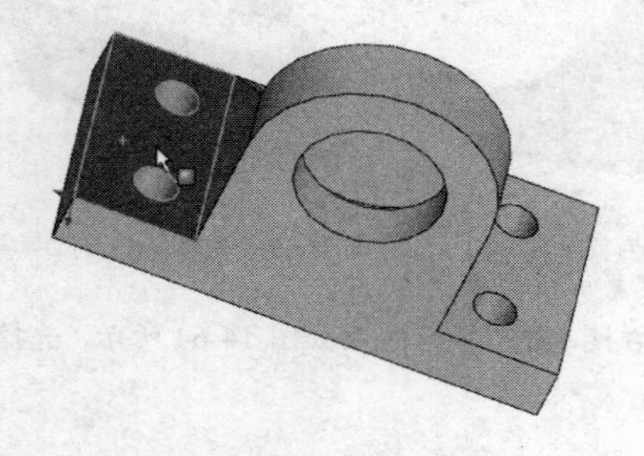

图 14-69　选择草图平面

图 14-70　绘制分割草图

07 在【分割】选项卡中，选择投影的草图和要分割的面，如图 14-71 所示。然后单击【生成分割】按钮，所选面被圆形草图分割。

08 转到【类型】选项卡，选择四个分割出的环面为载荷作用面，如图 14-72 所示。然后设置压强单位为 Mpa，大小为 20Mpa，如图 14-73 所示。单击【确定】✔，添加此压力载荷。

图 14-71　选择要分割的面

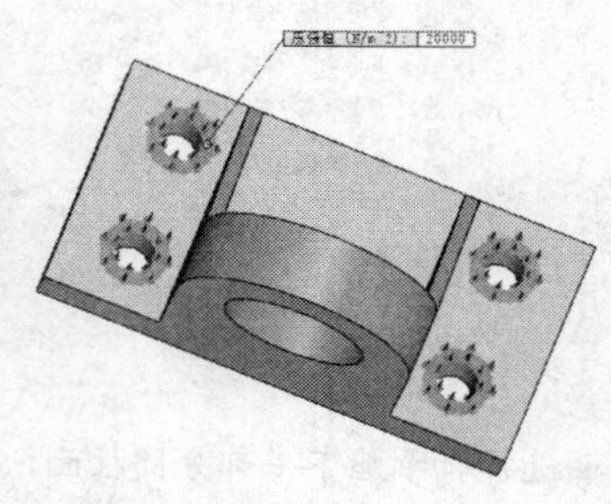

图 14-72　选择载荷作用面

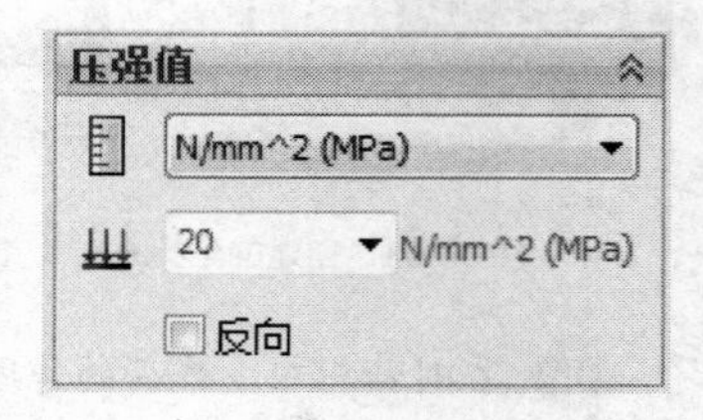

图 14-73　设置压强数值

5. 设置网格划分

01 在算例树图中，单击选中【网格】项目，然后单击右键，弹出菜单如图 14-74 所示，选择【生成网格】命令，弹出【网格】对话框。

02 在对话框中，勾选【网格参数】选项组，然后自定义网格大小，如图 14-75 所示。单击✔【确定】，创建的网格如图 14-76 所示。

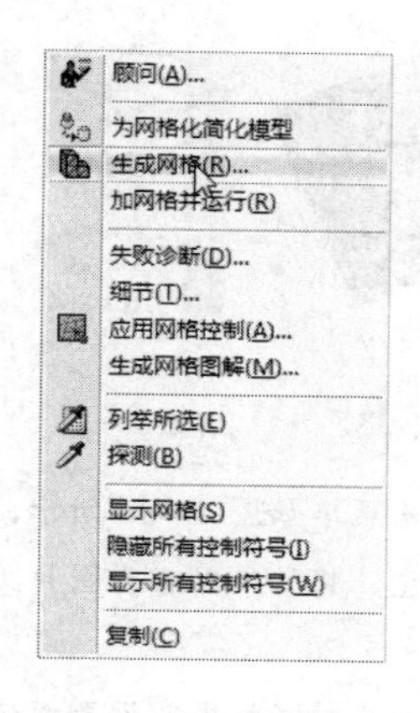

图 14-74　网格菜单命令

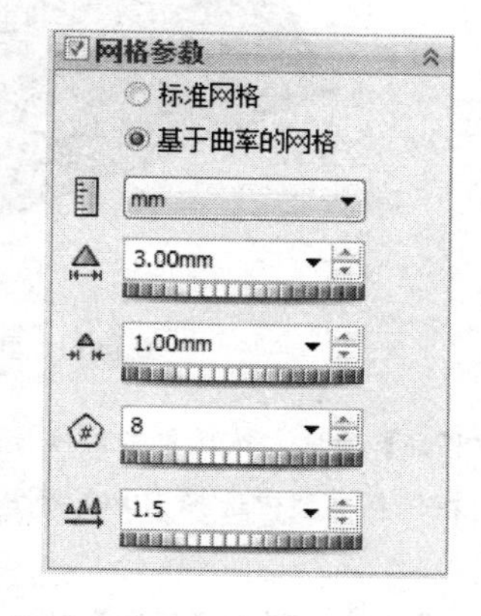

图 14-75　设置网格参数

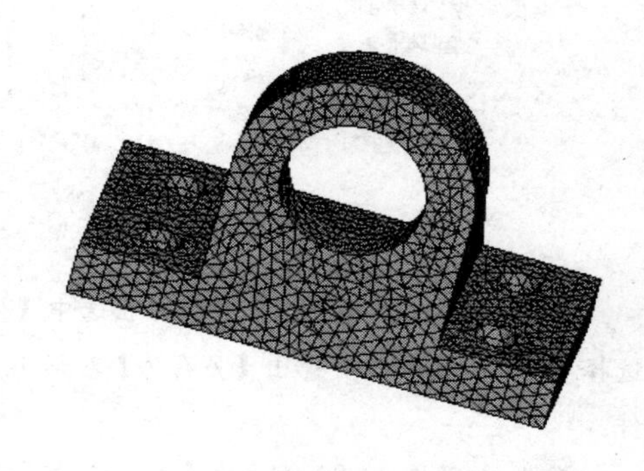

图 14-76　生成的网格

6. 运行计算

01 在算例树图中，单击选中算例标题，然后单击右键，展开菜单如图 14-77 所示，选择【运行】命令，系统开始求解，并显示求解进度，如图 14-78 所示。

02 计算完成后，模型区显示计算的应力结果，如图 14-79 所示。

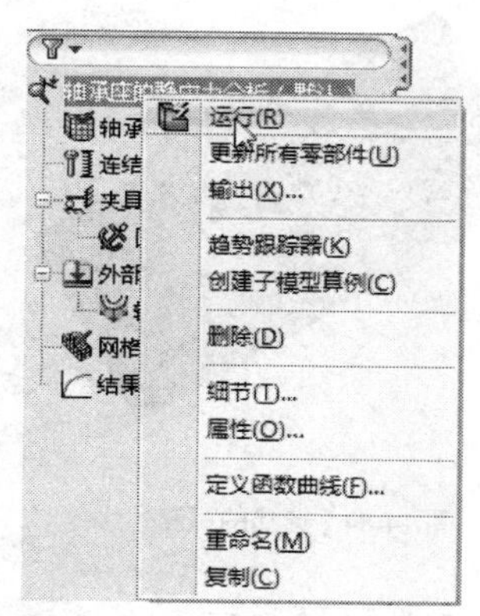

图 14-77　【运行】命令

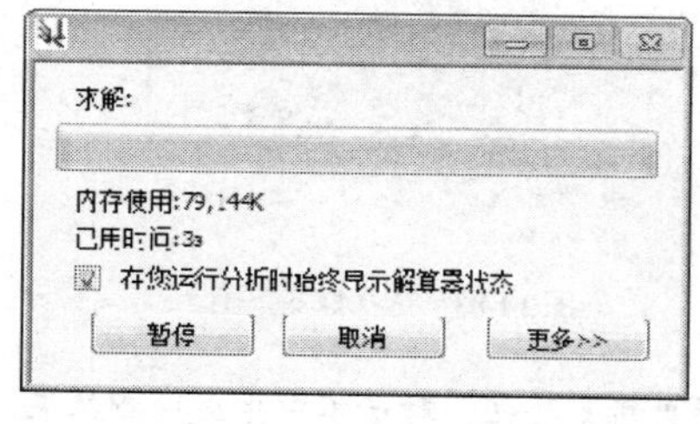

图 14-78　求解进度条

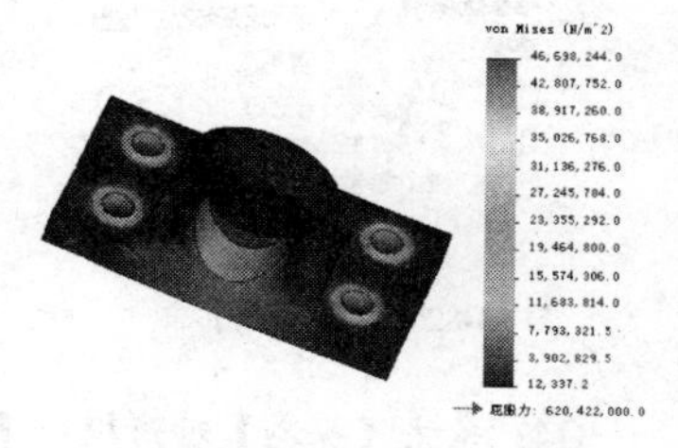

图 14-79　结果云图

7. 查看和保存结果

01 在算例树图的结果栏，单击选中【位移 1】项目，然后单击右键，弹出菜单如图 14-80 所示，单击【显示】命令，模型区的结果变为位移的结果，如图 14-81 所示。

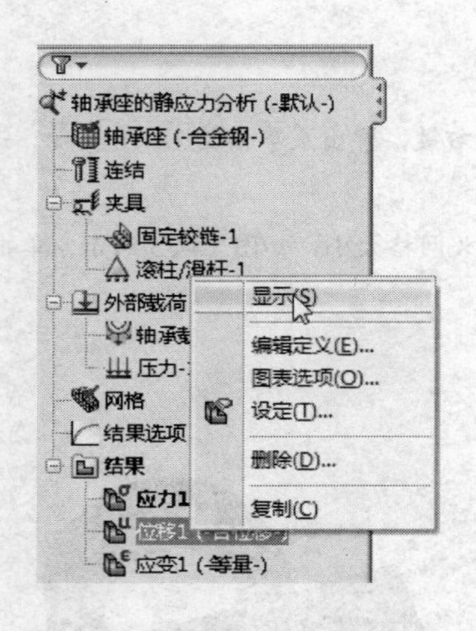

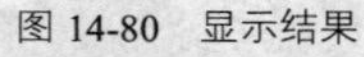

图 14-80 显示结果

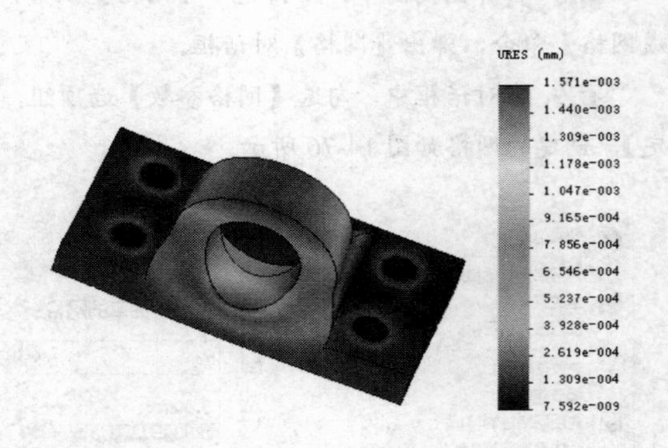

图 14-81 显示的位移结果

02 在算例树图的结果栏，单击选中【位移 1】项目，然后单击右键，弹出菜单如图 14-82 所示，选择【另存为】命令，弹出【另存为】对话框，在保存类型中选择 JPEG 文件类型，将结果保存为图片文件。

03 打开图 14-82 所示的菜单。选择【探测】命令，弹出【探测】对话框。在对话框中，设置探测范围为【在所选实体上】，对话框如图 14-83 所示。然后选择模型上的一条边线，如图 14-84 所示。

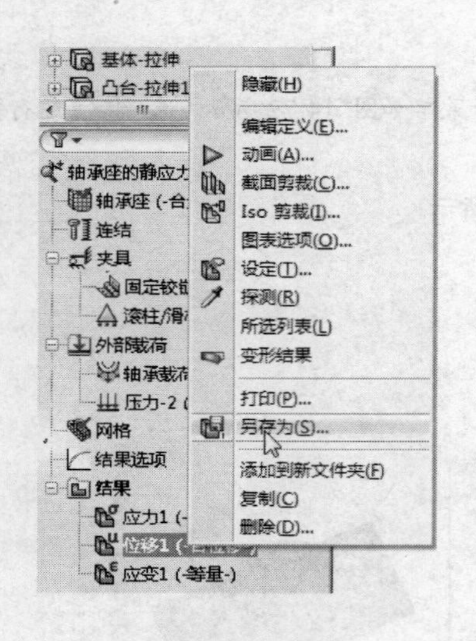

图 14-82 【另存为】命令

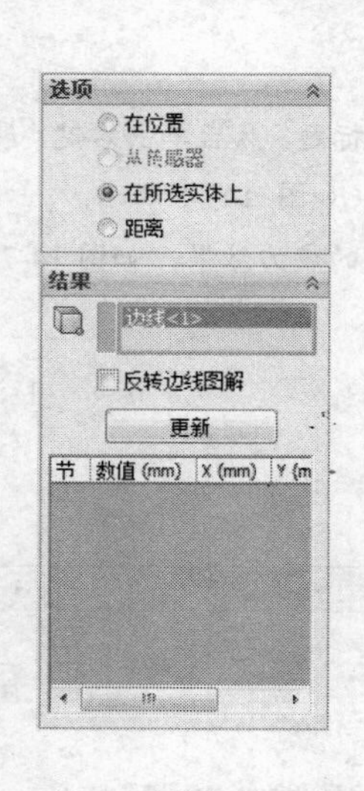

图 14-83 选择探测范围

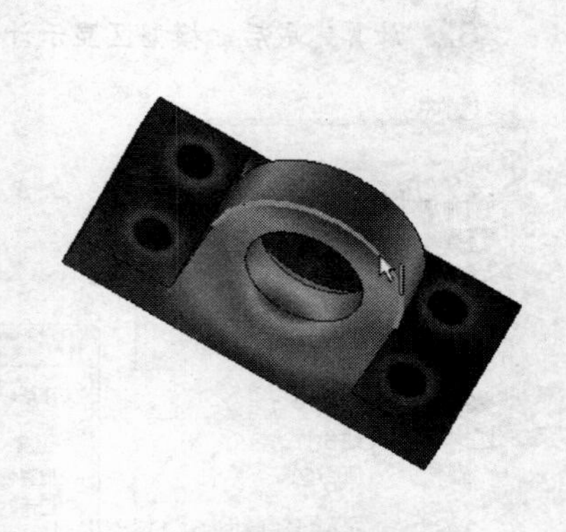

图 14-84 选择的探测边线

04 单击【探测】对话框中【更新】按钮，对话框中生成探测结果，如图 14-85 所示。

05 单击【探测】对话框中，单击【报告选项】选项组中【图解】按钮，生成图解结果如图 14-86 所示。从图解中清楚地看出边线中点的位移最大，在图解上移动指针，对话框底部动态地显示指针所在位置的数值，如图 14-87 所示。

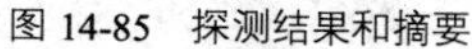

图 14-85　探测结果和摘要

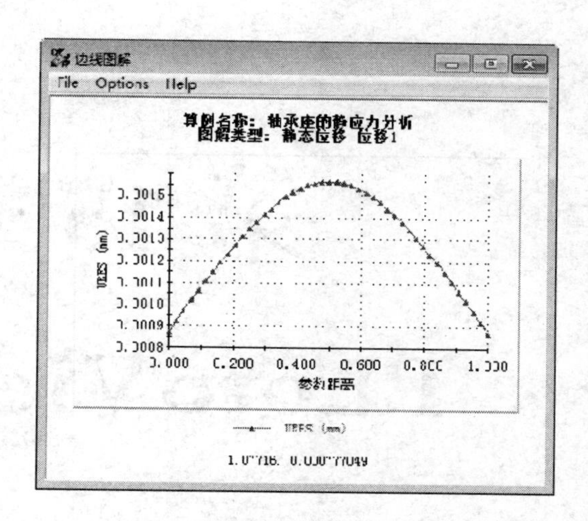

图 14-86　探测结果的图解

06 从图解对话框菜单栏选择【File】|【Save As】命令，将图解保存。单击【探测】对话框中【确定】按钮，结束探测。

8. 生成报告

01 从菜单栏选择【Simulation】|【报告】命令，弹出【报告选项】对话框。单击对话框中【出版】按钮，生成一个 Word 格式的报告文档。

02 选择保存模型文件，退出 SolidWorks 软件。保存文件的同时，整个算例也随之保存。再次打开轴承座模型，在窗口底部选项卡上，可以在模型、运动算例、算例之间切换，如图 14-88 所示。

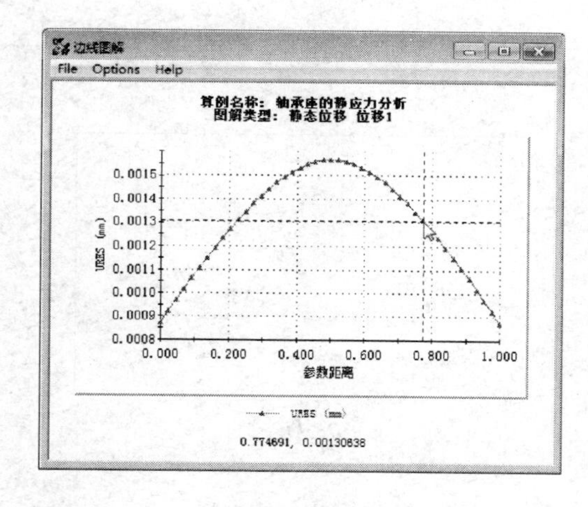

图 14-87　指针动态查看图解结果

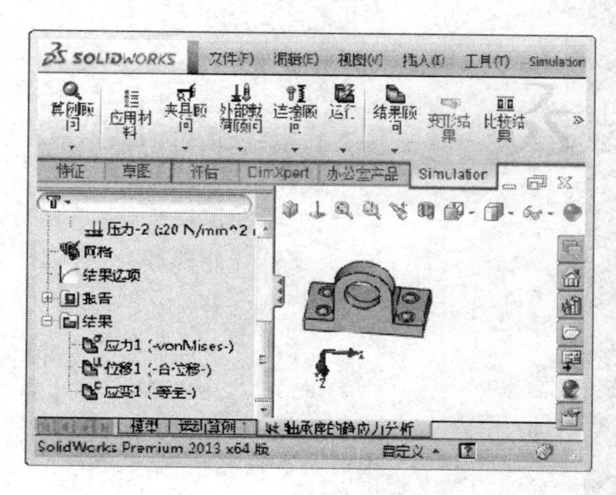

图 14-88　底部选项卡切换

第 15 章

PhotoView360 渲染

本章导读：

SolidWorks 在启动时，可以看到一些实际设计案列，如跑车、锅炉、收割机等，这些模型有极强的真实感和光泽效果，这都归功于 SolidWorks 强大的渲染功能。本章的目的就是介绍 SolidWorks 渲染工具 PhotoView360，学习本章之后，读者也能够掌握基本的渲染方法，将模型渲染出理想的效果。

学习目标：

- 渲染概述
- 外观
- 贴图
- 布景和光源
- 最终渲染和输出
- 案例实战

15.1 渲染概述

在前面的章节中，学习过设置布景和更改模型颜色，但仅此并不能达到很强的真实感。SolidWorks 渲染功能通过材质、光照、布景等设置，以最大程度模拟真实环境下的模型。

本节主要介绍渲染的基本知识，使读者了解 SolidWorks 渲染的一般步骤，本节主要内容如下：

➢ 渲染的过程。
➢ PhotoView360 插件简介。

15.1.1 渲染的过程

真实环境中的模型外观取决于以下三个要素：

➢ 模型自身的材质特点：包括其颜色、纹理等。
➢ 模型所在的空间环境：即布景，不同的布景会对模型的外观效果产生影响。
➢ 光照条件：包括光源性质、光照强度，光源位置等。

同样，在 SolidWorks 中，模型的渲染也包含这三个要素的设置，渲染流程如下：

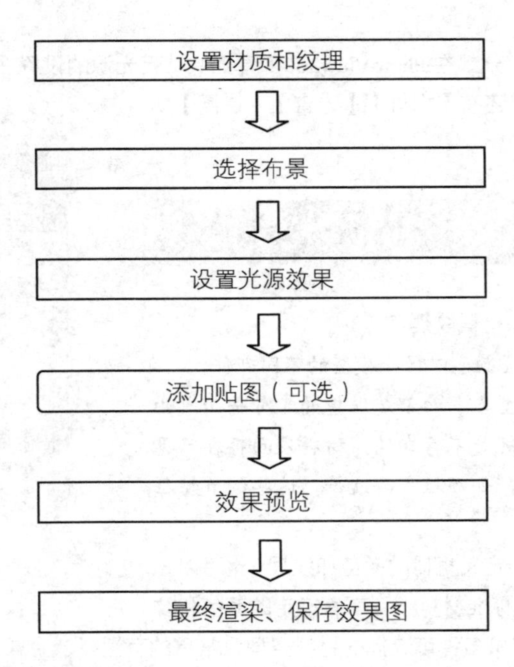

15.1.2 PhotoView360 插件简介

SolidWorks 的默认界面不包含渲染工具，而是提供一个插件 PhotoView360。从 SolidWorks2011 开始，PhotoView360 渲染插件取代原有的 PhotoWorks 插件，至今，SolidWorks2013 又增强了 PhotoView360 的功能。

从菜单栏选择【工具】|【插件】命令，弹出【插件】对话框如图15-1所示。在对话框中勾选PhotoView360项目，单击【确定】即插入PhotoView360插件。插入之后，菜单栏中增加了PhotoView360，工具面板上增加了【渲染工具】面板，如图15-2所示。

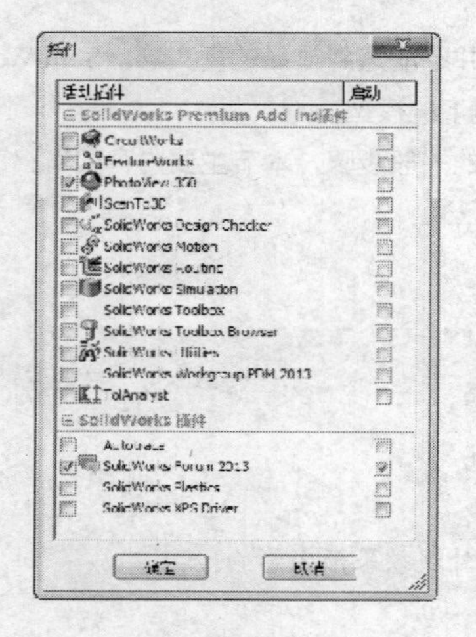

图15-1 插件对话框

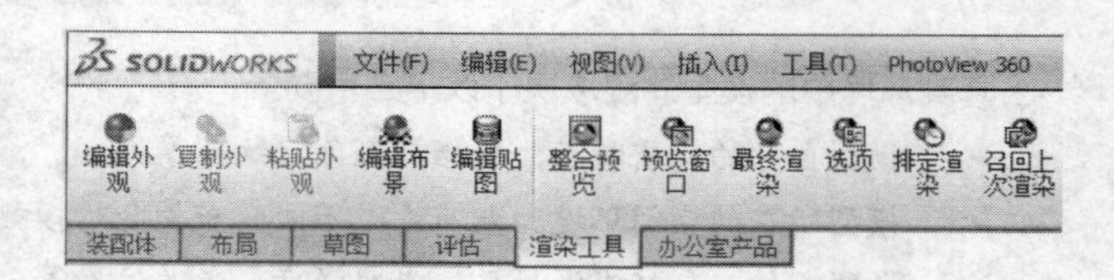

图15-2 【渲染工具】面板

SolidWorks的渲染工具大部分都在PhotoView360菜单栏中，但光源的设置在DisplayManager（显示管理）中，如图15-3所示。同时还有【相机】、【走查】、【快照】功能，这些功能将在后面介绍。

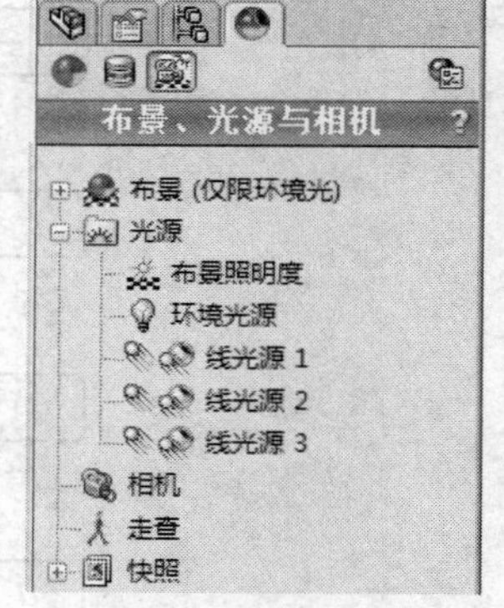

图15-3 光源设置

15.2 外观

材料的外观包括材料颜色和材料纹理。

- 材料颜色：为材料设置颜色以区分模型的不同部件。
- 材料纹理：创建的模型各表面都是理想的光滑平面或曲面，在现实中这种情况是不存在的。材料表面存在可见或不可见的微观细节，如颗粒，条纹等，这些细节特征就是材料的纹理。

在SolidWorks中，既可以自定义材料的颜色和纹理，也可以直接在材料库选择材料类型，这些标准材料类型都有指定的颜色和纹理，无需再设置。SolidWorks提供多种可选择的材料类型，常用的有塑料、金属、油漆等，各种类型下又细分为许多种类。

15.2.1 外观编辑界面

单击【渲染工具】面板上的【编辑外观】按钮，或从菜单栏选择【PhotoView360】|【编辑外观】选项，窗口右侧展开任务窗格【外观、布景和贴图】，如图15-4所示。同时窗口左侧弹出【颜色】对话框，

如图 15-5 所示。单击【颜色】对话框中的【高级】按钮，对话框转为高级设置模式，如图 15-6 所示。

材料外观编辑功能集中在图 15-4 所示的任务窗格和图 15-6 所示的对话框中。

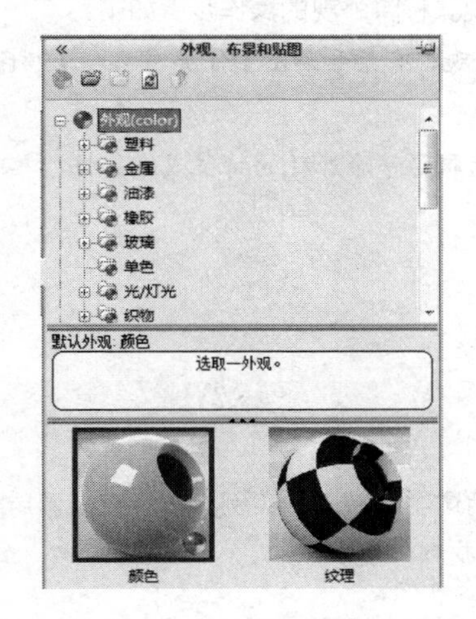

图 15-4 【外观、布景和贴图】任务窗

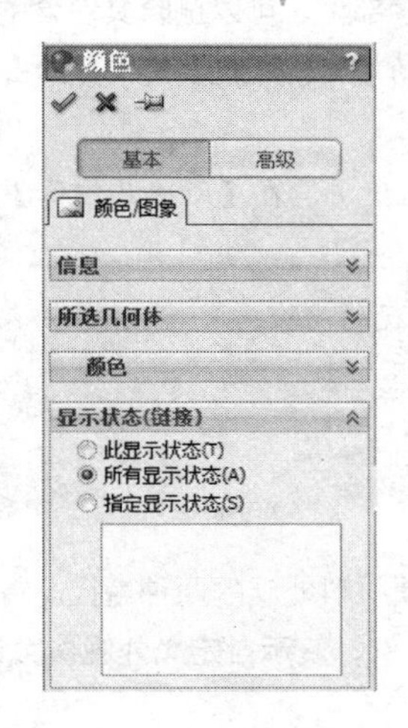

图 15-5 【颜色】对话框基本选项

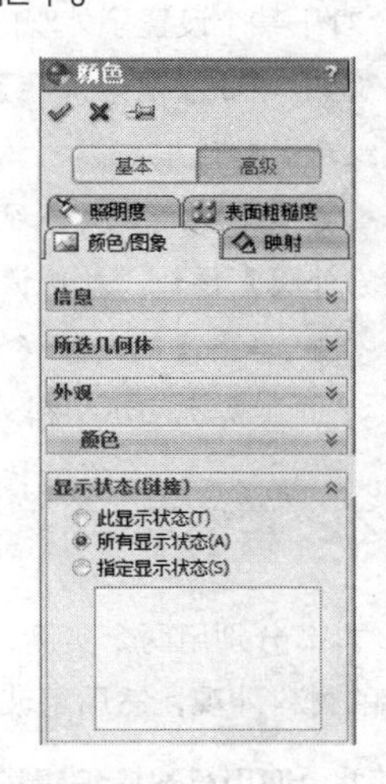

图 15-6 【颜色对话框】高级选项

1. 调用材料库的外观

材料库中的外观包含了材料的颜色和纹理，是设置标准材料外观的简便方法，操作方法如下：

单击【渲染工具】面板上的【编辑外观】按钮，弹出【外观、布景和贴图】任务窗格和【颜色】对话框。

在窗格中展开【外观】选项，选择需要的材料类型，在任务窗格下方弹出该类型的所有材料。

单击选择某种材料，【颜色】对话框变为该材料名称的对话框，例如选择【抛光钢】，对话框标题由【颜色】变为【抛光钢】。

在【所选几何体】选择外观的应用范围，可以选择某个面，或者某个特征，乃至整个零部件。

对话框中外观参数如果没有特殊要求，一般不必再设置。单击【确定】✔，完成外观的编辑。

2. 设置自定义的材料外观

对于材料库中没有的材质，或者希望设置个性化的外观，则可以自行设置外观参数。操作方法如下：

单击【渲染工具】面板上的【编辑外观】按钮，弹出【外观、布景和贴图】任务窗格和【颜色】对话框。

在任务窗格下选择编辑外观的类型，即编辑颜色或编辑纹理。如果选择编辑纹理，【颜色】对话框变为【纹理】对话框。

在对话框中选择【高级】选项卡，编辑外观的参数。如果选择编辑颜色，在【颜色】选项卡编辑颜色，在【照明度】选项卡编辑颜色亮度。

如果选择编辑纹理，在【映射】选项卡调整映射方式和映射框大小，改变纹理样式。

此外可以在【表面粗糙度】选项卡，选择一种表面突起样式。

单击【确定】✔，完成外观的编辑。

3. 移除外观

对于某个设置了外观的特征或零部件，可以删除其包含的外观。移除外观的操作步骤如下：

01 单击【渲染工具】面板上的【编辑外观】按钮，弹出【外观、布景和贴图】任务窗格和【颜色】（或纹理）对话框。

02 在【颜色】（或纹理）对话框中，在【所选几何体】栏选取要移除外观的特征或零部件，单击【移除外观】按钮，外观被移除。

03 单击【确定】✔，完成外观的移除。

下面用实例演示材料外观的编辑方法。

15.2.2 实例示范

本节分别用两个实例，介绍编辑材料外观的两种途径。首先用透明玻璃盖的实例，演示直接调用材料库的材料外观，然后用玻璃杯的实例，演示自定义外观参数设置材料外观。

1. 调用材料库编辑模型外观

01 打开素材库中的“第 15 章/15.2.2 编辑外观/玻璃盖.sldasm”文件，如图 15-7 所示。

02 插入 PhotoView360 插件，单击【渲染工具】面板上的【编辑外观】按钮，在【外观、布景和贴图】任务窗中，依次展开【外观】|【塑料】，选择【高光泽】塑料，如图 15-8 所示。在任务窗格下方显示高光泽塑料的选项，如图 15-9 所示。

图 15-7 盖子装配体素材

图 15-8 选择材料类型

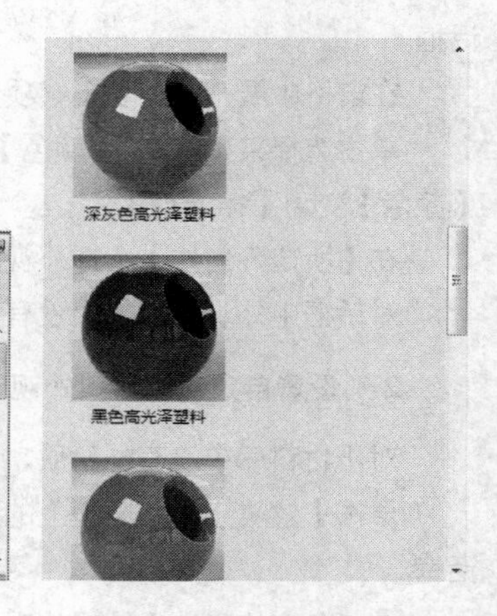

图 15-9 选择材料具体类型

03 单击选择【黑色高光泽塑料】，窗口左侧对话框变为【黑色高光泽塑料】对话框，如图 15-10 所示。

04 选择【颜色/图像】选项卡，在【所选几何体】选项组下勾选【应用到零部件层】，选择盖子提手为应用的零部件，对话框如图 15-11 所示。

05 由于材料类型中已经包含了颜色，因此无需再设置颜色，单击【确定】✔，完成材料设置，效果如图 15-12 所示。

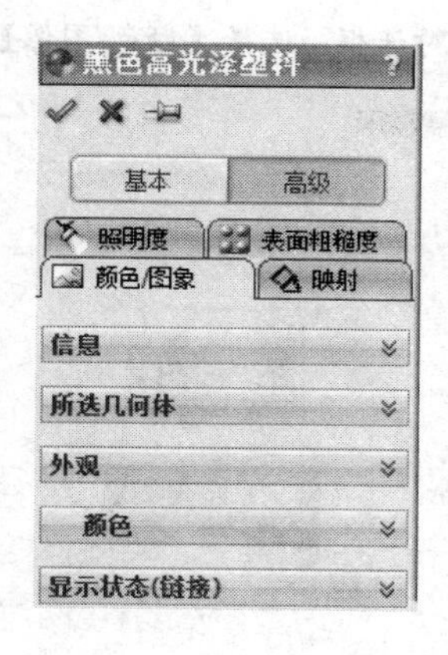

图 15-10 【高光泽塑料】对话框

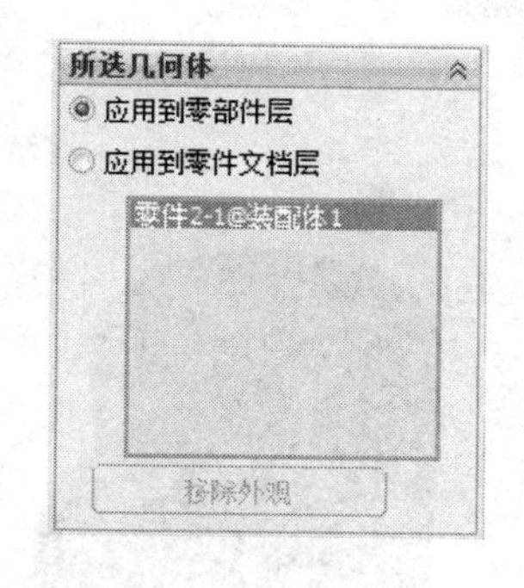

图 15-11 选择外观的应用范围

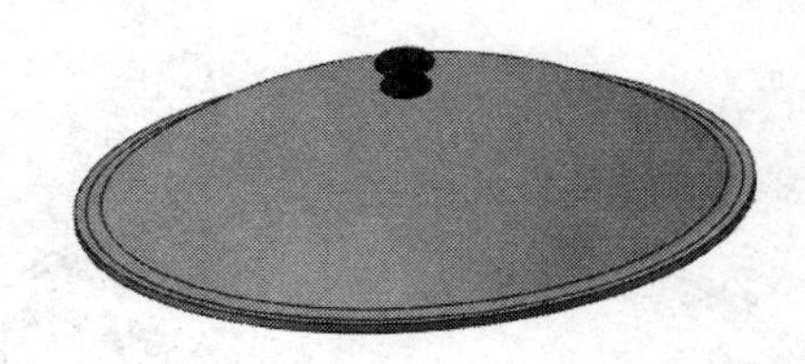
图 15-12 黑色高光泽塑料效果

06 单击【渲染工具】面板上的【编辑外观】按钮，在【外观、布景和贴图】任务窗中，依次展开【外观】|【玻璃】，单击选择【厚高光泽】，如图 15-13 所示。

07 在任务窗格下的材料选项中选择【透明厚玻璃】，如图 15-14 所示。窗口左侧对话框变为【透明厚玻璃】对话框，如图 15-15 所示。

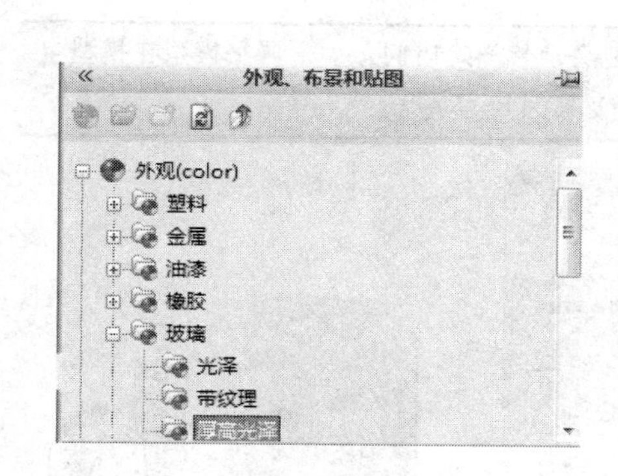

图 15-13 选择玻璃材料类型

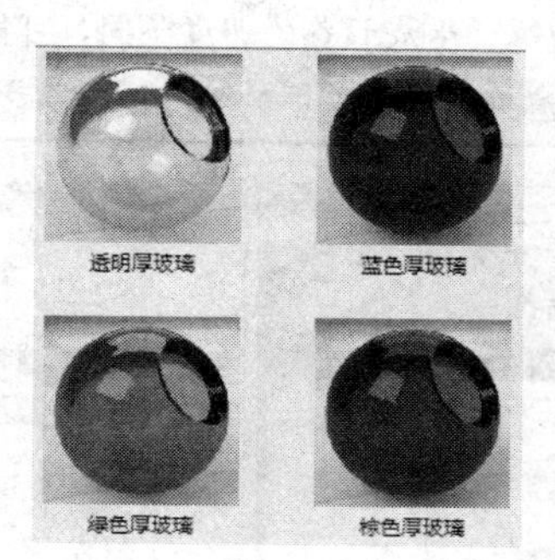

图 15-14 选择具体玻璃类型

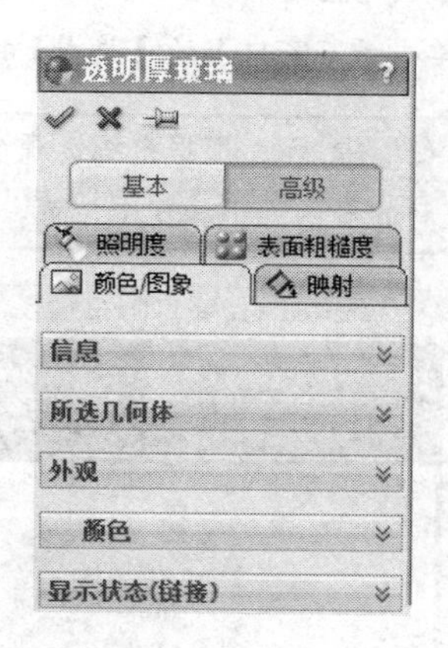

图 15-15 【透明厚玻璃】对话框

08 选择【颜色/图像】选项卡，在【所选几何体】选项组下勾选【应用到零部件层】，选择圆盖板为应用的零部件。单击【确定】，完成盖板的材料设置，效果如图 15-16 所示。

> **提 示**：图 15-16 所示的外观效果只是模型区的显示效果，要查看更具真实感的模型效果，单击【渲染工具】面板上的【整合预览】按钮，或者单击【预览窗口】按钮，前者将在模型区直接生成预览，后者将弹出一个新的预览窗口。

2. 自定义参数编辑模型外观

01 打开素材库中的“第 15 章/15.2.2 玻璃杯.sldprt”文件，如图 15-17 所示，该模型尚未设置外观，因此真实感不强。

02 单击【渲染工具】面板上的【编辑外观】按钮，弹出【颜色】对话框。选择【颜色/图像】选项卡，在【所选几何体】选项组选择杯子为应用的零部件。

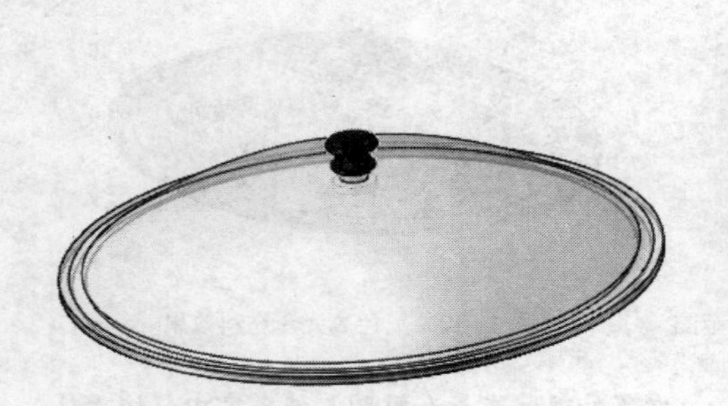

图 15-16 透明厚玻璃材料效果

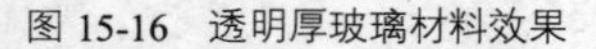

图 15-17 水杯模型素材

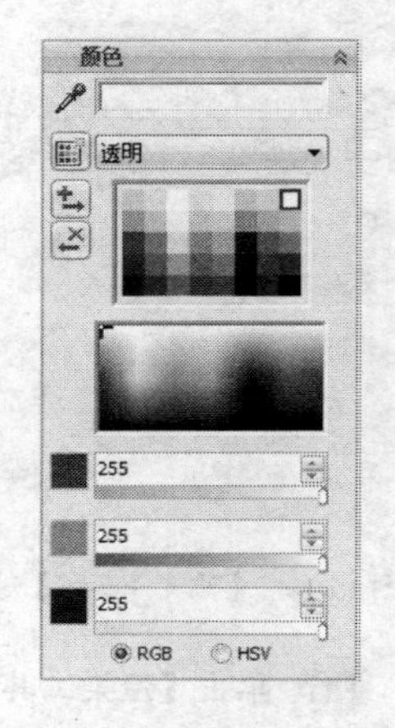

图 15-18 设置材料颜色

03 在调色板设置颜色，在颜色样式中选择【透明】，然后选择右上角的白色，如图 15-18 所示。单击【渲染工具】面板上的【预览窗口】按钮，弹出预览窗口如图 15-19 所示，生成水杯的效果预览。单击预览窗口上的【关闭】按钮退出预览。

提 示：根据系统资源情况，生成预览的速度不同，可能会消耗一定时间。如果调整模型在模型空间的视图大小和视图位置，渲染预览窗口中的预览图会随之更新。

图 15-19 模型预览窗口

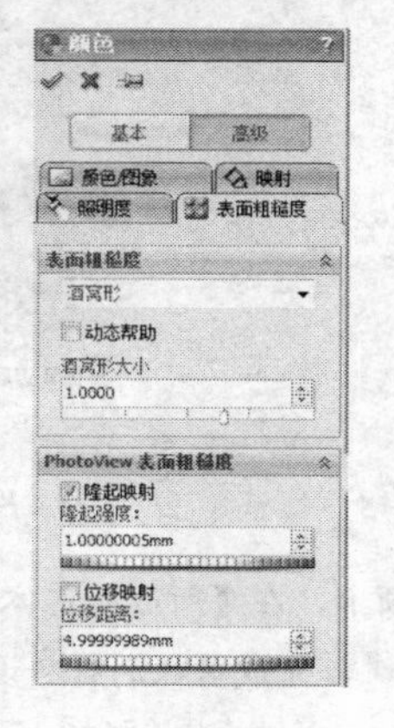

图 15-20 表面粗糙度对话框

图 15-21 表面粗糙度形状控制

04 在【颜色】对话框中，转到【表面粗糙度】选项卡，如图 15-20 所示，在表面粗糙度类型中选择【酒窝形】，在模型上出现调整框，如图 15-21 所示。调整框用来调整表面粗糙度突起或凹陷的形状，按住鼠标左键调整边角，调整至所需形状，如图 15-22 所示。

提 示：如果调整框只能改变大小，而不能改变宽高比，请转到对话框中【映射】面板，在【大小和方向】选项组下，去掉【固定宽高比例】选项，如图 15-23 所示。

05 单击【渲染工具】面板上的【预览窗口】按钮，弹出预览窗口如图 15-24 所示，生成水杯的效果预览。

06 单击【确定】退出编辑外观。

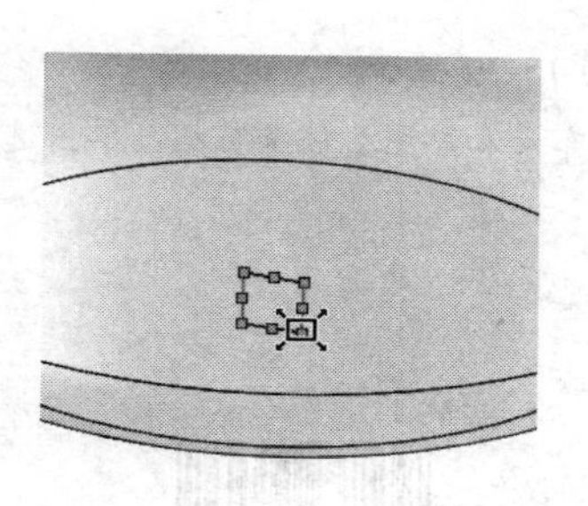

图 15-22 表面调整粗糙度形状

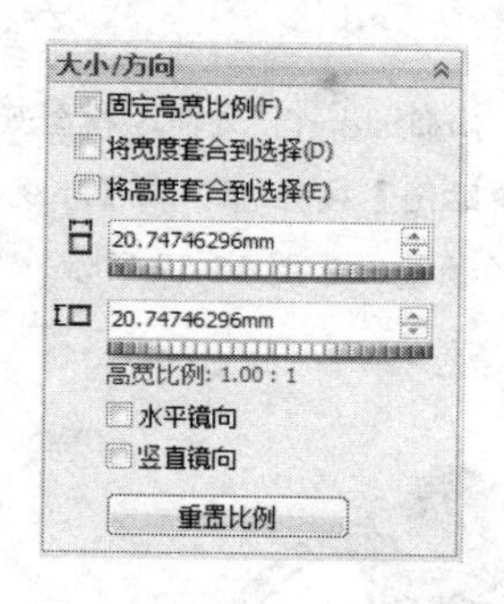

图 15-23 映射大小和方向控制

图 15-24 酒窝形粗糙度的预览效果

15.3 贴图

贴图是在三维模型上添加平面图形，类似于贴标签的效果。

15.3.1 贴图的操作界面

单击【渲染工具】面板上【编辑贴图】按钮，系统弹出【贴图】对话框，如图 15-25 所示。同时任务窗格弹出系统自带的贴图选项，如图 15-26 所示。如图 15-27 所示，从任务窗格展开选择【标志】，任务窗格下弹出标志列表供选择，如图 15-28 所示。

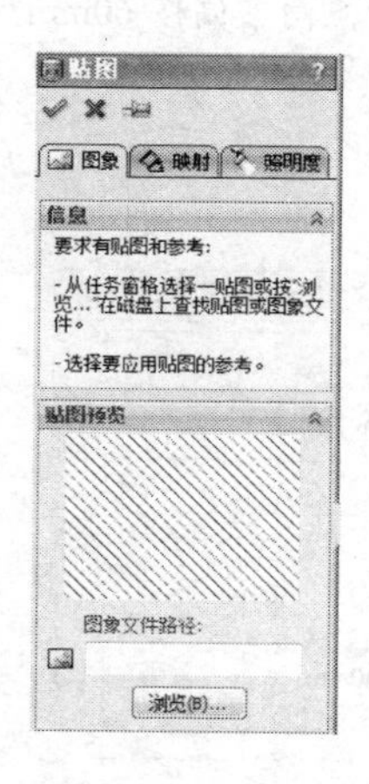

图 15-25 【贴图】对话框

图 15-26 SolidWorks 自带贴图

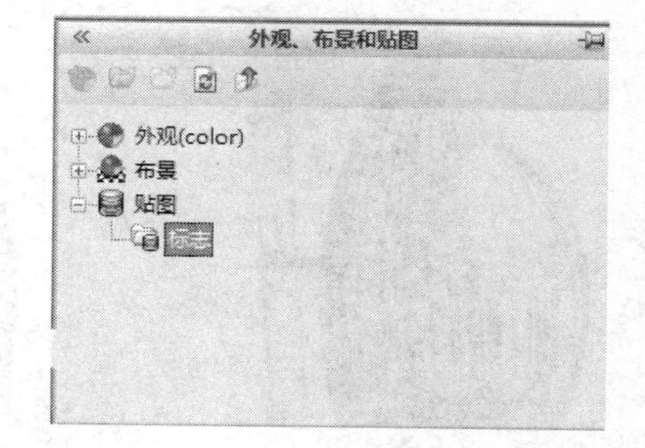

图 15-27 【贴图】下的标志文件夹

在系统贴图中选择一个图片，或者单击【贴图】对话框中的【浏览】按钮，查找自定义的图片源。选择图片之后，贴图对话框出现贴图预览。然后在模型区选择要贴图的模型，该模型上即生成指定贴图。

在【映射】选项卡中，可以编辑贴图的大小和方向，在【照明度】选项卡中可以编辑图片亮度。具体方法在下面的实例中演示。

15.3.2 实例示范

01 打开素材库中的"第 15 章/15.3.2 油瓶.sldprt"文件，模型如图 15-29 所示。

02 单击【渲染工具】面板上的【编辑贴图】按钮，在【外观、布景和贴图】任务窗格，单击选择【条码】贴图。【贴图】对话框出现条码的预览，如图 15-30 所示。

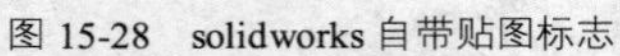

图 15-28 solidworks 自带贴图标志

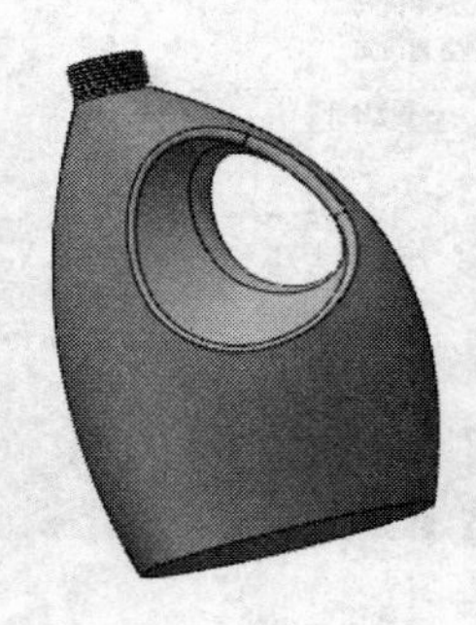

图 15-29 油瓶

图 15-30 贴图预览

03 单击选择瓶子，生成贴图效果如图 15-31 所示。调整映射框的大小，将贴图修改至合理大小，如图 15-32 所示。

04 在【贴图】对话框中，转到【照明度】选项卡，将【发光强度】修改为 0.2w/srm^2，贴图亮度增强。

05 在【贴图】对话框中，转到【映射】选项卡，设置轴方向为 XY，并沿原点向下偏移 60mm，对话框如图 15-33 所示。贴图的位置改变，如图 15-34 所示。

06 单击【确定】完成贴图。

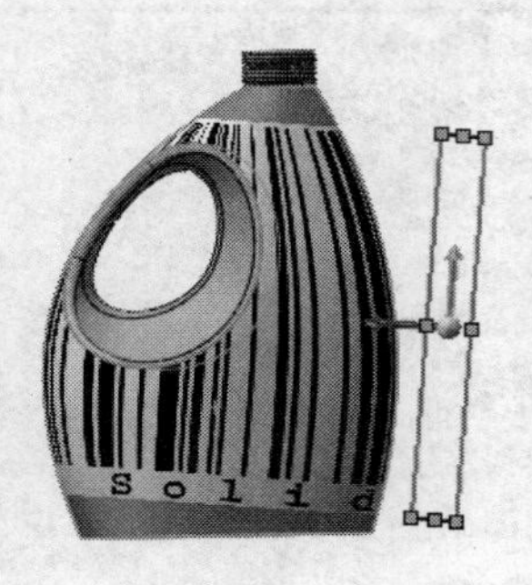

图 15-31 选择贴图对象

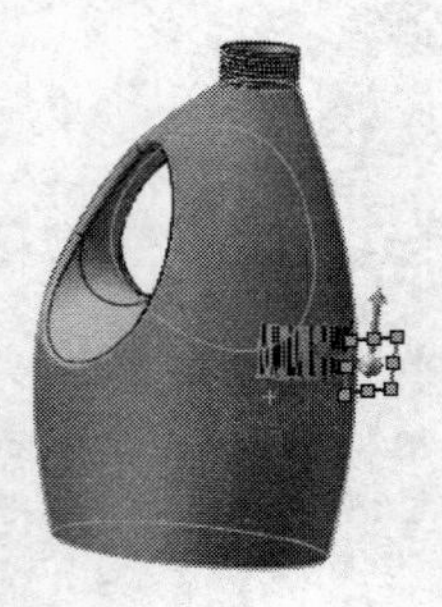

图 15-32 调整贴图大小

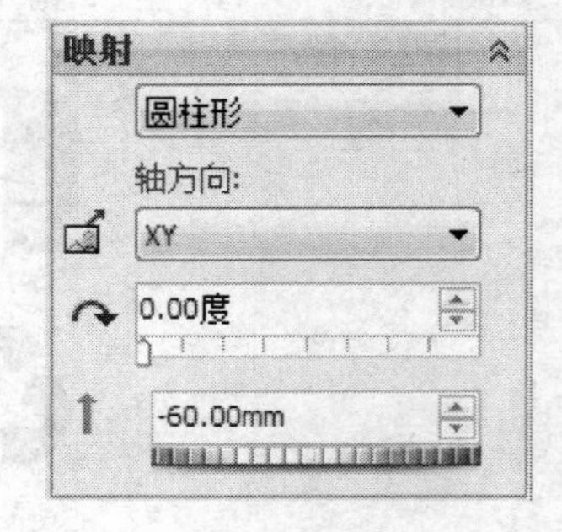

图 15-33 修改映射位置

07 再次单击【编辑贴图】按钮，弹出【贴图】对话框，单击对话框下的【浏览】按钮，打开光盘素材"第 15 章/15.3.2 美孚标志.JPEG"图片文件，对话框中贴图预览如图 15-35 所示。

08 单击选择瓶子为贴图对象，生成贴图效果如图 15-36 所示。调整映射框的大小，将贴图修改至合理大小，如图 15-37 所示。

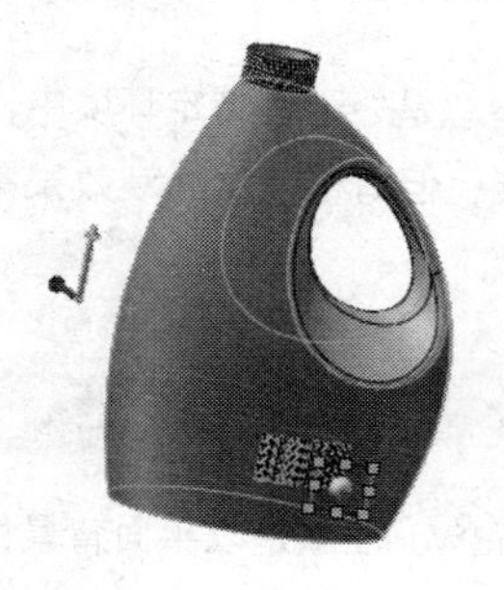

图 15-34 修改位置后的贴图

图 15-35 贴图预览

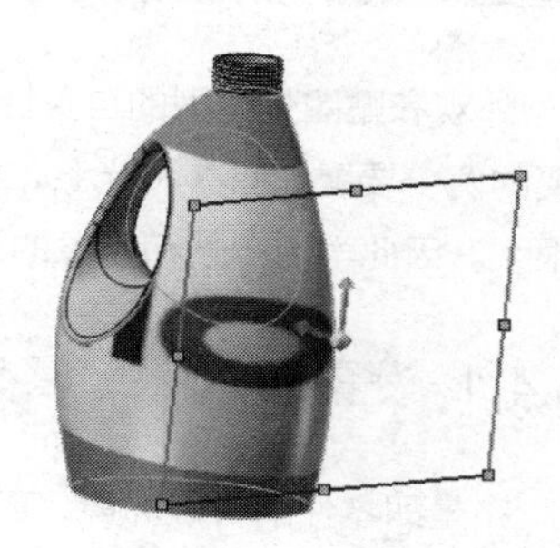

图 15-36 选择贴图对象

09 在【映射】对话框中，将【轴方向】设置为 XY。贴图变换到视图的 XY 平面方向，如图 15-38 所示。

10 在【映射】对话框中，修改绕轴心旋转角度为 180 度，如图 15-39 所示。贴图旋转 180°，转到条码的对面，如图 15-40 所示。

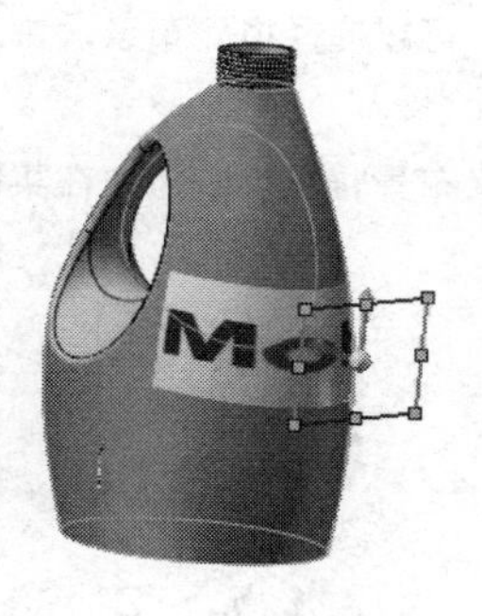

图 15-37 调整贴图大小

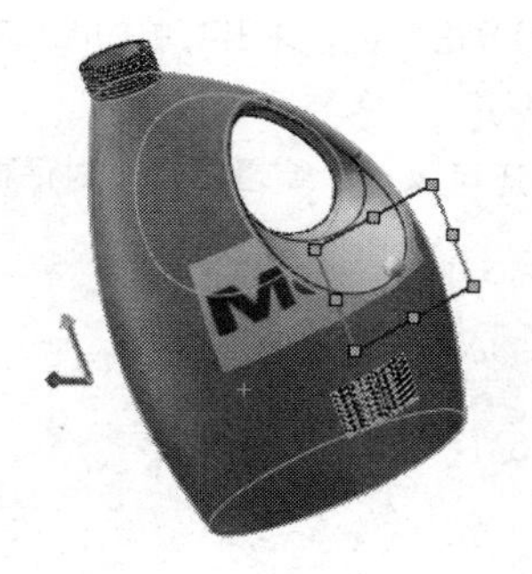

图 15-38 改变映射方向的效果

图 15-39 设置旋转角度

11 将指针移动到映射框坐标原点黄色球附近，指针附近出现移动符号，如图 15-41 所示。按住左键拖动指针，将贴图向下移动，如图 15-42 所示。

12 单击【确定】完成贴图。

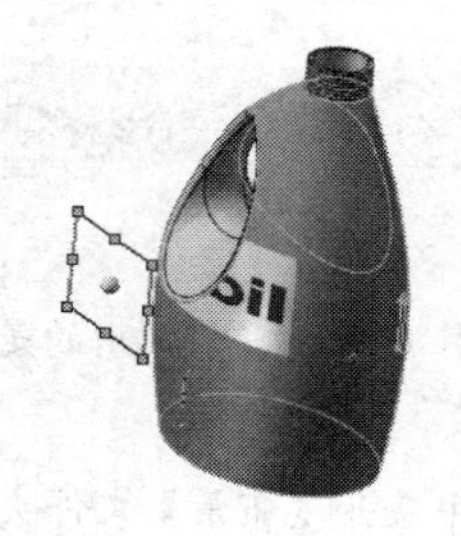

图 15-40 贴图旋转的效果

图 15-41 指针的平移符号

图 15-42 移动贴图位置

15.4 布景和光源

外观和贴图是模型的自身性质，直接影响模型的外观效果。现实中模型总是处于一特定环境中，最主要的两个要素即布景和光源，模型布景和光源虽然是模型的外部环境因素，但对模型的外观效果影响也很大。因此学习布景和光源的设置，对于创建更具真实感的模型十分重要。

15.4.1 设置布景

布景即零件的背景环境，真实环境中模型的背景是三维世界，而在 SolidWorks 中是以平面背景最大程度模拟三维环境的效果。在前面几章零件建模过程中，某些地方已经用到初步的背景设置，例如本书大部分的插图，是将背景设置为【单白色】之后，再进行的截图。在前导视图工具栏，单击【设置布景】按钮，弹出布景选项，从中选择一个布景。这是前面设置布景用到的方法，这种方法只能选择系统默认的布景。

本节介绍设置布景的高级方法，单击【渲染工具】面板上的【编辑布景】按钮， 弹出【编辑布景】对话框，如图 15-43 所示。同时【外观、布景和贴图】任务窗格展开布景文件夹，如图 15-44 所示。单击选择一种布景类型，在任务窗格下展开该布景的选项，如图 15-45 所示。单击选择某个布景，模型区的布景随之更改。选择某个布景，然后单击右键，弹出菜单如图 15-46 所示，可以选择将此布景设置为默认布景，这样每次启动软件都进入该布景。

除了在任务窗格选择系统布景，还可以在【编辑布景】对话框中自定义布景，具体的方法在实例中演示。

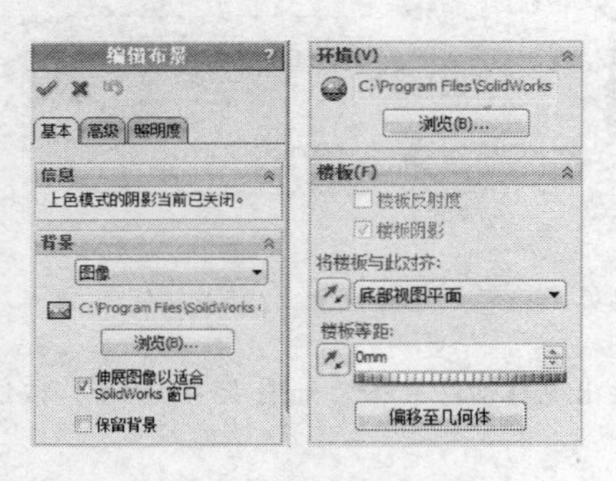

图 15-43 编辑布景对话框

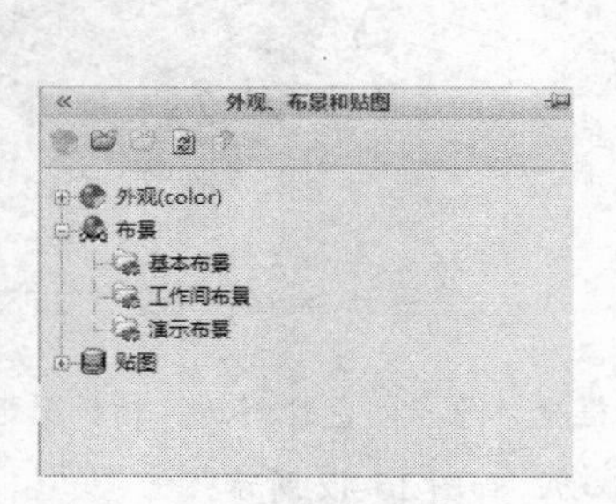

图 15-44 任务窗格

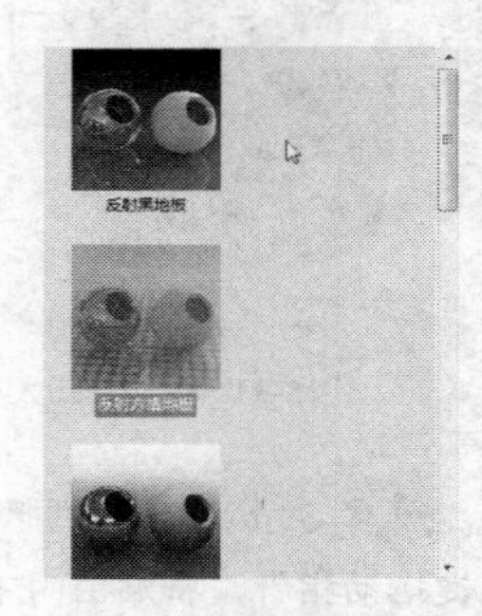

图 15-45 任务窗格中的布景选项

15.4.2 设置布景实例示范

本实例向读者演示选择系统布景和自定义布景的方法。

01 打开素材库中的“第 15 章/15.4.2 摇柄.sldprt”文件，模型如图 15-47 所示，当前使用的是【单白色】布景。

02 单击【渲染工具】面板上【编辑布景】按钮，在右侧任务窗格中展开【布景】文件夹，单击选择【演示布景】，如图 15-48 所示。任务窗格下弹出布景选项如图 15-49 所示，单击选择厨房背景。

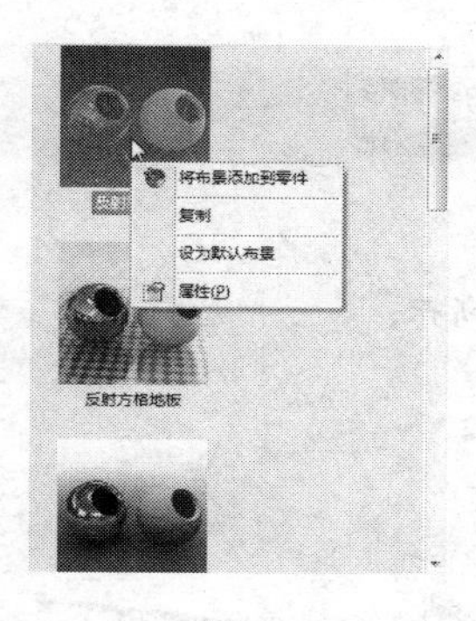

图 15-46 右键弹出菜单

图 15-47 模型素材

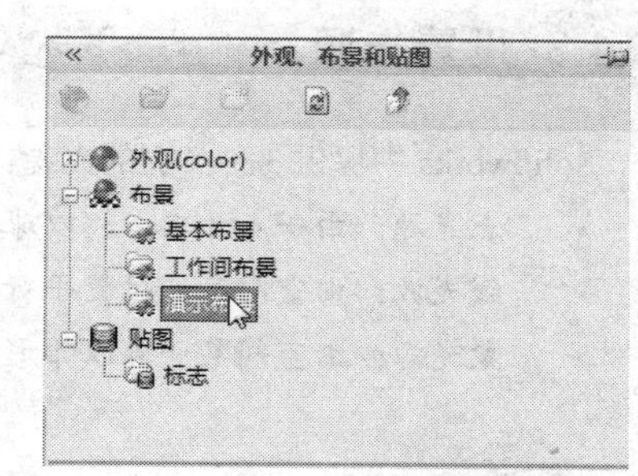

图 15-48 选择布景类别

03 单击【渲染工具】面板上的【预览窗口】按钮，弹出预览窗口如图 15-50 所示，生成曲柄的效果预览。

04 保持预览窗口，在【编辑布景】对话框中转到【照明度】选项卡，调整渲染的照明度，参数如图 15-51 所示。预览的效果也随之改变，如图 15-52 所示。

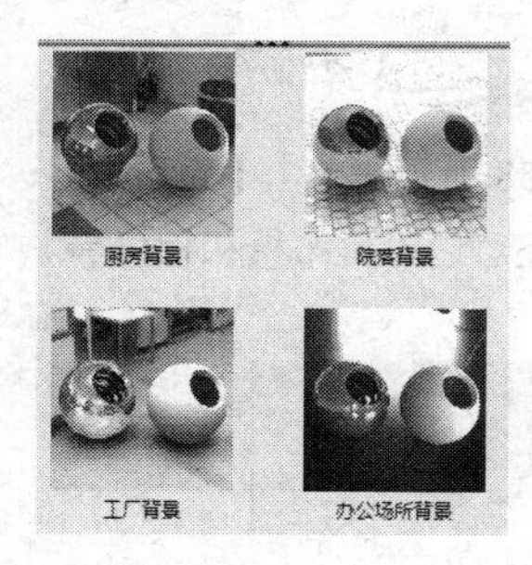

图 15-49 布景选项

图 15-50 调整照明度参数

图 15-51 布景的渲染预览

05 关闭预览窗口，单击【编辑布景】对话框中【确定】，完成布景的设置。

06 再次单击【编辑布景】按钮，在【编辑布景】对话框中，背景选项选择为【图像】，如图 15-53 所示。弹出【浏览】按钮，浏览到素材库中“第 15 章/15.4.2 背景素材.JPEG”文件，模型的背景图像更改，如图 15-54 所示。

图 15-52 调整亮度后的效果

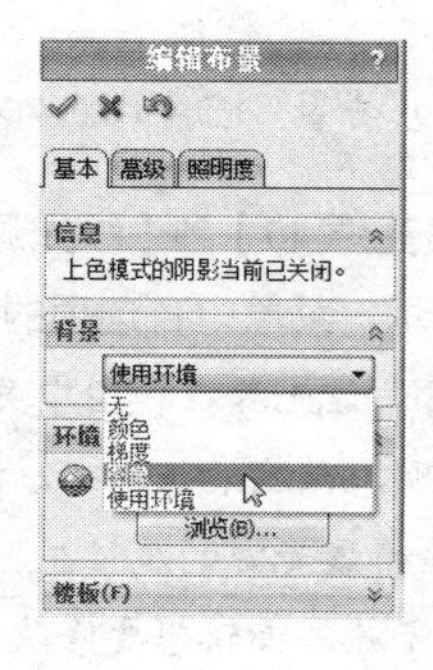

图 15-53 选择背景模式

图 15-54 自定义的背景图像

15.4.3 设置光源

Solidworks 中提供 3 种类型的光源，即点光源、线光源和聚光源。

➢ 点光源：由一点为中心，以球状向四周发散的光源，如图 15-55 所示。

➢ 线光源：由空间某一位置平行射出的光源，如图 15-56 所示。

➢ 聚光源：由空间某一点以锥形发散的光源，如图 15-57 所示。

图 15-55 点光源

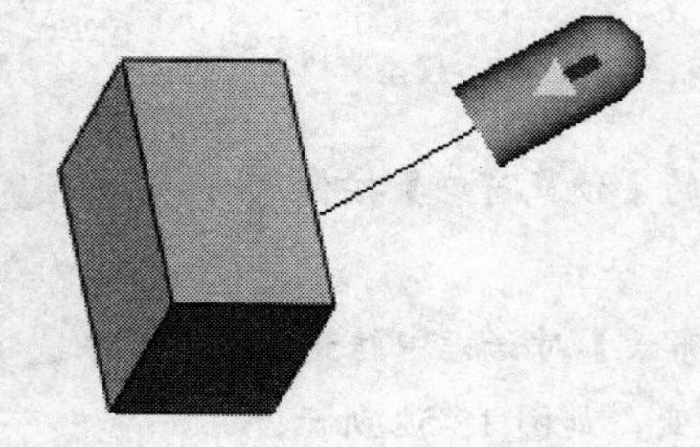

图 15-56 线光源

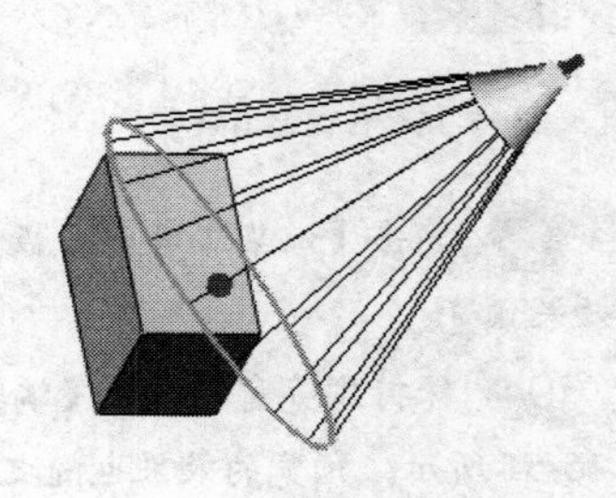

图 15-57 聚光源

在窗口左侧管理器区，展开 DisplayManager（显示管理器），如图 15-58 所示。单击【查看布景、光源和相机】选项，展开选项如图 15-59 所示。在此列表中可以设置光源，还可以设置布景和相机等。

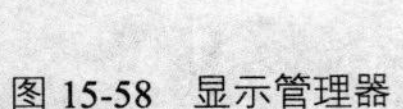

图 15-58 显示管理器

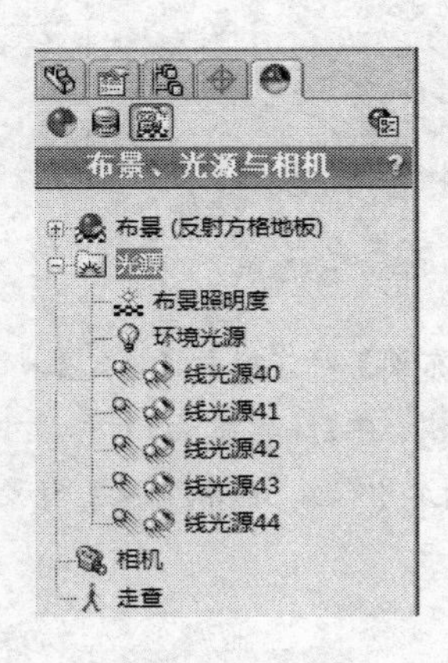

图 15-59 布景、光源和相机列表

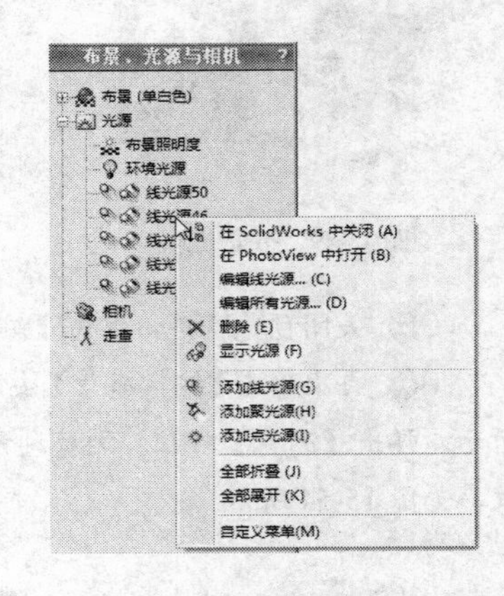

图 15-60 右键展开菜单

如图 15-59 所示，列表中列出的【线光源 40】到【线光源 44】是当前环境中的所有光源。选择某个光源，单击右键，展开菜单如图 15-60 所示，菜单中各选项的含义如下：

➢ 在 SolidWork 中关闭：选择此项，该光源在模型中关闭。关闭之后，此光源在列表中灰色显示。

➢ 在 PhotoView 中打开：选择此项，在渲染效果中，该光源将打开。

➢ 编辑线光源（编辑聚光源）：编辑该光源的属性。

➢ 编辑所有光源：同时显示所有光源，编辑想要修改的光源。

➢ 删除：删除当前选中的光源。

➢ 显示光源：注意此选项是显示所有光源，不只是显示当前选中的光源。

- 添加线光源：将在环境中添加一个线光源，添加的光源出现在光源列表中。
- 添加聚光源：将在环境中添加一个聚光源。
- 添加点光源：将在环境中添加一个点光源。

15.4.4 设置光源实例示范

本实例演示在模型上添加和编辑光源的方法，并在预览窗口中预览光照效果。

01 打开素材库中的“第 15 章/15.4.4 工字钢.sldprt”文件，模型如图 15-61 所示。

02 在窗口左侧管理器区，展开 DisplayManager（显示管理器），单击【查看布景、光源和相机】按钮，展开列表如图 15-62 所示。

03 单击选中【线光源 1】，然后单击右键，在弹出菜单中选择【编辑线光源】命令。弹出【线光源 1】的属性对话框，如图 15-63 所示。

图 15-61　工字钢模型素材

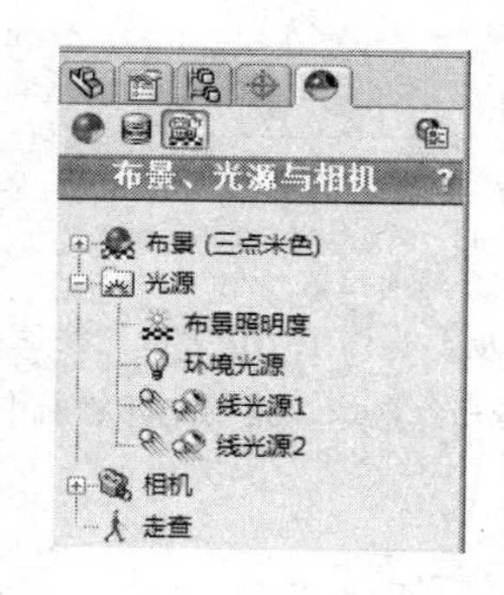

图 15-62　布景、光源与相机列表

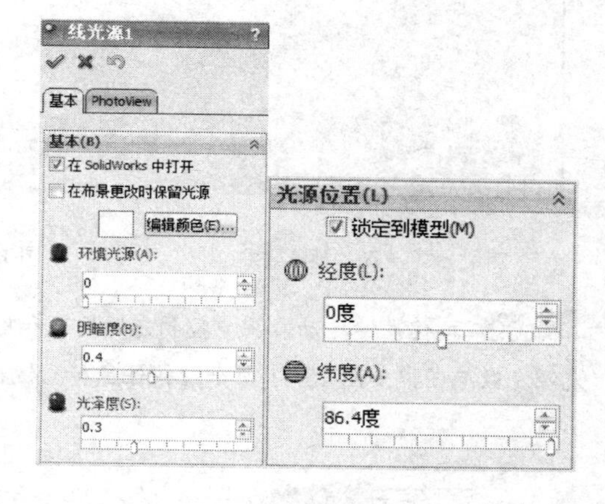

图 15-63　线光源对话框

04 在【基本】选项卡中，分别调整环境光源、明暗度和光泽度查看光照强度的变化。如图 15-64 所示，是将环境光强度调到极大的夸张效果。在光源位置调整经度和纬度数值，模型区光源的位置发生改变，如图 15-65 所示。也可以在模型区，按住左键拖动光源上黄色小球，改变光源的位置。

05 在对话框中，转到 PhotoView 选项卡，如图 15-66 所示，勾选【在 PhotoView 中打开】选项，然后单击【渲染工具】面板上的【预览窗口】按钮，观察光源效果，如图 15-67 所示。

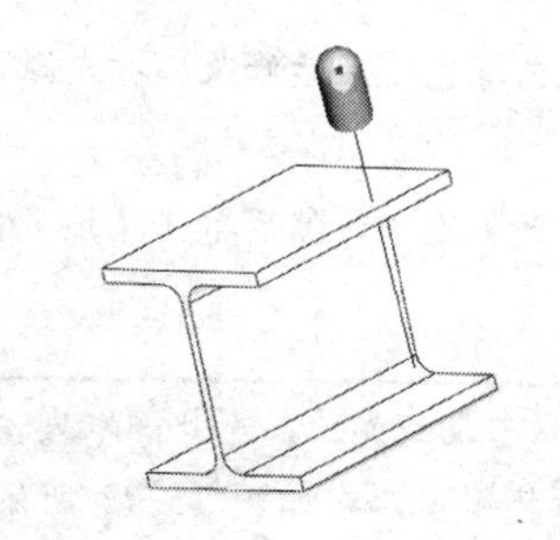

图 15-64　调整环境光源强度的效果

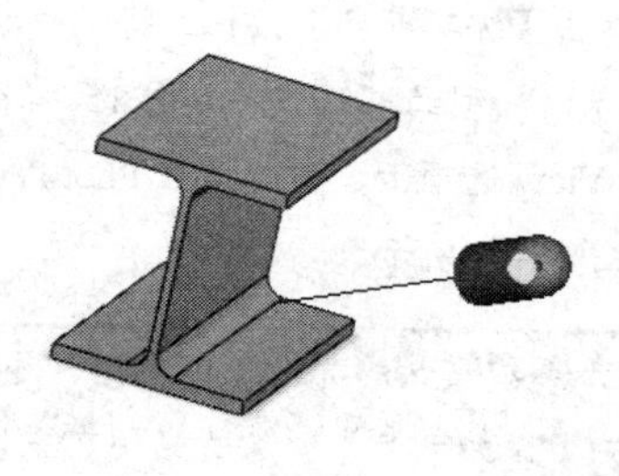

图 15-65　改变光源位置的效果

图 15-66　PhotoView 选项卡

06 在图 15-66 所示对话框界面调整明暗度，在模型区移动光源位置，观察光照效果。

07 关闭预览窗口，然后单击【线光源 1】对话框中✔，完成光源的编辑。如果不希望保存对光源的编辑，单击对话框上【撤销】按钮↶，光源参数将恢复到编辑前的状态。

08 在光源列表中选择【环境光源】选项，单击右键，在弹出菜单中选择【添加聚光源】命令，弹出【聚光源 1】对话框，如图 15-68 所示。同时模型区显示光源的调整工具，如图 15-69 所示。

图 15-67 光源的预览效果

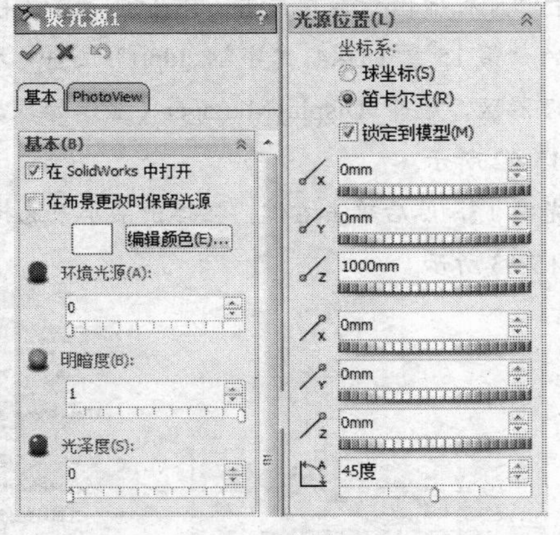

图 15-68 聚光源对话框

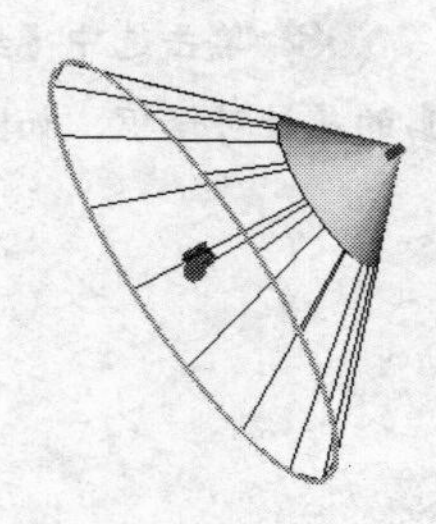

图 15-69 聚光源调整工具

09 按住左键拖动箭头，控制光源远近和角度，如图 15-70 所示。按住鼠标左键拖动圆边线，控制光源发散范围，如图 15-71 所示。按住鼠标左键拖动红色球，控制光源照射中心，如图 15-72 所示。

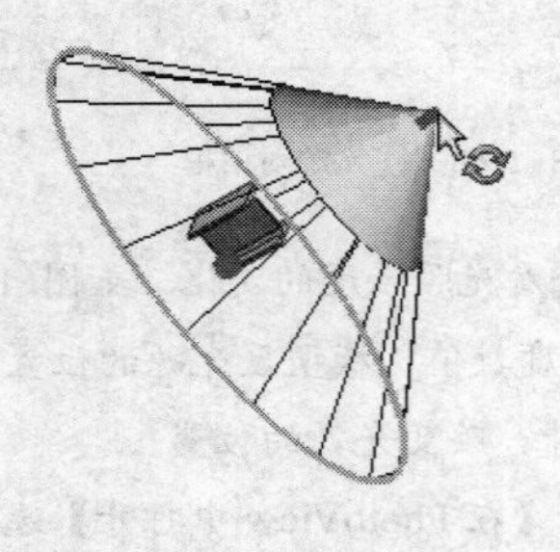

图 15-70 调整光源位置

图 15-71 调整光源发散范围

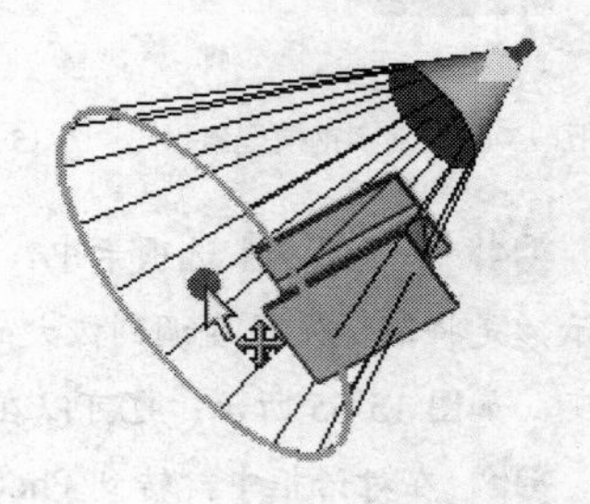

图 15-72 调整光源投射中心

10 在【基本】选项卡中，单击【编辑颜色】按钮，将光源颜色设置为绿色，然后修改环境光源强度到最大值，对话框如图 15-73 所示，模型的光照效果如图 15-74 所示。

11 在对话框中，转到 PhotoView 选项卡，勾选【在 PhotoView 中打开】选项，然后单击【预览窗口】按钮，观察光源效果，如图 15-75 所示。

提 示： 根据设置的布景不同，系统默认的光源也就不同，还有些布景中没有光源，因此如果更换布景之后，原先设置的光源就消失了。如果希望创建的光源在更换背景后仍保留，在如图 15-73 所示的【基本】选项卡中，勾选【在布景更改时保留光源】选项。

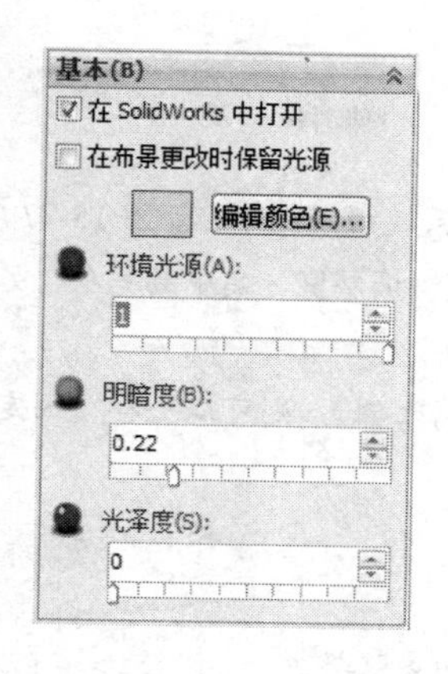

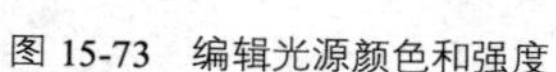

图 15-73　编辑光源颜色和强度

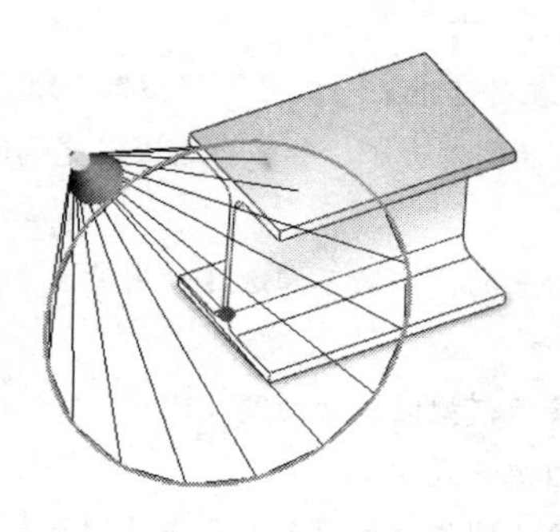

图 15-74　聚光源在模型区的效果

图 15-75　聚光源在预览窗口的效果

15.5 最终渲染和输出

在预览窗口中可以生成渲染的效果，但这种渲染只是初步的渲染，在细节上还不够精细，而且每次只能查看当前的渲染，不能查看不同渲染效果之间直观对比。SolidWorks 的最终渲染功能将模型按设定的外观、布景和光源，渲染出最完善的效果。同时在最终渲染界面，可以将不同渲染结果进行比较，为用户的选择提供依据。因为涉及更多的计算，最终渲染将耗费更多的时间。

15.5.1 最终渲染前的设置

在最终渲染之前，一般进行一些设置，以达到用户所需的渲染效果。单击【渲染工具】面板上【选项】按钮，系统弹出【PhotoView360 选项】对话框，如图 15-76 所示。

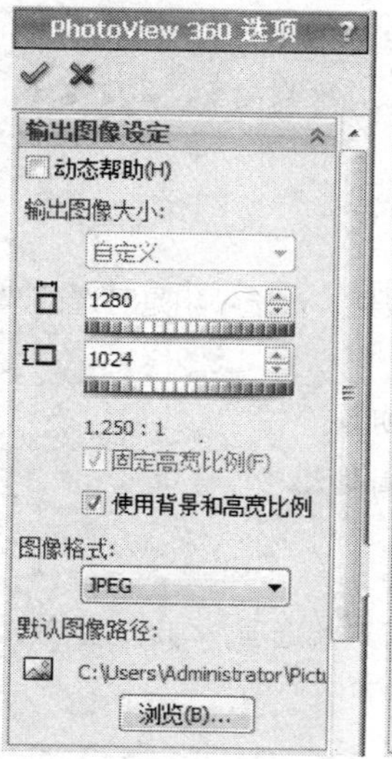

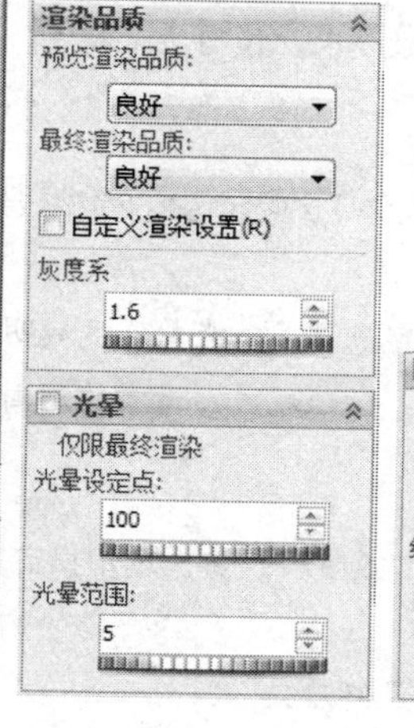

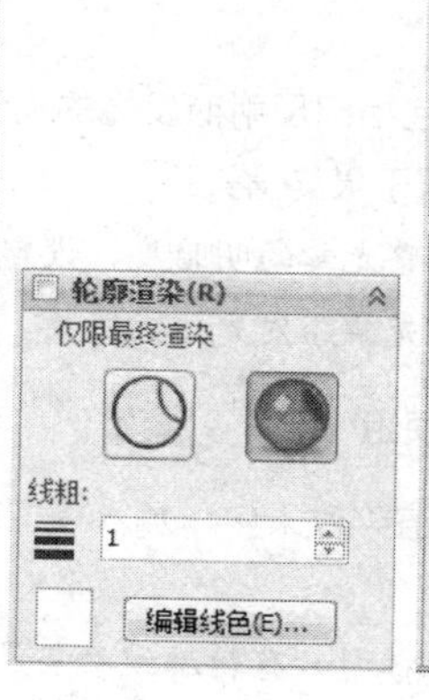

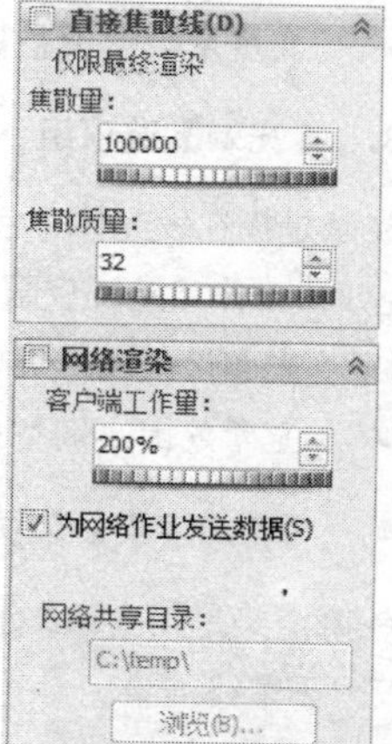

图 15-76　【PhotoView360 选项】对话框

1. 【输出图像设定】选项组

该选项主要设置输出的图像格式、大小等。

- 动态帮助：勾选该选项，在对话框某些位置停留指针，会弹出系统帮助提示，如图 15-77 所示。
- 输出图像大小：设置输出的图片大小。如果勾选固定宽高比例，调整宽、高中的一项，另一项自动调整。
- 固定宽高比例：默认是勾选的，如果不勾选【使用背景和宽高比例】，则可以去掉【固定宽高比例】。
- 使用背景和宽高比例：使用模型区背景的宽高比。
- 图像格式：选择输出的图像格式。
- 默认图像路径：默认的输出图像存放位置。单击【浏览】按钮更改路径。

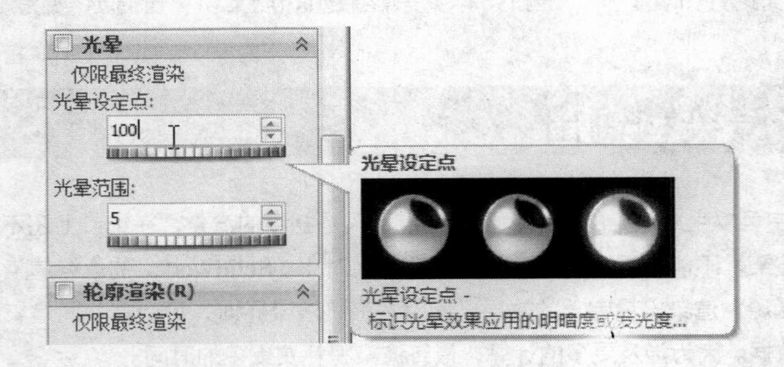

图 15-77 动态帮助

2. 【渲染品质】选项组

该选项组控制渲染效果的精细程度。

- 预览渲染品质：指的是在预览窗口中显示的渲染效果，有【良好】到【最大】共 4 个等级。
- 最终渲染品质：指的是在最终渲染窗口中显示的渲染效果，也分为 4 个等级。
- 自定义渲染设置：勾选此项，可以自主设置折射和反射的次数，次数越多，品质越好。
- 灰度系数：调整模型的灰度，灰度系数越大，模型显示越浅。

3. 【光晕】选项组

光晕是指在发光体（包括因反射而发光的物体）边界产生的模糊效果，该选项组是可选的选项，勾选才生效，且作用范围仅限于最终渲染。

- 光晕设定点：调整光晕的明暗度，设定点越多，光晕亮度越明显。
- 光晕范围：调整光晕距发光体的距离，数值越大，光晕的范围越大。

4. 【轮廓渲染】选项组

轮廓渲染是指在最终渲染效果中，加入模型轮廓线。该选项组是可选的选项，勾选才生效，且作用范围仅限于最终渲染。

- 只随轮廓渲染：模型只有轮廓线参与最终渲染。
- 渲染轮廓和实体模型：轮廓和实体模型都参与最终渲染。

- 线粗：修改轮廓线的线粗。
- 编辑线颜色：修改轮廓线的颜色。

5. 【直接焦散线】选项组

焦散是指光线在通过不平整的透明体后，射出的光不再均匀，出现光线的明暗偏移。该选项组控制渲染效果中生成焦散线。该选项组是可选的选项，勾选才生效，且作用范围仅限于最终渲染。

- 焦散量：控制焦散线的数量。增加焦散量会使焦散更明显。
- 焦散质量：增加焦散质量生成更平滑的焦散效果，降低焦散质量会增加光的颗粒度。

6. 【网络渲染】选项组

对于大型的渲染，在单机上渲染如果耗时过长，可选择使用网络渲染。网络渲染是指在联网的其他计算机上安装多个 PhotoView 360 网络渲染客户端，在客户端上可协同渲染。

该选项组是也是可选的选项，且作用范围仅限于最终渲染。

15.5.2 最终渲染界面和结果输出

对 PhotoView360 选项设置之后，就可以开始最终渲染工作。单击【渲染工具】面板上的【最终渲染】按钮，系统弹出预览窗口和最终渲染窗口，预览窗口在前面已经使用过，不再介绍。

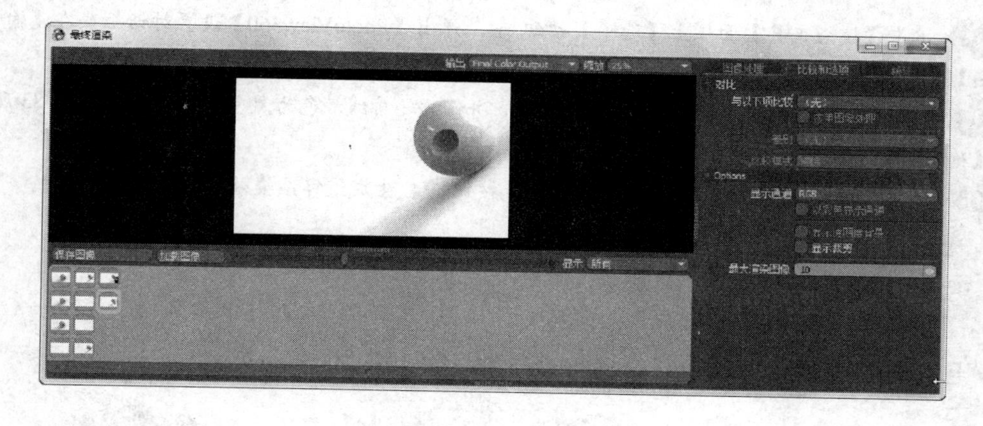

图 15-78　最终渲染窗口

最终渲染窗口如图 15-78 所示，该窗口包括以下几个区域：

效果区：显示按当前的渲染效果，或显示选中的历史效果。

历史渲染列表：列出历史渲染的效果图片，单击选择某一效果，即可在效果区查看。

【图像处理】选项卡：为渲染的图像调整光晕、电平等参数。

【比较和选项】选项卡：在历史渲染列表选择两个不同的渲染效果，在效果区进行对比。

【统计】选项卡：统计渲染的时间，渲染的几何和颜色、光照参数等信息。

单击【最终渲染】窗口上的【保存图像】按钮，弹出保存图像对话框，选择保存的路径并输入保存文件名，单击【保存】即完成图片的保存。

15.5.3 最终渲染实例示范

01 打开素材库中的“第 15 章/15.5.3 带孔球.sldprt”文件，模型如图 15-79 所示。

02 单击【渲染工具】面板上【编辑外观】按钮，在外观、布景和贴图任务窗格中，展开【外观】|【石材】|【建筑】文件夹，选择【花岗岩】外观，模型外观改变，如图 15-80 所示。调整纹理映射框的大小，使花岗岩的纹理较为稀疏，如图 15-81 所示。

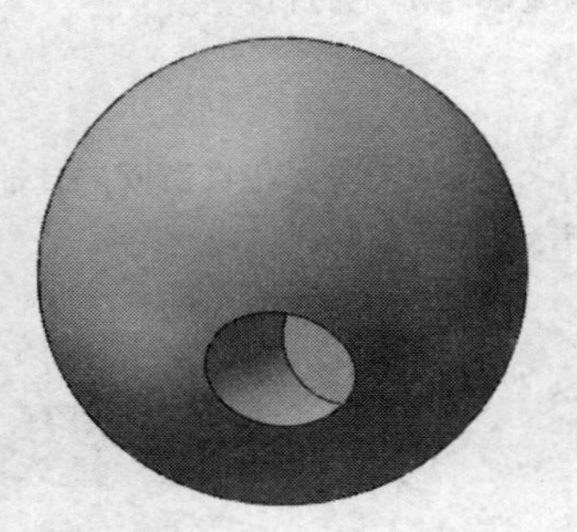

图 15-79 模型素材

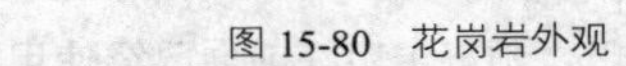

图 15-80 花岗岩外观

图 15-81 调整纹理的效果

03 单击【渲染工具】面板上【选项】按钮，弹出【PhotoView360】设置对话框，在【输出图像设定】选项组设置输出图片大小和比例，如图 15-82 所示。

04 勾选【轮廓渲染】选项组，调整线粗为 2，并修改轮廓线颜色为黑色，对话框如图 15-83 所示。单击【确定】✓完成 PhotoView360 设定。

05 单击【渲染工具】面板上的【最终渲染】按钮，生成最终渲染效果如图 15-84 所示。

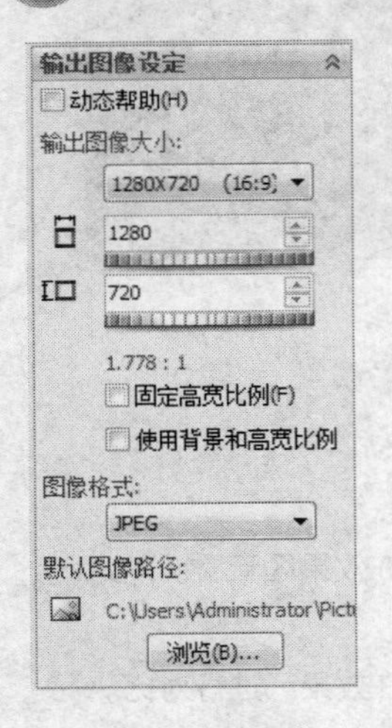

图 15-82 输出图像设置

图 15-83 轮廓渲染设置

图 15-84 最终渲染的效果

06 关闭最终渲染窗口，然后关闭预览窗口。在窗口左侧管理器区，展开 DisplayManager（显示管理器），单击【查看布景、光源和相机】按钮，查看环境光源的列表，光源全部灰色显示，如图 15-85 所示。单击选中一个光源，然后单击右键，选择【在 PhotoView 中打开】命令，依次打开所有光源。

07 单击【最终渲染】按钮，渲染的效果如图 15-86 所示，可以看出添加了三个线光源的光照效果。

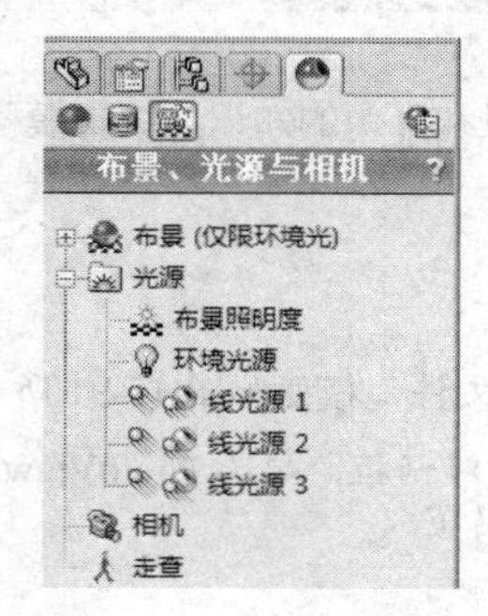

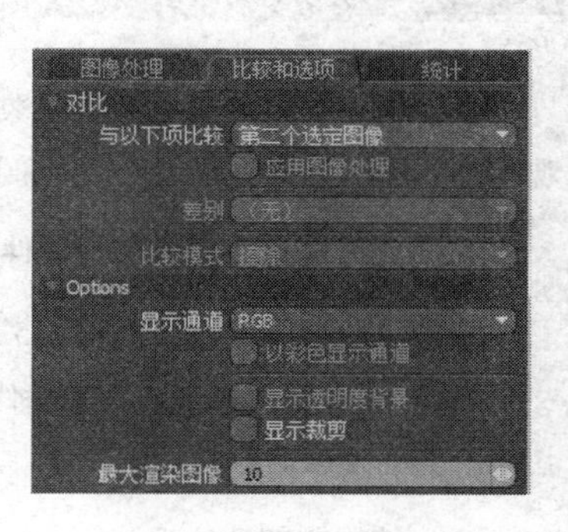

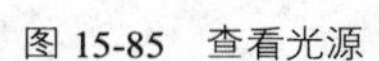
图 15-85　查看光源　　图 15-86　打开光源的最终渲染　　图 15-87　设置对比选项

08 在【最终渲染】对话框中，转到【比较和选项】选项卡，在对比中选择比较对象为【第二个选定图像】，如图 15-87 所示。然后按住 Ctrl 键在历史效果中选择两次渲染结果，如图 15-88 所示。

09 在【比较和选项】选项卡，选择比较模式为【并排】，两次渲染效果并排在渲染效果区，如图 15-89 所示。

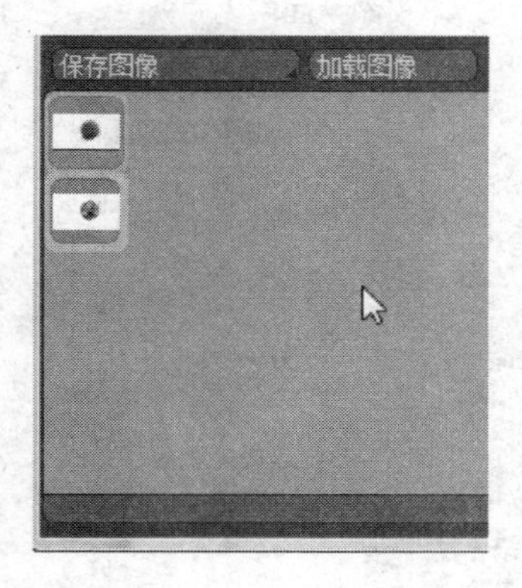

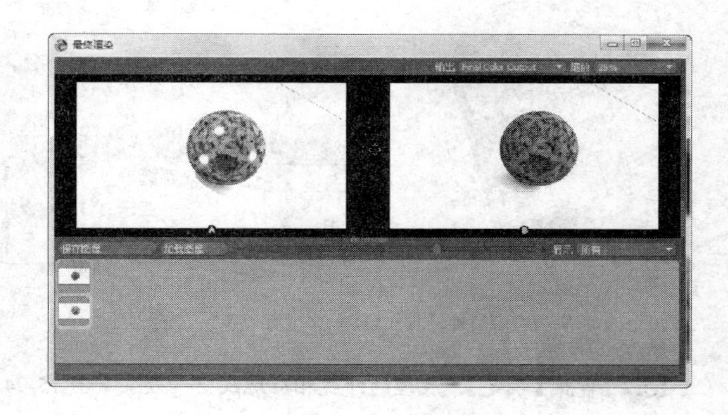

图 15-88　选择比较对象　　图 15-89　并排比较的效果

10 在历史渲染列表，单击选中认为不理想的效果，然后按 Delete 键，弹出删除提示如图 15-90 所示，确认后将其删除。

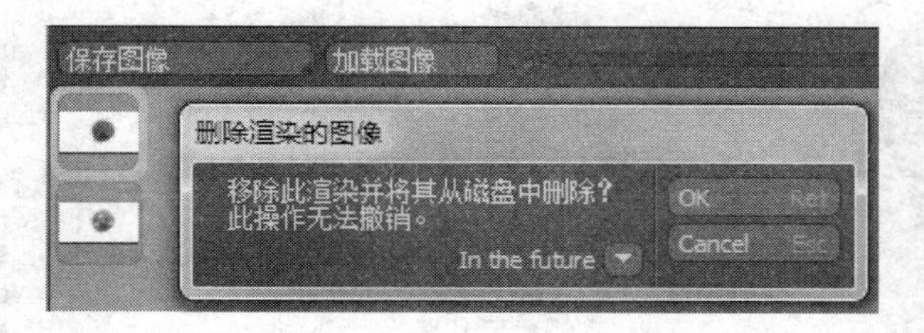

图 15-90　删除历史渲染结果

11 在历史渲染列表，单击选中认为理想的效果，然后单击【保存图像】按钮，将其保存。

15.6 案例实战——警报灯渲染

本案例通过一个警报灯的渲染过程，综合运用所学的外观、贴图、布景和光源的知识，编辑模型外观和外部环境，最后通过最终渲染达到逼真的模型效果。

1. 打开文件并插入渲染插件

01 打开素材库中的“第15章/15.6 综合案例/警报灯.sldasm”装配体文件，模型如图15-91所示。

02 从标准工具栏选择【插件】命令，如图15-92所示。弹出【插件】对话框，勾选PhotoView360插件，单击【确定】插入该插件。

2. 编辑零部件外观

01 展开【渲染工具】面板，单击【编辑外观】按钮，在【外观、布景和贴图】任务窗格，依次展开【外观】|【塑料】|【带纹理】，在弹出的外观选项中，单击选择【PW-MT11050】材料，【颜色】对话框变为【PW-MT11050】对话框。

02 在【所选几何体】选项组，设置外观应用范围，选取底座为应用对象，对话框如图15-93所示。

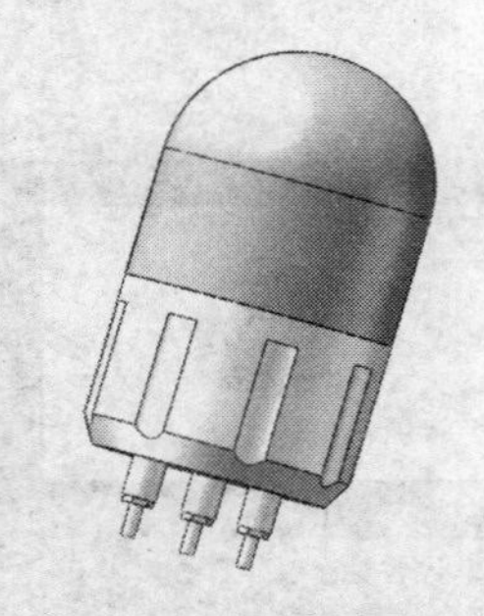

图15-91 警报灯模型素材

图15-92 选择插件命令

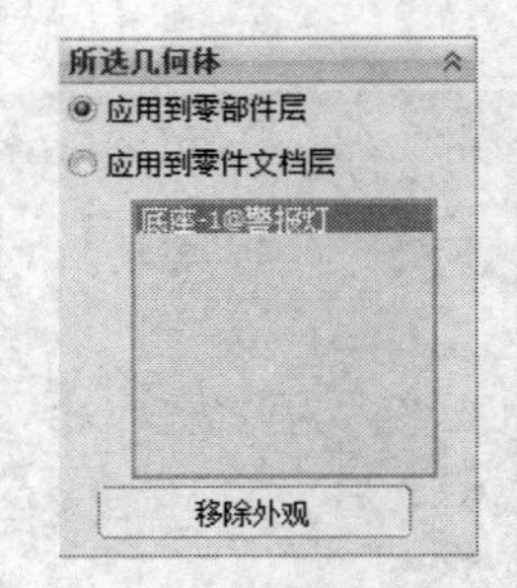

图15-93 选择外观应用范围

03 单击【确定】，底座的外观相应地改变，效果如图15-94所示。

04 再次单击【编辑外观】按钮，在【颜色】对话框，选择【透明盖】零部件为外观的应用范围，对话框如图15-95所示。然后在调色板中选取一种橘黄色，并将颜色样式设置为【透明】，对话框如图15-96所示。

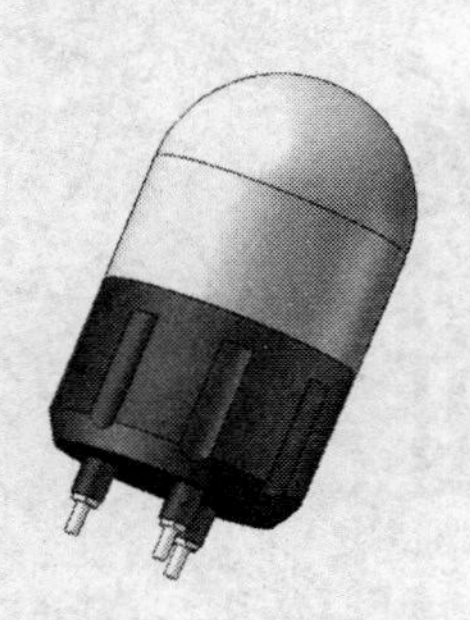

图15-94 底座外观编辑的效果

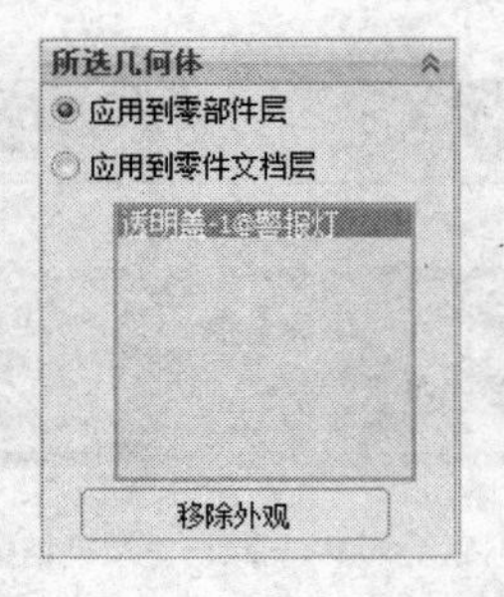

图15-95 选择外观应用范围

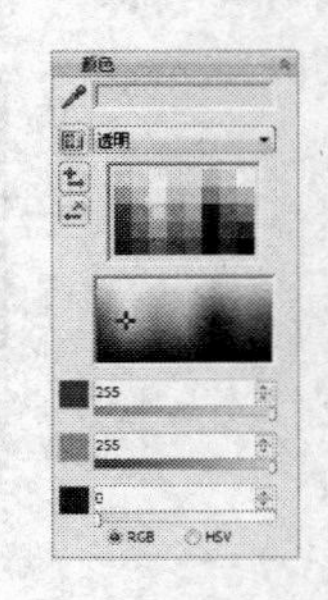

图15-96 在调色板选择颜色

05 单击【确定】，透明盖的外效果如图15-97所示。

06 再次单击【编辑外观】按钮，在【外观、布景和贴图】任务窗格，依次展开【外观】|【金属】|【黄铜】，在弹出的外观选项中，单击选择【抛光黄铜】，【颜色】对话框变为【抛光黄铜】对话框。

07 在【所选几何体】选项组，设置外观应用范围为【应用到零件文档层】，选取铜导杆为应用对象，模型中所有的铜导杆均被选中，对话框如图15-98所示。

08 单击【确定】，铜导杆的外效果如图15-99所示。

09 同样的方法，为锁紧螺母添加【抛光黄铜】外观。

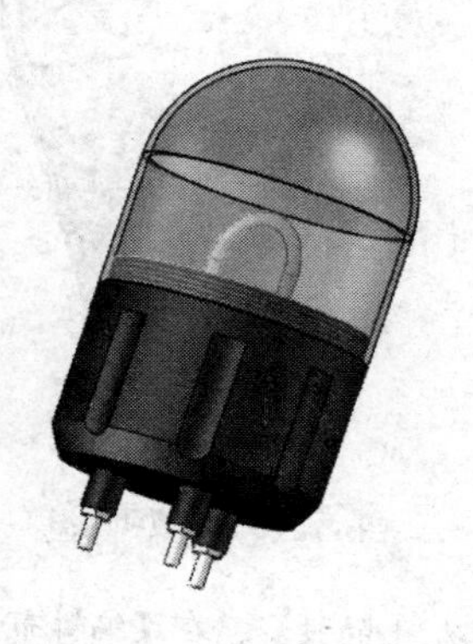

图15-97 透明盖的外观编辑效果

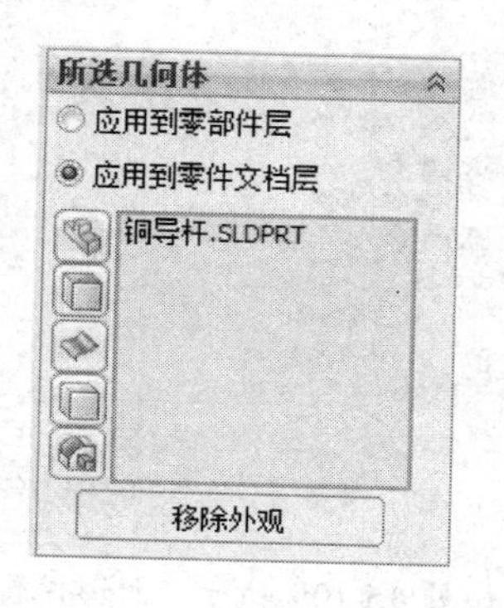

图15-98 选择外观应用范围

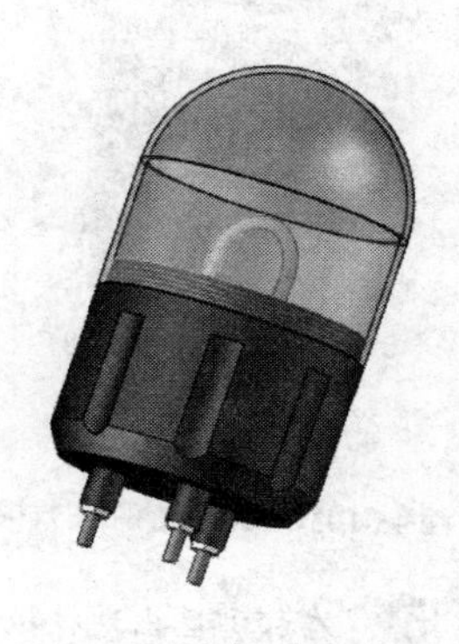

图15-99 铜导杆的外观效果

3. 添加贴图

01 单击【渲染工具】面板上【编辑贴图】按钮，在【外观、布景和贴图】任务窗格下的贴图选项中，选择【警告】，图片，在【贴图】对话框生成贴图预览，如图15-100所示。然后在模型区单击选择底座为贴图对象，生成贴图如图15-101所示。

图15-100 贴图预览

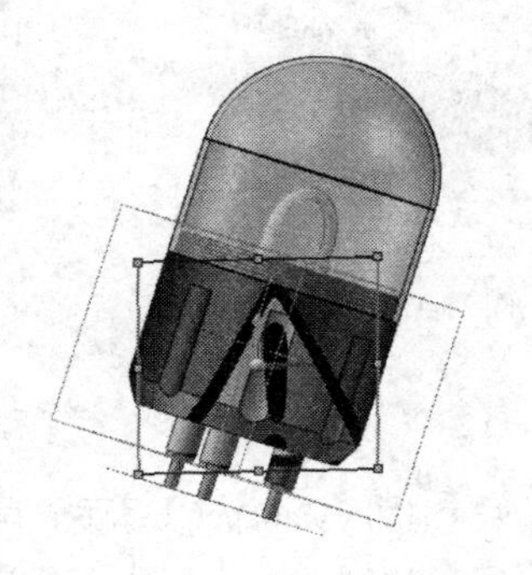

图15-101 生成的贴图

图15-102 调整贴图映射位置

02 在对话框中转到【映射】选项卡，设置映射方式为【投影映射】，映射平面为XY平面，并设置映射中心的坐标如图15-102所示。在【大小和方向】选项组，设置贴图宽度为30mm。贴图的位置和大小都发生变化，如图15-103所示。单击【确定】，完成贴图。

4. 设置布景

01 单击【渲染工具】面板上【编辑布景】按钮，在【外观、布景和贴图】任务窗格中，依次展开【布景】|【基本布景】文件夹，如图 15-104 所示。在任务窗格下弹出布景选项，单击选择【背景-带顶光源的灰色】。

图 15-103 修改后的贴图效果

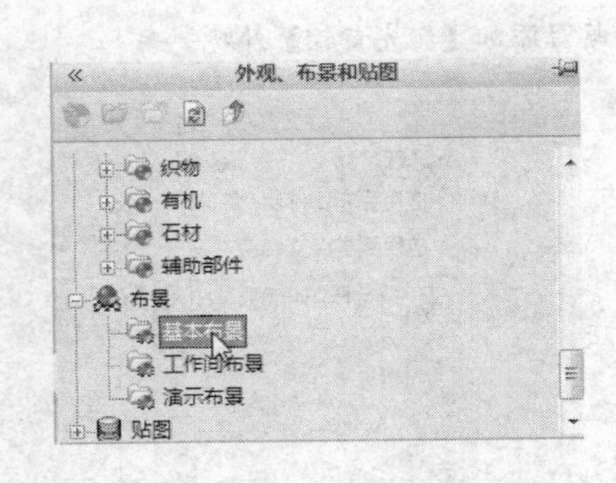

图 15-104 【外观、布景和贴图】任务窗格

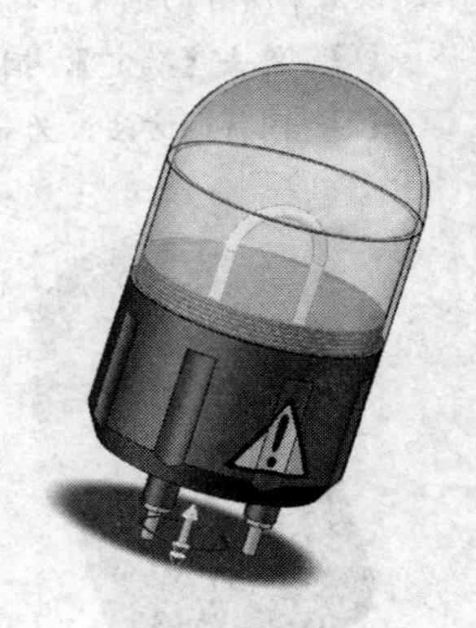

图 15-105 楼板和阴影

02 在模型区出现楼板符号，如图 15-105 所示，阴影代表模型在楼板上的投影。在【编辑布景】对话框中，修改楼板位置，如图 15-106 所示，生成新的楼板位置如图 15-107 所示。

03 单击【渲染工具】面板上【预览窗口】按钮，预览布景的效果如图 15-108 所示。然后单击【编辑布景】对话框中【确定】，完成布景设置。

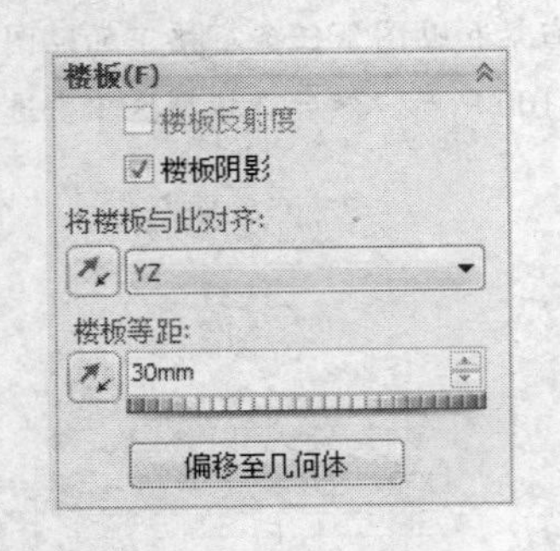

图 15-106 编辑楼板位置

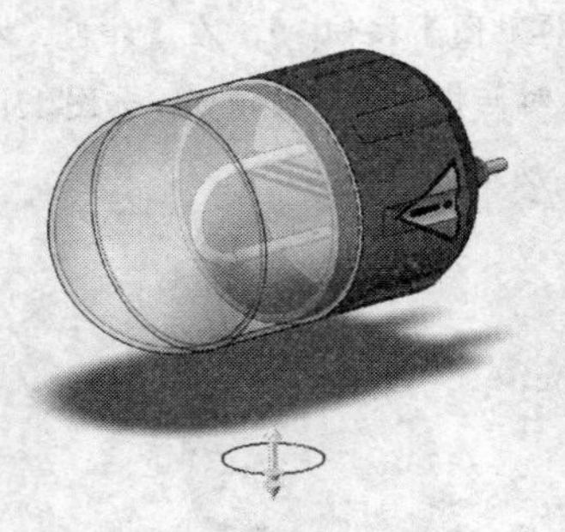

图 15-107 修改后的楼板

图 15-108 模型在布景中的预览

5. 编辑光源

01 在窗口左侧管理器区，展开 DisplayManager（显示管理器），单击【查看布景、光源和相机】按钮，查看环境光源的列表，光源全部灰色显示，如图 15-109 所示。

02 单击选中【环境光源】项目，然后单击右键，在展开菜单中选择【编辑所有光源】命令，弹出【环境光源】对话框，如图 15-110 所示。同时编辑状态的光源在模型中显示，如图 15-111 所示。

03 在【环境光源】对话框中，单击【编辑颜色】按钮，将光源的颜色修改为绿色，已有光源的颜色全部更改。

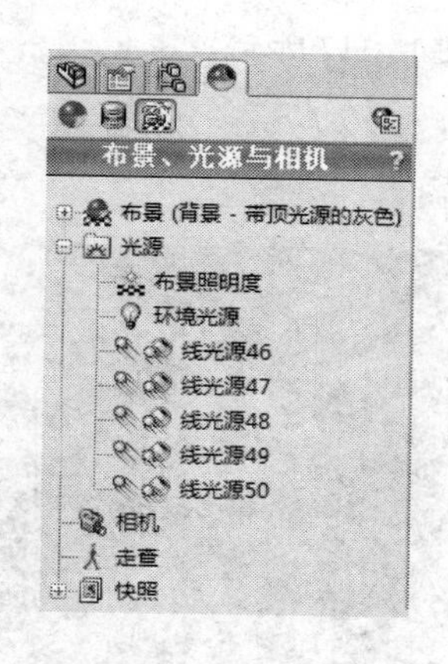

图 15-109　光源列表

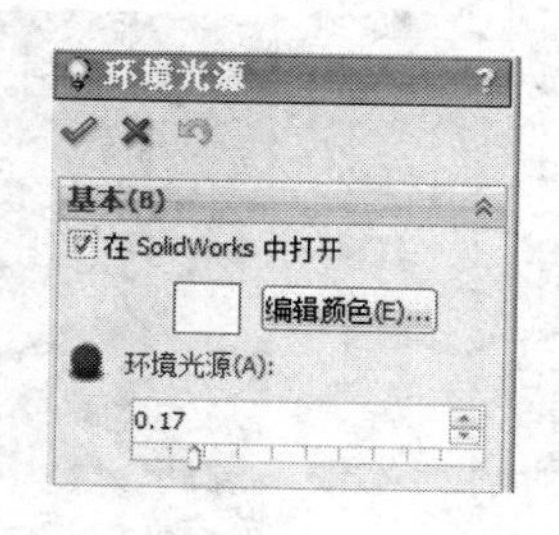

图 15-110　编辑环境光源

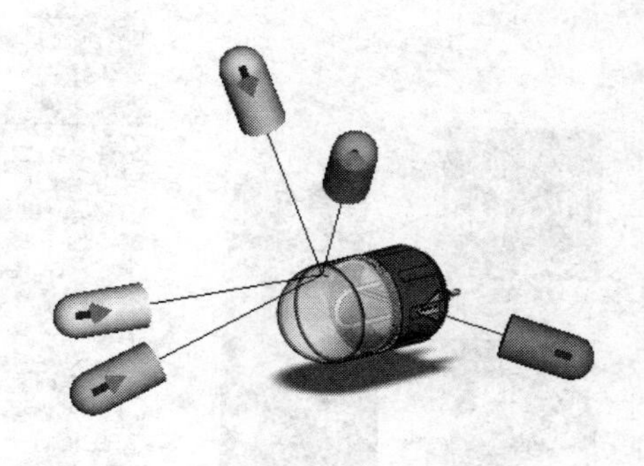

图 15-111　光源调整工具

04 单击选中某个光源，然后单击右键，在展开菜单中选择【添加聚光源】命令，弹出【聚光源 1】对话框，同时模型区出现聚光源的调整工具。

05 用调整工具调整光锥的位置和方向，如图 15-112 所示。然后在对话框中设置光源的颜色和亮度，颜色设置为绿色，对话框如图 15-113 所示。

06 在【聚光源 1】对话框中，转到【Photo View】选项卡，勾选【在 Photo　View 中打开】选项，对话框如图 15-114 所示（如果不勾选，也可以稍后在光源列表中打开）。同时勾选【在布景更改时保留光源】选项，以便在下一步修改布景之后保留该光源。

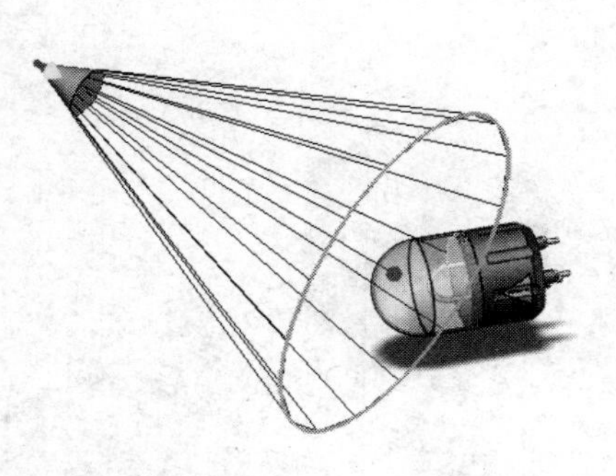

图 15-112　调整聚光源的位置

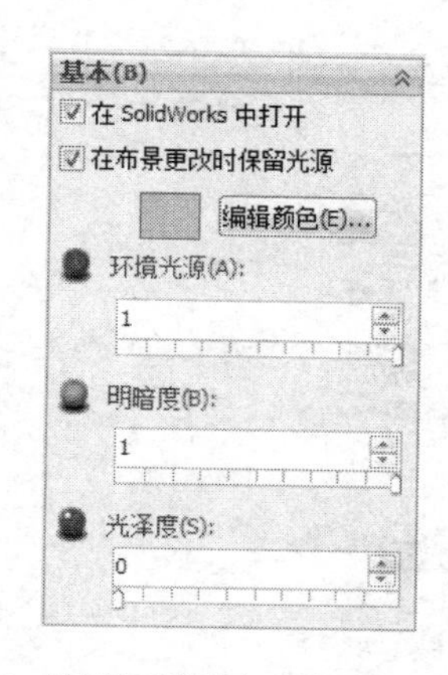

图 15-113　编辑聚光源的颜色和强度

图 15-114　photoView 选项卡

07 单击【确定】✔，完成聚光源的创建。单击【渲染工具】面板上【编辑布景】按钮，在【外观、布景和贴图】任务窗格中，依次展开【布景】｜【演示布景】文件夹，弹出布景选项如图 15-115 所示，单击选择【工厂背景】布景。

08 再次在 DisplayManager（显示管理器）中查看光源，如图 15-116 所示。从【线光源 47】到【线光源 52】共 5 个光源是新布景默认的光源，【聚光源 1】是在图 15-113 所示对话框中保留的光源。

09 单击【渲染工具】面板上【预览窗口】按钮，预览的效果如图 15-117 所示。

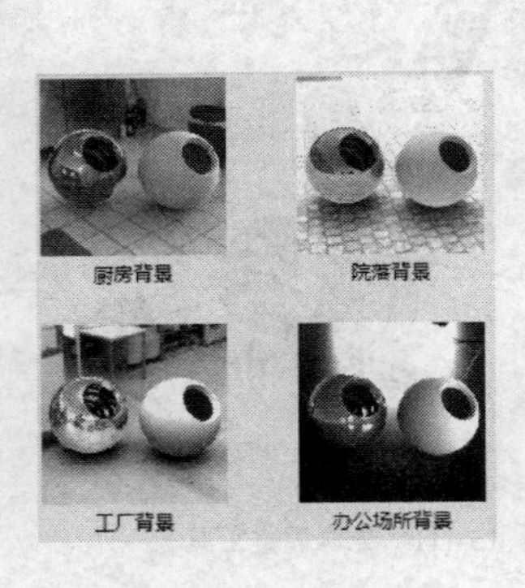

图 15-115　布景选项

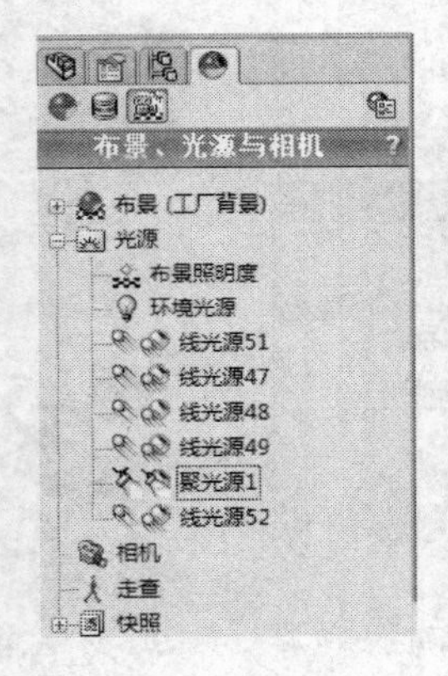

图 15-116　新布景下的光源列表

图 15-117　预览效果

提 示：如果不在模型区转动视图，可能看不到图 15-117 所示的背景。在模型区改变视图方向，预览窗口中的效果图也随之更新，重新生成预览需耗费一定的系统资源和时间。

6. 渲染设定和最终渲染

01 单击【渲染工具】面板上【选项】按钮，弹出【PhotoView360】设置对话框，勾选【光晕】选项组，并设置光晕参数，如图 15-118 所示。

02 单击【渲染工具】面板上的【最终渲染】按钮，生成最终渲染效果如图 15-119 所示。

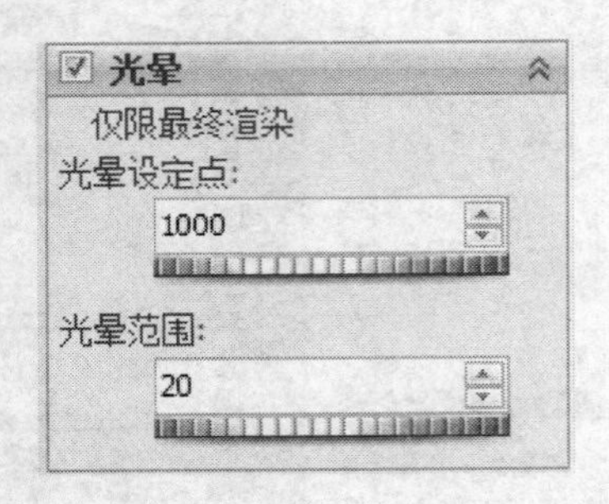

图 15-118　光晕选项组

图 15-119　最终渲染效果

第 16 章

综合实例

本章导读：

本章将以箱体、头盔和发动机气门机构为例，详细介绍零件的建模、装配、工程视图以及制作动画的过程。通过零件建模的详细步骤，系统回顾有关零件建模的基本方法；通过零件装配的详细步骤，系统回顾有关装配体应用配合的基本方法；通过生成工程图的详细步骤，系统回顾有关创建工程视图的基本方法。通过制作动画的详细步骤，系统回顾有关制作动画的基本方法。在认真学习和深入理解的基础上，相信读者对 SolidWorks 2013 的认识和掌握会上升到一个新的层次。

16.1 箱体的建模及工程图

本节创建如图 16-1 所示的箱体零件模型和工程视图。

制作箱体实例的可分为如下步骤：

- 箱体零件建模
- 生成箱体工程图

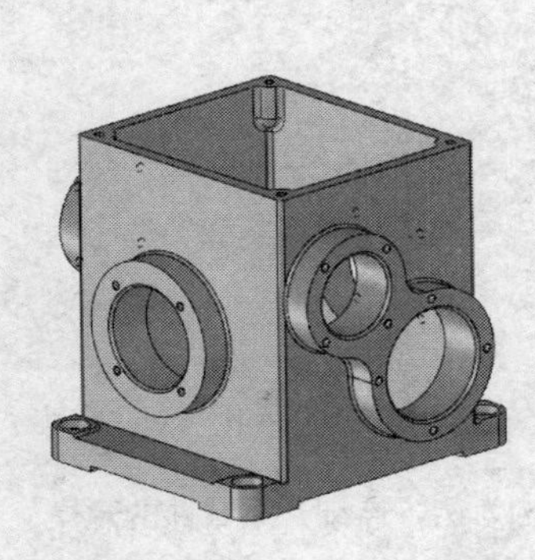

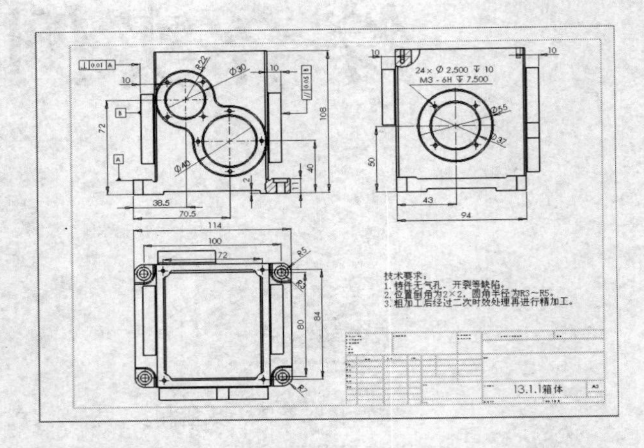

图 16-1 箱体零件模型和工程图

16.1.1 箱体建模

箱体的建模可以分为如下步骤：

- 启动 SolidWorks 2013 并新建文件
- 创建拉伸凸台特征
- 创建抽壳特征
- 创建拉伸切除特征
- 创建孔特征
- 创建圆角特征
- 创建倒角特征
- 保存零件

创建箱体的具体步骤如下：

1. 启动 SolidWorks 2013 并新建文件

01 启动 SolidWorks 2013，单击【标准】工具栏中的 【新建】按钮，系统弹出【新建 SolidWorks 文件】对话框，如图 16-2 所示。

02 选择【零件】图标，单击【确定】按钮，进入 SolidWorks 2013 的零件工作界面。

2. 创建拉伸凸台特征

01 单击【草图】工具栏中的【草图绘制】按钮，在绘图区选择【前视基准面】作为草图绘制平面。

02 单击【草图】工具栏中的【矩形】按钮和【绘制圆角】按钮，绘制草图。单击【尺寸/几何关系】工具栏中的【智能尺寸】按钮，添加尺寸，如图 16-3 所示。

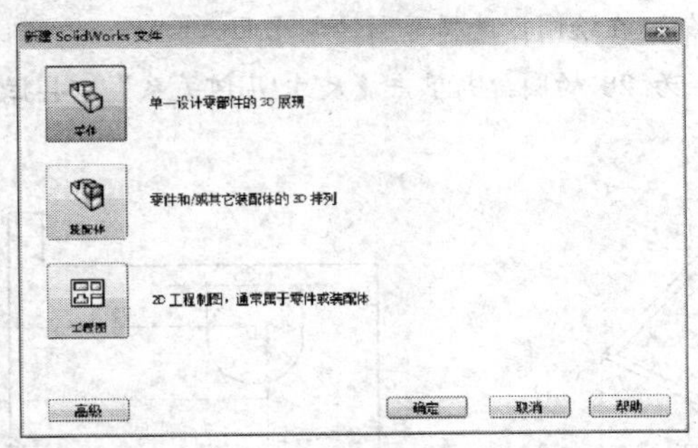

图 16-2 【新建 SolidWorks 文件】对话框

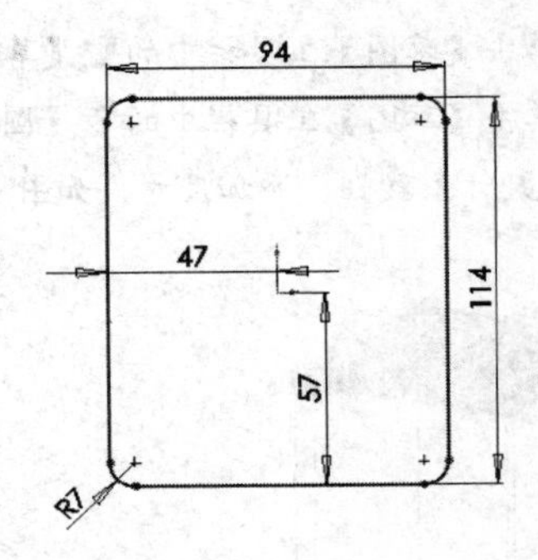

图 16-3 绘制草图并添加尺寸

03 选择菜单栏中的【插入】|【凸台/基体】|【拉伸】命令，或者单击【特征】工具栏上的【拉伸凸台/基体】按钮，系统弹出【拉伸】对话框。

04 设置【拉伸】对话框中的参数，在【方向 1】选项组中设置为"给定深度"，输入深度值为 10mm，其他均为默认设置。单击【拉伸】对话框中的【确定】按钮，生成如图 16-4 所示的拉伸凸台特征。

05 单击【草图】工具栏中的【草图绘制】按钮，在绘图区选择拉伸凸台上表面作为草图绘制平面。

06 单击【草图】工具栏中的【矩形】按钮，绘制草图矩形。单击【尺寸/几何关系】工具栏中的【智能尺寸】按钮，添加尺寸，如图 16-5 所示。

07 选择菜单栏中的【插入】|【凸台/基体】|【拉伸】命令，或者单击【特征】工具栏上的【拉伸凸台/基体】按钮，系统弹出【拉伸】对话框。

08 设置【拉伸】对话框中的参数，在【方向 1】选项组中设置为"给定深度"，输入深度值为 98mm，其他均为默认设置。单击【拉伸】对话框中的【确定】按钮，生成如图 16-6 所示的拉伸凸台特征。

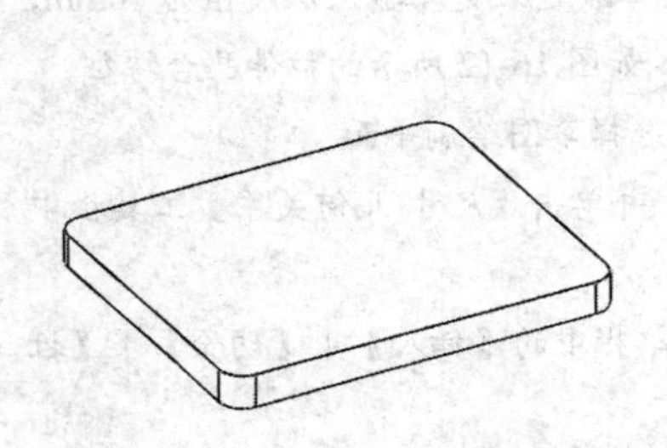

图 16-4 生成拉伸凸台

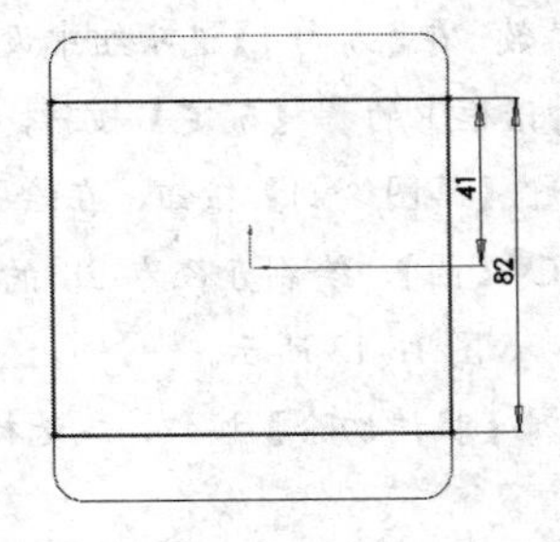

图 16-5 绘制草图并添加尺寸

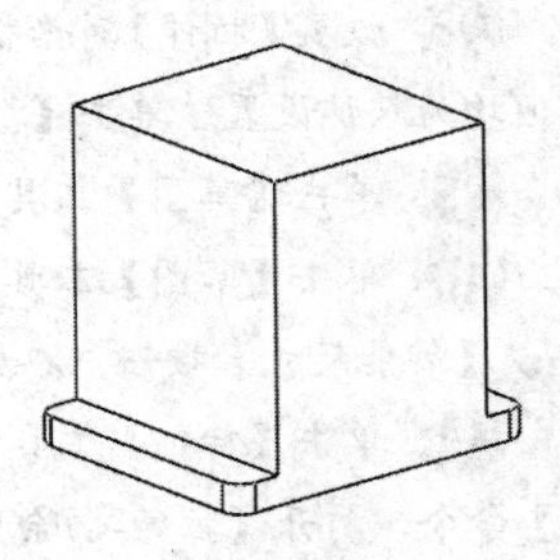

图 16-6 生成拉伸凸台

3．创建抽壳特征

01 单击【特征】工具栏中的【抽壳】按钮，打开【抽壳】对话框，在【厚度】微调框中输入5mm。单击选择如图16-7所示的面作为移除面。

02 单击对话框中的【确定】按钮完成抽壳特征的创建，如图16-8所示。

4．创建拉伸切除特征

01 单击【草图】工具栏中的【草图绘制】按钮，在绘图区选择草图绘制平面。

02 单击【草图】工具栏中的【圆】，绘制直径为28的圆。并单击【尺寸/几何关系】工具栏中的【智能尺寸】按钮，添加尺寸，如图16-9所示。

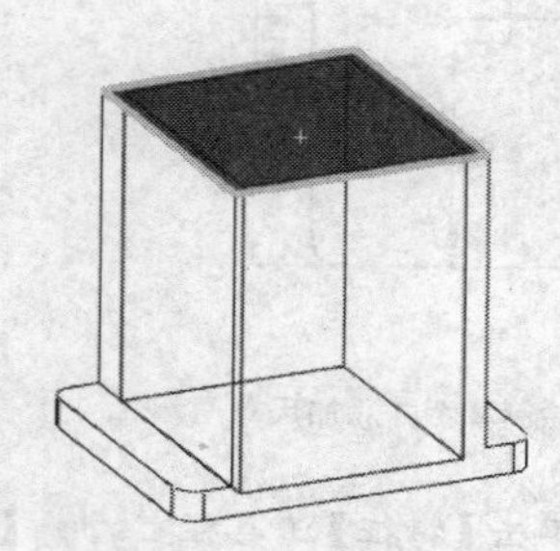

图16-7　选择移除的平面

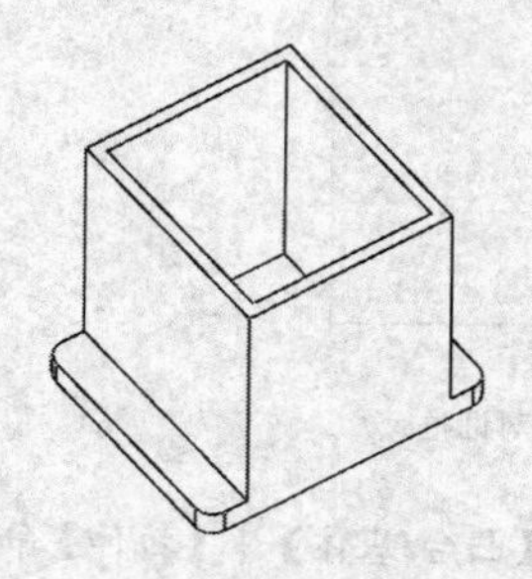

图16-8　生成抽壳特征

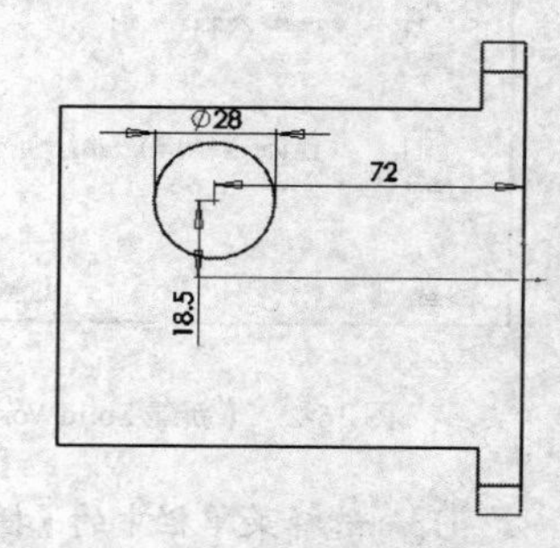

图16-9　绘制草图并添加尺寸

03 单击【特征】工具栏上的【拉伸切除】按钮，或选择菜单栏中的【插入】|【切除】|【拉伸】命令，打开【拉伸-切除】对话框。

04 设置【拉伸-切除】对话框中的参数，在【方向1】选项组中设置“成形到下一面”类型，其他均为默认设置，单击【确定】按钮，生成切除-拉伸特征，如图16-10所示。

05 单击【草图】工具栏中的【草图绘制】按钮，在绘图区选择创建拉伸切除特征的平面为草图绘制平面。

06 单击【草图】工具栏中的【圆】，绘制两个圆。并单击【尺寸/几何关系】工具栏中的【智能尺寸】按钮，添加尺寸，如图16-11所示。

07 选择菜单栏中的【插入】|【凸台/基体】|【拉伸】命令，或者单击【特征】工具栏上的【拉伸凸台/基体】按钮，系统弹出【拉伸】对话框。

08 设置【拉伸】对话框中的参数，在【方向1】选项组中设置为“给定深度”，输入深度值为10mm，其他均为默认设置。单击【拉伸】对话框中的【确定】按钮，生成如图16-12所示的拉伸凸台特征。

09 单击【草图】工具栏中的【草图绘制】按钮，在绘图区选择草图绘制平面。

10 单击【草图】工具栏中的【圆】，绘制直径为28的圆。并单击【尺寸/几何关系】工具栏中的【智能尺寸】按钮，添加尺寸，如图16-13所示。

11 单击【特征】工具栏上的【拉伸切除】按钮，或选择菜单栏中的【插入】|【切除】|【拉伸】命令，打开【拉伸-切除】对话框。

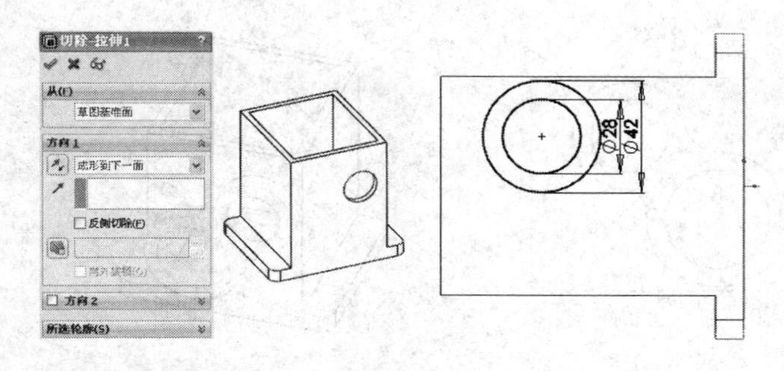

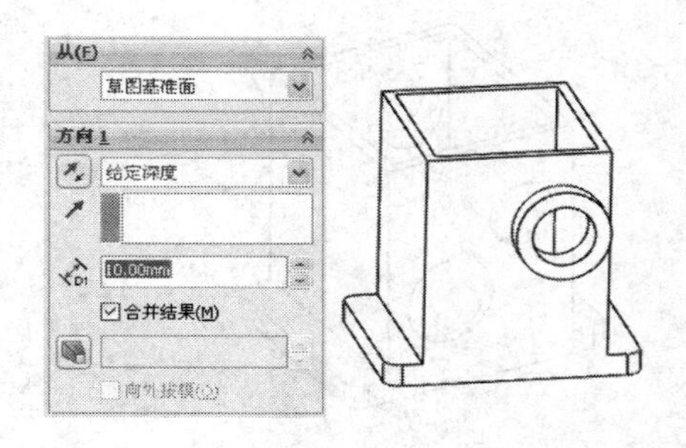

图 16-10　生成拉伸切除特征　　图 16-11　绘制草图并添加尺寸　　图 16-12　生成拉伸凸台

12 设置【拉伸-切除】对话框中的参数，在【方向 1】选项组中设置“成形到下一面”类型，其他均为默认设置，单击【确定】按钮，生成切除-拉伸特征，如图 16-14 所示。

13 单击【草图】工具栏中的【草图绘制】按钮，在绘图区选择草图绘制平面。

14 单击【草图】工具栏中的【圆】，绘制直径为 38 的圆。并单击【尺寸/几何关系】工具栏中的【智能尺寸】按钮，添加尺寸，如图 16-15 所示。

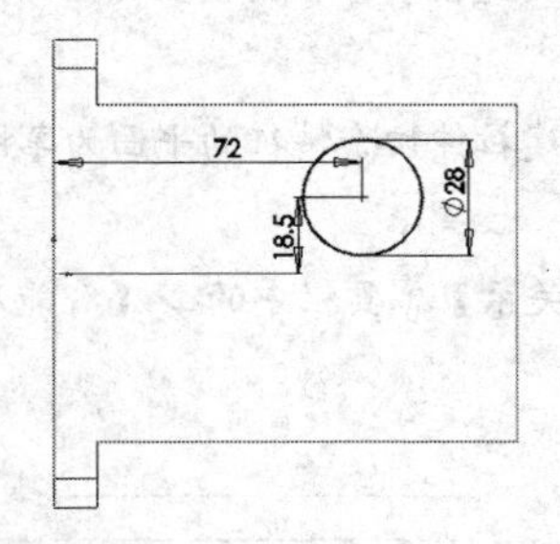

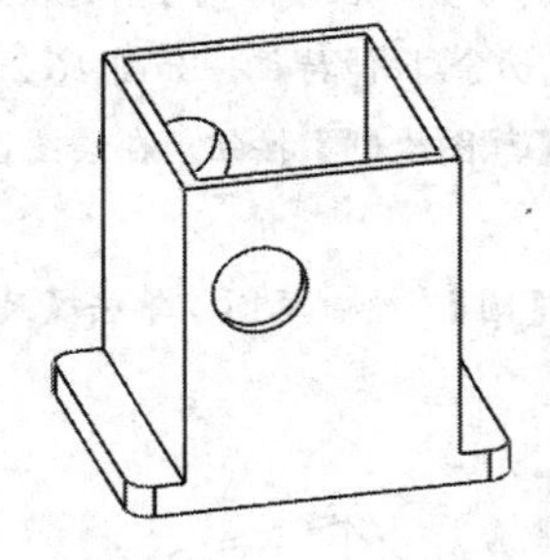

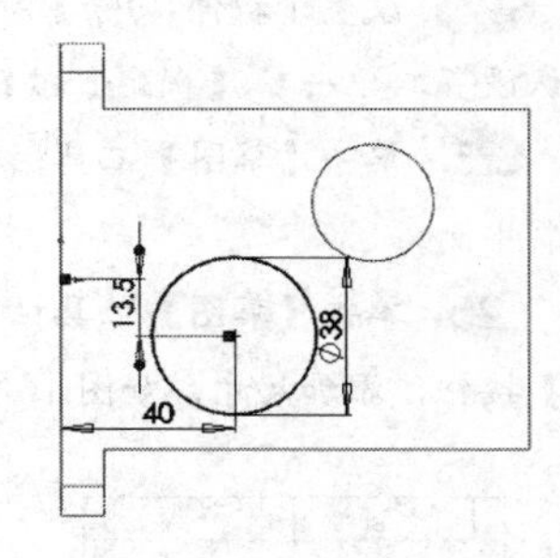

图 16-13　绘制草图并添加尺寸　　图 16-14　生成拉伸切除特征　　图 16-15　绘制草图并添加尺寸

15 单击【特征】工具栏上的【拉伸切除】按钮，或选择菜单栏中的【插入】|【切除】|【拉伸】命令，打开【拉伸-切除】对话框。

16 设置【拉伸-切除】对话框中的参数，在【方向 1】选项组中设置“成形到下一面”类型，其他均为默认设置，单击【确定】按钮，生成切除-拉伸特征，如图 16-16 所示。

17 单击【草图】工具栏中的【草图绘制】按钮，在绘图区选择创建拉伸切除特征的平面为草图绘制平面。

18 单击【草图】工具栏中的【圆】，绘制草图。单击【裁剪实体】按钮，删除多余线段。单击【尺寸/几何关系】工具栏中的【智能尺寸】按钮【添加几何关系】按钮，添加尺寸和几何约束，如图 16-17 所示。

19 选择菜单栏中的【插入】|【凸台/基体】|【拉伸】命令，或者单击【特征】工具栏上的【拉伸凸台/基体】按钮，系统弹出【拉伸】对话框。

20 设置【拉伸】对话框中的参数，在【方向 1】选项组中设置为“给定深度”，输入深度值为 10mm，其他均为默认设置。单击【拉伸】对话框中的【确定】按钮，生成如图 16-18 所示的拉伸凸台特征。

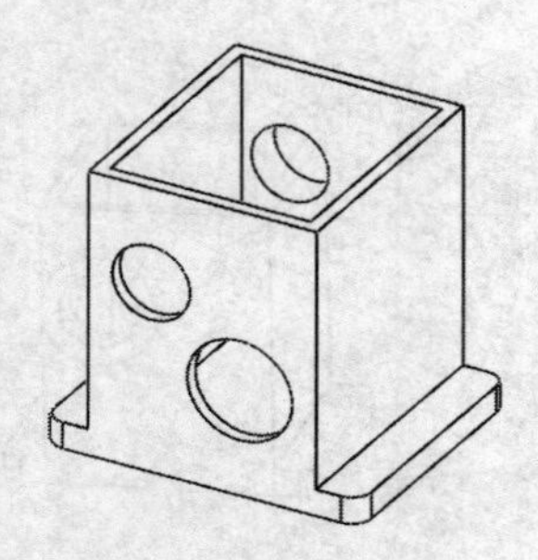

图 16-16　生成拉伸切除特征

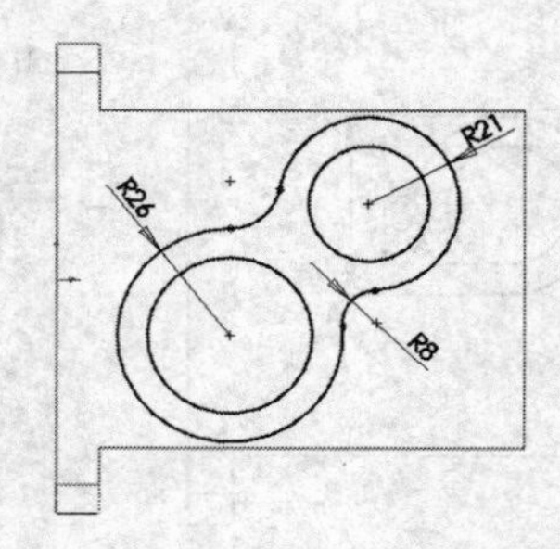

图 16-17　绘制草图

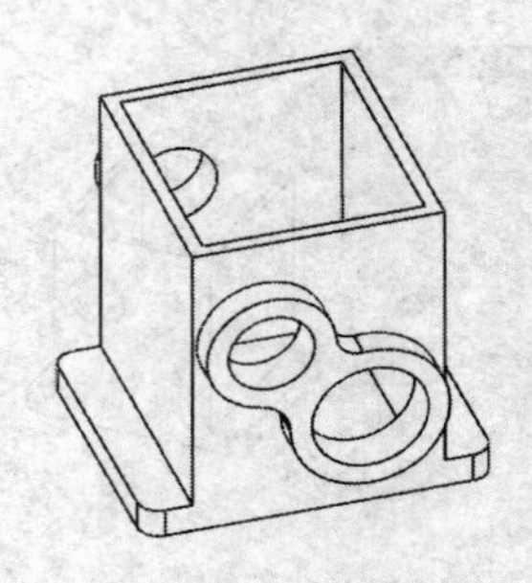

图 16-18　生成拉伸凸台

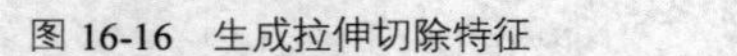

21 单击【草图】工具栏中的【草图绘制】按钮，在绘图区选择草图绘制平面。

22 单击【草图】工具栏中的【圆】，绘制直径为 35 的圆。并单击【尺寸/几何关系】工具栏中的【智能尺寸】按钮，添加尺寸，如图 16-19 所示。

23 单击【特征】工具栏上的【拉伸切除】按钮，或选择菜单栏中的【插入】|【切除】|【拉伸】命令，打开【拉伸-切除】对话框。

24 设置【拉伸-切除】对话框中的参数，在【方向 1】选项组中设置“完全贯穿”类型，其他均为默认设置，单击【确定】按钮，生成切除-拉伸特征，如图 16-20 所示。

25 单击【草图】工具栏中的【草图绘制】按钮，在绘图区选择创建拉伸切除特征的平面为草图绘制平面。

26 单击【草图】工具栏中的【圆】，绘制草图。单击【尺寸/几何关系】工具栏中的【智能尺寸】按钮，添加尺寸，如图 16-21 所示。

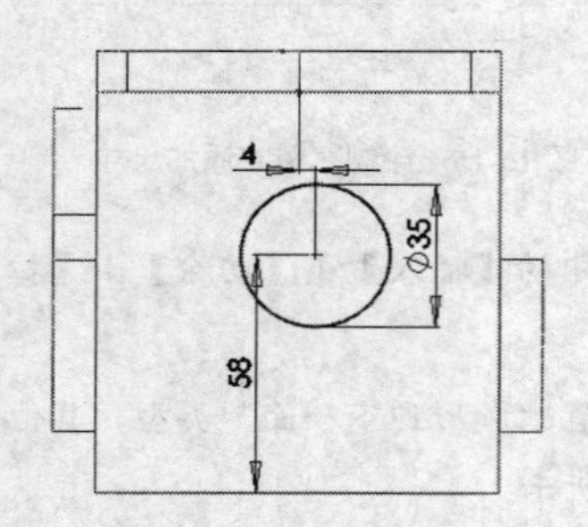

图 16-19　绘制草图并添加尺寸

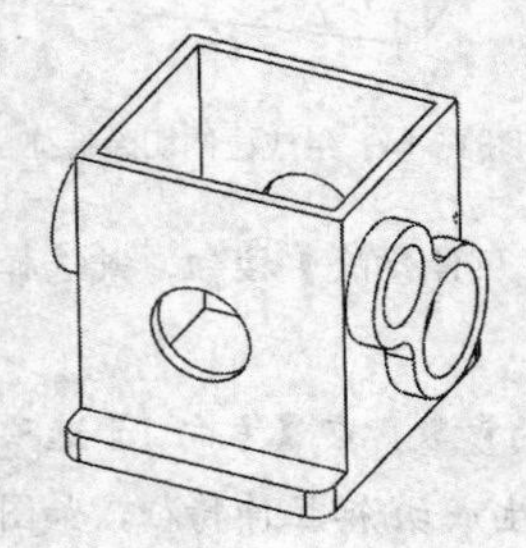

图 16-20　生成拉伸切除特征

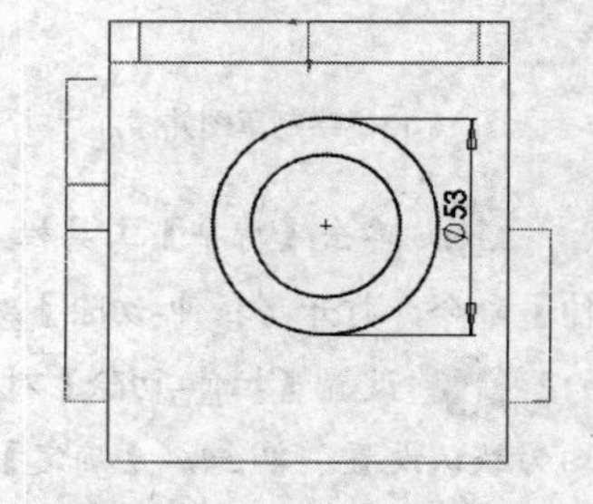

图 16-21　绘制草图并添加尺寸

27 选择菜单栏中的【插入】|【凸台/基体】|【拉伸】命令，或者单击【特征】工具栏上的【拉伸凸台/基体】按钮，系统弹出【拉伸】对话框。

28 设置【拉伸】对话框中的参数，在【方向 1】选项组中设置为“给定深度”，输入深度值为 10mm，其他均为默认设置。单击【拉伸】对话框中的【确定】按钮，生成如图 16-22 所示的拉伸凸台特征。

29 利用同样的方法添加另一侧的拉伸凸台，效果如图 16-23 所示。

30 单击【特征】工具栏中的【圆角】按钮，进入【圆角】对话框。

31 在【圆角类型】栏选择【等半径】选项，设置圆角半径为 1.5mm，其他参数均为默认值，然后在绘图区中选择如图 16-24 所示的边线进行倒圆角。

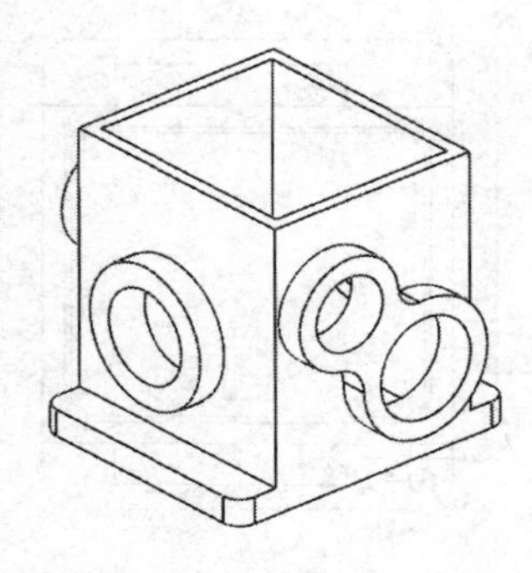

图 16-22　生成拉伸凸台

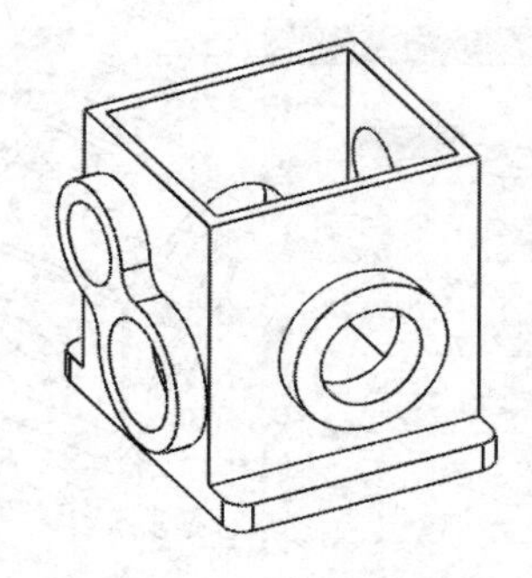

图 16-23　生成另一侧凸台

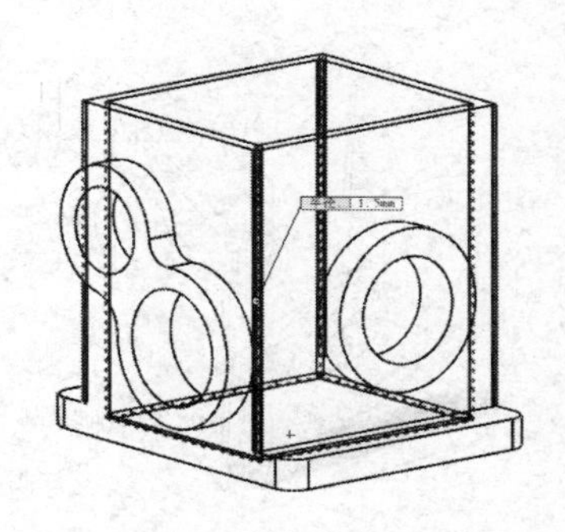

图 16-24　选择边线

32 单击【圆角】对话框中的✔【确定】按钮，生成圆角特征，如图 16-25 所示。

33 单击【草图】工具栏中的【草图绘制】按钮，在绘图区选择上表面为草图绘制平面。

34 单击【草图】工具栏中的【圆】，绘制草图。单击【尺寸/几何关系】工具栏中的【智能尺寸】按钮，添加尺寸，如图 16-26 所示。

35 选择菜单栏中的【插入】|【凸台/基体】|【拉伸】命令，或者单击【特征】工具栏上的【拉伸凸台/基体】按钮，系统弹出【拉伸】对话框。

36 设置【拉伸】对话框中的参数，在【方向 1】选项组中设置为“给定深度”，输入深度值为 15mm，其他均为默认设置。单击【拉伸】对话框中的✔【确定】按钮，生成如图 16-27 所示的拉伸凸台特征。

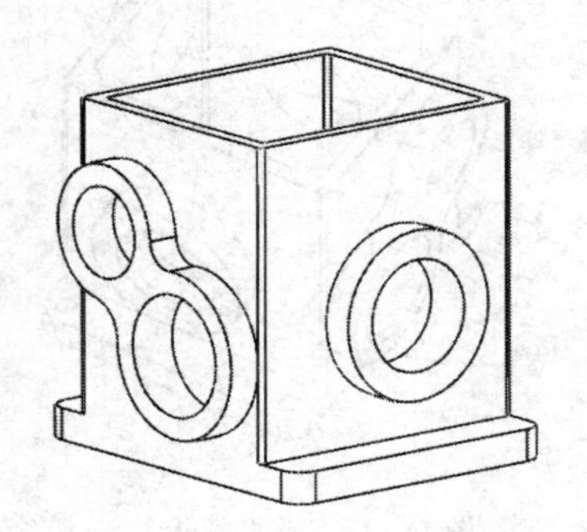

图 16-25　添加圆角特征

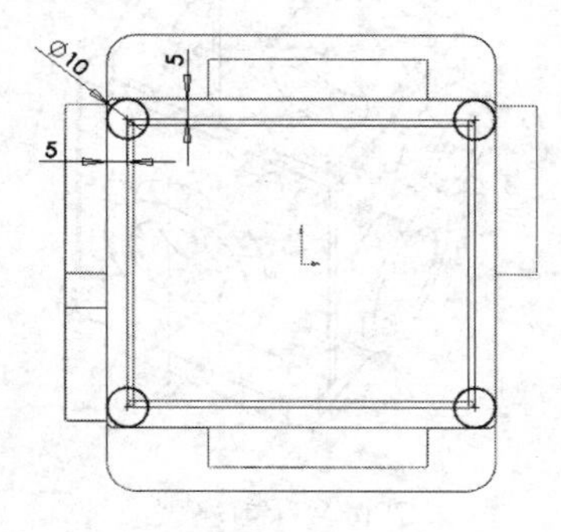

图 16-26　绘制草图并添加尺寸

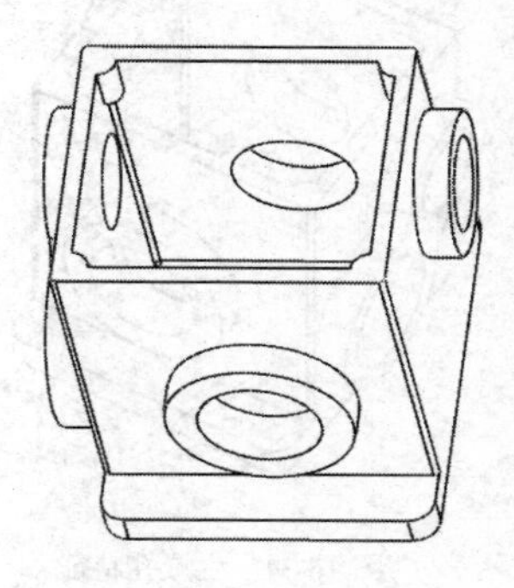

图 16-27　生成拉伸凸台

5. 创建孔特征

01 单击【特征】工具栏中的【简单直孔】按钮，系统出现提示框。

02 在绘图区选择如图 16-28 所示的面，为要放置简单直孔的面，系统弹出【孔】对话框。

03 在对话框中的【终止条件】下拉列表中选择【完全贯穿】选项，设置孔直径为 6mm，其他参数均为默认值。单击对话框中的✔【确定】按钮，完成简单直孔的创建，如图 16-29 所示。

04 在绘图区右键单击创建的孔特征，并在弹出的快捷菜单中单击【编辑草图】按钮，系统会自动进入草图绘制模式。

05 单击【尺寸/几何关系】工具栏中的【智能尺寸】按钮，将草图标注尺寸，如图 16-30 所示。

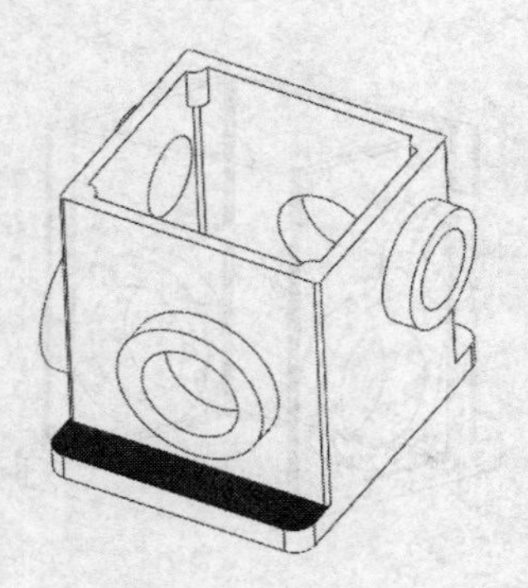

图 16-28 选择该平面

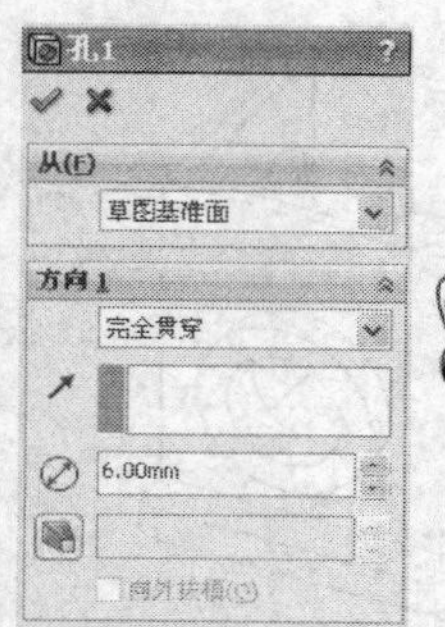

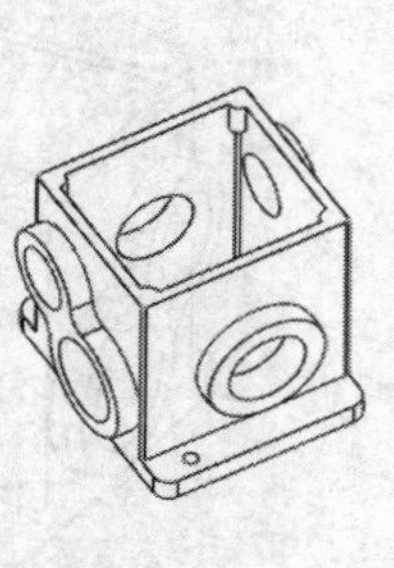

图 16-29 生成简单直孔

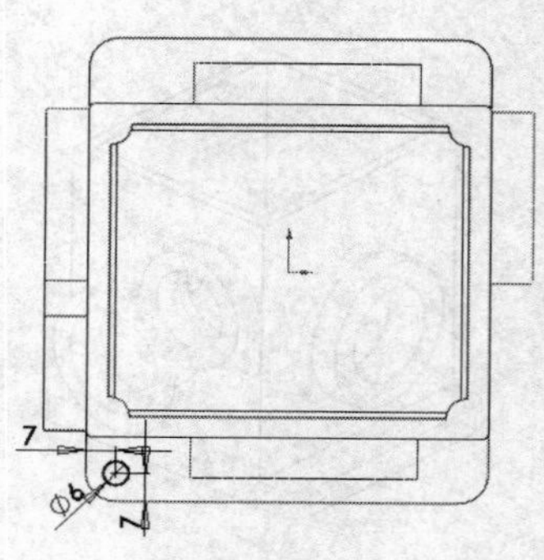

图 16-30 编辑草图

06 单击【草图】工具栏中的【退出草图】按钮，退出草图绘制模式，生成如图 16-31 所示的简单直孔。

07 选择菜单栏中的【插入】|【阵列/镜向】|【镜向】命令，或者单击【特征】工具栏中的【镜向】按钮，系统弹出【镜向】对话框。

08 选择右视基准面为镜像面，孔特征为要镜像的特征，如图 16-32 所示为镜像预览效果。

09 单击对话框中的【确定】按钮，生成镜向特征，如图 16-33 所示。

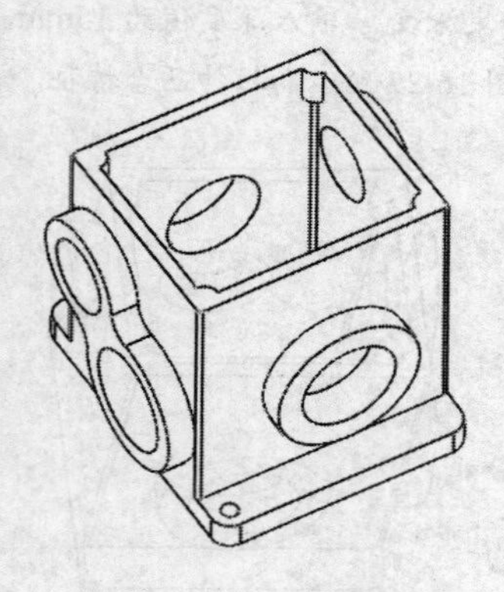

图 16-31 生成孔特征

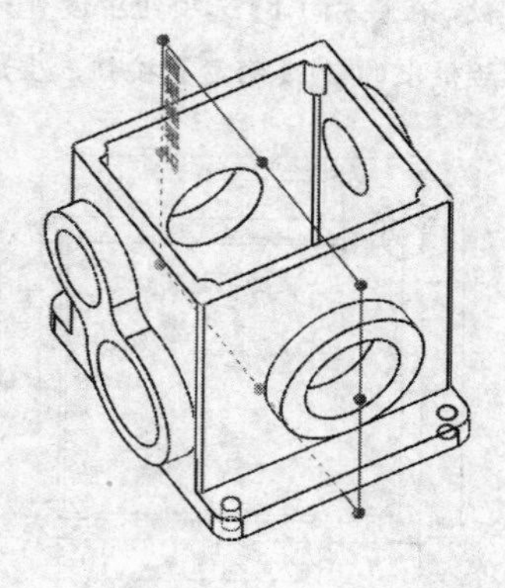

图 16-32 镜向预览

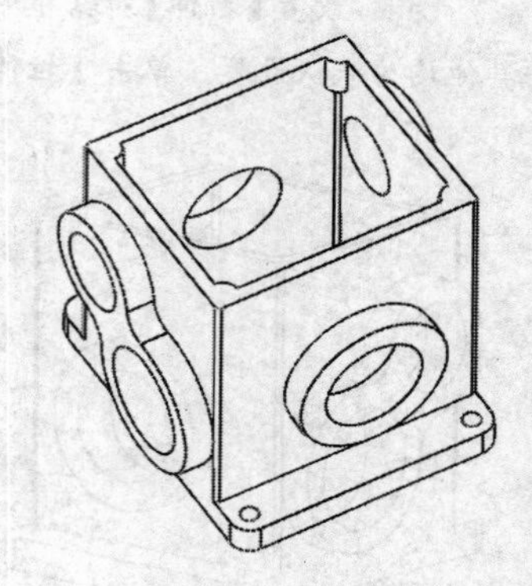

图 16-33 镜像孔特征

10 选择菜单栏中的【插入】|【阵列/镜向】|【镜向】命令，或者单击【特征】工具栏中的【镜向】按钮，系统弹出【镜向】对话框。

11 选择上视基准面为镜像面，孔特征和刚镜像的孔为要镜像的特征，如图 16-34 所示为镜像预览效果。

12 单击对话框中的【确定】按钮，生成镜向特征，如图 16-35 所示。

13 单击【草图】工具栏中的【草图绘制】按钮，在绘图区选择底座上表面作为草图绘制平面。

14 单击【草图】工具栏中的【3 点圆弧】按钮和【直线】按钮，绘制草图，如图 16-36 所示。

15 选择菜单栏中的【插入】|【凸台/基体】|【拉伸】命令，或者单击【特征】工具栏上的【拉伸凸台/基体】按钮，系统弹出【拉伸】对话框。

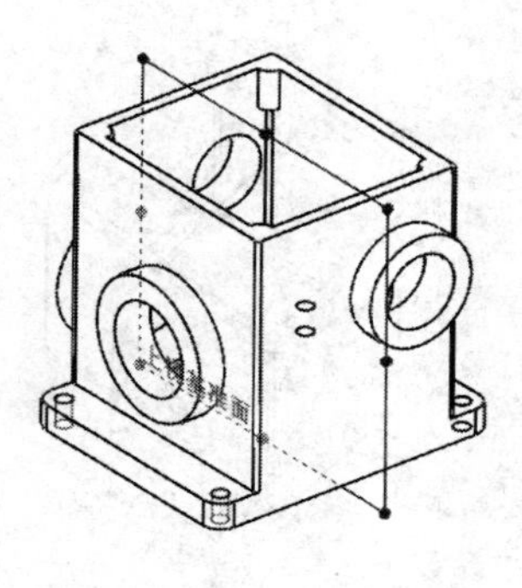

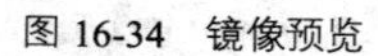

图 16-34 镜像预览

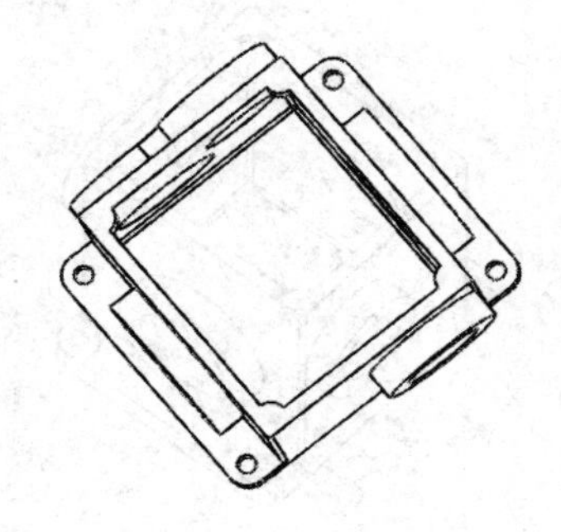

图 16-35 镜像孔特征

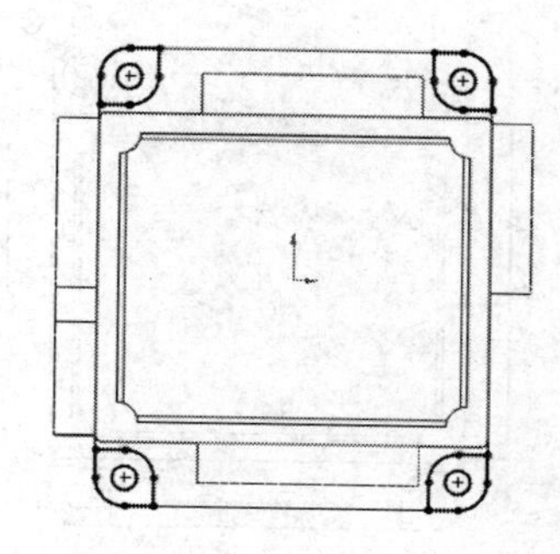

图 16-36 绘制草图

16 设置【拉伸】对话框中的参数，在【方向 1】选项组中设置为“给定深度”，输入深度值为 1mm，其他均为默认设置。单击【拉伸】对话框中的✔【确定】按钮，生成如图 16-37 所示的拉伸凸台特征。

17 单击【特征】工具栏中的【简单直孔】按钮，系统出现提示框。

18 在绘图区选择如图 16-38 所示的面，为要放置简单直孔的面，系统弹出【孔】对话框。

19 在对话框中的【终止条件】下拉列表中选择【给定深度】选项，输入深度为 3mm，设置孔直径为 10mm，其他参数均为默认值。单击对话框中的✔【确定】按钮，完成简单直孔的创建，如图 16-39 所示。

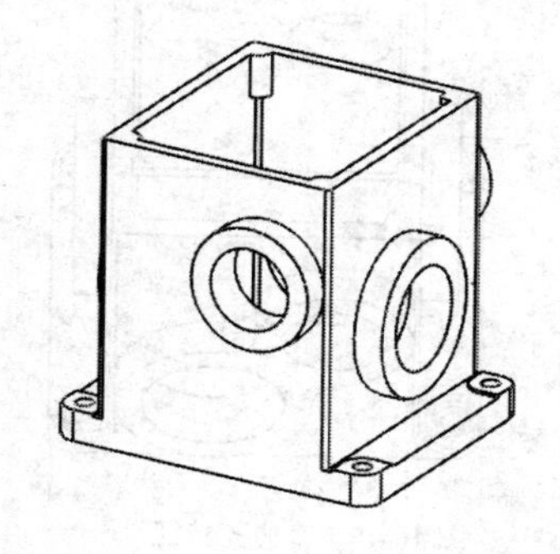

图 16-37 生成拉伸凸台

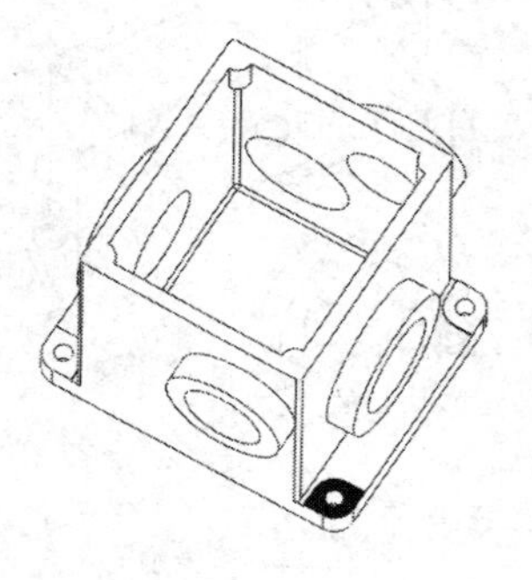

图 16-38 选择该平面

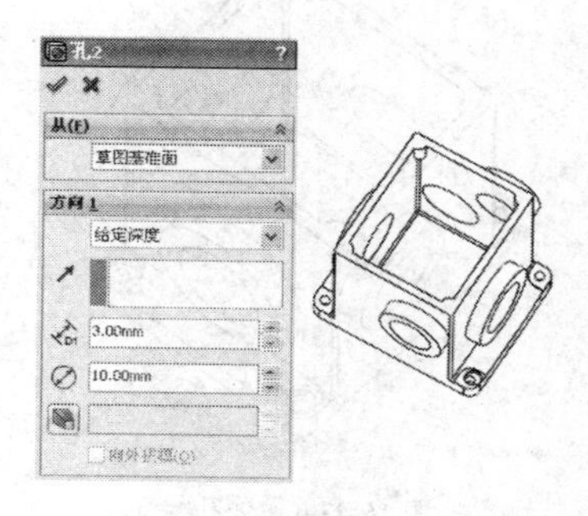

图 16-39 生成简单直孔

20 在绘图区右键单击创建的孔特征，并在弹出的快捷菜单中单击【编辑草图】按钮，系统会自动进入草图绘制模式。

21 单击【尺寸/几何关系】工具栏中的【添加几何关系】按钮，将圆孔与圆添加【同心】约束，如图 16-40 所示。

22 单击【草图】工具栏中的【退出草图】按钮，退出草图绘制模式，生成如图 16-41 所示的简单直孔。

23 选择菜单栏中的【插入】|【阵列/镜向】|【镜向】命令，或者单击【特征】工具栏中的【镜向】按钮，系统弹出【镜向】对话框。

24 选择右视基准面为镜像面，直径为 10 的孔特征为要镜像的特征，如图 16-42 所示为镜像预览效果。

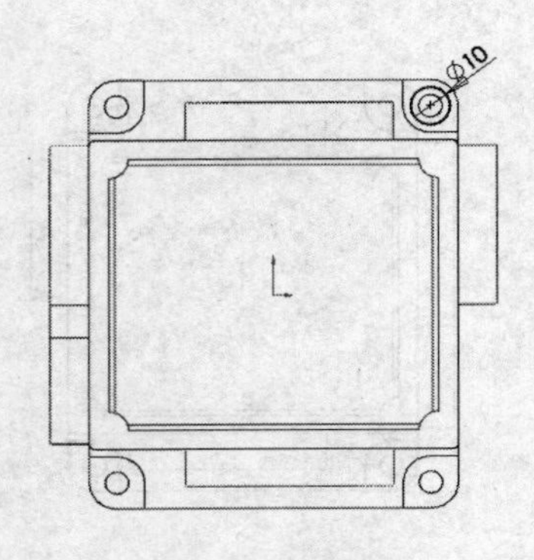

图 16-40 编辑草图

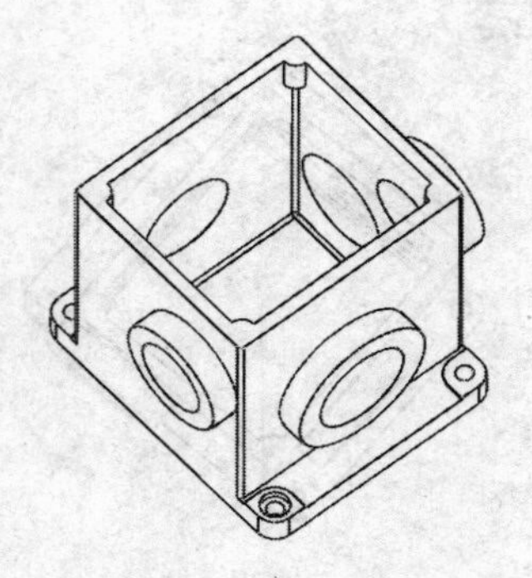
图 16-41 生成简单直孔

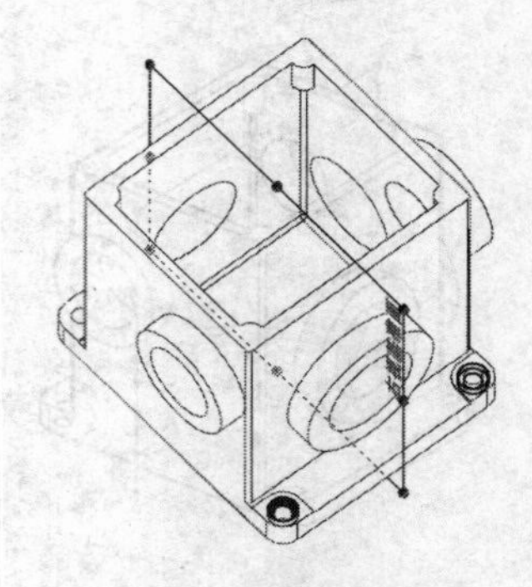
图 16-42 镜像预览

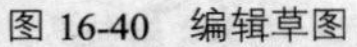

25 单击对话框中的✔【确定】按钮，生成镜向特征，如图 16-43 所示。

26 选择菜单栏中的【插入】|【阵列/镜向】|【镜向】命令，或者单击【特征】工具栏中的【镜向】按钮，系统弹出【镜向】对话框。

27 选择上视基准面为镜像面，孔特征和刚镜像的孔为要镜像的特征，如图 16-44 所示为镜像预览效果。

28 单击对话框中的✔【确定】按钮，生成镜向特征，如图 16-45 所示。

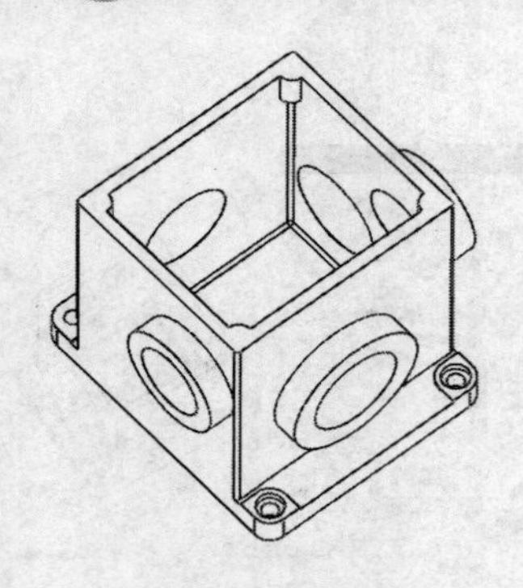
图 16-43 镜像孔特征

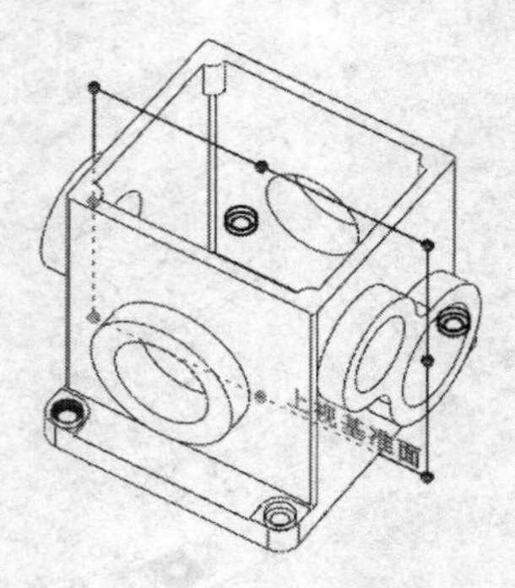

图 16-44 镜像预览

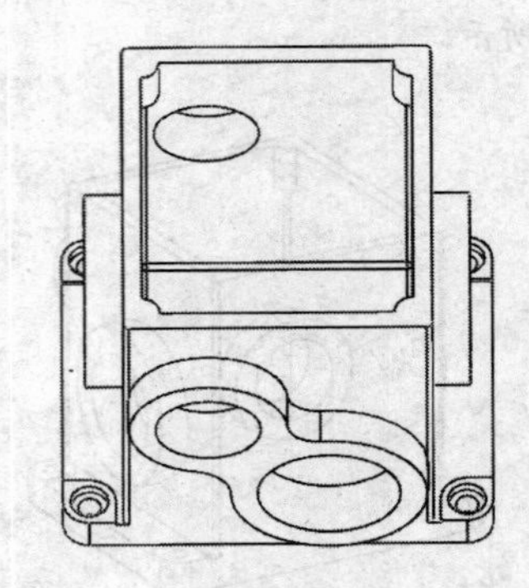
图 16-45 镜像孔特征

29 单击【草图】工具栏中的【草图绘制】按钮，在绘图区选择【前视基准面】作为草图绘制平面。

30 单击【草图】工具栏中的【直线】按钮，绘制草图。单击【尺寸/几何关系】工具栏中的【智能尺寸】按钮，添加尺寸，如图 16-46 所示。

31 单击【特征】工具栏上的【拉伸切除】按钮，或选择菜单栏中的【插入】|【切除】|【拉伸】命令，打开【拉伸-切除】对话框。

32 设置【拉伸-切除】对话框中的参数，在【方向 1】选项组中设置“给定深度”类型，输入深度值为 2，其他均为默认设置，单击✔【确定】按钮，生成切除-拉伸特征，如图 16-47 所示。

33 选择菜单栏中的【插入】|【特征】|【孔】|【向导】命令，或者单击【特征】工具栏中的【异型孔向导】按钮，系统弹出【孔规格】对话框。

34 在对话框中设置如图 16-48 左图所示的参数，单击【位置】选项卡，选择如图 16-48 右图所示的平面为螺纹孔的放置表面。

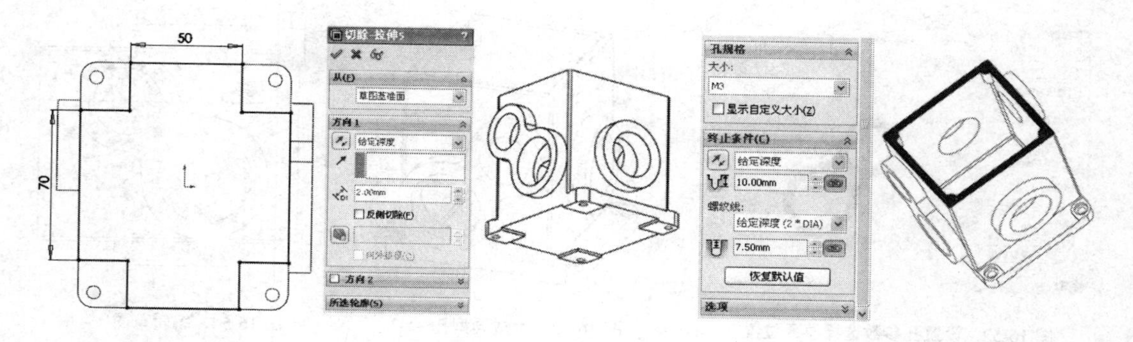

图 16-46 绘制草图　　图 16-47 生成拉伸切除特征　　图 16-48 设置孔参数选择放置平面

35 单击【确定】按钮，生成如图 16-49 所示的螺纹孔。

36 选择【特征管理器设计树】中创建的螺纹孔特征，在下拉菜单中右键单击【草图】特征，在弹出的快捷菜单中单击【编辑草图】按钮，进入草图绘制环境。

37 单击【尺寸/几何关系】工具栏中的【添加几何关系】按钮，将草图点与圆弧添加【同心】几何关系，如图 16-50 所示。

38 单击【草图】工具栏中的【退出草图】按钮，退出草图绘制模式，生成如图 16-51 所示的螺纹孔。

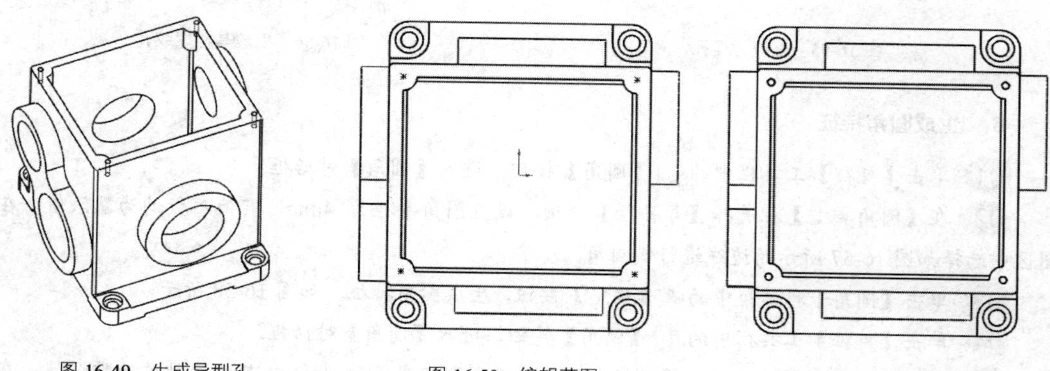

图 16-49 生成异型孔　　图 16-50 编辑草图　　图 16-51 生成异型孔

39 选择菜单栏中的【插入】|【特征】|【孔】|【向导】命令，或者单击【特征】工具栏中的【异型孔向导】按钮，系统弹出【孔规格】对话框。

40 在对话框中设置如图 16-52 左图所示的参数，单击【位置】选项卡，选择如图 16-52 右图所示的平面为螺纹孔的放置表面。

41 单击【确定】按钮，生成如图 16-53 所示的螺纹孔。

42 选择【特征管理器设计树】中刚创建的螺纹孔特征，在下拉菜单中右键单击【草图】特征，在弹出的快捷菜单中单击【编辑草图】按钮，进入草图绘制环境。

43 单击【尺寸/几何关系】工具栏中的【智能尺寸】按钮，将草图点标注尺寸，如图 16-54 所示。

44 单击【草图】工具栏中的【退出草图】按钮，退出草图绘制模式，生成如图 16-55 所示的螺纹孔。

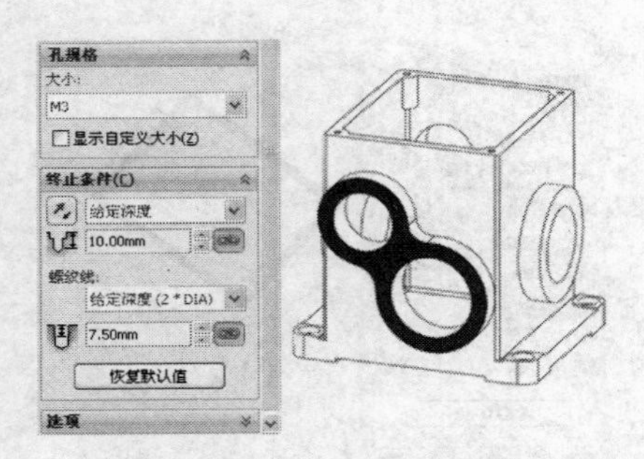

图 16-52 设置孔参数选择放置位置

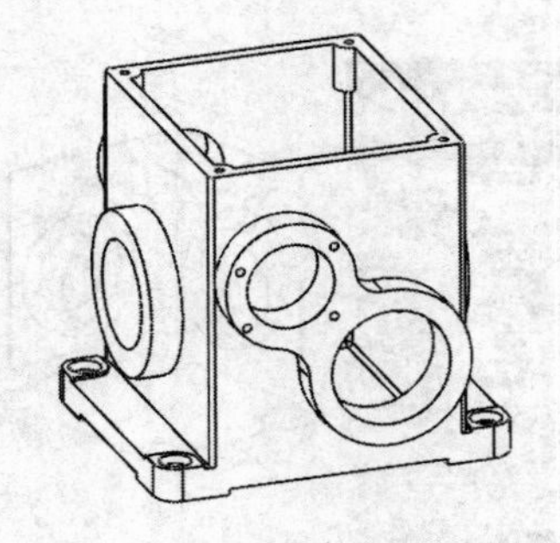

图 16-53 生成异型孔

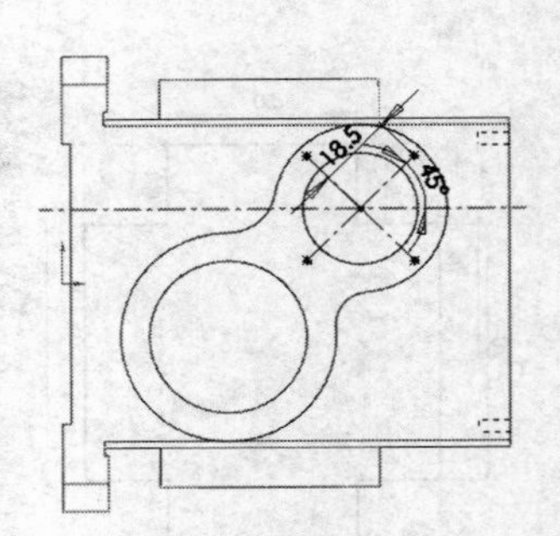

图 16-54 编辑草图

45 利用同样方法，生成其他的 16 个螺纹孔特征，最终效果如图 16-56 所示。

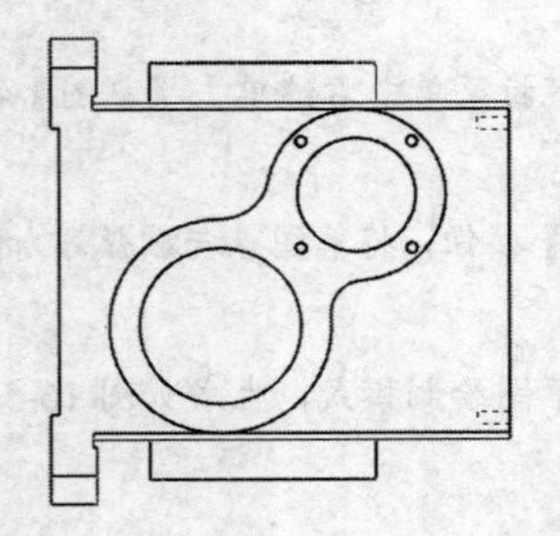

图 16-55 生成异型孔

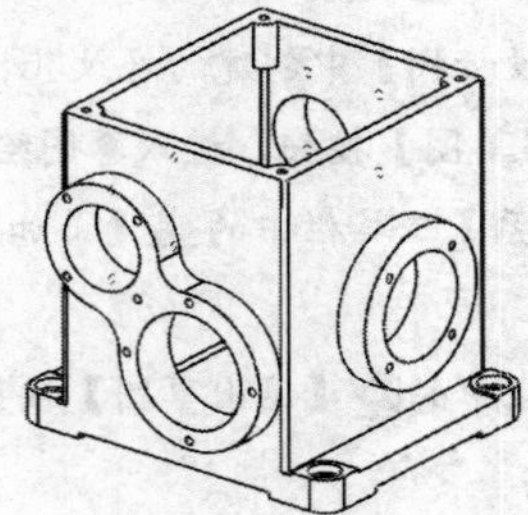

图 16-56 生成其他螺纹孔

6. 生成圆角特征

01 单击【特征】工具栏中的【圆角】按钮，进入【圆角】对话框。

02 在【圆角类型】栏选择【等半径】选项，设置圆角半径为 4mm，其他参数均为默认值，在绘图区中选择如图 16-57 所示的边线进行倒圆角。

03 单击【圆角】对话框中的【确定】按钮，生成圆角特征，如图 16-58 所示。

04 单击【特征】工具栏中的【圆角】按钮，进入【圆角】对话框。

05 在【圆角类型】栏选择【等半径】选项，设置圆角半径为 1mm，其他参数均为默认值，在绘图区中选择如图 16-59 所示的边线进行倒圆角。

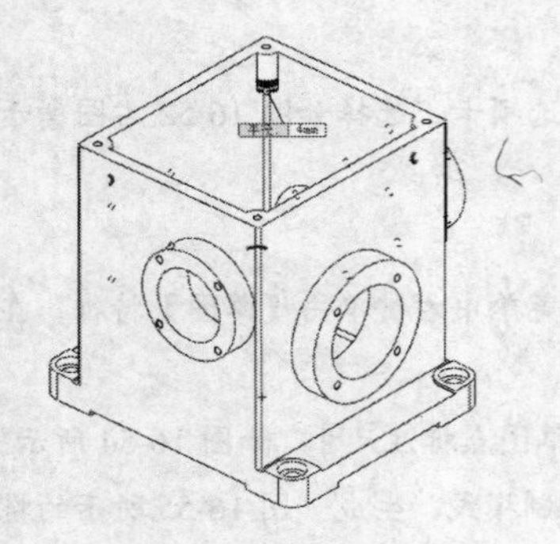

图 16-57 选择边线

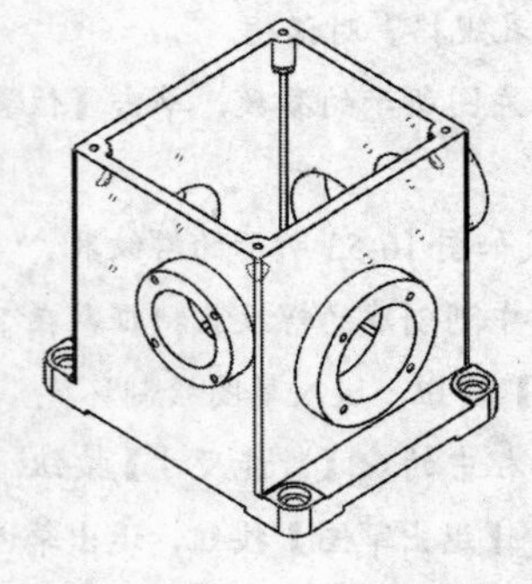

图 16-58 生成圆角特征

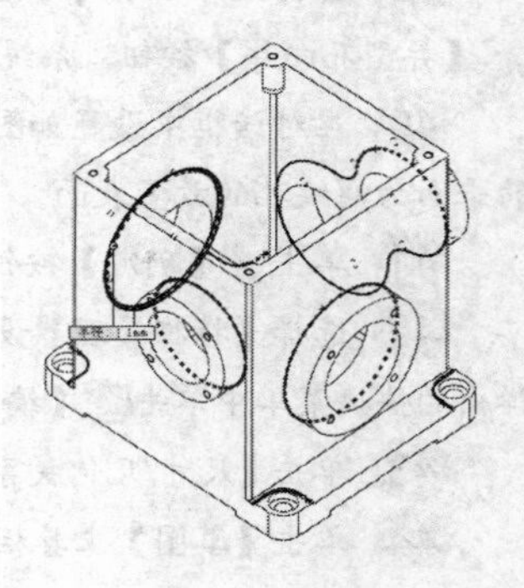

图 16-59 选择边线

06 单击【圆角】对话框中的✔【确定】按钮，生成圆角特征，如图 16-60 所示。

07 单击【特征】工具栏中的【圆角】按钮，进入【圆角】对话框。

08 在【圆角类型】栏选择【等半径】选项，设置圆角半径为 2mm，其他参数均为默认值，在绘图区中选择如图 16-61 所示的边线进行倒圆角。

09 单击【圆角】对话框中的✔【确定】按钮，生成圆角特征，如图 16-62 所示。

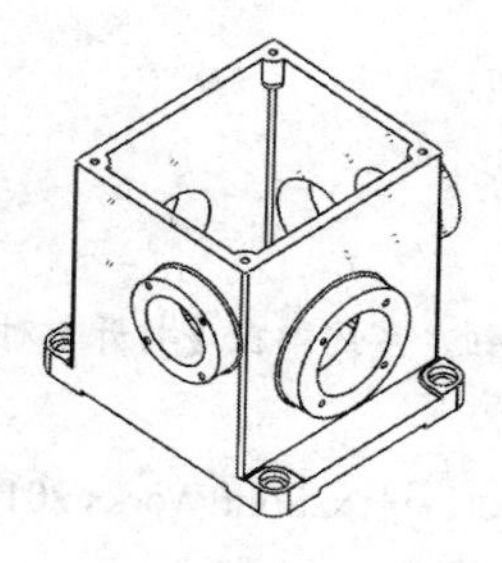

图 16-60　生成圆角特征

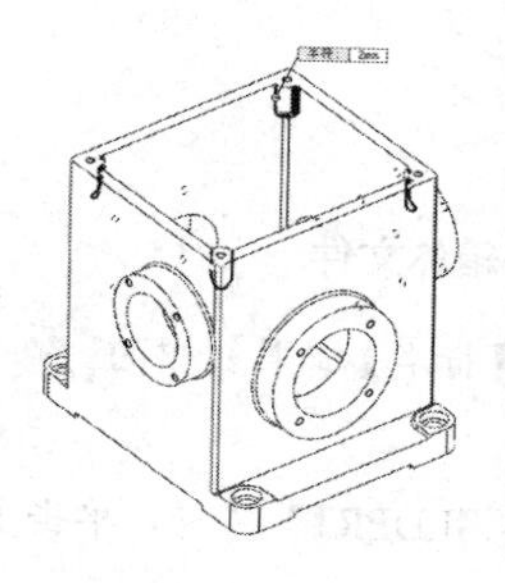

图 16-61　选择边线

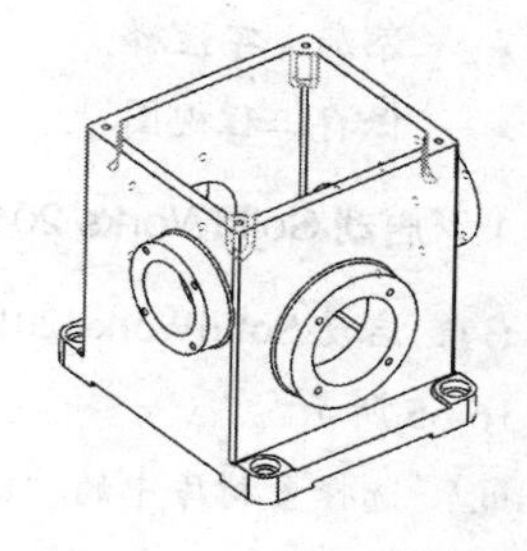

图 16-62　生成圆角特征

7. 生成倒角特征

01 单击【特征】工具栏中的【倒角】按钮，在对话框中的【距离】微调框中输入 1mm，其他参数均为默认值。

02 单击绘图区如图 16-63 所示的模型边线，系统显示模型预览。

03 单击对话框中的✔【确定】按钮，完成倒角的创建，如图 16-64 所示。

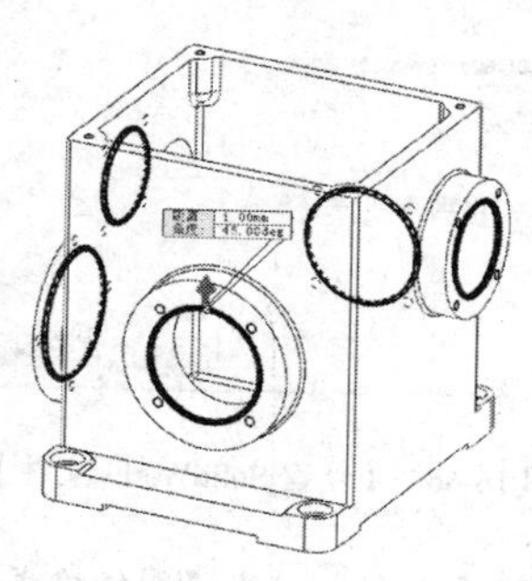

图 16-63　选择边线

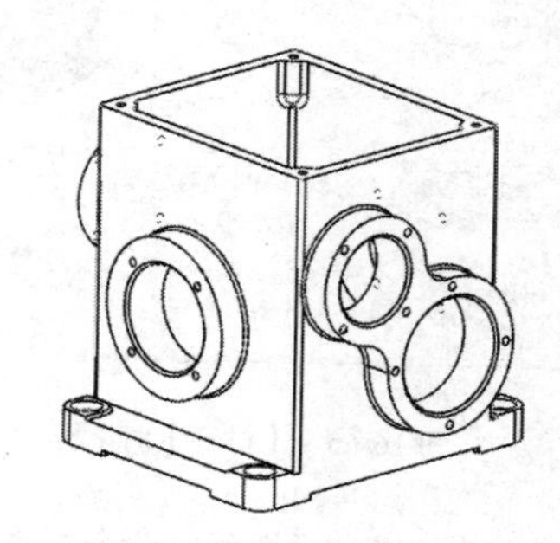

图 16-64　生成倒角特征

8. 保存零件

01 选择【文件】|【另存为】命令，弹出【另存为】对话框。

02 在【文件名】列表框中输入“16.1.1 箱体”，单击【保存】按钮，完成箱体建模操作。

16.1.2 生成箱体工程图

生成箱体工程图步骤如下：

- 启动 SolidWorks 2013 并打开装配文件。
- 新建工程视图文件。

> 生成工程视图。
> 生成断开的剖视图。
> 添加尺寸标注。
> 添加孔标注。
> 添加基准特征符号。
> 添加形位公差。
> 添加文字注释。
> 保存工程视图。

1. 启动 SolidWorks 2013 并打开箱体文件

01 启动 SolidWorks 2013，单击【标准】工具栏中的【打开】按钮，系统弹出【打开】对话框，如图 16-65 所示。

02 选择素材库中的“16.1.1 箱体.SLDPRT”文件，单击【打开】按钮，进入 SolidWorks 2013 的零件工作界面。

2. 新建工程视图文件

01 单击【标准】工具栏中的【新建】按钮，系统弹出【新建 SolidWorks 文件】对话框，如图 16-66 所示，选择【工程图】图标，单击【确定】按钮，系统进入工程图工作界面。

图 16-65 【打开】对话框

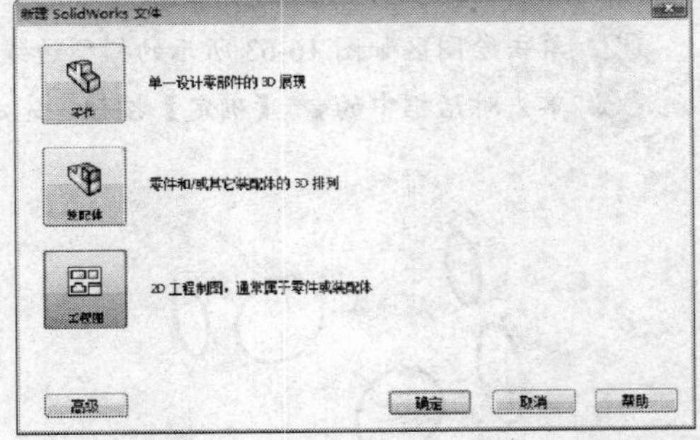

图 16-66 【新建 SolidWorks 文件】对话框

02 单击“插入” | “图纸”命令，系统弹出【图纸格式/大小】对话框，在【图纸格式/大小】对话框中，设置图纸大小为“A3（GB）”，如图 16-67 所示，单击【确定】按钮，生成“图纸 1”。

3. 生成工程视图

01 单击【工程图】工具栏中的【模型视图】按钮，系统弹出【模型视图】对话框，箱体零件出现在【打开文档】列表中。

02 鼠标双击列表中的零件名，系统弹出新的【模型视图】对话框。在【方向】选项组中单击【左视】按钮，并修改图纸比例为 1∶1。移动鼠标至合适的位置生成零件的主视图，如图 16-68 所示。

03 单击右键选择主视图，在弹出的快捷菜单中选择【缩放/平移/旋转】|【旋转视图】命令，系统弹出【旋转工程视图】对话框。

04 并在对话框中的“工程视图角度”文本输入框中输入 90，如图 16-69 所示。

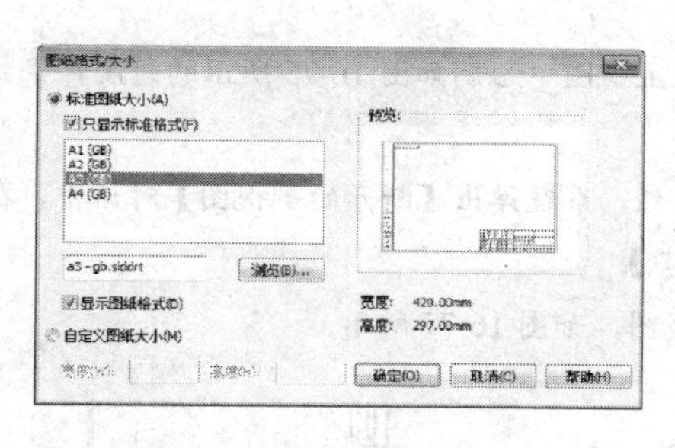

图 16-67　【图纸格式/大小】对话框

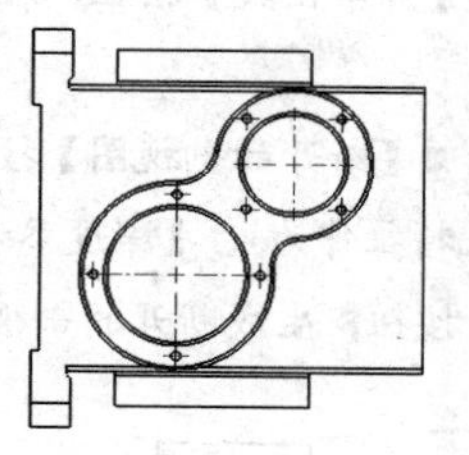

图 16-68　生成主视图

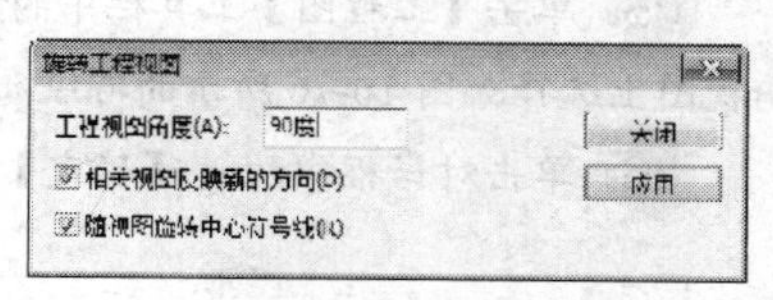

图 16-69　旋转工程视图对话框

05 单击对话框中的【应用】按钮，主视图将旋转 90° 显示，如图 16-70 所示。单击【关闭】按钮，关闭对话框。

06 选中主视图，单击【工程图】工具栏中的【投影视图】按钮，然后移动鼠标至主视图的下方，系统自动生成俯视图，单击以确定俯视图放置位置；移动鼠标至主视图的右方，系统自动生成左视图，单击以确定左视图放置位置。完成俯视图和左视图的绘制，如图 16-71 所示。

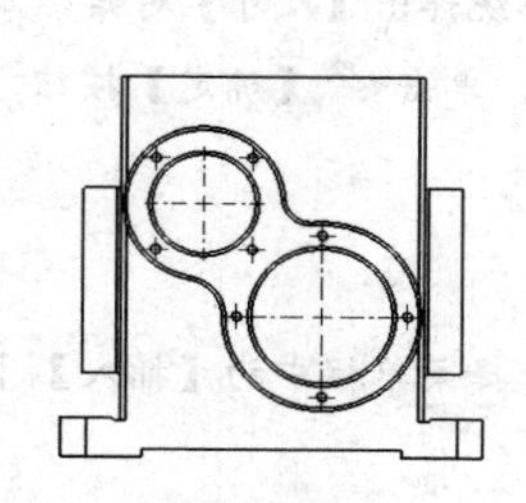

图 16-70　旋转主视图

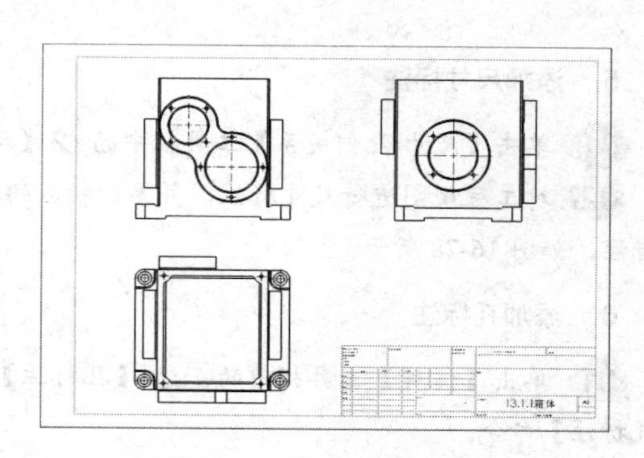

图 16-71　生成俯视图和左视图

4. 生成断开的剖视图

01 单击【草图】工具栏中的【样条曲线】按钮，在主视图中绘制如图 16-72 所示的封闭样条曲线。

02 单击【工程图】工具栏中的【断开的剖视图】按钮，系统弹出【断开的剖视图】对话框，在俯视图上选择如图 16-73 所示的圆孔作为【深度参考】。

03 单击对话框中的【确定】按钮，生成断开的剖视图，如图 16-74 所示。

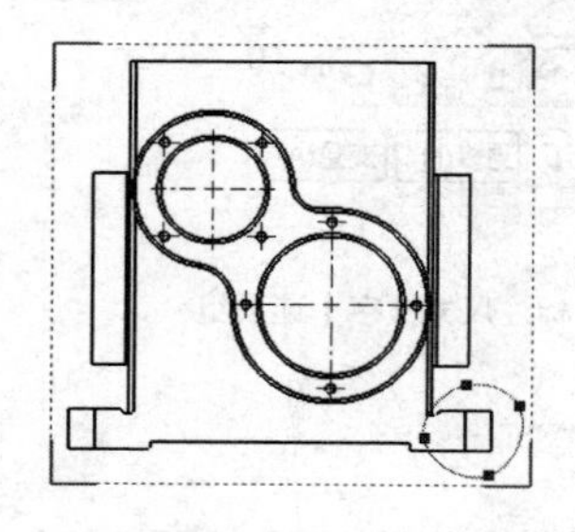

图 16-72　绘制样条曲线

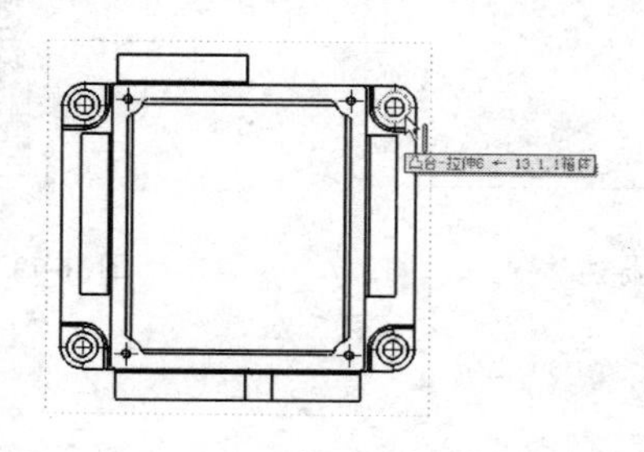

图 16-73　选择深度参考

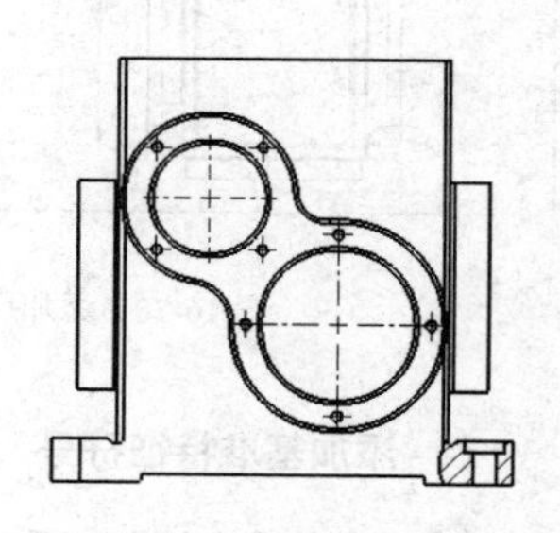

图 16-74　生成断开的剖视图

04 单击【草图】工具栏中的【样条曲线】按钮，在主视图中绘制如图 16-75 所示的封闭样条曲线。

05 单击【工程图】工具栏中的【断开的剖视图】按钮，系统弹出【断开的剖视图】对话框，在俯视图上选择如图 16-76 所示的螺纹孔特征作为【深度参考】。

06 单击对话框中的【确定】按钮，生成断开的剖视图，如图 16-77 所示。

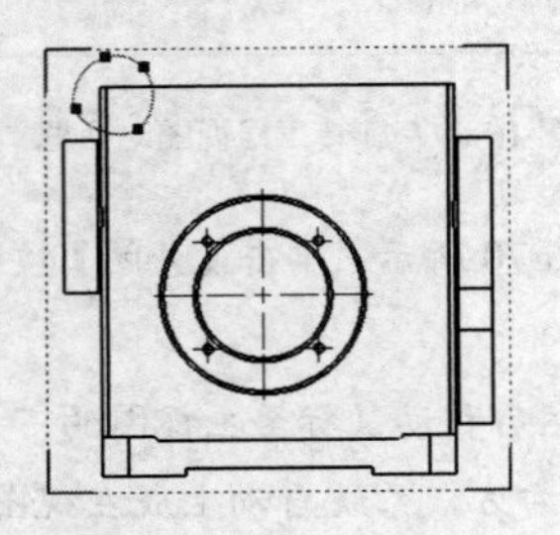

图 16-75 选择深度参考

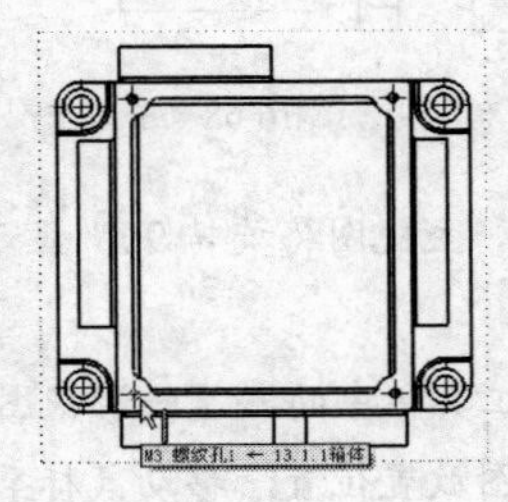

图 16-76 生成断开的剖视图

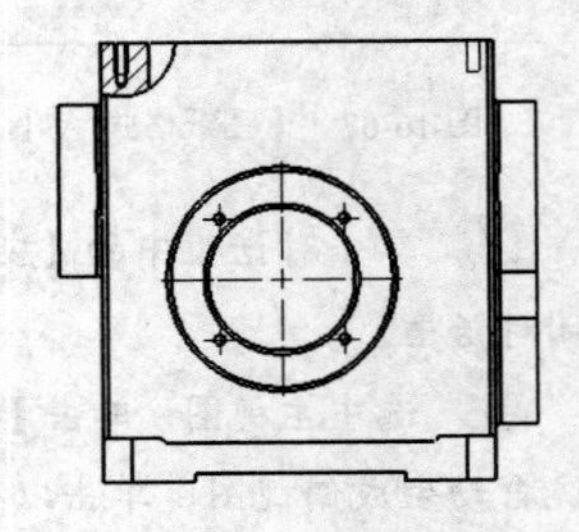

图 16-77 生成断开的剖视图

5. 添加尺寸标注

01 单击【尺寸/几何关系】工具栏中的【尺寸】按钮，系统弹出【尺寸】对话框。

02 对工程视图进行尺寸标注，并添加相应的标注尺寸文字。单击【确定】按钮，完成添加尺寸标注，如图 16-78 所示。

6. 添加孔标注

01 单击【注解】工具栏中的【孔标注】按钮，或者选择菜单栏中的【插入】|【注解】|【孔标注】命令。

02 单击孔的边线，再在合适的位置单击以放置孔标注，系统弹出【尺寸】对话框，在【标注尺寸文字】选项组中修改文字，如图 16-79 所示，单击【确定】按钮，完成添加孔标注，如图 16-80 所示。

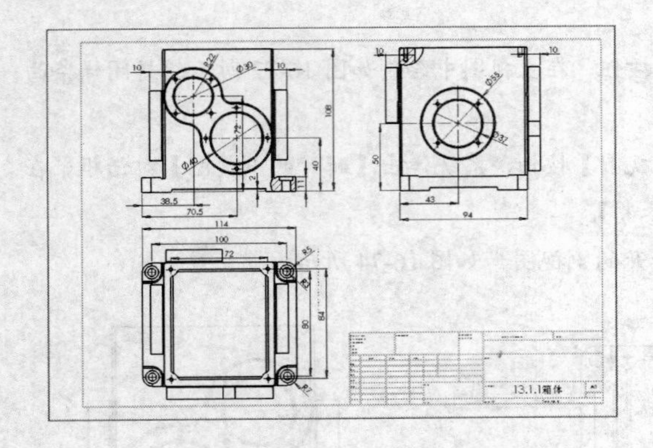

图 16-78 添加尺寸标注

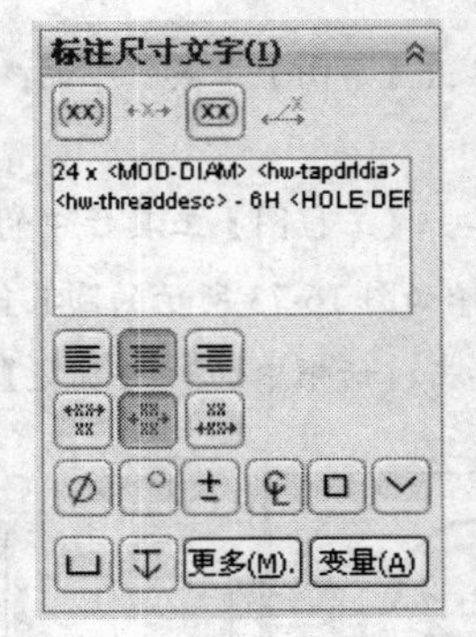

图 16-79 【标注尺寸文字】选项组

7. 添加基准特征符号

01 单击【注解】工具栏中的【基准特征】按钮，或者选择菜单栏中的【插入】|【注解】|

【基准特征符号】命令，系统弹出【基准特征】对话框。

02 根据基准特征符号的标注要求设置参数，选择引线样式，如图16-81所示。

03 拖动鼠标指针至要添加基准特征符号的位置，单击鼠标左键放置基准特征符号，根据需要，单击鼠标左键多次以顺序放置多个基准特征符号，单击✔【确定】按钮，完成添加基准特征符号，如图16-82所示。

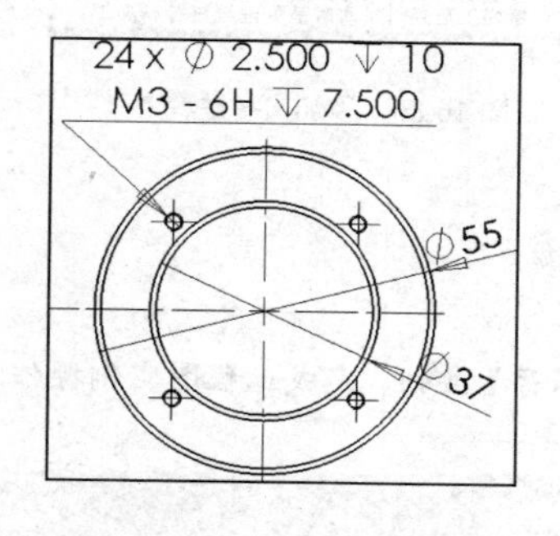

图16-80 添加孔标注

图16-81 引线样式

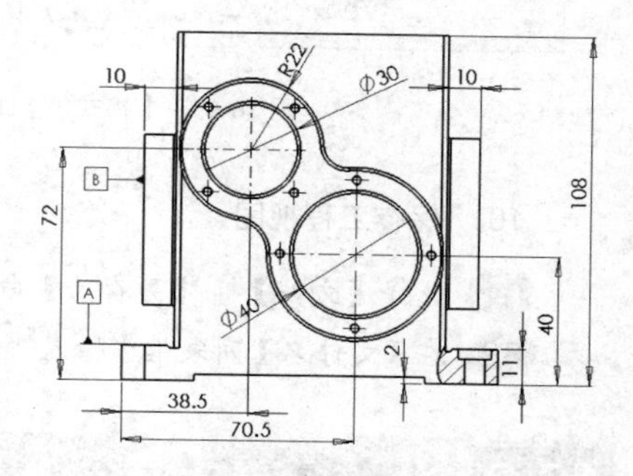

图16-82 添加基准特征符号

8. 添加形位公差

01 单击【注解】工具栏中的【形位公差】按钮，或者选择菜单栏中的【插入】|【注解】|【形位公差】命令，系统弹出【形位公差】对话框，同时在图纸区域弹出形位公差的【属性】对话框。

02 在【属性】对话框中，选择需要标注的形位公差符号，输入公差数值，如图16-83所示。

03 在图纸区域拖动鼠标指针至需要添加标注的位置，单击鼠标左键放置形位公差符号，可以根据需要单击多次以放置多个符号，单击【确定】按钮，完成添加形位公差。

04 根据需要修改其余形位公差的符号、公差数值等，单击【确定】按钮，完成形位公差的修改，如图16-84所示。

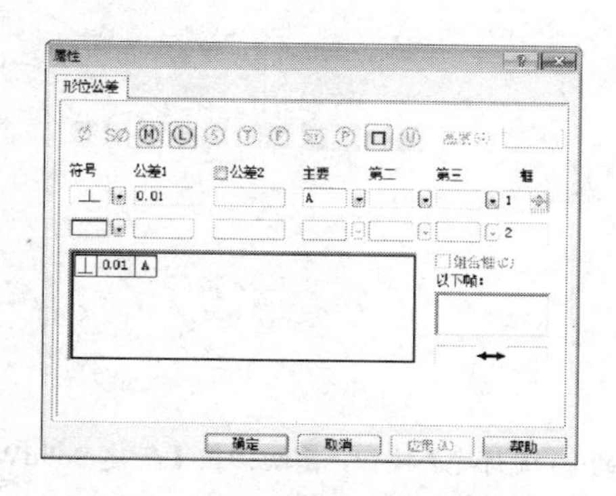

图16-83 设置【属性】对话框中的参数

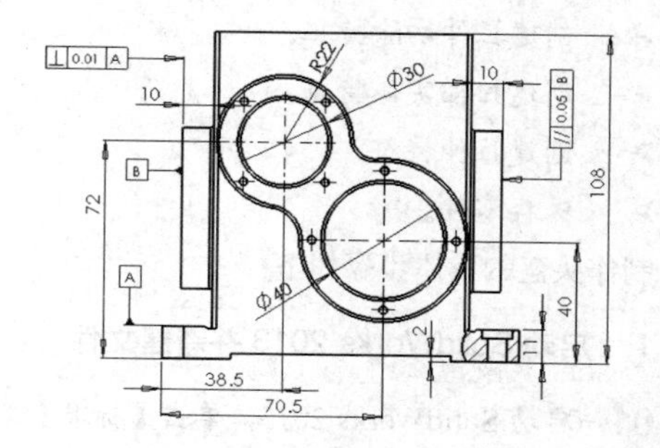

图16-84 添加形位公差

9. 添加文字注释

01 单击【注解】工具栏中的**A**【注释】按钮，或者选择菜单栏中的【插入】|【注解】|【注释】命令，系统弹出【注释】对话框。

02 此时鼠标指针呈 形状，在图纸区域中拖动鼠标指针定义文本框，在文本框中输入相应的注释文字。

03 在【格式化】工具栏中设置文字字体、字号等，如图 16-85 所示。

04 添加的文字注释如图 16-86 所示。

格式化
汉仪长仿宋体
12
3.5mm

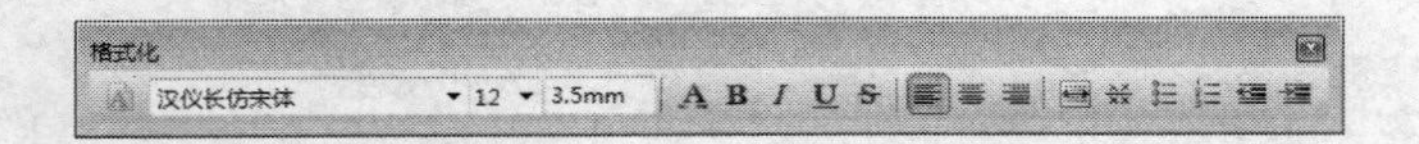

图 16-85 【格式化】工具栏

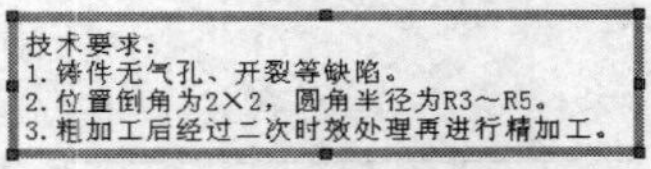

技术要求：
1.铸件无气孔、开裂等缺陷。
2.位置倒角为2×2，圆角半径为R3～R5。
3.粗加工后经过二次时效处理再进行精加工。

图 16-86 添加文字注释

10. 保存工程视图

01 选择【文件】|【另存为】命令，弹出【另存为】对话框。

02 在【文件名】列表框中输入“16.1.2 箱体工程视图”，单击【保存】按钮，完成工程图实例操作。

16.2 头盔曲面建模

本实例将介绍一款头盔的制作过程，头盔模型如图 16-87 所示。这款头盔是用于橄榄球比赛等的头部护具，主要由两个部分组成：主体部分和护面部分。

制作该头盔可以分为如下步骤：

- 启动 SolidWorks 2013 并新建文件。
- 创建拉伸曲面特征。
- 生成分割线。
- 创建放样曲面特征。
- 创建等距曲面特征。
- 创建剪裁特征。
- 创建加厚特征。
- 创建拉伸切除特征。
- 创建扫描实体特征。
- 创建拉伸特征。
- 保存零件。

制作头盔的具体步骤如下：

1. 启动 SolidWorks 2013 并新建文件

01 启动 SolidWorks 2013，单击【标准】工具栏中的【新建】按钮，系统弹出【新建 SolidWorks 文件】对话框。

02 选择【零件】图标，单击【确定】按钮，进入 SolidWorks 2013 的零件工作界面。

2. 创建拉伸曲面

01 单击【草图】工具栏中的【草图绘制】按钮，在绘图区选择【右视基准面】作为草图绘制平面。

02 单击【草图】工具栏中的【样条曲线】按钮、【中心线】按钮和【圆】按钮，绘制草图，如图16-88所示。

03 选择菜单工具栏中的【插入】|【曲面】|【拉伸曲面】命令，或者单击【曲面】工具栏中的【拉伸曲面】按钮，系统弹出【拉伸】对话框。

04 在【方向1】选项组中选择【终止条件】为【给定深度】选项，设置深度值为20mm，其他均为默认值。

05 单击对话框中的【确定】按钮，完成曲面拉伸，如图16-89所示。

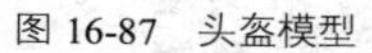

图16-87 头盔模型

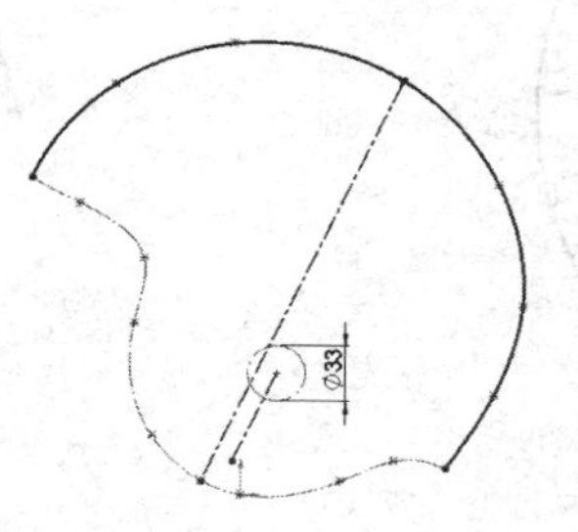

图16-88 绘制草图1

图16-89 生成拉伸曲面

06 右击【特征管理器设计树】中的【草图1】，在弹出的快捷菜单中单击【显示】按钮，使草图1显示出来，如图16-90所示。

07 选择菜单栏中的【插入】|【参考几何体】|【基准面】命令。打开【基准面】对话框。在【特征管理器设计树】中选择右视基准面和草图1中的中心线。在【第一参考】的【两面夹角】微调栏中输入“90度”，单击【基准面】对话框中的【确定】按钮，即生成如图16-91所示的基准面。

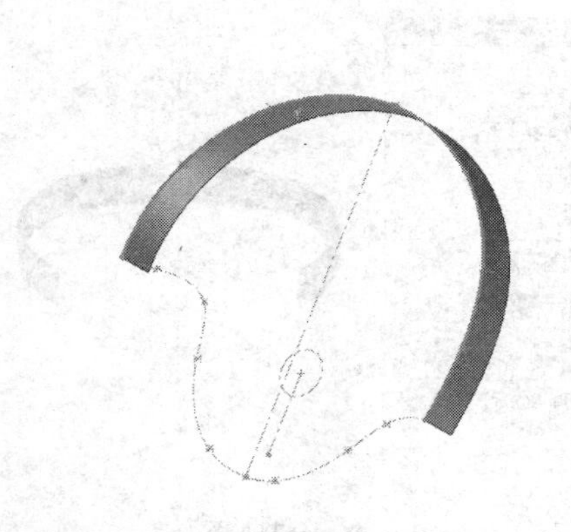

图16-90 显示草图1

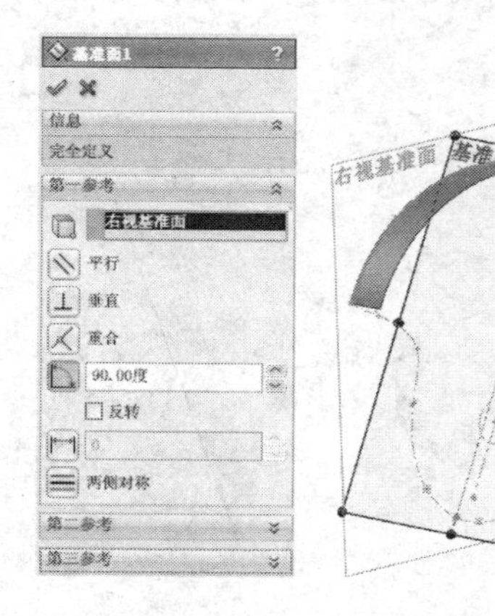

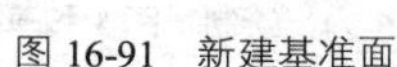

图16-91 新建基准面

08 单击【草图】工具栏中的【草图绘制】按钮，在绘图区选择刚创建的基准面1作为草图绘制平面，进入草图绘制模式。

09 单击【草图】工具栏中的【样条曲线】按钮和【中心线】按钮，绘制如图16-92所示的草图并标注尺寸。草图顶端的点与草图1顶端的点添加重合几何关系。

10 选择菜单工具栏中的【插入】|【曲面】|【拉伸曲面】命令，或者单击【曲面】工具栏中的【拉伸曲面】按钮，系统弹出【拉伸】对话框。

11 在【方向 1】选项组中选择【终止条件】为【给定深度】选项，设置深度值为 30mm，其他均为默认值。单击对话框中的【确定】按钮，完成曲面拉伸，如图 16-93 所示。

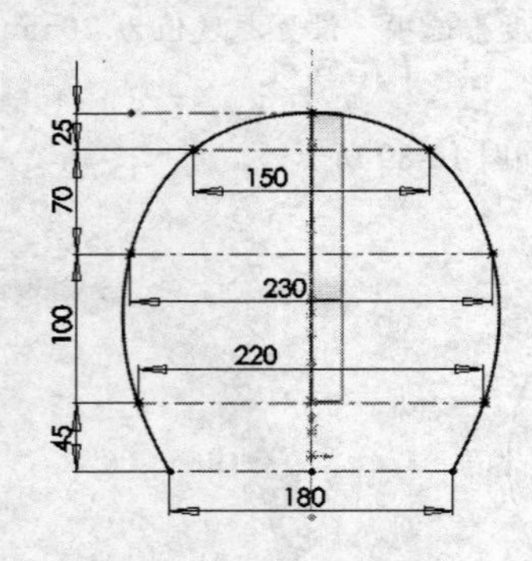

图 16-92 绘制草图 2

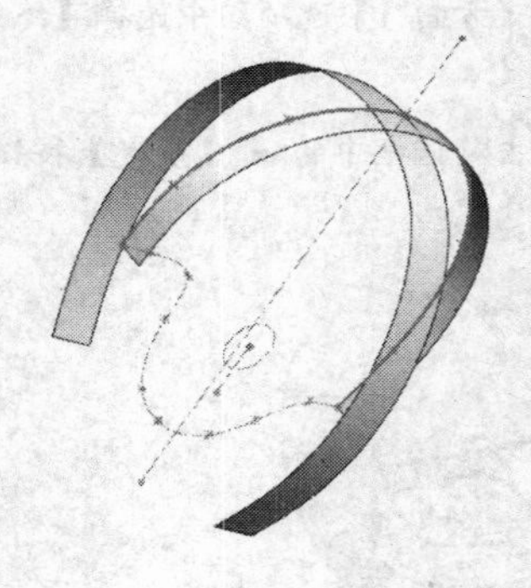

图 16-93 生成拉伸曲面

3. 生成分割线

01 分别在【上视基准面】上绘制草图 3，【右视基准面】上绘制草图 4，如图 16-94 所示。

02 单击【曲线】工具栏中的【分割线】按钮或者在菜单栏中选择【插入】|【曲线】|【分割线】命令，系统弹出【分割线】对话框。

03 选择【投影】分割线类型，在绘图区选择【草图 3】作为要投影的草图，然后选择拉伸曲面 2（宽度为 30mm）作为要分割的面，如图 16-95 所示。单击对话框中的【确定】按钮，分割曲面。

04 利用同样的方法，用草图 4 对拉伸曲面 1（宽度为 20mm）进行分割。

图 16-94 绘制草图 3 和草图 4

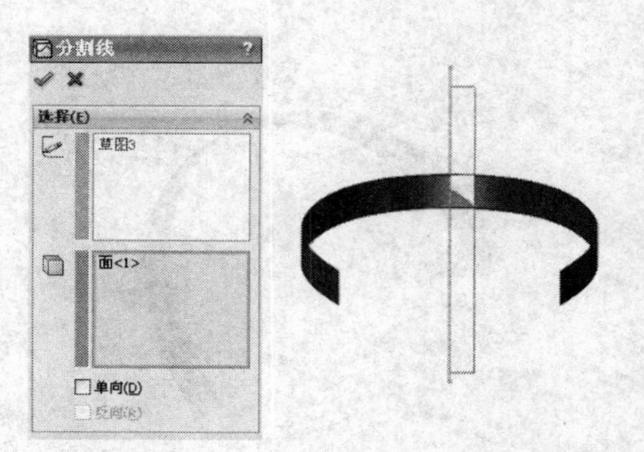

图 16-95 分割曲面

4. 创建放样曲面

01 选择菜单工具栏中的【插入】|【曲面】|【放样曲面】命令，或者单击【曲面】工具栏中的【放样曲面】按钮，系统弹出【曲面-放样】对话框。依次单击选择如图 16-96 所示的边线 1、边线 2、边线 3。

02 在【开始约束】下拉列表框中选择【与面相切】选项，并输入【距离】为 1.7；在【结束约束】下拉列表框中选择【与面相切】选项，并输入【距离】为 1.7。单击对话框中的✓【确定】按钮，生成放样曲面，如图 16-97 所示。

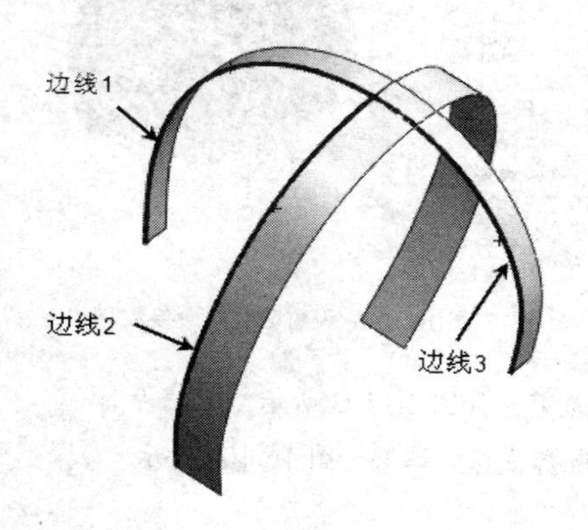

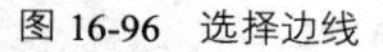
图 16-96 选择边线

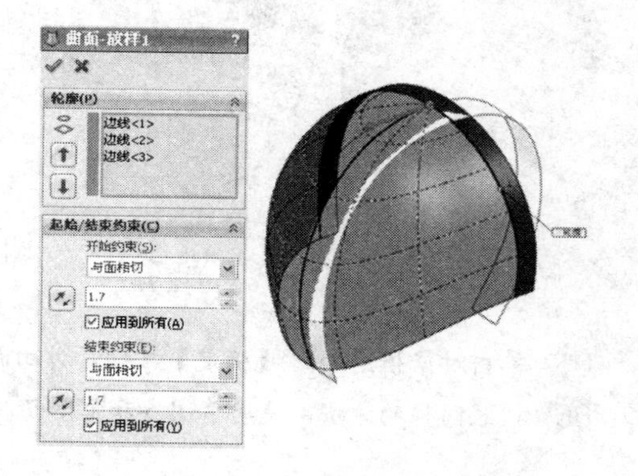

图 16-97 放样曲面

5. 创建等距曲面

01 单击【曲面】工具栏中的【等距曲面】按钮，打开【等距-曲面】对话框

02 选择之前放样的曲面为要等距的曲面并在【等距距离】中输入 4.5mm，单击✓【确定】按钮，创建等距曲面，如图 16-98 所示。

6. 创建剪裁曲面特征

01 单击【草图】工具栏中的【草图绘制】按钮，选择【右视基准面】作为草图绘制平面。

02 单击【草图】工具栏中的【转换实体引用】按钮，打开【转换实体引用】对话框。选择如图 16-99 所示的边线，单击✓【确定】按钮，绘制如图 16-100 所示的草图。

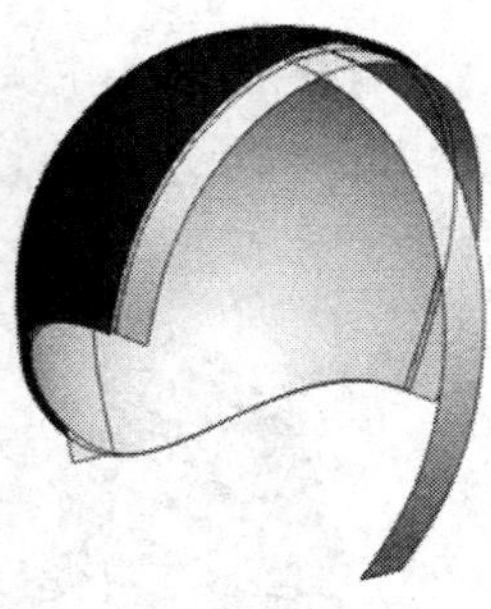

图 16-98 等距曲面

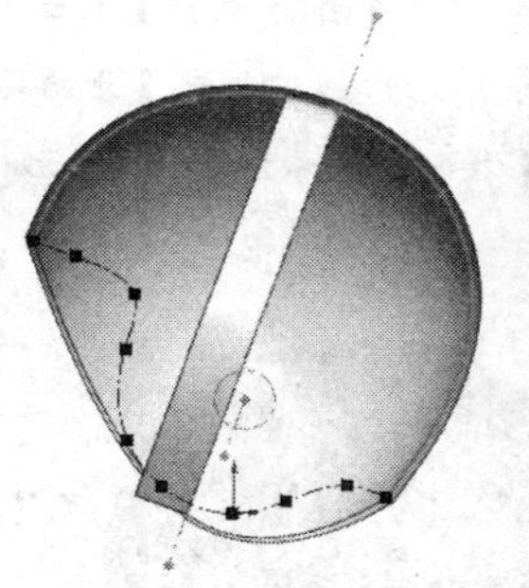

图 16-99 选择边线

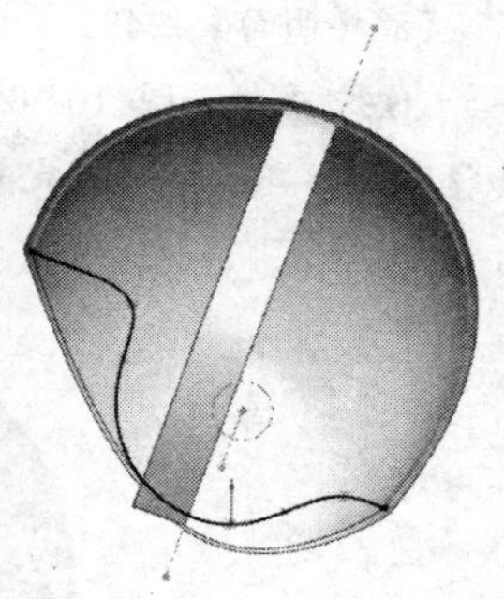

图 16-100 绘制草图 5

03 利用同样的方法，在【右视基准面】上绘制草图 6 和草图 7，如图 16-101 所示。

04 单击【曲面】工具栏中的【剪裁曲面】按钮，弹出【裁剪曲面】对话框，选择【标准】裁剪方式。在【裁剪工具】选择框中选择草图 5，【保留选择】选择框中选择放样曲面的上部分。如图 16-102 所示。

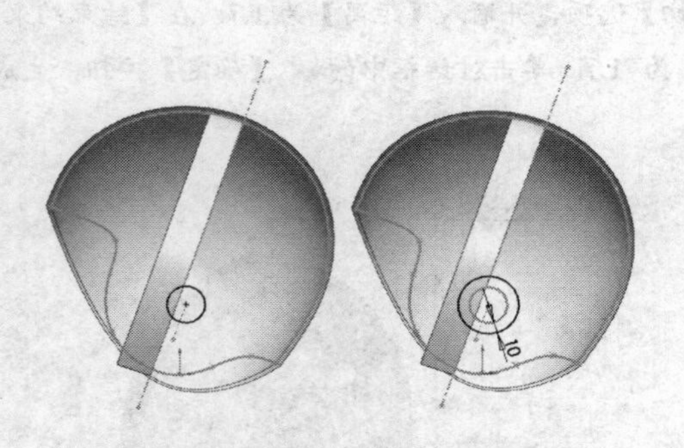

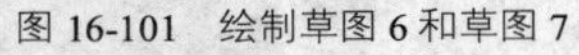

图 16-101　绘制草图 6 和草图 7

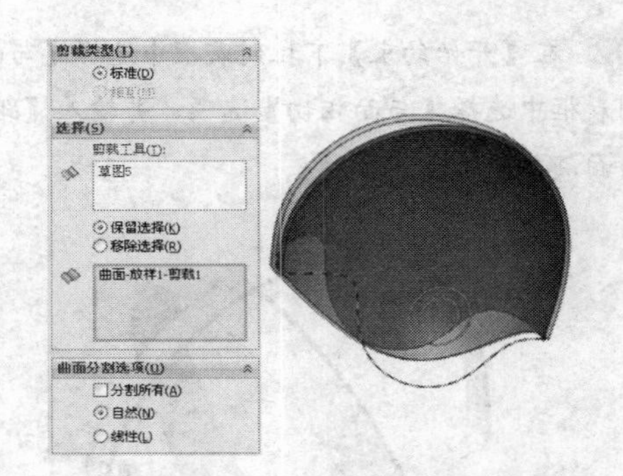

图 16-102　设置裁剪曲面参数

05 单击对话框中的✔【确定】按钮，对曲面进行裁剪，如图 16-103 所示。

06 按照同样的方法，使用草图 6 和草图 7 对曲面进行裁剪，结果如图 16-104 所示。

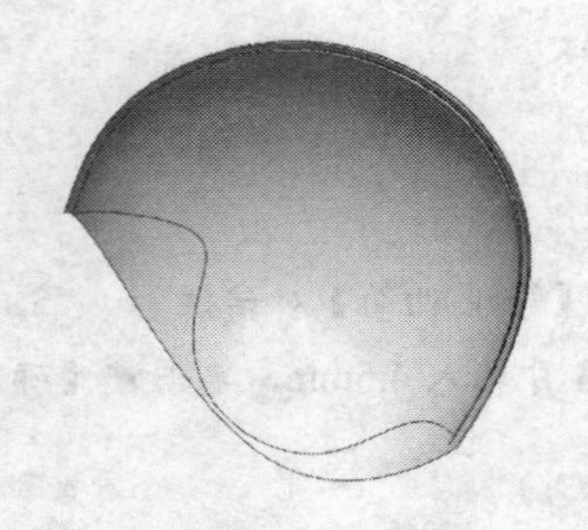

图 16-103　裁剪曲面

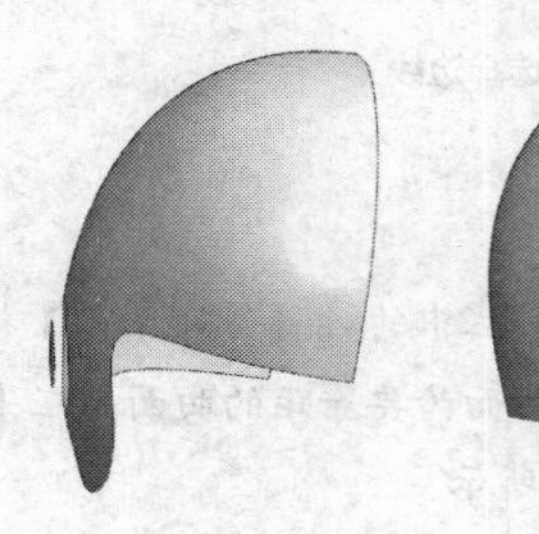

图 16-104　裁剪曲面

7. 创建加厚特征

01 选择菜单工具栏中的【插入】|【曲面】|【放样曲面】命令，或者单击【曲面】工具栏中的【放样曲面】按钮，系统弹出【曲面-放样】对话框。

02 选择如图 16-105 所示边线，并在【开始约束】和【结束约束】下拉列表框中均选择【与面相切】选项。单击✔【确定】按钮，生成放样曲面，如图 16-106 所示。

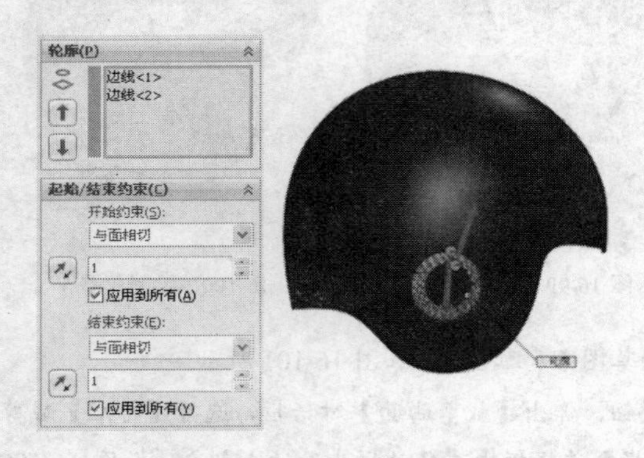

图 16-105　选择边线

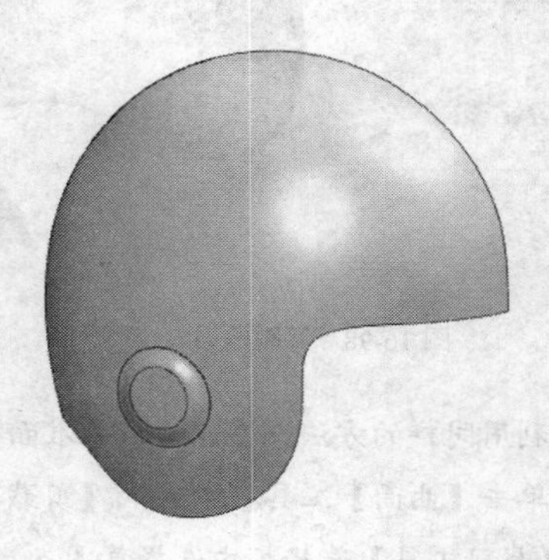

图 16-106　放样曲面

03 单击【特征】工具栏中的【镜像】按钮，弹出【镜像】对话框。选择【右视基准面】为镜像面，选择如图 16-107 所示的曲面为要镜像的实体。单击【确定】按钮，镜像曲面，如图 16-108 所示。

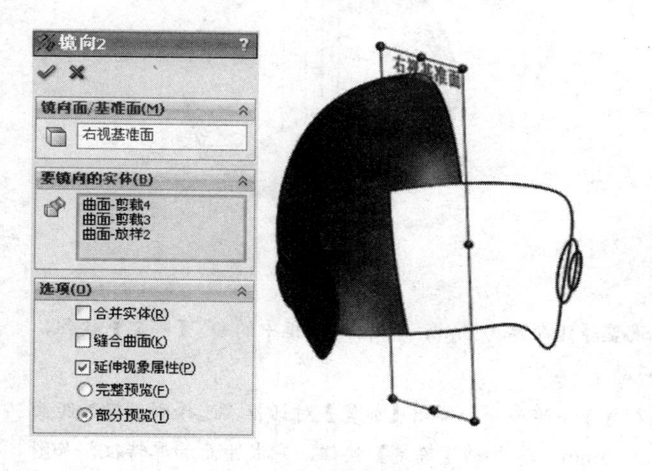

图 16-107　选择曲面

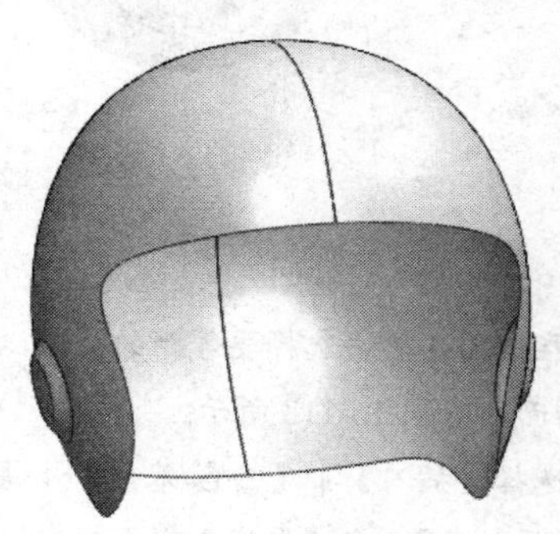

图 16-108　镜像曲面

04 单击【曲面】工具栏中的【缝合曲面】按钮，缝合所有可见曲面。

05 选择【插入】|【凸台/基体】|【加厚】选项，弹出【加厚】对话框。选择缝合的曲面为要加厚的曲面，在【厚度】微调栏中输入 4。单击【确定】按钮，对曲面进行加厚，如图 16-109 所示。

06 单击【草图】工具栏中的【草图绘制】按钮，选择【上视基准面】作为草图绘制平面，绘制如图 16-110 所示的草图。

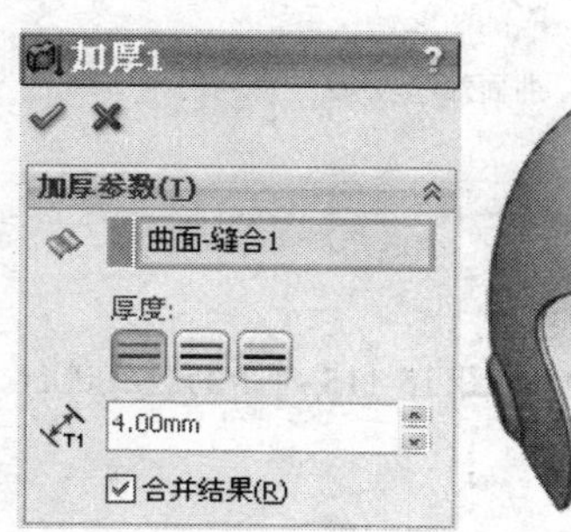

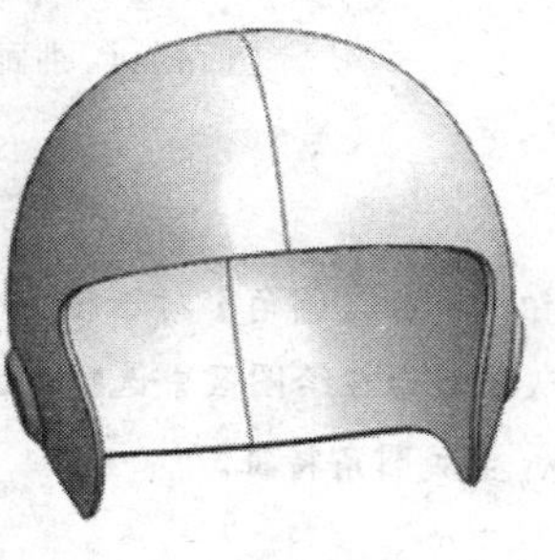

图 16-109　曲面加厚

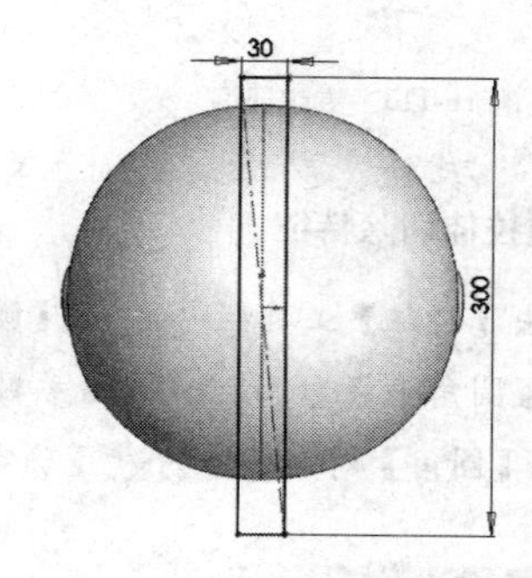

图 16-110　绘制草图

07 选择【插入】|【曲线】|【分割线】选项，系统弹出【分割线】对话框，选择如图 16-111 所示的面为要分割的面。

08 单击【确定】按钮，生成分割线，如图 16-112 所示。

09 选择菜单工具栏中的【插入】|【曲面】|【等距曲面】命令，或者单击【曲面】工具栏中的【等距曲面】按钮，系统弹出【等距曲面】对话框。

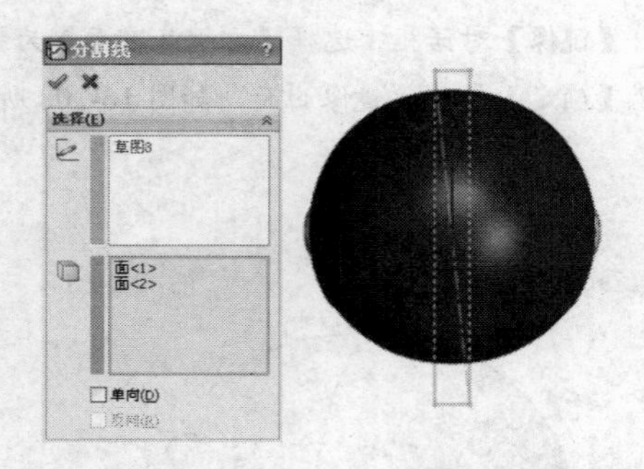

图 16-111 选择曲面

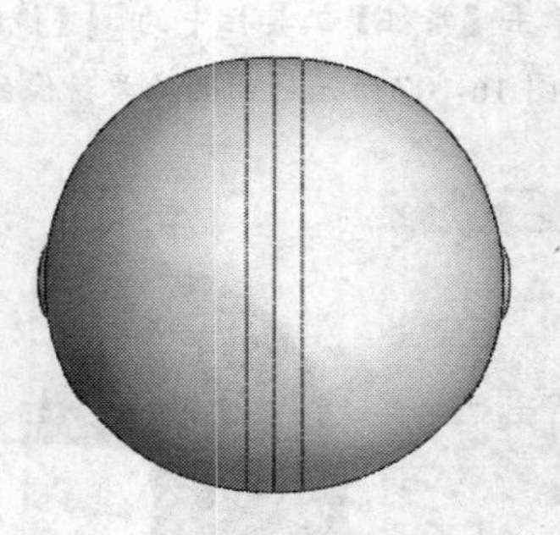

图 16-112 生成分割线

10 在绘图区单击选择要等距的曲面，设置等距距离为 0mm。单击对话框中的【确定】按钮，生成等距曲面，如图 16-113 所示。

11 选择【插入】|【凸台/基体】|【加厚】菜单命令，弹出【加厚】对话框，选择刚创建等距曲面为【要加厚的面】，在【厚度】微调框中输入 3mm。单击【确定】按钮，完成曲面加厚特征，如图 16-114 所示。

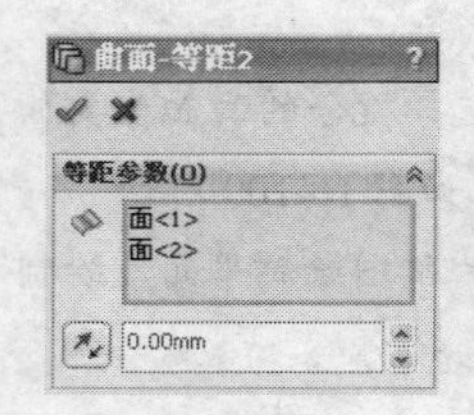

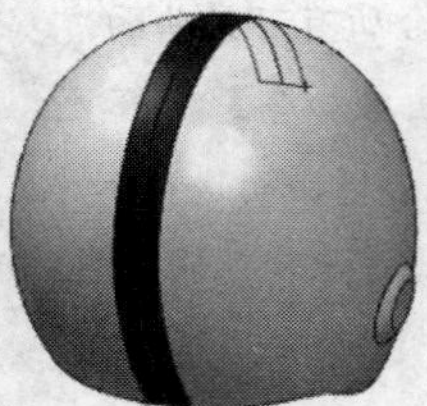

图 16-113 等距曲面

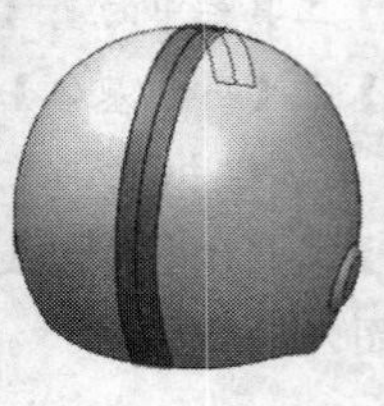

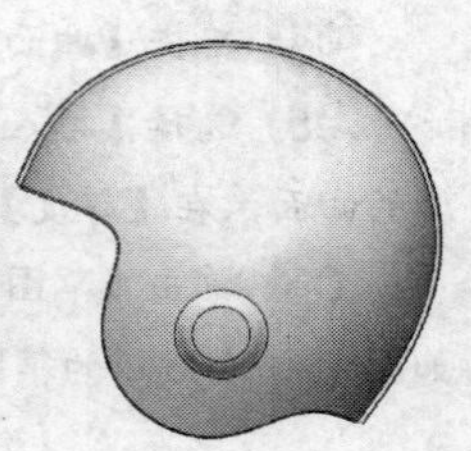

图 16-114 曲面加厚

8. 创建拉伸切除特征

01 单击【特征】工具栏中的【圆角】按钮，打开【圆角】对话框。

02 设置圆角半径为 3mm，其他参数均为默认值然后在绘图区中选择如图 16-115 所示的边线进行倒圆角。单击【圆角】对话框中的【确定】按钮，生成圆角特征。

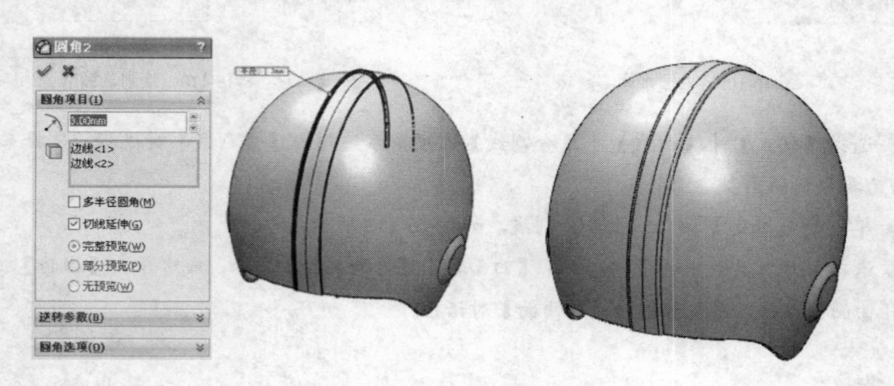

图 16-115 生成圆角特征

03 单击【草图】工具栏中的【草图绘制】按钮，在绘图区选择【右视基准面】作为草图绘制平面，绘制如图 16-116 左所示的草图。

04 单击【特征】工具栏上的【拉伸切除】按钮，弹出【拉伸-切除】对话框，在【方向 1】选项组中设置终止条件为【完全贯穿】；【方向 2】选项组中设置终止条件为【完全贯穿】。单击【确定】按钮，生成拉伸切除特征，如图 16-116 右所示。

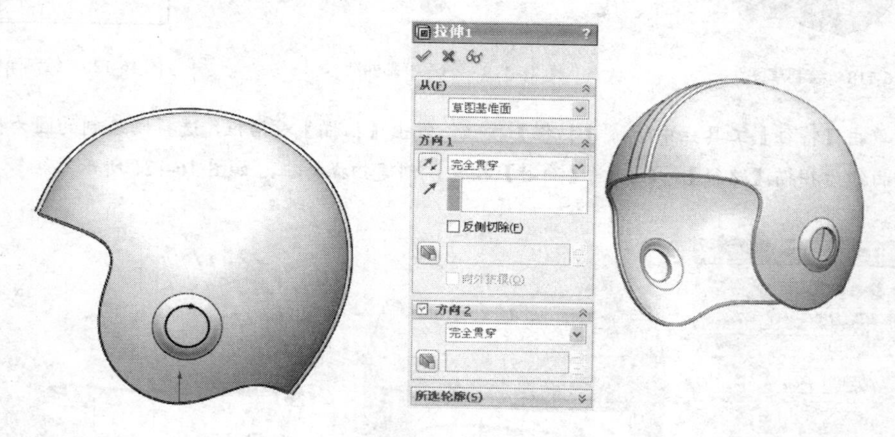

图 16-116　生成拉伸切除特征

9．创建扫描特征

01 单击【曲面】工具栏中的【等距曲面】按钮，打开【等距曲面】对话框。选择头盔的内面为【要等距的曲面】，并在【等距距离】中输入 8mm，单击【确定】按钮，创建等距曲面，如图 16-117 所示。

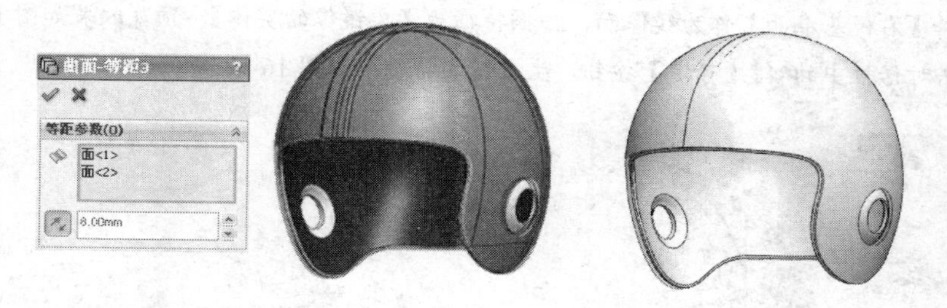

图 16-117　等距曲面

02 单击【草图】工具栏中的【草图绘制】按钮，选择【右视基准面】作为草图绘制平面，绘制如图 16-118 所示的草图。

03 选择【插入】|【曲线】|【投影曲线】选项，系统弹出【投影曲线】对话框。在【投影类型】选项卡中选择【面上草图】单选按钮，选择刚绘制的草图作为【投影的草图】，创建的等距曲面为【投影面】，单击【确定】按钮，创建投影曲线，如图 16-119 所示。

04 单击【草图】工具栏中的【草图绘制】按钮，选择【右视基准面】作为草图绘制平面，绘制如图 16-120 所示的草图。

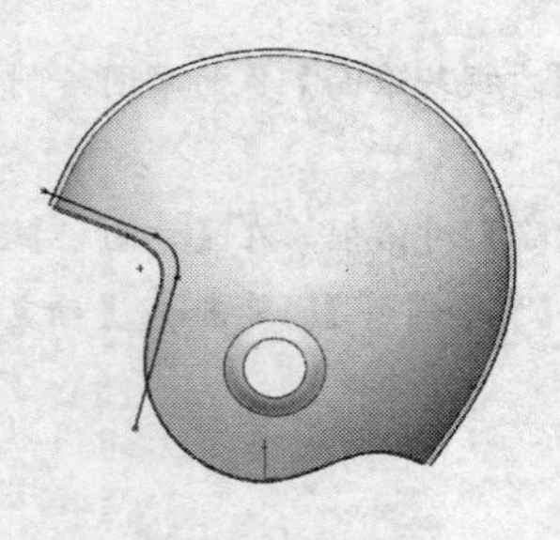

图 16-118 绘制草图

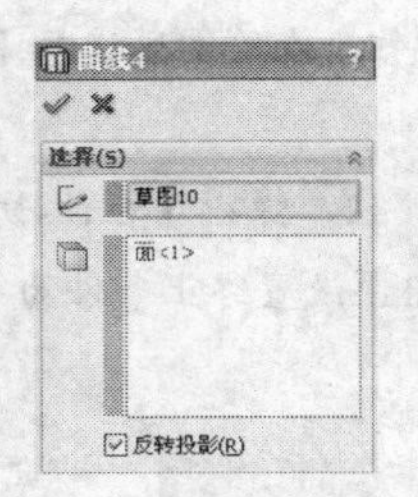

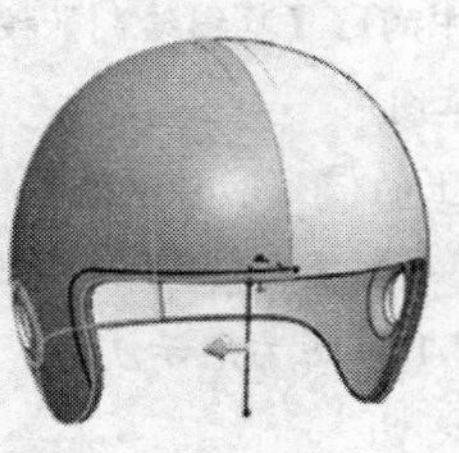

图 16-119 创建投影曲线

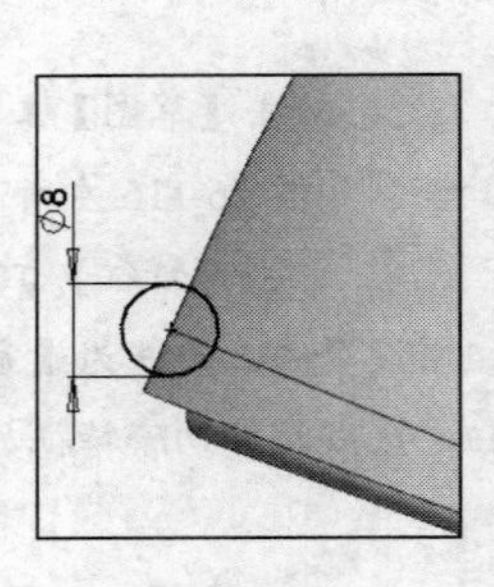

图 16-120 绘制草图

05 单击【特征】工具栏中的【扫描】按钮，弹出【扫描】对话框，选择刚绘制的圆为扫描【轮廓】，投影曲线为扫描【路径】，单击【确定】按钮，创建扫描特征，如图 16-121 所示。

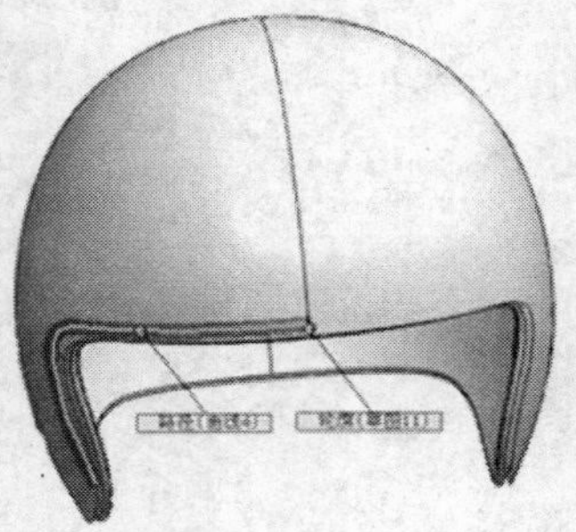

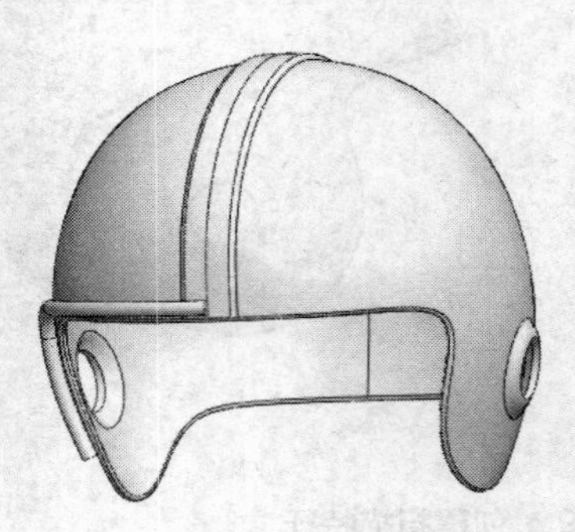

图 16-121 创建扫描特征

06 选择菜单栏中的【插入】|【阵列/镜向】|【镜向】命令，或者单击【特征】工具栏中的【镜向】按钮，系统弹出【镜向】对话框。

07 选择【右视基准面】作为镜像面，扫描特征为【要镜像的实体】，预览效果如图 16-122 所示。

08 单击对话框中的【确定】按钮，生成镜向特征，如图 16-123 所示。

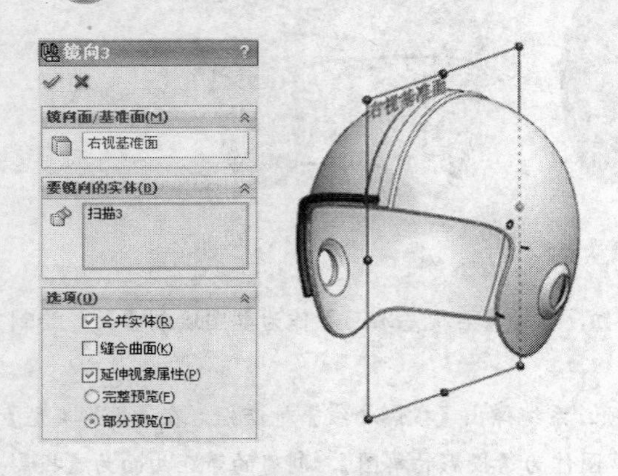

图 16-122 镜像预览

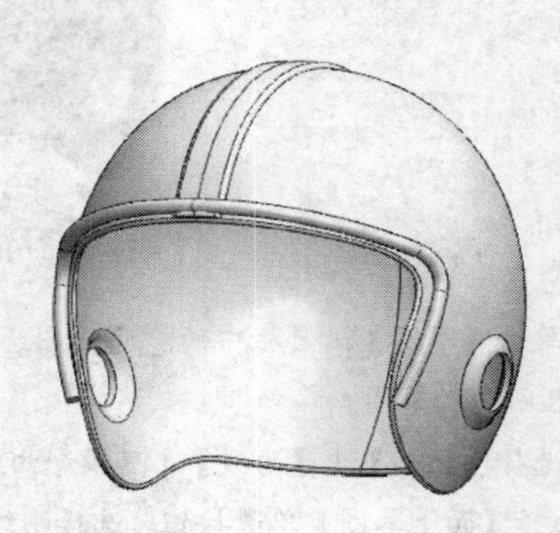

图 16-123 生成镜像特征

09 单击【草图】工具栏中的【草图绘制】按钮，选择【右视基准面】作为草图绘制平面，绘制如图 16-124 所示的草图。

10 选择菜单工具栏中的【插入】|【曲面】|【拉伸曲面】命令，或者单击【曲面】工具栏中的【拉伸曲面】按钮，系统弹出【拉伸】对话框。

11 在【方向 1】选项组中选择【终止条件】为【两侧对称】选项，设置深度值为 300mm，其他均为默认值。单击对话框中的【确定】按钮，完成曲面拉伸，如图 16-125 所示。

12 单击【草图】工具栏中的【草图绘制】按钮，选择【上视基准面】作为草图绘制平面，绘制如图 16-126 所示的草图。

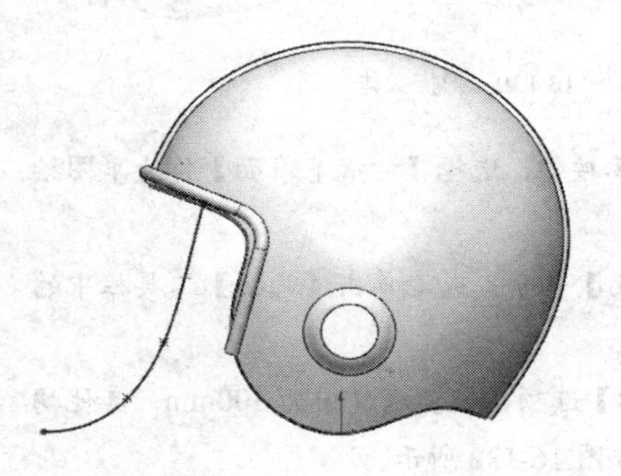

图 16-124　绘制草图

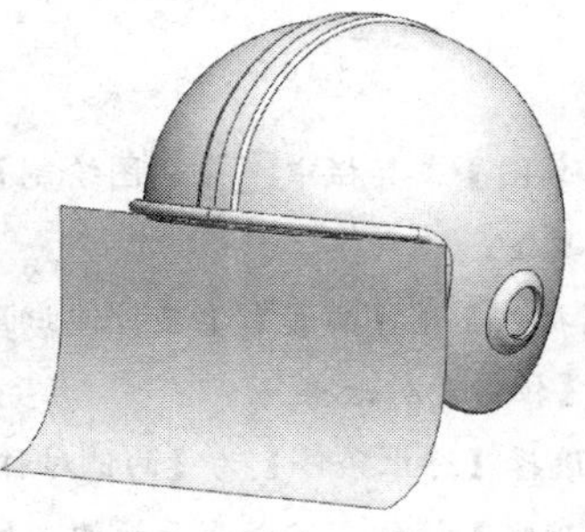

图 16-125　拉伸曲面

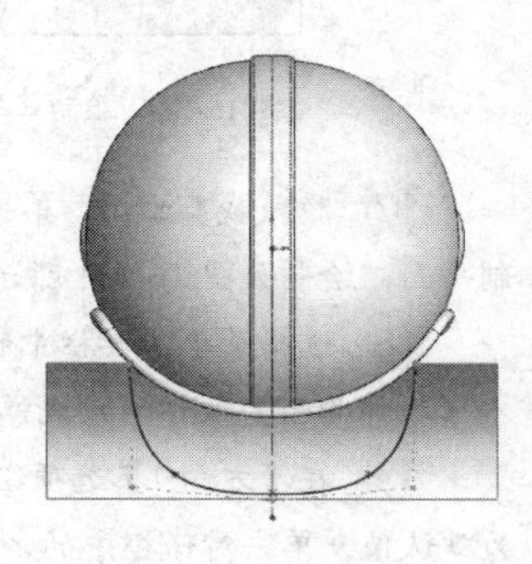

图 16-126　绘制草图

13 单击【曲面】工具栏中的【剪裁曲面】按钮，弹出【剪裁曲面】对话框，选择中间部分为【要保留的部分】，单击【确定】按钮，对曲面进形剪裁，如图 16-127 所示。

14 单击【参考几何体】工具栏中的【基准面】按钮，弹出【基准面】对话框。选择裁剪曲面的边线为【第一参考】，单击【确定】按钮，创建基准面，如图 16-128 所示。

15 单击【草图】工具栏中的【草图绘制】按钮，选择刚创建的基准面作为草图绘制平面，绘制如图 16-129 所示的草图。

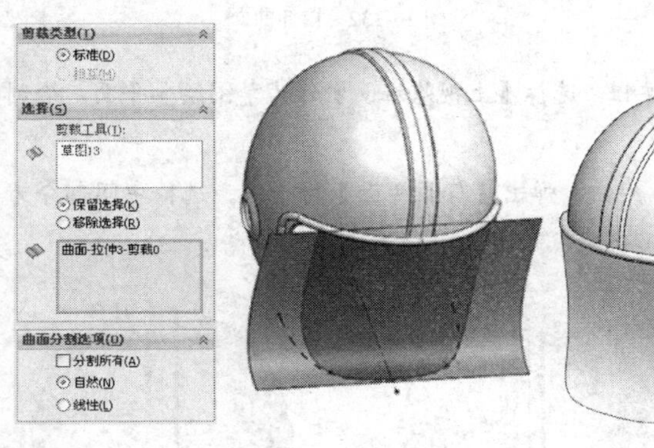

图 16-127　剪裁曲面

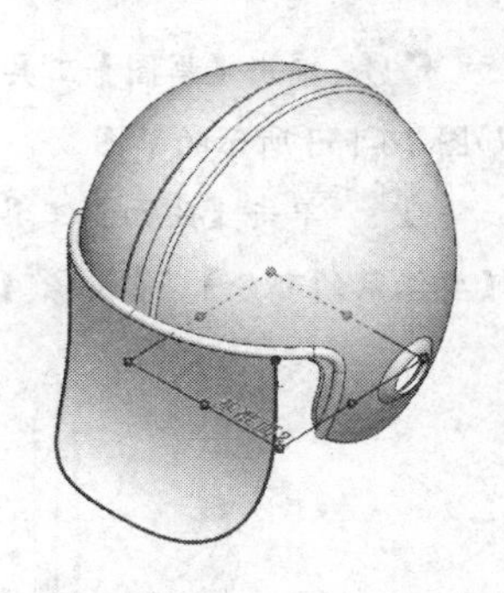

图 16-128　创建基准面

16 单击【特征】工具栏中的【扫描】按钮，弹出【扫描】对话框。选择刚绘制的直径为 8 的圆作为扫描【轮廓】，裁剪曲面的边线作为扫描【路径】，单击【确定】按钮，创建扫描实体，如图 16-130 所示。

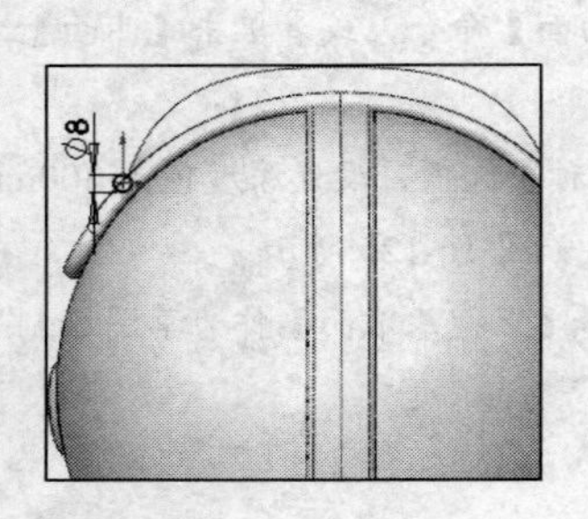

图 16-129　绘制草图

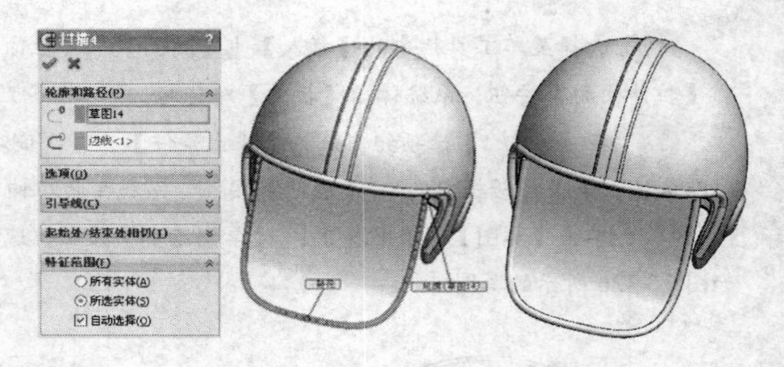

图 16-130　扫描实体

17 隐藏裁剪曲面，单击【草图】工具栏中【草图绘制】按钮，选择【右视基准面】作为草图绘制平面，绘制如图 16-131 所示的草图。

18 选择菜单工具栏中的【插入】|【曲面】|【拉伸曲面】命令，或者单击【曲面】工具栏中的【拉伸曲面】按钮，系统弹出【拉伸】对话框。

19 在【方向 1】选项组中选择【终止条件】为【两侧对称】选项，设置深度值为 300mm，其他均为默认值。单击对话框中的【确定】按钮，完成曲面拉伸，如图 16-132 所示。

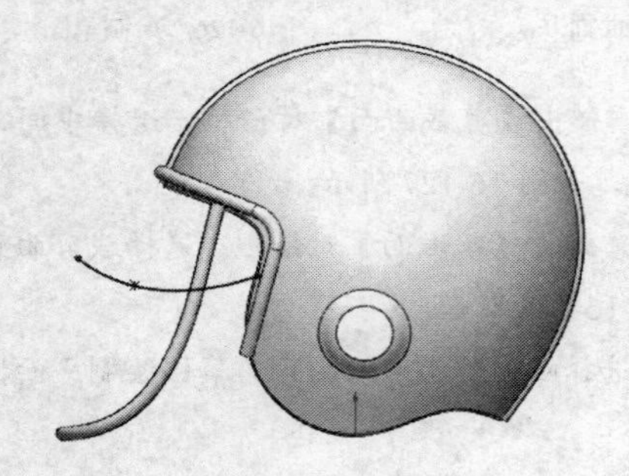

图 16-131　绘制草图

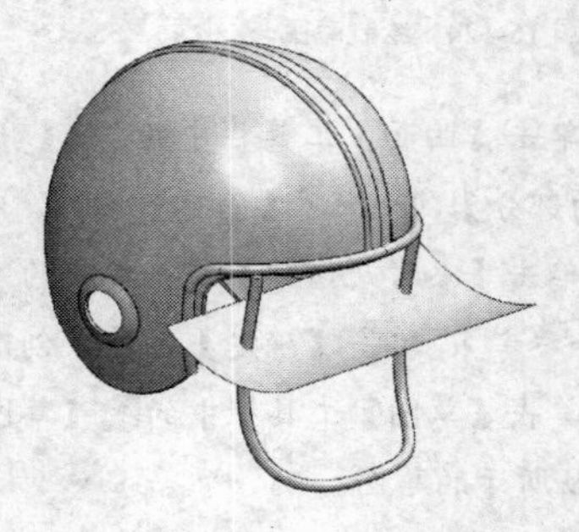

图 16-132　拉伸曲面

20 单击【草图】工具栏中的【草图绘制】按钮，选择【上视基准面】作为草图绘制平面，绘制如图 16-133 所示的草图。

21 单击【曲面】工具栏中的【剪裁曲面】按钮，弹出【剪裁曲面】对话框，选择中间部分为【要保留的部分】，单击【确定】按钮，对曲面进形剪裁，如图 16-134 所示。

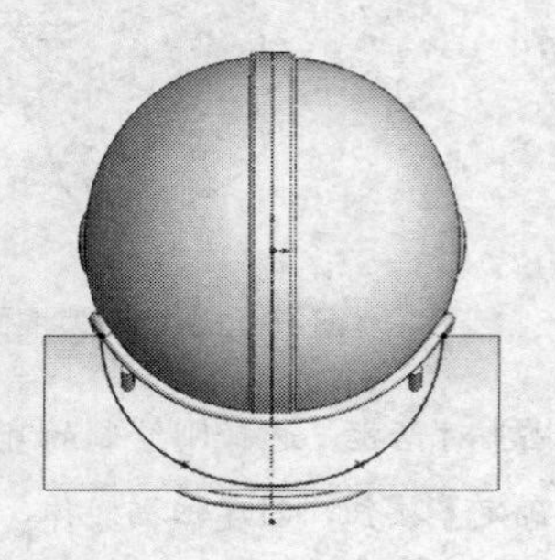

图 16-133　绘制草图

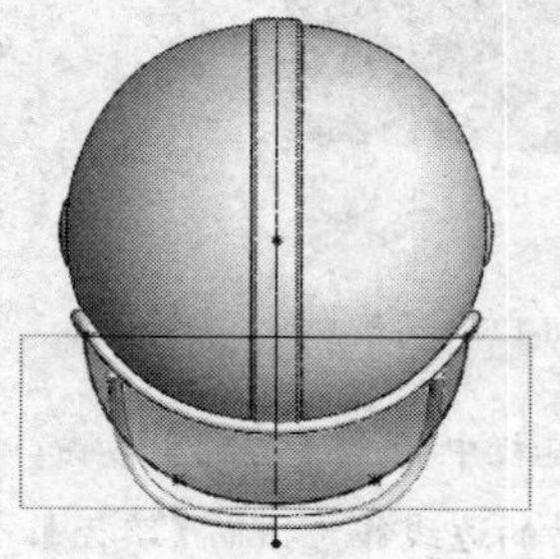

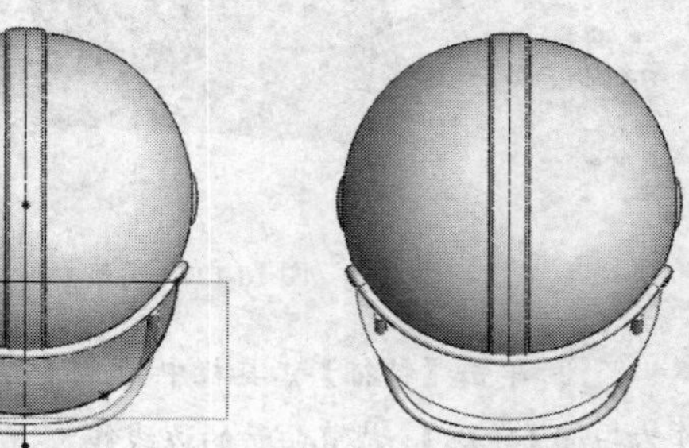

图 16-134　裁剪曲面

22 单击【参考几何体】工具栏中的【基准面】按钮，弹出【基准面】对话框。选择裁剪曲面的边线为【第一参考】，单击✔【确定】按钮，创建基准面，如图16-135所示。

23 单击【草图】工具栏中的【草图绘制】按钮，选择刚创建的基准面作为草图绘制平面，绘制如图16-136所示的草图。

24 单击【特征】工具栏中的【扫描】按钮，弹出【扫描】对话框。选择刚绘制的直径为8的圆作为扫描【轮廓】，裁剪曲面的边线作为扫描【路径】，单击✔【确定】按钮，创建扫描实体，如图16-137所示。

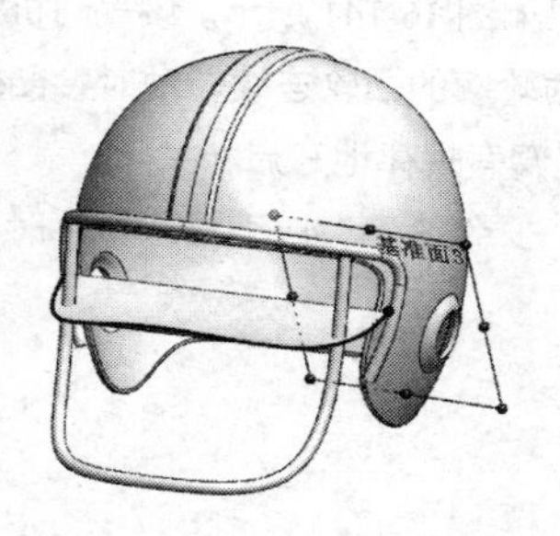

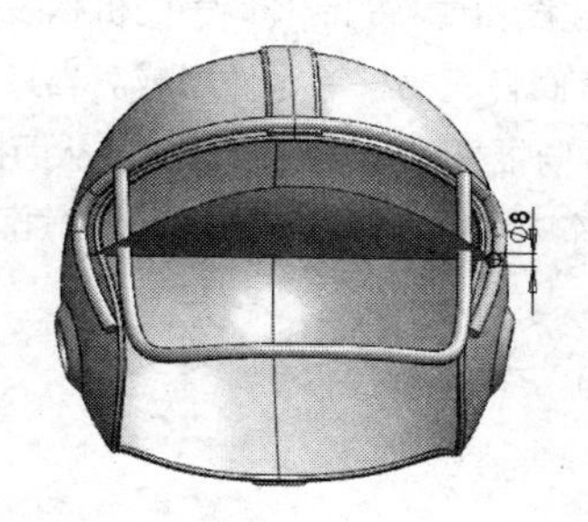

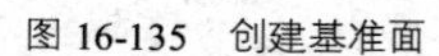
图16-135　创建基准面

图16-136　绘制草图

图16-137　扫描实体

25 选择主菜单栏中的【插入】|【特征】|【移动/复制】选项，弹出【实体-移动/复制】对话框，在选择上步创建的扫描特征为【要移动/复制的实体】，选择【复制】复选框，修改△Y的数值为-38，单击✔【确定】按钮，复制扫描实体，如图16-138所示。

10. 创建拉伸特征

01 单击【草图】工具栏中的【草图绘制】按钮，在绘图区选择【上视基准面】作为草图绘制平面。绘制如图16-139所示的草图。

02 单击【特征】工具栏中的【拉伸凸台/基体】按钮，弹出【拉伸】对话框，输入深度值为105，单击✔【确定】按钮，生成拉伸实体，如图16-140所示。

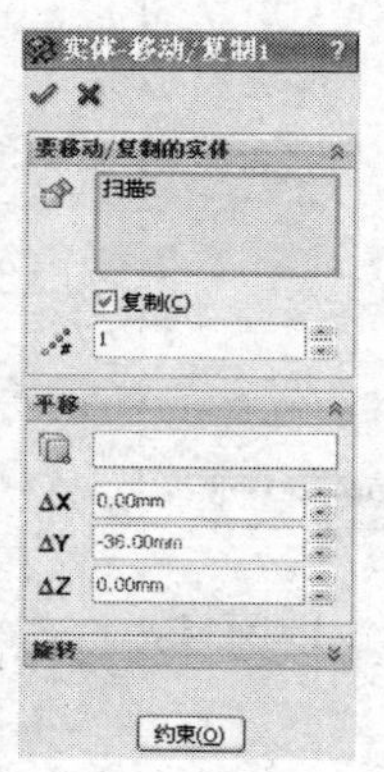

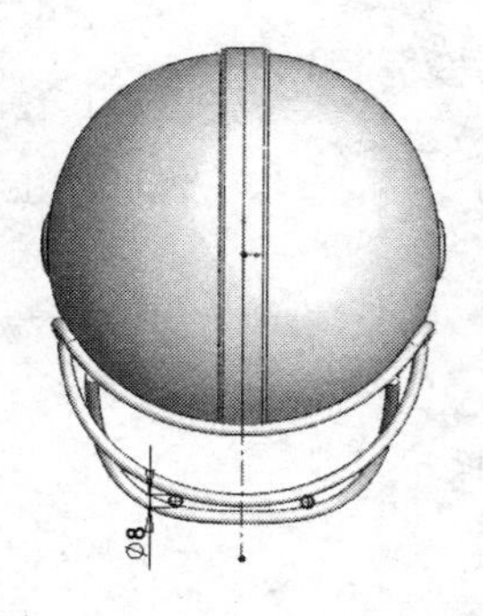

图16-138　复制实体

图16-139　绘制草图

图16-140　拉伸实体

11. 保存零件

01 选择【文件】|【另存为】命令，弹出【另存为】对话框。

02 在【文件名】列表框中输入“16.2 头盔”，单击【保存】按钮，完成箱体建模操作。

16.3 气门机构实例

本实例将介绍气门机构的装配过程和动画的制作，气门机构装配效果如图 16-141 所示。该气门机构为常用的凸轮机构，主要由凸轮、气阀杆、摇杆等零件组成。当具有曲线轮廓的凸轮连续转动时，凸轮迫使气阀杆（从动件）相对于气阀导向摇杆作往复直线移动，从而控制气阀有规律地开启和关闭。

本实例装配使用的零件在素材库中“第 16 章/16.3 发动机气门机构”文件夹下，以下插入零件时不再说明路径。

制作气门机构实例的可分为如下步骤：

- 气阀杆组件装配。
- 摇杆组件装。
- 气门机构总装配。
- 生成物理模拟动画。

16.3.1 气阀杆组件装配

1. 启动 SolidWorks 2013 并新建装配文件

01 启动 SolidWorks 2013，单击【标准】工具栏中的【新建】按钮，系统弹出【新建 SolidWorks 文件】对话框，如图 16-142 所示。

02 选择【装配体】图标，单击【确定】按钮，进入 SolidWorks 2013 的装配体工作界面。

图 16-141 气门机构

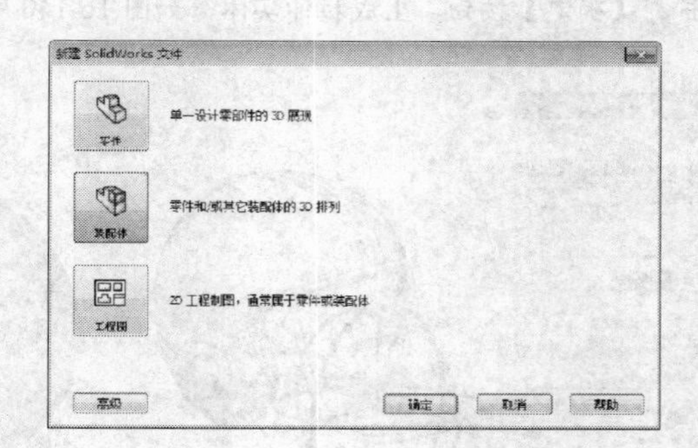

图 16-142 【新建 SolidWorks 文件】对话框

2. 生成装配体模型

01 单击【装配体】工具栏中的【插入零部件】按钮，系统弹出【插入零部件】对话框。

02 单击【浏览】按钮，选择“气阀杆.sldprt”零部件，单击【打开】按钮。在绘图区中合适位置单击鼠标，确定零部件的插入位置，如图16-143所示。

03 用同样的方法插入“阻塞.sldprt”零部件，如图16-144所示。

图16-143 插入气阀杆零件

图16-144 插入阻塞零件

04 单击选择如图16-145左图所示的两圆柱面，单击【同轴心】按钮，单击【添加/完成配合】按钮，添加同轴心配合，如图16-145右图所示。

05 按住鼠标选择阻塞零件，拖动鼠标往右，移动阻塞零件，如图16-146所示。

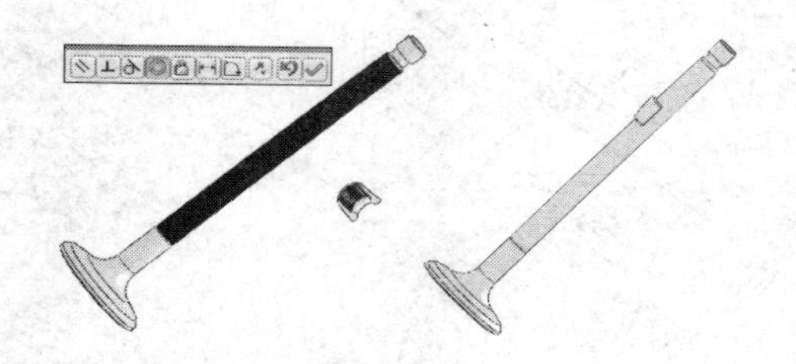

图16-145 添加同轴心配合

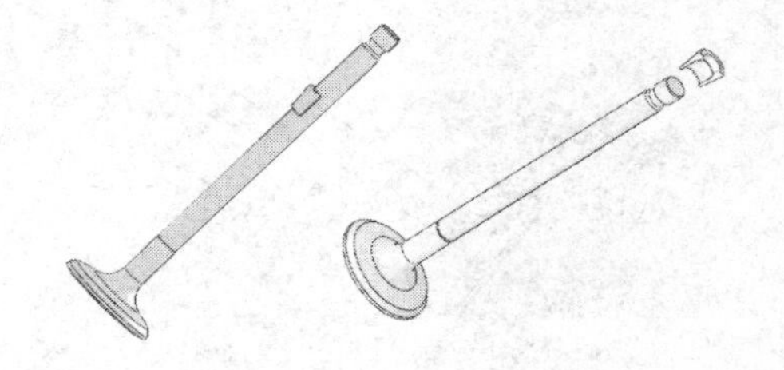

图16-146 移动零件

06 单击选择如图16-147左图所示的面，单击【重合】按钮，单击【配合】对话框中的【确定】按钮，完成添加配合，如图16-147右图所示。

07 单击【装配体】工具栏中的【插入零部件】按钮，系统弹出【插入零部件】对话框。

08 单击【浏览】按钮，选择“阻塞.sldprt”零部件，单击【打开】按钮。在绘图区中合适位置单击鼠标，确定零部件的插入位置，如图16-148所示。

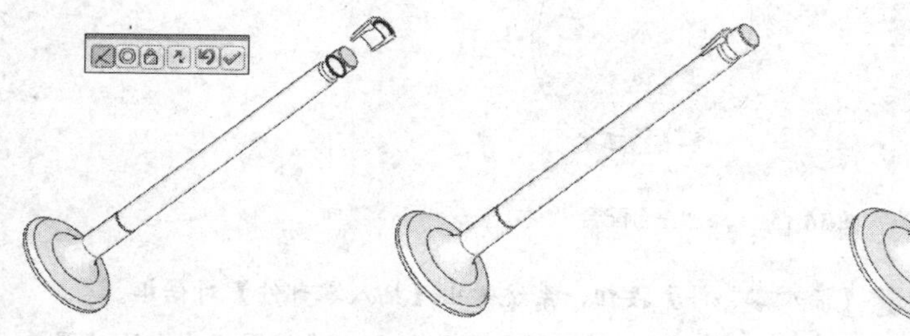

图16-147 添加重合配合

图16-148 插入阻塞零件

09 单击选择如图16-149左图所示的两圆柱面，单击【同轴心】按钮，单击【添加/完成配合】按钮，添加同轴心配合，如图16-149右图所示。

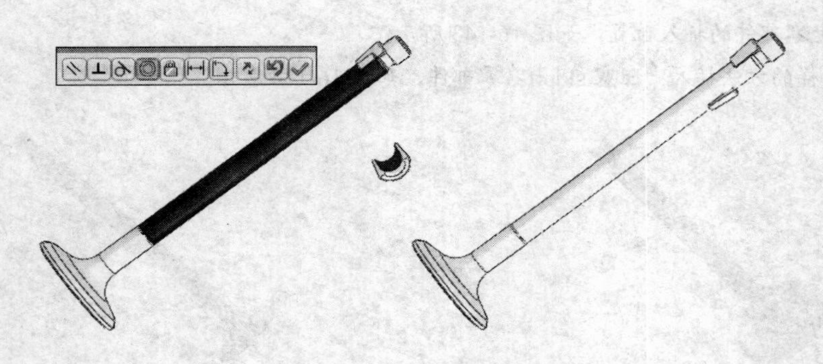

图 16-149　添加同轴心配合

10 单击选择如图 16-150 左图所示的圆柱面，单击【平行】按钮，单击【配合】对话框中的【确定】按钮，添加平行配合，如图 16-150 右图所示。

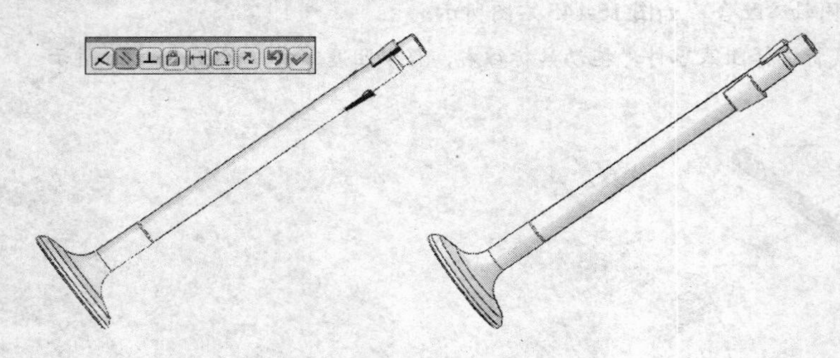

图 16-150　添加平行配合

11 单击选择如图 16-151 左图所示的面，单击【重合】按钮，单击【配合】对话框中的【确定】按钮，完成添加配合，如图 16-151 右图所示。

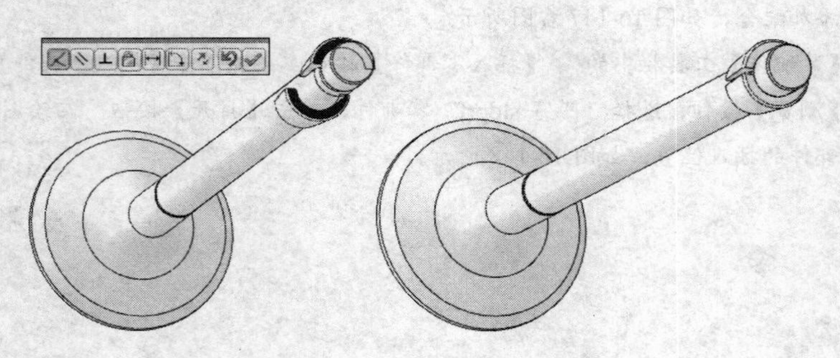

图 16-151　添加重合配合

12 单击【装配体】工具栏中的【插入零部件】按钮，系统弹出【插入零部件】对话框。

13 单击【浏览】按钮，选择“支座.sldprt”零部件，单击【打开】按钮。在绘图区中合适位置单击鼠标，确定零部件的插入位置，如图 16-152 所示。

14 单击选择如图 16-153 左图所示的两圆柱面，单击【同轴心】按钮，单击【添加/完成配合】按钮，添加同轴心配合，如图 16-153 右图所示。

图 16-152　插入支座零件　　　　图 16-153　添加同轴心配合

15 单击选择如图 16-154 左图所示的面，单击【重合】按钮。单击【确定】按钮，完成添加配合，如图 16-154 右图所示。

16 选择【文件】|【另存为】命令，弹出【另存为】对话框。

17 在【文件名】列表框中输入“气阀杆组件.SLDASM”，单击【保存】按钮，保存气阀杆组件，如图 16-155 所示。

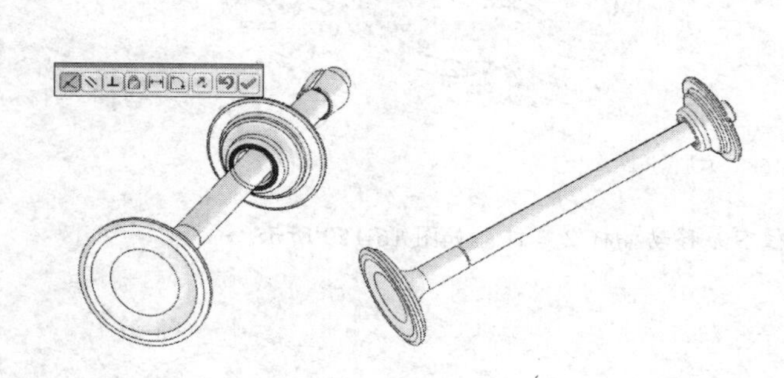

图 16-154　添加重合配合

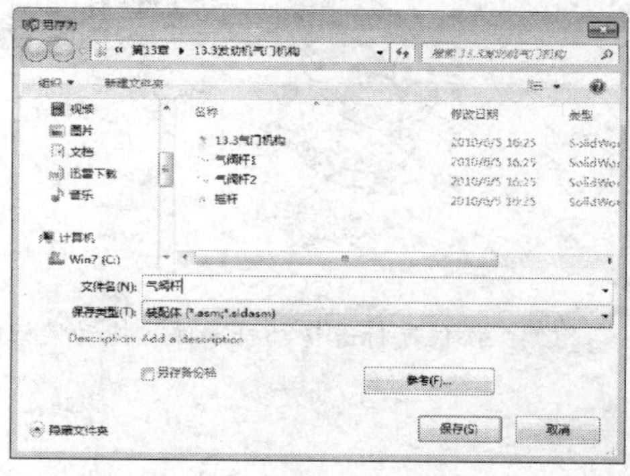

图 16-155　保存组件

18 单击【新建】按钮，新建一个组件文件，重复导入以上所有元件，并重复上述的步骤操作，依次装配各元件，完成气阀杆 2 组件的装配。

16.3.2 装配摇杆组件

01 单击【新建】按钮，新建一个装配体文件。

02 单击【装配体】工具栏中的【插入零部件】按钮，系统弹出【插入零部件】对话框。

03 单击【浏览】按钮，选择“摇杆.sldprt”零部件，单击【打开】按钮。在绘图区中合适位置单击鼠标，确定零部件的插入位置，如图 16-156 所示。

04 用同样的方法插入“插杆 2.sldprt”零部件，如图 16-157 所示。

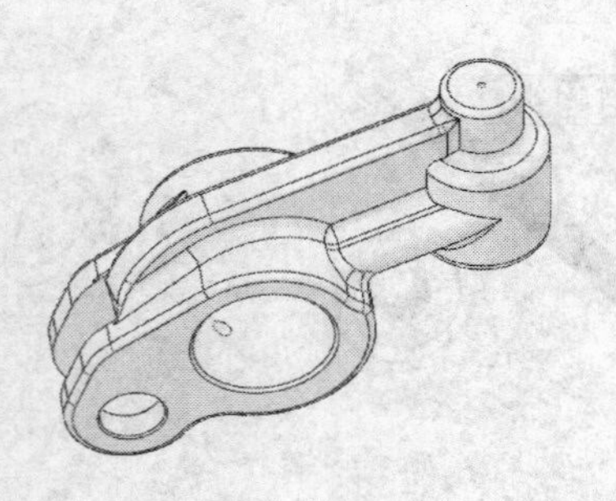
图 16-156　插入摇杆零件

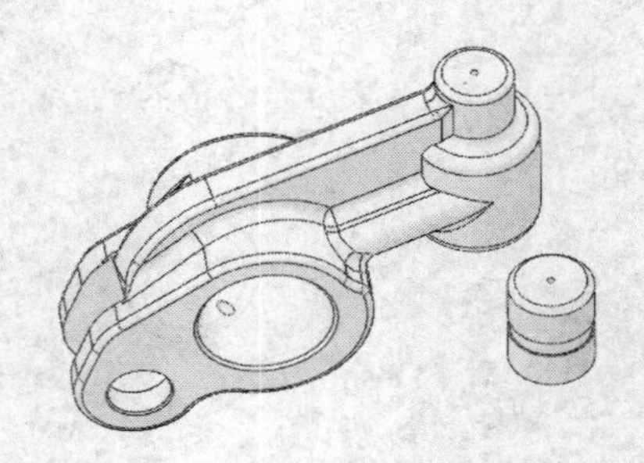
图 16-157　插入插杆零件

05 单击选择如图 16-158 左图所示的圆柱面，单击【同轴心】按钮，单击【配合】对话框中的【确定】按钮，添加同轴心配合，如图 16-158 右图所示。

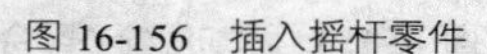
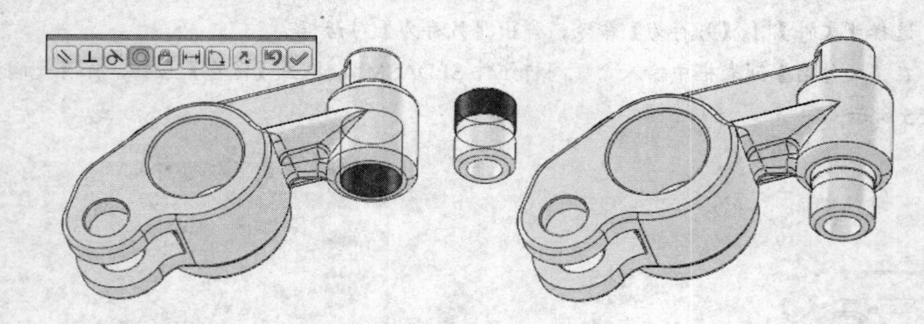
图 16-158　添加同轴心配合

06 按住鼠标选择插杆零件，拖动鼠标往下，移动插杆 2 零件，如图 16-159 所示。

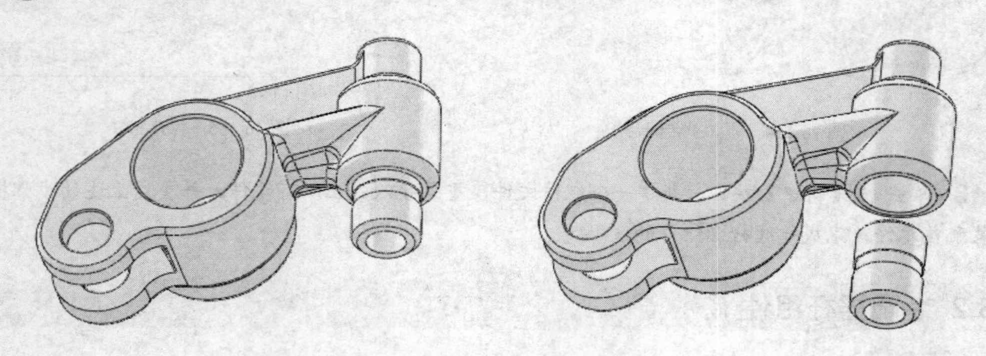
图 16-159　移动零件

07 单击选择如图 16-160 左图所示的面，单击【重合】按钮，单击【配合】对话框中的【确定】按钮，完成添加配合，如图 16-160 右图所示。

08 单击【装配体】工具栏中的【插入零部件】按钮，系统弹出【插入零部件】对话框。

09 单击【浏览】按钮，选择“圆柱杆.sldprt”零部件，单击【打开】按钮。在绘图区中合适位置单击鼠标，确定零部件的插入位置，如图 16-161 所示。

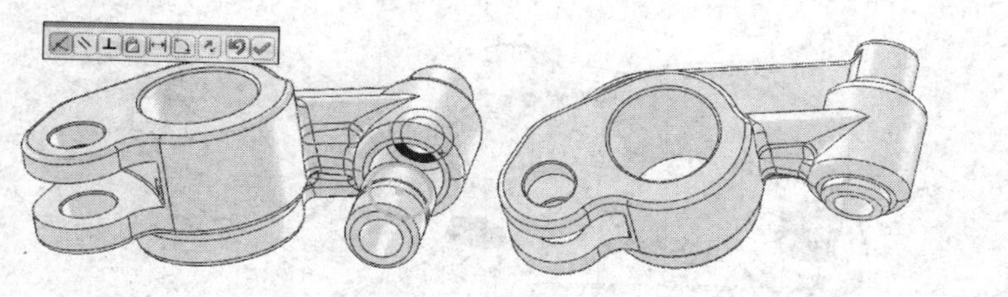

图 16-160　添加重合配合

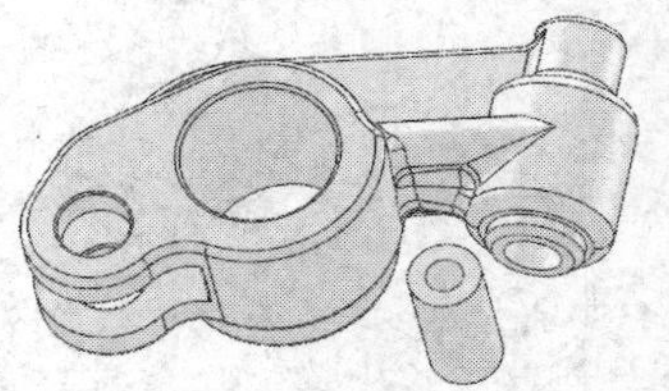

图 16-161　插入圆柱杆零件

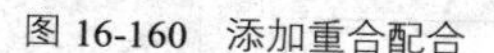

10 单击选择如图 16-162 左图所示的圆柱面，单击【同轴心】按钮，单击【配合】对话框中的【确定】按钮，添加同轴心配合，如图 16-162 右图所示。

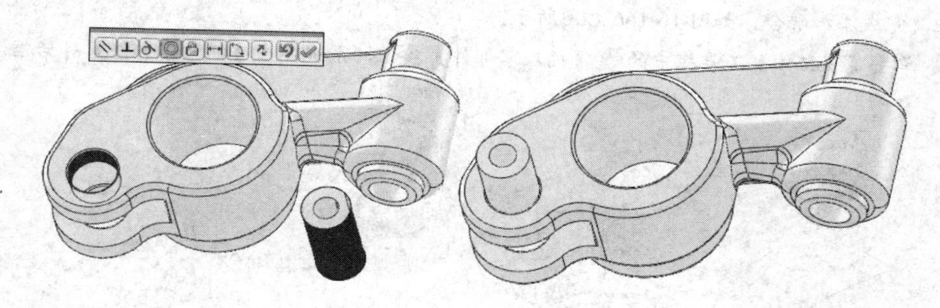

图 16-162　添加同轴心配合

11 单击选择如图 16-163 左图所示的面，单击【距离】按钮，输入距离为 8.75。单击【配合】对话框中的【确定】按钮，添加距离配合，如图 16-163 右图所示

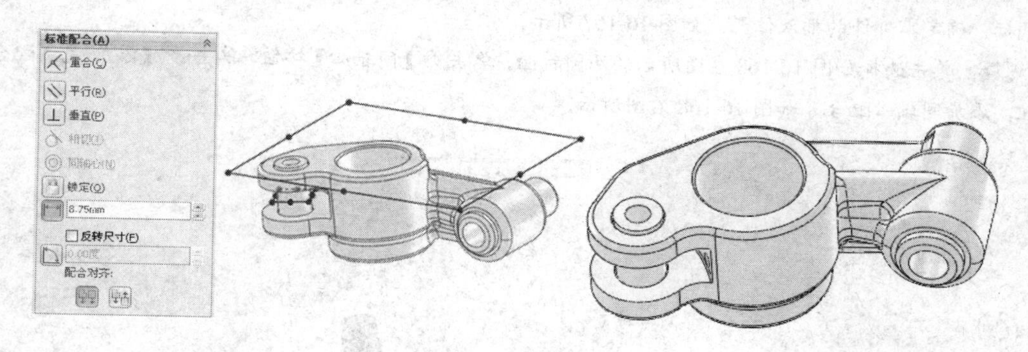

图 16-163　添加距离配合

12 单击【装配体】工具栏中的【插入零部件】按钮，系统弹出【插入零部件】对话框。

13 单击【浏览】按钮，选择“滚轮.sldprt”零部件，单击【打开】按钮。在绘图区中合适位置单击鼠标，确定零部件的插入位置，如图 16-164 所示。

14 单击选择如图 16-165 左图所示的两圆柱面，单击【同轴心】按钮，单击【添加/完成配合】按钮，添加同轴心配合，如图 16-165 右图所示。

图 16-164　插入滚轮零件

图 16-165　添加同轴心配合

15 单击选择如图 16-166 左图所示的面，单击【重合】按钮，单击【配合】对话框中的【确定】按钮，完成添加配合，如图 16-166 右图所示。

16 单击【装配体】工具栏中的【插入零部件】按钮，系统弹出【插入零部件】对话框。

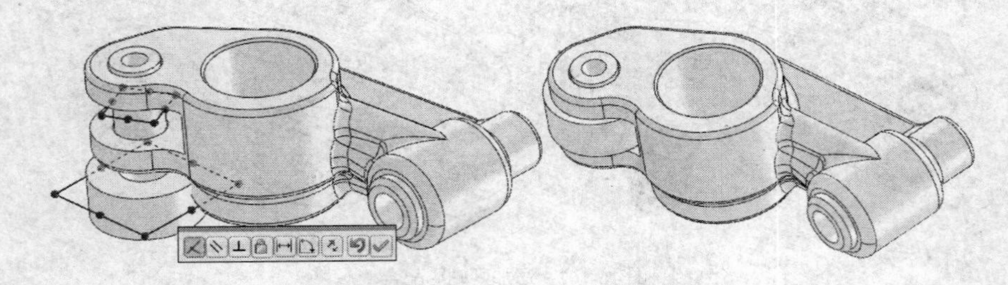

图 16-166　添加重合配合

17 单击【浏览】按钮，选择“插杆 1.sldprt”零部件，单击【打开】按钮。在绘图区中合适位置单击鼠标，确定零部件的插入位置，如图 16-167 所示。

18 单击选择如图 16-168 左图所示的两圆柱面，单击【同轴心】按钮，单击【添加/完成配合】按钮，添加同轴心配合，如图 16-168 右图所示。

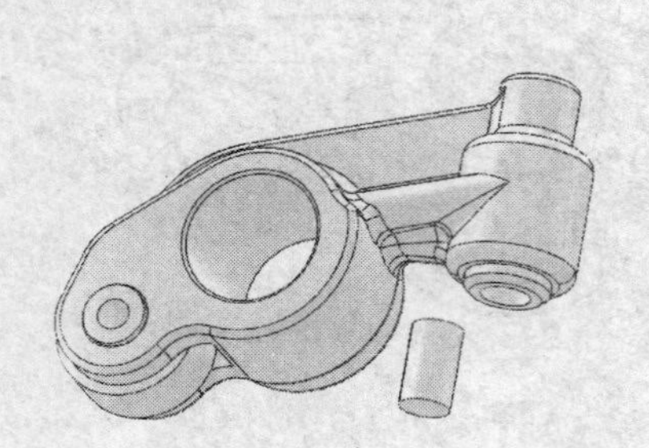

图 16-167　插入插杆零件

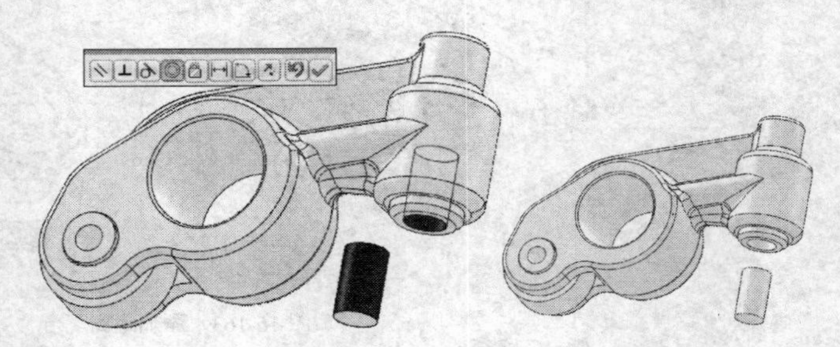

图 16-168　添加同轴心配合

19 单击选择如图 16-169 左图所示的面，单击【距离】按钮，输入距离为 1.5。单击【配合】对话框中的【确定】按钮，添加距离配合，如图 16-169 右图所示

20 选择【文件】|【另存为】命令，弹出【另存为】对话框。

21 在【文件名】列表框中输入“摇杆组件”，单击【保存】按钮，保存气阀杆组件，如图 16-170 所示。

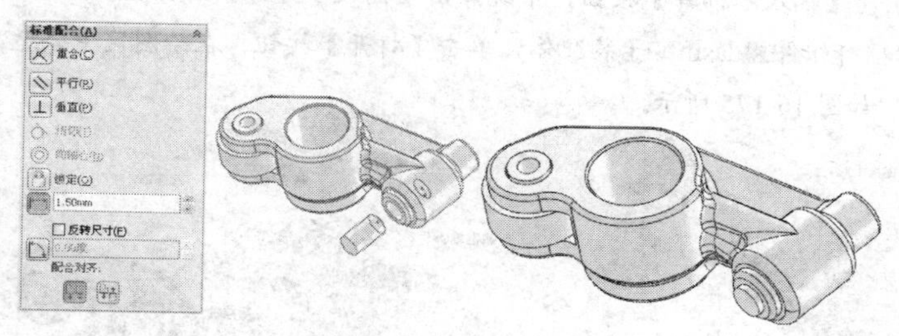

图 16-169 添加距离配合

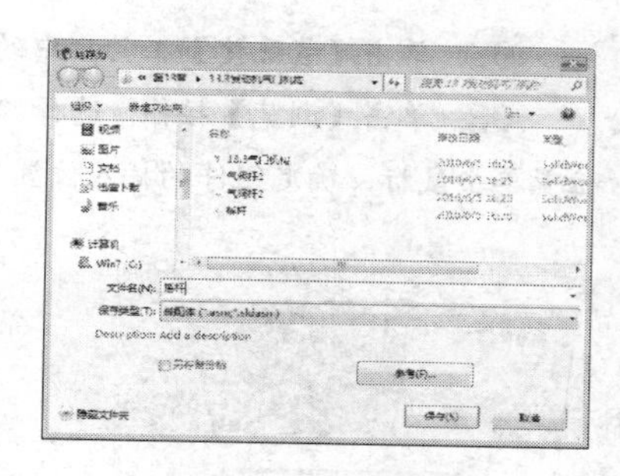

图 16-170 保存组件

16.3.3 总装机构组件

01 单击【新建】按钮，继续新建一个装配体文件。

02 单击【装配体】工具栏中的【插入零部件】按钮，系统弹出【插入零部件】对话框。

03 单击【浏览】按钮，选择“定位基准.sldprt”零部件，单击【打开】按钮。在绘图区中合适位置单击鼠标，确定零部件的插入位置，如图 16-171 所示。

04 用同样的方法插入“凸轮.sldprt”零部件，如图 16-172 所示。

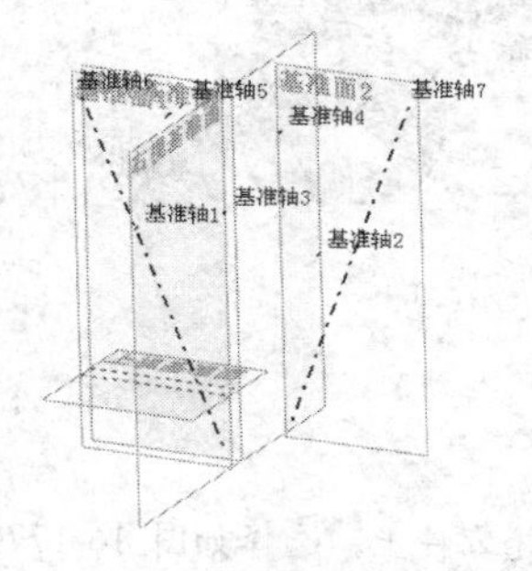

图 16-171 插入定位基准

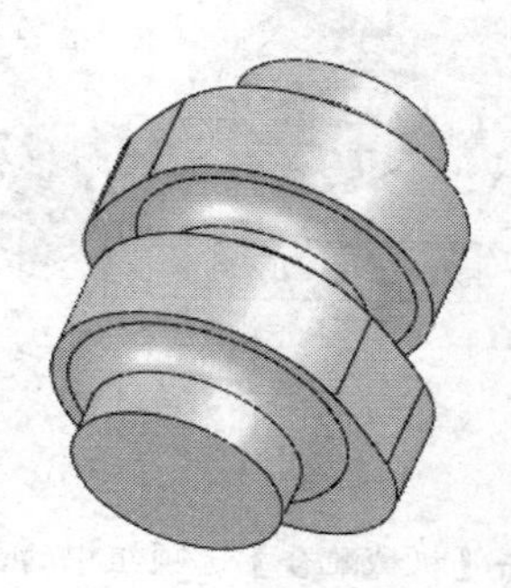

图 16-172 插入凸轮零件

05 单击选择如图 16-173 左图所示的面，单击【重合】按钮，单击【配合】对话框中的【确定】按钮，添加重合配合，如图 16-173 右图所示。

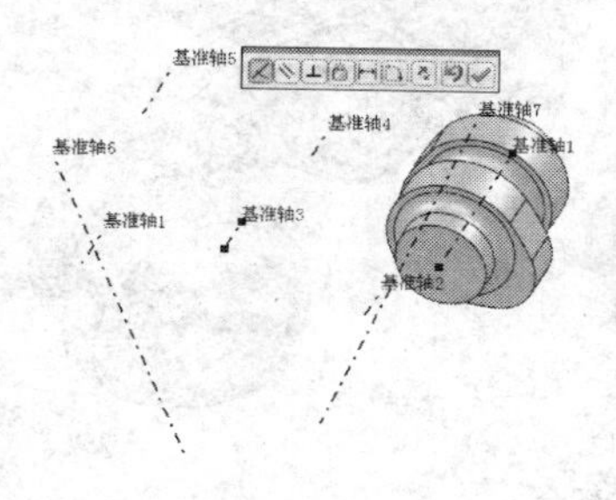

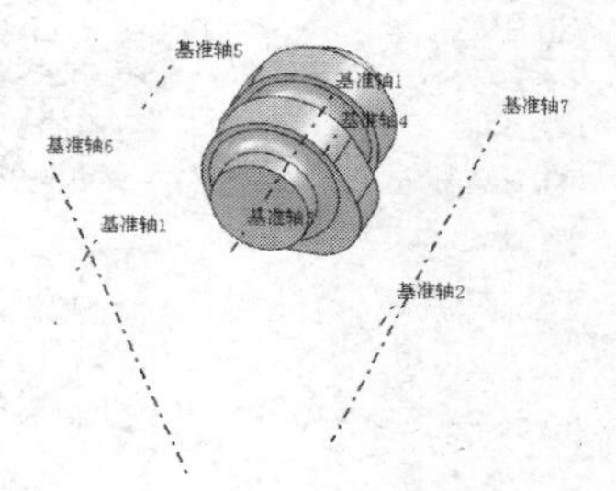

图 16-173 添加重合配合

06 单击选择如图 16-174 左图所示的平面，单击【重合】按钮，单击【配合】对话框中的【确定】按钮，添加重合配合，如图 16-174 右图所示。

07 单击【装配体】工具栏中的【插入零部件】按钮，系统弹出【插入零部件】对话框。

08 单击【浏览】按钮，选择“摇杆组件.sldasm”子装配体，单击【打开】按钮。在绘图区中合适位置单击鼠标，确定组件的插入位置，如图 16-175 所示。

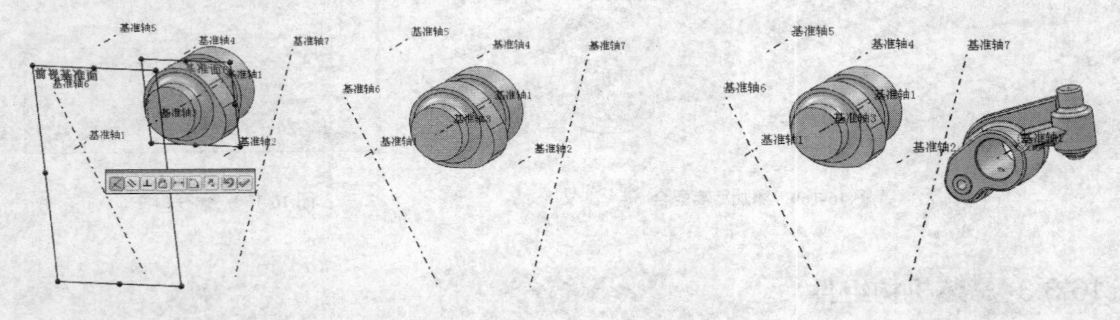

图 16-174 添加重合配合　　图 16-175 插入摇杆组件

09 单击选择如图 16-176 左图所示的基准轴，单击【重合】按钮，单击【反向对齐】按钮，修改配对方向。单击【添加/完成配合】按钮，添加重合配合，如图 16-176 右图所示。

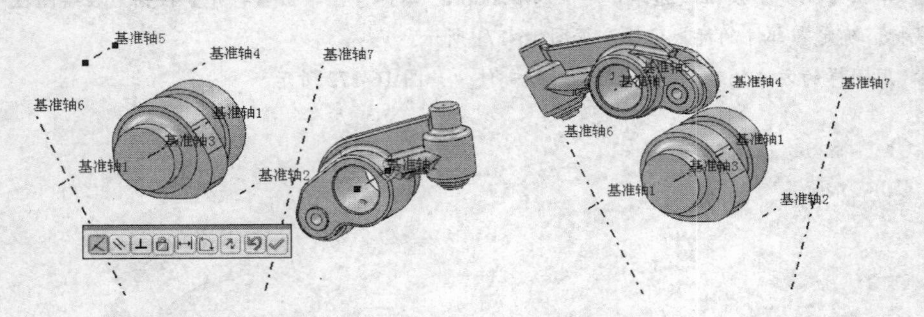

图 16-176 添加重合配合

10 单击【机械配合】选项组中的【凸轮】按钮，在凸轮零件上，选择如图 16-177 所示凸轮的面为【要配合的实体】，滚轮圆柱面为【凸轮推杆】，单击【确定】按钮，添加凸轮配合，如图 16-177 右图所示。

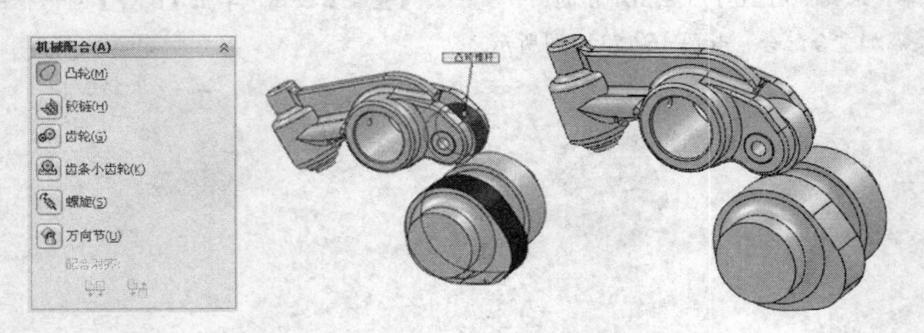

图 16-177 添加凸轮配合

11 单击选择如图 16-178 左图所示的平面，单击【重合】按钮，单击【确定】按钮，添加重合配合，如图 16-178 右图所示。

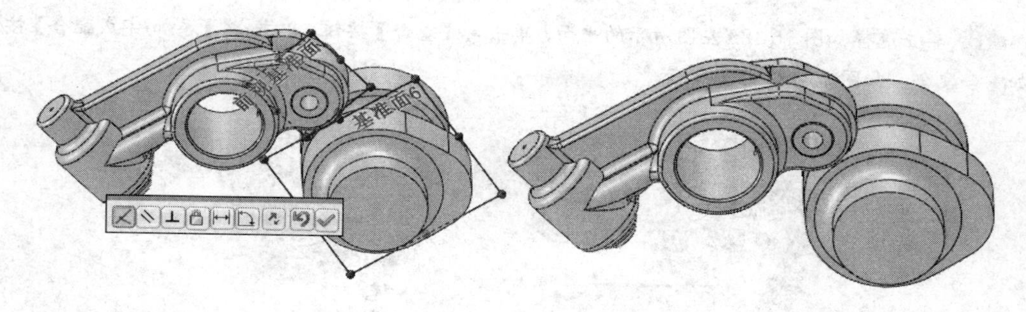

图 16-178 添加重合配合

12 单击【装配体】工具栏中的【插入零部件】按钮，系统弹出【插入零部件】对话框。

13 单击【浏览】按钮，选择“气阀杆组件.sldasm”子装配体，单击【打开】按钮。在绘图区中合适位置单击鼠标，确定组件的插入位置，如图 16-179 所示。

14 单击选择如图 16-180 左图所示的圆柱面和基准轴，单击【同轴心】按钮，单击【同向对齐】按钮，修改配对方向。单击【完成/添加配合】按钮，添加同轴心配合，如图 16-180 右图所示。

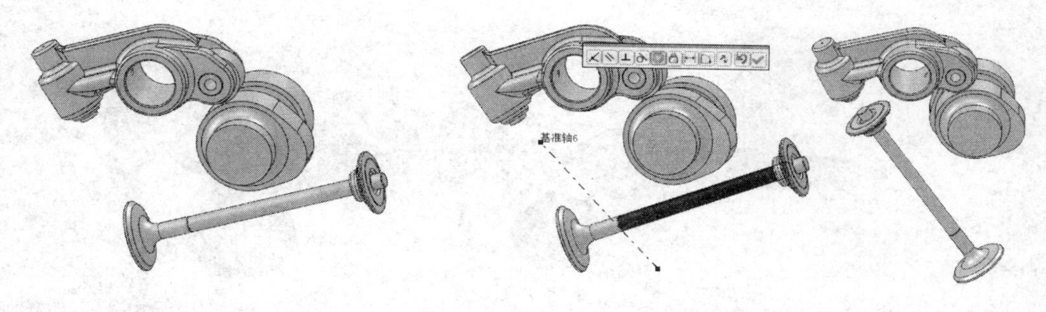

图 16-179 插入气阀杆组件

图 16-180 添加同轴心配合

15 单击选择如图 16-181 左图所示的面，单击【相切】按钮。单击【配对】对话框中的【确定】按钮，完成添加配合，如图 16-181 右图所示。

16 单击【装配体】工具栏中的【插入零部件】按钮，系统弹出【插入零部件】对话框。

17 单击【浏览】按钮，选择“摇杆组件.sldasm”子装配体，单击【打开】按钮。在绘图区中合适位置单击鼠标，确定组件的插入位置，如图 16-182 所示。

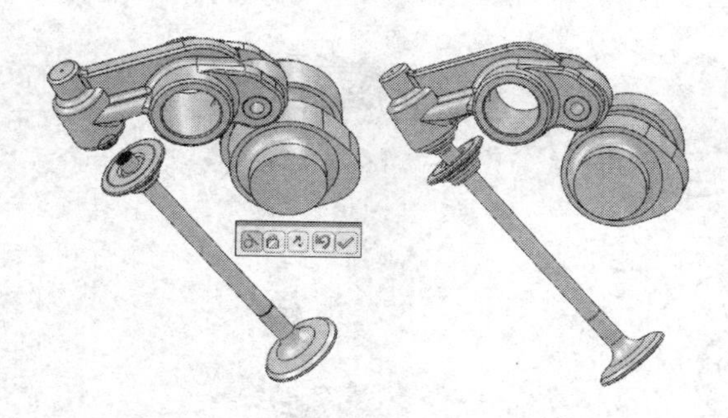

图 16-181 添加相切配合

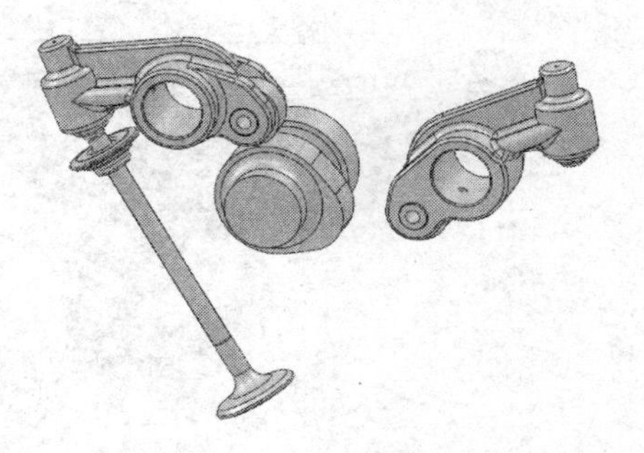

图 16-182 插入摇杆组件

18 单击选择如图 16-183 左图所示的平面，单击【重合】按钮，单击【添加/完成配合】按钮，添加重合配合，如图 16-183 右图所示。

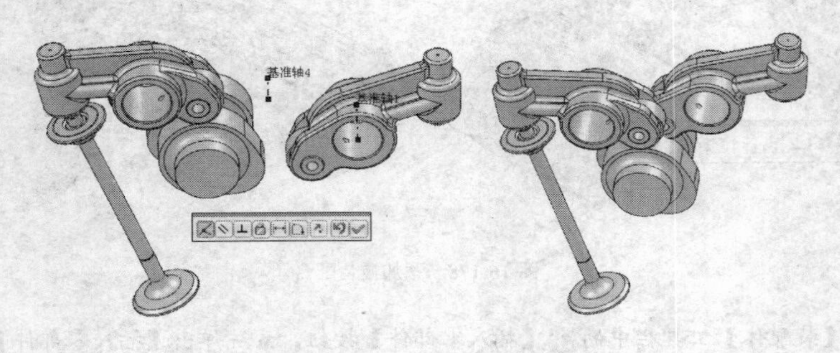

图 16-183　添加重合配合

19 单击【机械配合】选项组中的【凸轮】按钮，在凸轮零件上，选择如图 16-184 所示的面为【要配合的实体】。滚轮圆柱面为【凸轮推杆】，单击【确定】按钮，添加凸轮配合，如图 16-184 右图所示。

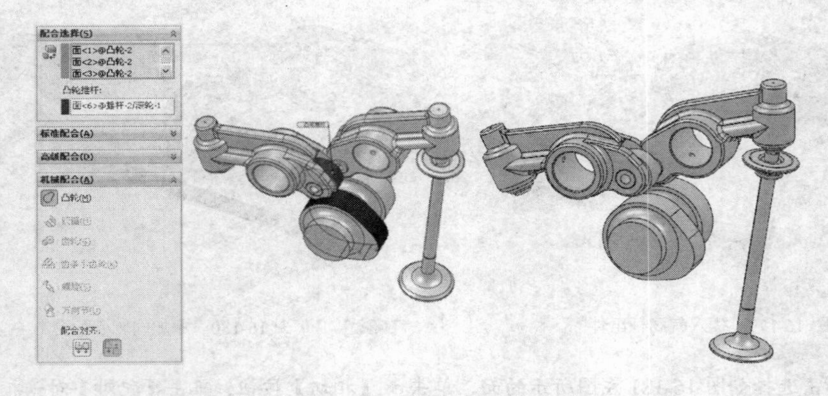

图 16-184　添加凸轮配合

20 单击选择如图 16-185 左图所示的平面，单击【重合】按钮，单击【添加/完成配合】按钮，添加重合配合，如图 16-185 右图所示。

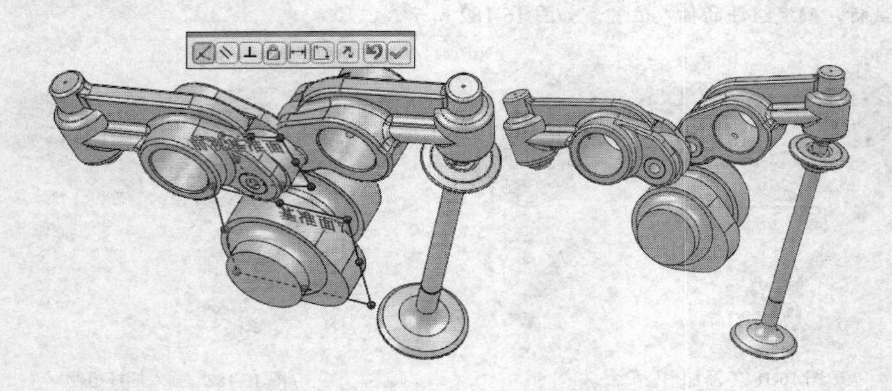

图 16-185　添加重合配合

21 单击【装配体】工具栏中的【插入零部件】按钮，系统弹出【插入零部件】对话框。

22 单击【浏览】按钮，选择“气阀杆组件.sldasm”子装配体，单击【打开】按钮。在绘图区中合适位置单击鼠标，确定组件的插入位置，如图 16-186 所示。

23 单击选择如图 16-187 左图所示的圆柱面和基准轴，单击【同轴心】按钮，单击【完成/添加配合】按钮，添加同轴心配合，如图 16-187 右图所示。

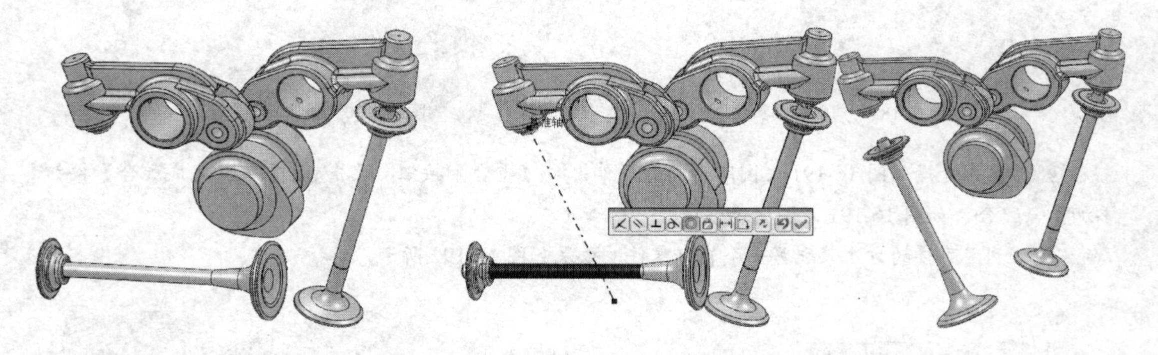

图 16-186　插入气阀杆组件　　图 16-187　添加同轴心配合

24 单击选择如图 16-188 左图所示的面，单击【相切】按钮。单击【配对】对话框中的【确定】按钮，完成添加配合，如图 16-188 右图所示。

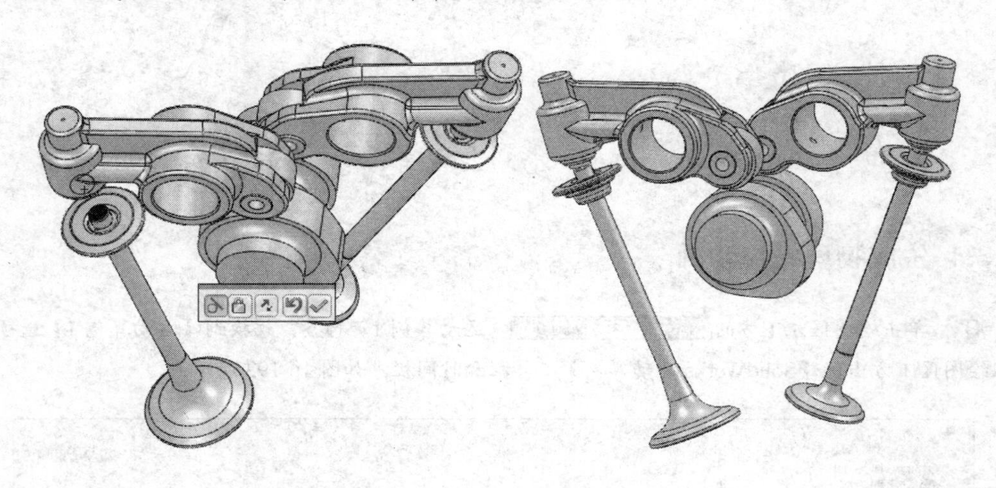

图 16-188　添加相切配合

25 单击【装配体】工具栏中的【插入零部件】按钮，系统弹出【插入零部件】对话框。

26 单击【浏览】按钮，选择“轴杆.sldprt”零部件，单击【打开】按钮。在绘图区中合适位置单击鼠标，确定零部件的插入位置，如图 16-189 所示。

27 单击选择如图 16-190 左图所示的面，单击【同轴心】按钮，单击【完成/添加配合】按钮，添加同轴心配合，如图 16-190 右图所示。

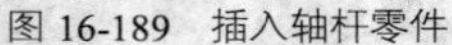
图 16-189　插入轴杆零件

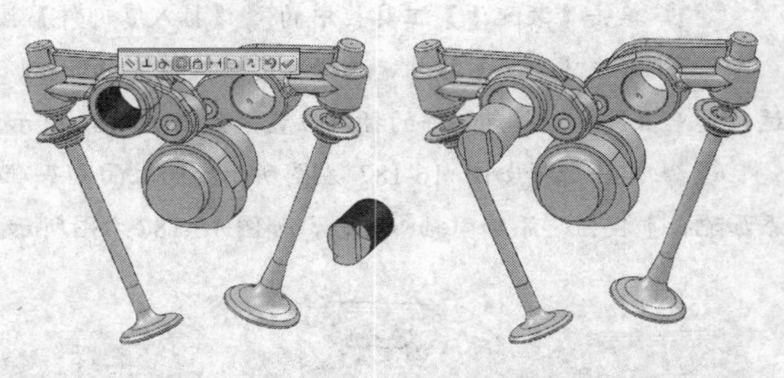

图 16-190　添加同轴心配合

28 单击选择如图 16-191 左图所示的面，单击【重合】按钮，单击【添加/完成配合】按钮，添加重合配合，如图 16-191 右图所示。

29 利用同样的方法装配另一个轴杆零件，效果如图 16-192 所示。

图 16-191　添加重合配合

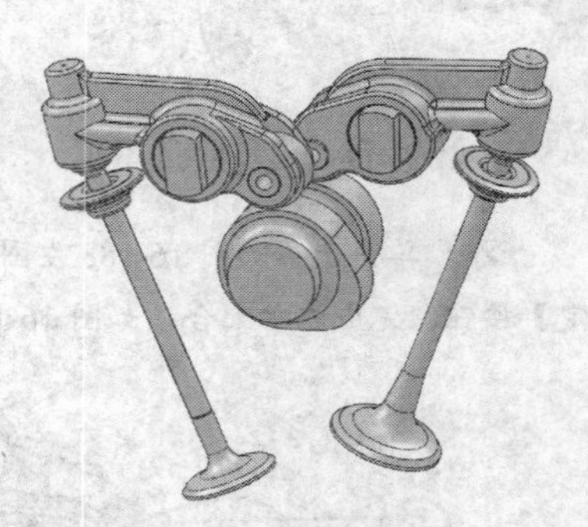

图 16-192　装配轴杆零件

16.3.4 生成物理模拟动画

01 单击绘图区左下方的 模型 运动算例 1 （运动算例 1）标签，切换到【运动算例 1】选项卡。则在绘图区下方出现【SolidWorks 运动算例】工具栏和时间栏，如图 16-193 所示。

图 16-193　【SolidWorks 运动算例】工具栏和时间栏

02 单击【模拟】工具栏中的【马达】按钮，系统弹出【马达】对话框，单击对话框中的【旋转马达】按钮。

03 单击如图 16-194 所示的模型面，在【速度】微调框中输入 10RPM，单击✔【确定】按钮，完成旋转马达的设置。

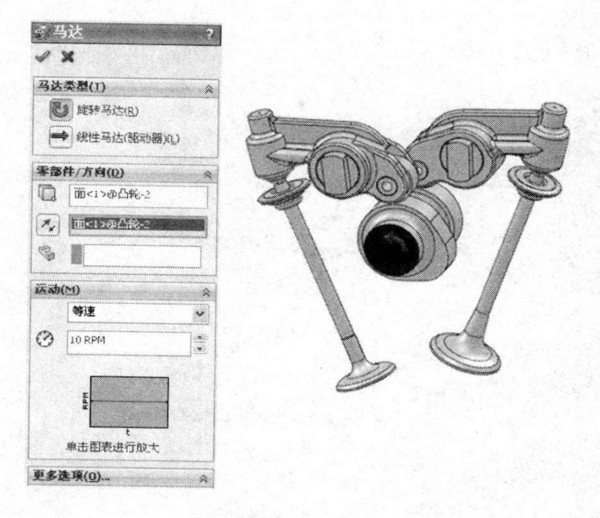

图 16-194　添加马达

04 单击【SolidWorks 运动算例】工具栏上的 【播放】按钮，观看动画效果。动画运行到 00: 00: 02 时，效果如图 16-195 所示，. 动画运动到 00: 00: 04 时，效果如图 16-196 所示。

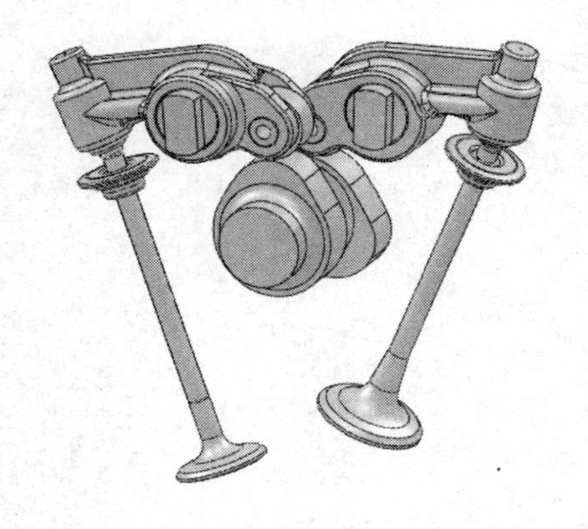

图 16-195　运行到 00：00：02 秒时效果

图 16-196　运行到 00：00：04 秒时效果

05 选择【文件】|【另存为】命令，弹出【另存为】对话框。

06 在【文件名】列表框中输入"16.3 气门机构"，单击【保存】按钮，完成气门机构模拟动画操作。